“101 计划”核心教材
计算机领域

数据库管理系统
——从基本原理到系统构建

李国良　冯建华　柴成亮　李辉　编著

中国教育出版传媒集团
高等教育出版社·北京

内容提要

本书是计算机领域本科教育教学改革试点工作（简称“101计划”）系列教材之一。本书主要讲述数据库管理系统基本原理与核心技术，重点介绍了数据库的构建方法。主要内容包括引言、关系模型和关系代数、关系数据库设计、SQL、数据库存储、事务管理、数据库原子性和持久性的实现及故障恢复、并发控制、索引、查询处理、查询优化、查询执行、数据库安全、高级数据库技术，以及两个数据库案例——GaussDB和SQLite。

本书可作为高等学校计算机及相关专业数据库课程教材使用，也可供研究人员和业界工程师实施数据库项目研发时参考。

数据库管理系统

——从基本原理到系统构建

1 计算机访问https://abooks.hep.com.cn/188076 或手机微信扫描下方二维码进入新形态教材网。

2 注册并登录后，计算机端进入“个人中心”，点击“绑定防伪码”，输入图书封底防伪码（20位密码，刮开涂层可见），完成课程绑定；或手机端点击“扫码”按钮，使用“扫码绑图书”功能，完成课程绑定。

3 在“个人中心”→“我的学习”或“我的图书”中选择本书，开始学习。

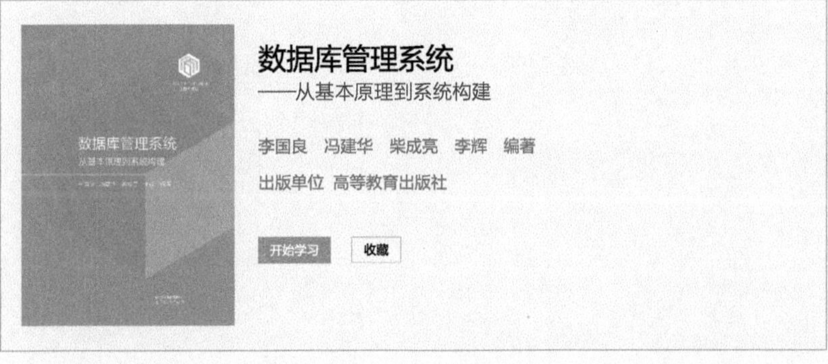

受硬件限制，部分内容可能无法在手机端显示，请按照提示通过计算机访问学习。如有使用问题，请直接在页面点击答疑图标进行咨询。

扫描二维码
访问新形态教材网
小程序

https://abooks.hep.com.cn/188076

出版说明

为深入实施新时代人才强国战略，加快建设世界重要人才中心和创新高地，教育部在 2021 年底正式启动实施计算机领域本科教育教学改革试点工作（简称“101 计划”）。“101 计划”以计算机类专业教育教学改革为突破口与试验区，从教育教学的基本规律和基础要素着手，充分借鉴国际先进资源和经验，首批改革试点工作以 33 所计算机类基础学科拔尖学生培养基地建设高校为主，探索建立核心课程体系和核心教材体系，提高课堂教学质量和水平，引领高校人才培养质量的整体提升。

核心教材体系建设是“101 计划”的重要组成部分。“101 计划”系列教材基于核心课程体系的建设成果，以计算概论（计算机科学导论）、数据结构、算法设计与分析、离散数学、计算机系统导论、操作系统、计算机组成与系统结构、编译原理、计算机网络、数据库系统、软件工程、人工智能引论等 12 门核心课程的知识体系为基础，充分调研国际先进课程和教材建设经验，汇聚国内具有丰富教学经验与学术水平的教师，成立本土化“核心课程建设及教材写作团队”，由 12 门核心课程负责人牵头，组织教材调研、确定教材编写方向以及把关教材内容。工作组成员高校教师协同分工，一体化建设教材内容、课程教学资源和实践教学内容，打造一批具有“中国特色、世界一流、101 风格”的精品教材。

在教材内容上，“101 计划”系列教材确立了如下的建设思路和特色：坚持思政元素的多元性，积极贯彻《习近平新时代中国特色社会主义思想进课程教材指南》，落实立德树人根本任务；坚持知识体系的系统性，构建核心课程的知识图谱，系统规划教学内容；坚持融合出版的创新性，规划“新形态教材 + 网络资源 + 实践平台 + 案例库”等多种出版形态；坚持能力提升的导向性，借助“虚拟教研室”组织形式、“导教班”培训方式等多渠道开展师资培训，提升课堂教学水平，提高学生综合能力；坚持产学协同的实践性，遴选一批领军企业参与，为教材的实践环节及平台建设提供技术支持。总体而言，“101 计划”系列教材将探索适应专业知识快速更新的融合教材，在体现爱国精神、科学精神和创新精神的同时，推进教学理念、教学内容和教学手段方面的有效提升，为构建高质量教材体系提供建设经验。

本系列教材在教育部高等教育司的精心指导下，由高等教育出版社牵头，联合机械工业出版社、清华大学出版社、北京大学出版社等共同完成系列教材出版任务。“101 计划”工作组从项目启动实施至今，联合参与高校、教材编写组、参与出版社，经过多次协调研讨，确定了教材出版规划和出版方案。同时，为保障教材质量，工作组邀请 23 所高校的 33 位院士和资深专家完成了规划教材的编写方案评审工作，并由 21 位院士、专家组成了教材主审专家组，对每本教材的撰写质量进行把关。

感谢“101 计划”工作组 33 所成员高校的大力支持，感谢教育部高等教育司的悉心指导，感谢北京大学郝平书记、龚旗煌校长和学校教师教学发展中心、教务部等相关部门对“101 计划”从酝酿、启动到建设全过程给予的悉心指导和大力支持。感谢各参与出版社在教材申报、立项、评审、撰写、试用等出版环节的大力投入与支持，也特别感谢 12 位课程建设负责人和各位教材编写教师的辛勤付出。

“101 计划”是一个起点，其目标是探索适合中国本科教育教学的新理念、新体系和新方法。“101 计划”系列教材将作为计算机类专业 12 门核心课程建设的一个里程碑，与“101 计划”建设中的课程体系、知识点教案、课堂提升、师资培训等环节相辅相成，有力推动我国计算机领域本科教育教学改革，全面促进课堂教学效果的进一步提升。

“101 计划”工作组

前言

在信息化时代，大量数据被生产、传输、存储、查询和分析，这些数据都需要被有效地管理起来。数据库管理系统则是用来有效管理数据的核心基础软件，被称为信息技术系统皇冠上的明珠。数据库管理系统是数字化时代的核心基础设施，已经广泛地应用于各行各业（例如金融、电信、制造、能源等），对社会的发展和人类进步产生了深远的影响。

本书从系统角度深入剖析数据库的基本原理和核心技术，并以问题驱动的思路详细讲述了数据库解决了什么问题，如何解决这些问题，为什么这样解决这些问题等。通过阅读本书，读者可以深入了解数据库的系统架构、设计理念、基本原理与核心技术。

1. 本书写作思路

学习数据库不是简单地学会“用”数据库，更重要的是学习如何“造”数据库（即自主研发数据库），掌握数据库的核心技术。本书从端到端系统层面深入阐述数据库管理系统的核心技术，不仅介绍数据库的基本原理，更重要的是介绍数据库的构建方法。

总体来讲，本书具有以下特点。

（1）系统、全面。本书从系统角度详细讲述数据库构建的核心技术，包括数据库存储引擎、事务机制、并发控制、故障恢复、优化器、执行器，深入介绍了数据库管理系统的各个重要组成部分以及相关关系，使读者充分了解数据库管理系统的全貌和基本原理。

（2）原理剖析。本书不仅详细介绍数据库管理系统的设计思路（what 和 how），还重点介绍数据库管理系统的设计理念（why），既授之以鱼，又授之以渔。对于数据库管理系统的核心技术，例如事务处理、故障恢复、查询优化、查询执行等，本书进行了非常深入的讲解与讨论，使读者真正了解数据库管理系统设计的魅力。

（3）理论与实践相结合。相关核心数据库技术算法均以伪代码形式给出，并给出详细的例子以便读者理解。本书还结合开源数据库系统，为读者提供自己造一个数据库的案例。

（4）通俗易懂。全书从系统架构到模块设计再到技术细节、从全局到局部讲述了数据库管理系统的设计思路，还配备了大量的插图和例子，深入浅出，帮助读者融会贯通地理解数据库管理系统的核心技术。

（5）配套资源丰富。本书配有 PPT 讲义、教学视频、小型数据库 HuaDB 的代码，可以供读者参考学习。

2. 本书内容组织

本书共 16 章，分为 7 个部分。

第一部分（第 1 章）：从端到端、从全局视角介绍数据库系统全貌，以数据库整体架构图为基础，自顶向下介绍数据库的各个组成部分，包括数据库系统架构、核心模块、关键技术以及数据库发展历史和数据库发展趋势。

第二部分（第 2~4 章）：主要介绍关系数据库基础，包括关系模型和关系代数、数据库设计方法、SQL 语言，重点介绍用户如何使用数据库和如何设计数据库。第 2 章介绍关系模型、关系代数、关系演算等关系理论和基础。第 3 章介绍关系数据库设计理论与方法，包括 E–R 模型、E–R 模型到关系的设计、数据库规范化设计方法、函数依赖、数据库范式、关系模式分解理论与方法。第 4 章介绍 SQL 语言，包括数据定义语言（DDL）、数据操纵语言（DML）、数据控制语言（DCL）、事务处理语言、存储过程和函数、触发器、数据库访问接口 JDBC 和 ODBC。

第三部分（第 5~9 章）：主要介绍数据库的存储引擎和事务处理，包括数据组织、缓冲区管理、日志管理、元数据管理、事务处理、故障恢复、并发控制、索引。第 5 章介绍数据库存储引擎。数据库存储系统的设计关系到数据库的效率和稳定性，是数据库的核心模块。本章主要阐述存储介质的特性、数据页面的组织方式、数据文件的组织方式、空闲空间管理、缓冲区设计机制、行列存储的优缺点。第 6 章介绍数据库事务处理机制，它是数据库最核心的特性之一，本章介绍了事务的基本概念 ACID、事务隔离级别、事务可恢复性、可串行化调度以及事务 ACID 实现的思路。第 7 章介绍数据库原子性和持久性的实现机制，讲解了数据库故障的分类以及相应恢复方法。针对单机恢复，详细介绍影子页面、仅重做（redo）日志、仅回滚（undo）日志、重做 / 回滚日志的实现机制。特别详细介绍业界常用的 Aries 算法。针对多机容灾恢复，介绍了主备数据库、两地三中心、同城双集群、多地多活等恢复方法。还介绍了基于数据备份的恢复方法。第 8 章介绍数据库的并发控制机制，详细介绍数据库如何支持事务的并发，包括乐观并发控制技术、悲观并发控制技术、基于时间戳的方法以及多版本并发控制技术。还介绍了如何使用这些技术实现不同的隔离级别。第 9 章介绍数据库索引技术，包括索引的分类，常用的 B+树索引、哈希索引、LSM 树索引、位图索引和高维索引等内容。

第四部分（第 10~12 章）：主要介绍数据库的查询处理和执行，包括数据库查询处理框架、数据库优化器和数据库执行器。查询处理决定了数据库的查询处理性能。第 10 章介绍查询处理全流程，包括查询解析、查询优化与查询执行，并详细介绍了数据库的查询算子。第 11 章详细阐述了查询优化方法。查询优化是数据库的“发动机”，与执行效率息息相关。本章主要介绍逻辑优化（基于规则的查询重写）、基数和代价估计、物理优化（基于代价的物理优化、代价估计系统、连接顺序选择、物理算子选择等）、优化器模型、基于物化视图的查询优化。第 12 章介绍查询执行模式，包括推送式和拉取式（具体有火山模型、物化模型、向量化执行模型）。最后还介绍了编译执行和并行执行。

第五部分（第 13 章）：主要介绍数据库的安全管理。数据库安全已经成为当前数据安全的核心问题，保护数据库免受安全威胁需要设计一系列安全措施。本章主要阐述数据库外围级安全、访问级安全和数据级安全在内的多层安全机制。外围级安全措施包括安全认证、防火墙、入侵检测。访问级安全方法包括访问控制、安全权限配置与管理、数据库审计。数据级安全包括数据加密、隐私保护等。

第六部分（第 14 章）：主要介绍高级数据库技术，包括分布式数据库、OLAP 数据库、HTAP 数据库、内存数据库、云原生数据库、新硬件与数据库、NoSQL 数据库，帮助读者了解数据库的前沿进展。

第七部分（第 15~16 章）：通过两个流行的真实数据库系统案例来介绍数据库的核心技术和设计理念，讨论上述数据库技术如何应用在实际数据库产品中。第 15 章介绍了国产云原生分布式数据库 GaussDB，其单机版 openGauss 已经开源。本章介绍 GaussDB 整体架构、分布式事务处理与优化技术、云原生计算 / 存储分离技术、数据库高可用技术、多合一存储引擎、查询优化与并行执行技术、数据库安全技术。第 16 章介绍了开源嵌入式数据库 SQLite。SQLite 是一款轻量级嵌入式数据库，其特点是体积小、跨平台、灵活、易用。本章介绍了 SQLite 的设计思路、查询优化方法、基于虚拟机的执行机制和基于 B 树的存储引擎。

3. 本书特色

首先，本书强调从学“用”数据库转变为学“造”数据库。通过阅读本书，读者可以深入理解数据库的整体架构、实现原理、核心技术和开发思路，并能够具备开发一款数据库的能力。

其次，本书凝练了数据库设计理念，帮助读者更加深入地理解数据库整体系统和核心技术。

（1）数据库的核心理念是抽象和建模，包括数据的建模和查询的建模。通过抽象和建模形式化定义数据库可支持的边界。

（2）数据库存储引擎的设计理念是协同磁盘和内存缓冲区来提升数据处理速度，通过将数据的随机写转化为日志的连续写来优化数据库性能。

（3）数据库事务处理的设计理念是系统思维和协同优化，保证正确并发一致的数据处理，包括基于日志的数据恢复、并发控制协议等。

（4）数据库的核心引擎是优化器，优化器将简单的声明式查询语言交给用户，而把复杂的查询优化留给系统本身，帮助用户自动优化查询。

（5）数据库索引是提升查询性能的加速器，能够通过空间换时间的数据结构来加速查询。

（6）数据库安全是保护数据免受未授权访问、篡改和泄露的屏障。

（7）数据库高可用是核心竞争力，任何时候都保障数据不丢失、系统不停服，这就需要基于冗余来设计高可用能力。

（8）数据库技术一直在发展，只有掌握数据库的核心理念和设计精髓，才能跟随时代潮流，打造更优的数据库。

最后，本书还详细介绍了数据库新技术和未来发展趋势，可以帮助从事数据库领域研究的读者更加深入地了解数据库，寻找研究灵感。

4. 致采用本书作为教材的教师

数据库教学可以分为关注不同主题的四类：数据库应用开发、数据库原理、数据库实现、数据库新技术，针对每一类主题可以选讲不同的章节。下表给出了不同类型选讲的章节建议。

	数据库应用开发	数据库原理	数据库实现	数据库新技术
第 1 章	√	√	√	√
第 2 章	√	√	√	√
第 3 章	√	√	√	
第 4 章	√	√	√	
第 5 章	√	√	√	√
第 6 章		√	√	√
第 7 章			√	√
第 8 章			√	√
第 9 章	√	√	√	

续表

	数据库应用开发	数据库原理	数据库实现	数据库新技术
第 10 章	√	√	√	√
第 11 章			√	
第 12 章			√	
第 13 章	√	√		√
第 14 章		√	√	√
第 15 章	√			√
第 16 章	√			

5. 致读者

高等院校学生可以通过学习本书内容掌握数据库管理系统的基本原理和核心技术。高校教师可以根据本书因材施教，讲解数据库的基本原理、设计理念和核心技术。研究人员和业界工程师可以参考本书学习“造”数据库，掌握数据库研发的核心技术。

本书要求读者对数据结构和算法有一定基础，需要掌握基本的数据结构和基本的算法知识。

对于本书编写过程中的疏漏之处，欢迎读者给作者发送邮件（liguoliang@tsinghua.edu.cn）指正错误。

6. 致谢

首先，特别感谢清华大学周立柱教授，他全面、细致地审阅了本书，并提出了很多宝贵的修改建议，提升了本书的质量。

其次，感谢本书的合著者冯建华教授、柴成亮教授、李辉教授的辛勤付出，冯建华教授对第二部分进行了详细的审阅和校正，柴成亮教授对第五部分和第六部分进行了详细的审阅和校正，李辉教授撰写了第 16 章，并对第七部分进行了详细审阅和校正。

感谢哈尔滨工业大学李建中教授、高宏教授，中国人民大学的王珊教授、杜小勇教授、陈红教授，西北工业大学的李战怀教授，他们对本书提出了宝贵的修改建议。

感谢骆昱宇、秦雪迪、韩越、李元丙、余翔、金连源、钮泽平、张金涛、王嘉翼、朱耀宇、刘佳斌、周煊赫、李文博、董昊文、赵新阳、黄帅、王勇、赵天宇、饶淙元、张新宁、张晨阳、孙昭言、张超、过云燕等同学对本书提出的宝贵意见。

作者

2023 年 6 月

目录

第 1 章

引言

图书馆馆藏图书有成千上万种，通过有序、高效地管理，读者可方便地借阅自己感兴趣的图书，与之类似，数据库可高效地实现数据的存储和管理。在数字化时代，数据每分每秒都在被制造、传输、存储、查询、分析和处理，数据库作为数据管理的有效手段之一，已经被广泛应用于各行各业，对社会的发展和人们的生活产生了深远的影响。例如，互联网购物、12306 购票和银行转账等业务，都离不开数据库的支持。数据库向下发挥硬件算力，向上支撑应用软件，是信息技术系统皇冠上的明珠。

本章将首先介绍数据库的基本概念和功能模块，然后介绍不同类型数据库的演进历程以及基于数据库的典型应用，最后概述数据库领域的未来发展趋势。

1.1 数据库概述

在系统地介绍数据库之前，先介绍几个与数据库技术密切相关但又容易混淆的概念：数据（data）、数据库（database，DB）、数据库管理系统（database management system，DBMS）和数据库系统（database system）。

1.1.1 数据库的基本概念

1. 数据

人们在生活、工作中对数据的概念并不陌生，它们几乎无处不在，例如，数字 1、2、3、4、5、字符串“GPA 4.0”、日期“2022 年 10 月 24 日”等都是数据。除这些文本数据之外，还有诸如图片、音频、视频等非文本数据。通常认为，能够对客观事物进行记录的、可以辨别的符号就是数据，即数据是可识别的抽象符号。在计算机中，将数据看作是所有能被计算机处理的符号的总称，是数据库中存储的基本对象。

2. 数据模型

在生产和生活中，模型的概念随处可见。例如，汽车设计师首先基于现实需求和汽车的设计理念，以三维立体汽车模型来表达和呈现。汽车模型是汽车设计阶段的重要表现形式。在数据库领域，数据模型是对现实世界数据的抽象，它形象、直观地表示数据的特征、描述数据的定义，方便人们更好地理解和处理数据，例如描述人的信息包括身份证号、姓名、性别、出生日期等。

数据模型往往包括数据结构、数据操作、数据约束三部分，数据结构用来描述数据的类型、内容、性质以及数据间的联系，例如学生数据包括身份证号、学号、姓名、年龄等信息；数据操作描述如何操作和处理数据结构，例如学生信息的插入和删除操作；数据约束描述数据的语法、语义和约束关系，例如学生的年龄范围是 0~150。

正如汽车的设计和制造阶段需要分别使用不同的设计工具（设计图纸），在数据库的设计和开发过程中，根据不同需求存在三类数据模型：概念数据模型（conceptual data model）、逻辑数据模型（logical data model）和物理数据模型（physical data model），概念数据模型是将用户需求抽象为信息世界的概念模型，逻辑数据模型是数据库使用的逻辑模型，物理数据模型是根据逻辑数据模型来确定数据库的物理存储结构。本书将在第 3 章展开介绍数据库设计和数据模型之间的联系。

3. 数据库

正如图书馆按照一定的规则将图书存放在不同的书架上以方便查找和管理，数据库也是按照一定的组织方式来实现数据的存储和管理的。严格来讲，数据库是长期存储在计算机中有组织、可管理和可共享的数据集合。

4. 数据库管理系统

有了数据库之后，下一个问题就是如何有效地对数据进行管理。数据库管理系统就是高效实现数据组织、存储和管理的系统软件，即数据库管理系统是管理数据库的系统软件。如图 1.1 所示，数据库管理系统是数据库应用系统（用户）和数据库之间的数据管理软件，负责对数据库进行统一的管理和控制，以保证数据库的可用性和安全性，同时为用户提供数据存取和管理接口。

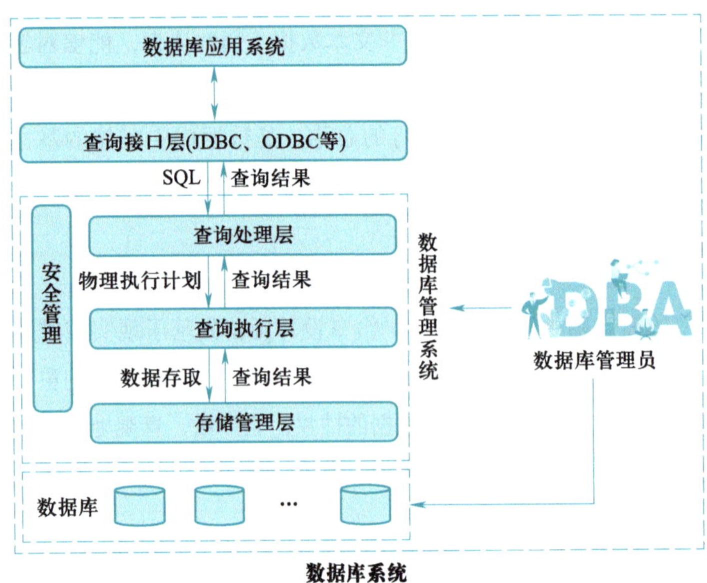

图 1.1 数据库、数据库系统和数据库管理系统

如图 1.1 所示，数据库应用系统通过查询接口层访问数据库管理系统。数据库管理系统的输入是数据库查询语言。本书主要讲述关系数据库，因此以关系数据库的结构化查询语言（structured query language，SQL）为例来介绍数据库查询语言。SQL 语言是一种用于管理关系数据库的编程语言，可以对关系数据库中的数据进行一系列操作，例如，数据插入、查询、修改、删除等。对 SQL 语言的详细介绍将在第 4 章展开。数据库管理系统的输出是 SQL 的查询结果。正如数据模型是对数据的抽象与建模，SQL 语言是对查询的抽象与建模。

数据库管理系统的层次结构自顶向下主要分为查询处理层、查询执行层和存储管理层。此外，数据库管理系统通常还包含安全管理模块，以负责数据库内数据的安全。

（1）查询处理层。查询处理层的输入是 SQL，解析 SQL 后将 SQL 转化为数据库易于处理的表示形式，例如查询树。然后根据查询树进行查询优化，找到一个代价较小且与原查询等价的物理执行计划。接下来将物理执行计划输入查询执行层，得到查询结果后返回给查询接口层。

（2）查询执行层。查询执行层基于查询处理层优化后的物理执行计划，通过查询执行模型生成对应的执行策略，根据执行策略计算查询结果。查询执行层会通过存储管理层提供的存取方法（access method）实现数据存取，存取方法主要包括全表扫描查询方法和索引查询方法。

（3）存储管理层。存储管理层主要负责数据的增删改查操作。存储管理层通过页面（page）方式将数据存储到磁盘中，数据库一般通过操作系统提供的文件系统接口来管理页面数据。由于磁盘速度较慢，存储管理层通过缓冲区（buffer）来加速数据的读写。相较于文件系统，数据库强调要保证多个查询之间有条不紊地、高效地并发执行，并保证数据的一致性、完整性及故障可恢复性。

（4）安全管理。安全管理模块负责数据库全生命周期的安全管理，用于保护数据库管理系统免受恶意攻击和非法使用。

数据库管理系统的优势在于优美、简单的数据抽象（数据模型）和简便易用的查询方式（查询模型），它隐藏了复杂的数据查询处理过程（由数据库管理系统来完成），因此广泛应用于各行各业，成为信息技术系统不可或缺的基础软件。

5. 数据库系统

数据库系统由数据库、数据库管理系统、数据库应用系统（及应用开发工具）、数据库管理员四部分构成。其中，为了实现应用系统与数据库的连接与交互，数据库提供了查询接口层负责应用系统和数据库建立连接、执行 SQL 语句、处理查询结果。常见的查询接口有 Java 数据库互连（Java database connectivity，JDBC）和开放式数据库互连（open database connectivity，ODBC）。JDBC 是一种基于 Java 语言的规范化数据库管理系统应用程序接口，主要用于关系数据库。相较于 JDBC 仅支持通过 Java 语言交互，ODBC 还支持通过其他语言如 C/C++ 与数据库进行交互。

1.1.2 数据库管理系统概述

本书主要讲述数据库管理系统的基本原理和构建方法，因此本节简要介绍数据库管理系统中各个模块以及它们之间的关系。本节依照图 1.2、按自顶向下的顺序详细介绍数据库管理系统的查询处理层、查询执行层、存储管理层，最后介绍安全管理模块。

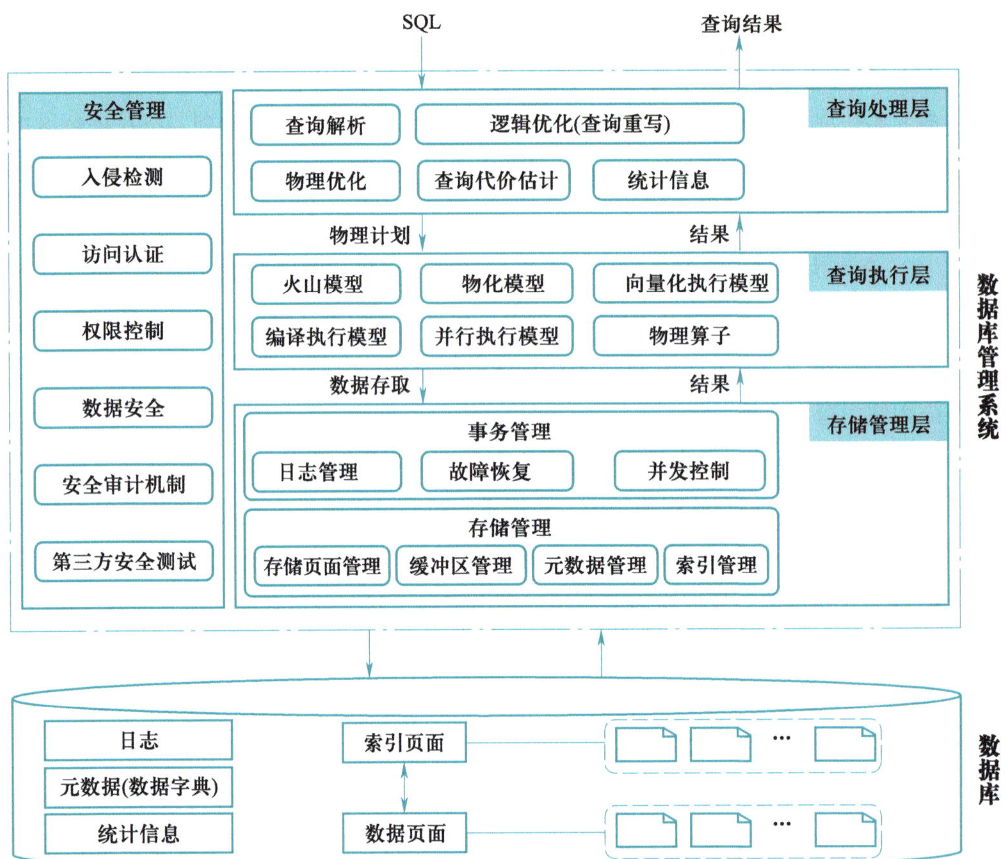

图 1.2　数据库管理系统的组成

1. 查询处理层

查询处理层是数据库管理系统的重要组成部分，它主要负责将 SQL 语句解析并转化为数据库易于处理的中间表示形式——查询树，并对查询树进行优化。查询处理层包括查询解析和查询优化两个核心模块。

(1) 查询解析。查询解析的目的是将 SQL 语句转换成数据库易于处理的查询树，其过程包括词法分析、语法分析和语义分析等步骤。在词法分析中，查询解析模块通过词法分析识别 SQL 语句中的关键词（如 SQL 关键词、常量），通过标记生成不同类别的字符标记。在语法分析中，对 SQL 进行合法性检查并构建语法分析树。在语义分析中，将检查语法分析树的语义正确性并将其转化为一棵查询树。概括来说，查询解析的输入是一条 SQL 语句，输出是该 SQL 语句的查询树。本书将在第 10 章进一步介绍查询解析的相关内容。

(2) 查询优化。由于 SQL 语言是一种声明式语言，具有高度非过程化的特点，即只描述查询需求，并没有指定具体执行方式，因此一条 SQL 查询可以对应多个具有不同代价的执行计划。查询优化的目标是将查询树转化为等价且代价较小的执行计划，其中包含逻辑优化和物理优化。逻辑优化（查询重写）主要依赖逻辑等价变换规则对查询树做等价变化以提高执行效率。物理优化则主要依赖代价估计器来估计各物理执行计划的代价，进而选择代价最小的物理执行计划。查询代价估计根据数据分布的统计信息来估计查询基数（查询结果条数）和查询代价。就像在两点间进行路径导航，查询代价估计通过估计一条路径的通行时长，为物理优化挑选一条通行时长最短的路径提供依据。而逻辑优化则是使用类似于“不走小路、优先高速”的规则进行剪枝优化。但是一条 SQL 语句的可选计划数量远高于两点间可选路径数量，因此查询优化是一个非常复杂的任务。概括来说，查询优化的输入是查询树，输出是优化后的物理执行计划。查询优化的详细内容将在第 11 章展开。

2. 查询执行层

查询执行层的输入是经过查询处理层优化后的物理执行计划，生成对应的可直接执行的模型，并返回查询结果。查询执行层依赖于查询执行模型，常见的查询执行模型有火山模型、物化模型、向量化执行模型、编译执行模型、并行执行模型等，这些查询执行模型的目标是以更短的时间完成精确的查询。不同的查询执行模型往往使用不同的方法来优化上述目标，例如火山模型、物化模型、向量化执行模型三者的不同点在于每次处理的数据条数分别是一条、全部、一批；编译执行模型通过编译技术合理规划以减少指令数量，减少循环次数与分支判断。查询执行层会调用存储层的存取接口来存取结果。查询执行的详细内容将在第 12 章展开。

3. 存储管理层

存储管理层负责数据的增删改查操作。为了实现数据存储的高效性和一致性，通常将存储管理层分为存储管理和事务管理两部分，其中，存储管理通常包括存储页面管理、缓冲区管理、元数据管理、索引管理等，事务管理通常包括日志管理、并发控制和故障恢复等。

1）存储管理

存储管理部分根据用户的需求和不同存储介质的特性，有序地组织和管理底层数据，以提高系统的整体效率。数据组织与管理主要负责如何将数据表中的每一条记录按一定规律排列在磁盘中。存储管理涉及以下几方面内容。

（1）文件组织方式。为了实现数据不丢失，数据库通过文件系统将数据存储到文件中。数据库中数据一般按照页面数据、日志、索引、元数据等不同类型进行文件组织与管理。由于非易失存储器（如磁盘）一般按照页面粒度来访问，所以数据库需要设计合适的页面组织形式来支持对记录的增删改查。一个文件包含大量页面，文件组织方式用于高效管理这些大量的页面，包括页面之间的排列关系（例如顺序组织、哈希组织、索引组织、堆表组织)，并负责空闲空间管理。

(2) 页面组织方式。为了高效支持记录的添加、删除、插入、更新操作，数据库依据页面组织方式将多条记录按照一定规律排列在页面中，以提升记录的管理效率。

(3) 记录组织方式。数据库中记录包含多个属性，而每个属性可能是定长的(例如年龄)或是变长的(例如姓名)，设计合适的记录组织方式以高效管理每条记录。

(4) 元数据组织方式。数据库需要高效存储元数据(数据字典)，包括表名、列名、索引名等。为了节省空间和便于更新，数据库一般将元数据进行单独管理。元数据一般被当作数据表，从而可使用数据表的管理方式来管理元数据。

(5) 由于主存储器(main memory，简称主存，又称内存)可以高效支持随机读写，因此在内存中随机读写数据页面是比较高效的。但是非易失性存储器(non-volatile memory，NVM)的特点是随机读写代价远高于顺序读写页面代价，因此随机读写磁盘的数据页面非常低效(往往数十毫秒)。为了解决这一问题，在将新数据从内存写入磁盘前，数据库会先将日志写入磁盘，这种日志被称为预写日志(write-ahead log，WAL)。由于数据页面是随机写，而预写日志是顺序写(追加写)，因此预写日志将数据页面的随机写转换为日志的顺序写，因此提升了数据写的速度。

(6) 由于非易失性存储器往往读写速度较慢(例如磁盘读写延迟是 1 ms，而内存只有 100 ns)，数据库一般不直接访问非易失性的磁盘，而是先将数据从磁盘读取到内存中的缓冲区(buffer pool)。缓冲区中存储了磁盘上部分热数据的缓存副本，如果查询需要读写的数据刚好在缓冲区中有缓存副本，则可以直接读写缓冲区的数据，而不需要等待磁盘读写，从而起到提高查询速度的作用；如果数据不在缓冲区中，则将数据从磁盘读到缓冲区中。缓冲区管理器负责管理将哪些数据保留在缓冲区中，以及解决不同查询读写缓冲区数据的冲突问题。此外，缓冲区还负责索引和日志管理，以及缓冲区的数据替换等。本书将在第 5 章进一步介绍存储管理。

2) 事务管理

不同于文件系统，数据库往往支持大量的并发处理，例如银行转账、火车票购票等，且数据库需要在支持并发的情况下保证数据读写的正确性和高效性。例如，从一个账户转账给另一个账户的转账操作。该操作会涉及两个账户的更新，需要保证这两个更新操作都成功或者都不成功(即原子性)；如果转账成功，后续操作必须能读写到更新后的数据(即持久性)；不同账号之间的转账要保证互不影响(即隔离性)；转账操作也要保证约束的一致性(即一致性)，例如账户余额不能小于 0。为了满足以上要求，数据库事务处理应运而生。数据库事务可以总结为 ACID 四个特性：原子性(atomicity)、一致性(consistency)、隔离性(isolation)和持久性(durability)。数据库通过回滚日志(undo log)、重做日志(redo log)、并发控制算法技术来解决原子性、持久性和隔离性问题。而数据库的一致性通常通过数据完整性约束来解决。事务管理的详细内容将在第 6 章展开。

3）并发控制

数据库管理系统通过并发执行事务来提高系统的资源利用率、吞吐量，减少事务运行的平均等待时间。然而，并发数据操作可能会带来数据不一致或者事务程序死锁等问题。因此，并发控制（concurrency control）就是在数据库管理系统运行多个并发事务程序时，确保各个事务独立、正常运行，并防止相互干扰和保持数据一致性的控制过程。为了解决多个并发事务程序可能出现的问题，可通过对事务进行合理的调度和使用可串行化方法来实现并发控制。基于锁的悲观并发控制和基于时间戳的乐观并发控制是两种常见的方法。基于锁的悲观并发控制是事前管理并发冲突，即当一个事务访问数据库时，通过锁来管理事务的访问请求顺序。乐观并发控制是一种事后并发控制方法，它在将数据读取到本地、处理后写回数据库时才检查冲突。而基于时间戳的并发控制方法则类似于银行的叫号操作，根据事务时间顺序来执行。此外，为了提升读写并发处理，研究者们提出了多版本并发控制（multi-version concurrency control，MVCC）算法，该算法根据时间戳，保存数据的多个版本，通过空间复用降低读写冲突、提升并发性。并发控制的详细内容将在第 8 章展开。

4）故障恢复

数据库系统在运行过程中不可避免地会出现故障，常见的故障类型包括事务故障（例如死锁回滚）、系统崩溃（例如程序错误）、磁盘故障和自然灾害等。发生故障后内存和磁盘中的数据可能会丢失，从而影响数据库事务的原子性和持久性。为此，数据库管理系统必须提供恢复机制（recovery mechanism），以保证数据库能从故障状态恢复。单机数据库系统一般采用基于日志的恢复算法来解决事务故障和系统崩溃这两类问题。对于磁盘故障，一般采用数据多副本备份的方法解决，例如数据以多副本形式存储在多台机器上。而对于自然灾害，会利用数据库容灾（disaster recovery）技术来解决此问题，例如将数据存储在不同地域的数据中心。故障恢复机制需要保证数据库的高可用性（high availability），即保证数据库 7×24 对外提供服务。故障恢复的详细内容将在第 7 章展开。

5）索引管理

正如读者可以通过书籍的目录快速定位到自己感兴趣的章节，数据库也采用了类似的思想，引入数据库索引（index），在检索数据记录的时候可以快速定位目标记录的位置，减少从硬盘读取页面的次数，从而提高了检索效率。因此，数据库索引是一种可以加快数据库中数据检索速度的数据结构。根据索引中查找键的顺序与数据文件中记录的存储顺序是否一致，可将数据库索引分为聚集索引和非聚集索引。前者要求数据的记录在物理上按照索引键有序存储，因此一份数据最多有一个聚集索引。而非聚集索引则不要求数据记录按照索引键排序，而是抽取索引键的键值（通过键值指向原始的记录），对键值进行排序并建立索引，因此一份数据可以有多个非聚集索引。索引管理主要涉及对索引本身的管理以及索引的动态维护，其详细内容将在第 9 章展开。

4. 安全管理

数据库安全管理是指用于保护数据库管理系统免受恶意攻击和非法访问的各种措施，包括在数据库环境中实现安全性的所有工具、流程和方法，可以对数据库全生命周期进行安全管理。如图 1.3 所示，一个数据库多层级的安全架构通常包括六个模块，分别是入侵检测、访问认证、权限控制、数据安全、安全审计机制和第三方安全测试。下面简要介绍上述六种安全管理模块。数据库安全管理的详细内容将在第 13 章展开。

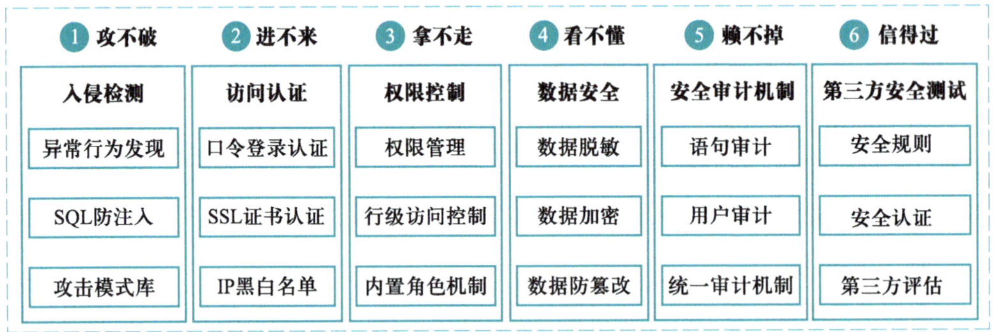

图 1.3　数据库安全架构

1）入侵检测

数据库安全架构通过多种策略对数据库当前状态下的数据安全和行为安全进行监测和防护，其首要目标是“攻不破”，即防止恶意用户通过多种方式攻击数据库。数据库入侵检测主要通过异常行为发现、SQL 防注入、攻击模式库等措施，将潜在的安全风险尽可能拦截在数据库外，避免针对数据库非法、恶意的访问。这些手段通常可以阻止大量恶意访问，是简单、有效的安全措施。

2）访问认证

一旦恶意用户突破了数据库外围的安全管理措施，就需要数据库启用内部各种安全管理策略来保护数据库系统的安全。数据库访问认证是一种保护数据库内核安全的措施，其防御目标是“进不来”，即防止可疑用户接入数据库。数据库认证通常使用存储在数据库中的信息对尝试连接到数据库的用户进行身份验证，最常用的方法就是密码认证。用户在建立连接时必须提供正确的密码，以防止未经授权使用数据库。

3）权限控制

访问控制策略指定访问权限，该权限规定了允许或拒绝数据库用户提出的数据访问请求。在数据库中，用户根据被赋予的数据库操作权限执行相应的数据库命令，操作和访问数据库资源。用户不能访问未授权的数据，以防止越权访问。权限访问控制的防御目标是“拿不走”，即没有权限不能访问和获取数据。

4）数据安全

一旦数据库被恶意用户攻破，其数据会被篡改或破坏。为了避免数据库内的数据被恶意泄露和篡改以致引发难以估量的后果，数据库还需要具备数据加密、数据防篡改、数据脱敏等能力。数据加密包括存储加密、传输加密和计算加密。数据脱敏指的是将隐私数据显示为特定的字符，例如密码显示为“******”。二者的目标均是“看不懂”，即防止恶意用户窥探具体的数据细节，避免隐私泄露。数据防篡改目标是“改不了”，即采用类似于区块链的多方共识技术防止篡改数据。

5）安全审计机制

数据库安全审计机制主要是为了记录和追溯何人、何时访问和修改了哪些数据，以防止高权限或者恶意用户无声无息地更改数据库。数据库审计的目标是“赖不掉”，通过监视用户对数据的各个操作，将其记录到审计日志中，并跟踪数据库记录和权限的使用，为后续审计和追责提供依据。数据库安全审计机制主要包括语句审计、用户审计、统一审计机制等。

6）第三方安全测试

第三方安全测试的主要目标是“信得过”，通过对数据库系统进行安全测评，发现数据库系统中的安全漏洞和薄弱环节，以评估数据库的安全保护能力和级别。第三方安全测试的主要措施有通用数据保护条例（General Data Protection Regulation，GDPR）、信息技术安全评估通用标准（Common Criteria for Information Technology Security Evaluation，简称 CC 标准）和第三方评估测试等。

1.2 数据库发展简史

数据库技术是信息技术领域的核心技术之一，几乎所有的信息系统都需要用其来组织、存储、操纵和管理业务数据，是数据管理的最核心手段。数据库领域也是现代计算机学科的重要分支和研究方向。计算机诞生之初便有了数据存储和管理的需求，概括来说，人们对数据的存储和管理主要经历了人工管理、文件系统管理和数据库管理三个阶段。

（1）人工管理阶段。在 20 世纪 50 年代中期以前，人们主要通过表格或者卡片等方式进行数据的记录和管理。当时的计算机硬件只有卡带、卡片和磁带等间接存取设备，计算机软件也只有基本的操作程序。受上述条件限制，对于程序中使用的数据，需要依赖人工进行维护，数据之间缺乏逻辑组织和独立性，数据处理方式只能是批处理，不支持联机实时处理，因此人工数据管理容易出错且效率低下。

（2）文件系统管理阶段。在 20 世纪 50 年代后期—60 年代中期，这个阶段的计算机硬件已经有了磁盘和磁鼓等直接存取设备，计算机文件系统的研发也让数据管理进入文件系统管理阶段。相较于人工管理，文件系统可以提供更好的数据文件结构，从而降低人力维护数据的成本，同时支持批处理和联机实时处理。然而，这种数据管理模式仍然存在数据文件对应用程序高度依赖、不支持多用户并发访问数据、不支持事务处理等问题。

（3）数据库管理阶段。20 世纪 60 年代末期，计算机硬件的相关研究取得了较大的突破，大容量磁盘设备开始出现，同时计算机的处理能力也得到了较大的提高。在这样的背景下，数据库应运而生。在这个阶段，用户通过专门的数据管理系统软件——数据库管理系统与数据库进行交互以实现数据管理的相关操作。用户可通过标准的接口语言进行数据管理，无须关心数据库文件的物理操作和系统控制。基于数据库的数据管理实现了应用程序与数据相互独立这一特性，同时使数据的组织结构化更强、数据共享程度更高、冗余度更小。

如图 1.4 所示，在 20 世纪 60 年代，早期的数据库主要基于网状数据模型或者层次数据模型构建。后来，关系数据模型的提出，解决了数据独立性和抽象的问题，为数据库在各行各业的广泛应用奠定了基础。在关系数据模型的基础上，诞生了一系列耳熟能详的数据库产品，如 Oracle、IBM DB2、PostgreSQL、MySQL、GaussDB、SQLite

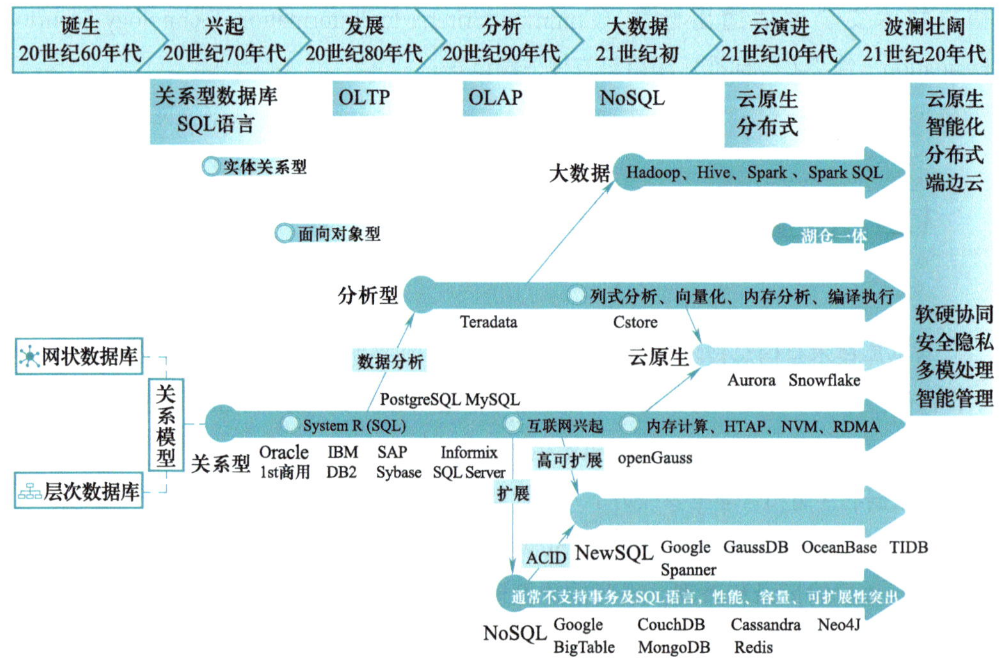

图 1.4 数据库历史演进简图

等。后来，伴随着事务处理、数据分析、互联网、大数据和云计算等新技术和新场景的出现，数据库也产生了不同的发展分支，如分析型数据库、分布式数据库、云原生数据库等。

1.2.1 层次数据库和网状数据库

在数据库发展的早期，有两类重要的数据库：层次数据库（hierarchical database）和网状数据库（network database）。

1968 年，美国 IBM 公司推出了一个大型商用的数据库系统——IMS（Information Management System，信息管理系统），IMS 也是世界上第一个层次数据库。层次数据库基于层次数据模型构建，使用树结构来表示数据记录之间的关系。层次数据模型只能有一个根节点，除此之外其他节点有且只有一个父节点（parent node，也称双亲节点）。在这种结构中，每一个记录类型都用节点表示，记录类型之间的联系则用节点之间的有向边来表示。每一个子节点只能有一个父节点但是每一个父节点可以有多个子节点。因此，层次数据库只能处理一对多的实体关系。然而，现实世界中事物之间的许多关系是非层次型的，层次数据模型很难对这些事物关系进行建模，为了克服层次数据模型的这一弱点，网状数据模型应运而生。

网状数据库是基于网状数据模型，通过“图结构”来表示数据记录之间的关系。网状数据模型中每个节点表示现实世界中的一个实体，节点间的连线表示实体之间一对多的父子关系。网状数据模型允许一个以上的节点无父节点，且一个节点可以有多于一个的父节点。1964 年，美国通用电气公司发布了世界上第一个网状数据库系统——IDS（Integrated Data Storage，集成数据存储）。IDS 的研发者是查尔斯 · W. 巴克曼（Charles W. Bachman），1973 年，巴克曼获得图灵奖，以表彰他在数据库领域，尤其是网状数据库系统方面做出的杰出贡献。

因为网状数据模型可以较好地为层次和非层次结构的事物关系建模，相比于层次数据模型它更加灵活，因此网状数据库早期应用较为广泛。然而，网状数据库也存在一些缺点：① 系统复杂性高：网状数据库内的数据通过物理指针关联，当库内数据变多和关系变得复杂的时候，用户难以维护；② 操作复杂：数据插入、更新和删除操作均需要操纵物理指针，编程过程复杂；③ 独立性弱：缺乏结构独立性，对数据库进行结构更改是非常困难的。为了解决上述问题，关系数据库应运而生。

1.2.2 关系数据库

1970 年，IBM 公司的埃德加 · F. 科德（Edgar F. Codd）在“A Relational Model of

Data for Large Shared Data Banks”(《大型共享数据银行的关系模型》)论文中首次提出了关系模型的概念。相较于早期的数据模型(即网状数据模型和层次数据模型),关系模型具有简洁、优雅的特性,极大地简化了数据库的设计和使用。随后,科德又陆续发表了多篇文章,论述了范式理论,以这一系列数学理论为基础,产生了以关系模型作为数据组织方式的关系数据库。1981 年,美国计算机协会(ACM)授予埃德加·F. 科德图灵奖,以表彰他在关系数据库研究方面做出的杰出贡献。

关系数据库是表的集合。表 1.1、表 1.2 和表 1.3 展示了一个简单的学生选课关系数据库,该数据库包含三张表,分别是学生表 Student、课程表 Course 和学生选课表 SC。相较于前两种数据模型,关系模型通过关系表,可以很灵活且简洁地对现实世界中的数据关系建模。灵活性主要体现在关系模型概念单一,即可通过关系表示实体和实体之间的联系。例如,表 1.1 的 Student 关系表和表 1.2 的 Course 关系表表示了现实世界中的学生实体和课程实体。表 1.3 的 SC 关系表则表示了学生实体和课程实体之间的选课关系。简洁性主要体现在关系模型通过关系表来表示实体和关系,其数据结构简单,用户易于理解和使用。另外,也因为关系模型简单、灵活,可以向数据库开发者隐藏数据库的具体实现细节,提高了数据库的开发和维护效率,降低了数据库使用门槛。

表 1.1 Student 关系表 1

Sno (学号)	Sname (姓名)	Sgender (性别)	Sage (年龄)	Sdept (院系)
2021310721	李博	男	17	CS
2021310722	赵宇	男	19	CS
2021310723	张敏	女	18	CS

表 1.2 Course 关系表 1

Cno (课程号)	Cname (课程名)	Cpno (先修课)	Ccredit (学分)
1	数据库	2	4
2	数据结构与算法	6	4
3	操作系统	2	3
4	高等数学	—	4
5	软件工程	6	2

表 1.3 SC 关系表 1

Sno（学号）	Cno（课程号）	Grade（成绩）
2021310721	5	98
2021310722	1	87
2021310723	1	92
2021310723	5	76

在埃德加·F. 科德提出关系模型之后，对关系数据库的研究正式拉开序幕。1973 年，IBM 公司开始研发第一代关系数据库产品 System R（R 代表关系 relational）。System R 的成功研发证实了关系数据模型和关系理论的实践意义，掀起了关系数据库的浪潮。随后，加利福尼亚大学伯克利分校教授迈克尔·斯通布雷克（Michael Stonebraker）和王佑曾（Eugene Wong）基于 IBM 公司 System R 研究团队发布的系列关系数据库研究论文，开始了对关系数据库系统的研究。他们研发了关系数据库 Ingres（Interactive Graphics Retrieval System，交互式图形检索系统），其代码可以免费获取，也是基于此，Ingres 催生了许多知名的商业数据库系统，例如 Sybase、Microsoft SQL Server、Informix 和 PostgreSQL 等。从影响力方面来说，Ingres 被认为是历史上有影响力的计算机研究项目之一。2014 年，由于在数据库系统原型和初步商业化方面的巨大贡献，迈克尔·斯通布雷克被美国计算机协会授予图灵奖。

1976 年 6 月，霍尼韦尔公司推出世界上第一个商用关系数据库系统——Multics Relational Data Store。紧随其后，甲骨文公司在 1979 年发布 Oracle 1.0 数据库。甲骨文公司不断完善 Oracle 系列关系数据库，Oracle 也逐渐成为主流的关系数据库产品，甲骨文公司也发展成为行业巨头。常见的关系数据库还包括 Microsoft SQL Server、IBM DB2、MySQL、SQLite、GaussDB 等。

关系数据库以关系数据模型为基础，经过几十年的发展，已经在各行各业有着广泛的应用，它不仅性能卓越、运行效率高，而且便于部署和使用。

关系数据库的详细内容将在第 2 章展开。

1.2.3 OLTP、OLAP 与 HTAP 数据库

在数据库诞生的早期，有两类典型的数据库应用场景：联机事务处理（online transaction processing，OLTP）和联机分析处理（online analytical processing，OLAP）。OLTP 以事务为数据处理的基本单位，旨在稳定、高实时性地处理业务数据，是传统关系数据库的主要应用场景。当 OLTP 业务数据累积到一定程度后，企业往往需要分

析这些数据以为决策提供数据支撑，这种面向分析的数据处理就称为OLAP。与OLTP（简单的增删改查）不同，OLAP往往要进行复杂的数据分析，例如计算某个行业的平均工资，所以OLAP要处理非常复杂的查询，需要支持复杂的数据分析和知识发现，以为决策支持提供数据支撑。通常OLAP系统通过抽取、转换、装载方法（extract transformation load method，ETL method）定期将OLTP系统数据导入OLAP系统，数据分析师从OLAP系统中获得企业数据的全局视图，他们通常会尝试从各个角度对数据进行统计、挖掘和分析，以发现其中潜在的商业价值、变化趋势等信息。OLTP和OLAP两种场景是并存的，前者支撑日常业务的正常运转，后者通过智能数据分析为决策提供数据支持。在OLTP场景中，数据库设计目标是实时且准确地执行大量数据库事务来稳定支持面向事务的应用程序。

由于OLAP系统要从OLTP中导入数据，因此OLAP系统的数据与OLTP系统相比往往有延迟。随着数据业务变得复杂，数据同步时延越来越大。此外，越来越多的应用场景需要对最新的事务信息作出快速分析，甚至在有些情况下需要在处理事务的同时对数据进行分析，例如金融交易场景的事务处理和交易信息的实时欺诈检测及风险防范。由此，产生了混合事务与分析处理（hybrid transactional and analytical processing，HTAP），HTAP是一种能够同时处理并发型事务与分析型查询的数据库技术。

OLTP、OLAP和HTAP数据库的主要特征有：① OLTP：主要支持事务处理（例如银行转账或火车票购票），对实时性要求高；② OLAP：主要支持复杂数据分析（例如日均购票数量趋势分析）；③ HTAP：OLTP和OLAP混合，既支持事务处理和简单查询，又支持复杂业务分析和决策。下面将分别介绍这三类数据库。

1. OLTP数据库

OLTP是关系数据库的主要应用场景，常见的OLTP场景包括电子购物、银行交易和预订机票等。OLTP数据库的目标是高效地进行日常事务处理，通常每秒需要完成成千上万条查询处理（插入、更新、删除数据库中的数据），并在处理大量事务的同时维护数据的完整性和有效性。OLTP数据库对实时性、并发性、安全性和数据完整性的要求高，但其单个事务处理的数据量通常不是很大。为了保证事务处理正确、可靠，OLTP数据库通常需要满足事务的ACID特性。在ACID特性下，OLTP数据库进行事务处理时，可以保证事务的正常执行。

常见的OLTP数据库有GaussDB、MySQL、Oracle、PostgreSQL等。

2. OLAP数据库

前面提到的大多数数据库是为了应对OLTP场景，主要用于对日常事务进行高效处理。随着数据库的大规模应用，数据库内存储的数据量也日益增加，于是人们逐渐关注如何从这些原始数据中挖掘隐含的价值，由此产生了 OLAP 数据库。OLAP 数据库的常见用途包括数据挖掘和其他商业智能应用、复杂的分析计算和预测，以及生成财务分析、预算计划分析等业务报告。因此，OLAP 数据库也被认为是一类专门面向数据仓库、专注于提供数据分析和决策功能的系统。在 OLAP 场景中，最基本的操作是对数据进行聚集和统计，这种聚集查询可能要对多表进行连接并匹配和统计大量记录，即使在最先进的硬件上也可能存在性能问题，因此传统的数据库架构难以对大规模数据分析做出实时应答。因此 OLAP 数据库系统通常采用大规模并行处理（massively parallel processing，MPP）架构以支持高效的数据分析。OLAP 数据库的详细内容将在第 14 章展开。

表 1.4 总结对比了 OLTP 和 OLAP 数据库的相关特性。

表 1.4 OLTP 和 OLAP 对比

维度	OLTP	OLAP
主要用途	支持实时交易数据的存储、更新和查询	基于历史数据进行分析，发现知识和规律
典型场景	快速处理高并发、小批量的数据	支持复杂的查询，处理大量数据
主要用户	银行柜员、收银员、仓库管理员等	数据分析师、业务分析师等
主要操作	INSERT、UPDATE、DELETE、简单 SELECT 查询	复杂查询、复杂聚合分析、即席查询
数据规模	处理实时数据，数据规模通常较小	聚合历史数据，数据规模通常较大
并发访问	高	低
响应时间	毫秒	秒、分钟甚至小时（基于场景和数据量）
存储结构	通常为行存储	通常为列存储
备份模式	需要定期备份以确保业务连续性	可以从 OLTP 数据库重新加载丢失的数据

支持 OLAP 的典型系统包括数据仓库和数据湖，下面将分别介绍这两个概念以及它们在 OLAP 场景的应用。

1）数据仓库

如何从多个数据源进行数据的集成、组织和管理以便更好地支持 OLAP 场景，是业界面临的一大挑战。为了应对该挑战，比尔·英蒙（Bill Inmon）在 1992 年出版的 *Building the Data Warehouse*（《建立数据仓库》）一书中提出了数据仓库（data warehouse，DW）的概念。数据仓库的主要功能是从事务系统、数据库和其他数据源定期进行数据的集成、转换和处理，为上层 OLAP 等数据分析任务提供支持。数据仓库的架构通常包含底层、中间层和顶层三个层次，其中底层主要负责对多源异构数据进行集成和管理，中间层主要为上层用户提供用于数据访问和分析的引擎，顶层主要集成了数据分析、数据挖掘和报告生成等前端工具。

数据仓库最主要的特点在于，面向主题从多个数据源获取数据后进行数据的抽取、转换和集成，并通过对存储结构进行优化来支持高效率的查询操作，以满足上层的复杂数据分析需求。其中，主题是指用户使用数据仓库进行数据分析和决策时重点关注的方面，即分析的具体内容。表 1.5 总结了数据仓库和数据库在应用场景、数据源和数据获取方式等五个维度上的差异。目前比较流行的数据仓库产品有 Teradata、Snowflake、Greenplum 等。

表 1.5 数据仓库和数据库对比

维度	数据仓库	数据库
主要场景	OLAP 场景	OLTP 场景
数据源	多数据源：异构或标准化数据	单数据源：事务系统
数据获取	通常按照预定的批处理计划执行批量写入操作	根据工作负载动态连续写入操作数据
数据标准化	非标准化模式	高度标准化的静态模式
数据存储	使用列式存储，优化读操作	使用行存储，优化读写操作

2）数据湖

如果把数据仓库看作是多源数据加工后集中存储的一个“仓库”，那么数据湖（一般用于大数据管理）则可以视为汇集并存储多个来源的原始数据的“湖泊”。数据湖是一个集中存储和管理来自多个数据源的结构化、半结构化和非结构化数据的系统。相较于数据仓库，数据湖可以根据上层数据分析的需求，按需加工原始数据，降低初期的数据管理成本。表 1.6 从应用场景和数据来源等四个维度总结了数据湖和数据仓库的区别。目前数据湖可以借助 Apache Hadoop、Azure Data Lake Storage 和 Databricks Lakehouse 等产品实现。

表 1.6 数据湖和数据仓库对比

维度	数据湖	数据仓库
应用场景	数据发现、探索性分析、机器学习、大数据分析	基于结构化数据的数据分析
数据来源	所有原始数据（含结构化、半结构化和非结构化）	来自数据库的结构化数据
数据质量	包含大量原始数据，使用前需要清洗和标准化	数据质量高，可作为事实依据
适用对象	以数据科学家、数据开发人员为主	以业务分析师为主

3. HTAP 数据库

混合事务与分析处理（HTAP）技术是一种能够同时处理并发型事务与分析型查询的数据库技术。有关 HTAP 技术的研究可以追溯到 2010 年，由著名咨询公司 Gartner 于 2014 年在研究报告中首次提出了 HTAP 的概念，之后 HTAP 技术受到了广泛的关注。HTAP 技术主要用于既需要高并发事务处理又需要实时数据分析的场景，包括混合负载场景、数据中枢场景和实时流处理场景等。例如，在金融交易场景中，需要系统在处理交易数据的同时进行交易信息的欺诈检测和风险防范；在互联网打车场景下，需要系统实时处理各方的订单，并根据对订单数据的分析进行车辆的智能调度等。

HTAP 技术基于创新的计算 / 存储框架，相较于 OLTP/OLAP 技术，主要有以下优点。① 实时、高效的数据分析降低了分析时延。事务处理与分析 / 查询都在同一份数据上实施，避免在线与离线数据库之间的大量数据交互。② 数据管理和维护成本低。基于一站式数据管理，避免同时管理和维护 OLTP/OLAP 数据库，降低数据冗余。③ 节省资源。一份资源同时支持交易和分析。

常见的 HTAP 数据库有基于列存储的 SAP HANA 数据库、基于行存储的 HyPer 数据库、面向分布式事务处理与分析的 TiDB 数据库等。

HTAP 数据库的详细内容将在第 14 章展开。

1.2.4 NoSQL 数据库

随着 Web 2.0 时代的到来和移动互联网的迅猛发展，文本、图像和视频等非关系数据在互联网上大量生产和广泛传播。互联网的许多应用有着高并发、高可扩展、数据规模大和数据结构多样性等特点，传统的关系数据库难以有效地支持这些场景。在这种背景下，产生了 NoSQL 数据库。

NoSQL 数据库是非关系型数据库的统称，“No”指的是“Not Only”，表示不只 SQL。NoSQL 与关系数据库有两大区别。首先，NoSQL 数据库采用不同于关系数据“行列”组织的关系模型，而是采用更简单的设计方式、更灵活的数据模型，在设计上扩展能力更强，这使 NoSQL 数据库能更有效地应对数据负载超过单个服务器承载能力的应用场景。其次，NoSQL 不强调 ACID 事务管理，而是更强调高可扩展性和高可用性。NoSQL 并不支持 ACID 实时一致性，而是一般支持最终一致性（即数据最终是一致的，而中间结果可能不一致）。

NoSQL 数据库有如下优点。① 模式灵活。相比于关系数据库需要预先定义数据模式，NoSQL 数据库无须预先指定数据的模式，并且可以混合处理多种数据类型。② 高可扩展性。NoSQL 数据库中数据之间无关系，这就使得 NoSQL 可以轻松地水平扩展到更多机器上，有效应对了业务增长所需的大数据量存储和吞吐量的需求。③ 高可用性。NoSQL 通过在多节点上创建数据的多副本，支持用户从不同数据节点中查询同一份数据，实现了数据高可用，降低了因为节点故障导致数据不可用的风险。

NoSQL 数据库主要包括键值数据库、列族数据库、文档数据库和图数据库等类型。NoSQL 数据库的详细内容将在第 14 章展开。

1. 键值数据库

键值数据库（key-value database）是一种以键值对格式存储数据的 NoSQL 数据库，它的数据模型简单（键值对），具有较高的容错性和可扩展性。键值数据库中每个数据都是由键（即属性名称）和属性值组成的键值对，其中键作为该数据的唯一标识符。键和值可以是简单数据对象，也可以是复杂的复合数据对象，用户通过键可以查询对应的值。键值数据库使用键值存储，不支持复杂的范围查找，有效地减少了读写磁盘的次数，提高了数据访问效率。

目前最流行的键值数据库是基于内存键值存储的 Redis 和基于磁盘的 Dynamo、RocksDB 数据库。

2. 列族数据库

在列族数据库（column-family database）中，将各列按访问相关性分组成多个列族，每个列族可以看作一个关系数据库表，即每个列族内数据按行相邻存储。将数据按列分散成多个列族的设计模式意味着对某些列进行数据分析时，可以只读取这些列所在列族的数据，而无须加载其他无关列所在的列族，这就大大降低了内存和数据访问时间消耗。此外，同列数据通常具有相同的类型，同类数据的连续存储可以实现更高效的压缩，从而提高数据访问效率。

典型的列族数据库包括 Hbase、BigTable 和 Cassandra 等。

3. 文档数据库

使用关系数据库管理文档对象时，通常需要将这些文档数据按关系拆分成多张关系表，这种管理方式的灵活度低且编程代价高。文档数据库（document-oriented database，也称面向文档的数据库）直接将一个文档对象的所有信息存储在数据库的单一实例中，大大减轻了应用开发过程中数据库建设的工作量。

文档数据库是一种存储、检索和管理文档的 NoSQL 数据库。它以 JSON、BSON 或 XML 文档格式来存储数据，其中 JSON 是易读的层次化键值对数据格式，BSON 是 JSON 序列化高效存储的二进制版本，XML 是可扩展标记语言。文档数据库中每条数据是可嵌套的键值对集合，因此，文档数据库也可以看作是对键值数据库的进一步扩展，用户可以获取层级嵌套的子对象，这就极大地提高了数据存取的灵活性。另一方面，文档数据库采用与键值数据库一样的自描述文档形式，即不固定数据的模式，而是可以灵活定义数据模式，通过键名去阐释值的含义，使文档数据库摆脱了关系数据库那样严格的数据模式的限制。

常见的文档数据库有 MongoDB、Apache CouchDB 等。

4. 图数据库

图数据库（graph database），顾名思义，是一种基于图数据结构进行数据管理的数据库。在图数据结构中，用节点表示现实世界的实体，节点之间的边表示实体之间的关系。图数据库中节点代表的是应用中的对象实例，有向边代表的是应用对象之间的关系，通过节点之间的关系和属性信息可以发现节点之间的关联规律。因为图数据库的这种特性，它在当代互联网中有着广泛的应用场景。例如，通过图数据库来管理社交网络数据、知识图谱。

对图数据库的研究可以追溯到网状数据库，这两类数据库都可以表示一般图。但是，网状数据库中的节点关系更多地反映了“父子”关系，具有一定的层次性，而图数据库更加灵活，且不需要提前定义数据库模式（schema）。常见的图数据库有 Neo4 J 等。

1.2.5 分布式数据库

随着社会信息化和全球化的发展，数据规模呈现爆炸式增长态势，仅仅依靠单机数据库已经难以满足用户需求。在这种背景下，分布式数据库应运而生。分布式数据库的详细内容将在第 14 章展开。分布式数据库的基础架构如图 1.5 所示。分布式数据库系统由分布于多台机器的数据库节点组成，它们之间通过网络进行通信。这种方式可以把分散在不同物理节点的数据库看作一个完整的数据库系统，同时又具有较好的水平扩展性。概括而言，分布式数据库是多台计算机节点通过网络连接，对外作为一个整体提供数据存储、查询等服务的数据库系统，可以实现数据的分布式处理，系统中的每个单独的数据库服务器都能独立地处理数据。这种架构既能处理大规模数据，也能满足分布在不同地区的组织、企业（如跨国公司）对数据库应用的需求。然而，分布式数据库系统的分布式处理中的任务分配、事务处理、查询分析也有一定的时间开销，同时其维护成本也较大。

对于分布式数据库系统的研究可以追溯到 20 世纪 70 年代中后期，世界上首个分布式数据库系统 SDD-1（system for distributed database）由美国计算机公司（Computer Corporation of America，CCA）于 1976—1978 年设计研发，并于 1979 年在 DEC-10 和 DEC-20 计算机上实现部署。20 世纪 80 年代以来，计算机硬件成本的降低和计算

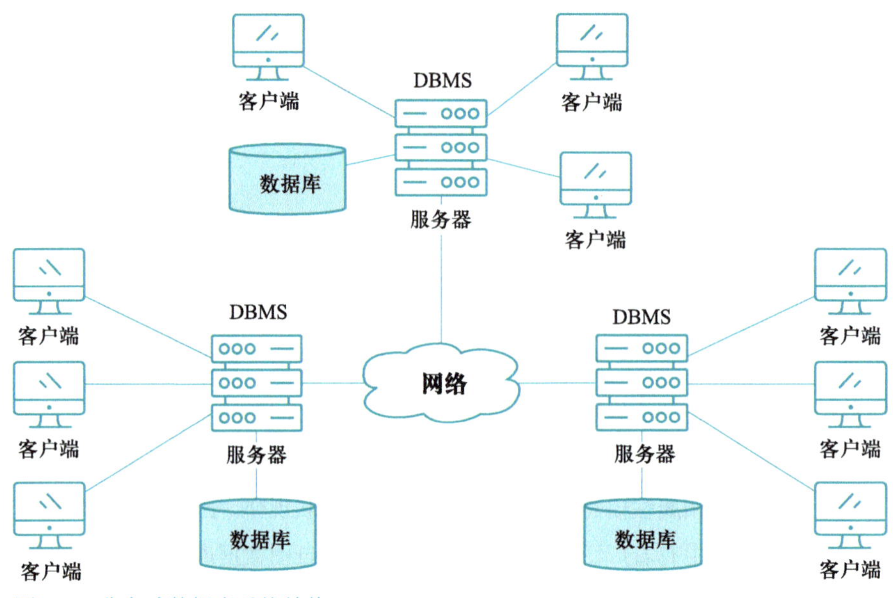

图 1.5　分布式数据库系统结构

机网络的发展，为分布式数据库的发展提供了必要的条件和应用场景。美国 IBM 公司的 San Jose 实验室在 IBM System R 数据库的基础上推出了分布式版本 R* 数据库，加利福尼亚大学伯克利分校研发了 Ingres 数据库的分布式版本，并部署在 UNIX/PDP 机器上。1987 年，克里斯托弗·J. 戴特（Christopher J. Date）提出了分布式数据库系统应当遵守的 12 条规则，如本地自治性和不依赖于中心站点等，这 12 条规则被视为实现完全的、真正的分布式数据库系统的标准定义。

步入 21 世纪以来，随着数据库需要处理的数据量和分布式业务的需求与日俱增，业界对分布式数据库的兴趣和研究空前高涨。谷歌公司陆续发表“The Google File System”“MapReduce: Simplified Data Processing on Large Clusters” 和“Bigtable: A Distributed Storage System for Structured Data”三篇论文，奠定了大规模分布式存储系统的理论基础，也是现代分布式数据库的启蒙。2012 年，谷歌正式发布 Spanner，Spanner 是一个可无限扩展、强一致性的全球级分布式数据库。它采用独享型体系结构（shared-nothing architecture），将数据按照哈希或范围进行分片，然后将分片分布到不同的节点上，而为了保证数据高可用性，还需为每个分片数据存储多个副本。为了支持不同分片之间的事务一致性，采用两阶段提交协议（two-phase commit protocol，2PC）来实现分布式事务。为了防止一个数据分片不可用，通过分布式一致性协议 Paxos 来实现一份数据多副本的一致性。而为了保证不同地域数据中心的时间戳一致性，采用真实时间（TrueTime）来实现时钟的对齐。Spanner 推动了支持强一致性、高可扩展和高性能的分布式数据库的发展。

分布式数据库的核心技术主要包括数据的划分（如何将数据划分到不同的节点）、

分布式的事务处理（2PC+Paxos）、分布式的查询处理和查询优化。常见的分布式数据库有 GaussDB、TiDB、CockroachDB、OceanBase 等。

1.2.6 内存数据库

在数据库发展早期，由于计算机硬件发展水平的限制（如内存容量有限、价格高昂），传统数据库系统通常基于容量充足且价格相对低廉的磁盘进行设计，将大量数据存储在磁盘中。这类数据库在进行事务处理等操作时，由于内存无法保存所有数据，往往涉及磁盘 I/O 操作，很难满足实时应用系统的性能需求。随着技术的进步，内存的容量变得越来越大，价格也越来越便宜，单机的内存可以达到数百吉字节甚至太字节，使得利用内存进行数据存储成为可能。因此，研究者们开始探索如何使用内存进行数据存储和管理，这就是内存数据库（in-memory database，IMDB）。

内存数据库是一种在内存中进行数据存储以及数据访问控制的数据库管理系统。内存数据库将数据存储在内存中，使用磁盘进行数据恢复，受益于内存在性能以及访问速度上的巨大优势，内存数据库具有高吞吐量、低延迟以及高并发性的特点。由于内存数据库将数据存储层从磁盘转移到内存，从而提升了响应时间以及吞吐量。但是，基于磁盘设计的传统数据库架构并不符合内存数据库的设计需求。因此，如何根据内存数据库的特性设计更加合理和高效的数据组织（由页面组织转为基于记录的组织形式）、索引管理（由磁盘索引转为内存索引）、并发控制（由基于锁的并发控制协议转为无锁并发控制协议）、故障恢复以及查询处理与编译执行是内存数据库的重点研究内容。内存数据库的详细内容将在第 14 章展开。

1.2.7 云数据库

在云数据库出现之前，数据库使用者通常需要自行建设、管理和维护数据库，这种方式存在以下几点不足。首先，数据库系统的部署需要大量的前置资金，且后期维护系统长期、稳定的运行需要用户投入额外的运维成本。其次，当业务数据量动态变化时，用户很难弹性地调整数据库资源，这必然导致数据库资源冗余或者不足等问题。最后，用户通常很难准备充分的数据容灾方案，当发生断电和地震等灾害时，可能会造成业务数据丢失等后果。因此，解决好上述问题将有利于数据库厂商开辟市场，抢占更多市场份额。

在云计算（cloud computing）和互联网基础设施的不断发展和完善下，依托于大规模数据中心，数据库厂商开始尝试将数据库部署在“云”上，为用户提供灵活的数据库服务。云数据库（cloud database）是企业基于云存储服务，在公有云或私有云结构上提供的数据管理系统。云数据库具备云服务最为重要的弹性特点，具有按需计费和扩展、开箱即用、高可用等优势，其核心思想可以总结为“数据库即服务”（database as a service，DaaS）模式，即在普及的互联网基础设施条件下，依托于大规模数据中心的规模效应，利用云基础设施提供数据管理的托管服务。这种基于云基础设施直接搭建在虚拟计算环境中的数据库系统称为云数据库系统。云数据库有两种常见的部署模式：用户购买云服务器并独立部署和运行数据库，或者用户购买由云数据库提供商维护的数据库服务的访问权限。按照云数据库的发展阶段，可以将其分为云托管数据库系统和云原生数据库系统两类。前者将数据库部署到云基础设施以实现数据库的开箱即用、高可用的特点。而云原生数据库则通过计算 / 存储分离架构来实现计算层和存储层的独立弹性扩展，进一步提升了数据库的弹性、按需计费的优势。

云数据库详细内容将在第 14 章展开。

1.2.8 其他类型数据库

除了上面介绍的比较有代表性的数据库外，还有许多其他类型的数据库。例如，为了实时处理不断变化的数据，研究者们提出了实时数据库的概念；为了解决终端设备小规模数据管理的需求，研究者们提出了终端数据库的概念。

1. 实时数据库

在现实生活中，许多场景要求数据库系统能够实时处理不断变化的数据信息。例如，股市中每个股票的价格变动是十分快速的，这就需要数据库实时处理不同时间戳的股票交易价格。实时数据库是实时系统和数据库技术相结合的数据库系统，主要完成快速变化的数据处理及具有时间限制的事务处理（例如自动驾驶的实时控制）。在设计实时数据库时，需要考虑如何正确、有效地表示时间，将现实世界的时间概念与实时系统的时间概念相关联。此外，还需要考虑如何有效表示数据库中的属性值，保证数据一致性和流程事务不冲突。实时数据库的事务处理既要考虑事务的执行时间，也要考虑事务的终止时间、已执行部分的回滚时间以及事务的紧迫程度，这是因为实时数据库中的数据受时间约束。常见的实时数据库有 PI 数据库等。

2. 终端数据库

为了满足终端设备小规模数据管理的需求，终端数据库（也称嵌入式数据库）应运而生。终端数据库结构简单、性能高，可以作为嵌入式数据库搭建在应用程序或者终端设备中，降低了传统数据库客户 – 服务器模式（client-server model）下高昂的数据通信开销。终端数据库的特点是轻量级、低功耗、低底噪（安装和启动内存要求低)。其中，SQLite 是一款常见的、满足 ACID 事务特性的终端数据库，可为许多产品提供嵌入式数据库服务。

1.3 数据库系统的应用和展望

前面概述了数据库系统的组成模块和典型的数据库系统，本节介绍基于数据库系统的典型应用案例，展望数据库系统的未来发展机遇。

1.3.1 数据库系统的应用

在信息时代，各类计算机程序和互联网应用都离不开数据库系统的支持。例如，当用户使用手机进行网络购物浏览商品时，这些商品数据都是由服务提供商存储在数据库中的；当用户使用移动支付进行商品支付时，商家、移动支付提供商和银行之间需要通过数据库进行交易数据的事务处理；当用户查询商品的物流信息时，也离不开数据库系统的支持；商家也能通过数据库管理系统进行商品的管理，同时还可以通过数据分析软件进行销售数据的分析。

总而言之，数据库系统是现代信息系统的核心和基础软件，在各行各业中都有广泛的应用。管理信息系统（management information system，MIS）、事务处理系统（transaction processing system，TPS）和决策支持系统（decision support system，DSS）是三类典型的基于数据库的信息系统。

1. 管理信息系统

管理信息系统利用计算机、软件（数据库系统）和网络通信设备等信息技术，对一个机构（组织）进行整体化的信息管理，它包含信息采集、传输、加工、存储、更新和维护等部分。通常而言，管理信息系统采用统一的数据库来组织、存储和管理数据，实现机构内数据的共享和交换，并为与机构外进行信息的交互提供了途径。例如，常见的管理信息系统有客户关系管理（customer relationship management，CRM）系统和企业资源计划（enterprise resource planning，ERP）系统。CRM 系统是一种管理企业与当前或潜在客户互动的系统，旨在帮助企业构建整个客户生命周期内客户的数据管理和交互分析，以帮助企业提高盈利能力。ERP 系统是基于数据库管理系统来维护企业业务流程的管理软件，为企业提供核心业务流程的集成，包括计划、采购、库存、销售、市场、财务和人力资源等。

2. 事务处理系统

事务处理系统是为业务处理过程提供特定支持的信息系统，为组织或者个人完成某项工作提供有力的工具支撑。通常而言，事务处理系统基于数据库应用程序对组织日常的业务活动（如订购、入库、销售、出库、进账等）进行记录、检索、汇总、管理和维护等数据统计操作。

一个典型的事务处理系统就是银行的交易系统。在银行的交易系统中，需要实时处理客户在银行发生的每一笔交易记录，实时进行业务核算。商品销售利润核算系统是另一种典型的事务处理系统。为了不占用日间高峰期的计算资源，系统可以选择在夜间以批处理的方式进行当天商品交易利润的核算。从上述例子可以看出，银行的交易系统对实时性要求较高，是在线的事务处理；商品销售利润核算系统对实时性要求不太高，可以通过批处理方式进行。

3. 决策支持系统

决策支持系统是一种基于数据库技术的信息系统，它结合了数据挖掘、机器学习、可视化、管理学和运筹学等多学科，为决策者提供特定的信息服务，以解决特定领域中基于信息的决策问题。

现代的商业智能（business intelligence，BI）系统是一个典型的决策支持系统。BI系统通常基于数据仓库或者数据湖进行企业多源异构数据的管理，根据数据分析的需求，从中提取有用的数据进行清洗和整理，并通过机器学习、数据挖掘和数据可视化等手段实现数据分析和处理，从数据中挖掘隐藏的价值和规律，为企业决策提供数据支持。

1.3.2　数据库发展新机遇

本节结合新硬件、人工智能和区块链等技术，讨论数据库发展的新机遇。

1. 新硬件与数据库

数据库的发展与新应用和新硬件密切相关。近年来，一些新硬件的出现，为数据库的设计和优化提供了一些新的思路。

在多核处理器（multi-core processor）中，一块芯片上可能会有几十甚至几百个计算核心。要想充分利用这些算力，并发控制是一个极大的挑战。特别是非均匀存储器访问（NUMA）架构为数据分布、线程调度带来了极大的挑战。

相对CPU，图形处理器（graphics processing unit，GPU，也称图形处理单元）和现场可编程门阵列（field programmable gate array，FPGA）等更为专用的计算部件具有很多优势，如更高的并行度和更快的处理速度等。充分利用这些部件的特性，就可以大幅加速某些特定类型的计算任务，如并行查询处理。

非易失性内存是一种类似于硬盘的存储介质，它可永久保存数据且容量较大，而且速度可与易失性内存（如动态随机存取存储器）媲美，因此如何设计架构以在数据库里发挥非易失性内存的优势是一个值得研究的问题。

远程直接存储器访问（remote direct memory access，RDMA）可以跨机器直接进行内存访问，具有吞吐量高和延迟低的特点，有助于提升数据库远程共享内存访问的速度。

综上所述，这些新硬件为数据库架构的设计带来了新的机遇，有望推动数据库技术的持续发展。然而，在充分利用这些新硬件的特性方面，如何更好地将它们融入数据库架构将成为学术界和工业界共同关注的焦点。

2. 人工智能与数据库

在大数据和互联网时代，现有的数据库系统面临大规模异构数据、异构应用、异质用户和多种异构计算资源等挑战，现有的数据库技术已经无法很好地应对上述挑战。同时，人工智能（artificial intelligence，AI）技术发展迅猛，已经成为新一轮科技革命和产业变革的重要驱动力。因此，研究者开始探讨如何利用人工智能技术来提高数据库的智能化程度，例如，让数据库自适应不同场景和应用需求，提高数据库的可用性和稳定性。因此，人工智能原生数据库（AI–native database）应运而生。AI 原生数据库旨在利用人工智能技术，为数据库系统提供自监控、自诊断、自优化、自配置、自修复、自安全和自组装功能，进而降低人力运维成本，提高数据库系统的性能。尽管 AI 原生数据库在一些场景的应用中已经取得很好的效果，但是由于上层应用的多样性（例如 OLAP、OLTP、HTAP 等）和硬件的多样性（例如 CPU、NVM、GPU、RDMA 等），AI 原生数据库仍然面临诸多挑战，需要研究者和业界投入更多的精力进行研究和开发。

人工智能依赖专家设计调优模型，因此在实际应用中存在落地难的问题。而数据库具有通用性高和易用性好的特点，可以降低人工智能的门槛。数据库通过扩展 SQL 语法来支持人工智能的基本算法，实现数据库内置支持人工智能。此外，目前人工智能在落地过程中面临人工智能算法训练效率较低、缺少执行优化技术（如大规模缓存、数据分块分区、索引等）问题。这不仅导致大量的计算、存储资源浪费，而且会提高程序异常的发生率（如内存溢出、进程阻塞等），严重影响了任务执行效率。另外，人工智能模型质量往往依赖高质量的训练数据，但现实中的训练数据往往包含很多缺失值、异常值和别名等类型的错误，这些错误通常会影响训练效率，对模型的质量造成不利影响。利用面向人工智能的数据管理技术可部分解决上述挑战。一方面，数据库系统集成异构计算框架和大规模内存计算能力，可以有效提高人工智能算法的处理能力。另一方面，一些数据发现、融合、清洗和建模技术可以在数据层面支持人工智能。

3. 安全隐私与数据库

数据安全和隐私已经成为关系国家安全、社会安全和个人安全的重要问题，因而备受关注。由于核心数据往往存储在数据库中，因此数据库的安全和隐私保护至关重要。数据安全涉及数据的密态计算、数据的防篡改（结合区块链的思想）、数据的多方安全计算、数据的交换与共享等方面。数据库密态计算是指在数据库整个生命周期中，数据始终处于加密状态。在这一背景下，密态数据的存储和传输相对简单，但是对密态数据进行查询和计算却非常复杂（如密文的范围查询、密文的模糊检索等）。因此需要进一步加强密文查询处理的相关研究工作，目前已有纯软件的方法和软硬件结合的方法。数据库的防篡改指的是用户（数据库管理者、数据库用户）无法篡改数据，从而保证数据的安全。数据库的多方安全计算则涉及多个数据库在保证数据互不泄露的前提下，如何协作以实现查询处理。数据的交换与共享需要在保护数据隐私的同时发挥数据的价值。目前可用数据胶囊技术来实现数据的交换与共享，数据胶囊通过“胶囊”保护数据，用户只能通过数据胶囊提供的 API 来访问数据，而不能非法访问数据。

随着《中华人民共和国个人信息保护法》和《中华人民共和国数据安全法》的颁布，数据的安全和隐私的重要性日益凸显，数据库的安全隐私计算也将发挥越来越大的价值，这也为数据库领域带来了许多新的机遇和挑战。

1.4 小结

数据库是信息技术领域的核心基础软件之一，几乎所有的信息系统都需要使用数据库来组织、存储、操纵和管理业务数据。数据库是数据管理的有效手段之一，对数据库的研究也是现代计算机学科的重要分支和方向。

本章通过阐述数据、数据库、数据库管理系统和数据库系统的概念，抽丝剥茧地对数据库系统做了介绍。本章介绍了数据库管理系统的查询处理层、查询执行层、存储管理层和安全管理模块，并阐述了数据库的重要概念，如事务管理和索引管理等。本章还回顾了数据库的发展简史，讨论了新技术和新需求对数据库演化的影响。本章最后总结了基于数据库的典型应用系统，并展望了新硬件、人工智能和隐私保护等技术对数据库发展的影响。

1.5 习题

1. 在数据管理技术发展过程中，下面可以实现数据共享的阶段是（　　）。

A. 人工管理阶段　　B. 文件管理阶段

C. 数据库管理阶段　　D. 以上阶段都可以

2. 在数据库应用实现中，下面数据库应用结构适合全国铁路客票销售系统的是（　　）。

A. 集中式结构　　B. 客户 - 服务器结构

C. 分布式结构　　D. 以上结构都可以

3. 按传统的数据模型分类，数据库系统可以分为（　　）三种类型。

A. 大型、中型和小型　　B. 西文、中文和兼容

C. 数据、图形和多媒体　　D. 层次、网状和关系

4. 数据管理技术的发展经历了人工管理阶段、文件系统阶段与数据库系统阶段。在这几个阶段中，数据独立性最高的是（　　）阶段。

A. 文件系统　　B. 数据库系统

C. 人工管理　　D. 数据项管理

5. 数据库、数据库管理系统和数据库系统之间的关系是（　　）。

A. 数据库系统包括数据库和数据库管理系统

B. 数据库管理系统包括数据库和数据库系统

C. 数据库包括数据库系统和数据库管理系统

D. 数据库系统就是数据库，也是数据库管理系统

6. 数据库系统的独立性体现在（　　）。

A. 不会因为数据的变化而影响应用程序

B. 不会因为存储策略的变化而影响存储结构

C. 不会因为系统数据存储结构与数据逻辑结构的变化而影响应用程序

D. 不会因为某些存储结构的变化而影响其他的存储结构

7. 下面不属于数据库系统特点的是（　　）。

A. 数据共享程度高　　B. 数据完整性

C. 数据独立性高　　D. 数据冗余程度高

8. 下面不属于数据库管理员的职责的是（　　）。

A. 设计数据库管理系统　　B. 实施数据库安全措施

C. 定义数据库模式　　D. 实现完整性约束说明

9. 与数据库管理系统相比，使用文件处理系统来管理数据的主要弊端有哪些?

10. 使用数据库管理系统进行数据管理的好处有哪些?

第 2 章

关系模型和关系代数

数据模型是对现实世界数据的抽象和组织，也是数据库中数据的组织方式。如图 2.1 所示，关系数据库采用关系模型来组织数据。关系模型由关系数据结构、关系操作和关系完整性约束三部分组成。在关系模型中，数据表示为多张二维表，每张表（也称为关系）由行和列组成，表中的列表示数据的属性（例如身份证号、学号、姓名），表中的行描述数据的内容（例如某个学生的具体信息）。表的属性值可能受到约束，例如身份证号不能为空，这称为关系完整性约束。关系操作是指操纵数据库中数据的方法，包括查询、删除、插入和修改。处理关系数据的关系运算（类似于数值的加减乘除）包括关系代数和关系演算。为了方便用户处理关系数据，关系数据库发展出一种标准查询语言——SQL，用户可以通过 SQL 语句来查询和处理关系数据，关系代数语言、关系演算语言和 SQL 是关系数据库常见的关系数据库语言。

本章 2.1 节介绍关系数据库和关系模型的基本概念，2.2 节和 2.3 节分别介绍关系运算中的关系代数和关系演算。本书第 4 章将展开介绍 SQL。

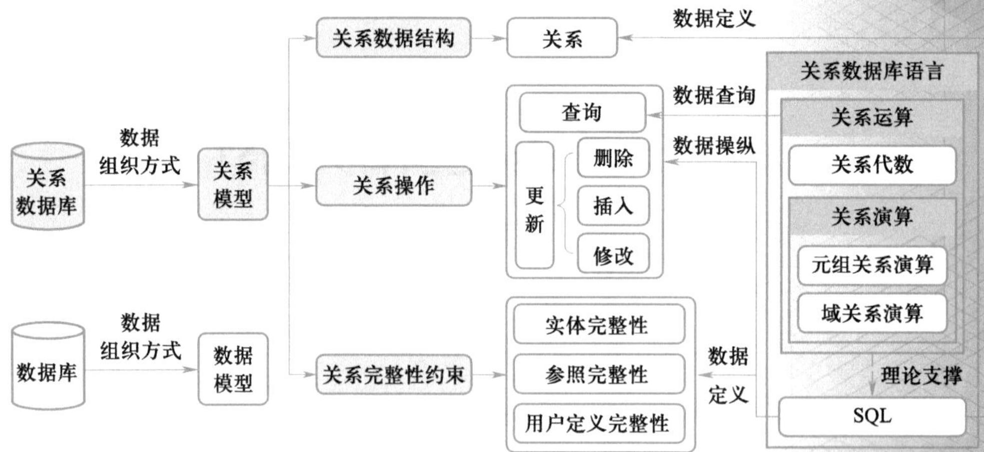

图 2.1　本章主要内容概览

2.1 关系数据库和关系模型

2.1.1 关系数据结构

1. 关系数据库和关系概念

关系数据库（relational database）由表（table）的集合构成，在关系理论中，表又称为关系（relation）。每个表都有唯一的名字，称为关系名。以学生信息数据库 Student 为例，该数据库包含 3 个关系表：Student、Course 和 SC，分别如表 2.1～表 2.3 所示。Student 关系有 5 列：Sno、Sname、Sgender、Sage 和 Sdept，其中一行记录表示一个学生的信息，即学号、姓名、性别、年龄和院系。Course 关系包括每门课程的课程号（Cno）、课程名（Cname）、先修课（Cpno）和学分（Ccredit），其中一行记录表示一门课程的信息。SC 关系记录了学生的选课信息和课程成绩，其中一行记录表示某个学生选择某门课程的成绩信息。

表 2.1　Student 关系表 2

Sno（学号）	Sname（姓名）	Sgender（性别）	Sage（年龄）	Sdept（院系）
2021310721	李博	男	17	CS
2021310722	赵宇	男	19	CS
2021310723	张敏	女	18	CS
2021310724	王勇	男	18	MA
2021310725	刘佳	女	17	MA

表 2.2　Course 关系表 2

Cno（课程号）	Cname（课程名）	Cpno（先修课）	Ccredit（学分）
1	数据库	2	4
2	数据结构与算法	6	4
3	操作系统	2	3
4	高等数学	—	4
5	软件工程	6	2
6	程序设计	—	3
7	数值分析	4	2

表 2.3 SC 关系表 2

Sno （学号）	Cno （课程号）	Grade （成绩）
2021310721	5	98
2021310722	1	87
2021310723	1	92
2021310723	5	76
2021310724	7	84
2021310725	4	95

在关系数据库中，表格中的每一列称为属性（attribute）。例如，表 2.1 中的 Student 关系有 5 个属性，它们的属性名分别是 Sno、Sname、Sgender、Sage 和 Sdept。一个有 n 个属性的关系称为 n 元关系。例如，表 2.1 中的 Student 关系是五元关系。表格中的每一行称为元组（tuple）或记录（record）。因此，关系可以视为是元组的集合。对于元组中的某个属性值，在关系中称为该元组的分量。例如，在表 2.2 中，“数据库”是该关系第一个元组在 Cname 属性上的分量。

关系中每个属性都存在一个合法的取值集合，称为该属性的域（domain）。例如，表 2.1 Student 关系中的 Sage 属性，其每一个取值通常是大于或等于 0 的数值。关系中某一个属性中的值都应该来自同一个域。例如，Sage 属性中的值都应该是整数或者空值（NULL），而不能出现日期等其他类型的数据。

如果关系中的某一属性或者某些属性的组合可以区分不同的元组，则称这样的属性或者属性组为键（key）。如果一个键去除一个属性仍然是键，则该键是平凡键。显然所有属性构成一个键，但其可能是平凡键。而若一个键去除掉某个属性后就不是键了，则这个键称为候选键（candidate key）。例如，在表 2.1 Student 关系的 5 个属性中，如果 Sno 和 Sname 属性的取值都是唯一的，则它们均是该关系的键，即候选键。候选键的各个属性称为主属性，不包含在任何候选键中的属性称为非主属性。例如，Student 关系的主属性是 Sno 和 Sname。

在某些情况下，需要同时使用两个或者两个以上的属性才能唯一标识不同的元组，这种由多个属性构成的键称为复合键（composite key）。例如，在表 2.3 的 SC 关系中，只用 Sno 或者 Cno 属性都不能唯一地标识不同的元组，但若同时使用 Sno 和 Cno 属性则可以唯一地标识不同的元组，即可唯一地区分不同学生在不同课程上的成绩。因此，SC 关系中的 Sno 和 Cno 属性的组合是其复合键。

在一个关系中，如果它有多个候选键，在定义关系时一般选择一个最合适的键作为主键（primary key）。例如，在 Student 关系的 5 个属性中，Sno 属性可以唯一地标识不同的学生，因此可以选择 Sno 作为 Student 关系的主键。值得注意的是，SC 关系中的 Sno 和 Cno 属性分别是 Student 和 Course 关系的主键，即一个关系模式 R_1 中的非主键属性对应了另一个关系模式 R_2 的主键，这样的属性在 R_1 上称作参照 R_2 的外键（foreign key）。主键与外键定义了不同表之间的联系，例如 SC 表的外键 Sno、Cno 分别参照 Student 表和 Course 的主键 Sno、Cno 属性。

2. 关系模式

通过上述介绍不难发现，在关系数据库中，关系实际上就是一张二维表，表格的每一行是一个元组，表格的每一列是一个属性。关系模式（relational schema）是对关系结构的描述，由关系名及其属性集合组成，记做 R（A_1，A_2，…，A_n），其中 R 和 A_i 分别对应关系名和属性名，其中主键可以用下画线标识。例如，表 2.1 的 Student 关系可以写为 Student（<u>Sno</u>，Sname，Sgender，Sage，Sdept），其中 Sno 是 Student 关系的主键。

关系实例是关系元组的集合，可以用来表示一个关系的特定实例。例如表 2.1 中的 Student 关系的实例有 5 个元组，分别对应 5 个学生。

上面介绍了关于关系模型的一些术语，表 2.4 总结了这些术语与现实生活中表格的术语的对比。

表 2.4 术语对比

关系模型术语	一般表格的术语	关系模型术语	一般表格的术语
关系模式	表头（表格列名的集合）	属性	列
关系名	表名	属性名	列名
关系	二维表	属性值	列值
元组	行 / 记录	分量	一条记录中的一个列值

2.1.2 关系操作和关系数据库语言

关系模型的第二个组成部分是关系操作。基于关系模型，常见的关系操作主要包括查询（query）操作和数据更新操作，而数据更新操作又包括删除（delete）、插入（insert）和修改（update）三类操作。查询操作是关系操作的核心部分。关系操作可以通过关系运算来表示，关系运算是埃德加 · F. 科德博士提出的关系模型的一部分，本质上它是一种形式化的关系查询语言，用于从数据库中查询数据。

如图 2.1 所示，关系数据库语言包括关系运算和 SQL。关系运算包含关系代数（relational algebra）和关系演算（relational calculus）。关系代数是一种过程化查询语言，通过描述关系的运算来查询、获取数据；关系演算则是非过程化查询语言，通过描述想要获取的数据信息来获取数据（不需要给出运算过程），关系演算可以进一步分为元组关系演算和域关系演算两种语言。本章将在后面重点介绍关系代数，简要介绍关系演算。此外，为了方便用户查询处理关系数据，科学家们定义了结构化查询语言 SQL 来操作关系数据，本书第 4 章将详细介绍 SQL。SQL、关系代数和关系演算都是建立在关系模型基础上的、用于表达数据操作的语言，它们之间的关系如下：SQL 是一种介于关系代数和关系演算之间的语言，它和关系演算一样是非过程化语言，而关系代数是 SQL 的理论基础（是过程化的）。SQL 是用户与关系数据库直接交互的途径（如图 2.1 所示），SQL 的优化需要关系代数理论来支撑。

2.1.3 关系完整性约束

在现实世界中，仍然有许多事物很难用现有的方法进行建模。因此，在信息世界中对这些事物建模时，通常需要附加一定的约束（constraint）。在关系模型中，有三类完整性约束：实体完整性约束（entity integrity constraint）、参照完整性约束（referential integrity constraint）和用户定义完整性约束（user-defined integrity constraint）。

1. 实体完整性约束（主键约束）

一个规范的关系数据库中，每个元组都应该是唯一且可区分的。例如，在学生关系数据库中，不应该出现两个学号相同的元组，并且学生实体之间是可以相互区分的。

实体完整性约束可以保证关系数据库具备上述特性。它主要通过在关系表中实施主键取值约束来保证关系中的每个元组可以被唯一识别。

具体而言，实体完整性约束有以下规则：

（1）如果键 K 是关系 R 的主键，则 K 不能取空值；

（2）如果键 K 是关系 R 的复合键，则构成复合键的多个属性均不能取空值；

（3）如果键 K 是关系 R 的主键，则 K 的取值不能在 R 中重复。

定义关系后，可以通过以下规则实施关系 R 的实体完整性检查：

（1）检查关系 R 的主键 K 的值是否非空且唯一，如果不唯一或者为空，则拒绝插入或者修改元组数据；

（2）如果关系 R 的主键 K 是复合键，检查 K 的各个属性是否为空，如果有一个为空或者复合键不唯一，则拒绝插入或修改元组数据。

例如，考虑学生选课关系 SC（<u>Sno</u>，<u>Cno</u>，Grade）。图 2.2 是 SC 关系的 3 个实例。在如图 2.2（a）所示的关系表中，由于 SC 的主键（<u>Sno</u>，<u>Cno</u>）在第二个元组的 Cno 属性取值为空，违反了上述规则（2），因此，图 2.2（a）所示关系表不满足实体完整性约束。在如图 2.2（b）所示的关系表中，由于第二个元组和第三个元组的主键取值重复，不能区别不同学生的成绩，违反了上述规则（1）。因此，如图 2.2（b）所示关系表不满足实体完整性约束。在如图 2.2（c）所示的关系表中，虽然第二个元组的 Grade 属性为空，但它不属于主键，可以允许为空值，表示该学生没有成绩。因此，如图 2.2（c）所示关系表满足实体完整性约束。

复合主键的属性取值为空

Sno (学号)	Cno (课程号)	Grade (成绩)
2021310721	5	98
2021310722		87
2021310723	1	92

(a) 违反实体完整性约束规则(2)的SC关系表

主键的取值重复

Sno (学号)	Cno (课程号)	Grade (成绩)
2021310721	5	98
2021310722	1	87
2021310722	1	92

(b) 违反实体完整性约束规则(3)的SC关系表

Sno (学号)	Cno (课程号)	Grade (成绩)
2021310721	5	98
2021310722	1	
2021310723	1	92

(c) 符合实体完整性约束的SC关系表

图 2.2 完整性约束的示例

2. 参照完整性约束（外键约束）

实体完整性约束可以看作是实体集内部之间的约束，而参照完整性约束主要是针对实体集之间关系的约束。为了更好地理解参照完整性约束的定义和内涵，先来看以下的例子。

学校与学生之间存在一对多的“录取”关系，即一所学校可以录取多个学生，如果某一学生被某所学校录取，那么录取该学生的学校信息必须出现在学校实体集中。

上述例子表明，一个实体集中的属性取值需要参照另一个相关实体集。即，实体集之间存在相互引用、相互约束的情况。具体地，参照完整性约束有以下规则:

（1）如果 K_R 是关系 R 的外键（参照了关系 S 的主键 K_S），则 K_R 要么取空值，要么取 K_S 中已经存在的值;

（2）特别地，如果 K_R 是复合键（即 K_S 也是复合键），当 K_R 取空值时，则组成 K_R 的所有属性都取空值；

（3）此外，如果 K_R 是复合键，还要注意，组成 K_R 的各属性可能存在主属性，这种情况下 K_R 不可取空值。

例如，在 SC 关系中 Sno 和 Cno 分别是 SC 的外键，但同时又是 SC 的主属性，既适用于参照完整性（Sno 要么取空值，要么取 Student 关系里已经存在的 Sno 值），又适用于实体完整性（Sno 作为主属性不能为空），因此 SC 中的 Sno 与 Cno 只能分别取 Student 和 Course 关系中已经存在的 Sno 和 Cno 的值。

在关系数据库中，参照完整性约束规则有以下作用。

（1）删除规则：如果一个实体 E 被另一个实体 F 引用，可以禁止删除该实体 E；或者在删除实体 E 的同时，删除所有引用实体 E 的实体 F。例如，某所学校录取了 1 000 个学生，要么不能将该学校删除；要么在删除该学校的同时，删除与该学校关联的 1 000 个学生的信息。

（2）插入规则：如果一个实体 F 引用了另一个实体 E，那么实体 E 必须存在于数据库中。例如，某位学生被某所学校录取，那么该学校必须已经存在于学校实体集中；否则，需要先将学校实体集中的信息存储到数据库中，才能将该学生的信息插入数据库。

3. 用户定义完整性约束

相较于前两种约束是关系数据库系统都应该支持和保障的，用户定义完整性约束是用户根据具体的数据库应用场景设置的特殊约束条件，用户定义完整性约束反映了数据的特殊语义要求。例如，在 Student 关系中，假设学校在录取学生的时候明确要求每位学生都必须有姓名和年龄信息，则 Student 关系中的 Sname 和 Sage 属性均不能取空值。

4. 其他约束

除了上述常见的约束外，还有以下几种约束，下面简要介绍。

（1）非空约束（not null constraint）：指关系中某一属性的取值不能为空值。例如，如果对 Student 关系中的 Sage 属性增加了非空约束，则在增加一个新学生元组的时候，其 Sage 属性必须取非空的值，否则数据库将会报错。

（2）唯一约束（unique constraint）：指关系中某一属性的取值不能重复的约束。例如，为 Student 关系中的 Sname 属性添加唯一约束，表明学生姓名不能重复出现。唯一约束与主键约束都可以保证关系中某一属性的取值不能重复。不同的是，主键约束只能作用于一个关系中的一个主键且其取值不能为空值，而唯一约束可以作用于一个关系中的多个属性，且这些属性的取值可以为空值但不能重复。

（3）自增长约束（auto_increment constraint）：指一个关系中的属性的取值自增长，

例如一个元组的 ID。

（4）默认约束（default constraint）：指一个关系中的属性的取值为默认值，例如默认值为 NULL 或者 0。

（5）检查约束（check constraint）：指一个关系中的属性的取值必须满足一个指定条件的约束。例如，在 Student 关系中，Sage 属性的取值范围是大于或等于 0。

2.2 关系代数

关系代数定义了一个运算的集合，这些运算以一个或者两个关系作为输入，输出一个新的关系作为运算结果。数据库中的关系本质上是一个以元组为元素的多重集合（multiset，即可能包含重复元素的集合）。因此关系代数运算本质上是对多重集合的运算。

关系代数的基本运算包括选择（select）、投影（project）、并（union）、差（except）、笛卡儿积（Cartesian product）和重命名（rename）。除基本运算外，还有一些附加的关系代数运算：交（intersection）、连接（join）、除（division）和赋值（assignment），以及扩展的关系代数运算：去重、广义投影、聚集和分组等。

2.2.1 基本关系代数运算

基本关系代数运算（fundamental relational-algebra operation）包括选择、投影、并、差、笛卡儿积和重命名。其中选择、投影、重命名为一元运算，即对一个关系进行运算；并、差、笛卡儿积为二元运算，即对两个关系进行运算。

1. 选择运算

选择运算（σ）可以从关系 R 中获取满足条件的元组：

$$\sigma_p(R) = \{t \mid t \in R \land p(t) = \text{True}\}$$

其中 t 是元组，p 为选择谓词，即由逻辑运算符与（$\land$）、或（$\lor$）、非（$\neg$）连接的若干原子表达式构成的公式。选择运算返回 R 中满足选择谓词 p 的元组，即 R 中使得 $p(t) = \text{True}$ 的元组。

p 中每个原子表达式的基本形式为：

$$X \theta Y$$

其中 X，Y 可以为属性名、常量，或者函数值；θ 为比较运算符，包括等于（=）、大于（>）、小于（<）、大于或等于（≥）、小于或等于（≤）、不等于（≠）等。

例 2.1　查询计算机系所有学生的信息。

$$\sigma_{Sdept="CS"}(Student)$$

查询结果如下。

Sno	Sname	Sgender	Sage	Sdept
2021310721	李博	男	17	CS
2021310722	赵宇	男	19	CS
2021310723	张敏	女	18	CS

例 2.2　查询计算机系年龄大于或等于 18 岁的学生的信息，以及所有数学系的学生信息。

$$\sigma_{(Sdept="CS" \wedge Sage \geq 18) \vee Sdept="MA"}(Student)$$

查询结果如下。

Sno	Sname	Sgender	Sage	Sdept
2021310722	赵宇	男	19	CS
2021310723	张敏	女	18	CS
2021310724	王勇	男	18	MA
2021310725	刘佳	女	17	MA

2. 投影运算

投影运算（Π）可以从关系 R 中获取某些列组成新的关系：

$$\Pi_{A_1, A_2, \cdots, A_k}(R) = \{t[A_1, A_2, \cdots, A_k] \mid t \in R\}$$

其中 A_1，A_2，…，A_k 为 R 中的属性列。投影运算获取 R 中元组在 A_1，A_2，…，A_k 列上的值，组成新的元组，同时会删除重复元组。

例 2.3　查询计算机系所有学生的学号、姓名。

$$\Pi_{Sno, Sname}(\sigma_{Sdept="CS"}(Student))$$

查询结果如下。

Sno	Sname
2021310721	李博
2021310722	赵宇
2021310723	张敏

3. 并运算

并运算（∪）会返回两个关系 R 和 S 中元组取并集的结果：

$$R \cup S = \{t \mid t \in R \vee t \in S\}$$

并运算要求关系 R 和 S 中属性个数相同，且 R 和 S 中的属性应存在一一对应关系：R 中每个属性的域和 S 中对应属性的域需相同。

例 2.4 查询所有 17 或 18 岁学生的信息。

$$\sigma_{\text{Sage}=17}(\text{Student}) \cup \sigma_{\text{Sage}=18}(\text{Student})$$

查询结果如下。

Sno	Sname	Sgender	Sage	Sdept
2021310721	李博	男	17	CS
2021310723	张敏	女	18	CS
2021310724	王勇	男	18	MA
2021310725	刘佳	女	17	MA

4. 差运算

差运算（−）返回在关系 R 中但是不在关系 S 中的元组集合：

$$R - S = \{t \mid t \in R \wedge t \notin S\}$$

差运算要求关系 R 和 S 中属性个数相同，且 R 和 S 中的属性应存在一一对应关系：R 中每个属性的域和 S 中对应属性的域需相同。

例 2.5 查询计算机系中未满 18 岁的学生的信息。

$$\sigma_{\text{Sdept}=\text{'CS'}}(\text{Student}) - \sigma_{\text{Sage} \geqslant 18}(\text{Student})$$

查询结果如下。

Sno	Sname	Sgender	Sage	Sdept
2021310721	李博	男	17	CS

5. 笛卡儿积运算

笛卡儿积运算（×）返回关系 R 中元组和关系 S 中的元组做笛卡儿积的结果：

$$R \times S = \{(t, q) \mid t \in R \wedge q \in S\}$$

其中 (t, q) 为 R 中元组 t 和 S 中元组 q 拼接在一起得到的元组。笛卡儿积运算把 R 和 S 中任意两个元组的信息组合在一起。若 R 中有 $|R|$ 个元组，S 中有 $|S|$ 个元组，则 $R \times S$ 中有 $|R| \times |S|$ 个元组。

例 2.6 关系 R 和 S 分别如图 2.3(a) 和图 2.3(b) 所示，$R \times S$ 的结果如图 2.3(c) 所示。R 中有 3 个元组，S 中有 2 个元组，$R \times S$ 中有 $3 \times 2 = 6$ 个元组。

A	B
a	1
a	2
b	3

(a) R

C	D
x	4
y	2

(b) S

A	B	C	D
a	1	x	4
a	1	y	2
a	2	x	4
a	2	y	2
b	3	x	4
b	3	y	2

(c) $R×S$

图 2.3　笛卡儿积运算示例

6. 重命名运算

重命名运算（ρ）将关系 R 重命名为关系 S:

$$\rho_{S\ (A_1,\ A_2,\ \cdots,\ A_n)}\ (R)$$

重命名运算是同时将 R 中的各个属性按照从左到右的顺序重命名为 A_1，A_2，…，A_n，即 S 中的各个属性从左到右依次为 A_1，A_2，…，A_n。如果只修改关系名而不修改属性名，那么可以写作：

$$\rho_S\ (R)$$

例 2.7　将学生选课表 SC 重命名为 StudentCourse 表，同时将 Grade 属性重命名为 Score 属性。

$$\rho_{\text{StudentCourse（Sno，Cno，Score）}}\ (\text{SC})$$

查询结果将学生选课表由 SC 重命名为 StudentCourse，同时返回结果如下。

Sno	Cno	Score
2021310721	5	98
2021310722	1	87
2021310723	1	92
2021310723	5	76
2021310724	7	84
2021310725	4	95

2.2.2　附加关系代数运算

上述六种基本关系代数运算可以用来表示除扩展关系代数运算以外的任何关系代数查询。但是如果仅使用上述六种基本关系代数运算，写出来的表达式会比较复杂和冗长。因此，本节将介绍附加关系代数运算（additional relational-algebra operations）。附加关系代数运算是由基本关系代数运算导出的运算，这些运算可以简化一些常用的查询。

1. 交运算

交运算（∩）返回两个关系 R 和 S 中既属于关系 R 也属于关系 S 的元组：

$$R \cap S=\{t \mid t \in R \wedge t \in S\}$$

交运算要求关系 R 和 S 中属性个数相同，且 R 和 S 中的属性应存在一一对应关系：R 中每个属性的域和 S 中对应属性的域需相同。

例 2.8 查询计算机系年龄大于或等于 18 岁的学生的信息。

$$\sigma_{\text{Sdept="CS"}}(\text{Student}) \cap \sigma_{\text{Sage} \geqslant 18}(\text{Student})$$

查询结果如下。

Sno	Sname	Sgender	Sage	Sdept
2021310722	赵宇	男	19	CS
2021310723	张敏	女	18	CS

交运算（∩）可以通过差运算（−）来表示：

$$R \cap S=R-(R-S)$$

2. 连接运算

连接运算（$\bowtie_p$）返回关系 R 和 S 笛卡儿积运算结果中满足一定条件的元组：

$$R \bowtie_p S=\{(t, q) \mid t \in R \wedge q \in S \wedge p(t, q)=\text{True}\}$$

其中 p 为选择谓词，是由逻辑运算符与（∧）、或（∨）、非（¬）连接的若干原子表达式构成的公式。原子表达式的基本形式为：

$$R.X \, \theta \, S.Y$$

其中 X 是 R 的属性，Y 是 S 的属性，X 和 Y 所属域具有相同的数据类型；θ 为比较运算符，包括等于（=）、大于（>）、小于（<）、大于或等于（≥）、小于或等于（≤）、不等于（≠）。

例 2.9 对学生表 Student 和学生选课表 SC 进行连接运算，连接条件为学生表中的 Sno 列和学生选课表中的 Sno 列的值相等。

$$\text{Student} \bowtie_{\text{Student.Sno}=\text{SC.Sno}} \text{SC}$$

查询结果如下。

Student.Sno	Student.Sname	Student.Sgender	Student.Sage	Student.Sdept	SC.Sno	SC.Cno	SC.Grade
2021310721	李博	男	17	CS	2021310721	5	98
2021310722	赵宇	男	19	CS	2021310722	1	87
2021310723	张敏	女	18	CS	2021310723	1	92
2021310723	张敏	女	18	CS	2021310723	5	76
2021310724	王勇	男	18	MA	2021310724	7	84
2021310725	刘佳	女	17	MA	2021310725	4	95

当选择谓词中原子表达式的比较运算符为“=”时，该连接运算称为等值连接。

连接运算（$\bowtie_p$）可以通过组合笛卡儿积运算（×）和选择运算（σ）来表示：

$$R\bowtie_p S=\sigma_p\ (R\times S)$$

自然连接是一种特殊的等值连接，它要求原子表达式中进行比较的两个属性必须同名。在自然连接中无须指定连接条件，因为它会自动将连接条件指定为 R 和 S 中属性名相同的公共列的取值相等。同时，自然连接还会去除结果中重复的属性列。

例 2.10　对学生表 Student 和学生选课表 SC 进行自然连接运算。

$$\text{Student}\bowtie\text{SC}$$

运算结果如下。

Sno	Sname	Sgender	Sage	Sdept	Cno	Grade
2021310721	李博	男	17	CS	5	98
2021310722	赵宇	男	19	CS	1	87
2021310723	张敏	女	18	CS	1	92
2021310723	张敏	女	18	CS	5	76
2021310724	王勇	男	18	MA	7	84
2021310725	刘佳	女	17	MA	4	95

在做自然连接时，一个关系中的某些元组在另一个关系中可能不存在同名属性上取值相等的元组，例如当对 Course 表和 SC 表进行自然连接时，Course 表中 Cno 属性取值为 2 的元组在 SC 表中不存在可以连接的元组，因为 SC 表中不存在 Cno 属性上取值为 2 的元组。这样的元组不会出现在自然连接结果中，但在某些应用中，可能需要在结果中继续保留这样的元组。这时就可采用外连接来处理这种情况。外连接是自然连接（也可称为内连接）的扩展，用来处理在连接中未匹配的元组。外连接会保存在同名属性上没有相同取值的元组，并用空值（NULL）来填充其缺失的值。外连接分为左外连接（⟕）、右外连接（⟖）和全外连接（⟗）。左外连接会保留左边关系 R 的所有元

组，对于 R 中的元组，若在右关系 S 中没有在同名属性上取值相同的元组，会用空值来填充 S 中的属性。右外连接会保留右边关系 S 的所有元组，对于 S 中在 R 中不存在同名属性上取值相同的元组，会用空值来填充 R 中的属性。全外连接的查询结果是左外连接和右外连接查询结果的并集。

例 2.11 关系 R 和 S 分别如图 2.4（a）和图 2.4（b）所示，R ⟕ S 的结果如图 2.4（c）所示，R ⟖ S 的结果如图 2.4（d）所示，R ⟗ S 的结果如图 2.4（e）所示。

A	B
a	1
b	1
b	3

(a) R

B	C
2	i
1	j
4	k

(b) S

A	B	C
a	1	j
b	1	j
b	3	NULL

(c) R ⟕ S

A	B	C
NULL	2	i
a	1	j
b	1	j
NULL	4	k

(d) R ⟖ S

A	B	C
a	1	j
b	1	j
b	3	NULL
NULL	2	i
a	1	j
b	1	j
NULL	4	k

(e) R ⟗ S

图 2.4 左外连接和右外连接运算示例

3. 赋值运算

赋值运算（←）将运算符右侧的关系代数表达式结果赋值给运算符左侧的关系变量。赋值运算的运算形式为：

$$T \leftarrow E$$

其中 T 为关系变量，E 为关系代数表达式。

例 2.12 对学生表 Student 和学生选课表 SC 进行连接运算，连接条件为学生表中的 Sno 列和学生选课表中的 Sno 列的值相等，并将连接结果赋值给关系变量 result。

$$\text{temp} \leftarrow \text{Student} \times \text{SC}$$

$$\text{result} \leftarrow \sigma_{\text{Student.Sno} = \text{SC.Sno}}(\text{temp})$$

赋值运算左侧的关系变量必须是临时关系变量，否则会修改数据库中其他关系。赋值运算得到的临时关系变量可以在后续关系代数表达式中使用，因此使用赋值运算可以将查询表达式写成一系列从前往后依次执行的关系代数表达式。

赋值运算并不能提升关系代数的表达能力，但是可以用于分解复杂的关系代数表达式，使查询过程变得简单明了。

4. 除运算

设 $R(A_1, A_2, \cdots, A_m, B_1, B_2, \cdots, B_n)$ 和 $S(B_1, B_2, \cdots, B_n)$ 是两个关系，

则 $R \div S$ 的属性为 A_1，A_2，…，A_m，且

$$R \div S = \{ t \mid t \in \Pi_{A_1, A_2, \cdots, A_m}(R) \land (\forall q \in S, (t, q) \in R) \}$$

其含义为除运算（÷）返回 R 中在属性 A_1，A_2，…，A_m 上的元组 t，其中元组 t 和关系 S 中任意元组 q 的组合都会出现在关系 R 中。如果 S 中存在 R 中没有的属性，则无法进行除运算（此时可以先把 S 投影到公共列上，再进行除法运算）。

例 2.13　关系 R 和 S 分别如图 2.5（a）和图 2.5（b）所示，$R \div S$ 的结果如图 2.5（c）所示。

A	B
a	1
a	2
a	3
b	1
b	2

(a) R

B
1
2
3

(b) S

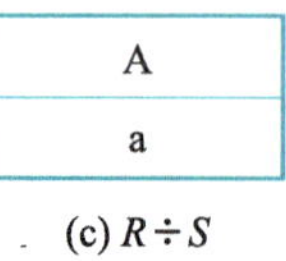

A
a

(c) $R \div S$

图 2.5　除运算示例

除运算（÷）可以用投影运算（Π）和笛卡儿积运算（×）表示为

$$R \div S = \Pi_{A_1, A_2, \cdots, A_m}(R) - \Pi_{A_1, A_2, \cdots, A_m}((\Pi_{A_1, A_2, \cdots, A_m}(R) \times S) - R)$$

2.2.3　扩展关系代数运算

基本关系代数运算和附加关系代数运算都是传统的关系代数运算，它们的表达能力不足以满足实际运用中的需求，因此扩展关系代数运算（extended relational-algebra operations）定义了一些使用基本关系代数运算和附加关系代数运算无法实现的运算。本节将介绍五种扩展关系代数运算：去重、广义投影、聚集、分组和排序。

1. 去重运算

去重运算（δ）可以将关系 R 中的重复元组去掉，并返回去掉重复元组后的关系。去重运算的运算形式为

$$\delta(R)$$

例 2.14　查询所有系的信息。

$$\delta(\Pi_{\text{Sdept}}(\text{Student}))$$

查询结果如下。

Sdept
CS
MA

2. 广义投影运算

广义投影运算（Π）是对投影运算的扩展，它允许在投影列表中使用算术运算和字符串函数等对投影运算进行扩展。广义投影运算的运算形式为：

$$\Pi_{F_1,\ F_2,\ \cdots,\ F_k}(R)$$

其中 R 为关系，F_1，F_2，…，F_k 为包含常量、变量（即关系 R 中的列）、运算符（算术运算符、逻辑运算符、关系运算符）、函数等的多个表达式。

例 2.15 查询所有学生的学号、姓名、出生年份（假定查询在 2021 年执行）。

$$\Pi_{\text{Sno, Sname, 2021-Sage}}(\text{Student})$$

查询结果如下。

Sno	Sname	2021-Sage
2021310721	李博	2004
2021310722	赵宇	2002
2021310723	张敏	2003
2021310724	王勇	2003
2021310725	刘佳	2004

3. 聚集运算

聚集运算（$\mathcal{G}$）可以查询关系 R 按某些列的值经聚集函数作用后的结果。聚集运算的运算形式为：

$$\mathcal{G}_{F_1(A_1),\ F_2(A_2),\ \cdots,\ F_k(A_k)}(R)$$

其中 $A_1, A_2, \cdots, A_k$ 为 R 中的属性列，F_i 为作用在属性 A_i 上的聚集函数（$1 \leqslant i \leqslant k$），常见的聚集函数包括 count、count_distinct、sum、avg、min、max 等，其含义如表 2.5 所示。

表 2.5 常见聚集函数

聚集函数	含义
count	统计元组个数
count_distinct	统计不重复元组的个数
sum	统计某列值的总和
avg	统计某列值的平均值
min	统计某列值的最小值
max	统计某列值的最大值

例 2.16 查询学生总人数。

$$\mathcal{G}_{\text{count (Sno)}}(\text{Student})$$

查询结果为 5。

例 2.17 查询学生总人数以及学生平均年龄。

$$\mathcal{G}_{\text{count (Sno), avg (Sage)}}(\text{Student})$$

查询结果如下。

count(Sno)	avg(Sage)
5	17.8

例 2.18 查询选课学生总人数。

$$\mathcal{G}_{\text{count\_distinct (Sno)}}(\text{SC})$$

其中 count_distinct 函数在对 Sno 列去重后计数，查询结果为 5。

也可以先对 Sno 列实施去重运算，再使用 count 函数计数，可以得到相同的结果:

$$\mathcal{G}_{\text{count (Sno)}}(\delta(\Pi_{\text{Sno}}(\text{SC})))$$

4. 分组运算

分组运算首先对关系 R 中的元组按照某些列的值进行分组，然后在各组上应用聚集运算。分组运算的运算形式为

$$_{G_1, G_2, \cdots, G_l}\mathcal{G}_{F_1(A_1), F_2(A_2), \cdots, F_k(A_k)}(R)$$

其中 G_1, G_2, …, G_l 是用来分组的一系列属性，为 R 中的列，在这些列上取值都相同的元组将被分到同一组。A_1, A_2, …, A_k 为 R 中除 G_1, G_2, …, G_l 外的属性列，F_i 为作用在属性 A_i 上的聚集函数（$1 \leqslant i \leqslant k$），$F_i$ 会将每组数据的 A_i 列的值做聚集运算。查询结果中会包含 G_1, G_2, …, G_l 和 $F_1(A_1)$, $F_2(A_2)$, …, $F_k(A_k)$ 列。

例 2.19 查询所有选课学生的学号及平均分。

$$_{\text{Sno}}\mathcal{G}_{\text{avg (Grade)}}(\text{SC})$$

查询首先将 SC 表按照 Sno 列分组，然后计算每组数据在 Grade 列的平均值。查询结果如下。

Sno	avg (Grade)
2021310721	98
2021310722	87
2021310723	84
2021310724	84
2021310725	95

例 2.20 查询各个系的男生和女生人数。

$$_{\text{Sdept, Sgender}}\mathcal{G}_{\text{count (Sno)}}(\text{Student})$$

查询首先将 Student 表按照 Sdept 和 Sgender 列分组，然后计算每组数据包含的元组个数。查询结果如下。

Sdept	Sgender	count (Sno)
CS	男	2
CS	女	1
MA	男	1
MA	女	1

5. 排序运算

排序运算（τ）将关系 R 中的元组按照一列或多列的值进行排序（默认为升序）。排序运算的运算形式为

$$\tau_{A_1, A_2, \cdots, A_k}(R)$$

其中 $A_1, A_2, \cdots, A_k$ 是用来排序的列，排序运算首先将 R 中的元组按照 A_1 的值排序，对于 A_1 列取值相同的元组，按照 A_2 的值排序，以此类推。

例 2.21 将学生表按照年龄排序，对于年龄相同的元组，按照学号排序。

$$\tau_{\text{Sage, Sno}}(\text{Student})$$

查询结果如下。

Sno	Sname	Sgender	Sage	Sdept
2021310721	李博	男	17	CS
2021310725	刘佳	女	17	MA
2021310723	张敏	女	18	CS
2021310724	王勇	男	18	MA
2021310722	赵宇	男	19	CS

2.2.4 关系代数表达式

关系代数表达式可以用来表达用户想要从数据库中获取的数据信息。多个关系运算的组合可以形成一个关系代数表达式，该表达式的运算结果为一个关系。关系代数表达式是由更小的子关系代数表达式组成的，一个关系就是一个最小的关系代数表达式。关系代数表达式可以是以下形式，其中 E_1 和 E_2 均为关系代数表达式。

(1) (E_1)

(2) $\sigma_p(E_1)$

(3) $\Pi_{A_1, A_2, \cdots, A_k}(E_1)$

(4) $E_1 \cup E_2$

(5) $E_1 - E_2$

(6) $E_1 \times E_2$

(7) $\rho_{S(A_1, A_2, \cdots, A_n)}(E_1)$

(8) $E_1 \cap E_2$

(9) $E_1 \bowtie_p E_2$

(10) $E_1 \div E_2$

(11) $\delta(E_1)$

(12) $\Pi_{F_1, F_2, \cdots, F_k}(E_1)$

(13) $\mathcal{G}_{F_1(A_1), F_2(A_2), \cdots, F_k(A_k)}(E_1)$

(14) ${}_{G_1, G_2, \cdots, G_l}\mathcal{G}_{F_1(A_1), F_2(A_2), \cdots, F_k(A_k)}(E_1)$

关系代数表达式中各运算符号的计算顺序为从左到右，括号具有最高优先级。

例 2.22 查询选修了 1 号课程的学生学号及成绩。

$$\Pi_{\text{Sno, Grade}}(\sigma_{\text{Cno}=\text{"1"}}(\text{SC}))$$

该表达式的执行步骤为：

步骤 1：执行选择运算，选择学生选课表 SC 中课程号为 1 的元组，即执行表达式 $\sigma_{\text{Cno}=\text{"1"}}(\text{SC})$；

步骤 2：执行投影运算，获取步骤 1 中得到的学生选课表 SC 中课程号为 1 的元组的学号、成绩信息，即执行表达式 $\Pi_{\text{Sno, Grade}}(\sigma_{\text{Cno}=\text{"1"}}(\text{SC}))$。

查询结果如下。

Sno	Grade
2021310722	87
2021310723	92

例 2.23 查询选修了 1 号课程的学生学号、姓名及成绩。

$$\Pi_{\text{Sno, Sname, Grade}}(\sigma_{\text{Cno}=\text{"1"}}(\text{SC} \bowtie \text{Student})) \tag{2.1}$$

该表达式的执行步骤为：

步骤 1：在学生选课表 SC 和学生表 Student 上执行自然连接运算，即执行表达式 $\text{SC} \bowtie \text{Student}$；

步骤 2：在步骤 1 得到的连接结果上执行选择运算，获取选修 1 号课程的课程号信息、成绩信息以及学生信息，即执行表达式 $\sigma_{\text{Cno}=\text{"1"}}(\text{SC} \bowtie \text{Student})$；

步骤 3：在步骤 2 得到的结果上执行投影运算，获取选修 1 号课程的学生的学号、姓名及成绩信息，即执行表达式 $\Pi_{\text{Sno, Sname, Grade}}(\sigma_{\text{Cno}=\text{"1"}}(\text{SC} \bowtie \text{Student}))$。

或者，用以下关系代数表达式也可以得到同样的查询结果：

$$\Pi_{\text{Sno, Sname, Grade}}((\sigma_{\text{Cno}=\text{"1"}}(\text{SC})) \bowtie \text{Student}) \tag{2.2}$$

该表达式的执行步骤为：

步骤 1：执行选择运算，选择学生选课表 SC 中课程号为 1 的元组，即执行表达式 $\sigma_{\text{Cno}=\text{"1"}}(\text{SC})$；

步骤 2：执行自然连接运算，将学生选课表 SC 中课程号为 1 的元组组成的关系与学生表 Student 进行自然连接，获取选修 1 号课程的课程号信息、成绩信息以及学生信息，即执行表达式（$\sigma_{Cno="1"}$（SC））⋈Student；

步骤 3：在步骤 2 得到的结果上执行投影运算，获取选修 1 号课程的学生的学号、姓名及成绩信息，即执行表达式 $\Pi_{Sno, Sname, Grade}$（((（$\sigma_{Cno="1"}$（SC））⋈Student)。

查询结果如下。

Sno	Sname	Grade
2021310722	赵宇	87
2021310723	张敏	92

式（2.1）和式（2.2）两个表达式是等价的，查询后均可得到选修了 1 号课程的学生学号、姓名及成绩。但这两个表达式中运算的执行顺序是不同的：式（2.1）是先执行自然连接运算，再执行选择运算；而式（2.2）则是先执行选择运算，再执行自然连接运算。不同的关系代数表达式可以获得相同的运算结果，但它们的执行效率可能不同。式（2.1）在自然连接之前先执行选择运算，这样可以减少参与自然连接的元组个数，因此其总体的执行效率可能会提高。如何将一个关系代数表达式重写为等价（即查询结果相同）的、更高效的关系代数表达式是数据库系统中一个重要的问题，常见的重写操作包括选择下推、投影下推等。利用查询重写来进行查询优化的具体内容将在第 11 章进行介绍。

例 2.24 查询选修了数据库课程或者软件工程课程的学生学号。

$$\Pi_{Sno}\left(\sigma_{Cname="数据库"\vee Cname="软件工程"}(Course \bowtie SC)\right)$$

该表达式的执行步骤为：

步骤 1：在课程表 Course 和学生选课表 SC 上执行自然连接运算，即执行表达式 Course⋈SC；

步骤 2：在步骤 1 得到的连接结果上执行选择运算，获取选修数据库课程或软件工程课程的学生学号、成绩信息以及选修课程的相应信息，即执行表达式

$$\sigma_{Cname="数据库"\vee Cname="软件工程"}(Course \bowtie SC)$$

步骤 3：在步骤 2 得到的结果上执行投影运算，获取选修数据库课程或软件工程课程的学生的学号，即执行表达式 Π_{Sno}（$\sigma_{Cname="数据库"\vee Cname="软件工程"}$（Course⋈SC））。

或者，用以下关系代数表达式也可以得到同样的查询结果：

$$\Pi_{Sno}\left(\sigma_{Cname="数据库"}(Course \bowtie SC)\right) \cup \Pi_{Sno}\left(\sigma_{Cname="软件工程"}(Course \bowtie SC)\right)$$

该表达式的执行步骤为：

步骤 1：在课程表 Course 和学生选课表 SC 上执行自然连接运算，即执行表达式 Course⋈SC；

步骤 2：在步骤 1 得到的连接结果上执行选择运算，获取选修数据库课程的学生学号、成绩信息以及选修课程的相应信息，即执行表达式 $\sigma_{Cname="数据库"}(Course \bowtie SC)$；

步骤 3：在步骤 2 得到的结果上执行投影运算，获取选修数据库课程的学生的学号，即执行表达式 $\Pi_{Sno}(\sigma_{Cname="数据库"}(Course \bowtie SC))$；

步骤 4：在课程表 Course 和学生选课表 SC 上执行自然连接运算，即执行表达式 $Course \bowtie SC$；

步骤 5：在步骤 4 得到的连接结果上执行选择运算，获取选修软件工程课程的学生学号、成绩信息以及选修课程的相应信息，即执行表达式 $\sigma_{Cname="软件工程"}(Course \bowtie SC)$；

步骤 6：在步骤 5 得到的结果上执行投影运算，获取选修软件工程课程的学生的学号，即执行表达式 $\Pi_{Sno}(\sigma_{Cname="软件工程"}(Course \bowtie SC))$；

步骤 7：对步骤 3 中得到的结果和步骤 6 中得到的结果执行并运算，返回选修数据库课程或软件工程课程的学生学号，即执行表达式 $\Pi_{Sno}(\sigma_{Cname="数据库"}(Course \bowtie SC)) \cup \Pi_{Sno}(\sigma_{Cname="软件工程"}(Course \bowtie SC))$。

查询结果如下。

Sno
2021310721
2021310722
2021310723

例 2.25　查询既选修了数据库课程又选修了软件工程课程的学生学号。

$$\Pi_{Sno, Cno}(SC) \div \Pi_{Cno}(\sigma_{Cname="数据库" \vee Cname="软件工程"}(Course))$$

该表达式的执行步骤为：

步骤 1：在学生选课表 SC 上执行投影运算，获取学生选课的学号和课程号信息，即执行表达式 $\Pi_{Sno, Cno}(SC)$；

步骤 2：执行选择运算，选择课程表中课程名为数据库或软件工程的元组，即执行表达式 $\sigma_{Cname="数据库" \vee Cname="软件工程"}(Course)$；

步骤 3：执行投影运算，获取步骤 2 中得到的课程表中数据库或软件工程课程的课程号，即执行表达式 $\Pi_{Cno}(\sigma_{Cname="数据库" \vee Cname="软件工程"}(Course))$；

步骤 4：在步骤 1 中得到的结果和步骤 3 中得到的结果上执行除运算，获取既选修了数据库课程又选修了软件工程课程的学生学号，即执行表达式 $\Pi_{Sno, Cno}(SC) \div \Pi_{Cno}(\sigma_{Cname="数据库" \vee Cname="软件工程"}(Course))$。

或者，用以下关系代数表达式也可得到同样的查询结果：

$$\Pi_{Sno}(\sigma_{Cname="数据库"}(Course \bowtie SC)) \cap \Pi_{Sno}(\sigma_{Cname="软件工程"}(Course \bowtie SC))$$

该表达式的执行步骤为:

步骤 1: 在课程表 Course 和学生选课表 SC 上执行自然连接运算，即执行表达式 $Course \bowtie SC$;

步骤 2: 在步骤 1 得到的连接结果上执行选择运算，获取选修数据库课程的学生学号、成绩信息以及选修课程的相应信息，即执行表达式 $\sigma_{Cname="数据库"}(Course \bowtie SC)$;

步骤 3: 在步骤 2 得到的结果上执行投影运算，获取选修数据库课程的学生的学号，即执行表达式 $\Pi_{Sno}(\sigma_{Cname="数据库"}(Course \bowtie SC))$;

步骤 4: 在课程表 Course 和学生选课表 SC 上执行自然连接运算，即执行表达式 $Course \bowtie SC$;

步骤 5: 在步骤 4 得到的连接结果上执行选择运算，获取选修软件工程课程的学生学号、成绩信息以及选修课程的相应信息，即执行表达式 $\sigma_{Cname="软件工程"}(Course \bowtie SC)$;

步骤 6: 在步骤 5 得到的结果上执行投影运算，获取选修软件工程课程的学生的学号，即执行表达式 $\Pi_{Sno}(\sigma_{Cname="软件工程"}(Course \bowtie SC))$;

步骤 7: 对步骤 3 得到的结果和步骤 6 得到的结果执行交运算，返回既选修了数据库课程又选修了软件工程课程的学生学号，即执行表达式 $\Pi_{Sno}(\sigma_{Cname="数据库"}(Course \bowtie SC)) \cap \Pi_{Sno}(\sigma_{Cname="软件工程"}(Course \bowtie SC))$。

查询结果如下。

Sno
2021310723

例 2.26 查询选修了数据库课程且成绩在 90 分及以上的学生学号、姓名及成绩。

$$\Pi_{Sno, Sname, Grade}(\sigma_{Cname="数据库" \wedge Grade \geqslant 90}(Student \bowtie SC \bowtie Course))$$

该表达式的执行步骤为:

步骤 1: 在学生表 Student 和学生选课表 SC 上执行自然连接运算，即执行表达式 $Student \bowtie SC$;

步骤 2: 在学生表 Student、学生选课表 SC 和课程表 Course 上执行自然连接运算，即执行表达式 $Student \bowtie SC \bowtie Course$;

步骤 3: 对步骤 2 中得到的结果执行选择运算，获取选修了数据库课程且成绩在 90 分及以上的学生、学生选课、课程信息，即执行表达式

$$\sigma_{Cname="数据库" \wedge Grade \geqslant 90}(Student \bowtie SC \bowtie Course)$$

步骤 4: 对步骤 3 得到的结果执行投影运算，获取选修了数据库课程且成绩在 90 分及以上的学生的学号、姓名及成绩信息，即执行表达式

$$\Pi_{Sno, Sname, Grade}(\sigma_{Cname="数据库" \wedge Grade \geqslant 90}(Student \bowtie SC \bowtie Course))$$

或者，用以下关系代数表达式也可得到同样的查询结果:

$$\Pi_{Sno,\ Sname,\ Grade}(Student \bowtie \sigma_{Grade \geq 90}(SC) \bowtie \sigma_{Cname=\text{"数据库"}}(Course))$$

该表达式的执行步骤为:

步骤 1: 执行选择运算，选择学生选课表 SC 中成绩大于或等于 90 的元组，即执行表达式 $\sigma_{Grade \geq 90}(SC)$；

步骤 2: 在学生表 Student 和步骤 1 中得到的结果上执行自然连接运算，即执行表达式 $Student \bowtie \sigma_{Crade \geq 90}(SC)$；

步骤 3: 执行选择运算，选择课程表 Course 中课程名为数据库的元组，即执行表达式 $\sigma_{Cname=\text{"数据库"}}(Course)$；

步骤 4: 对步骤 2 和步骤 3 得到的结果执行自然连接运算，获取选修了数据库课程且成绩在 90 分及以上的学生、学生选课、课程信息，即执行表达式 $Student \bowtie \sigma_{Grade \geq 90}(SC) \bowtie \sigma_{Cname=\text{"数据库"}}(Course)$；

步骤 5: 在步骤 4 得到的结果上执行投影运算，获取选修了数据库课程且成绩在 90 分及以上的学生的学号、姓名及成绩信息。即执行表达式 $\Pi_{Sno,\ Sname,\ Grade}(Student \bowtie \sigma_{Crade \geq 90}(SC) \bowtie \sigma_{Cname=\text{"数据库"}}(Course))$。

查询结果如下。

Sno	Sname	Grade
2021310723	张敏	92

例 2.27 查询学分大于或等于 4 的课程的学生平均成绩。

$$_{Cname,\ Ccredit}\mathcal{G}_{avg(Grade)}(\sigma_{Ccredit \geq 4}(Course \bowtie SC))$$

该表达式的执行步骤为:

步骤 1: 在课程表 Course 和学生选课表 SC 上执行自然连接运算，即执行表达式 $Course \bowtie SC$;

步骤 2: 对步骤 1 得到的结果执行选择运算，获取学分大于或等于 4 的课程以及课程选课信息，即执行表达式 $\sigma_{Ccredit \geq 4}(Course \bowtie SC)$；

步骤 3: 对步骤 2 得到的结果按照课程号和课程学分分组，并按课程分组计算平均成绩，即执行表达 $_{Cname,\ Ccredit}\mathcal{G}_{avg(Grade)}(\sigma_{Ccredit \geq 4}(Course \bowtie SC))$。

或者，用以下关系代数表达式也可得到同样的查询结果:

$$_{Cname,\ Ccredit}\mathcal{G}_{avg(Grade)}((\sigma_{Ccredit \geq 4}(Course)) \bowtie SC)$$

该表达式的执行步骤为:

步骤 1: 执行选择运算，选择课程表 Course 中学分大于或等于 4 的课程，即执行表达式 $\sigma_{Ccredit \geq 4}(Course)$；

步骤 2: 对步骤 1 得到的结果和学生选课表 SC 执行自然连接运算，获取学分大于或等于 4 的课程以及课程选课信息，即执行表达式 $(\sigma_{Ccredit \geq 4}(Course)) \bowtie SC$;

步骤 3：对步骤 2 得到的结果按照课程号和课程学分分组，并按课程分组计算平均成绩，即执行表达式 $_{\text{Cname, Ccredit}}\mathcal{G}_{\text{avg (Grade)}}((\sigma_{\text{Ccredit}\geq 4}(\text{Course}))\bowtie \text{SC})$。

查询结果如下。

Cname	Ccredit	avg (Grade)
数据库	4	89
高等数学	4	95

2.3 关系演算

关系代数是一种过程化查询语言，通过在关系代数表达式中指定一个运算的序列，并按照此序列依次执行，就可以得到相应的查询结果；而关系演算则是一种非过程化查询语言，它以数理逻辑中的谓词演算为基础，按谓词变元的不同分为元组关系演算和域关系演算。本节将对这两种关系演算进行简单介绍。

2.3.1 元组关系演算

元组关系演算以元组对象为谓词变元的基本对象，它从元组的角度出发描述想要获取的数据的信息，而不描述获取信息的具体过程。其表达式定义为

$$\{t \mid P(t)\}$$

表达式返回所有使得公式 P 为真的元组。公式 P 由原子公式组成，原子公式可以是以下形式之一：

（1）$t\in R$，其中 t 是元组变量，R 是关系；

（2）$t[x]\,\theta\, s[y]$，其中 t 和 s 是元组变量，x 是 t 所属的关系的属性，y 是 s 所属的关系的属性，θ 是比较运算符（包括>、<、=、≥、≤、≠）；

（3）$t[x]\,\theta\, c$，其中 t、x、θ 同上，c 是属性 x 的域中的常量。

公式 P 可以是以下形式：

（1）原子公式；

（2）如果 P_1 是公式，那么 $\neg P_1$ 和（P_1）都是公式；

（3）如果 P_1 和 P_2 是公式，那么 $P_1\vee P_2$ 和 $P_1\wedge P_2$ 都是公式；

（4）如果 $P_1(t)$ 是公式，其中 t 是元组变量，则 $\exists t\in R(P_1(t))$ 和 $\forall t\in R(P_1(t))$ 都是公式，其中 R 是关系。公式 $\exists t\in R(P(t))$ 的含义为：关系 R 中存在元组 t 使得谓

词 $P(t)$ 为真；类似地，公式 $\forall t \in R(P(t))$ 的含义为：关系 R 中任何元组 t 均使谓词 $P(t)$ 为真。

例 2.28　查询年龄大于或等于 18 的学生的学号、姓名、性别、年龄及院系。

$$\{t \mid t \in \text{Student} \land t[\text{Sage}] \geqslant 18\}$$

查询结果如下。

Sno	Sname	Sgender	Sage	Sdept
2021310722	赵宇	男	19	CS
2021310723	张敏	女	18	CS
2021310724	王勇	男	18	MA

例 2.29　查询年龄大于或等于 18 的学生的学号。

$$\{t \mid \exists s \in \text{Student}\ (s[\text{Sage}] \geqslant 18 \land t[\text{Sno}] = s[\text{Sno}])\}$$

上述表达式的含义为：查找满足以下条件的元组 t 的集合，使得关系 Student 中存在元组 s，s 在属性 Sage 上的取值大于或等于 18 且 s 和 t 在属性 Sno 上取值相同。s 和 t 均为元组变量，但是元组变量 t 仅定义在属性 Sno 上，因为 Sno 属性是对元组变量 t 进行限制的唯一变量。查询结果如下。

Sno
2021310722
2021310723
2021310724

例 2.30　查询成绩大于 90 的学生姓名。

$$\{t \mid \exists s \in \text{Student}\ (t[\text{Sname}] = s[\text{Sname}] \land \exists u \in \text{SC}\ (u[\text{Sno}] = s[\text{Sno}] \land u[\text{Grade}] > 90))\}$$

当涉及多个表时，可以通过 ∧ 将它们连接起来。查询结果如下。

Sname
李博
张敏
刘佳

例 2.31　查询计算机系的学生学号和年龄大于或等于 18 的学生学号。

$$\{t \mid \exists s \in \text{Student}\ (t[\text{Sno}] = s[\text{Sno}] \land s[\text{Sdept}] = \text{"CS"}) \lor$$
$$\exists u \in \text{Student}\ (t[\text{Sno}] = u[\text{Sno}] \land u[\text{Sage}] \geqslant 18)\}$$

查询结果如下。

Sno
2021310721
2021310722
2021310723
2021310724

例 2.32 查询计算机系且年龄大于或等于 18 的学生学号。

$$\{t \mid \exists s \in \text{Student}\ (t[\text{Sno}]=s[\text{Sno}] \wedge s[\text{Sdept}]=\text{"CS"}) \wedge \exists u \in \text{Student}\ (t[\text{Sno}]=u[\text{Sno}] \wedge u[\text{Sage}] \geqslant 18)\}$$

查询结果如下。

Sno
2021310722
2021310723

例 2.33 查询计算机系且年龄不大于或等于 18 的学生学号。

$$\{t \mid \exists s \in \text{Student}\ (t[\text{Sno}]=s[\text{Sno}] \wedge s[\text{Sdept}]=\text{"CS"}) \wedge \neg \exists u \in \text{Student}\ (t[\text{Sno}]=u[\text{Sno}] \wedge u[\text{Sage}] \geqslant 18)\}$$

查询结果如下。

Sno
2021310721

2.3.2 域关系演算

与元组关系演算相同，域关系演算也是非过程化查询语言。域关系演算与元组关系演算非常相似，域关系演算使用属性域中取值域变量来代替元组关系演算中的元组变量。与元组关系演算相比，域关系演算语言在实际生产中更为直观、易用。

域关系演算表达式定义为

$$\{<x_1, x_2, \cdots, x_k> \mid P(x_1, x_2, \cdots, x_k)\}$$

其中 x_1, x_2, …, x_k 均为域变量，P 是由原子公式组成的公式。表达式返回所有使公式 P 为真的域变量 x_1, x_2, …, x_k 组成的元组的集合。原子公式可以是以下形式之一：

（1）$<x_1, x_2, \cdots, x_k> \in R$，其中 R 是包含 k 个属性的关系，x_1, x_2, …, x_k 为域变量或域常量；

（2）$x \theta y$，其中 x 和 y 是域变量，θ 是比较运算符（包括>、<、=、≥、≤、≠）；

（3）$x\,\theta\,c$，其中 x、θ 同上，c 是 x 所属属性的属性域中的常量。

公式 P 可以是以下形式:

（1）原子公式;

（2）如果 P_1 是公式，那么 $\neg P_1$ 和（P_1）都是公式;

（3）如果 P_1 和 P_2 是公式，那么 $P_1 \vee P_2$ 和 $P_1 \wedge P_2$ 都是公式;

（4）如果 $P_1(x)$ 是公式，其中 x 是域变量，那么 $\exists x\,(P_1(x))$ 和 $\forall x\,(P_1(x))$ 都是公式。

注意：$\exists x\,(\exists y\,(\exists z\,(P(x, y, z))))$ 可以简写为 $\exists x, y, z\,(P(x, y, z))$，$\forall x\,(\forall y\,(\forall z\,(P(x, y, z))))$ 可以简写为 $\forall x, y, z\,(P(x, y, z))$。

例 2.34　使用域关系演算重写例 2.28。

$$\{<\text{no, name, gen, age, dept}> \mid <\text{no, name, gen, age, dept}> \in \text{Student} \wedge \text{age} \geq 18\}$$

例 2.35　使用域关系演算重写例 2.29。

$$\{<\text{no}> \mid \exists\,\text{name, gen, age, dept}\,(<\text{no, name, gen, age, dept}> \in \text{Student} \wedge \text{age} \geq 18)\}$$

例 2.36　使用域关系演算重写例 2.30。

$$\{<\text{no}> \mid \exists\,\text{no, name, gen, age, dept}\,(<\text{no, name, gen, age, dept}> \in \text{Student}) \wedge \exists\,\text{no, cno, grade}\,(<\text{no, cno, grade}> \in \text{SC} \wedge \text{grade} > 90)\}$$

例 2.37　使用域关系演算重写例 2.31。

$$\{<\text{no}> \mid \exists\,\text{name, gen, age, dept}\,(<\text{no, name, gen, age, dept}> \in \text{Student} \wedge \text{dept} = \text{"CS"}) \vee \exists\,\text{name, gen, age, dept}\,(<\text{no, name, gen, age, dept}> \in \text{Student} \wedge \text{age} \geq 18)\}$$

例 2.38　使用域关系演算重写例 2.32。

$$\{<\text{no}> \mid \exists\,\text{name, gen, age, dept}\,(<\text{no, name, gen, age, dept}> \in \text{Student} \wedge \text{dept} = \text{"CS"}) \wedge \exists\,\text{name, gen, age, dept}\,(<\text{no, name, gen, age, dept}> \in \text{Student} \wedge \text{age} \geq 18)\}$$

例 2.39　使用域关系演算重写例 2.33。

$$\{<\text{no}> \mid \exists\,\text{name, gen, age, dept}\,(<\text{no, name, gen, age, dept}> \in \text{Student} \wedge \text{dept} = \text{"CS"}) \wedge \neg \exists\,\text{name, gen, age, dept}\,(<\text{no, name, gen, age, dept}> \in \text{Student} \wedge \text{age} \geq 18)\}$$

2.4 小结

关系模型是数据库中一种重要的数据模型，也是关系数据库的数据组织方式和重要理论基础，任何关系数据库系统都离不开关系模型。关系模型由三个部分组成，即关系数据结构、关系操作和关系完整性约束。关系模型的数据结构就是关系，它是由行和列组成的二维表，表中的数据描述了客观事物的属性。关系操作包括查询、删除、插入和修改，用户利用这些操作可有效地处理和管理数据。关系完整性约束是一类重要的约束，包括实体完整性约束、参照完整性约束和用户定义完整性约束。实体完整性约束通过关系的主键约束来保证关系中每个元组都可被唯一识别。参照完整性约束是对关系之间的联系进行约束，以保证关系之间数据的一致性。用户定义完整性约束允许根据数据库应用场景设置具体的约束条件，以反映数据的特殊语义要求。

为了更好地实现关系数据库的查询操作，科学家提出了关系运算的概念和理论。关系运算本质上是一种形式化的关系查询语言，可以用于从数据库中查询数据，具体包括关系代数和关系演算。关系代数定义了一个关系代数运算集合，其输入是一个或两个关系，输出运算结果为一个新的关系。每一个关系代数运算都有与之相对应的关系代数运算符号。选择（σ）、投影（Π）、并（$\cup$）、差（$-$）、笛卡儿积（$\times$）、重命名（ρ）是六种基本的关系代数运算。交（$\cap$）、连接（$\bowtie$）、赋值（$\leftarrow$）、除（$\div$）是由基本关系代数运算组合得到的附加关系代数运算，因此这四种运算并不能提升关系代数的表达能力。扩展关系代数运算可以实现一些使用基本关系代数运算和附加关系代数运算无法实现的功能，包括去重（δ）、广义投影（Π）、聚集（$\mathcal{G}$）、分组（$\mathcal{G}$）、排序（τ）等。

多个关系运算的组合可以形成一个关系代数表达式，关系代数表达式可以用来表达想要从数据库获取的数据信息。关系代数表达式中各运算符号的计算顺序为从左到右，括号的优先级最高。

关系代数是过程化查询语言，而元组关系演算和域关系演算是非过程化查询语言。关系代数通过描述在数据库中执行一系列操作的过程来获取数据，而元组关系演算和域关系演算则通过描述想要获取的数据的信息从数据库中查询数据。

2.5 习题

1. 在关系表中，关系特征不包含（ ）。

A. 表中列的顺序是可以任意的　　B. 表中行的顺序是可以任意的

C. 表中的行不能重复出现　　D. 表中的单元格可以存放多个值

2. 在关系表中，关系的复合键可以由（ ）组成。

A. 多个属性　　　　　　　　　　B. 候选键

C. 最多一个属性　　　　　　　　D. 一个或者多个属性

3. 在关系模型中，实体完整性约束可以确保（　　）。

A. 取值唯一　　　　　　　　　　B. 不出现空值

C. 不出现数字值　　　　　　　　D. 不出现字符串

4. 在关系模型中，参照完整性约束可以保证关系直接关联属性的（　　）。

A. 数据完整性　　　　　　　　　B. 数据正确性

C. 数据一致性　　　　　　　　　D. 以上都不是

5. 简述关系代数的基本运算。

6. 编写关系代数表达式，使用至少两种方式查询李博同学选修过的课程名。

7. 编写关系代数表达式，查询选修了数据库先修课程的学生学号及姓名。

8. 编写关系代数表达式，查询选修了数据库课程或者软件工程课程的学生的学号及姓名。

9. 编写关系代数表达式，查询未选修 1 号课程的学生学号及姓名。

10. 编写关系代数表达式，查询未选修数据库课程的学生学号及姓名。

11. 编写关系代数表达式，查询选修不同课程的男女生人数。

12. 思考左外连接、右外连接和全外连接如何用关系代数基本运算来表示。

13. 解释下面规则是否适用于关系代数（其中 R、S、T 为关系）。

a）$R \cup (S \cap T) = (R \cup S) \cap (R \cup T)$

b）$R \cap (S \cup T) = (R \cap S) \cup (R \cap T)$

c）$(R \bowtie S) \bowtie T = R \bowtie (S \bowtie T)$

d）$(R \cap S) - T = R \cap (S - T)$

14. 编写元组关系演算表达式，查询既选修了 1 号课程又选修了 5 号课程的学生学号。

15. 编写域关系演算表达式，查询既选修了 1 号课程又选修了 5 号课程的学生学号。

第 3 章

关系数据库设计

本章介绍关系数据库设计的流程、理论和方法，首先介绍数据库设计的基本流程与数据模型的联系，然后介绍关系库设计的三个重要步骤：概念结构设计、逻辑结构设计和物理结构设计。概念结构设计将用户需求抽象为信息世界的概念模型，通常采用实体 - 联系模型（entity-relationship model），简称 E-R 模型。逻辑结构设计将实体 - 联系模型转换成关系模型。物理结构设计则是根据关系模型来确定数据库的物理存储结构。在逻辑结构设计阶段，为了降低数据冗余、消除数据依赖，本章进一步介绍规范化设计理论和实现方法。

3.1 数据库设计和数据模型

数据库是组织、存储和管理数据的集合。数据库设计（database design）是指给定一个应用需求，建立数据库及其应用系统，满足用户数据管理的要求，它会直接影响数据库自身和上层应用的性能，一个好的数据库设计可以提高存储空间的利用率和数据存取效率，更好地支持基于数据库的应用系统。如图 3.1 所示，数据库设计核心步骤包括需求分析、概念结构设计、逻辑结构设计和物理结构设计，并在此基础上进行数据库的建设和维护。例如，在使用数据库来管理学生信息数据时，数据库管理员首先需要对学生信息进行抽象，并对学生信息管理进行需求分析，在概念结构设计阶段形成一个独立于数据库的概念数据模型。事实上，无论是需求分析阶段的归纳抽象还是概念结构设计阶段的概念数据模型，它们都是对数据库设计的客观“描述”，即对现实世界中客观事物及其联系建模。在数据库领域，数据模型被广泛用于表示这些数据库设计的“描述”。

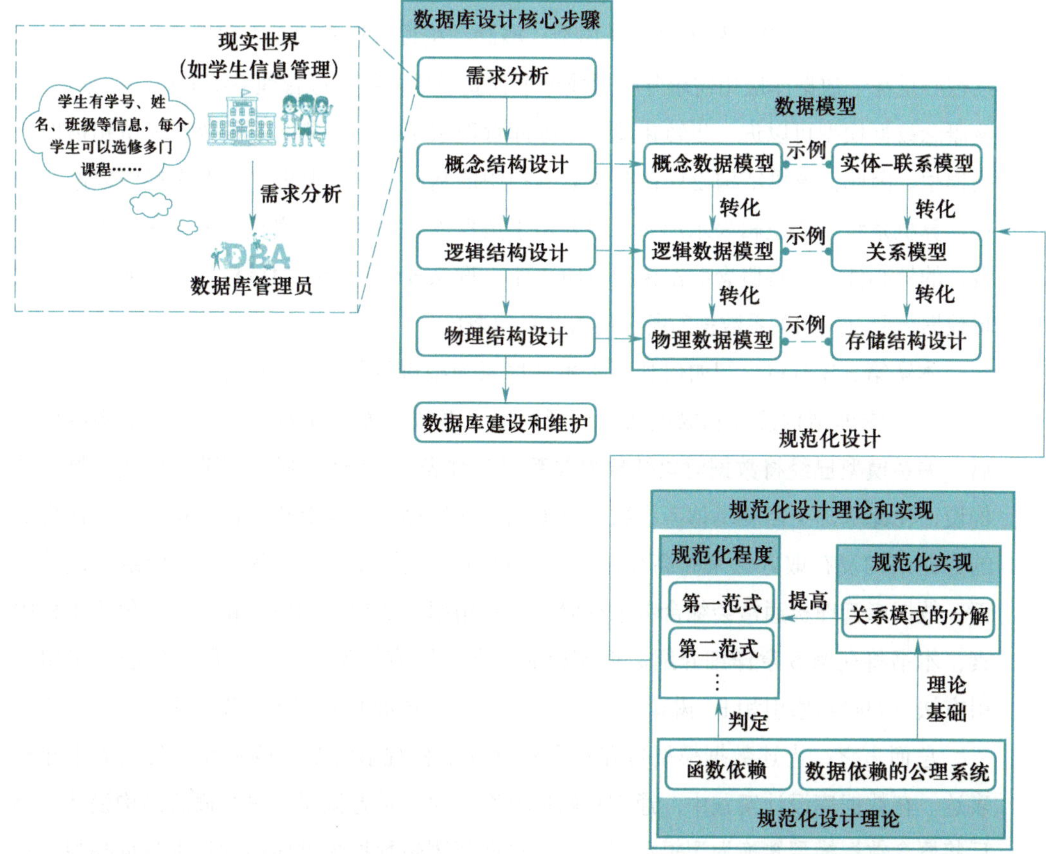

图 3.1 数据库设计的核心概念

如图 3.1 所示，在数据库设计的不同阶段，需要使用不同的数据模型来抽象、表示和处理现实世界中的客观事物及其联系。通常而言，从现实世界到信息世界的数据库设计过程，主要经历了概念结构设计、逻辑结构设计和物理结构设计三个阶段，这三个阶段使用的数据模型分别称为概念数据模型、逻辑数据模型和物理数据模型。

（1）概念结构设计与概念数据模型：概念结构设计是将现实世界的客观事物及其联系抽象为“实体”和“联系”等形式，用于描述业务领域中数据对象及其之间的联系，其设计描述主要通过概念数据模型来表达。概念数据模型主要根据用户对现实业务的理解对数据对象进行建模。概括而言，概念数据模型的主要特点包括真实性、可读性和灵活性，真实性主要体现在概念数据模型可根据需求分析的结果，真实地描述业务领域中数据对象及其联系；可读性主要体现在概念数据模型能直观地表达所建模的对象及其联系，方便不同应用背景中的用户进行交流与讨论；灵活性一方面体现在当需求分析的结果发生变化时，可以灵活地进行相应更新，另一方面体现在可方便地实现向不同的逻辑数据模型进行转化。

在数据库领域，经典的概念数据模型是实体－联系模型，将在 3.2 节展开介绍。

（2）逻辑结构设计和逻辑数据模型：概念结构设计通常独立于数据库管理系统，即其核心是基于数据库应用需求分析形成一个独立于具体数据库管理系统的概念数据模型，该概念数据模型可以进一步转化成与数据库管理系统密切相关的逻辑数据模型和物理数据模型。因此，逻辑结构设计在概念数据模型的基础上，需要进一步考虑这些数据对象在计算机系统中的逻辑表示形式，主要用于数据库管理系统的实现。换言之，逻辑结构设计的核心任务是将概念数据模型（如实体－联系模型）转化为目标数据库所对应的逻辑数据模型（例如关系数据库所采用的关系模型）。

本章第 3.3 节将介绍如何基于实体－联系模型进行关系模型的设计。

（3）物理结构设计和物理数据模型：以关系数据库设计为例，在逻辑结构设计之后，关系模型已经将数据对象抽象为关系（二维表）、属性（列）和键等形式。物理结构设计在此基础上需要具体考虑数据对象如何在计算机中存储和查询，重点是设计良好的存储结构及存取方法来提高存储空间的利用率及数据查询效率。在存储结构设计方面，数据库管理员通常会综合考虑存储空间利用率、数据查询效率和维护代价等多种因素，本书将在第 5 章详细介绍数据库存储。在存取方法设计方面，数据库通常采用索引方法（如哈希索引和 B+ 树索引），本书将在第 9 章展开介绍数据库索引。

总而言之，上述数据模型旨在将现实世界中客观事物及其联系在信息世界中建模表达。在数据库设计实践中，通常有两种方案。第一种方案是先进行概念结构设计，然后将概念数据模型转换为逻辑数据模型，进而将逻辑数据模型转换为物理数据模型；另一个设计方案是直接将概念数据模型转换为对应的物理数据模型。但在数据库设计实践中，通常采用第一种设计路线。

前面提到，关系模型的设计是关系数据库设计的核心步骤之一，其设计的优劣会影响数据库系统的性能。因此，设计一个良好的关系模型至关重要。在长期的实践中，逐渐形成了指导关系模型设计的经典理论和方法——关系数据库的规范化设计理论和实现方法（如图 3.1 所示）。本书将在 3.4 节介绍规范化设计理论，在 3.5 节介绍规范化设计与实现方法。

3.2 概念结构设计：E-R 模型

E-R 模型即实体－联系模型，它是描述现实世界的概念数据模型，也可以表示关系数据库的结构。该模型由华裔计算机科学家陈品山（Peter Pin-Shan Chen）于 1976 年在一篇关于关系模型的论文中首次提出。E-R 模型在数据库设计领域中有着广泛的应用，目前大部分数据库设计工具和产品均采用 E-R 模型进行数据库的概念结构设计。

3.2.1 E-R 模型的基本元素

概念结构设计阶段最核心的任务是基于需求分析来确定需要数据库管理的数据实体、实体的属性和实体之间的联系。E-R 模型是关系数据库进行概念结构设计的经典工具，为数据库设计者提供了一种直观、易理解的方式来表达现实世界中的数据对象及其关系，其基本元素包括实体和实体集、实体的属性和实体之间的联系。

1. 实体和实体集

实体（entity）是对现实世界中数据概念的一种抽象。简而言之，实体可以表示现实世界中的人、物或抽象的概念等。例如，一个人是实体，一个公司也是实体。多个具有相同性质的同类实体构成的集合，称为实体集（entity set）。以本书 2.1 节的 Student 数据库为例，该数据库中的每个学生都是一个实体，该数据库中所有的学生构成一个学生实体集 Student。实体集中每个具体的个体称为实体实例。

2. 属性

实体集可以用一组特征来描述，这些描述实体集的数据特征称为实体集的属性（attribute）。例如，Student 实体集可以有 Sno（学号）、Sname（姓名）、Sgender（性别）、Sage（年龄）和 Sdept（院系）5 个属性。通常情况下，不同实体集的属性是有所区别的。

如果实体集的某一属性可以唯一标识不同的实体，那么这个属性称为标识符。例如，Student 实体集中的学号（Sno）属性可以唯一标识不同的学生实体，它可以作为 Student 实体集的标识符。如果在实体集中找不到任何单个属性可作为标识符，而必须选取多个属性的组合作为实体的唯一标识，那么这种属性的组合称为复合标识符。例如，在学生选课实体集 SC（Sno、Cno、Grade）中，（Sno、Cno）可以唯一区分不同的选课实体，是一个复合标识符。

3. 联系

正如现实世界中相关事物之间存在某种联系一样，这些事物在数据库中也存在联系。这些联系可以是实体与实体之间的联系，如学生实体和课程实体之间的“选课”联系；也可以是实体内部的联系，如学生实体与其各属性之间的联系。

E–R 模型中的联系主要指实体与实体之间的联系，这种联系通常用动词来命名。例如，学生实体与课程实体之间的一种联系是“选课”。

3.2.2　E–R 图

E–R 图（entity–relationship diagram，实体 – 联系图）是对实体集、属性和联系的图形化表示。在 E–R 图中，使用矩形来表示实体集，其中实体集名称在矩形框内注明；使用椭圆形来表示实体的属性，属性名在椭圆形框内注明。使用无向边将实体集与其属性连接起来。

例如，图 3.2 是 Student 实体集的 E–R 图表示方式。

如图 3.3 所示，在 E–R 图中，实体集的属性在椭圆形框中列出。

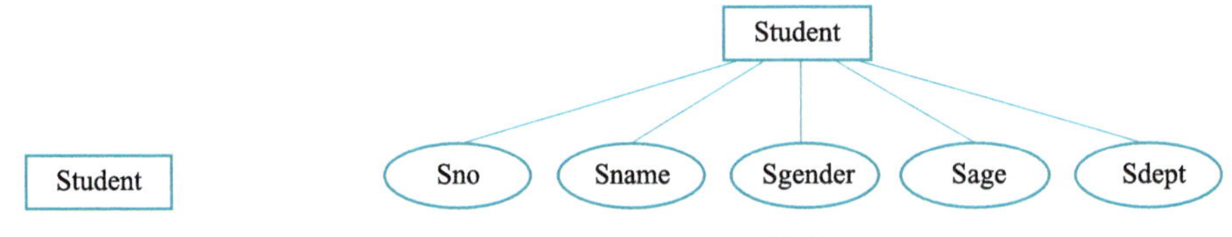

图 3.2　Student 实体集表示　　图 3.3　Student 实体集的属性表示

在 E–R 图中，实体集的标识符用下画线标识出来。如图 3.4 所示，分别标识出了 Student 实体集和 Course 实体集的标识符。Student 实体集的 Sno 属性可以唯一标识不同的 Student，它可以作为 Student 实体集的标识符。在 Course 实体集中，课程号 Cno 可以唯一标识 Course 实体集，因此 Cno 是 Course 实体集的标识符。

在 E–R 图中，使用菱形来表示实体之间的联系，联系名在菱形框中注明。用无向

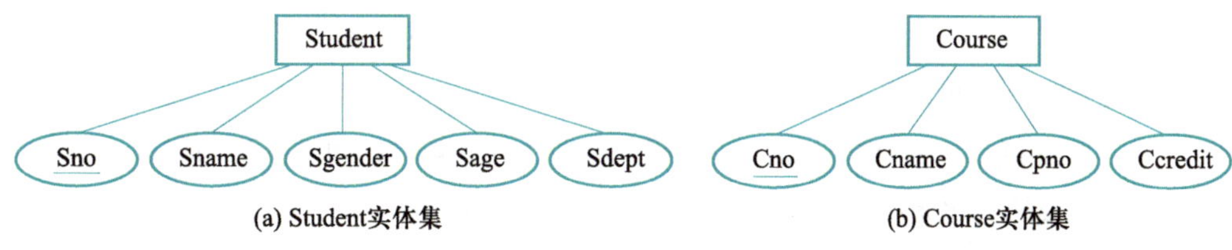

图 3.4 实体集标识符的表示

边将联系和与之相关的实体集连接起来，在无向边旁标上联系的类型，如 1∶1 表示一对一联系，1∶n 表示一对多联系或 m∶n 表示多对多联系。

如果联系也具有属性，则把属性和菱形用无向边连接起来。如图 3.5 所示，联系 SC 有属性 Grade（成绩），使用无向边将二者连接起来。

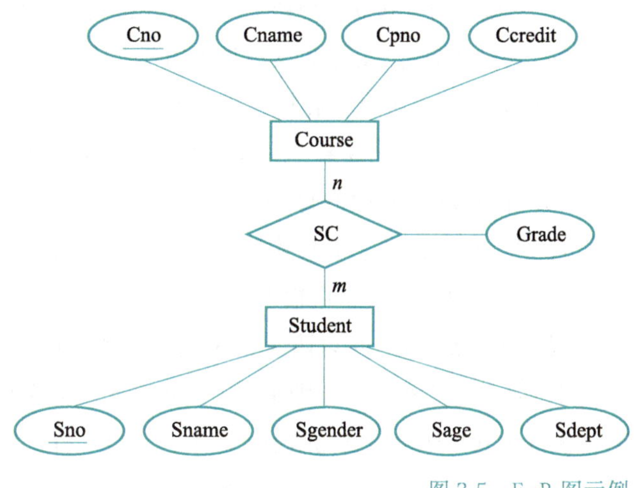

图 3.5 E–R 图示例

如图 3.5 所示，该 E–R 图表示了一个简单的学生课程数据库。其中，实体集有学生（Student）和课程信息（Course），Student 实体集有 5 个属性：Sno、Sname、Sgender、Sage 和 Sdept；Course 实体集有 4 个属性：Cno、Cname、Cpno 和 Ccredit。图 3.5 中 SC 表示 Student 实体集和 Course 实体集之间的“选课”联系，该联系包含一个属性：Grade（成绩）。

3.2.3 E–R 联系类型

由图 3.5 E–R 图实例可知，SC 联系与两个实体集（即 Student 和 Course）相关联，可以称 SC 联系为二元联系。一般地，可以把与联系相关的实体集的数量称为联系的度。根据联系的度可将 E–R 联系分为一元联系、二元联系和三元联系。

（1）一元联系。实体集内部实体之间的联系，即实体与自身的联系称为一元联系。

如图 3.6（a）所示，“学生”实体之间存在同级“管理”的联系，例如，学生群体中设立了班长一职，协助老师完成管理工作。

（2）二元联系。两个实体集之间的联系称为二元联系。如图 3.6（b）所示，“学生”实体集与“课程”实体集之间存在“选择”课程的联系。

（3）三元联系。三个实体集之间的联系称为三元联系。如图 3.6（c）所示，“学生”“学校”和“课程”之间存在“学习”的联系，即某学生在某学校学习某课程。

一元联系可以看作是特殊的二元联系（即两个实体集相同），而三元联系则可以分解表示成二元联系。例如，考虑一个抽象的三元联系 R，它将实体集 A、B 和 C 联系起来，将其转换成多个等价的二元联系的具体步骤如下。

（1）用新实体集 E 替代联系 R。如果联系 R 有属性，则将这些属性赋给新建的实体集 E；否则，为 E 建立一个特殊的标识性属性。因为每个实体集都应该至少有一个属性或多个属性的集合，以区别实体集中的各个成员。

（2）建立三个新的联系 R_A，R_B，R_C。其中，R_A 是实体集 E 和 A 之间的联系，R_B 是实体集 E 和 B 之间的联系，R_C 是实体集 E 和 C 之间的联系。

（3）针对联系 R 中的每个关系（a_i，b_i，c_i），在 E 中创建一个新实体 e_i，e_i 代表（a_i，b_i，c_i）。然后，在三个新关系集中分别建立新的关系：在 R_A 中插入（e_i，a_i），在 R_B 中插入（e_i，b_i），在 R_C 中插入（e_i，c_i）。

因此从概念上说，可以认为 E-R 联系模型只包含二元联系。

下面给出一个例子，详细阐述上述将三元联系分解为多个等价的二元联系的步骤。对如图 3.6（c）所示的三元联系，联系“学习”将“学生”“课程”和“学校”实体集关联起来。为了分解三元联系，根据上述步骤（1），新建一个新的实体集“修读计划”替代原联系“学习”。如图 3.6（d）所示，根据上述步骤（2），分别根据语义建立三个新联系集“选择”“包含”和“制定”，分别表示原实体集和新实体集“修读计划”之间的联系。根据上述步骤（3），分别将上述三个新联系集与新实体集建立联系，如图 3.6（d）所示。通过上述的步骤，可以将图 3.6（c）所示的三元联系分解成如图 3.6（d）所示的三个二元联系。

在实际应用中，二元联系是最常见的实体联系类型。对于二元联系，又能细分成一对一联系、一对多联系和多对多联系。

（1）一对一联系（one-to-one relationship）。如果实体集 E 中每一个实体最多可以和另一实体集 F 中的一个实体有联系，反之亦然，则称实体集 E 和实体集 F 具有一对一联系，记作 1∶1。例如，每个学生只有一张学生卡，而一张学生卡也只能对应一个学生，“学生”和“学生卡”实体之间的联系就是一对一联系，如图 3.7（a）所示。

（2）一对多联系（one-to-many relationship）。如果对于实体集 E 中的每一个实体，实体集 F 中有 n 个实体（$n \geqslant 0$）与之相关，反之，对于实体集 F 中的每一个

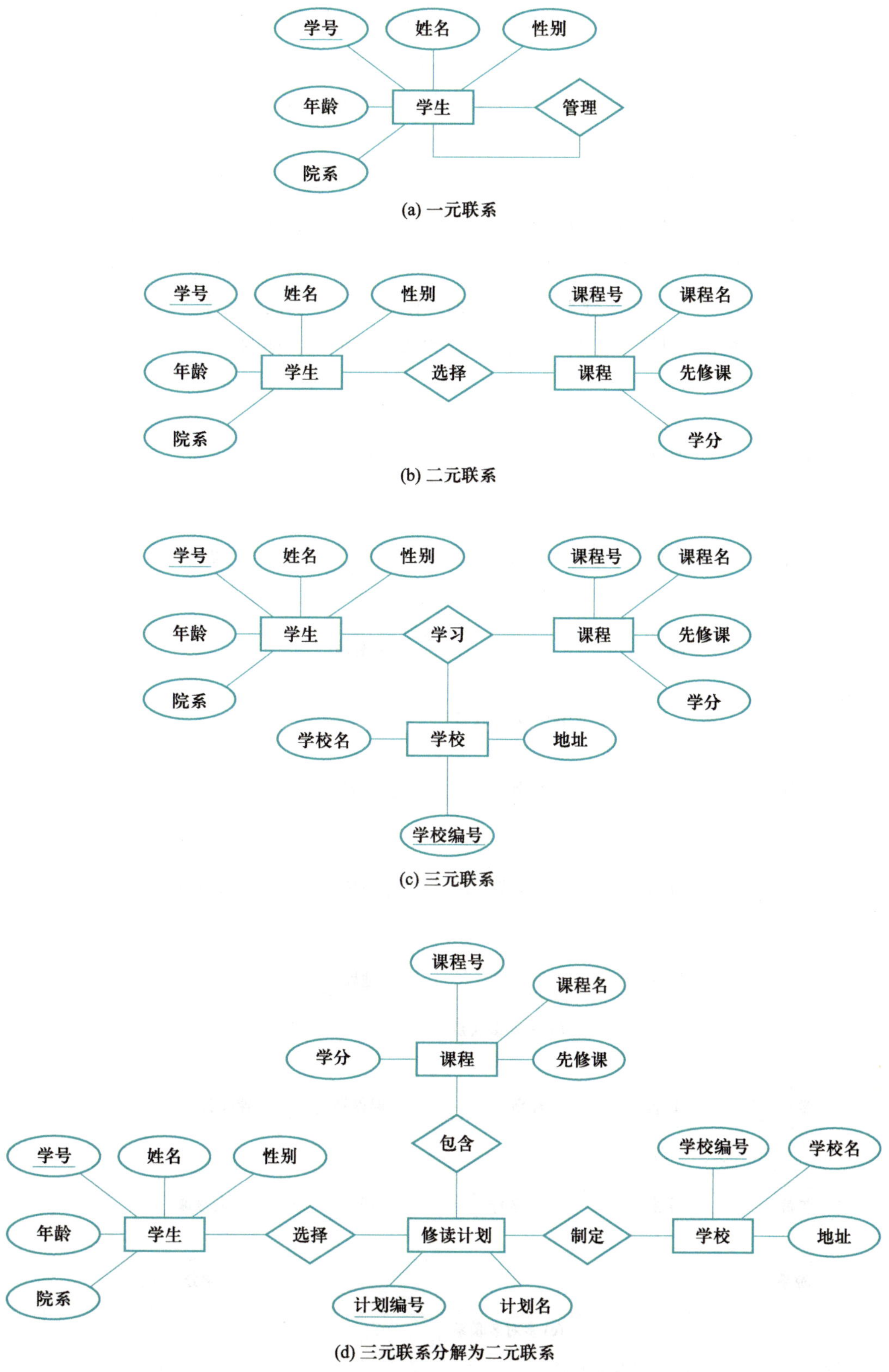

图 3.6 实体之间的联系类型示例

实体，实体集 E 中至多只有一个实体与之相关，则称实体集 E 与实体集 F 有一对多联系，记作 $1:n$。例如，一个学校可以录取多个学生，而每个学生只能被一个学校录取，则“学校”和“学生”之间建立起的这种“录取”联系就是一个一对多联系，如图 3.7（b）所示。

（3）多对多联系（many-to-many relationship）。如果实体集 E 中的每个实体在实体集 F 中有 n 个实体（$n \geqslant 0$）与之相关，反之，实体集 F 中的每个实体都在实体集 E 中有 m 个实体（$m \geqslant 0$）与之相关，则称实体集 E 和实体集 F 具有多对多联系，记为 $m:n$。例如，一个学生选择多门课程，而一门课程也可以被多个学生选择，“学生”和“课程”实体集之间的“选择”联系就是一个多对多联系，如图 3.7（c）所示。

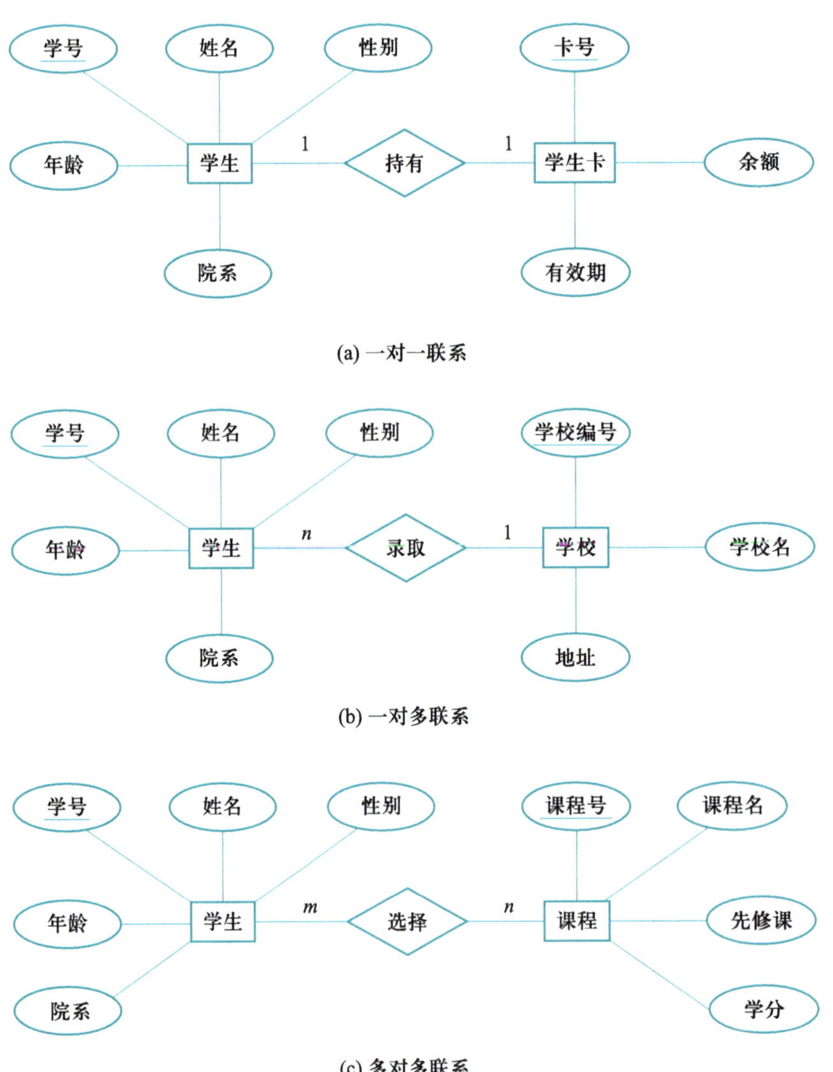

图 3.7　二元联系的三种类型示例

3.3 逻辑结构设计：从 E–R 图到关系设计

E–R 模型是一种描述现实世界事物以及联系的、简单且高效的概念数据模型。本节将介绍如何基于 E–R 模型的概念设计，将 E–R 图转换为关系模型，完成关系数据库的逻辑设计。

基于 E–R 图进行关系设计的核心是将 E–R 图中实体集、实体的属性和实体集之间的联系转换为关系模式，这些关系模式的集合则是关系模型的逻辑结构。

将 E–R 图转换为关系模型的核心步骤如下。

步骤 1（实体集的转换）：将每一个实体集转换成一个关系模式（关系表），实体集的属性转换为关系模式的属性（关系表的列），实体集的标识符转换为关系模式的键。

步骤 2（联系的转换）：E–R 图中的联系表示了现实事物之间的“关系”和“约束”。例如，如图 3.7（c）中“选择”联系表示“学生”实体集和“课程”实体集之间选课的“联系”，并且存在一个学生可以选择多门课程和一门课程可以被多个不同的学生选择的“约束”关系。为了在关系数据库中表示这种联系，简要来说，就是将 E–R 联系转换为一个关系模式，该关系模式的属性就是该联系所关联的实体集的标识符的集合以及该联系自身的属性。为了表示“约束”，还需要根据参照完整性约束，为新转换的关系设置主 / 外键。此外，根据 E–R 联系的不同类型，其转换细节会有相应差别，后面将详细介绍。

步骤 3（规范化设计）：正确规范化所有关系表以消除可能存在的插入、删除、数据冗余等异常问题。

本节主要介绍步骤 1 和步骤 2，第 3.4 节和 3.5 节将介绍步骤 3。

1. E–R 实体集的转换

将 E–R 模型转换为关系模型的基本操作是将实体集转换为关系表。关系表的表名是实体集的名称，关系表的列是实体集的属性，关系表的主键是实体集的标识符。

如图 3.8（a）所示，Student 实体集包含 5 个属性：Sno、Sname、Sgender、Sage 和 Sdept。在将该实体集转换为关系表时，该关系表的名称应为 Student 实体集的名称“Student”，实体集的属性应作为关系表的列名，实体集的标识符 Sno 是关系表的主键。因此，转换后的 Student 关系表可表示为 Student (<u>Sno</u>, Sname, Sgender, Sage, Sdept)。图 3.8（b）给出了 Student 关系表的一个实例。

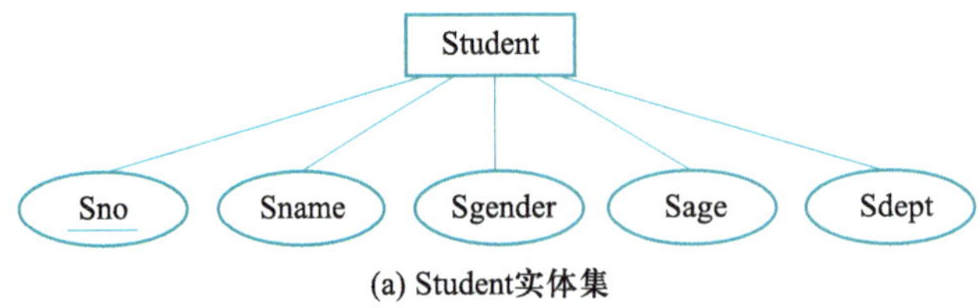

(a) Student实体集

Sno (学号)	Sname (姓名)	Sgender (性别)	Sage (年龄)	Sdept (院系)
2021310721	李博	男	17	CS
2021310722	赵宇	男	19	CS
2021310723	张敏	女	18	CS
2021310724	王勇	男	18	MA
2021310725	刘佳	女	17	MA

(b) Student关系表

图 3.8　实体集转换为关系

2. E–R 联系的转换

将 E–R 模型中的实体集转换成关系模式中的关系表后，还需要进一步将 E–R 模型中的联系转换成关系表并添加参照完整性约束。参照完整性约束可以看作是对实体集之间关系的约束。

例如，图 3.7（c）中的“选择”联系表示“学生”实体集（即表 2.1 的 Student 关系表）和“课程”实体集（即表 2.2 的 Course 关系表）之间的选课“联系”，可将其转换为如表 2.3 所示的 SC 关系表，其中学号 Sno 和课程号 Cno 分别是 SC 关系表的外键。通过外键，可以表达关系之间的约束，即参照完整性约束。例如，在 SC 关系表中插入一条记录（表示有新的选课行为发生），该记录的学号 Sno 和课程号 Cno 必须分别已存在于 Student 和 Course 关系表中，否则需要先在 Student 或者 Course 关系表中新增该学生或者课程信息，才能完成选课操作。同理，如果想在 Course 关系表中删除一门课程，则必须同时将 SC 关系表中与之相关的选课记录也删除。

常见的 E–R 联系类型包括一元联系、二元联系和三元联系，因此对 E–R 联系进行转换时，需要根据不同情况做不同的处理。如果 E–R 联系是一元联系，则其转换规则与二元联系类似，根据一元联系实体集之间的联系类型完成相应的转换即可，不再赘述。如果是三元联系，则需将其先分解成二元联系，再使用二元联系的规则进行转换。

对于 E–R 联系中最常见的二元联系，根据实体集之间的联系类型，做以下分类讨论。

（1）对于一对一（1∶1）联系，可用以下两种方法将其转换为关系模型。第一种方法是在将两个实体集转换成两个关系模式后，任选一个关系模式，在其属性中加入另一个关系模式的键和该联系自有的属性，这种转换不需要添加新的关系。第二种方法是将两个实体集转换成两个关系模式后，添加一个新关系模式，该关系模式的属性包含与该联系相关的各实体集的标识符以及该联系自有的属性，其候选键可以是任一个实体集的标识符。

例如，在图 3.7（a）中，“学生”实体集 Student 和“学生卡”实体集 StuCard 之间的“持有”联系 Hold 是二元联系中的 1∶1 联系，分别采用两种转换方式实现关系模型的转换。采用第一种方法，在上述两个实体集对应的关系模式中任选一个后添加另一个关系模式的主键即可，即转化后的关系模式为：Student（Sno，Sname，Sgender，Sage，Sdept，StuCardID），StuCard（StuCardID，Cardbalance，CardExp）；或者 Student（Sno，Sname，Sgender，Sage，Sdept），StuCard（StuCardID，Cardbalance，CardExp，Sno）。采用第二种方法，添加一个独立的关系模式，即 Hold（Sno，StuCardID）。而实体集转换生成的两个关系为 Student（Sno，Sname，Sgender，Sage，Sdept）和 StuCard（StuCardID，Cardbalance，CardExp），因此图 3.7（a）转换后得到 3 个关系。

（2）对于一对多（1∶n）联系，可用两种方法将其转换为关系模型。第一种方法是将两个实体集转换成两个关系模式后，在 n 端实体类型转换成的关系模式中加入 1 端实体集的标识符和该联系自有的属性，这种转换不需要添加新的关系。第二种方法是将两个实体集转换成两个关系模式后，为 1∶n 联系添加一个新关系模式，该关系模式的属性是所有与该联系相关各实体集的标识符以及该联系自有的属性，该关系模式的键是 n 端实体集的标识符。

例如，在如图 3.7（b）中，“学校”实体集 School 和“学生”实体集 Student 之间的“录取”联系 Admission 是二元联系中的 1∶n 联系，采用两种转换方式实现关系模型转换。采用第一种方法，在 n 端“学生”实体集 Student 转换的关系模式中，加入 1 端 School 实体集的标识符和该联系自有的属性，即转换后的 Student 关系模式为 Student（Sno，Sname，Sgender，Sage，Sdept，SchoolID），School 关系模式为 School（SchoolID，SchoolName，SchoolLocation）。采用第二种方法，添加一个独立的关系模式，该关系模式的键是 n 端实体集 Student 的标识符，即 Admission（Sno，SchoolID）。原实体集转换生成的两个关系为 Student（Sno，Sname，Sgender，Sage，Sdept）和 School（SchoolID，SchoolName，SchoolLocation），因此图 3.7（b）转换后得到 3 个关系。

（3）对于多对多（m∶n）联系，对该联系添加一个新的关系模式，这个新的关系模式的属性是两端实体类型的标识符以及该联系自有的属性，其键为两端实体集的标识符的组合。

例如，在如图 3.7（c）中，“学生”实体集 Student 和“课程”实体集 Course 之间的“选择”联系 SC 是二元联系中的 m∶n 联系，可以新建一个新的关系 SC，并将与 SC 相关的各实体集的键以及 SC 联系自有的属性（如 Grade）转为新关系的属性，其键为两端实体集的标识符的组合，即SC联系转换的关系为SC（Sno，Cno，Grade），其实例如表2.3所示。

而对如图3.6（d）所示的较为复杂的E-R图，则需遵循步骤1和步骤2，逐步将其转换为关系模式。

首先，先将E-R实体集进行转换，即分别转换成以下4个关系模式：

学生 Student（Sno，Sname，Sgender，Sage，Sdept）

课程 Course（Cno，Cname，Cpno，Ccredit）

学校 School（SchoolID，SchoolName，SchoolLocation）

修读计划 Plan（PlanID，PlanName）

其次，按照E-R联系转换规则及步骤，对“选择”“包含”和“制定”三个联系进行转换。其中，“选择”联系是1∶n联系，即一份修读计划可以被多个学生选择，而一个学生只能选择一份修读计划；“包含”是m∶n联系，即一门课程可以被多份修读计划包含，一份修读计划也可以包含多门课程；“制定”联系也是m∶n联系，即一份修读计划可以被多所学校采纳，一所学校也能制定多份修读计划以满足不同学生的需求。因此，针对“选择”联系，可以选择与n端对应的关系模式进行合并，即将修读计划Plan中的Plan ID放入学生Student关系中；针对“包含”和“制定”联系，定义一个新的关系模式，这个新的关系模式的属性是两端实体类型的标识符以及该联系自有的属性，其键为两端实体集的标识符的组合。

因此，根据如图3.6（d）所示的E-R图，可以转换得到以下的关系模式：

学生 Student（Sno，Sname，Sgender，Sage，Sdept，PlanID）

课程 Course（Cno，Cname，Cpno，Ccredit）

学校 School（SchoolID，SchoolName，SchoolLocation）

修读计划 Plan（PlanID，PlanName）

包含 Contain（PlanID，Cno）

制定 MakePlan（PlanID，SchoolID）

本节介绍了如何将概念结构设计阶段的E-R图转化为逻辑结构设计阶段的关系模型。值得注意的是，数据库逻辑结构设计的结果可能有多个，不同的设计结果会对关系数据库的存取和存储产生不同的影响。因此，在关系数据库设计中，还需要考虑如何提高设计的规范化程度。在长期的研究实践中，形成了关系数据库设计的有力工具——关系数据理论，它涉及函数依赖、规范化和范式、关系模式分解三个方面。本书3.4节将展开介绍规范化设计的理论，包括函数依赖、规范化和范式；3.5节介绍规范化设计的实现方法，即关系模式分解算法。

3.4 数据库规范化设计理论

数据库规范化设计是指在数据库中减少数据冗余、避免更新异常，定义一个规范的表间结构，以更好地实现数据完整性和一致性。其中，数据冗余是指一组数据不必要重复出现在多个表中。例如，在学生数据库中，如果学生关系表已经包含了学生的姓名和性别信息，那么姓名和性别信息则不该在多个表中重复存储，而应仅存储在学生关系表中。冗余数据会占用更多的存储空间并且增加了数据库的维护成本（如维护数据一致性）。

数据库规范化设计具有以下几个优点。

（1）降低数据存储和维护数据一致性的成本。减少冗余数据可以减少存储空间的开销。当数据发生更新（以及插入和删除）时，不必同时更新那些冗余数据，因此降低了维护数据一致性的成本。

（2）便于设计合理的关系表间依赖和约束关系，便于实现数据完整性和一致性，避免插入异常、删除异常、更新异常。

（3）数据库结构设计更合理，以提高数据库系统的整体性能。

3.4.1 函数依赖

为了解决关系模式设计的规范化问题，需要引入一个重要概念：函数依赖（functional dependency），它反映了一个关系中属性或者属性组之间相互依存、相互制约的关系，即两列或者列组之间的约束。基于函数依赖理论，可以将一个关系分解为多个更小的关系，使之满足规范化程度更高的关系表。

函数依赖是数据依赖的一种。数据依赖表示一个关系内部属性之间的约束关系，是数据的语义体现。除了函数依赖，数据依赖还有多值依赖和连接依赖等形式。本节重点介绍函数依赖和多值依赖。

函数依赖反映了关系中属性之间在语义上的关联特性。例如，假设一个关系表的 X 列表示国家，Y 列表示首都，那么如果两条记录的 X 列值是一样的，那么它们 Y 列的值必然也是一样的，即“国家”决定了“首都”。这种依赖关系可以表示为 $X \rightarrow Y$，其中 X 称为函数依赖的左侧（也称为决定因素），Y 称为右侧（也称为被决定因素）。

在正式介绍函数依赖的定义之前，首先介绍一些必要的符号。R 表示一个关系的模式，$U=\{A_1, A_2, \cdots, A_n\}$ 是 R 中所有属性的集合，F 是 R 中函数依赖的集合，$t[A_i]$ 表示元组 t 在列 A_i 上的分量。

函数依赖定义为：对一关系 $R(U)$，X 和 Y 是其列集合 U 的子集，t 和 s 分别是

R 中的任意两个元组。如果 $t[X]=s[X]$，则 $t[Y]=s[Y]$，那么称 Y 函数依赖于 X，或者 X 函数决定 Y，记为 $X \to Y$。如果 Y 不依赖于 X，则记为 $X \nrightarrow Y$。如果 $X \to Y$ 且 $Y \to X$，则 X 与 Y 一一对应，记为 $X \leftrightarrow Y$。例如，Sno→SName，Cno→CName，即学生学号函数决定学生姓名，课程编号函数决定课程名称。

一个函数依赖要成立，不但要求关系 R 中当前的值都能满足函数依赖条件，而且还要求关系中的任一可能取值都满足函数依赖的条件。此外，函数依赖还具有数据语义特征，即函数依赖在某种程度上反映了现实世界的特性。

1. 平凡函数依赖和非平凡函数依赖

如果 Y 是 X 的子集，显然 $X \to Y$ 是成立的，这种函数依赖关系也称为平凡函数依赖（trivial functional dependency）。一个具体的例子是（国家，首都）→（国家）。事实上，所有关系都满足平凡函数依赖，通常所说的函数依赖一般都是指非平凡函数依赖（nontrivial functional dependency）。具体而言，如果 $X \to Y$ 成立，但 $Y \not\subseteq X$，则称 $X \to Y$ 是非平凡函数依赖。

2. 完全函数依赖和部分函数依赖

假如 X 和 Y 是关系 R 属性集 U 的不同子集，如有 $X \to Y$ 且不存在 X 的真子集 X'，使得 $X' \to Y$，则称 Y 完全函数依赖（full functional dependency）于 X，记为 $X \xrightarrow{f} Y$；否则，称 Y 部分函数依赖（partial functional dependency）于 X，记为 $X \xrightarrow{p} Y$。

例如，对于表 2.3 的 SC 关系，如果 X 为 (Sno，Cno)，Y 为 Grade，有 $X \xrightarrow{f} Y$，因为找不出 X 的任何真子集 X'，满足 $X' \to Y$。对于如表 2.1 所示的 Student 关系表，如果 X 为（Sno，Sname），Y 为 Sage，则有 $X \xrightarrow{p} Y$，因为可以找到 X 的真子集 $X'=\{\text{Sno}\}$，满足 $X' \to Y$。

3. 传递函数依赖

X、Y 和 Z 分别是关系 R 不同的列属性集合，如果存在 $X \to Y$，$Y \nrightarrow X$，$Y \to Z$，则称 Z 对 X 有传递函数依赖（transitive functional dependency），记为 $X \xrightarrow{t} Z$。值得注意的是，在上述的定义中，强调了 $Y \nrightarrow X$，说明不存在 $X \leftrightarrow Y$ 的情况，否则，Z 就直接函数依赖于 X，而不是传递函数依赖于 X 了。例如，对于如表 2.2 所示的 Course 关系表，如果课程名可以相同，但课程号必须不同，且同一课程名的先修课是同样的，那么有 Cno→Cname，Cname↛Cno，Cname→Cpno，则称 Cpno 对 Cno 有传递函数依赖。

4. 多值依赖

考虑关系 Contact (Sno，Phone，Email)，该关系表示学生学号、手机号和邮箱之间的关系，如表 3.1 所示。在现实世界中，一个学生可能有多个手机号，也可能有多个邮箱地址。因此，对于 Contact 关系，这种属性间的一对多联系称为多值依赖。

表 3.1　Contact 关系表

Sno（学号）	Phone（手机号）	Email（邮箱）
2021310721	137-××××-2271	boli@tsinghua.edu.cn
2021310721	137-××××-2271	libo@example.com
2021310721	158-××××-1790	boli@tsinghua.edu.cn
2021310721	158-××××-1790	libo@example.com
2021310722	199-××××-2290	yuzhao@tsinghua.edu.cn
2021310722	199-××××-2290	zhaoyu1999@exmaple.com

多值依赖的定义如下。设关系模式 $R(U)$ 是属性集 U 上的一个关系模式。X, Y, Z 是 U 的子集，并且 $Z=U-X-Y$。关系模式 $R(U)$ 中多值依赖（multivalued dependency，MVD）$X\rightarrow\rightarrow Y$ 成立，当且仅当对 $R(U)$ 的任一关系 r，给定一对（x, z）值，有一组 Y 的值，这组值仅仅决定于 x 值而与 z 值无关。

直观地说，对于任意的元组 a，b 且 $a[X]=b[X]$，交换元组 a，b 的 Y 属性的值，交换后的元组仍存在于关系 $R(U)$ 中，则 $X\rightarrow\rightarrow Y$。

形式化定义为：对于任意的元组 a，b，$a[X]=b[X]$，一定存在元组 c，d 满足：

（1）$c[X]=d[X]=a[X]=b[X]$；

（2）$c[Y]=a[Y]$ 且 $d[Z]=b[Z]$；

（3）$d[Y]=b[Y]$ 且 $c[Z]=a[Z]$.

对如表 3.1 所示的 Contact 关系表，对于 Sno 属性中的每一个值，不论 Phone 取何值，Email 属性中都有一组值与之对应。因此，存在多值依赖 Sno→→Email。

给定关系模式 $R(U)$，X，Y，Z 是 U 的子集，并且 $Z=U-X-Y$。如果 $X\rightarrow\rightarrow Y$ 成立，且 Z 为空集，则 $X\rightarrow\rightarrow Y$ 是平凡多值依赖；如果 Z 非空，则 $X\rightarrow\rightarrow Y$ 是非平凡多值依赖。

函数依赖其实是多值依赖的一个特例，即如果 Y 组的值仅有一个，则多值依赖就成为函数依赖。

5. 连接依赖

连接依赖（join dependency）的定义如下：如果一个关系可以被分解为若干子关系，并且对这若干子关系通过连接（join）操作后得到原始关系，则连接依赖成立。可以证明多值依赖是连接依赖的特例，即多值依赖可以分解成两个子关系的连接，而连接依赖则可以是多个（包含两个）子关系的连接。

考虑关系 Contact（Sno，Phone，Email，Bank），它表示学生学号、手机号、邮箱和银行卡号之间的关系。假设 Contact 关系中每个学生可能有多个手机号、多个邮箱、多个银行卡号，且所有手机号、邮箱、银行卡号的组合都在 Contact 关系中出现。可以将 Contact 关系分解成以下三个关系：学生手机信息表 PhoneInfo（Sno，Phone）、学生邮箱信息表 EmailInfo（Sno，Email）和学生银行信息表 BankInfo（Sno，Bank）。通过连接操作，可以将上述三个子关系重新组合得到原始关系 Contact，即 Contact = PhoneInfo ⋈ EmailInfo ⋈ BankInfo。

不难看出，函数依赖只要求检查属性之间的关系，而不需要检查数据值。而数据依赖需要检查数据值才能判断是否满足数据依赖的要求。

6. 关系的键

下面使用函数依赖的概念重新定义关系的键。如果一个属性或者多个属性的集合 $K=\{A_1, A_2, \cdots, A_m\}$ 满足以下两个条件：（1）其他属性函数依赖于 K，（2）其他属性都不函数依赖于 K 的任一真子集，则认为 K 是关系 R（U）的候选键。

其实，上述两个规则就表示 U 完全函数依赖于 K，即 $K \xrightarrow{f} U$，这反映了完全函数依赖和候选键之间的关系。如果一个关系中有多个候选键，则选择其中最重要的一个候选键作为关系 R（U）的主键。

例如，考虑如表 2.3 所示的 SC 关系表，其主键为{Sno，Cno}。首先要证明它们函数决定了其他所有属性。即如果{Sno，Cno}组合的取值相同，则在其他属性 Grade 上的取值也应该相同。根据上述规则，{Sno，Cno}的任意真子集都不能函数决定其他的属性。因此，{Sno，Cno}是关系 SC 的键。

3.4.2 规范化和范式

当关系模式中存在函数依赖时就有可能存在数据冗余，可能会导致数据更新、插入和删除异常，进而影响数据的完整性和一致性。因此，关系表的规范化设计就是要尽可能减少关系表中列或者列组之间的依赖关系，以得到简洁、独立的关系表。一般称关系表的规范程度状态为范式（normal form，NF）。范式可以用于确保数据库模式中不存在类型异常和不一致等问题，根据规范化范式要求的不同，可以设计出冗余程度不同的数据库。

目前，关系数据库有六类范式：第一范式（first normal form，1NF）、第二范式（second normal form，2NF）、第三范式（third normal form，3NF）、BC 范式（Boyce-Codd normal form，博伊斯 - 科德范式，BCNF）、第四范式（fourth normal form，4NF）

和第五范式（fifth normal form，5NF）。这些范式规范程度呈递次提高，越高的范式数据库冗余程度越小，高级范式总是包含了低级范式的全部要求，满足最低要求的范式是第一范式（1NF）。一般来说，数据库只需满足第三范式（3NF）或 BC 范式（BCNF）即可。第五范式和第四范式在第三范式的基础上实现了进一步的规范化，可处理多值依赖和连接依赖情况，但它们过于复杂，实际应用较少，本书不做过多介绍。

1. 第一范式（1NF）

第一范式是指关系 R 的每一属性都是不可再分的基本数据项，且不存在重复属性。在关系数据库中，满足最低要求的范式是第一范式，不满足第一范式的不是关系数据库。如果出现重复的属性，则根据第一范式，需要将该属性进行细分。

如图 3.9（a）所示，Student 关系表中的 Contact 属性既存储了学生的手机号，又存储了学生的邮箱地址，因此该关系不满足第一范式（不满足属性不可再分），不是关系数据库。为了使之满足第一范式，可以将 Contact 属性细分为 Phone 和 Email 两个属性，如图 3.9（b）所示，细分后的 Student 关系表满足第一范式。

Sno (学号)	Sname (姓名)	Contact (联系方式)
2021310721	李博	137-××××-1790, Lib@uni.edu.cn
2021310722	赵宇	130-××××-1110, Zhaoy@uni.edu.cn
2021310723	张敏	139-××××-9999, Zhangm@uni.edu.cn

(a) 原始的Student关系表

Sno (学号)	Sname (姓名)	Phone (手机号)	Email (邮箱)
2021310721	李博	137-××××-1790	Lib@uni.edu.cn
2021310722	赵宇	130-××××-1110	Zhaoy@uni.edu.cn
2021310723	张敏	139-××××-9999	Zhangm@uni.edu.cn

(b) 满足1NF的Student关系表

图 3.9 Student 关系 1NF 示例

2. 第二范式（2NF）

考虑图 3.10（a）的学生选课住址关系表 SLC，其复合主键是{Sno，Cno}，Sloc 为学生的宿舍楼号，并且同系的学生住在同一个地方。SLC 关系存在如下函数依赖：(Sno，Cno) $\xrightarrow{f}$Grade，Sno→Sdept，(Sno，Cno) $\xrightarrow{p}$Sdept，Sno→Sloc，(Sno，Cno) $\xrightarrow{p}$ Sloc，Sdept→Sloc。学生的宿舍地址 Sloc 和院系 Sdept 只依赖于复合键中的 Sno，存在部分函数依赖。

尽管该关系满足第一范式，但关系表 SLC 仍然存在插入异常、删除异常、修改复杂和数据冗余度大等问题。例如，假设新入学一批学生，他们目前还没有选课，然而由于课程号 Cno 是主键，则无法将这批学生的信息插入数据表（主键的属性不能为空值）。造成上述问题的原因是关系表 SLC 存在部分函数依赖，为了解决上述问题，可以通过分解关系 SLC 来消除部分函数依赖。由此，引出了第二范式的概念。

第二范式是指关系 *R* 首先要满足第一范式，并且每一个非主属性都完全函数依赖于任何一个候选键。

因此，对 SLC 关系表进行分解，分解成如图 3.10（b）和图 3.10（c）所示的 SL 和 SC 关系表。SL 和 SC 关系表在第一范式的基础上，消除了关系中部分函数依赖，其关系中每一个非主属性都完全函数依赖于主键，满足第二范式。

Sno (学号)	Sdept (院系)	Sloc (宿舍)	Cno (选课号)	Grade (成绩)
2021310721	CS	ZJ#15	CS204	90
2021310721	CS	ZJ#15	CS207	88
2021310722	MA	ZJ#15	MA192	79
2021310723	CS	ZJ#15	CS207	92

(a) 满足1NF的SLC关系表

Sno (学号)	Sdept (院系)	Sloc (宿舍)
2021310721	CS	ZJ#15
2021310722	MA	ZJ#15
2021310723	CS	ZJ#15

(b) 满足2NF的SL关系表

Sno (学号)	Cno (选课号)	Grade (成绩)
2021310721	CS204	90
2021310721	CS207	88
2021310722	MA192	79
2021310723	CS207	92

(c) 满足2NF的SC关系表

图 3.10　将满足 1NF 的关系分解成满足 2NF 的关系示例

3. 第三范式（3NF）

考虑如图 3.10（b）所示的 SL 关系表，它满足第二范式，但存在如下函数依赖：Sno→Sdept（Sdept↛Sno），Sdept→Sloc（Sloc↛Sdept），因此存在传递函数依赖：Sno$\xrightarrow{t}$Sloc。SL 关系表依然存在插入异常、删除异常、修改复杂和数据冗余度大等问题。以插入异常为例，如果某系刚成立且还没有新生入学，则无法向数据库中插入该系的系名和学生宿舍地址信息（因为主键 Sno 不能为空）；以删除异常为例，如果该系的所有学生都毕业了，那么在删除这些学生信息时，同时也删除了该系的系名和学生宿舍地址等信息，这显然是不合理的。此外，SL 关系表的数据冗余程度较高，一方面体现在同院系的学生宿舍住址信息重复存储，另一方面也体现在如果添加新的学生信息，还需要重复添加他们的住址信息。造成上述问题的原因是关系表 SL 存在传递函数依赖，为了解决上述问题，可以通过分解关系 SL 来消除传递函数依赖。由此，引出了第三范式的概念。

第三范式是指关系 R 满足第一范式，并且不存在非主属性对候选键的传递函数依赖。

不难证明，如果一个关系 R 满足第三范式，那么它一定也满足第二范式。否则，如果存在非主属性 A 对候选键 K 的部分依赖，即 $K\xrightarrow{p}A$，那么一定存在 K 的真子集 K'，使得 $K'\xrightarrow{f}A$；则有 $K\rightarrow K'$，$K'\nrightarrow K$，$K'\rightarrow A$ 成立，依照传递依赖的定义有 $K\xrightarrow{t}A$，这与 R 满足第三范式的假设矛盾。

如图 3.11 所示，将关系表 SL 分解成两个关系——SL 和 DL 以消除传递函数依赖，使之满足第三范式。本书 3.5.3 节将介绍若干种分解 3NF 且满足一定特性的算法。

Sno (学号)	Sdept (院系)
2021310721	CS
2021310722	MA
2021310723	CS

(a) 满足3NF的SL关系表

Sdept (院系)	Sloc (宿舍)
CS	CS_A107
MA	MA_B22
CS	CS_B23

(b) 满足3NF的DL关系表

图 3.11 满足 3NF 的关系示例

4. BC 范式（BCNF）

考虑如图 3.12（a）所示的 SCT 关系表，假设每位教师只教一门课程，每门课程可以由若干教师讲授，那么每个学生选修某门课程就对应一位教师，则关系 SCT 的函数依赖有：(Sno，Cno）→Tno，（Sno，Tno）→Cno，Tno→Cno；它的候选键是（Sno，Cno）和（Sno，Tno），主属性是 Sno、Cno、Tno。因为没有任何非主属性对候选键存在传递函数依赖或部分函数依赖，所以关系表 SCT 是满足第三范式的，但是其依然存在插入异常、删除异常、修改复杂和数据冗余度大等问题。以插入异常为例，因为存在 Tno→Cno 函数依赖关系，如果某位教师开设的课程尚未有学生选修，则无法将相关信息插入数据库（主键 Sno 不能为空）；以删除异常为例，如果选修了 CS204 课程的学生都毕业了，那么在删除这些学生信息时，相应的课程和教师信息也同时被删掉了，造成了信息的丢失。此外，关系表 SCT 存在数据冗余度大的问题，具体体现在虽然一位教师只教授一门课程，但是每位选修该教师讲授的课程的学生元组都需要记录该信息，造成了重复存储；SCT 存在修改复杂的问题，例如李老师 001 教授的 CS204 课程升级改版成 CS207 课程后，需要对所有选修该课程的元组进行修改。

造成上述问题的原因是关系表 SCT 存在 Tno→Cno，即主属性 Cno 部分函数依赖于候选键（Sno，Tno）。为了解决该问题，可以通过分解关系表 SCT 表来消除主属性对候选键的部分函数依赖。由此，引出了 BC 范式的概念。

如果关系 R 在满足第一范式的基础上，对于关系 R 中的每个非平凡函数依赖 $X \to Y$，X 必包含候选键，则关系 R 满足 BC 范式。

如图 3.12（b）、图 3.12（c）所示，将关系表 SCT 分解成两个关系——SC 和 TC 以消除主属性对候选键的部分函数依赖，使之满足 BC 范式。

BC 范式与第三范式的联系比较紧密，主要体现在以下两个特性上：① 如果关系模式 R 满足 BC 范式，那么该关系模式 R 必定满足第三范式；② 如果关系模式 R 满足第三范式，且只有一个候选键，那么关系模式 R 必定满足 BC 范式。如果一个关系模式 R 满足 BC 范式，则说明在函数依赖的范畴内，它已经实现了关系模式的彻底分解，达到了最高的规范化程度，消除了插入异常和删除异常。此外，满足 BC 范式的关系模式 R 还具备以下性质：① 所有非主属性都完全函数依赖于每个候选键，② 所有主属性都完全函数依赖于每个不包含它的候选键，③ 没有任何属性完全函数依赖于非候选键的任何一组属性。例如，如图 3.12（c）所示的 TC 关系表满足 BC 范式，它的主键是 Tno，非主属性是 Cno。不难发现 TC 关系是满足上面三个性质的。

Sno（学号）	Cno（选课号）	Tno（教师号）
2021310721	CS204	李老师001
2021310722	MA192	马老师001
2021310723	CS204	周老师001

(a) 满足3NF的SCT关系表

Sno（学号）	Cno（选课号）
2021310721	CS204
2021310722	MA192
2021310723	CS204

(b) 满足BCNF的SC关系表

Tno（教师号）	Cno（选课号）
李老师001	CS204
马老师001	MA192
周老师001	CS204

(c) 满足BCNF的TC关系表

图 3.12　满足 BC 范式的关系示例

第 3.5.3 节将介绍若干种分解 BC 范式且满足一定特性的算法。

5. 第四范式（4NF）

第四范式是指关系 R 在满足 BC 范式的基础上，消除了非平凡的多值依赖。即如果一个关系存在非平凡 $X \to\to Y$ 多值依赖，X 必包含候选键，则可以满足第四范式。

如图 3.13（a）所示的学生联系信息关系 Contact 满足 3NF，但存在如下的多值依赖：Sno→→Phone，Sno→→Email，故它不满足 4NF，需要对其进行分解。如图 3.13（b）、图 3.13（c）所示，可将 Contact 关系表分解成满足 4NF 的 PhoneInfo 和 EmailInfo 关系表。

在达到第四范式的情况下，如果关系模式还存在连接依赖，那么可以进一步将其规范化到第五范式。第五范式是一种高度规范化的关系模式，该范式消除了多值依赖和连接依赖。但是第四和第五范式存在两个问题。一是需要检查数据值是否满足多值依赖和连接依赖约束的代价很高，而且每次数据更新都需要检查冲突。二是它们要求将所有的属性都分解到不同的表中，可能导致查询复杂度增加，因此需要在性能和规范化之间做出平衡。本书不涉及第五范式的详细内容。

Sno (学号)	Phone (手机号)	Email (邮箱)
2021310721	137-××××-2271	boli@tsinghua.edu.cn
2021310721	137-××××-2271	libo@example.com
2021310721	158-××××-1790	boli@tsinghua.edu.cn
2021310721	158-××××-1790	libo@example.com
2021310722	199-××××-2290	yuzhao@tsinghua.edu.cn
2021310722	199-××××-2290	zhaoyu1999@exmaple.com

(a) 满足3NF的Contact关系表

Sno (学号)	Phone (手机号)
2021310721	137-××××-2271
2021310721	158-××××-1790
2021310722	199-××××-2290

(b) 满足4NF的PhoneInfo关系表

Sno (学号)	Email (邮箱)
2021310721	boli@tsinghua.edu.cn
2021310721	libo@example.com
2021310722	yuzhao@tsinghua.edu.cn
2021310722	zhaoyu1999@exmaple.com

(c) 满足4NF的EmailInfo关系表

图 3.13 Contact 关系表 4NF 示例

总而言之，各范式规范程度呈递次提高，实现了高级范式的数据库冗余程度更小，高级范式总是包含了低级范式的全部要求。规范化过程和各范式关系如图 3.14 所示。在实际应用中，最有价值的是第三范式和 BC 范式，在设计关系模式时，通常分解到第三范式即可。

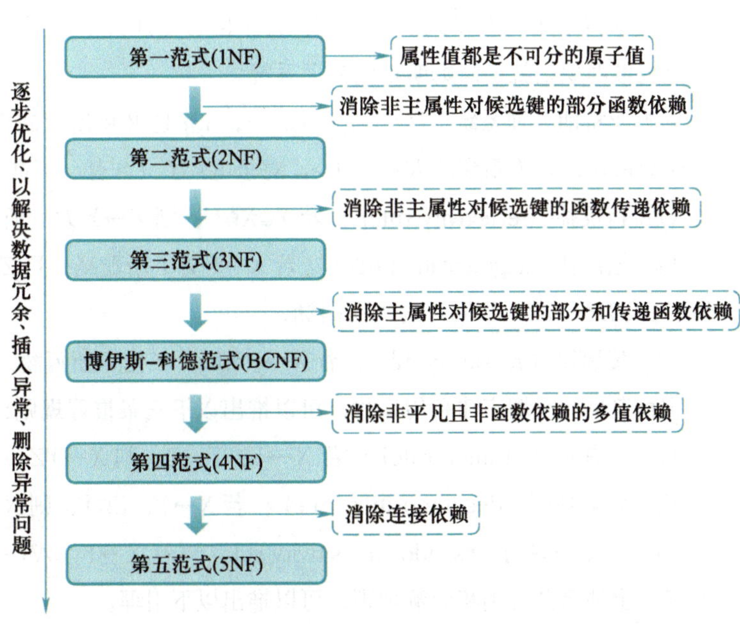

图 3.14 各范式规范化过程

3.4.3 数据依赖的公理系统

本节将介绍数据依赖的公理系统，该系统是数据库规范化设计与实现的理论基础。前面 3.4.1 节介绍了关系模式的几种函数依赖，3.4.2 节进一步介绍了规范化理论以及各种范式可能存在的插入、删除、更新、数据冗余等异常问题。为了解决这些异常问题，通过实例直观地讲述了如何通过关系模式的分解将低一级的关系模式分解成若干个高一级的关系模式，以提高关系模式的规范化程度并解决上述异常问题。

然而，关系模式的分解并不是唯一的，且 3.4.2 给出的形象化例子缺乏严谨的理论支撑。因此，本节将讨论如何确保分解后的关系模式与原来的关系模式保持“等价”，并介绍几种常见的关系模式的分解算法。基于此，本节首先介绍数据依赖的公理系统，数据依赖的公理系统是数据库规范化设计与实现的理论基础。

下面将介绍一种有效且完备的函数依赖公理系统——阿姆斯特朗公理（Armstrong ariom）系统。该公理系统根据已知的一些函数依赖推导出其他的函数依赖。

1. 阿姆斯特朗公理系统

在正式介绍阿姆斯特朗公理系统之前，首先基于前面介绍的函数依赖，介绍逻辑蕴涵的概念。

对于满足一组函数依赖 F 的关系模式 $R<U, F>$，其中任何一个关系 r，如果函数依赖 $X \to Y$ 都成立，则称 F 逻辑蕴涵 $X \to Y$，或者称 $X \to Y$ 是 F 的逻辑蕴涵。

基于逻辑蕴涵的定义，读者可能好奇怎么从一组函数依赖中推理出蕴涵的函数依赖，如何求得给定关系模式的候选键。为了回答上述几个问题，这就需要一组推理规则，这组推理规则就是阿姆斯特朗公理系统。

阿姆斯特朗公理系统：$U=\{A_1, A_2, \cdots, A_n\}$ 是 R 中所有属性的集合，F 是 U 上的一组函数依赖，有关系模式 $R<U, F>$，对于 $R<U, F>$ 有以下推理规则：

（1）自反律（reflexivity rule）：若 $Y \subseteq X \subseteq U$，则 $X \to Y$ 为 F 所蕴涵；

（2）增广律（augmentation rule）：若 $X \to Y$ 为 F 所蕴涵，且 $Z \subseteq U$，则 $X \cup Z \to Y \cup Z$（或简写成 $XZ \to YZ$，下同）为 F 所蕴涵；

（3）传递律（transitivity rule）：若 $X \to Y$ 和 $Y \to Z$ 为 F 所蕴涵，则 $X \to Z$ 为 F 所蕴涵。

根据自反律、增广律和传递律，可以推出以下三条推理规则：

（1）合并规则（union rule）：若 $X \to Y$，$Y \to Z$，则 $X \to YZ$；

（2）分解规则（decomposition rule）：若 $X \to Y$，$Z \subseteq Y$，则 $X \to Z$；

（3）伪传递规则（pseudo-transitivity rule）：若 $X \to Y$，$WY \to Z$，则 $XW \to Z$。

基于上述合并规则和分解规则，可以推出以下引理。

引理 3.1 $X \to A_1, A_2, \cdots, A_n$ 成立的充分必要条件是 $X \to A_i\ (i=1,2,\cdots,n)$ 成立。

下面给出一个例子具体说明上述的推导规则。

例 3.1 对于关系模式 $R<U, F>$，U_1，U_2，U_3，U_4，U_5，U_6 是其属性集 U 的子集，R 满足函数依赖为 $\{U_1 \to U_2U_3, U_3U_4 \to U_5U_6\}$，证明函数依赖 $U_1U_4 \to U_6$ 成立。

证明：由题中给定，可以推出 $U_1 \to U_2U_3$ 成立；根据引理 3.1，$U_1 \to U_3$ 成立；根据增广律，$U_1U_4 \to U_3U_4$ 成立；由题中给定，可以推出 $U_3U_4 \to U_5U_6$ 成立；根据传递律，$U_1U_4 \to U_5U_6$ 成立；根据引理 3.1，$U_1U_4 \to U_6$ 成立，得证。

2. 闭包及其计算

在检验范式时，仅考虑给定的函数依赖集是不充分的，还需要考虑在给定的模式上成立的所有函数依赖关系。基于此，接下来介绍函数依赖集的闭包的定义。

函数依赖集的闭包：在关系模式 $R<U, F>$ 中，被函数依赖集 F 所逻辑蕴涵的函数依赖的全体称为 F 的闭包（closure），记作 F^+。简而言之，F^+ 包含了 F 中所有的函数依赖。

基于函数依赖集的闭包和阿姆斯特朗公理系统，进一步给出属性集闭包的定义。

属性集的闭包：在关系模式 $R<U, F>$ 中，设 F 是属性集 U 上的一组函数依赖（即 R 的函数依赖集）$X \subseteq U, Y \subseteq U, X_F^+ = \{A \mid X \to A$ 可由 F 根据阿姆斯特朗公理系统推出$\}$（即函数依赖集 F 下被 X 函数决定的所有属性的集合），则 X_F^+ 称为属性集 X 关于函数依赖集 F 的闭包。

通过引理 3.1 可以推出引理 3.2，如下所示。

引理 3.2 设 F 是属性集 U 上的一组函数依赖，$X \subseteq U$，$Y \subseteq U$，$X \to Y$ 能由 F 根据阿姆斯特朗公理系统推出的充分必要条件是 $Y \subseteq X_F^+$。

通过上述讨论，可以将判断 $X \to Y$ 能否由 F 根据阿姆斯特朗公理系统推导出来的问题转化为求解 X_F^+，判定 Y 是否为 X_F^+ 的子集的问题。基于此，下面给出算法 3.1 用于求解属性集 X（$X \subseteq U$）关于 U 上的函数依赖集 F 的闭包 X_F^+。

算法 3.1 求解属性集 X($X \subseteq U$) 关于 U 上的函数依赖集 F 的闭包 X_F^+。

输入： X，F。
输出： X_F^+。

算法步骤：计算属性集序列 $X^{(i)}$($i=0, 1, \cdots$)。

步骤(1)：令 $X^{(0)}=X$，$i=0$。

步骤(2)：求 B，$B=\{A \mid (\exists V)(\exists W)(V \to W \in F \wedge V \subseteq X^{(i)} \wedge A \in W)\}$。

首先，在 F 中找到尚未用过的、左边是 $X^{(i)}$ 子集的函数依赖：$Y_j \to Z_j$($j=0, 1, \cdots, k$)，其中 $Y_j \subseteq X^{(i)}$。

然后，在 Z_j 中找到由 $X^{(i)}$ 中未出现过的属性构成的属性集 B。

步骤(3)：令 $X^{(i+1)}=B \cup X^{(i)}$。

步骤(4)：如果 $X^{(i+1)}$ 和 $X^{(i)}$ 不相等，则 $i=i+1$，返回步骤(2)。

步骤(5)：如果 $X^{(i+1)}$ 和 $X^{(i)}$ 相等，或者 $X^{(i)}$ 和 U 相等，则 $X^{(i)}$ 就是 X^+_F，算法终止。

例 3.2　对于关系模式 $R<U, F>$，$U=\{A_1, A_2, A_3, A_4, A_5, A_6\}$ 是关系模式 R 中所有属性的集合。R 的函数依赖集 $F=\{A_1 \rightarrow A_4, A_1A_2 \rightarrow A_5, A_2A_6 \rightarrow A_5, A_3A_4 \rightarrow A_6, A_5 \rightarrow A_3\}$，$X=A_1A_5$，计算 X_F^+。

解：按照算法 3.1，依次完成以下计算。

（1）令 $X^{(0)}=A_1A_5$。

（2）在 F 中找到左边是 A_1A_5 子集的函数依赖，有 $A_1 \rightarrow A_4$，$A_5 \rightarrow A_3$，则 $X^{(1)}=X^{(0)} \cup A_4A_3=A_1A_3A_4A_5$，显然 $X^{(1)} \neq X^{(0)}$。

（3）在 F 中找到左边是 $A_1A_3A_4A_5$ 子集的函数依赖，有 $A_3A_4 \rightarrow A_6$，则 $X^{(2)}=X^{(1)} \cup A_6=A_1A_3A_4A_5A_6$。

（4）虽然 $X^{(2)} \neq X^{(1)}$，但是 F 中未用过的函数依赖的左边属性集中已经没有 $X^{(2)}$ 的子集了。因此，可以提前结束循环（没有再计算的必要）。

（5）输出 $X_F^+=A_1A_3A_4A_5A_6$。

3. 函数依赖集的等价和最小函数依赖集

基于蕴涵的概念，接下来讨论两个函数依赖集的等价和最小函数依赖集的概念。

1）两个函数依赖集的等价

若 $F^+=G^+$，则有函数依赖集 F 覆盖 G（F 是 G 的覆盖，或 G 是 F 的覆盖），或 F 和 G 等价。

引理 3.3　$F^+=G^+$ 的充分必要条件是 $F \subseteq G^+$ 和 $G \subseteq F^+$。

证明：引理 3.3 显然满足必要性，下面给出充分性的证明。

若 $F \subseteq G^+$，则 $X_F^+ \subseteq X_{G+}^+$，对任意 $X \rightarrow Y \in F^+$，有 $Y \subseteq X_F^+ \subseteq X_{G+}^+$，因此 $X \rightarrow Y \subseteq (G^+)^+ \subseteq G^+$，即 $F^+ \subseteq G^+$。同理可得，$G^+ \subseteq F^+$，因此有 $F^+=G^+$。

实际上，引理 3.3 给出了判断两个函数依赖集等价的方法。如果要判定 $F \subseteq G^+$，则只需依次对 F 中的函数依赖 $X \rightarrow Y$，判断 Y 是否属于 G^+。

例 3.3　设 F 和 G 是两个函数依赖集，$F=\{U_1 \rightarrow U_2, U_2 \rightarrow U_3\}$，$G=\{U_1 \rightarrow U_2U_3, U_2 \rightarrow U_3\}$，判断它们是否等价。

解：首先，判断 F 中每个函数依赖是否属于 G^+。因为 $U_{1_G}^+=U_1U_2U_3$，$U_2 \subseteq U_{1_G}^+$，所以 $U_1 \rightarrow U_2 \in U_{1_G}^+$。因为 $U_{2_G}^+=U_2U_3$，$U_3 \subseteq U_{2_G}^+$，所以 $U_2 \rightarrow U_3 \in U_{2_G}^+$。综上，$F \subseteq G^+$。同理可得，$G \subseteq F^+$。根据引理 3.3，可得 F 和 G 是等价的。

2）最小函数依赖集

若函数依赖集 F 满足以下条件，则称 F 为一个极小函数依赖集，也称最小函数依赖集或最小覆盖（minimal covering）：

（1）F 中任一函数依赖的右部仅含一个属性；

（2）F 中不存在这样一个函数依赖 $X \rightarrow A$，使得 F 与 $F-\{X \rightarrow A\}$ 等价，即无多余的

函数依赖；

(3) F 中不存在这样一个函数依赖 $X \to A$，X 有真子集 Z，使得 $F-\{X \to A\} \cup \{Z \to A\}$ 与 F 等价，即左部无多余的属性；

例如，考虑 $R<U, F>$，其中 $U=\{$Sno, Sdept, Mname, Cno, Grade$\}$，$F=\{$Sno→Sdept, Sdept→Mname,（Sno，Cno）→Grade$\}$。设 $F'=\{$Sno→Sdept, Sno→Mname, Sdept→Mname,（Sno, Cno）→Grade,（Sno, Sdept）→Sdept$\}$。因为 $F'-\{$Sno→Mname$\}$ 与 F' 等价，$F'-\{$（Sno，Sdept）→Sdept$\}$ 也与 F' 等价。因此，可以推出 F 是最小覆盖，而 F' 则不是。

定理 3.1 每一个函数依赖集 F 均等价于一个极小函数依赖集 F_m。

证明：对于定理 3.1 的证明，可以使用构造性证明的方式，找出 F 的最小依赖集。

（1）首先依次检查 F 中的各函数依赖 FD_i：使 F 中每一个函数依赖的右部属性单一化，$X \to Y$，若 $Y=A_1, A_2, A_3, \cdots, A_n (n \geqslant 2)$，则用 $\{X \to A_j | (j=1, 2, \cdots, n)\}$ 来取代 $X \to Y$。

（2）然后依次检查 F 中的各函数依赖 FD_i：$X \to A$，设 $X=B_1, B_2, B_3, \cdots, B_m (m \geqslant 2)$，逐一检查 $B_i (i=1, 2, 3, \cdots, m)$，若 $B \in (X-B_i)_F^+$，则用 $X-B_i$ 代替 X。

（3）最后依次检查 F 中的各函数依赖 FD_i：$X \to A$，令 $G=F-\{X \to A\}$，若 $A \in X_G^+$，则从 F 中去掉此函数依赖。

需要注意的是，F 的最小函数依赖不一定是唯一的，它与对各函数依赖 FD_i 以及 $X \to A$ 中 X 各属性的处理顺序有关。另外，定理的证明过程（极小化过程）也是检验 F 是否为极小依赖集的一个算法。

例如，对于关系模式 $R<U, F>$ 的函数依赖集 $F=\{A \to B, B \to A, B \to C, A \to C, C \to A\}$，$F$ 的最小函数依赖集有：$F_{m_1}=\{A \to B, B \to C, C \to A\}$，$F_{m_2}=\{A \to B, B \to A, A \to C, C \to A\}$。

3.5 数据库规范化设计与实现

在数据库规范化设计与实现过程中，可以通过关系模式的分解来提高关系模式的规范化程度，以避免数据冗余和异常等问题。3.4.2 节介绍了关系模式各范式的定义，并通过实例描述了通过关系分解使其满足范式定义的方法。然而，将满足低一级范式的关系模式分解成若干个满足高一级范式的关系模式的方法并不是唯一的。为了解决这一问题，本节基于 3.4.3 节的数据依赖公理系统，介绍若干种关系模式的分解算法，这些分解算法可以保证分解后的关系模式与原关系模式等价。

3.5.1　关系模式分解的定义

对于关系模式 $R<U, F>$，它的一个分解是指 $\rho=\{R_1<U_1, F_1>, R_2<U_2, F_2>, \cdots, R_n<U_n, F_n>\}$。其中，$U=\bigcup_{i=1}^{n}U_i$，且不存在 $U_i \subseteq U_j$ $(1 \leqslant i, j \leqslant n)$，$F_i$ 是 F 在 U_i 上的投影，并且 $F_i=\prod_{R_i}(F)=\{X \to Y \mid X \to Y \in F^+ \wedge XY \subseteq U_i\}$。

前面提到，对于一个关系模式 $R<U, F>$ 的分解方式有多种，但它们都遵循一个原则，那就是分解之后的若干模式 $\rho=\{R_1<U_1, F_1>, R_2<U_2, F_2>, \cdots, R_n<U_n, F_n>\}$ 应该与原模式 $R<U, F>$ 等价。

关系模式等价分解的概念可以从以下两个角度进行考虑。一是数据等价：分解应具有无损连接性（lossless join）。无损连接是指分解后的关系通过自然连接可以恢复为分解前的关系，换句话说，通过自然连接得到的关系与分解前的关系相比，既不多出信息又不丢失信息，与原始关系相等。二是语义等价：分解应保持函数依赖（preserve functional dependency）。因此，关系模式等价分解的目标是既要保持函数依赖，又要具有无损连接性。

3.5.2　分解的无损连接性和保持依赖性

具有无损的模式分解：关系模式 $R<U, F>$ 的一个分解是 $\rho=\{R_1<U_1, F_1>, R_2<U_2, F_2>, \cdots, R_n<U_n, F_n>\}$，若 R 与 $R_1, R_2, \cdots, R_n$ 自然连接的结果相等，则称这个分解 ρ 具有无损连接性，ρ 是关系模式 $R<U, F>$ 无损分解。

值得注意的是，虽然无损分解可以保证不丢失信息，但是无损分解不一定能解决插入异常、删除异常、修改复杂、数据冗余等问题。

例 3.4　如图 3.15 所示，对于关系模式 $R<\{Sno, Sdept, Sloc\}, \{Sno \to Sdept, Sno \to Sloc\}>$，有两种分解方式：$\rho_1=\{R_1=\Pi_{Sno, Sdept}(R), R_2=\Pi_{Sno, Sloc}(R)\}$，$\rho_2=\{R_1=\Pi_{Sno, Sdept}(R), R_3=\Pi_{Sdept, Sloc}(R)\}$。这两种分解方式的自然连接结果如图 3.16 所示，不难发现，分解方式 $\rho_1=\{\Pi_{Sno, Sdept}(R), \Pi_{Sno, Sloc}(R)\}$ 是无损分解，分解方式 $\rho_2=\{\Pi_{Sno, Sdept}(R), \Pi_{Sdept, Sloc}(R)\}$ 不是无损分解。注意，符号 Π 是指投影运算，即可从关系 R 中获取某些列组成新的关系。例如，$R_1=\Pi_{Sno, Sdept}(R)$ 是指选择关系 R 中的 Sno 和 Sdept 组成新关系 R_1。

基于上述例子的启发，一般来说直接由定义判断一个分解是否为无损分解是做不到的。因此，下面介绍一个检验无损分解的算法。

R

Sno (学号)	Sdept (院系)	Sloc (宿舍)
2021310721	CS	CS_ A107
2021310722	MA	MA_B22
2021310723	CS	CS_B23

(a) *R*

$R_1=\prod_{Sno,Sdept}(R)$

Sno (学号)	Sdept (院系)
2021310721	CS
2021310722	MA
2021310723	CS

$R_2=\prod_{Sno,Sloc}(R)$

Sno (学号)	Sloc (宿舍)
2021310721	CS_ A107
2021310722	MA_B22
2021310723	CS_B23

(b) 分解方式1

$R_1=\prod_{Sno,Sdept}(R)$

Sno (学号)	Sdept (院系)
2021310721	CS
2021310722	MA
2021310723	CS

$R_3=\prod_{Sdept,Sloc}(R)$

Sdept (院系)	Sloc (宿舍)
CS	CS_ A107
MA	MA_B22
CS	CS_B23

(c) 分解方式2

图 3.15 关系 *R* 的两种分解方式

$\prod_{Sno,Sdept}(R) \bowtie \prod_{Sno,Sloc}(R)$

Sno (学号)	Sdept (院系)	Sloc (宿舍)
2021310721	CS	CS_ A107
2021310722	MA	MA_B22
2021310723	CS	CS_B23

(a) 分解方式1的自然连接结果

$\prod_{Sno,Sdept}(R) \bowtie \prod_{Sdept,Sloc}(R)$

Sno (学号)	Sdept (院系)	Sloc (宿舍)
2021310721	CS	CS_ A107
2021310721	CS	CS_B23
2021310722	MA	MA_B22
2021310723	CS	CS_ A107
2021310723	CS	CS_B23

(b) 分解方式2的自然连接结果

图 3.16 两种分解方式的自然连接结果

算法 3.2 检验一个分解是否为无损分解。

输入： 关系模式 $R<\{A_1, A_2, A_3, \cdots, A_n\}, F>$，$\rho=\{R_1, R_2, R_3, \cdots, R_m\}$。

输出： 确定 ρ 是否为无损分解。

算法步骤：

步骤（1）：构造一个 n 列 m 行的表，每一列对应于属性，每一行对应于分解中的一个关系模式。

步骤（2）：如果 $A_j \in R_i$，则在第 j 列第 i 行上置为 a_j，否则置为 b_{ij}。

步骤（3）：依次检查 F 中的每一个函数依赖，并修改表中的元素。对于 F 中的一个函数依赖 $X \to Y$，在 X 的分量上寻找相同的行，然后将这些行的 Y 分量赋相同符号，如果其中有 a_j，则将 b_{ij} 改为 a_j，反之则改为 b_{ij}。

步骤（4）：如果某行变成 $a_1, a_2, a_3, \cdots, a_n$，则 ρ 是无损分解，算法结束，退出；否则进行步骤 5。

步骤（5）：如果 F 中所有的函数依赖都不能再修改表，且没有发现某行变成 $a_1, a_2, a_3, \cdots, a_n$，则 ρ 不是无损分解，算法结束，退出。

为了使读者更好地理解该算法，基于例3.4中的关系和分解方式，给出如下例子来演示如何基于算法3.2判断一个分解是否为无损分解。

例3.5 如图3.15所示，对于关系模式 R< {Sno, Sdept, Sloc}, {Sno→Sdept, Sno→Sloc}>，有两种分解方式：$\rho_1=\{R_1=\Pi_{\text{Sno, Sdept}}(R), R_2=\Pi_{\text{Sno, Sloc}}(R)\}$，$\rho_2=\{R_1=\Pi_{\text{Sno, Sdept}}(R), R_3=\Pi_{\text{Sdept, Sloc}}(R)\}$。使用算法3.2检验分解方式 ρ_1、ρ_2 的无损连接性，即判断分解方式 ρ_1、ρ_2 是否为无损连接。

解： 对于分解方式 $\rho_1=\{R_1=\Pi_{\text{Sno, Sdept}}(R), R_2=\Pi_{\text{Sno, Sloc}}(R)\}$，使用算法3.2检验。

步骤（1）：构造初始表，如图3.17（a）所示。

步骤（2）：进行初始化赋值。对于 R_1，包括两个属性Sno、Sdept，因此第一行Sno、Sdept列的值分别为 a_1、a_2，因为Sloc不在 R_1 中，因此该列对应的单元格值为 $b_{1,3}$。对于 R_2，包括两个属性Sno、Sloc，因此第二行Sno、Sloc列的值分别为 a_1、a_3，因为Sdept不在 R_2 中，因此该列对应的单元格值为 $b_{2,2}$。

步骤（3）：依次检查 F 中的每一个函数依赖，并修改表中的元素。检查Sno→Sdept，由于 R_1、R_2 的Sno列相同，因此将 R_2 的Sdept列修改为 a_2，如图3.17（b）所示。

步骤（4）：此时发现第二行都变成 a_1、a_2、a_3，可以判断 ρ_1 是无损分解，算法结束。

R_i	Sno（学号）	Sdept（院系）	Sloc（宿舍）
$\Pi_{\text{Sno,Sdept}}(R)$	a_1	a_2	$b_{1,3}$
$\Pi_{\text{Sno,Sloc}}(R)$	a_1	$b_{2,2}$	a_3

(a) 构造初始表

R_i	Sno（学号）	Sdept（院系）	Sloc（宿舍）
$\Pi_{\text{Sno,Sdept}}(R)$	a_1	a_2	$b_{1,3}$
$\Pi_{\text{Sno,Sloc}}(R)$	a_1	a_2	a_3

(b) 检查Sno→Sdept并更新表元素

图3.17 检验 ρ_1 的无损连接性

对于分解方式 $\rho_2=\{R_1=\Pi_{\text{Sno, Sdept}}(R), R_3=\Pi_{\text{Sdept, Sloc}}(R)\}$，使用算法3.2检验。

步骤（1）：构造初始表，如图3.18（a）所示。

步骤（2）：进行初始化赋值。对于 R_1，包括两个属性Sno、Sdept，因此第一行Sno、Sdept列的值分别为 a_1、a_2，因为Sloc不在 R_1 中，因此该列对应的单元格值为 $b_{1,3}$。对于 R_2，包括两个属性Sdept、Sloc，因此第二行Sdept、Sloc列的值分别为 a_2、a_3，因为Sno不在 R_2 中，因此该列对应的单元格值为 $b_{2,1}$。

步骤（3）：依次检查 F 中的每一个函数依赖，并修改表中的元素。检查Sno→Sdept，由于 R_1、R_2 的Sno列的值不相同，因此不对表中元素修改，如图3.18（b）所示。检查Sno→Sloc，同理也找不到相同值，因此不对表中元素修改，如图3.18（c）所示。

R_i	Sno (学号)	Sdept (院系)	Sloc (宿舍)
$\prod_{Sno,Sdept}(R)$	a_1	a_2	$b_{1,3}$
$\prod_{Sdept,Sloc}(R)$	$b_{2,1}$	a_2	a_3

(a) 构造初始表

R_i	Sno (学号)	Sdept (院系)	Sloc (宿舍)
$\prod_{Sno,Sdept}(R)$	a_1	a_2	$b_{1,3}$
$\prod_{Sdept,Sloc}(R)$	$b_{2,1}$	a_2	a_3

(b) 检查Sno→Sdept并更新表元素

R_i	Sno (学号)	Sdept (院系)	Sloc (宿舍)
$\prod_{Sno,Sdept}(R)$	a_1	a_2	$b_{1,3}$
$\prod_{Sdept,Sloc}(R)$	$b_{2,1}$	a_2	a_3

(c) 检查Sno→Sloc并更新表元素

图 3.18 检验 ρ_2 的无损连接性

步骤（4）：没有找到任何值为 a_1、a_2、a_3 的行。

步骤（5）：已经遍历了所有函数依赖，并且都不能再修改表的元素值，且找到任何值为 a_1、a_2、a_3 的行，可以判断 ρ_2 不是无损分解。算法结束。

保持函数依赖的模式分解是指，如果 $F'^{+}=\left(\bigcup_{i=1}^{n}F_i\right)^{+}$，则关系模式 $R<U, F>$ 的一个分解 $\rho=\{R_1<U_1, F_1>, R_2<U_2, F_2>, \cdots, R_n<U_n, F_n>\}$ 保持函数依赖。

可以通过阿姆斯特朗公理系统来判断模式分解是否满足函数依赖。

值得注意的是，如果一个关系模型的分解具有无损连接性，那么它能够保证不丢失信息；如果一个分解保持了函数依赖，那么它可以减轻或解决各种异常问题。然而，无损分解和保持函数依赖的分解是两个相互独立的标准。具有无损连接性的分解不一定能够保持函数依赖；同理，保持函数依赖的分解也不一定是无损分解。

3.5.3 模式分解的算法

首先回顾前面提到的一个好的关系数据库的三个设计目标是满足 BCNF、具有无损连接性、保持函数依赖。如果不能满足 BCNF，那么也应该至少满足 3NF。为了达到上述的三个目标，通常需要对不满足这些目标的关系模式进行分解。那么对于模式分解，可以证明：① 如果要求分解具有无损连接性，则模式分解一定可以达到 4NF；② 如果要求分解保持函数依赖，模式分解可以达到 3NF，但不一定可以满足 BCNF；③ 如果要求分解既保持函数依赖，又具有无损连接性，那么模式分解可以达到 3NF，但不一定满足 BCNF。

基于上述讨论，下面介绍几种分解算法。

算法 3.3　分解到 3NF，并保持函数依赖的模式分解算法。

输入： 关系模式 $R<U, F>$。

输出： $\rho=\{R_1<U_1, F_1>, R_2<U_2, F_2>, \cdots, R_m<U_m, F_m>\}$ 保持函数依赖。

算法步骤：

步骤（1）：令 $\rho=\varphi$。

步骤（2）：若 $X\to Y$，且 $X\cup Y=U$，则输出 $\rho=\{R\}$，R 为 3NF，分解结束，转步骤（6），算法终止。

步骤（3）：令 $U_0=\varphi$，对 U 中的每个属性 A_i，若它不出现在 F 中任一函数依赖的左端和右端，令 $U_0=U_0\cup\{A_i\}$。

以 U_0 为属性集，构造一个新的关系模式 R_0，令 $\rho=\rho\cup\{R_0\}$，$U=U-U_0$。

步骤（4）：若 F 中存在左端相同的函数依赖 $X\to Y_1$，$X\to Y_2$，…，$X\to Y_m$；对这些函数依赖进行合并，令 $F=(F-\{X\to Y_1, X\to Y_2, \cdots, X\to Y_m\})\cup\{X\to(Y_1\cup Y_2\cup\cdots\cup Y_m)\}$。

重复步骤（4），直到 F 中不存在左端相同的函数依赖。

步骤（5）：对 F 中每个函数依赖 $X_i\to Y_i$，令 $U_i=X_i\cup Y_i$，构造 $R_i(U_i)$，令 $\rho=\rho\cup\{R_i\}$。

步骤（6）：算法终止。

算法 3.4　分解到 3NF，既保持无损连接性又保持函数依赖的模式分解算法。

输入： 关系模式 $R<U, F>$。

输出： $\rho=\{R_1<U_1, F_1>, R_2<U_2, F_2>, \cdots, R_m<U_m, F_m>\}$ 既保持无损连接性又保持函数依赖。

算法步骤：

步骤（1）：基于算法 3.3，求出保持函数依赖的分解 $\rho=\{R_1<U_1, F_1>, R_2<U_2, F_2>, \cdots, R_k<U_k, F_k>\}$。

步骤（2）：选择 R 的主键 X，将主键与函数依赖相关的属性组成一个新的关系模式 R_{k+1}。

步骤（3）：若 $X\subseteq U_i$，输出 ρ；反之输出 $\rho\cup\{R_{k+1}\}$。

例 3.6　设有关系模式 $R<U, F>$，$U=\{A, B, C, D, E, F\}$，$F=\{A\to BE, AE\to F, BC\to D, D\to A\}$，试将 R 分解为 3NF，且具有依赖保持性及无损连接性。

解：（1）构造 F 的最小依赖集 F_m。

将 F 右部分解为单属性：$\{A\to B, A\to E, AE\to F, BC\to D, D\to A\}$。

去掉多余函数依赖：$\{A\to B, A\to E, AE\to F, BC\to D, D\to A\}$。

去掉左部多余属性：$\{A\to B, A\to E, A\to F, BC\to D, D\to A\}$。

（2）在最小依赖集 F_m 中找到 $X\to A$ 且 $XA=U$ 的函数依赖。（不存在）

（3）找出在最小依赖集 F_m 中未出现的属性。（不存在）

（4）对最小依赖集 F_m 中每组左部相同的函数依赖，构造 R_i，$\rho=\{ABEF, BCD, AD\}$。

（5）求 R 的候选键。

求在最小依赖集 F_m 右边尚未出现过的属性集合：$\{C\}$。

若 $\{C\}$ 不是 R 的键，则求最小依赖集 F_m 左右都出现过的属性集合：$\{A, B, D\}$。

判断 AC，BC，CD 是否为 R 的键。

（6）因为 AC，BC，CD 是 R 的键，且 $BC \subseteq BCD$，所以 $\rho=\{ABEF, BCD, AD\}$ 即为目标分解。

算法 3.5 分解到 BCNF，具有无损连接性的模式分解算法。

输入： 关系模式 $R<U, F>$。

输出： $\rho=\{R_1<U_1, F_1>, R_2<U_2, F_2>, \cdots, R_m<U_m, F_m>\}$ 保持无损连接性。

算法步骤：

步骤（1）：令 $\rho=\{R<U, F>\}$。

步骤（2）：若 ρ 中每个关系模式都满足 BCNF，则算法终止，转步骤（4），否则继续步骤（3）。

步骤（3）：任取 ρ 中不满足 BCNF 的关系模式 $R_i(U_i)$，F 在 U_i 上的投影为 F_i，由于 $R_i(U_i)$ 不满足 BCNF，则必定存在函数依赖 $X \rightarrow Y \in F^+_i$，其中 X 不是 $R_i(U_i)$ 的候选键，且 $Y \not\subseteq X$。分别以属性集 U_i-Y 和 $X \cup Y$ 构造关系模式 R'_i 和 R''_i，令 $\rho=(\rho-\{R_i\}) \cup \{R'_i, R''_i\}$，转步骤（2）。

步骤（4）：输出 ρ（由于 U 中的属性个数有限，该算法经有限次循环后必然终止），算法终止。

例 3.7 设有关系模式 $R<U, F>$，$U=\{$CourseId, CourseName, TeacherId, CourseTime, CourseRoom$\}$，$F=\{$CourseId$\}\rightarrow$TeacherId，TeacherId$\rightarrow$CourseTime，CourseName$\rightarrow$TeacherId，CourseTime CourseRoom$\rightarrow$TeacherId，TeacherId CourseRoom$\rightarrow$CourseId$\}$。请将 R 分解为具有无损连接性的 BCNF。

解：（1）令 $\rho=\{R<U, F>\}$。

（2）ρ 中不是所有的关系模式都是 BCNF，转入下一步。

（3）分解 R：因为 F 中所有函数依赖的右边没有 CourseName CourseRoom，因此，R 上的候选键为 CourseName CourseRoom。考虑 CourseId$\rightarrow$TeacherId 函数依赖不满足 BCNF 条件，可将其分解成 R_1（CourseId, TeacherId）和 R_2（CourseId, CourseName, CourseTime, CourseRoom）。

（4）计算 R_1 和 R_2 的最小函数依赖集：$F_1=\{$CourseId$\rightarrow$TeacherId$\}$，$F_2=\{$CourseName$\rightarrow$CourseTime，CourseName CourseRoom$\rightarrow$CourseId$\}$。

（5）分解 R_2：因为 R_2 的候选键为 CourseName CourseRoom。考虑 CourseName$\rightarrow$CourseTime 不满足 BCNF 条件，将其进一步分解为 R_{21}（CourseName，CourseTime）和 R_{22}（CourseId，CourseName CourseRoom）。

（6）计算 R_{21} 和 R_{22} 的最小函数依赖集分别为 $F_{21}=\{$CourseName$\rightarrow$CourseTime$\}$，$F_{22}=\{$CourseName CourseRoom$\rightarrow$CouserId$\}$。由于 R_{22} 的候选键为 $\{$CourseName，CourseRoom$\}$。

因此，F_{22} 中的所有函数依赖满足 BCNF 条件。

（7）输出 ρ={R_1 (Courseld, Teacherld), R_{21} (CourseName, CourseTime), R_{22} (Courseld, CourseName, CourseRoom) }，算法终止。

3.6 小结

通常而言，数据库设计过程包括概念结构设计、逻辑结构设计和物理结构设计三个阶段，这三个阶段使用的数据模型分别称为概念数据模型、逻辑数据模型和物理数据模型。在关系数据库的设计中，通常使用 E-R 模型进行概念结构设计，使用关系模型进行逻辑结构设计。因此，关系数据库设计的一个核心步骤就是将 E-R 模型转化为关系模型。简而言之，将 E-R 模型转化为关系模型就是将每一个实体集转换成一个关系表，将实体集的属性转换为关系表的列，将实体集的标识符转换为关系表的键；并将联系转换为一个关系模式，该关系模式的属性就是该联系所关联的实体集的标识符的集合以及该联系自身的属性。

实体是对现实世界中事物的一种抽象。关系是具有一定属性特征的二维表，是用于抽象表示存储实体的数据结构。在关系数据库中，表、关系、关系表和实体集是同义词。实体集可以用一组特征来描述，这些用来描述实体集的数据特征称为实体集的属性，同理也是关系的属性。在关系属性中，可以标识不同元组的一个属性或者多个属性称为键。在一个关系中，可能存在多个键，称这些键为候选键。但是在定义关系表的时候，需要从候选键中选择一个最具代表意义的键作为主键。用于表示关系表之间关联关系的属性称为外键。

E-R 模型的基本元素包括实体集、属性和联系，联系是指实体集之间的联系。E-R 模型中的联系有不同的类型，常见的有一元联系、二元联系和多元联系。在实际应用中，二元联系是最常见的联系类型。对于二元联系，又能细分成一对一联系、一对多联系和多对多联系。

在关系数据库设计中，关系表的规范化设计就是要尽可能减少关系表中列或者列组之间的依赖关系，进而得到简洁、独立的关系表。范式是指关系表设计的规范化程度，目前关系数据库有六类范式：第一范式（1NF）、第二范式（2NF）、第三范式（3NF）、BC 范式（BCNF）、第四范式（4NF）和第五范式（5NF）。各种范式规范程度递次提高，越高的范式数据库冗余程度越小，高级范式总是包含了低级范式的全部要求，满足最低要求的范式是第一范式（1NF）。一般来说，数据库满足第三范式（3NF）或 BC 范式（BCNF）即可。

函数依赖是关系数据库规范设计的理论基础，阿姆斯特朗公理系统给出了函数依赖的自反律、增广律和传递律。阿姆斯特朗公理系统是有效且完备的。对一个关系模式的分解有多种方式，但分解后产生的模式都应该与原来的模式等价。这个等价的概念可以从以下三个角度进行考虑：分解具有无损连接性，分解要保持函数依赖，分解既要保持函数依赖又要具有无损连接性。

最后，本章介绍了几种经典的分解算法，可以将一个关系模式分解成满足 BCNF 范式或 3NF、具有无损连接性和保持函数依赖。

3.7 习题

1. 请简述数据库设计的核心过程。

2. 请简述关系数据库逻辑设计阶段的要点。

3. 下面不是 E–R 模型的基本元素的是（　　）。

A. 实体集　　B. 视图

C. 属性　　D. 关系

4. 在 E–R 图中，实体集一般用下面哪种图形表示？（　　）

A. 矩形　　B. 三角形

C. 菱形　　D. 椭圆形

5. 第四范式是指在满足第三范式的基础上，消除了（　　）。

A. 属性传递依赖　　B. 函数部分依赖

C. 多值依赖　　D. 以上都不是

6. 在转换成物理模型时，会派生出新表的关系类型是（　　）。

A. 1∶1 关系　　B. 1∶n 关系

C. m∶n 关系　　D. 都有可能

7. 消除了传递函数依赖的第一范式的关系模式必定是（　　）。

A. 1NF　　B. 2NF

C. 3NF　　D. BCNF

8. 如果关系模式 R（A_1，A_2，⋯，A_n）满足 3NF，下列说法正确的是（　　）。

A. 一定属于 BCNF

B. 它一定消除了插入和删除异常

C. 它仍存在一定的插入和删除异常

D. A 和 B

9. 关系模式 R（A_1，A_2，A_3，A_4，A_5）根据语义有如下函数依赖集：$F=\{A_2 \rightarrow A_3$，$(A_4, A_5) \rightarrow A_2$，$(A_4, A_3) \rightarrow A_5$，$(A_4, A_1) \rightarrow A_5$，$(A_1, A_2) \rightarrow A_3\}$，则关系模式 R 的键为________。

10. 设有属性集 $U=\{A_1, A_2, A_3, A_4, A_5\}$，根据语义有如下函数依赖集：$F=\{A_1 \rightarrow A_2, A_2 \rightarrow A_3, A_1A_4 \rightarrow A_5\}$，$G=\{A_1 \rightarrow A_2, A_1 \rightarrow A_3, A_2 \rightarrow A_3, A_1A_4 \rightarrow A_5\}$，则 F________（填是 / 不是）最小函数依赖集，G________（填是 / 不是）最小函数依赖集。

第 4 章

SQL

数据存储在数据库中，需要对其进行操作和管理，比如查询、插入、删除、更新等。为了方便用户对关系数据库中的数据进行统一、标准化的管理，科学家们开发了一种编程语言：SQL。SQL 和关系代数都是以关系模型为基础的、用于表达数据操作的语言，它们之间的关系如下：SQL 为用户与关系数据库直接交互提供了途径，而关系代数是 SQL 查询处理的理论基础，执行 SQL 需要通过关系代数理论进行优化。本章将从 SQL 的基本语法、存储过程与函数、触发器等方面详细介绍如何使用 SQL 来管理关系型数据库，并展示几个使用不同编程语言访问 SQL 的例子。

4.1 SQL 查询语言概览

SQL（结构化查询语言）是用于管理关系数据库并对其中数据进行一系列操作（包括数据插入、查询、修改、删除等）的一种语言。1970 年，IBM 公司的埃德加·F. 科德首次提出了关系模型和关系代数；1974 年，科德及其同事在开发关系数据库管理系统 System R 时，基于关系代数研发出了一套数据库查询语言——SEQUEL；1980 年，SEQUEL 改名为 SQL；1987 年，SQL 成为国际标准化组织的一项标准。在此之后，SQL 又经过了一系列演进，如 SQL-89、SQL-92、SQL-1999、SQL-2003 等，并逐步被各种数据库系统广泛使用，确定了其作为标准关系数据库查询语言的地位。

SQL 可分为以下几种类型。

（1）数据定义语言（data definition language，DDL）：用于定义和修改数据库结构，提供创建关系模式、修改关系模式、删除关系模式的命令，创建索引、修改索引、删除索引的命令，以及创建视图、修改视图、删除视图的命令。

（2）数据操纵语言（data manipulation language，DML）：用于查询和更新数据，提供从数据库中查询数据以及插入数据、修改数据、删除数据的命令。

（3）数据控制语言（data control language，DCL）：用于创建用户角色和权限，以及控制数据库访问。

（4）事务控制：用于管理事务处理，定义事务开始和结束，以确保事务可以完成或者在错误发生时事务可以回滚。

（5）存储过程和函数：存储过程和函数是多条 SQL 语句的集合。通过编写存储过程和函数，可以重复执行多条操作数据库的 SQL 语句；存储过程一般存储在数据库中，通常一次编译后可以多次在数据库内执行，从而节省了数据库和应用系统的网络传输开销。

（6）触发器：触发器是与表相关的、特殊的存储过程，在满足特定条件时，触发器中的 SQL 语句会被触发执行。触发器一般用于检测数据完整性约束和业务规则。

本章第 4.2~4.6 节将详细描述 SQL 数据定义语言、SQL 数据操纵语言、SQL 数据控制语言、存储过程和函数以及触发器，第 4.7 节将介绍如何使用高级程序设计语言访问数据库。SQL 事务控制将在第 6 章进行详细介绍。

4.2 SQL 数据定义语言

SQL 数据定义语言包含创建、修改、删除表的语句，创建、修改、删除索引的语句，创建、修改、删除视图的语句，如表 4.1 所示。

表 4.1　SQL 数据定义语言相关命令

操作	操作对象		
	表	索引	视图
创建	CREATE TABLE	CREATE INDEX	CREATE VIEW
修改	ALTER TABLE	ALTER INDEX	ALTER VIEW
删除	DROP TABLE	DROP INDEX	DROP VIEW

4.2.1　表的创建、修改与删除

1. 创建表

在 SQL 中创建关系模式（表）的语法格式为：

```
CREATE TABLE <表名>(
    <列名> <数据类型> [ 列级完整性约束 ]… [ 列级完整性约束 ]
    [ ,<列名> <数据类型> [ 列级完整性约束 ]… [ 列级完整性约束 ] ]
    …
    [ ,<列名> <数据类型> [ 列级完整性约束 ]… [ 列级完整性约束 ] ]
    [ , 表级完整性约束 ]
    …
    [ , 表级完整性约束 ]
);
```

创建表的 SQL 语句定义了表名、表中所包含的列名、列的数据类型以及完整性约束。其中，方括号内的项为可选项。CREATE TABLE 语句以分号结束（分号标志着一条 SQL 语句的结束）。SQL 语言是大小写不敏感的，即不区分大小写。

在定义表中的列时，需要定义列的数据类型。表 4.2 列出了几种常见的数据类型。

表 4.2　数据类型

数据类型		描述
文本型	CHAR（n）	长度为 n 的定长字符串
	VARCHAR（n）	最大长度为 n 的变长字符串
数字型	INT	整数（4 B）
	SMALLINT	短整数（2 B）
	BIGINT	长整数（8 B）
	FLOAT	单精度浮点数

续表

数据类型		描述
数字型	DOUBLE	双精度浮点数
	DECIMAL(p, d)	定点数，由 p 位数字组成，小数点后有 d 位数字
	BOOLEAN	布尔型
时间型	DATE	日期，包含年、月、日，格式为 YYYY-MM-DD
	TIME	时间，包含时、分、秒，格式为 HH：MM：SS
	TIMESTAMP	时间戳，格式为 YYYY-MM-DD HH：MM：SS

完整性约束（以及它们对应的关键字）可以分为以下几种。

（1）非空约束（NOT NULL）：指定某列不可为空。

（2）唯一约束（UNIQUE）：指定某列或者几列不能重复。

（3）主键约束（PRIMARY KEY）：指定某列或者几列为主键。需注意主键属性必须是非空且唯一的。

（4）外键约束（FOREIGN KEY…REFERENCES）：指定某列或者几列为外键，同时需指定外键引用的其他表的主键。在外键约束（FOREIGN KEY…REFERENCES）之后，可以设置更新（ON UPDATE）和删除（ON DELETE）规则，即当被参照的其他表的主键更新或者被删除时，该表外键相应的变换规则。在 ON UPDATE 和 ON DELETE 后有以下四个选项来指定变换规则。

① NO ACTION：不做任何操作。

② SET NULL：将外键设置为 NULL。

③ SET DEFAULT：将外键设置为默认值。

④ CASCADE：级联操作，若被引用表的主键发生更新，引用该主键的外键也发生更新；若被引用表的主键对应的记录被删除，引用该主键的外键对应的记录也被删除。

作用在单列上的完整性约束为列级完整性约束，定义时只需在 SQL 命令语法格式的“列名”及“数据类型”后依次罗列该列对应的列级完整性约束的关键字即可。作用在多列上的完整性约束为表级完整性约束，一个表级完整性约束的语法格式为：<完整性约束关键字>（C_1，C_2，…，C_n），表示该完整性约束是作用在列 C_1，C_2，…，C_n 上的。例如，UNIQUE（C_1，C_2，…，C_n）指定列 C_1，C_2，…，C_n 为联合唯一约束，表示列 C_1，C_2，…，C_n 的联合（组合）取值不可重复；PRIMARY KEY（C_1，C_2，…，C_n）指定列 C_1，C_2，…，C_n 为联合主键；FOREIGN KEY（C_1）REFERENCES $T(C_1')$ 指定列 C_1 为外键，被参照列为 T 表的 C_1' 列。

例 4.1 创建学生表 Student 的 SQL 语句如下所示（# 后面的内容为注释）。

```
CREATE TABLE Student(
  Sno CHAR(10)PRIMARY KEY,                 #Sno 为主键
  Sname CHAR(10)NOT NULL,                  #Sname 非空
  Sgender CHAR(2),
  Sage INT,
  Sdept CHAR(20)
);
```

例 4.2　创建课程表 Course 的 SQL 语句如下所示。

```
CREATE TABLE Course(
  Cno CHAR(4)PRIMARY KEY,                  #Cno 为主键
  Cname CHAR(20)NOT NULL,                  #Cname 非空
  Cpno CHAR(4),                            #Cpno 为先修课
  Ccredit INT,
  FOREIGN KEY(Cpno)REFERENCES Course(Cno)
          #Cpno 为外键，被参照表为 Course 表，被参照列为 Course 表的 Cno 列
);
```

例 4.3　创建学生选课表 SC 的 SQL 语句如下所示。

```
CREATE TABLE SC(
  Sno CHAR(10),
  Cno CHAR(4),
  Grade INT,
  PRIMARY KEY(Sno, Cno),               #Sno 和 Cno 为联合主键
  FOREIGN KEY(Sno)REFERENCES Student(Sno),
          #Sno 为外键，被参照表为 Student 表，被参照列为 Student 表的 Sno 列
  ON UPDATE CASCADE                    #Student 表主键更新时，Sno 列进行级联更新
  FOREIGN KEY(Cno)REFERENCES Course(Cno)
          #Cno 为外键，被参照表为 Course 表，被参照列为 Course 表的 Cno 列
  ON DELETE SET NULL#Course 表主键被删除时，Cno 列设为 NULL
);
```

2. 修改表

ALTER TABLE 语句可以用于在已有的表中添加、删除、修改列。

（1）使用 ALTER TABLE 语句添加列的语法格式为：

```
ALTER TABLE <表名> ADD [ COLUMN ] <列名> <数据类型>;
```

例 4.4　在学生表 Student 中增加一个电话列（Sphone）的 SQL 语句为：

```
ALTER TABLE Student ADD COLUMN Sphone CHAR(15);
```

（2）使用 ALTER TABLE 语句删除列的语法格式为：

```
ALTER TABLE <表名> DROP [ COLUMN ] <列名> [ RESTRICT | CASCADE ];
```

其中 RESTRICT 和 CASCADE 为可选项，默认选项为 RESTRICT。即当选择 RESTRICT 时，如果该列被其他列引用，则无法删除该列；当选择 CASCADE 时，引用该列的其他列会和该列同时被删除。

例 4.5 在学生表 Student 中删除电话列（Sphone）的 SQL 语句为：

```
ALTER TABLE Student DROP COLUMN Sphone;
```

（3）使用 ALTER TABLE 语句修改列的语法格式为：

```
ALTER TABLE <表名> ALTER COLUMN <列名> <数据类型>;
```

例 4.6 将学生表 Student 中的年龄列 Sage 数据类型改为 SMALLINT（原始数据类型为 INT）的 SQL 语句为：

```
ALTER TABLE Student ALTER COLUMN Sage SMALLINT;
```

3. 删除表

当不再需要某个表时，可以使用 DROP TABLE 语句将其删除。DROP TABLE 语句不仅删除了表中的所有元组，还删除了该表的关系模式。在 SQL 中删除一个（或多个）表的语法格式为：

```
DROP TABLE <表名> [ , <表名> ] … [ , <表名> ] [ RESTRICT | CASCADE ];
```

其中 RESTRICT 和 CASCADE 为可选项。当选择 RESTRICT 时，该表的删除是有限制条件的：不存在引用（如外键引用）该表的其他表，且不存在视图、触发器、存储过程或函数，该表才可以被删除，否则该表无法被删除。当选择 CASCADE 时，该表的删除不存在限制条件，即该表会被删除，且引用该表的表以及该表的视图、触发器、存储过程或函数均会被删除。RESTRICT 为默认选项。

例 4.7 删除学生表 Student 的 SQL 语句为：

```
DROP TABLE Student;
```

例 4.8 使用级联选项（CASCADE）删除学生表 Student 的 SQL 语句为：

```
DROP TABLE Student CASCADE;
```

当使用级联选项（CASCADE）删除学生表 Student 时，引用学生表的学生选课表

SC 也会被删除。

4.2.2 索引的创建、修改与删除

当表中包含的数据量很大时，查询操作可能会耗费比较长的时间。而引入索引则可加速查询操作。考虑一个简单的 SQL 查询，该查询查找计算机系的所有学生信息：

```
SELECT * FROM Student WHERE Sdept = "CS";
```

该 SQL 查询的关系代数表达式为：

$$\sigma_{Sdept = "CS"}(Student)$$

当数据库管理系统执行该查询时，一种可能的执行方案是：对学生表 Student 中的所有元组进行顺序扫描，检查每个元组的院系 Sdept 属性是否为 CS，然后返回 Sdept 取值为 CS 的元组。这种执行方案在数据量很大时效率会很低。为了加快查找速度，可以在 Sdept 属性上建立索引，这样可以快速定位到在 Sdept 属性上取值为 CS 的元组。

用户可以在一个表上建立一个或多个索引，以加速查询。数据库中的索引有很多类型，包括 B+ 树索引、散列索引、位图索引等。本节主要介绍创建、删除、修改索引的 SQL 语法，有关索引的分类、实现机制等细节讲解将放在第 9 章。

1. 创建索引

在 SQL 中创建索引的语法格式为：

```
CREATE [UNIQUE] [CLUSTER] INDEX <索引名>
ON <表名>(<列名>[<次序>][,<列名>[<次序>],…,<列名>[<次序>]]);
```

其中“表名”为要创建索引的表的名字，“索引名”为该索引的名字。索引建立在 ON 子句中指定的一列或多列上，同时还可以指定某索引值的排列次序。次序可选的选项包括 ASC（升序）或 DESC（降序），ASC 为默认选项。当指定 UNIQUE 选项时，表明此索引列的值必须唯一，但允许有空值。如果是组合索引，则列值的组合必须唯一。当指定 CLUSTER 选项时，表明该索引是聚集索引，否则不是。有关聚集索引的内容详见第 9 章。

例 4.9 在学生表 Student 的学号 Sno 属性上建立聚集索引，命名为 Sno_index，并说明 Sno 属性满足唯一约束，索引按照 Sno 的值递增排序。

```
CREATE UNIQUE CLUSTER INDEX Sno_index ON Student(Sno ASC);
```

例 4.10 在学生选课表 SC 的学号 Sno 和课程号 Cno 属性上建立唯一索引。

```
CREATE UNIQUE INDEX Sno_Cno_index ON SC(Sno, Cno);
```

2. 修改索引

可以使用 ALTER INDEX 对已经建立的索引进行重命名。语法格式为:

```
ALTER INDEX <旧索引名> RENAME TO <新索引名>;
```

例 4.11 将学生表 Student 的 Sno_index 索引重命名为 Sno_ind。

```
ALTER INDEX Sno_index RENAME TO Sno_ind;
```

3. 删除索引

在 SQL 中删除索引的语法格式为:

```
DROP INDEX <索引名>;
```

例 4.12 删除学生表 Student 的 Sno_index 索引。

```
DROP INDEX Sno_index;
```

4.2.3 视图的创建、修改与删除

视图是由数据库中一个查询的结果构成的“虚关系”。在数据库中，由于数据更新或者其他原因，用户可能会多次执行同一个 SQL 查询，那么用户可能需要多次编写该查询，然后将查询提交给数据库管理系统。为了减少重复工作，可以将该 SQL 语句存储在数据库中，并对其命名，下次查询时只需要通过查询的名字进行查询即可，而不用再重复编写该查询。一个视图可以看作为一个查询对应的虚拟表（并在数据库中命名，一般记录在系统表中），视图中的数据即为该查询的结果，视图也可以当作一个关系表被查询。

1. 创建视图

在 SQL 中创建视图的命令为:

```
CREATE VIEW <视图名> [(<列名> [,<列名>, …,<列名>])] AS <子查询>;
```

其中，“子查询”可以是任何 SELECT 语句。在执行 CREATE VIEW 语句时并不执行其中的子查询语句（SELECT 语句），只是把视图的定义存入数据字典。只有在对视

图进行查询时，才会按照视图的定义去查询数据。

例 4.13 创建计算机系学生的视图，命名为 Student_CS。

```
CREATE VIEW Student_CS
AS
SELECT *
FROM Student
WHERE Sdept = "CS";
```

创建完视图后，就可以像对表一样对视图进行查询了。

例 4.14 查询计算机系中所有年龄大于或等于 18 的学生的信息。

```
SELECT * FROM Student_CS WHERE Sage >= 18;
```

2. 修改视图

在 SQL 中修改视图的命令为：

```
ALTER VIEW <视图名> AS <子查询>;
```

例 4.15 修改 Student_CS 视图，使其不包含 Sdept 列。

```
ALTER VIEW Student_CS
AS
SELECT Sno, Sname, Sgender, Sage
FROM Student
WHERE Sdept = "CS";
```

3. 删除视图

在 SQL 中删除视图的命令为：

```
DROP VIEW <视图名> [ CASCADE ];
```

该语句将删除指定的视图。如果指定了 CASCADE 选项，则该视图和由该视图导出的视图（基于该视图创建的视图）都会被删除；如果未指定 CASCADE 选项，而该视图上还定义了其他视图，则该语句将被拒绝执行。

例 4.16 删除 Student_CS 视图。

```
DROP VIEW Student_CS;
```

4. 视图的作用

视图的作用及其优势如下。

（1）简化用户操作。如果用户经常进行一些复杂且频繁的查询操作，那么可以将这些操作定义为视图，在下次查询的时候就不需要重复编写 SQL 查询语句了。而且用户可以基于已定义的视图来实现更加复杂的 SQL 语句（如例 4.14），这将进一步简化用户的操作。

（2）为数据库重构提供兼容性。在数据库中，重构往往是不可避免的。例如，当用户想把一个大表分解为多个小表时，可以使用视图来实现多个小表。这样既不会改变原来大表的结构和数据，也不会影响之前的业务逻辑，从而提供了一定的兼容性。

（3）为数据库提供安全保护。让所有的用户都能看到数据库的完整逻辑是不合理的。出于安全考虑，数据库管理员需要为不同的用户设置不同的访问权限，利用视图就可以实现这种功能。为不同的用户定义不同的可访问视图，从而实现了对数据的保护。例如，为计算机系的系主任定义 Student_CS 视图，限定他只能查看计算机系学生的信息。

（4）利用视图可以创建更符合用户要求的关系集合。数据库中关系模式一旦固定下来就不会轻易更改，但这种固定的关系模式可能无法满足用户操作便利性需求，这时用户可以按照自己的需求创建相应视图，在这些视图上可以更方便快捷、简单明了地实现查询。例如，需要频繁地对各院系的学生进行一些查询操作，那么就可以为每个院系的学生都创建一个视图，以方便后续的查询。

4.2.4 物化视图

上一节介绍的视图是一种“虚关系”，即只定义了视图的属性结构而没有生成相应的数据，在实际查询时仍然需要转化成视图定义语句去查询底层的关系，当这样的查询大量存在时其成本较高。此外，数据库管理系统支持物化视图，它会像存储表一样将创建的视图关系“物化”存储在数据库中，从而节省查询开销。但是当定义物化视图的关系更新时，存储的物化视图也会随之更新，会引入物化视图的更新开销。

物化视图的创建、修改与删除语法同视图类似，区别是多了关键字 MATERIALIZED，例如创建物化视图的命令为：

```
CREATE MATERIALIZED VIEW <物化视图名> [(<列名> [,<列名>,…,<列名>])]
AS <子查询>;
```

其修改与删除同理，这里不再赘述。

物化视图通过将视图关系存储在数据库中，使得对该视图进行查询时无须再到底层的关系中获取数据，从而优化了查询。但是由于它要求同步更新，当底层关系频繁更新时，同步更新的开销会显著上升，因此用户需要根据实际应用场景对物化视图的使用进行权衡。

注意，SQL 并没有制定物化视图的维护标准，有些数据库管理系统总是要求与物化关系相关的关系表更新时同步更新物化视图，也有些数据库管理系统允许物化视图落后于其底层关系的更新，采用周期性更新或手动更新的方法来更新物化视图（但可能造成短暂的数据不一致）。

4.2.5　数据字典

数据字典用于存储数据库中的定义信息，包括关系模式定义、索引定义、视图定义、完整性约束定义、用户权限、数据统计信息等。数据库管理系统在执行 SQL 数据定义语言相关操作时，实际上是在对数据字典进行相应的操作，例如添加表、索引、视图到数据字典，或从数据字典中删除表、索引、视图。因此，数据字典是数据库的重要组成部分。

4.3　SQL 数据操纵语言

SQL 数据操纵语言包括数据的查询、插入、删除、修改，本节将分别针对上述各操作进行详细介绍。

4.3.1　数据查询

数据查询是指从数据库中获取满足一定条件的数据，是数据库的核心操作。利用 SQL 进行数据查询的基本语法格式为：

```
SELECT [ ALL|DISTINCT ] <列表达式> [ ,<列表达式>, …, <列表达式> ]
FROM <表名或视图名> [ ,<表名或视图名>, …, <表名或视图名> ]
[ WHERE <条件表达式> ]
[ GROUP BY <列名> [ ,<列名>, …, <列名> ]
[ HAVING <条件表达式> ] ]
[ ORDER BY <列表达式> [ <次序> ] [ ,<列表达式> [ <次序> ], …, <列表达式> [ <次序> ] ] ];
LIMIT <数值> OFFSET <数值>;
```

其中每一行为一个子句。该语句的整体含义为：从 FROM 子句指定的一个或多个表或者视图中找到满足 WHERE 子句条件表达式的元组，并返回这些元组对应在 SELECT 子句中指定的列。如果有 GROUP BY 子句，则按照 GROUP BY 子句指定的列对这些元组进行分组，并返回根据 SELECT 子句指定的分组结果。如果有 HAVING 子句，则对分组结果进行筛选，即只返回满足 HAVING 子句指定的条件表达式的分组。如果有 ORDER BY 子句，则先对查询结果按照 ORDER BY 子句指定的顺序进行排序，然后返回排序后的查询结果。使用 ALL 默认返回所有满足条件的记录；DISTINCT 去除重复元组；LIMIT 返回指定数量的记录；OFFSET 跳过结果最前面指定数量（OFFSET 后的数值）的记录后，返回 LIMIT 指定数量的记录（LIMIT 后的数值）。

接下来将以学生选课数据库为例（见表 2.1～表 2.3），介绍 SELECT 语句对应的各种查询操作。

1. 选择和投影

选择操作通过 WHERE 子句实现选择表中的若干元组，而投影操作则通过 SELECT 子句实现选择表中的若干列。将选择操作和投影操作组合起来可定义一个简单的、在单表上查询的 SQL 语句（查询表通过 FROM 子句指定）。

例 4.17 查询计算机系学生的学号、姓名和年龄。

```
SELECT Sno, Sname, Sage
FROM Student
WHERE Sdept = "CS";
```

查询结果如下。

Sno	Sname	Sage
2021310721	李博	17
2021310722	赵宇	19
2021310723	张敏	18

1）投影操作

投影操作可以选择表中的若干列，主要体现在 SELECT 子句后面的列表达式。列表达式主要有三种表现方式：查询指定列、查询全部列或查询表达式。

（1）查询指定列：查询指定列是指在 SELECT 子句中依次列出要查找的列的名字，要查找的列应属于要查找的表。

例 4.18 查询所有学生的学号、姓名、院系和年龄。

```
SELECT Sno, Sname, Sdept, Sage
FROM Student;
```

SELECT 子句中列的顺序可以与原表中列的顺序不同，查询结果列的顺序与 SELECT 子句中列的顺序相同。用户可以根据应用需求改变列的显示顺序。上述 SQL 查询结果如下。

Sno	Sname	Sdept	Sage
2021310721	李博	CS	17
2021310722	赵宇	CS	19
2021310723	张敏	CS	18
2021310724	王勇	MA	18
2021310725	刘佳	MA	17

（2）查询全部列：当要查询原表数据的所有列时，可以在 SELECT 子句中将原表所有列都列出，也可以简单地用星号（*）来代替所有列。

例 4.19 查询所有学生的信息，包括学号、姓名、性别、年龄、院系。

```
SELECT *
FROM Student;
```

该语句等价于：

```
SELECT Sno, Sname, Sgender, Sage, Sdept
FROM Student;
```

上述两条 SQL 均会输出所有学生信息（即原始学生表 Student 所有信息）。

（3）查询表达式：有些时候，仅输出某列的值可能并不能满足应用的需求，因此 SELECT 子句中的列表达式还可以是包含常量或列名的算术表达式。该表达式的运算数可以是变量（列）和常量（包括各种不同数据类型的常量，比如整数、浮点数、字符串、日期等），表达式的运算操作可以包括常见的算术、关系、逻辑运算以及函数等。

例 4.20 查询所有学生的学号、姓名、出生年份。

```
SELECT Sno, Sname, 2021-Sage
FROM Student;
```

查询结果如下。

Sno	Sname	2021-Sage
2021310721	李博	2004
2021310722	赵宇	2002
2021310723	张敏	2003
2021310724	王勇	2003
2021310725	刘佳	2004

例 4.21 查询所有学生的姓名、出生年份和院系，要求系名用小写字母表示。

```
SELECT Sname, 2021-Sage, LOWER(Sdept)
FROM Student;
```

其中 LOWER(s) 为一个函数，返回字符串 s 的小写表示。查询结果如下。

Sname	2021-Sage	LOWER (Sdept)
李博	2004	cs
赵宇	2002	cs
张敏	2003	cs
王勇	2003	ma
刘佳	2004	ma

用户还可以通过 AS 指定列的别名，以调整查询结果的列标题。例如，

```
SELECT Sname AS NAME, 2021-Sage AS BIRTHYEAR, LOWER(Sdept)AS DEPARTMENT
FROM Student;
```

上述 SQL 查询结果如下。

NAME	BIRTHYEAR	DEPARTMENT
李博	2004	cs
赵宇	2002	cs
张敏	2003	cs
王勇	2003	ma
刘佳	2004	ma

2）选择操作

选择操作通过 WHERE 子句选择若干满足条件的元组。WHERE 子句后面跟着一个条件表达式，满足该条件表达式（即该条件表达式为真）的元组会被返回，不满足该条件表达式（即该条件表达式为假）的元组不会被返回。WHERE 子句中常用的查询条件如表 4.3 所示。

表 4.3 WHERE 子句常用查询条件

查询条件	运算符 / 谓词
比较运算	=，>，<，>=，<=，!=，<>，!>，!<，NOT+ 上述比较符号
确定范围	BETWEEN…AND，NOT BETWEEN…AND
确定集合	IN，NOT IN

续表

查询条件	运算符 / 谓词
是否空值	IS NULL，IS NOT NULL
逻辑运算	AND，OR
字符串运算	LIKE，NOT LIKE，%，_，ESCAPE

（1）比较运算：用于同种数据类型之间的大小及等值比较，比较运算符包括 =（等于）、>（大于）、<（小于）、>=（大于或等于）、<=（小于或等于）、!= 或 <>（不等于）、!>（不大于）、!<（不小于）以及 NOT+ 上述比较符号（即上述比较符号的相反含义）。

例 4.22　查询年龄在 18 岁及以上学生的学号、姓名和年龄。

```
SELECT Sno, Sname, Sage
FROM Student
WHERE Sage >= 18;
```

查询结果如下。

Sno	Sname	Sage
2021310722	赵宇	19
2021310723	张敏	18
2021310724	王勇	18

（2）确定范围：BETWEEN…AND 可以用来查询某个属性取值在某个区间内的元组，NOT BETWEEN…AND 可以用来查询某个属性取值不在某个区间内的元组。需要指出的是，不同数据库对于 BETWEEN…AND 定义的范围是否包含边界可能存在不同的定义，本书默认为闭区间。

例 4.23　查询分数为 80~90 的学生学号、课程号以及成绩。

```
SELECT Sno, Cno, Grade
FROM SC
WHERE Grade BETWEEN 80 and 90;
```

查询结果如下。

Sno	Cno	Grade
2021310722	1	87
2021310724	7	84

(3) 确定集合：IN 可以用来查询某个属性取值在某个集合内的元组，NOT IN 可以用来查询某个属性取值不在某个集合内的元组。

例 4.24 查询计算机系、数学系学生的学号、姓名以及院系。

```
SELECT Sno, Sname, Sdept
FROM Student
WHERE Sdept in("CS", "MA");
```

在 SQL 中字符串类型需用单引号或者双引号括起来。

以上语句查询结果如下。

Sno	Sname	Sdept
2021310721	李博	CS
2021310722	赵宇	CS
2021310723	张敏	CS
2021310724	王勇	MA
2021310725	刘佳	MA

例 4.25 查询学分既不是 3 分也不是 4 分的课程，输出其课程号、课程名和学分。

```
SELECT Cno, Cname, Ccredit
FROM Course
WHERE Ccredit NOT IN(3, 4);
```

查询结果如下。

Cno	Cname	Ccredit
5	软件工程	2
7	数值分析	2

(4) 是否为空值：IS NULL 和 IS NOT NULL 可用来判断某个属性取值是否为空值。需要注意的是，当选择条件要求判断空值时，不能使用“=NULL”而应使用“IS NULL”。

例 4.26 查询不需要先修课的课程，输出其课程号、课程名及其学分。

```
SELECT Cno, Cname, Ccredit
FROM Course
WHERE Cpno IS NULL;
```

查询结果如下。

Cno	Cname	Ccredit
4	高等数学	4
6	程序设计	3

（5）逻辑运算：可以用逻辑运算符 AND 和 OR 来连接多个查询条件。当左右两边查询条件均为真时，AND 运算结果才为真；而 OR 运算只要左右两边查询条件中一个为真，运算结果即为真。在计算过程中，AND 运算符的优先级高于 OR，但是可以用括号来改变优先级。

例 4.27 查询计算机系 18 岁学生的信息。

```
SELECT Sno, Sname, Sgender, Sage, Sdept
FROM Student
WHERE Sdept="CS" AND Sage=18;
```

查询结果如下。

Sno	Sname	Sgender	Sage	Sdept
2021310723	张敏	女	18	CS

例 4.28 查询计算机系的学生或者 18 岁学生的信息。

```
SELECT Sno, Sname, Sgender, Sage, Sdept
FROM Student
WHERE Sdept="CS" OR Sage=18;
```

查询结果如下。

Sno	Sname	Sgender	Sage	Sdept
2021310721	李博	男	17	CS
2021310722	赵宇	男	19	CS
2021310723	张敏	女	18	CS
2021310724	王勇	男	18	MA

（6）字符串运算：LIKE 用于查询与匹配串相匹配的字符串。其语法格式为：

```
[NOT] LIKE "<匹配串>" [ESCAPE "<换码字符>"]
```

匹配串一般由字符和通配符组成，通配符包括 _ 和 %。当一个匹配串和字符串相匹配时，匹配串中的字符可以与字符串中相同的字符一一匹配，匹配串中的通配符“_”可以匹配字符串中的任意一个字符，而匹配串中的通配符“%”则可以匹配字符串中的任意多个字符（包括 0 个）。当字符串中所有字符均可匹配成功时，LIKE 查询结果为真；反之 NOT LIKE 查询结果为真。

当匹配串中本身就包含通配符 _ 或 % 时，需要在匹配串中包含的 _ 或 % 前面加上转义字符“\”进行转义，同时需要使用 ESCAPE "<换码字符>" 来指明。

例 4.29 查询所有姓王且姓名为两个字的学生的学号、姓名、性别和所在系。

```
SELECT Sno, Sname, Sgender, Sdept
FROM Student
WHERE Sname LIKE "王_";
```

查询结果如下。

Sno	Sname	Sgender	Sdept
2021310724	王勇	男	MA

例 4.30 查询课程名中包含“数据”二字的课程，输出其课程号、课程名及其学分。

```
SELECT Cno, Cname, Ccredit
FROM Course
WHERE Cname LIKE "%数据%";
```

查询结果如下。

Cno	Cname	Ccredit
1	数据库	4
2	数据结构与算法	4

例 4.31 查询“数据库”课程的课程号和学分。

```
SELECT Cno, Ccredit
FROM Course
WHERE Cname LIKE "数据库";
```

查询结果如下。

Cno	Ccredit
1	4

例 4.32 查询以“数据”开头，且倒数第三个字为“与”的课程，输出其课程名。

```
SELECT Cname
FROM Course
WHERE Cname LIKE "数据%与__";
```

查询结果如下。

Cname
数据结构与算法

除了可以通过选择操作（即 WHERE 子句）来选择若干满足条件的行外，还可以使用 DISTINCT 或 ALL 选项来指定是否消除取值重复的行。当指定 DISTINCT 选项时，查询结果会消除取值重复的行（即去除重复）；当指定 ALL 选项时，查询结果不会消除取值重复的行。默认为 ALL 选项。

例 4.33 查询所有系的信息。

```
SELECT Sdept
FROM Student;
```

查询结果如下。

Sdept
CS
CS
CS
MA
MA

例 4.34 查询所有系的信息（指定 DISTINCT 选项）。

```
SELECT DISTINCT Sdept
FROM Student;
```

查询结果如下。

Sdept
CS
MA

2. 聚集和分组

1）聚集操作

为了查询一些数据聚集后的结果，例如查询一些统计值，包括平均值、最大值、最小值等，SQL 提供了许多聚集函数，常见的聚集函数如表 4.4 所示。

表 4.4　常见 SQL 聚集函数

聚集函数	含义
COUNT([DISTINCT | ALL*])	统计元组个数
COUNT([DISTINCT | ALL]<列名>)	统计一列值的个数
SUM([DISTINCT | ALL]<列名>)	统计一列值的总和
AVG([DISTINCT | ALL]<列名>)	统计一列值的平均值
MAX([DISTINCT | ALL]<列名>)	统计一列值的最大值
MIN([DISTINCT | ALL]<列名>)	统计一列值的最小值

当指定 DISTINCT 选项时，聚集函数应用于消除重复取值的一列或多列上；当指定 ALL 选项时，无须取消重复值。默认为 ALL 选项。

例 4.35　查询学生总人数。

```
SELECT COUNT(*)
FROM Student;
```

查询结果如下。

COUNT(*)
5

例 4.36　查询选修了课程的学生人数。

```
SELECT COUNT(Sno)
FROM SC;
```

查询结果如下。

COUNT(Sno)
6

例 4.37　查询选修了课程的学生人数（指定 DISTINCT 选项）。

```
SELECT COUNT(DISTINCT Sno)
FROM SC;
```

查询结果如下。

COUNT(DISTINCT Sno)
5

例 4.38　查询选修 1 号课程的学生的平均成绩。

```
SELECT AVG(Grade)
FROM SC
WHERE Cno="1";
```

查询结果如下，即（87+92）/2=89.5。

AVG（Grade）
89.5

2）分组操作

GROUP BY 子句可以将查询到的、满足条件的元组按照某一列或多列的值进行分组。例如，当将学生选课表按照课程号列进行分组时，可以得到如表 4.5 中所示的四组数据。

表 4.5　对学生选课表按照课程号列进行分组

组	Sno	Cno	Grade
Cno="1" 的组	2021310722	1	87
	2021310723	1	92
Cno="5" 的组	2021310721	5	98
	2021310723	5	76
Cno="7" 的组	2021310724	7	84
Cno="4" 的组	2021310725	4	95

当未对查询结果分组时，聚集函数将作用于整个查询结果；当对查询结果分组时，聚集函数将分别作用于各组。

例 4.39　查询各个课程的选课人数。

```
SELECT Cno, COUNT(*)
FROM SC
GROUP BY Cno;
```

查询结果如下。

Cno	COUNT（*）
1	2
5	2
7	1
4	1

例 4.40 查询所有选课学生的学号及平均分。

```
SELECT Sno, AVG(Grade)
FROM SC
GROUP BY Sno;
```

查询结果如下。

Sno	AVG (Grade)
2021310721	98
2021310722	87
2021310723	84
2021310724	84
2021310725	95

HAVING 子句用来对实施 GROUP BY 后得到的组进行筛选，只有满足 HAVING 子句中条件表达式的组才会被返回。HAVING 和 WHERE 的区别是：WHERE 是对数据库中的元组进行筛选，HAVING 是对实施 GROUP BY 后得到的分组进行筛选，而 GROUP BY 是对实施 WHERE 筛选后的元组进行分组。

例 4.41 查询平均分超过 90 的学生的学号和平均成绩。

```
SELECT Sno, AVG(Grade)
FROM SC
GROUP BY Sno
HAVING AVG(Grade) > 90;
```

查询结果如下。

Sno	AVG(Grade)
2021310721	98
2021310725	95

例 4.42 查询各系的男生和女生人数。

```
SELECT Sdept, Sgender, COUNT(*)
FROM Student
GROUP BY Sdept, Sgender;
```

在 GROUP BY 子句中可以包括多列，即按照多列进行分组。例如，本例按照院系和性别进行分组，可以得到四组。查询结果如下。

Sdept	Sgender	COUNT(*)
CS	男	2
CS	女	1
MA	男	1
MA	女	1

在 SQL 语句中使用聚集和分组时需要注意，任何没有出现在 GROUP BY 子句中的列如果出现在 SELECT 子句中，那么它只允许出现在聚集函数内部，而不能出现在其他位置（其原因是当有多个值时无法确定返回结果）。

例 4.43 下述 SQL 是一条错误的 SQL。因为 Sname 未出现在 GROUP BY 子句中，却出现在了 SELECT 子句中，且不是位于聚集函数内部。

```
SELECT Sdept, Sgender, Sname, COUNT(*), AVG(Sage)
FROM Student
GROUP BY Sdept, Sgender;
```

3. 排序操作

当需要对查询结果进行排序时，可以使用 ORDER BY 子句将查询结果按照某一列（或者某多列）的值进行降序（DESC）或升序（ASC）排序，默认为按照升序排序。需要注意的是，当排序列中包含空值 NULL 时，通常作为最小值处理。

例 4.44 查询选修 1 号课程的学生的学号与成绩，并将查询结果按照成绩降序排序。

```
SELECT Sno, Grade
FROM SC
WHERE Cno = "1"
ORDER BY Grade DESC;
```

查询结果如下。

Sno	Grade
2021310723	92
2021310722	87

例 4.45 查询所有选课学生的学号及平均分，并将查询结果按照平均分降序排序，平均分相同的学生按照学号升序排序。

```
SELECT Sno, AVG(Grade)
FROM SC
```

```
GROUP BY Sno
ORDER BY AVG(Grade) DESC, Sno ASC;
```

查询结果如下。

Sno	AVG(Grade)
2021310721	98
2021310725	95
2021310722	87
2021310723	84
2021310724	84

4. 连接操作

上述查询均是在单表上实施的，涉及多个（两个以及上）表的查询称为连接查询。

1）连接操作

对于一般的连接操作，需在 FROM 子句中指定参与连接的表，表间用“,”分隔，形式为“FROM <表名 1>, <表名 2>”，这种形式的 FROM 子句其含义是计算这两个表的笛卡儿积。因此，为了实现连接的要求（如 3.1.2 节所述，连接操作是在笛卡儿积的结果上进行选择），还需要在 WHERE 子句中指定连接条件。用来连接两个表的条件称为连接条件或连接谓词，连接条件的常见格式如下。

（1）[<表名 1>.]<列名 1> <比较运算符>[<表名 2>.]<列名 2>

其中比较运算符包括 =、>、<、>=、<=、!= 等。

（2）[<表名 1>.]<列名 1> BETWEEN[<表名 2>.]<列名 2> AND[<表名 3>.]<列名 3>

需要注意的是，连接条件中的各连接属性类型必须是可比的。当连接符号为 = 时，称为等值连接。使用其他连接符号的连接为非等值连接。

此外，如果一个列名在不同的表中出现，需要显式给出表名，即通过“表名 . 列名”来显式指定列；但是如果列名仅在一个表中出现，则可以省略表名。

当两个表进行连接时，需要枚举两个表中所有行的组合，即两个表中所有行的笛卡儿积（每个表是一个集合，表中每一行是集合中的一个元素），然后返回满足连接条件的行的组合。当多个表进行连接时，要枚举多个表中所有行的笛卡儿积，然后返回满足连接条件的行的组合。需要注意的是，在实际执行过程中可能会有更高效的执行方式，即不需要枚举所有行的组合，连接操作的具体实现方式将在第 10 章详细介绍。

由于数据库系统中的关系表可能存在相同的元组（即行），关系表形成的集合也可能存在重复的元素，因此这里的集合实际是指多重集合。设关系 R 中有 $|R|$ 个元组

（这 $|R|$ 个元组中可能存在重复的元组），关系 S 中有 $|S|$ 个元组（这 $|S|$ 个元组中可能存在重复的元组），那么关系 R 和关系 S 的笛卡儿积操作会产生 $|R|\times|S|$ 个元组。

例 4.46　查询所有选课学生的学号、姓名、课程号与成绩。

```
SELECT Student.*, SC.*
FROM Student, SC
WHERE Student.Sno=SC.Sno;
```

当对学生表 Student 和学生选课表 SC 进行等值连接时，首先需要枚举这两个表所有行的组合（即笛卡儿积），共有 5×6＝30 种组合，而满足连接条件的行的组合有 6 个。查询结果如下。

Student. Sno	Sname	Sgender	Sage	Sdept	SC. Sno	Cno	Grade
2021310721	李博	男	17	CS	2021310721	5	98
2021310722	赵宇	男	19	CS	2021310722	1	87
2021310723	张敏	女	18	CS	2021310723	1	92
2021310723	张敏	女	18	CS	2021310723	5	76
2021310724	王勇	男	18	MA	2021310724	7	84
2021310725	刘佳	女	17	MA	2021310725	4	95

可以看到在上述查询结果中，由于 Student.Sno 列和 SC.Sno 列是连接列，因此两列数据完全相同。不难发现，所有等值连接的结果中都会出现重复的列，在等值连接中把完全相同的列自动去掉一列则为自然连接。

例 4.47　使用自然连接查询所有选课学生的学号、姓名、课程号与成绩。

```
SELECT Student.Sno, Sname, Sgender, Sage, Sdept, Cno, Grade
FROM Student, SC
WHERE Student.Sno=SC.Sno;
```

查询结果同例 4.46。由于学生表和学生选课表均存在 Sno 列，故在查询中需指明 Sno 列是属于哪个表的，即需要在 Sno 前面加上表名前缀。其他列则不需要。

例 4.48　查询选修 1 号课程且成绩在 90 分以上的学生学号、姓名、院系及成绩。

```
SELECT Student.Sno, Sname, Sdept, Grade
FROM Student, SC
WHERE Student.Sno=SC.Sno AND Cno="1" AND Grade>90;
```

WHERE 子句中的 Student.Sno＝SC.Sno 为连接条件，Cno＝"1" AND Grade＞90 为选择条件。查询结果如下。

Student.Sno	Sname	Sdept	Grade
2021310723	张敏	CS	92

例 4.49 查询所有课程及其先修课。输出课程名及先修课的课程名。

```
SELECT A.Cname AS Cname, B.Cname AS Cpno_name
FROM Course AS A, Course AS B
WHERE A.Cpno=B.Cno;
```

连接操作的两个表可以是同一个表。为了区分这两个表，需要在 FROM 子句中使用 AS 语句为这两个表重命名。在该例中，将要连接的两个表重命名为 A 和 B。查询结果如下。

Cname	Cpno_name
数据库	数据结构与算法
数据结构与算法	程序设计
操作系统	数据结构与算法
软件工程	程序设计
数值分析	高等数学

例 4.50 查询所有学生的学号、姓名、院系、选修的课程名及成绩。

```
SELECT Student.Sno, Sname, Sdept, Cname, Grade
FROM Student, Course, SC
WHERE Student.Sno=SC.Sno AND Course.Cno=SC.Cno;
```

查询结果如下。

Student.Sno	Sname	Sdept	Cname	Grade
2021310721	李博	CS	软件工程	98
2021310722	赵宇	CS	数据库	87
2021310723	张敏	CS	数据库	92
2021310723	张敏	CS	软件工程	76
2021310724	王勇	MA	数值分析	84
2021310725	刘佳	MA	高等数学	95

例 4.51 查询每个学生选修课程的总学分，输出学生学号、姓名、总学分，并将查询结果按照总学分降序排序，总学分相同的学生按照学号升序排序。

```
SELECT Student.Sno, Sname, SUM(Ccredit)
FROM Student, Course, SC
WHERE Student.Sno=SC.Sno AND Course.Cno=SC.Cno
GROUP BY Student.Sno, Sname
ORDER BY SUM(Ccredit)DESC, Student.Sno ASC;
```

查询结果如下。

Student.Sno	Sname	SUM(Ccredit)
2021310723	张敏	6
2021310722	赵宇	4
2021310725	刘佳	4
2021310721	李博	2
2021310724	王勇	2

2）外连接操作

外连接操作是对连接操作的扩展，用来处理缺失值。比如当课程表和学生选课表按照课程号列进行等值连接时，课程表中课程号为2、3、6的行在学生选课表中没有可以做等值连接的行，因此这两个表连接结果中没有课程号为2、3、6的行。外连接可以处理这种缺失值的情况。

外连接又分为左外连接、右外连接和全外连接。左外连接是取出左表中所有与右表中任一元组都不匹配的元组，用空值填充右表中所有属性，再将所产生的元组添加到左表和右表自然连接的结果中。为了更好地支持外连接操作，SQL允许用户在FROM子句中使用OUTER JOIN关键词（替换FROM子句中的“,”）来连接两个表，当使用OUTER JOIN关键词时，需要通过ON短语来指定连接条件。其语法格式如下。

```
SELECT…
FROM<表名1>[LEFT|RIGHT|FULL] OUTER JOIN<表名2>ON(<表名1>.<列名1>=
   <表名2>.<列名2>);
```

例4.52　将课程表与学生选课表进行左外连接。

```
SELECT Course.Cno, Cname, Cpno, Ccredit, Sno, Grade
FROM Course LEFT OUTER JOIN SC ON(Course.Cno=SC.Cno);
```

查询结果如下。

Course.Cno	Cname	Cpno	Ccredit	Sno	Grade
1	数据库	2	4	2021310722	87
1	数据库	2	4	2021310723	92
2	数据结构与算法	6	4	NULL	NULL
3	操作系统	2	3	NULL	NULL
4	高等数学	—	4	2021310725	95
5	软件工程	6	2	2021310721	98
5	软件工程	6	2	2021310723	76
6	程序设计	—	3	NULL	NULL
7	数值分析	4	2	2021310724	84

右外连接是取出右表中所有与左表中任一元组都不匹配的元组，用空值填充左表中所有属性，再将所产生的元组添加到右表和左表自然连接的结果中。全外连接的查询结果是左外连接和右外连接查询结果的并集。

5. 嵌套查询

在 SQL 中，一个 SELECT…FROM…WHERE 语句是一个查询块，将一个查询块嵌套在另一个查询块的 WHERE 子句、FROM 子句或者 HAVING 短语的条件中，这样的查询称为嵌套查询。上层的查询称为外层查询或者父查询，下层的查询称为内层查询或者子查询。在求解嵌套查询时，先求解子查询，然后基于子查询的求解结果再求解父查询。

例 4.53　查询选修了 1 号课程的学生学号、姓名及院系。

```
SELECT Sno, Sname, Sdept
FROM Student
WHERE Sno IN
    (SELECT Sno
     FROM SC
     WHERE Cno = "1");
```

在本例中，内层查询会先查询选修 1 号课程的学生学号，然后外层查询再根据学号在内层查询结果中查询相应的学生信息。在嵌套查询中，子查询的结果可以看作一个集合，谓词 IN 用于查询一个元素是否在集合中。内层查询的结果为：

Sno
2021310722
2021310723

外层查询（即该查询）的查询结果为：

Sno	Sname	Sdept
2021310722	赵宇	CS
2021310723	张敏	CS

嵌套查询可以将查询按层次分解，比较易于理解。但是现有数据库对嵌套查询的优化程度弱于对连接操作的优化，所以在追求查询效率时，用连接操作代替嵌套查询是一个更好的选择。

例 4.54　例 4.53 中的 SQL 语句可以重写为：

```
SELECT Student.Sno, Sname, Sdept
FROM Student, SC
WHERE Student.Sno=SC.Sno AND Cno="1";
```

例 4.55　查询选修了数据库课程的学生的学号。

```
SELECT Sno
FROM SC
WHERE Cno=
    (SELECT Cno
     FROM Course
     WHERE Cname="数据库");
```

在本例中，内层查询会先查询数据库课程的课程号，因为课程的课程号是唯一的，所以内层查询的结果是一个值，当内层查询的结果是一个值（而不是一个集合）时，可以使用 =、>、<、!= 等比较运算符。本例查询结果为：

Sno
2021310722
2021310723

当内层查询的结果是一个集合时，可以使用 EXISTS、NOT EXISTS、IN、NOT IN、> ANY/SOME、> ALL 等运算符支持嵌套查询，其中>可以换成任何其他运算符，例如<。> ANY/SOME 表示大于集合的任意一个值，> ALL 表示大于集合的所有值。

例 4.56　查询选修了数据库课程的学生的姓名。

```
SELECT Sname
FROM Student
WHERE Sno IN
    (SELECT Sno
```

```
    FROM SC
    WHERE Cno=
          (SELECT Cno
          FROM Course
          WHERE Cname="数据库"));
```

当嵌套查询包含多层查询时，会自内向外依次执行这些查询。本例的内层查询是例 4.55 的查询，内层查询会返回选修了数据库课程的学生学号，外层查询基于此查询这些学生的姓名。查询结果为：

Sname
赵宇
张敏

上述子查询的查询条件不依赖于父查询，这类查询称为不相关子查询。如果子查询的查询条件依赖于父查询的某个属性值，则称这类查询为相关子查询。

例 4.57 查询各院系中年龄小于平均年龄的学生信息。

```
SELECT DISTINCT Sdept, Sno, Sname, Sgender, Sage
FROM Student AS A
WHERE Sage<
    (SELECT AVG(Sage)
    FROM Student AS B
    WHERE B.Sdept=A.Sdept);
```

本例子查询的查询条件 B.Sdept = A.Sdept 依赖于父查询，即为相关子查询。该查询的一个可能的执行过程是：① 取出 A 表中的一个元组，将该元组的 Sdept 取值传给子查询；② 子查询去查询①中得到的 Sdept 对应的平均年龄值，并将该值传给父查询；③ 执行父查询，查找小于平均年龄的学生信息。查询结果如下。

Sdept	Sno	Sname	Sgender	Sage
CS	2021310721	李博	男	17
MA	2021310725	刘佳	女	17

例 4.58 例 4.53 中的 SQL 语句可以重写为：

```
SELECT Sno, Sname, Sdept
FROM Student AS A
WHERE EXISTS
    (SELECT *
```

```
    FROM SC AS B
    WHERE A.Sno=B.Sno AND B.Cno="1");
```

EXISTS 可以检查子查询是否至少返回一条记录：若子查询至少返回了一条记录，EXISTS 的返回值为真；若子查询的结果为空，EXISTS 的返回值为假。NOT EXISTS 和 EXISTS 的返回结果相反。

例 4.59　查询计算机系中比所有数学系学生年龄都要大的学生的学号、姓名、年龄。

```
SELECT Sno, Sname, Sage
FROM Student
WHERE Sdept="CS" AND Sage>ALL
    (SELECT Sage
    FROM Student
    WHERE Sdept="MA");
```

运算符 >ALL 可以用来对一个值和多个值做比较，如果一个值大于多个值中的所有值，则返回值为真，否则为假。与它类似的运算符 >ANY 含义是，如果一个值大于多个值中的任何一个值，则返回值为真，否则为假。类似的运算符还有 <ALL、>= ALL、<=ALL、>ANY、<ANY、>=ANY、<=ANY 等。本例查询结果为：

Sno	Sname	Sage
2021310722	赵宇	19

由于嵌套查询需要由内向外执行，很多情况下需要多次扫描数据，因此执行效率较差。如果嵌套查询可以转换为连接操作，则通过连接操作实现（第 11 章查询重写技术可以将嵌套查询转换为连接操作）。但是有些嵌套查询不可以用连接操作实现，例如例 4.59，只能通过由内向外执行。

6. 集合操作

SQL 语句查询的结果是元组的集合，可以将查询结果进行集合操作。SQL 支持的集合操作主要包括并（UNION）、交（INTERSECT）、差（EXCEPT）。需要注意的是，参加集合操作的各查询结果列数必须相同，对应的数据类型也需要相同，系统会自动去掉重复行。

1）集合并操作

例 4.60　查询计算机系学生或男生的信息。

```
(SELECT *
FROM Student
WHERE Sdept = "CS")
UNION
(SELECT *
FROM Student
WHERE Sgender = "男");
```

查询结果如下。

Sno	Sname	Sgender	Sage	Sdept
2021310721	李博	男	17	CS
2021310722	赵宇	男	19	CS
2021310723	张敏	女	18	CS
2021310724	王勇	男	18	MA

2）集合交操作

例 4.61 查询计算机系男生的信息。

```
(SELECT *
FROM Student
WHERE Sdept = "CS")
INTERSECT
(SELECT *
FROM Student
WHERE Sgender = "男");
```

查询结果如下。

Sno	Sname	Sgender	Sage	Sdept
2021310721	李博	男	17	CS
2021310722	赵宇	男	19	CS

3）集合差操作

例 4.62 查询计算机系女生的信息。

```
(SELECT *
FROM Student
WHERE Sdept = "CS")
EXCEPT
(SELECT *
```

```
FROM Student
WHERE Sgender="男");
```

查询结果如下。

Sno	Sname	Sgender	Sage	Sdept
2021310723	张敏	女	18	CS

7. 关系代数与 SQL 的转换

关系代数与 SQL 密切相关：关系代数通过符号化、数学化的语言从数据库中查询数据，然而这种符号化的表示不易于输入计算机并被计算机所理解，而 SQL 则是一种结构化的、便于计算机理解的查询语言；关系代数是关系数据库理论的一部分，是 SQL 的基础，SQL 的执行计划可以用关系代数中的运算来表示；关系代数和 SQL 之间可以进行相互转换。关系代数运算符和 SQL 语句之间的相互转换如表 4.6 所示。

表 4.6　关系代数运算符和 SQL 语句之间的相互转换

关系代数运算	对应 SQL 语句	关系代数运算	对应 SQL 语句
选择运算（σ）	WHERE	连接运算（$\bowtie$）	JOIN
投影运算（π）	SELECT	赋值运算（$\leftarrow$）	AS
并运算（$\cup$）	UNION	除运算（$\div$）	NOT EXISTS
差运算（$-$）	EXCEPT	去重运算（δ）	DISTINCT
笛卡儿积运算（$\times$）	FROM	广义投影运算（π）	SELECT
重命名运算（ρ）	AS	聚集运算（$\mathcal{G}$）	COUNT、AVG、MAX、MIN、SUM
交运算（$\cap$）	INTERSECT	分组运算（$\mathcal{G}$）	GROUP BY

例 4.63　编写 SQL 语句，重写例 2.25，查询既选修了数据库课程又选修了软件工程课程的学生学号。

```
SELECT DISTINCT Sno
FROM SC AS A
WHERE NOT EXISTS
(SELECT X.Sno,Y.Cno FROM
    (SELECT Sno,Cno FROM SC AS B WHERE B.Sno=A.Sno)AS X
RIGHT OUTER JOIN
    (SELECT Cno FROM Course WHERE Cname="数据库" OR Cname="软件工程")AS Y
ON X.Cno=Y.Cno
WHERE X.Sno IS NULL);
```

外层查询会取出 SC 表中的每一行记录，检查该条记录对应的子查询是否为空：若子查询为空，则返回该条记录；若子查询不为空，则不返回该条记录。

比如对于 SC 表中的第一条记录（"2021310721"，"5"，98），相应的内层查询的 X 表、Y 表以及 X 表和 Y 表右外连接的结果如图 4.1 所示。

Sno	Cno
2021310721	5

(a) X表

Cno
1
5

(b) Y表

X.Sno	Y.Cno
NULL	1
2021310721	5

(c) X表和Y表右外连接结果

图 4.1 记录（"2021310721"，"5"，98）的中间查询结果

此时内层查询的结果为：

X.Sno	Y.Cno
NULL	1

内层查询的结果不为空，所以不会返回第一条记录对应的 Sno 的值（即"2021310721"）。类似地，也不会返回 SC 表中第 2、5、6 条记录对应的 Sno 的值。

对于 SC 表中的第三条记录（"2021310723"，"1"，92），相应的内层查询的 X 表、Y 表以及 X 表和 Y 表右外连接的结果如图 4.2 所示。

Sno	Cno
2021310723	1
2021310723	5

(a) X表

Cno
1
5

(b) Y表

X.Sno	Y.Cno
2021310723	1
2021310723	5

(c) X表和Y表右外连接结果

图 4.2 记录（"2021310723"，"1"，92）的中间查询结果

此时内层查询的结果为空，所以会返回第三条记录对应的 Sno 的值（即"2021310723"）。类似地，同样会返回 SC 表中第 4 条记录对应的 Sno 的值（即"2021310723"）。由于外层查询中有 DISTINCT 操作，即去重操作，因此该条 SQL 语句的查询结果为：

Sno
2021310723

4.3.2　数据更新

数据更新包括数据的插入、修改和删除。数据库管理系统在执行插入、修改和删除语句时会检查所插入、修改和删除的元组是否会破坏表中的完整性约束。如果不满足完整性约束，则可能会执行失败。

1. **插入**

在数据库中插入数据时，可以插入单个元组或者插入子查询结果。

（1）插入单个元组的语法格式为：

```
INSERT
INTO<表名>[(<列名1>[,<列名2>,…,<列名n>])]
VALUES(<常量1>[,<常量2>,…,<常量n>]);
```

该语句的含义为将一个新元组插入指定表。该元组的列名1、列名2直至列名n这n个列的取值分别为常量1、常量2直至常量n。对于没有在INTO子句中出现的列，新元组在这些列上的取值为空值。

例4.64　将新学生信息：学号为2021310726，姓名为李丽，年龄为17，性别为女，院系为MA，插入学生表Student。

```
INSERT
INTO Student(Sno,Sname,Sage,Sgender,Sdept)
VALUES("2021310726","李丽",17,"女","MA");
```

INTO子句中的列名可以省略，这时VALUES子句中则要按照表中列的顺序依次列出所有列的取值。上述SQL语句也可以写为：

```
INSERT
INTO Student
VALUES("2021310726","李丽",17,"女","MA");
```

（2）插入子查询结果的语法格式为：

```
INSERT
INTO<表名>[(<列名1>[,<列名2>,…,<列名n>])]
子查询;
```

该语句的含义为将子查询的结果插入指定表的指定列。

例4.65　求各系学生总人数，并将结果存入数据库。

首先，新建一个系表Department，该表包含两列：系名列Dname，数据类型为CHAR（20），人数列Dnum，数据类型为INT，其SQL语句为：

```
CREATE TABLE Department(
    Dname CHAR(20),
    Dnum INT
);
```

然后，从学生表中查询各系学生总人数，并将结果存在系表中。

```
INSERT
INTO Department(Dname, Dnum)
SELECT Sdept, COUNT(*)
FROM Student
GROUP BY Sdept;
```

2. 修改

在数据库中修改数据的语法格式为:

```
UPDATE <表名>
SET <列名 1>=<表达式 1>[,<列名 2>=<表达式 2>,…,<列名 n>=<表达式 n>]
[WHERE <条件>];
```

该语句的含义为更新指定表中满足 WHERE 子句中条件的元组。将这些元组的列名 1、列名 2 直至列名 n 这 n 个列的取值分别设置为表达式 1、表达式 2 直至表达式 n 的取值。如果不包含 WHERE 子句，则表中的所有元组都将被修改。

例 4.66 将学号为 2021310721 的学生的年龄加 1。

```
UPDATE Student
SET Sage=Sage+1
WHERE Sno="2021310721";
```

例 4.67 将所有学生的年龄加 1。

```
UPDATE Student
SET Sage=Sage+1;
```

3. 删除

在数据库中删除数据的语法格式为:

```
DELETE
FROM <表名>
[WHERE <条件>];
```

该语句的含义为删除指定表中满足WHERE子句中条件的元组。如果不包含WHERE子句，则表中的所有元组都将被删除。

例4.68　删除学号为2021310721的学生记录。

```
DELETE
FROM Student
WHERE Sno="2021310721";
```

例4.69　删除学生选课表中的所有选课信息。

```
DELETE
FROM Student;
```

4.4　SQL数据控制语言

SQL数据控制语言分为：权限授予和权限收回两条语句，分别用于向用户授予和收回数据库的操作权限。

4.4.1　权限授予

权限授予（GRANT）语句的语法格式为：

```
GRANT <权限>[,<权限>,…,<权限>]
ON <对象类型><对象名>[,<对象类型><对象名>,…,<对象类型><对象名>]
TO <用户名>[,<用户名>,…,<用户名>]
[WITH GRANT OPTION];
```

上述SQL语句将某些对象（由ON子句指定）的某些操作权限（由GRANT子句指定）授予给某些用户（由TO子句指定）。当指定了WITH GRANT OPTION选项时，被授权用户可以把该GRANT语句授予他的权限再授予其他用户。

GRANT子句中的权限包括查询数据权限（SELECT）、插入新数据权限（INSERT）、更新数据权限（UPDATE）、删除数据权限（DELETE）。

用户需要具有一定的权限才可以执行该GRANT语句。可执行GRANT语句的用户包括数据库管理员、ON子句中指定的数据库创建者以及拥有GRANT子句中指定权限的用户。

例4.70　把查询学生表和在学生表上插入数据的权限授予用户Alice。

```
GRANT SELECT, INSERT
ON TABLE Student
TO Alice;
```

例 4.71 把学生表和课程表的所有权限（包括 SELECT、INSERT、UPDATE 和 DELETE 的权限）授予用户 Alice。

```
GRANT ALL PRIVILEGES
ON TABLE Student, TABLE Course
TO Alice;
```

例 4.72 把查询学生表的权限授予所有用户。

```
GRANT SELECT
ON TABLE Student
TO PUBLIC;
```

4.4.2 权限收回

权限收回（REVOKE）语句的语法格式为：

```
REVOKE <权限> [, <权限>, …, <权限>]
ON <对象类型> <对象名> [, <对象类型> <对象名>, …, <对象类型> <对象名>]
FROM <用户名> [, <用户名>, …, <用户名>]
[CASCADE | RESTRICT];
```

上述 SQL 语句收回某些用户（由 FROM 子句指定）对某些对象（由 ON 子句指定）的某些操作权限（由 REVOKE 子句指定）。当指定了 CASCADE 选项时，支持级联收回，例如，要收回 u1 的权限，而 u1 又将权限授予了 u2，这就要指定 CASCADE 选项来收回权限，否则会出错。当指定 RESTRICT 选项时，禁止级联收回。默认选项为 CASCADE。

例 4.73 收回用户 Alice 查询学生表和在学生表上插入数据的权限。

```
REVOKE SELECT, INSERT
ON TABLE Student
FROM Alice;
```

4.5 存储过程和函数

存储过程和函数是事先经过编译并存储在数据库中的多条SQL语句的集合。存储过程和函数可以对一组SQL代码进行封装，以便一次编译、多次调用。数据库中创建存储过程和函数的语句分别为CREATE PROCEDURE和CREATE FUNCTION，并通过CALL语句来调用存储过程，通过函数名来调用函数。存储过程和函数的主要区别是前者可以有返回值，而后者没有。

4.5.1 创建和调用存储过程

创建存储过程的语法格式为：

```
CREATE PROCEDURE <存储过程名>([参数,…,参数])
BEGIN
  <SQL 语句块>
END <终止符>
```

其中CREATE PROCEDURE为创建存储过程的关键字，“存储过程名”为创建的存储过程的名称，圆括号内指定参数列表（也可以没有参数，但圆括号不可省略），BEGIN…END之间是该存储过程要执行的SQL语句，终止符标志着存储过程的结束。

参数列表中参数的格式为：

```
[IN|OUT|INOUT] 参数名 参数数据类型
```

其中IN表示该参数为输入参数，OUT表示该参数为输出参数，INOUT表示该参数既可作输入参数也可作输出参数；“参数名”指定该参数的名称；“参数数据类型”指定该参数的数据类型，如INT、FLOAT、VARCHAR（n）、DATE等（常见数据类型见表4.2）。

调用存储过程的SQL语句为：

```
CALL <存储过程名()>;
```

例4.74 创建名为PROC_SC的存储过程，输出学生选课表的全部数据。

```
DELIMITER //
CREATE PROCEDURE PROC_SC()
BEGIN
SELECT * FROM SC;
END //
```

上述第一条语句“DELIMITER//”将数据库的终止符修改为“//”，因为数据库的默认终止符为分号，为了避免与存储过程中 SQL 语句块中的终止符（即分号）冲突，需要先使用 DELIMITER 语句来修改终止符，并以“END//”结束存储过程。

在调用已创建的 PROC_SC 存储过程时，需要先将数据库的终止符恢复为默认的分号，即“DELIMITER; ”，然后使用 CALL 语句调用存储过程，如下所示：

```
DELIMITER;
CALL PROC_SC( );
```

上述调用存储过程 PROC_SC 的输出结果为：

Sno	Cno	Grade
2021310721	5	98
2021310722	1	87
2021310723	1	92
2021310723	5	76
2021310724	7	84
2021310725	4	95

例 4.75　创建名为 PROC_COURSE_GRADE 的存储过程，输出某门课程的学生成绩。

```
DELIMITER //
CREATE PROCEDURE PROC_COURSE_GRADE(IN course_id CHAR(4))
BEGIN
SELECT*FROM SC WHERE Cno=course_id;
END //
```

调用存储过程 PROC_COURSE_GRADE，查询 1 号课程的学生成绩：

```
DELIMITER;
CALL PROC_COURSE_GRADE("1");
```

输出结果为：

Sno	Cno	Grade
2021310722	1	87
2021310723	1	92

例 4.76　创建名为 PROC_COURSE_AVG_GRADE 的存储过程，计算某门课程的平均成绩，并将结果存储在某个变量中。

```
DELIMITER //
CREATE PROCEDURE PROC_COURSE_AVG_GRADE(IN course_id CHAR(4), OUT avg_
grade FLOAT)
BEGIN
SELECT AVG(GRADE)INTO avg_grade FROM SC WHERE Cno=course_id;
END //
```

调用存储过程 PROC_COURSE_AVG_GRADE，查询 1 号课程的平均成绩，并将结果存储在 avg_grade 变量中：

```
DELIMITER;
CALL PROC_COURSE_AVG_GRADE("1",@avg_grade);
```

查询 avg_grade 变量的值：

```
SELECT@avg_grade;
```

查询结果为：

@avg_grade
89.5

在数据库中使用存储过程优势如下。

（1）提高了执行性能。数据库中的 SQL 语句在执行时要进行编译，编译的过程包括 SQL 解析、查询优化和生成执行计划，而编译的过程是比较耗时的。存储过程是预编译的，它只会在被创建时进行编译，编译后存储过程的执行代码会存储在数据库中，之后每次调用存储过程时就不再需要进行编译，只需将参数传递给之前预编译得到的执行代码即可，因此降低了执行存储过程的开销。

（2）降低了网络开销。由于在调用存储过程时只需要提供存储过程名和参数，因此大大降低了应用程序和数据库的网络开销。

（3）实现了代码封装。存储过程对一组 SQL 代码进行了封装，使代码逻辑更加清晰，提供了更好的复用性，同时使代码便于移植、维护。

（4）提升了数据安全性。通过为不同的存储过程分配不同的权限，可以避免非授权用户对数据库的访问和恶意篡改。

但是存储过程相较 SQL 语句是较为复杂的，一般的数据库开发人员可能难以掌握。同时，当项目需求频繁变动时，修改存储过程可能没有修改 SQL 语句那样灵活。

4.5.2 创建和调用函数

创建函数的语法格式为:

```
CREATE FUNCTION <函数名>([参数,…,参数])
RETURNS <数据类型>
BEGIN
  <SQL语句块>
END <终止符>
```

其中CREATE FUNCTION为创建函数的关键字,"函数名"为创建的函数的名称,圆括号内指定参数列表(也可以没有参数,但圆括号不可省略),参数列表中参数的格式与存储过程相似,但是只能是IN参数。RETURNS语句指定函数返回数据的类型。BEGIN…END之间是该函数要执行的SQL语句,终止符标志着函数的结束。通过SELECT语句可以调用函数。注意,RETURNS指定返回的数据类型,而RETURN则返回具体的数据。

例4.77 创建名为FUNC_STU_COU_GRADE的函数,返回某学生选修的某门课程的成绩。

```
DELIMITER//
CREATE FUNCTION FUNC_STU_COU_GRADE(student_id CHAR(10), course_id CHAR
(4))
RETURNS INT
RETURN(SELECT Grade FROM SC WHERE Sno=student_id AND Cno=course_id);
//
```

调用函数FUNC_STU_COU_GRADE,查询学号2021310722的学生的1号课程成绩。

```
DELIMITER;
SELECT FUNC_STU_COU_GRADE("2021310722", "1");
```

查询结果为:

FUNC_STU_COU_GRADE("2021310722", "1")
87

4.5.3 存储过程和函数的区别

存储过程和函数区别如下。

（1）存储过程可以通过 OUT 或 INOUT 参数返回多个值，而函数只能返回 RETURNS 子句中指定的某一类型的单值或表对象。

（2）存储过程的参数可以为 IN、OUT 或 INOUT 类型，而函数的参数只能是 IN 类型。

（3）存储过程只能通过 CALL 语句作为一个独立的部分来调用和执行，而函数可以作为查询语句的一部分来调用。另外，由于函数可以返回表对象，因此函数的返回结果也可以用在查询语句的 FROM 子句中。

（4）创建函数时必须指定返回值数据类型，且函数体内必须有一个 RETURN 语句。

（5）存储过程中可以执行更新表的数据库操作，而函数则不可以。

4.5.4 变量和流程控制

变量和流程控制是高级程序设计语言中十分重要的两个概念，在 SQL 存储过程和函数中也存在变量和流程控制的概念，从而可以实现一些复杂的功能。

1. 变量

在存储过程和函数中可以声明并使用变量，变量的作用范围是 BEGIN…END 语句块。接下来将介绍如何定义变量以及如何为变量赋值。

（1）变量定义。定义变量的语法格式为：

```
DECLARE <变量名> [ , <变量名>, …, <变量名> ] <数据类型> [ DEFAULT <默认值> ];
```

其中“变量名”（列表）指定了定义的变量的名称，“数据类型”定义了这些变量的数据类型。当指定 DEFAULT 选项时，“默认值”为这些变量提供了一个默认值。如果未指定 DEFAULT 选项，变量的初值为 NULL。

（2）变量赋值。为变量赋值的语法格式为：

```
SET <变量名> = <表达式> [ , <变量名> = <表达式>, …, <变量名> = <表达式> ];
```

2. 流程控制

流程控制语句可以用来改变存储过程和函数内部语句的执行顺序。SQL 中的流程控制语句包括 IF 语句、CASE 语句、LOOP 语句、WHILE 语句、REPEAT 语句、LEAVE 语句等。本节将介绍常见的 IF、LOOP 及 WHILE 流程控制语句。

1）IF 语句

IF 语句包含多个判断条件，根据判断结果是否为真来选择执行哪个分支。IF 语句的语法格式为：

```
IF<表达式>THEN<SQL 语句块>;
  [ELSEIF<表达式>THEN<SQL 语句块>;
  ...
  ELSEIF<表达式>THEN<SQL 语句块>;]
  ELSE<SQL 语句块>;
END IF;
```

程序执行时，会自上而下地判断各子句中的表达式是否为真，如果为真，则执行该子句对应的语句块，并跳出该语句；如果为假，则继续判断后面子句中的表达式是否为真。如果 IF 子句和 ELSEIF 子句中对应的条件均为假，则执行 ELSE 子句中的语句块。

例 4.78 创建一个名为 FUNC_GRADE_LEVEL 的学生成绩等级评定函数，参数为学生的学号与课程号，返回值为学生该门课程的成绩等级。成绩等级划分标准为：90~100 分评为 A，80~90 分评为 B，70~80 分评为 C，60~70 分评为 D，60 分以下评为 E。

```
DELIMITER//
CREATE FUNCTION FUNC_GRADE_LEVEL(student_id CHAR(10), course_id CHAR(4))
RETURNS VARCHAR(5)
BEGIN
    DECLARE level VARCHAR(5)DEFAULT "E";
    DECLARE grade INT;
    SET grade=(SELECT Grade FROM SC WHERE Sno=student_id AND Cno=course_
id);
    IF grade>=90 THEN SET level="A";
    ELSEIF grade<90 AND grade>=80 THEN SET level="B";
    ELSEIF grade<80 AND grade>=70 THEN SET level="C";
    ELSEIF grade<70 AND grade>=60 THEN SET level="D";
    ELSE SET level="E";
    END IF;
    RETURN level;
END //
```

调用函数 FUNC_GRADE_LEVEL，查询学号 2021310722 的学生的 1 号课程成绩。

```
DELIMITER;
SELECT FUNC_GRADE_LEVEL("2021310722", "1");
```

查询结果为：

FUNC_GRADE_LEVEL("2021310722", "1")
B

2）LOOP 语句

LOOP 语句是循环语句，用来重复执行一些语句。LOOP 语句的语法格式为：

```
[<标签>:] LOOP <SQL 语句块> END LOOP [<标签>];
```

程序执行时，会重复执行 LOOP 后的 SQL 语句块，直到循环退出。在 LOOP 语句中，使用 LEAVE 子句可跳出循环。所以 LOOP 语句中必须包含 LEAVE 子句，否则会陷入死循环。“标签”可以用来标识一个 LOOP 语句，为可选项。其作用是提高代码可读性以及用于 Goto 语句的跳转等。

例 4.79 创建一个名为 FUNC_SUM 的函数，参数为 num，计算 1+2+…+(num−1)+num 的结果。

```
DELIMITER //
CREATE FUNCTION FUNC_SUM(num INT)
RETURNS INT
BEGIN
    DECLARE total INT DEFAULT 0;
    sum_loop: LOOP
    IF num<=0 THEN LEAVE sum_loop;
    END IF;
    SET total=total+num;
    SET num=num-1;
    END LOOP sum_loop;
    RETURN total;
END //
```

调用函数 FUNC_SUM，参数为 10：

```
DELIMITER;
SELECT FUNC_SUM(10);
```

查询结果为：

FUNC_SUM (10)
55

3）WHILE 语句

WHILE 语句也是循环语句，当满足 WHILE 语句的循环条件时，循环会一直执行；当不满足 WHILE 语句的循环条件时，跳出循环。WHILE 语句的语法格式为：

```
[<标签>:] WHILE<表达式>
DO<SQL语句块>
END WHILE [<标签>];
```

程序执行时，会先判断 WHILE 子句后的表达式是否为真，如果为真，则执行 DO 子句指定的 SQL 语句块；否则，跳出循环。“标签”可以用来标志一个 WHILE 语句，为可选项。

例 4.80 用 WHILE 语句实现例 4.79，函数名为 FUNC_SUM2 的函数。

```
DELIMITER//
CREATE FUNCTION FUNC_SUM2(num INT)
RETURNS INT
BEGIN
    DECLARE total INT DEFAULT 0;
    WHILE num>0
    DO SET total=total+num, num=num-1;
    END WHILE;
    RETURN total;
END//
```

调用函数 FUNC_SUM2，参数为 10:

```
DELIMITER;
SELECT FUNC_SUM2(10);
```

查询结果为:

FUNC_SUM2(10)
55

4.5.5 删除存储过程和函数

(1) 删除存储过程。删除存储过程的语句为:

```
DROP PROCEDURE<存储过程名>;
```

(2) 删除函数。删除函数的语句为:

```
DROP FUNCTION<函数名>;
```

4.6 触发器

触发器是与表相关的、特殊的存储过程，当满足特定条件时，触发器会被触发执行。触发器是定义在基本表上的，当基本表发生某个指定修改操作（比如插入、删除、更新数据）时，会激活定义在其上的触发器，该基本表称为触发器的目标表。触发器可以用来保证数据库的完整性，例如插入一条带有外键的记录，会自动触发检查该外键值是否在主键出现。

4.6.1 创建触发器

SQL中创建触发器的命令是CREATE TRIGGER，其语法格式为：

```
CREATE TRIGGER <触发器名>
   <触发时机> <触发事件> ON <表名>
FOR EACH ROW
   <触发动作体>
```

下面将介绍CREATE TRIGGER语句中的各部分内容。

（1）触发器名：指定要创建的触发器的名字。

（2）触发时机：指定触发执行的时间，可以为BEFORE或AFTER，分别表示在触发事件之前或触发事件之后。

（3）触发事件：指定当发生何种事件时，触发器会被激活。触发事件可以为INSERT、DELETE或UPDATE，也可以是这几个事件的组合（比如INSERT OR DELETE），或者指定修改哪些列时激活触发器（比如UPDATE OF <列名，…，列名>）。

（4）表名：指定该触发器的目标表，只有发生在该表上的触发事件才会激活触发器。

（5）触发动作体：触发动作体是一个SQL语句块，可以为一条SQL语句，也可以是用BEGIN和END包含的多条SQL语句。每次触发事件发生时，都会执行触发动作体中的语句。对于触发事件所作用的表中的每一行，在触发事件发生之前该行称为OLD，在触发事件发生之后该行称为NEW。在触发器中，可以使用OLD和NEW来访问触发事件发生前后的元组的值。对于触发事件作用的每一行（FOR EACH ROW），会执行触发动作体。

例4.81 创建一个名为TRI_PRO_STU的触发器，每当对学生成绩进行更新时，判断该学生成绩是否提升，如果提升，将该学生学号存入表Progressive_Student（Sno）中；否则，将该学生学号存入表Regressive_Student（Sno）中。

```
DELIMITER //
CREATE TRIGGER TRI_PRO_STU
AFTER UPDATE OF Grade ON SC
FOR EACH ROW
BEGIN
    IF NEW.Grade > OLD.Grade THEN INSERT INTO Progressive_Student VALUES
(NEW.Sno);
    ELSE INSERT INTO Regressive_Student VALUES(NEW.Sno);
    END IF;
END //
DELIMITER;
```

4.6.2 删除触发器

删除触发器的语句为：

```
DROP TRIGGER <触发器名>;
```

触发器是基于行激活的，对数据库中每行数据的修改都会调用触发器。因此可能会导致数据库性能的降低，所以应避免编写过多的触发器。

4.6.3 触发器的应用场景

触发器应用场景如下。

(1) 保证数据完整性。例如在插入数据之前检查数据类型、唯一性、主键约束，或者在数据被更新或删除时，进行级联操作等。

(2) 数据审计。触发器可以用来跟踪数据库中数据的变化，以检查数据变化过程是否合法、规范，从而保证业务数据的正确性和合理性。例如，应确保涨薪后的员工工资高于之前的工资。

(3) 保证数据安全性。触发器可以用来进行安全性检查，比如在非工作时间禁止插入新员工。

(4) 数据备份和同步。触发器可以在数据更新时对数据进行备份和同步，例如自动更新相关物化视图。

4.7　使用程序设计语言访问数据库

在大型项目中需要使用程序设计语言（比如 C、C++、Java 等）来访问数据库，因此本节将讲解如何使用程序设计语言来访问数据库。使用程序设计语言访问数据库的常见方式包括嵌入式 SQL（embedded SQL，ESQL）、Java 数据库互连（JDBC）、开放数据库互连（ODBC）等。

4.7.1　嵌入式 SQL

SQL 有两种使用方式，一是独立式 SQL，二是嵌入式 SQL。前者作为独立式语言，可以交互式执行，方便用户使用。嵌入式 SQL 则是将 SQL 语句嵌入某种高级语言，与高级语言混合使用，便于使用高级语言访问数据库。被嵌入的高级程序设计语言称为宿主语言，如 C、C++、Java 等。宿主语言首先加载访问数据库的包或库，然后就可以使用嵌入式 SQL 来访问数据库了。嵌入式 SQL 既继承了宿主语言的强大功能和过程控制性特点，又保留了 SQL 的强大数据库处理能力和复杂结果集操作的非过程性特点。

1. 使用嵌入式 SQL 访问数据库

1）访问过程

在使用嵌入式 SQL 访问数据库时，通常需要在程序中先建立与数据库的连接，以验证访问的合法性；然后在程序中使用嵌入式 SQL 来访问数据库；最后当访问结束后，程序要释放所占用的连接资源，关闭程序与数据库的连接。

（1）嵌入式 SQL 连接数据库。其标准连接语法为：EXEC SQL CONNECT TO 数据库名 AS 连接名 USER 用户名。

（2）嵌入式 SQL 断开连接。其标准语法为：EXEC SQL DISCONNECT 连接名，或断开当前连接，语法为 EXEC SQL DISCONNECT CURRENT。

（3）嵌入式 SQL 提交与撤销。执行提交语法为：EXEC SQL COMMIT WORK；执行撤销语法为：EXEC SQL ROLLBACK WORK；也可以直接提交或者撤销后断开连接，语法为 EXEC SQL COMMIT RELEASE 和 EXEC SQL ROLLBACK RELEASE。

（4）嵌入式 SQL 查询。嵌入式 SQL 可以将 SQL 查询结果赋值给高级语言的变量。以宿主语言 C 语言为例，如 EXEC SQL SELECT Sname, Sage INTO:cSname, :cSage FROM Student WHERE Sname="李博"，该嵌入式 SQL 语句查找李博的年龄，并将 Sname 和 Sage 赋值给 C 语言变量 cSname 和 cSage。其中 EXEC SQL 是嵌入式 SQL 引导语句，提供给 C 编译器以便 C 编译器识别。INTO 子句用于接收 SQL 语句检索结果的变量，一般由冒号引导。嵌入式 SQL 也可以声明变量，并把变量赋值给 SQL 语句，其语法为：EXEC SQL BEGIN DECLARE SECTION 和 EXEC SQL END DECLARE SECTION，并在两个语句之间定义变量，这些变量可以输入给 SQL，也可以从 SQL 获取值。例如有以下语句：

```
EXEC SQL BEGIN DECLARE SECTION; // 开始声明
char cSname[10],queryName[10]=" 李博 "; int cSage; // 声明变量
EXEC SQL END DECLARE SECTION; // 结束声明
EXEC SQL SELECT Sname,Sage INTO:cSname,:cSage FROM Student WHERE Sname=:
queryName;
```

定义的变量可以输入给 SQL（例如 queryName），也可以从 SQL 获取值（例如 cSName 和 cSage）。

2）高级语言与 SQL 数据传输过程

在通过嵌入式 SQL 访问数据库时，嵌入式 SQL 语句与宿主语言之间要进行数据传输。高级语言一般一次处理一个元组，如果 SQL 查询结果是单个元组，很容易将查询结果赋值给高级语言变量。但是当 SQL 查询结果为多个元组时，需要解决 SQL 和高级语言之间的转换问题。嵌入式 SQL 的数据传输通过游标来实现一次获得一个元组。游标存储嵌入式 SQL 语句的查询结果集合，每个 SQL 语句会返回一个游标（即返回 SQL 一条结果）。游标指向某条记录集的指针，通过这个指针移动，每次读一行数据处理一行，直到处理完毕。在程序中使用宿主语言访问游标，可以获取查询的结果。游标的使用过程主要包括以下四个步骤。

（1）定义游标：将游标与 SQL 查询语句相关联。例如 EXEC SQL DECLARE curStudent CURSOR FOR SELECT Sno, Sname FROM Student WHERE Sno="1"。

（2）打开游标：执行与游标相关联的 SQL 查询语句，查询结果集合会被存储到游标的数据缓冲区。例如 EXEC SQL OPEN curStudent。

（3）使用游标：从游标中读取数据（即查询结果集合），可以每次读取一条记录，也可以一次性读取全部记录。例如，EXEC SQL FETCH curStudent INTO:cSno, :cSname; 将读取的一条记录的属性值赋值给两个变量 cSno 和 cSname。

（4）关闭游标：停止使用游标，释放游标的数据缓冲区。例如 EXEC SQL CLOSE curStudent。

标准的游标一般从开始向结束方向移动，每执行一次 FETCH 操作，访问一条记录，并向结束方向移动一次。注意一条记录只能被访问一次，当再次访问时只能关闭游标后重新打开。为了灵活管理游标，可以使用可滚动游标在记录集之间灵活移动。

2. 嵌入式SQL的编译执行过程

包含嵌入式SQL语句的宿主语言源程序的编译执行过程主要由预编译阶段、编译阶段、链接阶段和执行阶段四部分组成。

（1）预编译阶段：数据库管理系统一般采用预编译方法来处理嵌入式SQL。在预编译阶段，数据库管理系统会先识别嵌入式SQL语句，并将其转换为由宿主语言实现的SQL函数调用语句，使宿主语言编译程序能够识别嵌入式SQL语句。在预编译阶段之后，源程序会转换为包含SQL函数调用的宿主语言程序。

（2）编译阶段：在编译阶段，宿主语言的编译程序会将预编译阶段得到的宿主语言程序转换为目标程序。

（3）链接阶段：在链接阶段，链接程序会将编译阶段得到的目标程序与系统提供的组件（比如输入输出标准库、SQL函数库）结合起来，生成可执行程序。

（4）执行阶段：在得到可执行程序后，就可以执行包含嵌入式SQL语句的程序。

4.7.2 JDBC

JDBC是一种应用程序编程接口，是Java开发工具包（Java development kit，JDK）的一部分。JDBC提供Java程序访问数据库的标准接口，Java应用程序可以基于JDBC访问不同的数据库。

JDBC依赖于两个软件组件：java.sql包中定义的一系列访问数据库的接口，以及JDBC驱动程序。其中，java.sql包提供了大部分JDBC访问数据库的标准接口；而JDBC驱动程序可以实现java.sql中定义的访问数据库的接口，将Java应用程序转换为可被数据库理解的语言，从而从数据库中获取数据。JDBC驱动程序由数据库供应商提供。通过编写调用java.sql接口的代码，Java程序员可以实现对数据库的访问。

JDBC由数据库连接、执行SQL语句和处理结果集构成，从而在Java程序中实现数据库操作功能。JDBC一般包括加载JDBC驱动程序、建立数据库连接、创建SQL语句对象并用语句对象执行SQL、返回SQL计算结果对象、从结果对象中提取记录集并将属性值传给高级语言变量、释放SQL语句对象、断开数据库连接等步骤。

4.7.3 ODBC

ODBC是一组访问数据库的标准应用程序接口。和JDBC一样，用户可以使用ODBC从不同数据库中获取数据。JDBC只适用于Java程序开发，而且和Java一样，JDBC是跨平台的；而ODBC适用于C、C++等任何程序设计语言。

对于不同的数据库系统，ODBC有统一的访问数据库的接口，并为不同的数据库系统实现了相应的 ODBC 驱动程序，而不同的 ODBC 驱动程序实现了对不同数据库访问的函数调用。当 ODBC 应用程序访问数据库时，其访问请求会被驱动程序管理器提交给相应的数据库系统的 ODBC 驱动程序，然后由 ODBC 驱动程序返回对数据库的访问结果。

4.8 小结

SQL 是一种管理关系数据库的结构化查询语言，用来对数据库中的数据进行一系列操作，包括数据插入、查询、修改、删除等。SQL 按照不同的数据操作类型可以分为六类：数据定义语言、数据操纵语言、数据控制语言、事务控制、存储过程和函数，以及触发器。

SQL 数据定义语言（DDL）是用来创建、删除、修改数据库中对象（包括表、索引和视图）的语句。

（1）对于表对象，数据定义语言包括创建表、修改表、删除表的语句。

① CREATE TABLE 语句可用于创建表。在创建表时，需要定义表中包含的列和完整性约束。对于列，需要定义其数据类型，常见的数据类型可分为文本型、数字型和时间型。完整性约束包括非空约束、唯一约束、主键约束、外键约束等。

② ALTER TABLE 语句可用于修改表的关系模式（添加、删除、修改列）以及修改完整性约束。

③ DROP TABLE 语句可用于删除表。在删除表时，可指定是否进行级联删除。

（2）对于索引对象，数据定义语言包括创建索引（CREATE INDEX）、修改索引（ALTER INDEX）、删除索引（DROP INDEX）的语句。

（3）对于视图对象，数据定义语言包括创建视图（CREATE VIEW）、修改视图（ALTER VIEW）、删除视图（DROP VIEW）的语句。

SQL 数据操纵语言（DML）是用来对数据库中数据进行查询、插入、修改、删除的语句。

（1）数据查询语句（SELECT）从数据库中获取满足一定条件的数据。

① 选择操作可以选择表中满足条件的若干元组，选择操作的条件由 WHERE 子句指定。

② 投影操作可以选择表中的若干列，通过 SELECT 子句后的列表达式指定。

③ 聚集操作可以获取数据聚集后的聚集函数的结果，常见的聚集函数包括 COUNT、SUM、AVG 等，由 SELECT 子句后的列表达式指定。

④ 分组操作将满足查询条件的元组按照某一列或多列（由 GROUP BY 子句指定）的值进行分组，同时返回对各组进行聚集操作的结果。HAVING 子句可以对分组后得到的分组进行筛选，满足 HAVING 子句条件的分组才会被返回。

⑤ 排序操作将查询结果按照某一列或多列（由 ORDER BY 子句指定）的值进行降序（DESC）或升序（ASC）排序。

⑥ 连接操作枚举 FROM 子句中指定的两个或多个表中所有行的笛卡儿积，返回满足 WHERE 子句指定条件的行作为连接结果。

⑦ 嵌套查询是指将一个查询块嵌套在另一个查询块的 WHERE 子句、FROM 子句或者 HAVING 短语中。

⑧ 集合操作可以对查询结果的集合进行求并（UNION）、交（INTERSECT）、差（EXCEPT）的操作。

（2）数据插入语句（INSERT）可以在数据库中插入单个元组或者子查询结果。

（3）数据修改语句（UPDATE）可以修改数据库中满足条件的元组的值。

（4）数据删除语句（DELETE）可以从数据库中删除满足条件的元组。

SQL 数据控制语言（DCL）用于向用户授予（GRANT）访问数据库的权限和收回（REVOKE）访问数据库的权限。

存储过程和函数是封装了多条 SQL 语句的集合，以方便调用。通过 CREATE PROCEDURE 和 CREATE FUNCTION 语句来创建存储过程和函数。通过 CALL 语句调用存储过程，通过函数名直接调用函数。由 DROP PROCEDURE 和 DROP FUNCTION 语句实现存储过程和函数的删除。

触发器是与表相关的、特殊的存储过程，当满足特定条件时，触发器会被触发执行。通过 CREATE TRIGGER 和 DROP TRIGGER 可以创建和删除触发器。触发器可以用来保证数据的完整性，同时也可以用来实现数据审计、安全性检查、数据备份和同步。

使用程序设计语言也可以访问数据库，常见的使用程序设计语言访问数据库的方式包括嵌入式 SQL、JDBC、ODBC 等。

4.9　习题

1. 简述 SQL 的分类以及各类 SQL 的功能。

2. 编写 SQL 语句，查询每个学生的平均成绩，输出学生的学号、姓名、性别、院系和平均成绩。

3. 编写 SQL 语句，查询每个学生的平均成绩和总学分，输出学生的学号、姓名、性别、院系、平均成绩和总学分。

4. 编写 SQL 语句，查询计算机系学生选修过的课程，输出课程名称。

5. 编写 SQL 语句，查询各系选修的各课程的人数，输出系名、课程名和选修人数。

6. 编写 SQL 语句，查询学号以“2021”开头的学生的平均年龄，输出平均年龄。

7. 编写 SQL 语句，查询学号以“2021”开头的各系的学生的平均年龄，输出系名和学生平均年龄。

8. 编写 SQL 语句，查询各系的男女生人数，输出系名、男生人数和女生人数。

9. 编写 SQL 语句，查询各系的男女生比例，输出系名、男生比例和女生比例。

10. 编写 SQL 语句，将数值分析课程的课程号修改为“8”，同时更新学生选课表中数值分析课程的课程号。

11. 编写 SQL 语句，创建一个名为 FUNC_CHECK_CPNO 的函数，函数的参数为学生学号和课程名称，检查某个学生是否可以选修某门课程，即检查该学生是否选修了该门课程所需要的先修课程。

12. 简述视图的作用。

13. 简述存储过程的优缺点。

14. 简述触发器的应用场景。

第 5 章

数据库存储

前几章讲解了数据库系统在逻辑层面上的设计原则和方法，本章将主要介绍数据库系统如何实现底层的数据存储和数据访问（通常称为存储引擎）。首先，介绍如何将一个数据表存储到数据库管理系统中。为了保证数据的持久性（机器重启后数据不丢失），数据库系统需要将数据存储到非易失性存储介质（例如磁盘或者固态盘）中，本章将讲述存储介质的特点以及数据存储组织方式和查找方式，包括文件、页面、记录、元数据的组织及空闲空间的管理等。其次，由于磁盘读写速度较慢，因此需要通过内存和磁盘协作来实现高效的数据存储和访问，本章还将讲述如何通过缓冲区机制来提升存储引擎的效率。为了保证数据的读写正确性、高效并发性和可用性，数据库还需要支持事务处理、事务并发控制、故障恢复；为了提升存储引擎性能，数据库还提供索引技术来加速查询处理，这将在后续章节陆续介绍。总体来讲，数据库存储引擎关系到数据库的高效性和稳定性，是数据库的核心模块，本章将介绍存储引擎的关键技术，包括存储介质特性、数据组织方式以及缓冲区机制。

5.1 存储概览

数据库管理系统向用户提供了简便、透明、可靠的数据访问和管理方式，使用户无须关心底层数据文件的管理细节。而数据库则要关注数据如何存储在存储介质（例如磁盘）中，以及如何组织和访问这些数据。

数据库存储架构如图 5.1 所示。存储结构的上层为数据库执行器，负责执行查询任务，通过数据存取方法（access method）来访问数据库存储引擎的数据。为了支持高效的数据管理，数据库存储引擎主要包含缓冲区数据管理、数据组织与管理、日志管理、事务并发控制和故障恢复等模块。

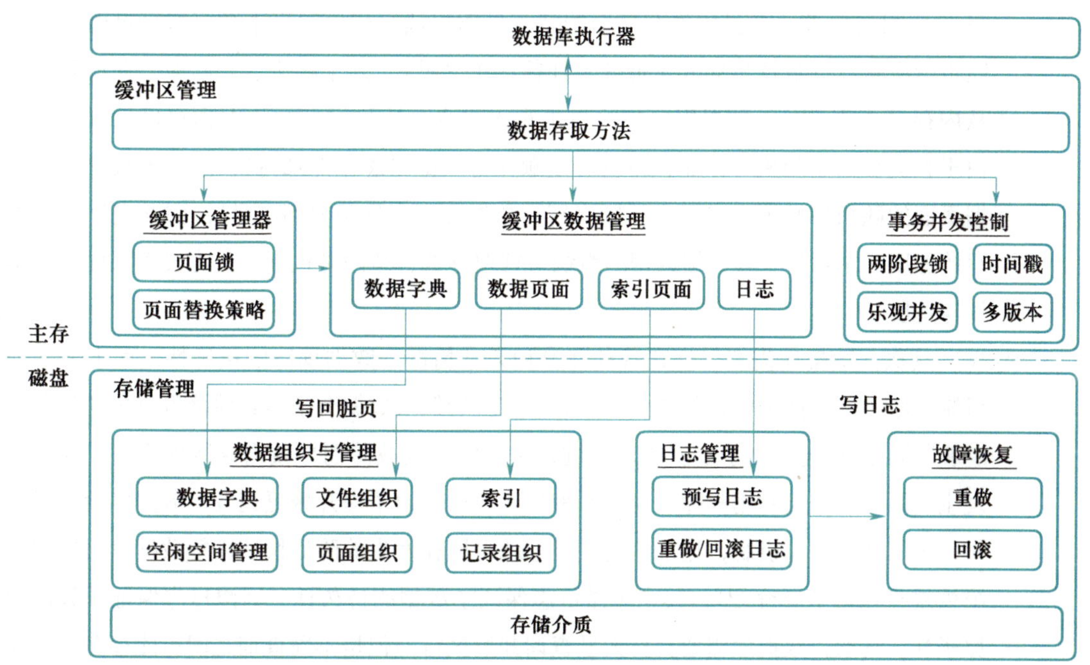

图 5.1 存储引擎概览

首先，数据组织与管理主要负责如何将关系数据表中的每一条记录按一定规律排列在磁盘中，这涉及以下几个方面。① 文件组织方式。为了实现数据不丢失，数据库通过文件系统将数据存储到文件中。数据库中数据一般按照页面数据、日志、索引、元数据等不同类型进行文件组织管理。一个文件包含大量页面，文件采用适当的组织方式来高效管理大量的页面，包括页面之间的排列关系（如顺序组织、哈希组织、索引组织、堆表组织），并实现空闲空间管理。② 页面组织方式。为了支持高效的记录添加、删除、插入与更新，页面组织方式主要用于将多条记录按照一定规律排列在页面中，提升记录的管理效率。③ 记录组织方式。由于每条记录包含多个属性，每个属性可能是定长的（如年龄）或者变长的（如姓名），记录组织方式用于高效管理每条记录。④ 元数据组织方式。数据库需要高效存储元数据（数据字典），包括表名、列名、索引名等。为了节省空间和便于更新，数据库一般将元数据单独管理。元数据一般被当作数据表，从而可以使用数据表的管理方式来管理元数据。⑤ 缓冲区管理。由于磁盘速度较慢，而内存的访问速度要远远快于访问磁盘，数据库一般不直接访问非易失的磁盘，而是先将数据从磁盘读取到内存的缓冲区中。缓冲区存储了磁盘上部分热数据的缓存副本，如果查询需要读写的数据刚好在缓冲区中有缓存副本，则可以直接读写缓冲区的数据，而不需要等待磁盘读写，从而起到提高查询速度的作用；如果数据不在缓冲区中则从磁盘读到缓冲区。缓冲区管理器负责管理将哪些数据保留在缓冲区中，以及解决不同查询读写缓冲区数据的冲突。此外，缓冲区还负责管理索引和日志以及缓冲区的数据替换策略。⑥ 日志管理。非易失性存储器的特点是随机读写代价远高于顺序读写页面，因此随机读写磁盘的数据页面非常低效（往往数十毫秒）。为了解决这一问题，在将新数据从内存写入磁盘前，数据库会先将日志写入磁盘，这种日志被称为预写日志（WAL）。由于数据页面是随机写，而预写日志是顺序写（即日志是追加写），因此预写日志将数据页面的随机写转换成为日志的顺序写（数据页面会异步写到磁盘），因此提升了数据写的速度。本章将主要介绍数据的组织与管理方式、缓冲区机制、日志技术以提升数据读写速度。

其次，数据库需要保证在各种并发和异常情况下数据读写的正确性，而事务处理机制（原子性、持久性、隔离性、一致性）就能保证数据有条不紊地读写（事务将在第 6 章介绍）。首先，由于数据库运行过程中可能突发故障而导致内存数据丢失，因此当发生故障时，需要利用故障恢复技术来恢复数据。为了提升恢复速度，数据库设计了重做日志和回滚日志机制，通过这两类日志就可以在发生故障后快速恢复数据（日志和故障恢复将在第 7 章介绍），其中重做日志保证了数据的持久性，回滚日志保证了数据的原子性。其次，数据库需要支持大量查询并发执行，但是不同查询之间可能存在读写冲突和写写冲突，事务并发控制主要实现查询的高效并发执行，并保证事务之间的隔离性（事务并发控制将在第 8 章介绍）。注意，事务的一致性是通过原子性、持久性、隔离性技术以及数据完整性约束来保证的。

最后，为了提升查询处理速度，特别是数据量较大时，简单地扫描全部数据效率非常低下，可利用索引技术来提高查询速度，例如索引可以 $O(\log n)$ 或者 $O(1)$ 的复杂度来定位磁盘中一条记录，其中 n 是记录总数，从而避免了 $O(n)$ 复杂度的全表扫描（索引技术将在第 9 章介绍）。

本章将按从底层到高层的顺序介绍数据库存储的几个模块（见图 5.2）。5.2 节将先介绍主流的几种存储介质，包括磁盘、闪存、内存、高速缓存等，以及数据库对不同存储介质的组织和使用方式。然后介绍如何根据存储介质的性质来设计不同的访问

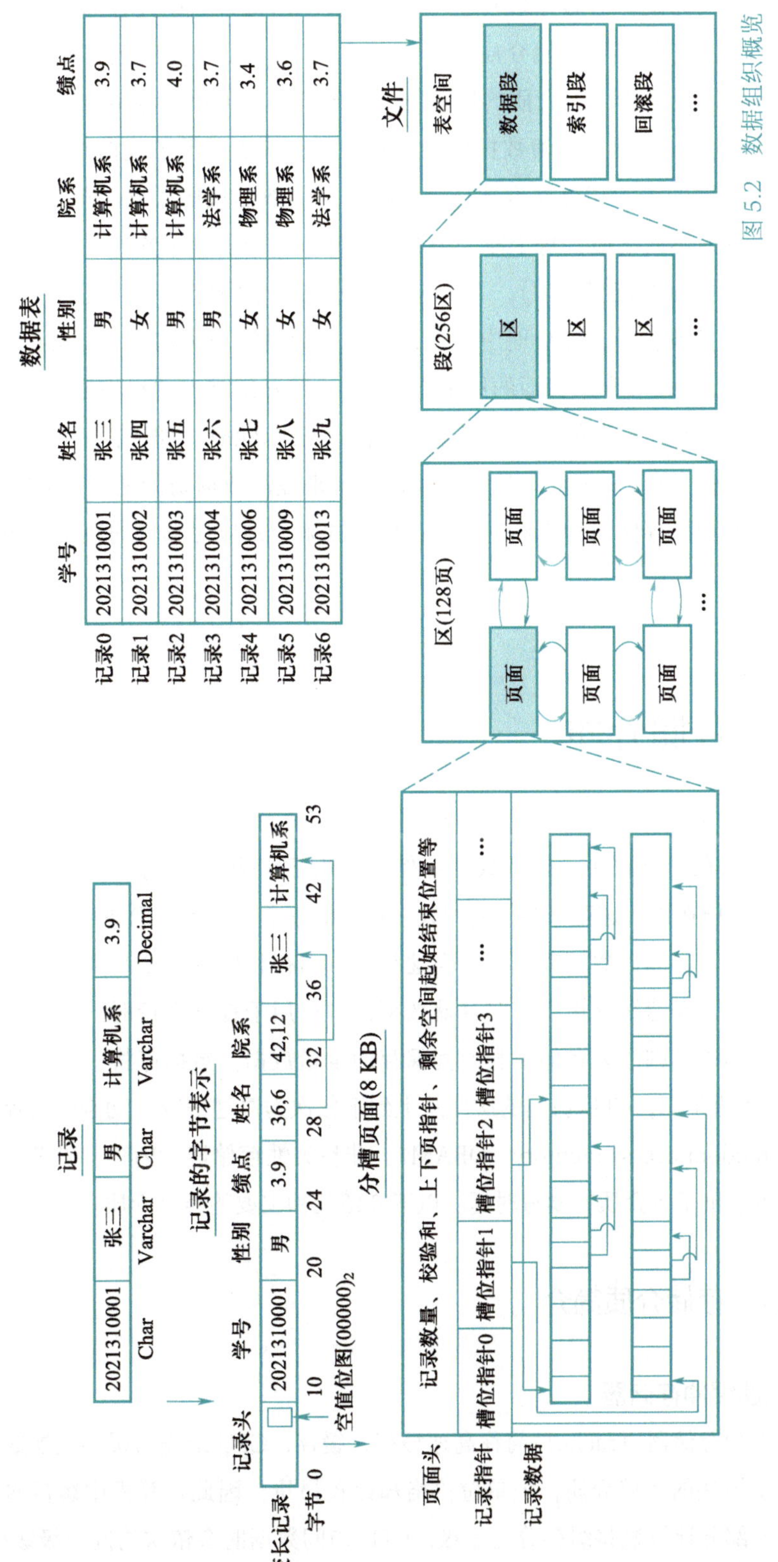
数据表
学号 姓名 性别 院系 绩点
记录0 2021310001 张三 男 计算机系 3.9
记录1 2021310002 张四 女 计算机系 3.7
记录2 2021310003 张五 男 计算机系 4.0
记录3 2021310004 张六 男 法学系 3.7
记录4 2021310006 张七 女 物理系 3.4
记录5 2021310009 张八 女 物理系 3.6
记录6 2021310013 张九 女 法学系 3.7
文件
表空间
数据段
索引段
回滚段
…
段(256区)
区
区
区
…
区(128页)
页面
页面
页面
页面
页面
页面
…
记录
2021310001 张三 男 计算机系 3.9
Char Varchar Char Varchar Decimal
记录的字节表示
记录头 学号 性别 绩点 姓名 院系
变长记录 2021310001 男 3.9 36,6 42,12 张三 计算机系
字节 0 10 20 24 28 32 36 42 53
空值位图(00000)2
分槽页面(8 KB)
页面头 记录数量、校验和、上下页指针、剩余空间起始结束位置等
记录指针 槽位指针0 槽位指针1 槽位指针2 槽位指针3 … …
记录数据

图 5.2 数据组织概览

算法以提升访问速度。最后介绍通过冗余存储技术来提升数据库存储的可用性，降低数据损坏概率。在掌握了存储介质的访问方式后，5.3 节将介绍数据库如何管理存储介质中的数据。受限于存储介质的读写特性，传统架构下数据库不能按照字节来读写数据，而是需要以页面为读写数据的最小单位。图 5.2 展示了数据在文件、段、区、页面、记录级别的表示和存储方式，即数据表中的数据按照不同功能（数据、索引、回滚日志）分为不同的段，每个段一般对应文件系统中的一个文件。每个数据段分为多个区（便于页面的连续存储），每个区被划分成多个固定大小的页面，每个页面存储数据表中的多条记录，在页面中通过记录槽指针进行记录的寻址。5.4 节将介绍记录的组织方式；5.5 节介绍页面的组织方式；5.6 节介绍文件的组织方式；5.7 节介绍空闲空间的管理；5.8 节介绍如何存储元数据（metadata），即数据表的表名、列名、属性、索引等信息；5.9 节介绍如何使用缓冲区来提高数据访问速度；5.10 节介绍如何使用行存储和列存储两种不同的数据存储方式来分别应对频繁的数据更新或者复杂的查询。

5.2　存储介质

数据存储在计算机中，是指数据存储于 CPU 高速缓存、内存、磁盘等存储介质中。各存储介质在访问速度、存储空间大小和价格三个方面各有优缺点，在系统中扮演的角色也不相同，因此数据库通常将高速缓存、内存和磁盘结合起来使用以平衡性能和成本。例如，高速缓存用于临时存储数据；内存用于存储运行时的索引和数据；而磁盘、光盘和磁带则用来存储需长时间保存的全量数据。数据库将三种存储介质按图 5.3 的方式垂直组织，CPU 访问的次序从上到下依次为高速缓存、动态随机存取存储器（dynamic random access memory，DRAM）、非易失性存储器、闪存、磁盘、光盘和磁带，其中也给出了各介质的读写时延。以下介绍几种主要的存储介质。

5.2.1　存储介质简介

1. 高速缓冲存储器

高速缓冲存储器（cache）简称高速缓存、缓存，CPU 最先与缓存交换数据。缓存是存取速度最快的存储介质，但单位价格却比较昂贵，因此计算机中缓存的存储空间比较小。大部分计算机将缓存分为三级，CPU 访问数据时会依次访问一级缓存（L1 缓存）、二级缓存（L2 缓存）和三级缓存（L3 缓存），当缓存中没有所需的数据时将访

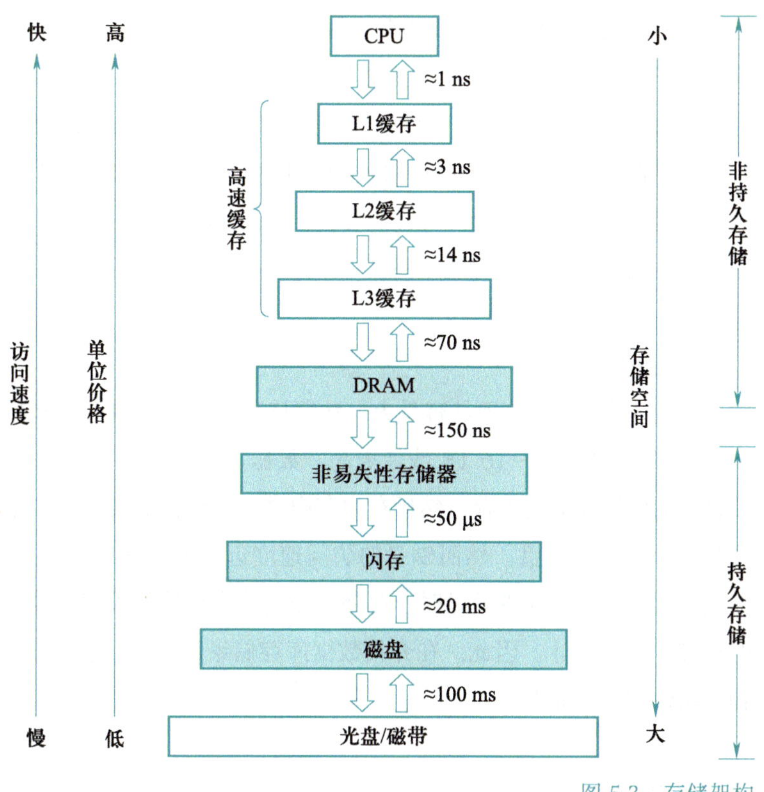

图 5.3 存储架构

间内存。一级缓存大小一般为 32 KB~256 KB，二级缓存大小一般为 128 KB~2 MB，三级缓存大小一般为 12 MB~16 MB 或者更高。高速缓存在计算机系统中主要用于存储部分内存数据，避免 CPU 重复访问内存，减小 CPU 读写代价，提高数据访问速度。

2. DRAM

DRAM 常用作内存，主要用于存储程序和其处理的数据。内存访问速度比缓存慢，但存储空间较大。桌面计算机使用的内存大小一般为 8 GB~32 GB 或者更高。内存使用的技术主要是 DRAM 技术，其在断电时会丢失数据，因此需要及时将数据存储到非易失的磁盘上。内存在数据库中用于存储程序、系统状态以及频繁访问的热数据。

3. 闪存

相较于 DRAM，闪存（flash memory）在断电时不会丢失数据，读写数据速度介于 DRAM 和磁盘之间。使用闪存的存储设备也称为固态盘（solid state disk，SSD）。早期闪存容量小、价格高，因此广泛用于 U 盘、手机等设备，而计算机中多使用磁盘来存储长期数据。随着闪存的存储空间越来越大，价格越来越便宜，速度越来越快，闪存已有取代磁盘的趋势。在 2021 年，固态盘平均每吉字节售价 1 元左右。闪存与磁盘不同，它不是在旋转的盘片上读写数据，而是判断存储介质的浮动栅中是否有电子，即有电子为 0，无电子为 1。闪存就如同其名字一样，写入前必须擦除原来数据并进行初始化（擦除粒度一般为 8~64 KB）。而且擦除次数有一定限制，频繁擦除会影响闪存寿命，因此一般通过闪存转换层（flash translation layer，FTL）利用损耗平衡（wear-leveling）技术来保护闪存的读写。

4. 磁盘

磁盘（disk）得益于其容量大、数据持久性好，常用于存储长期数据。家用磁盘的大小一般为 512 GB~16 TB 或者更高。数据库系统要访问磁盘上的数据时，首先要将磁盘上的数据读取到内存，然后在内存中进行处理，如果修改了某块数据，则需要将这块数据重新写回磁盘。然而磁盘的访问速度远低于高速缓存和 DRAM，因此存储的性能瓶颈常出现于访问磁盘之时。此外，磁盘的物理特性限制了数据库存储系统的读写策略和文件结构设计。因此，在介绍数据库存储系统之前，将在 5.2.2 节详细说明磁盘的物理特性和工作原理。

5. 新型存储介质

非易失性存储器（NVM）的读取速度能与 DRAM 相媲美，支持按字节寻址和访问，而且在断电时不会丢失数据，但是读写速度不对称（写入速度慢于读取速度）。

表 5.1 总结了这五种存储介质的特性，缓存、DRAM、非易失性存储器、闪存和磁盘五种存储介质访问速度由快到慢，存储空间由小到大，单位价格由高到低。其中缓存和 DRAM 断电后会丢失数据，其他则不会。协同 DRAM、非易失性存储器、闪存和磁盘中的数据管理是数据库存储系统研究的核心。尤其是磁盘介质的读写特性对数据库存储系统的读写策略有比较大的影响，接下来介绍磁盘的工作原理和读写特性。

表 5.1 五种存储介质特性比较

存储介质	访问速度	存储空间	单位价格	数据持久性
缓存	快	小	高	易失
DRAM	较快	中等	中等	易失
非易失性存储器	中等	中等	较高	非易失
闪存	较慢	较大	较低	非易失
磁盘	慢	大	低	非易失

5.2.2 磁盘

1. 磁盘的接口

家用计算机中的磁盘主要使用串行先进技术总线附属接口（serial advanced technology attachment interface，SATA，又称串行 ATA 接口、SATA 接口），传输速度一般为 500~600 MBps，除了以上这种直连方式之外，存储区域网（storage area network，SAN）通过独立于 TCP/IP 协议之外的高速网络将多个磁盘连接起来，使多个磁盘可以看作一个有着超大容量的磁盘并可通过网络访问。磁盘还可以使用独立磁盘冗余阵列（redundant arrays of independent disks，RAID）技术组织起来，将同一份数据同时存储在多个磁盘上以提高数据容错性。网络附接存储（network attached storage，NAS）使用 TCP/IP 协议将磁盘连接起来作为存储服务器为用户提供服务。近年来随着云服务的兴起，云存储服务将存储与应用分离开来，使存储拥有更大的空间和更高的弹性。一些固态盘（闪存）开始使用 NVMe（non-volatile memory express，或称非易失性内存主机控制器接口规范，non-volatile memory host controller interface specification），其速度可以达到 3 500 MBps。

2. 磁盘的工作原理

硬盘驱动器由数张盘片组成，如图 5.4 所示，盘片上覆盖着磁性物质。磁盘可以通过改变磁性物质的磁场方向来存储二进制的 0 和 1。磁盘中用来改变这些磁性物质状态并且读写数据的部件称为磁头（head，magnetic head）。磁头是磁盘中最核心的部件，通过贴近盘面测量磁阻来读取数据。磁盘中由机械臂来控制磁头在盘面上读取数据。

磁盘工作时盘片会高速旋转，每分钟转数可达 5 400~7 200 r/min 甚至更高。磁盘旋转时磁头在盘面上画出的圆形轨迹称为磁道（magnetic track）。磁头在不同位置可

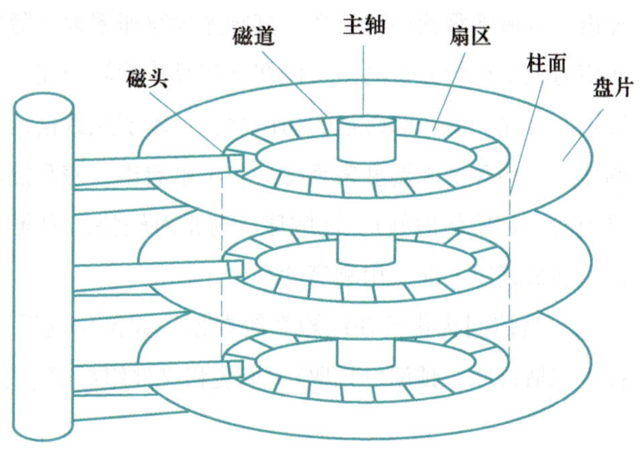

图 5.4　磁盘结构

以画出不同的磁道，一个盘面上可以排布成千上万个磁道。磁盘由多个盘片和多个磁头组成，这些磁头随着机械臂同步运动，它们总是停留在相同编号的磁道上，这些磁道合在一起称为柱面（cylinder）。磁盘每个磁道又可分为多个弧段，这些弧段称为扇区（sector）。扇区是磁盘读取的最小单位，一个扇区存储空间一般为 512 B。随着硬盘容量的不断扩大，新型机械硬盘将每个扇区 512 B 改为 4 096 B，也就是所谓的“4K 扇区”[①]，以提高硬盘的读写速度。

当系统发出读写磁盘的指令后，磁盘会使磁头移动到指定的磁道，在盘片的旋转过程中读写对应的扇区。为了防止因为一些扰动或者数据损坏而读取到错误的数据，磁盘会对扇区中的数据进行校验，只有当校验通过时才能成功完成读写。

3. 磁盘的性能与优化

磁盘的性能主要用访问时间和数据传输率来度量。更短的访问时间和更高的传输速率意味着更好的磁盘性能。此外，磁盘的性能指标还有容量、可靠性等。

访问时间（access time，又称存取时间）指的是从系统发出读写指令到磁盘开始返回数据所需的时间，主要包含磁头寻道时间和盘片旋转等待时间。磁头为了访问指定的数据，需要首先移动到对应的磁道，这个移动的时间称为寻道时间（seek time），一般为 8~12 ms。在移动到对应的磁道后，要读写对应的扇区，因此还需要等待盘片旋转到正确的位置，这个时间称为旋转等待时间。对于每分钟转数为 5 400 r/min 的盘片来说，旋转一周等待时间一般为 11 ms，即 60 s/5 400（$r \cdot min^{-1}$）左右，旋转平均等待时间为 5.5 ms。访问时间大致等于寻道时间和旋转等待时间之和，一般为 15 ms 左右。

数据传输率指的是每秒磁盘读写的数据量，由于磁盘写操作比读操作更复杂，因此写入速率一般低于读取速率。机械硬盘的传输速率受到磁盘转速、不同的技术（垂直磁记录 / 叠瓦式磁记录）、磁盘尺寸等因素影响，传输速率一般在 100~150 MBps。此外由于机械硬盘的结构特性，其顺序读写速率大于随机读取速率，因为顺序读取的数据在磁道上是连续分布的，可以在一次盘片旋转中完成读取，而且相邻磁道的寻道时间也较短。因此一些针对磁盘的访问优化技术便从数据读取的连续性入手，例如下面将介绍的使用电梯算法来调度磁盘磁头。不难看出，磁盘的随机读写往往较慢（包括毫秒级的寻道时间和旋转时间），而顺序读写相对较快，因此在进行数据库设计时需要尽量避免使用随机读写，而使用顺序读写。

磁盘访问优化旨在缩短系统数据访问操作延迟、提高数据传输率。磁盘访问优化技术包括缓冲、预读（预取）、调度和文件组织等，下面分别说明。

---

① 现代的固态盘也沿用 4K 扇区的概念，以便操作系统进行管理。

（1）缓冲技术将磁盘的数据块暂时存储在内存中，使系统可以直接访问内存而不是频繁访问磁盘。

（2）预读技术基于磁盘数据访问连续性的假设，在访问某个磁盘块时，有预见性地将相邻的、还没有访问（但未来有可能访问）的数据块也读取到内存中以备之后的访问。考虑到预读技术以及数据访问连续性假设，即使底层存储介质是 SSD，也倾向于尽可能最大化顺序访问以扩大预读技术的使用空间。

（3）调度技术主要从磁盘连续读写方面优化，其中最著名的算法是电梯算法。磁盘将同一时间排队等待的所有访问请求排序，按照磁道从里到外、再从外到里的顺序依次读取，这在很大程度上避免了磁盘机械臂反复寻道，缩短了寻道时间和旋转等待时间。

（4）文件组织技术是将同一个文件的不同数据块尽量在磁盘上按顺序连续存储，这样在读取文件时就可以充分发挥顺序读取速度快的优势，5.6 节将介绍文件组织技术。在磁盘使用的过程中，随着文件增删操作变多，文件在磁盘上存储的碎片化问题越来越严重，因此需要定期进行碎片整理，将文件分散的数据块移动到连续的区域，从而提高文件读取的速率。

5.3 存储结构

在了解了计算机中不同的存储介质后，本节将介绍数据库如何存储数据并实现数据的高效访问。首先，数据库存储依托于文件系统，数据库将用户的数据（例如一个数据表）以文件的形式通过文件系统来存储。数据库设计了不同的数据结构来组织数据表中的记录，以便快速定位需要查询、删除或插入记录的位置。

根据磁盘的特性，数据存取的最小单位是扇区，因此文件中的数据在磁盘上并不是以记录为最小单位来存储的，而是存储在更大尺寸的一个个数据块（block，包含若干个扇区）中。数据块的设计与数据访问速率、数据检验、故障恢复等息息相关，因此数据库存储设计需要考虑数据块的读写，而不是简单地将数据块的组织交给文件系统去处理。考虑到计算机系统中不同存储介质的数据块大小不同，为了管理方便，数据块在被读取到内存后会被转化为统一大小的页面（page）形式，以统一管理这些数据块。一般来说，当页面的大小和磁盘数据块大小相同时数据库存储运行效率最高；当页面的大小大于磁盘数据块大小时，需要读取多个磁盘数据块来转化为页面（而且要考虑多个页面的原子写）；而当页面的大小小于磁盘数据块大小时，需要将一个磁盘数据块的部分数据转化为页面。

前面已经提及，为了便于管理，数据库按照数据功能将数据分成多个段，每个段一般对应一个文件，每个段（文件）包含多个区，每个区包含多个页面，如图 5.2 所示。一个页面一般 8 KB 或者 16 KB，一个区一般包含 128 个页面，一个段一般包含 256 个区。当一个段所有页面全部写满时，申请一个或者多个新的区来容纳新记录。

5.4　记录组织

记录的属性可能是定长的（如年龄），也可能是变长的（如姓名），因此每条记录的长度可能是定长也可能是变长。每条定长记录的同一属性占用同样大小的空间，例如年龄占用的存储空间不会随着年龄的变化而变化。而变长记录可以灵活地根据姓名的字数决定给姓名属性分配多少存储空间。因此需要针对定长记录和变长记录设计不同的记录组织方式。

（1）定长记录组织方式。定长记录（fixed-length record）中每个属性定长，在数据库中比较容易实现。每条记录有一个记录头，用于标识记录是否删除、记录类型（数据还是索引）等信息，其余部分存放记录的属性值，其结构如图 5.5 所示。数据库可以通过每个属性的类型和长度定位到记录中各个属性。但是各属性的长度和类型一般不存储在记录中，而是单独存储在元数据里（见 5.8 节）。此外，有些属性可能是 NULL 值，当 NULL 值较多时，直接存储 NULL 值较浪费空间。数据库一般在记录头存放一个位图（bitmap），位图长度是属性的个数。如果一个属性值为 NULL 则对应为 1；否则为 0。通过记录的位图就可以轻松获取记录的每个属性值。

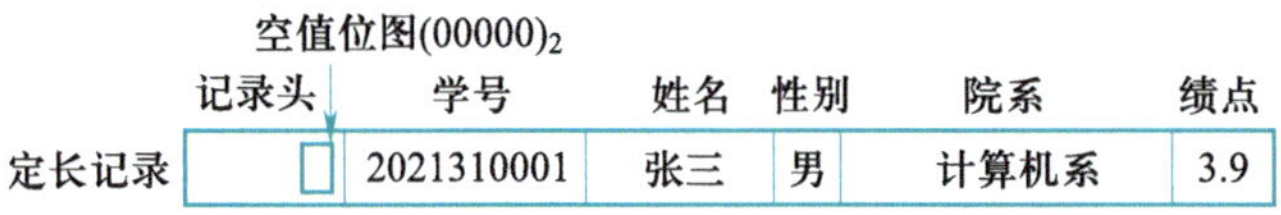

空值位图$(00000)_2$

	记录头	学号	姓名	性别	院系	绩点
定长记录		2021310001	张三	男	计算机系	3.9

图 5.5　定长记录

（2）变长记录组织方式。数据库中并不是所有的记录都可以提前确定长度，对于这种数据可以使用变长记录（variable-length record）的形式来存储。变长记录主要用来存储变长字符串、列表、自定义属性等。使用变长记录可以避免为字符串等属性提前预留过大空间而造成浪费。前面介绍的定长记录随机访问可以通过计算偏移量（offset）来实现。因为记录长度相同，记录的插入 / 删除也可以通过新记录覆盖旧记录而轻松实现。而变长记录无法实现简单的插入，因为待插入记录的长度可能大于原记录可用空间长度，所以需要复用删除的记录空间以避免碎片浪费。变长记录的管理更接近于文件系统中对于文件的管理，其管理难点在于如何标识各变长内容的起始位置。变长记录的数据结构主要需要满足以下两点需求。一是，对一条记录中各个变长属性的位置进行标识，这样可以快速定位并提取某一个属性；二是，对一个页面中多个变长记录的位置进行标识，这样可以快速定位并提取某一条记录。

下面介绍变长记录中各属性的存储和标识方法。对如图 5.6 所示的变长记录，它使用一个定长的数据结构（偏移量和长度）来存储各变长属性（如“姓名”“院系”）的偏移量和长度，例如，(36，6) 表示“姓名”属性的起始位置是第 36 号字节（从 0 开始编号），长度为 6 B；(42，12) 表示“院系”属性的起始位置是第 42 号字节，长度为 12 B。通过偏移量和长度就可以直接找到对应的位置提取该属性内容。对于该记录中长度固定的属性，例如“绩点”始终占用 4 B，仍可以使用定长类型 DECIMAL 来存储，例如可存储于第 24~27 号这段空间中。只需要在元数据中记录各个属性的顺序便可以定位记录的各个属性。为了节省 NULL 值空间，图 5.6 还展示了空值位图 (null bitmap) 的设计，表示记录中哪些属性为空值，例如，00000 表示五个属性都不为空值；00001 表示“院系”为空值，则在这条记录中可以直接忽略“院系”属性。空值位图在数据表存在大量空值的场景下可以节省存储空间。此外为了方便管理，记录的属性可以调整，一般将定长属性放在记录头一侧，将变长属性放在记录尾一侧。例如，将“性别”和“绩点”放在“姓名”和“院系”的左侧，这样只需要通过定长属性所占的字节数就可以快速定位“性别”和“绩点”，而不需要依赖变长记录的指针和长度信息。

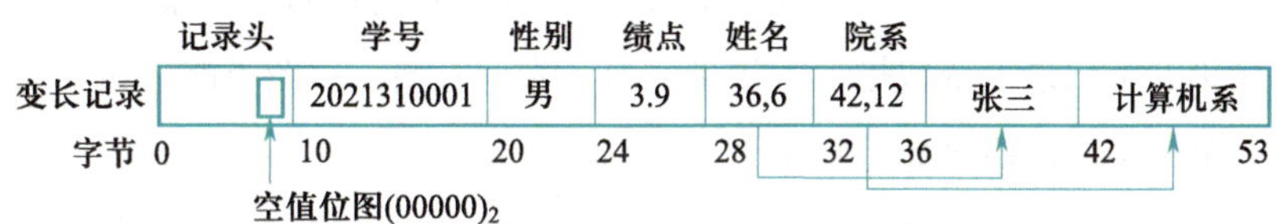

图 5.6　变长记录

5.5　页面组织

大部分数据库的页面大小为 8 KB 或者 16 KB，一般为 2 的整数幂。当记录长度较小时，一个页面往往包含多条记录。每个页面除了存储记录外，还存储一个页面头 (page header)，其中包含页面中存储的记录数量、校验和 (checksum)、上下页地址指针、记录删除状态位图向量等信息，其中校验和用于检验页面中数据是否在存储过程中产生了错误；上下页指针用于快速寻找相邻的页面，以便顺序读取。页面头之后存储的是记录的具体信息。

5.5.1　定长记录页面组织结构

对于定长记录，在页面头之后存储记录信息，其页面组织结构如图 5.7 所示。因为每条记录的长度固定，因而可以直接计算出为记录分配的地址和空间。

页面头	记录数量、校验和、上下页指针等				记录删除状态位向量 $(11011\cdots)_2$
记录数据	记录0	记录1	记录2	记录3	记录4
	记录5	记录6	记录7	记录8	记录9
	记录10	记录11	记录12	记录13	记录14
	…				

图 5.7　页面组织结构

接下来用一个例子来说明页面存储记录的方式。假设某记录学生信息的模式中有下列关系：学生（学号，姓名，性别，院系，绩点）。其中学号字段类型为 CHAR，长度为 10 B；姓名字段类型为 CHAR，长度为 20 B；性别字段类型为 CHAR，长度为 4 B；院系字段类型为 CHAR，长度为 40 B；绩点字段类型为 DECIMAL，长度为 4 B，那么一条学生记录长度为 10 B + 20 B + 4 B + 40 B + 4 B = 78 B。在页面中排列多条记录最简单的方式是在页面头后 78 B 空间内存储第一条记录，接着 78 B 空间存储第二条记录，依次排列各记录。为了表示方便，后图省略了页面头结构并将记录从上至下排列，如图 5.8 所示。

	学号	姓名	性别	院系	绩点
记录0	2021310001	张三	男	计算机系	3.9
记录1	2021310002	张四	女	计算机系	3.7
记录2	2021310003	张五	男	计算机系	4.0
记录3	2021310004	张六	男	法学系	3.7
记录4	2021310006	张七	女	物理系	3.4
记录5	2021310009	张八	女	物理系	3.6
记录6	2021310013	张九	女	法学系	3.7

图 5.8　页面组织示例

由于记录定长而且页面定长，因此很容易计算每页能够容纳的记录数。如果只是增加记录，可以在页面尾部追加记录信息即可。由于记录长度相同，更新记录也较容易。但是记录的删除和删除记录的空间复用则不是很简单。一般有以下三种方式支持记录的删除：移动记录位置、空闲位置链表、位图向量方法。

1. 移动记录位置

当删除一条记录时，为了方便空间管理，可以将后面的记录向前移动来覆盖删除的记录。如图 5.9 所示，删除学号为 2021310003 的记录 2 后将记录 3、记录 4、记录 5、记录 6 依次向前移动一条记录的位置，这样需要修改很多记录导致效率下降。

	学号	姓名	性别	院系	绩点
记录0	2021310001	张三	男	计算机系	3.9
记录1	2021310002	张四	女	计算机系	3.7
记录3	2021310004	张六	男	法学系	3.7
记录4	2021310006	张七	女	物理系	3.4
记录5	2021310009	张八	女	物理系	3.6
记录6	2021310013	张九	女	法学系	3.7

图 5.9 页面中记录的删除，移动所有相关记录

一种优化方法是通过将尾部记录移动到删除的记录位置来避免大量移动记录。如图 5.10 所示，在删除了记录 2 后，将最后的记录 6 移动到原来记录 2 的位置。

	学号	姓名	性别	院系	绩点
记录0	2021310001	张三	男	计算机系	3.9
记录1	2021310002	张四	女	计算机系	3.7
记录6	2021310013	张九	女	法学系	3.7
记录3	2021310004	张六	男	法学系	3.7
记录4	2021310006	张七	女	物理系	3.4
记录5	2021310009	张八	女	物理系	3.6

图 5.10 页面中记录的删除，移动尾部记录

移动记录的位置对索引是有影响的。因为索引指向的是某记录的位置，记录位置发生变化，索引指针也需要更新。

2. 空闲位置链表

移动记录开销较大，另外一种方法是在页面头引入链表结构来存放空闲位置，从而避免扫描整个页面。在页面头中存储第一个可用位置的指针，在第一个可用位置存储第二个可用位置的指针，以此类推。如图 5.11 所示，链表的第一个指针指向了原来记录 1 所在的空位置，接着指向了原来记录 3 所在的空位置。扫描链表可以帮助数据库

快速找到可用空位置。

当插入一条记录时，使用链表结构可以快速找到第一个可用位置，然后将文件头存储的指针改为第一个可用位置指向的第二个可用位置，始终维护可用位置链表的有效性。当要删除一条记录时（如记录 2），可以向前查找离删除位置前最近的可用位置（如记录 1），并将图 5.11 中记录 1 后的可用位置指针指向记录 2（现为可用位置），记录 2 的指针指向记录 3，从而完成可用位置链表的维护。但可用位置指针也占用了存储空间。

	学号	姓名	性别	院系	绩点
头					
记录0	2021310001	张三	男	计算机系	3.9
记录1					
记录2	2021310003	张五	男	计算机系	4.0
记录3					
记录4					
记录5	2021310009	张八	女	物理系	3.6
记录6	2021310013	张九	女	法学系	3.7

图 5.11 文件头和可用位置链表

3. 位图向量方法

利用空闲位置链表可以有效管理空间，但是链表本身也占用了额外空间。为了缩小额外空间，可以利用位图（bitmap）技术来管理定长记录。由于页面大小固定、页面头长度固定、每条记录长度固定，因此可以直接算出一个页面可以存储的记录条数 P，从而可以维护一个 P 位的位图来标记每条记录：1 表示该记录存在，0 表示该记录不存在。因此，通过位图可迅速定位可用的记录空间，位图初始化时各位都为 0。当插入一条记录时，找到第一个为零的位置，将该条记录插入对应空间，例如第 i 条记录的位置应该是（$i-1$）× 记录长度，然后将该记录对应位置的位图设置为 1；删除时，则将对应位设置为 0；更新时直接覆盖原记录即可。

5.5.2 变长记录页面组织结构

由于变长记录的长度各异，因此很难在一个页面中直接定位每一条记录。为了解决这一问题，数据库使用分槽页面结构来管理一个页面中的变长记录，如图 5.12 所示。页面头除了包含页面中存储的记录数量、校验和、上下页地址指针等信息外，还需存储剩余空间起始位置和结束位置。分槽页面结构为每条记录分配一个槽位，用于存储所有记录的偏移量（起始位置）和长度。剩下空间则用于存储真实的记录。总的来看，真实的记录从后向前排列，而槽位从前向后排列（俗称从页面两头往中间挤压空间）。这样做的好处是槽位和记录都不需要单独预留固定空间（而且往往事先也不知道一个页面可以容纳的记录数目），从而实现整个页面空间的高效管理。

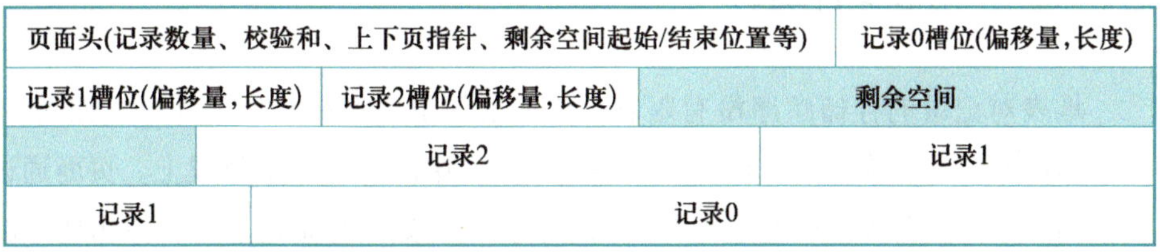

<table>
<tr><td colspan="3">页面头(记录数量、校验和、上下页指针、剩余空间起始/结束位置等)</td><td>记录0槽位(偏移量,长度)</td></tr>
<tr><td>记录1槽位(偏移量,长度)</td><td>记录2槽位(偏移量,长度)</td><td colspan="2">剩余空间</td></tr>
<tr><td></td><td colspan="2">记录2</td><td>记录1</td></tr>
<tr><td>记录1</td><td colspan="3">记录0</td></tr>
</table>

图 5.12 分槽页面结构

当插入一条记录时，数据库为该记录在剩余空间中分配空间。同时将插入记录的偏移量（起始位置）和长度记在页面头的记录列表中（即槽位），页面头中的剩余空间结束位置也同时更新。当删除一条记录时，直接在页面头该记录的槽位位置将其标记为删除状态，例如将长度改为 −1。删除记录后可以直接物理删除记录，也可以做逻辑删除。做物理删除时，移动被删除记录后面的所有记录，使其覆盖删除操作释放出来的空间。同时更新页面头中的剩余空间起始和结束位置。考虑到实际使用中页面大小常设置为 8 KB 或者 16 KB，因此移动记录的代价可以接受。但一般不同步做物理删除，而是异步整理碎片空间，以提升性能。

做逻辑删除时，暂时不移动被删除记录后面的其他记录，而是等待下一次插入操作。若即将插入的记录的长度小于或等于删除记录释放的空间，则可以将插入的记录写入删除的记录位置。这样的操作类似于文件系统写入和删除文件，缺点是容易产生大量无法利用的剩余空间碎片从而降低空间利用率。

注意：一般用页面号和槽号来定位一条记录，页面号一般用该页面在文件中的偏移来表示。例如索引的指针存放的就是（页面号，槽号），用于定位一条记录。

5.6 文件组织

在数据库中，一个数据表一般被存储为一个或者多个文件，一个文件包含多个页面。下面介绍在文件层面中如何组织页面以实现高效的数据访问。文件组织为上层程序提供了操作一条记录的接口，但是实际上读取一条记录需要先定位这条记录所在的页面，接着读取该页面中对应的记录。为了方便进行程序设计，上层程序不需要关注页面操作的过程。

文件组织主要关注如何组织文件中的大量页面。文件组织方式有堆表、顺序表、哈希表、B+ 树和多表聚簇等。

5.6.1　堆表文件组织

堆表对记录的存储顺序没有限制，将记录简单排列在文件中即可，如图 5.13 所示，即每条记录理论上可以出现在任意一个页面中的任意一个位置上。页面通过指针链接到一起，数据库可以通过指针访问所有页面。如果都是追加写，只需要将新插入数据放在文件末尾的页面即可。然而数据一般都会发生删除和更新。删除一条记录时，删除记录释放的空间会被标记为空闲空间，从而使新记录可以插入空闲空间。这样在插入删除操作比较频繁的情况下，可以避免文件大小迅速增长，从而提高存储空间利用率。但随着插入、删除、更新操作不断实施，有的页面满，有的页面会剩余一定空间。

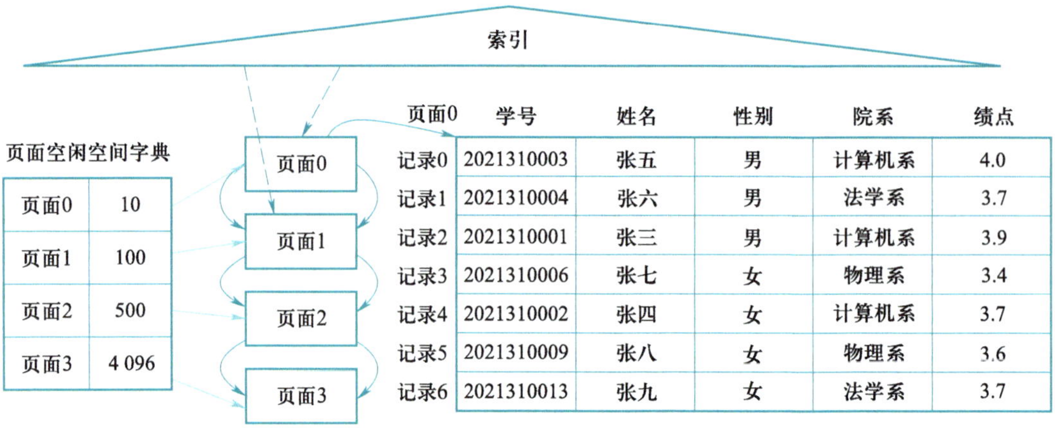

索引

页面空闲空间字典

页面0	10
页面1	100
页面2	500
页面3	4 096

页面0
页面1
页面2
页面3

页面0	学号	姓名	性别	院系	绩点
记录0	2021310003	张五	男	计算机系	4.0
记录1	2021310004	张六	男	法学系	3.7
记录2	2021310001	张三	男	计算机系	3.9
记录3	2021310006	张七	女	物理系	3.4
记录4	2021310002	张四	女	计算机系	3.7
记录5	2021310009	张八	女	物理系	3.6
记录6	2021310013	张九	女	法学系	3.7

图 5.13　堆表文件组织

当要向堆表插入一条大小为 x 字节的记录时，需要在堆表中查找一个空闲空间大于或等于 x 字节的页面，才能将该记录插入页面。最直观、暴力的方法是从堆表头页面开始沿着页面链表指针依次扫描页面，检查页面是否至少有不小于 x 字节的空闲空间，直至找到满足条件的页面。但是这种操作需要读取大量页面，十分耗时，最坏情况下需要扫描这个表的所有页面。在 5.7 节将介绍其他更高级的空闲空间管理方法。

堆表对插入操作非常友好，但是当删除和查询某条记录时，需要遍历页面，性能较差。因此会为数据页面建立索引。堆表中的索引存放堆表中数据的指针（即页面号和槽号），可以通过索引快速定位数据记录。第 9 章将介绍索引技术。

5.6.2 顺序表文件组织

顺序表是将记录按照某个或某些字段进行顺序存储，这些字段被称为搜索关键字(search key word)。常用的搜索关键字为关系的主键。当记录按搜索关键字排序时，可大大加快指定记录的搜索过程。当需要顺序读取记录时，因为顺序文件中的记录已经是有序的状态，因而在查询过程可以快速定位一条记录，节省了时间。

理想情况下，记录在实际物理页面中应按顺序存储，如图 5.14 所示，记录按第一列（学号）的顺序从小到大存储。

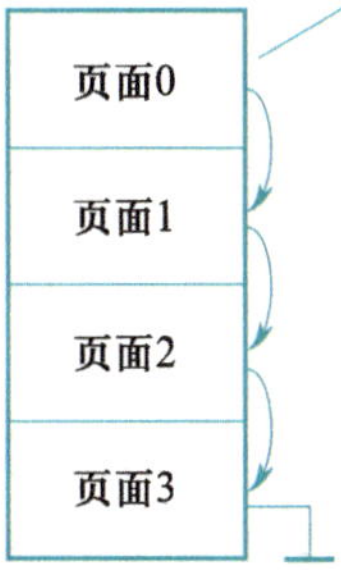

页面0 页面1 页面2 页面3

页面0	学号	姓名	性别	院系	绩点
记录0	2021310001	张三	男	计算机系	3.9
记录1	2021310002	张四	女	计算机系	3.7
记录2	2021310003	张五	男	计算机系	4.0
记录3	2021310004	张六	男	法学系	3.7
记录4	2021310006	张七	女	物理系	3.4
记录5	2021310009	张八	女	物理系	3.6
记录6	2021310013	张九	女	法学系	3.7

图 5.14 顺序表

然而在实际使用过程中可能存在频繁的插入 / 删除记录操作，如果要维持记录在物理页面上的顺序存储，需要付出较大的代价来移动插入 / 删除位置附近的记录。因此数据库使用链表来链接文件中的记录，每条记录存储指向下一条记录的指针。插入一条记录时，如图 5.15 所示插入学号为 2021310007 的记录，首先找到在逻辑上这条记录的前一条记录（学号为 2021310006），然后检查 2021310006 记录所在的页面是否有之前删除记录释放的空闲空间，若有则插入 2021310007 记录到空闲空间并调整链表指针维护记录的顺序，插入结果如图 5.15 所示。

页面0	学号	姓名	性别	院系	绩点
记录0	2021310001	张三	男	计算机系	3.9
记录1	2021310002	张四	女	计算机系	3.7
插入 记录7	2021310007	张十	男	化学系	3.3
记录3	2021310004	张六	男	法学系	3.7
记录4	2021310006	张七	女	物理系	3.4
记录5	2021310009	张八	女	物理系	3.6
记录6	2021310013	张九	女	法学系	3.7

图 5.15 顺序表插入记录在空闲位置

若当前页面已无空闲空间，则将记录插入新的页面并调整链表指针，如图 5.16 所示。

页面0	学号	姓名	性别	院系	绩点
记录0	2021310001	张三	男	计算机系	3.9
记录1	2021310002	张四	女	计算机系	3.7
记录2	2021310003	张五	男	计算机系	4.0
记录3	2021310004	张六	男	法学系	3.7
记录4	2021310006	张七	女	物理系	3.4
记录5	2021310009	张八	女	物理系	3.6
记录6	2021310013	张九	女	法学系	3.7

页面4					
插入记录7	2021310007	张十	男	化学系	3.3

图 5.16　顺序表插入记录到新页面

在数据库中，如果在该关系表上插入 / 删除频率很低或者记录只按顺序插入（例如，时序数据库），上述方法可以很好地维持写入和读取效率。若有频繁的随机插入 / 删除操作，则在一定时间后页面和记录都难以维持物理上的顺序存储关系。数据库会根据插入的频繁程度启发式地定期重新组织文件中的记录以保持记录顺序。重新组织文件中的记录需要修改大量页面和移动大量记录，因此，该操作一般在系统负载较低的时间段进行。顺序表在增、删、改时需要持续维护链表结构、保证其有序，时间复杂度为 $O(\log n)$。顺序表在区间查询时相较其他方法有一定优势，因为可以借助链表结构对区间中的记录依次访问，时间复杂度为 $O(b+\log n)$，其中 n 表示页面数量，b 表示查询结果页面个数。

5.6.3　哈希表文件组织

哈希表文件组织使用哈希表将记录存储到不同的页面或者不同的页面集合中。哈希表文件组织基于记录中搜索关键字平均分布的假设，对记录的关键字进行哈希运算，将拥有相同哈希值的记录放到对应的“桶”（页面或多个页面的链表）中，如图 5.17 所示。哈希表（在第 9 章详细介绍）使用哈希函数决定某条记录应该放到哪个桶中，一种常用的哈希函数是取关键字的二进制前 k 位作为对应桶的编号。一个桶代表一个页面链表，当一个记录通过哈希函数映射到桶中时，会依次扫描桶中的页面链表并将记录插入有空闲空间的页面。当查询一条记录时，首先使用哈希函数计算其对应的桶，继而到桶中查询对应的记录。

图 5.17 哈希文件组织

随着记录的不断插入，每个桶中的页面链表会越来越长，这会削弱哈希表单条记录查询速度上的优势，因为此时扫描桶中的页面链表是影响访问时间的主要部分。此时可以修改哈希函数形成更多的桶来缩短单桶页面链表的长度。例如，当原哈希函数为取关键字的二进制前 k 位时，可以将哈希函数改为取关键字的二进制前 $k+1$ 位，这样桶的总数变为原来的两倍，接着对原桶重新进行哈希运算，将每个桶中的记录分到两个桶中存储。

哈希表的时间复杂度与页面链表的长度有关，假设 l 表示哈希表中平均挂链长度，哈希函数时间复杂度为 $O(1)$，则哈希表的增、删、改、查时间复杂度为 $O(l)$。区间查询复杂度为 $O(n)$，其中 n 为页面数。

5.6.4 B+ 树文件组织

B+ 树是数据库中常用的多级索引，在文件组织之外使用 B+ 树对数据进行索引可以有效解决频繁插入 / 删除操作后文件组织中查询效率低的问题。具体来说，堆表和顺序表文件组织中都可通过添加 B+ 树索引来支持高效查找。B+ 树的原理和实现方法在第 9 章详细介绍。这里简单介绍 B+ 树在文件组织中的优势。如图 5.18 所示，B+ 树是一棵平衡多叉树，即其插入 / 删除机制可以保持树的所有节点深度相同，这保证了访问一条记录的最差时间复杂度为 $O(\log n)$。此外，B+ 树中相邻叶节点之间还通过指针相连，这样的设计大大提高了区间查询的效率。相较于二叉树，B+ 树的多叉树结构占用的额外存储空间更少，从而使索引的存储空间代价保持在可以接受的范围内。

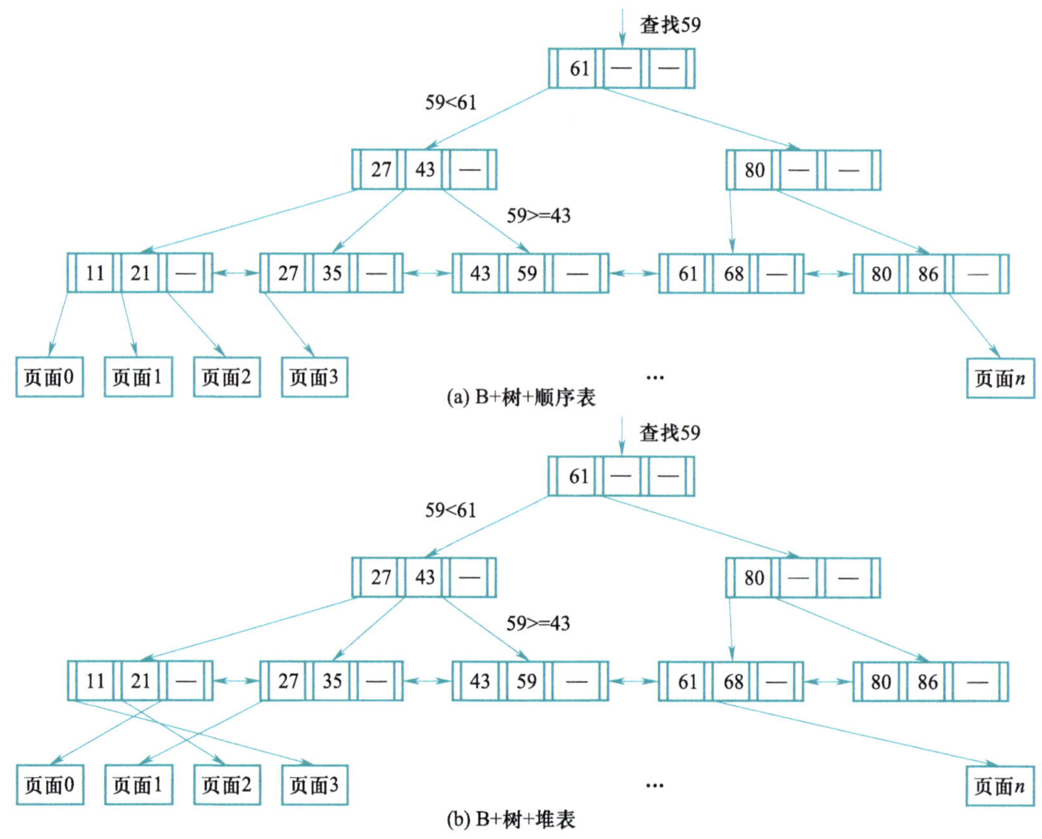

图 5.18　B+树文件组织

5.6.5　文件组织方法对比

上面介绍的四种文件组织方法（堆表、顺序表、哈希表、B+ 树）各有优劣，下面对其进行对比并分析其各自适用场景，如表 5.2 所示，其中 n 表示总数据页面数量，l 表示哈希表中平均每个桶中页面数量，k 表示区间查询包含的记录数量，b 表示区间查询包含的页面数量（$b<k$），m 表示 B+ 树的阶数（每个节点的孩子数目）。其中堆表和顺序表一般配合 B+ 树索引使用，如图 5.18 所示。

表 5.2　文件组织方法对比

文件组织方法	结构复杂度	增	删	改	点查询	区间查询
堆表	简单	$O(1)$	$O(n)$	$O(n)$	$O(n)$	$O(n)$
堆表（带 B+ 树索引）	复杂	$O(\log_m n)$	$O(\log_m n)$	$O(\log_m n)$	$O(\log_m n)$	$O(\log_m n+k)$
顺序表	中等	$O(\log_2 n)$	$O(\log_2 n)$	$O(\log_2 n)$	$O(\log_2 n)$	$O(\log_2 n+b)$

续表

文件组织方法	结构复杂度	增	删	改	点查询	区间查询
顺序表（带 B+ 树索引）	复杂	$O(\log_m n)$	$O(\log_m n)$	$O(\log_m n)$	$O(\log_m n)$	$O(\log_m n+b)$
哈希表	中等	$O(1)$	$O(1)$	$O(1)$	$O(1)$	$O(n)$

（1）堆表结构最简单，额外使用空间最少，插入速度快；但是删除、更新、查询操作都需要扫描较多记录，复杂度较高，可以配合索引来提升速度。

（2）顺序表结构简单，查找速度较快；但是插入、删除、更新难度较大，需要移动大量记录或产生较多碎片页面。顺序表适用于批量插入或者顺序插入且删改频率较低的场景。

（3）哈希表适用于少量数据存储，当数据快速增加时，因需要频繁重新做哈希运算或者由于页面挂链较多而效率降低。此外区间查询效率较差。

（4）B+ 树增删改查效率都很优秀，广泛应用于各种场景，但是由于其复杂的索引结构，占用空间较多，而且频繁插入和更新的代价也较高。

5.6.6 多表聚簇文件组织

前面所述的文件组织方式共同特点是一个文件 / 页面只存储一个关系表，而多表聚簇文件组织打破了一个文件 / 页面只存储一个关系表的规则，将多个表中存在连接关系的记录存储在同一个文件 / 页面中，这样在进行连接操作时就可以读取单个文件而不是读取多个文件了。如图 5.19 所示，将学生表和院系表按院系名称聚簇存储。这样在做学生表和院系表的连接并筛选计算机专业的学生时，读取该页面将同时获得这两个表关于计算机系的记录。然而，多表聚簇的缺点是扫描单个关系表的时候需要读取更多的页面。例如扫描院系表时页面中会包含不需要的学生表记录。选择多表聚簇文件组织是否能提升性能取决于连接查询更多还是单表查询更多。

院系记录0	计算机系	东主楼			
学生记录0	2021310001	张三	男	计算机系	3.9
学生记录1	2021310002	张四	女	计算机系	3.7
学生记录2	2021310003	张五	男	计算机系	4.0
院系记录1	物理系	西主楼			
学生记录3	2021310006	张七	女	物理系	3.4
学生记录4	2021310009	张八	女	物理系	3.6

图 5.19 多表聚簇文件组织

5.7　空闲空间管理

在介绍堆表时提到在删除一条记录时采用了将其释放的空间标记为空闲空间的方式，未来插入记录时可将其插入空闲空间，避免了反复移动邻近记录从而达到提高效率的目的。但是与此同时也产生了一个问题：在插入一条大小为 x 字节的记录时如何找到至少有 x 字节的空闲空间的页面呢？最直接的方法是沿着堆表的页面指针依次扫描各页面直到找到有足够空闲空间的页面，但是这样需要读取大量页面，十分耗时，最坏情况下需要扫描这个表的所有页面。下面介绍几种高效的空闲空间管理方法。

1. 基于页面目录的空闲空间管理

为所有页面维护一个页面目录（page directory），它存储了每个数据页面的空闲空间大小以及指向该页面的指针，从而可以扫描页面字典来查找空闲页面。扫描页面字典的时间比扫描数据页面要少得多，而且页面字典常缓存在内存中，因此扫描页面字典比直接扫描所有页面更加高效。但是页面目录占用空间较大。

2. 基于空闲空间数组的管理方法

用一个数组记录每个页面的空闲空间比例，其中数组第 x 位表示第 x 个页面的空闲空间。这样在插入记录时只需要查找这个空闲空间数组即可，节省了扫描原页面的时间。假设有 10 个页面，编号为 0~9，对于每个页面用 1 B（范围 0~255）来编码其空闲空间比例。再假设页面大小为 8 192 B，数字 0 代表空闲空间处于 0~31 B 中，数字 1 代表空闲空间处于 32 B~63 B 处，以此类推，数字 255 代表空闲空间处于 8 160 B~8 191 B 中。例如，某页面有大小为 970 B 的空闲空间，则该页面的编码为 970 B/8 192 B×256 ≈ 30，表示该页面的空闲空间比例为 30/256。以此类推，得到每个页面的空闲空间数组如图 5.20 所示。

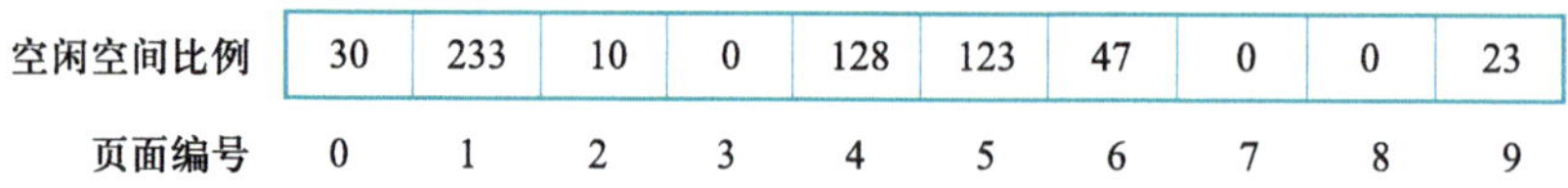

空闲空间比例	30	233	10	0	128	123	47	0	0	23
页面编号	0	1	2	3	4	5	6	7	8	9

图 5.20　空闲空间数组

使用空闲空间数组的好处在于扫描该数组的时间远小于扫描原数据页面的时间，一个 8 KB 的页面仅用 1 B 即可表示，此时空闲空间数组的大小仅为原数据的 1/8 192，远小于整个文件的大小。因此利用空闲空间数组可以快速找到允许新记录插入的空闲页面。

但是对于包含大量页面的大文件，即使扫描空闲空间数组也可能非常耗时，此时可以在原来空闲空间数组的基础上建立二级空闲空间数组。在二级空闲空间数组中，一个数值表示原一级空闲空间数组中多个连续页面中数值的最大值。例如，将图 5.20 中每三个页面空闲空间合并为一个，合并后的空闲空间比例为合并区间内的最大值，0、1、2 号页面中最空闲的页面为编码为 233 的 1 号页面，则合并后的编码为 233，如图 5.21 所示。在插入记录时算法先扫描二级空闲空间数组，找到 0 号、1 号和 2 号页面存在 233/256 比例的空闲空间页面，有足够的空间可插入记录。接着扫描一级空闲空间数组的第 0 项、第 1 项和第 2 项，找到 1 号页面可用于记录插入。扫描的项数包含二级空闲空间数组 4 项和一级空闲空间数组 3 项，共 7 项。相较直接扫描一级空闲空间数组的 10 项，次数较少。当采用更大的合并尺度时（例如 100 个页面合并为一个），二级空闲空间数组的优势会进一步扩大。当二级空闲空间数组长度过大时，还可以进一步使用三级（甚至更多级）空闲空间数组。

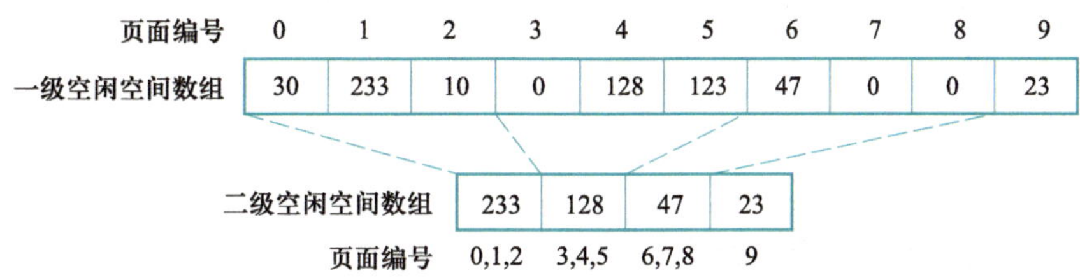

图 5.21 二级空闲空间数组

空闲空间数组在每次插入 / 删除记录操作后也需要更新，如果每次更新空闲空间数组后都将其写入磁盘，那么写入一个记录的页面会附加写入空闲空间数组的一个页面的代价，导致代价过大。因此可以将空闲空间数组的更新保留在内存中，仅在多次更新后才将空闲空间数组写入磁盘。这样的延迟写入操作在数据库关闭和启动后可能会导致磁盘存储陈旧的空闲空间数组，因此数据库需要周期性地重建空闲空间数组。

3. 基于大顶堆的空闲空间管理方法

除了多级空闲空间数组之外，还可以使用堆数据结构代替数组结构来存储页面空闲空间比例。堆是树形结构，分为小顶堆和大顶堆。在大顶堆中，树根始终是空闲空间比例最大的页面编号。相比数组中需要扫描各项来找到合适的页面，大顶堆可以直接找到空闲空间比例最大的页面。因此大顶堆查询可插入页面的时间复杂度为 $O(\log n)$。而插入后维护堆的时间复杂度为 $O(\log n)$，其中 n 表示总页面数量。

4. 空闲空间申请方法

假设所有的页面都已满，如果还需要继续插入记录，就需要申请新的页面。如果一次只申请一个页面，当新页面满时还要继续申请新页面，因此当插入数据较多时，会因频繁申请页面而导致效率降低。为了解决这一问题，一般一次申请多个页面。数据库通过多级空间技术来管理空间。如图5.22所示，文件中的数据按表空间（tablespace）、段（segment）、区（extent）、页面（page）的层次来组织。表空间中包含了一个表的各种数据，如数据段、索引段、回滚段等部分。数据主要存储在数据段中，数据段包含多个区，一次空间申请一般申请4个区，一般每个区包含128个页面，每个页面大小为8 KB，即一次申请 4×128×8 KB = 4 MB。

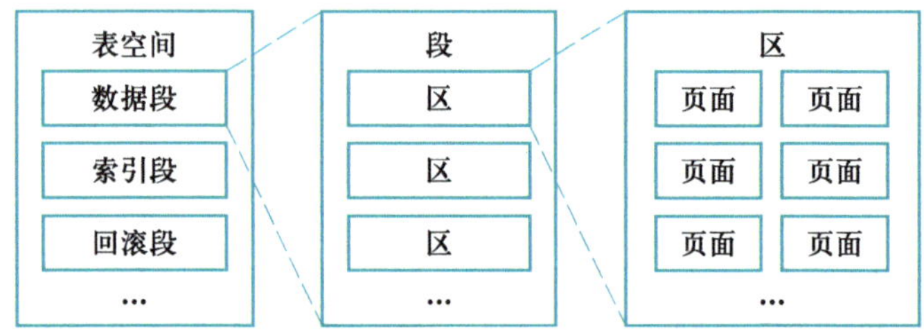

图5.22 表空间、段、区、页面层次

5. 空闲空间管理案例

图5.23给出了插入一条记录的过程。当插入一条记录时，首先查找空闲空间，当有空闲空间时，直接插入有空闲空间的页面。当没有空闲空间时，申请新的区，然后将新记录插入新申请的区的页面。

图5.24给出了查找一条记录的过程。如果没有索引，则遍历所有页面查找相应记录。如果有索引，则通过索引定位到页面和记录的槽位，然后再到数据页面中读取记录。

当删除一条记录时，首先根据查找记录流程找到该记录，然后从相应页面删除。当更新一条记录时，首先根据查找记录流程找到该记录，然后从相应页面删除该记录。如果可以在相应页面插入该记录，直接在该页面插入此记录；否则根据插入流程重新插入此记录。

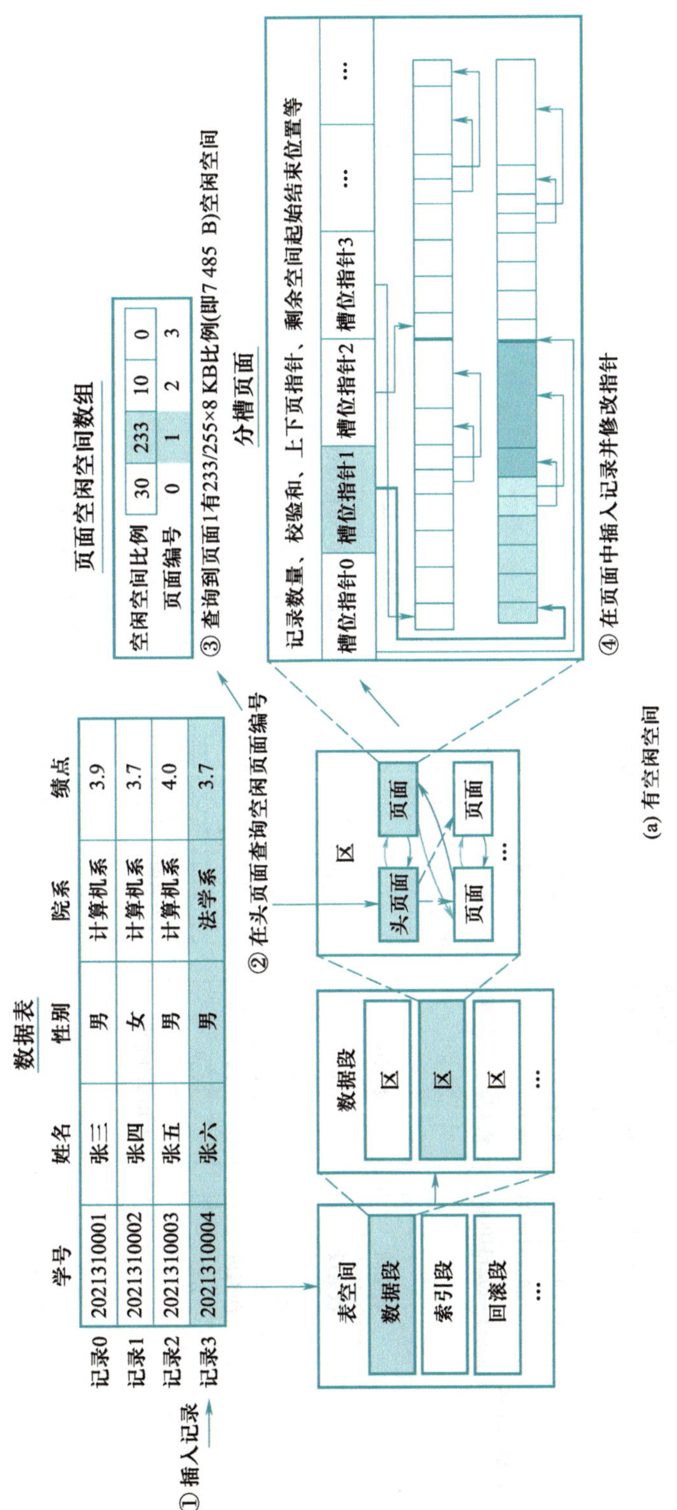
数据表
学号 姓名 性别 院系 绩点
记录0 2021310001 张三 男 计算机系 3.9
记录1 2021310002 张四 女 计算机系 3.7
记录2 2021310003 张五 男 计算机系 4.0
记录3 2021310004 张六 男 法学系 3.7
① 插入记录
表空间
数据段
索引段
回滚段
…
数据段
区
区
区
…
区
头页面
页面
页面
页面
…
② 在头页面查询空闲页面编号
页面空闲空间数组
空闲空间比例 30 233 10 0
页面编号 0 1 2 3
③ 查询到页面1有233/255×8 KB比例(即7 485 B)空闲空间
分槽页面
记录数量、校验和、上下页指针、剩余空间起始结束位置等
槽位指针0
槽位指针1
槽位指针2
槽位指针3
…
…
④ 在页面中插入记录并修改指针

(a) 有空闲空间

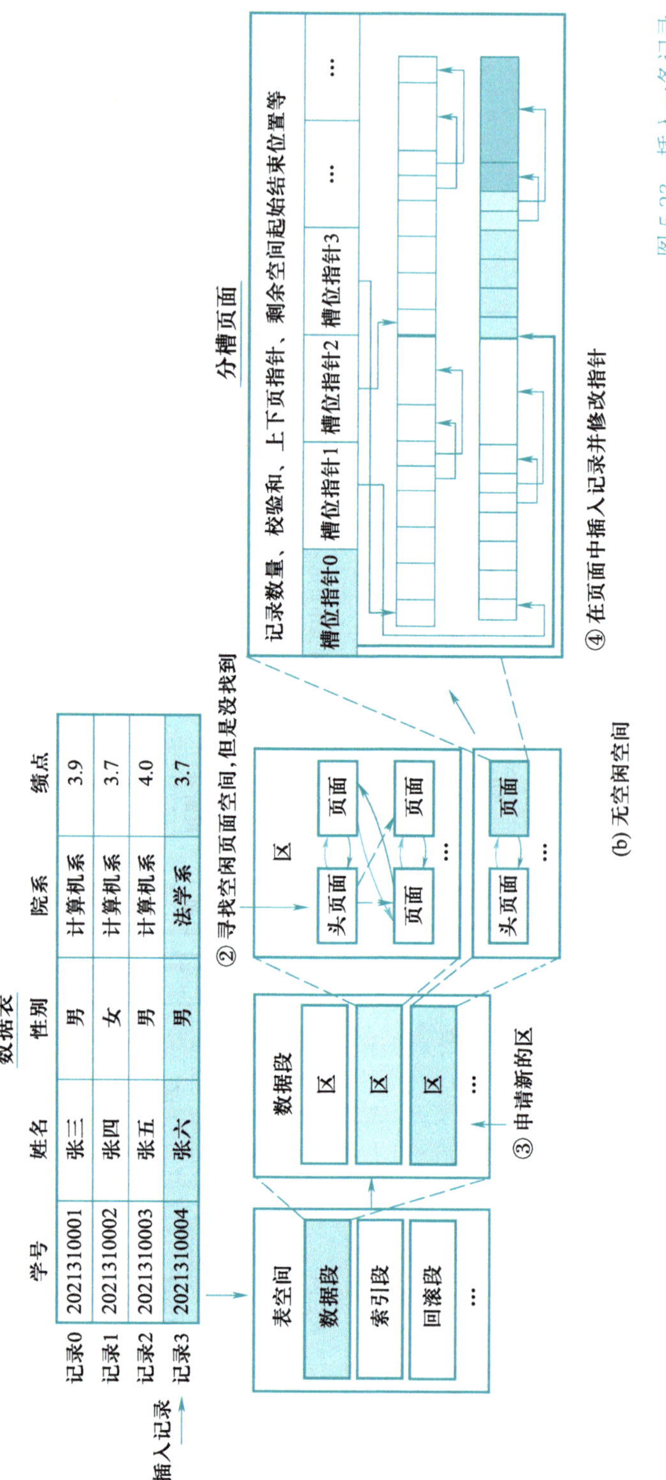
数据表
学号 姓名 性别 院系 绩点
记录0 2021310001 张三 男 计算机系 3.9
记录1 2021310002 张四 女 计算机系 3.7
记录2 2021310003 张五 男 计算机系 4.0
记录3 2021310004 张六 男 法学系 3.7
① 插入记录
表空间
数据段
索引段
回滚段
…
数据段
区
区
区
…
③ 申请新的区
② 寻找空闲页面空间，但是没找到
区
头页面
页面
页面
页面
…
头页面
页面
…
(b) 无空闲空间
分槽页面
记录数量、校验和、上下页指针、剩余空间起始结束位置等
槽位指针0
槽位指针1
槽位指针2
槽位指针3
…
…
④ 在页面中插入记录并修改指针

图 5.23　插入一条记录

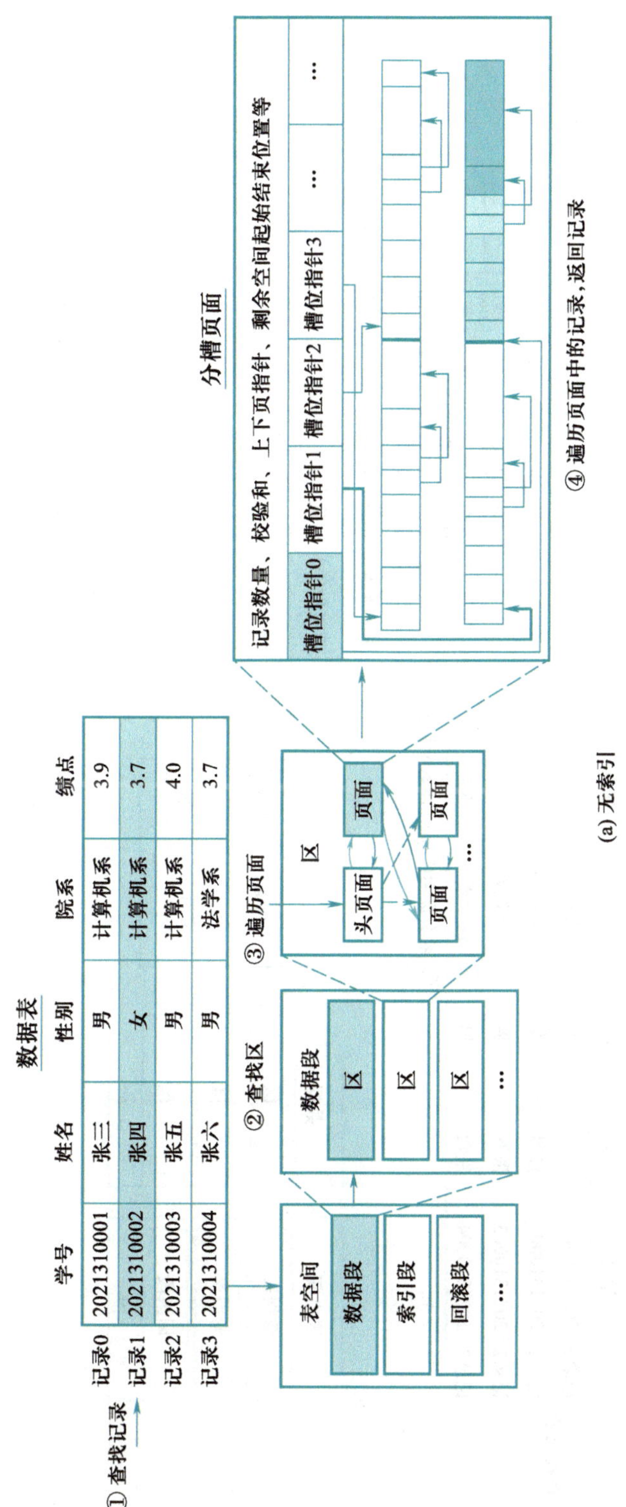

① 查找记录
数据表
学号
姓名
性别
院系
绩点
记录0
2021310001
张三
男
计算机系
3.9
记录1
2021310002
张四
女
计算机系
3.7
记录2
2021310003
张五
男
计算机系
4.0
记录3
2021310004
张六
男
法学系
3.7
表空间
数据段
索引段
回滚段
…
② 查找区
数据段
区
区
区
…
③ 遍历页面
区
头页面
页面
页面
页面
…
分槽页面
记录数量、校验和、上下页指针、剩余空间起始结束位置等
槽位指针0
槽位指针1
槽位指针2
槽位指针3
…
…
④ 遍历页面中的记录，返回记录

(a) 无索引

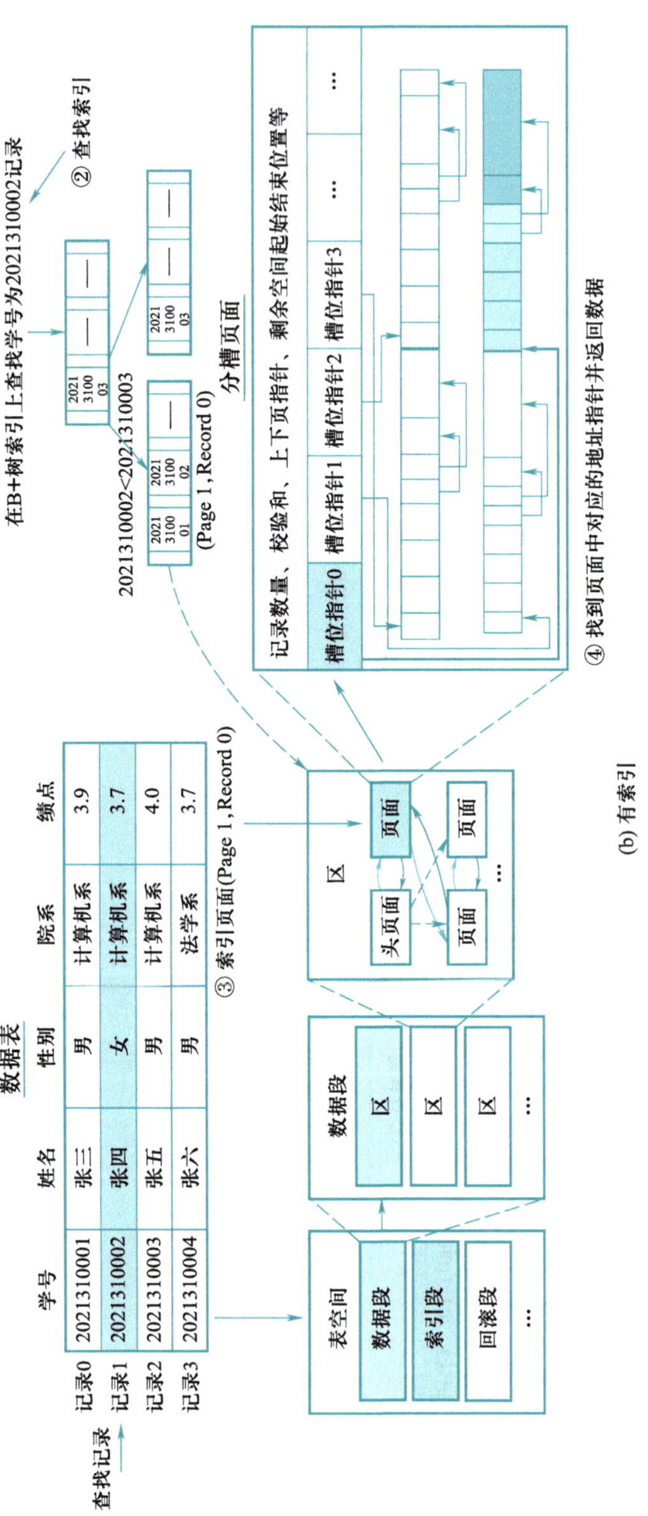

(b) 有索引

图 5.24　查找一条记录

5.8 元数据存储

数据库除了需要存储关系表中的记录外，还需要存储关系表本身的属性，这些数据称为元数据（meta data）。元数据存储在数据字典（data dictionary）中，包含以下信息：

（1）表名，即关系表名称；

（2）列名，即关系表的属性名；

（3）属性的域和长度；

（4）视图的名称和定义；

（5）完整性约束，例如外键约束；

（6）关系表的属性的统计信息，可用于辅助查询优化；

（7）索引信息。

此外大部分数据库还需要存储数据库用户账户信息和权限信息。

数据库可以用单独的数据结构来存储元数据，但是更广泛的做法是像存储关系表一样来存储元数据。图 5.25 展示了部分元数据用关系表存储的模式，分别用关系元数据、属性元数据、索引元数据、视图元数据、用户元数据五个关系表来存储对应的元数据。

由于元数据的使用非常频繁，因此数据库在启动时便将元数据读取并维持到内存相应数据结构中，保证了高效地使用元数据。

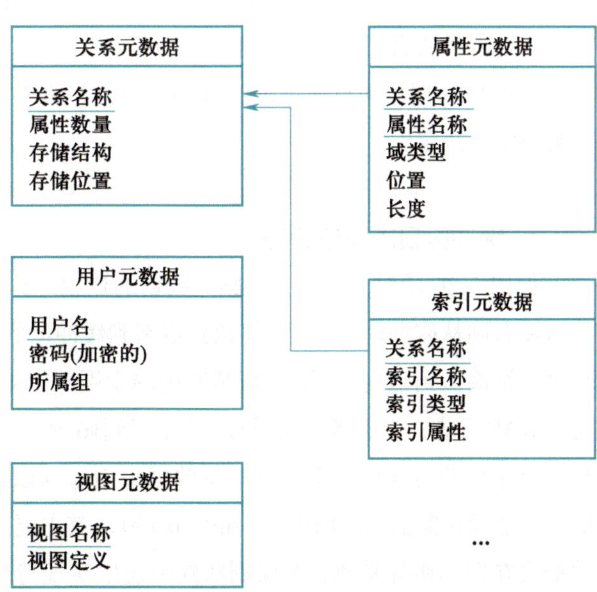

图 5.25 元数据的关系模式

5.9 缓冲区

查询延迟的一大瓶颈在于磁盘读取速度慢。在当前计算机内存越来越大的情况下，将存储于磁盘的热数据同时存储于内存可以有效减少访问磁盘的次数。然而绝大部分服务器的内存仍无法装载全部数据，因此，主流数据库设计仍是基于磁盘的（当然也有越来越多的内存数据库出现了），并在内存中划出一块区域来存储部分磁盘数据，这个区域就是缓冲区。在缓冲区中存放常用的数据和不常用的数据带来的性能收益天差地别，因此，需要由缓冲区管理器（buffer manager）来负责缓冲区空间的分配。缓冲区管理器主要使用锁和页面替换策略来控制数据库中查询对缓冲区数据的访问。缓冲区中除了存放数据页面之外还会存放数据字典、索引页面、日志页面等。其中日志页面的读写方式和数据页面不同，数据页面主要支持随机读写，而日志页面是顺序写（追加写），日志将在第 7 章介绍。

5.9.1 缓冲区管理器

数据库主要通过缓冲区管理器来访问磁盘。缓冲区管理器主要为数据访问提供读取、修改和写入接口。当数据库需要访问磁盘上的页面时，缓冲区管理器首先检查该页面是否已经在缓冲区中，如果该页面已经在缓冲区中则直接返回缓冲区中的页面数据。如果该页面不在缓冲区中，则从磁盘上将该页面读取到缓冲区中，并返回该页面数据。如果在读取新页面时缓冲区已满，则需要将缓冲区中旧的页面写回磁盘，再放置新页面。当数据库需要写入新页面时，应先在缓冲区中写入该页面，然后修改页面日志，最后异步地将最新页面刷新到磁盘（刷脏）。

缓冲区管理器的页面读取、替换和写回过程对访问磁盘的程序透明，由缓冲区页面替换策略决定。

1. 缓冲区日志管理策略

如图 5.26 所示，插入或者删除数据的过程是：在缓冲区查找相应的页面（如果缓冲区没有则从磁盘读入），① 将数据更新到缓冲区的页面中（此时需要固定该页面，防止页面被淘汰到磁盘），② 更新缓冲区的索引（如果建立了索引），③ 写缓冲区预写日志（WAL 日志），④ 将 WAL 日志顺序写到磁盘，⑤ 返回此次处理成功信息。不难发现，对于每个写操作都不会直接将数据页面写回磁盘，因此数据页面在缓冲区是最新的，而磁盘是陈旧的（即脏页，dirty page），其主要原因是写磁盘是随机的，代价较大。数据会在第⑥步异步地将页面刷新到磁盘以实现持久化（也称刷脏或写回磁盘）。第 7 章将会介绍，如果在数据页面写回磁盘前出现故障该如何处理。

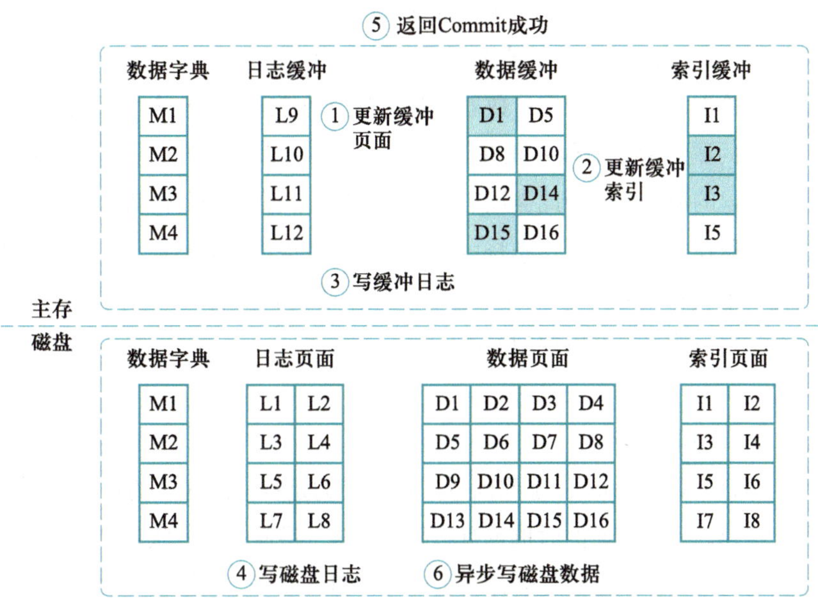

图 5.26 缓冲区管理

当查询数据时，也是先在缓冲区查找相应的页面，如果缓冲区没有则从磁盘读入，然后将数据返回。

注意：数据库一般由单独的线程分别写日志页面和数据页面。若一个数据写入结束的时间戳小于日志刷新磁盘的时间戳（即对应日志已经写入磁盘），则该数据写入成功，可以向用户反馈相关信息。同理数据也可由单独线程刷新到磁盘中。具体细节将在第 7 章介绍。

2. 缓冲区页面替换策略

缓冲区页面替换策略决定了缓冲区满时应当剔除哪个旧页面。缓冲区页面替换策略的目标和操作系统缓存替换策略的目标相似，都是剔除不常用的数据，保留将来更有可能访问的数据。5.9.2 小节将会详细介绍各缓冲区页面替换策略。

3. 页面固定和锁

缓冲区中的页面并不是随时都可以被淘汰出缓冲区的，当一个进程正在读取或写入某个页面时，该页面不应该被剔除，否则会导致读取或写入错误的数据。因此，当一个进程使用页面时应先将其固定（pin），使用结束后再取消固定。缓冲区管理器在替换页面时会避开被固定的页面。数据库进程应避免同时固定大量的页面，否则当缓冲区中所有的页面都被固定时，缓冲区管理器将无法放置新的页面，造成进程一直等待读取数据。固定一个页面仅限制其不能被剔除，并不限制其他进程同时读取页面，以防一个进程的操作卡住其他进程。为了实现这一目标，缓冲区管理器为每个页面维护一个固定计数器（pin counter），表示该页面同时被多少个进程固定，当该计数器为0时页面才可以被剔除出缓冲区。固定计数器只解决多个进程同时读一个页面的问题，并不能解决读写冲突问题。例如进程A正在读取某页面时进程B修改了此页面，则进程A可能会读取到错误的数据。对于此类读写冲突的场景，数据库使用闩锁（latch）来解决。概括来讲，进程在操作页面前首先将页面固定，接着申请相应的锁。如果无法加锁则等待其他进程释放先前的锁。在读取或者修改操作结束后释放锁，最后取消页面固定。第8章将介绍页面的读写并发控制方法。

4. 写回页面

写回（write back，也称回写）页面指的是将缓冲区中的页面数据写到磁盘上以持久化保存。写回页面的时机也有不同的策略，最简单的方法是等页面需要被新页面替换出去时再写回，不过这样会让新页面等待旧页面写回，增加了访问时间。可以提前将部分修改页面写回磁盘，这样新页面到来时就可以直接将旧页面替换出去。第7章将介绍页面写回的机制问题。

在数据库系统发生故障时，需要将页面写回磁盘以保持一致性，这称为强制写回（forced write back）。要注意在发生故障时，正在修改中的页面不应该被写回，否则磁盘会存储损坏的页面数据，从而无法配合日志进行恢复。第7章将详细介绍故障恢复相关内容。

5.9.2 缓冲区页面替换策略

缓冲区页面替换策略是缓冲区管理的重要组成部分，它影响着数据库性能，下面介绍几种常用的替换策略。页面替换策略的目标与缓存相似，具体来说就是最大化缓冲区命中率，即最小化访问磁盘次数。

1. 最近最少使用策略

最常用的页面替换策略是最近最少使用（least recently used，LRU）策略，LRU的假设是越是近期使用的页面将来越有机会被使用，例如循环中的数据会在短时间内被反复调用。为了衡量页面近期被使用的程度，LRU为缓冲区中的每个页面记录上一次访问的时间戳，当需要选择旧页面进行替换时，LRU会选择所有可以替换的页面中上次访问的时间戳中最早的页面来替换。由于实现简单、效果好，LRU广泛应用于操作系统和数据库管理系统。

2. 最不经常使用策略

最不经常使用策略（least frequently used，LFU）的假设是使用频率越高的页面将来越有机会被使用。LFU 为每一个页面记录其被访问的次数，当需要选择旧页面进行替换时，LFU 会选择所有可以替换的页面中被访问次数最少的来替换。

3. LRU-K 策略

LRU 策略在一些场景下表现较差，如批量访问数据。假设用户查询 A 表和 B 表的连接，即执行 SQL 语句“SELECT * FROM A，B WHERE A.id = B.id”，数据库使用嵌套循环来连接两表，A 表在外层循环，B 表在内层循环。嵌套循环过程中，对于 A 表中的每一条记录，扫描 B 表中的所有记录进行匹配。其间会多次循环访问 B 表中的所有页面，因此需要多次访问的 B 表应当更久地留存于缓存中，而 A 表中每条记录只访问一次，应当被优先替换出缓存。

LRU-K 策略综合了访问时间和访问频率因素，也就是 LRU 和 LFU 的折中。LRU-K 策略记录页面访问历史中每个页面的前 K 次访问的时间戳，在需要替换页面时选择所有页面中前第 K 次访问的时间戳最早的页面来剔除。在 K 为 1 的情况下（LRU-1），其实就是常用的 LRU 策略，即比较所有页面中前一次访问的时间戳。为了避免批量访问数据污染缓冲区，LRU-K 策略规定只有访问次数达到 K 次的页面才会被保存在缓冲区中。实际使用表明 LRU-2 一般效果最好。

4. 基于先验知识的优化技巧

数据库管理系统可以对页面替换策略做进一步优化。在操作系统中，无法预测一个程序将来要访问的数据，而在数据库系统中，一条查询将要访问的数据由其查询计划决定。因此可以根据查询计划和其算子制定一些有针对性的优化策略。例如在前面 A 表连接 B 表的过程中，如果知道外层循环 A 表中的页面只会被使用一次，那么就可以在 A 表中页面使用完后立即剔除（toss-immediate）。

数据库中的元数据，包括数据表属性、统计数据，应当更长久地存储于缓冲区中，因为根据数据库常识可以知道这些数据体积小、使用频率高。除元数据外，索引也可以优先读取到缓冲区中，因为有时候索引访问频率甚至高于页面。

此外还可以结合并发控制子系统（concurrent control subsystem）进一步优化页面替换策略，例如利用查询的时间顺序信息。在使用多重查询优化（multiple query optimization）时，不同的查询之间可以共享表数据，缓冲区可以缓存这些已知的、会重复使用的数据。

数据库系统的复杂性高，可采用多种优化策略来提升缓冲区性能。然而越复杂的策略意味着更高的算法实现难度和更低的鲁棒性。因此，很多数据库管理系统还是使用简单、实用的 LRU 策略。

5.9.3　日志和故障恢复

由于缓冲区的存在，写入的数据会先在缓冲区中暂存而不会立刻被写入磁盘，因此数据写入磁盘的顺序往往不等于数据写入缓冲区的顺序，即后产生的数据可能会先写到磁盘上。如果此时机器突发故障导致内存中的数据丢失，那么磁盘上将会留下不一致的数据。数据库使用日志来解决这一问题，在将新数据页面从缓冲区写入磁盘前，数据库会先将日志页面写入磁盘，这种日志称为预写日志。而且日志顺序写入磁盘的速度也要高于数据随机写入磁盘的速度。日志主要分为重做日志和回滚日志两种机制，通过两类日志可以在发生故障后快速恢复数据（日志和故障恢复将在第 7 章详细介绍）。其中重做日志保证了数据的持久性，回滚日志保证了数据的原子性。

数据库可以使用专门的磁盘来存储日志，最大限度地发挥日志顺序写入的优势，使日志写和数据读写互不干扰。也可以将日志和数据存储在同一个磁盘上以节省磁盘开销，不过读写性能会比使用专门的日志磁盘要低一些。

5.10　行存储与列存储

在传统数据库中，一条记录的多个属性被存放在磁盘相邻的位置上，多条记录按顺序存储，这个存储机制称为行存储（row-oriented storage）。此外，还有一种存储机制称为列存储（column-oriented storage）、即多条记录的同一个属性（列）被存储在磁盘的相邻位置上，如图 5.27 所示。

列存储的优势如下。

（1）列存储可以有效提高数据分析 / 查询的速度。因为很多分析型查询只关心某一列或者少数列上的数据，剩余列上的数据对查询没有帮助。但是在行存储中这些（无帮助的）列也会随着记录被读取。在列存储中，数据库可以只读取某些列的数据，这大大减少了数据库读写次数。

（2）列存储可以提升数据压缩率。一个列存储的数据类型是相同的，可以实现高效压缩。此外如果某一列上相邻的位置存储着重复的数据，那么可以将相邻的重复数据压缩成一个，从而减少存储空间、磁盘读写、缓冲区空间等开销。不过也要考虑数据压缩和解压的代价。

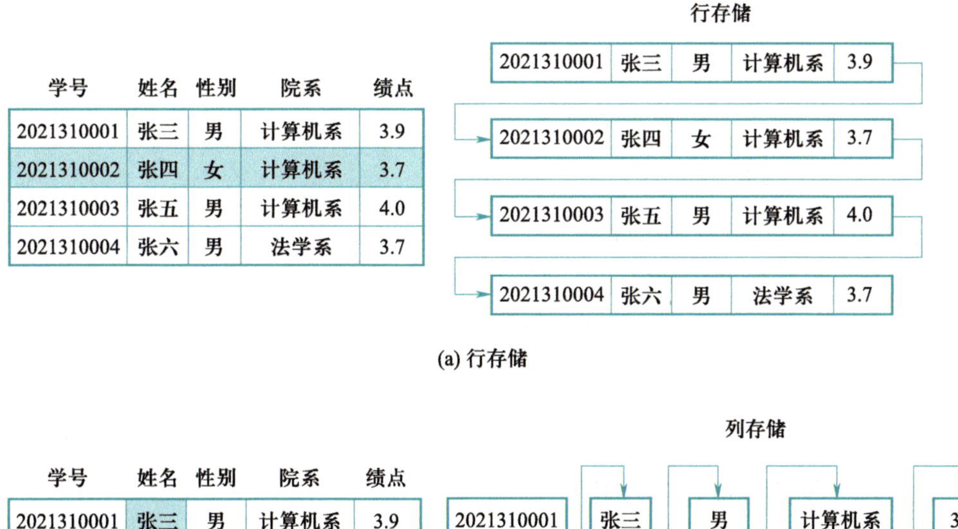

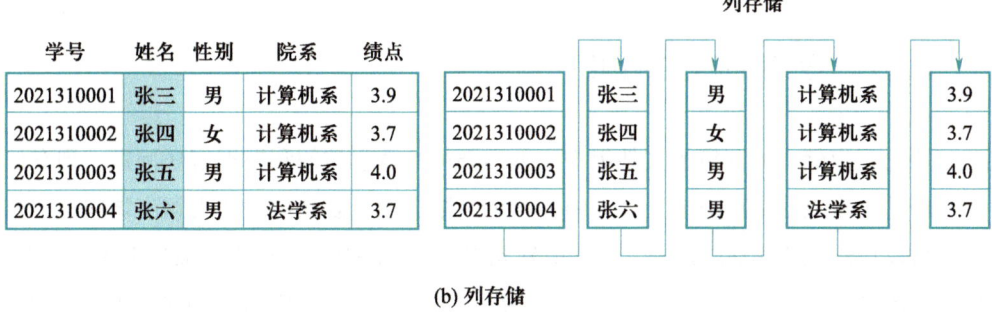

(a) 行存储

(b) 列存储

图 5.27 行存储和列存储的差异

行存储和列存储各有优劣，需要根据具体的使用场景来选择。行、列存储的优缺点比较如表 5.3 所示。

表 5.3 行存储、列存储优缺点比较

存储模型	优点	缺点
行存储	记录的各属性被保存在一起； 插入和更新速度快	选择操作时即使只涉及某几列，所有数据也都会被读取
列存储	查询操作时只有涉及的列会被读取； 投影操作很高效； 数据压缩率高	被选择的列要重新组装； 插入和更新速度慢

一般情况下，在创建数据表时可以根据以下情况指定使用行存储和列存储。

（1）更新频繁程度。数据如果频繁更新，选择行存储。

（2）插入频繁程度。频繁地少量插入，选择行存储。一次性插入大批数据，选择列存储。

（3）表的列数。表的列数很多时，选择列存储。

（4）查询的列数。如果每次查询只涉及少数列（小于总列数的一半），选择列存储。

（5）压缩率。列存储比行存储压缩率高。但高压缩率会消耗更多的 CPU 资源用于解压。

场景总结如表 5.4 所示。

表 5.4 行存储、列存储适用场景

存储类型	适用场景
行存储	点查询（返回记录少，基于索引的简单查询）； 增、删、改操作较多的场景
列存储	统计分析类查询（关联、分组操作较多的场景）； 即席查询（查询条件不确定，行存储表扫描难以使用索引）

5.10.1 列存储的文件组织

相比行存储，列存储的文件组织主要需要解决随机访问和数据解压问题。列存储中相邻的重复数据被压缩成一个元组，再记录数据的重复次数。如果顺序访问这一整列，可以自然而然地解压数据，即读取到元组时将其展开，然后再读取接下来的数据。然而在随机访问时，如果访问的记录被压缩，则需要向前寻找到元组再进行解压。如何使查询可以从一列的任何位置开始解压并且避免读取大量冗余的数据是提升列存储查询性能的关键。

ORC 是一种常用的列存储文件组织方法。ORC 将一个完整的数据表分割成多个行数据组（stripe，也称分条、条带）。如图 5.28 所示，每个行数据组包含索引数据和行数据。行数据区域按列存储，例如首先存储第一列的压缩表示，接着存储第二列的压缩表示，以此类推。索引数据部分存储了列压缩表示中每一组的起点。列存储并不是对数

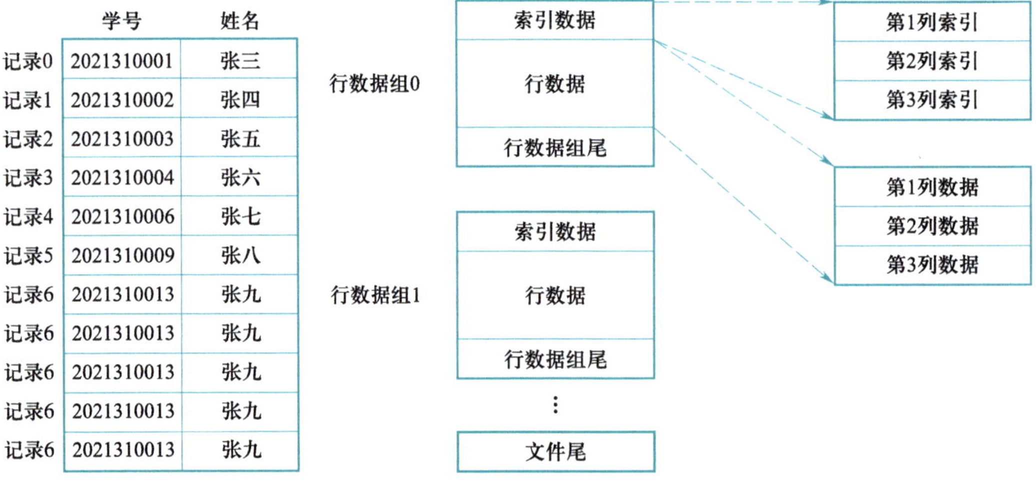

图 5.28 ORC 文件组织

据表的整体进行压缩，而是将其分成组（例如每 1 000 条记录为一组）再分别进行压缩，这样在解压时就可以直接跳转到对应组的起点进行解压。根据索引，数据库可以快速判断每个组是否可能包含查询中选择的项，从而忽略不需要读取的组，进而减少磁盘读写。一个行数据组中所需要的其他信息存储在行数据组尾（stripe footer）中。

除了做列存储压缩，还可对列存储进行编码，例如按照字典编码、游程编码、差值编码，可以大大压缩存储空间。

5.10.2 行列转换

列存储的存储基本单位是压缩单元（compression unit，CU），一个压缩单元包含表中一列的一部分数据。数据库中插入的行数据需要转化为列存储的形式，查询时列存储结果需要被再转化为行存储形式，这个过程称为行列转换。新插入的数据并不会被立刻转化为列存储形式，因为它们可能频繁被更新而导致列存储性能下降。这些新数据将被暂时以行存储形式存放在增量行存储区域中，对于这些数据的插入、删除、更新可直接在增量行存储区域中执行，如图 5.29 所示。当存储的数据达到一定数量或者达到一定时间，它们将被合并压缩转化为列存储的形式。

为了管理列存储中的压缩单元，数据库使用压缩单元描述符（CU description，CUDesc）来记录压缩单元的地址和其存储的数据信息。每一个压缩单元描述符主要包含如下信息：

CU_ID：压缩单元的唯一编号；

Transaction：事务相关信息，CUDesc 行级别的共享锁；

Column_ID：压缩单元存储的是哪一列的数据；

Min、Max：压缩单元数据的最小和最大值，在查找数据时可通过最小和最大值快速判断该压缩单元是否包含查找的数据，起到过滤的作用；

Row_Count：压缩单元存储的行数，同一个行数据组转化得到的多个压缩单元有相同的行数；

CU_Mode：压缩单元的模式，例如压缩方式（字典压缩、游程编码压缩等）；

Size：压缩单元的大小，同一个行数据组转化得到的多个压缩单元的大小可能有很大的差别，取决于具体的数据类型和压缩方式；

CU_Pointer：该 CUDesc 对应的压缩单元的地址。

对不同类型的数据进行压缩时，数据库会通过采样等方式来灵活选择适应的编码方式。字典编码是一种经典的编码方式。如图 5.29 所示，对于第一个行数据组的院系列，压缩单元将“计算机系”“物理系”“法学系”分别编码为 1、2、3，这样在“数据”中可以该列存储为“1，2，1，3”，当这些数据重复次数较多时，存储数字相比存储汉

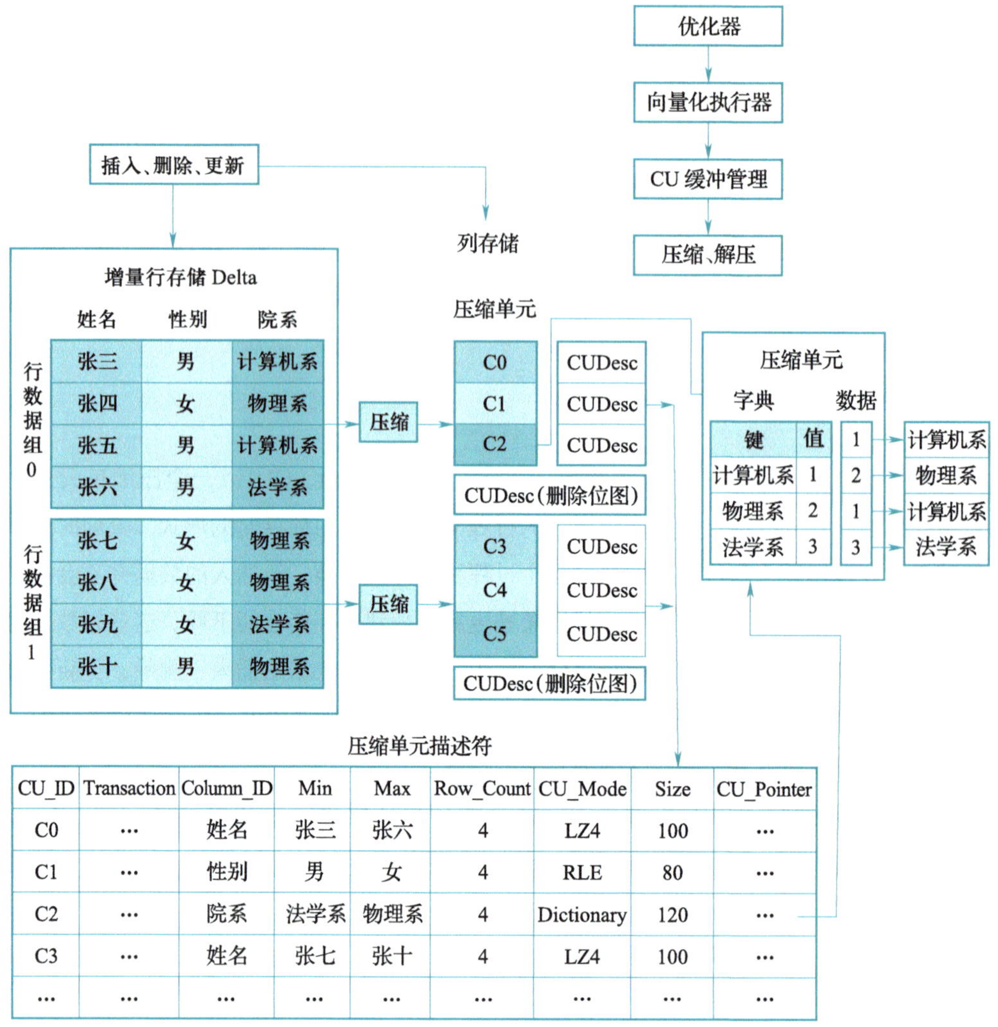

CU_ID	Transaction	Column_ID	Min	Max	Row_Count	CU_Mode	Size	CU_Pointer
C0	…	姓名	张三	张六	4	LZ4	100	…
C1	…	性别	男	女	4	RLE	80	…
C2	…	院系	法学系	物理系	4	Dictionary	120	…
C3	…	姓名	张七	张十	4	LZ4	100	…
…	…	…	…	…	…	…	…	…

图 5.29　行列转换

字字符串节省了大量的存储空间。当需要读取数据时，数据库将根据存储在压缩单元中的字典编码来把数字还原回字符串。

查询列存储的数据时，数据库将会以拼接的方式返回所需要的行数据。以图 5.29 为例，当需要查询“姓名”为“张五”同学所属的“院系”时，数据库首先会在压缩单元描述符表中查找“姓名”列对应的压缩单元，此时有 C0 和 C3 相关。其中 C3 可以直接通过 Min、Max 过滤掉，因为“张五”不在其“张七”~“张十”的范围内，因此直接到 C0 中查找。接着在压缩单元 C0 中查找到“张五”在第 3 行。然后到对应的“院系”对应的压缩单元 C2 中找到相同行数也就是第 3 行的编码“1”，并通过字典还原回值“计算机系”，最终将“张五，计算机系”返回。

5.10.3 行列混合存储

行存储和列存储各有优劣，为了同时兼具行列存储的优势，越来越多的数据库开始打破行列存储的边界。一些列存储系统允许将一些常常一起使用的列存储在一起（同一个页面），这样可以减少磁盘读写次数，提高缓冲区利用率。行列混合存储指的是在一个数据库里同时存在使用行存储的关系和使用列存储的关系，以应对 HTAP 混合负载的需求。

5.11 小结

数据库存储是数据库的核心模块，负责将用户的数据持久保存在存储介质中，同时又要满足高并发访问、高 I/O 性能、故障恢复等要求。为了简化用户使用数据库的过程，存储模块往往对用户透明。一个典型的数据库系统使用计算机的高速缓存、DRAM、磁盘等硬件垂直组织，构建一个高效、可靠的数据库存储系统。数据库读取数据时，首先将数据从磁盘读取到内存缓冲区中，再从缓冲区中读取到缓存中，最后由 CPU 处理数据。写入数据的流程与之相反。

数据库将关系表用一个或者多个文件存储，关系表中的记录按顺序排列在文件中。为了在海量的记录中高效地增、删、改、查，数据库设计了堆表、顺序表、B+ 树、哈希表、多表聚簇等方法来组织这些记录，其中 B+ 树功能最强大，有着广泛的应用。除了用户的数据之外，数据库还要存储数据的表名、列名、属性的域和长度、索引等数据，这些数据被称为元数据。

由于磁盘的性能限制，只能逐块读取数据，即使访问一条记录也需要读取整个数据块。数据库将磁盘数据块统一用页面进行管理。对于定长记录，数据库将记录依次排列在页面中，舍弃最后跨页面的记录。为了高效地增删记录，页面中使用可用位置链表标识可用空间，这样可将新记录快速插入可用的位置。对于变长记录，数据库需要额外存储变长属性的偏移量（起点）和长度进行定位。变长记录在页面中使用分槽页面结构来管理，同样存储了每条变长记录的偏移量和长度。

缓冲区用于在内存中暂时保存部分磁盘页面的副本，缓冲区可以大大减少数据库访问磁盘的次数，从而提高查询速度。当缓冲区满时，再读取新页面则需要替换缓冲区中旧的页面，如何选择不需要的旧页面是缓冲区管理器要解决的核心问题。优秀的缓冲区页面替换策略可以有效提高缓冲区利用率，减少重复的磁盘读取。目前主要有 LRU、LFU 以及各种针对数据库查询的策略，其中 LRU 因其简单、实用而广泛使用。

数据库可以对缓冲区进行并发读写，为了避免读写冲突造成的数据错误，缓冲区引入了页面固定和锁的方法来约束不同进程的读写操作。

在数据仓库中，为了应对复杂而耗时的分析型查询，数据库改变原来的行存储机制，转而使用列存储机制，即将一列数据存储在一起。查询在列存储表上读取数据时，可以只读取某些列，而不需要读取无关的列，从而提高查询速度。此外列存储还有着更高的数据压缩率。行列存储各有优劣，近年来出现了越来越多的 HTAP 数据库开始同时支持行列存储并分别进行 OLTP 和 OLAP 查询，提供高效的事务处理性能和分析查询性能。

5.12 习题

1. 分析页面大小和磁盘数据块大小不一致时数据库如何读写页面，分析页面大小大于和小于磁盘数据块大小时性能分别会受到什么样的影响。

2. 有如图 5.30 所示存储定长记录的页面，其中第 1~5 列属性分别为 ID、姓名、性别、院系、绩点。删除记录 3 后的可用位置链表如图 5.28 所示，分析依次删除 ID（第一列）为 2021310002 和 2021310004 的记录后的可用位置链表状态。分析此时插入一条新记录后的可用位置链表状态。

文件头					
记录0	2021310001	张三	男	计算机系	3.9
记录1	2021310002	张四	女	计算机系	3.7
记录2	2021310004	张五	男	计算机系	4.0
记录3					
记录4	2021310006	张七	女	物理系	3.4
记录5	2021310007	张八	女	物理系	3.6

图 5.30 定长记录页面示例 1

3. 假设页面大小为 4 KB，定长记录长度为 76 B，在不考虑链表、文件头等存储的情况下，计算一个页面能够存储多少条记录。

4. 假设本章习题 2 中学号长度为 10 B，姓名为变长字符串，性别长度为 4 B，院系为变长字符串，绩点长度为 4 B。假设偏移量和长度需要 2 B，一个汉字需要 3 B，空值位图 1 B。计算变长记录 0 所占用的实际字节数。

5. 假设本章习题 2 中的页面的文件组织方式为按 ID 搜索关键字的顺序表文件组织，如图 5.31 所示，分析在插入 ID 为 2021310003 的记录后顺序表的指针情况。

记录0	2021310001	张三	男	计算机系	3.9
记录1	2021310002	张四	女	计算机系	3.7
记录2	2021310004	张五	男	计算机系	4.0
记录3					
记录4	2021310006	张七	女	物理系	3.4
记录5	2021310007	张八	女	物理系	3.6

图 5.31 定长记录页面示例 2

6. 若如表 5.5 所示的数据表采用哈希表文件组织方法，关键字为 ID（int 类型），哈希函数 f（ID）= ID 的二进制编码后二位，请画出对应的哈希表，并计算查询一个页面的平均访问页面数。

表 5.5 习题 6 数据表

ID	姓名
0	张二
1	张三
3	张四
5	张五
9	张六

7. 如果对本章习题 6 中的数据和哈希表重新计算哈希值，哈希函数改为 f（ID）= ID 的二进制编码后三位，请画出对应的哈希表，并计算查询一个页面的平均访问页面数。

8. 假设缓冲区大小为 4 个页面，页面替换策略为 LRU，分析以下两个页面访问编号序列的缓冲区工作过程和实际磁盘读写次数。

（1）1，2，3，1，4，5，3，6

（2）1，2，3，4，5，1，2，3

9. 假设缓冲区大小为 4 个页面，页面替换策略为 LFU，分析以下两个页面访问编号序列的缓冲区工作过程和实际磁盘读写次数。

（1）1，2，3，1，2，4，5，3，1，2

（2）1，2，3，1，2，3，4，5，4，5

10. 设计数据库存储模型时，对于增、删、改操作较多的场景，简述应选择行存储还是列存储及其理由。

第 6 章

事务管理

数据库除了支持单条 SQL 语句（插入、删除、更新、选择等）来帮助用户完成基础的数据处理外，还需要支持多条 SQL 语句序列来完成复杂的数据处理。例如，考虑从一个账户转账给另一个账户的操作，该操作涉及两个账户的更新，需要多条 SQL 语句的组合才能完成该操作。对于复杂的操作序列，需要解决几个问题。① 原子性：是否允许一部分操作成功，另一部分操作失败。原子性要求所有操作都成功或者都失败，否则造成数据的不一致。② 持久性：一个数据更新操作成功后，该更新的数据永久保存在数据库中，即使出现系统故障也要能“读写”到该更新的数据。③ 一致性：一个事务操作序列执行保证数据库从一个正确一致的状态转到另一个正确的状态。④ 隔离性：当多个操作序列并发处理数据时，不同操作之间需要“隔离执行”（不能互相干扰）。为此，科学家们提出了事务（transaction）这一概念。事务通过组合多个基本操作来完成一个复杂任务，这是数据库提供的最重要、最实用的功能之一。本章将介绍事务的概念、事务的基本特性、应用场景以及为了保证并发场景下多个事务的隔离性所引出的串行化调度和隔离级别问题。

6.1 事务概览及其概念

在真实的业务场景中，一条基础的数据库访问语句有时不足以支持用户复杂的需求。此时，数据库引入了事务这一概念。事务是由多个数据库操作组合成的、不可分割的、同时成功或失败的一个工作单元。

利用事务，用户可以将多个基本语句组合起来完成一些复杂的数据库操作。例如，在一个银行数据库（命名为 Bank）中，用户的存款余额被存入一个账户表（命名为 Account）中。此时，储户小明向储户小王转账 100 元。这个转账过程由两个数据更新操作组成，分别是“小王的账户增加 100 元”及“小明的账户减少 100 元”。然而，一条更新语句无法同时更新两个不同账户的余额。因此用户可以使用事务功能，将两条更新语句进行组合，从而实现一个完整的转账操作。

一般来讲，事务会提供分别标志事务开始和结束的语句，通常以 START TRANSACTION 语句表示事务的开始，COMMIT 语句表示事务结束并提交。通过这些语句，上面的转账操作可以被表示为：

```
START TRANSACTION;
UPDATE account SET balance = balance + 100.00 WHERE name = " 小王 ";
UPDATE account SET balance = balance - 100.00 WHERE name = " 小明 ";
COMMIT;
```

上述的 4 条语句构成了一个转账事务，分别代表事务开始、小王账户增加 100 元、小明账户扣除 100 元、事务结束。事务要求其包含的所有语句，要么全部完成，要么全部失败。例如，上述转账事务中，第二条小王的账户更新操作成功了，但是小明的账户更新因为系统宕机、网络断开等原因没有完成，这就会导致小王账户凭空增加 100 元。这种错误是银行系统不能接受的。因此在银行数据库场景下，不允许两条更新语句独立执行，而需要事务操作将它们组合成一个整体。此外，事务的操作除了提交（COMMIT）操作之外，还可以主动进行回滚（ROLLBACK）来放弃这一事务（也有的数据库使用 ABORT 操作，其功能和回滚一样），这也要求事务之前完成的操作全部取消。例如，在下面的操作中，转账时发现小明的余额不足 100 元，转账失败，这时候数据库需要取消之前的小明的扣款和小王的余额增加操作，可以执行回滚操作 ROLLBACK。

```
START TRANSACTION;
UPDATE account SET balance = balance + 100.00 WHERE name = " 小王 ";
UPDATE account SET balance = balance - 100.00 WHERE name = " 小明 ";
ROLLBACK;
```

事务使数据库系统的功能更加丰富，也对数据库的实现提出了更高的要求。本章首先在 6.2 节介绍数据库中事务的四大特性，6.3 节介绍事务的可串行调度，6.4 节介绍事务的四大隔离机制。

6.2　事务的特性

6.1 节中对事务“要么全部完成，要么全部失败”做了简单的解释，这是事务原子性的体现，是事务的重要特性之一。本节将介绍数据库事务的四大特性，即原子性、一致性、隔离性和持久性，统称为事务的 ACID 特性。

6.2.1　原子性

事务的原子性规定了事务是一个不可再分的基本操作单元。

广义上，单条 SQL 语句也可以被数据库视为一个事务。“不可再分”这一性质意味着，对于不论是单条语句构成的事务还是多条语句组合成的事务，一个事务中的所有语句要么全部完成，要么全部失败。即使事务执行过程中数据库发生故障，也需要消除已完成部分语句的影响，使数据库不会处于只有部分语句执行成功的状态。

以 6.1 节中的小明向小王转账 100 元对应的数据库事务为例，如图 6.1 所示，该事务完成对小王增加 100 元和小明扣款 100 元的操作后提交，即该事务正确执行。但可能发生意外，如图 6.2 所示，数据库在执行为小明扣款 100 元存款的操作时，系统发生了故障导致该操作没有执行成功，则小明的存款没有变化。也就是说该事务没有执行到最后一条语句，数据库此时处于一个不正确的状态，需要进行事务恢复，消除该事务的影响，让数据库恢复到事务执行前的状态。经过事务恢复，消除了该事务第一条更新操作的影响，该条事务失败。小明和小王的余额状态恢复原状。

图 6.1 和图 6.2 分别介绍了事务成功提交和因为系统故障而取消的情况。除了这两种情况外，事务还会有主动放弃的情况，即利用回滚（ROLLBACK）操作实现恢复。如图 6.3 所示，将图 6.1 中的小明给小王转账 100 元变为转账 200 元后，事务在执行给小明扣款时发现小明的存款不足 200 元，如果此时坚持提交，会造成数据库中“小王到账 200 元而小明没有扣款”的结果。为了解决上述问题，需要在发现余额不足时主动触发回滚操作，放弃事务之后的操作和取消之前为小王存款增加 200 元的操作，将数据库的数据恢复。可以发现，事务的数据恢复是实现数据库原子性的重要保障，相关内容将在第 7 章介绍。

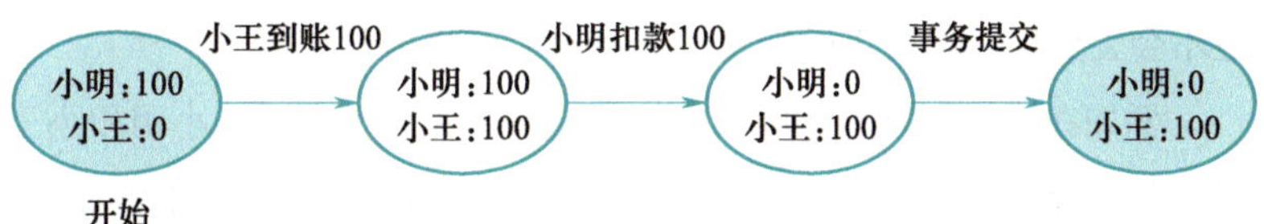

图 6.1 成功的转账流程

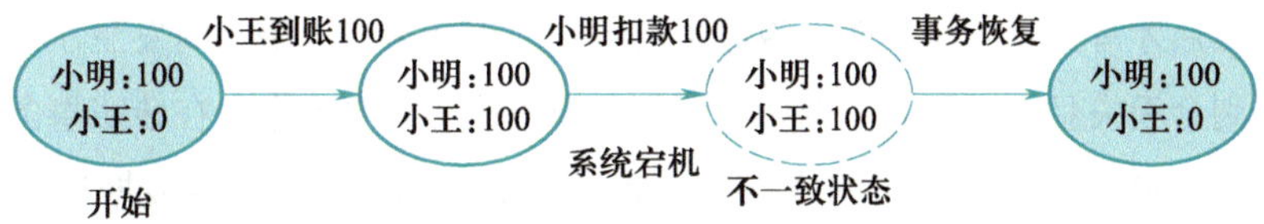

图 6.2 给小明扣款 100 元时发生系统故障，该事务失败

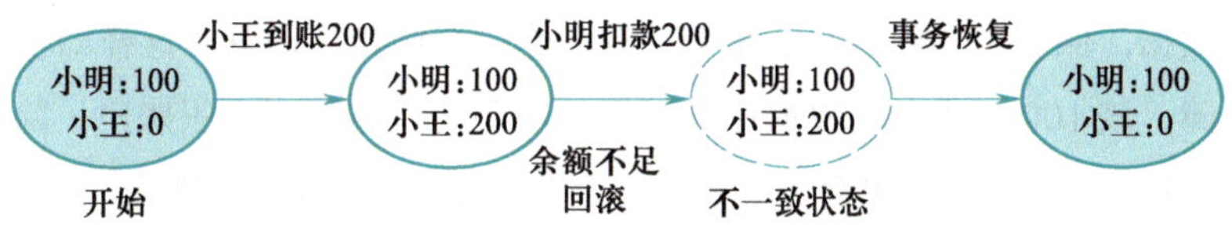

图 6.3 给小明扣款 200 元时余额不足，主动回滚

6.2.2 一致性

事务的执行会改变系统状态，一致性是指事务的执行应保证数据库从一个正确（即一致）的状态转移到另一个正确的状态。

事务的一致性保证数据库中数据的完整性和正确性。例如，数据库可以存储负数，但银行业务中用户的存款不可能出现负数，即存在负数存款账户的银行数据库状态是一个不正确的状态。同样，银行的转账事务开始时和结束时，总存款数应该是不变的。通常，可以通过设定一些检查条件和触发条件来保证银行事务的一致性。例如，可以设置检查条件“小明和小王的存款和为 100 元”以及“小明和小王的存款都大于或等于 0 元”对转账事务进行一致性验证。当事务违反检查条件时可以主动回滚放弃该事务。本节所述的其他三个特性（原子性、持久性、隔离性）主要依赖数据库管理系统相关技术来实现，而事务的一致性约束主要由数据库管理者负责，即数据库管理者在事务语句的编写上需要严格满足一致性定义的要求。此外，事务的其他几大特性也保证了事务的一致性，例如，前一节提到的原子性要求事务的操作全部完成或者全部失败，从而保证了事务状态前后的正确性一致。

6.2.3 持久性

持久性的定义是，一旦事务完成提交，即使数据库发生故障，该事务的执行结果也不会丢失，可以被正确恢复，仍然对后续事务可见。

例如在图 6.1 描述的转账事务中，事务完成提交后，小明和小王的转账数据就完成了永久保存，即小王到账 100 元，小明扣除 100 元。即使事务提交后数据库发生故障，小明和小王的存款也会维持转账后的数值，不会受到数据库故障的影响。

在一些场景下，数据库为了提高更新速度，数据会预先保留在（易失性）内存中，然后才写入（非易失性）磁盘中。若在数据还未写入磁盘时发生了断电，内存中的数据则会丢失且难以找回。例如在图 6.1 描述的转账事务中，在转账事务完成提交后，小明的 100 元会转到小王的账户上，此时小明和小王的新存款数据还存在于内存之中，需要等待后续操作将更新后的数据写入磁盘之中进行保存。如果此时数据库发生故障，数据就会丢失。事务的持久性是要保证在上述故障发生后，数据库能够找回内存中丢失的数据，保证（故障前）已提交事务的修改会同步到磁盘。这样即使数据库系统发生故障，该 100 元也会在数据库恢复后从小明账户转账到小王账户。除了断电会丢失内存数据，磁盘的损坏也会造成数据的丢失，对持久性提出了挑战。一般来讲，数据库可以通过日志对所有操作和状态进行记录。事务的恢复和持久化都会利用日志功能实现。利用日志，数据库可以根据操作记录保存所有的数据，既保证发生故障时数据不会丢失，又可以回滚中间状态的修改，使数据库恢复到一致的状态。事务的持久性的相关问题和实现方法在第 7 章介绍。

6.2.4 隔离性

在真实的业务场景中，数据库一般由多个用户共同使用，多个用户可以同时向数据库发出请求。对于单个用户，也可能同时发出多个请求。这要求数据库系统能够同时响应这些请求。具体来说，可以选择按照请求顺序一一执行，并依次返回结果，也可以选择多个事务同时执行。

考虑银行场景中如下两个事务，事务 A 先被用户请求：

（1）事务 A：小明给小王转账 100 元；

（2）事务 B：小张给小李转账 100 元。

事务 A 在时刻 t_1 被用户请求，事务 B 在时刻 t_2 被用户请求。图 6.4 描述了两个转账事务同时执行的情况。由于事务的每条操作所需的执行时间不同，本章用“时刻”这一概念表示数据库在处理同时执行的事务时的不同操作顺序。事务 B 在时刻 t_4 执行了读取小张存款的操作，该操作需要从磁盘读取数据，阻塞了事务的执行，使 CPU 在时刻 t_5 处于空闲状态。此时可以在时刻 t_5 执行事务 A 的操作，即将小明存款减少 100 元。同时执行事务 A 和事务 B 可以利用系统闲置的资源，提高计算和存储资源的利用效率。这种同时处理多个事务的功能称为事务的并发执行。随着现代计算资源的发展，计算集群规模越来越大，可以同时实施更多的并行计算，因此支持事务的并发是提高数据库执行效率的重要手段。

时刻	事务A	事务B
t_1	开启事务	
t_2		开启事务
t_3	读取小明的存款(100)	
t_4		读取小张的存款(300)
t_5	小明的存款减少100 (0)	
t_6		小张的存款减少100 (200)
t_7	读取小王的存款(0)	
t_8		读取小李的存款(0)
t_9	小王的存款增加100 (100)	
t_{10}		小李的存款增加100 (100)
t_{11}	更新小明的存款为0	
t_{12}		更新小张的存款为200
t_{13}	更新小王的存款为100	
t_{14}		更新小李的存款为100
t_{15}	提交事务	
t_{16}		提交事务

图 6.4 银行并发场景

然而，事务并发也会带来一些问题，即读写冲突、写读冲突和写写冲突。

1. 读写冲突

并发的读事务 A 和写事务 B 出现了冲突，可能造成结果不一致。考虑银行场景中顺序请求了如下事务 A 和事务 B:

(1) 事务 A，小明两次查询账户存款（小明初始余额 100 元）。

(2) 事务 B，小明爸爸给小明账户存款 100 元。

图 6.5 描述了读事务 A 和写事务 B 一个可能的并发执行过程。事务 A 在时刻 t_1 和时刻 t_6 读到了不同的余额，即余额数据从 100 元更新为 200 元。其主要原因是

时刻	事务A	事务B
t_1	读取小明的存款(100)	
t_2		读取小明的存款(100)
t_3		小明的存款增加100(200)
t_4		更新小明的存款为200
t_5		提交
t_6	读取小明的存款(200)	

图 6.5 读写冲突

事务 B 中间修改了数据，造成事务 A 两次读到了不同的数据。这种情况被称为读写冲突。

2. 写读冲突

并发的写事务 A 和读事务 B 出现了冲突，可能造成结果不一致。考虑银行场景中顺序请求了如下事务 A 和事务 B:

（1）事务 A：小明给账户存款 100 元；

（2）事务 B：查询小明存款。

图 6.6 描述了写事务 A 和读事务 B 一个可能的并发执行过程。在时刻 t_3 事务 A 将小明的余额数据从 100 元更新为 200 元，在时刻 t_4 事务 B 读取小明的余额数据。然而，时刻 t_4 事务 B 读取到的小明存款内容可能是无效的，因为读取了一个未提交事务修改的数据：后续事务 A 可能提交了该操作的值 200，也有可能事务 A 发生了回滚。如果查询余额为 200 元，而事务 A 回滚了事务，则导致读到了错误的数据；如果查询余额为 100 元，而事务 A 提交了事务，这是事务 A 提交前的余额数据。因此事务 B 读取到的内容与实际值可能不一致，这种情况称为读写冲突。

时刻	事务A	事务B
t_1	读取小明的存款(100)	
t_2	小明的存款增加100 (200)	
t_3	更新小明的存款为200	
t_4		读取小明的存款(100? 200?)
t_5	提交(或者回滚撤销转账)	

图 6.6　写读冲突

3. 写写冲突

事务并发还存在一种更复杂的情况称为写写冲突，即如果两个事务执行的过程中并发地修改一个值，那么此时就会产生一个问题：两个事务结束之后应该保存哪一个值?

考虑银行场景中如下两个事务：

（1）事务 A：小明发工资 100 元。

（2）事务 B：小明父亲用小明银行卡消费了 100 元。

图 6.7 描述了这一并发场景。正确的结果是小明的存款余额为 100 元。而图 6.7 所示的例子中事务 A 尝试更新余额为 200 元，事务 B 尝试更新余额为 0 元，因此发生了写写冲突，冲突的操作在图 6.7 用箭头标出。两条事务尝试写入的余额都和正确的余额 100 元不同。这是不同事务并发写入同一数据导致的。当事务是串行执行（即按照

提交顺序一一处理事务）时，就不会存在上述问题，先执行的事务先写入，不会存在干扰。为了解决并发场景下事务之间的干扰，事务引出了隔离性的定义。

时刻	事务A	事务B
t_1	读取小明的存款(100)	
t_2		读取小明的存款(100)
t_3	小明的存款增加100 (200)	
t_4		小明的存款扣掉100(0)
t_5	更新小明的存款为200	
t_6		更新小明的存款为0

图 6.7 写写冲突

多个事务可以在数据库中并发地执行，事务的隔离性是指多个事务在并发执行后得到的结果，和某种串行执行得到的结果一致。即并发执行的事务之间逻辑独立，每个单独的事务对于其他并发执行的事务无感知。

事务的隔离性保证了并发处理中事务的正确性。并发控制是实现事务隔离性的手段，在 6.3 节定义了并发控制的目标和基本实现原理，具体的实现方法在第 8 章中进行介绍。

然而，在真实数据库场景中严格的隔离性要求会影响数据库的性能，因此 SQL 标准中又对并发处理的一致性进行了妥协，降低了一致性的要求，衍生出不同的隔离级别，以提高数据库的性能。在不同事务场景中，数据库状态受其他并发事务的影响程度是不同的。根据该影响程度的轻重，一般将事务的隔离级别分为读未提交、读已提交、可重复读和可串行化四个级别。四种隔离级别有各自的功能和实现方式，主要针对的是事务执行过程中的读写冲突、写读冲突和写写冲突。相关内容将会在 6.4 节中介绍。

6.3 可串行化调度

前面指出，事务的并发是提高数据库事务效率的有效手段，而事务的并发会带来新的问题——影响数据处理的正确性，因此需要使用并发控制对事务的并发过程进行管理。数据库需要决定事务各个操作执行的顺序，并在事务高并发的情况下保证隔离性。本节主要介绍并发过程的相关概念以及如何判断并发执行是否满足隔离性要求。

6.3.1 调度

在解释并发控制过程之前要引入一个概念：调度。

调度是指事务的并发过程中，决定事务中每个操作的执行顺序。

用读操作 Read（*X*）和写操作 Write（*X*）分别表示事务从数据库中读取记录 *X* 的数据和将数据写入记录 *X* 中。读操作和写操作会对其他读写相关数据的并发事务产生影响。为了简化数据库中对并发事务处理的描述，方便读者理解，后续使用读操作、写操作和一些数据计算操作来描述事务的执行过程。基于此，可以将调度看成是主要由读操作、写操作和一些数据计算操作组成的序列。例如，以如下更新小明的余额减去 100 元为例：

```
UPDATE account SET balance = balance - 100.00 WHERE name = "小明";
```

该操作的执行可以被拆成 3 个操作。

```
Read(小明的余额); // 读操作
小明的余额 = 小明的余额 - 100; // 计算
Write(小明的余额); // 写操作
```

考虑一个新的场景，*A* 表示小明的余额，初值为 300 元，T_1 和 T_2 分别表示小明消费 100 元和消费 200 元的两个扣款事务。经过两次扣款之后小明的余额应该为 0 元。图 6.8 描述了数据库在执行 T_1 和 T_2 时可能出现的两种调度（调度 1 与调度 2）。图 6.8（a）中的调度 1 中不存在并发，T_1 的执行完全在 T_2 之前，最后结果 *A* 为 0 元；这种调度被称为串行调度，它按照事务到来的顺序依次执行事务并生成调度。然而，串行调度中执行一个事务的同时会阻塞其他事务，因此该调度的执行效率较低。如图 6.8（b）所示的调度 2 描述了一个并发调度，它允许在 T_1 没有结束时，T_2 的读操作就开始执行。然而调度 2 却会导致 *A* 的值最终为 100，产生的结果与串行的调度 1 不一致，因此以调度 2 的方式进行并发事务是不正确的调度方式。数据库在生成并发调度的同时还需要保证并发调度的正确性，即发现能够保证结果正确的并发调度，下面介绍的可串行化调度就是这样的调度。

时刻	T_1	T_2
t_1	Read(A)	
t_2	$A=A-100$	
t_3	Write(A)	
t_4	Commit	
t_5		Read(A)
t_6		$A=A-200$
t_7		Write(A)
t_8		Commit

(a) 调度1：串行调度

时刻	T_1	T_2
t_1	Read(A)	
t_2	$A=A-100$	
t_3		Read(A)
t_4	Write(A)	
t_5	Commit	
t_6		$A=A-200$
t_7		Write(A)
t_8		Commit

(b) 调度2：产生不一致结果

图 6.8　一个调度和串行调度的例子

6.3.2 可串行化调度

上面介绍了调度的定义，从调度的角度出发，可以进一步去解释并发控制。并发控制的目的是产生一个合理的调度，该调度能够并发地执行事务，提升数据库处理事务的性能。同时对于任何数据库的状态，按照该调度执行之后得到的数据库状态与按照某种串行调度结果一致。

可串行化调度是指，对于调度 S，存在一个串行调度 S'，在任何数据库状态下，按照调度 S 和调度 S' 执行后所产生的结果都是等价的，则调度 S 称为可串行化调度。

考虑一个新的场景，小明在超市发生了两笔消费，分别为 100 元和 200 元。但是小明有超市的会员卡，可以抵扣一半的金额。小明的存款用 A 表示，初值为 300 元。会员卡的数据用 B 表示，初值为 300 元。两笔消费事务分别为 $A-50$、$B-50$（事务 T_1）和 $A-100$、$B-100$（事务 T_2）。图 6.9 描述了该场景的两种调度。如图 6.9（a）所示的调度 3 描述的是该事务的串行调度，如图 6.9（b）所示的调度 4 描述了一种可能的并发调度。不难发现，调度 4 在任何情况下都能与调度 3 产生相同的结果，这是由于该调度保证了 T_2 事务对于 A 和 B 的读取和修改都在 T_1 事务之后，因此 T_2 事务的执行过程不会再被 T_1 干扰。因此调度 4 是一个与串行调度 3 等价且拥有更高并发度的可串行化调度。

时刻	T_1	T_2
t_1	Read(A)	
t_2	$A=A-50$	
t_3	Write(A)	
t_4	Read(B)	
t_5	$B=B-50$	
t_6	Write(B)	
t_7		Read(A)
t_8		$A=A-100$
t_9		Write(A)
t_{10}		Read(B)
t_{11}		$B=B-100$
t_{12}		Write(B)

(a) 调度3：串行调度

时刻	T_1	T_2
t_1	Read(A)	
t_2	$A=A-50$	
t_3	Write(A)	
t_4		Read(A)
t_5		$A=A-100$
t_6		Write(A)
t_7	Read(B)	
t_8	$B=B-50$	
t_9	Write(B)	
t_{10}		Read(B)
t_{11}		$B=B-100$
t_{12}		Write(B)

(b) 调度4：结果等价于调度3

图 6.9 串行调度和与之等价的调度

对于一个串行调度来说，与其等价的可串行化调度可能有很多个。因此在实际场景中，数据库并不需要检验出所有的可串行化调度，而是找到可串行化调度的一个子集（充分条件非必要条件），方便、高效找到某种可串行化的调度。下面介绍的冲突可串行化调度和视图可串行化调度都是可串行化调度的子集。

6.3.3　冲突可串行化调度

1. 冲突可串行化调度的定义

在可串行化调度定义中要求调度 S' 与调度 S 等价，根据等价类型不同，可能对应多种类型的等价调度，本节介绍冲突可串行化调度这种等价调度方法。冲突可串行化调度是从冲突的角度出发，针对一个调度 S 去寻找与其等价的串行调度 S' 来确定 S 是一个可串行化调度。为了描述从一个调度 S 出发去发现与其等价的串行调度 S' 的过程，引入“交换两个操作顺序”这一概念。一次操作交换定义为交换事务调度序列中相邻的两个操作。例如，考虑如图 6.10 所示的调度 4，可以交换时刻 t_6 的 Write（A）操作和时刻 t_7 的 Read（B）操作，从而可以将调度 4 转换成调度 4.1。当交换操作对应的前后两个调度等价时，该交换为等价交换。例如，交换连续两个读操作的顺序不会影响结果，这是一个等价交换。

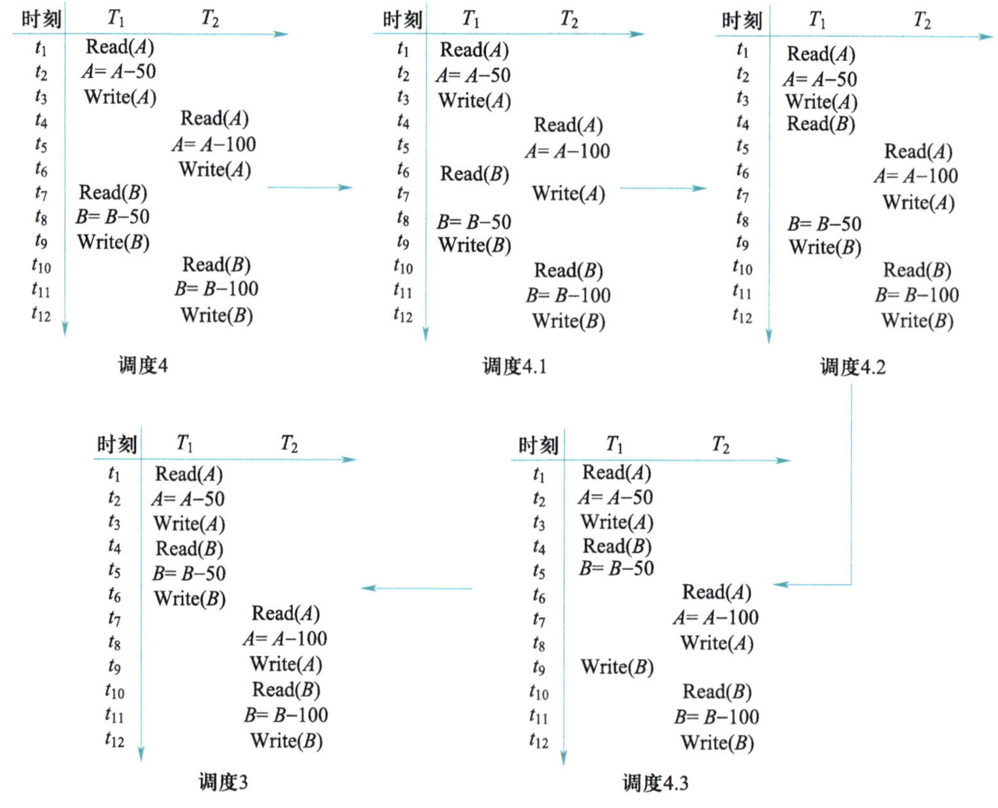

图 6.10　由调度 4 变成调度 3 的一种变换过程

图 6.10 描述了一系列的等价交换。首先交换调度 4 时刻 t_6 的 Write（A）操作和时刻 t_7 的 Read（B）操作，得到了调度 4.1，由于两个操作不涉及同一个数据，因此这一交换不影响结果。类似地，可以继续将调度 4.1 中 T_1 的 Read（B）操作交换到 T_1 的

Write（A）操作之后，得到调度 4.2。继续将调度 4.1 中 T_1 的 $B=B-50$ 操作交换到 T_1 的 Read（B）操作之后，得到调度 4.3。通过持续地将 T_1 中的操作与 T_2 的操作向前交换，调度 4 变成了调度 3。这解释了调度 4 是等价于串行调度 3 的可串行化调度。

然而，有些交换则会导致调度的不等价。图 6.11 描述了一个冲突的场景，交换调度 4 中时刻 t_9 和 t_{10} 的两条调度 Write（B）和 Read（B），即调度 4.4，但这会导致 T_2 读取不到 T_1 写入的 B 的值，并会根据错误的 B 值再次写入错误的 B 值。这种交换后会导致错误发生的操作（例如，T_1 的 Write（B）和 T_2 的 Read（B））称为一组冲突操作。

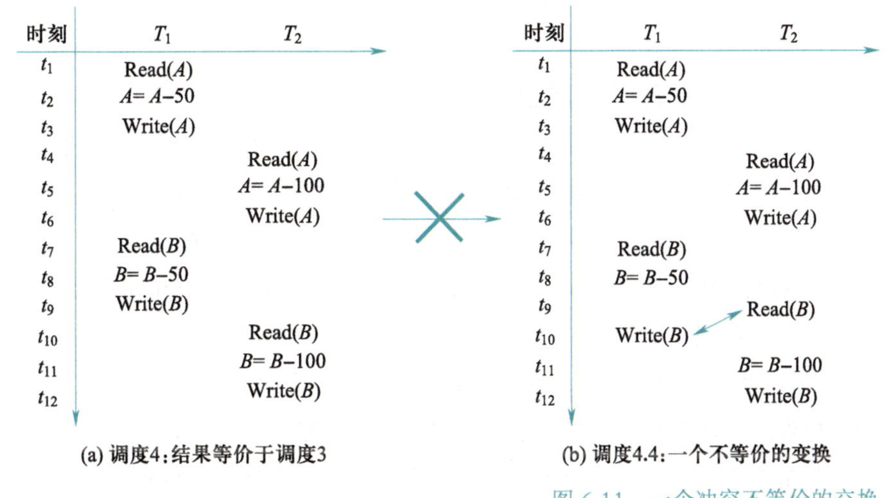

图 6.11　一个冲突不等价的交换

下面总结可能出现的冲突操作。

（1）读写冲突（Read（X）– Write（X），RW）：表示并发的两个事务 T_1 和 T_2，调度中 T_1 先读取了数据项 X，然后 T_2 再写入了数据项 X。若改变 T_1 的 Read（X）和 T_2 的 Write（X）的先后顺序则可能会改变数据库的结果，即 T_1 本来不应该读到 T_2 写入的数据项 X，但是交换后读到了 T_2 写入的数据项 X。

（2）写写冲突（Write（X）– Write（X），WW）：表示调度中 T_1 先写入了数据项 X，然后 T_2 再写入了数据项 X。若改变 T_1 的 Write（X）和 T_2 的 Write（X）的先后顺序则可能会改变数据库的结果，即本来是 T_1 写入了数据项 X，但是交换后是 T_2 写入了数据项 X。

（3）写读冲突（Write（X）– Read（X），WR）：表示并发的两个事务 T_1 和 T_2，调度中 T_1 先写入了数据项 X，然后 T_2 再读取了数据项 X。若改变 T_1 的 Write（X）和 T_2 的 Read（X）的先后顺序则可能会影响数据库的结果，即 T_2 本来应该读到 T_1 写入的数据项 X，但是交换后 T_2 无法读取 T_1 写入的数据项 X。

需要注意，读读（Read（X）– Read（X），RR）并不会影响数据库的状态，因此并不属于冲突。

综上所述，当且仅当调度中涉及读写或者写写同一个数据对象时才会产生冲突。当并发的两个事务之间不存在冲突时，可以通过交换操作将当前调度 S 转化成等价的串行调度。

冲突可串行化是指，对于调度 S，若可以通过仅交换不冲突的操作而将 S 转化为另一个调度 S'，则称调度 S' 和调度 S 冲突等价。进一步，如果调度 S' 是串行调度，则称调度 S 为冲突可串行化调度。

冲突可串行化是在冲突等价的范畴内对可串行化调度的定义，如调度 4 就是和串行调度 3 冲突等价的冲突可串行化调度。

2. 冲突可串行化调度的验证

一个重要的问题是如何判定调度 S 是一个冲突可串行化调度。考虑调度 S 中两个事务 T_i 和 T_j 的某两个操作存在冲突（如读写冲突、写写冲突或者写读冲突），例如 T_i.Read（A）和 T_j.Write（A）是两个冲突操作，且 T_i 的冲突操作在 T_j 的冲突操作之前，例如在调度 S 中 T_i.Read（A）在 T_j.Write（A）之前。若调度 S 存在冲突等价的串行调度 S'，根据冲突等价的定义，一旦操作发生冲突，则不可对其进行交换，因此无法交换 T_i 与 T_j 的冲突操作，所以 S 的冲突等价的串行调度 S' 中 T_i 一定在 T_j 之前。故此，如果操作之间存在冲突，则会建立 T_i 与 T_j 之间的顺序关系，如“T_j 在 T_i 之前执行”或者“T_i 在 T_j 之前执行”。当两者顺序关系有矛盾时，即一对冲突要求“T_j 在 T_i 之前执行”而另外一对冲突要求“T_i 在 T_j 之前执行”，则 S 肯定不是一个冲突可串行化调度。换句话说，如果一个调度不存在矛盾的事务先后执行关系，则 S 是冲突可串行化的调度。利用这些冲突关系，可以将并发的事务构建成一个图来验证事务的并发调度 S 是否可能存在冲突等价的串行调度 S'。

具体来说，针对调度 S，可以生成一张图 G，图中的节点与事务一一对应。若事务 T_i 与事务 T_j 存在冲突（读写冲突、写写冲突或者写读冲突），且 T_i 的冲突操作在 T_j 冲突操作之前，则添加一条从 T_i 到 T_j 的有向边。由上述规则生成的图 G 称为调度 S 的优先图。如果一个调度对应的优先图存在一个环，则说明该调度不满足冲突串行化调度。例如 T_i 到 T_j 存在一条有向边且 T_j 到 T_i 存在一条有向边，则第一条有向边要求 T_i 在 T_j 之前先执行，而第二条有向边要求 T_j 在 T_i 之前先执行，形成矛盾。

图 6.12（a）和图 6.12（b）分别为调度 4 和调度 4.4 的优先图，图 6.12（a）中调度 4 在时刻 t_3 和时刻 t_4 的两个操作存在冲突，且 T_1 的冲突操作在 T_2 冲突操作之前，在优先图中 T_1 到 T_2 有一条有向边。同理，对于图 6.12（b）调度 4.4 的操作，时刻 t_3 和时刻 t_4 的两个操作存在冲突，时刻 t_9 和时刻 t_{10} 的两个操作存在冲突，在优先图中有对应的有向边。前面已知前者是冲突可串行化调度而后者不是，从优先图上

可见，前者无环而后者有环。图 6.12（c）描述了一个更加复杂的优先图，该优先图有环，而实际上由下述定理可知任何优先图存在环，则该图对应的调度不是冲突可串行化调度。

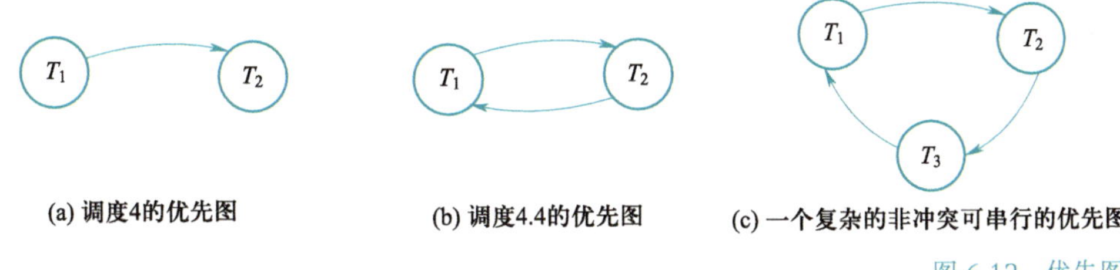

图 6.12 优先图

定理 6.1 调度 S 冲突可串行化等价于 S 对应的优先图 G 无环。

证明：首先证明，优先图 G 无环是调度 S 冲突可串行化的必要条件。T_j 与 T_i 的先后关系是图 G 的有向边，T_j 与 T_i 的先后关系没有矛盾等价于图 G 无环。之前已经介绍了 T_j 与 T_i 的先后关系没有矛盾是调度 S 冲突可串行化的必要条件。因此图 G 无环是调度 S 冲突可串行化的必要条件。

下面介绍图 G 无环是调度 S 冲突可串行化的充分条件，即图 G 无环一定可以找到调度 S 冲突等价的串行调度 S'。在图论中，可以使用拓扑排序算法来判断一个图是否为有向无环图。若图 G 无环，使用拓扑排序可以得到图 G 的一个拓扑序列 C。拓扑序列 C 是图中节点的序列，且保证序列中排在后面的节点在图 G 中不会指向序列中在它之前的节点。例如，$<T_1,T_2>$ 是图 6.11（a）中优先图的一个拓扑序列。

可以证明优先图 G 的一个拓扑序列 C 是调度 S 冲突等价的一个串行调度 S'，即 $S'=C$。接下来给出根据拓扑序列 C 构造调度 S 冲突等价的一个串行调度 S' 的过程。拓扑序列 C 是图 G 节点的序列，即事务的序列，C_i 表示拓扑序列第 i 个节点，也表示调度 S 冲突等价的串行调度 S' 中第 i 个事务。按照拓扑序列 C 的顺序，将调度 S 中事务 C_1 对应的所有操作移到剩余事务（C_2、C_3 等）的前面。由于后续的事务与 C_1 不存在冲突操作（没有指向 C_1 的有向边），所有操作都是可以被交换的。事务 C_1 所有的操作都被等价交换到了调度的最前面。接着可以将事务 C_2 的操作等价交换到 C_1 之后，剩余的其他事务（C_3、C_4 等）之前。以此类推，根据序列 C 的顺序去交换调度中的操作最终得到 S 冲突等价的调度 S'，且 S' 为一个串行调度。因此，通过对优先图 G 进行环的判定可以解决对调度 S 冲突可串行化的判定，对于图 G 求拓扑序列 C 可得 S 冲突等价的串行调度 S'。图 G 无环是调度 S 冲突可串行化的充分条件得证。

根据上述充分性和必要性，调度 S 冲突可串行化等价于优先图 G 无环的结论得证。

需要注意的是，并非所有的可串行化调度都是冲突可串行化调度，如图 6.13 所示的调度 5 描述了一种可串行化调度，该调度等价于串行调度 $<T_1,T_2>$。但是它不是冲突可串行化调度，原因是 T_2 读取了 T_1 写入的 A，且 T_1 读取了 T_2 写入的 B，因此该调度的优先图中 T_1 和 T_2 相互有一条指向对方的边，进而导致优先图中形成了环。

时刻	T_1	T_2
t_1	Read(A)	
t_2	A= A−50	
t_3	Write(A)	
t_4		Read(A)
t_5		A= A−100
t_6		Write(A)
t_7		Read(B)
t_8		B= B−100
t_9		Write(B)
t_{10}	Read(B)	
t_{11}	B= B−50	
t_{12}	Write(B)	

调度5：一个非冲突可串行化的可串行调度

图 6.13 调度 5 是一个“非冲突可串行化”的可串行调度

冲突可串行化调度是可串行化调度的一类特殊情况（子集），只需要使用线性时间的拓扑排序算法就可以判定，是易于判断的一种可串行化调度。

3. 冲突可串行化调度的实现方法

给定多个事务，希望找到冲突可串行化的方法来合理调度这些事务，从而满足冲突可串行化。第 8 章将介绍基于两阶段锁、基于乐观并发控制的方法来解决这一问题。

6.3.4 视图可串行化调度

除了冲突可串行化调度外，还有一种基于读写操作视图定义的可串行化调度，称为视图可串行化调度。视图可串行化调度包含的调度范围比冲突可串行化调度更广，但是判断难度也更大。从图 6.14 展示的调度 6 及其优先图中可以发现，其优先图存在环，因此调度 6 不是冲突可串行化调度。而调度 6 等价于串行调度 $<T_1,T_2,T_3>$，因此调度 6

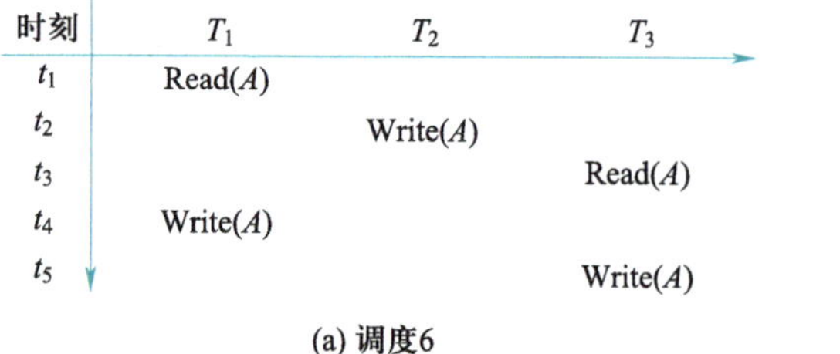

时刻	T_1	T_2	T_3
t_1	Read(A)		
t_2		Write(A)	
t_3			Read(A)
t_4	Write(A)		
t_5			Write(A)

(a) 调度6

(b) 优先图

图 6.14 视图可串行化的调度 6 及其优先图

是可串行化调度（请注意事务 T_1 的 Write（A）是无效写或称盲写，不会被 T_2、T_3 读到，因此该调度是可串行化的）。数据库领域中称调度 6 为视图可串行化调度，接下来会介绍其定义和验证方法。

1. 视图可串行化调度定义

与冲突可串行化的定义类似，视图可串行化是从视图等价的定义出发，针对一个调度 S 去发现与其视图等价的串行调度 S'，以确定 S 是一个视图可串行化调度。其基本思想是如果 S 和 S' 两个调度中的每个事务对于同一数据项都是从开始读取相同的值、进行相同顺序的写读计算，到最终写相同的结果，那么 S 和 S' 就是视图等价的。下面给出形式化定义。

视图等价定义如下，满足如下 3 个条件的两个调度 S' 与 S 视图等价：

（1）对于任一数据项 X，若调度 S 中事务 T_i 读取了 X 的初值，则调度 S' 中 T_i 也要读取 X 的初值；

（2）对于任一数据项 X，若调度 S 中事务 T_i 读取了事务 T_j 更新的 X 的值，则调度 S' 中 T_i 也需要读取事务 T_j 更新的 X 的值；

（3）对于任一数据项 X，若调度 S 中事务 T_i 最后写入了 X 的值，则调度 S' 中 T_i 也要最后写入了 X 的值。

容易发现，视图等价要求两个调度中的事务每次读取相同的值，同时最终写入相同的值，从而保证调度等价。根据冲突可串行化的定义，容易验证冲突可串行化调度一定是视图可串行化调度。首先，对于等价于某个串行调度 S' 的冲突可串行化调度 S 来讲，读写冲突而引出的交换规则要求调度 S' 对于任意数据项 X 的事务读写关系和 S 一致，这满足了视图等价的条件 1 和条件 2；其次，写写冲突的交换规则也要求调度 S' 中最后一个数据项 X 的写入事务无法移到其他写入 X 的事务之前，这满足了视图等价的条件 3。因此容易验证冲突等价的 S 和 S' 也是视图等价的。因此判定一个调度是冲突等价的，可以断定其一定是视图等价的，但反之则不一定成立（即视图等价的调度不一定是冲突等价）。图 6.14 描述了一个最基本的例子，由于调度 6 的优先图存在环，所以调度 6 不是冲突可串行化的，然而，该调度视图等价于串行调度 $<T_1,T_2,T_3>$。

下面介绍如何判定视图可串行化调度。

2. 视图可串行化调度验证

视图可串行化包含了冲突可串行化，但其判断难度更高。与冲突可串行化调度类似，视图可串行化同样基于读写操作之间的先后关系进行定义，可以通过构建带标记的优先图对调度 S 进行视图可串行化的判定。与普通的优先图不同，在构建带标记的优先图之前，首先需要为调度 S 增加一个起始事务 T_0 和一个终止事务 T_f。T_0 全为写操作（对应视图等价定义中的条件（1）），对调度 S 所有数据项添加一个初始写操作，放置于所有事务之前。T_f 全为读操作（对应视图等价定义中的条件（3）），对调度 S 所有数据项添加一个读操作，放置于所有事务之后。如图 6.15（a）所示的调度 6.1，为调度 6 增加了起始事务 T_0 和终止事务 T_f。下面针对带有起始事务 T_0 和终止事务 T_f 的调度 6.1，构建带标记的优先图，同样使用等价的串行调度中先完成的事务指向后完成的事务。主要步骤如下。

（1）若调度 S 中事务 T_i 读取了事务 T_j 写入的值，则说明 T_j 需要在 T_i 之前完成，从 T_j 构建指向 T_i 的有向边，标记为 0。例如图 6.15（a）所示的调度 6.1，T_1 读取了 T_0 写入 A 的值，因此在如图 6.15（b）所示的带标记的优先图中，T_0 引出一条标记为 0 的边指向 T_1。

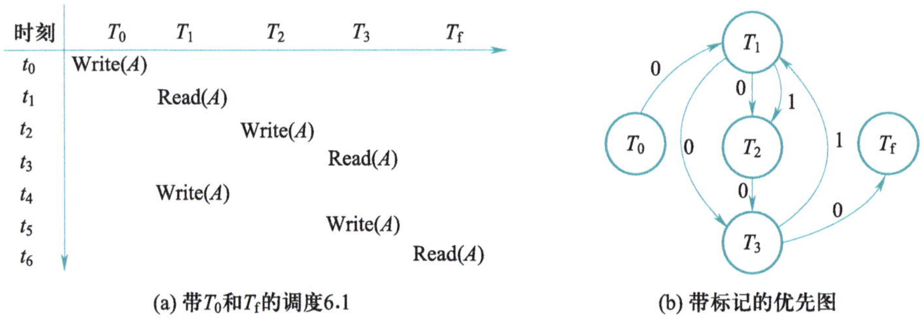

图 6.15　带 T_0 和 T_f 的调度 6.1 及其有标记的优先图

（2）对于每个数据项 A，枚举调度 S 中非 T_0 事务的所有写操作，枚举到的写操作所属于的事务用 T_k 表示。对于枚举到的事务 T_k 的写操作 Write（A），枚举所有的 T_i、T_j 的事务对（T_k、T_i、T_j 互不重复），要求 k、i、j 都不相等且 T_i 读取了 T_j 写入 A 的值。若存在这样的 k、i、j 则需要在优先图中增加带标记的边。由于视图等价的第二个条件要求保持 T_i 仍然读取到 T_j 的值而不能读到 T_k 的值，因此调度 S 视图等价的串行调度 S' 中 T_k 不能在 T_j 和 T_i 之间，因此 T_k 必须在 T_j 之前或者 T_i 之后。对 T_k 的位置分三种情况讨论。

（a）当 $T_i=T_f$ 时，由于 T_f 是终止事务，T_k 必须在 T_j 之前，因此 T_k 引出一条标记为 0 的边指向 T_j。如图 6.15（b）所示，T_f 读取了 T_3 写入 A 的值，且 T_1 有写入 A 的操作，因此 T_1 有一条标记为 0 的有向边指向了 T_3。

（b）当 $T_j=T_0$ 时，由于 T_0 是起始事务，T_k 必须在 T_i 之后，因此 T_i 引出一条标记为 0 的边指向 T_k。如图 6.15（b）所示，T_1 读取了 T_0 写入 A 的值，且 T_2 有写入 A 的操作，因此 T_1 有一条标记为 0 的有向边指向了 T_2。

（c）当 $T_i \neq T_f$ 且 $T_j \neq T_0$ 时，则 T_k 可以在 T_j 之前也可以在 T_i 之后。从之前没有选择过的标号中选择一个标号 x，从 T_k 连出标记为 x 的有向边指向 T_j，并从 T_i 连出标记为 x 的有向边指向 T_k。在图 6.15（b）中，考虑 $T_k=T_1$ 的 Write（A）操作，T_3 读取了

T_2 写入 A 的值，因此 T_1 在 T_2 之前或者 T_3 之后。已经用了标号 0，此时选择之前没有使用过的编号为 1，从 T_1 连接编号为 1 的有向边至 T_2，或者从 T_3 连接编号为 1 的有向边至 T_1。下次再添加有向边时将使用新标号 2。

通过上述两个步骤，得到如图 6.15（a）所示的调度 6.1 的带标记的优先图。对于 0 标记，代表必须出现此边。不同于冲突可串行化的优先图，对于非 0 标记，每个标记有两条边，表示该写事务对应写事务之前还是读事务之后（可选边），这种额外的可能性就是视图可串行化相较于冲突可串行化复杂的地方。对于每个标记的两种情况，可以通过枚举来确定是其中哪种情况，并将其转化为正常的优先图进行有向无环图的判定。若某一种标记方案的优先图无环，则认为该调度是视图可串行化的；如果有环，则可以证明其不满足视图等价的定义，因此是非视图可串行化的。如图 6.16 所示，针对图 6.15（b）中标记 1 有向边的两种可能性，分别生成了优先图 1 和优先图 2。其中优先图 2 无环，证明调度 6 为视图可串行化调度。需要注意的是，对于每个非 0 标记的边，都要进行两种可能情况的枚举，以转化为普通的优先图的无环判定问题。对于含有 M 种标记边的带标记的优先图，一共有 2^M 种可能的优先图，对全部优先图进行无环判定的代价过高，因此数据库一般不会选用视图可串行化调度去实现可串行调度。

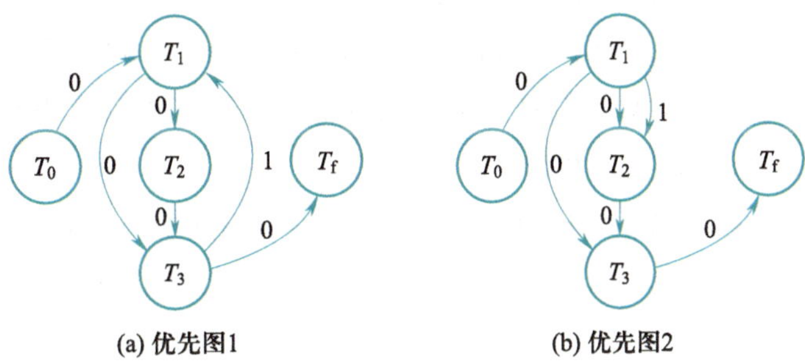

图 6.16　两个确定优先图

调度、可串行化调度、视图可串行化调度、冲突可串行化调度、串行化调度的关系如图 6.17 所示。串行化调度存在效率低下的问题，而可串行化调度保证了结果等价且效率更高，因此可串行化调度是并发控制要寻求的调度。然而，判断一个调度是否为可串行化调度十分困难，视图可串行化调度的判定已经被证明是一个 NP 完全问题，目前数据库中实现的并发控制往往采用的是寻找容易验证和实现的冲突可串行化调度。

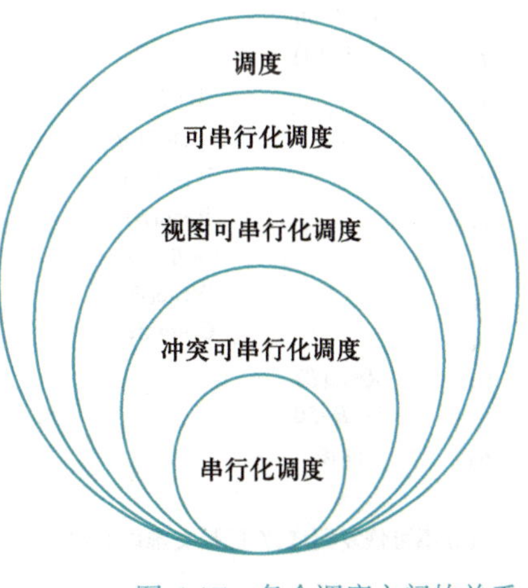

图 6.17　各个调度之间的关系

6.3.5　可恢复调度和无级联调度

可串行化调度考虑ACID特性中的隔离性，旨在事务正常运行时可以正确处理事务的并发。在事务的并发过程中，当事务无法正常运行需要回滚时，数据库需要高效、可靠地恢复事务数据。因此，除了可串行化的要求之外，数据库能接受的调度还需满足一些针对事务失效情况下的额外要求，本节主要从这一角度介绍可恢复调度和无级联调度。

1. 可恢复调度

事务回滚是一个经常发生的操作，因此数据库需要高效地处理事务的回滚。图6.18（a）的调度基本与图6.13的调度5一致，不同的是，T_2已经提交了事务，事务T_1在之后实施了一个回滚操作。T_2基于T_1写入A的数据对A进行了进一步修改，因此当T_1被回滚时，T_2也应该进行回滚。然而，T_2在时刻t_{10}进行了提交，成为结束的事务，用户已经看到了修改的结果，因此难以被回滚。例如，T_2事务提交表示购物已经完成，用户已经拿到了商品，此时难以回滚该事务。T_2难以被回滚会造成事务T_1也难以被回滚。因此，只有当T_1回滚时，T_2还未提交，才能使数据库正确地回滚到原来的状态。

可恢复调度（recoverable schedule）是指，对于调度S，若T_j读取了T_i所写的数据，则需要保证T_j在T_i之后进行提交（即COMMIT操作），该调度才是可恢复调度；否则该调度是不可恢复调度。

在图6.18（b）中，T_2读取了T_1写的数据，且T_2在T_1之后提交，因此该调度是可恢复调度，而在图6.18（a）中，T_2在T_1之前提交，因此是不可恢复调度。从本质

时刻	T_1	T_2
t_1	Read(A)	
t_2	A= A–50	
t_3	Write(A)	
t_4		Read(A)
t_5		A= A–100
t_6		Write(A)
t_7		Read(B)
t_8		B= B–100
t_9		Write(B)
t_{10}		Commit
t_{11}	Read(B)	
t_{12}	B= B–50	
t_{13}	回滚	

(a) 不可恢复调度，T_2已提交难以回滚

时刻	T_1	T_2
t_1	Read(A)	
t_2	A= A–50	
t_3	Write(A)	
t_4		Read(A)
t_5		A= A–100
t_6		Write(A)
t_7		Read(B)
t_8		B= B–100
t_9		Write(B)
t_{10}	Read(B)	
t_{11}	B= B–50	
t_{12}	Write(B)	
t_{13}	Commit	
t_{14}		Commit

(b) 可恢复调度，T_2等待T_1提交后提交

图6.18　不可恢复调度和可恢复调度

上来讲，可恢复调度要求一个事务的（提交或者回滚）不能影响其他已经提交的事务状态，即一个事务失败了，需要能够撤销该事务对其他事务的影响。

2. 无级联调度

上述例子中，阐述了为什么读取了 T_1 事务数据的 T_2 需要在 T_1 提交之后才能提交，这主要是因为在 T_1 进行回滚操作的时候，T_2 需要一起回滚以进行数据库的恢复。因一个事务 T_1 回滚引起的另一个事务 T_2 回滚的现象称为级联回滚（cascade rollback）。级联回滚是保证事务原子性的重要手段，然而级联回滚有时会极大地影响数据库的性能。图 6.19（a）展示了 3 个事务的一个并发调度。一旦 T_1 发生回滚，读取了事务 T_1 写入数据 A 的事务 T_2 也应该回滚。而事务 T_2 修改了数据 B，导致读取了数据 B 的事务 T_3 也应该回滚。在高度并发的场景下，一次回滚可能会导致大量的事务级联回滚，极大地影响了数据库性能。

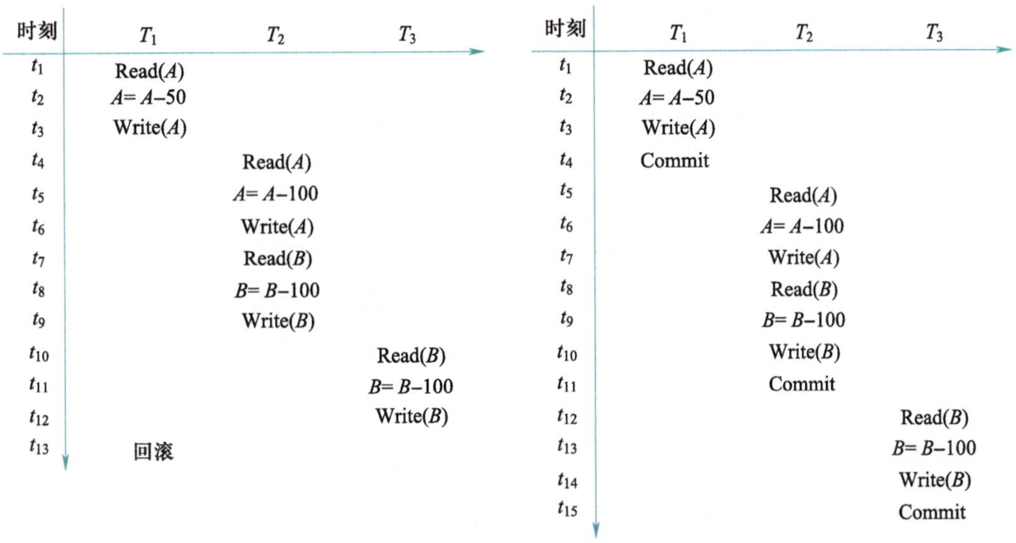

时刻	T_1	T_2	T_3
t_1	Read(A)		
t_2	A= A−50		
t_3	Write(A)		
t_4		Read(A)	
t_5		A= A−100	
t_6		Write(A)	
t_7		Read(B)	
t_8		B= B−100	
t_9		Write(B)	
t_{10}			Read(B)
t_{11}			B= B−100
t_{12}			Write(B)
t_{13}	回滚		

(a) 级联调度，若回滚则连续回滚3条事务

时刻	T_1	T_2	T_3
t_1	Read(A)		
t_2	A= A−50		
t_3	Write(A)		
t_4	Commit		
t_5		Read(A)	
t_6		A= A−100	
t_7		Write(A)	
t_8		Read(B)	
t_9		B= B−100	
t_{10}		Write(B)	
t_{11}		Commit	
t_{12}			Read(B)
t_{13}			B= B−100
t_{14}			Write(B)
t_{15}			Commit

(b) 无级联调度，读操作在提交事务操作之后发生

图 6.19 并发扣款的级联和无级联调度

当事务仅读取已经提交的数据时可以避免级联回滚，即当调度 S 中任意 T_j 读取某 T_i 修改的数据项 X 时，T_i 都已经完成提交，则调度 S 是无级联回滚的。

无级联调度（cascadeless schedule）是指，对于调度 S，若 T_j 读取了 T_i 所写的数据，则需要保证 T_i 在 T_j 在读取数据之前进行提交（即 COMMIT 操作），该调度才是无级联调度。容易验证，无级联调度一定是可恢复调度。

因此事务的调度除了保证可串行化外，还需要保证可恢复和无级联回滚。第 8 章将介绍如何在满足这两个要求的条件下实现高效的事务调度。

6.4　事务的隔离级别

事务的隔离性保障了事务并发处理过程的一致性。但严格的可串行化调度会影响事务的并发性能，甚至会退化成单纯的串行调度。因此，为了提高数据库对可串行化要求不高的场景的处理效率，数据库对事务处理的性能和一致性进行了平衡，定义了四种隔离级别，分别是读未提交（read uncommitted）、读已提交（read committed）、可重复读（repeatable read）、可串行化（serializable）。每个隔离级别按照在该级别下禁止发生的异常现象来定义，这些异常现象包括：

（1）脏读（dirty read）：指一个事务在执行过程中读到其他尚未提交事务修改的数据；

（2）不可重复读（unrepeatable read）：指同一个事务先后两次读到的同一条记录的内容发生了变化，即两次分别读到其他并发事务修改前和修改后的数据；

（3）幻读（phantom read）：指同一个事务（一般指范围查询，例如 SELECT * FROM Student WHERE Age > 20）先后两次读到的数据不同，即两次分别读到其他并发写事务插入或者删除前后的数据。

隔离级别越高，一个事务受到其他并发事务的影响越小。在最高的可串行化隔离级别下，任意一个事务的执行，均不会受到任何其他并发事务执行的影响，并且所有事务执行的效果都和串行执行的效果完全相同，但是事务并发性能较差。而在最低的可串行化隔离级别下，不同的事务操作可以更加高效地并发执行，但是可能引起数据不一致的问题。如表 6.1 所示，描述了各个隔离级别下对于处理异常现象的要求。

表 6.1　四种隔离级别和对应的行为

隔离级别	脏读	不可重复读	幻读
读未提交	允许	允许	允许
读已提交	不允许	允许	允许
可重复读	不允许	不允许	允许
可串行化	不允许	不允许	不允许

对不同级别的隔离要求，需要采取不同的控制手段，对于高的隔离级别还需要辅以其他的机制来实现。所以数据库管理系统允许用户根据业务对隔离性需求选择适当的隔离级别，从而使数据库在满足业务的隔离需求情况下取得较高的性能，数据库管理系统默认的隔离级别一般是读已提交。

要设置一个事务的隔离级别，通常使用特定的语句，例如：

```
SET TRANSACTION{SERIALIZABLE | REPEATABLE READ | READ COMMITTED | READ
UNCOMMITTED}
```

该语句在花括号中选择对应的选项可以指定隔离级别，其中选项 SERIALIZABLE 对应可串行化，REPEATABLE READ 对应可重复读，READ COMMITTED 对应读已提交，READ UNCOMMITTED 对应读未提交。下面介绍下这几种隔离级别产生的影响。

需要注意的是，脏读、不可重复读、幻读都是读写冲突造成的异常。将读写异常按照严重程度进行排序，有脏读＞不可重复读＞幻读。需要注意，写写冲突带来的异常会导致写入的数据丢失（称为脏写，lost update），这种异常严重程度比读写冲突造成的异常严重得多，因此这几种隔离级别都不允许脏写。

6.4.1 读未提交

读未提交是隔离级别中最低的隔离级别，如果事务处于读未提交隔离级别，数据库中执行的事务并不额外考虑互相之间的影响。读未提交这一隔离级别允许脏读、不可重复读和幻读三种异常情况的存在。

以脏读为例，脏读允许事务在执行过程中，读取其他并发的、尚未提交的事务所写的数据。回顾图 6.5 提供的冲突并发场景，读未提交隔离级别下事务 B 的第一次读取的余额的结果为 200 元，即使该数值后续会被修改。

读未提交完全没有考虑到事务之间的影响，事务可能会读取到某些不正确的值（如需要回滚的值，或者中间状态的操作结果等）。如图 6.20 所示，事务 A 进行了回滚，事务 B 读取的小明的存款则为不正确的 200 元。因此，数据库一般不允许脏读的发生。只有当业务场景中不同的事务之间没有相互影响时，才会考虑该隔离级别。

时刻	事务A	事务B
t_1	读取小明的存款(100)	
t_2	小明的存款增加100 (200)	
t_3	更新小明的存款为200	
t_4		读取小明的存款(200)
t_5	回滚	

图 6.20 读未提交（造成脏读）

6.4.2 读已提交

读未提交允许存在脏读这一异常现象，可能会导致事务读取到其他事务已修改但没有提交的数据。为了防止脏读，可将数据库隔离级别设为读已提交。读已提交要求事务只能读取到已经提交的值，忽略其他事务正在处理但未提交的值。设置隔离级别为读已提交时，在图 6.5 描述的并发场景下，事务 *B* 读取到的值为 100。

为了实现这一机制，数据库引入了多版本并发控制技术（multi-version concurrency control，MVCC）、时间戳、锁等并发控制方法对数据进行隔离，保障事务并发时数据的正确性，具体算法在第 8 章介绍。

本节以多版本并发控制协议为例，初步介绍读已提交的实现方式。多版本并发控制技术为每个数据项维护多个版本（每个版本有一个时间戳），读已提交的事务每次读取某个数据项 *X* 时，获取比读事务时间戳小但在 *X* 所有版本中最大的数据版本，而不是最近修改而尚未提交的数据版本。根据获取版本的原则不同，MVCC 也可以实现不同的隔离级别。锁等其他控制方法也可以实现读已提交这一隔离级别，第 8 章将会详细介绍。

但是，考虑如图 6.21 所示的并发场景，事务 *B* 在时刻 t_4 实施读操作，读已提交下事务 *A* 对小明存款的更新操作还无法被事务 *B* 读取。事务 *B* 读取小明的存款为 100 元。事务 *A* 在时刻 t_5 进行了提交（COMMIT），之后事务 *B* 再次读取小明的存款（例如事务 *B* 有额外的操作，小明要消费 200 元，需要检查是否能够扣款成功）。此时读已提交的隔离级别下，小明读取到的存款为 200 元。同一个事务两次读取的余额不同，存在不一致，这种前后不一致可能会导致事务后续处理产生错误。

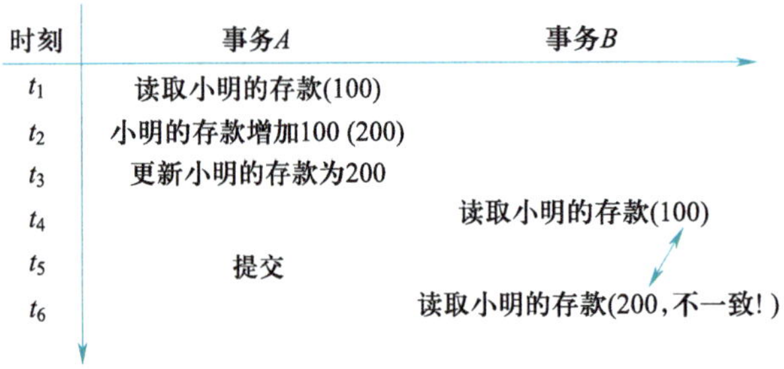

时刻	事务*A*	事务*B*
t_1	读取小明的存款(100)	
t_2	小明的存款增加100 (200)	
t_3	更新小明的存款为200	
t_4		读取小明的存款(100)
t_5	提交	
t_6		读取小明的存款(200，不一致！)

图 6.21　不可重复读

这种同一个事务在不同时刻读取同一个数据却读取到不同值的异常情况，称为不可重复读，当业务场景不允许不可重复读时，需要引入更高的隔离级别。

6.4.3　可重复读

读已提交隔离级别仍面临着不可重复读这一异常现象，对数据库的一致性带来挑战。为了解决不可重复读这一异常现象，数据库提出了可重复读这一隔离级别。

与读已提交类似，可重复读只能够读取已经提交的数据，不同的是，可重复读这一隔离级别要求在同一个事务内，先后两次读到的同一条记录的内容一致。

数据库同样可以借助锁或者 MVCC 方式来实现这一隔离级别。图 6.22 描述了一种简单的、利用锁的可重复读方式。这里仅仅对锁的基本思路进行简述，具体的使用方法会在第 8 章详细介绍。某个事务 A 一旦读取数据项 X，数据库就对数据项 X 加锁，阻塞后续事务 B 对 X 进行修改，直到事务 A 提交并释放了锁，事务 B 才能完成对 X 的数据修改操作。通过锁避免其他事务对 X 进行修改，可以保证事务 A 在任何时刻读取到 X 的值都不发生变化。然而基于锁实现的可重复读往往会阻塞其他事务，造成性能上的损失，还会引起死锁等不良后果。因此在对性能要求比较高的数据库中，往往需要采用基于 MVCC 的方法来实现可重复读这一隔离级别，即一个事务每次读取数据时都用相同的时间戳（即事务开始时的时间戳），从而避免了不可重复读。

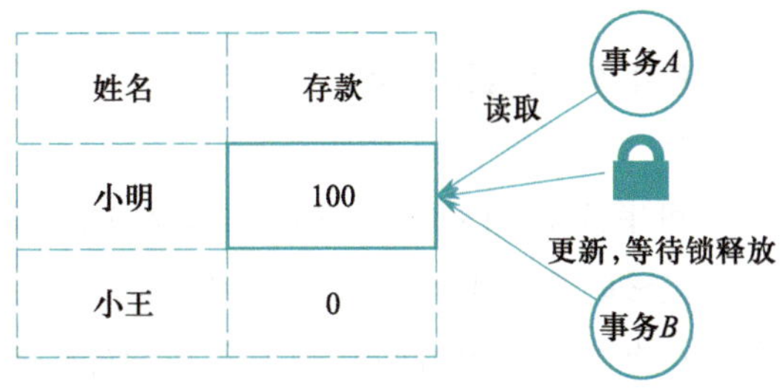

图 6.22 基于锁的可重复读

可重复读隔离级别可以解决数据更新场景下同一数据在事务中读取的一致性，但可重复读在某些场景下仍然可能存在不一致读的问题。考虑如图 6.23 所示的一个统计银行存款的并发场景：

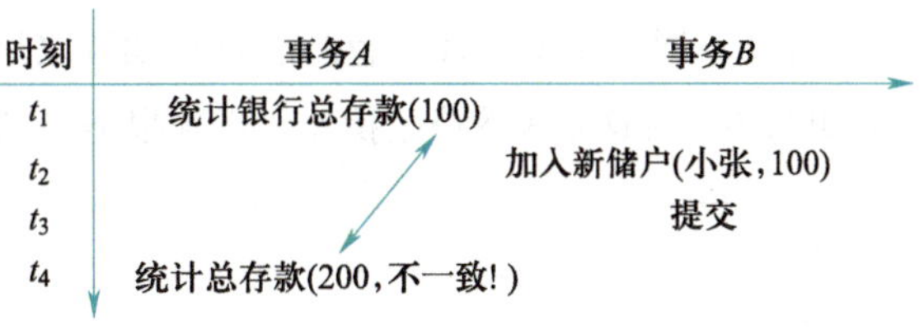

图 6.23 幻读

（1）事务 A：在一个事务中两次统计银行的总存款；

（2）事务 B：银行加入新储户小张，存款为 100 元。

事务 A 中第一次统计银行总存款时（t_1 时刻），事务 B 还没执行，因此事务 A 读不到事务 B 中小张的信息；而第二次统计银行总存款时（t_4 时刻）事务 A 读取到了事务 B 中新增储户的信息，因此产生了不一致。考虑一个事务 A 两次范围相同的查询（查询多行数据，而不是查询一条数据），同时另外一个事务 B 删除或者插入了数据

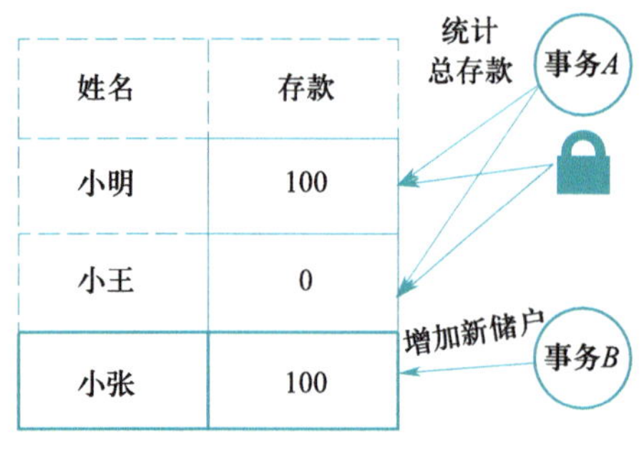

图 6.24　基于行锁的可重复读

（这些数据落在 A 的查询范围之内），因此事务 A 两次查询得到的结果不同，这种数据不一致的情况被称为幻读。如图 6.24 所示的基于行锁实现的可重复读，事务 A 在第一次统计总存款时，会读取到小明和小王的数据。事务 A 对小明和小王的存款加上锁，防止后续其他事务对这两条数据的修改。然而事务 B 可以新增加一条记录（小张，100），从而间接影响了银行总存款的统计。当业务场景中不允许出现幻读时，数据库需要使用更加严格的控制手段（例如谓词锁或者 MVCC 机制）对数据进行并发访问控制。

6.4.4　可串行化

可串行化提供了最为严格的隔离级别，该级别要求事务的调度是一个可串行化调度，能够取得和串行执行一样的结果。对比可重复读，可串行化避免了幻读这一异常现象。可串行化关键的问题是如何解决读写冲突、写读冲突带来的一致性问题。串行执行所有的事务可以解决一致性问题，但是放弃了并发而导致数据库处理事务的效率下降。为了使事务能够在并发处理的同时满足隔离性的要求，数据库系统的目标是寻找一个可串行化的调度方案。在 6.3 节中已经对可串行化调度进行了详细介绍。下面通过一个例子介绍可串行化调度的实现方案。

图 6.25 演示了一种可能的加锁方式，解决了幻读产生的影响。与可重复读中加锁的方式不同，在事务 A 对存款表进行读取之后，直接将整张表锁住，阻塞其他事务（如事务 B）对这张表的修改操作，直到事务 A 提交并释放了锁之后事务 B 才能继续执

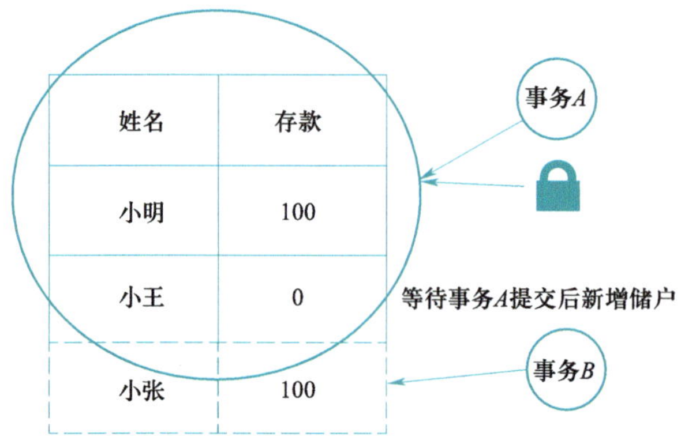

图 6.25　基于表锁的可串行化调度

行。对于不涉及该表的其他事务，则可以继续与事务 A 并发执行。对比单纯的串行调度，该方法提高了数据库处理事务的效率。图 6.26 描述了可串行化隔离级别下事务 A 和事务 B 的一种可能调度。

时刻	事务A	事务B
t_1	统计银行总存款(100)	
t_2		加入新储户小张存款100(阻塞)
t_3	统计总存款(100)	
t_4	提交	
t_5		(加入新储户小张成功)
t_6		提交

图 6.26　基于锁的可串行化隔离级别的一种可能调度

锁住整张表的方式，在很大程度上避免了读写冲突带来的数据一致性问题。然而对比上述另外三种隔离级别，被锁住的事务阻塞其他事务的概率大大增加了。可串行化是几种隔离级别中对性能影响最大的隔离级别，因此不同数据库也在尝试使用更新的技术实现该隔离级别，以尽可能地减小其对事务并发处理性能的影响。

6.4.5　隔离级别的选择

从读未提交到可串行化，隔离级别越高数据安全性越强，能够为数据库提供的一致性保证越强，同时也带来了更多的资源消耗，降低了事务的并发度。例如在可重复读中引入了行数据锁，在可串行化中引入了对表的锁，锁会阻塞其他事务的并发执行，大大降低了系统的并发程度。

在选择具体隔离级别时，要在系统和效率之间进行权衡。由于读已提交这一隔离级别已经保证只有提交的数据才被读取，能够满足很多场景下的需求，大多数现代的数据库系统都默认采取读已提交或者可重复读这一隔离级别。

6.5　保证事务 ACID 的技术

为了保证数据库 ACID 四大特性，可采用以下不同的技术来实现事务的高效执行。

（1）原子性：数据库一般通过回滚日志来保证原子性。即当事务回滚时，通过回滚日志恢复事务执行前的结果。第 7 章将介绍相关技术。

（2）持久性：数据库一般通过重做日志来保证持久性。即当事务成功提交后发生故障时，通过重做日志恢复事务执行后的结果。第 7 章将介绍相关技术。

（3）隔离性：数据库通过并发控制协议来保证隔离性。即多个事务并发执行时，数据库通过基于两阶段锁的协议、基于时间戳的协议、基于乐观并发控制协议、基于多版本控制协议来保证高效的、正确的事务并发执行。第 8 章将介绍相关技术。

（4）一致性：数据库通过回滚日志、重做日志、并发控制协议，以及数据库完整性约束来实现数据的一致性。

6.6　小结

事务管理是数据库提供的一项重要功能，通过将多个简单语句组合起来，可以实现复杂的操作。事务的出现拓展了数据库的使用范围，在各种场景中发挥着重要的作用，尤其是金融交易场景下对事务的并发控制要求非常高。

由于事务操作复杂，为了保证事务的正常执行，数据库管理系统中规定了事务的 ACID 四大特性，即原子性、一致性、隔离性和持久性。四大特性要求数据库管理系统能够正确地处理事务回滚或者故障发生时的数据恢复请求。为了提高数据库的性能，事务需要并发地执行，这又对数据库管理系统提出了隔离性的要求。为了解决并发场景下的一致性要求，引出了并发控制下的可串行调度、冲突可串行化调度、视图可串行化调度等概念，同时提出了满足数据可恢复的调度要求。

现实场景下，完全的可串行化调度往往带来一定的性能损失，数据库管理系统又提出了四大隔离级别，对幻读、不可重复读、脏读等异常现象做了一定的放松，在一定程度上允许了不一致现象发生。

6.7　习题

1. 举例说明为什么一条基础 SQL 语句不能支持所有需求，并解释事务这一概念。

2. 解释什么是事务的 ACID 特性。

3. 说明随着隔离级别的提升，数据库一致性与数据库性能分别是怎样变化的，并简单阐述理由。

4. 解释什么是事务的并发执行，并说明为什么数据库系统能支持事务的并发执行。

5. 解释串行化调度、可串行化调度、冲突可串行化调度的区别，并分别给出和文中不一样的例子。

6. 给出一个非冲突可串行化的视图可串行化调度的例子。

7. 对于如图 6.27 所示的调度，给出相应调度的优先图，并判断该调度是否为冲突可串行化调度。

8. 图 6.28 是某调度对应的优先图，给出一个等价的串行化调度序列。

时刻	T_1	T_2	T_3	T_4
t_1	Read(A)			
t_2	Write(A)			
t_3		Read(A)		
t_4		Write(B)		
t_5			Read(B)	
t_6			Write(C)	
t_7				Read(C)
t_8				Write(A)

图 6.27 调度示例 1

图 6.28 优先图示例

9. 解释为何无级联调度一定都是可恢复调度。

10. 考虑用户按照如图 6.29 所示的顺序提交开启并执行事务 A 和事务 B，银行总存款初值为 200 元，若时刻 t_6 和时刻 t_3 中事务 B 的查询结果不一致，事务可能处于哪些隔离级别?

时刻	事务A	事务B
t_1	开始事务	
t_2		开始事务
t_3		查询总存款200
t_4	新储户TIM，余额100	
t_5	提交事务	
t_6		查询总存款
t_7		提交事务

图 6.29 调度示例 2

第 7 章

数据库原子性和持久性的实现及故障恢复

第 6 章已经介绍过事务的 ACID 特性，其中事务隔离性通过第 8 章介绍的并发控制实现。本章将介绍数据库事务原子性和持久性的实现原理，以及如何在故障状态下恢复数据库。数据库在长时间运行过程中可能出现故障。为了提升数据库的可用性，需要快速、自动恢复数据库，最大程度降低故障的影响。数据库故障的类型多种多样，包括事务故障、系统崩溃、磁盘故障和自然灾害。对于不同的故障，存在不同的恢复方法。这些方法不仅要保证恢复后数据库的数据完整性，同时也要保证发生故障时数据库中事务的原子性和持久性。数据库事务一致性通过相关技术及数据完整性约束和数据库管理者在事务编写时实现。

7.1 正常无故障事务原子性和持久性的实现

原子性和持久性是数据库事务两个非常重要的性质，第 6 章中已介绍过了。数据库管理系统在设计时需要保证时刻满足这两个性质，这不仅要考虑数据库正常运行的场景，还要考虑数据库出现故障可能引发数据丢失的场景，后者所带来的挑战更加艰巨。本节讨论的是在数据库正常和数据库发生故障的场景下，要保证数据库的原子性和持久性将分别面临哪些挑战。

数据库在绝大多数情况下是正常运行的。正常运行是指数据库可以正确处理用户请求，并且位于内存和磁盘的数据不发生丢失。与之相对的是数据库故障，故障状态下数据库无法处理请求，并且内存和磁盘中的数据可能丢失。

回顾第 5 章介绍过写事务的处理过程，首先写内存缓冲区的页面，然后写内存缓冲区的日志，将缓冲区日志刷新到磁盘后即可返回写成功信息，而数据页面是异步刷新到磁盘中的。在数据库无故障的情况下，事务的持久性是可以保证的。这是因为在数据库管理系统中，数据页面只有先被读入位于内存的缓冲区，才能被数据库程序修改。数据库运行时，位于缓冲区内的数据页面修改是不会丢失的。然而，一旦数据库关闭，操作系统会回收分配给它的内存资源，因此在数据库程序退出时需要先将缓冲区中的数据修改写回磁盘。已经修改过而未写回磁盘的页面称为脏页，脏页写回磁盘的过程也称为刷新脏页（flush dirty page）或刷脏。脏页写回磁盘的原因有以下几种：

（1）数据库关闭退出的时候，缓冲区中的所有脏页需要被写回磁盘；

（2）缓冲区中的数据页面已经满了，此时如果需要继续读入数据页面，就必须将被替换的脏页写回磁盘；

（3）一些数据库管理系统要求事务在提交前，必须将修改过的脏页全部写回磁盘（例如事务提交强制刷新磁盘的强制机制，具体内容将在之后说明）；

（4）为了减小一次性写回太多脏页对数据库性能产生的影响，数据库会设置一个单独的进程 / 线程定时地将脏页写回磁盘，刷脏的频率和数据库当前负载压力大小相关。

以上条件确保数据库事务修改的页面最终都会写回磁盘，因此事务的持久性可以被满足。但是发生故障（例如重启）时，如果有一些内存缓冲区的页面还没有刷新到磁盘中，即使数据库重启，页面中的数据可能不是最新数据，也需要利用恢复技术来保证数据的持久性。

不同于事务的持久性，事务的原子性在正常状态下是无法天然地被满足的，这是因为正在执行的事务会对缓冲区以及磁盘的数据造成影响。例如未提交的事务 T 修改了页面 A，页面 A 的内容又因为缓冲区的页面替换被写回了磁盘，那么 T 对 A 的修改已经被持久化了。而根据原子性的要求，如果一个事务没有被提交，它不应该对数据库造成任何数据修改。因此，一旦用户输入命令请求中止事务，磁盘中页面 A 的修改就是不合法的，数据库需要专门设计方法来撤销这些已产生的影响。

7.2 数据库故障恢复机制概述

事务的原子性和持久性不仅需要在数据库处于正常情况下得到满足，一旦数据库出现故障，原子性和持久性同样需要被保证。事实上，不同类型的故障对于事务原子性和持久性的影响是不同的。本节首先介绍常见的数据库故障场景，然后介绍如何解决这些故障问题。

7.2.1 常见数据库故障

数据库管理系统的潜在故障有很多种，引发故障的诱因也各不相同。下面对常见的数据库故障和它们对事务的影响进行分类讨论。

1. 事务故障

事务故障主要指数据库事务因为资源冲突或者死锁等原因导致执行失败，此时该事务可能已经修改了数据库位于磁盘中的数据。因此系统需要自动触发事务中止(transaction abort)，并回滚该事务，否则事务的原子性将受到影响。

注意，除事务故障外，还存在无故障下事务回滚的情况，例如购物储值卡扣款时，若扣款后余额小于 0，则事务执行失败并触发回滚操作。

事实上，数据库自动触发的事务中止和用户手动执行的事务中止在数据库内部的具体实现是相同的。

2. 系统崩溃

系统崩溃主要指因为数据库自身或操作系统的故障导致数据库进程意外退出，数据库服务器的断电或意外关闭也会导致这种故障的产生。在此场景下，系统崩溃后可重启数据库。系统崩溃时，存储在内存缓冲区中的数据会丢失，因此已执行的事务导致的脏页可能还未被及时写回磁盘，从而影响了事务的持久性。同时，故障发生时正在处理的事务会被中止，可能导致这些事务仅将部分操作更新到数据库中，进而影响了事务的原子性。

以图 7.1 为例，数据库内在一段时间内总共出现过五个事务，其中 T_1 和 T_3 在数据库崩溃之前成功提交，T_2 则是在数据库崩溃以前中止，而 T_4 和 T_5 在系统崩溃时仍未完成。

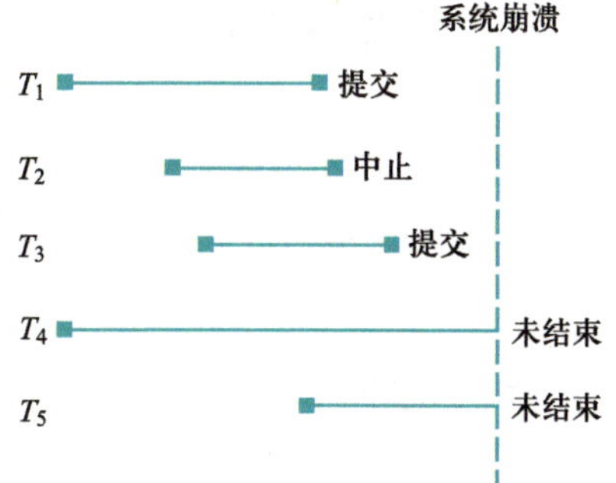

图 7.1 数据库管理系统崩溃下的事务状态

实际上，在系统崩溃发生时数据库中存在三类事务，分别是已提交的事务、已中止的事务和未结束的事务。

(1) 对于已提交的事务，它们对数据库的修改可能没有被写回磁盘，缓冲区数据丢失后这些修改就无法找回了。这种情况下，事务的持久性会受到影响。

(2) 对于未结束的事务，它们可能已经对数据库造成了修改，但是没有被系统提交，重启之后的数据库也没有撤销这些修改。这种情况下，事务的原子性会受到影响。

(3) 对于已中止的事务，系统对这些事务的撤销可能没有写回磁盘，因此在重启之后这些撤销内容会丢失。这种情况下，事务的持久性会受到影响。

综上所述，系统崩溃会导致数据库中事务的原子性和持久性均受到影响。

3. 磁盘故障

数据库的数据一般存储在磁盘上，而磁盘也会出现故障。第 5 章已经介绍过，磁盘由若干个盘片组成，每个盘片被划分成一系列磁道，每一条磁道又被划分成若干个扇区。盘片、磁道和扇区都可能损坏，由此导致其中的数据无法被读出。扫描扇区的磁头也存在损坏的可能，这会导致整个磁盘的数据都无法被数据库管理系统读取。

显然，由磁盘故障引发的数据丢失会导致事务的持久性受到影响。事实上，数据库的数据也可能保存在其他非易失性存储器上，包括固态盘、存储区域网等，这些数据同样会存在因为这些非易失性存储器故障导致无法被读取的问题，进而影响数据库事务的持久性。

4. 自然灾害

自然灾害故障指的是一些意外的自然灾害对数据库管理系统所在环境造成了彻底性破坏，包括洪水、地震、火山喷发等不可抗力因素。在此情况下，数据库所有的数据都发生丢失，事务的持久性遭到了破坏。

以上四类故障对数据库原子性、持久性产生了影响，而故障的多样性大大增加了数据库原子性、持久性保证的难度，也使数据库恢复变成了一个具有挑战性的问题。下一节将介绍数据库恢复机制（recovery mechanism）来保证在以上四种故障场景下数据库的原子性和持久性。

7.2.2 数据库恢复机制架构

为了应对不同类型的故障，专家设计了多种数据库恢复机制。总体来说，数据库故障恢复机制可以分成以下三个大类。

1. 单机数据库恢复

在一个完整的单机数据库管理系统中，必定会集成一个恢复子系统（recovery subsystem）。该系统负责撤销未提交事务，保证正常状态以及事务故障下数据库事务的原子性，此过程也被称为事务回滚。该系统也负责重做已提交事务，即重做那些没有写回磁盘的、已完成的事务，以保证事务的持久性。该过程称为事务重做。所以，在数据库管理系统崩溃之后，恢复子系统同时要保证系统重启后事务的原子性和持久性，即撤销未结束的事务对数据库造成的影响，并且将所有已提交的事务对数据库的修改写入磁盘。事实上，这里的撤销事务和正常情况下数据库撤销事务属于同一流程，换句话说，事务回滚是系统崩溃恢复任务的一个子集。另外，为了保证事务的撤销和崩溃以后的恢复，由于不能预判系统出现故障的时刻，恢复子系统需要在数据库整个运行过程中一直工作。

2. 数据备份机制

为了防止磁盘故障导致数据丢失，数据库管理系统一般采用两种机制。一种是通过 RAID 存储冗余技术来保证在出现硬盘坏数据时也能恢复。另一种是通过数据备份和恢复机制，即将数据备份到其他服务器，当数据库服务器出现故障时，能够通过备份数据恢复故障发生前的数据。数据库通过手动和自动的方式提供数据备份能力。用户可以通过输入命令备份数据库，即复制数据库的数据到其他存储系统中，也可以通过修改配置文件让数据库定时进行自动备份。一旦出现磁盘故障，用户可以通过加载完整的备份数据来恢复数据库，该方法解决了磁盘故障带来的事务持久性问题。和单机数据库恢复系统不同，数据备份机制并不需要在数据库中始终保持工作，只有在被调用时才会启动。数据库管理系统中也会备份日志，通过数据备份和日志备份可以实现任一时刻的数据恢复（7.5 节将会详细介绍）。

3. 多机数据库恢复

尽管单机数据库提供了恢复机制，但是如果数据库服务器整体遭到破坏（包括系统崩溃后无法重启），恢复机制也会失效。而数据备份恢复机制的恢复时间较长，难以实现快速恢复。因此针对整机故障，数据库设计了一主多备架构来解决单机出现的硬件故障问题，其中一台服务器负责数据库的读写操作，其他备机用来做备份，即如果主机出现故障，备机可以接管主机的业务。主备机之间主要通过日志来实现主备机的一致性，即主机同步将日志传输给备机，备机通过解析日志来回放数据页面。一个直观问题是，为什么主备机之间不传输数据呢？这主要是因为数据页面是随机读写的，而且数据有读写放大的问题（比如即使仅修改了数据页面的 1 B，也需要刷新整个页面）。因此主备机通过日志来进行同步。当然主备机之间的日志也可以利用 Paxos 等一致性协议通过多数派方式来实现快速同步。

此外，针对自然灾害等极端场景，数据库设计了多地多中心架构，即将数据库主机部署到一个地域，其他备机部署到不同的地域。在故障出现时，通过这些备机恢复原数据。数据库多机容灾可以抵抗极端条件带来的数据库故障，在工业界具有广泛的应用。注意，同城的数据库服务器之间数据同步一般通过同步传输来保证高可用性（即主备的日志都写成功才返回成功信息）；而异地的服务器之间往往通过异步传输来保证高性能（即主机日志写成功就返回成功信息，然后主机异步向备机发送数据），这主要是因为如果异地也采用同步方式传输日志，异地网络时延达数十毫秒，会影响数据库的性能。

表 7.1 总结了数据库主要面临的问题以及对应的恢复机制。接下来，本章将在 7.3 节和 7.4 节介绍数据库单机恢复机制如何处理系统崩溃问题，7.5 节将讲解数据库备份的相关内容，7.6 节将介绍数据库容灾的相关内容。

表 7.1 数据库面临的主要问题及恢复机制

问题类型	出现频率	对事务的影响	恢复机制
无故障下事务回滚	高	原子性	单机数据库恢复
事务故障	较高	原子性	
系统崩溃能重启	中等	原子性 / 持久性	
系统崩溃不能重启	低	原子性 / 持久性	一主多备
磁盘故障	低	原子性 / 持久性	数据多副本
自然灾害	极低	原子性 / 持久性	异地多机恢复

需要注意的是，在能够正确恢复数据库的前提下，恢复机制还需要保障数据库的高可用性（high availability），即当出现数据库故障的时候，恢复时间要尽可能短，并且出现故障的次数尽可能少。

在一主多备的情况下，系统故障后有两种恢复选择。一种是主机重启恢复业务。另一种是主备切换，通过备机提供业务。数据库一般会评估哪一种方法业务恢复更快，从而选择恢复更快的方法。

7.2.3 高可用指标

数据库恢复机制需要保障数据库管理系统的高可用性，故障恢复的过程不能持续太长，否则会极大降低数据库用户的体验。描述系统高可用性的指标一般有以下几种：

（1）平均故障间隔时间（mean time between failure，MTBF，也称平均失效间隔时间）：指系统在两相邻故障间隔期内正常工作的平均时间，平均故障间隔时间越长，出现故障概率也越低。

（2）平均恢复时间（mean time to repair，MTTR，也称平均修复时间）：指系统从故障中恢复需要的平均时间。平均恢复时间越长，代表故障对系统的影响也越大。

（3）平均损坏时间（mean time to failure，MTTF，也称平均无故障时间）：指系统出现损坏的平均时间。和平均故障间隔时间不同的是，平均损坏时间中的“损坏”指的是无法修复的故障，例如主板的永久损坏。这一类损坏的解决方式往往是用新的硬件来替换原来的硬件。

以上的高可用指标不仅能用于评价数据库管理系统，也可用于评价计算机主机、磁盘等其他系统相关性能。事实上，在数据库多机容灾中也有专门描述数据库抵御故障能力的指标，一般用以下两个指标来衡量容灾系统。

（1）恢复点目标（recovery point objective，RPO）：业务系统在系统故障后所能容忍的数据丢失量，容忍度越低代表容灾系统的性能越强，该指标和容灾系统里数据复制技术高度相关。一般要求 RPO=0，即不允许数据丢失。

（2）恢复时间目标（recovery time objective，RTO）：业务系统所能容忍停止服务的最长时间，时间越短代表容灾系统的性能越强，即从业务故障到系统恢复服务所经历的时间。

可用性（availability）也是数据库的高可用指标，它用一年中数据库正常运行的时间与一年的总时间比例来衡量。例如 5 个 9，即 99.999%，指的是数据库一年可用时间是 99.999%×365×24×60 分，即不可用时间是 0.001%×365×24×60 分，约为 5.2 分。

7.3 单机系统崩溃恢复方法

在各类数据库故障中，系统崩溃是比较常见的故障。系统崩溃的原因包括但不限于以下几种。

（1）数据库中的进程在处理大量用户请求时会大量使用 CPU、内存资源。一旦资源耗尽，数据库进程可能被操作系统中止。

（2）数据库管理员可能会执行导致数据库异常关闭的错误操作，例如中止数据库进程或者是线程。

（3）数据库管理系统在运行中可能出现软件故障或者死锁等一系列问题，从而引发数据库程序的意外退出。

由于系统崩溃这类故障的常见性，数据库管理系统需要快速、高效的机制来解决这类问题。本节将介绍数据库单机恢复系统是如何保证系统崩溃重启后事务的原子性和持久性的。出于叙述方便的考虑，接下来会用恢复子系统指代数据库单机恢复系统。

7.3.1 恢复方法的策略设计

系统崩溃之后，数据库缓冲区的数据会全部丢失。如果在崩溃时刻一个已提交的事务对数据库的修改没有从缓冲区写回磁盘，那么事务的持久性便无法得以保证。相反，如果系统崩溃时所有已提交事务对数据库的修改均已写回磁盘，那么数据库中提交的事务自然具有持久性。

同样，如果崩溃时一个未结束的事务对数据库的修改有一部分已经从缓冲区写回磁盘，事务的原子性会受到影响。相反，如果崩溃时刻所有未结束的事务都没有将数据修改写回磁盘，那么在崩溃以后这些修改会随着缓冲区数据的丢失而消失。这种情况下，事务也满足原子性。

基于以上讨论可以发现，通过对数据从缓冲区写回磁盘的时机添加限制，就可以让数据库在崩溃重启后事务仍然保持原子性和持久性，具体如下。

(1) 如果要保证事务的持久性，那么系统需要让事务在提交前将本事务所修改的所有数据项都即时写回磁盘，将这个限制条件称为强制（FORCE）的。强制机制虽然保证了持久性，但是要求每次事务提交时都必须刷新较多的脏页，而数据页面从缓冲区写回磁盘是随机写入，这会消耗大量的系统读写资源，由此导致事务提交的延迟较长、吞吐量较低。因此，用户更倾向于恢复子系统是非强制（NO-FORCE）的。为了保证非强制条件下事务的持久性，恢复子系统一般会使用重做日志。即在一个事务提交之前，将该事务所有对数据库的影响以日志的形式写入磁盘。崩溃发生以后，系统会解析执行重做日志，该过程等价于再次执行了此事务，因此也称为事务重做。使用向磁盘写入日志来替代刷新脏页的优点在于，日志写的速度（顺序写）要远高于数据页面写的速度（随机写），具体原因将在 8.3.2 节说明。

(2) 如果要保证事务的原子性，对于缓冲区中的记录，只要对其进行修改的事务还未提交，这些记录就不能被写入磁盘，将这个限制条件称为非窃取（NO-STEAL）的。尽管非窃取保证了事务的原子性，但是这种限制条件使事务执行过程必须占用较大的缓冲区空间，不利于多个事务的并发执行。因此，用户更倾向于恢复子系统是窃取（STEAL）的。为了保证窃取条件下事务的原子性，恢复子系统一般会使用回滚日志，在一个未提交的事务对数据的修改写入磁盘之前，系统需要先向磁盘写入可以撤销这些修改的回滚日志，之后在需要回滚该事务的时候，通过解析执行这部分回滚日志来撤销该事务对数据库的影响。

为了更好地理解上述两个限制条件，可以使用商场购物来类比数据库缓冲区的工作过程：考虑周末去超市大采购，强制机制会要求购物车（缓冲区）里每添加一样商品就必须去收银台结账（写入磁盘）；而非强制机制则允许商品暂时放入购物车等待后续结账。非窃取要求必须把所有要买的商品添加到购物车后才可以去结账（即每个人只能结一次账），窃取则允许部分商品先结账。可见，强制相对于非强制会更耗体力（频繁的 I/O 开销）；非窃取相对于窃取而言不需要很大的购物车（缓冲区空间）。

综上所述，为了实现数据库事务的原子性和持久性，有添加限制条件和使用日志这两种解决方法。恢复子系统可以选择不同的策略来保证事务的原子性和持久性（原子性和持久性的保证不会相互影响），这些策略两两组合起来，就产生了不同类型的恢复算法。

表 7.2 总结了四种不同类型恢复算法，其中，非窃取 + 强制的算法不需要任何日志，但是由于添加了额外的限制条件（事务提交强制刷新脏页，事务执行期间不允许刷新脏页），它的性能在内存 – 外存经典架构的数据库上也是最差的。数据库正常运行时性能最优的是窃取 + 非强制的算法，它对数据页面写回磁盘的限制最少，但是它需要使用最复杂的回滚 / 重做日志。窃取 + 强制的算法只需要回滚日志即可以实现，而非窃取 + 非强制的算法仅需要重做日志。

表 7.2　数据库恢复算法及其描述

算法	描述
非窃取 + 强制	无重做日志，无回滚日志； 随机写多，内存消耗大，性能 / 并发差
非窃取 + 非强制	有重做日志，无回滚日志； 内存消耗大，并发差
窃取 + 强制	无重做日志，有回滚日志； 随机写多，性能差
窃取 + 非强制	有重做日志，有回滚日志； 日志多，性能 / 并发好

7.3.2　数据库日志

7.3.1 节介绍了数据库恢复算法的分类，四种不同类型的恢复算法中有三种都使用了数据库日志。显然，数据库日志在恢复子系统中起到了非常重要的作用。日志是数据库管理系统内一系列执行事件的记录，它保存了数据库已经执行操作的历史。数据库管理系统可以通过解析日志来执行具体操作，起到和事务实际修改数据等价的效果。

1. 日志主要性质

数据库日志有以下几个重要的性质。

（1）数据库日志和数据库事务密切相关，事务的执行过程会反映在日志中，数据库可以通过对日志的分析实现对数据库事务的回滚或重做。

（2）日志是日志记录（log record）的序列。日志记录是数据库管理系统活动记录的最小单位，每一条记录反映了数据库管理系统中的一次基本操作。日志记录不仅包含了数据的更新，还包含了数据库事务开始 / 结束的逻辑。

（3）日志的内容采用追加顺序写方式，在写入磁盘以后是不会被修改的，因此所有日志内容可以顺序写入磁盘，保证了可高效地实现写入。该特性也是建立高可用恢复机制的前提。

图 7.2 反映了数据库内事务的各个阶段以及它们之间的转移关系。在一个事务的生命周期中，用户可以输入 START、ABORT/ROLLBACK 和 COMMIT 来开始、中止 / 回滚和提交该事务。这些控制事务的命令会通过日志记录的形式保存下来。以下是关于事务控制的日志记录：

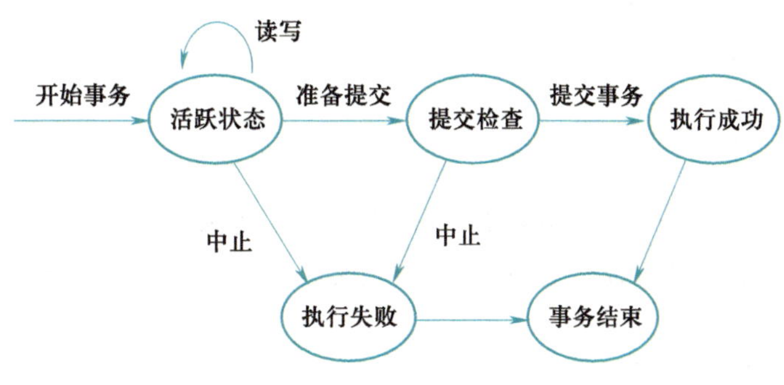

图 7.2 数据库事务状态转移图

（1）事务开始日志记录 <*T*, start>：开始一个事务并命名为 *T*；

（2）事务提交日志记录 <*T*, commit>：提交一个事务 *T*；

（3）事务中止并回滚日志记录 <*T*, abort> 或者 <*T*, rollback>：中止并回滚一个事务 *T*，这里事务中止有可能是用户手动触发的，也可能是因为事务故障或系统崩溃由系统自动触发的。

在事务处于活跃状态的过程中，会读取缓冲区中的数据，并且对缓冲区中的数据进行修改，日志也会记录这些修改，涉及数据修改的日志记录称为更新日志记录（update log record）。如果系统希望在将来撤销这些影响（即事务回滚），系统需要在执行修改的过程中生成回滚日志并记录它们。同样地，如果系统希望在将来持久化这些影响（即事务重做），系统需要生成重做日志并记录它们。

2. 回滚日志和重做日志

回滚日志是一种用来支持数据库事务撤销操作的日志，在回滚日志中更新日志记录的格式为 $<T, X, v_{\text{old}}>$，在这里 T 是事务的唯一标识符，用来指代某一个具体的事务，X 代表数据项，v_{old} 代表该数据项修改以前的值。更新日志记录不仅可以表示数据的更新，还可以表示数据的插入和删除。例如，可以使用 invalid 表示数据项 X 无效，一次插入操作（插入前数据项无效）对应的回滚日志更新记录为 $<T, X, \text{invalid}>$；一次删除操作对应的回滚日志更新记录为 $<T, X, v_{\text{old}}>$，在这里 v_{old} 是数据项 X 被删除以前的值。

下面的内容展示了一个回滚日志的应用实例，设想有一个简单的银行业务系统，T_0 代表一个和转账相关的事务，账户甲原有的存款为 1 500 元，账户乙原有的存款为 2 000 元，事务 T_0 将 200 元人民币从账户甲转到账户乙。这里用数据项 A 表示账户甲的存款余额，用数据项 B 表示账户乙的余额。

事务 T_0 的操作如下:

```
read(A);
A=A-200;
write(A);
read(B);
B=B+200;
write(B).
```

对于另一个事务 T_1，它向账户丙中存入 500 元，再从账户丙中取出 300 元，账户丙原有的存款为 500 元（C 表示账户丙的存款余额）。事务 T_1 的操作如下:

```
read(C);
C=C+500;
write(C);
read(C);
C=C-300;
write(C);
```

图 7.3 是上面两个事务关联的回滚日志，它们的标识符分别是 T_0 和 T_1，除事务开始、提交的日志记录以外，其他回滚日志记录中都保存了修改数据项的原值。在需要回滚事务的时候，系统会从后往前扫描每一条日志记录并将日志记录中数据项的值复原。

$<T_0, \text{start}>$
$<T_0, A, 1500>$
$<T_0, B, 2000>$
$<T_0, \text{commit}>$
$<T_1, \text{start}>$
$<T_1, C, 500>$
$<T_1, C, 1000>$
$<T_1, \text{commit}>$

图 7.3　回滚日志样例

假设数据库需要回滚事务 T_1，系统首先将 C 回滚成 1 000，然后再将 C 回滚成 500，之后回滚过程结束。在事务 T_1 中 C 的值发生了两次改变，相应产生了两条回滚更新日志记录，回滚过程中这两条更新日志记录的扫描顺序正好和它们产生的顺序相反。

重做日志是一种用来支持数据库事务重做的日志，在重做日志中更新日志记录的格式为 $<T, X, v_{new}>$，T 和 X 在这里的含义和回滚日志相同，而 v_{new} 则代表该数据项修改以后的值。重做更新日志记录同样可以支持数据的插入和删除，具体的思路和回滚日志相同。

图 7.4 是前面银行转账例子中关联的重做日志记录，和图 7.3 相比，事务控制日志记录的内容是相同的，而对于数据更新的日志记录，重做日志仅保存更新以后的值。如果数据库在执行完 T_0 和 T_1 以后发生了崩溃，恢复阶段系统会从前往后扫描重做日志并执行 T_0 和 T_1 对数据项的改动，使数据库回到崩溃前一致的状态。

$<T_0, \text{start}>$
$<T_0, A, 1300>$
$<T_0, B, 2200>$
$<T_0, \text{commit}>$
$<T_1, \text{start}>$
$<T_1, C, 1000>$
$<T_1, C, 700>$
$<T_1, \text{commit}>$

图 7.4 重做日志样例

3. 预写日志

出于性能的考虑，和数据页面一样，数据库日志先在内存中修改，之后再被写入磁盘，日志写入磁盘的过程也称为日志刷新（log flush）。需要强调的是，数据库日志只有被写入磁盘之后，才能在数据库恢复中发挥作用（内存中的日志在数据库崩溃后直接丢失）。为了确保日志可以发挥作用，所有基于日志的恢复算法需要遵守一种称为预写日志（WAL）的协议，即日志在数据页之前刷新，其主要原因是若先写数据页，则系统出现故障后难以判断是否刷新成功。预写日志协议包含以下四个规则：

（1）数据库日志必须按生成的先后顺序从内存写回磁盘，即一个日志记录必须在它之前所产生日志记录都刷盘后才能被写回磁盘；

（2）所有对于数据库页面的修改都应该产生对应的重做 / 回滚日志记录；

（3）所有脏页写回磁盘之前，和它相关的回滚日志必须写入磁盘；

（4）所有事务提交成功之前，与它相关的重做日志都要写入磁盘。

需要注意的是，数据库恢复中所有算法都需要遵循预写日志协议，有的算法在预写日志之上可能还存在其他的限制条件，具体内容将在 7.3.4 节、7.3.5 节介绍。

同样使用上面的例子，在这里使用回滚 / 重做日志作为演示对象，相当于将上面两种日志合二为一。日志记录格式为 $<T, X, v_{old}, v_{new}>$，T 和 X 与之前含义相同，v_{old} 代表该数据项修改以前的值，v_{new} 代表数据项修改以后的值。如图 7.5 所示，假设在时刻的日志已经写入 T_0 相关的日志记录，数据库请求刷新页面 C（在这里使用数据项指代页面），根据预写日志的要求，系统需要将和页面 C 相关的日志记录写入磁盘，又因为日志写入磁盘必须按顺序写入，所以 $<T_1, \text{start}>$ 也要被写回磁盘。

如图 7.6 所示，假设数据库需要提交事务 T_1，此时内存中最后两条日志记录还没有被刷新到磁盘，由于它们都属于 T_1，因此根据预写日志的要求，它们需要被写回磁盘。

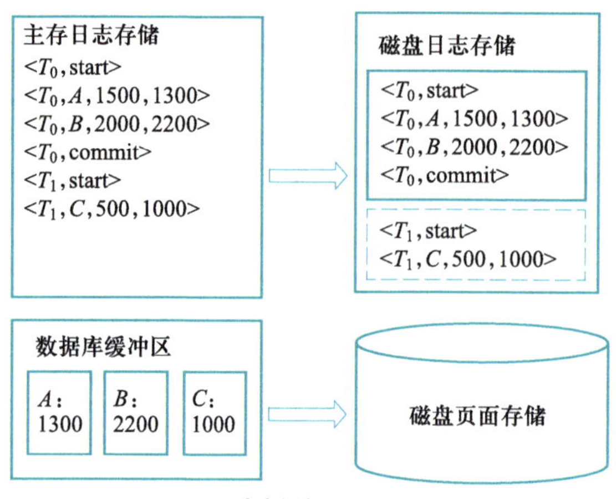

图 7.5 刷新页面 WAL 条件

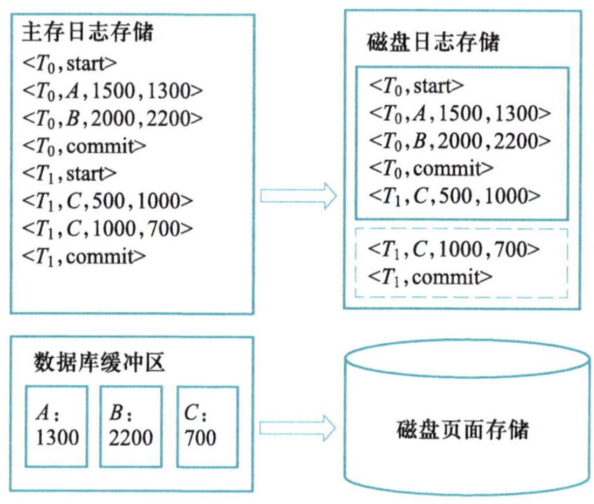

图 7.6 事务提交 WAL 条件

4. 日志实现方式

按照功能划分，可以将数据库日志分类成重做日志和回滚日志。也可以按照日志的性质将数据库日志分类成物理日志（physical log）、逻辑日志（logical log）和物理逻辑日志（physiological log）。

事务对于数据的修改是通过 SQL 语句实现的，SQL 语句实际上是一个逻辑表达式（logical expression），记录逻辑表达式的日志被称为逻辑日志。事实上，逻辑日志不一定是 SQL 语句，也可以是其他的逻辑表达式。例如，对于一条数据更新语句：

```
UPDATE Student SET Sdept = "Computer Science" WHERE Sdept = "CS";
```

该语句的修改对应到三条具体的数据行，假设每一行记录在数据库内部有一个标识符 ItemId（如表 7.3 所示），该条 SQL 语句在数据库内部会转换成以下三条逻辑语句：

```
SET Sdept="Computer Science" WHERE ItemId=1;
SET Sdept="Computer Science" WHERE ItemId=2;
SET Sdept="Computer Science" WHERE ItemId=3;
```

表 7.3 数据表样例

Sno（学号）	Sname（姓名）	Sgender（性别）	Sage（年龄）	Sdept（所在系）	ItemId（标识符，隐藏）
1	Bob	男	17	CS	1
2	Lucy	女	19	CS	2
3	James	男	18	CS	3
4	Lisa	女	18	MA	4
5	Serena	女	17	MA	5

逻辑日志的优点在于日志记录的内容比较简单，日志写入的代价较小。然而，逻辑日志也存在着自身的缺陷，首先是在恢复阶段，恢复子系统难以定位到逻辑日志所修改的数据。同样以上面的 SQL 语句为例，其中 WHERE 子句的条件是 Sdept="CS"，然而数据库在不同时刻满足 Sdept="CS" 的数据项也是不同的，由此造成定位困难。另外，在使用逻辑日志时需要先进行逻辑表达式的解析，这会导致恢复数据时间过长。

事实上，每一条 SQL 语句（特指涉及增删改的数据操纵语言）的执行结果都可以对应若干个数据项的修改。举例来说，对于一条更新学生姓名的语句：

```
UPDATE Student SET Sname="Mike" WHERE Sno="1";
```

语句的含义是把 Sno 为 1 的学生姓名设为 Mike，这对应数据库中一个数据项的修改。数据库可以记录数据项所在的物理位置，并记录数据项的具体修改情况。这种记录形式称为物理记录（physical record），物理记录是组成物理日志的基本单位。物理日志的优点是使用时不需要解析日志内容，比较高效；其缺点是它需要记录的内容较长，这会带来日志读写的负担。设想一下，如果一个页面中的数据项发生了删除，进而引发页面中其他数据项物理位置的调整，物理日志需要将这些内容全部记录下来。

除了物理日志和逻辑日志，数据库中还存在一种物理逻辑日志。它以数据页面作为分割界限，用物理方式记录修改了哪个页面，用逻辑方式记录这个页面内的具体修改信息。即在物理逻辑日志中记录目标数据项所在的数据页面的物理信息，而页面以内目标数据项的修改信息则是以逻辑方式记录的。具体来说，对于一个 SQL 语句，和物理日志一样，物理逻辑日志会记录该 SQL 语句影响的数据项所关联的页面，但是这个数据项在页面中的位置则用一个逻辑 ID 表示，对于数据项在页面中的改动是一个逻辑操作（例如将一条记录的年龄属性改为 20）。物理逻辑日志同时具备了物理日志和逻辑日志的优点，即在保证恢复算法高效性的基础上，不引入过大的日志记录开销。

图 7.7 展示了物理日志、逻辑日志和物理逻辑日志三者之间的区别。当事务执行了一条数据更新语句，修改了 Student 表 Sno 为“1”的记录的 Sname 字段，将其值改为 Mike（之前的值是 James），这条更新影响了一个数据页面中的数据项。对于物理日志，记录的内容包含数据项的所在页面（Page 99）、位置（页内偏移 Offset 4）以及修改前后的值（James 和 Mike），物理日志还记录了索引的更新，这里 Key 是索引内部键的表示方法，具体不做展开，索引的内容将在第 9 章介绍。逻辑日志里只包含原始的查询语句。物理逻辑日志里的内容和物理日志的内容大体相似，区别在于这里使用 ObjectId 代表数据项在页面的逻辑位置，而不是物理日志中的位置 Offset。通常来说，ObjectId 到页面真实位置 Offset 的映射会保存在页面的头部，当日志记录被解析时，系统会根据 ObjectId 求解出数据项真实的位置 Offset。

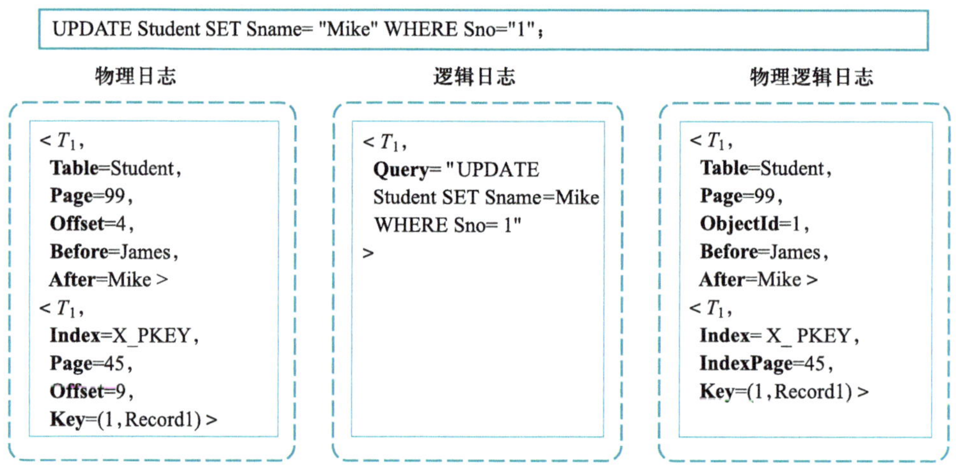

图 7.7　三种日志的特征对比

下面介绍物理日志和逻辑日志的区别，以及在数据库中重做日志和回滚日志采用何种日志格式。

（1）幂等性（idempotence）。幂等性指的是一条日志记录无论执行一次还是多次，得到的结果都是一致的。由于逻辑日志无法确定数据修改的具体位置，同样的逻辑日志操作如果多次执行，产生的效果就不一样了。例如，将学生的年龄加 1 的逻辑操作，两次执行该操作会将年龄加 2，与执行一次的结果不一致。因此逻辑日志中的操作不满足幂等性。而物理日志直接根据数据的物理位置和内容来修改数据（例如将页面 2 的第 4 个字节由 20 改为 21），一次执行和多次执行都是在同一个位置多次执行相同的操作，因此执行结果必然相同，因此满足幂等性。图 7.8 中的一次数据插入操作对应两条物理日志记录（插入索引的日志和插入数据的日志），其中的语句不是SQL，而是数据库内部的逻辑表达式。在系统崩溃以后，系统只需要跳过插入索引的日志记录，单独重做插入数据表的日志记录。事实上，即使再次执行插入索引的日志记录，仍然不会影响数据库状态的正确性。这是因为物理日志记录的是数据项的具体物理位置，在同一个位置多次执行相同的数据修改，结果必然相同。但是逻辑日志需要判断哪个操作已经做了，不能再次执行；哪些操作没做，还需要重新执行。

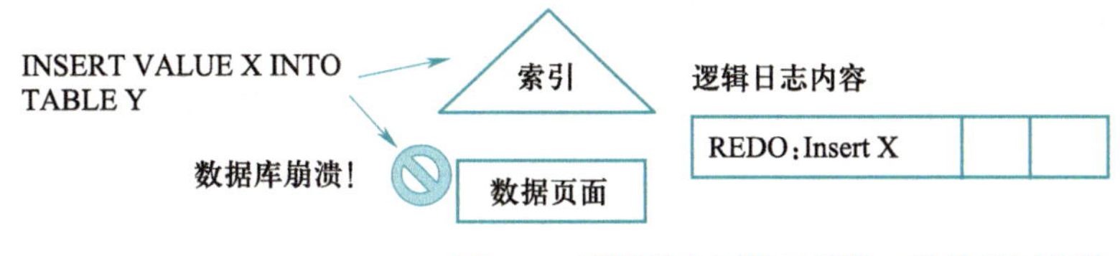

图 7.8 逻辑日志不满足并发一致性和幂等性

（2）失败可重做性。失败可重做性是指，如果一条日志记录对应的数据库操作执行失败，再次执行日志记录的内容是否确保可以达成恢复目的。这一性质和重做日志相关，因为执行重做日志相当于重放之前数据库内的操作。如图 7.8 所示，此时数据库管理系统需要向表 Y 插入数据项 X，X 不仅需要插入数据表，还要插入 Y 的索引。根据预写日志的要求，数据库管理系统先向磁盘写入重做日志，然后将这两个数据修改写回磁盘。此时，如果在一个数据项修改写回磁盘以后，数据库发生了崩溃。假设此时表 Y 中已经包含了 X，但是索引中没有包含 X。在这种情况下，如果通过逻辑日志实现重做就会产生问题，因为插入的索引指针应该指向表 Y 中的记录，但是逻辑日志不包含表 Y 中记录的物理地址。因此很难通过逻辑日志实现重做。而物理日志则是直接根据物理地址修改内容，可以解决这一问题。

（3）操作可逆性。在事务回滚时，如果已经执行了一批操作，当事务回滚时，需要逆向执行这些操作以恢复到原来状态（未执行这批操作时的状态）。但是对于物理日志，执行逆向撤销操作难以恢复到原来状态。其主要原因在于其他事务可能会改变前面操作的数据内容，造成物理地址的变化，因此无法确切定位出每条操作的物理地址，因此无法执行每条物理日志对应的物理撤销操作。图 7.9 展示了物理日志在使用过程中的缺陷，这里展示的是一棵索引树的结构，在索引增长过程中，因为数据页面分裂对数据项 A 的位置产生影响（地址从 0x00030 变成 0x00020，此时如果需要撤销对数据项 A 的修改，根据物理日志已无法找到 A 的位置。而逻辑日志的撤销是通过系统解析完成的，和物理位置没有直接关系，因此可以逆向执行每一条逻辑日志。同样以图 7.9 为例，插入 X 对应的逆操作是删除 X，但是数据库在正常情况下插入 X 后需要回滚。回滚日志只在恢复阶段会被使用，并且在解析回滚日志执行事务回滚的过程中会保证更新日志记录只执行一次，7.4 节将具体讨论该部分内容。这里，读者可能会问：对于重做日志，重新做一次物理日志一定会得到和故障前一样的结果吗？是否也会受到其他事务的影响？其实重做日志是已经真正做完的操作，再执行一次一定会得到相同结果。但注意的是，执行重做日志过程中，不能同时执行和日志有冲突的新事务。因此故障重启后，一般先回放完重做日志才会对外提供业务服务。

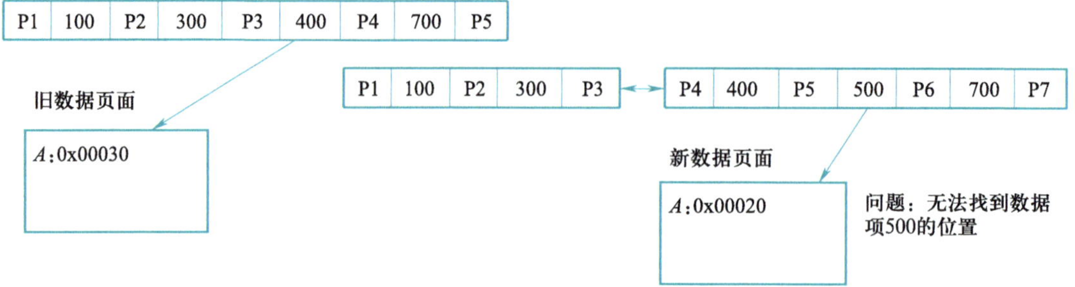

图 7.9　物理日志不满足可逆性

不难看出，重做日志需要满足失败可重做性，最好能够满足幂等性（因为设计时不需要担心是否多次执行重做日志），物理日志满足这两个条件而逻辑日志不满足，因此重做日志一般通过物理日志实现。而回滚日志需要满足操作可逆性，物理日志不满足而逻辑日志满足这个条件，因此回滚日志一般通过逻辑日志实现。

物理逻辑日志具有以下两方面的特点。一方面，物理逻辑日志记录了修改的页面 ID，以及数据页面的逻辑修改，而逻辑修改往往有一个唯一的 ID（例如记录 ID），因此可以满足并发处理一致性。但是物理逻辑日志不满足幂等性，需要通过额外技术（例如记录重复执行次数）来保证多次执行结果的正确性。另一方面，由于一条记录在故障前后可能从一个页面移动到另外一个页面，通过物理页面 ID 逆向执行可能难以定位，故它不满足跨页面可逆性，但是在一个页面中的可逆性可以得到满足。因此，物理逻辑日志既可作为重做日志，也可作为回滚日志，但都需要添加相应的限制才能保证其正确性。回滚日志通过物理逻辑日志实现时，需要保证其逆过程是页面级的。重做日志通过物理逻辑日志实现时，需要保证恢复过程中每一条日志记录不能重复多次执行，这部分内容将在 7.5 节深入讨论。

表 7.4 总结了三种日志的特点和应用场景。其中物理日志记录了修改内容和修改位置，因此有较大的日志量和较快的解析速度；而逻辑日志则正好相反，有较小的日志量和较慢的解析速度（需要重复解析逻辑语句并重新定位修改的页面和记录位置）。物理逻辑日志处于两者中间。物理日志满足幂等性、失败可重做性，但不满足可逆性，因此它一般用于重做日志。逻辑日志满足可逆性但是不满足失败可重做性和幂等性，因此它一般用于回滚日志。物理逻辑日志可用于回滚 / 重做日志，但使用过程中需满足特殊的限制条件。

表 7.4 不同性质的日志比较

日志类型	解析速度	日志量	幂等性	失败可重做性	可逆性	应用场景
物理日志	快	大	满足	满足	不满足	重做日志
逻辑日志	慢	小	不满足	不满足	满足	回滚日志
物理逻辑日志	较快	中	不满足	满足	满足（页面内）	回滚 / 重做日志

数据库日志是实现系统崩溃故障恢复算法的基础，接下来的 7.3.3 ~ 7.3.6 节，将会介绍表 7.2 列出的四种算法。

7.3.3 影子复制

本节将介绍强制、非窃取性质的算法，称为影子复制（shadow copy），该算法不需要任何日志，只需两个脏页刷新时机的限制条件。强制条件要求系统在事务提交前必须将事务相关的脏页写回，而非窃取条件则不允许事务提交之前写回脏页，但是这两个限制条件同时出现是存在矛盾的（即事务提交的那一刻，脏页是否被写回磁盘）。如果系统希望同时满足这两个条件，就必须让数据库在事务提交的瞬间将所有的脏页写回磁盘，显然，普通的脏页写回方法无法满足此要求（例如一个页面涉及多个事务，有的事务提交了，有的事务还没提交，造成矛盾）。

为了实现这一要求，恢复子系统使用一种称为影子复制的方法，即为每个事务提供一个数据库副本，每个事务管理自己的副本即可。如图 7.10 所示，在影子复制模式下，如果需要执行数据库事务，系统首先会创建一个数据库的完整副本，数据库副本的内容和原数据库完全相同，数据库管理系统用一个指针来标识当前的数据库副本。所有的数据更新均会发生在这个新副本上，如果事务需要被系统中止，就直接删除这个副本。显然，原有的数据库不受影响。在事务执行结束准备提交的时候，系统会进行如下操作：首先，数据库会把所有的新页面写到磁盘上，然后数据库会更新指向副本的指针，让它指向新的数据库副本，这一过程结束以后数据库会删除旧的数据库，至此事务提交完成。

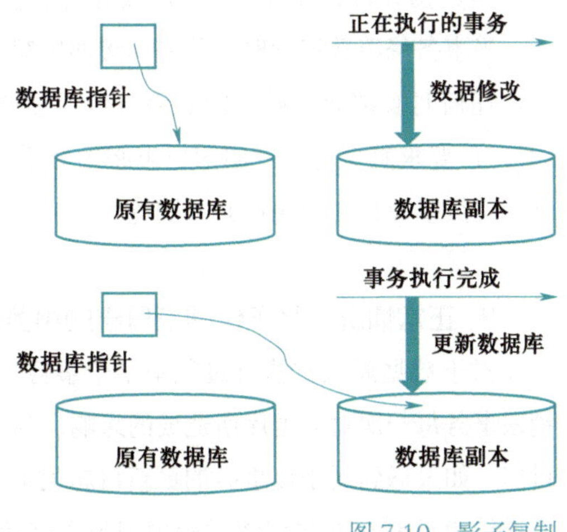

图 7.10 影子复制

影子复制的一种优化变种是影子页面（shadow-paging），它将创建副本的单位从数据库变成数据页面，指针也只会关联所有事务修改的页面，事务的提交只影响这些页面指针的更改。这种做法有效地减小了数据复制和读写的压力。影子复制和影子页面都是不需要恢复的，这是因为在数据库崩溃以后，数据库指针还是指向原数据库，因此系统不需要执行撤销操作。而在事务提交的时候，数据库指针的切换本身就是一个原子操作，可以在瞬时完成，不存在事务数据更新部分写回磁盘的问题。即使存在多个页面指针，切换仍是一个原子操作。例如，数据库可以令修改过的所有页面都额外保存一个指针，它们都指向同一个地址，该地址保存是否切换到新指针的信息，数据库通过修改此信息实现原子地址切换。

影子页面方法的优点在于实现简单，在数据库崩溃以后恢复速度也非常快。然而在实际应用中，影子页面的方法代价较高，原因是它对并发事务的并发支持很差（不能支持一个页面的多个并发），创建页面副本的代价非常高，每次事务提交写盘的代价也很高。

7.3.4　基于仅回滚日志的恢复算法

本节将会介绍基于仅回滚日志的恢复算法。该算法采用强制、窃取机制，即事务完成（包括提交和回滚）时强制写回相关页面，未提交事务允许中间写回相关页面。事务的持久性通过强制条件得以保证。但是事务的原子性无法得以满足（未提交事务可能将中间修改结果写到磁盘），因而需要通过回滚日志回滚未提交事务对磁盘页面的修改，消除未提交事务对数据库造成的影响，实现事务的原子性。

1. 恢复算法下正常事务处理流程

当数据库应用基于仅回滚日志的恢复算法时，正常事务的执行流程如图 7.11 所示。当事务修改数据项时，首先向缓冲区写入新的数据，然后写入对应的日志记录。脏页在任何时候都允许被写回磁盘（包括缓冲区被占满需要淘汰脏页时，以及事务提交时），但要求脏页对应的回滚日志必须先于脏页写到磁盘中。在事务成功提交前，它关联的脏页以及日志记录都必须刷盘。

2. 正常情况下基于仅回滚日志的事务回滚处理

对于数据库正常执行过程中某个事务 T 的回滚，系统需要按时间顺序从后往前撤销该事务每一次对数据库所造成的影响。为了实现该目标，系统会从后向前扫描数据库日志，如果遇到属于该事务的更新日志记录 $<T, X, v_{old}>$，便将数据项 X 的值置为 v_{old}，扫描结束后系统会将回滚过程中因数据修改产生的脏页写回磁盘，并在日志中写入一

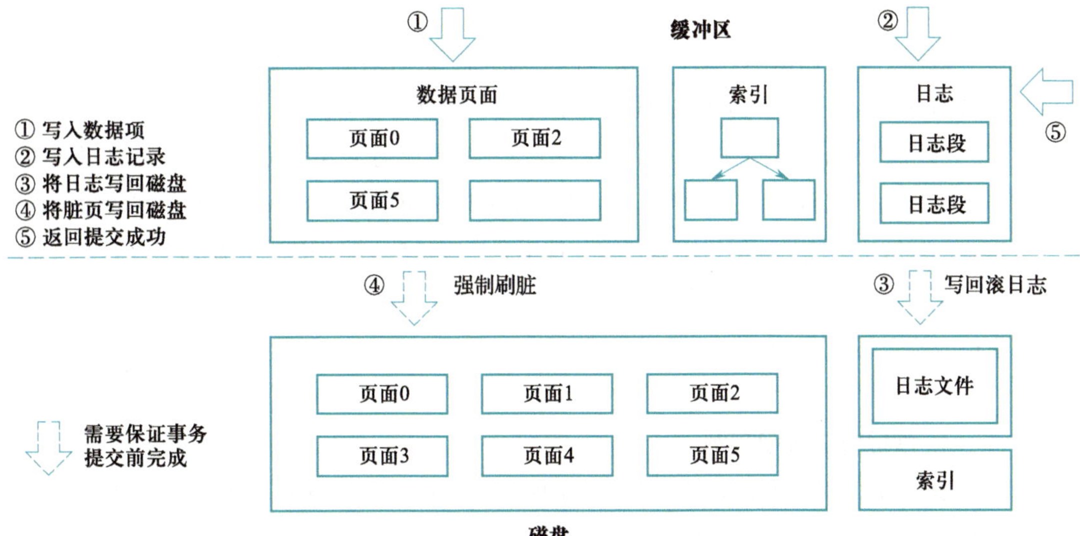

图 7.11 基于仅回滚日志恢复算法的正常事务执行流程

个事务中止记录<T, abort>，代表该事务的结束。注意，在记录<T, abort>日志之前，一定要对回滚相关页面刷新到磁盘，代表回滚完成，否则会影响持久性。

3. 恢复算法的流程

在系统崩溃后，恢复算法的核心任务有两个：一是找出需要回滚的事务，二是撤销它们对数据库造成的影响。

根据预写日志的要求，日志文件记录了日志操作记录：<T, commit>或<T, abort>/<T, rollback>。结束的事务，指提交或者中止（既包含<T, start>且包含<T, commit>或<T, abort>）的事务，它们不需要被回滚，因为提交的事务页面已经刷新到磁盘，而中止的事务已经回滚过且已刷新到磁盘。而未结束的事务，即只包含<T,start>但不包含<T, commit>或<T, abort>的事务则需要被回滚 / 撤销。

在多个事务需要回滚的情况下，系统会按照它们关联的日志记录逆序来执行撤销的操作，这正好与这些事务修改数据的时间序相反。基于仅回滚日志的恢复算法分为三个阶段进行。

（1）识别崩溃发生时刻数据库中事务的状态，恢复子系统会扫描整个日志并且根据上面的条件识别出需要回滚的事务（即未结束的事务）。

（2）回滚所有未结束的事务，恢复子系统逆序扫描整个回滚日志，找出其中的数据更新日志记录，如果该日志记录属于未结束的事务，根据回滚日志记录将数据项恢复为原值。

（3）将恢复阶段的数据全部更新到磁盘，然后将所有回滚事务对应的中止日志记

录 <T, abort> 写入日志。至此，恢复过程结束。

注意，事务回滚结束后，它所修改的脏页都需要刷新到磁盘，这是为了维持回滚事务的持久性。否则，当数据库再次崩溃时修改数据可能会丢失。

利用该方法做故障恢复时只需要回滚未结束的事务，恢复代价不大。但是每次事务提交都刷新磁盘的代价非常大。另外，还需要解决回滚日志恢复期间出现故障的情况。一种解决方法是回滚日志恢复期间都不允许写磁盘，当回滚日志撤销完之后再将所有数据更改写回磁盘，这样就可以保证恢复正确性。后续章节还会介绍如何基于补偿日志的方法来解决这一问题。

4. 恢复算法应用实例

图 7.12 使用一个简单案例说明基于仅回滚日志恢复算法的工作流程，其中包含四个事务，涉及五个数据项 A、B、C、X、Y 的变化情况，图 7.12 展示了各个数据项在不同事务中变化情况。

图 7.13 是图 7.12 样例下数据库回滚日志的具体内容，假设在日志记录 012 结束的时刻数据库崩溃，此时事务 T_1 和 T_2 均已提交，而 T_3 和 T_4 还未结束，并且在日志 011 写入以后发生了缓冲区刷盘，数据项 A、X、Y 的新值均被写回磁盘，而它们都是由未提交事务修改的。为了让数据库恢复到一致的状态，系统首先从后向前扫描日志，依次扫描到 T_3、T_4、T_2 和 T_1 四个事务。其中，由于系统扫描到了 T_1 和 T_2 的提交记录，系统不需要处理这两个事务。而对于 T_3 和 T_4，没有扫描到它们相关的结束日志记录，它们可能已经造成了数据改动，需要根据回滚日志执行回滚的操作，首先记录 010 和记录 011 都是属于 T_4 的，分别把 X 和 Y 恢复成 500 和 900，然后对于记录 008，将 A 回滚到 300，至此，恢复过程完成，数据库恢复到一致的状态。

T_1	T_2
A:100→200	A:200→300
T_3	T_4
A:300→400	X:500→600
B:400→200	Y:900→700
	B:200→300
	C:100→200

图 7.12 基于仅回滚日志的事务样例

001:<T_1,start>
002:<T_1,A,100> //A:100→200
003:<T_1,commit>
004:<T_2,start>
005:<T_2,A,200> //A:200→300
006:<T_3,start>
007:<T_2,commit>
008:<T_3,A,300> //A:300→400
009:<T_4,start>
010:<T_4,X,500> //X:500→600, **缓冲区刷盘**
011:<T_4,Y,900> //Y:900→700, **写入 A、X、Y 新值**
012:<T_3,B,400> //B:400→200

图 7.13 基于仅回滚日志样例

图 7.14 展示了数据变化的相关情况。基于仅回滚日志的恢复算法保证已提交事务相关的页面在数据项缓冲区状态和磁盘状态始终保持一致，因此在 T_1 和 T_2 提交后磁盘和缓

冲区状态相同。而在系统崩溃造成缓冲区数据丢失后，磁盘可能存在需要撤销的修改，在这里 T_3 对于 A 以及 T_4 对于 X 和 Y 的修改已经写回磁盘，利用回滚日志可以撤销它们。

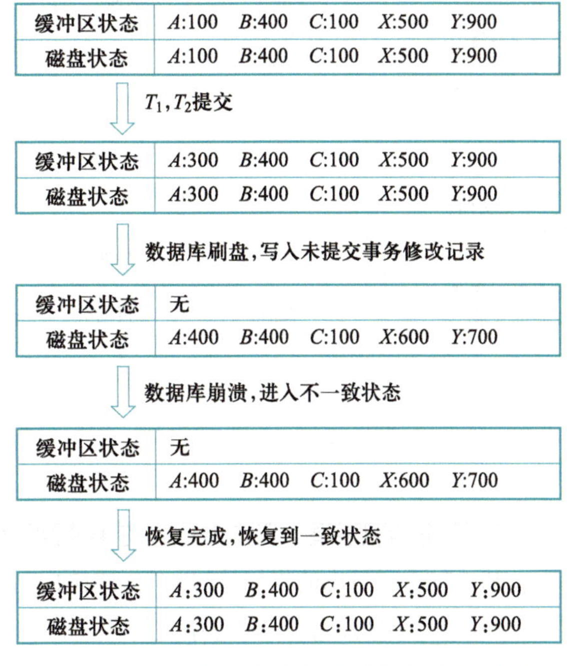

图 7.14 回滚日志下数据项变化情况

7.3.5 基于仅重做日志的恢复算法

本节将介绍基于仅重做日志的恢复算法。该算法采用非强制、非窃取机制，即事务提交时不强制写回相关脏页（影响持久性），未提交事务不允许写回相关脏页（不影响原子性）。事务的原子性通过非窃取条件保证。但是事务的持久性未得到满足（事务提交时可能未刷新磁盘），需要利用重做日志来重做提交的事务，把未持久化的数据更新重新写到磁盘，从而保证事务的持久性。

1. 恢复算法下正常事务处理流程

当数据库应用基于仅重做日志的恢复算法时，正常事务的执行流程如图 7.15 所示。当事务修改数据项时，首先向缓冲区写入新的数据，然后写入对应的日志记录。脏页如果不包含正在执行事务的修改数据项，则可以刷盘（但是如果包含正在执行事务的修改数据项，则不允许刷盘，否则会影响原子性），但要求它对应的重做日志被先写到磁盘中。在事务成功提交前，它关联的重做日志记录必须刷盘，此时事务关联的脏页不需要强制刷盘。

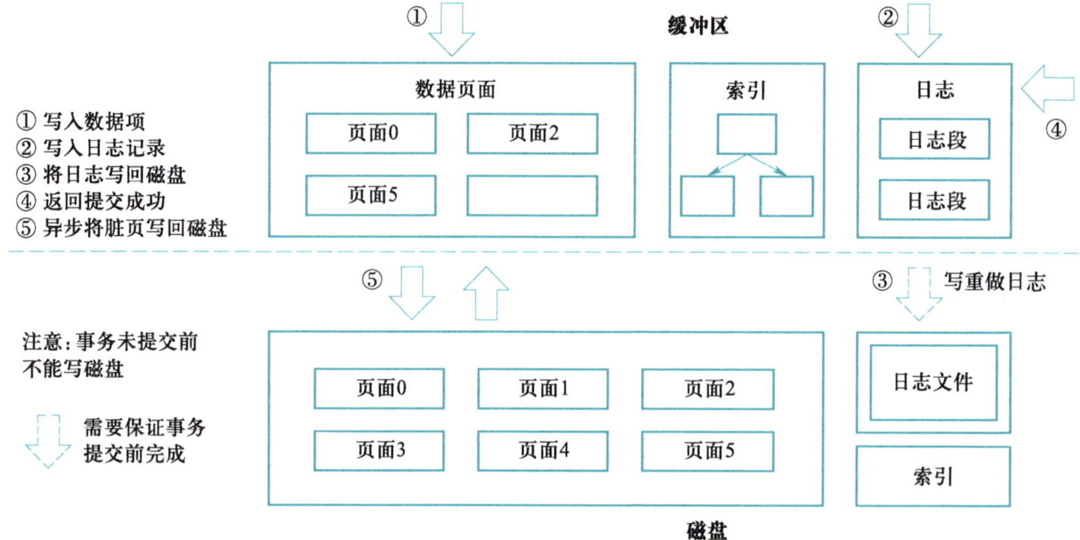

图 7.15 基于仅重做日志恢复的正常事务执行流程

2. 正常情况下基于仅重做日志的事务回滚处理

基于仅重做日志的恢复算法是非窃取的，事务未提交时，所有的数据更改都不会被写入磁盘，因此数据库不需要撤销数据修改。对于回滚事务，系统会“清理”这个事务在缓冲区的脏页，清理的含义是将数据页面直接从缓冲区清除，然后系统向日志写入 <T, abort> 的记录，确保事务关联的日志记录不被重做。

3. 恢复算法的流程

在恢复过程中，恢复子系统主要有两个任务：一是找出需要重做的事务，二是重做相应的事务。对于未结束的事务系统不做任何处理（系统重启后未提交事务状态会自动消失）。

首先恢复子系统会从日志末尾向前扫描日志，对于扫描过程中出现的事务 T:

（1）如果出现日志记录 <T, commit>，说明该事务已经被提交了，系统需要对其进行重做;

（2）如果出现 <T, abort> 或者没有找到事务提交记录，那么系统不需要处理任何该事务关联的日志记录（因为此事务执行中未刷盘）。

扫描过程结束以后，恢复子系统会从日志头部开始向后扫描日志。对于遇到的每一条形如 <T, X, v_{new}> 的更新日志记录，系统根据事务的性质进行不同的处理:

（1）如果 T 是未提交的事务，直接跳过;

（2）如果 T 是提交的事务，则将数据项 X 置为 v_{new}。

扫描结束后，对每个未完成的事务 T，在日志中写入一个 <T, abort> 记录并刷新日志。至此，恢复算法结束，数据库重新回到一致的状态。

基于仅重做日志的方法需要重做所有提交的事务，随着提交事务逐渐增多，该方法重做代价非常大。后续章节将介绍检查点机制，应用该机制可避免重做检查点之前提交的事务，从而提升了恢复效率。但该方法事务执行期间不允许写磁盘，因此内存开销较大。特别地，如果多个事务修改一个页面，有些事务提交了，有些事务未提交，未提交的事务要求不能刷新磁盘。当未提交事务回滚时，需要清理未完成事务的修改，但需保留已提交事务的修改。为了解决这一问题，需要保留页面的多个版本或者不允许页面内多个事务并发执行。

4. 恢复算法的应用实例

同样使用上一节的例子，图 7.16 展示了各个事务的重做日志内容。假设这一阶段数据库缓冲区未刷盘，且数据库在日志记录 012 写入磁盘以后发生了崩溃。尽管 T_1、T_2 已经提交了，但它们对数据项的修改尚未反映到磁盘中。开始恢复后，系统会执行扫描过程，确定哪些事务是需要重做的。由于系统扫描到了 < T_1, commit > 和 < T_2, commit > 两条提交记录，然后从事务 T_1 的第一条日志记录 002 开始进行重做，首先将数据项 A 变成 200，到日志记录 005 时 A 又将变成 300。重做过程中不会对日志记录 010、011 和 012 进行处理，因为它们关联的事务还没有提交。

图 7.17 展示了数据变化的相关情况。基于仅重做日志的恢复算法保证了提交的事务修改最终会写回磁盘，即使数据库崩溃时数据项 A 的更新没有反映到磁盘中，数据库也能在恢复阶段通过重做日志将 A 变为 300。由于 T_3、T_4 未结束，因此 B、X 和 Y 在磁盘中的值不发生改变，恢复过程也不需要执行撤销。

001: < T_1, start >
002: < T_1, A, 200 >
003: < T_1, commit >
004: < T_2, start >
005: < T_2, A, 300 >
006: < T_3, start >
007: < T_2, commit >
008: < T_3, A, 400 >
009: < T_4, start >
010: < T_4, X, 600 >
011: < T_4, Y, 700 >
012: < T_3, B, 200 >

缓冲区未向磁盘写入任何页面

图 7.16 基于仅重做日志的样例

缓冲区状态	A:100 B:400 C:100 X:500 Y:900
磁盘状态	A:100 B:400 C:100 X:500 Y:900

↓ **T_1, T_2 提交**

缓冲区状态	A:300 B:400 C:100 X:500 Y:900
磁盘状态	A:100 B:400 C:100 X:500 Y:900

↓ **数据库崩溃，进入不一致状态**

缓冲区状态	无
磁盘状态	A:100 B:400 C:100 X:500 Y:900

↓ **恢复完成，恢复到一致状态**

缓冲区状态	A:300 B:400 C:100 X:500 Y:900
磁盘状态	A:300 B:400 C:100 X:500 Y:900

图 7.17 重做日志下数据项变化情况

7.3.6　基于回滚 / 重做日志的恢复算法

基于回滚 / 重做日志的恢复算法采用窃取、非强制机制，即事务提交时不强制写回相关脏页（影响持久性），未提交事务允许写回相关脏页（影响原子性）。因此在数据库崩溃的时候，数据库事务的原子性和持久性都无法保证，需要借助回滚日志和重做日志对不同的数据库事务进行撤销和重做处理。

1. 恢复算法下正常事务处理流程

当数据库应用基于回滚 / 重做日志的恢复算法时，正常事务的执行流程如图 7.18 所示。当事务修改数据项时，首先向缓冲区写入新的数据，然后写入对应的日志记录。脏页随时允许被写回磁盘（当缓冲区被占满，可以随时淘汰脏页），但是需要保证相关日志在刷新脏页前写到磁盘。在事务成功提交前，它关联的所有回滚 / 重做日志记录需要刷盘，但不要求脏页数据刷盘。

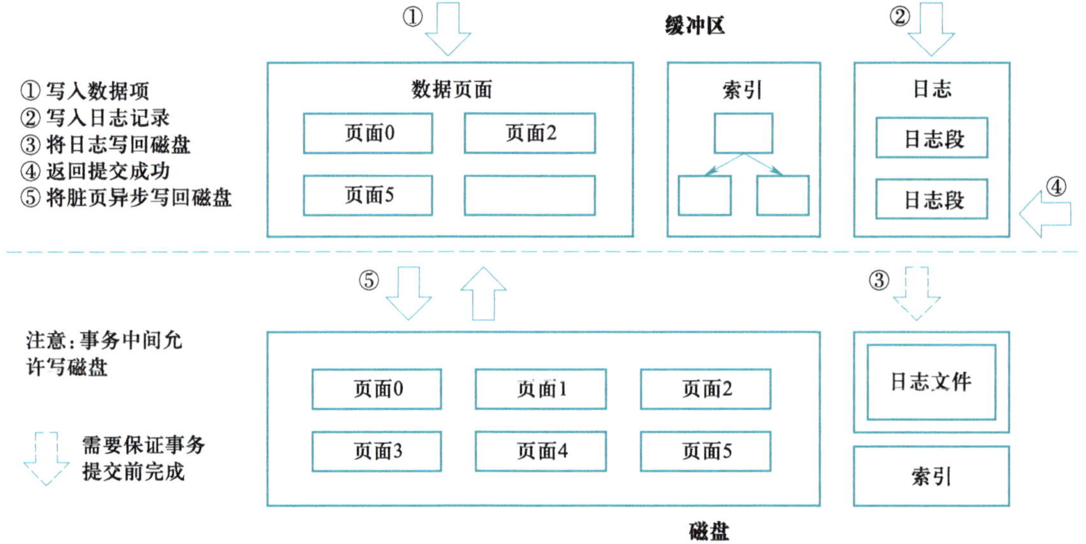

图 7.18　回滚 / 重做日志恢复下正常事务执行流程

2. 正常情况下事务回滚处理

对于数据库正常执行过程中某个事务 T 的回滚，系统需要按时间顺序从后往前撤销该事务每一次对数据库所造成的影响。为了实现该目标，系统会从后向前扫描数据库日志，如果遇到属于该事务的更新日志记录 $<T, X, v_{old}, v_{new}>$，便将数据项 X 的值置为 v_{old}，并为每个回滚操作记录日志。当回滚结束（遇到 <T, start>）时，在日志中写入一个事务中止记录 <T, abort>，代表该事务结束。

3. 恢复算法处理事务重做和回滚

恢复子系统主要有两个任务：一是撤销未结束的事务对数据库造成的影响，二是将已结束事务对数据库产生的所有影响更新到磁盘。恢复算法首先通过扫描日志找出需要重做和回滚的事务，然后分别对它们进行重做和回滚。事务回滚的过程和正常状态下的事务回滚相同，事务重做的过程则和 7.3.5 节的重做过程相似。未结束事务的重做将在撤销阶段被系统撤销，不影响最终的恢复结果。整个恢复算法分为三个阶段。

（1）分析阶段：系统从日志起始位置开始扫描整个日志，这是为了找出需要重做和需要回滚的事务，对于事务有以下几种分类：① 如果扫描过程中存在 < T, start > 但没有 < T, commit > 或 < T, abort > 的日志记录，那么该事务在数据库崩溃的时刻是未结束的，需要被回滚（标注回滚）。② 如果在日志记录中出现了 < T, commit > 或 < T, abort >，那么事务已经完成，需要被恢复子系统重做（标注重做）。分析阶段按照上述方法标注哪些需要重做，哪些需要撤销。扫描过程完成后，恢复子系统进入重做阶段和撤销阶段。

（2）重做阶段：系统按时间顺序正向扫描日志，如果出现了一条标注重做的日志记录，系统便重做它。由于系统重做了所有的日志更新记录，这个过程和数据库的执行历史是相同的，因此该过程也称为重放历史（repeating history）。注意中止事务的重做过程也记录了相关日志，因此按照日志顺序从前往后做即可；同理，提交事务的重做也是从前往后重做。重做阶段发生故障，可以重启后继续重做不会影响正确性（物理日志可以重复执行）。

（3）撤销阶段：系统从日志末尾反向扫描整个日志，如果出现了一条标注撤销的日志记录，那么系统会撤销它（包括修改缓冲区）。一旦事务撤销完成（即扫描中遇到了 < T, start >），数据库会自动写入 < T, abort >，代表该事务已经回滚完成。

但是这里有一个问题，如果在恢复过程中，系统出现故障该如何处理？对于重做日志，由于重做日志是物理日志，即使不知道系统故障前某条重做日志是否重做过，只要系统故障重启后仍然重做一遍，依然可以恢复正确结果，不会出现错误。但是对于回滚日志，由于回滚日志是逻辑日志，不能多次执行一条回滚日志，因此需要记录某条回滚日志是否被执行过。为了解决这一问题，每次执行回滚日志记录后，数据库需要向日志中写入一条补偿日志记录（compensation log record，CLR），表示该回滚日志记录已经执行过。因此，为了保证事务回滚的持久性，数据库会将所有与它关联的补偿日志记录都写回磁盘。换句话说，补偿日志记录实现了数据库事务回滚过程的重做（可以把事务回滚看作是一个特殊的事务），即使回滚执行以后数据库管理系统崩溃了，系统仍然可以通过补偿日志来实现正确恢复，即根据补偿日志判断哪些回滚日志已经做过了，从而避免重复回滚，具体内容将在 7.4 节讨论。

注意：基于仅回滚日志的方法是否需要补偿日志呢？为了支持回滚日志期间出现

事务回滚，基于仅回滚日志的方法也需要通过补偿日志来标记哪些日志记录已经被撤销、哪些日志记录没有被撤销。

4. 恢复算法处理的案例

图 7.19 是一个基于回滚 / 重做日志恢复算法的例子，其中共有三个事务：T_1、T_2、T_3。在分析阶段，系统找出了需要回滚的事务 T_3，而事务 T_1 和事务 T_2 已经提交了。在重做阶段，日志 002、003、005、007、010 内容将会被重做，之后在回滚阶段，事务 T_3 关联的日志更新记录（009，012）将会被撤销。

001:< T_1,start >
002:< T_1,A,100,300 >
003:< T_1,B,200,250 >
004:< T_3,start >
005:< T_1,C,400,300 >
006:< T_2,start >
007:< T_2,D,300,350 >
008:< T_1,commit >
009:< T_3,B,250,450 >
010:< T_2,A,300,500 >
011:< T_2,commit >
012:< T_3,E,400,800 >

图 7.19 回滚 / 重做恢复算法日志内容

基于回滚 / 重做日志的方法避免了每次事务提交都写磁盘，避免了大量随机写；事务执行中间可以写磁盘，降低了内存开销。但是当故障恢复时，它仍然需要重新执行所有提交的事务，代价较大。因此需要避免重新执行所有已经提交的事务，这可以引入检查点来解决。数据库可以定期将提交事务的数据写到磁盘，通过检查点来记录哪些事务的数据已经写到磁盘了。当故障恢复时，不需要重新执行这些已经刷新到磁盘的事务（即检查点之前已经提交的任务），而只需重新执行检查点后已经提交的事务，大大提升了恢复效率。

7.3.7 检查点机制

数据库恢复机制需要保障数据库的高可用性，恢复的时间应尽可能缩短。而数据库的日志会随着事务的执行不断增长，这会使恢复过程中系统需要扫描并处理的日志越来越多，恢复时间也相应变长，需要压缩日志大小来缩短恢复的时间。如果在一个事务提交以后，关于它的数据修改全部更新到了磁盘，那么系统便不需要回滚或者重做该事务，关于它的日志记录也可以回收（从而节省空间）。

为了降低扫描所有日志的开销，数据库设计了一种截断日志的机制，称为检查点（checkpoint），检查点定义了一个脏页刷盘的时刻，要求检查点之前的日志记录对应的缓冲区数据页面修改已经刷新到磁盘，因而当数据库发生崩溃的时候，恢复过程将从该检查点位置开始扫描日志。在有检查点的情况下，系统恢复首先定位到检查点时刻的日志，并分为以下三种情况处理日志：① 在检查点之前已完成的事务不需要处理，② 在检查点之后提交 / 中止的事务需要重做，③ 所有未完成的（不含提交 / 中止）事务需要回滚。

数据库管理系统往往会定时执行检查点操作，用户也可以在终端手动输入“checkpoint”命令让数据库管理系统执行检查点操作。当数据库开始检查点操作后，它会持续将缓冲区的所有脏页写入磁盘，因此称为全量检查点。但全量检查点在刷新脏页时需要阻塞业务（即不允许其他事务更改脏页）。后续会介绍模糊检查点和增量检查点来缓解这一问题。检查点相关内容写入完成时，系统会将一条检查点记录写入日志，具体的格式为: <checkpoint>，它表示当前数据库完成的一次检查点操作，即该时刻之前的所有日志记录的修改已经刷新到磁盘。数据库恢复的日志扫描过程将从最后一条检查点记录开始，避免了扫描所有日志记录，同时也避免了重做检查点之前已经完成的事务。

基于回滚 / 重做日志的恢复方法不需要事务提交时必须刷盘，减少了随机读写和读写放大。执行期间可以刷新磁盘，从而避免了内存开销过大。但是事务恢复算法较复杂，日志量较大，7.4 节会介绍优化的恢复算法来提升恢复性能。

7.4 ARIES 恢复算法

ARIES 即“基于语义的恢复与隔离算法（algorithm for recovery and isolation exploiting semantics）”，该算法由 IBM 公司的数据库专家于 1992 年提出，它基于回滚 / 重做日志，最早应用于 DB2 数据库，目前很多主流数据库的恢复算法也参照了 ARIES。ARIES 算法通过设计额外的数据结构，有效减少了重复读写磁盘以及不必要的日志扫描。

7.3.6 节介绍了一个同样是基于回滚 / 重做日志的恢复算法。事实上，ARIES 和这个算法的主体逻辑是类似的，不过，ARIES 比 7.3.6 节的算法恢复速度更快。

由于 ARIES 算法比较复杂，本节首先会说明 7.3.6 节算法存在的问题，然后再介绍 ARIES 算法是如何解决这些问题的。最后将阐述 ARIES 算法的总体流程和实现细节。

7.4.1 ARIES 设计思路

简单的基于回滚 / 重做日志的恢复算法主要存在以下四个问题，导致恢复算法效率较差。

（1）对应脏页已经刷盘的重做日志无须重做。对于事务的重做，系统假设所有缓冲区中的脏页都没有被写回磁盘，因此会选择重做所有的重做日志。事实上，在数据库执行过程中有一部分对数据项的修改已经被写回磁盘，系统不需要重做这些已经持久化的操作，而只需重做未持久化数据修改对应的重做日志。在 ARIES 中，数据库通过脏页表来记录哪些事务的重做日志记录已经写回磁盘，从而无须重做这些日志记录。

（2）回滚操作无须扫描全部日志。对于事务的撤销，恢复子系统只会撤销未结束的事务，在实际应用中这部分事务在所有事务中占比较小。因此在反向扫描日志时，系统只会处理一小部分日志记录。对整个日志文件进行扫描其实是不必要的，系统只需扫描需要撤销的日志记录，因此需要额外设计数据结构（活跃事务表）来快速定位需要撤销的日志记录。

（3）回滚日志恢复期间故障恢复问题。在回滚日志恢复期间也可能发生故障，因此需要支持该情况下的故障恢复。如果简单地使用逻辑日志来实现回滚日志恢复，由于逻辑日志不是幂等的，不能简单地多次执行回滚操作，因此难以确定哪些回滚日志需要重做、哪些不需要重做。为了解决这个问题，可以添加回滚日志的重做日志（即补偿日志），记录哪些回滚日志已经完成，进行故障恢复时可以根据补偿日志进行恢复（类似于断点续传）。注意，重做日志在重做过程中若发生故障可以不做额外处理，因为重做日志满足幂等性，系统重启后再执行一次重做日志即可。

（4）部分日志不需要处理。检查点机制尽管可以有效地缩减日志长度，从而减少恢复所需的时间。但在设置检查点时，数据库需要把检查点之前的所有脏页写回磁盘，这会为数据库正常业务的运行带来巨大的开销。为了解决这一问题，数据库设计了模糊检查点机制来避免一次批量刷新脏页，并且写入脏页表来记录需要重做的脏页，写入活跃事务表来记录需要回滚的未结束事务。

7.4.2　ARIES 优化策略

为了解决以上四个问题，ARIES 引入一系列新的数据结构和字段，设计了新的方法，并且添加了新的数据库日志内容，下面详细说明。

ARIES 算法中一个重要概念是日志序列号（log sequence number，LSN），该序列号是日志记录的一个逻辑标识，它是单调递增的，即日志记录出现得越晚，其序列号就越大，每一条日志记录的序列号都是独一无二的。LSN 的作用是构造一个逻辑时间，用于判断事件的先后顺序，例如日志记录 A 的 LSN 小于日志记录 B 的 LSN，那么日志记录 A 对应的事件要早于日志记录 B 对应的事件发生，A 也一定比 B 先写入日志。ARIES 算法中添加的字段都会基于日志序列号，命名时会以“LSN”作为后缀。

1. 对应脏页已刷盘的部分日志无须重做的解决方法

之所以会出现重做日志冗余重做的问题，是因为在恢复过程中，数据库无法得知重做日志对应页面最后一次写回磁盘的时刻，否则数据库可以不重做已经刷新到磁盘的日志记录，从而避免不必要的重做。如图 7.20 所示，假设系统扫描到日志记录 003，该日志记录产生时间为 t_1，脏页刷新的时间 t_2，$t_1 < t_2$，因此 003 日志记录的内容已经

刷新到磁盘的页面中，不需要再次重做。同样地，010 日志记录的内容需要被重做，因为脏页刷新的时刻早于日志记录生成的时刻。

由图 7.20 的例子可知，在拥有每个页面刷新时间和每条日志记录产生时间的条件下，可以避免所有不必要的日志重做。但是这种条件难以实现，存在以下两个问题：

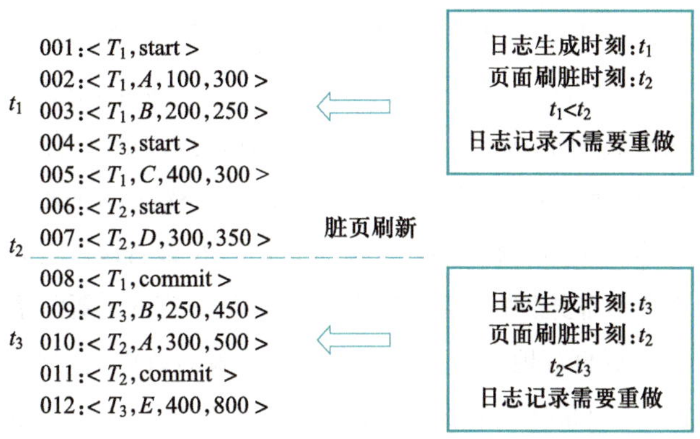

图 7.20 重做过程示意图

（1）日志记录的规模非常大，如果每次生成日志记录调用一次时间获取函数，数据库整体性能将急剧下降；

（2）页面刷新的时间保存在磁盘中，为了获得所有页面刷新的时间，需要将它从磁盘中读入，由此带来的读取代价将会使恢复算法变得很慢，从而影响数据库高可用性。

为了解决问题一，ARIES 采用 LSN 作为日志记录的逻辑时间，其好处在于避免了系统时间函数的调用。但是页面刷新的时刻该如何表示呢？ ARIES 没有记录页面刷新的时刻，而是记录了页面刷新时最后一次被数据库改动的时刻。由于在这两个时刻中间数据库没有修改此页面，也没有生成涉及该页面的重做日志，因此同样可以避免不必要的日志重做。这个改动的优点在于，最后一次被数据库改动的时刻可以用 LSN 来表示，系统只需要在每次日志记录生成时更新该记录即可。具体来说，ARIES 算法对缓冲区的数据页面进行了优化，ARIES 算法对于每一个数据页面新增了 pageLSN 字段，每当一个数据更新操作发生在某个数据页上时，页面的 pageLSN 就被更新为该日志记录的 LSN。数据页面在写回磁盘的时候，同样会向磁盘写入当前页面的 pageLSN。即如果 pageLSN 大于日志 LSN，则该日志不需要重做。

为了解决问题二，数据库只需恢复脏页（即内存缓冲区修改过但是还没刷新到磁盘上），而不需要恢复其他页面。因此数据库需要设计快速获取脏页的方法。ARIES 在数据库运行过程中会记录当前缓冲区中的脏页（称为脏页表），并在记录检查点时将脏页表写回磁盘。此后，系统在恢复过程中只需要去关注脏页，这有效减小了恢复过程中的读写日志成本。之后的内容将介绍该机制是如何具体实现的。

在事务执行过程中，ARIES 算法会在内存中维护一个脏页表（dirty page table，DPT），用来表示当前被数据库事务修改但未写回磁盘的数据页面。每一个位于脏页表的数据项含有页面 ID，还包含一个 recLSN（recovery LSN）字段，recLSN 用来记录数据页面最早在缓冲区被修改的时刻。每当一个页面被数据库修改时，如果它不在脏页表中，就将它插入脏页表 ,recLSN 是此次修改对应的日志 LSN（即该页面当前最近日志记录的 LSN）；如果此页面在脏页表中，则不需要修改脏页表。当此页面刷盘时，从脏页表中删除该页面（因为缓冲区和磁盘的页面已一致）。recLSN 可以用来判断哪些日志记录需要重做，哪些不需要重做。具体来说，在重做阶段，假设存在一张系统崩溃时刻前的脏页表，如果需要重做的日志记录的 LSN 小于脏页表对应页面的 recLSN 或者该日志记录对应的页面不在脏页表中，那么系统不需要重做这条日志记录，因为它对应的更新已经刷新到磁盘上了。

更直观地说，假设一个在脏页表的数据页面存在三个逻辑时间：LSN1、LSN2 和 LSN3，LSN1 代表页面刷盘时的 pageLSN，LSN2 代表页面最近一个刷盘的时刻，LSN3 代表脏页表中的 recLSN。显然，LSN1 到 LSN3 这段时间内没有与该页面相关的日志更新记录产生，否则会和假设矛盾。在此情况下，LSN2 无论是 LSN1 与 LSN3 之间的任何值，该数据页面的最终状态都是一致的。因此可以假设 LSN2 恰好发生在 LSN3 之前，即页面在变成脏页前完成刷新。LSN3 时刻前涉及该页面的日志也不需要被重做。

然而，脏页表位于内存，无法实时写回磁盘，在恢复过程中系统无法得到崩溃时刻的脏页表。ARIES 算法会定期地将当前的脏页表写到检查点中，它保存了检查点写入时刻的脏页表信息。当检查点存在时，故障恢复将从最新的检查点位置开始，而不需要从日志起始位置开始，节省了日志扫描时间。

为了解决脏页表无法实时保存到磁盘的问题，在恢复过程中 ARIES 算法首先读取检查点记录的脏页表，然后从最新的检查点开始向后扫描日志，模拟脏页表的更新过程，重构崩溃时刻的脏页表。事实上，这样得到的其实是脏页表的一个超集，这是因为页面是异步刷新到磁盘的，因此在检查点之后仍然存在写回磁盘的脏页，这些脏页应该从脏页表中被删除。由于页面写回磁盘的信息不会被数据库日志记录下来，系统只有将模拟脏页表中的所有页面从磁盘取出，才能得到和崩溃时刻前完全一致的脏页表，但是这又会引入巨大的数据读取代价。为了解决这一问题，ARIES 采用了一种折中的设计方案，即先通过扫描日志构建模拟脏页表，在判断数据更新日志记录是否需要重做时，首先通过模拟脏页表来判断是否满足重做的要求，如果满足，再把页面从磁盘取出来，如果页面的 pageLSN 大于或等于日志记录的 LSN，说明这个页面是在检查点以后被写回磁盘的，不需要重做这条记录。这种懒惰更新的策略最大化地减小了读写数据的开销。

总结 ARIES 算法优化重做过程的思路，最理想的情况是使用崩溃时刻前的脏页表，减小不必要的日志记录重做，但是此方法无法实现（系统故障时内存数据无法实时保存到磁盘），因此退而求其次采用模拟脏页表的策略，最后用“二次检验”（比较 pageLSN 和 LSN）的方式给模拟脏页表打一个补丁。

如图 7.21 所示，在这里考虑 6 条更新日志记录，刷脏箭头表示刷新所有缓冲区中的页面，检查点箭头则代表保存当前的脏页表。出于简便，图 7.21 中使用数据项指代页面号和页面，之后的图中也使用该表示方法，不再一一说明。数据库在更新数据页面 *D* 后发生了崩溃。在崩溃之前脏页表只包含页面 *D*，数据页面 *A*、*B*、*C* 都不在脏页表中，因此 LSN 为 2、3、6 的日志更新记录都不需要重做。恢复子系统首先从检查点获得包含页面 *B*、*C* 的脏页表，然后通过日志记录扫描将 *D* 加入脏页表。重构以后的脏页表比崩溃之前脏页表多了 *B*、*C* 两个数据页面。这是因为数据库无法感知第二次的刷脏操作。

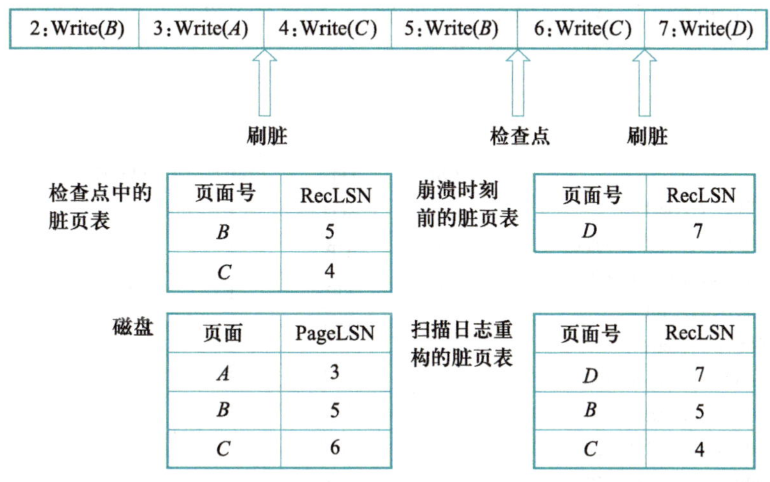

图 7.21 脏页表应用示意图（时刻 7 执行完之后崩溃）

LSN 为 2、3、6 的日志更新记录都不会被重做，对于 LSN 为 2 的记录，由于 LSN < recLSN，可以跳过该记录。对于 LSN 为 3 的记录，由于页面不在脏页表里，可以跳过。对于 LSN 为 6 的记录，虽然在脏页表中它满足重做条件，但是页面从磁盘取出以后，它的 pageLSN ≥ LSN，磁盘上已经刷新了该记录，同样不需要被重做。

2. 回滚操作无须扫描全部日志的解决方法

为了解决回滚操作无须扫描全部日志的问题，ARIES 算法对日志记录进行了优化，对于每一条数据更新的日志记录，除了 LSN 外，ARIES 添加 prevLSN 这个字段，prevLSN 表示该日志记录所属事务上一条日志记录的 LSN，恢复子系统在回滚一个事务的时候，需要从后向前找到该事务所有的日志记录，而多个 prevLSN 组成了一个链表的结构，它让系统在处理完一条日志记录以后立刻能定位到下一条日志。除此以外，

ARIES 还定义了一个活跃事务表（active transaction table，ATT）。为简化起见，一般称其为事务表。事务表记录了数据库中所有未提交的事务 ID 标识，也记录了这些事务最后所关联日志记录的 LSN，它被称为 lastLSN。通过事务表可以快速定位需要回滚的事务。每当一个新的事务产生时，它的事务 ID 和当前的 LSN 会被加入事务表；当新的更新日志记录产生时，它对应的事务在事务表中的 lastLSN 也会被更新为日志记录的 LSN。当一个事务结束时（提交或者回滚），它对应的数据项将在事务表中被删除。

如图 7.22 所示，由于 ARIES 算法数据结构比较复杂，在这里使用一种新的日志表示方法，图 7.22 的左侧是之前的日志表示，中间则是使用表格表示的日志记录。在这里 Type 表示日志记录的类型，SOT 表示事务的开始（start of transaction），UP 表示数据更新（update），EOT 表示事务的结束（end of transaction），这里的结束包括了事务的提交和中止，TID 表示事务 ID。图 7.22 右侧事务表中包含了当前活跃的事务（事务 3 和事务 4），ARIES 算法使用借助 prevLSN 的跳转替代完整的日志扫描，加快了回滚事务的速度。

001: $< T_1, \text{start} >$
002: $< T_1, A, 100, 300 >$
003: $< T_1, B, 200, 250 >$
004: $< T_4, \text{start} >$
005: $< T_3, \text{start} >$
006: $< T_1, C, 400, 300 >$
007: $< T_2, \text{start} >$
008: $< T_4, D, 300, 350 >$
009: $< T_2, F, 150, 250 >$
010: $< T_1, \text{commit} >$
011: $< T_3, A, 300, 500 >$
012: $< T_2, E, 400, 800 >$
013: $< T_2, \text{commit} >$
014: $< T_3, E, 800, 600 >$

LSN	Type	TID	prevLSN
1	SOT	1	
2	UP	1	1
3	UP	1	2
4	SOT	4	
5	SOT	3	
6	UP	1	3
7	SOT	2	
8	UP	4	4
9	UP	2	7
10	EOT	1	6
11	UP	3	5
12	UP	2	9
13	EOT	2	12
14	UP	3	11

TID	lastLSN
3	14
4	8

图 7.22　活跃事务表示意图

3. 回滚恢复期间的故障恢复的解决方法

为了解决回滚需要逻辑日志实现的问题，ARIES 算法需要保证事务回滚时所有日志记录的撤销都只执行一次。事实上，如果恢复算法是正常执行的，这个限制是自然满足的，问题在于撤销阶段也可能出现系统崩溃，此时重启数据库后，恢复子系统会再一次执行完整的恢复流程，这将导致某些撤销被执行多次。但是回滚逻辑日志不满足幂等性，因此该方法存在缺陷。为了解决这一问题，ARIES 算法在日志记录中引入了补偿日志，来记录已经执行的回滚记录。此外每条补偿日志还包含一个 undoNextLSN 字段，代表事务下一条需要回滚的日志记录的 LSN。数据库可以参照 undoNextLSN 定位上一次故障恢复的位置。

如图 7.23 所示，在这里系统需要依次回滚 LSN 4、3、2 的日志记录，假设在处理 LSN 为 3 的记录后系统再次崩溃，那么恢复的时候系统首先根据补偿日志记录（CLR）的 LSN 5、6 获知 LSN4 和 LSN3 已经回滚完成，根据 LSN 为 6 的补偿日志记录中的 undoNextLSN，系统找到下一条需要回滚的日志记录 LSN 为 2，整个状态又回到了上一次恢复阶段，处理完 LSN 为 2 的记录之后事务撤销结束。可以看到，该机制下所有日志记录最多只被撤销一次。

LSN	Type	TID	prevLSN	Data	
1	SOT	1			
2	UP	1	1	*A*	
3	UP	1	2	*B*	
4	UP	1	3	*C*	第一次崩溃
5	CLR	1	4	*C*,3	
6	CLR	1	5	*B*,2	第二次崩溃
7	CLR	1	6	*A*,1	
8	EOT	1	7		

图 7.23 undoNextLSN 应用示意图（Data 中的数字即为 undoNextLSN）

4. 部分日志不需要处理的解决方法

尽管可以提高故障恢复的效率，但前面介绍的全量检查点机制在实际应用中并不常用。它的缺陷在于，在进行检查点操作的时候，数据库需要将所有的脏页写回磁盘，这一过程持续的时间较长，并且需要消耗大量的 CPU 和 I/O 资源，从而影响数据库的性能。ARIES 算法从两个角度来优化此问题：其一，放宽条件，使检查点过程中不必向磁盘写回所有的脏页；其二，将脏页表和活跃事务表都写到模糊检查点中。

模糊检查点（fuzzy checkpoint）是一种检查点的优化技术，它解决了普通检查点在执行过程中必须写回全部脏页的问题。这是因为模糊检查点会记录活跃事务表和脏页表，根据这两部分信息，数据库在恢复过程中可以复原丢失的脏页。当数据库开始执行模糊检查点操作的时候，会先向日志中写入一条日志开始的记录<checkpoint-begin>，代表检查点设置的开始，故障重启后从这里扫描日志来分析需要重做和回滚的事务。在<checkpoint-begin>之后，数据库可以继续执行业务并写日志。然后，数据库会将位于缓冲区中的日志、脏页表和活跃事务表写入磁盘，此过程中其他事务可以正常执行，等到需要写入的数据都完成之后，系统会写入一条日志记录<checkpoint-end>，代表模糊检查点的结束，并包含了数据库中活跃事务表和脏页表。当系统恢复时，首先根据 <checkpoint-end> 读取检查点时脏页表和活跃事务表，在此基础上从 <checkpoint-begin> 扫描日志构造崩溃时的增页表和活跃事务表，并用于快速定位需要重做的事务和需要回滚的事务。为了方便定位检查点位置，一般数据库会通过超级记录（master record）来记录 <checkpoint-begin> 和 <checkpoint-end> 位置，作为下一次故障恢复的起点。

图 7.24 说明普通全量检查点和模糊检查点之间的区别，普通全量检查点在执行过程中写回了页面 A 和页面 C，而模糊检查点执行过程中没有写回页面，它是在脏页表中记录了页面以及相关日志记录的 LSN，数据库在恢复阶段通过重做 LSN 003、LSN 005 和 LSN 007 来恢复脏页。

(a) 模糊检查点	(b) 普通全量检查点
001:< T_1, start >	001:< T_1, start >
002:< T_2, start >	002:< T_2, start >
003:< T_1, A, 100, 120 >	003:< T_1, A, 100, 120>
004:< T_1, commit >	004:< T_1, commit >
005:< T_2, C, 100, 120 >	005:< T_2, C, 100, 120 >
006:< checkpoint-begin >	006:< T_2, A, 120, 130 >
007:< T_2, A, 120, 130 >	007:< checkpoint >
008:< checkpoint-end ATT={T_2}, DPT={A(003), C(005)} >	008:< T_2, commit >
009:< T_2, commit >	

图 7.24　模糊检查点示意图

注意，ARIES 将日志和缓冲区中的数据页面写回磁盘过程全部是异步的，有两个专门的进程 / 线程负责写入日志和页面，对于日志的写入没有任何限制，位于内存的日志允许在任何时候写回磁盘，但是写入日志的顺序必须按照 LSN 顺序从小到大执行，并且当事务提交或中止时，对应的日志记录必须写回磁盘。而脏页写回磁盘则不需要按序执行，它的限制条件是预写日志的条件。ARIES 在缓冲区中添加了 flushedLSN 字段，在每一次日志段刷新回磁盘的时候，系统都会更新位于缓冲区的 flushedLSN 字段（注意，flushedLSN 由刷新日志的线程完成更新，而不是刷新磁盘页面的线程），它表示最后一个写回磁盘的日志记录对应的 LSN。数据页面在写回磁盘前，需要先确认 pageLSN 是否不大于 flushedLSN，否则需要等待日志的写入。此外，数据页面的写入也由一个单独的线程 / 进程管理。图 7.25 给出了全量检查点和模糊检查点的示意图。一般数据库有三个线程 / 进程，一个用于处理数据页面，一个用于刷新日志，一个用于刷新脏页。三个线程一般是独立的。全量检查点要求每次刷新检查点之前的所有脏页。模糊检查点刷新活跃事务表和脏页表。

如图 7.26 所示，开始做模糊检查点的时候只需要写入一条日志记录 <checkpoint-begin>，简写为 <CP-BEGIN>，然后向磁盘写入脏页表和活跃事务表，这会消耗较大的 I/O 资源，但是不会阻塞其他处理事务业务。最后检查点结束的时候，系统写入一条日志记录 <checkpoint-end>, 简写为 <CP-END> 并更新磁盘中的超级记录，这一过程代价较小。

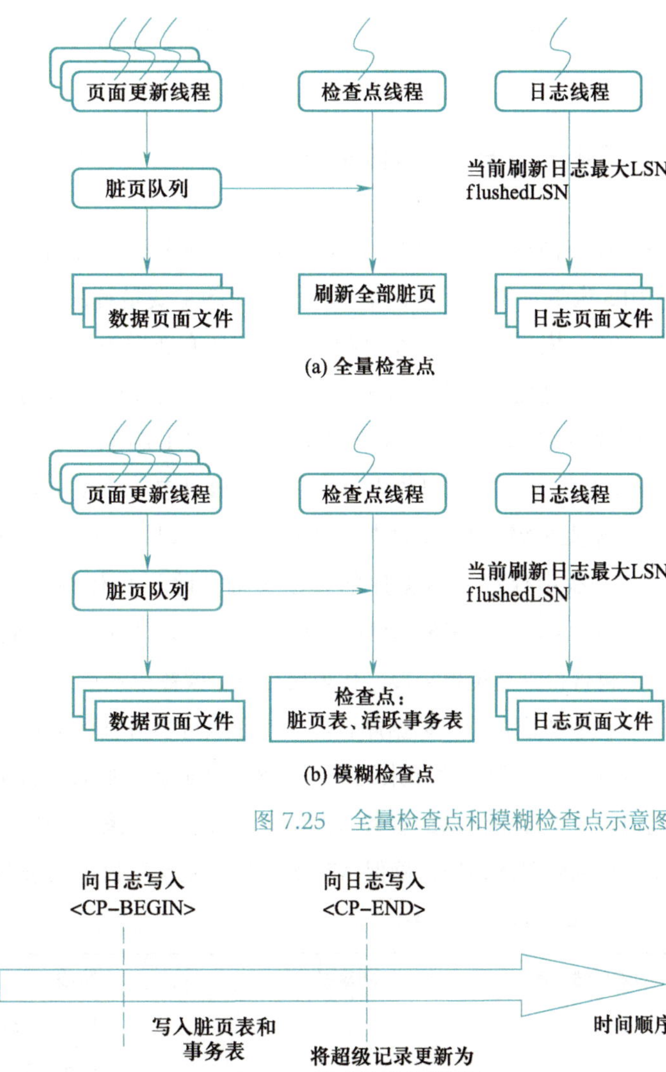

图 7.25 全量检查点和模糊检查点示意图

图 7.26 ARIES 模糊检查点过程示意图

注意检查点在异步写入的过程中，其他继续执行的事务和页面刷新线程也会去更新活跃事务表和脏页表，这可能会造成读写冲突，这一问题通过简单的锁就可以解决。

表 7.5 总结了 ARIES 相对基于回滚 / 重做日志恢复算法的优化，对于之前提到的四个问题，ARIES 算法均设计了相应的解决方案。

表 7.5 ARIES 优化策略总结

问题	优化对策
脏页已刷盘的重做日志无须重做	引入脏页表，脏页更新前通过比较检查，优化更新效率
回滚操作无须扫描全部日志	引入活跃事务表和 prevLSN，跳过不相关的日志记录
回滚期间的故障恢复	引入补偿日志和 undoNextLSN 字段，确保回滚只执行一次
部分日志不需要处理	引入模糊检查点来记录脏页表和活跃事务表，优化了恢复速度

7.4.3 ARIES 恢复系统架构

本节内容是对 ARIES 数据结构和额外字段的总结，将从一个全局角度介绍整个 ARIES 恢复系统的架构，架构的设计目的主要是解决 7.4.2 节提到的四个问题。表 7.6 是 ARIES 恢复系统的一个全貌，表格将所有新增的对象按照存储位置进行了划分。

首先是位于日志缓存及日志存储中的日志记录，除了常规的事务 ID、事务类型以及重做 / 撤销等信息，ARIES 算法中新增了 LSN 和 prevLSN 两个字段。这里的 before-image 是回滚日志的具体内容，它是逻辑日志。after-image 则是重做日志的具体内容，它是物理或者物理逻辑日志。对于补偿日志记录，还包含 undoNextLSN 字段。

磁盘中保存着数据库的数据页面，除了具体数据项外，每个页面新增了一个 pageLSN 字段，代表最后修改数据对应日志记录的 LSN。此外在磁盘中还有一个超级记录，包含检查点位置字段，代表最后一个模糊检查点的开始和结束位置。

在系统内存中，数据库管理系统在执行事务过程中会维护脏页表（DPT）和活跃事务表（ATT），脏页表用来记录缓冲区需要刷新的脏页（即哪些页面需要重做），事务表则记录数据库中活跃的事务（即哪些事务需要回滚）。刷新记录 flushedLSN 则记录了日志刷新到磁盘的情况，确保 ARIES 算法满足预写日志的条件。

表 7.6 ARIES 算法系统架构

对象存储位置	对象名	字段
日志缓存及日志存储	日志记录	LSN（日志序号）
		prevLSN（该事务前一条 LSN）
		undoNextLSN（补偿日志记录独有）
		TID（事务 ID）
		Type（事务类型）
		pageID（页面 ID）
		length（该日志记录长度）
		offset（ObjectId）

续表

对象存储位置	对象名	字段
日志缓存及日志存储	日志记录	before-image（修改前的值）
		after-image（修改后的值）
磁盘	数据页面	pageLSN（最后刷新页面的 LSN）
	超级记录	检查点指针（定位检查点信息）
数据库内存	事务表	TID
		lastLSN（本事务最新一条 LSN）
	脏页表	pageID
		recLSN（最早使该页变为脏页的 LSN）
	刷新记录	flushedLSN（最近日志刷新的 LSN）

表 7.7 总结了 ARIES 恢复系统中额外添加的主要字段，所有的字段名都是以 LSN 作为后缀的，它们的值来源于某一条日志记录的 LSN。除了字段名以外，表格中还记录了这些字段存在的位置、含义、更新时机和作用。

表 7.7　ARIES 中额外添加的字段总结

字段名	位置	含义	更新时机	作用
LSN	日志记录	日志记录的逻辑序号	随着日志记录产生而增长	确定日志记录出现的先后顺序
prevLSN	日志记录	同一事务上一条日志记录的 LSN	随着日志记录产生而产生	恢复过程加快定位日志速度
pageLSN	缓冲区页面	最后一条修改该页面日志记录的 LSN	日志记录写入该页面时更新	确认一个数据页面的修改状态
recLSN	脏页表	上一次该页面刷新到磁盘时的 pageLSN	页面数据刷新到磁盘时更新	确认一个页面是否需要重做以及页面重做开始位置
lastLSN	事务表	每一个事务最后一条日志记录的 LSN	随着事务表的生成而生成	确定对一个事务撤销开始的位置（从后往前）
redoLSN	恢复子系统	重做过程开始的 LSN	在分析阶段随着日志扫描而产生	确定重做阶段开始的位置，减小日志的扫描开销
undoNextLSN	补偿日志	事务下一条需要撤销的日志记录 LSN	每次写入补偿日志记录时产生	确保撤销只会执行一次
flushedLSN	日志缓冲区	已经写回磁盘最新日志记录的 LSN	每次向磁盘写回日志的时候更新	刷新脏页线程写脏页时保证 pageLSN ≤ flushedLSN

7.4.4　ARIES 正常流程

本节将说明 ARIES 恢复系统是如何执行数据库操作的。事实上，为了使 ARIES 恢复系统在数据库崩溃后能够正常恢复，在正常执行查询的过程中系统需要执行额外操作。图 7.27 展示了 ARIES 恢复系统下数据库总体的工作流程，箭头的方向表示数据或者命令的传输，下面做具体说明。

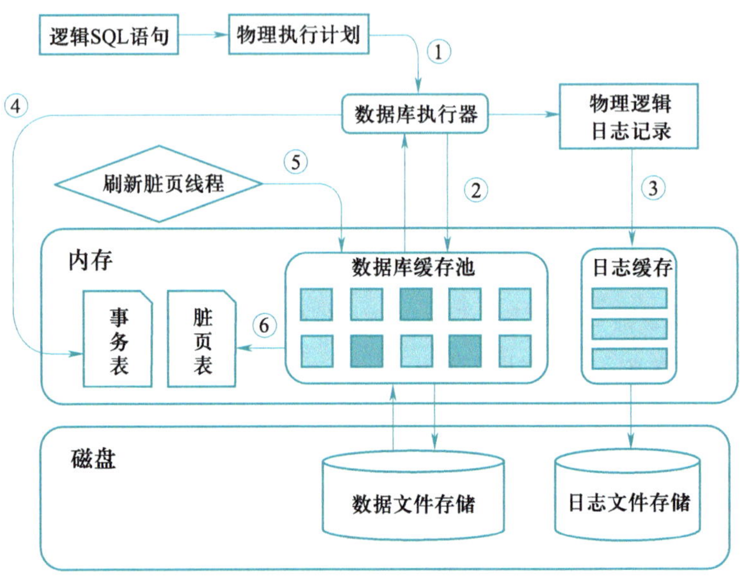

图 7.27　ARIES 恢复系统正常状态下工作流程

① 当用户输入 SQL 语句之后，它首先会被解析成逻辑计划，然后再经过一系列优化，最终变成物理执行计划，物理执行计划将会被送到执行器中执行。这部分内容将在第 10 章具体介绍。

② 数据库执行器在处理查询时，需要从数据库缓冲区读取数据，并且将修改的数据写回缓冲区。

③ 数据库执行器会将执行过的修改以物理逻辑日志的方式记录下来，并且按顺序写入日志缓存的末尾。后续步骤都是异步完成的。

④ 数据库在执行命令以后也会及时地更新事务表，事务表始终记录了数据库中未完成事务的最新状态。

⑤ 刷新日志的线程会持续按 LSN 顺序刷新日志。当事务的 LSN 小于或等于 flushedLSN 时，表明事务已完成提交。刷新脏页的线程会持续地将数据库缓冲区的脏页写回磁盘，这一过程是异步的，和数据库事务的提交无关，这里需要保证脏页的 pageLSN 小于或等于 flushedLSN，即脏页相关的日志都已经先于脏页被写回磁盘了。

⑥ 数据库缓冲区在更新的过程中，会实时地更新脏页表。缓冲区中的页面第一

次更新时，会被记录到脏页表上。一旦页面被刷回磁盘，它在脏页表上的数据项会被删除。

在这里，过程①、②是数据库执行查询所必需的步骤，而过程③、④、⑥则是 ARIES 恢复系统新增的步骤，另外 ARIES 恢复系统对于过程⑤添加了额外的限制条件。此外，ARIES 会定期地向磁盘写模糊检查点（包括活跃事务表和脏页表）。

7.4.5 恢复算法的流程

本节将会介绍 ARIES 恢复算法的工作流程，包含两部分内容：第一部分是正常情况下如何实现事务回滚，第二部分是 ARIES 是如何在数据库崩溃以后恢复整个系统的。

在 ARIES 恢复算法代码中，脏页表、活跃事务表和日志记录都是 ARIES 恢复系统中重要的结构。

（1）日志记录：其主要信息如下。

LSN：日志记录的逻辑序列号。

Type：日志的类型。

transID：日志记录关联事务的 ID。

prevLSN：关联事务上一条日志记录的 LSN。

pageID：日志记录对应的页面 ID。

undoNxtLSN：下一条需要回滚日志记录的 LSN。

Data：具体的数据。

（2）脏页表：其主要信息如下。

pageID：数据页面 ID。

recLSN：最早使页面变成脏页的 LSN。

（3）活跃事务表：其主要信息如下。

transID：事务 ID;

State：事务的状态;

lastLSN：事务最后一条日志记录的 LSN;

undoNxtLSN：下一条需要回滚日志记录的 LSN，只在撤销阶段使用。

（4）重要处理方法：redo_update 和 undo_update 是对具体日志记录重做和撤销的封装，next_log、open_log_scan、log_write 和 log_read 是对日志的读写。各函数功能说明如下。

- next_log ( )：顺序读取下一条日志。
- open_log_scan (logLSN)：开始日志扫描。

- redo_update（page，logRec）：根据日志记录进行重做。
- undo_update（page，logRec）：根据日志记录进行更新。
- log_write（logRec）：写入新的日志记录。
- log_read（logLSN）：根据 LSN 随机读取日志记录。
- insert_ATT（transID，state，lastLSN）：向事务表中插入数据项。
- delete_ATT（transID）：从事务表中删除数据项。
- insert_DPT（pageID，recLSN）：向脏页表中插入数据项。

首先说明正常情况下 ARIES 算法是如何实现事务回滚的，相关代码如下。恢复子系统的任务是找出日志中所有该事务关联的日志记录，并按照时间逆序依次对它们进行撤销操作。假设用户希望回滚事务 transID。系统从事务表中找到该事务的最后一条日志记录，然后依次从后往前处理事务关联的所有日志记录。如果是日志更新记录，数据库会读取记录关联的页面，然后执行撤销操作，接着向日志中写入补偿日志记录，最后系统会更新 pageLSN 和事务表，切换到下一条事务关联的日志记录。如果系统遇到的是补偿日志记录，那么不对它进行处理，直接根据 undoNextLSN 跳转到下一条日志记录。需要注意的是，此阶段脏页表的行为和数据库正常运行时间相同。

所有工作完成以后，系统将 <*T*, abort> 日志记录写入日志，表示该事务已经结束，然后将该事务从事务表中删除。

```
// 函数：ARIES 算法的事务回滚
// 参数 transID
function rollback(transID)
  // 恢复子系统通过访问事务表快速定位事务最后一条日志记录
  undoNxt = ATT [transID].lastLSN
  while undoNxt ! = 0
        logRec = log_read(undoNxt)
        // 系统根据日志记录的类型不同（更新日志记录和补偿日志记录）进行对应的处理
        if logRec.type == 'update'
            page = fetch_page(logRec.pageID)
            undo_update(page, logRec)
            lgLSN = log_write('compensation', logRec.transID,
                ATT [transID].lastLSN, logRec.pageID, logRec.prevLSN)
            page.LSN = lgLSN
            ATT [transID].lastLSN = lgLSN
            undoNxt = logRec.prevLSN;
        elif logRec.type == 'compensation'
            undoNxt = logRec.undoNxtLSN
  // 事务回滚完成，系统向日志中写入结束记录并从事务表中删除该事务
```

```
log_write('end',transID,ATT [transID].lastLSN)
delete_ATT(transID)
```

相较于单个事务回滚，恢复过程更加的复杂。整个恢复过程分成三个阶段来完成，分别是分析阶段、重做阶段和撤销阶段。图 7.28 是 ARIES 算法的示意图，它包含了分析、重做和撤销这三个阶段，其中分析和重做都是从前向后进行的，而撤销则是从后向前进行的。在重做过程里，由于一部分页面已经被写入磁盘，所以重做开始位置的 LSN 往往比撤销结束位置的 LSN 大。

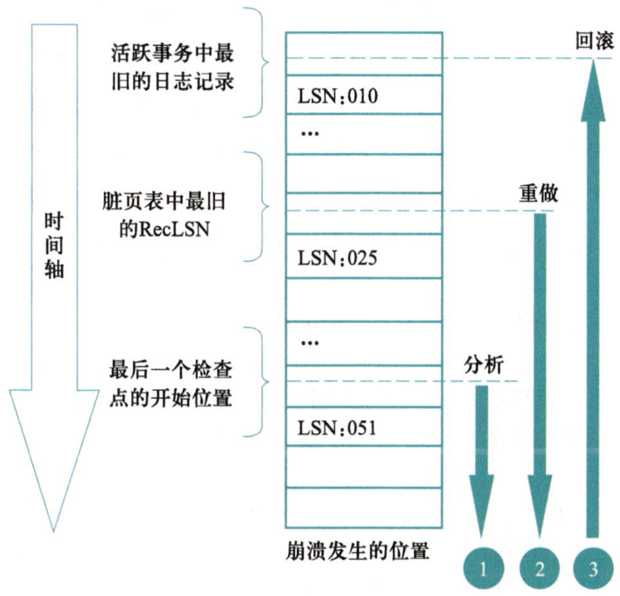

图 7.28 ARIES 算法示意图

1. 分析阶段

分析阶段系统会从超级记录对应的检查点日志记录 LSN 开始扫描日志，该阶段主要有以下三个任务：确定重做阶段应该从哪一条日志记录开始，还原数据库管理系统崩溃时刻的脏页表（准确地说，还原出的脏页表是崩溃时刻脏页表的超集，确定哪些操作需要重做）和活跃事务表（确定哪些事务需要回滚）。下面解释这三个任务的目的，并给出相关代码。

（1）恢复脏页表：脏页表用于加快重做的速度，因此需要恢复崩溃时刻的脏页表，通过脏页可以找出所有需要重做的事务。首先，根据检查点日志找到保存的脏页表。然后从检查点时刻扫描重做日志来模拟生成崩溃时刻的脏页表。每当遇到一条日志记录，更新脏页表：如果该日志记录对应的页面不在脏页表中，则将其加到脏页表，并将 recLSN 设置为当前日志的 LSN；如果该日志记录对应的页面在脏页表中，忽略该日志

（因为 recLSN 小于当前日志的 LSN）。

（2）恢复活跃事务表：通过活跃事务表可以快速定位未完成的事务，从而可以找出需要回滚的事务。首先，根据检查点日志找到保存的活跃事务表。然后从检查点时刻扫描重做日志来模拟生成崩溃时刻的事务表。每当系统扫描发现一条日志更新记录，如果它关联的事务没有在事务表里，就将它加入事务表，并设置 lastLSN 为当前记录的 LSN；如果对应事务在事务列表里，更新其 lastLSN 为该日志记录的 LSN；如果该日志记录是一个事务提交记录，说明这个事务已经被提交或回滚了，则把该事务从事务表中删除。

（3）定位重做阶段起始 LSN：重做阶段位于分析阶段之后，系统需要保证位于开始重做日志位置之前的所有改动都已经写回磁盘了，否则重做过程是不完整的。在这里使用 redoLSN 表示第一条需要重做的日志记录的 LSN。首先根据检查点获取脏页表和事务表。如果脏页表为空，将 redoLSN 设置为检查点日志记录的 LSN（即所有提交的事务已经刷脏到磁盘，因此没有需要重做的事务）；否则 redoLSN 设置为脏页表中 recLSN 的最小值（即找到首个需要重做的事务）。

```
// 函数：ARIES 算法的分析阶段
// 参数 master_addr：master record 的地址
// 返回值 ATT：模拟活跃事务表；返回值 DPT：模拟脏页表；
// 返回值 redoLSN：重做的起始位置

function restart_analysis(master_addr)
    ATT, DPT = {}, {}                           // 活跃事务表和脏页表的初始化
    masterRec = read_disk(master_addr)          // 读取 master record
    open_log_scan(masterRec.chkptLSN)
    logRec = next_log()                         // 确定扫描起始位置
    // 读取检查点中的事务表和脏页表
    for transID, state, lastLSN in chkpt.ATT
      insert_ATT(transID, state, lastLSN)
    for pageID, recLSN in chkpt.DPT
      insert_DPT(pageID, recLSN)
    // 开始日志扫描
    while not(end_of_log)
      if logRec.transID not in ATT
        insert_ATT(logRec.transID, 'U', logRec.LSN)
      if logRec.type == 'update' or logRec.type == 'compensation'
        ATT[logRec.transID].lastLSN = logRec.LSN
      if logRec.pageID not in DPT
        insert_DPT(logRec.pageID, logRec.LSN)
      if logRec.type == 'end'
```

```
    delete_ATT(logRec.transID)
  logRec=next_log()
//系统根据脏页表信息完成 redoLSN 的设置
if DPT is not empty
  redoLSN=minimum(DPT.recLSN)
else
  redoLSN=masterRec.chkptLSN
return ATT, DPT, redoLSN
```

2. 重做阶段

重做阶段会通过重复执行所有未在磁盘中反映出来的数据项改动，使所有已提交的事务对数据的更新反映到磁盘的数据文件中。ARIES 算法通过比较不同类型的 LSN，减少了不必要的数据更新。重做阶段从 redoLSN 开始正向扫描日志，每当它找到一个更新日志记录，它就执行如下动作。

(1) 如果该页不在脏页表中，或者该更新日志记录的 LSN 小于脏页表中该页的 recLSN，说明这条数据更新已经刷新到磁盘中，不需要重做，因此直接跳过该日志记录。

(2) 如果该页在脏页表中，系统就从磁盘调出该页。如果其 pageLSN 小于该日志记录的 LSN，则重做这条日志记录（注意，如果页面是第一次被调出磁盘，脏页表中的 recLSN 也会更新）。否则，说明该修改已经刷新到磁盘，不需要重做这条记录，只会更新脏页表中的 recLSN，用于补全检查点之后刷新页面的信息。之所以这么做，是因为这条日志之后还会出现涉及该页面的日志记录，需要再次检验是否需要重做。

重做阶段中，活跃事务表的内容不会发生任何改变。脏页表不会添加或删除数据项，但是 recLSN 在取出页面的过程中可能会发生改变，这也是 ARIES 算法中 recLSN 唯一会改变的场景。

重做阶段完成以后，数据库管理系统回到崩溃之前的状态，接下来就需要回滚所有未结束的事务，以保持数据库事务的原子性。重做阶段代码如下。

```
//函数：ARIES 算法重做阶段
//参数 redoLSN：重做开始日志记录的 LSN；参数 DPT：模拟脏页表
function restart_redo(redoLSN, DPT)
 open_log_scan(redoLSN)
 logRec=next_log( )
 while not(end_of_log)        //主体循环，表示恢复子系统从前向后扫描日志的过程
     if logRec.type==('update'|'compensation') and logRec.pageID\
        in DPT and logRec. LSN ≥ DPT [logRec.pageID].recLSN
            page=fetch_page(logRec.pageID)
```

```
            if page.LSN < logRec.LSN
                  // 系统根据 recLSN、pageLSN 和日志记录 LSN 判断
                  // 每一条更新日志记录是否需要被重做
                  redo_update(page, logRec)
                  page.LSN = logRec.LSN
            else
                  // 如果页面被取出但没有被修改，脏页表仍旧会更新
                  // 因为它可能在后续重做过程中被使用
                  DPT[logRec.pageID].recLSN = page.LSN+1
    logRec = next_log( )
```

3. 撤销阶段

在撤销阶段，数据库撤销活跃事务表中的所有事务。恢复子系统首先初始化事务表的 undoNxtLSN（该字段仅在恢复阶段使用），undoNxtLSN 代表每一个事务下一条需要处理的日志记录。接下来恢复子系统会按照当前 undoNxtLSN 的顺序来回滚所有需要撤销的事务。

在日志处理过程中，每当找到一个更新日志记录，系统根据该记录的内容执行一个撤销操作，并且写入相应的补偿日志记录，更新事务表的信息，这一步和事务回滚的过程相同。

事务回滚结束的标志是 prevLSN，如果日志记录的 prevLSN 为 0，代表这是该事务最后一条日志记录，事务撤销已经完成，系统会在日志记录回滚结束的信息。

如果遇到一个补偿日志记录，说明该事务在补偿日志记录（以及后面的日志记录）已经回滚了，只需根据它的 undoNextLSN 来找到该事务需要回滚的下一个日志记录的 LSN。在除补偿日志记录之外的日志记录中，prevLSN 字段指明该事务需要回滚的下一个日志记录的 LSN。

撤销阶段中，脏页表不会发生修改，活跃事务表中需要撤销的事务对应的 lastLSN 在撤销过程中会被修改，当撤销完成后它们会被删除。

上述步骤执行完成以后，系统会将所有新产生的日志记录刷新到磁盘中。至此，恢复过程结束，数据库重新开始对外提供服务。撤销阶段代码如下。

```
// 函数：ARIES 算法撤销阶段
// 参数 ATT：模拟事务表
function restart_undo(ATT)
 for every transID in ATT
      // 使用 lastLSN 来初始化 undoNxtLSN
      ATT[transID].undoNxtLSN = ATT[transID].lastLSN
 while exists(trans with state = 'U' in ATT)
```

```
/* 只要事务表还有数据项，系统便会选择 undoNxtLSN 最大的事务，处理它下一条
  需要撤销的日志记录 */
undoLSN = maximum_undoNxtLSN(ATT)
logRec = log_read(undoLSN)
if logRec.type == 'update'
    /* 每当找到一个更新日志记录，系统根据该记录的内容执行一个撤销的操作，并
      且写入相应的补偿日志记录，更新事务表的信息，这一步和事务回滚的过程相
      同 */
    page = fetch_page(logRec.pageID)
    undo_update(page, logRec)
    lgLSN = log_write('compensation', logRec.transID, \
ATT[logRec.transID].lastLSN, logRec.pageID, logRec.prevLSN)
    page.LSN = lgLSN
    ATT[logRec.transID].lastLSN = lgLSN
    ATT[logRec.transID].undoNxtLSN = logRec.prevLSN
    if logRec.prevLSN = 0
        /* 如果日志记录的 prevLSN 为 0，系统便写入事务结束记录，将它从事务
          表中删除 */
        log_write('end', logRec.transID, \
            ATT[logRec.transID].lastLSN)
        delete_ATT(logRec.transID)
if logRec.type == 'compensation'
        /* 如果遇到一个补偿日志记录，系统根据其中 undoNextLSN 定位到下一
          条需要处理的日志记录 */
        ATT[logRec.transID].undoNxtLSN = logRec.undoNxtLSN
```

4. 案例说明

下面通过一个简单的例子说明 ARIES 是如何工作的。图 7.29 是一个数据库事务状态的示意图，这里有三个事务 T_1、T_2、T_3，修改了五个数据项 A、B、C、D、E，从左到右的前两条虚线分别代表模糊检查点开始和模糊检查点结束的时刻，第三条虚线代表刷

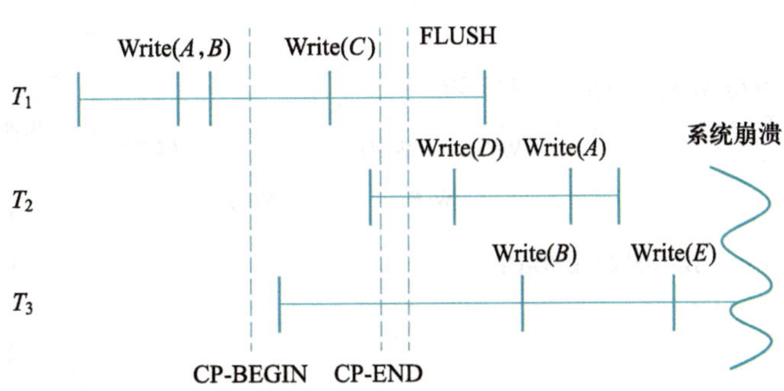

图 7.29　事务状态示意图

盘时刻，数据库将缓冲区修改过的 A、B、C 三个数据项写回磁盘，这一行为不会被日志记录。在 T_3 修改数据项 E 之后，系统崩溃，此时 T_1 和 T_2 已经提交，T_3 则还未结束。

图 7.30 是数据库日志的内容，在这里 Data 表示更新日志记录修改的数据项。检查点结束时日志记录的内容还包含了脏页表和事务表。

LSN	Type	TID	prevLSN	Data
1	SOT	1		
2	UP	1	1	*A*
3	UP	1	2	*B*
4	BEGIN-CP			
5	SOT	3		
6	UP	1	3	*C*
7	SOT	2		
8	END-CP			
9	UP	2	7	*D*
10	EOT	1	6	
11	UP	3	5	*B*
12	UP	2	9	*A*
13	EOT	2	12	
14	UP	3	11	*E*

事务表

lastLSN	Tid
3	1

脏页表

页面号	recLSN
A	2
B	3

缓冲区刷盘，写入页面 *A*、*B*、*C*

图 7.30　数据库日志内容

图 7.31 是数据库管理系统中的数据结构，包含了崩溃时刻前的事务表和脏页表、检查点日志记录保存的事务表和脏页表，以及磁盘中的数据页面信息。

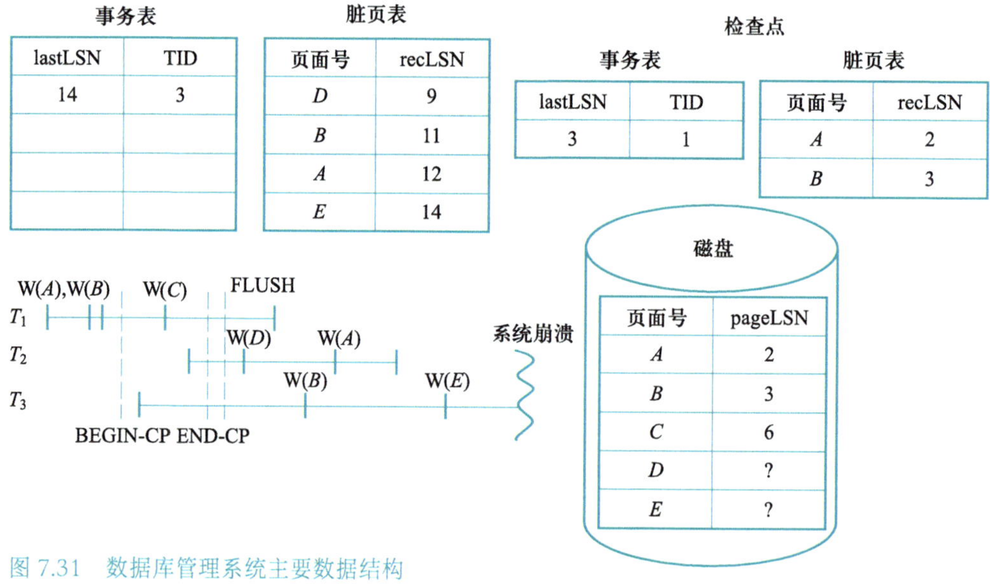

图 7.31　数据库管理系统主要数据结构

根据 ARIES 恢复算法步骤，系统先后经历分析、重做和撤销三个过程。图 7.32 是 ARIES 分析阶段结束的状态，开始时脏页表和事务表都是空的，系统会读取检查点中保存的脏页表和活跃事务表，把其中的内容填充到空的脏页表和活跃事务表里，系统从 LSN 为 4 的开始检查点记录开始扫描，以下是日志记录的处理过程。

LSN	Type	TID	prevLSN	Data
5	SOT	3		
6	UP	1	3	*C*
7	SOT	2		
8	END−CP			
9	UP	2	7	*D*
10	EOT	1	6	
11	UP	3	5	*B*
12	UP	2	9	*A*
13	EOT	2	12	
14	UP	3	11	*E*

事务表

lastLSN	TID
14	3

脏页表

页面号	recLSN
A	2
B	3
C	6
D	9
E	14

磁盘

页面号	pageLSN
A	2
B	3
C	6
D	?
E	?

图 7.32　分析阶段结束状态

LSN 5、LSN 7 都是事务开始记录，在扫描过程中相应的 T_3 和 T_2 会被加入活跃事务表。LSN 10、LSN 13 都是事务结束记录，当它们被扫描处理后，T_1 和 T_2 将会从事务表中被移除。LSN 6、LSN 9、LSN 11、LSN 12 和 LSN14 均为数据更新日志记录，在扫描的过程中，如果页面不在脏页表中，它们对应的页面都会加入脏页表，页面对应的 recLSN 是该页面第一次加入脏页表时日志记录的 LSN。在整个扫描过程完成以后，模拟的事务表和脏页表均被构造完成，系统会分析脏页表，将 redoLSN 设置为 2（recLSN 最小值）。

至此，确定了 redoLSN、脏页表和需要回滚的事务。在这里共有 *A*、*B*、*C*、*D*、*E* 五个脏页，事务表中只有一个事务 T_3，该事务需要被恢复系统回滚。

图 7.33 是 ARIES 重做阶段的内容，系统从开始扫描日志，以下是日志记录的处理过程。

重做阶段系统只会去处理日志更新记录，因此当恢复系统扫描到 LSN 4、LSN 5、LSN 7、LSN 8、LSN 10 和 LSN 13 这些日志记录时，会直接跳过它们而不进行处理。

LSN	Type	TID	prevLSN	Data
1	SOT	1		
2	UP	1	1	*A* ×
3	UP	1	2	*B* ×
4	BEGIN–CP			
5	SOT	3		
6	UP	1	3	*C* ×
7	SOT	2		
8	END–CP			
9	UP	2	7	*D* √
10	EOT	1	6	
11	UP	3	5	*B* √
12	UP	2	9	*A* √
13	EOT	2	12	
14	UP	3	11	*E* √

脏页表

页面号	recLSN
A	12
B	11
C	6
D	9
E	14

磁盘

页面号	pageLSN
A	2
B	3
C	6
D	?
E	?

图 7.33　重做阶段结束状态

而对于 LSN 2、LSN 3 和 LSN 6，尽管它们都是日志更新记录，它们的 LSN 也不小于脏页表中的 recLSN，但是当系统从磁盘中取出数据页 *A*、数据页 *B* 和数据页 *C* 的时候，发现数据页面的 pageLSN ≥ LSN，因此它们不会被系统重做。

最后，对于 LSN 9、LSN 11、LSN 12 和 LSN 14，因为它们的 LSN 大于脏页表中的 recLSN 以及页面的 pageLSN，相应的日志记录均会被系统重做。需要注意的是，在这里脏页表中数据页 *A* 和数据页 *B* 的 recLSN 都发生了更新，这是因为数据页 *A*、数据页 *B* 在恢复阶段还没有被更新过。至此，数据库回到了崩溃以前的状态，下一步便是撤销未完成的事务。

图 7.34 是 ARIES 撤销阶段的内容，在这里系统只需要回滚事务 T_3。

LSN	Type	TID	prevLSN	Data
5	SOT	3		
6	UP	1	3	*C*
7	SOT	2		
8	END–CP			
9	UP	2	7	*D*
10	EOT	1	6	
11	UP	3	5	*B*
12	UP	2	9	*A*
13	EOT	2	12	
14	UP	3	11	*E*
15	CLR	3	14	*E*,11
16	CLR	3	15	*B*,5
17	EOT	3	16	

图 7.34　撤销阶段结束状态

以下是回滚过程中处理日志的顺序，恢复子系统首先扫描 LSN 14，根据日志记录内容，它会修改数据页 E，写入 CLR 日志，将 undoNextLSN 设为 11。接着，系统扫描 LSN 11，它会修改数据页 B，写入 CLR 日志，将 undoNextLSN 设为 5。注意，在写入 CLR 日志的过程中，会更新活跃事务表中 T_3 的 lastLSN，回滚完成后会删除相应数据项。最后，系统扫描到事务开始的日志记录，写入事务结束日志记录，退出。撤销阶段结束之后，恢复过程结束。

7.4.6 基于增量检查点的优化

增量检查点（incremental checkpoint）是一种优化检查点速度的技术，用于优化普通检查点和模糊检查点。由于一次检查点的操作中需要向磁盘写入大量的数据，增量检查点采用增量写回脏页的策略，避免了业务阻塞。在数据库中专门设置一个线程，以一个稳定的速率持续地将脏页写回磁盘，如此均摊后每次做检查点的代价都比较小。事实上，增量检查点的出现晚于 ARIES 算法的出现，原始 ARIES 算法的恢复流程可以用增量检查点进一步实施优化。

但是要注意，刷新脏页时一定要按照顺序刷盘，以保证前面修改的页面刷盘后不需要重做，从而可以实现前面日志不必再做处理。如果不按照顺序刷盘，很难保证某个时间点之前的日志一定不需要处理。图 7.35 是一种增量检查点的实现方式，缓冲区内脏页按照其 recLSN 的顺序形成了一个脏页队列（缓冲区页面第一次被修改，会加入脏页队列中，之后的修改不影响脏页队列的状态），脏页刷新的线程按照 recLSN 顺序不断将队列中的脏页写回磁盘，增量检查点线程则定期记录刷新的最大 recLSN，并记为 flushedPageLSN。增量检查点只需记录 flushedPageLSN 和活跃事务表，而不需要记录脏页表。当发生故障重启时，只需要从 flushedPageLSN 开始扫描日志记录就可以构造崩溃时脏页表，因为对于 recLSN 小于或等于 flushedPageLSN 的脏页，不需要重做（因为该页面已经刷新到磁盘），从而不仅加速了恢复过程，而且避免批量记录脏页表。

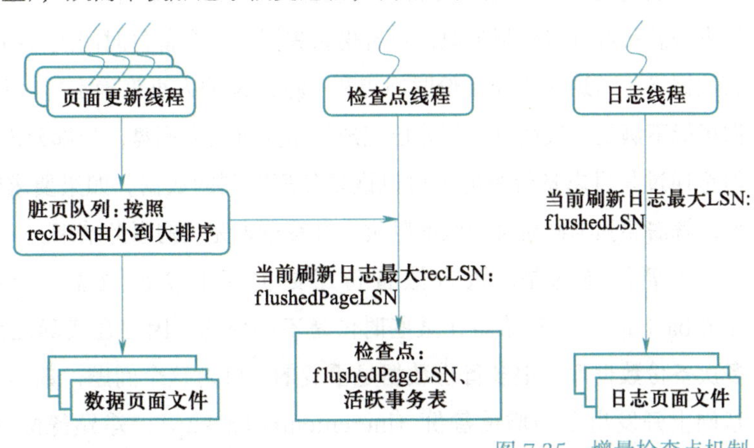

图 7.35 增量检查点机制

7.5　数据库备份技术

通常来说，数据库磁盘损坏的概率比较小，但一旦出现意外，会造成数据永久性丢失，进而造成不可逆的巨大影响。美国得克萨斯大学调查显示，只有 6% 的公司可以在数据丢失后生存下来，43% 的公司会彻底关门，51% 的公司会在两年之内消失。因此数据库管理员往往使用备份技术来确保数据的完整性。备份技术包括数据备份和日志备份。数据备份复制数据库的数据文件，当一份数据文件出现损坏的时候，使用备份数据文件作为替代。日志备份复制预写日志，利用日志来恢复数据。数据备份一般使用粗粒度的备份，例如，按周、按日做备份；日志备份一般使用细粒度的备份，例如，按时、按分做备份。注意，数据库中的数据文件在数据库运行过程中会不断变化，数据库备份时需考虑数据的变化。

7.5.1　常用备份技术

本节将会介绍几种常用的数据库备份技术，它们拥有不同的特点和应用场景。首先，从备份类型来说，数据库备份可以分为冷备份（cold backup）和热备份（hot backup）。

冷备份也称为静止备份、离线备份，主要使用系统命令完成，是基于物理文件的复制，执行冷备份包含两个步骤：

（1）停止接收数据库新事务，等待所有事务结束，最后将缓冲区中的脏页写回磁盘；

（2）使用系统命令将所有数据库文件复制一份，复制的结果即为数据库备份。

冷备份的优点是速度较快，实现方式简单。但是它的缺点也显而易见，冷备份时必须暂停数据库的服务，所以它的使用场景较少。

热备份也称为非静止备份、在线备份，在备份过程中数据库仍然可以响应用户的新事务。和检查点机制类似，热备份首先记录一个备份时间点，将备份时间点之前的所有数据备份（通过比较备份时间点和 PageLSN 的大小来确定）。但是这种方法备份的数据可能不满足一致性（一部分已完成的事务脏页未刷盘，一部分未完成的事务已刷盘），但是通过与日志备份相配合可以恢复任何时刻的数据。如果要求热备份保证数据一致性，就需要强制刷新缓冲区的脏页，并等待未完成的事务结束。

需要注意的是，该方法备份了数据库的全部数据，一般被称为全量备份（full backup）。这种策略在某些时候是不必要的，因为在实际应用中数据库管理员会多次备份数据库，很多备份数据是重叠的。针对这个问题，数据库专家在全量备份的基础上开发出了如增量备份（incremental backup）、差异备份（differential backup）

等其他备份技术。

增量备份是一种基于历史备份结果的备份技术，每一次备份操作只保存数据库里新增加的内容（相对上一次备份新增）。增量备份通过标记来记录哪些数据文件已经被修改了，在下一次备份操作里只会备份那些有标记的文件，并且在备份之后这些标记会被清除。如图 7.36 所示，数据库的数据会存放在多个页面文件中，在这里页面 1 和页面 3 被系统做了标记，表明这两个页面已经在上一次备份后被修改过，在系统做下一次备份时它们将再次被备份（备份以后标记也会被清除），而页面 2、页面 4 和页面 5 没有被修改，它们在下一次备份中将被忽略。事实上，数据页面文件的数目是非常巨大的，而被修改文件比例又比较小，因此增量备份可以显著减小每次备份的开销。

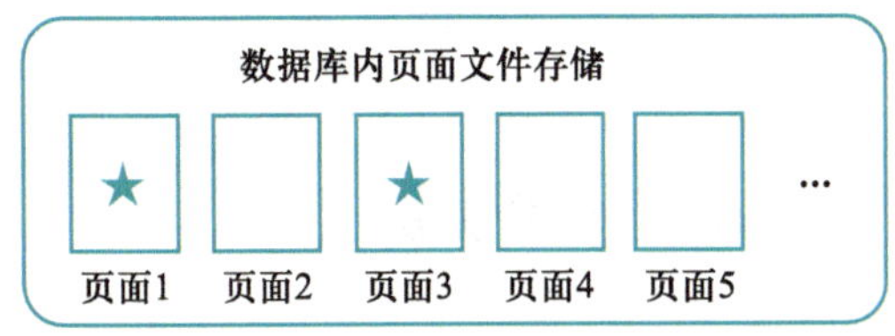

图 7.36　增量备份标记示意图

差异备份则是每一次备份操作只保存数据库中新增的内容（相对上一次全量备份新增）。差异备份也是利用标记来记录数据文件的修改，不同于增量备份，差异备份在完成备份以后不清除文件修改的标记，只有到下一次全量备份的时候，这些标记才会被清除。当多次执行差异备份和增量备份时，增量备份只备份和上次备份之间被标记的数据，而差异备份则需要备份和第一次备份之间所有被标记的数据（累积所有增量备份的数据）。因此差异备份需要备份更多的数据、更长备份的时间更长，但恢复时间更短。

差异备份和增量备份的标记一般通过时间戳来实现，通过比较 PageLSN 和备份时间戳即可判断页面是否被修改过。

图 7.37 反映出增量备份和差异备份的区别，带浅色底纹部分在这里代表数据库每一天新增或修改的数据，带深色底纹部分代表一开始全量备份的数据内容，差异备份只会基于全量备份来保存新增的数据，而增量备份则是基于上一次增量备份的结果来选择需要保存的数据。在实际应用中，数据库管理员一般会根据业务需要选择合适的备份技术。例如，每周一次定期进行全量备份，在一周中的每一天则是做差异备份或者是增量备份。这样做的好处是既保证了数据备份的速度，又使备份恢复的速度不至于太慢，安全性也在用户的可接受范围以内。

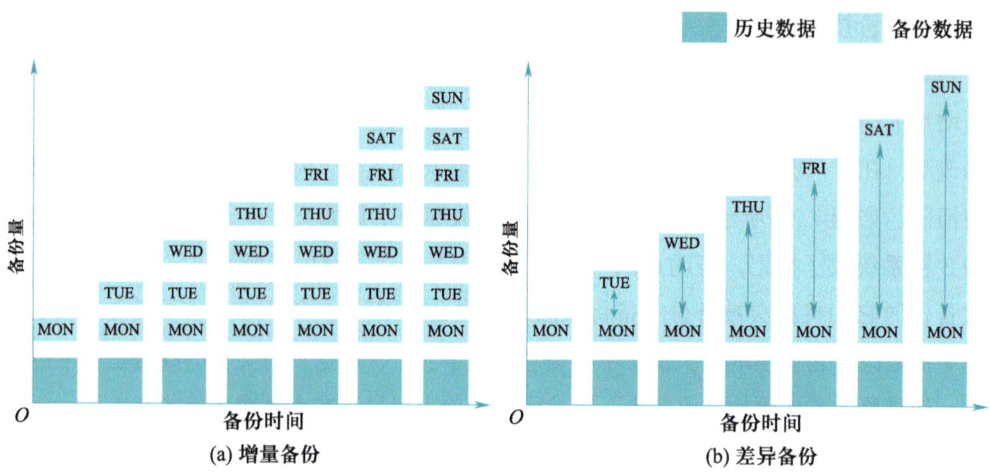

图 7.37　增量 / 差异备份的区别示意图

7.5.2　备份恢复

假设在数据库运行过程中磁盘发生了故障，数据库管理员需要利用备份进行数据库恢复。系统将会执行以下几个步骤。

（1）找到最近的数据库全量备份，并根据它来恢复数据库（即将备份复制到数据库）。

（2）如果有后续的增量备份，按照从前往后做的顺序，根据各个增量备份修改数据库。如果有后续的差异备份，找到最新的差异备份，使用此备份修改数据库。

以上备份恢复的步骤会将数据库恢复到最新的状态，事实上，备份恢复功能还可以更加灵活，接下来介绍两种备份恢复技术，分别是基于时间点的恢复（point-in-time recovery，PITR）和数据库闪回（flashback）。

1. 基于时间点恢复

在很多文本编辑的软件里，提供了基于时间点恢复的功能，即用户可以选择将文本的内容回退到某个特定的时刻，这样的好处是如果用户出现了错误操作，可以方便地找回正确的内容。事实上，这种功能也是数据库用户所需要的，因为用户在操作数据库时也会出现错误或者需要撤销的操作，此时将数据库回退到某一时刻即可取消这些操作。

基于时间点的恢复就是这样一种灵活的数据库备份恢复技术，用户可以使用它将数据库恢复到某一时刻的状态，一般利用重做日志来实现基于时间点的恢复。为了实现该功能，数据库管理系统在每一条重做日志写入的时候记录写入时间，如此就可以根据要求的时间选择一个重做日志子集，用户便可得到期望的数据库状态，但是回放（replay，重新执行一遍）重做日志较慢，一般会将备份数据和日志结合在一起来恢复任意时间点的数据。图 7.38 是基于时间点恢复的示意图。例如需要将数据库恢复到某周二上午 10 点时刻的状态。首先根据全量数据备份得到该周开始的数据，然后应用差异备份或者增量备份得到周二开始的数据，接下来再回放周二从凌晨开始到上午 10 点的日志，从而得到周二上午 10 点的数据。

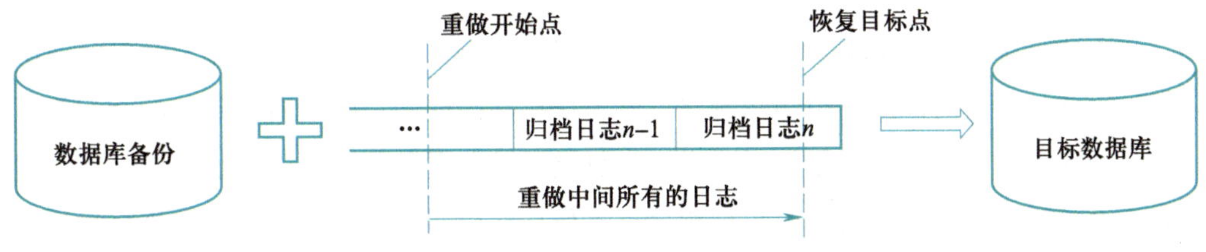

图 7.38 基于时间点恢复示意图

2. 数据库闪回

在使用计算机的过程中，用户可以通过 Ctrl+Z 快捷键撤销错误操作，相比基于时间点的恢复，这样做的优点在于高效、快捷。而在数据库中，也会出现一些误操作，比如将权限授予了错误的用户，创建了一个名字不正确的数据库，插入了一条错误的数据等。因此，在数据库管理系统中提供快速撤销的功能也是非常有价值的。

闪回正是这样一种高效、轻量的技术。不同于事务的回滚，它可以将数据库的状态进行回退。此外，闪回还提供获取历史数据的功能。闪回技术是借助特殊的回滚数据来实现的，对于每一个数据库的修改，回滚数据都会记录撤销该修改的操作，在进行闪回操作时这些数据将会被解析并执行，之后数据库便完成了闪回。事实上，现代的闪回技术支持不同粒度的操作，总共有以下 8 种。

（1）闪回查询：通过时间戳查询过去某个时间点的数据，可以找回由于意外删除或更改而丢失的数据，一般通过回滚段实现。

（2）闪回版本查询：查询某个时间段内某个数据的所有版本信息，提供了查询一个数据随时间变化的方法，一般通过回滚段实现。

（3）闪回事务：回滚一个指定的事务，一般通过回滚段实现。

（4）闪回事务查询：查询过去执行过的某一事务的相关执行信息，用于追溯某个可疑事务，一般通过回滚段实现。

（5）闪回表：将一张数据表的内容回退到一个指定时刻的状态，一般通过回滚段实现。

（6）闪回删除：恢复一张已经被删除的表，一般通过回收站实现（删除表时不是真正的物理删除，而是逻辑删除，放到回收站中）。

（7）闪回数据库：将数据库的所有内容回退到一个指定的时刻。开启数据库闪回时，系统会记录闪回日志，它将数据库所有修改信息保存到快速恢复区中（不同于回滚日志根据记录来组织，闪回日志将所有修改保存到一起便于快速闪回）。闪回日志有大小和时间限制，所以数据库闪回也有时间限制。

（8）闪回数据归档：将数据库恢复到某一时刻的状态。由于回滚有保留时间限制，定期会被删除，时间久远的数据无法通过回滚操作闪回。因此一般通过对回滚数据进行归档，延长闪回功能支持的时间。

闪回一般通过回滚段来实现，用于恢复近期的数据库信息，而且一般有时间限制，超过一定时间，回滚段信息删除后就无法实施闪回了。闪回有一部分功能和任意时间点恢复功能类似，但是任意时间点恢复是通过数据备份和日志备份从前往后实现的。闪回是从后往前恢复，而数据和日志备份从前往后恢复。所以如果要恢复最近的数据，闪回速度更快。

7.6　数据库多机恢复

数据库的备份技术可以解决磁盘损坏引发的数据库故障，然而由于数据和日志的复制速度较慢且日志恢复速度也慢，因此备份恢复时间较长，这会影响数据库的高可用性。针对以上问题，数据库专家设计了数据库多机容灾架构。

7.6.1　数据库多机恢复概述

数据库管理系统被广泛应用在企业生产环境中执行各种各样的数据处理任务，一些企业往往需要考虑最极端的灾害对数据造成的破坏，以确保数据万无一失。事实上，相关的案例也并不鲜见，例如在 2015 年 10 月，Windows Azure 上海数据中心发生故障，故障原因是服务器所在机房着火断电，导致 Azure 基础设施离线，无法提供正常服务，金融、互联网、房地产等各个行业的用户均受到了影响。2021 年 3 月，欧洲云计算巨头 OVH 位于法国斯特拉斯堡的机房发生严重火灾，这场大火彻底摧毁了五层高、占地 500 m^2 的 SBG2 数据中心，并导致相邻 SBG1 服务器发生损坏。

为了应对数据丢失造成的损失，必须对数据进行灾备保护，企业信息化程度越高，相关的数据灾备恢复措施就越重要。灾备指的是容灾与备份。备份指的是用户为了保障系统中数据的安全，针对关键数据制作一份或者多份副本。容灾指的是在相隔较远的两地建立两套或多套功能相同的系统，它们之间可以进行状态监控和功能切换，当主系统发生意外停止工作时，整个应用能够切换到另一个系统，以提供持续的服务。

正如 7.2.3 节所介绍的，衡量容灾系统的指标是 RTO（恢复时间目标）和 RPO（恢复点目标）。理想情况下，用户希望有“零 RTO，零 RPO”的容灾解决方案，但是考虑到异地网络延迟的物理限制，零 RTO 方案基本是不可实现的。在选择具体方案的时候，需要综合考虑灾难发生的概率、灾难对数据的破坏作用以及数据对业务的重要性。譬如，如果机房位于地震带，就要考虑地震的风险；如果在海边，则需要考虑水灾的风险。常见的数据库多机容灾架构有主备模式、两地三中心和异地多活，接下来将重点介绍这三种架构。

7.6.2 主备模式架构

主备模式是一种实现数据库高可用性的架构，首先启动多台主机运行数据库的服务，其中一台主机用来处理用户发出的请求，称为主机或主站点（primary site），另外几台主机称为备机或备份站点（backup site），用作主机数据的备份，它包含了和主机完全相同的数据。所有主机发生的更新会以日志的形式发送到备机上。

当主机发生故障无法提供服务时，备机就会启动恢复程序对外提供服务。首先，备机会根据日志和已有数据执行恢复程序，让数据库达到和主机出现故障之前一样的状态，然后备机就可以接受用户的请求并处理事务。在这种架构下，即使一个节点出现数据丢失，数据库仍然可以保持其完整性，系统的可用性大大提高了。

图 7.39 展示了主备模式的架构图，在这里主机负责接收用户发来的请求，主机会将请求的相关日志记录发给备机，备机则会在收到数据处理完成信息后给主机发送应答。

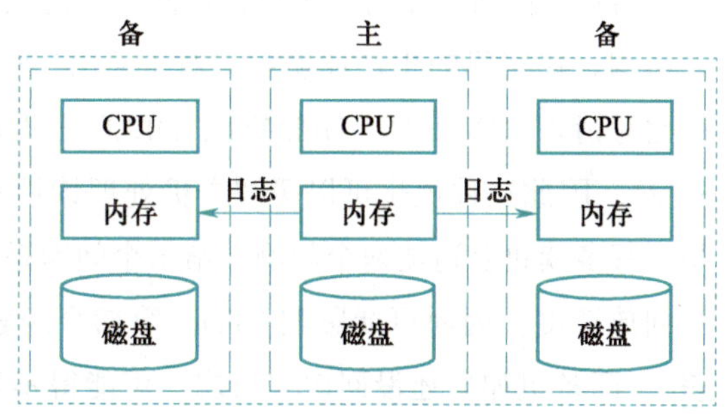

图 7.39 主备模式架构

注意主备之间是通过重做日志来实现数据的同步，备机通过回放（replay，重新执行）主机传输的日志来获得与主机一致的数据。那么，为什么不是将一个事务同时发送给主机和备机呢？其实这是由于网络抖动问题，主备机收到的事务顺序不一样，故而执行事务的顺序不一样，导致主备机数据不一致。因此主备机需要通过重做日志来保证数据完全一致。

主备模式架构有以下几个关键要点，首先是关于数据同步的问题，主备模式下两个站点数据必须保持一致，否则备机无法正确地工作。而众所周知，通信链路存在不稳定性，数据的传输无法确保万无一失。在主备模式下，两个站点往往采用同步传输（synchronous transmission）方式，即主机在响应用户的请求之前，必须确保收到备机有关该请求的应答，如果主机在一段时间里没有得到响应，它会再次发送相同的数据，直到收到备机的应答。当然，在某些情况下主备机也会采用异步传输（asynchronous transmission）方式，即主机在处理完请求以后会直接响应用户，日志记录仍旧异步传给备机，但是不要求备机实时应答。主备机之间强同步传输能够保证零 RPO，但是异步传输则不能保证（备机可能未成功接收一部分日志数据）。目前主备机一般采用一致性协议 Paxos 来保证日志的一致性。

第二个问题是，如何实时地监控主机的状态，并且及时地进行主备切换。一种实现思路是在两个站点之外添加代理站点（proxy）来实现透明事务，即主备切换时用户不会感知失败。代理站点对外接收用户发来的请求，然后把请求传递给主机，收到响应后再返回给用户。正常情况下，代理站点总会把请求发给主机，代理站点会向主机发送周期性信号，确保主机工作正常。一旦主机失去应答，代理站点会将之后的请求发送给备机进行处理。这种方法的一个优点是，对用户来说主备机的切换是无感知的，自始至终用户都是把请求发给代理站点，不需要进行网络 IP 地址的切换。

第三个问题是，备机除了在主机发生故障后可以接管主要业务外，是否可以提供对外服务。一写多读解决了这个问题。备机可以处理一部分只读的数据库请求，这是因为备机的数据始终与主机保持同步，而只读的请求不会对系统的数据本身造成太大影响。在实际的生产环境中，对于 OLTP 业务，读请求（SELECT 语句）的数量往往比写请求（INSERT、UPDATE、DELETE 语句）的数量要多（一般数据库读写比为 8 : 2），因此这种优化可以缓解主机处理读请求的压力，提升数据库整体的性能。但是一写多读也会造成两个问题。第一个问题是备机在提供读能力的同时可能会影响备机回放速度，因而可能影响 RTO。第二个问题是备机相对于主机可能有一定的“时差”，即备机如果还没回放完日志，可能得不到最新的数据，因此造成备机读落后于主机的数据。

事实上，主备模式也存在缺陷，第一，数据同步会带来时间上的开销，导致数据库整体性能的下降。第二，主备模式带来了更大的硬件成本，对于数据库管理员来说维护也更加困难。第三，一主一备可能造成脑裂现象，即主机故障切换到备机时，代理站点通知备机升主，但是主机和代理站点发生了网络故障，主机和备机都认为自己是主机，从而造成脑裂现象。为了解决脑裂这一问题，一般通过一主多备机制，利用投票或者 Paxos 算法来决定主机。

除了一主多备外还有多主技术，即每个站点都可以是主机，每个站点都支持读写。本书不详细介绍多主技术，感兴趣的读者可以查阅相关资料。

7.6.3 两地三中心恢复

两地三中心是一种典型的数据库高可用灾备架构。相比于主备模式架构，它的优点在于考虑了节点的地理位置，减小了多个节点同时出现故障的风险。两地指的是同城和异地，三中心是指生产中心、同城灾备中心、异地灾备中心。生产中心的职责是对外提供服务，处理用户的数据库请求，而同城灾备中心和异地灾备中心都起到数据容灾的作用。同城灾备中心一般是同步传输，能够保证零 RPO；而异地灾备中心一般是异步传输，很难保证零 RPO（如果日志同步到异地，网络时延较高，系统性能较差）。网络传输的延迟受限于很多因素，包括硬件设备、网络拥堵状况以及物理距离。其中，物理距离是无法改变的，而根据相对论，网络数据传输速度永远无法超越光速，因此即便硬件配置不断升级，仍然会存在网络延迟（传输距离为 1 000 km 时延迟约 10 ms）。这也是同城选择同步传输、异地选择异步传输的原因。

两地三中心一般采用传输物理日志的方式来同步数据，这样做的好处是减小了日志解析的开销，数据库的性能会更好。

1. 同城灾备中心

同城灾备中心是指在同城或相近区域内（一般小于 100 km）建立两个主备数据中心：一个中心负责对外提供服务，进行日常的生产活动；另一个中心负责灾难备份，在灾难发生以后替代原有中心进行对外服务。考虑到在同一个城市里通信线路传输速度较快，数据同步复制的代价较小，一般会采用数据同步复制的策略，从而保证了数据的完整性和一致性以及零 RPO。

2. 异地灾备中心

异地灾备中心是指在距离较远（一般大于 500 km）的两地建立主备数据中心，考虑到数据传输的代价，一般采用异步复制数据策略，这样做的优点是不会牺牲过多数据库的性能，代价是可能会丢失部分数据。异地灾备不仅可以防范火灾、建筑物破坏等可能会遇到的风险隐患，还能够防范战争、地震、水灾等非常小概率的风险。

图 7.40 是一个简单的两地三中心架构，其中上层是处理用户请求的服务器，出于负载均衡和高可用的考虑，一个中心往往有两台以上的服务器集群对外提供服务，而在服务器下层，则利用存储区域网（SAN）来存储数据，这样就保证了存储的可扩展性，不同中

心依靠广域网（wide area network，WAN）的通信链路来实现数据的复制传输。出于性能的考虑，生产中心的数据首先传输给同城灾备中心，再由同城灾备中心传输给异地灾备中心，这样保证了生产中心的数据传输不会成为性能瓶颈。

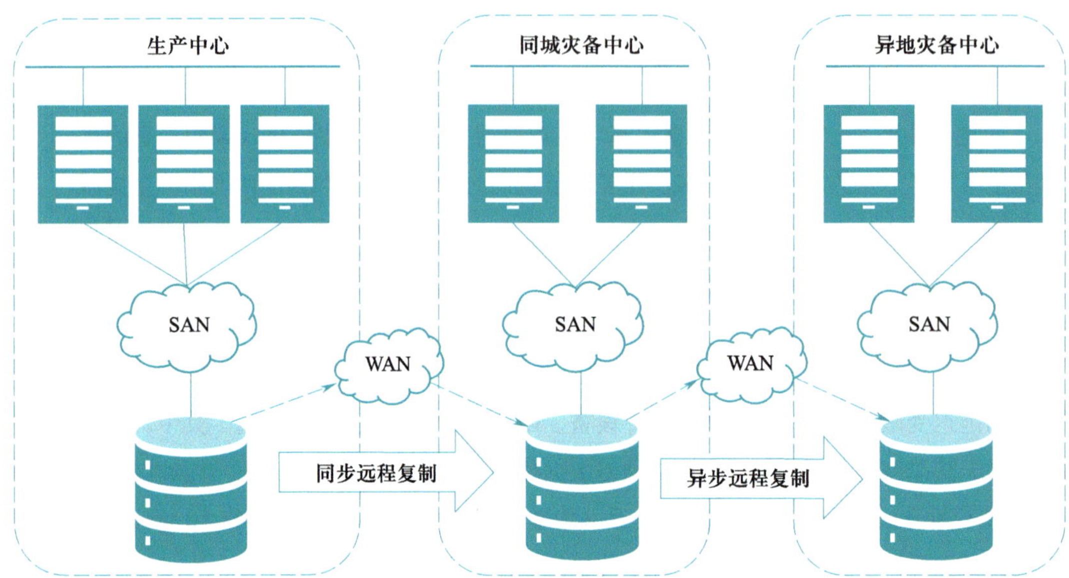

图 7.40　两地三中心架构

7.6.4　异地多活恢复

主备和两地三中心架构一般都是由一个集群来管理的，当集群出问题时可能影响所有数据中心。而异地多活是一种多集群数据库容灾系统。它一般采用双集群架构，即作为两个集群分别控制，不会互相影响。它通过复制逻辑日志以及分隔应用层业务来实现多节点的读写请求处理。这里，“异地”指数据节点的地理分布位置，而“多活”指各个数据节点对外服务的能力。异地多活的设计架构有以下几个优点。

（1）高可用性：异地多活中同时存在多个提供服务的节点，即使单个节点崩溃，整体系统的可用性也不受影响。

（2）高性能：异地多活架构拥有多个提供服务的节点，用户可以选择邻近的节点来处理自己的请求，提升性能。

由于相同数据在不同主机下的物理地址是不同的，因此很难在两个集群间灵活切换，异地多活利用逻辑日志复制来实现数据的同步，逻辑日志具有更好的可迁移性。此外，同样负载下逻辑日志的内容更少，在不同节点之间的传输成本更低。此外，受限于网络延迟，异地多活的数据传输是异步的。如果出现系统崩溃，还会出现小部分数据丢失的问题。不过，每个事务的原子性是可以得到保证的，如果一个事务只有部分日志传输成功，该事务会被系统回滚。

异地多活中每个节点的数据内容是相同的，多个节点写入会带来数据一致性问题。在通用场景下解决数据一致性是非常困难的，第 14 章将介绍相关内容。

7.7 小结

本章介绍了数据库故障恢复的相关内容，数据库故障的原因多种多样，大体可以分为事务故障、系统崩溃、磁盘故障和自然灾害这四类。数据高可用性用于描述数据库持续对外提供服务的能力，它和数据库故障恢复密切相关，一般来说，数据库故障恢复的能力越强、速度越快，那么数据库的高可用性也就越好。

数据库故障恢复的重点是保证事务的原子性和持久性。数据库恢复机制主要包括单机恢复系统、数据备份机制和多机容灾架构三部分。

对于系统崩溃，数据库一般会采用基于日志的恢复算法，数据库日志大体可分为回滚日志、重做日志和回滚 / 重做日志，而根据日志类型的不同，恢复算法的执行过程也有差别。三种算法都会遵循预写日志的规则，即日志必须先于数据写入磁盘。在这三种算法中，性能最好、实现过程最复杂的是基于回滚 / 重做日志的 ARIES 算法，其恢复过程可以拆分成分析、撤销和重做三个阶段。

针对磁盘故障，数据库一般采用备份的策略来解决问题。根据备份操作的限制不同，数据库备份可以分为热备份和冷备份，其中冷备份又称为离线备份，在备份过程中数据库停止业务处理，不允许处理新的请求。热备份又称在线备份，在备份中允许数据库处理新的请求。根据备份的内容不同，数据库备份又可以分为全量备份、增量备份和差异备份，其中全量备份会备份所有的数据，而增量备份和差异备份会根据已有的备份内容备份新的数据。

针对自然灾害，数据库专家开发出了一系列灾备架构，确保在遇到极端自然灾害的情况下数据仍然不会丢失。比较常见的架构有主备模式、两地三中心和异地多活。主备模式是其中最简单的架构，主数据库在执行请求的过程中不断地把请求发送给备份数据库，以此保证两个数据库的数据同步。两地三中心则是现实生产环境中常常使用的架构，该架构下同时存在三份数据副本。异地多活则是一种多地同时可以响应请求的架构，具有良好的扩展性，但是在使用的时候也有额外的限制条件。

7.8　习题

1. 为什么在进行事务重做的时候日志是从前向后扫描的，而在进行事务撤销的时候日志是从后向前扫描的？

2. 在基于日志的恢复中，使用检查点实现了日志的截断，检查点之前的日志空间会被释放，而要写入新的日志时，又需要申请新的内存空间。这种内存的申请/释放过程能否被优化？如果可以，请简述优化策略。

3. 对于基于仅回滚日志的恢复算法，如果数据库在恢复的时候再次崩溃，再次恢复的时候数据库可以恢复正常吗？为什么？

4. 重做日志可以实现事务的持久性，那么基于仅重做日志的恢复算法是如何实现事务的原子性的？请简述相关原理。

5. 简述 ARIES 恢复算法在撤销阶段日志记录的处理顺序，是否可以使用数据结构优化这一过程，应该怎么做。

6. 简述增量备份和差异备份的区别。

7. 请简述检查点机制的主要作用，以及在选择检查点执行频率的时候有哪些因素是需要考虑的。

8. 想象一种非常极端的场景，一个数据库对于执行效率的要求很低，但是会频繁地出现崩溃，那么应该采用哪一种故障恢复方法呢？为什么？

9. 在主备模式下，为什么主数据库和备数据库之间的数据可以保持同步？会不会存在一些特殊的情况，使得数据无法同步？如果有，请说明这种情况是如何产生的。

10. 在两地三中心模式下，为什么同城节点的数据是同步传输的，而异地节点的数据是异步传输的？在设计时是怎样考虑的？

11. 为什么异地多活下数据库需要对数据表进行拆分，如果不拆分会出现什么问题？

12. 为什么 ARIES 恢复算法可以使用物理逻辑日志作为其重做日志？7.3.5 节中基于仅重做日志的恢复算法是否可以使用物理逻辑日志？请说明理由。

13. 在 ARIES 算法中，模拟脏页表和崩溃之前的脏页表相同吗？请说明理由。如果不相同，能否修改算法使得模拟脏页表和崩溃之前的脏页表相同？

14. 在 ARIES 算法中，模拟事务表和崩溃之前的事务表相同吗？如果不相同，能否修改算法使得模拟事务表和崩溃之前的事务表相同？

15. 根据基于仅重做日志的恢复算法和基于仅回滚日志的恢复算法的特点，说明这两个算法的应用场景。

16. 在 ARIES 算法模糊检查点的过程中，系统会写入检查点开始时的脏页表和事务表。但是在这一过程中数据库仍然可以处理新的事务，这意味着写入过程中脏页表和事务表也是在变化的，试分析这一过程可能存在的风险，以及如何规避这些风险。

17. 在本章分析恢复算法的过程中，总是假设缓冲区页面写回磁盘的过程是原子的，这个假设在缓冲区页面和磁盘页面大小相等的情况下可以满足，但是在很多情况下是满足不了的（现代工业级数据库大多允许调整页面大小），试分析这种情况下的设计策略。

18. 在 ARIES 算法中，一般不在日志中记录刷盘信息。如果要记录这部分信息，恢复阶段算法应该怎样修改？算法效率如何？

第 8 章

并发控制

在数据库管理系统中，包含若干条语句的事务是完成特定任务的基本操作单元。数据库管理系统需要对相继到来的多个事务进行高效处理。如果需要处理的事务数量很少，且事务之间的间隔较久，此时数据库管理系统处于较为空闲的状态，可以依次（串行）处理这些事务；但如果短时间内有大量事务到来，数据库管理系统变得繁忙，那么就需要设计并发处理事务的有效方法。不仅如此，当有多个事务要访问相同的数据项时，情况将变得更加复杂。这里，数据项表示数据库管理系统的一个对象，可以是表、元组、属性，也可以是整个数据库。为了避免事务之间相互干扰和冲突，同时高效地完成事务并保证隔离级别（可串行化、可重复读、读已提交），对并发事务的管理（并发控制）就显得十分重要了。本章将介绍并发控制的基本技术，包括悲观并发控制技术、乐观并发控制技术和多版本机制。这些方法从不同角度实现了并发事务的调度和管理，是当前主流数据库管理系统广泛采用的并发控制方法。

8.1 并发控制概览

并发是指在同一时间间隔内有多个事件或活动发生。支持并发访问是数据库管理系统的基本特性，这一特性提升了用户对数据的利用效率。为了方便后续讨论，可以把用户访问数据的方式简单地分为读操作和写操作。显然，不同数据项的并发操作不会相互干扰。而对于同一数据项，并发的读操作不会相互干扰，比较容易处理；并发的读写、写写操作会相互干扰，从而出现不一致的状态，处理起来会相对复杂。

并发访问同一数据项时可能出现以下四种问题有：

（1）丢失更新（lost update）问题：一个事务的更新操作已经成功完成，其结果被另一个事务的更新操作结果覆盖（例如一张票卖给两个用户）；

（2）脏读（dirty read）问题：如果允许一个事务读到（也称看到）另一个未提交事务的中间结果，则该事务可能读取到未提交事务的中间结果，而未提交的事务可能回滚，导致读到了“脏数据”；

（3）不可重复读（unrepeatable read）问题：某事务 T 从数据库中先后两次读取一个数据项的值，而另一个事务 T' 在这两次读取中间修改了该数据项的值，导致事务 T 先后两次读到的数据项的值不一致；

（4）幻读（phantom read）问题：某事务 T 先后两次通过相同范围查询，此时另一事务 T' 添加或者删除了某些数据项（比如插入了新的记录或删除了某些记录），从而导致 T 两次范围查询的结果不同，造成了幻读（比如第一次读到的数据项第二次读不到了）。

可以看出，第一种问题是两个写操作发生冲突（写写冲突）导致的，而后三种问题则是一个读操作与一个写操作发生冲突（读写冲突或写读冲突）导致的，在第 6.4 节中已有介绍。此外，第 6.4 节中介绍的四种事务隔离级别也是本章要讨论的重要内容，包括读未提交、读已提交、可重复读和可串行化。

为了解决上述问题，实现相应的隔离级别，需要对并发的事务进行合理的调度，即进行并发控制。并发控制的方法有很多，总体上可以分为两大类：悲观并发控制技术和乐观并发控制技术。这里的“悲观”和“乐观”是指处理冲突的态度，前者认为事务之间不可避免地会经常发生冲突，因此需要提前考虑并采取措施避免冲突，通过事务的等待来完成；后者则认为事务之间很少会发生冲突，因此无须对事务进行预先管理，当事务执行到确实发生冲突时，再进行回滚等后续操作。按照上述思想，悲观并发控制技术包括两阶段锁、基于图的锁协议；乐观并发控制技术包括时间戳排序协议、乐观并发控制协议（也称基于有效性验证的协议）。

此外，为了更好地解决读写冲突，学者们提出了多版本机制，该机制下数据库管理系统会保存数据项值的多个历史版本。该机制允许并发地读取旧版本数据，而写操作会阻塞最新版本数据的读写。其实悲观和乐观并发控制的本质是时间复用，而多版本机制本质则是通过空间复用来提升并发效率。而且可以将多版本机制与乐观、悲观并发控制技术相结合，形成多版本两阶段锁协议、多版本时间戳排序协议、多版本乐观并发控制协议等更成熟的方法。对于多种并发控制方法，有两个常用的评价指标，分别为隔离级别和可恢复性。本章将对这些方法的基本设计思路和具体实现方法逐一进行介绍。

8.2　悲观并发控制技术

为了避免并发访问产生的冲突，悲观并发控制技术进行预先控制，主要运用加锁的方法对事务进行调度，得到锁的事务方可访问数据项，而未得到锁的事务则需要等待，从而完成事务的有序调度。

8.2.1　锁

在数据库事务中，使用锁（lock）来进行并发控制是一种常见的方法。锁可以理解为事务对某个数据项的控制，当持有锁的事务正在访问相应的数据项时，可以拒绝其他事务对该数据项的访问请求。这样的机制可以避免并发访问产生的冲突。锁机制确保了同一数据项的读写不会冲突，因为事务只能访问其持有锁的数据项。由于读写之间存在冲突，而读读不存在冲突，因此如果不管读写，都简单粗暴地对一个数据项加锁，则阻碍了读读并发，因此效率低下。为了解决这种问题，数据库一般使用两种锁来实现并发控制。

（1）共享锁（shared lock）：如果某事务在数据项上加了共享锁（记为 S 锁），则该事务只能读取该数据项，不能对其进行修改。此时其他事务可在该数据项上加共享锁，并读取数据，但不能加互斥锁去修改该数据项。

（2）互斥锁（exclusive lock）：如果某事务在数据项上加了互斥锁（记为 X 锁，也称排他锁），则该事务既能读取该数据项也能对其进行修改。此时其他事务对该数据项没有访问权，既不能在该数据项上加共享锁，也不能加互斥锁。

这两种锁的名字可以直观地反映它们的主要区别——是否具有排他性，即是否禁止其他事务同时访问。锁机制要求每个事务在对数据项进行操作之前，申请相应的锁：若事务对某数据项进行读操作，则申请该数据项的共享锁；若进行写操作，则申请互斥锁。事务将申请发送给锁管理器，在锁管理器授予该事务所需的锁后才能进行后续操作。从数据库管理的角度来看，并发的读操作是不冲突的，因此允许多个事务同时读取同一数据项，即多个事务同时拥有同一数据项的共享锁。对于一个数据项，并发的写写操作、写读操作和读写操作会造成冲突，因此当有事务对该数据项进行写操作时，其他事务不能对其进行读或写操作，即当一个事务拥有该数据项的互斥锁时，其他事务不能再加互斥锁和共享锁；当有事务对该数据项进行读操作时，其他事务不能对其进行写操作，即当一个事务拥有该数据项的共享锁时，其他事务不能加互斥锁。

为了总结上述两种锁的相容性，本节用相容性矩阵形式表示，如表 8.1 所示。其中 T_1 和 T_2 为两个并发的事务，矩阵的内容为：对于同一数据项，在 T_1 已获得某类型锁的情况下 T_2 能否获得相应锁，即是否相容。可以看出，当 T_1 在某数据项上持有共享锁时，T_2 可以获得共享锁但不能获得互斥锁；而当 T_1 持有互斥锁时，T_2 既不能获得共享锁也不能获得互斥锁。

表 8.1 锁的相容性矩阵

T_1 上的锁	T_2 上的锁	
	共享锁	互斥锁
共享锁	相容	不相容
互斥锁	不相容	不相容

最后，锁的基本使用方式总结如下。

(1) 事务如果需要访问某数据项，则首先应当对数据项加锁。如果只进行读操作则申请共享锁，如果要进行写操作则申请互斥锁。

(2) 如果某数据项没有被其他事务加锁，则可以允许当前事务对其加锁，否则需要分情况来处理。具体来说，锁管理器需要判断当前的加锁请求和已经存在的锁是否相容。已经加共享锁的数据项可以被当前事务请求加共享锁；其他情况下，当前事务必须等待，直到数据项上现有的锁被释放。

(3) 事务从持有锁到释放锁有两种方式，一种是它在执行期间显式地释放锁，另一种是在事务终止时自动释放锁，包括事务撤销（abort）或者完成提交（commit）。

(4) 锁管理器负责管理数据和锁的状态，动态更新其内部的事务加锁状态表，该表格记录着当前持有锁的事务（分别持有哪些数据项上的什么类型的锁）以及仍在等待获得锁的事务。

8.2.2 锁管理器

由上一节内容可见，对于多个并发事务不同的读写需求，需要申请相应的锁来进行并发控制，那么数据库需要有相应的组件来负责管理既有的锁、授权新的锁以及释放锁。该组件称为锁管理器，它负责接收事务的加锁申请，并根据数据库的当前状态判断是否授予该事务相应的锁。前一小节阐述了锁的基本使用方式。然而，在实际运用这些规则时还应考虑事务申请锁和授予的时机。

本节将通过一个具体的例子来说明上述情况。该示例中有多个并发执行的事务，其申请锁的顺序如图 8.1 所示，Slock（X）表示对数据项 X 申请加共享锁，Xlock 表示申请加互斥锁，Unlock 表示释放锁，R 和 W 分别表示读操作和写操作。假设事务 T_1 在数据项上申请并获得共享锁，接着事务 T_2 申请在该数据项上加互斥锁，根据锁的机制，事务 T_2 必须首先等待事务 T_1 释放共享锁，因而被拒绝授予。紧接着，事务 T_3 申请对该数据项加共享锁，由于该申请与现有的共享锁相容，锁管理器可以授予该锁。接下来，事务 T_1 完成后释放了共享锁，但事务 T_3 仍未释放共享锁，那么 T_2 需要继续等待。类似地，如果在事务 T_3 释放锁之前又有一个新的事务 T_4 申请共享锁并获得授予，那么 T_2 需要继续等待。如果有若干个事务依次到来并按照这样的方式申请共享锁、释放锁，T_2 则需要持续地等待而永远不能在该数据项上加互斥锁，导致该事务一直无法完成，这样的情况称为饿死。

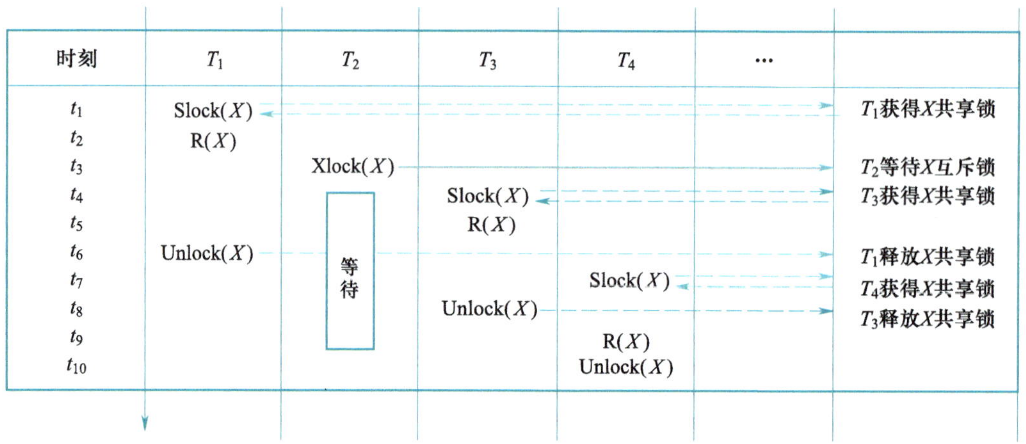

图 8.1　事务饿死示例

可以看出，为了避免上述饿死的情况发生，数据库管理系统在授予锁时不仅要考虑相容性，也要考虑事务申请锁的顺序。具体来说，锁管理器在处理事务 T 对数据项的加锁申请（类型为 L，表示共享锁或互斥锁）时，可在同时满足下列条件的情况下进行授予：

（1）相容：没有其他事务持有在数据项上的、与 L 型锁不相容的锁；

（2）排队：没有仍在等待对数据项加锁且先于 T 申请加锁的事务。

按照上述方式，申请加锁的事务 T 不会被比它更晚申请加锁的其他事务阻塞，也就避免了产生饿死现象。将其应用到上述例子中，则事务申请加锁与授予的情况如图 8.2 所示。在事务 T_3 申请加锁时，虽然其加锁请求与现有锁不冲突（满足条件 1），但存在更早申请加锁的事务 T_2（不满足条件 2），那么事务 T_3 此时不会获得锁并继续等待。当事务 T_1 释放共享锁时，事务 T_2 同时满足上述两个条件，其将获得互斥锁并开始执行，不会“饿死”。

时刻	T_1	T_2	T_3	T_4	…	
t_1	Slock(X)					T_1获得X共享锁
t_2	R(X)					
t_3		Xlock(X)				T_2等待X互斥锁
t_4			Slock(X)			T_3等待X共享锁
t_5	Unlock(X)		等待			T_1释放X共享锁
t_6		W(X)				T_2获得X互斥锁
t_7				Slock(X)		
t_8		Unlock(X)				T_2释放X互斥锁
t_9			R(X)			T_3获得X共享锁

图 8.2 避免饿死问题的锁授予示例

实际上，锁管理器使用一个哈希表——锁表（lock table）来记录每个数据项上锁的信息，主要包括锁的类型、请求的事务，如图 8.3 所示。其中，哈希表的键为数据项，值为若干个锁信息项构成的链表，带底纹的矩形框表示当前持有锁的事务，无底纹的矩形框表示仍在等待的事务。同时，事务将按照其申请锁的顺序依次进入链表，锁管理器也将按照此顺序依次在满足相容条件时授予相应的锁。在图 8.3 中，数据项 A 上有 4 个锁信息项，事务 T_1 现在持有数据项 A 上的共享锁，事务 T_2、T_3 和 T_4 在依次等待获得锁。

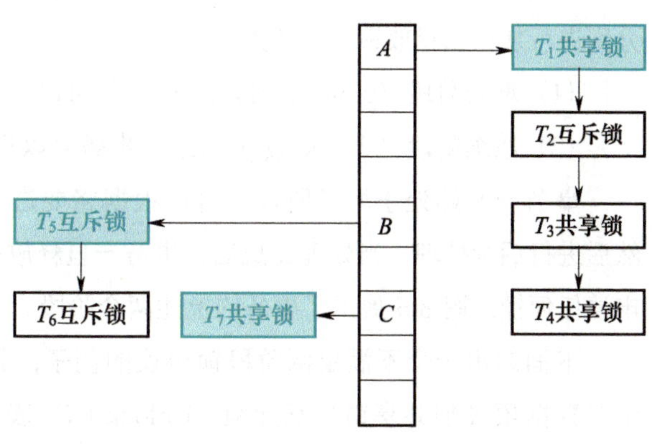

图 8.3 锁表示例

8.2.3 两阶段锁协议

通过加锁可以实现基本的并发控制，然而简单地加锁仍可能出现丢失更新、脏读、不可重复读、幻读等问题。图 8.4 展示了两个事务的运行情况，该示例中发生了丢失更新问题。首先，事务 T_1 在数据项 X 上加了互斥锁对其值进行了修改，然后释放了锁。接着，事务 T_2 同样对数据项 X 进行了修改。最后，事务 T_1 又读取了数据项 X 的值。可以看出，事务 T_2 在时刻 t_7 对 X 进行的修改覆盖了事务 T_1 在时刻 t_3 的修改结果，事务 T_1 在时刻 t_{11} 读取到的 X 值已经是被覆盖后的新值了，产生了丢失更新问题。产生该问题的原因在于，事务 T_1 在释放锁之后仍需要读取 X 的值，则要再次申请锁，而这期间其他事务可以对 X 加锁并进行修改。为了解决这个问题，学者们提出了两阶段锁协议，本小节将对其进行介绍。

时刻	T_1	T_2
t_1	Start	
t_2	Xlock(X)	
t_3	W(X)	
t_4	Unlock(X)	
t_5		Start
t_6		Xlock(X)
t_7		W(X)
t_8		Unlock(X)
t_9		Commit
t_{10}	Slock(X)	
t_{11}	R(X)	
t_{12}	Unlock(X)	
t_{13}	Commit	

图 8.4 丢失更新问题示例

1. 两阶段锁定义

为了保证并发控制的正确性，即调度的可串行化，数据库采用两阶段锁（two-phase locking，2PL）协议，该协议对事务的加锁和释放锁的时机进行了限制。可以证明采用两阶段锁协议产生的调度优先图（见第 6.3.3 节）是无环的，进而能保证并发事务的冲突可串行化。因此，两阶段锁协议保证了最高的事务隔离级别——可串行化。两阶段锁协议要求事务所有的加锁操作都在第一个释放锁操作之前，即事务必须在两个阶段分别进行加锁和释放锁，具体为：

（1）增长阶段（growing phase）：事务可以获得所需的锁，但不能释放锁；

（2）收缩阶段（shrinking phase）：事务可以释放已获得的锁，但不能申请新的锁。

事务一开始处于增长阶段，可以根据将要进行的读写操作申请并获得相应的锁，然后进行后续处理。当处理完成后，事务一旦释放了某个锁，便进入收缩阶段，不能再申请任何锁。图 8.5 展示了事务的上述两个阶段。

下面给出一个不满足两阶段锁协议的例子，其中 Slock（X）与 Xlock（X）分别表示对数据项 X 加共享锁与互斥锁，Unlock（X）表示释放锁。从图 8.6（a）可以看出，该事务在时刻 t_5 释放了锁，在时刻 t_8 又申请了新的锁。图 8.6（b）展示了该事务锁数量的变化情况。与图 8.5 对比可以看出，在第一阶段事务获得锁，可视为增长阶段；但在第二阶段，事务除了释放锁还进行了加锁操作，不符合收缩阶段的定义，因此该事务不满足两阶段锁协议的要求。

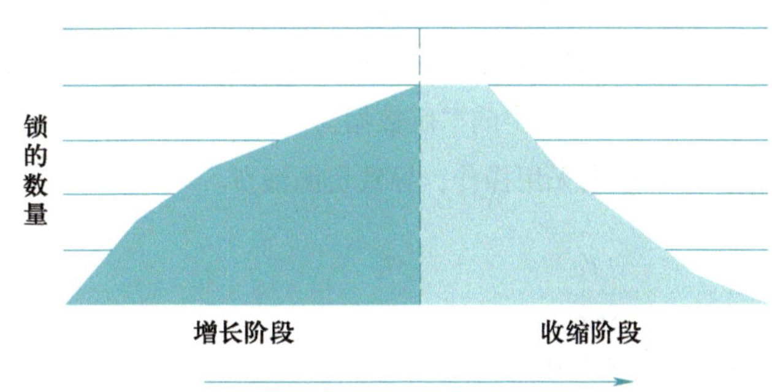

图 8.5 两阶段锁协议示意图

时刻	T_1
t_1	Slock(A)
t_2	Xlock(B)
t_3	Xlock(C)
t_4	Slock(D)
t_5	Unlock(A)
t_6	Unlock(B)
t_7	Unlock(C)
t_8	Xlock(E)
t_9	Unlock(D)
t_{10}	Unlock(E)

(a) 事务示例

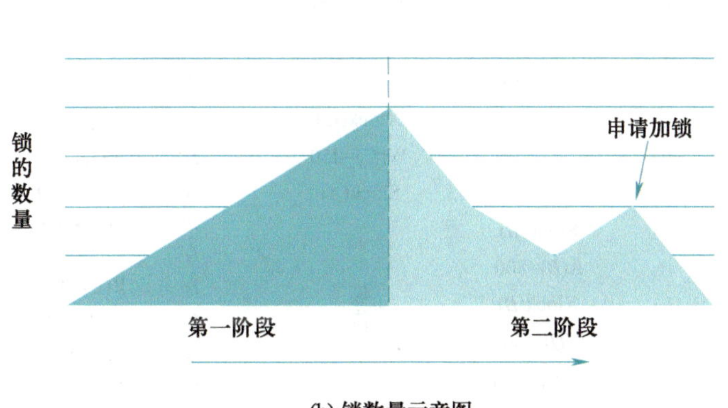

(b) 锁数量示意图

图 8.6 违反两阶段协议的事务

最后，用一个实际的例子（如图 8.7 所示）来展现两阶段锁协议的效果。在该示例中，有两个并发的事务 T_1 和 T_2，事务 T_1 为“小明转账 100 元给小刚”，事务 T_2 为“小红转账 50 元给小明”，用 A、B、C 分别表示小明、小刚、小红的余额，R 和 W 分别表示读和写操作。这两个事务按照图 8.7 中从上到下的步骤依次执行，最终完成。可以看出，事务 T_1 和事务 T_2 都满足两阶段锁协议的要求。但是 T_2 在申请 Slock（A）时，T_1 持有数据项 A 上的互斥锁 Xlock（A），因此需要等待 T_1 完成操作并释放锁（时刻 t_{12} ~ t_{16}）。如此一来，两阶段锁协议保证了事务 T_1 和 T_2 的隔离性，进而保证了数据库的一致性。

2. 可恢复调度和级联回滚调度

尽管两阶段锁协议可以保证事务的可串行化，但该协议可能存在不可恢复和级联回滚（第 6.3.5 节）的问题，图 8.8 为该问题的一个示例。用 A、B 分别表示小明、小刚的余额，事务 T_1 表示“小明转账 100 元给小刚”，事务 T_2 表示“小明余额增加一倍”，事务 T_3 表示“小明转出消费 100 元”。由于发现错误，事务 T_1 失败并回滚，数据库应回到 T_1 执行之前的状态。此时，因为事务 T_2 读取了 T_1 更新的数据项，该更新操作被回滚而失效，所以依赖于 T_1 产生的“脏数据”的事务 T_2 也必须回滚，而事务 T_3 用到了事务 T_2 产生的“脏数据”，也要回滚，这就是级联回滚。此时，时刻 $t_8 \sim t_{15}$ 进行的操作都成为无用操作，导致资源浪费。

时刻	T_1	T_2
t_1	Start	
t_2	Slock(A)	
t_3	R(A)=300	
t_4		Start
t_5		Slock(C)
t_6		R(C)=500
t_7	Xlock(A)	
t_8	W(A)=200	
t_9		Xlock(C)
t_{10}		W(C)=450
t_{11}		Slock(A)
t_{12}	Slock(B)	等待
t_{13}	R(B)=800	等待
t_{14}	Xlock(B)	等待
t_{15}	W(B)=900	等待
t_{16}	Unlock(A)	
t_{17}		R(A)=200
t_{18}		Xlock(A)
t_{19}	Unlock(B)	
t_{20}	Commit	
t_{21}		W(A)=250
t_{22}		Unlock(C)
t_{23}		Unlock(A)
t_{24}		Commit

图 8.7　两阶段锁协议事务示例

时刻	T_1	T_2	T_3
t_1	Start		
t_2	Xlock(A)		
t_3	R(A)=300		
t_4	Slock(B)		
t_5		Start	
t_6	R(B)=400		
t_7	W(A)=200		
t_8	Unlock(A)		
t_9		Xlock(A)	
t_{10}		R(A)=200	
t_{11}		W(A)=400	
t_{12}		Unlock(A)	
t_{13}			Start
t_{14}			Xlock(A)
t_{15}		需要级联回滚的操作	R(A)=400
t_{16}			W(A)=300
t_{17}			⋮
t_{18}	W(B)=500		
t_{19}	Abort		

图 8.8　级联回滚示例

当级联回滚发生时，大量的数据库操作被撤销，造成了计算资源的浪费。因此，应该在两阶段锁协议的基础上，设计支持可恢复调度并避免级联回滚的协议，这就是严格两阶段锁协议（strict 2PL，S2PL）和强两阶段锁协议（strong strict 2PL/rigorous 2PL，SS2PL）。前者要求事务在提交或回滚后才可以释放所有互斥锁，但可以提前释放共享锁；而后者要求所有锁都必须在事务提交或回滚后才释放。满足这两个协议的数据库管理系统也是满足两阶段锁协议的，因此隔离级别也是可串行化，而且满足可恢复调度并可以避免级联回滚。这两个协议都对事务释放锁的时机进行了限制，会降低数据库管理系统的并发度。这里的并发度是指数据库同时处理的事务量。严格两阶段锁协议（S2PL）相比强两阶段锁协议（SS2PL）可以提前释放共享锁，因此可以得到更高的读并发效率。

按照严格两阶段锁协议，在如图 8.8 所示的例子中，事务 T_1 执行到最后时，回滚并释放数据项 A 和 B 上的锁，此后事务 T_2 才能获得数据项 A 上的锁。而事务 T_3 要在事务 T_2 释放锁后才能获得锁并进行操作。因此后两个事务无须回滚。

图 8.9 展示了严格两阶段锁协议（S2PL）和强两阶段锁协议（SS2PL）中事务获得和释放锁的情况。当某个事务失败回滚时，只需将该事务已修改的数据项恢复为原值，而不会引起其他事务的级联回滚。

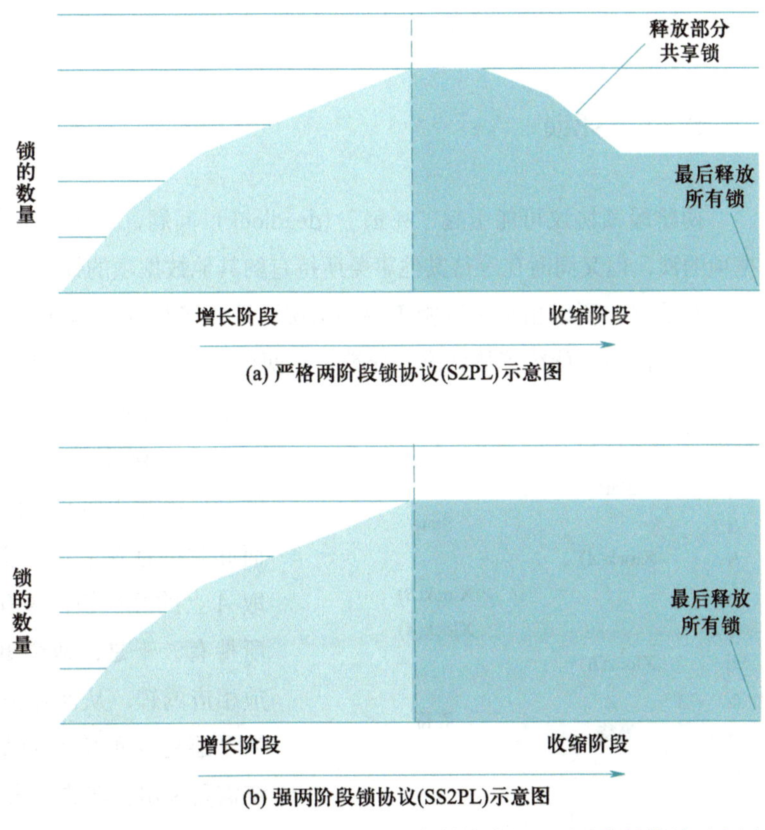

图 8.9 严格两阶段锁协议和强两阶段锁协议示意图

数据库管理系统一般采用严格两阶段锁协议（S2PL），一方面保证可串行化调度和无级联回滚调度，另一方面提前释放共享锁来提升事务并发性能。

8.2.4 两阶段锁协议支持的隔离级别

如果直接将所处理数据项对应的数据表加两阶段锁，可以避免脏写、脏读、不可重复读、幻读，从而实现了可串行化调度和无级联回滚调度，但是这会使事务等待锁的时间变长，影响并发度。

如果直接将所处理的数据项（某一条记录）加锁，可以避免脏写、脏读、不可重复读，但是不能避免幻读（因为其他事务可能添加、删除其他数据项）。为了解决这一问题，学者们提出可以使用多粒度锁和意向锁来提升基于锁的并发控制协议的性能，8.2.7 节将详细介绍如何解决该问题，以支持可串行化调度。为了防止幻读可以加谓词锁（predicate lock）或索引区间锁，即对查询的范围加锁，不允许其他并发事务在查询范围内添加、删除数据，从而解决了幻读问题。谓词锁和索引区间锁可以锁住一个范围内的数据，从而避免产生幻读。

8.2.5 死锁

两阶段锁协议可能引起“死锁”（deadlock）问题，这是指多个事务都持有部分数据项的锁，但又同时在等待其他事务所持有的其他数据项的锁。由于事务不主动释放已经持有的锁，所以出现了互相等待的情况，造成了死锁。因此这些事务都不能继续执行，并因此陷入持续等待状态。死锁可由两个或者更多个事务引发，图 8.10 展示了一种常见的死锁情况。

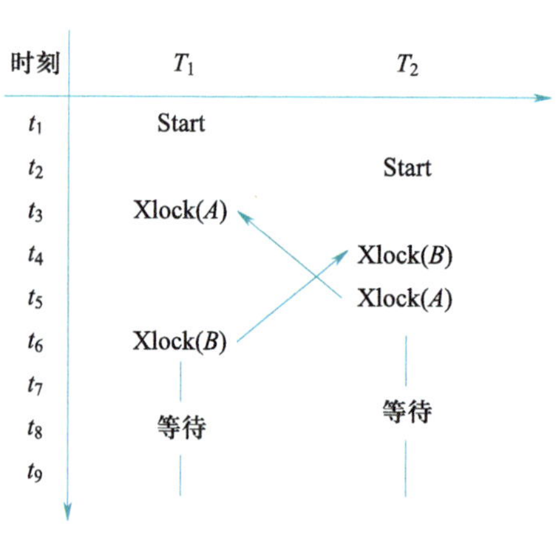

图 8.10　死锁示例

该示例中，事务 T_1 持有数据项 A 上的互斥锁并想要获得数据项 B 上的互斥锁，而此时持有 B 上互斥锁的事务 T_2 又需要获取 A 上的互斥锁，该互斥锁恰恰被事务 T_1 所持有。于是，两个事务都在等待对方释放相应的锁，从而互相等待不能继续执行。为了避免这种情况的发生，数据库管理系统需要采用合理的方法来打破死锁。

数据库应对死锁的方法主要有三种，分别为死锁预防、死锁检测与恢复以及锁超时重启。死锁预防是在协议设计上保证数据库不会进入死锁状态（即避免事务之间循环等待）。死锁检测与恢复是指数据库允许死锁的发生，但能够及时地意识到死锁的发生并进行相应的处理以打破死锁状态。在锁超时重启方法中，数据库管理系统会设置一个最长等待时间，如果申请加锁的事务在该时间结束时仍未获得锁，则将该事务回滚并重启。如果经常出现死锁，可以采用死锁预防的方法；如果死锁出现的频率不高，死锁检测与恢复和锁超时重启的方法更加高效。

1. 死锁预防

发生死锁必然至少有两个事务相互等待对方所持有的锁。死锁预防的基本思想是在出现一个事务等待另一个事务持有的锁时，根据情况撤销其中一个事务以防止相互等待，进而避免死锁的发生。其基本思想就是打破循环等待，必须按照规定的线性顺序等待。具体来说，死锁预防有两种算法：等待死亡 Wait-Die（即旧事务等待新事务，而新事务不等待旧事务，从而避免循环等待）和伤害等待 Wound-Wait（即新事务等待旧事务，而旧事务不等待新事务，从而避免循环等待）。为了区分各个事务的顺序，数据库为每个到来的事务加上时间戳（一般以该事务开始时间为准）。下面介绍这两种算法的规则。假设有事务 T_1 和事务 T_2，事务 T_1 的时间戳更早。

Wait-Die 算法的具体实现方法如下（旧事务 T_1 等待新事务 T_2）：

（1）如果事务 T_2 持有锁，事务 T_1 申请加锁，那么 T_1 等待 T_2；

（2）如果事务 T_1 持有锁，事务 T_2 申请加锁，那么 T_2 被撤销并重启，重启后 T_2 的时间戳仍为原来的时间戳。

Wound-Wait 算法的具体实现方法如下（新事务 T_2 等待旧事务 T_1）：

（1）如果事务 T_2 持有锁，事务 T_1 申请加锁，那么 T_2 被撤销并重启，同时释放持有的锁。重启后 T_2 的时间戳仍为原来的时间戳；

（2）如果事务 T_1 持有锁，事务 T_2 申请加锁，那么 T_2 等待 T_1。

图 8.11 展示了不同情况下这两种算法的区别。首先来看 Wait-Die 算法，在如图 8.11（a）所示情况 1 中事务 T_2 持有锁，事务 T_1 申请加锁，由于事务 T_1 是“旧事务”，则可让 T_1 等待 T_2 完成后释放锁；在如图 8.11（b）所示情况 2 中，事务 T_1 持有锁，事务 T_2 等待锁，根据算法流程不允许“新事务等待旧事务”，则在事务 T_2 申请锁时将其撤销并按照原时间戳重启即可。Wound-Wait 算法则恰恰相反，只允许“新事务等待旧事务”。在情况 1 中，新事务 T_2 持有锁，而此时旧事务 T_1 申请锁，则优先满足旧事务 T_1 的加锁申请，将事务 T_2 撤销并以原时间戳重启；在情况 2 中，新事务 T_2 申请的锁被旧事务 T_1 持有，则让 T_2 等待 T_1 完成后释放锁。

如果用图来表示事务之间的等待关系，那么 Wait-Die 和 Wound-Wait 算法的规则分别如图 8.12 所示。其中，事务 T_1、T_2、T_3 的时间戳由旧到新，带“√”标记的边表示允许等待，带“×”标记的边表示不允许等待。在 Wait-Die 算法中，事务 T_1 最旧，可以等待 T_2、T_3，事务 T_2 比 T_3 更旧，因此 T_2 也可以等待 T_3，但 T_3 不能等待 T_1；而 Wound-Wait 算法允许的等待方向则刚好相反。可以看出，这两个算法都只允许一种类型的等待存在（要么旧事务等待新事务，要么新事务等待旧事务），事务间的等待关系不会构成环，因此可以防止死锁的发生。

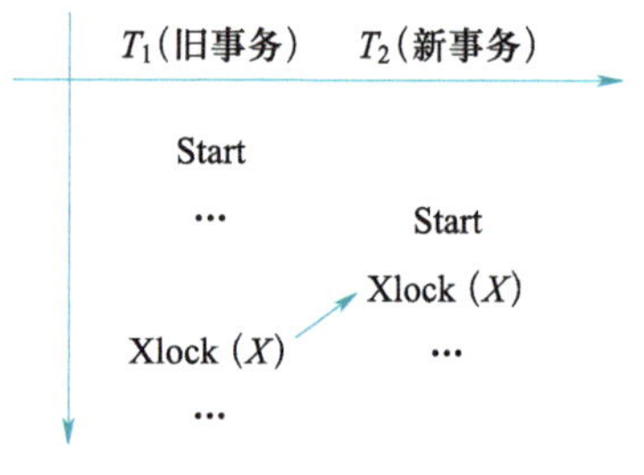

等待顺序	Wait-Die 算法	Wound-Wait 算法
T_2 持有锁	T_1 等待	T_1 撤销

(a) 情况 1

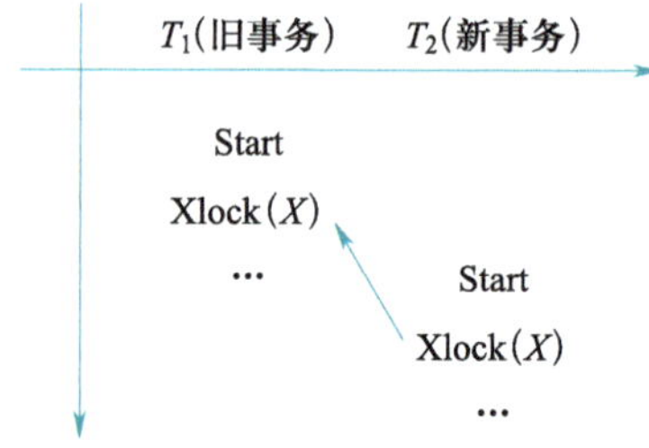

等待顺序	Wait-Die 算法	Wound-Wait 算法
T_1 持有锁	T_2 撤销	T_2 等待

(b) 情况 2

图 8.11 死锁预防算法示例

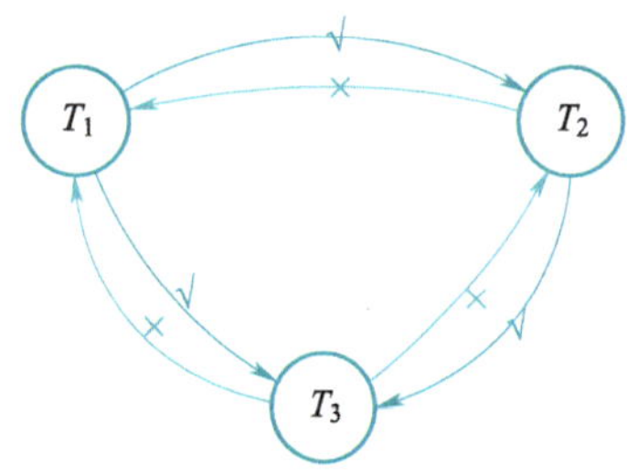

(a) Wait-Die (旧事务等待新事务)

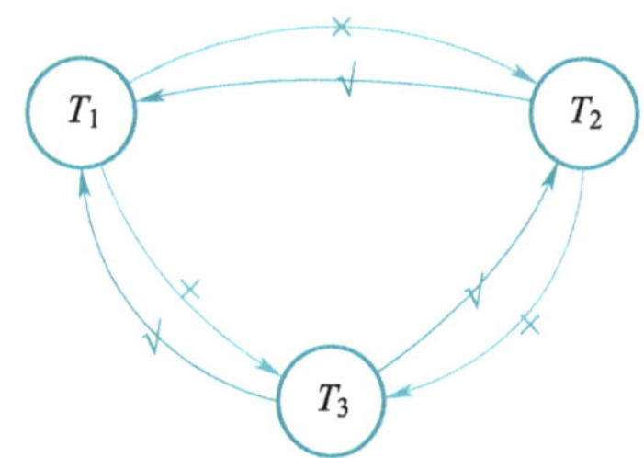

(b) Wound-Wait (新事务等待旧事务)

图 8.12 死锁预防算法中的等待关系

2. 死锁检测与恢复

死锁检测与恢复是另一种解决死锁的方法，其基本思想是在出现死锁后进行处理。该方法使用等待图（wait-for graph，WFG）来表示事务之间的等待关系，以实现死锁检测。等待图是一个有向图 G，由若干个节点和有向边构成，且具有以下性质：

（1）G 中每个节点代表一个事务；

（2）事务 T_i 等待事务 T_j 释放其所需要的锁等价于等待图中存在一条从 T_i 节点到 T_j 节点的有向边（T_i，T_j）。

下面给出一个具体例子，图 8.13 展示了三个相互等待的事务，图 8.14 是这三个事务造成死锁的等待图。

可以证明，当且仅当等待图中有环时即出现死锁现象。图 8.14 中存在环（$T_1 \rightarrow T_2 \rightarrow T_3 \rightarrow T_1$），即这三个事务的相互等待引发了死锁。

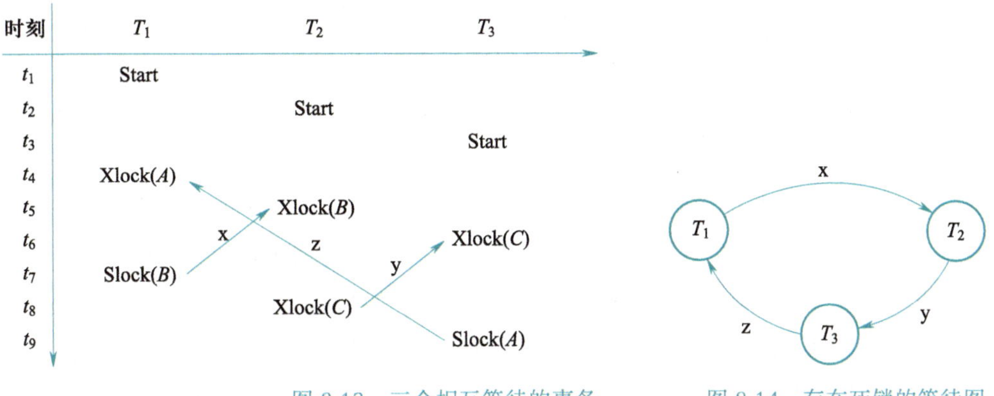

图 8.13　三个相互等待的事务　　图 8.14　存在死锁的等待图

通过检查等待图中是否有环可直观地判断是否出现死锁状态，因此数据库管理系统需要定期地为当前执行的事务生成等待图并进行环的检测。同时，数据库需要合理地确定死锁检测的频率。一方面，如果两次检测的时间间隔太短，而死锁又不经常发生则会造成资源浪费；另一方面，如果两次检测的时间间隔太久，出现的死锁要较长时间后才会被检测到并进行处理，会影响数据库的效率。在实际应用中，通常需要根据业务场景合理地设置死锁检测的间隔时间。此外，还可以采用动态死锁检测算法。该算法有一个初始检测间隔，根据每次检测的结果动态调整后续的检测间隔：检测到死锁后，将间隔减小一些；检测后未发现死锁，则适当增大检测间隔。

在检测到死锁后，数据库需要撤销一个或多个事务以打破死锁（逐个撤销事务直到等待图无环）。在选择撤销事务时，需要考虑以下几点。

（1）合理选择“牺牲者”，即需要撤销的事务。通常来说，应该撤销那些代价最小的事务，需考虑如下因素。① 事务开始运行的时间戳。尽量撤销最近才开始执行的事务而非运行了较长时间的事务。② 事务已经执行的 SQL 语句数量及其修改的数据量。撤销改动较少的事务。③ 事务已经加锁的数据项的数量，要考虑加锁和释放锁产生的额外代价。④ 事务引发的回滚数量，要注意避免引起大量其他事务回滚。除了上述因素外，还要考虑其他因素，如事务接下来要进行的操作数量等。

（2）事务回滚的程度。当选定了要撤销的事务后，需要进一步确定该事务被回滚的程度。第一种方式是全部回滚，操作起来比较简单；第二种是部分回滚，某些情况下只需回滚少量的操作即可打破死锁。

（3）避免事务饿死。如果某个事务很不幸地总是被选为“牺牲者”，该事务可能会饿死，即永远无法完成。为了避免这种现象，数据库可以记录事务被选择撤销的次数，达到上限后即采用其他选择策略，并不再将该事务选为“牺牲者”。

3. 锁超时重启

除了上述两类常见的处理死锁的方法外，还有一种简单的方法——锁超时重启。采用这种方法时，数据库会设置一个最长等待时间，如果申请加锁的事务在该时间结束时仍未获得锁，即事务超时，便将该事务回滚并重启。当事务之间确实存在死锁时，该方法会让死锁中的一个或者多个事务回滚并重启，而其他事务继续执行，这样就解决了死锁问题。

可以看出，该方法实现起来非常容易。如果在某个业务场景中，事务执行时间都比较短，而事务长时间的等待大多都是死锁造成的，因此这种方法比较实用。然而，实际应用该方法的最大问题在于如何合理地设置最长等待时间 t。一方面，如果 t 太短，可能未发生死锁，但由于事务在时间 t 内未执行完引起事务回滚，降低了系统性能。另一方面，如果 t 太长，当死锁确实发生时，将导致一个或者多个事务不必要的等待。因此，数据库中锁超时重启使用得不多。

8.2.6　基于图的锁协议

除了两阶段锁协议以外，还有另一类协议也可以保证事务的可串行化，即基于图的锁协议。基于图的锁协议对数据项有额外的要求：数据项需要按照某种偏序关系构成一个有向无环图，要求数据项之间不存在循环等待。

例如，对于数据项集合 $D=\{d_1, d_2, \cdots, d_n\}$，如果对访问数据项的顺序有如下要求：既访问 d_i 又访问 d_j 的事务都必须先访问 d_i，再访问 d_j，这样的顺序即是一种偏序关系 $d_i \to d_j$。将集合 D 中的数据项作为节点，并将数据项之间的偏序关系作为边，即可得到一个有向无环图，即数据库图（databasc graph）。

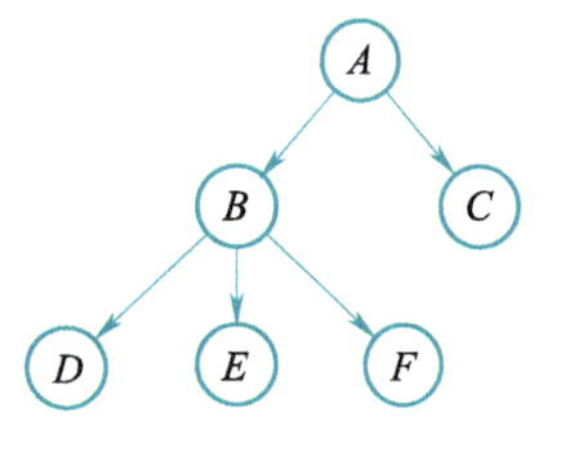

图 8.15　一个树形数据库图

树形协议（tree protocol）是基于图的锁协议中的一个典型代表，该协议要求数据项按照上述访问顺序构成一个特殊的有向无环图——树。图 8.15 给出了一个例子，其中有 6 个数据项。根据访问顺序的要求，如果某个事务要访问的数据项为 A、B、F，那么该事务必须先访问 A，再访问 B，最后访问 F。

该协议中，所有的锁都是互斥锁，且每个事务 T_i 对同一数据项最多只能加一次锁。同时，树形协议按照下列加锁和释放锁的规则对事务进行调度：

（1）此后，如果 T_i 要对某一数据项 X 加锁，它必须要先申请并持有 X 的父节点数据项上的锁；

（2）事务 T_i 可随时释放任一持有的锁；

（3）事务 T_i 对某一数据项进行了加锁又释放锁后，便不能再次对该数据项进行加锁了；

（4）如果 T_i 不能申请到一个数据项的锁，则需等待。

下面用一个具体的例子来说明树形协议。对于图 8.14 中的数据库图和三个事务 T_1、T_2、T_3。这三个事务要访问的数据项分别为：T_1 访问 A、B、F，T_2 访问 B、D，T_3 访问 A、C，图 8.16 给出了运用树形协议得到的一个调度。通过观察可知，图 8.16 所示的调度是冲突可串行化的，该调度等价于串行执行 T_2、T_1、T_3 的调度。

时刻	T_1	T_2	T_3
t_1	Start		
t_2		Start	
t_3			Start
t_4	Xlock(A)		
t_5		Xlock(B)	
t_6		Xlock(D)	
t_7		Unlock(B)	
t_8	Xlock(B)		
t_9	Unlock(A)		
t_{10}			Xlock(A)
t_{11}			Xlock(C)
t_{12}			Unlock(A)
t_{13}			Unlock(C)
t_{14}			Commit
t_{15}		Unlock(D)	
t_{16}		Commit	
t_{17}	Xlock(F)		
t_{18}	Unlock(B)		
t_{19}	Unlock(F)		
t_{20}	Commit		

图 8.16　树形协议下的可串行化调度

可以从理论上证明，树形协议能保证冲突可串行化。同时，该协议还能够避免产生死锁。其原因在于，数据项的访问顺序必须为先父节点、再子节点，那么只允许事务在持有父节点的锁的同时等待子节点的锁，即只允许数据库图中从上到下的等待关系存在（而不会存在等待环），这样就不会发生死锁了。然而，该协议不能保证可恢复性，且可能出现级联回滚问题。要避免这两个问题，可采用与严格两阶段锁协议类似的办法，即在事务结束前不允许释放互斥锁。

与两阶段锁协议比较，树形协议不会产生死锁，进而不需要进行相应的回滚操作。同时，树形协议中的事务可以较早地释放锁，减少了其他事务等待的时间，提高了数据库管理系统的并发度。但是，树形协议有两个显著的缺点。第一，事务可能会给不需要访问的数据项也加上锁。例如，如果某个事务 T 要访问图 8.15 中的数据项 A 和 D，除了需要给这两个数据项加锁以外，还需要给数据项 B 加锁。这样的额外加锁操作又会增加锁管理的开销和其他事务的等待时间，降低了并发度。第二，数据项的访问顺序难以事先知晓，也就很难构造出数据库图。同时，如果事先不知道需要加锁的数据项，事务需要对根节点数据项加锁，这在很大程度上降低了系统的并发度。

虽然树形协议可以保证冲突可串行化，但也可能存在不满足树形协议的冲突可串行化调度。同时，满足两阶段锁协议的事务调度不一定不满足树形协议，而满足树形协议的调度也不一定满足两阶段锁协议。

8.2.7　锁的粒度

在前面的章节叙述中，都采用“数据项”来抽象地表示数据库管理系统的一个对象，并在此基础上介绍了锁和两阶段锁协议等内容。在实际应用中，数据项可以为属性、元组、页面、表，也可以为整个数据库。因此，各种数据项上的锁粒度不同，这就是锁的粒度（granularity）。

锁的粒度越大，数据库中能加锁的数据项就越少，管理锁所需的开销越小，但事务之间发生冲突的可能性越大，从而导致数据库并发度降低。反之，锁的粒度越小，系统的开销越大，事务之间发生冲突的可能性越小，但并发度提高了。例如，当锁的粒度为页面时，如果事务 T_1 要修改元组 r_1，就需要对包含 r_1 的整个页面 p_1 加锁；而此时如果有另一个事务 T_2 要访问 p_1 中的另一个元组 r_2，那么 T_2 就只能等待。然而，如果锁的粒度是元组，则只需对 r_1 和 r_2 分别加锁即可，避免了相互等待，也就提高了并发度。但如果又有一个事务 T_3 要读取整个表，就需要对表中的每一个元组都加锁，这将产生非常大的系统开销。

因此，数据库在使用锁时，需要对并发度和系统开销进行权衡。在事务申请加锁时，数据库系统根据其需求授予不同粒度的锁，即可用较小的开销提供较高的并发度，这就是多粒度锁（multiple granularity lock）。

1. 多粒度锁

在多粒度锁中，数据库中所有对象按照其粒度的不同构成了一棵多粒度树，如图 8.17 所示。根节点为整个数据库，其粒度最大，而叶节点的粒度则是最小的，通常为一个属性。

多粒度树中的每一个节点都可以独立地加锁，而对某个节点加锁也表示对该节点的后代节点加上了同类型的锁。例如，如果对图 8.17 中的元组 3 加互斥锁，则该元组的所有属性也都加上了互斥锁。因此，在使用多粒度锁时，一个数据项可以有两种加锁状态：显式锁和隐式锁。前者表示该对象被直接加上的锁，如图 8.17 中的元组 3；

后者表示该对象虽没有被直接加锁，但由于其祖先节点被加锁而变为加锁状态，如图 8.17 中的属性 1。

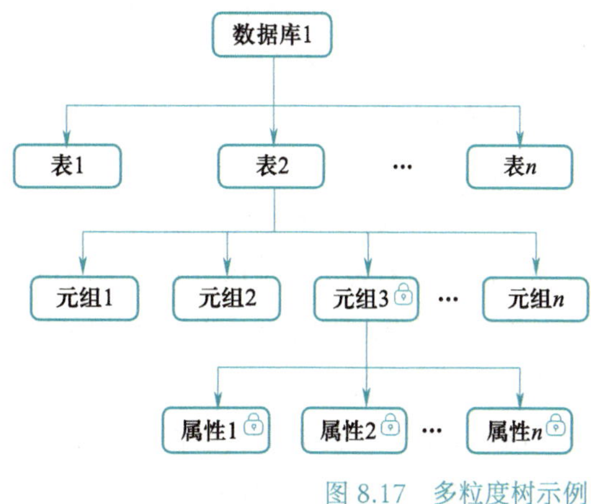

图 8.17 多粒度树示例

不论是显式锁还是隐式锁，当数据库检查事务之间的冲突关系时，两种状态的锁都需要考虑。例如，在图 8.17 中，如果事务 T_1 要对表 2 加锁，除了要检查表 2 自身的显式锁以外，还需检查其祖先（数据库 1）、后代节点（表 2 的每一个元组及其所有属性）是否有锁，如果其中某个节点已经加上了不相容的锁，那么 T_1 就需要等待。可以看出，显式锁的检查比较简单，但隐式锁的检查就复杂很多：不仅要检查祖先节点上的锁（可能导致当前节点加上隐式锁），还要检查所有后代节点上的锁（为当前节点加锁时，也会为它的后代加上隐式锁）。可以看出，这样的检查过程效率很低，会增加不必要的系统开销。为此，学者们提出了一种新的锁——意向锁，来加速上述检查过程。

2. 意向锁

意向锁（intension lock）的意义在于，如果对某个数据项加意向锁，就表明将要对其后代节点显式地加锁。在对多粒度树中任一节点加锁时，需要先对其所有祖先加上意向锁。例如，在图 8.17 中，对属性 2 加锁时，必须先对数据库 1、表 2 和元组 3 加意向锁。这样可避免烦琐地检查其后代节点的加锁状态。具体来说，意向锁主要有下列三种。

（1）意向共享锁（intension-shared lock）：如果将要对某个数据项加 S 锁，那么应先对其祖先加意向共享锁（记为 IS 锁）。例如，如果要对图 8.17 中的元组 3 加 S 锁，需要先对数据库 1 和表 2 加上 IS 锁，即表示该数据库和该表后代已经加了 S 锁。

（2）意向互斥锁（intention-exclusive lock）：如果将要对某个数据项加 X 锁，那么应先对其祖先加意向互斥锁（记为 IX 锁）。例如，如果要对图 8.17 中的表 2 加 X 锁，需要先对数据库 1 加 IX 锁，即表示该数据库后代已经加了 X 锁。

（3）共享意向互斥锁（shared and intention-exclusive lock），记为 SIX 锁，表示 S

锁＋IX 锁。对某数据项加 SIX 锁，表示在对该数据项显式加 S 锁的同时也加上 IX 锁。例如，某事务要读取图 8.17 中的表 2 的全部内容（需要对该表加 S 锁），并修改其中几个元组（需要对该表加 IX 锁），就需要对表 2 加 SIX 锁。

加入意向锁后，为了表示各个锁的相容关系，假设 T_1 和 T_2 是两个并发的事务。表 8.2 给出对于同一数据项，在 T_1 已获得某类型锁的情况下 T_2 能否获得相应锁，即是否相容。例如，当 T_1 持有图 8.17 中表 2 上的 S 锁时，因为读读操作没有冲突，T_2 可获得表 2 上的 S、IS 锁，但不能获得任何包含写操作的锁（避免读写冲突），即 X、IX、SIX 锁。又如，在 T_1 持有表 2 上的 IX 锁时，表明正在对该表中的某些元组进行写操作，因此对表 2 的读写操作，即 S、X、SIX 锁都可能发生冲突，因此不相容；而 IS 锁表示 T_2 想要读取表 2 中的某些元组，这些元组可能与 T_1 当前访问的不同，因此对表 2 来说是相容的，IX 也是同理，但 T_1 最终能否成功对这些元组加上 S 锁或者 X 锁，则是根据这些元组节点上的相容关系来控制的。

表 8.2 意向锁相容性矩阵

T_1 上的锁	T_2 上的锁				
	S 锁	X 锁	IS 锁	IX 锁	SIX 锁
S 锁	相容	不相容	相容	不相容	不相容
X 锁	不相容	不相容	不相容	不相容	不相容
IS 锁	相容	不相容	相容	相容	相容
IX 锁	不相容	不相容	相容	相容	不相容
SIX 锁	不相容	不相容	相容	不相容	不相容

有了上述相容性矩阵，在使用多粒度锁时，就不再需要进行大量的锁冲突检查了。例如，当事务 T_1 要对图 8.17 中的表 2 加 S 锁时，只需检查数据库和表 2 自身是否已被加上不相容的锁（显式锁 X 锁和意向锁 IX、SIX），而无须检查其后代节点（表 2 中的元组及其属性）的加锁状态。因为如果后代节点已被加锁，其状态必然呈现于表 2 的意向锁上。

3. 隔离级别的支持

在使用多粒度锁时，为了提升系统性能和并发度，尽量在较小的数据粒度上锁。元组粒度的锁可以解决脏读和不可重复读的问题，但当涉及插入和删除数据的操作时，使用多粒度锁会引发幻读问题，下面举例说明。假设数据库中有如表 8.3 所示的关系表和图 8.18 所示的事务 T_1 和 T_2。

表 8.3 数据关系表

Sno	Sname	Sage
2021310721	李博	17
2021310722	赵宇	19
2021310723	张敏	18

时刻	T_1	T_2
t_1	Start	
t_2	R(Sage>17)	
t_3		Start
t_4		insert(2021310724,"刘佳",18)
t_5		Commit
t_6	R(Sage>17)	
t_7	Commit	

图 8.18 会出现幻读问题的调度

事务 T_1 在时刻 t_2 读取 Sage＞17 的两个元组，在这两个元组上加 S 锁，并在其所有祖先加 IS 锁。事务 T_2 在时刻 t_4 试图在表中插入一条新的数据，首先在该表和该表的所有祖先上加 IX 锁，这与事务 T_1 加的 IS 锁是相容的，然后插入这个新的元组。之后 T_2 释放其持有的所有锁并提交。事务 T_1 在时刻 t_6 再次读取 Sage＞17 的元组，发现变成三个元组，包括 T_2 新插入的元组，发生了幻读问题。

数据库管理系统可采用两种方式解决幻读问题。第一种方法是引入谓词锁(predicate lock)。谓词锁与多粒度锁不同，多粒度锁作用于一个特定的对象，例如一个表、一个元组。而谓词锁作用于满足特定条件的所有对象，例如 Sage＞17 的谓词锁作用于所有满足该条件的元组。使用谓词锁需要遵循以下两条规则。① 如果事务 T_1 想读取满足某谓词的数据项，则该事务需要获得相应的谓词锁。若此时事务 T_2 正在持有满足该谓词的某个数据项的互斥锁，则 T_1 需要等到 T_2 释放该互斥锁，才能加谓词锁，并继续执行查询。事务 T_1 提交或回滚时释放持有的所有谓词锁。② 如果事务 T_1 想要插入、更新或删除一些对象，首先需要检查这些数据项的旧值和新值是否与现有的谓词锁匹配。如果与某些谓词锁匹配，则需要等待这些谓词锁释放，之后事务 T_1 才能继续执行。谓词锁与本章介绍的其他锁的不同之处在于，谓词锁可以限制数据库中目前不存在但未来可能会出现的数据项，可以避免幻读问题。例如在图 8.18 中，事务 T_1 在时刻 t_2 的查询包含谓词 Sage＞17，给该数据表加上谓词锁 Sage＞17。事务 T_2 在时刻 t_4 试图插入的新数据满足该谓词，因此 T_2 被阻塞。事务 T_1 继续执行下一次扫描，与第一次扫描结果一样，没有出现幻读问题。T_1 提交时释放谓词锁，并成功提交，之后 T_2 可以执行插入操作。

尽管谓词锁能解决幻读问题，但它会引入大量关于加锁和锁检查的开销，使数据库管理系统的性能降低。因此学者们提出了解决幻读问题的第二种方法，即索引区间锁（next-key lock）。如果谓词中包含的属性上有索引，则可以使用索引区间锁，给该索引的一部分节点加锁。索引区间锁本质上是将谓词锁锁住的范围扩大。例如，若事务

T_1 根据谓词 Sage＞17 AND Sno＞2021310722 做范围查询，且 Sno 属性上有索引，则需要获取索引区间锁锁住所有 Sno＞2021310722 的元组。与谓词锁类似，如果其他事务正持有与之互斥的锁，则需要等待所有互斥的锁释放后再加索引区间锁。可以看出，这个索引区间锁扩大了谓词的范围。如果事务 T_2 想要插入、更新或删除一些元组，需要更新 Sno 索引，此时需要检查是否与 Sno 上的索引区间锁冲突，若冲突则需要等待，直到所有冲突的索引区间锁都被释放，再继续执行。索引区间锁的检查是与索引更新同步的，开销显著小于检查谓词锁的开销。同时，索引区间锁扩大了锁的范围，会导致更多锁冲突引发的等待，因此是一种折中的方法。此外，索引区间锁并不适用于所有事务。对于某些事务，其谓词中的所有属性上都没有索引，无法使用索引区间锁，这时可以选择给整个表上锁。

8.2.8 闩锁

在数据库管理系统中还存在着另一种与锁类似的机制和操作，即闩锁（latch）。闩锁用于管理内存的分配和释放，可将它视为一个轻量级的锁，用于快速、短时间地锁定资源，防止多个并发线程同时访问和修改某个共享的资源。闩锁与前面介绍的用于事务并发控制的锁无关，主要用于数据库的缓冲区管理与索引管理等场景。

闩锁的目的在于保证同一时间只有一个线程对同一个内存数据块进行写操作，避免数据出错。其具体流程为：在对数据块进行写操作之前首先获得其上的闩锁，在写入过程中保持该锁，写操作完成后即释放锁。同时，闩锁只存在于一次数据操作中，不会涉及回滚操作。

从上面的步骤可以看出，闩锁的获得和释放过程需要通过原子操作（即不会被线程调度机制打断的操作）来实现。具体来说，数据库系统通常会采用比较并交换（compare and swap，CAS）原子指令来完成，该指令的输入参数有内存中数据（M）、已记录的旧值（O）、新值（N）。其原子操作的步骤为：如果 M 与 O 相同，即该内存中的数据没有被修改过，那么将 M 更新为 N，并返回成功信息；如果不同，即该值已被修改过，那么不进行任何操作并返回失败信息。CAS 指令的原子性由 CPU 保证，且其执行速度非常快。

另外，在多线程环境中，还存在一种自旋锁（spin lock）。该锁的目的同样在于获得共享资源的访问权限。对于一次竞争中未获得锁的线程来说，其将在保持 CPU 占用的状态，一直循环等待，即通过自旋（自我循环，不释放 CPU 资源）的方式来获得锁。自旋锁适用于快速锁定（释放）一个资源。

最后，本小节从隔离级别、保护对象、存在周期等方面对比了锁和闩锁的特点，具体请参见表 8.4。

表 8.4 锁和闩锁的特点比较

对比项	锁	闩锁
隔离级别	事务	线程
保护对象	数据项	内存中的数据结构
存在周期	整个事务活动中	临界区段
模式	共享锁、互斥锁等	读、写
死锁情况	可能出现，需要处理	不会出现
死锁处理	死锁预防，检测与恢复等	代码规范
存在场所	锁管理器	所保护的数据结构

8.3 乐观并发控制技术

在实际场景中，事务之间发生冲突的概率有大有小。如果事务之间较少发生冲突，使用锁来进行并发控制将带来较大的开销，此时，可采用乐观并发控制技术。这类技术的基本思想是：既然冲突发生较少，也就不需要预先通过相应机制来保证冲突不会发生，只需要在冲突确实发生后再来解决冲突并维护数据库的一致性即可。具体做法为：当事务准备提交时，数据库将对其进行检查，如果确实存在冲突，则将该事务回滚并重启。尽管事务回滚的代价可能较大，但由于其发生的概率是很低的，所以从整体上来看，总体开销处于较低的水平。同时，乐观并发控制技术不需要加锁等复杂操作，可节省大量资源并提高系统的并发度。

通常，为了保证事务的可串行化，上述乐观并发控制技术需要使用时间戳来确定事务的串行化顺序。接下来，本节将首先介绍时间戳的基本概念，并在此基础上介绍时间戳排序协议和乐观并发控制协议。时间戳排序协议每次读写数据时都检查是否满足调度隔离级别，如果不满足则回滚；而乐观并发控制协议则将数据拷贝到私有工作区，处理结束后再一次性检查是否满足调度隔离级别，如果不满足则回滚。

8.3.1 时间戳

时间戳（timestamp）是由数据库创建的、用于标识事务串行化顺序的标识符，用 TS（T）表示事务 T 的时间戳。对于事务 T_i 和 T_j，如果 TS（T_i）< TS（T_j），即 T_i 为“旧事务”，T_j 为“新事务”，那么数据库管理系统需要保证执行这两个事务的调

度等价于一个 T_i 在 T_j 之前的串行化调度。也就是说，其结果与先执行 T_i 再执行 T_j 是一样的。

每个事务的时间戳各不相同，且时间戳的值只增不减。数据库管理系统可采用下列两种方式生成时间戳。

（1）物理时钟（physical clock）。事务的时间戳为该事务进入系统时的系统时钟值（由计算机设备的时钟芯片提供）。

（2）逻辑时钟（logical clock）。不同于物理时间，系统通过计数器提供一个逻辑时间戳。每生成一个时间戳，该计数器值加 1。事务的时间戳为该事务进入系统时的逻辑计时器的值。

此外，在分布式数据库中，由于物理时钟漂移问题，每台机器的时钟可能不对齐，因此还会用到向量时钟（vector clock）、混合逻辑时钟（hybrid logical clock）、真实时钟（true time）等技术来生成时间戳。

8.3.2　时间戳排序协议

当每个事务都有了时间戳后，即可在此基础上对其进行调度。时间戳排序（timestamp ordering）协议保证了事务间的冲突操作将按照时间戳的顺序来执行，在不使用锁的情况下产生冲突可串行化调度，进而提升系统的并发度。

在时间戳排序协议中，不同事务有不同的时间戳，每个数据项也有相应的时间戳。具体来说，对于数据项 X:

（1）W_TS（X）表示对 X 成功执行写操作的所有事务的最大时间戳；

（2）R_TS（X）表示对 X 成功执行读操作的所有事务的最大时间戳。

每当有事务对 X 执行新的读操作或写操作时，这两个时间戳也相应地被更新。

1. 协议基本规则

时间戳排序协议的基本思想是任何事务只能访问该事务时间戳“前面”的数据项，不允许访问该事务时间戳“后面”的数据项，从而保证所有事务有一个单调顺序，满足了可串行化要求。注意，如果出现了一个事务访问该事务时间戳“后面”数据项的这种情况，则该事务回滚。

下面给出基于时间戳协议的详细并发执行过程。对于事务 T_i 和数据项 X，根据操作类型的不同，该协议的具体执行步骤如下所示。

（1）读操作：事务 T_i 读数据项 X。

① 若 TS（T_i）$<$ W_TS（X），则事务 T_i 需要读取的 X 值已被其他事务（T_i 后面的更晚事务）新值覆盖。因此，为了避免脏读问题，应该拒绝本次读操作，事务 T_i 被回滚。

② 若 TS (T_i) ≥W_TS (X)，则可执行读操作，事务 T_i 在本地保存当前的 X 值以便实现可重复读。同时，更新 R_TS (X) 的值，将其设置为 R_TS (X) 和 TS (T_i) 两者中的较大值。

(2) 写操作：事务 T_i 写数据项 X。

① 若 TS (T_i) ＜R_TS (X)，则说明 X 的当前值已经被其他更晚的（时间戳更大的）事务读取过，事务 T_i 此时对 X 进行写操作可能会产生不可重复读问题，所以应该拒绝此次写操作，并回滚事务 T_i。

② 若 TS (T_i) ＜W_TS (X)，则说明 X 的当前值为其他更晚事务修改后的结果。T_i 此时对 X 值的写操作是在用“旧值”覆盖“新值”，会产生丢失更新问题，所以此次写操作同样应该被拒绝，并将事务 T_i 回滚。

③ 其他情况 TS (T_i) ≥R_TS (X) 且 TS (T_i) ≥W_TS (X)，事务 T_i 此时可以执行写操作，并在本地保存当前的 X 值以便实现可重复读。同时，将 W_TS (X) 更新为 TS (T_i)。

下面用一个具体例子来说明上述执行过程。图 8.19 展示了事务 T_1 和 T_2 对数据项 A、B 实施的操作，事务 T_1 和 T_2 由逻辑时钟（或者逻辑计数器）生成的时间戳分别为 1 和 2。图 8.20 表示在时刻 t_2、t_4、t_5、t_6、t_7、t_8 事务操作前的数据项的当前时间戳。其中，在时刻 t_5 事务 T_2 要对 A 进行写操作，此时 TS (T_2) = 2，R_TS (A) = 2，W_TS (A) = 0，根据上述协议，该写操作可顺利执行；在时刻 t_7 事务 T_1 对 B 进行读操作，此时 TS (T_1) = 1，W_TS (B) = 0，该读操作也可顺利执行。其他时间的操作也都满足相应

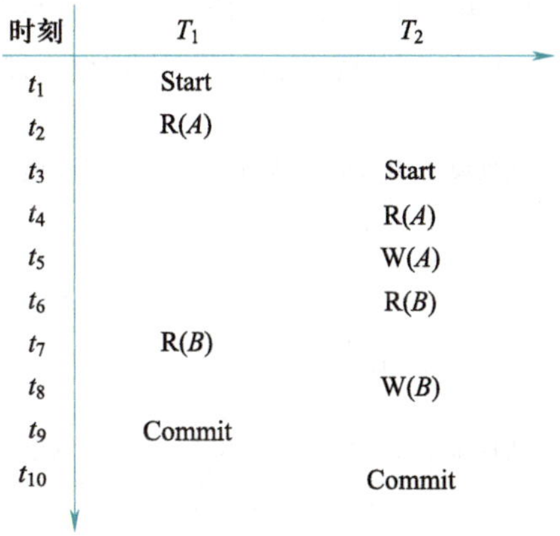

时刻	T_1	T_2
t_1	Start	
t_2	R(A)	
t_3		Start
t_4		R(A)
t_5		W(A)
t_6		R(B)
t_7	R(B)	
t_8		W(B)
t_9	Commit	
t_{10}		Commit

图 8.19 时间戳排序协议示例 1

数据项	R_TS	W_TS
A	0	0
B	0	0

(a) 时刻 t_2

数据项	R_TS	W_TS
A	1	0
B	0	0

(b) 时刻 t_4

数据项	R_TS	W_TS
A	2	0
B	0	0

(c) 时刻 t_5

数据项	R_TS	W_TS
A	2	2
B	0	0

(d) 时刻 t_6

数据项	R_TS	W_TS
A	2	2
B	2	0

(e) 时刻 t_7

数据项	R_TS	W_TS
A	2	2
B	2	0

(f) 时刻 t_8

图 8.20 数据项时间戳示例 1

条件，故可顺利完成。最终，两个事务都成功提交。

此外，给出一个回滚事务的例子。图 8.21 展示了事务 T_1 和 T_2 对数据项 A、B 进行的操作，事务 T_1 和 T_2 的时间戳分别为 1 和 2。图 8.22 表示在时刻 t_3、t_4、t_5、t_6、t_9、t_{11} 事务操作前的数据项的当前时间戳。时刻 t_3 事务 T_1 对 A 进行读操作，此时 TS（T_1）=1，R_TS（A）=0，W_TS（A）=0，根据上述协议，该读操作可顺利执行；时刻 t_4 事务 T_1 对 A 进行写操作，此时 TS（T_1）=1，R_TS（A）=1，W_TS（A）=0，该写操作也可顺利执行。时刻 t_5 事务 T_2 要对 A 进行读操作，此时 TS（T_2）=2，R_TS（A）=1，W_TS（A）=1，根据上述协议，该读操作可顺利执行；时刻 t_6 事务 T_2 对 A 进行写操作，此时 TS（T_2）=2，R_TS（A）=2，W_TS（A）=1，该写操作也可顺利执行。事务 T_2 在其他时间的操作也都满足相应条件，可顺利完成。最终，事务 T_2 成功提交。时刻 t_9 事务 T_1 要对 B 进行读操作，此时 TS（T_1）=1，W_TS（B）=2，根据上述协议，事务 T_1 被回滚。

时刻	T_1	T_2
t_1	Start	
t_2		Start
t_3	R(A)	
t_4	W(A)	
t_5		R(A)
t_6		W(A)
t_7		R(B)
t_8		W(B)
t_9	R(B)	
t_{10}	Abort	
t_{11}		Commit

图 8.21　时间戳排序协议示例 2

数据项	R_TS	W_TS
A	0	0
B	0	0

(a) 时刻 t_3

数据项	R_TS	W_TS
A	1	0
B	0	0

(b) 时刻 t_4

数据项	R_TS	W_TS
A	1	1
B	0	0

(c) 时刻 t_5

数据项	R_TS	W_TS
A	2	1
B	0	0

(d) 时刻 t_6

数据项	R_TS	W_TS
A	2	2
B	2	2

(e) 时刻 t_9

数据项	R_TS	W_TS
A	2	2
B	2	2

(f) 时刻 t_{11}

图 8.22　数据项时间戳示例 2

2. 托马斯写规则

当事务冲突较多时，时间戳排序协议可能造成大量回滚，可利用托马斯写规则改进该协议来避免不必要的冲突回滚。

下面通过一个例子介绍托马斯写规则的思路。对如图 8.23 所示的调度 1 和调度 2，图 8.24 给出了在时刻 t_6 的时间戳情况，按照上述协议，两个事务从开始到时刻 t_5 的操作都可顺利完成。但是，在时刻 t_6 事务 T_1 开始操作前，R_TS（A）=1，W_TS（A）=2，由于 TS（T_1）=1，即 TS（T_1）<W_TS（A）。此时，如果事务 T_1 对数

据项 A 进行读操作（调度 1），根据协议中读操作条件 TS（T_1）< W_TS（A），其将回滚；如果进行写入操作（调度 2），根据协议中写操作条件 TS（T_1）< W_TS（A），仍将其回滚。

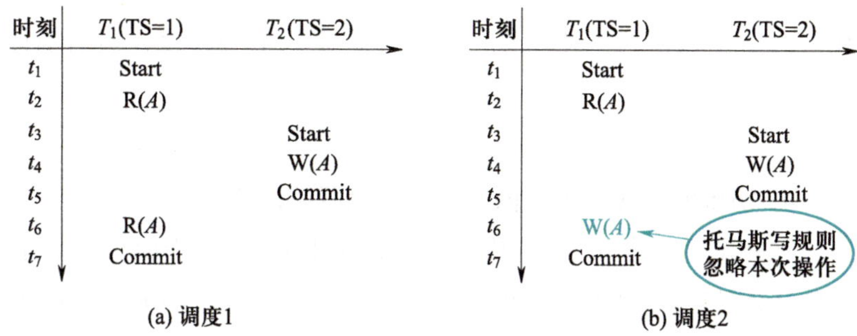

图 8.23 时间戳排序协议示例 2

数据项	R_TS	W_TS
A	1	2

(a) 时刻t_6(调度1)

数据项	R_TS	W_TS
A	1	2

(b) 时刻t_6(调度2)

图 8.24 数据项时间戳示例 2

实际上，对图 8.23 中的调度 2 来说，事务 T_1 在时刻 t_6 进行的写操作没有任何意义，因为其结果一定不会被任何事务读取（只会读到 T_2 在时刻 t_4 所写的值）。根据上述协议，此时 W_TS（A）= TS（T_2）。一方面，任何满足 TS（T_i）< TS（T_2）的事务 T_i 对数据项 A 不论进行读操作（调度 1）还是写操作（调度 2）都将被回滚，即本次操作不会产生任何效果。另一方面，任何满足 TS（T_i）> TS（T_2）的事务 T_i 读取数据项 A 时，都将得到 T_2 在时刻 t_4 写入的值，而非此时 T_1 想要写入的值。

基于上述分析，如果忽略事务的此类写操作并让其继续执行，即可减少回滚的事务数量，提升系统效率，对上述排序协议的修改即托马斯写规则（Thomas write rule）。具体来说，将排序协议中的写操作条件②修改如下：

若 TS（T_i）< W_TS（X），则 T_i 对数据项 X 的写操作无实际意义，可直接忽略，即不执行该写操作。

再次来看图 8.23。此时，如果对调度 2 应用托马斯写规则，则事务 T_1 在时刻 t_6 的写操作将被忽略，最终两个事务都成功提交。实际上，使用了托马斯写规则的时间戳排序协议满足视图可串行化的要求。

3. 隔离级别的支持

基于时间戳的排序协议可以通过时间戳来实现不同的隔离级别，包括读已提交、可重复读和可串行化。为了支持可重复读，可以通过缓存第一次读取的数据来避免不可重复读。为了解决幻读问题，可以通过数据修改时间戳来避免读取新插入和新删除的数据（即忽略时间戳大于事务时间戳的数据项）。时间戳排序协议不使用锁，而是基于时间戳和按照规则回滚发生冲突的事务，保证了调度是冲突可串行化的。由于该协议不使用锁，可以提升系统的并发度，同时消除了使用锁带来的开销。

4. 协议的问题：不可恢复调度、级联回滚和饿死

在并发事务遵循时间戳排序协议执行过程中，由于读操作或者写操作而被回滚的事务将会得到新的时间戳并重启。可以看出，时间戳排序协议的操作逻辑和规则非常清晰、操作性较强。但是时间戳排序协议存在不可恢复调度、级联回滚问题及饿死问题。

1）不可恢复调度和级联回滚

时间戳排序协议的第一个问题在于，它可能产生不可恢复的调度。具体来说，在可恢复的调度中，如果事务 T 读取过其他事务 T' 修改后的数据，那么事务 T 只能在事务 T' 提交后再提交。例如，时间戳为 1 的 T_1 修改了数据项 X 的值，此时 W_TS（X）为 1。此后，时间戳为 2 的 T_2 读取了 X 的值，那么 T_2 只能在 T_1 提交后再提交。若非如此，该调度即为不可恢复的调度，如图 8.25 所示。

时刻	T_1(TS=1)	T_2(TS=2)
t_1	Start	
t_2	W(A)	
t_3		Start
t_4		R(A)
t_5		W(B)
t_6		Commit
t_7	Abort	

图 8.25　不可恢复的调度示例

在该调度中，T_2 在时刻 t_4 读取了 T_1 在时刻 t_2 对数据项 A 修改后的值，满足时间戳排序协议，T_2 在时刻 t_6 提交。但是，如果在时刻 t_7 系统崩溃，那么将无法重启 T_1，因此 T_2 无法从恢复后的系统中读取到相同的 A 值。如果在时刻 t_7 事务 T_1 撤销，那么又会产生级联回滚问题。

为了保证可恢复调度和无级联回滚，可以修改时间戳排序协议。

（1）支持可恢复调度：如果事务 T 读取了其他事务所写的数据项，那么只有在 T 依赖的其他写事务提交之后，事务 T 才能提交。这样可以保持可恢复调度，但不是保证无级联回滚，而且还要保存每个事务修改的数据项信息和每个事务的提交状态来支持回滚操作。

（2）支持无级联回滚：如果事务 T 要读取其他未提交事务所写的数据项，那么 T 必须阻塞，必须等待写该数据项的事务提交后才能读取。这样可以保持可恢复调度和无级联回滚，但是需要锁机制才能阻塞 T 读取未提交事务所写的数据项，因此需要结合其他技术才能实现可恢复调度和无级联回滚。

2）饿死

时间戳排序协议的第二个问题是可能导致事务饿死。具体来说，当一系列短事务（具有较大的时间戳且可快速完成的事务）与某个开始较早但执行时间较长的事务冲突时（如读取短事务修改后的数据项值），长事务将由于不断地重启而饿死。为了解决这个问题，可以调整事务重启策略：如果发现某个事务反复重启，可暂停与之冲突的其他事务，从而使该事务可以正常完成。

5. 支持可恢复调度、避免级联回滚的时间戳排序协议

基于时间戳的协议主要问题是没有判断事务是否提交，从而造成了不可恢复调度以及级联回滚的问题。为了解决这一问题，可以为每一个数据项 X 的修改添加一个是否提交的标记 isCommit（X）。如果数据项 X 的修改对应的事务已经提交，则 isCommit（X）为真；否则 isCommit（X）为假。所有数据项初始化时 isCommit（X）为真，当有事务修改时设置为假，当事务提交时修改为真。下面根据这个标志位给出可以实现可恢复的时间戳协议。

（1）读操作。事务 T_i 读数据项 X：

① 若 TS（T_i）$<$ W_TS（X），拒绝此读操作，事务 T_i 被回滚；

② 若 TS（T_i）$\geqslant$ W_TS（X）：

i. 如果 isCommit（X）为真，则执行读操作，更新 R_TS（X）的值为 R_TS（X）和 TS（T_i）中的较大值；

ii. 如果 isCommit（X）为假则等待，直到为真时再执行该操作。

（2）写操作。事务 T_i 写数据项 X：

① 若 TS（T_i）$<$ R_TS（X），拒绝此次写操作，并回滚事务 T_i；

② 若 TS（T_i）$\geqslant$ R_TS（X）且 TS（T_i）$<$ W_TS（X），拒绝此次写操作，并回滚事务 T_i；

③ 若 TS（T_i）$\geqslant$ W_TS（X）且 TS（T_i）$\geqslant$ R_TS（X）：

i. 如果 isCommit（X）为真，事务 T_i 执行写操作，并将 W_TS（X）更新为 TS（T_i）。设置 isCommit（X）为假；

ii. 如果 isCommit（X）为假则等待，直到为真时重新再执行该写操作。

（3）当写事务 T_i 提交，对于 T_i 写的每个数据项 X，设置 isCommit（X）为真；并通知等待 X 的事务继续进行。

（4）写事务 T_i 回滚，对于 T_i 写的每个数据项 X，根据 T_i 回滚后的数据项 X 的事务状态设置 isCommit（X）；并通知等待 X 的事务。

对于托马斯写规则，需要修改若 TS（T_i）$\geqslant$ R_TS（X）且 TS（T_i）$<$ W_TS（X）的情况，修改为：

i. 如果 isCommit（X）为真，忽略此操作；

ii. 如果 isCommit（X）为假则等待；直到为真时重新再执行该写操作。

8.3.3　乐观并发控制协议

如果事务之间的冲突较少，同时大多数事务的执行时间都比较短，那么可采用乐观并发控制（optimistic concurrency control，OCC）协议来提高系统并发度。该协议中，每个事务都有一个自己的私有工作区，该事务读取的所有数据项都将复制到其私有工作区中，相关修改也都只在私有工作区内完成。当事务提交时，数据库检查其修改内容是否与其他事务产生冲突，如果没有冲突则可写回“真正的”数据库中，如果有冲突则将事务回滚并重启。因此 OCC 也称基于有效性验证的并发控制协议。不同于基于时间戳的协议每次读写都需要检查冲突，OCC 只在提交时做一次检查。

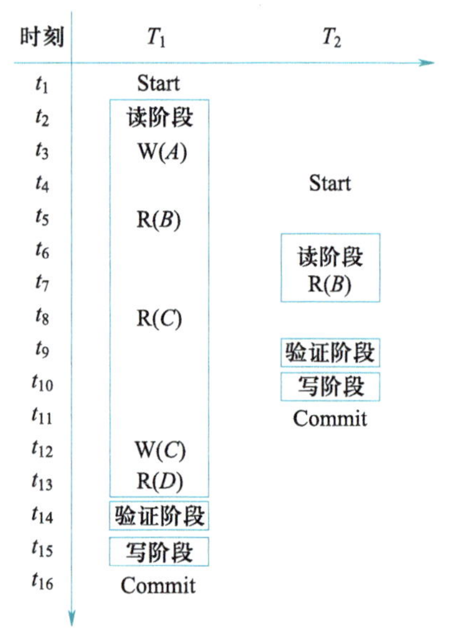

图 8.26　乐观并发控制协议三阶段示例

具体来说，乐观并发控制协议根据事务的操作类型（读操作 / 写操作），分为下列三个阶段（如图 8.26 所示）。

（1）读阶段：读取所需数据项到事务私有工作区。读阶段包含事务从开始到即将提交的整个阶段。这一阶段中，事务可以从数据库中读取其所需要的数据项，存放于其工作区中。同时，事务中所有的写操作只在该私有工作区中进行，不写回数据库。用 ReadSet（T）和 WriteSet（T）分别表示事务 T 读数据项的集合（简称读集）和写数据项的集合（简称写集）。

（2）验证阶段：有效性检查测试是否满足所需的隔离级别。若检测失败，直接中止这个事务，然后重启；否则进入写阶段。读阶段结束后，即为验证阶段。这一阶段的任务是对事务进行检验，确保事务的写操作结果写回数据库后不会破坏可串行化。如果事务只包含读操作，检验其读取值是否与当前数据库中的值相同，若相同则可以提交，否则事务被撤销并重启。如果事务中有写操作，检验该事务提交后数据库是否仍处于一致的状态。若满足条件则可以提交，否则撤销该事务并重启。这一阶段保证了调度的隔离级别。本书主要讲述如何验证是可串行化的，读者可以思考如何保证读已提交、可重复读等其他隔离级别。

（3）写阶段：将事务私有工作区中的更新数据刷新到数据库里。这一阶段中，对于通过验证阶段且包含写操作的事务，将其在本地私有工作区的操作结果写回数据库。

单独的工作区保证调度是可恢复的，也是无级联回滚的。

读阶段和写阶段比较简单，而验证阶段需要解决两个问题：需要与哪些事务验证是否满足可串行化调度？如何验证是否满足串行化调度？

第一个问题涉及有效性验证范围。在验证阶段，可采用两种方式来完成事务的校验：反向验证、正向验证。具体来说，前者是指验证当前事务与已提交的事务之间是否存在冲突，而后者则验证当前事务与未提交事务之间是否存在冲突。如图 8.27 所示，对于事务 T_2，在反向验证中，需要检查与更早开始的事务 T_1 是否有冲突；而在正向验证中，则需检查与更晚开始的事务 T_3 是否有冲突。

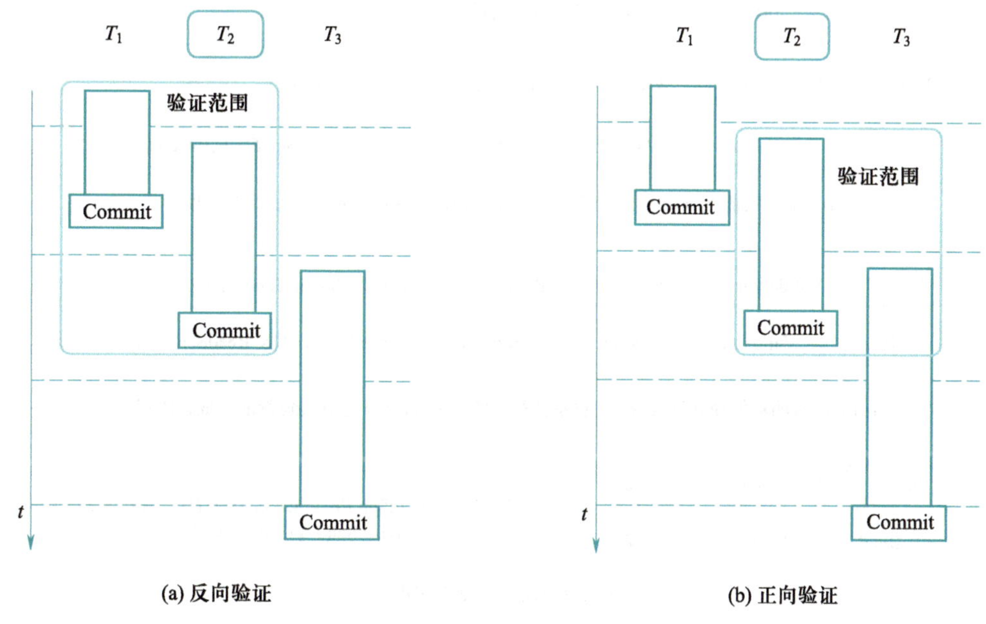

图 8.27 两种冲突验证方式

下面以反向验证为例来检验一个事务是否满足可串行调度。这里需要解决判断事务的先后顺序。每个事务有五个时间戳：

- StartTime（T）：事务开始执行的时间；
- ReadTime（T）：读阶段开始时间；
- ValidationTime（T）：验证阶段开始的时间；
- WriteTime（T）：写阶段开始的时间；
- CommitTime（T）：写阶段结束时间，即事务结束后提交的时间。

由于事务可能重启，在验证阶段才真正决定事务执行的先后顺序，因此一般将事务进入验证阶段时间作为事务的时间戳，即 TS（T）= ValidationTime（T）。

第二个问题涉及有效性验证方法。给定当前事务 T，要检验其是否与已经提交的事务 T' 存在读写（T' 先写 T 后读）、写读（T' 先读 T 后写）、写写冲突。如果存在一个已经提交

的事务 T'和本事务 T 有冲突，T 只能重启；否则如果 T 与所有事务都没有冲突，则 T 可以提交。注意当事务 T 重启时，需要刷新读、验证、写各阶段的时间戳。

按照如下规则进行检验，至少满足一条即可保证事务 T'和 T 没有冲突，如图 8.28 所示。

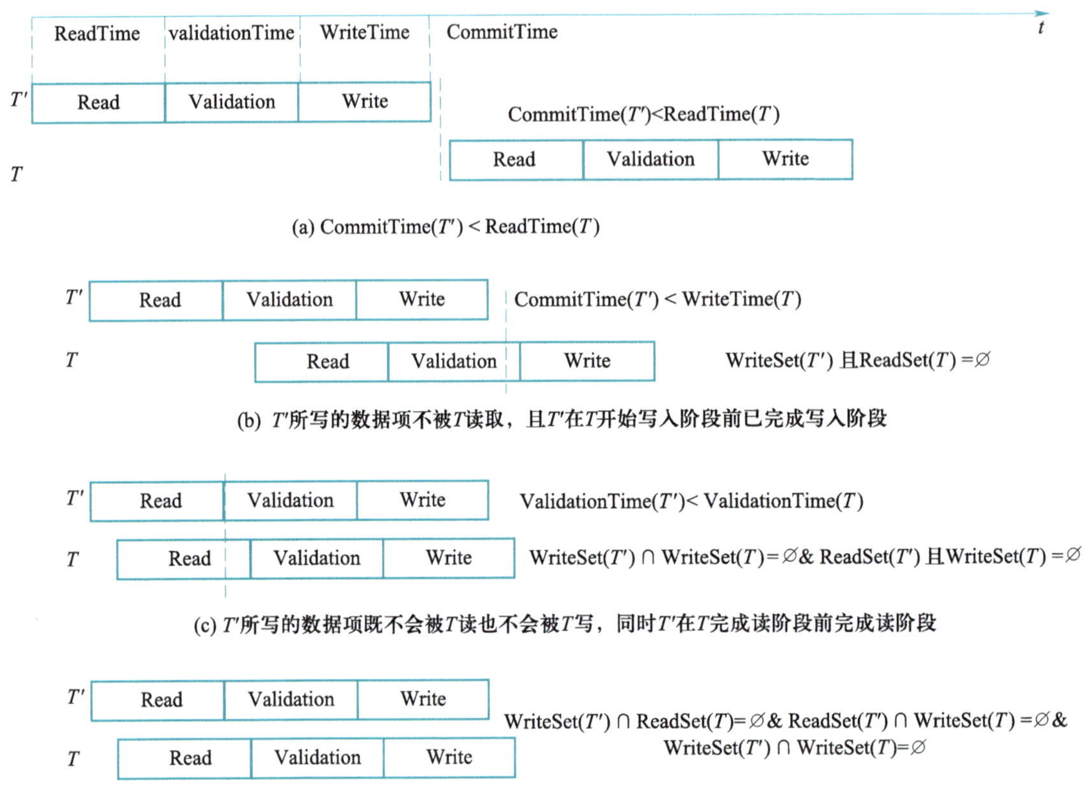

图 8.28　乐观并发控制协议的有效性验证

（1）如果 T'的提交时间 CommitTime（T'）小于 T 的读阶段开始时间 ReadTime（T），由于 T 开始读阶段前 T'已经结束，因此 T'肯定和 T 没有冲突，检验通过。

（2）T'所写的数据项不会被 T 读取（即 WriteSet（T'）∩ReadSet（T）=∅）且 T'在 T 开始写入阶段前已完成写入阶段（即 CommitTime（T'）＜WriteTime（T）），因此 T'和 T 没有读写冲突（第一个条件保证不存在 T 读取 T'写入数据的情况），也没有写读冲突（第二个条件保证不存在 T'先读 T 后写入数据的情况）和写写冲突（第一和第二个条件保证 T 不会覆盖 T'写入数据）。因此 T'肯定和 T 没有冲突，检验通过。

（3）T'所写的数据项既不会被事务 T 读取也不会被 T 写入（即 WriteSet（T'）∩ReadSet（T）=∅，WriteSet（T'）∩WriteSet（T）=∅）且 T'在 T 完成读阶段前完成读阶段（即 ValidationTime（T'）＜ValidationTime（T））。因此 T'和 T 没有读写和写写冲突（第一个条件），也没有写读冲突（第二个条件）。因此 T'肯定和 T 没有冲突，检验通过。

（4）T'所写的数据项和 T 读写的数据项没有交集且 T 所写的数据项和 T'读写的数据项没有交集，即 WriteSet（T'）∩ReadSet（T）=∅，WriteSet（T'）∩WriteSet（T）=∅，ReadSet（T'）∩WriteSet（T）=∅。因此 T'和 T 没有读写、写写、写读冲突。因此 T'肯定和 T 没有冲突，检验通过。

例如，如图 8.29 所示，调度 1 满足条件（1），两个事务都可成功提交。但在调度 2 中，虽然在 T_2 进入写入阶段前，T_1 已经结束，但 T_2 读取了 T_1 修改后的数据项 A 的值，不满足条件（2），因此 T_2 应该回滚并重启。在调度 3 中，T_1 写入了数据项 A，但该数据项既不会被 T_2 读取，也不会被 T_2 写入，且 T_1 在 T_2 完成读阶段前就已完成读阶段，满足条件 3，两个事务都可顺利提交。

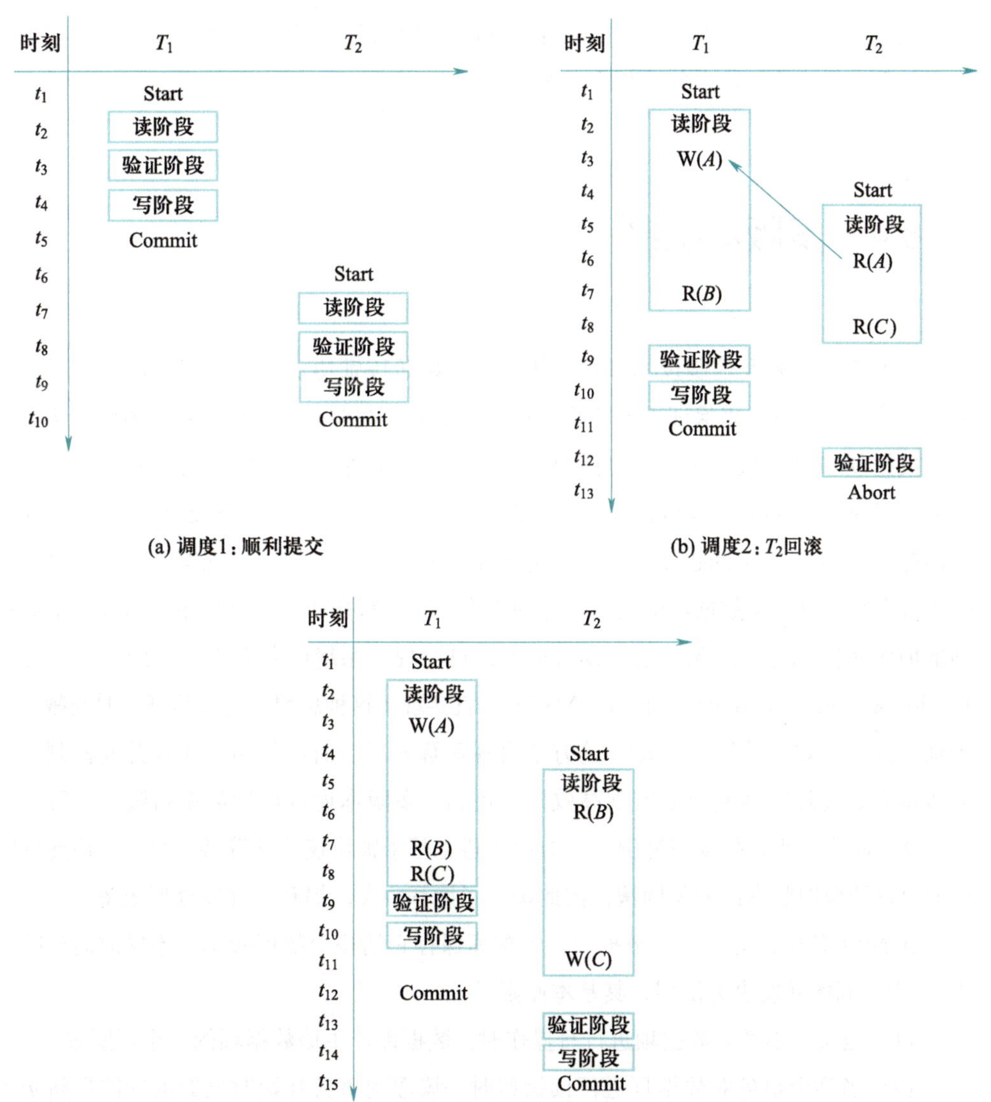

图 8.29 乐观并发控制协议调度示例

该协议为事务设定单独的工作区，在验证阶段回滚冲突的事务，保证调度是可串行化的，在冲突较少时可以提高数据库管理系统的并发度。然而单独的工作区增加了并发事务处理的空间开销，检查过程也引入了额外的处理开销，而且较为复杂。此外，一些事务会被回滚，引入了回滚开销。

乐观并发控制协议与时间戳排序协议都是基于时间戳规则、不使用锁的乐观并发控制方法。不同之处在于，时间戳排序协议规定，事务每做一个操作（读操作 / 写操作）就会根据协议规则进行一次判断，使事务回滚或继续运行。而乐观并发控制协议规定一个事务执行完所有操作后，再根据规则判断事务是提交还是回滚，这减少了判断次数和判断开销。同时，乐观并发控制协议导致一些事务完整执行完后被回滚，开销大。因此，乐观并发控制协议更适合事务执行时间短、并发冲突少的场景。此外，时间戳排序协议是不可恢复的，而乐观并发控制协议是可恢复的，而且两者都存在因频繁事务重启而导致某些事务饿死的问题。

8.4　多版本机制

前面介绍的并发控制技术都是采用等待（两阶段锁协议等）或者回滚（基于时间戳的协议等）的方法来保证事务的可串行性。例如，在两阶段锁协议中，若某个事务 T_i 要对数据项 X 进行读操作，则可能由于另一事务 T_j 对数据项持有互斥锁而等待，即 T_i 等待 T_j 写入完成后才能读取。又如，在时间戳协议中，事务 T_i 读取数据项 X 时发现另一事务 T_j 已经对 X 更新过了，因此事务 T_i 需要被回滚。基于上述观察，如果在事务一开始就复制一份所需数据项的最新值作为副本以实现写操作，而其他事务可以读取数据项的旧版本，就可以避免上述的读写冲突，进而提高系统的并发性，多版本并发控制（multi-version concurrency control，MVCC）就实现了这种思想。可以将基于时间戳、基于锁、基于有效性验证（OOC）的方法直观理解为通过时间复用来实现并发控制，而多版本则是通过空间复用来实现高效并发控制。多版本通过增加数据新版本（写新版本，读旧版本）来避免读写冲突，一方面可避免基于锁协议的锁等待，另一方面允许时间戳协议读取旧版本而避免回滚，因此缓解了读写冲突，提升了并发处理效率。

在 MVCC 中，对于一个数据项，数据库保存它的多个物理版本（不同时间戳的版本），供不同的并发事务使用，其基本原则是：

（1）当某个事务对数据项进行写操作时，数据库产生该数据项的一个新版本；

（2）当某个事务对数据项进行读操作时，读取到事务开始时该数据项的最新版本（即小于该事务时间戳的最大时间戳的版本）。

表 8.5 给出了一个多版本的示例，其中数据项 A 有多个版本，表示小明的银行卡余额，每个版本的数据值不同，且有效的开始时间和结束时间前后连续。最开始，小明有 1 500 元，随后通过勤工俭学收入 300 元余额变为 1 800 元，然后他又花了 50 元充值网费，还剩 1 750 元。

表 8.5 多版本示例

版本	数据值	时间
A_0	1 500	0
A_1	1 800	10
A_2	1 750	11

MVCC 的优点在于事务的读操作无须等待其他事务的写操作，而事务的写操作也无须等待其他事务的读操作。如果一个事务只包含读操作，则可在无须锁的情况下获得前后一致的数据时间戳（也称快照）。基于此特性，如何快速判断一个事务应该读取的数据项版本在很大程度上影响了数据库的性能，MVCC 通过时间戳和多版本来提升事务并发效率。

多版本只提供了版本信息，但未提供并发控制机制，需要和两阶段锁协议、时间戳排序协议、乐观并发控制协议联合使用才能实现并发控制，本节将首先介绍多版本机制下的三种并发控制协议——多版本时间戳排序协议、多版本两阶段锁协议、多版本乐观并发控制协议，然后介绍数据项版本的存储、删除操作以及多版本机制中的索引管理，最后展示各个主流数据库管理系统中多版本机制的实现方案。

8.4.1 多版本时间戳排序协议

对时间戳排序协议进行多版本化的拓展即可得到多版本时间戳排序（multi-version timestamp ordering，MVTO）协议。该协议中的每个事务 T_i 在开始执行前获得一个唯一的时间戳 TS（T_i）。

数据库中的每个数据项 X 都有多个物理版本，用序列 X_0，X_1，…，X_m 来表示。每个版本 X_i 都由三个数据组成：

（1）该版本的数据值；

（2）W_TS（X_i）为产生该版本的事务时间戳；

（3）R_TS（X_i）为所有成功读取该版本的事务的最大时间戳。

每当事务 T_i 对数据项 X 成功进行写操作时，数据库就产生 X 的一个新版本 X_{m+1}，记录新值，将 W_TS（X_{m+1}）与 R_TS（X_{m+1}）初始化为 TS（T_i）。此后，如果另一事务 T_t

成功读取 X_{m+1}，且 R_TS（X_{m+1}）< TS（T_t），则将 R_TS（X_{m+1}）更新为 TS（T_t）。

对于事务 T_i 和数据项 X，设 X_j 为创建时间（即 W_TS（X_j））不超过 TS（T_i）的最大那个版本，即事务 T_i 开始时的最新版本。为了保证可串行化，多版本时间戳排序协议具体规则如下。

（1）如果事务 T_i 对 X 进行读操作，则数据库返回 X_j 的值；并将 X_j 读时间戳设置为 TS（T_i），即 R_TS（X_j）= TS（T_i）。

（2）如果事务 T_i 对 X 进行写操作：

① 若 TS（T_i）< R_TS（X_j），即有其他时间戳更大的事务 T_x 已经读取过该版本 X_j 了，如果事务 T_i 对 X_j 进行修改，会造成时间戳小的事务 T_i 在时间戳大的事务 T_x 之后修改 X，会违反可串行化调度，而且如果时间戳大的事务 T_x 再次读取该数据项 X 会造成不可重复读（第一次读取时 X_j 尚未更新，而第二次读取时更新了），因此本次写不成功，需要将事务 T_i 回滚；

② 若 TS（T_i）= W_TS（X_j），即事务 T_i 产生了 X_j，本事务再次修改该数据项，因此允许该事务覆盖 X_j 的值；

③ 若 TS（T_i）> R_TS（X_j），则产生 X 的一个新版本 X_{m+1}，并将 W_TS（X_{m+1}）与 R_TS（X_{m+1}）初始化为 TS（T_i）。注意为了防止写写冲突，需要检查在时间戳 W_TS（X_j）和 TS（T_i）之间 X 是否有其他版本（即是否有其他事务修改了 X）。如果没有其他版本，则写成功；否则回滚。注意，新版本时间为正无穷（防止其他事务读到中间结果），当事务提交时，将新版本时间戳改为该事务的时间戳。

图 8.30 展示了两个事务的执行过程。在时刻 t_2 事务 T_1 开始读取数据项 A 前，其版本数据如图 8.31（a）所示，事务 T_1 开始前的最新版本即 A_0，于是此时读取的版本也为 A_0，读取后该版本 R_TS 更新为 T_1 的时间戳，如图 8.31（b）所示；在时刻 t_4 事务 T_2 对数据项 A 执行写操作，对于该事务来说，此时可见的最新版本也为 A_0，而现在 TS（T_2）> R_TS（A_0），则产生一个新版本 A_1，其 W_TS 为事务 T_2 的时间戳，如图 8.31（c）所示。在时刻 t_6 事务 T_1 再次读取 A 时，读取的版本仍为 A_0。

时刻	T_1(TS=1)	T_2(TS=2)
t_1	Start	
t_2	R(A)	
t_3		Start
t_4		W(A)
t_5		Commit
t_6	R(A)	
t_7	Commit	

图 8.30　多版本时间戳排序协议示例

数据项	R_TS	W_TS
A_0	0	0

(a) 时刻t_2

数据项	R_TS	W_TS
A_0	1	2

(b) 时刻t_3

数据项	R_TS	W_TS
A_0	1	0
A_1	2	2

(c) 时刻t_5

图 8.31　数据项时间戳示例 3

该协议通过时间戳管理数据项的多个物理版本，并加入写操作的检查规则，回滚写操作冲突的事务，保证了调度可串行化。相比于时间戳排序协议，该协议中数据项的多版本可以解决一部分事务间读写冲突，使事务回滚的情况更少发生。可以看出，事务的读操作无须等待且一定成功，这是多版本时间戳协议的优势。而且写操作会新建一个数据版本，不阻塞其他事务读旧版本。因此 MVCC 提升了事务处理并发能力。然而，该协议也存在两个缺点。第一，事务在对数据项进行读操作时，将会更新数据项的 R_TS 值，可能需要两次对磁盘的读写操作；第二，事务间的冲突是通过回滚而非等待来解决的，在某些情况下可能产生较大的资源浪费。

8.4.2 多版本两阶段锁协议

多版本时间戳排序协议采用回滚的方式来解决事务之间的冲突，但是可能会影响系统效率。因此可以用锁机制来避免这个问题，将多版本的思想与锁机制结合便可得到多版本两阶段锁（multi-version two-phase locking，MV2PL）协议，其中多版本提升了读的并发性，锁解决了写写冲突问题。

与多版本时间戳协议类似，数据库中的每个数据项 X 都有多个物理版本，用序列 X_0，X_1，…，X_m 来表示。每个版本 X_i 包含该版本的值和产生该版本的时间戳。每个事务开始时也赋予一个时间戳。时间戳可以是基于时钟的时间戳，也可以是基于一个计数器，称为版本计数器（随着事务数量增加而增长）。

多版本两阶段锁协议中，只读事务（只包含读操作）和更新事务（包含了写操作）有不同的处理方式。只读事务仅需要根据事务的时间戳来读取事务开始时的最新版本，从而不需要任何锁机制；而对于更新事务，多版本两阶段锁协议有很多变种，本书介绍其中两种典型方法。

1. 读操作不加锁，写操作加严格两阶段锁

对于事务 T_i 和数据项 X，设 X_j 为时间戳不超过 TS（T_i）的最大的版本，即事务 T_i 开始时的最新版本。① 如果事务 T_i 对 X 进行读操作，则数据库返回 X_j 的值。② 如果事务 T_i 对 X 进行写操作，为 X 创建一个新版本，并对其加互斥锁，即同时只能创建一个新版本。如果事务 T_i 成功提交，则将该新版本时间戳设置为 TS（T_i）；如果事务回滚，删除该新版本。

该方法能够满足读已提交（只允许读取已提交的版本）、可重复读（多次读取的时间戳一致），也可以避免幻读（不读取事务时间戳之后的删除和添加的数据），但是其实并不满足传统的可串行化。下面通过说明其存在写偏斜（write skew）问题来解释它不满足可串行化。如图 8.32 所示，其中 W（$B=a$）表示将 B 的值更新为 a。假设 A、

时刻	T_1	T_2
t_1	Start	
t_2	a=R(A)	
t_3		Start
t_4		b=R(B)
t_5	W(B=a)	
t_6		W(A=b)
t_7		Commit
t_8	Commit	

图 8.32　写偏斜问题

B 初值分别为 10 和 20，串行化执行后 $A = 10$，$B = 10$（T_1 先执行），或者 $A = 20$，$B = 20$（T_2 先执行）。但是多版本机制得到的结果是 $A = 20$，$B = 10$（因为不对数据的读取加共享锁）。因此多版本机制不满足可串行化。

这种多版本机制满足的隔离级别一般称为快照隔离（snapshot isolation）。快照隔离就是为每个事务的读准备一个快照（一个时间戳的版本），这个快照一旦建立就不会再被修改，从而在这个快照上实现了隔离。但是当不同事务在快照上存在读写冲突时，可能无法满足串行化。为了满足可串行化，又有了可串行化快照隔离（serializable snapshot isolation），其在快照隔离的基础上检测该调度是否满足可串行化，如果不满足就回滚。感兴趣的读者可以查阅论文“Serializable Isolation for Snapshot Databases”（SIGMOD 2008）来了解如何实现可串行化快照隔离。

2. 读写操作都加严格两阶段锁

为了解决多版本机制不满足可串行化的问题，可以对读操作加共享锁，对写操作加互斥锁，从而实现可串行化。为了实现这一机制，可以将读操作分为：① 快照读（snapshot read），即根据时间戳来读取小于事务时间戳的最新版本，快照读一般只用于只读事务、对读写没有影响的事务，或者不需要可串行化调度的场景；② 当前读（current read），即读取最新版本并需要加锁来实现并发读写。加锁又分为共享锁（对 SELECT 语句而言）和互斥锁（对 UPDATE、INSERT、DELETE 语句而言）。如果仅根据读写操作简单地加共享锁和互斥锁就退化成为基于两阶段锁的并发控制协议。为了解决这一问题，一些数据库通过添加两类 SQL 语法来对 SELECT 操作指定共享锁还是互斥锁。这需要 SQL 开发者了解数据访问模型以添加共享锁还是互斥锁，选用合适的 SQL 语句，从而提升事务处理的性能。

（1）SELECT…FOR SHARE 语句用于指定共享锁，其主要用于读取一些数据并防止这些数据被其他事务中间修改（防止读写冲突），例如，SELECT*FROM Students WHERE SID = "2021310721" FOR SHARE。比如一个航空公司的规则是如果会员积分超过 1 万积分就将其设置为金牌会员。这个事务需要首先选取积分大于 1 万的会员，然后将其改成金牌会员，而在此事务操作中不允许更改（消费）积分以防止积分中途小于 1 万。对于 SELECT…FOR SHARE 语句，该协议将采用当前读方式，读取最新的数据项，并对这些数据项加共享锁。

（2）SELECT…FOR UPDATE 语句用于指定互斥锁，主要用于读取一些数据并防止这些数据被其他事务中间修改（防止写写冲突）。例如，SELECT*FROM Students WHERE SID = "2021310721" FOR UPDATE。比如抢票时，读取剩余票数并将剩余票数减 1，需要加互斥锁以防止剩余票数被其他事务修改。对于 SELECT…FOR UPDATE 语句，该协议将采用当前读方式，读取最新的数据项，并对这些数据项加互斥锁。

（3）对于普通的 SELECT 语句则采用快照读，而且不加锁。对于 INSERT、DELETE、UPDATE 语句则加互斥锁。

一方面，对于更新事务将执行严格两阶段锁协议，即在事务提交前一直持有锁，不能释放。如此，即可按照事务提交的顺序将其串行化。在更新事务中，读操作可在数据项上获取共享锁后得到其最新版本的值。对于写操作，事务需要先获取该数据项上的互斥锁，对其产生一个新版本，并在新版本上进行写操作（并只允许同时有一个新版本）。当某个更新事务 T_i 完成所有操作并提交时，T_i 将版本计数器的值加 1，并将新值作为该事务产生的所有数据项的新版本的时间戳。需要注意的是，在同一时刻，最多只允许一个写事务进行提交。

另一方面，对于只读事务来说，在其开始执行前，数据库管理系统读取版本计数器的当前值作为该事务的时间戳；在执行过程中，所有的读操作遵循多版本时间戳排序协议。也就是说，当某个只读事务 T_j 读取数据项 X 时，将得到 X 的不超过 TS（T_j）的最新版本的值。在执行只读事务的过程中不涉及锁，因此只读事务不必等待加锁。

图 8.33 展示了多版本两阶段锁协议中的一个调度，图 8.34 展示了相应的数据项时间戳。

时刻	T_1	T_2	T_3
t_1	Start		
t_2		Start	
t_3	R(A)		
t_4	R(B)		
t_5		Xlock(A)	
t_6		W(A)	
t_7	Commit		
t_8			Start
t_9			Xlock(A)
t_{10}		Slock(B)	等待
t_{11}		R(B)	
t_{12}		Unlock(B)	
t_{13}		Unlock(A)	
t_{14}			W(A)
t_{15}		Commit	
t_{16}			Unlock(A)
t_{17}			Commit

图 8.33 多版本两阶段锁协议示例

数据项	R_TS	W_TS
A_0	0	0
B_0	0	0

(a) 时刻t_2

数据项	R_TS	W_TS
A_0	0	0
A_1	∞	∞

(b) 时刻t_7

数据项	R_TS	W_TS
A_0	0	0
A_1	1	1
A_2	2	2

(c) 时刻t_{17}后

图 8.34　数据项时间戳示例 4

假设在这三个事务开始前，版本计数器的值为 0，事务开始时可获得数据项 A 和 B 的对应版本 A_0 和 B_0。对于只读事务 T_1，在读取数据后即可完成。对于事务 T_2，在时刻 t_5 将对数据项 A 进行写操作，获得互斥锁后，在时刻 t_7 产生新版本 A_1，此时该版本的时间戳为无穷大。事务 T_3 也要对数据项 A 进行写操作，在时刻 t_9 申请互斥锁，但此时事务 T_2 持有互斥锁，因此 T_3 必须等待。时刻 t_{15} 后，T_2 提交成功，将版本计数器的值增加为 1，并将该新值作为 A_1 的时间戳。T_3 在 T_2 释放数据项 A 的互斥锁后，获得该互斥锁并创建新版本 A_2。时刻 t_{17} 后，T_3 提交成功，将版本计数器的值增加为 2，并将该值作为 A_2 的时间戳，结果如图 8.34（c）所示。

对于更新事务，该协议利用锁机制来避免事务间的冲突；对于只读事务，该协议利用多版本时间戳排序协议的规则，避免冲突。总的来说，该协议同时利用了锁机制、多版本机制和时间戳，保证了调度的可串行化，同时提高了系统的并发度。从版本计数器的角度来看，在其值增加（由更新事务 T_i 引起）后开始的只读事务将读取到 T_i 更新后的值（比 T_3 更晚开始的只读事务只可读取 A_2，不能读取 A_1）；在其值增加前开始的只读事务看到的值为 T_i 进行更新操作前的值（T_1 在 T_2 之前开始，只可读取 A_0，不能读取 A_1）。在这两种情况下，只读事务都不需要对数据项加锁，提高了数据库管理系统的并发度。此外，多版本两阶段锁协议也保证了调度是可恢复的和无级联回滚的。

8.4.3　多版本乐观并发控制协议

在多版本机制中，也可采用与第 8.3.3 节类似的乐观并发控制协议对事务进行管理，即多版本乐观并发控制（multi-version optimistic concurrency control，MVOCC）协议。内存数据库中事务执行时间较短，往往采用 OCC 或 MVOCC 协议来支持并发控制。

在 MVOCC 中，每个事务开始执行得到的时间戳记为 BeginTS，进入验证阶段时得到的时间戳记为 CommitTS。数据项的各个版本都有两个时间戳表示其有效的周期：begin-ts 和 end-ts，分别为起始时间戳和终止时间戳。begin-ts 是创建该版本的事务的 CommitTS，end-ts 是删除该版本的事务的 CommitTS。当事务的 BeginTS 在数据项某个版本的 begin-ts 和 end-ts 之间时，该版本对其可见。该协议分为三个阶段：读阶段、验证阶段、写阶段，具体说明如下。

（1）读阶段：记录事务读取的数据项（记为读集）、写入的数据项（记为写集）和多次进行的扫描（记为扫描集）。之后读取可见的数据版本，完成事务中的数据读写操作。

（2）验证阶段：获得 CommitTS。在 CommitTS 时刻，验证读集中数据项的版本是否仍然可见，这避免了脏读、不可重复读问题；重新执行扫描集，检查结果是否相同，这避免幻读问题。验证通过后，可进入下一阶段，否则撤销该事务并重启。

（3）写阶段：创建写集中数据项的新版本，该版本的 begin-ts 为该事务的 CommitTS，end-ts 为无穷，将这些新版本写回数据库。同时，使写集中数据项的 end-ts 为该事务的 CommitTS。这要求事务只能在数据项的最新版本上进行更新。此时，如果多个事务都要在同一数据项上进行更新操作而发生了写写冲突，那么第一个获得该数据项 begin-ts 时间戳写入权限的事务可以进行更新，而其他事务将被中止。

该协议的验证阶段与乐观并发控制协议类似，会回滚发生冲突的事务，保证了调度可串行化。此外，该协议通过多版本机制避免了部分读写冲突，相比于乐观并发控制协议减少了回滚事务的数量。

图 8.35 展示了多版本乐观并发控制协议的一个示例。设系统最初的时间戳为 0，则事务 T_1、T_2、T_3 的 BeginTS 分别为 1、2、3。事务 T_1 首先进入验证阶段，获得

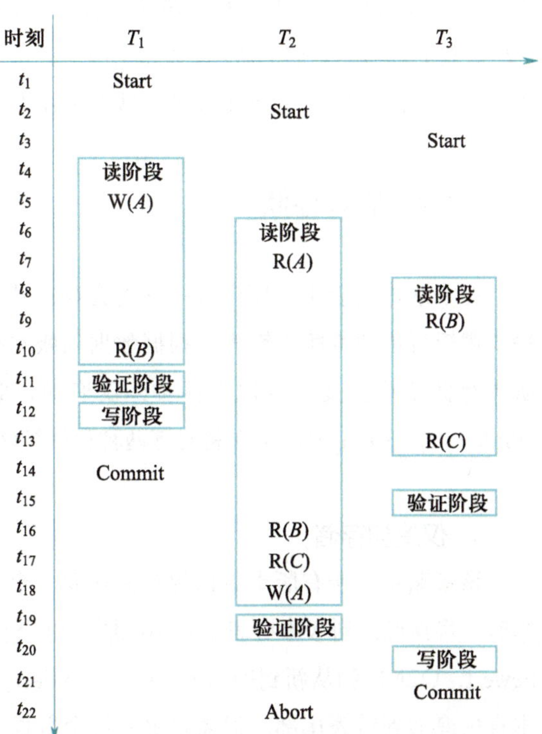

图 8.35 多版本乐观并发控制协议示例

CommitTS 为 4。根据验证阶段的规则，可知事务 T_1 验证通过，进入写阶段。事务 T_1 的写集只包含数据项 A，创建 A 的新版本 A_1，其 begin−ts 为 4；同时将最新的旧版本 A_0 的 end−ts 改为 4。事务 T_1 的写阶段结束，成功提交。此时数据项版本与时间戳如图 8.36（b）所示。

数据项	begin−ts	end−ts
A_0	0	∞
B_0	0	∞
C_0	0	∞

(a) 时刻t_1

数据项	begin−ts	end−ts
A_0	0	4
A_1	4	∞
B_0	0	∞
C_0	0	∞

(b) 时刻t_7

图 8.36 数据项时间戳示例 5

事务 T_3 的 BeginTS 为 3，因此读阶段读取的数据项版本为 B_0 和 C_0。在时刻 t_{13}，事务 T_3 完成读阶段，并在时刻 t_{15} 进入验证阶段，获得 CommitTS 为 5。此阶段需要验证数据项 B 和 C 在时间戳为 5 时的版本。根据图 8.36（b）可知，数据项版本 B_0 和 C_0 在时间戳为 5 时仍然可见，因此事务 T_3 验证通过。事务 T_3 的写集为空，写阶段不需要进行任何操作，直接成功提交。

事务 T_2 的 BeginTS 为 2，读阶段读取的数据项版本为 A_0、B_0 和 C_0。在时刻 t_{18} 后，事务 T_2 完成读阶段，进入验证阶段，获得 CommitTS 为 6。此阶段需要验证数据项 A、B 和 C 在时间戳为 6 时的版本。根据图 8.36（b）可知，数据项版本 A_0 在时间戳为 6 时不可见，因此事务 T_2 验证不通过，被撤销并重启。

8.4.4 版本存储

在多版本机制中，每个数据项将会存在若干个版本。数据库管理系统使用指针为每个逻辑行创建其版本链表。根据数据项版本存储的位置和内容的不同，目前常见的版本存储策略主要分为以下两种：仅追加存储（append−only storage）、回滚段存储（undo−stage storage）。下面将对这两种存储策略进行具体介绍。

1. 仅追加存储

该策略中，所有版本数据都存储在同一个表空间中。同时，在更新操作产生新版本时，将其追加到版本链表上。组织版本链表有两种顺序，包括从旧到新（oldest−to−newest，O2N）和从新到旧（newest−to−oldest，N2O）。在从旧到新版本链表中，新版本直接追加到链表尾部，但需要更新每个数据版本指向新版本的指针，且查找时需要遍历链表（该方法索引指针仍指向第一个版本，因此不需要更新索引指针）；而在从新到旧版本链表中，查找最新版本时无须遍历链表，但在每次新版本插入时，如果更新记录槽位发生变化，则需要同时更新索引指针。

图 8.37 展示了仅追加存储的一个示例，每个数据项有两个属性，分别表示一个玩家的名字和游戏得分（后同），数据项的版本链表是按照从旧到新的顺序组织的。具体来说，数据项 A 有三个版本 A_0、A_1、A_2，前一个版本中有一个指针指向后一个版本。

版本	内容 (name, score)	指针
A_0	Tom, 186	•
A_1	Tom, 240	•
B_0	Bob, 312	∅
A_2	Tom, 302	∅

图 8.37 仅追加存储示例

2. 回滚段存储

仅追加存储将多版本信息存储在原数据空间中，因此数据会一直增长。而且当淘汰旧版本数据时，还需要遍历数据，因此造成性能的不平稳。回滚段存储则将旧版本信息移到一个单独的空间存储中，最新版本存储在原数据空间。因此在该策略中，索引始终指向原始行地址，每个逻辑行有一个指针指向其回滚段表空间，该回滚段表空间存储着之前的版本数据。当执行更新操作产生新版本时，数据库管理系统将当前已有版本的内容复制到回滚段表空间中存储，并将最新版本存储在当前空间中。图 8.38 展示了回滚段存储的一个示例，更新操作前的数据版本保存在回滚段表空间中，主表空间中为更新后的最新版本。

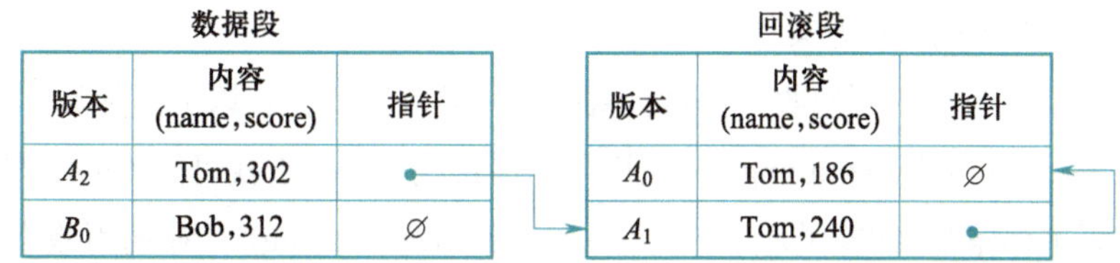

数据段

版本	内容 (name, score)	指针
A_2	Tom, 302	•
B_0	Bob, 312	∅

回滚段

版本	内容 (name, score)	指针
A_0	Tom, 186	∅
A_1	Tom, 240	•

图 8.38 回滚段存储示例

3. 差异存储

一条记录可能包含多个属性，一次数据更新可能只修改一小部分属性。上述两种策略需要将所有属性的数据保存在旧版本中，造成了空间浪费。而在差异存储策略中，执行更新操作时，数据库管理系统只存储数据项修改的那部分属性内容，将其放到差异存储空间，同时更新主表空间内容。这样，可以减少写操作时的数据复制量，提高了系统的写性能。当需要读取旧版本数据时，可通过反向应用差异内容拼接得到，因此读性能会受到一定影响。图 8.39 给出了差异存储的一个示例，与回滚段存储有些相似，但在差异存储中只保存着数据的修改内容而非全部内容。如该示例中只修改了游戏得分，则只保存游戏得分的修改内容。

数据段

版本	内容 (name, score)	指针
A_2	Tom, 302	•
B_0	Bob, 312	∅

回滚段

版本	内容 (name, score)	指针
A_0	score→186	∅
A_1	score→240	•

图 8.39　差异存储示例

8.4.5　版本删除

在多版本机制中，数据项的新版本不断产生，往往同时存在数据项的多个版本。为了节省空间，需要不断进行垃圾回收（garbage collection，GC），即删除不再需要的数据项版本，释放其占用的物理空间，这是物理删除。同时，数据库管理系统在运行中也需要采用特殊标记来表明已删除的数据项，这是逻辑删除。

1. 物理删除

如果当前活跃的事务都不需要数据项的某个版本，可将其删除。具体来说，假设某一数据项 X 有两个版本 X_m 和 X_n，其创建时间 W_TS（X_m）＜W_TS（X_n）（即 X_m 更老），且都小于当前系统中最老的事务时间戳，那么 X_m 不可能再被使用，可直接删除。另外，由已撤销的事务产生的版本也可以删除。

垃圾回收机制的核心内容在于确定过时的版本，以及进行回收的时机。垃圾回收主要有下列两种方案。

（1）行级别回收：针对行直接进行垃圾回收，有以下两种具体方法。① 后台回收（background vacuuming）：使用一个后台线程定期查找可回收的版本，可应用于所有的版本存储策略中。② 合作回收（cooperative cleaning）：在遍历版本链表的同时找到过期的版本数据并删除。

（2）事务级别回收：每个事务记录其读取和写入的数据版本，由数据库管理系统来判定一个已完成事务所产生的所有版本何时不再有效，并进行回收。

2. 逻辑删除

在多版本机制中，对于一个数据项来说，只有其所有的版本均过时才可对其进行逻辑删除。在一个数据项被逻辑删除后，不可再产生该数据项的新版本。有两种方式来表示某一数据项被逻辑删除。

（1）删除标识：用一个标识来表示数据项在其最新版本后被逻辑上删除了，该标识可以存放于行的头部或者单独的一列中。

（2）墓碑数据：产生一个空的版本来表明该数据项已经被删除。在实际应用中，可在版本链表的指针中用一个特殊的位来表示墓碑数据以节省空间。

8.4.6 多版本机制中的索引管理

在多版本机制中，一个数据项有多个物理数据版本。那么，在数据插入和删除时，需要同时对索引进行维护。索引是用于加快数据库中数据检索速度的数据结构，通过索引定位数据就像通过目录找到相应内容一样，其具体内容请参见第 9 章。主键始终指向版本链表的头部，其索引的更新频率由该数据项的更新频率决定。可以想象，由于数据项存在多个版本，对辅助索引（二级索引）的维护也将变得更加复杂。

对于多版本机制中的辅助索引，有以下两种方法来实现。

（1）逻辑指针。为每行设置一个识别标识（指针），该标识存储该行对应的主键信息，可以通过此标识获取主索引。主索引保存了指向版本链表的物理指针，因此可以间接得到该行对应的版本。图 8.40 给出一个使用逻辑指针来实现辅助索引的示例，其中的数据表是学生数据表，主索引以学号为查找键，辅助索引以成绩为查找键。当想要查找成绩为 68 的学生时，首先通过辅助索引查找到分数 68，获取其存储的主键信息为学号 2022002156，从而通过主索引查找到对应的版本链表，得到该行的数据。

（2）物理指针。直接保存指向版本链表的物理指针。图 8.41 给出了基于物理指针来实现辅助索引的示例，其中表结构和辅助索引与图 8.40 一致。当想要查找成绩为

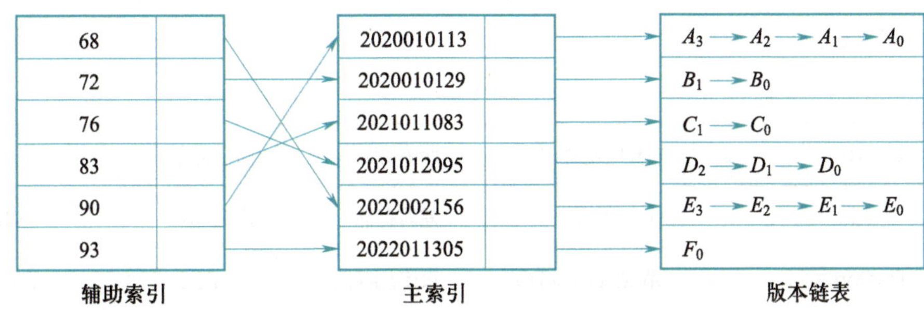

图 8.40 辅助索引的逻辑指针实现

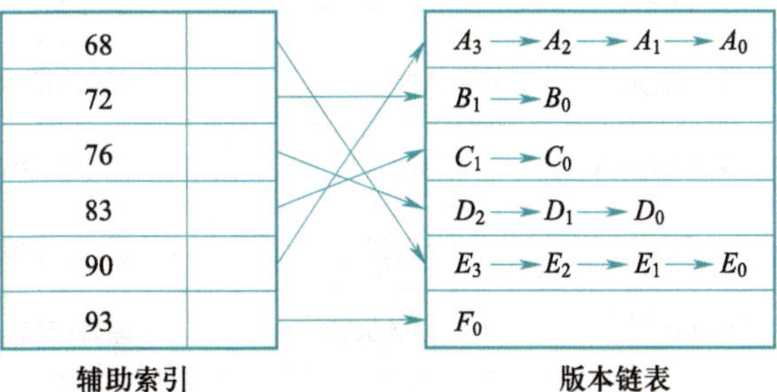

图 8.41 辅助索引的物理指针实现

68 的学生时，通过辅助索引查找到分数 68，可直接获取该行对应的版本链表，得到数据。

对于物理指针，即使更改非索引列的数据，由于数据版本的变化也需要更改相应辅助索引（二级索引）的物理指针，因此更新代价较大，但是可以直接通过索引获取数据。而对于逻辑指针，当更改非索引列的数据时，由于其指向主键指针，因此不需要更改辅助索引（二级索引）的逻辑指针，因此更新代价小，但是获取数据时，需要两跳，即首先获取主键索引，然后再根据主键索引获取数据。

在多版本机制中，索引通常不将数据的版本信息与键值存放在一起。同时，每个索引的底层数据结构需要支持非唯一的键。为了满足主键 / 唯一索引的要求，需要执行额外的运行逻辑，在插入操作时原子性地检查键是否存在以判断唯一性，然后再进行插入。另外，在一次读取过程中，可能会得到数据项的多个版本，此时需要根据指针找到需要的正确版本。

8.4.7 多版本机制的实际应用

目前，常见数据库管理系统的并发控制都会使用多版本机制。在多版本机制中，各个部分可采用不同的实现方法。表 8.6 对各个数据库从并发控制协议、版本存储、垃圾回收、索引四个主要方面进行了总结。其中，并发控制协议有三种，分别是多版本时间戳协议（MVTO）、多版本两阶段锁协议（MV2PL）、多版本乐观并发控制协议（MVOCC）。

表 8.6 多版本实现方法

数据库	并发控制协议	版本存储	垃圾回收	索引
Oracle	MV2PL	差异存储	后台回收	逻辑索引
Postgres	MV2PL/MVTO	仅追加存储	后台回收	物理索引
MySQL-InnoDB	MV2PL	差异存储	后台回收	逻辑索引
Hekaton	MVOCC	仅追加存储	合作回收	物理索引
MemSQL	MVOCC	仅追加存储	后台回收	物理索引
SAP HANA	MV2PL	回滚段存储	混合	逻辑索引
NuoDB	MV2PL	仅追加存储	后台回收	逻辑索引
HyPer	MVOCC	差异存储	事务级别回收	逻辑索引
GaussDB	MV2PL	回滚段存储	混合	逻辑索引

8.5 并发控制协议比较

表 8.7 从隔离级别、调度可恢复性、是否死锁、长事务是否饿死、事务冲突时是等待还是回滚等各个维度比较了各种并发控制协议方法。

（1）基于悲观锁的协议：当事务冲突时，通过锁等待读写资源，可以实现各种隔离级别，不会饿死长事务，但是有可能存在死锁问题。其中 2PL 调度不可恢复，而 S2PL 和 SS2PL 调度可恢复，因此数据库一般采用 S2PL。该协议适合事务冲突较多的场景。

（2）基于时间戳的协议：当事务冲突时，通过回滚事务解决冲突，可以实现各种隔离级别，但是由于频繁回滚会“饿死”长事务，不会存在死锁问题。但是基于时间戳的协议不可恢复，存在级联回滚问题。但是可以通过锁的方式实现可恢复，避免级联回滚。

（3）基于乐观并发控制的协议：当事务冲突时，通过重启事务解决冲突，可以实现各种隔离级别，但是由于频繁回滚会“饿死”长事务，不会存在死锁问题。该协议适合事务冲突较少的场景。

（4）基于多版本的协议：通过空间复用的多版本信息来缓解读写冲突，再结合上述三种协议可以提升事务并发处理效率。

表 8.7 并发控制协议比较

<table>
<tr><th colspan="2">类别</th><th>可串行化</th><th>读已提交</th><th>可重复读</th><th>解决幻读</th><th>可恢复</th><th>死锁</th><th>饿死</th><th>等待/回滚</th></tr>
<tr><td rowspan="3">悲观锁</td><td>2PL</td><td>是</td><td rowspan="3">读完即可释放共享锁</td><td>是</td><td rowspan="3">加谓词锁</td><td>否</td><td>是</td><td>不能</td><td>等待</td></tr>
<tr><td>S2PL</td><td>是</td><td>是</td><td>是</td><td>是</td><td>不能</td><td>等待</td></tr>
<tr><td>SS2PL</td><td>是</td><td>是</td><td>是</td><td>是</td><td>不能</td><td>等待</td></tr>
<tr><td rowspan="2">时间戳</td><td>时间戳</td><td>是</td><td>是</td><td>是</td><td>是</td><td>否</td><td>否</td><td>可能</td><td>回滚</td></tr>
<tr><td>托马斯写</td><td>是</td><td>是</td><td>是</td><td>是</td><td>否</td><td>否</td><td>可能</td><td>回滚</td></tr>
<tr><td>乐观</td><td>OCC</td><td>是</td><td>是</td><td>是</td><td>是</td><td>是</td><td>否</td><td>可能</td><td>重启</td></tr>
<tr><td rowspan="3">多版本</td><td>MVCC+锁</td><td>是</td><td>是</td><td>是</td><td>是</td><td>是</td><td>是</td><td>不能</td><td>等待</td></tr>
<tr><td>MVCC+时间戳</td><td>是</td><td>是</td><td>是</td><td>是</td><td>否</td><td>否</td><td>可能</td><td>回滚</td></tr>
<tr><td>MVCC+OCC</td><td>是</td><td>是</td><td>是</td><td>是</td><td>是</td><td>否</td><td>可能</td><td>重启</td></tr>
</table>

8.6　小结

数据库管理系统往往需要处理并发的多个事务。现代数据库管理系统致力于合理调度和管理并发事务，提升系统并发度和性能；同时保证事务的隔离性，即保证并发事务正确执行。

本章首先介绍了悲观并发控制技术。其核心思想是运用锁对事务进行调度，避免并发事务之间的冲突。这里主要介绍了四种协议：两阶段锁协议、严格两阶段锁协议、强两阶段锁协议和基于图（树形）的协议。此外，介绍了并发控制中可能发生的问题，包括事务饿死、级联回滚、死锁，并介绍了相应的解决方法。这些问题是并发控制中常见的、影响数据库管理系统性能的问题，在研究并发控制技术时需要特别注意。

接下来介绍了乐观并发控制技术。与悲观并发控制相反，其思想是不预先避免事务间的冲突，当发生冲突时采用回滚并重启事务的方式来解决冲突。这里介绍了时间戳排序协议和乐观并发控制协议。其中，为了减少事务回滚、提升系统效率，提出了托马斯写规则。

最后介绍了现在大多数数据库管理系统均采用的多版本机制，其基本思想是存储数据项的多个版本来减少并发事务之间的冲突。本章介绍了三种常用的多版本机制，包括多版本时间戳排序协议、多版本两阶段锁协议和多版本乐观并发控制协议。这三种方法是将悲观、乐观并发控制技术与多版本机制结合形成的。此外，本章介绍了多版本数据项的三种存储方式、删除机制和索引管理。最后对实际数据库管理系统中的多版本机制的实现进行了总结。

总的来说，本章介绍的基于不同思想的多种并发控制技术各有优势与缺点，在实际使用中，需要结合具体业务场景和需求来选择适当的并发控制技术。

8.7　习题

1. 在锁机制中，两个事务 T_1 和 T_2 分别执行下列类型的操作，请问哪种是可以同时进行的？（　　）

A. 写操作与写操作　　B. 写操作与读操作

C. 读操作与写操作　　D. 读操作与读操作

2. 请说明死锁预防的两种方法，并指出其区别。

3. 树形协议可以保证事务的可串行化，它会产生死锁和级联回滚吗？如何解决？

4. 请描述乐观并发控制协议中验证阶段所要进行的操作。

5. 闩锁会涉及事务的回滚操作吗？为什么？

6. 在基于时间戳的协议中，时间戳的来源有哪些？

7. 在时间戳排序协议中，如果事务 T_i 对数据项 X 进行写操作，哪些情况下该事务需要回滚？请说明原因。

8. 在多版本机制中，数据项 X 有多个版本，事务 T（开始执行的时间戳为 4）对 X 进行读操作（此时系统时间戳为 6），那么它读取的是 X 的哪个版本（括号内为该版本产生时的时间戳）的内容？（ ）

A. X_0 (2) B. X_1 (3)

C. X_2 (5) D. X_3 (6)

9. 在多版本机制中，垃圾回收时数据项的哪些版本可以被删除?

10. 在多版本时间戳协议中，事务 T 对数据项 X 进行写操作，哪种情况下可以产生 X 的一个新版本?

11. 请描述多版本两阶段锁协议中更新事务在提交时需要进行的操作。

第 9 章

索引

在计算机尚未普及的时候，人们去图书馆查阅文献会借助文献卡片来加速查找。文献卡片按首字母排序放在卡片柜中，卡片上的摘要和书架位置信息有助于快速定位文献。查阅厚重的工具书时，人们会先从目录中定位感兴趣内容的页码，根据有序的页码进行“二分查找”。数据库索引（index）就如同文献卡片或者书籍目录，能够辅助数据库引擎快速查询满足某些条件的数据。针对不同类型的查询，数据库提供了多种类型的索引以加速查询。B+树与 LSM 树索引能够同时支持等值查询与范围查询，应用最广泛；哈希索引只支持等值查询，但速度更快；位图索引适合查询非重复值较少的属性（例如性别）；多维索引适合高维数据上的范围查询与最近邻查询（例如最近的餐馆等）。按照查询特点与数据特点建立合适的索引对提升数据库性能十分重要。

9.1 索引概述

数据库索引是用于加快数据库中数据检索速度的数据结构。当没有索引时，对于给定查询，例如从学生成绩数据库中筛选期末成绩大于 80 分的同学，朴素的做法是将数据库中对应关系表的页面分批从硬盘读入内存进行扫描。对于动辄数太字节的数据库，全表扫描的开销过大，无法接受。为了加速数据检索，数据库中引入了索引这一数据结构。借助索引在数据库中检索记录能够减少从硬盘读取页面的次数，从而提高检索效率。

第 4 章介绍过，可以利用 CREATE INDEX 语句在一张关系表上建立一个或多个索引，索引可以建立在关系表的一个或多个列上。建立索引时指定的列称为查找键，索引将查找键的值映射到对应数据记录在关系表文件中的位置（例如页面 ID 和槽位），并构建适合各类查询的数据结构，所以数据库借助索引能够根据查找键上的条件快速找到满足条件的数据记录。

尽管能够加速查询，但索引的数量并不是越多越好。这是因为创建索引会产生时间和空间开销，而且后续数据增删改时也会因为需要对索引进行更新而产生额外时间开销，所以根据查询特点决定在哪些列上建立何种索引是十分重要的问题。

针对不同的查询需求，产生了多种类型的索引。本章将按照索引类型进行组织。首先介绍稠密索引与稀疏索引、聚集与非聚集索引等基本概念，然后依次介绍 B+ 树索引、哈希索引、LSM 树索引、位图索引以及多维数据的索引。

9.2 索引基本概念

数据库索引可以按照两个维度来划分，一个是按照物理存储方式划分，分为聚集索引和非聚集索引；一个是按照功能划分，分为主键索引、二级索引（或者辅助索引）。

5.6 节中介绍了页面的组织方式包括堆表、顺序表、哈希表等。数据记录按照某个属性排序的关系表被称为顺序表。虽然在顺序表上可以通过属性值直接使用二分查找检索数据记录，但是每条数据记录会包括除排序属性之外的诸多属性值，所以直接访问顺序表会增加 I/O 开销。为了解决这个问题，可以在这个排序属性上构建索引来提升查找效率。根据数据记录的物理顺序与索引列（索引属性）的排序顺序是否一致可将索引分为聚集索引（也称聚簇索引）和非聚集索引。当索引列的顺序与数据记录的物理顺序一致时称为聚集索引，否则称为非聚集索引。例如，图书馆的书籍如果按照书名排序，那么按照书名构建的索引就是聚集索引，按照作者（或者出版社）构建的索引就是非聚集索引。显然，一张数据表最多只有一个聚集索引，但是可以有多个非聚集索引。由于聚集索引文件只存储索引列而不存储其他数据列，因此聚集索引文件一般比存储数据的顺序表小很多，可以缓存更多查找键到内存中，因而可以提高查找速度。在聚集索引上进行范围查询，可以先通过索引找到第一条记录，然后在数据文件中顺序读取其余的记录。但是在非聚集索引上，由于数据记录并没有按照该索引属性排序，因此不能通过顺序读取来获取指定范围的记录，而是需要根据每个索引项来逐个查找相应数据记录。但是聚集索引更新时（增加、删除），需要按照顺序表移动数据，代价较大。

按照索引功能划分，在主键上构建的索引称为主键索引，在无重复值列上构建的索引称为唯一索引。主键索引和唯一索引可以是聚集索引，也可以是非聚集索引。数据库一般在主键上建立聚集索引，而且聚集索引必须建立在顺序表上。为了实现在排序属性之外的其他属性上进行高效查找，需要在其他属性列上构建索引，一般称为辅助索引（或者二级索引）。因为辅助索引查找键顺序与数据文件记录顺序不一致，所以辅助索引是一种非聚集索引。

图 9.1 为学生数据表上的聚集索引和非聚集索引示例。学生数据表按照学号排序，在学号上构建的索引与数据文件数据一致，因此是聚集索引。如果学号是主键，该索引就是主键索引。以成绩列构建的索引，排列顺序与数据文件不一致，是非聚集索引。

聚集索引	
2020010113	
2020010129	
2021011083	
2021012095	
2022002156	
2022011305	

学号	姓名	性别	院系	成绩
2020010113	于萍	女	经管学院	90
2020010129	曾军	男	经管学院	72
2021011083	魏蓉	女	计算机系	83
2021012095	邓梦	女	社科学院	76
2022002156	田奇	男	建筑学院	68
2022011305	范宇	男	计算机系	93

非聚集索引	
	68
	72
	76
	83
	90
	93

图 9.1　聚集索引与非聚集索引

在实现细节上，按照索引数据记录位置信息的粒度（索引到页面或索引到页面上的槽号），可以将索引分为稠密索引与稀疏索引。本节首先介绍单层的稠密索引与稀疏索引，之后介绍将二者组合为层次结构的多级索引，最后介绍辅助索引。

9.2.1　稠密索引与稀疏索引

稠密索引针对索引列的每个不同值都构建一条索引记录，每条索引记录包含索引列的值以及与它对应的数据位置。根据查找键值进行搜索时，可以直接定位到数据记录。而稀疏索引不对每个值维护其索引记录，而是对一部分键值维护索引记录。当查找键值存在某个索引记录时，可以直接找到数据位置；而当查找键值不存在索引记录时，还需要在页面中进行顺序查找。稀疏索引性能比稠密索引低，但是比稠密索引节省空间。

图 9.2 展示了在按学号排序的学生顺序表上，以学号为查找键构建的单层稠密索引。查找键与记录指针（数据记录在顺序表文件中的位置）构成稠密索引的索引记录。稠密索引的记录指针为数据记录所在页面号与数据记录在页面上的槽号构成的数对，如图 9.2 中学号为 2021000127 的学生数据位于 0 号数据页面的 127 号槽中。可以看出，数据文件中的所有记录都会在稠密索引中被索引到。通过稠密索引查找时，若查找键在索引文件中不存在，则说明没有对应的数据记录；若找到索引记录，则根据数据记录位置读入顺序表的文件页面，然后根据槽号找到数据记录。

索引页面

学号	记录指针
2021000000	(0,0)
⋮	⋮
2021000127	(0,127)
2021000128	(1,0)
⋮	⋮
2021000255	(1,127)
2021000256	(2,0)
⋮	⋮
2021000383	(2,127)
2021000384	(3,0)
⋮	⋮
2021000511	(3,127)

数据页面

学号	姓名	性别	院系	绩点	
2021000000	曹固	男	法学院	3.7	页面0
2021000001	钱颖	女	法学院	4.0	
⋮	⋮	⋮	⋮	⋮	
2021000126	范宇	男	法学院	3.6	
2021000127	汤玲	女	法学院	3.6	
2021000128	于萍	女	建筑学院	3.7	页面1
2021000129	曾军	男	建筑学院	4.0	
⋮	⋮	⋮	⋮	⋮	
2021000254	邓梦	女	建筑学院	4.0	
2021000255	田奇	男	建筑学院	3.9	
2021000256	魏蓉	女	计算机系	3.8	页面2
2021000257	夏政	男	计算机系	3.8	
⋮	⋮	⋮	⋮	⋮	
2021000382	萧汉	男	计算机系	3.9	
2021000383	张毅	男	计算机系	3.7	
2021000384	田欢	女	电子系	3.5	页面3
2021000385	袁若	男	电子系	3.8	
⋮	⋮	⋮	⋮	⋮	
2021000510	沈墨	男	电子系	3.3	
2021000511	赵昱	男	电子系	3.7	

图 9.2 稠密索引

由于索引文件记录比数据记录少得多，在相同内存空间下利用索引查找可大幅降低 I/O 开销。假设索引文件中每个页面能够存放 m 条索引记录，数据文件每个页面存放 l（$l<m$）条数据记录。在 N 个排序后的数据页面上进行二分查找，需要读入 $\log_2 N$ 个页面；而索引文件页面数为 $\frac{l}{m}N$，所以在索引页面中进行二分查找仅需读入 $\log_2\left(\frac{l}{m}N\right)$ 个索引页面与一个数据页面，减少了 $\log_2\frac{m}{l}-1$ 次 I/O。假设每条数据记录占 512 B，每条索引记录占 8 B，此时 $\log_2\frac{m}{l}-1\approx\log_2\frac{512}{8}-1=5$，即每进行一次查找，通过稠密索引能减少 5 次 I/O。不仅如此，在内存缓冲区大小不变时，借助索引页面能够将更多查找键缓存到内存中，甚至有可能将索引全部缓存在内存，从而大幅降低 I/O 开销。

图 9.3 为在学生顺序表上以学号为查找键构建的稀疏索引。每个数据页面用页面上最小的查找键代表，部分页面查找键与页面在顺序表文件中的位置构成稀疏索引的索引记录。当查找键值为 k 的数据记录时，在稀疏索引文件上二分查找小于或等于 k 的最大索引记录，得到对应的数据页面位置。读入数据页面之后，数据库对页

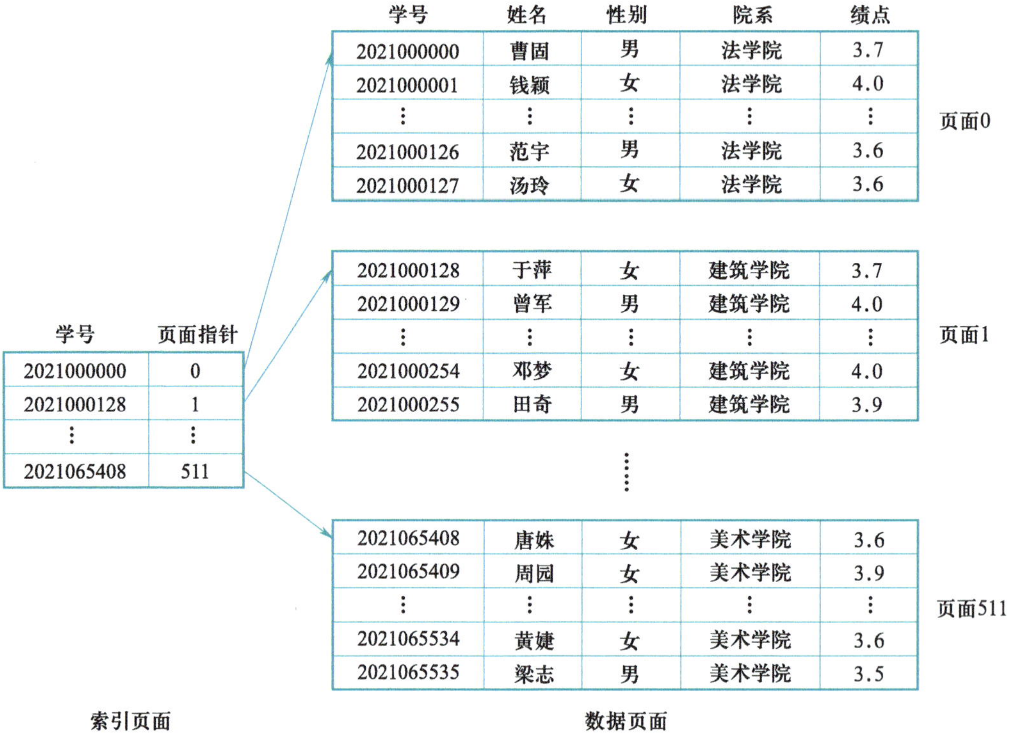

索引页面

学号	页面指针
2021000000	0
2021000128	1
⋮	⋮
2021065408	511

数据页面

页面0

学号	姓名	性别	院系	绩点
2021000000	曹固	男	法学院	3.7
2021000001	钱颖	女	法学院	4.0
⋮	⋮	⋮	⋮	⋮
2021000126	范宇	男	法学院	3.6
2021000127	汤玲	女	法学院	3.6

页面1

学号	姓名	性别	院系	绩点
2021000128	于萍	女	建筑学院	3.7
2021000129	曾军	男	建筑学院	4.0
⋮	⋮	⋮	⋮	⋮
2021000254	邓梦	女	建筑学院	4.0
2021000255	田奇	男	建筑学院	3.9

⋮

页面511

学号	姓名	性别	院系	绩点
2021065408	唐姝	女	美术学院	3.6
2021065409	周园	女	美术学院	3.9
⋮	⋮	⋮	⋮	⋮
2021065534	黄婕	女	美术学院	3.6
2021065535	梁志	男	美术学院	3.5

图 9.3　稀疏索引

面中的记录逐条扫描，查找目标记录，返回数据记录或返回不存在。例如查找学号 2021000126 的学生数据时，先通过稀疏索引进行二分查找。如果该学生数据存在，它会在 0 号数据页面，随后对数据文件的 0 号页面进行线性扫描，通过学号找到名为“范宇”的学生。

稀疏索引的索引文件相较于稠密索引被进一步压缩了。N 个页面的数据文件对应 $\frac{l}{m}N$ 个页面的稠密索引文件。假设索引记录大小相同（实际上稀疏索引无须存储数据记录槽号，单条记录大小更小），稀疏索引与稠密索引相比，从每条数据记录对应一个索引记录变为一个数据页面（l 条数据记录）对应一个索引记录，可知稀疏索引文件仅需 $\frac{N}{m}$ 个页面。所以通过稀疏索引进行二分查找仅需读入 $\log_2 \frac{N}{m}$ 个索引页面与一个数据页面，与稠密索引相比减少了 $\log_2 l$ 次 I/O。假设每个页面占 8 KB，即能存放 $l \approx 128$ 条大小为 64 B 的数据记录，因此稀疏索引相比稠密索引减少了大约 7 次 I/O。

9.2.2 多级索引

如上所述，建立索引减少了查找数据时的数据文件页面 I/O 开销。接下来，通过建立多级索引，能够进一步降低索引文件页面的 I/O 开销，提高查找效率。多级索引将索引文件看作是一种特殊的数据文件，在单层索引上继续构建上层索引，形成层次结构。其实质是进一步降低索引文件页面序列上二分查找的开销。需要注意，除了最底层的索引可以是稠密索引之外，上层的索引必然是稀疏索引，否则每一层的稠密索引都记录了整个数据表中全部的索引键，无法起到通过减少页面数量、降低 I/O 的作用。

图 9.4 为两层稀疏索引堆叠形成的多级索引，第一层索引页面 0 指向第二层的 112 个索引页面，第二层（索引页面 1 到索引页面 112）每个索引页面指向 512 个数据页面，每个数据页面存放 128 条学生数据。借助其对约 7×10^6 条学生数据通过学号进行查找时，仅需要在两层索引页面中分别读取一次索引页面，再读取一次数据页面，即总共读取页面 3 次。而若仅使用单层稀疏索引进行查找，在 112 个索引页面中进行二分查找平均需要读取页面 6 次，之后读取数据页面一次，即总共读取页面 7 次。

数据量更大时，可以进一步叠加，构造更多层级的多层索引。9.3 节中将介绍的 B+ 树索引是对多级索引的推广，它能够对数据增删改查进行管理，并根据数据量调整索引层数。

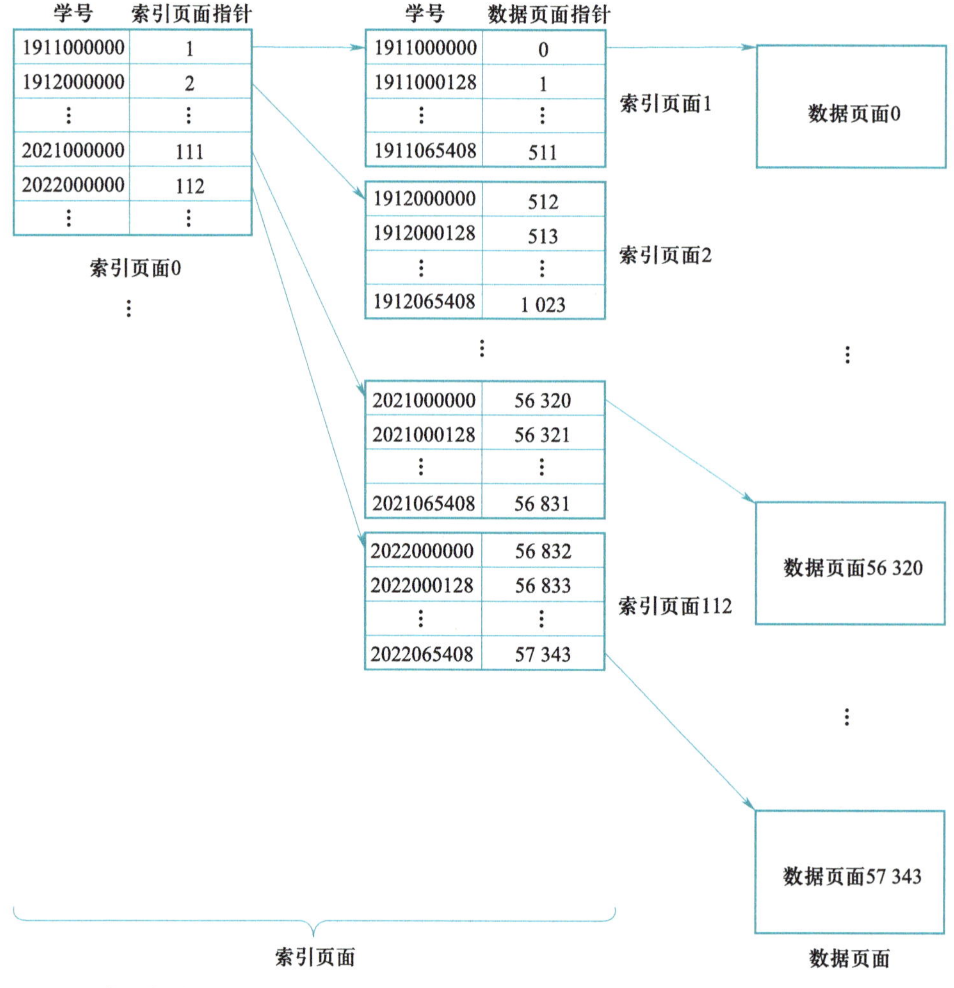

图 9.4　多级索引

9.2.3　辅助索引

辅助索引用于在主键索引查找键之外的其他属性上或者堆表的属性上进行快速检索。因为数据记录并非按照辅助索引查找键排序的，所以辅助索引需要对每一条记录进行索引，因此辅助索引一定是稠密索引。构建辅助索引时，同一个查找键可能对应多条不同记录，分散在多个页面中，所以辅助索引不得不维护每一条记录的位置。但是不必为每个键相同的记录都存储相同的查找键值，这会增大索引的空间开销，并间接增大查找的时间开销。图 9.5 给出了一种解决方法。数据文件中存在相同查找键的数据记录：3 条查找键为 10 的记录，两条查找键为 20 的记录，两条查找键为 30 的记录。辅助索引在索引与数据文件之间引入存储记录指针的“桶”数组。① 桶数组中的指针按照其指向的数据记录的查找键值排序。②桶中指针指向该查找键（可能存在重复值）的数据记录。③为了节省空间，桶中指针不记录查找键值（而是在索引页面中记录）。④索引页面中每个索引记录指向其查找键在桶数组中的第一个条目。

进行查找时，例如查找图 9.5 中的 20，首先定位到 20 对应的索引记录，其指向桶的下标为 3，其后一条索引记录（即 30 的索引记录）指向桶的下标为 5，则 [3, 4] 下标范围内的桶存储了 20 对应的所有数据记录的指针，根据指针可以取出所有的数据记录。

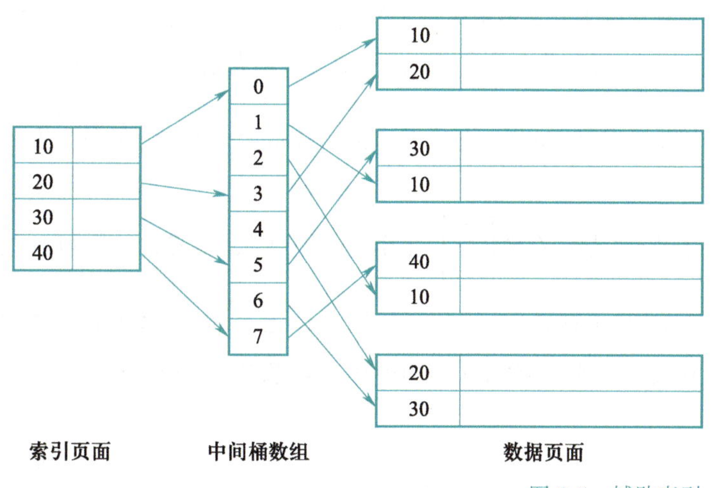

图 9.5　辅助索引

9.3　B+ 树索引

在前面介绍的顺序表上的索引中，由于数据文件和索引文件的页面均需要在物理空间连续存储，故在进行数据记录插入 / 删除操作时，若新增页面或删除页面就需要整体移动插入或删除位置后的页面，因此实际应用中无法接受如此高昂的开销。此外，对于多级索引，随着数据量的增加需要在合适时机叠加新的一层索引以加快查找速度，因此时机的选择也是一个难题。再者，对于多级索引要保证索引平衡，防止有的分支过深、有的过浅，保证查询、删除、添加操作都有较低的时间复杂度。

目前，数据库系统中常用的 B+ 树索引是一种多级索引，它将索引文件在逻辑上组织为平衡多叉搜索树，解决了上述问题。B+ 树具有以下特点：

（1）插入、删除、查找数据时仅需要极少相同次数的页面 I/O；

（2）在数据增删时能够动态调整 B+ 树索引高度，并保持平衡。

本节中将介绍 B+ 树在数据库中的应用场景，并介绍 B+ 树结构以及查询、插入、删除算法，最后介绍 B+ 树为支持并发控制进行的扩展。

9.3.1 B+ 树概览

1. B+ 树的结构

B+ 树是一种平衡多叉搜索树，“平衡”体现在每个叶节点的深度都相同；“多叉”体现在区别于二叉搜索树每个节点仅有两个子节点，B+ 树每个节点能够具有多个子节点。B+ 树中每个节点最多指向的子节点数称为扇出（fan-out），也称为 B+ 树的阶。m 阶 B+ 树中除根节点之外，每个节点最多有 m 个子节点，最多存放 $m-1$ 个键；最少有 $\left\lceil \frac{m}{2} \right\rceil$ 个子节点，最少存放 $\left\lceil \frac{m}{2} \right\rceil - 1$ 个键。特别地，根节点（不为叶节点时）有至少两个子节点。在如图 9.6 所示 B+ 树中，假设 m=4，每个节点最多存放 3 个键与 4 个子节点指针，最少存放一个键与两个子节点的指针，故被称作 4 阶 B+ 树。

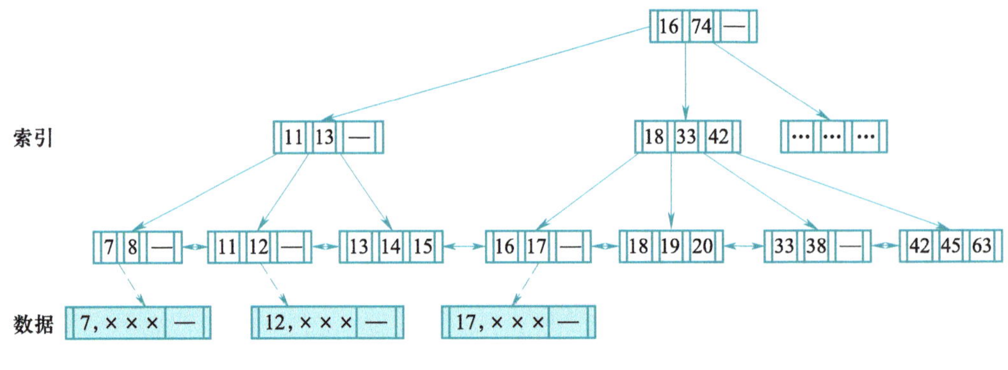

图 9.6　4 阶 B+ 树

B+ 树中每个节点对应一个索引文件页面，结构如图 9.7 所示，m 阶 B+ 树具有一个长度为 $m-1$ 的查找键数组与一个长度为 m 的指针数组。这种结构可实现为 $m-1$ 条由查找键 K 与指针 P 构成的索引记录，以及一个单独的指针 P_m。$m-1$ 条索引记录按照分槽页面方式存储，P_m 存储在页面尾部的保留区域，从而可以使用数据文件的存储与访问方法存储 B+ 树节点，即（K_i，P_i）相当于一条记录。

K_1	K_2	K_3	…	K_{m-3}	K_{m-2}	K_{m-1}	
P_1	P_2	P_3	…	…	P_{m-2}	P_{m-1}	P_m

图 9.7　B+ 树节点结构

B+ 树内部节点与叶节点中指针的语义有所不同。内部节点指针数组存储子节点页面指针，子节点指针 P_i 指向的子树中存放的键大于或等于 K_{i-1} 且小于 K_i。叶节点是数据文件的稠密索引，叶节点的指针数组中，P_i（$1 \leqslant i \leqslant m-1$）存放查找键 K_i 对应的记录条目指针，P_m 存放指向下一个叶节点的指针，用于将叶节点按查找键顺序连接为链表。

2. B+ 树在数据库中的应用

B+ 树既可以用于聚集索引也可用于非聚集索引。如果采用聚集索引，数据文件按照排序列组织为有序链表，作为 B+ 树的叶节点，而内部节点只存储主键与子节点对应页面的位置指针。这种融合了索引与数据文件，通过 B+ 树维护数据文件的存储方式称为索引组织表。对于主键索引，如果采用顺序表，则索引组织表使用主键作为排序列。而对于辅助索引（二级索引），数据库需要抽取索引列的属性值，B+ 树叶节点存放抽取的查找键与对应的主键值并作为稠密索引（因为每条记录有唯一的主键）。给定一个辅助索引上的查询，首先根据辅助索引找到查找键和对应的主键，然后根据主键在索引组织表上查找相应记录。

如果采用非聚集索引，即数据采用堆表组织方式，数据库需要抽取索引列的属性值，B+ 树叶节点存放抽取的查找键与指向数据记录的指针并作为稠密索引（页面 + 页面偏移或槽号）。对于非顺序表，主键索引和辅助索引（二级索引）机制相同，索引叶节点指针指向数据记录。

对比聚集索引和非聚集索引，首先关注索引组织表的主键索引和堆表的主键索引。索引组织表的主键索引中数据是有序的，而堆表的主键索引是无序的，前者可以快速定位一条记录，因此查询、删除、更新更快；而后者则可以将一条记录插入任一空闲页面，所以插入更快。在插入数据时，索引也会产生额外的维护代价以避免冲突。此外，索引组织表不需要抽取索引列的键值放入叶节点，因此空间相对后者更小。但索引组织素在插入数据时需要排序，甚至移动数据，因此插入代价较高。

再关注辅助索引。索引组织表的辅助索引，如在 InnoDB 中，其数据记录指针为数据表的主键，即查询时先从辅助索引找到主键，再对主索引进行查询。若是堆表上的辅助索引，如在 PostgreSQL 中，其数据记录指针是数据记录在堆表中的位置，可以从辅助索引直接定位到数据记录。前者需要两次查找才能定位一条记录，而后者则只需一次。但是为什么索引组织表的叶节点存放主键而不直接指向记录呢？这是因为索引组织表的叶节点直接存放了数据记录，而堆表只存放了索引列和指针。因此索引组织表中一条记录更长，由于页面大小是固定的，数据增删会引起页面频繁分裂，每当页面分裂，索引叶节点指针都需要更新，增加了额外开销，因此索引组织表的辅助索引直接存放主键值（数据更新时不需要更新辅助索引指针）。为了缓解两次读取，基于索引的查找分为索引扫描（index scan）和仅索引扫描（index only scan）。索引扫描根据查找键找到叶节点，然后根据叶节点的指针找到数据记录（也称回表），因此需要两次扫描。仅索引扫描根据查找键从叶节点直接返回结果（叶节点包含了查找的属性），而不需要回表。因此可以将常用的查找属性也放入叶节点以避免回表（避免两次查找）。

9.3.2　B+ 树查找算法

在 B+ 树中查找一个键的过程与一般平衡搜索树类似，是一个递归的过程。主要区别在于通常的平衡搜索树常驻于内存，而 B+ 树只有根节点（以及浅层节点）常驻在内存中，需要从硬盘中读取节点页面到页面缓冲区中。算法可以概括如下。

```
// 函数：根据查找键寻找数据记录
// 参数：node：当前查找子树的根节点，key：查找键
// 返回值：若存在记录则返回数据记录指针下标，若不存在则返回应插入位置与页面
function find(node, key)
  // 节点内二分查找满足 key<node.k_array[i] 的最小的 i
  i=binary_search(node.k_array, key)

  // 查找到叶节点，递归边界条件
  if node is leaf
    return i, node

  // 依据子节点指针读入页面
  child=load_node(node.p_array[i])
  // 在子节点中递归查找
  return find(child, key)
```

图 9.8 举例说明了 4 阶 B+ 树的查找过程。从根节点开始查找 59，因为 59 小于 61，所以将 61 左侧指针指向的子节点读入页面缓冲区进行递归查找。在左侧子节点中，因为 59 大于节点中的所有查找键（27 与 43），所以将 43 右侧指针指向的子节点

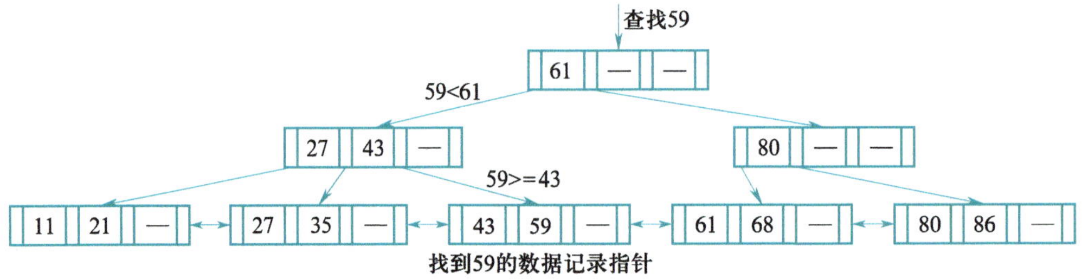

图 9.8　B+ 树查找算法举例

读入页面缓冲区做递归查找。此时查找算法找到了 59 所在的叶节点，返回其对应的数据记录指针，完成查找。

从 B+ 树查找算法可以看出，进行一次查找所需进行的硬盘 I/O 次数等于 B+ 树的高度。在实际数据库系统中，比如页面大小是 8 KB，一个键值占 8 B，一个索引页面能够存放 500~1 000 条索引记录。粗略估算可知，要存放十亿（10^9）条数据，只需要一棵 4 到 5 层高的 B+ 树即可，这意味着仅需 4~5 次页面 I/O 就可以在十亿条数据中找到某条记录。在对同一棵 B+ 树进行多次查找时，由于页面缓冲区管理器的存在，B+ 树浅层节点会被缓存到内存中，每一次查找平均需要的 I/O 次数会更少。

借助 B+ 树进行范围查询时，需要首先查找到范围区间左端点的叶节点，之后沿叶节点间链表指针将左端点右侧的兄弟节点索引页面加载到页面缓冲区中，同时逐条返回索引页面上的数据记录指针。如果数据记录到达查询范围右端点值的大小，则停止查找，否则，继续沿叶节点链表加载更右侧的兄弟索引页面进行上述查找。

B+ 树的查找键也可以是由多个列组成的复合键，这种 B+ 树索引称为复合键索引。复合键的 B+ 树索引可以支持在这些列上同时约束多个范围的范围查询。如图 9.9 所示为建立在两个列 c_1，c_2 上的复合键的 B+ 树索引（c_1，c_2）。查找键大小优先由 c_1 决定，若 c_1 相同，则由 c_2 决定。因为复合键中各列对于复合键大小比较的影响不同，所以在复合键索引上进行范围查找的代价与查询条件和定义复合键的列顺序关系很大。

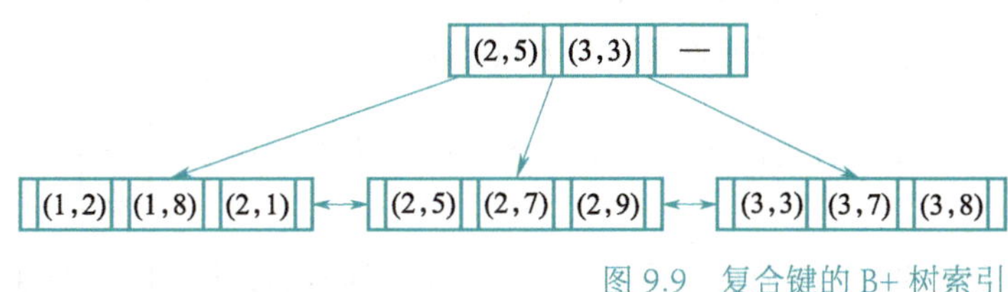

图 9.9 复合键的 B+ 树索引

在图 9.9 中查找 $c_1 < 2$ AND $c_2 < 4$ 的数据时，由于（2，5）右侧指针指向的数据必然满足 $c_1 \geqslant 2$，故只沿（2，5）左侧指针继续搜索，找到满足条件的查找键（1，2）。查找过程仅进行了两次 I/O，分别用于读入根节点与叶节点。而如果在图 9.9 中查找 $c_1 < 4$ AND $c_2 < 2$ 的数据，则需要读入全部 3 个叶节点，加上根节点，总共需要 4 次 I/O，最终找到满足条件的查找键（1，2）与（2，1）。

从例子容易看出，如果在复合键中对顺序影响最大的列上进行大范围查找，可能会导致遍历整个复合键索引。在这种情况下，查找效率甚至可能低于直接对数据表进行线性扫描。因此，数据库会根据查询条件与数据统计信息进行判断，以决定使用何种方法执行查询。

9.3.3　B+ 树插入算法

向 B+ 树插入新索引记录时，首先通过查找算法找到应当插入的叶节点。若叶节点页面有空余空间，则直接向页面缓冲区中的节点页面插入索引记录并返回。若 B+ 树节点已经有 $m-1$ 个键而没有空余位置，即对一个没有空余位置的节点插入新索引记录，这称为节点溢出。在内存中向叶节点插入数据之后，需要从叶节点向上递归解决节点溢出问题。插入算法总体过程描述如下。

```
// 函数：向 B+ 树索引插入查找键与数据记录指针构成的索引记录
// 参数 node：插入子树的根节点，参数 key：插入的查找键，参数 p：数据记录指针
function insert(node, key, p)
 i, leaf = find(node, key)
 insert_in_leaf(leaf, key, p)
 solve_overflow(leaf)
```

节点发生溢出，即此时节点中键的数目为 m，大于节点允许的最大数目 $m-1$，那么，有以下几种情况。

（1）若溢出的是叶节点，则分裂为分别包含 $\left\lceil\frac{m}{2}\right\rceil$ 与 $m-\left\lceil\frac{m}{2}\right\rceil$ $\left(\geqslant\left\lceil\frac{m}{2}\right\rceil-1\right)$ 个键的两个子节点，将第二个节点中的最小键插入父节点，父节点右侧的指针指向新分裂出的节点，然后递归地解决父节点溢出。

（2）若溢出的是内部节点，则分裂为分别包含 $\left\lceil\frac{m}{2}\right\rceil-1$ 与 $m-\left\lceil\frac{m}{2}\right\rceil$ $\left(\geqslant\left\lceil\frac{m}{2}\right\rceil-1\right)$ 个键的两个子节点，并将原节点中从 0 标号的第 $\left\lceil\frac{m}{2}\right\rceil-1$ 个键，即位于中间的查找键插入父节点，其右侧指针指向新分裂出的节点，递归地解决父节点溢出。注意，内部节点和叶节点的区别在于，中间的查找键值必须出现在叶节点中（做稠密索引查询时需要），而对内部节点，中间的查找键值在本层可以不出现，可以将其移到父节点。

（3）若溢出的是根节点，则与（2）类似，仅仅将原节点中第 $\left\lceil\frac{m}{2}\right\rceil-1$ 个键向上提升为新的根节点即可。

解决节点溢出的算法描述如下。

```
// 函数：向上递归解决节点溢出
// 参数 node：当前溢出的节点
function solve_overflow(node)
  // 递归边界条件，如果节点含有的键个数小于等于 m-1，则没有溢出
```

```
if node.k_array.length<=m-1
  return
// 分配新节点用于节点分裂
new_node=allocate_node( )
// 将节点一分为二
if node is leaf// 叶节点
  // 分裂节点，将原节点 mid~m 的数据指针移动到新叶节点
  mid=m-ceil(m/2)
  new_node.k_array[0 to ceil(m/2) -1]=node.k_array[mid to m-1]
  new_node.p_array[0 to ceil(m/2) -1]=node.p_array[mid to m-1]
  erase node.k_array[mid to m-1]
  erase node.p_array[mid to m-1]
  // 将新节点插入叶节点链表中
  new_node.p_array[mid]=node.p_array[m+1]
  node.p_array[mid]=new_node
else// 内部节点
  mid=m-ceil(m/2)
  new_node.k_array[0 to ceil(m/2)-2]=node.k_array[mid+1 to m-1]
  new_node.p_array[0 to ceil(m/2) -1]=node.p_array[mid+1 to m-1]
  erase node.k_array[mid+1 to m-1]
  erase node.p_array[mid+1 to m-1]
// 在父节点中插入提升的键
if node.parent==NULL// 根节点
  root=allocate_node( )
  root.k_array[0]=node.k_array[mid]
   root.p_array[0]=pointer(node)
   root.p_array[1]=pinter(new_node)
else                    // 普通节点，递归
  par_node=load_node(node.parent)
  par_node.insert_entry(node.k_array[mid], node.p_array[mid])
  solve_overflow(parent)
```

图 9.10 以 4 阶 B+ 树为例说明了 B+ 树的插入过程，初始状态如图 9.10（a）所示。图 9.10（b）中插入 35 后，叶节点发生溢出，需进行溢出处理。如图 9.10（c）所示，将叶节点均分，分裂节点后将 27 提升到父节点。递归解决父节点溢出时发现父节点溢出，如图 9.10（d）所示继续将父节点均分；同时，由于当前节点无父节点，向上提升位于中间的键 61 为新的根节点（这时注意由于不是叶节点溢出，在分裂的两个子节点中无须保留 61，因为叶节点中已经有键 61），插入算法结束。

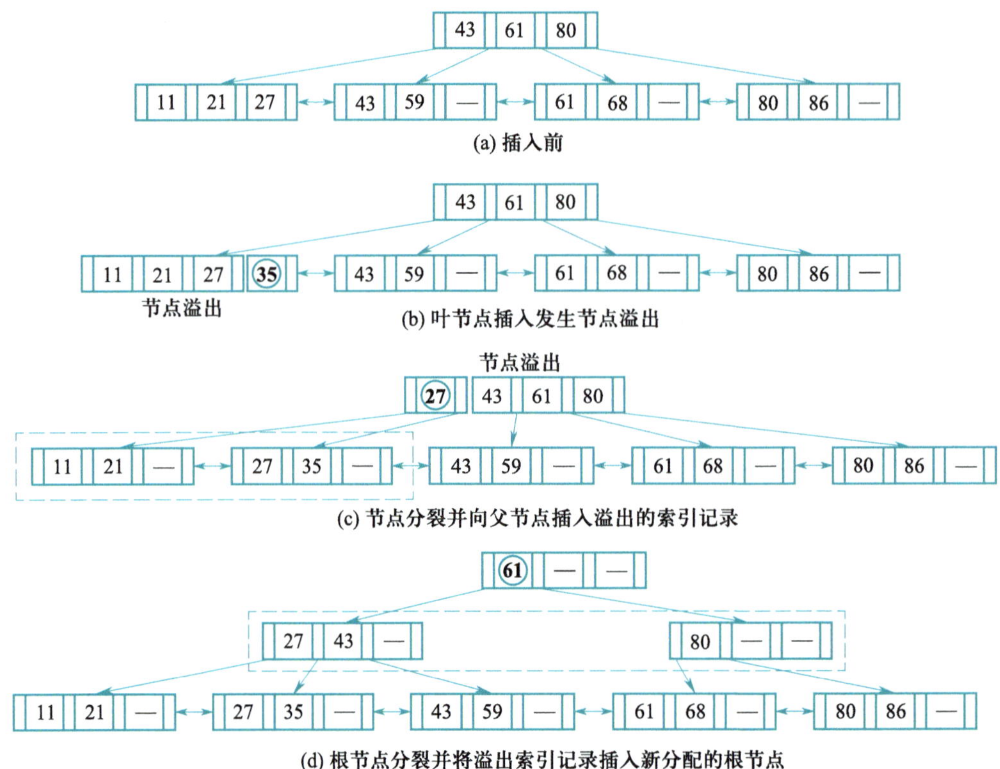

图 9.10　B+ 树插入算法举例（插入 35）

9.3.4　B+ 树删除算法

从 B+ 树删除查找键对应的索引记录时，首先通过查找算法查找待删除索引记录对应的叶节点，若该索引记录不存在，则直接返回；若存在，则对该叶节点进行更新，移除索引记录。B+ 树节点键数目为 $\left\lceil \frac{m}{2} \right\rceil - 1$ 时，再删除一个索引记录的状态称为节点下溢。从 B+ 树删除数据，首先需要查找到对应叶节点页面，从叶节点中删除数据，之后检查是否下溢，如果是则应该自底向上递归解决下溢问题。算法描述如下。

```
// 函数：从子树中删除查找键
// 参数 node：子树根节点，参数 key：删除的查找键
function delete(node, key)
  leaf = find(node, key)
  delete_in_leaf(leaf, key) // 从叶节点删除查找键
  solve_underflow(leaf)
```

节点发生“下溢”时，即节点中包含的键的数目为$\left\lceil\frac{m}{2}\right\rceil-2$，则有以下两种情况。

（1）若与该节点同属一个父节点的兄弟节点包含的键的数目多于$\left\lceil\frac{m}{2}\right\rceil-1$，则可以调整该节点、兄弟节点、父节点，令该节点从兄弟节点借入一个键。

（2）若该节点兄弟节点恰好为$\left\lceil\frac{m}{2}\right\rceil-1$个键，那么将其与兄弟节点、父节点中介于该节点与其兄弟节点之间的键三者合并，生成一个具有$2\times\left\lceil\frac{m}{2}\right\rceil-2$个键（恒小于或等于$m-1$）的节点作为新的子节点，之后递归解决父节点的下溢问题。

解决节点下溢的算法描述如下。

```
// 函数：递归解决节点下溢
// 参数 node：当前发生下溢的节点
function solve_underflow(node)
 // 递归边界条件，如果是根节点，或者节点含有的键个数大于或等于 ceil(m/2)-1
 if node.parent == NULL or node.k_array.length >= ceil(m/2)-1
  return

 // 兄弟节点，为简洁仅说明右兄弟的情况
 sib_pointer = get_sibling(node)
 sib = load_node(sib_pointer)
 // 父节点
 par_node = load_node(node.parent)

 // 如果兄弟节点有多余键，则借入
 if sib.k_array.length >= ceil(m/2)
  mid_key = get_mid_key(node, sib)
  if node is leaf
    node.k_array.append(sib.k_array.pop_first( ))
    // 借入右兄弟的第一个键
    node.p_array.append(sib.p_array.pop_first( ))
    par_node.update_mid_key(mid_key, sib.k_array[0]) // 调整父节点键值
  else
    node.k_array.append(mid_key)
    node.p_array.append(sib.p_array.pop_first( ))
    par_node.update_mid_key(mid_key, sib.k_array.pop_first( ))

 else// 合并兄弟节点
```

```
    // 分割 node 与 sib 的父节点中的键
    mid_key=get_mid_key(node, sib)
    if node is leaf// 叶节点无须加入分割的键
        node.k_array.append(sib.k_array)
        node.p_array.append(sib.p_array)
        free_page(sib)
        // 父节点中删除 mid_key 对应的索引记录
        par_node.delete_entry(mid_key)
    else
        node.k_array.append(mid_key)
        node.k_array.append(sib.k_array)
        node.p_array.append(sib.p_array)
        free_page(sib)
        par_node.delete_entry(mid_key)
  solve_underflow(par_node)
```

图 9.11 举例说明了 4 阶 B+ 树删除键的过程。图 9.11（a）为初始状态。删除键 43 后，叶节点为空，少于 4 阶 B+ 树节点中最少的键数 1，发生下溢。由于兄弟节点比最少键数多，如图 9.11（b）所示，原 43 所在的节点向兄弟节点借入一个键 35，如上述情况（1）所述。接下来继续删除键 61，如图 9.11（d）所示叶节点发生下溢，兄弟节点无多余键，则按照上述情况（2）进行操作。于是它和兄弟节点以及父节点中分割它们的键（80）合并为只包含 80 的新节点，如图 9.11（e）所示。继续递归解决父节点下溢问题，发现此时由于失去 80 也发生下溢，而兄弟节点有多余键。如图 9.11（f）所示，对父节点与兄弟节点进行调整，从父节点借入 61，父节点从兄弟节点借入键 35，键 35 的右子树成为键 61 的左子树。

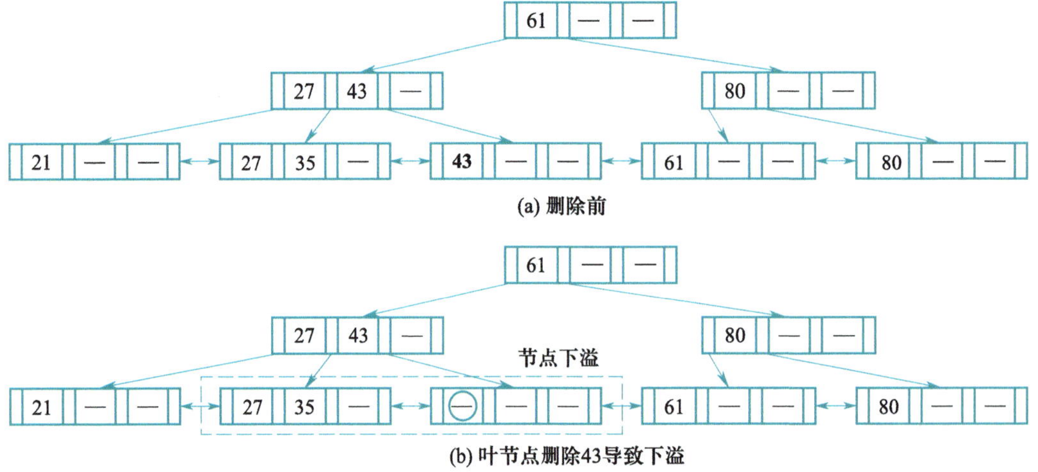

(a) 删除前

(b) 叶节点删除43导致下溢

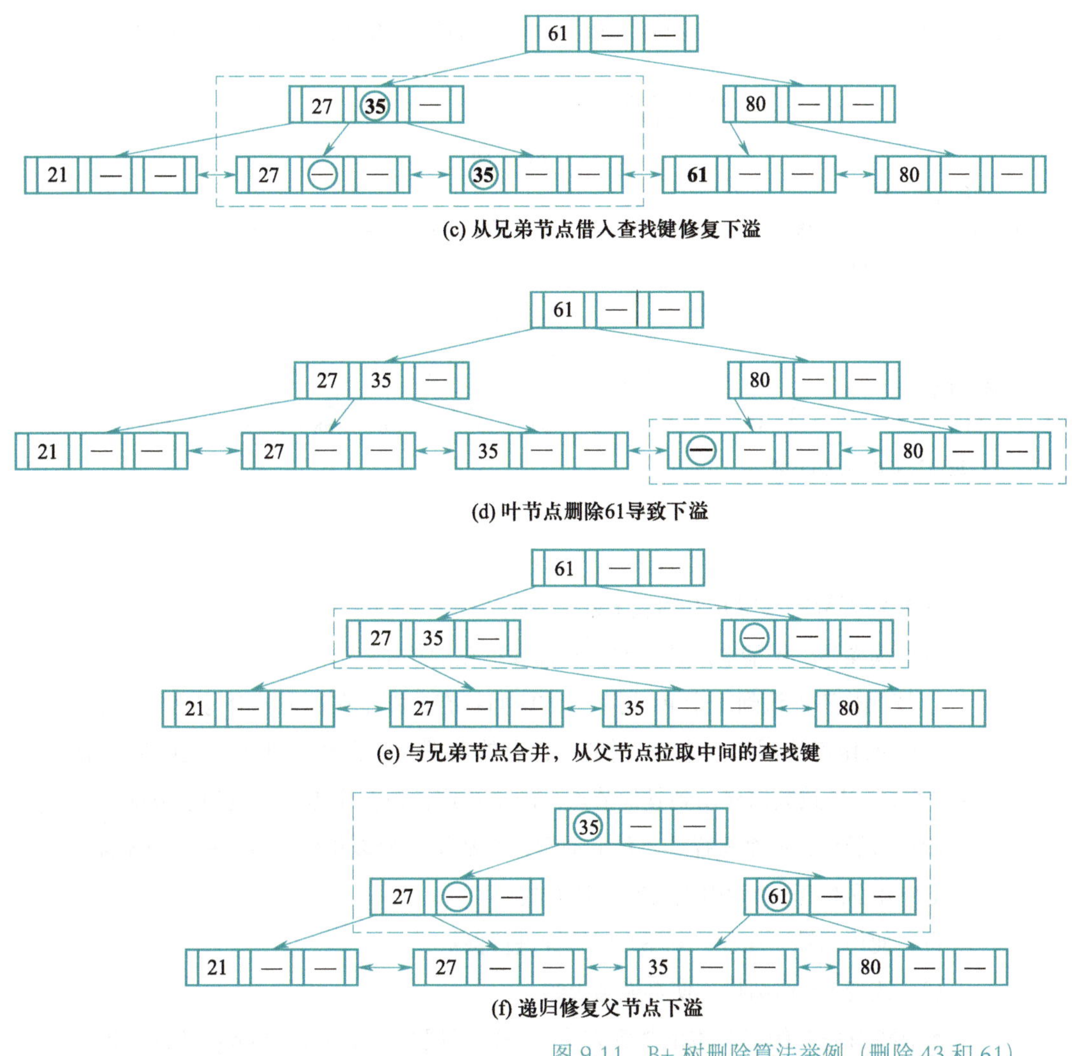

(c) 从兄弟节点借入查找键修复下溢

(d) 叶节点删除61导致下溢

(e) 与兄弟节点合并，从父节点拉取中间的查找键

(f) 递归修复父节点下溢

图 9.11 B+ 树删除算法举例（删除 43 和 61）

实际系统中，由于并发冲突删除算法常常并非执行上述删除算法，而是为数据记录增加一个删除位，通过标记位实现数据删除，这样能够支持多版本并发控制，也能减少 B+ 树的结构变化。

9.3.5 B+ 树并发访问算法

对 B+ 树进行数据插入与删除时可能改变树的结构，所以在多个事务同时访问索引时需要进行并发控制，以避免多个事务对 B+ 树同时访问产生冲突，导致错误的执行结果。如图 9.12 所示，进程 1 查找 27 时，即将访问节点 *A*；此时进程 2 已经对节点 *A* 进行插入操作，发生了节点溢出。若此时操作系统进程调度，执行流从进程 1 切换到进程 2，在进程 2 完成节点 *A* 的分裂后又切换回进程 1，则无法在节点 *A* 中查找到 27。当涉及并发的删除操作时，甚至可能访问到刚删除而失效的节点，使程序出现严重错误。

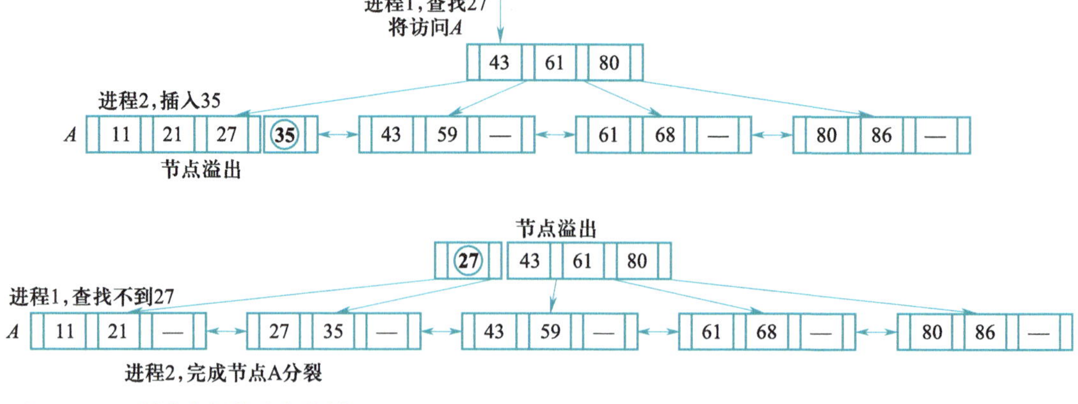

图 9.12　B+ 树并发操作冲突举例

B+ 树需要解决读写并发的以下两个问题。

（1）读操作：不能造成读写冲突和漏掉存在的数据。

① 读操作不能读到一个 B+ 树节点的中间状态，即正在被另一个写操作修改。

② 读操作不能漏掉一个 B+ 树节点已有的数据，因为数据插入和删除造成节点的分裂、合并，导致数据移动到其他节点，即使在这种情况也需要能找到该数据。

（2）写操作：两个写操作不能同时写一个数据，分裂和合并过程中节点不能冲突。

支持并发的 B+ 树索引主要有两种方式：

（1）使用闩锁（latch）对 B+ 树结构进行保护；

（2）改变 B+ 树结构，使其无须上锁。

本节将首先介绍最基本的加锁方案——闩锁耦合（latch coupling，也称闩锁蟹行，latch crabbing），之后介绍并发性能更好的 B-link 树，最后介绍无须上锁即可并发访问的 Bw 树。

1. 闩锁耦合

不论插入、删除还是更新与查找，都需要从树根节点开始访问，在从根节点到叶节点的访问过程中，闩锁耦合方案对树节点逐一加闩锁。在对每个节点加闩锁后进行检查判断，若之后的操作不会对当前节点的祖先节点结构产生影响，则自顶向下（便于其他节点尽快获取顶层节点的闩锁）释放该节点祖先节点上的闩锁，否则对当前节点加闩锁后继续向下访问。闩锁耦合在进行查找操作时对 B+ 树节点加共享闩锁，在插入或者删除操作时对 B+ 树节点加互斥闩锁。

1）查找

在进行查找时，由于不会对树结构产生影响，故加锁过程为：

（1）对根节点加共享闩锁，循环下面第①～③步直到找到叶节点；

① 对即将访问的下一层子节点加共享闩锁（防止执行时被修改）；

② 释放当前节点的共享闩锁（访问后已无须持锁）；

③ 将当前节点设为子节点；

（2）读取叶节点，之后释放叶节点上的共享闩锁。

图 9.13（a）和图 9.13（b）展示了查找算法加闩锁过程。进程 1 查找 35，先对根节点加共享闩锁，成功后对子节点加共享闩锁，子节点加闩锁后便可释放父节点上的共享闩锁继续向下访问。

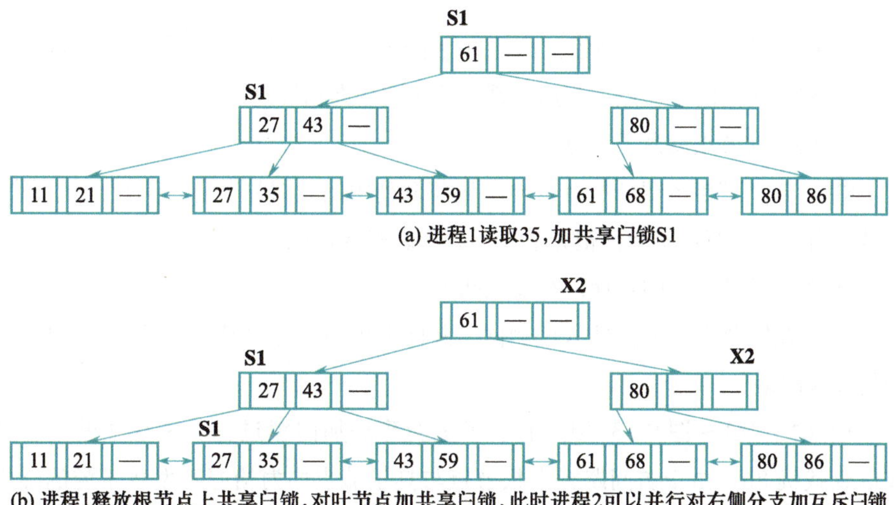

(a) 进程1读取35，加共享闩锁S1

(b) 进程1释放根节点上共享闩锁，对叶节点加共享闩锁，此时进程2可以并行对右侧分支加互斥闩锁

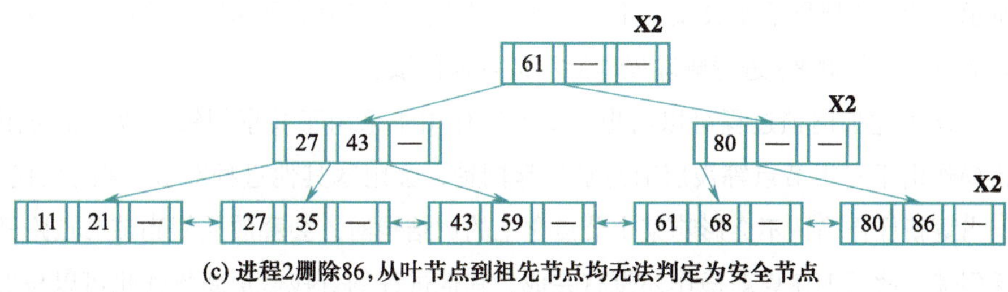

(c) 进程2删除86，从叶节点到祖先节点均无法判定为安全节点

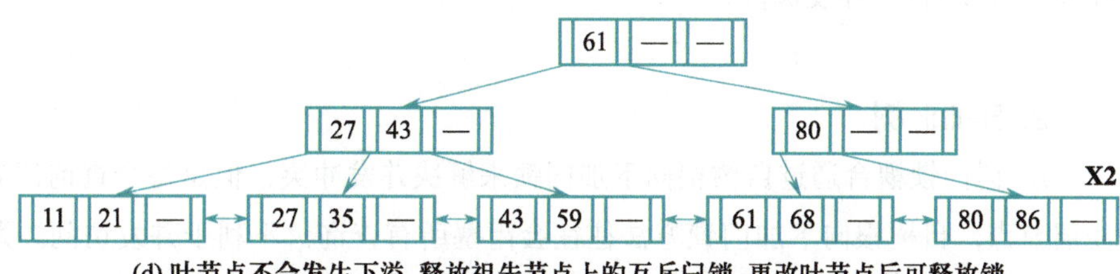

(d) 叶节点不会发生下溢，释放祖先节点上的互斥闩锁，更改叶节点后可释放锁

图 9.13 闩锁耦合

2）插入、删除与更新

在进行插入操作时，若当前节点未满，则即使其子节点发生节点分裂，溢出的索引记录也不会导致当前节点溢出，所以未满节点之上的节点不会被插入操作所影响；在进行删除操作时，若当前节点包含的查找键数目大于或等于$\left\lceil \frac{m}{2} \right\rceil$，则即使子节点需要合并，当前节点移出的键也不会导致它本身及祖先节点发生下溢，所以查找键数目高于半满状态的节点之上的节点不会被删除操作所影响。如果节点满足上述条件，则称其对更新操作是安全的。键值的更新一般通过删除和插入来完成。插入、删除与更新操作的加闩锁过程为：

（1）对根节点加互斥闩锁，循环执行下面第①～④步，直到找到叶节点；

① 对将访问的子节点加互斥闩锁（防止被查询和修改）；

② 将当前节点设为子节点；

③ 若当前节点的更新操作安全，则将队列中的（祖先节点）互斥闩锁逐个出队并释放（由于当前节点安全，祖先节点不会分裂和合并）；

④ 将当前节点上的互斥闩锁加入队列；

（2）在叶节点上进行插入或删除，并向上传播节点分裂与合并，完成后释放队列中的互斥闩锁。

图 9.13（b）～图 9.13（d）展示了更新算法加闩锁过程。进程 2 进行删除操作，删除查找键 86。由于访问路径上根节点与其子节点均为恰好不发生下溢的临界状态，实施删除操作不安全，所以在其加互斥闩锁状态下继续对叶节点加闩锁，如图 9.13（c）所示。叶节点删除后不会发生下溢，所以其祖先节点上的互斥闩锁可以被释放。最后对叶节点上查找键 86 进行删除操作后释放互斥闩锁。

从上述加闩锁过程可以看出，查找操作由于采用了共享闩锁，故互相不阻塞。更新操作由于对根节点等浅层节点加互斥闩锁，会阻塞其他进程对 B+ 树的查找与更新，但当更新操作确认不会影响某个节点之上的树结构时，会释放从根到该节点路径上的互斥闩锁，此后即使更新操作还没有完成，其他进程的查找或更新操作也可以与当前进程在同一棵 B+ 树上并发执行。

2. B-link 树

B+ 树闩锁耦合通过自树根向下加闩锁来解决并发冲突，但是每个查询都需要访问浅层节点，自树根向下加闩锁方法往往会阻塞所有查询，不利于并发访问。为了解决这一问题，B-link 树采用自底向上的并发控制方法，每次只对当前调整节点加闩锁，当子节点调整完毕后再向上回溯调整父节点，直到所有节点调整完毕。访问 B-link 树时，每个执行更新操作的进程在某一时刻最多仅对树上相邻层的最多三个节点加互斥闩锁（修改节点、兄弟节点、父亲节点）；而每个执行查找操作的进程在某一时刻最多仅对一个节点加共享闩锁，且加闩锁的目的仅为防止读到其他进程写入的中间状态数据。

B-link 树通过修改 B+ 树结构来实现查找时允许节点的分裂和合并（由其他并发操作引起的）。由于节点分裂和合并导致本节点的数据移动到其他节点，造成在本节点上不能找到数据。为了解决这一问题，B-link 树对每个节点添加对应子树中的最大键值与指向其右兄弟的同级指针。借助最大键值，可以判断节点是否分裂。即当查找某个键值时，父亲节点根据分裂前的数据将查找键指向某个节点 N。但是此时节点 N 分裂，造成键值移动到兄弟节点 N'。此时在节点 N 可能找不到该查找键。所以可以根据查找键是否大于节点 N 的最大键值，来判断节点 N 是否分裂。如果查找键大于 N 的最大键值，说明节点 N 已分裂，通过兄弟指针继续向右查找节点 N'；当查找键小于最大键值时说明节点 N 未分裂，继续向下查找子节点。同理也可以实现节点合并时的并发查找。

因此 B-link 树相比 B+ 树有两大区别。首先，在内部节点上添加指向右兄弟的指针（B-link 名字由此而来），便于访问右兄弟节点。其次，为每个节点增加一个最大键值（high key），在查询过程中如果查询值超过该节点的最大键值，就继续查找右兄弟节点。与闩锁耦合的自树根向下加闩锁相比，B-link 树能够避免反复在高层节点加互斥闩锁又很快释放而带来的不必要闩锁竞争。下面介绍 B-link 树查找和更新的过程。

1）查找

执行查找操作时，B-link 树允许正在查找的子树中存在由并发插入操作引起的、正在分裂的节点。例如在图 9.14 中，插入键 59 将造成叶节点分裂，进而造成节点 N 分裂。假设此时有另一个进程同时查找键为 50 的数据，从根节点得到下一个要访问的节点为 N。但当查找进程读入节点 N 时，节点 N 已经分裂为图 9.14（b）中 N' 框内的两个节点，查找进程读入的是 N' 框中左侧的节点。此时 B-link 树查找算法会通过节点对应子树中的最大键（图中每个节点左上角数字）进行判断，若查找键大于最大键，说明此节点进行过分裂，则继续沿右兄弟指针进行查找（右兄弟指针发挥作用）。如图 9.14（b）所示，因为 50 大于最大键 47，所以沿右兄弟指针继续查找。虽然此时执行插入操作的进程尚未完成对树结构的调整（此时 N' 溢出的 50 未插入根节点，根节点也没有指向 N' 框中右边节点的指针），但是并发的查找操作借助右兄弟指针可以正常进行。

B-link 树的查找过程可以总结为如下算法。在每个节点处首先根据最大键判断向右兄弟节点进行移动（查找键大于最大键值）或向子节点移动（查找键小于或等于最大键值）。当确定下一个访问节点后，首先释放当前节点上的共享闩锁，再读入下一个节点页面，获得下一个节点上的共享闩锁。区别于闩锁耦合的先加锁再解锁，B-link 树中先解锁再加锁的作用仅为防止读到正在被修改的节点。

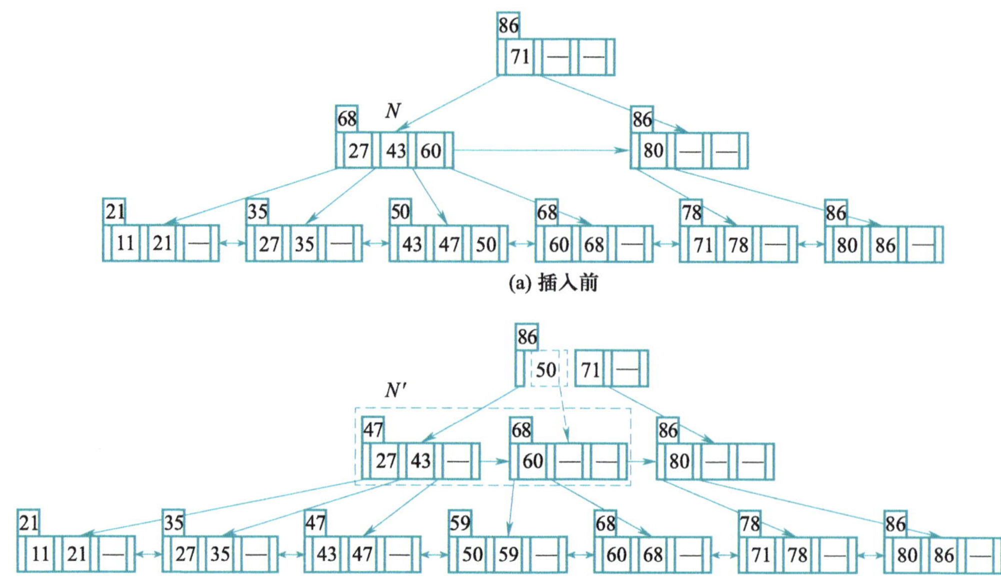

图 9.14　B-link 树插入与查找并发

```
// 函数：沿节点右兄弟指针找到查找键所在的子树
// 参数 node：当前节点，参数 key：查找键
// 返回值：返回 key 所在子树对应的节点
function move_right(node, key)
 while(key>node.high_key)
      right_ptr=node.p_array[m]
      unlock(node)
      node=load_node(right_ptr)
      lock(node)
 return node

// 函数：在 B-link 树中搜索查找键对应的数据记录
// 参数 node：当前查找子树的根节点，参数 key：查找键
// 返回值：若数据记录存在则返回数据记录指针下标与页面，若不存在则返回应插入位置
// 与页面
function find(node, key)
 // 加锁防止被其他进程修改
 lock(node)

 // 尝试向右移动，以防加锁前已分裂
 node=move_right(node, key)

 // 在查找键数组中二分查找，找到 i，满足 k_array[i]<=key<k_array[i+1]
 i=binary_search(node.k_array, key)
```

```
// 查找到叶节点，递归边界条件
if node is leaf
  return node

// 依据子节点指针读入页面
child=load_node(node.p_array[i+1])
// 不再读取节点，释放锁
unlock(node)
// 在子节点中递归查找
find(child, key)
```

2）插入、删除与更新

B-link 树的插入算法由下面的伪代码给出，加锁与解锁的时机如图 9.15 所示。插入算法分为两个阶段，第一个阶段执行前面给出的查找算法，自根节点到内部节点都加共享闩锁，直到找到待插入的叶节点后加互斥闩锁，如图 9.15（a）所示。第二个阶段处理插入产生的溢出问题，若节点 a 产生溢出，则如图 9.15（b）所示将节点中的索引记录分裂到一个内存中的临时页 a' 与一个新分配的分裂节点 b 中，分裂节点上加互斥闩锁。调整节点 b 的右兄弟指针（指向 a 的右兄弟节点）后，如图 9.15（c）所示，将临时页内容 a' 写回原页面 a 完成页面分裂。对父节点加互斥闩锁，释放分裂页面上的闩锁。最后如图 9.15（d）所示，将溢出的键与指针插入父节点，并添加父节点指向 b 的指针；若父节点发生溢出，则在父节点完成分裂后（向上插入溢出索引记录之前）释放子节点上的互斥闩锁。

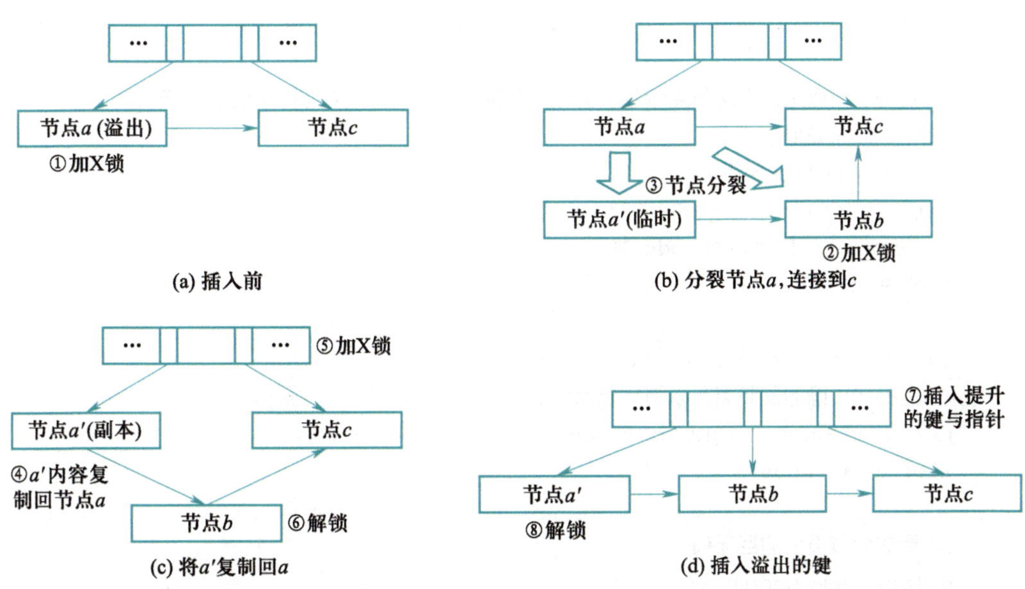

图 9.15 B-link 树插入过程

不难看出，B-link树只需对溢出节点、右兄弟节点、父节点这三个节点进行加锁。

```
// 函数：向 B-link 树索引插入查找键与数据记录指针构成的索引记录
// 参数 node：当前插入的子树，参数 key：查找键；p：查找键对应的数据记录指针
function insert(node, key, p)
 // 加共享锁找到需要插入的叶节点
 leaf=find(node, key)
 // 加互斥锁以进行修改
 xlock(node)
 insert_in_node(leaf, key, p)

// 向节点中插入索引记录并解决溢出
function insert_in_node(node, key, p)
 // 如果节点含有的键个数小于等于 m-1，则没有溢出
 if node.k_array.length<=m-1
  node.insert_entry(key, p)
  return

 // 分配新节点用于节点分裂
 new_node=allocate_node()
 xlock(new_node)

 // 节点分裂后一半存放于临时页面，一半存放于新申请的页面
 // 并将 temp_page 右兄弟设为 new_node
 //new_node 右兄弟设为 node 的右兄弟
 //overflow_key 为需要向父节点插入的键，对应页面指针指向 new_node
 temp_page, new_node, overflow_key=split(node, key, p)

 // 若当前节点是作为父节点分裂，完成分裂后，释放导致分裂的节点上的互斥锁
 if(node 不是叶节点)
   unlock(p 的左兄弟)

 //temp_page 内容写回 node 中
 node=temp_page

 par_node=load_node(node.parent)
 // 向右找正确的父节点，以防父节点分裂
 par_node=move_right(par_node, overflow_key)
 xlock(par_node)

 // 释放分裂页上的互斥锁
 unlock(new_node)
```

```
// 向父节点插入溢出的索引记录
insert_in_node(par_node, overflow_key, new_node)
```

B-link 树的删除操作主要有三种处理方法。第一种是使用闩锁耦合方法，自根节点到待删除的叶节点逐层加闩锁。通过闩锁阻塞其他读写操作，以避免节点合并、移除导致访问到被删除的节点。第二种方法与插入方法类似，首先找到待删除的节点，通过对待删除节点、兄弟节点、父亲节点加锁来完成键值删除。第三种方法是标记删除方法，在处理删除操作时仅做标记，即使节点键值过少也不立即合并节点，后期实施异步合并。实际数据库系统如 PostgreSQL 的 B-link 树就是通过标记删除方法来解决并发问题的。

3. Bw 树

Bw 树主要用于解决多核以及固态硬盘环境下的索引并发问题。为了进一步提升并发性，Bw 树采用了无锁数据结构和算法。其核心思想包括以下两点。

(1) Bw 树的各层节点更新都采用无锁设计，通过 CAS（compare and swap，比较并交换）原子操作来支持无锁并发节点的分裂和合并。与 B-link 树相比，Bw 树完全无锁的设计避免了并发访问之间的锁竞争，进一步提高了索引的并发性能。

(2) Bw 树将原位更新（in-place update）调整为增量更新（delta-update），把增量数据链接到原始数据以减少缓存一致性污染，通过 LSM 树（log-structured merge-tree）思想合并增量更新和原始数据。

Bw 树的页面使用追加存储方式，以充分发挥固态硬盘的优势。为了方便页面查找，Bw 树维护一张映射表，将页面逻辑 ID 映射到内存或硬盘的物理页面地址，如图 9.16 所示。对节点进行修改时，如图 9.17(a) 所示，Bw 树不对原始页面 P 进行操作，

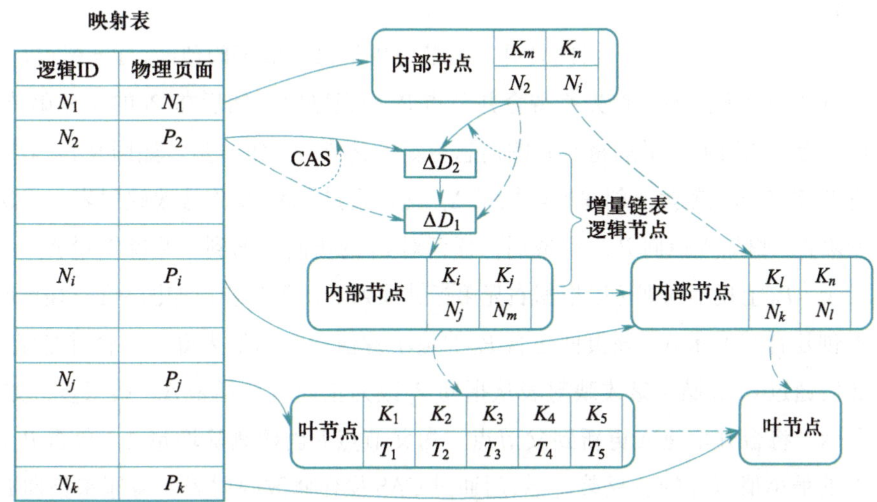

图 9.16 Bw 树整体结构

而是建立一个描述修改操作的增量记录 ΔD（例如添加、删除的记录）。ΔD 指向 P 的物理地址，构成单向链表，一个链表作为一个逻辑页面对应一个 Bw 树节点。最后通过 CAS 指令将映射表中页面逻辑 ID 映射从 P 修改到增量记录 ΔD 的物理地址。CAS 指令三个参数分别为原页面 P 的物理地址、页面逻辑 ID 当前映射的物理地址以及增量记录 ΔD 的物理地址。CAS 指令或者保留逻辑页面 ID 当前指向的物理地址，或者更新为 ΔD。如果执行指令时页面物理地址仍然为原页面 P 的物理地址，说明并行执行的其他线程没有对该节点做修改，则可将映射表中节点 ID 的页面物理地址赋值为增量页面 ΔD 的物理地址；否则说明已有并行执行的线程完成修改，当前线程需要重新执行修改操作。使用 ΔD 节点优势在于，一方面避免了原位更新页面 P 导致的缓存失效；另一方面，ΔD 的添加生效可以通过 CAS 操作完成，实现了无锁更新。下面给出详细的节点分裂和合并的处理过程。

（1）节点溢出时的分裂。当节点中记录数超过阈值时，Bw 树实施类似于 B-link 树的节点分裂，即引入同层兄弟指针，并允许父节点连接分裂节点的中间状态。节点分裂主要分为三步，首先创建一个新节点，然后将分裂节点后半部分的数据复制到该新节点，最后在父节点上插入该新节点。在图 9.17（b）中，页面 P 与页面 R 代表的节点有共同的父节点 O，P 的兄弟节点指针指向 R，页面 P 由于发生溢出而需要进行分裂。Bw 树整个节点分裂过程分为两步原子操作。第一步，如图 9.17（b）、图 9.17（c）所示建立分裂页面 Q，在页面映射表中进行记录，并将原页面需要进行的修改（页面 P 中用于分割的键，指向 Q 的兄弟节点指针）通过连接分裂修改增量 Δ 后执行 CAS 原子操作完成。第二步，如图 9.17（d）所示建立父节点的增量更新记录，将溢出的查找键与指向分裂页 Q 的指针构成的索引记录通过连接新增条目修改增量 Δ 插入父节点。在这里，由于可以通过兄弟指针进行查找，故不会因为节点分裂后父节点更新不及时造成问题。

（2）节点键值过少时的合并。当节点中记录数低于阈值时，Bw 树进行节点合并。节点合并分为三步。首先将待合并节点 P_1 标记删除，然后在 P_1 的左兄弟节点 P_0 创建增量合并的页面，最后将合并的信息更新给父节点。第一步，如图 9.17（f）所示，先将 P_1 节点标记删除，创建删除增量 Δ，然后通过 CAS 操作修改映射表，将映射表指向删除 Δ，删除 Δ 指向 P_1。完成后，任何对 P_1 的访问，遇到了删除增量 Δ，都会被转到 P_0 上，P_0 上找不到则可以根据右兄弟指针找到 P_1。第二步，如图 9.17（g）所示为节点 P_0 创建合并增量 Δ，该页面包含 P_0 的最小键值、P_1 的最大键值、合并增量 Δ 指向 P_1。然后通过 CAS 操作修改映射表从指向 P_0 改为指向合并增量 Δ。第三步，如图 9.17(h) 所示，将合并增量 Δ 更新到父节点。为父节点 F 创建删除增量 Δ，包含 P_0 的最小值、P_2 的最小值（P_1 的右兄弟），然后通过 CAS 操作修改映射表，将原来指向 F 节点改为指向删除增量 Δ。

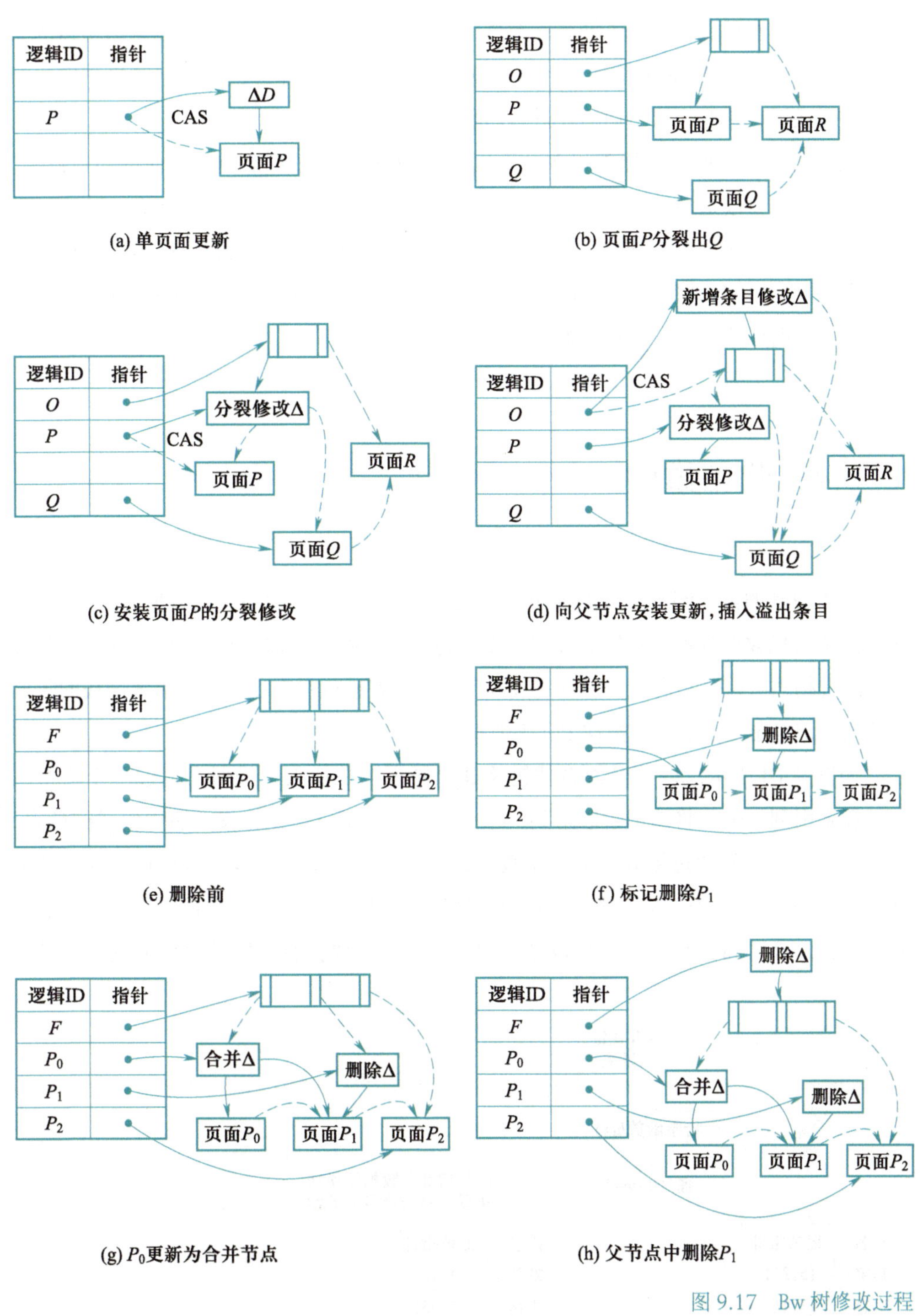

图 9.17　Bw 树修改过程

(3) 空间整理与回收。随着修改增多，Bw 树节点中的增量记录链表 ΔD 会逐渐变长，造成较大的查找开销。Bw 树需要在合适的时机合并 ΔD 的链与索引节点。合并时会创建一个新的节点，并通过 CAS 将新节点添加到 Bw 树上。Bw 树采用懒惰整理的策略，若查找时发现节点上记录链长度超过设定阈值，会将记录转移到一整块新申请的物理页上，通过 CAS 原子操作对页面映射表进行更新。原页面通过垃圾回收机制完成释放，确保在没有其他线程引用后才进行回收。

通过设计追加型不可原位修改的页面，Bw 树既避免了对节点修改时的加锁操作，也避免了就地修改造成的 CPU 缓存失效（多核 CPU 中每个核有独立的缓存，其中一个核对内容进行修改，其他核中的缓存内容会失效，这就是缓存一致性问题）。通过引入页面逻辑 ID 并使其映射到物理地址的中间层，Bw 树节点便能将页面逻辑 ID 作为节点间指针，从而屏蔽了节点的物理地址变化。

9.4　哈希索引

前面提到的索引都基于键的大小进行比较，利用这样的索引查找数据时产生的 I/O 次数是待查找数据规模的对数。在只需要进行等值查找而不需要进行范围查找的键上，可以通过构建哈希表来进一步提升查找效率，它能够通过对查找键计算需要查找的数据项的索引记录位置，实现常数次 I/O 等值查找。

如图 9.18 所示，以姓名为查找键构建哈希表。在插入记录时，通过一个哈希函数计算索引列的值，将该记录映射到一个桶中。一个桶一般是由多个页面组成的链表。查找时，哈希表先通过相同的哈希函数对给定的查找键进行计算，根据得到的哈希值找到对应的桶。不同的查找键可能被映射到同一个桶中，这称为哈希碰撞。为了解决哈希碰撞，在哈希索引中，桶可以被实现为页面，存放具有相同哈希值的查找键对应

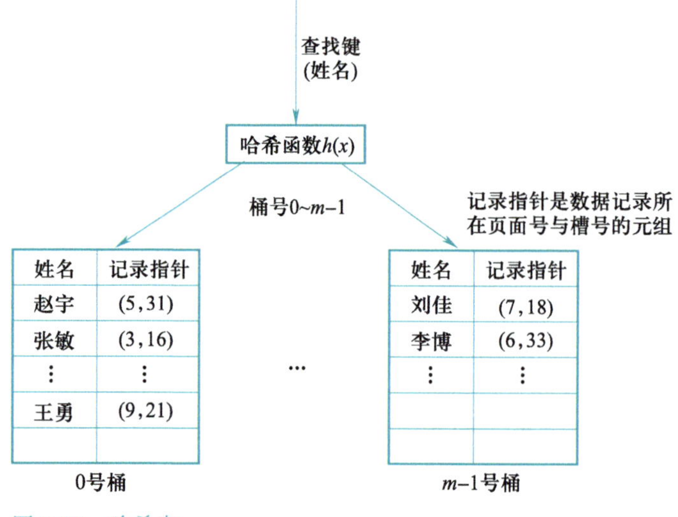

图 9.18　哈希表

的索引记录（查找键与记录指针构成的元组）。随着哈希表中数据逐渐增多，一些桶的空间会被占满，这时需要进行溢出处理，有的哈希表还会动态增加桶的数目，这样的哈希表称为动态哈希表，与之相对，桶数目固定的哈希表称为静态哈希表。

9.4.1 哈希函数

人们常见的是下载文件时，为防止文件被篡改而使用的加密哈希，如 SHA-256、MD5 等。加密哈希计算开销高，且具有抵御攻击者主动进行哈希碰撞的能力。而数据库中的哈希函数无须具备密码学上防攻击的性质，其作用是将查找键均匀地分散到各个桶中以充分利用所有桶的空间，即尽可能减少不同查找键之间的哈希碰撞。这要求哈希函数能够具有以下特点：

（1）映射方式需要足够“混乱”，将查找键的各种数据分布转化为均匀的数据分布；

（2）具有较低计算复杂度，能够很快计算出哈希值。

例如，一种常见的字符串哈希函数借助了进制的思想，对于 ASCII 字符串 $a_0 a_1 \cdots a_{n-1}$，哈希值为 $a_0 r^{n-1} + a_1 r^{n-2} + \cdots + a_{n-2} r^1 + a_{n-1} r^0$，$a_i$ 为每个字符的 ASCII 值，r 为经验常数，通常取 31 或 37。获得的哈希值对桶数目取模得到字符串对应的桶编号。该哈希函数可以转换为（$\cdots$（($a_0 r + a_1$）$r + a_2$）$r \cdots$）$r + a_{n-1}$ 形式进行计算，消除了原式中的幂运算，从而加快计算速度，这称为进制哈希。

进制哈希尽管复杂度与数据长度呈线性关系，但是计算中涉及大量乘法与取模运算，效率仍有提升空间。实际数据库中哈希函数计算常常借助各种位运算以实现最高的计算效率。

9.4.2 桶溢出处理

根据鸽巢原理，n 条索引记录被存放到有 m 个桶的哈希表中，一定存在某个桶中至少有 $\left\lceil \frac{n}{m} \right\rceil$ 条索引记录。随着 n 增长，哈希索引中一些桶会被索引记录装满，装满索引记录后欲再插入，便会发生桶溢出，导致桶页面上没有空间存储新增的索引记录，所以哈希表必须有能够解决桶溢出的方法。最简单的方法是重新做哈希运算，即新建一个有更多桶的哈希表，再将所有数据重新插入哈希表。然而这种方法代价很高，而且无法解决由于重复查找键过多而导致的桶溢出，因为相同查找键的哈希值必然相同，对应的索引记录仍会被插入同一个桶。另一种方法是动态哈希方法。

9.4.3 动态哈希

之前提到的哈希表随着记录数量增多，冲突也会逐渐增多，这种桶数目固定的哈希表称为静态哈希表。与之对应，能够动态扩容的哈希表，称为动态哈希表。本小节将介绍两种动态哈希表：可扩展哈希表与线性哈希表。此外在分布式系统中可以通过一致性哈希等技术来实现哈希桶数变化时尽量减少数据的移动和搬迁。

可扩展哈希表和线性哈希表都只使用二进制哈希值的一部分，随着扩容哈希表增加使用位数，从而达到动态添加哈希桶数的目的。可扩展哈希表扩容策略较简单，每次使容量加倍，但是存在空间浪费和阻塞并发操作的问题。在线性哈希表中每次桶数量扩充时不是对桶数翻倍，而是仅扩充部分桶，从而解决了空间浪费和并发操作阻塞两个问题。

1. 可扩展哈希表

可扩展哈希表分为两部分：带有二进制位数的桶指针、带有二进制位数的桶（每个桶通过桶索引页面形式存储该桶对应的数据）。可扩展哈希表不会直接将查找键的哈希值作为索引记录所在桶的指针，而是将查找键哈希值前 i 位作为桶指针。图 9.19（a）展示了一个容量为 4 的哈希表，使用哈希值的前两位。随着哈希表容量每次翻倍，使用的位数 i 每次加 1。因此可扩展哈希表的容量为 2 的整数幂，每次扩容时桶数目翻倍。每个桶也有一个哈希值二进制位数，用于哈希桶数的扩展。

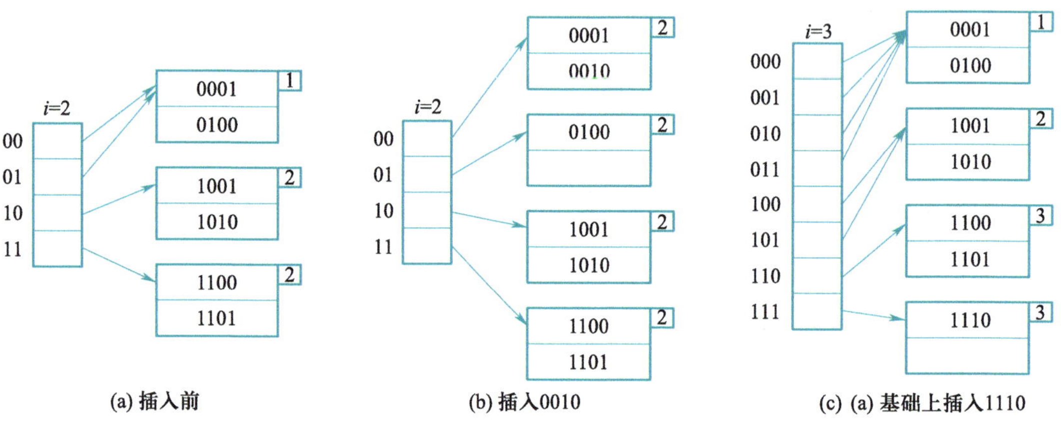

图 9.19　可扩展哈希表

（1）查找算法。给定一个查找键，首先算出查找键的哈希值。然后对桶指针的二进制位数 i，查找哈希值前 i 位的值对应的桶指针并定位相应哈希桶。在哈希桶中查找相关记录。例如查找二进制表示为 0100 的哈希值时，哈希桶指针为两位，即 $i=2$。其前两位为 01，通过相应桶存放的指针定位到桶索引页面（0 号桶与 1 号桶中的指针都指向这个页面），索引页面中存放了两个键以及它们对应的数据项的位置。

（2）插入算法。利用查找算法定位应该插入的桶，如果桶的索引页面有空间，则直接添加索引页面。下面讨论索引页面已被占满的处理方法。每个索引页面在记录键与对应数据位置之外，还需要记录该索引页面使用的查找键哈希值位数 j（小于或等于哈希表使用的位数 i），在图 9.19 中以索引页面右上角的正方形框表示，插入算法需要使用到这个变量。

① 如果 $j<i$，说明桶数组中有多个桶中的指针指向该索引页面。设当前索引页面存储对应哈希值二进制前缀为 $b_1b_2\cdots b_j$ 的键，则将其中查找键划分为哈希值二进制前缀分别为 $b_1b_2\cdots b_j0$ 与 $b_1b_2\cdots b_j1$ 的两个新桶。调整桶数组中的指针，令桶编号二进制前缀为 $b_1b_2\cdots b_j0$ 与 $b_1b_2\cdots b_j1$ 的桶分别指向这两个新桶对应的索引页面。分裂后的索引页面中如果有空余位置则插入，如果已满则再次执行分裂过程（$j<i$）或扩容过程（$j=i$）。

② 如果 $j=i$，则需要对哈希表进行扩容并再次尝试插入。

（3）扩容算法。可扩展哈希表扩容需要申请容量为原哈希表两倍的桶数组，再将原桶数组中编号 k 的桶中数据复制到新桶数组中编号分别为 $2k$ 与 $2k+1$ 的桶中，最后将哈希表使用的哈希值位数 i 增加 1。完成扩容后，再次执行插入过程，便能够进行索引页分裂。

下面看两个插入过程的实例。

图 9.19（b）展示了在如图 9.19（a）所示的哈希表中插入哈希值 0010 的键的过程。首先通过查找过程定位到 0 号桶指向的页面，发现该页面已满，$j=1$，而当前哈希表 $i=2$。$j<i$ 即当前页面使用的哈希值位数小于哈希表使用的哈希值位数，说明有多个桶中的指针指向这个桶索引页面。此时可以将页面使用哈希值位数 j 加 1，分裂索引页面为哈希值前两位分别为 00 与 01 的两个新页面，此时发现新页面中有空余空间可供插入，于是在 0 号桶指向的索引页面插入哈希值 0010 的键。

图 9.19（c）展示了在如图 9.19（a）所示的哈希表中插入哈希值 1110 的键的过程。首先通过查找过程定位到 3 号桶指向的页面，发现页面已满且 $i=j=2$，此时只能通过扩容哈希表来解决冲突。增加哈希表使用的哈希值位数 i 为 3，新建桶数为 8 的哈希表，将原哈希表桶中指针复制到新哈希表中，再次进行插入，发现页面 $j=2<i=3$，便可仿照图 9.19（b）的过程进行插入。

设 i 为哈希表使用的哈希值位数，j 为索引页面使用的哈希值位数，总结可扩展哈希表插入算法如下：

（1）查找应插入的桶页面；

（2）若桶页面有剩余空间，则插入该页面；否则根据 i、j 关系执行（3）或（4）；

(3) 若 $j<i$，将该页面分裂为两个（前 j 位相同，第 j 位为 0 或 1），桶指针指向两个新桶，原桶数据复制到两个新桶，$j=j+1$ 返回 (2)；

(4) 若 $j=i$，则 $i=i+1$，桶数组容量加倍，桶内指针指向新桶，返回 (2)。

对可扩展哈希表代价分析如下。假设扩容前哈希表填充率期望为 a，哈希表容量为 n，下一次扩容时哈希表中的指针数期望为 $2an$，因此扩容时需要移动的指针数目期望为 an。可以假想将此次扩容移动 an 个指针的代价，分摊到后续 an 次无须扩容的指针插入操作。这样一来，虽然每次扩容都需要将原桶中的指针移动到新哈希表中，但分摊到每次哈希表插入的代价是常数的。

可扩展哈希表存在一些缺点。首先，哈希表每次容量加倍时需要阻塞对整个哈希表的访问，降低了系统性能；其次，如果少量桶多次溢出，则需要频繁对哈希表进行扩容，导致空间浪费（例如所有元组哈希值前几位相同，则需要频繁扩容）。下面将介绍的线性哈希表允许在页面后链接存放溢出数据的页面，更加节省空间，并且能够实现在哈希表扩容时仅需要对个别桶进行分裂，不会大规模阻塞对哈希表的访问。

2. 线性哈希表

线性哈希表与可扩容哈希表相似，只使用哈希值的一部分位，但线性哈希表使用哈希值的后 m 位。线性哈希表不再限制桶数组容量为 2 的整数幂，对容量 n 的桶数组，取二进制位数 $m=\lceil \log_2 n \rceil$。插入时根据桶数组填充率来进行扩容。线性哈希表也分为两部分：带有二进制位数（m）的桶指针（当前的桶容量 n）、桶（每个桶通过桶索引页面形式可找到对应的数据）。下面给出插入、查找和扩容算法。

(1) 查找算法。由于桶数组并非 2 的整数幂，而哈希值后 m 位取值范围为 $0\sim 2^m-1$，而哈希值对应的桶可能不存在（其对应的桶可能由后 $m-1$ 位哈希值生成），线性哈希表需要确定这些键对应的桶。设键哈希值后 m 位为 $b_1 b_2 \cdots b_m$，对应值为 x（$x \leqslant 2^m-1$），如果 $x<n$，可以找到对应的桶。如果 $x \geqslant n$，则无法找到对应的桶，由于使用位数为 m，故容量已超过 $m-1$ 位哈希值表示的范围，即有 $x \geqslant n > 2^{m-1}$，此时线性哈希表查找 $x-2^{m-1}$ 号桶。由于此时 $2^{m-1}<x \leqslant 2^m-1$，故有 $b_1=1$，即查找 $0b_2 \cdots b_m$ 号桶。

(2) 插入算法。插入数据时，线性哈希表的扩容是由填充率决定的，只有当页面填充率高于设定值时才会进行扩容。设当前桶数为 n，每个桶能存放 k 条数据记录，当前哈希表中存放索引条目一共 r 条，那么填充率为 $\dfrac{r}{nk}$。哈希索引插入新键值发生溢出时，如果填充率小于或等于设定阈值 τ，则新增溢出桶以链表方式链接到应插入的桶页面之后。

（3）扩容算法。扩容条件为填充率高于设定阈值 τ，此时线性哈希表加入一个新桶并将一个旧桶进行分裂。桶增加后，n=n+1。新桶对应哈希值为 n，并设置 n=n+1。当桶数组容量 $n<2^m$ 时，m 值不变。当桶数组容量达到 2^m 时，已有位数已无法表示新桶，m 增加 1。需要注意，此时分裂的桶与新条目插入的桶无关，而是与新增的桶有关。设新桶对应的哈希值后 m 位为 $b_1b_2\cdots b_m$，由于在新桶分配前，部分本应存放在其中的索引条目被存放在了二进制表示为 $0b_2\cdots b_m$ 的桶中，故需要对二进制表示为 $0b_2\cdots b_m$ 的桶进行分裂，将哈希值为 $1b_2\cdots b_m$ 的数据移到新桶中。

图 9.20 展示了线性哈希表的扩容过程。插入前，哈希表桶数组长度为 3，使用哈希值决定数据条目放入哪个桶数组。插入前填充率 $\frac{r}{nk}=\frac{2}{3}$，假设其恰好为填充率阈值。插入哈希值后 4 位 1100 的键，则填充率会大于阈值，所以需要先扩容哈希表。新增桶存放哈希值后两位为 11 的键，并需要对与它首位不同且拥有相同后缀的桶（即 01 桶）进行分裂，将 111 哈希值的索引记录从 01 桶移至 11 桶。哈希表扩容后，对 1100 进行插入操作，此时恰好 00 桶对应的索引页面有空余空间，若索引页面无空间，则需要新分配溢出页面链接到溢出页面之后。

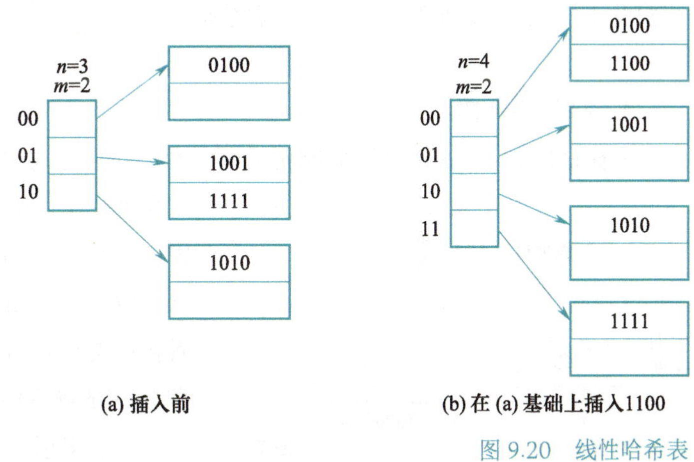

图 9.20　线性哈希表

线性哈希表每次只扩充一个新桶，从而解决了空间浪费和阻塞并发操作的问题。

9.5　LSM 树索引

从数据库管理系统事务的持久性需求来看，事务更新产生的索引数据变化也必须实时写回持久化存储。然而B+树的增删操作开销较高，不适合高频率数据更新的场景。本节将介绍LSM树索引，它是一种应用于更新密集场景的索引结构。LSM树一方面适合频繁追加的互联网场景（例如微博、微信数据的追加），另一方面适合固态盘闪存存储（不能原地更新，需要先擦除然后才能追加写）。本节从LSM树的结构、相关算法、性能优化、具体实现四个方面对该索引结构进行剖析，并与B+树索引进行对比，分析二者的优势与局限，讨论其不同的适用场景。

9.5.1　LSM树结构

LSM树是面向更新密集场景的索引，首先在内存中更新数据，并通过预写日志实现持久化，然后采用异步延时写回磁盘的策略，在更新容量达到阈值时，将批量更新和删除异步归并到持久化存储介质中。LSM树采用多层级索引结构，在磁盘中按照容量划分为不同层级的存储块，并按照异步处理的方式级联管理内存中的数据块以及磁盘中的存储块。这种多层级异步合并的结构设计在不影响实时写入效率的同时兼顾了数据读取的高效性，在后续相关算法实现中将展开讨论。本小节将重点关注LSM树数据结构的设计，从抽象化角度讨论其设计思路及相关操作。LSM树最初就是为索引结构设计的，后来逐步衍变为一种数据结构。

1. 2阶LSM树

2阶LSM树是LSM树的最简化情况，索引在内存与磁盘的状态如图9.21所示。内存中存储一个容量较小的索引（记为C_0树），而磁盘中存储一个容量较大的索引（记为C_1树）。此外，C_1树中频繁访问的页面将被缓存到内存中的缓冲区内，从而提高C_1树的读写性能。

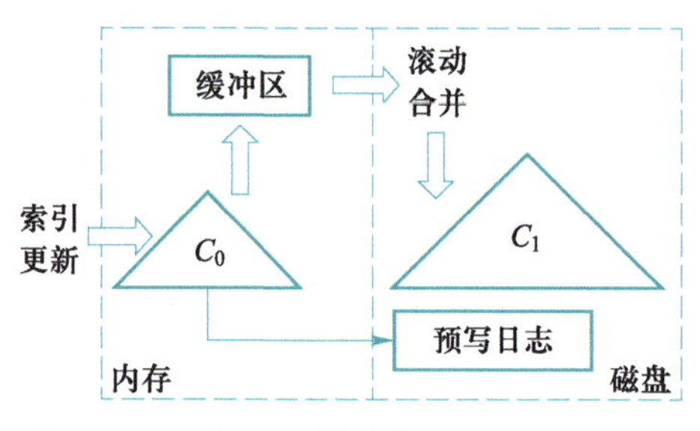

图9.21　2阶LSM树结构

按照索引更新的流程来分析上述2阶LSM树结构。首先，与B+树索引类似，LSM树索引在内存中的数据更新前需要生成并持久化预写日志，用于保证异常状态下的故障恢复。之后，LSM树先将更新写入内存中的C_0树，而不会立即更新到磁盘中的C_1树。C_0树中的索引更新将延时并批量合并到C_1树中以实现索引更新的持久化。合并过程为批量处理，因此在实际写入磁盘的过程中主要为连续顺序写入，有利于磁盘的高速写入，达到降低索引平均更新时间的目的。

对于数据删除，首先在C_0树标记待删除的数据，而不是实时删除C_1树的数据，从而加速删除效率。当删除标记较多时，将异步地删除相关数据并合并到 C_1 树。

对于数据查找，首先在 C_0 树查找，如果不在，则在 C_1 树缓存中查找；如果仍不在，则在 C_1 树中查找。

LSM 树在设计过程中不限制 C_0 树和 C_1 树所使用的数据结构。在 LSM 中，由于 C_0 树存储于内存中，不存在 I/O 开销，不需要按照页面方式组织数据，故可选用红黑树、AVL 树等平衡树结构来优化读写速度。而 C_1 树存储于磁盘中，I/O 开销为主，故仍采用传统的 B+ 树，按照页面组织索引节点。C_1 树索引在实现上具备接近全满页面的使用率（其主要原因是不是实时删除，而是异步合并），并将多个页面打包为页面块进行批量访问，以提高磁盘的查询效率。

2. 插入、删除、查找操作

下面讨论增删改查操作的具体算法，分析 LSM 树索引的开销，重点关注索引合并过程中内存与磁盘的数据交互。

1）索引插入

在 LSM 树索引插入过程中，首先向内存中的 C_0 树插入索引项。随着索引项的不断插入，C_0 树占用空间不断扩大。而当 C_0 树的容量达到阈值时，将启动 C_0 树到 C_1 树的索引合并过程。

合并过程涉及内存中的 C_0 树、空置块（emptying block）、填充块（filling block）以及磁盘中的 C_1 树，整体流程如图 9.22 所示。在合并过程中，需要合并 C_0 树和 C_1 树的数据块，空置块存储将要归并的 C_1 树的某个节点的数据块，填充块为 C_0 树和 C_1 树合并后将写入 C_1 树的数据块。其中 C_0 树采用 AVL 树实现，总存储容量为 8 B；磁盘内单个页面容量为 4 B，C_1 树采用 B+ 树实现，节点大小为单个页面容量。此时，填充块的容量与 C_1 树节点容量相同。为了便于比较，用字符 A~Z 表示索引项，并按照标准的字符顺序排序。

如图 9.22（a）所示，C_0 树插入了新的索引项 A，此时 C_0 树容量达到内存的存储阈值，触发内存数据到磁盘数据的合并过程。

如图 9.22（b）所示，索引检查内存中的空置块，由于空置块没有数据，C_1 树中最左侧叶节点的数据将被读入空置块。完成读取后磁盘中对应的节点将被标记为移出状态，被后台垃圾回收进程异步清除。

如图 9.22（c）所示，结合空置块中存储的磁盘节点数据和内存中的 C_0 树进行合并，通过归并算法从二者中读取数据并按顺序填充到填充块中，直到将填充块填满后形成磁盘上 C_1 树新的叶节点。此时归并过程中 C_0 树被取出的节点将从内存中移出，从而解决 C_0 树满容量问题。

如图 9.22（d）所示，当填充块满时，将其追加写入磁盘，形成 C_1 树新的叶节点即可。写入过程中可能影响上层父节点数据以及整体的树结构，此时采用常规B+树对应算法操作即可。写入磁盘成功后需要清空填充块。

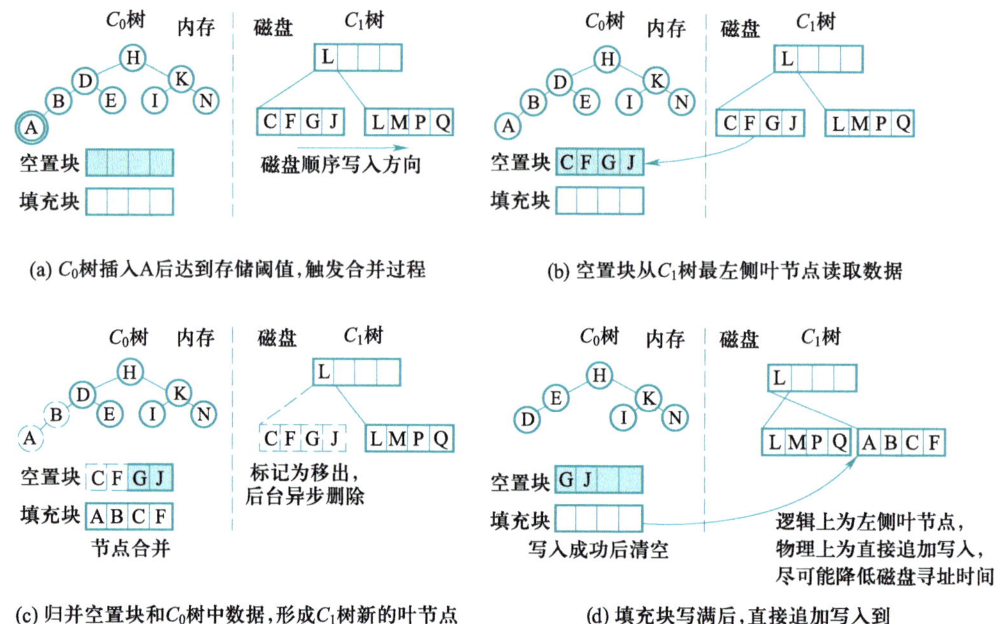

图 9.22　LSM 树的合并过程

这之后空置块可能仍存在剩余数据，这些数据将随着后续合并过程（从左到右逐步扫描 C_1 树的节点）而逐步被消耗形成新的 C_1 树叶节点。随着空置块的不断清空，C_1 树中旧的数据将被逐步读取并重新追加写入新的叶节点。C_0 树内的数据动态地合并到 C_1 树，完成内存数据到磁盘数据的转移。

合并过程有如下几个要点。① C_1 树的延时删除：C_1 树不会立即删除已经删除的节点，而是等待合并彻底结束后异步删除。② C_1 树的追加写入：缓存中新生成的 C_1 树叶节点可以直接顺序追加写入磁盘，适合于高效写入磁盘的模式。磁盘中仅需要更改对应父节点的指针即可。③ 滚动合并：随着索引不断插入，合并过程随之不断进行。C_0 树中左侧的元素不断移出并追加到 C_1 树索引文件末尾。这样可以维持需要更新的父节点长期缓存到内存中，进一步减小I/O开销。综合上述三点来看，相较于B+树索引，LSM树索引向磁盘写入数据的过程多为顺序追加写入，可以减少硬件层面磁盘寻道过程的开销，最大限度降低索引的I/O代价，显著提高数据库索引更新的效率。

2）索引查找

LSM树索引查找面临两种情况。第一种情况是所需数据存在于 C_0 树中，可以直接

从 C_0 树中读取索引项。第二种情况是所需数据在 C_0 树中不存在，此时需要在 C_1 树中进行查找，此时就转变为经典的 B+ 树索引查找，同时内存中的缓冲区可以缓存高频页面，加速 C_1 树上的索引查找过程。

在实际运行环境中，一般近期更新的数据具有更高的查找频率。C_0 树中保存项都是相对较新、距离最近更新时间较短的索引项，因此在实际应用时，LSM 树索引内存中的 C_0 树中可以命中大部分所查找的索引项（热数据），从而显著提高索引查找算法的查询效率。

3）索引删除

LSM 树索引删除过程会先在内存中 C_0 树上查找待删除的索引项。如果该索引项位于 C_0 树中，则直接将对应的条目删除即可。反之，如果该索引项不在 C_0 树中，则在 C_0 树中插入一个删除标记。后续合并过程中，该删除标记将被合并到磁盘中的 C_1 树，并在 C_1 树上检查删除标记对应的索引项是否存在。如果存在，则在 C_1 树的合并过程中删除该索引项。

4）索引更新

索引更新可以拆分为两个步骤：删除旧索引项，重新插入新的索引项。实现上仅需要注意利用并发控制技术维持两个步骤的原子性，在此不做赘述。

3. 算法代价分析

前面介绍了 2 阶 LSM 树的结构和算法流程。算法实现上的一些具体参数设定，以及这些参数对于 LSM 树实际性能的影响，对于 LSM 树的优化至关重要。下面介绍如何通过相关参数估计 LSM 树的算法执行代价。

首先需要定义一些与 LSM 树执行代价相关参数。S_e 表示平均单个索引项的大小，S_p 表示一个磁盘中页面的容量，此时（S_p/S_e）可以近似表示单个页面平均容纳的索引项数量。S_0 表示 C_0 树所存储的索引项总容量，S_1 表示 C_1 树所存储的索引项总容量，此时（S_0/（S_0+S_1））可以表示 C_0 树中索引项的比例。结合上面参数，LSM 树定义了批次合并参数 $M=$（S_p/S_e）（S_0/（S_0+S_1））。由于磁盘 I/O 的时间成本显著高于内存中读写的时间成本，LSM 树索引更新的开销主要集中于滚动合并过程。用参数 M 表示在滚动合并过程中，C_0 树中索引项被插入 C_1 树中各个单独叶节点的平均数量。由此，参数 M 越大，合并过程中平均每次合并的 C_0 树中索引项越多，插入算法的执行效率越高。而如果出现 $S_1 \gg S_0$，即 C_1 树容量远超 C_0 树容量。此时 M 将显著下降，导致插入算法的效率受到负面影响。

从上述时间开销分析来看，尽可能提高 C_0 树容量占比能提高滚动合并的效率。但是，C_0 树存储于内存中，内存容量的开销同样是数据库系统的主要开销。在工作负载确定时，LSM 树索引中 C_0 树和 C_1 树二者容量之和基本固定，此时 C_0 树的容量同时影响了索引更新的时间开销与内存开销，且二者不可兼得。C_0 树的容量设置为较低值时，可以节约内存空间，但是滚动合并参数 M 将显著增大，合并效率降低。反之，C_0 树的容量设置为较高值时，合并效率提高，但是内存空间开销也会提高。且实际应用场景中，相较于体量庞大的索引，内存空间容量非常有限，2 阶 LSM 树滚动合并参数 M 必然比较小，此时索引的插入效率受限。因此，2 阶 LSM 树并不适用于实际应用场景，而实际应用中一般使用更高阶的 LSM 树。

4. 多阶 LSM 树

由前面的代价评估可知，面对实际应用场景中庞大的索引与有限内存空间的矛盾，C_0 树与 C_1 树的容量差距过大，导致 2 阶 LSM 树算法的执行效率受到严重的负面影响。为解决这一问题，在 2 阶 LSM 树基础上发展出多阶 LSM 树，其核心思路为加入多级中间层，从而降低任意两个层级之间的滚动合并系数，进而实现高效的合并算法，具体过程如图 9.23 所示。

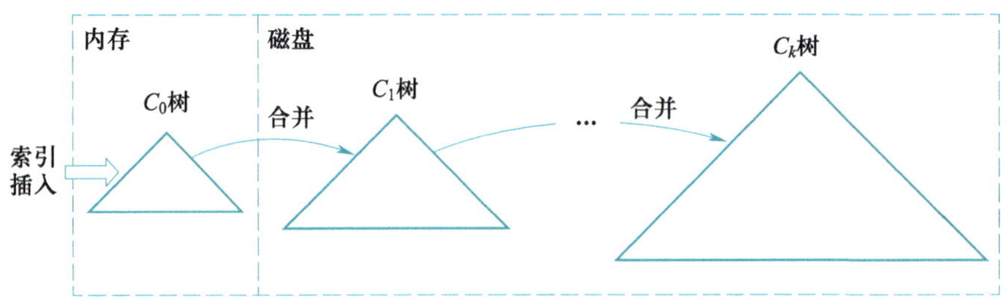

图 9.23　多阶 LSM 树结构

有关 LSM 树的相关论文中讨论并证明了不同层级索引叶节点容量的最优比例设置。考虑到篇幅问题，不展开证明过程，直接给出其最终结论：当相邻两个层级比例维持为定值时，LSM 索引整体因滚动合并产生的 I/O 成本最低。因此，LSM 树索引中会按照固定比例逐层提高各个层级的存储容量，以此达到最优的平均索引更新开销。

9.5.2　LSM 树优化

前面介绍的 LSM 树滚动合并过程是索引的关键步骤，但是其设计与实现相对复杂。因此将 LSM 树实现为真实数据库时，仍需要结合实际应用场景添加额外的限制条件，进一步优化 LSM 树的性能表现。本小节从简化条件出发，介绍 LSM 树中两个十分有效的优化手段：布隆过滤器以及分区优化。

在 LSM 树的实现中，磁盘上的索引结构采用 B+ 树，由于滚动合并过程中随着新的叶节点不断插入，索引结构也不断更新，导致故障恢复和并发控制实现较为复杂。

LSM 树结合实际工作场景为底层索引结构的选择添加以下两个额外的简化条件:

(1) 内存部分: 内存中的索引具备并发安全特性, 可采用跳跃表 (skiplist)、B+ 树等;

(2) 磁盘部分: 磁盘中各层索引允许新增 (归并生成新索引) 和删除, 但不允许修改, 以此简化系统的并发控制和故障恢复。

上述两个简化条件可以有效降低系统并发控制和故障恢复算法的实现难度。但是在运行过程中, LSM 树在运行效率方面仍存在如下三个问题。

(1) 读放大: 当查找一个键值时, 必须从 C_0 树开始逐层检查, 最差情况会访问到最后一层 C_k 树, 其中 C_1 树 ~ C_k 树均位于磁盘中, 将产生多次磁盘 I/O, 严重影响索引查找算法的运行效率。一般通过布隆过滤器来优化读放大的问题。

(2) 写放大: 当内存缓冲满时, 需要将键值和磁盘中的数据合并。特别是在多阶 LSM 树中深层索引的容量极大, 而合并算法需要将数据导入内存完成, 此时数据将不断在内存和磁盘中交换, 造成写放大问题。一般采用分区的方法来优化写放大问题。

(3) 空间放大: 一个键值可能存放在 LSM 多层当中, 因此造成空间放大。此外, LSM 树采用延迟删除, 当过多键值被删除时, LSM 可能仍然保存该键值, 也造成空间放大。一般通过异步压缩机制来解决空间放大问题, 即异步扫描所有数据, 物理删除被标记为逻辑删除的数据。

1. 布隆过滤器

前面所述 LSM 树的第一个问题主要源于键值存在性的判断, 必须多次读取磁盘中多层数据才能判断键值是否存在于索引中。布隆过滤器 (Bloom filter) 提供了一种高效的算法来判断键值的存在性, 从而解决了多次扫描判断问题。

布隆过滤器以极小的空间开销即可快速判断一个键值是否出现在一个集合中。其特点是, 如果它判定一个键值不在此集合时, 该键值一定不在; 当它判定一个键值在此集合时, 该键值大概率在此集合中, 但是也有一定概率不存在 (由于哈希冲突导致)。下面简述布隆过滤器的原理。

布隆过滤器利用哈希函数的特性, 以常数项级别的时间和空间开销判断键值是否属于特定的键值组中。假设键值为小于 1 000 的自然数域上按照均匀分布采样所得, 在此基础上选择两个哈希函数: H_1 为键值在十进制表示下最后一位数, H_2 为键值在十进制表示下倒数第二位数。在图 9.24 中, 初始键值组为 $G_e = \{891, 241, 739\}$, 后续检验三个键值 $G_t = \{891, 137, 643\}$ 是否存在于初始的键值组内。

图 9.24 (a) ~ 图 9.24 (c) 为布隆过滤器的初始化过程。首先根据哈希函数取值范围初始化 10 个初值为 0 的桶, 分别对应 0~9 这 10 个哈希函数的结果。布隆过滤器在

插入第一个键值 891 时，会计算该键值的两个哈希函数值并将对应桶内的值置为 1。对于后续插入的两个键值 241 和 739 进行相同的操作，布隆过滤器仅需要记录存储值为 1 的桶集合以及使用的哈希函数即可完成后续的判断过程。

图 9.24（d）~ 图 9.24（f）为布隆过滤器的检验过程。布隆过滤器重复初始化过程中计算键值哈希值的过程，并比较键值生成的哈希值和保存的哈希序列的关系来判断键值是否存在于已插入的键值集合。这里使用的三个数据分别对应了三种不同的情况。（1）第一种情况：布隆过滤器判断查找键存在，此种情况下大概率所查找键值存在于键值集合，如图 9.24（d）所示。$K_4 = K_1$，因此其哈希值与 K_1 完全相同，故对应的桶必然属于记录的桶集合。因此布隆过滤器保证所有实际存在的元素一定能被检测到。（2）第二种情况：布隆过滤器判断查找键存在，此种情况下小概率所查找键值不存在于键值集合，如图 9.24（f）所示。由于 K_6 在两个哈希函数作用的结果 4 和 3 均包含于记录的桶集合，故同样会被布隆过滤器判断为可能存在于已插入键值中。此时会读取键值集合，并确认查找键是否真实存在。（3）第三种情况：布隆过滤器判断查找键不存在，此种情况所查找键值肯定不存在于键值集合，如图 9.24（e）所示。由于 K_5 在 H_1 作用下的哈希值为 7，对应位置为 0，因此 K_5 必然不属于已插入键值中，故可以通过布隆过滤器快速判断出这一类键值。综上来看，布隆过滤器可以通过常数时间以一定概率判断键值在已经插入键值中是否存在。如果判断不存在，则该键值肯定不存在并且可以快速过滤此类查找键；如果判断为存在，则需要到键值集合中进行进一步检验。

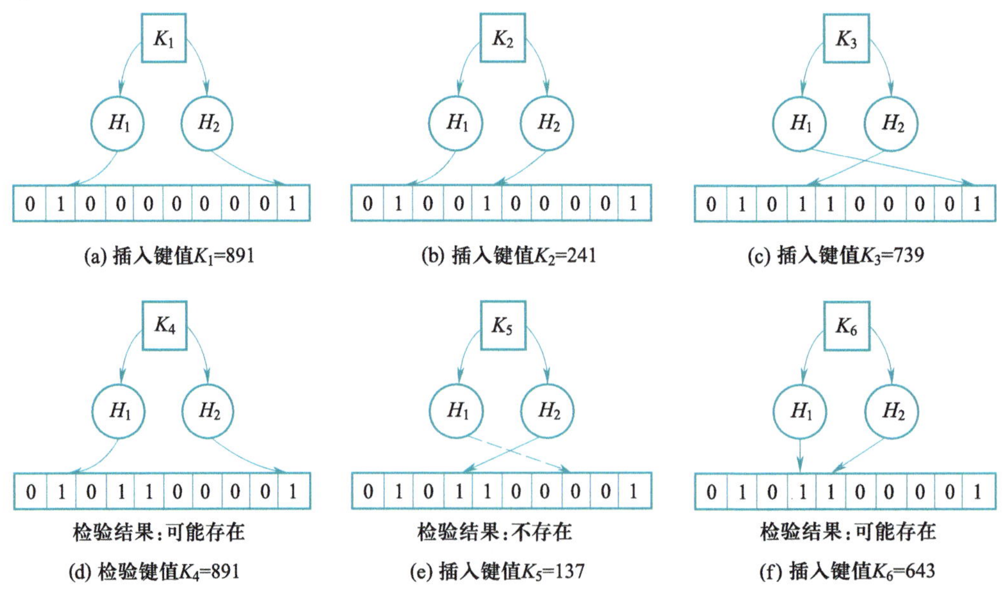

图 9.24　布隆过滤器

布隆过滤器的第一个局限性在于：判断存在性具有一定假阳率，即判定在键值集合中，但有一定概率不存在该键值。在理想情况下，k 个无关联的哈希函数计算各个键值所得的哈希结果概率分布相互独立，此时利用概率统计知识可以计算出，布隆过滤器判断可能存在但实际不存在于给定键值组的假阳率近似为 $(1-e^{-kn/m})^k$，其中 n 为键值数，m 为桶数。真实运行环境中通过调整桶的数量和哈希函数数量来控制假阳率，一般控制误判率在 1% 水平，从而用远小于键值数量的存储开销来实现常数级别的存在性判断。

布隆过滤器的第二个限制在于：删除存在的键值非常困难。删除键值会影响初始化桶的保存结果，必须重新运行初始化过程或添加额外的判断。但是 LSM 树的简化条件限制了磁盘中的页面块不可变，故这一限制在 LSM 树这一应用场景下可以忽略。

2. 分区优化

前面提到 LSM 树的第二个问题主要源于大容量索引合并算法内存和时间开销过大。解决这一问题的核心在于利用分区合并方法来优化索引合并算法，分区可以将大容量索引拆分为小的组成部分，小容量分区合并不需要占据大量内存资源，从而让节点合并过程更为平滑，基于可用资源量随时调整所使用的内容资源。

此外，小容量分区的数据范围有限，可以利用分区数据范围优化合并过程，提高合并算法的运行效率。这种优化主要分为两类情况：一是分区无重叠，当合并的分区范围没有重合时，可以直接将靠后分区连接到靠前分区尾部；二是偏斜更新，数据更新集中在一定区间范围内，此时未涉及数据更新的冷数据段可以快速合并。

9.5.3 实例分析：LevelDB

LevelDB 是谷歌开发的一个基于磁盘的单机键值存储系统，其设计思想受到谷歌 NoSQL 键值数据库 BigTable 的启发，并在存储引擎方面使用了 LSM 树索引。本节将从 LevelDB 中 LSM 树索引的架构设计出发，分析从 LSM 树到 LevelDB 中 LSM 树设计和实现的变化。

图 9.25 展示了 LevelDB 整体的系统架构设计。本节重点关注 LSM 树实现相关的部分，即三种数据结构：MemTable，Immutable MemTable（不可变）以及 SSTable。首先介绍三者的功能和特性：① MemTable 为内存中的索引，采用跳跃表实现数据存储，用于内存中高速的键值查询，允许写入更新；② Immutable MemTable 在数据结构上与 MemTable 一致，但是不允许更新，作为从 MemTable 到 SSTable 合并过程中的中介使用；③ SSTable 即 Sorted String Table，存储在磁盘中的索引分区，同一层级的所有分区共同构成磁盘内的一级 LSM 树索引，分区内存储的元信息包含布隆过滤器信息，可以

快速判断键值在分区内的存在性。

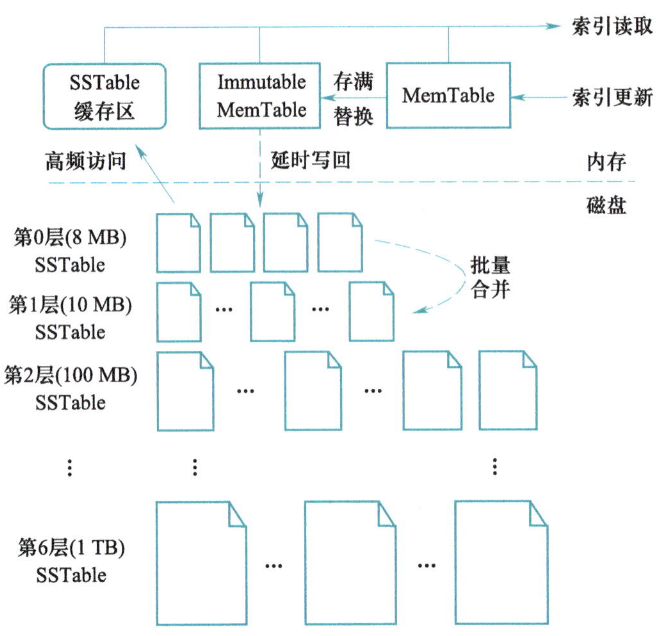

图 9.25　LevelDB 整体架构图

下面分别讨论索引的更新以及查找过程。

索引更新的流程如下。第一步，系统生成对应的更新日志并写入预写日志以保证故障时可恢复。第二步，系统更新 MemTable 中对应内容，此时不会立即写入磁盘。第三步为后台异步过程，MemTable 写满后将转为 Immutable MemTable 并新建一个 MemTable，Immutable MemTable 将启动异步合并过程并写入磁盘中第 0 层的 SSTable 中。后续磁盘中任何一层容量满时，都将触发该层到下一层的合并过程，直到最后的第 6 层为止。合并过程需要合理选择合并的层次以及相关文件，图 9.26 展示了 LevelDB 的合并过程。由于第 0 层中各个 SSTable 直接由 Immutable MemTable 得到，其中的键值范围相互重叠，所以第 0 层到第 1 层的合并需要对键值按照取值范围进行划分，从而实现分区优化。从第 k 层向第 $k+1$ 层合并时，由于已经按照键值取值范围进行分区，合并过程仅涉及第 $k+1$ 层相应取值范围的 SSTable。如图 9.26 中带底纹的 SSTable

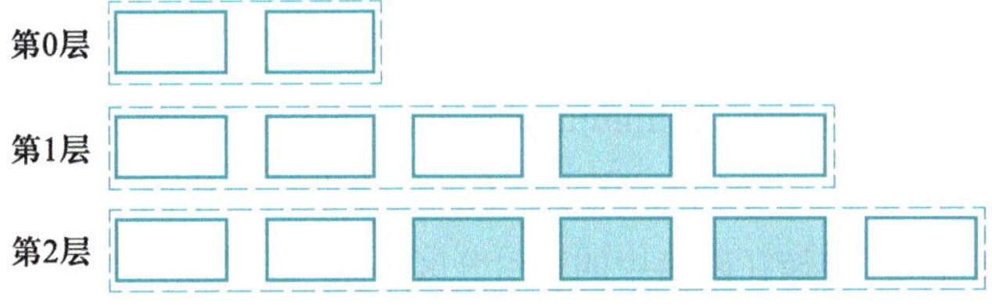

图 9.26　LevelDB 合并

节点所示，第 1 层带底纹节点与第 2 层带底纹节点有交集，因此第 1 层带底纹节点与第 2 层带底纹节点需合并。注意当删除一个键值时，往往通过标记的方式标记删除，不实时删除数据，而是后续异步进行删除。当一个分区满时，如果该层分区不满，则可以分裂为两个分区；如果该层已满，则合并到下一层。

索引查找流程如下。首先尝试从内存中 MemTable、Immutable MemTable 以及缓冲区中查找对应键。当内存中不存在该键时逐层查找各层 SSTable 文件，其中利用 SSTable 中记录的布隆过滤器加速查找过程。

异步压缩流程如下：当删除的数据较多时（也称为墓碑效应，即标记的删除称为墓碑），需要逐层物理删除那些标记为删除的键值，并合并不同的分区来解决空间放大问题。

9.5.4 LSM 树与 B+ 树对比

最后，本节对 LSM 树和 B+ 树索引进行全方位的横向对比。

（1）适用场景对比。二者均为以磁盘为主要存储介质的数据库系统设计的索引结构。B+ 树索引更新算法会产生较多的磁盘随机 I/O，更适合于读取密集的工作负载。LSM 树索引在写操作时均为磁盘顺序写操作，且最浅层常驻内存，对最近写入的数据进行读写效率很高，但读取算法在面对冷数据查找时会产生较高的磁盘 I/O，更适合于更新密集的工作负载。

（2）整体架构对比。B+ 树的所有页面共同构成一个树形索引结构，所有的操作过程都直接作用于这一整体。树结构不需要额外的设置，随着数据的增加可自动调整树结构。而 LSM 树则按照层次管理多个层级的索引，在操作过程中各个层级的索引结构一般独立运行，通过合并实现层级间的数据交互。两种完全不同的架构设计直接决定了二者的性质和各类算法运行流程上的巨大差异。

（3）内存和磁盘功能对比。从本质上说，内存在两类索引中均起到缓存的作用，但是利用方式上存在差异。在 B+ 树中，内存主要作为磁盘页面的缓冲区使用；但是在 LSM 树中，内存的一部分用作磁盘页面缓冲区，主要的部分则用于建立 C_0 树来支持快速索引更新和磁盘延时写回。磁盘是两类索引中主要的数据存储介质。在 B+ 树中磁盘按照页面管理，存储 B+ 树的内部节点和叶节点。而在 LSM 树中磁盘按照粒度更大的数据块进行管理，单个或多个数据块共同构成了某一层级索引。

（4）索引查找对比。B+ 树索引仅需要在单一树形索引结构中进行搜索，同时利用内存作为磁盘页面的缓存，查找过程中平均磁盘 I/O 相对较低。此外，缓存失效时也仅需要加载单一叶节点数据，最差情况的磁盘 I/O 不超过树高。而 LSM 树索引搜索则需要依次在各个层级的索引结构中进行搜索，一旦未能成功地从内存中缓存和 C_0 树中获取数据，就必须逐层检查磁盘中的各级索引，即使在使用布隆过滤器优化的情况下，其查找过程平均磁盘 I/O 以及最差情况下的磁盘 I/O 仍会高于 B+ 树索引。故从索引查找效率来看，B+ 树较优。

（5）索引更新对比。B+ 树索引在更新过程中需要修改变化的叶节点及其到根节点的所有父节点，这将产生多次磁盘 I/O。而且在更新的数据范围相对分散时，磁盘中需要修改的页面重复率较低，缓存的作用相对有限。同时可能面临更改后需要调整树结构问题，这将产生更多的磁盘 I/O。而 LSM 树则采用了延时写入、批量更新的策略。索引更新先写入内存的 C_0 树内，待 C_0 树存储满后再批量写入磁盘。同时磁盘中已经写入完成的页面不允许更新，直到合并过程中重新调整页面数据。整体流程中各项数据修改均为异步进行，能够显著降低峰值更新延时。更新内容经过延时累积后实现批量处理，能够降低总体 I/O 开销。故从索引更新效率来看，LSM 树较优。

9.6　位图索引

SQL 查询经常会在多个列上给出过滤条件，充分利用列上的过滤条件能够减少查询过程的 I/O。最直接的思路是仅使用能过滤掉较多数据的列上的单列索引，将符合该列条件的数据全部筛选出来，之后再利用其他列上条件进行逐条筛选。借助位图索引，数据库能够同时利用多个索引列上的限制条件，在读取数据文件前过滤掉更多不满足条件的数据，从而更高效地完成这种类型的任务。

1. 位图索引的结构

位图是一个位数组，位图索引的每一位可以代表某个主键（对 InnoDB 这类使用索引组织表的数据库而言）、某个页面（对 PostgreSQL 这种使用堆表的数据库而言）或者某条记录是否满足一个条件。每一位图索引中只占 1 b，满足条件为 1，否则为 0，这使位图索引足够小，甚至可以放在内存中。

为了更好地说明位图索引应用场景，考虑在如表 9.1 所示的学生数据中查询“Sgender = 男”且“Sdept = CS”的学生。如图 9.27 所示，数据库在 Sgender 与 Sdept 两列上建立位图索引，Sgender 上的位图索引为：男（10101），女（01010）；Sdept 上的位图索引为：CS (11001), MA (00110)。实施上述查询时，只需要将“Sgender = 男”的位图与“Sdept = CS”的位图进行逻辑与运算，即 10101 ∧ 11001 = 10001，即可得到第一条和第五条数据满足查询条件，相比按照单列筛选数据后逐条判断的查询步骤，位图索引查询能够大幅减少需要读取的数据条目，降低 I/O。

表 9.1 学生数据表

Sno	Sname	Sgender	Sage	Sdept
2021310721	赵宇	男	19	CS
2021310722	张敏	女	18	CS
2021310723	王勇	男	18	MA
2021310724	刘佳	女	17	MA
2021310725	李博	男	17	CS

Sgender=男	10101	Sdept= CS	11001
Sgender=女	01010	Sdept= MA	00110

图 9.27 位图索引

2. 位图索引的逻辑操作

前面例子中使用“与”条件连接谓词实现位图的逻辑与操作。计算机中进行计算时，可以借助整数位压缩，通过 AND 指令加速执行。类似地，“或”条件连接的谓词可以对应到位图的逻辑或操作。对于否定谓词，由于可能存在被删除项，直接对位图逐位取反是不够的，还需要与表示每个元素是否存在的位图进行逻辑与操作。支持谓词的“与”“非”逻辑之后，理论上所有条件关系式都可以转化为只包含这两种运算，进而对应实施相应位图操作。

3. 查询执行中临时生成位图索引

从位图索引的特点可以看出，位图索引对属性列的每个可能取值建立一个位图，如果属性列的可能取值过多，位图索引会占用大量空间，无法实际应用。在数据库中，位图索引不仅可由用户预先构建位图索引时可以使用，还允许在查询执行中动态构建出来。

当列上有索引时，对于该列上的筛选条件，可以借助索引中存储的数据记录指针，在执行查询时动态构建出满足该条件的数据的位图索引。例如对于表 9.1，Sage 列上有 B+ 树索引，那么对于筛选条件“Sage<=18”，可以构建出位图索引 01111。在筛选“Sage<=18”且“Sdept=CS”的数据时，就能够利用位图索引逻辑与运算，得到结果数据的位图。在实际数据库的例子中，PostgreSQL 的位图索引扫描（bitmap index scan）对应临时位图索引构建过程；位图堆表扫描（bitmap heap scan）对应根据最终得到的位图，读取数据页面并进行条件筛选的过程。

由于位图索引是对一个属性的每一个非重复值建立一个索引，显然当非重复值较多时，该方法需要建立多个位图索引，因此存储空间较大。所以位图索引一般适用于非重复值较少的属性。

9.7 多维索引

现实应用中，很多应用需要对多维数据进行查询处理，例如地图应用中时常需要对空间位置信息进行二维空间查询，在这类多维数据上进行多维范围查询与最近邻查询对数据库提出了新的要求。之前介绍的索引都是为在单一维度上进行查询而设计的，无法高效支持多维查询。即便可以拼接多个列来构建复合键索引，由于复合键是通过依次比较各列的值来排序的，优先级较低的列很难受益于复合键索引。例如，构建列 c_1、c_2、c_3 上的复合键索引，如果仅对 c_2、c_3 进行范围查找，则对应的索引记录可能分布于 B+ 树索引的大部分叶节点中，导致索引无法加速查询。为了高效支持在多维数据的多个维度上同时设置查找条件，数据库引入了多维索引。

本节将介绍数据库中几种常见的多维索引：网格文件借助哈希桶数组概念，将桶数组修改为多维形式；在四叉树中每层都对所有维度平均切分，划分为大小相等的空间；KD 树的第 m 层节点对 k 维数据的第 $m\%k$ 维属性进行分割；R 树借用了 B+ 树的思想，在空间中分出矩形区域作为节点，矩形区域中包含的小矩形为子节点。多维查询包括点查询、范围查询和 k 近邻查询（k–nearest neighbor query）。点查询指的是数据和查询完全相等的查询，范围查询指的是数据落在查询范围之内的查询，k 近邻查询指的是找到和查询要求最相近的 k 个数据，其中数据之间的相近度 / 距离可通过相似度 / 距离函数计算得到，例如欧式距离。

9.7.1 网格文件

网格文件在多维数据每一个维度上进行划分，将空间划分为网格（grid）。网格文件借助哈希表桶数组的思想，设计多维桶数组，桶数组中存放指向索引页面的指针。索引页面存放对应的空间网格中的数据索引项。

1. 网格文件的结构

图 9.28 展示了网格文件的结构。在图 9.28（a）中平面上的 8 个点被 3×3 网格划分开，对应图 9.28（b）中网格文件的一个 3×3 二位桶数组，桶中存放指向数据页面的指针。网格文件结构较为简洁，但一方面较为浪费空间（假设每个维度划分 m 份，则

k 维数据需要 m^k 数量级的桶），另一方面网格划分方式难以改变，在数据页面存满后需要通过链接溢出页面来解决。因此网格文件难以适用于偏斜数据（skew data）。

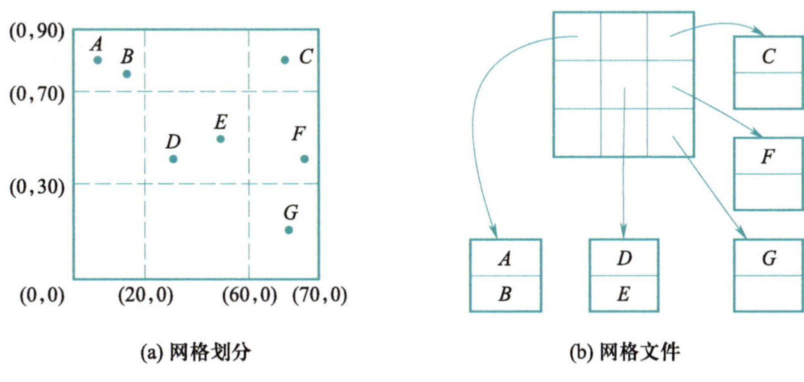

图 9.28 网格文件

2. 网格文件上的查询

实施范围查询时，首先通过给定的查找范围与已知的网格划分方式计算出与查找范围交集非空的网格。若网格完全被包含在查找范围中，则返回网格指向的页面中的全部数据；若网格与查找范围相交但不完全被包含，则需要对网格指向的页面中的数据根据查找范围进行过滤后返回。

实施最近邻查询时（找到与查询要求最相近的数据，比如按欧氏距离查询），首先在给定点 P 所在网格进行查找，得到同一网格内的最邻近点 Q，记 PQ 间距离为 d（若网格中只有 P 一个点，没有找到 Q 点，则 $d=\infty$）。然后逐步迭代遍历 P 邻近的网格，若 P 到某个网格边界距离大于 d，则无须扫描该网格的数据。如果 P 到某个相邻网格边界距离小于 d，则需扫描该网格的数据再次查找最邻近点，并更新 d。接下来迭代访问该网格邻近的网格，直到没有可以访问的网格为止。此算法称为最佳优先搜索（best-first search）算法，广泛用于近邻查询中（也支持其他高维索引）。

9.7.2 四叉树

四叉树可以看作是对支持一维搜索的二叉搜索树在 k 维空间中的进化。二叉搜索树每层将区间分为两段，而 k 维空间的四叉树每层对所有维度同时进行二分，将子空间均分为 2^k 段。图 9.29（a）展示了二维空间的四叉树，图 9.29（b）为对应的树形结构。

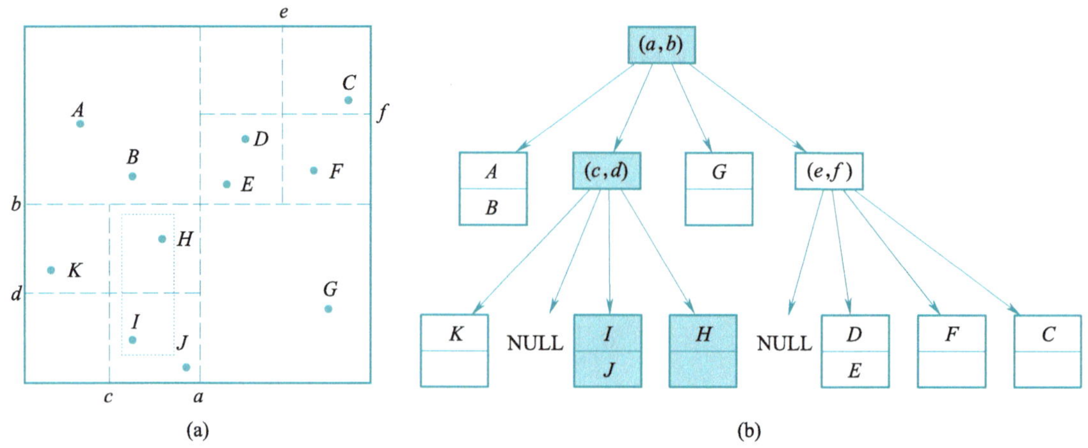

图 9.29　四叉树

1. 四叉树结构

对图 9.29（a）中的数据点，四叉树首先根据数据范围在两个维度上分别以 ab 为分界将整个空间等分为四个区域。对于每个区域，若区域中无任何点，则用空指针代表；若区域中的点能够存放于一个页面中，则停止划分（如 A、B 点所在的区域）；若区域中的点超过一个页面存储能力，则继续将区域四等分。对于更高维度的四叉树，由于每层分叉数为 k 的指数，当数据在空间中分布较为稀疏时会产生大量没有任何数据的区域，浪费了存储空间。

与网格文件相比，四叉树的树形结构能够高效支持数据点的插入。向已经填满的区域中插入新数据点时，只需要将子区域均分为 2^k 份，而无须重新划分所有区域。

2. 四叉树查询

对于范围查询，递归进入与查找区间有交集的区域。例如查找图 9.29（a）中的点框线区域，在四叉树中的访问路径如图 9.29（b）中带底纹节点所示。对于最近邻查询，如查找点 J 的最近邻点，先在查找点的区域中找到最近邻候选点 I，计算得到 I、J 间的距离 d，之后在相邻区域（J 所在叶节点的兄弟节点，以及 G 所在的叶节点）搜索是否存在更近邻的点（小于 d），如果存在则访问并更新 d，直到所有区域离 J 点的距离都大于 d。

9.7.3　KD 树

KD 树是用于索引多维数据的二叉搜索树，它解决了四叉树过度划分产生的空间浪费问题（数据倾斜）。为了方便说明，采用平面上点集的例子介绍 KD 树的结构。

1. KD 树结构

如图 9.30（a）所示，平面上有 $A \sim G$ 共 7 个点，贯穿 C 点的竖分割线表示按横坐标进行划分，将点集分为 $ABCG$ 与 FDE 两部分，对应图 9.30（b）中根节点按照 C_x（x 表示 C 点横坐标）进行分支；B 点处的横分割线对应图 9.30（b）中 B_y 按照 B 点纵坐标 y 将点集 $\{ABCG\}$ 分割为 $\{BG\}$ 与 $\{AC\}$ 两部分。KD 树通过这种按照维度顺序二分子区域的方法进行构造，第 m 层对第 $m\%k$ 维进行二分，直到子区域中的点能够被容纳于一个页面中，划分点的选取通常取能够均等分割点集的点。KD 树相较四叉树更平衡，能够缓解数据倾斜问题。

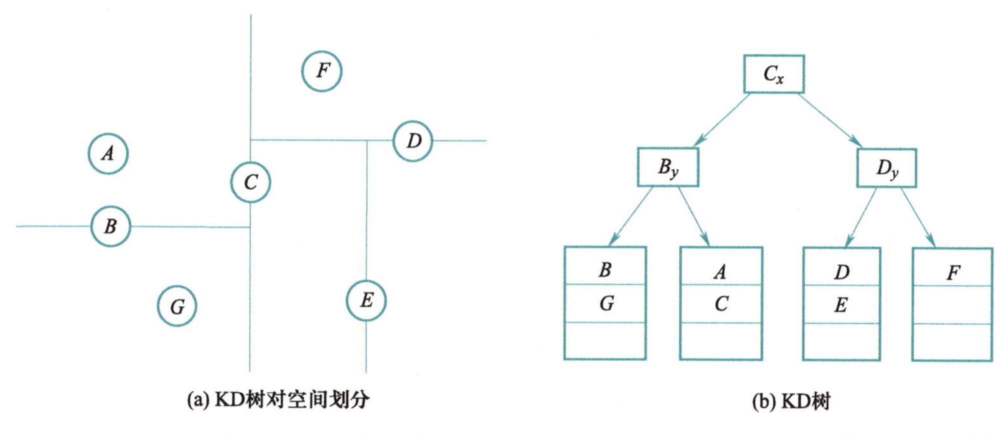

图 9.30 KD 树

2. KD 树上的查询

实施多维数据范围查询时，每个维度上有区间左右端点限制（若某个维度没有限制，可以转化为范围（$-\infty$, $+\infty$））。做递归查找时，若当前节点表示的空间与查找区间有交集，则递归到两个子节点间的查询。递归边界条件有两种情况，一是当前节点表示的子空间与查找区间无交集，则返回空结果；二是当前节点表示子空间被完全包含于查找区间，则返回全部内容。

查询复杂度为递归过程需要遍历的节点数目。这里仅讨论较为简单的二维情况，即范围查询在最坏情况下的复杂度。如图 9.31 所示，二维情况下，KD 树进行递归查询时，会有两种递归查询的节点，第一种为 $a \sim d$ 四个角落区域；第二种为 $e \sim m$ 的长条形区域，长条形区域的递归过程占主要部分。对含 n 个点的长条形子区域进行递归查询，第一次递归会分为一个封闭区域与一个长条形区域，每个区域包含 $\frac{n}{2}$ 个点；第二次递归会将长条形区域分裂为两个各包含$\frac{n}{4}$个点的长条形区域（子问题）。最坏情况下，第一次递归得到的长条形区域与查询范围相交，需要继续递归。由上述分析可以得到包含 n 个点的 KD 树进行范围查询时，最坏情况下复杂度的递推公式 $T(n)=3+2T(n/4)$，解此递推式得到二维 KD 树最坏情况下复杂度 $O(\sqrt{n})$。对于 k 维 KD 树，范围查询复杂度最坏情况下为 $O(kn^{1-1/k})$。

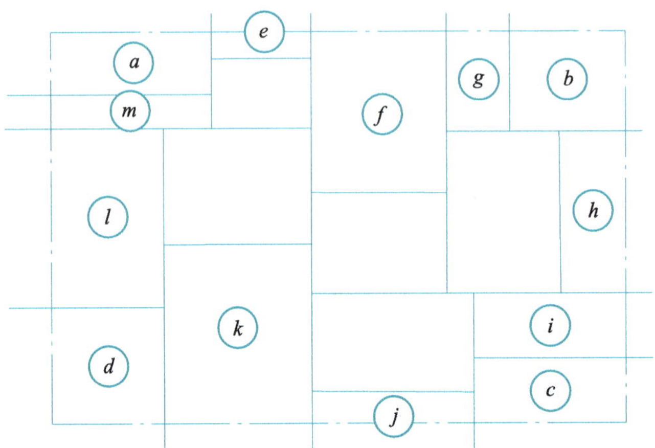

图 9.31　KD 树查询复杂度分析

对于查找距离某点 P 最近点的最近邻查询，首先在 KD 树中对点进行查找，找到包含它的叶节点，在叶节点中找最邻近点 Q，作为最邻近点的候选点。以 P 为球心，PQ 为半径作超球，则最邻近点必在此超球中。在 KD 树中对超球范围实施查询，递归过程中对范围中的点计算与 P 点的距离及最近邻点进行更新，最终得到最近邻点。由于最近邻查找过程借助了范围查询，故最坏情况下复杂度也为 $O(kn^{1-1/k})$。

9.7.4　R 树

R 树可以看作是 B+ 树在多维数据上的推广，多叉树结构能够降低树高，减少操作中的 I/O 次数，是一种适合对外存上多维数据进行索引的数据结构。R 树索引的键为空间中的多维矩形区域 $I=(I_0, I_1, I_2, \cdots, I_{n-1})$，其中 I_k 为第 k 维上的闭区间，空间中的不规则物体可以用其最小的外接矩形进行描述。例如，对于二维数据（如地图数据）来说，R 树索引的键为地图上的矩形（rectangle）区域，这也是 R 树名字的由来。R 树主要研究对空间中一系列矩形物体，如何构建索引以高效支持插入、删除、范围查询。

1. R 树的结构

在图 9.32 中，矩形 R_8~R_{19} 为二维空间上的 12 个实体，用实线框矩形表示，R 树通过一些规则，将它们分为 R_8~R_{10}、R_{11}~R_{12}、R_{13}~R_{14}、R_{15}~R_{16}、R_{17}~R_{19} 共四组，每一组用最小外接矩形框起，得到虚线表示的 R_3~R_7，再将 R_3~R_7 分为两组，得到点画线表示的 R_1、R_2。通过空间上的包含关系，R 树构建了空间的层次结构，图 9.33 为对应的树形结构。与 B+ 树类似，R 树每个节点对应一个文件页面，每个节点中的键数在 m 与 $m/2$ 之间。每个节点存储 $[m/2, m]$ 个矩阵空间（孩子节点的最小外接矩形）和指向孩子的指针。

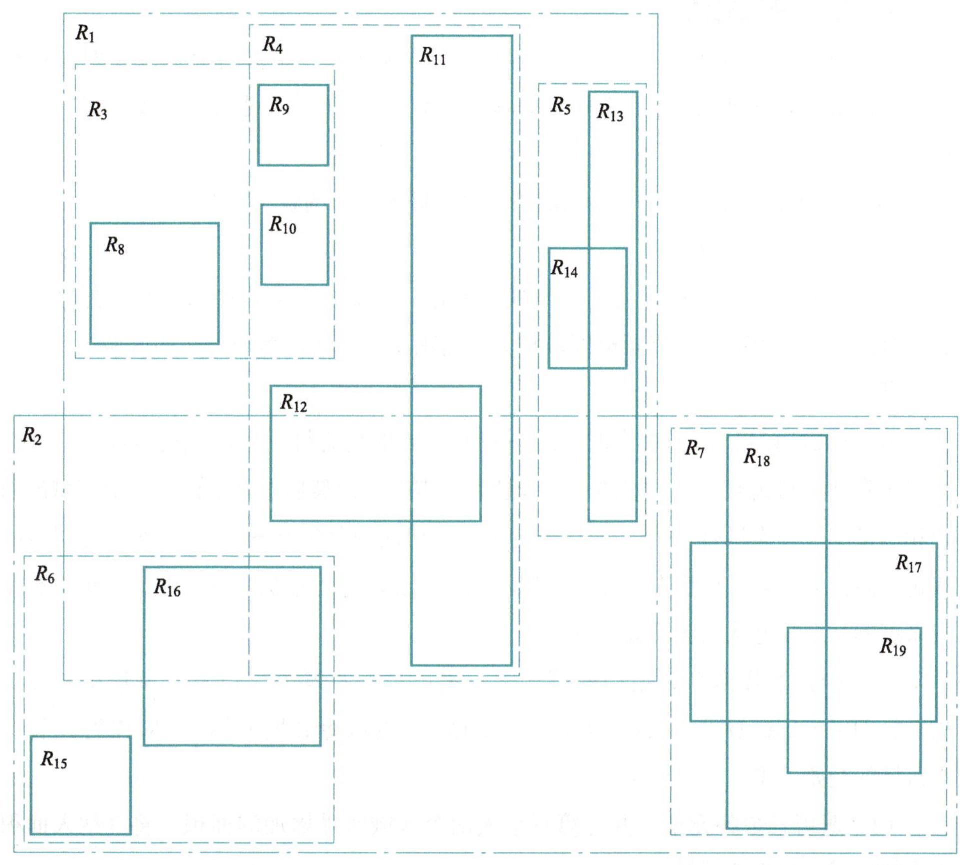

图 9.32　最小边界矩形

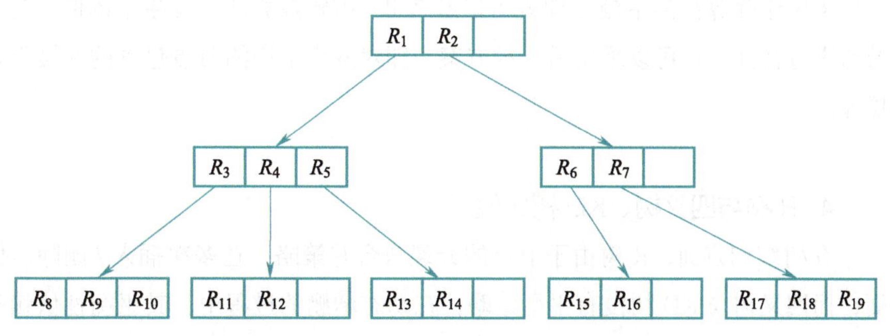

图 9.33　R 树

2. R 树上的查询

给定空间中的矩形区域，查询区域中的实体。与一般二叉搜索树类似，可以采用递归算法进行搜索，对节点中每一个区域，若被包含于查询区域，则返回子树全部叶节点；若与查询区域有交集，则递归到对应子树进行查询；若与查询区域无交集，则返回空集合。如果采用 k 近邻查询，仍然可用最佳优先搜索算法来剪枝不包含 k 近邻的节点。

3. 插入 / 删除算法

R 树插入算法与 B+ 树类似，均为将记录插入叶节点中，当节点溢出时就进行分裂，并将溢出节点向上传递实施递归处理。R 树插入算法中会遇到一些新问题，需要进行讨论，例如:

（1）节点中没有任何一个区域能够包含待插入矩形的解决方法，

（2）节点分裂算法。

对于问题（1），一种常用的启发式方法是，尝试扩大节点中每一个矩形区域，使其包含新插入的矩形，计算矩形区域扩大的面积，选取面积增加最少的区域进行区域扩展并进行插入。

对于问题（2），由于查询时会对与查询区域相交的每一个区域进行递归查询，所以为了降低递归次数，一个好的节点分裂算法需要让分裂后得到的两个矩形区域的面积之和尽量小。分裂具有 m 个矩形区域的节点，可能的分裂方案有 2^{m-1} 种，进行枚举的代价过高，故一般采用启发式方法，以较低代价选取接近最优解的方案。一种具有平方复杂度的启发式方法的步骤如下。

（1）分别选择两个分组中的第一个元素，对于 R_i 与 R_j，以及二者最小外接矩形 R_{ij}，计算 $d = \text{Area}(R_{ij}) - \text{Area}(R_i) - \text{Area}(R_j)$，选取令 d 最大的 R_i、R_j 作为分裂后两个区域的初始元素。

（2）遍历其余各元素，并计算其纳入两个区域所需增加的面积，将其纳入面积扩充小的区域，并更新区域。

R 树删除算法的下溢处理既可以参考 B+ 树删除算法，发生下溢时与兄弟节点 / 父节点进行合并，也可以采用另一种方案，即对发生下溢的节点包含的区域重新执行插入操作。

4. R 树与四叉树、KD 树比较

在树结构方面，R 树由于节点的分裂与合并策略，在多次插入 / 删除后仍可保持平衡；而四叉树与 KD 树没有平衡策略，在动态增删的过程中，其平衡性依赖于增删操作的随机性。因此，R 树能够高效支持磁盘持久化，而 KD 树和四叉树难以高效支持磁盘

索引。在可支持的操作方面，由于 R 树的最小外接矩形对应实际物体，可以额外支持物体之间位置的查询，例如查找一个坐标对应的建筑物。

9.8 小结

本章介绍了数据库中常用的各种索引技术。索引让数据库能够避免对全部数据进行扫描，只需少量 I/O 以定位记录位置，并且能够在数据增删时进行动态维护。按照存储格式划分，索引分为聚集索引和非聚集索引。按照功能划分，索引分为主键索引和辅助索引（二级索引）。聚集索引要求数据文件按照查找键进行排序，并在数据增删时维护数据文件。辅助索引不要求数据文件按查找键排序，适用于建立在堆表上或在已有主索引的数据表的其他列上构建。按照索引数据记录与索引数据块的区别，索引分为稠密索引与稀疏索引。在单层稠密 / 稀疏索引上反复叠加稀疏索引可以得到有层次结构的多级索引，多级索引能够进一步降低数据查找中的 I/O 开销。

B+ 树索引在数据库中应用广泛，本章介绍了 B+ 树索引的构建、插入、删除、查找和更新。对于 B+ 树的并发访问控制，介绍了基于锁的方法。此外，由于自顶向下对 B+ 树进行加锁会产生大量不必要的加锁与解锁过程，介绍了 B-link 树，它通过增加右兄弟指针来支持自底向上的加锁方式。最后，介绍了 Bw 树，它借助 CAS 操作、增量追加写、节点 ID 与物理页面的映射表实现了无锁的高并发 B+ 树。

哈希索引适用于只需进行等值查找，具有常数复杂度。静态哈希表在哈希表容量满后需要进行代价高昂的重哈希过程，而可扩展哈希表与线性哈希表两种动态哈希表支持随数据量增大对哈希表进行动态扩容。可扩展哈希表对桶扩容时需要移动所有桶中的指针，会阻塞并发的其他操作，而线性哈希表每次操作总能保证仅进行常数次修改，具有更好的并发性能。

位图索引适用于非重复值较少的属性，并可基于多列的筛选条件快速地取交集或并集。

LSM 树索引将索引更新操作转化为磁盘顺序写入操作，对于写密集型负载性能更好。从 2 阶 LSM 树入手，介绍了 LSM 树通过滚动合并将随机写转化为批量的磁盘顺序写。LSM 树算法性能分析指出大索引与小内存之间的矛盾，通过引入多个中间层磁盘索引加以解决。针对查找与深层索引合并代价高的问题，LSM 树引入了布隆过滤器与分区优化。最后，介绍了 LevelDB 中 LSM 树的实现方法，并与理论介绍部分相呼应。

多维索引主要用于支持多维数据的点查询、范围查询、最近邻查询。网格文件简明、直观，但存在空间浪费、数据倾斜问题。KD 树每层对一个维度进行二等分划分，四叉树将 KD 树每 k 层进行合并，结构更为紧凑。R 树维护对象的最小外接矩形，借鉴 B+ 树思路，每个节点对应一个页面，在元素插入溢出时进行节点分裂，元素删除造成页内元组过少时进行节点合并。

9.9　习题

1. 数据库可以构建多个列的复合键索引，请思考多列的复合键索引相较于多个单列索引，更适合什么类型的查询。

2. 画出图 9.11（f）中删除键 35 的过程。

3. 思考让 B+ 树索引多个键值相同的记录的实现方案。

4. 在实际实现中，字符串哈希函数的乘数通常取 2 的幂加减 1，试从计算速度的角度解释运算过程及原因。

5. B+ 树闩锁耦合加锁方式的并发操作、B-link 树的并发操作会不会发生死锁？为什么？

6. 在 B-link 树插入算法中，如果节点发生了溢出，它的互斥锁何时被释放？

7. Bw 树采用了日志结构存储（log structured store）方式来存储页面，新分配页面与增量更新页面以类似日志的方式在磁盘上连续分配。思考这样做的好处，以及为何 Bw 树能够采用这样的存储方式。

8. 数据表一共 c 行，某列有 d 个不同值，构建位图索引需要占用多少字节空间？

9. 设计构造测试用例，让二维 KD 树进行范围查询时可达到最坏情况复杂度。

10. 在如图 9.33 所示的 R 树中，标出搜索矩形 R_{12}（见图 9.32）需要访问的 R 树节点。

第 10 章

查询处理

本章主要讲述给定一条 SQL，如何处理该 SQL 并计算其查询结果。由于 SQL 是非过程化语言，编写 SQL 语句时只需描述查询意图，无须关心该查询具体如何执行，而复杂的查询处理一般由数据库完成。

数据库为了找到一条 SQL 语句的查询结果，需要对该查询实施一系列处理过程，包括① 查询解析：将 SQL 查询语句转化为容易被数据库执行的表达形式（查询树）；② 查询优化：为优化查询执行效率而对查询树进行一系列基于规则的逻辑变换和基于代价的物理变换，并得到一棵物理计划树；③ 查询执行：对物理计划树进行编译与执行，利用查询执行模型和物理计划树求解结果。执行时需要调用存储引擎接口来获取数据。本章将概述查询处理的过程，重点讲解各关系代数运算的实现方式并分析其代价。

10.1　查询处理概述

查询处理（query processing）是数据库在执行 SQL 查询时进行的一系列处理流程，包含查询解析、查询优化与查询执行，一般将查询解析、查询优化、查询执行的处理流程分别称为查询解析器、查询优化器、查询执行器。查询处理的流程如图 10.1 所示，主要包含如下内容。

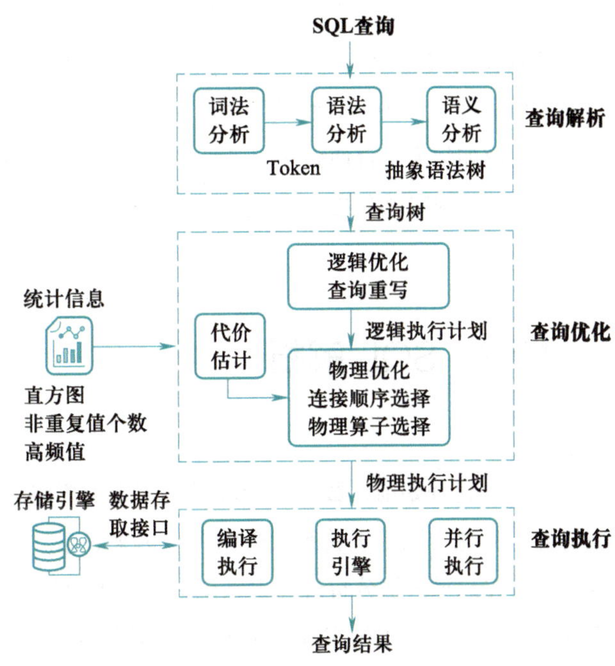

图 10.1　查询处理流程

由于 SQL 是便于书写和理解的高级语言，不利于数据库直接处理，因此需要将 SQL 语句转化为数据库易于处理的表示形式。此过程使用编译器技术，首先通过词法分析提取 SQL 查询中的关键词、常量等成分，之后通过语法分析将这些成分构建为一棵抽象语法树，最后通过语义分析检查抽象语法树的语义正确性，并将其转化为基于关系代数式表达的查询树。

接下来，查询优化过程将查询树转化为查询的物理执行计划。由于 SQL 语句只限定了查询结果，而没有规定执行步骤，同一条 SQL 查询很可能对应多种不同代价的执行计划，因此通过查询优化过程将查询树转化为等价（不影响执行后的结果）且代价较小的执行计划。具体来说，查询优化包含逻辑优化以及物理优化两个过程。逻辑优化依赖等价变换规则将关系代数表达式变换为执行效率更高的形式，比如通过查询重写的方式变换关系代数表达式（例如将笛卡儿积转换为连接，先做选择、投影再做连接等）。

物理优化则一般根据执行代价搜索会产生不同连接顺序和不同物理算子的执行计划，依赖代价估计器估计各计划的代价，从中选取代价最小的计划。查询优化过程的输出是查询的物理执行计划。查询优化的详细内容将在第 11 章专门讨论。

最后，给定一个 SQL 查询的物理执行计划，数据库通过查询执行模型来计算查询结果。由于实际执行的过程中需要读取或写入数据，因此需要调用存储引擎接口来访问数据。查询执行利用执行模型计算结果，并通过编译技术和并行技术可提升执行效率，详细内容将在第 12 章专门讨论。

本章重点介绍执行关系代数操作时每个逻辑操作对应的实现方式，以及如何计算单个物理操作的磁盘 I/O 代价。本章的 10.2 节讲解查询处理过程中如何进行 SQL 解析并最终生成查询树；10.3 节概述了查询优化的核心流程；10.4 节对常用的查询算子进行概述，并讲解如何度量查询算子的磁盘 I/O 代价；10.5~10.8 节分别介绍各关系代数操作对应的查询算子的实现方式，并分析了不同查询算子对应的多种实现方式的磁盘 I/O 代价。

10.2 SQL 解析

查询优化开始前，数据库管理系统首先需要将 SQL 查询语句转换为等价的关系代数运算，且通常以基于关系代数的查询树来表示。SQL 查询解析以 SQL 查询语句作为输入，首先通过词法分析过程识别查询语句中的关键词（例如 SQL 关键词、常量），接着通过语法分析过程确定 SQL 查询是否符合语法规则，并构建一棵抽象语法树，最终通过语义分析过程检查抽象语法树是否符合语义规则，输出一棵查询树（query tree）。

为方便阐述，如图 10.2 所示，本章以第 2 章中引入的学生选课数据库模式为例，并使用如下的 SQL 查询来说明 SQL 解析的过程。

```
SELECT Sname,Grade
FROM SC,Student
WHERE SC.Sno = Student.Sno
AND Cno = "1";
```

10.2.1 词法分析

SQL 解析的第一步是对 SQL 查询进行词法分析。如图 10.3 所示，在词法分析的过程中，SQL 查询会作为输入传给查询解析器，查询解析器首先按照词法规则将 SQL 语句拆解为单词（token）序列，并对不同类别的单词进行类别标记，在此基础上形成字符标记流。

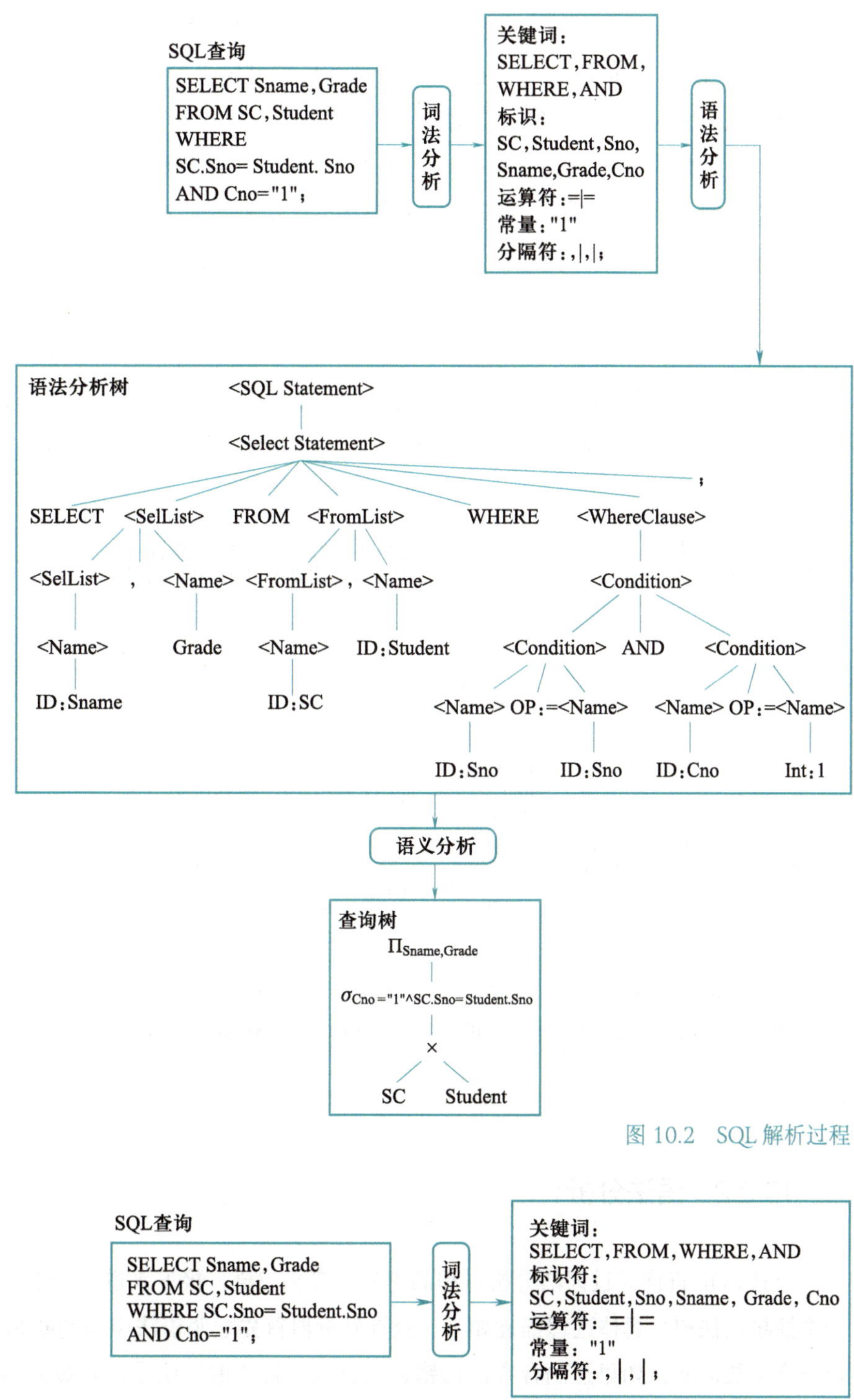

图 10.2　SQL 解析过程

图 10.3　词法分析过程

给定一个单词，可以利用正则表达式对其进行类别标记。词法分析器通常将单词分为如下 5 种类别：关键词（keyword）、分隔符（SEP）、标识符（ID）、运算符（OP）、

常量值（CONST）等。针对上述类型，可分别定义正则表达式进行识别，如关键词可定义为“SELECT | FROM | WHERE |…”；标识符可定义符合要求的正则表达式为“[a-z][a-z0-9]+”；分隔符可定义为“,|;”等。

对一条完整的 SQL 查询语句中每个单词进行标记，需要将上述各正则表达式集成为一个完整的识别器来使用。可以通过有限状态自动机实现上述的集成识别器，如图 10.4 所示，针对每一个待标记单词，从“Start”节点开始，尝试匹配各支路中的正则表达式，直到匹配至 <eof> 为止，便得到最终的类别标记。如单词 FROM，从“start”节点开始，通过依次成功匹配“f”“r”“o”“m”“<eof>”，最终被标记为关键词“from”。如图 10.3 所示，词法分析过程是逐个匹配 SQL 查询中每个单词的过程，单词流经该识别器后添加对应的类别标记，形成图 10.3 右侧所示的字符标记流。

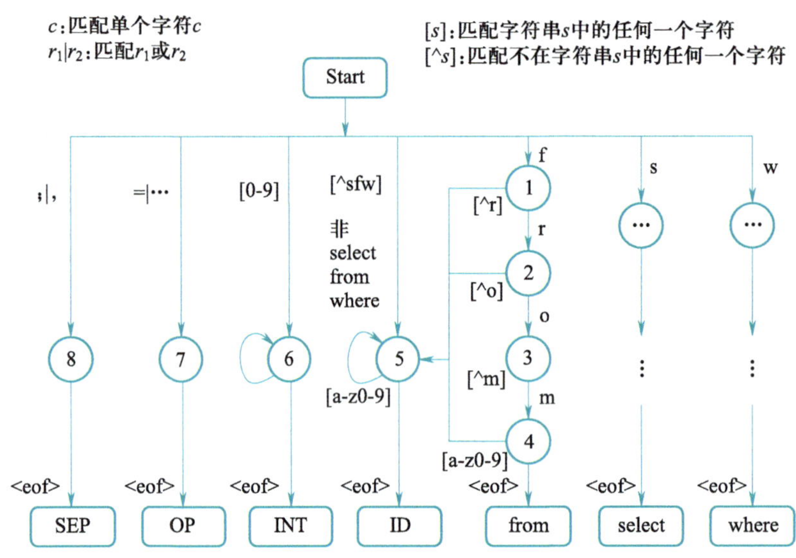

图 10.4　词法分析器示例（eof 表示结束，此例子仅考虑 select、from、where 关键字）

10.2.2　语法分析

一条 SQL 查询经过词法分析过程后得到字符标记流，接下来进行语法分析并生成一棵抽象语法树。具体过程描述如下：查询解析器首先按照语法规则判断 SQL 语句是否符合语法限制，如果遇到存在语法错误的查询，就会报告该错误并提前中止解析过程。如果 SQL 查询符合语法规则，查询解析器会针对字符标记流按照语法规则识别出原子节点和语法类节点，并结合栈结构利用规则的移进（入栈）和归约（出栈）操作构建抽象语法树。

原子节点指词法分析过程后被标记的单词，在抽象语法树中作为叶节点出现，不存在后继节点。如图 10.4 所示，语法分析将经词法分析得到的标记流输入并输出一棵抽象语法树，这棵树的叶节点就是原子节点，对应了词法分析步骤的输出。

语法类节点用 < 名称 > 的形式来表示。如 <Select Statement> 表示 SELECT–FROM–WHERE 形式的查询，<FromList> 表示跟在 FROM 之后的关系列表，<Condition> 表示作为筛选条件的表达式，常常用于表示 WHERE 后的限制，<SelectList> 表示在 SELECT 后的属性列表，<Name> 表示属性名或关系名，<Value> 表示筛选条件中出现的常量值。如图 10.4 所示，在语法分析树中，语法类节点都作为非叶节点出现。

语法规则是指 SQL 语言通过定义一系列语法规则，将字符标记匹配到相应的语法类节点。SQL 语言通常使用的语法规则如表 10.1 所示。针对字符标记流中的每一个字符标记，通过移进（shift）操作将字符标记入栈，并在抽象语法树中新建对应的叶节点。每次移进操作后，确认其是否符合语法规则的条件，如果符合，则进行归约（reduce）操作：将栈顶元素替换为规则约定的结论，并在抽象语法树中新建对应的语法类节点作为前一步（移进或归约）新建节点的父亲，之后递归进行归约操作；如果栈顶不符合语法规则，则继续进行移进操作直到字符标记流结束。

表 10.1　SQL 语言的语法规则

<table>
<tr><th>规则名</th><th>语法规则</th></tr>
<tr><td>Rule1</td><td><SQL Statement>:: = <Select Statement> | <Insert Statement> | <Update Statement></td></tr>
<tr><td>Rule2</td><td><SelectStatement>:: = SELECT <SelectList> FROM <FromList> WHERE <WhereClause>';'</td></tr>
<tr><td>Rule3</td><td><SelectList>:: = <SelectList>,<Name> | <Name> |'*'</td></tr>
<tr><td>Rule4</td><td><Name>:: = <ID> | <ID>.<ID></td></tr>
<tr><td>Rule5</td><td><FromList>:: = <FromList>,<Name> | <Name></td></tr>
<tr><td>Rule6</td><td><WhereClause>:: = <Condition></td></tr>
<tr><td>Rule7</td><td><Condition>:: = <Name><OP><Value> | <Name><OP><Name> | <Condition> AND <Condition></td></tr>
<tr><td>Rule8</td><td><Value>:: = <INT> | <FLOAT> | <DOUBLE></td></tr>
</table>

图 10.4 和图 10.5 展示了本节 SQL 案例的语法分析和抽象语法树生成过程。其中，图 10.5 以 <SelectList> 为例展示了部分移进与归约过程。首先将字符标记“ID:Sname”移进栈中，并确认其符合 Rule4 的条件，归约为 <Name>，而后再通过 Rule3 归约为 <SelectList>。此时栈内不符合任何语法规则，继续移进字符标记“,”和“ID:Grade”。移进后当前栈顶元素“ID:Grade”可通过 Rule4 归约为 <Name>。最后可通过 Rule3 将

<SelectList>，<Name> 归约为 <SelectList>。<FromList> 和 <WhereClause> 相关的移进与归约过程与 <SelectList> 类似。完整的栈内移进归约过程如表 10.2 所示，通过不断地移进与归约，字符标记流结束时，最终生成的抽象语法树如图 10.6 所示。

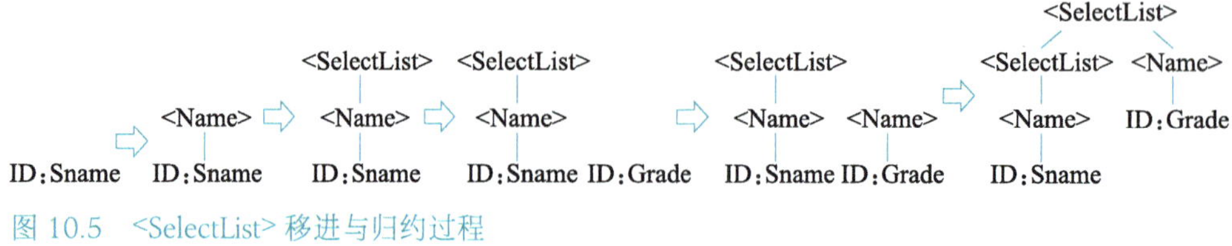

图 10.5　<SelectList> 移进与归约过程

表 10.2　SQL 移进归约过程

步骤	栈	下一个字符	动作
1	empty	SELECT	移进
2	SELECT	ID:Sname	移进
3	SELECT Sname	SEP:,	归约（Rule 4）
4	SELECT <Name>	SEP:,	归约（Rule 3）
5	SELECT <SelectList>	SEP:,	移进
6	SELECT <SelectList>,	ID:Grade	移进
7	SELECT <SelectList>, Grade	FROM	归约（Rule 4）
8	SELECT <SelectList>, <Name>	FROM	归约（Rule 3）
9	SELECT <SelectList>	FROM	移进
10	SELECT <SelectList> FROM	ID:SC	移进
11	SELECT <SelectList> FROM SC	SEP:,	归约（Rule 4）
12	SELECT <SelectList> FROM <Name>	SEP:,	归约（Rule 5）
13	SELECT <SelectList> FROM <FromList>	SEP:,	移进
14	SELECT <SelectList> FROM <FromList>,	ID:Student	移进
15	SELECT <SelectList> FROM <FromList>, Student	WHERE	归约（Rule 4）
16	SELECT <SelectList> FROM <FromList>, <Name>	WHERE	归约（Rule 5）
17	SELECT <SelectList> FROM <FromList>	WHERE	移进
18	SELECT <SelectList> FROM <FromList> WHERE	ID:SC.Sno	移进
19	SELECT <SelectList> FROM <FromList> WHERE SC.Sno	OP:=	归约（Rule 4）

续表

步骤	栈	下一个字符	动作
20	SELECT <SelectList> FROM <FromList> WHERE <Name>	OP: =	移进
21	SELECT <SelectList> FROM <FromList> WHERE <Name> =	ID:Student. Sno	移进
22	SELECT <SelectList> FROM <FromList> WHERE <Name> =Student.Sno	AND	归约（Rule 4）
23	SELECT <SelectList> FROM <FromList> WHERE <Name> =<Name>	AND	归约（Rule 7）
24	SELECT<SelectList> FROM <FromList> WHERE <Condition>	AND	移进
25	SELECT <SelectList> FROM <FromList> WHERE <Condition> AND	ID:Cno	移进
26	SELECT <SelectList> FROM <FromList> WHERE <Condition> AND Cno	OP: =	归约（Rule 4）
27	SELECT <SelectList> FROM <FromList> WHERE <Condition> AND <Name>	OP: =	移进
28	SELECT <SelectList> FROM <FromList> WHERE <Condition> AND <Name>: =	Int:1	移进
29	SELECT <SelectList> FROM <FromList> WHERE <Condition> AND <Name>: = 1	;	归约（Rule 8）
30	SELECT <SelectList> FROM <FromList> WHERE<Condition> AND <Name>: = <Value>	;	归约（Rule 7）
31	SELECT <SelectList> FROM <FromList> WHERE <Condition> AND <Condition>	;	归约（Rule 7）
32	SELECT <SelectList> FROM <FromList> WHERE <Condition>	;	归约（Rule 6）
33	SELECT <SelectList> FROM <FromList> WHERE <WhereClause>	;	移进
34	SELECT <SelectList> FROM <FromList> WHERE <WhereClause>;		归约（Rule 2）
35	<SelectStatement>		归约（Rule 1）
36	<SQL Statement>		

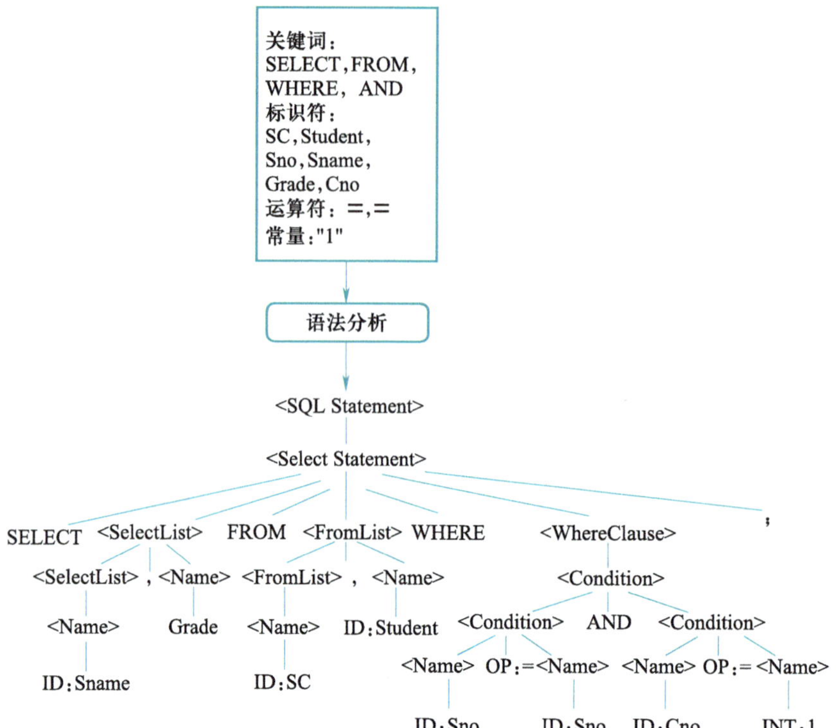

图 10.6　语法分析过程

10.2.3　语义分析

语法分析只对抽象语法树进行了语法上的正确性检查，而没有对语义的正确性进行检查，例如抽象语法树中可能包含实际不存在的关系等。语义分析过程是对抽象语法树进行语义上的正确性检查，并将其转化为方便查询优化阶段处理的查询树。

语义分析阶段会对语法分析树进行下述检查和转化。

（1）检查关系（表名）：检查语法分析树中出现的关系是否在关系模式中能找到匹配的关系或视图。由此可以保证该关系是真实存在的，并且还可以在这个阶段对用户权限和完整性约束进行检查。

（2）检查属性（列名）：检查查询中涉及的属性是否能在数据库关系中准确找到匹配项。在 SQL 语法中有时不指明属性属于哪一个关系，这时就需要由数据库按照数据字典进行查找。这也可能造成属性含义的二义性，即没有指明关系的属性可能会找到多个对应关系，这时系统会报错并中止后续过程。比如查询属性 A 中的数据，但属性 A 在关系 R 和 S 中都存在，而 SQL 中并未指明属性 A 属于哪个关系时，语义分析过程会报错并中止。

（3）检查数据类型：检查查询中的运算是否与涉及的属性类型相匹配。如 LIKE 谓词作用的属性是否为字符串或可以转换为字符串的类型；乘法运算作用的属性类型是否为数值类型等；SUM、AVG 聚集函数的列是否为数值类型等。

（4）对语法分析树的转化：如图 10.7 所示，语义分析阶段会对语法分析树做逻辑等价转化，将其转化为基于关系代数式表达的查询树，便于后续做查询优化。从语法树转换为查询树的规则一般为：FROM 后面的表名（FromList）作为查询树的叶节点，WHERE 后面的条件（WhereClause）作为多表笛卡儿积的选择节点，SELECT 后面的属性（SelectList）作为最后过滤条件的根节点。查询树由关系名称和关系代数操作组成，用来表示 SQL 查询的逻辑计划，其中关系名称作为叶节点，关系代数操作作为非叶节点。

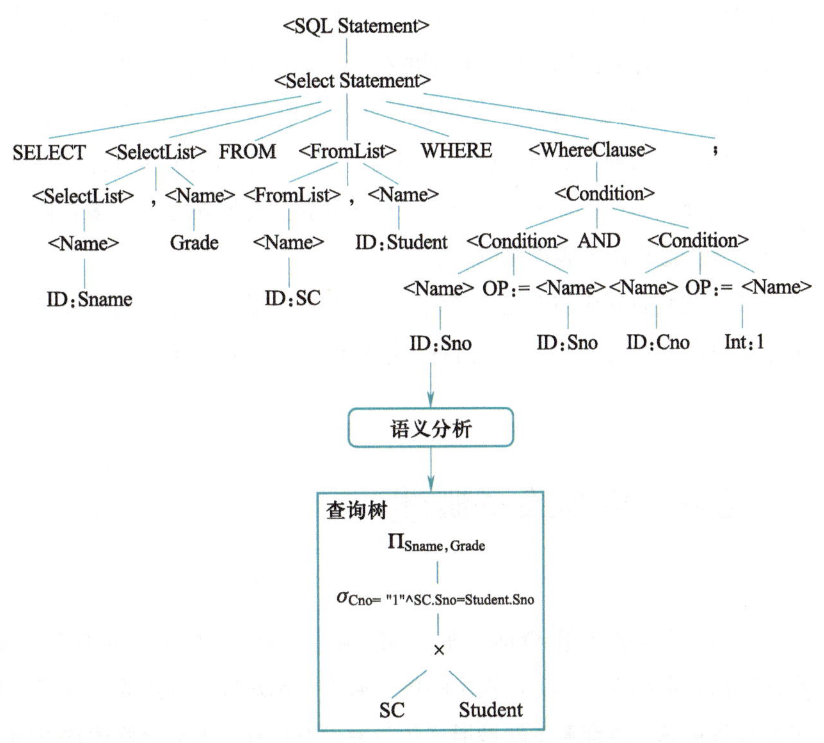

图 10.7 语法分析树的转化

10.3 查询优化概述

如 10.1 节中对查询优化的解释，同一个 SQL 查询可以转换为多个逻辑上等价的执行计划。首先，不同的计划在执行效率上存在差异；其次，同一个查询算子在数据库中有多种不同的物理实现方式，而不同场景下不同实现方式的效率也存在差异。为了保证查询能以较低的代价（如 CPU、存储资源消耗）执行，数据库在查询解析和查询执行这两个过程之间设计了相应的查询优化过程。查询优化过程以查询作为输入，首先对查询树进行逻辑优化，接着对优化后的查询树进行物理优化，最终输出查询的物理执行计划。而物理优化需要以代价估计为基础，本节概述代价估计的概念，第 11 章将详细介绍。

逻辑优化是找出与查询等价但执行效率更高的关系代数表达式，这一过程的核心思想是：通过调整关系代数的运算顺序，使每步运算要处理的行数最小化，从而提高运算效率。逻辑优化的输入是查询树，输出是经过逻辑优化的查询树。实现逻辑优化的主要方法是查询重写，也就是根据特定的重写规则对查询树做逻辑等价变化。

代价估计则是物理优化的基础。经过逻辑优化过程，可以得到基于等价规则重写的逻辑执行计划。在将逻辑计划转换为实际可执行的物理计划的过程中，需要使用代价估计模型来估计不同物理执行计划的代价，以便于确定不同物理计划的代价。

物理优化则是枚举各种物理执行计划，根据代价估计模型选择代价最小的物理计划。物理优化的输入是逻辑优化后的查询树，输出为物理执行计划。物理优化包括：物理算子选择，如连接算子是选择嵌套循环连接还是哈希连接；多表连接顺序选择，如选择一个代价最小的多表连接顺序。

物理优化过程中需要选择查询算子的执行方式，这是因为不同场景下同一查询算子的不同执行方式代价不同，下面将介绍各查询算子的执行方式、代价分析和优化模型。

10.4　查询算子概述

查询执行器对 SQL 查询物理计划的执行过程，就像工厂的加工流水线，层层递进，最终输出查询结果。加工过程中的每一道工序都对应一种运算，这些运算可以被抽象为关系代数运算，查询算子就是指这些关系代数运算，本节会概述常见的查询算子。

本章的重点是介绍各种查询算子的实现方式并分析这些实现方式的代价，为了方便后续章节分析每种查询算子的实现代价，本节的最后部分会介绍一种简单的磁盘 I/O 代价度量标准用于分析查询算子的实现代价。

查询算子可以被分为以下几类。

（1）排序算子是指对一个元组集合进行排序的运算。比如当 SQL 查询中存在 ORDER BY 语句时，需要对查询结果进行排序。10.5 节将介绍排序算子。如果排序数据都能存放在内存中，则可以通过快速排序算法实现内存排序。而当数据量超过内存容量时会使用外部归并排序算法。

（2）选择算子是指对一个关系查找出满足一定条件的元组的运算。比如当 SQL 查询中出现 A>=10 语句时，需要找出满足选择条件的元组。10.6 节将介绍选择算子，其主要实现方式是线性扫描与索引扫描。

（3）连接算子是指两表连接运算。比如当 SQL 查询中出现 A.id=B.id 时，需要将关系 A 和关系 B 中所有满足该连接条件的每对元组拼接作为查询结果。10.7 节将介绍连接算子，其主要实现方式有嵌套循环连接、块嵌套循环连接、索引嵌套循环连接、归并连接与哈希连接。

除了以上三类算子外，还有以下几种常用的算子。① 去重算子是指对选择运算的选择结果去除重复元组的运算，对应查询语句中的 DISTINCT 关键字。② 聚集算子是指关系的分组聚集运算，对应查询语句中的 GROUP BY、SUM、AVG 等关键字。③ 集合算子对应关系的集合运算，主要有交、并、差运算。去重、聚集、集合算子主要基于排序或哈希划分来实现。以上三类查询算子将在 10.8 节介绍。

每一类查询算子有多种不同的具体实现方式，在表 10.3 中汇总了各类查询算子对应的实现方式。第 10.5~10.8 节中将着重介绍这些查询算子不同的实现方式并分析它们的磁盘 I/O 代价。

表 10.3 各查询算子对应的实现方式

查询算子	实现方式
排序算子	内存排序 / 外部归并排序
选择算子	线性扫描、索引扫描
连接算子	嵌套循环连接、块嵌套循环连接、索引嵌套循环连接、排序归并连接、哈希连接
去重、分组聚集、算子、集合算子	排序、哈希

为了方便后续章节分析查询算子不同实现方式的磁盘 I/O 代价，此处将概述查询代价的概念并介绍一种简单的磁盘 I/O 代价度量标准。

查询处理的代价主要是指查询对各种计算资源的消耗，包括占用的磁盘 I/O 与执行查询所用的 CPU 时间（分布式数据库还需要考虑数据通信代价）。在大型数据库系统中，磁盘 I/O 代价是最主要代价，因此本章在讨论查询算子的代价时主要考虑磁盘 I/O 代价，使用磁盘 I/O 的块数作为代价度量的指标。比如关系 R 的所有元组占用了 20 个磁盘块，那么将关系 R 完整读入内存的磁盘 I/O 代价就记为 20。为了统一表示查询算子代价分析中的符号，本章后续使用 $B(R)$ 表示关系 R 所占用的磁盘块数，$T(R)$ 表示关系 R 包含的元组条数，M 表示可用的内存缓冲区块数。

10.5 排序算子实现与代价分析

排序是查询处理主要的运算之一，主要用于对关系中的元组进行排序。排序运算主要有两种应用场景：第一，当 SQL 查询中存在 ORDER BY 语句时，该语句要求对结果中的元组进行排序；第二，排序也是归并连接运算和其他运算（例如集合运算、去重运算）的关键步骤。这些运算需要先对目标关系进行排序，以获得更高的执行效率。

根据内存能否完全容纳需要排序的关系，可以将排序运算分为两类：第一类是内存可以容纳需要排序的关系的所有元组，此时可以在内存中高效地执行排序算法（如快速排序）；第二类是内存无法容纳所有元组，此时可以使用外部归并排序算法。本节将重点介绍外部归并排序算法的实现方式并分析其磁盘 I/O 代价。

10.5.1 外部归并排序

外部排序（external sorting）是适用于对存储在磁盘上的、对大量数据进行排序的算法，即待排序的文件无法一次装入内存，需要在内存和外部存储器之间进行多次数据交换，以达到排序整个数据的目的。外部归并排序是典型的外部排序算法，它使用归并排序（merge sort）策略，其主要思想是首先将数据切分为能够放入内存的子关系（称为归并段），并排序各归并段，将排序结果写到磁盘；然后依次归并已经排好序的归并段，形成一个统一排序的数据。

外部归并排序算法由排序阶段和归并阶段组成。接下来将从排序和归并两个阶段分别介绍算法的执行过程。

在排序阶段，首先将需要排序的关系划分多个归并段，由于内存容量的限制为 M，则归并段的数量为$\frac{B(R)}{M}$，归并段中包含的是需要排序的关系中的部分元组。然后将各个归并段依次读入内存，使用内部排序算法进行排序，最后将排好序的归并段写回磁盘。

排序阶段的算法的伪代码描述如下。

```
// 函数：外部归并排序的排序阶段
// 参数 R：关系 R，参数 M：可用的内存缓冲块数
function sort(R,M)
    for i=1 to B(R)/M
        D=read(R,M)          // 读取目标关系占用的下 M 个磁盘块，D 是 R 的一部分
        sort(D)              // 在内存中对读取的元组进行排序
        write(D)             // 将排序好的元组写入磁盘中
```

为了清晰地解释归并阶段的执行过程，图 10.8 展示了对一个关系根据第二列属性执行外部归并排序算法的过程。假设每个磁盘块只能容纳一个元组，即 $T(R)=B(R)$，且设定可用的内存块数 $M=3$。

在归并阶段，多个已排序的归并段被归并为一个排序的元组集合。归并度是归并时归并段的数量。由于内存中需要预留一个额外的缓冲块作为输出缓冲区，内存中可用的缓冲块数为 M，因此通常归并度最多为 $M-1$。在 $M-1$ 归并段的归并过程中，$M-1$ 个归并段第一个元组的最小值（或者最大值）被记为归并结果，将其从对应的归并段移动到归并结果集。显然，如果归并段数量大于 $M-1$，一次不能归并所有归并段，因此需要多次归并，每次归并称为一个归并步骤。如图 10.8 中的虚线框就对应了一个归并步骤。步骤 2 和步骤 3 就各自对应了一个归并过程。该例中每个归并过程使归并段的数量减少一半，共需要两个归并过程。归并步骤的数量等于该归并过程中归并段的数量与归并度的比值。如图 10.8 所示，第一个归并过程有 4 个归并段，而归并度为 2，则共需 $\log_2 4=2$ 个归并步骤。

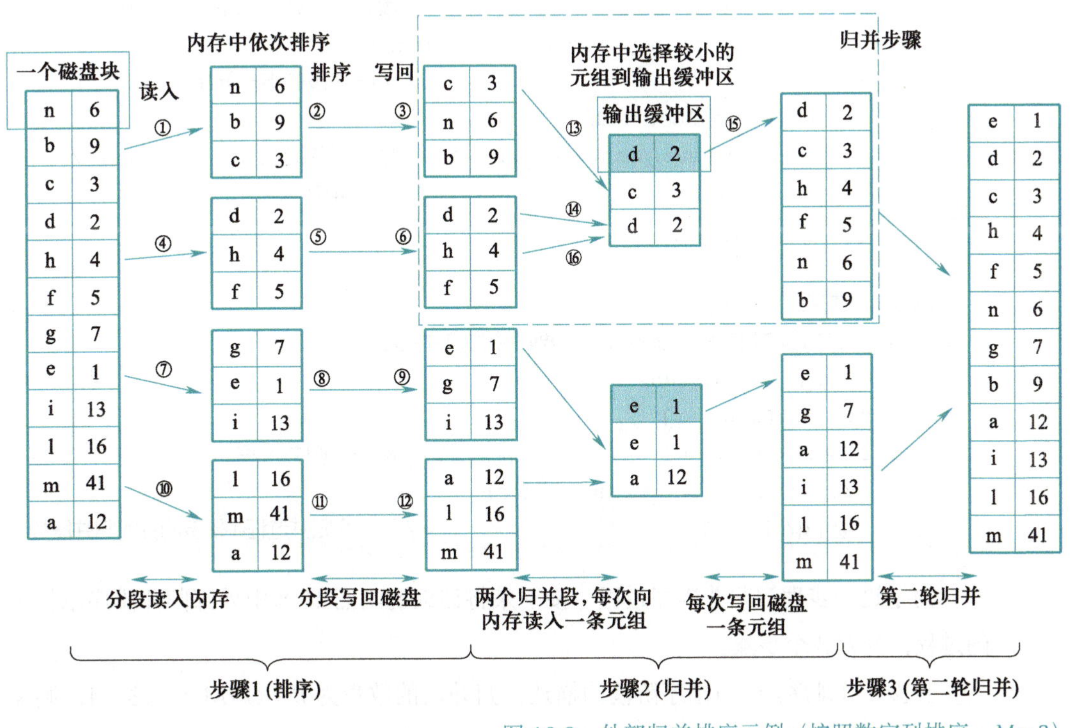

图 10.8 外部归并排序示例（按照数字列排序，$M=3$）

归并阶段的伪代码描述如下。

```
// 函数：一次归并过程
//runs: q 个排序的归并段，参数 q: 需要归并的归并段数
// 返回值：归并后的⌈q/(M-1)⌉个归并段
```

```
function merge_one_pass(q, runs)
    for j=1 to ⌈q/(M-1)⌉                          // 对于每一个归并步骤
        for k=1 to min(M-1, q-(M-1)*(j-1))        // 对于该归并步骤中的归并段
            read(runs[(j-1)*(M-1)+k], 1)          // 读取每个归并段的第一个块到内存中
        E=内存中除输出缓冲区外每个块的第一个元组的集合
        min_heap=build(E)                         // 在内存中根据 E 构建最小堆
        while min_heap is not empty               // 最小堆非空
            min_value=min_heap.pop()              // 最小堆堆顶最小的元组
            min_run_id=runs_id(min_value)         // 最小的元组所在的归并段 id
            add(min_value,out_block)              // 将最小的元组写入输出缓冲块
            if out_block is full                  // 输出缓冲块已满
                write(out_block,new_runs[j])          // 写入磁盘的新归并段中
            next_value=runs[min_run_id].next
                                                  // 内存中最小元组所在归并段的下一元组
            if next_value==NULL                   // 该归并段在内存中的部分已处理完毕
                read(runs[min_run_id],next_block)
                                                  // 读取该归并段的下一块到内存
                next_value=runs[min_run_id].next
                                                  // 该归并段的下一元组
            if next_value!=NULL
                min_heap.push(next_value)         // 将该归并段的 next_value 压入
                                                  // 最小堆中
    return new_runs

// 函数：归并所有归并段
//runs:q 个排序的归并段，参数 q：需要归并的归并段数
function merge_all(q, runs)
    pass_num=⌈log_{M-1} q⌉
    for i=1 to pass_num                           // 每一个归并过程
        runs=merge_one_pass(q, runs)
        q=⌈q/(M-1)⌉                               // 下一个归并过程中需要归并的归并段数
```

为了进一步理解归并排序过程，接下来将详细说明图 10.8 中外部归并排序示例中的过程，分为 3 个步骤。

步骤 1（排序）：如排序阶段的描述，归并段的数量为 $B(R)/M=12/3=4$，则需将该关系分为 4 段依次读入内存（对应图 10.8 中标号①、④、⑦、⑩）后进行排序（对应图中标号②、⑤、⑧、⑪），并写回磁盘（对应图中标号③、⑥、⑨、⑫）。

步骤 2（归并）：由于可用内存块数量 $M=3$，并且需要预留一个内存块作为输出缓冲区，因此归并度为 2。归并过程中，每个归并段向内存中输入一个元组（如⑬和⑭所示），计算机在内存中选出两个元组中顺序较小者写入磁盘（如⑮所示），直至将两个归并段中的元组全部写回。

步骤3（第二轮归并）：对应图中步骤3的过程。经过步骤2，也就是第一轮归并后，4个归并段变为两个排好序的归并段，那么只需对这两个归并段重复步骤2即可完成外部归并排序。

10.5.2 外部归并排序代价分析

假设可用的内存缓冲块数为 M，并且预留一块内存缓冲区用作输出，则初始的归并段数为 $\lceil B(R)/M \rceil$，每一次归并过程会使归并段的数量减少到原来的 $1/(M-1)$，因此所需的归并过程的次数为 $\lceil \log_{M-1}(B(R)/M) \rceil$。

外部归并排序算法的代价分析可以分为排序和归并两部分：① 排序阶段需要将关系 R 的所有元组读入内存并写回磁盘，因此排序的总磁盘 I/O 代价为 $2B(R)$；② 在归并阶段同样需要将所有元组读入内存并写回磁盘，那么每次归并阶段所需的磁盘 I/O 次数为 $2B(R)$。由于共需要 $\lceil \log_{M-1}(B(R)/M) \rceil$ 次归并过程，因此外部归并排序的磁盘 I/O 代价为 $2(\lceil \log_{M-1}(B(R)/M) \rceil+1)B(R)$。

10.6 选择算子实现及代价分析

选择运算是查询处理中最常见的运算，其实现算法是扫描整个关系并从中选取满足选择条件的元组。关系扫描是查询处理中的基础操作，用于定位和检索满足选择条件的记录。通常可以根据关系上有无索引将关系扫描分为线性扫描与索引扫描两大类。此外，不同场景下（如索引是否为聚簇索引）选择运算的具体实现方式有所差异。

本节首先介绍线性扫描与索引扫描这两类实现选择运算的扫描算法，接着分析不同场景下选择运算的实现过程并分析其磁盘 I/O 代价。

10.6.1 线性扫描与索引扫描

在关系 R 上执行一个选择操作的实现方式有很多种，但是所有的选择实现方式都基于两类扫描算法，即线性扫描（linear scan）与索引扫描（index scan）。当选择条件的目标属性列上存在索引时可以使用索引扫描，其他场景可以使用线性扫描（也称全表扫描），接下来将介绍这两类扫描算法。

1. 线性扫描算法

线性扫描开始时，需要进行一次磁盘搜索以使磁盘头对齐关系 R 在磁盘中占用的第一个块的物理位置。之后便是依次读取关系 R 对应的每一个磁盘块到内存中，对块中所包含的元组进行查找，直至查找出所有满足选择条件的元组。

线性扫描可以在任何情况下（无论目标属性列是否有索引，是做等值选择还是做范围选择）实现选择运算，但在执行选择运算时线性扫描的磁盘 I/O 代价通常较高。

2. 索引扫描算法

当关系 R 中被选择的属性上存在索引时，可以利用索引执行扫描算法，这种算法称为索引扫描。本节以 B+ 树索引为例进行介绍，并记 h_t 为 B+ 树的深度。需要说明的是，实际应用中 B+ 树的根节点（和浅层节点）通常存储于内存中。但是为了简化代价分析，本节认为 B+ 树索引的根节点存储于磁盘中。

使用该算法实现选择运算的前提条件是目标属性列上存在索引，可以在该索引上使用 9.3.2 节介绍的 B+ 树查找算法找出满足选择条件的元组。

10.6.2　等值选择

1. 无索引下的等值选择

当选择运算的目标属性列上不存在索引时，可以采用线性扫描算法实现选择运算。这里以等值选择作用在无索引的主属性列上为例，介绍选择运算的算法实现方法并分析磁盘 I/O 代价。

与之前介绍的线性扫描运算类似，选择运算开始时需要进行一次磁盘搜索以确定关系 R 对应的磁盘中的第一个块，之后依次读取关系 R 对应的每个块到内存中，在内存中顺序判断每个块中的元组是否满足等值选择条件，直至扫描完关系 R 的最后一条元组。

线性扫描搜索的磁盘块数为 $B(R)$，因此磁盘 I/O 代价为 $B(R)$。当线性扫描作用的列上不存在重复值时，搜索块数的期望为 $B(R)/2$，此时磁盘 I/O 代价为 $B(R)/2$。

无索引情况下选择运算的分析比较简单，而当目标属性上存在索引时，需要区分该索引是否为聚簇索引。因为聚簇索引对应属性的值在磁盘上一定是连续存储的，而非聚簇索引对应属性的值在磁盘上则不一定是连续存储的，这会造成磁盘 I/O 代价的差异。

2. 聚簇索引下的等值选择

当关系 R 的主属性列上存在聚簇索引，且选择条件是作用在主属性列上的等值选择时，可以采用索引扫描算法实现选择运算。

在建有聚簇索引的主属性上执行等值选择时，可以在 B+树索引上使用查找算法搜索得到唯一符合条件的元组在磁盘中的位置，再将该元组所在的磁盘块读入内存，在内存中搜索出目标元组即可。

由于 B+ 树索引的结构，从磁盘中读取索引的次数为 h_t，此外还需要执行一次磁盘读取以从磁盘中读取目标元组所在的磁盘块。每次磁盘读取需要一次 I/O 操作，则该情况下选择运算的代价可以表示为（h_t+1）。

3. 非聚簇索引下的等值选择

当选择条件是作用在关系 R 的非聚簇索引列上的等值选择时，可以采用索引扫描算法实现选择运算。

在建有非聚簇索引的属性上执行等值选择时，可以在 B+ 树索引上搜索得到多个符合条件的元组在磁盘中的位置，再将这些元组所在的磁盘块依次读入内存，在内存中搜索出目标元组即可。

如果等值选择条件作用在非主属性上，那么符合选择条件的元组可能有多个（假设为 n 个）。并且由于非聚簇索引查找键顺序与数据文件记录顺序不一定一致，也就是说符合选择条件的每条元组的存储位置可能位于物理位置不相邻的磁盘块，因此每条符合选择条件的元组都需要一次磁盘 I/O。这种情况下的选择运算总代价是（h_t+n），其中 n 为结果个数。

10.6.3 范围选择

与等值选择不同，范围选择的选择条件包含比较运算符（如≤、≥、<、>）。

1. 无索引下的范围选择

无索引下的范围选择可以使用线性扫描，与无索引下的等值选择的算法实现相同，区别是筛选元组的选择条件不同。

该运算的磁盘搜索块数为 $B(R)$，因此代价为 $B(R)$。

2. 聚簇索引下的范围选择

在建有聚簇索引的主属性上执行范围选择时，可以使用 B+ 树查找算法搜索出运算符为等值运算时的第一个元组，之后如果运算符为“<”，则选择关系 R 中在此元组之前的所有元组，若运算符为“≤”，则选择关系 R 中此元组及其之前的所有元组。当运算符为>与≥时同理。当选择范围在左、右端点之间时，先找到左端点，然后根据叶节点的指针扫描下一个节点直到找到右端点。

记符合选择条件的元组对应的磁盘块数为 b，由于聚簇索引查找键的顺序与数据文件记录顺序一致，也就是符合选择条件的每个元组的存储位置位于物理位置相邻的 b 个磁盘块，需要将 b 个磁盘块分多次读入内存，则该情况下的选择运算总代价是 (h_t+b)。

3. 非聚簇索引下的范围选择

其算法实现与非聚簇索引下的等值选择的区别在于，等值选择只需搜索 B+ 树中满足等值条件的叶节点，而范围选择则需要搜索满足等值条件的 B+ 树叶节点之前或之后的所有叶节点。

假设符合范围选择条件的元组有 n 个，则其磁盘 I/O 代价为 (h_t+n)。

表 10.4 总结了各选择算子扫描算法的相关分析对比。

表 10.4　选择算子代价估计

扫描算法	选择运算应用条件	运算代价	分析
线性扫描	等值选择	$B(R)$	$B(R)$ 个块读写。当扫描列上不存在重复值时，平均代价为 $B(R)/2$
索引扫描	B+ 树聚簇索引，等值选择	h_t+1	读取索引的次数，加上读取记录的一次，每次读取需要一次完整 I/O 操作（h_t 表示索引的高度）
索引扫描	B+ 树非聚簇索引，等值选择	h_t+n	每次读取记录需要一次磁盘 I/O，n 为满足条件的元组条数
线性扫描	范围选择	$B(R)$	为 $B(R)$ 个块的读写
索引扫描	B+ 树聚簇索引，范围选择	h_t+b	与 B+ 树聚簇索引类似，b 表示满足条件的块数
索引扫描	B+ 树非聚簇索引，范围选择	h_t+n	与 B+ 树二级索引类似，n 为满足条件的元组条数

10.6.4　合取与析取选择

前面介绍了单个选择条件的实现方式，此外还有合取选择和析取选择，下面将介绍这两种选择运算的实现。

合取选择（conjunctive selection）需要同时满足多个选择条件，在查询中表现为用 AND 关键词连接多个选择条件。合取选择的关系代数如下：

$$\sigma_{\theta_1 \wedge \theta_2 \wedge \cdots \wedge \theta_n}$$

其中 θ_i 表示查询中第 i 个选择条件。合取选择的结果即同时满足所有选择条件 $\{\theta_i \mid 1 \leqslant i \leqslant n\}$ 的所有元组的集合。

析取选择（disjunctive selection）需要满足多个选择条件中任意一个，在查询中表现为用 OR 关键词连接多个选择条件。析取选择的关系代数如下：

$$\sigma_{\theta_1 \vee \theta_2 \vee \cdots \vee \theta_n}$$

析取选择的结果即满足所有选择条件 $\{\theta_i \mid 1 \leqslant i \leqslant n\}$ 的元组中任意一个元组的集合。

1. 无索引的合取选择

如果合取选择条件中的所有目标属性列上都没有索引，那么可以使用线性扫描逐一检查每个元组是否符合该合取条件，如果满足则返回该元组。

2. 单列索引的合取选择

如果合取选择条件中任何单个选择条件的目标属性列上建立有索引，则可以使用 B+ 树查找算法检索出满足该条件的所有元组，然后检查每个检索到的元组是否满足其他条件，如果满足则返回该元组。数据库一般通过代价估计模型来选择一个代价最小的索引列来查找数据（代价模型见第 11 章）。

3. 复合键索引的合取选择

如果合取选择作用的多个列上建有复合键索引，可以通过直接查找该复合键索引（参见 9.3.2 节）查找出满足选择条件的元组，然后再验证是否满足其他条件。

4. 析取选择

如果析取选择条件中存在一个选择条件对应的属性列上不存在索引，就只能使用线性扫描依次检索出满足析取条件的元组。

如果析取选择条件中所有属性列上都建有索引，可以通过 B+ 树查找算法分别查找出满足每个条件的对应元组集合，然后通过并操作来获得析取选择的结果。

10.7 连接算子实现及代价分析

关系连接是数据库中最常见且最耗时的运算之一，本节介绍各种连接算法的实现，并以 10.4 中介绍的磁盘 I/O 代价度量标准来分析各种连接算法的代价。

以第 2 章中给出的两个数据表 SC 与 Student 为需要连接的关系，并以如下 SQL 查询语句为连接实例：

```
SELECT*
FROM SC, Student
WHERE SC.Sno = Student.Sno;
```

图 10.9 展示了两个简化的 SC 和 Student 表的等值连接过程，当两个表进行连接时，可以枚举两个表中所有行的组合，即两个表的笛卡儿积，然后返回满足连接条件的组合。接下来将介绍各种连接算法的实现和代价分析过程，包括嵌套循环连接算法、块嵌套循环连接算法、索引嵌套循环连接算法、排序归并连接算法、哈希连接算法。

Student

Sno	Sname	Sgender	Sage	Sdept
1	李博	男	17	CS
2	赵宇	男	19	CS
…	…	…	…	…

⋈

SC

Sno	Cno	Grade
1	5	98
2	1	87
…	…	…

⇨

Sno	Sname	Sgender	Sage	Sdept	Con	Grade
1	李博	男	17	CS	5	98
2	赵宇	男	19	CS	1	97
…	…	…	…	…	…	…

图 10.9 等值连接

10.7.1 嵌套循环连接

嵌套循环连接通过对两张表进行两层循环来找到所有满足的元组对。考虑两个关系 R 和 S，使用嵌套循环连接实现 $R \bowtie S$ 算法的伪代码如下：

```
// 函数：嵌套循环连接
// 参数 R, S：待连接的两个关系 R, S
function nested_loop_join(R, S)
    for 每个元组 r in R:
        for 每个元组 s in S:
            if(r, s) 满足连接条件：
                res.append((r, s))            // 将 (r, s) 添加到结果中
    return res
```

其中（r，s）表示两个元组 r 和 s 的拼接。从嵌套循环连接算法的伪代码中可以看出，该算法由两个嵌套的循环过程构成，因此称它为嵌套循环连接（nested-loop join）算法。其中在外层循环中的关系 R 称为外层关系（outer relation），而 S 称为内层关系（inner relation）。

实现嵌套循环连接算法的过程与线性扫描算法有着相似之处，即关系的每个数据块都必须被访问，且不需要依赖任何索引。嵌套循环连接的优点是可以处理任意连接条

件，但其缺点是磁盘 I/O 代价比较大。

由于关系 R 是分块读入内存的，那么外层关系 R 的磁盘 I/O 次数为 $B(R)$。而外层循环是对关系 R 中的每个元组进行迭代，则外层循环的迭代次数为 $T(R)$；对于每次外层循环的迭代，需要按块将整个关系 S 分批读入内存，则读入的内存块数为 $B(S)$，那么内层关系 S 的磁盘 I/O 次数为 $T(R)B(S)$。因此，嵌套循环连接的磁盘 I/O 总代价为 $B(R)+T(R)B(S)$。

10.7.2 块嵌套循环连接

在嵌套循环连接中，外层循环的每次迭代只将一个元组读入内存，这就导致外层循环的迭代次数过多，从而导致对内层关系 S 需要实施更多次的读取。而块嵌套循环连接对于外层关系 R 则每次读入一块到内存中，其余过程与嵌套循环连接类似。块嵌套循环连接的伪代码如下所示。

```
// 函数：块嵌套循环连接
// 参数 R,S：待连接的两个关系 R,S
function blocked_nested_loop_join(R,S)
    for 每块 BR in R:
        for 每个块 BS in S
            for 每个元组 r in BR
                for 每个元组 s in BS
                    if(r,s) 满足连接条件:
                        res.append((r,s))      // 将 (r,s) 添加到结果中
    return res
```

以上算法最外层的循环将关系 R 每次读一个磁盘块到内存，因此最外层的迭代次数为 $B(R)$。对于最外层的每次迭代，会读取关系 R 的一个块和关系 S 的 $B(S)$ 个块。因此总的磁盘 I/O 代价为 $B(R)+B(S)\cdot B(R)$。

现在考虑对以上算法进行改进：如果内存中有 M 个可用块，内层关系 S 用一个块，外层关系 R 每次可以读取 $M-1$ 个块，从而可以避免对内层关系 S 进行多次读取。优化的块嵌套循环连接的伪代码如下所示。

```
// 函数：块嵌套循环连接
// 参数 R,S：待连接的两个关系 R,S
function Mblock_nested_loop_join(R,S)
    for 每 M-1 个磁盘块 MDR in R
        for 每个块 DS in S
            for 每个元组 r in MDR                // 内存中遍历元组
```

```
            for 每个元组 s in DS           // 内存中遍历元组
                if(r,s) 满足连接条件:
                    res.append((r,s))  // 将 (r,s) 添加到结果中
    return res
```

最外层的循环将关系 R 每次读 $M-1$ 个磁盘块到内存，因此最外层的迭代次数为 $B(R)/(M-1)$。对于最外层的每次迭代，会读取关系 R 的 $M-1$ 个块和关系 S 的 $B(S)$ 个块，因此总的磁盘 I/O 代价为 $B(R)+(B(S)B(R))/(M-1)$。

不难看出，可将小表作为外表来降低 I/O 代价。

10.7.3 索引嵌套循环连接

前两节介绍的都是关系上不存在索引时的连接算法，因此在遍历时只能采用线性扫描的方式来实现。而当内层关系 S 的连接属性上存在索引时，就可以将嵌套循环连接算法中的线性扫描用索引扫描来代替。即对于外层关系 R 中的每个元组 r，可以利用关系 S 上的索引选择出满足连接条件的元组 s，并将（r，s）放入结果中。这种连接方法称为索引嵌套循环连接（indexed nested-loop join），这种方法适用于关系 S 上已存在索引或为了执行该连接算法而建立临时索引的情况。

考虑两个关系 R 和 S，使用索引嵌套循环连接实现 $R \bowtie S$ 算法的伪代码如下：

```
// 函数：索引嵌套循环连接
// 参数 R,S：待连接的两个关系 R,S
function index_nested_loop_join(R,S)
    for 每一个块 DR in R
        for 每个元组 r in DR
            s=search(S.index)       // 根据 S 上的索引选择出满足连接条件的元组 s
            res.append((r,s))       // 将 (r,s) 添加到结果中
    return res
```

可以发现，索引嵌套循环连接与嵌套循环连接的区别只是在遍历关系 S 中的元组时，采用的是索引扫描而非线性扫描。

索引嵌套循环连接运算中，在给定外层关系 R 中元组 r 的情况下，在关系 S 中查找满足连接条件的元组本质上是在内层关系 S 上做选择运算，而选择条件便是连接条件。首先，读取关系 R 需要 $B(R)$ 次磁盘 I/O。其次，对于关系 R 上的每个元组，在 S 中需要根据索引检索出满足条件的元组，此部分的代价对应索引选择运算的实现代价。因此，计算代价的公式可以表示为 $B(R)+T(R)c$，其中 c 指的是关系 R 中每个元组在关系 S 上根据连接条件进行索引选择时单次运算的平均代价。

10.7.4 排序归并连接

排序归并连接（sort-merge join）算法又称为归并连接。假设 *R* 和 *S* 的元组已经分别按连接属性 *A* 和 *B* 的值进行排序，则可以更高效地实现连接运算：按照连接属性 *A* 和 *B* 的排序顺序（假设从小到大）同时扫描关系 *R* 和 *S*，考虑 *R* 和 *S* 的第一个元组 *r* 和 *s*，如果 $r=s$，则将（*r*，*s*）添加到连接结果中；如果 $r<s$，则移除 *r*，并访问 *R* 的下一个元组；如果 $r>s$，则移除 *s*，并访问 *S* 的下一个元组；重复上述过程直到访问到某个属性的最后一个元组。如果关系没有排序，可以使用外部排序首先对它们进行排序。在归并连接中，每个关系的元组只被扫描一次。整个归并连接运算的过程可以分为排序和连接两个阶段，其中，排序阶段将需要连接的两个关系根据连接属性进行排序；连接阶段按照排序好的连接属性顺序分别扫描这两个关系，满足连接条件的元组将被组合成对并放入结果中。

考虑在关系 *R*、*S* 上，以 *R.A*、*R.B* 这两个整数类型的属性进行等值连接的情况，该算法的伪代码如下所示。

```
//函数：排序归并连接的归并阶段
//参数R,S：待归并连接的两个关系R,S
function merge_join(R,S)
    sort_r(R,R.A)                          //根据R.A排序R
    sort_s(S,S.B)                          //根据S.B排序S
    r=R的第一个元组
    s=S的第一个元组
    while r≠NULL and s≠NULL                //未遍历完两个关系时进入循环
        while r.A>s.B
            s=next(S)                      //S中的s的下一个元组
        while r.A<s.B
            r=next(R)                      //R中的r的下一个元组

        //处理符合连接条件的部分
        //如果R,S中没有重复元组，只需将(r,s)放入结果
        //且s=next(S),r=next(R)
        //如果R,S中有重复元组，则需要找到所有满足条件的元组对
        while r.A==s.B
            s'=s                           //记录S中当前满足条件的第一个元组
            while r.A==s'.B                //循环S中满足条件的重复元组
                将(r,s')放入结果
                s'=next(S)                 //S中的s'的下一个元组
            r=next(R)                      //R中的r的下一个元组
        s=s'
    return res
```

通过上述伪代码，可以看出排序归并连接算法对每个关系中的元组只需扫描一次，即扫描 $T(R)+T(S)$ 个元组，相比嵌套循环连接需要扫描 $T(R)\,T(S)$ 个元组大大减少了磁盘访问次数，但是归并连接比嵌套循环连接多出了事先对两个关系进行排序这一条件。

假设两个关系 R、S 是已经排好序的关系，归并连接运算过程中只需要对两个关系顺序读取一次，那么磁盘 I/O 次数是 $B(R)+B(S)$，即两个关系占用的磁盘块数之和。

10.7.5　哈希连接

归并连接算法相比嵌套循环连接算法有着较低的代价，这主要得益于需要连接的两个关系经过排序后，在顺序扫描两个关系时，连接属性值相同的元组可以被同时遍历到，那么将两个关系中连接属性值相同的元组事先聚集在一起就能够降低连接的代价。哈希连接（hash join）就是基于这样的思路实现的。

1. 哈希连接算法介绍

哈希连接分为划分阶段和探查阶段，其中划分阶段分别将两个关系中的元组根据同一个哈希函数划分至不同的哈希桶，探查阶段则将两个关系对应桶的元组进行连接。为了说明哈希连接的过程，首先作如下定义：

（1）哈希函数 h 将连接属性值映射到 $\{0,\ 1,\ \cdots,\ K-1\}$ 中的一个值；

（2）R_0，R_1，$\cdots$，R_{K-1} 是将关系 R 的元组划分成哈希桶，R 中的每个元组 r 被划入对应的 R_i 中，其中 $i=h(r[A])$，A 为连接属性，同理将关系 S 划分为 K 个哈希桶。

以关系 R 和关系 S 在 $R.A=S.B$ 的连接条件下进行哈希连接为例介绍这两个阶段。

在划分阶段，根据设置好的哈希函数 h 对关系 R 和 S 进行划分，关系 R 被划分为 K 个桶 R_0，R_1，$\cdots$，R_{K-1}，关系 S 被划分为 K 个桶 S_0，S_1，$\cdots$，S_{K-1}。其中哈希函数 h 以连接属性值为参数，将哈希函数结果值相同的元组划分到同一个桶中。

划分阶段所需的内存缓冲块的最小数量为 $K+1$，因为在对任意一个关系进行分桶时需要分配 K 个内存缓冲块来存储元组，并且需要一个额外的缓冲块作为输入缓冲区。每当一个桶对应的内存缓冲块被填满时，它的内容就会通过输出缓冲区写入存储该桶的磁盘。

图 10.10 展示了关系 R 与关系 S 进行哈希划分的例子，其中 $K=3$，哈希函数 $h(x)=x\%3$。可以看出关系 R 和 S 的 id 列上数值相等的元组被划分到了序号相同的桶，比如 id 值为 6 的元组都在各自序号为 1 的桶中，这就使哈希连接只需要对关系 R 和 S 对应的桶进行连接运算即可。

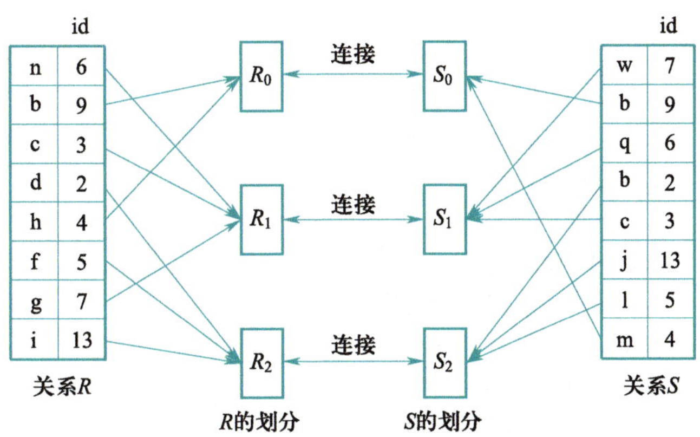

图 10.10 关系的哈希划分

在探查阶段，将每两个对应的桶 R_i 和 S_i 进行连接。探查阶段共需 K 次迭代。在第 $i+1$ 次迭代期间，R_i 和 S_i 的连接可以使用内存哈希连接或其他连接算法。如图 10.11 所示，以第一次迭代为例，首先将两个桶中较小桶（设为 R_0）的元组读入内存，接着通过第一个额外的缓冲块依次读取来自另一个桶 S_0 的所有磁盘块（一次一块）。对于每一个 S_0 的磁盘块，会在内存中探测出所有满足连接条件的元组对，并通过另一个缓冲块写入磁盘。为了提高内存中探测的效率，通常使用内存哈希表来存储桶 R_0 中的元组。

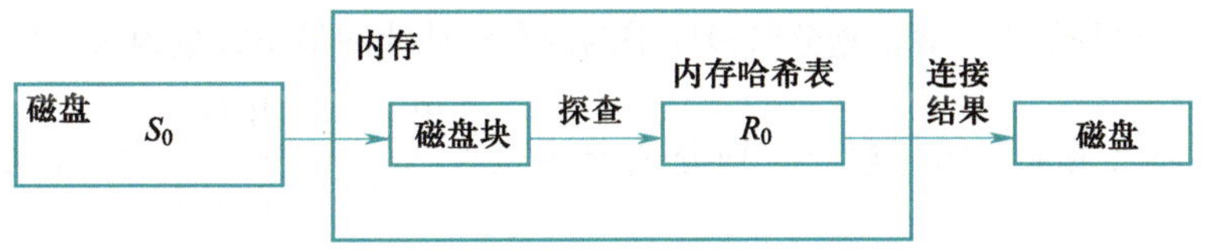

图 10.11 哈希探查

哈希连接的伪代码描述如下。

```
// 函数：对关系 R 进行哈希分桶
// 参数 R：关系 R
function hash_r(R)
    for r in R
        i=h(r[A])
        Ri=Ri ∪{ r }
        res.append(Ri)
    return res

// 函数：对关系 S 进行哈希分桶
// 参数 S：关系 S
function hash_s(S)
    for s in S
```

```
        i=h(s[B])
        Si=Si∪{s}
        res.append(Si)
    return res

// 函数：哈希连接
// 参数 R, S：待连接的两个关系 R, S
function hash_join(R, S)
    R0, R1, …, RK-1=hash_r(R)
    S0, S1, …, SK-1=hash_s(S)
    for i in [0, K)
        对 Ri 建立内存哈希表
        for s in Si
            if probe(s, Ri)                // 在 Ri 中找出满足连接条件的元组
                res.append((r, s))         // 将 (r, s) 添加到结果中
    return res
```

对于上述伪代码所描述的哈希连接，通常记关系 R 为构造用输入（build input），关系 S 则为探查用输入（probe input）。

上述的哈希连接算法对可用内存块的数量 M 有一个要求，即 $M>\sqrt{B(R)}+1$。分析过程如下：算法划分阶段所需的内存缓冲块的最小数量为 $K+1$，即 K 至多为 $M-1$，那么关系 R 的任意一个划分 R_i 至少包含 $\frac{B(R)}{K}=\frac{B(R)}{M-1}$ 个磁盘块。同时，在探查阶段，需要保证有足够的内存来存放关系 S 的一个磁盘块以及关系 R 的任意一个划分 R_i（构建内存哈希表），那么就有 $M-1>\frac{B(R)}{M-1}$，即 $M>\sqrt{B(R)}+1$。如果不满足 $M>\sqrt{B(R)}+1$，则可通过迭代递归的方式来实现哈希连接。

2. 代价分析

哈希连接的磁盘 I/O 代价由两部分组成，包括划分阶段的磁盘读取和写回，以及探查阶段的磁盘读取和写回。但由于最终连接结果的大小不确定，暂且忽略探查阶段磁盘写回的代价，即探查阶段只考虑磁盘读取代价。

在划分阶段对两个关系 R、S 各需要一次读取和写回，这部分便需要 $2(B(R)+B(S))$ 次磁盘块读写，探查阶段需要对每个关系划分读取一次，则需要消耗 $B(R)+B(S)$ 次块读写代价。因此哈希连接的磁盘 I/O 代价为 $3(B(R)+B(S))$。注意，该代价满足的条件是 $M>\max(\sqrt{B(R)}, \sqrt{B(S)})+1$。读者可以思考当该条件不满足时，应该如何实现哈希连接。

3. 溢出处理

由于需要对关系 R 的每个划分 R_i 在内存中构建哈希表，因此当 R_i 对应的哈希表大小大于内存时，就无法完成哈希表的构建，此时称构造用输入关系 R 的第 i 个划分发生了哈希表溢出（hash-table overflow）。处理哈希表溢出通常有两种方法：溢出分解（overflow resolution）和溢出避免（overflow avoidance）。

如果在划分阶段发现了哈希表溢出，则可以进行溢出分解。即对于发生了哈希表溢出的划分 R_i，使用另外一个哈希函数将其进一步分解为更小的划分。类似地，与其对应的 S_i 也进行相同的处理，并且只有相匹配的划分中的元组才能进行连接运算。

与溢出分解不同的是，溢出避免法不会等到发现哈希表溢出时再处理，而是会进行更细致的划分以保证划分阶段完成后不会出现哈希表溢出的情况。在溢出避免法中，首先将构造用输入关系 R 划分为许多小的划分，然后将某些小的划分组合形成一个新的划分，组合时会保证每个组合后的划分都能够被内存容纳。

表 10.5 中汇总了各连接算法的应用条件和磁盘 I/O 代价。

表 10.5 连接算子代价估计（M 是内存大小，c 是索引查找代价）

连接算法	连接运算应用条件	连接运算代价
嵌套循环连接	适用所有情况	$B(R)+T(R)B(S)$
块嵌套循环连接	适用所有情况	$B(R)+(B(S)B(R))/(M-1)$
索引嵌套循环连接	关系 S 上建有索引	$B(R)+T(R)c$
排序归并连接	需要先将关系 R 和 S 排序	$B(R)+B(S)$（不含排序代价）
哈希连接	适用所有情况	$3(B(R)+B(S))$ $M>\max(\sqrt{B(R)},\sqrt{B(S)})+1$

10.8 其他运算实现与代价分析

在数据库中除了选择、排序、连接这些主要的运算，还有其他运算，如去重运算、集合运算、聚集运算等。这些运算都是基于排序和哈希划分实现的，因此本节首先回顾外部排序和哈希划分的实现，接着依次介绍去重、集合、聚集运算的算法实现和磁盘 I/O 代价分析过程。

10.8.1　排序和哈希划分

排序的主要实现方式即前面介绍的外部归并排序，对一个无序的关系 R 进行排序的磁盘 I/O 代价为 $2(\lceil \log_{M-1}(B(R)/M)\rceil+1)B(R)$。其中 $B(R)$ 为关系 R 占用的磁盘块数，M 为可用的内存缓冲块数量。

哈希划分的实现如 10.7.5 节哈希连接中划分阶段所介绍，即根据一个设定好的哈希函数将关系 R 中的元组划分为子关系 R_0，R_1，…，R_K。对一个关系 R 进行哈希划分的代价为 $2B(R)$。

10.8.2　去重

去重是为了去除查询结果中的重复元组，用户可以在属性名前加上 DISTINCT 来指定去重运算。去重有两种常用的实现方式，分别是对关系进行排序和哈希划分实现。因为这两个过程可以找出关系中所有重复的元组，对这些元组只保留一条即可达到去重的效果。下面分别介绍这两种方式的过程和代价。

基于排序实现，即利用 10.5.1 节介绍的外部归并排序算法来实现对关系 R 去重。具体步骤如下：(1) 首先在对关系 R 的排序阶段去除重复元组，这保证了每个归并段中不存在重复元组；(2) 在归并阶段比较来自不同归并段的元组是否相同，如果发现两个元组重复则只保留一个到结果中，这去除了不同归并段之间的重复元组。经过上述过程后，外部归并排序算法的输出就是一个去除了所有重复元组的关系。该去重算法的磁盘 I/O 代价与 10.5.2 中介绍的外部归并排序的代价相同，即 $2(\lceil \log_{M-1}(B(R)/M)\rceil+1)B(R)$。

基于哈希划分的实现，即利用 10.7.5 节介绍的哈希划分来实现对关系 R 的去重。具体步骤如下：(1) 首先将关系 R 中每个元组根据去重列划分至对应的桶，如果该元组与桶中元组重复，则去除该元组。经过上述哈希划分过程后，每个桶内不存在重复元组。并且由于哈希函数的性质，相同的元组不会被划分至不同的桶，因此不同的桶之间不存在重复元组。(2) 只需再将这些桶中的元组写回磁盘，就可以得到一个去除了所有重复元组的关系 R。该去重方法的磁盘 I/O 代价与 10.7.5 中介绍的哈希连接的划分阶段代价相同，即 $2B(R)$。

10.8.3　集合运算

集合运算包含并（UNION）、交（INTERSECT）、差（DIFFERENCE）三种集合运算，接下来介绍这三种集合运算的具体实现方式及代价分析。

1. 基于排序的实现

并、交、差三个集合操作仅适用于类型兼容的关系，即它们具有相同数量的属性和相同的属性域。实现这些操作的常用方法是将两个关系按相同的属性排序，之后对两个关系同时进行一次线性扫描，在线性扫描的过程中可以逐渐得到结果。例如实现并操作 $R \cup S$，可以通过同时扫描两个已排序的关系 R 和关系 S，当两个关系中存在相同的元组时，合并结果中只保留其中一个元组。对于交操作 $R \cap S$，可以在合并结果中只保留那些出现在两个排序关系中的元组。对于差操作 $R-S$，可以在合并结果中只保留存在于 R 中但不存在于 S 中的元组。

以 $R \cap S$ 为例，基于排序算法实现的集合运算伪代码如下。

```
//函数：基于排序对关系 R, S 进行 R∩S 集合运算
//参数 R, S：待集合交运算的两个关系 R, S
function set_merge_sort(R, S)
    sort_r(R, R.A)                          //根据 R.A 排序 R
    sort_s(S, S.B)                          //根据 S.B 排序 S
    r = R 的第一个元组
    s = S 的第一个元组
    while r ≠ NULL and s ≠ NULL             //未遍历完两个关系时进入循环
        if r > s
            s = next(S)                     //S 中的下一个元组
        if r < s
            r = next(R)                     //R 中的下一个元组
        if r = s
            res.append(r)                   //将 r 添加到结果中
            r = next(R)
            s = next(S)
    return res
```

基于排序的集合运算实现方式包含将两个关系按相同的属性排序或对两个关系各进行一次线性扫描。那么该实现方式的磁盘 I/O 代价即对关系 R 和 S 外部归并排序的代价（参加 10.5.2 节）和对关系 R 和 S 线性扫描的代价（参见 10.6.1 节）之和，即 $2\lceil \log_{M-1}(B(R)/M)\rceil+3B(R)+2\lceil \log_{M-1}(B(S)/M)\rceil+3B(S)$。

2. 基于哈希划分的实现

除了排序，还可以通过哈希划分的方式实现并、交、差三个集合操作。首先扫描一个关系，设定一个哈希函数将其划分为几个不同的桶，并建立哈希表。之后扫描另一个关系中的元组，并根据该元组的哈希值探测对应的桶，并根据并、交、差的语义，将该元组从桶中删除或者插入桶。

首先对 R 的元组建哈希表，之后对关系 S 中的元组逐个计算其哈希值。要实现 $R \cup S$，则将 S 中的元组 s 插入 R 对应的桶（哈希值一样的桶），但不要放入重复的元组；要实现 $R \cap S$，对于 S 中的元组 s，如果 R 对应桶中存在与 s 属性值一样的元组，则将 s 放入交运算的结果中。要实现 $S-R$，对于 S 中的元组 s，如果 R 对应桶中不存在与 s 属性值一样的元组，则将 s 放入差运算的结果中。

这里以 $R \cap S$ 为例来介绍，基于哈希算法实现的集合运算伪代码如下。

```
// 函数：基于哈希划分对关系 R，S 进行 R∩S 集合运算
// 参数 R：关系 R，参数 S：关系 S，哈希函数 h
function set_merge_hash(R,S,h)
    // 使用相同的哈希函数 h 将 R、S 划分为 R_0,R_1,…,R_{n-1},S_0,S_1,…,S_{n-1}
    R_0,R_1,…,R_{n-1}=h(R)
    S_0,S_1,…,S_{n-1}=h(S)
    for i in[0,n):
        对 R_i 建立内存哈希索引
        for 每个元组 s∈S_i
            if h(s) 在 R_i 的哈希索引中：
                res.append(s)            // 将 s 添加到结果中
    return res
```

基于哈希的集合操作的磁盘 I/O 代价为对关系 R 的哈希划分的磁盘代价（参见 10.7.5 节中哈希划分阶段代价）与对关系 S 进行线性扫描的磁盘 I/O 代价（参见 10.6.1 节）之和，即 $2(B(R)+B(S))$。

10.8.4　聚集运算

GROUP BY 子句可以将查询到的、满足条件的元组按照某一属性列或多属性列进行分组，聚集函数（MIN、MAX、COUNT、AVG、SUM 等）将分别作用于每个组。考虑如下与 4.3.1 节中相似的例子，该查询语句中的聚集函数用来计算课程表按照学号分组后每一组的平均成绩，而本节介绍的聚集运算包含了关系分组以及聚集函数实现两个过程。

```
SELECT Sno,AVG(Grade)
FROM SC
GROUP BY Sno;
```

首先，关系的分组与去重运算的思路相同，可以使用排序或哈希划分来实现。与去重不同的是，去重是为了去除关系中相同的元组，而关系分组是将关系中相同的元组保留为一个组。其次，聚集函数的实现方式如下：在对关系 R 进行分组和聚

集的过程中，不需要等到关系 R 中所有元组分组完成后进行聚集函数运算，可以在关系分组的过程中逐步实现 MIN、MAX、SUM、COUNT、AVG 等聚集函数运算。比如对于 SUM、MIN、MAX 运算，当分组过程中一组内出现两个元组时，可以提前计算目标元组并使用该元组替换这两个元组。对于 COUNT 运算则很简单，每组动态维护计数值即可。对于 AVG 运算，可以同时动态进行 SUM 和 COUNT 两个聚集函数运算，在扫描完所有元组时将 SUM 聚集函数的运算结果值除以 COUNT 的结果值即可。

聚集运算的磁盘 I/O 代价分析与去重运算类似，当采用排序方法（参见 10.8.1 节）进行聚集运算中的关系分组时，实现聚集的磁盘 I/O 代价与 10.5.2 中介绍的外部归并排序的代价相同，即 $2(\lceil \log_{M-1}(B(R)/M) \rceil + 1)B(R)$。而当采用哈希划分方法（参见 10.8.1 节）进行聚集运算中的关系分组时，实现聚集运算的磁盘 I/O 代价与 10.7.5 中介绍的哈希连接的划分阶段代价相同，即 $2B(R)$。

10.9 小结

本章主要介绍查询处理，概述了查询解析、查询优化与查询执行的概念。并重点介绍了查询处理中查询解析器的工作原理、各查询算子的实现方式，分析了其磁盘 I/O 代价。查询处理中的查询优化与查询执行的具体细节将在第 11、12 章分别介绍，接下来回顾本章的主要内容。

在介绍 SQL 解析时，说明了一条 SQL 查询经过查询解析器的词法分析、语法分析、语义分析后会得到一棵可用于查询优化的查询树。在介绍查询优化时，分别概述了逻辑优化、代价估计、物理优化的原理和过程。在介绍查询算子时，介绍了查询算子有多种实现方式，并阐述了如何分析查询算子的磁盘 I/O 代价。第 10.5~10.8 节介绍了数据库中常见的选择、排序、连接以及其他运算的多种具体实现方式，并分析了这些实现方式的磁盘 I/O 代价。

本章的重点是查询算子的实现方式及其磁盘 I/O 代价的分析方法，这部分是查询处理中的重要内容，第 11 章将使用该代价分析方法来指导查询优化。

10.10 习题

1. 在 4.3.1 小节例 4.48 中出现了如下这条 SQL，尝试画出对应的语法分析树。

```
SELECT Student.Sno, Sname, Sdept, Grade
FROM Student, SC
WHERE Student.Sno = SC.Sno AND Cno = "1" AND Grade>90;
```

2. 语法分析树中的原子节点是由______过程输出的，在树中作为______节点出现。

3. 查询重写属于（　　）。

A. 物理优化　　B. 逻辑优化

C. 词法分析　　D. 语义分析

4. 在内存有限的情况下，可用内存的大小会对以下（　　）运算的磁盘 I/O 代价产生影响。

A. 块嵌套循环连接　　B. 嵌套循环连接

C. 外部归并排序　　D. 哈希连接

5. 试分析在外部归并排序中，若为每个归并段多分配一倍的内存缓冲块，会对执行代价带来多大的影响。

6. 假设 $B(R)=B(S)=2\,000$，$T(R)=30\,000$，$T(S)=10\,000$，并且 $M=300$，需要实现 R 与 S 的自然连接，试估算嵌套循环连接的磁盘 I/O 代价。

7. 场景与需求同本章习题 6，试估算块嵌套循环连接的磁盘 I/O 代价。

8. 场景与需求同本章习题 6，但关系 R 与 S 已排好序，试估算归并连接的磁盘 I/O 代价。

9. 场景与需求同本章习题 6，但 $M=400$，试估算哈希连接的磁盘 I/O 代价。

10. 假设 $B(R)=240$，试估算使用基于哈希划分的去重算法对关系 R 针对某存在重复值的属性进行去重运算的磁盘 I/O 代价。

第 11 章

查询优化

一条 SQL 语句可能包含多种算子（例如选择、连接、聚集、排序），每个算子都有多种不同的物理实现方法，并且算子之间的先后执行顺序也可以不同，因此一条 SQL 语句通常会产生很多不同的查询计划，这些计划的执行时间可能相差几个数量级。查询优化（query optimization）就是从所有可能的查询计划中选出代价最小的计划的过程，以提高查询执行效率。查询优化器首先从逻辑层面对查询进行重写，将查询转换为等价但更高效的关系代数表达式。然后查询优化器使用基数估计模型和代价估计模型，完成多表连接顺序的选择、不同物理算子的选择以及物化视图的维护与使用等优化决策，以生成高效的执行计划。查询优化的质量直接影响了数据库的性能，是数据库高效执行查询的基础。

11.1 查询优化概述

在数据库中，一个 SQL 查询包含多个查询算子。每个查询算子有多种不同物理实现方式，例如连接算子可以用嵌套循环连接、哈希连接、排序归并连接、索引连接等实现。此外，有些算子的执行顺序是可以改变的，例如多表连接的顺序可以任意排序。因此一个 SQL 查询会对应很多等价的不同执行计划。这些等价计划执行结果相同，但在执行时间和资源消耗上可能会存在几个数量级的巨大差距。因此，为了确保查询的高效执行，数据库在实际执行查询前，会先对执行计划进行优化。

查询优化（也称优化器）一般从逻辑和物理两个层面进行。逻辑层面优化的目标是找出与原始查询等价但更加高效的关系代数表达式，主要是通过调整关系代数运算顺序来使每步运算要处理的数据行数最少。例如数据库一般会将选择运算下推，以尽早缩减参与运算的数据行数。逻辑优化后需要进行物理优化，主要是利用数据库的数据规模（如数据块大小和统计信息等）来估计计划执行的代价，并从众多候选计划中选出代价最小的计划。物理优化需要选择每个算子的物理实现算法，例如在连接操作中选择嵌套循环连接或哈希连接，并确定多表连接时的连接顺序。查询优化使数据库尽量选择较为高效的执行方案，从而提高数据库执行查询的效率。与逻辑优化不同的是，物理优化过程需要考虑关系实例的统计信息特征，例如一列非重复值的数量，以准确计算不同物理操作的执行代价。

为了方便阐述，本章仍然使用第 2 章中引入的学生选课数据库，并使用第 2 章中的例 2.23，也就是“查询选修了 1 号课程的学生学号、姓名及成绩”进行说明。该查询可以写成如下关系代数表达式的形式：

$$\Pi_{\text{Sno, Sname, Grade}}(\sigma_{\text{Cno="1"}}(\text{SC} \bowtie \text{Student}))$$

可以发现，学生选课表（SC）与学生表（Student）的笛卡儿积会产生巨大的中间结果，而查询需要的只是其中一小部分（Cno="1"^SC.Sno=Student.Sno 相关结果）。在这种情况下，巨大的中间结果无法完整地放入内存，只能先写入磁盘，在后续做选择和投影运算时，再从磁盘分块地读回。由于磁盘读写速度缓慢，其查询效率很低。

鉴于当前查询的低效主要来自过多的中间结果，如能减少中间结果，显然可以提高查询执行的效率。为此，可以将上述关系代数表达式等价转换为：

$$\Pi_{\text{Sno, Sname, Grade}}(\sigma_{\text{Cno="1"}}(\text{SC}) \bowtie \text{Student})$$

按照该表达式执行，会先选择学生选课表中课程号为 1 的记录，再将该中间结果与学生表进行连接。由此，中间结果就只包含 1 号课程的记录，对中间结果的大小实现了有效缩减，提升了查询执行的效率。逻辑层面的优化就是对关系代数表达式进行等价转换，以提高执行效率。

确定了优化的关系代数表达式后，实际执行时仍然有多种方式可以选择，这时需要进行物理优化。以 $\sigma_{Cno="1"}$（SC）为例，这一选择操作既可以通过对学生选课表的线性扫描完成，也可以利用在课程号 Cno 列上建立索引实施索引扫描完成。与线性扫描相比，索引扫描避免了大量的磁盘读写，因而更加高效。物理优化就是要通过选择高效的底层算子，来提高查询实际执行时的效率。

通过上述示例可以看出，整个查询优化过程，既包括逻辑层面优化关系代数表达式，也包括物理层面选择物理算子执行算法。借助查询优化技术，可以实现较高的查询效率，而不需要用户来优化查询的表达式。由于查询的总延迟包含查询优化和实际执行这两部分执行时间，因此查询优化需要轻量化，即要以较小的代价快速找到比较优化的计划。然而查询计划的搜索空间常常过于巨大，暴力寻找最优计划往往需要更大的时间开销。因此为了最小化总延迟，查询优化过程中一般找到较优的计划即可。

图 11.1 给出了以上示例的优化流程。对于输入的 SQL 语句，数据库首先通过查询解析技术（详见第 10 章），将 SQL 查询解析并转换为查询树的形式。接下来，查询优化器在逻辑层面进行查询重写，通过等价规则对表达式进行等价转换，把原查询转换为执行效率更高的逻辑计划树。经过逻辑优化后，选择运算被下推到连接运算前执行，减少了参与连接运算的数据规模，提高了执行效率。逻辑计划树是一种经过扩展的关系代数树，用于表示逻辑层面查询的执行过程。然而多表连接顺序选择以及物理算法选择具有很大的搜索空间，并且无法只基于规则判断不同选择的优劣。因此查询优化器借助数据字典中关于数据的统计信息，建立基数估计模型和代价估计模型，通过比较不同执行方案的代价来选择代价最小的物理计划树，并调用执行引擎计算结果。物理计划树是在逻辑计划树的每个节点上明确了该算子采用的物理实现方式。如图 11.1 所示，采用线性扫描算法读取学生选课表和学生表，采用嵌套循环连接算法进行连接运算。上述查询优化过程，相较于优化前的查询，一般能在执行效率上取得显著提升。

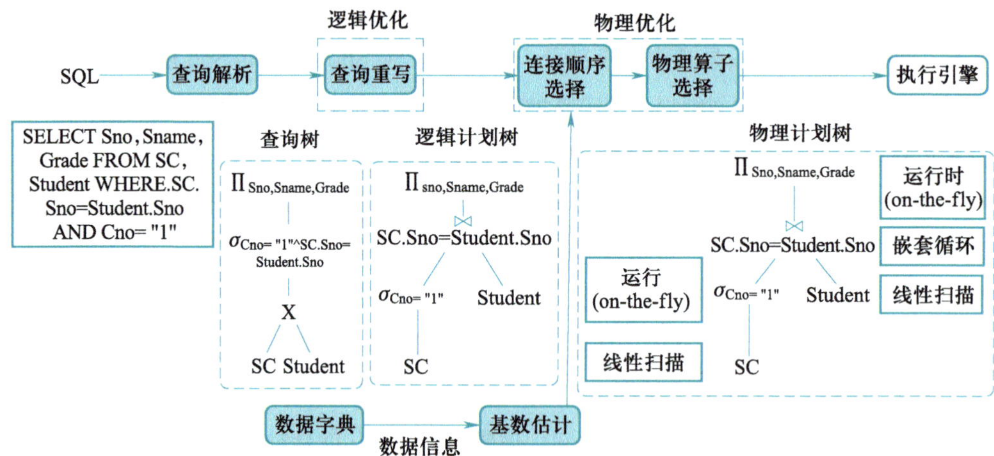

图 11.1　查询优化流程

11.2 查询重写

逻辑层面的优化旨在通过对关系代数表达式进行等价转换来提高执行效率。在逻辑优化的最初阶段，根据一系列关系代数表达式的等价规则，数据库管理系统将查询转换为更高效的查询执行计划，这一过程常被称为查询重写（query rewrite）。查询重写可以分为两类，一类在重写时只考虑等价规则，这样有助于较快地完成重写过程；而另一类则利用代价模型并结合转换规则进行重写，将在 11.3 节介绍。

为了保证逻辑优化前后的查询结果等价，需保证优化前后的关系代数表达式具有等价性。两个关系表达式的等价（equivalent）可定义为：对于两个关系代数表达式，如果对任意的关系数据实例，总能得到完全相同的结果，则称这两个关系表达式等价。

为了保证等价性，需要确保使用重写规则重写的关系代数表达式前后是等价的。等价规则（equivalence rule）用于指出哪些不同形式的关系表达式是等价的。在查询重写阶段，优化器按照等价规则将表达式转换成逻辑上等价但更加高效的形式。

本节将首先介绍较为通用的关系代数等价规则，之后会分别针对不同算子介绍等价规则，最后阐述查询重写的实际执行过程。

11.2.1 交换律与结合律

关系代数算子中常见的是二元运算，如连接、并集、交集等。对于二元运算来说，最基本的两个性质是交换律和结合律。对于符合交换律和结合律的算子，利用这些基本代数定律就可以得到一些等价规则。

交换律是指运算符的运算结果与运算数顺序无关。以四则运算为例，加法和乘法就是符合交换律的，而减法和除法则不符合。如 $x+y=y+x$ 恒成立，而 $x-y$ 则一般不等于 $y-x$。结合律是指对于含有两个以上可结合运算的表达式，只改变运算的顺序不会改变运算的结果。在四则运算中，加法和乘法符合结合律，而减法和除法则不符合。如 $(x+y)+z=x+(y+z)$ 恒成立，而 $(x-y)-z$ 则一般不等于 $x-(y-z)$。

关系代数中很多二元算子符合交换律、结合律。对于这些算子，利用这两个代数定律可以直接得到以下等价规则。

对于笛卡儿积运算，有：

- $R_1 \times R_2 = R_2 \times R_1$
- $(R_1 \times R_2) \times R_3 = R_1 \times (R_2 \times R_3)$

对于连接运算，有：

- $R_1 \bowtie R_2 = R_2 \bowtie R_1$

- $(R_1 \bowtie R_2) \bowtie R_3 = R_1 \bowtie (R_2 \bowtie R_3)$

对于并运算，有:

- $R_1 \cup R_2 = R_2 \cup R_1$
- $(R_1 \cup R_2) \cup R_3 = R_1 \cup (R_2 \cup R_3)$

对于交运算，有:

- $R_1 \cap R_2 = R_2 \cap R_1$
- $(R_1 \cap R_2) \cap R_3 = R_1 \cap (R_2 \cap R_3)$

利用连接运算的交换律、结合律，在实现多个关系的连接时，存在多种可选的连接顺序。如对于三个关系 R_1、R_2、R_3 的连接运算，有 $R_1 \bowtie (R_2 \bowtie R_3)$、$R_2 \bowtie (R_1 \bowtie R_3)$ 与 $R_3 \bowtie (R_2 \bowtie R_1)$ 三种连接方法，不同连接顺序可以得到相同的结果，但中间关系的大小可能相差甚远。在 11.4 节中将介绍如何从不同的连接顺序中选出执行效率最高的顺序。

11.2.2　选择运算

数据库中选择运算的过滤效果较好，通常能有效缩减中间关系的大小。如 11.1 节的例子中，$\sigma_{\text{Cno="1"}}(\text{SC})$ 一个操作就可能数倍地缩减关系的大小。所以在大多数情况下，将选择操作在查询树中尽可能往下推，即更早地执行选择运算，可以减少后续磁盘读取和运算次数，由此达到加速查询执行的目的。

为了更充分地优化选择操作，可将复杂的选择条件分解为多个简单形式的组合或嵌套。这是因为更加简单的选择涉及的属性会更少，也就可将其下推到复杂选择条件无法到达的节点。因此对于选择算子，以下分解定律是非常常用的等价规则:

- $\sigma_{p_1 \wedge p_2}(R) = \sigma_{p_1}(\sigma_{p_2}(R))$，$\sigma_{p_1 \wedge p_2}(R) = \sigma_{p_2}(\sigma_{p_1}(R))$

当 R 为集合时，还有

- $\sigma_{p_1 \vee p_2}(R) = \sigma_{p_1}(R) \cup \sigma_{p_2}(R)$

如果选择算子不是直接作用于数据库中的一些原始关系，而是作用于一些二元运算符产生的中间结果时，那么可以按照具体的二元运算符将选择算子下推到这些运算符的运算数关系中。选择运算下推程度主要取决于参与运算的关系在属性集合上的重合度。例如对于并运算，参与运算的运算数关系总是有完全相同的属性集合，因此选择运算需要下推到所有运算数关系中；而对于连接运算，参与运算的关系属性集合往往只有部分属性相同，因此选择运算可能无法下推到所有运算数关系中，而只能下推到部分运算关系中。具体来说，有如下等价规则:

对于并运算，必须将选择运算同时下推到两个关系中:

- $\sigma_p(R_1 \cup R_2) = \sigma_p(R_1) \cup \sigma_p(R_2)$

对于差运算，选择运算的下推是非对称的，必须将选择下推到第一个关系，而是否将选择运算下推到第二个关系不会影响结果：

- $\sigma_p(R_1-R_2)=\sigma_p(R_1)-R_2$，$\sigma_p(R_1-R_2)=\sigma_p(R_1)-\sigma_p(R_2)$

有的二元运算符，例如连接运算、笛卡儿积等，可能出现并非所有关系 R 都包含选择条件 p 涉及的所有属性的情况，这时只能将选择运算下推到包含选择条件 p 涉及的所有属性的关系中。假设关系 R_1 包含选择条件 p 涉及的所有属性，则有如下等价规则：

- $\sigma_p(R_1\times R_2)=\sigma_p(R_1)\times R_2$
- $\sigma_p(R_1\bowtie R_2)=\sigma_p(R_1)\bowtie R_2$
- $\sigma_p(R_1\cap R_2)=\sigma_p(R_1)\cap R_2$

回顾 11.1 节中的示例，“查询选修了 1 号课程的学生学号、姓名及成绩”，其直接转换为的关系代数表达式为 $\Pi_{Sno,\ Sname,\ Grade}(\sigma_{Cno="1"}(SC\bowtie Student))$。由于属性 Cno 只出现在 SC 表中，应用等价规则 $\sigma_p(R_1\bowtie R_2)=\sigma_p(R_1)\bowtie R_2$，上述表达式可转换为 $\Pi_{Sno,\ Sname,\ Grade}(\sigma_{Cno="1"}(SC)\bowtie Student)$。这两个关系代数表达式对应图 11.2 中的两个表达式树。可以发现，利用该等价规则进行转换，选择运算在表达式树中得到了下推。具体地，在图 11.2（a）中，选择运算在连接后执行。而在图 11.2（b）中，在连接运算前对学生选课表进行选择过滤，使选择运算在表达式树中的节点位置更低，从而能够更早执行，缩小了参与连接运算的关系大小，大幅度提升了查询的执行效率。

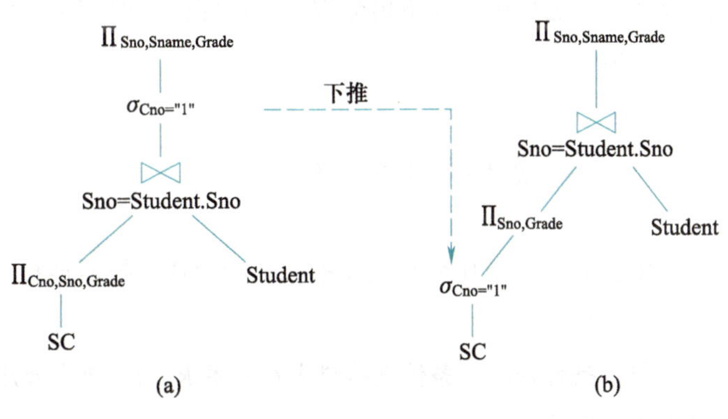

图 11.2 选择运算下推

在实际应用中，上述等价规则 $\sigma_p(R_1\bowtie R_2)=\sigma_p(R_1)\bowtie R_2$ 不一定只是从左到右单向执行下推选择运算，有时也需要从右到左实行转换，也就是将选择运算先上推，再下推到所有可能的分支，从而实现更充分的下推。举例来说，如果两个关系 R_1、R_2 都包含选择条件 p 涉及的所有属性，利用上述等价规则，可以对表达式 $\sigma_p(R_1)\bowtie R_2$ 进行以下优化：$\sigma_p(R_1)\bowtie R_2=\sigma_p(R_1\bowtie R_2)=\sigma_p(R_1)\bowtie\sigma_p(R_2)$。可以看出，最初的表达式 $\sigma_p(R_1)\bowtie R_2$ 在连接运算前只会对关系 R_1 过滤，而优化后的表达式 $\sigma_p(R_1)\bowtie\sigma_p(R_2)$ 则实现了在连接运算前，对关系 R_1 和 R_2 都进行过滤，从而实现进一步的优化。

11.2.3　投影运算

与选择运算类似，投影运算也可以进行下推，从而减少中间结果列的数量，由此缩减中间结果的数据规模。但一般来说，对投影运算进行优化得到的效率提升要小于优化选择运算。这是因为选择运算的过滤作用通常会使中间运算关系行数大幅度下降，而投影运算一般主要减少元组的列数（属性数量），对中间关系的规模影响有限。

对于投影算子，比较通用的等价规则有（用 S 表示投影的属性集合）：

- $\Pi_{S_1}(\Pi_{S_2}(R))=\Pi_{S_1}(R)$，$S_1\subseteq S_2$ 且都是关系 R 的属性
- $\sigma_C(\Pi_S(R))=\Pi_S(\sigma_C(R))$，其中选择中的条件 C 只涉及投影 S 中的属性
- $\Pi_{S_1\cup S_2}(R_1\times R_2)=\Pi_{S_1}(R_1)\times\Pi_{S_2}(R_2)$，其中投影属性集合 S_1 和 S_2 分别是 R_1 和 R_2 的属性
- $\Pi_S(R_1\cup R_2)=\Pi_S(R_1)\cup\Pi_S(R_2)$，其中投影属性集合 S 是关系 R_1 和 R_2 的属性

可以发现，能够在投影运算中去除的属性一定是在后续表达式中不再使用的属性。如图 11.2（a）所示，表达式树对学生选课表与学生表进行连接，并对连接后的结果做选择运算，取出符合选择条件 Cno="1" 的元组。由于连接后属性 Cno 还需要参与运算，因此在表达式树中，投影运算时除了要保留 Sno 和 Grade 属性外，还需要保留 Cno 属性。而如图 11.2（b）所示的表达式树则是先进行选择再进行连接，由于属性 Cno 在执行完选择运算后已经不再会被使用，因而这时在投影运算中只需要保留属性 Sno 和 Grade 即可。

11.2.4　连接与笛卡儿积运算

除了 11.2.1 节中介绍的交换律与结合律，按照连接与笛卡儿积的定义还能得到以下等价规则。

（1）条件连接：条件连接是先对关系 R_1、R_2 做笛卡儿积，再按条件 p 做选择运算，因此可以得到：

- $\sigma_p(R_1\times R_2)=R_1\bowtie_p R_2$

（2）等值连接和自然连接：等值连接是特殊的条件连接。等值连接中的条件 p 要求关系 R_1、R_2 中的连接属性以等值比较为选择条件。自然连接是一种特殊的等值连接。在等值连接的基础上要求等值连接属性必须是同名属性，并在连接结果中去掉重复的属性（即按照关系 R_1、R_2 属性的并集 S 做投影）。因此可以得到：

- $R_1\bowtie R_2=\Pi_S(\sigma_p(R_1\times R_2))$，$S$ 是同名属性集合，p 是同名属性等值连接条件。

这些根据定义建立的等价规则一般用于将含有笛卡儿积运算的过程替换为连接运算。前面对这两种算子的复杂度进行了理论分析，由于笛卡儿积具有较高的时间复杂

度，一般来说会比连接运算效率更低。

11.2.5 去重运算

去重算子 δ 可以从关系中去除重复的元组。通过下推 δ 同样可以减小中间结果的大小，从而达到加速查询执行的效果。

按照定义，对于没有重复元素的关系 R，$\delta(R)=R$。此外，其他下推去重算子 δ 的等价规则有：

- $\delta(R_1 \times R_2)=\delta(R_1)\times\delta(R_2)$
- $\delta(R_1 \bowtie R_2)=\delta(R_1)\bowtie\delta(R_2)$
- $\delta(R_1 \bowtie_p R_2)=\delta(R_1)\bowtie_p\delta(R_2)$
- $\delta(\sigma_p(R))=\sigma_p(\delta(R))$
- $\delta(R_1 \cap R_2)=\delta(R_1)\cap\delta(R_2)=R_1\cap\delta(R_2)=\delta(R_1)\cap R_2$

数据库中的一个关系本质上是一个以元组为元素的多重集合，而在查询执行中产生的中间关系有时可能是没有重复元组的集合。去重运算的转换规则一般就是利用了集合没有重复元组这一性质。如上述的“对于没有重复元素的关系 R，$\delta(R)=R$”这条转换规则，就可以为已符合没有重复元素的中间关系省掉去重运算的代价。

11.2.6 分组聚集运算

分组聚集算子 $\mathcal{G}$ 的等价规则一般依赖于算子细节，因而通用的等价规则较少。首先，根据定义，$\mathcal{G}$ 最终会产生一个无重复元组的关系。在 11.2.5 节中已经介绍了去重算子 δ 作用于无重复的关系仍会得到该关系本身，因此可以得到如下等价规则（使用 C 表示用于分组聚集的属性集合）：

- $\delta(\mathcal{G}_C(R))=\mathcal{G}_C(R)$

而当聚集函数是取最小值或取最大值时，$\mathcal{G}$ 的运算结果与输入关系是否去重无关，即：

- $\mathcal{G}_C(R)=\mathcal{G}_C(\delta(R))$，其中聚集函数为 MAX 或者 MIN

此外，在执行 $\mathcal{G}$ 运算前，可以做投影属性集合 C 的超集 S（$C\subseteq S$）的投影，即：

- $\mathcal{G}_C(R)=\mathcal{G}_C(\Pi_S(R))$

考虑第 2 章中的例 2.19，查询所有选课学生的学号及平均分，对应于关系表达 ${}_{\mathrm{Sno}}\mathcal{G}_{\mathrm{avg(Grade)}}(\mathrm{SC})$，可以写成以下查询：

```
SELECT Sno,AVG(Grade)
FROM SC
GROUP BY Sno;
```

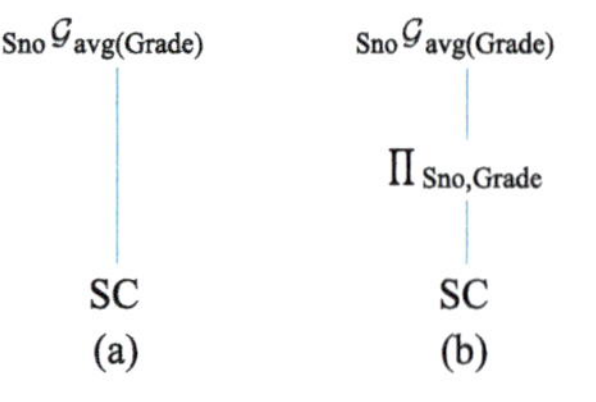

图 11.3　分组聚集重写过程示例

由该查询最初生成的表达式树如图 11.3（a）所示。利用等价规则 $\mathcal{G}_C(R) = \mathcal{G}_C(\Pi_S(R))$，可以在 $\mathcal{G}$ 运算前对 $\mathcal{G}$ 运算需要的属性 Sno 和 Grade 做投影。再利用投影的等价规则将投影运算下推，最终可以得到图 11.3（b）所示的表达式树。

11.2.7　重写过程

前面介绍了常见的等价转换规则，在表 11.1 中对其进行了总结。

表 11.1　常用等价转换规则

序号	等价转换规则
1	$R_1 \times R_2 = R_2 \times R_1$
2	$(R_1 \times R_2) \times R_3 = R_1 \times (R_2 \times R_3)$
3	$R_1 \bowtie R_2 = R_2 \bowtie R_1$
4	$(R_1 \bowtie R_2) \bowtie R_3 = R_1 \bowtie (R_2 \bowtie R_3)$
5	$R_1 \cup R_2 = R_2 \cup R_1$
6	$(R_1 \cup R_2) \cup R_3 = R_1 \cup (R_2 \cup R_3)$
7	$R_1 \cap R_2 = R_2 \cap R_1$
8	$(R_1 \cap R_2) \cap R_3 = R_1 \cap (R_2 \cap R_3)$
9	$\sigma_{p_1 \wedge p_2}(R) = \sigma_{p_1}(\sigma_{p_2}(R))$
10	$\sigma_{p_1 \wedge p_2}(R) = \sigma_{p_2}(\sigma_{p_1}(R))$
11	当 R 为集合时，$\sigma_{p_1 \vee p_2}(R) = \sigma_{p_1}(R) \cup \sigma_{p_2}(R)$
12	$\sigma_p(R_1 \cup R_2) = \sigma_p(R_1) \cup \sigma_p(R_2)$
13	$\sigma_p(R_1 - R_2) = \sigma_p(R_1) - R_2$
14	$\sigma_p(R_1 - R_2) = \sigma_p(R_1) - \sigma_p(R_2)$
15	若关系 R_1 包含选择条件 p 涉及的所有属性，$\sigma_p(R_1 \times R_2) = \sigma_p(R_1) \times R_2$
16	若关系 R_1 包含选择条件 p 涉及的所有属性，$\sigma_p(R_1 \bowtie R_2) = \sigma_p(R_1) \bowtie R_2$
17	若关系 R_1 包含选择条件 p 涉及的所有属性，$\sigma_p(R_1 \cap R_2) = \sigma_p(R_1) \cap R_2$
18	若 $S_1 \subseteq S_2$ 且都是关系 R 的属性，$\Pi_{s_1}(\Pi_{s_2}(R)) = \Pi_{s_1}(R)$
19	若选择条件 C 只涉及投影 S 中的属性，$\sigma_C(\Pi_S(R)) = \Pi_S(\sigma_C(R))$

续表

序号	等价转换规则
20	$\Pi_{S_1 \cup S_2}(R_1 \times R_2) = \Pi_{S_1}(R_1) \times \Pi_{S_2}(R_2)$，投影集合 S_1 和 S_2 分别是 R_1 和 R_2 属性子集
21	$\Pi_S(R_1 \cup R_2) = \Pi_S(R_1) \cup \Pi_S(R_2)$
22	$R_1 \bowtie_p R_2 = \sigma_p(R_1 \times R_2)$
23	等值连接 $R_1 \bowtie R_2 = \Pi_S(\sigma_p(R_1 \times R_2))$，其中 S 为 R_1，R_2 属性的并集
24	对于没有重复元素的关系 R，$\delta(R) = R$
25	$\delta(R_1 \times R_2) = \delta(R_1) \times \delta(R_2)$
26	$\delta(R_1 \bowtie R_2) = \delta(R_1) \bowtie \delta(R_2)$
27	$\delta(R_1 \bowtie_p R_2) = \delta(R_1) \bowtie_p \delta(R_2)$
28	$\delta(\sigma_p(R)) = \sigma_p(\delta(R))$
29	$\delta(R_1 \cap R_2) = \delta(R_1) \cap \delta(R_2) = R_1 \cap \delta(R_2) = \delta(R_1) \cap R_2$
30	当聚集函数是取最小值或取最大值时，$\delta(\mathcal{G}_C(R)) = \mathcal{G}_C(R)$
31	$\mathcal{G}_C(R) = \mathcal{G}_C(\Pi_S(R))$，其中 $C \subseteq S$

在确定了查询重写中要考虑的等价规则集合（用 R 表示）后，优化器会利用这些规则不断产生与最初给定表达式等价的候选表达式。以下伪代码对最基本的查询重写过程进行了描述，可以概括为：首先输入给定的表达式 E，创建一个只包含 E 的等价表达式集合 S。之后不断枚举该表达式集合 S，尝试将其中的每一个表达式 E_i 与等价规则集合 R 的每一条等价规则 r_j 进行匹配。一旦匹配成功，就利用该等价规则对表达式 E_i 进行转换，产生一个新的等价表达式 E' 并加入 S。不断重复该过程，直到不再产生新的等价表达式，即 S 的集合大小不再增大为止。

```
// 函数：对给定的关系表达式 E 按照等价规则集合 R 进行重写
// 参数 E：关系代数表达式
// 返回值 S：等价表达式集合
function query_rewrite( E )
    S = { E }
    size = | S |
    while True
        S' = S
        for 关系代数代数表达式 Ei in S'
            for 等价规则 rj in R
                if rj 匹配 Ei
                    E' = 使用等价规则 rj 对关系代数代数表达式 Ei 进行转换得到的表达式
                    S = S ∪ E'
        new _size = | S |
        if new _size == size
```

```
        break
    return S
```

但是上述方法存在一些问题。首先，一些等价规则的转换方向无法在查询重写阶段确定，例如多表连接的顺序无法只借助重写规则来确定，这会导致在查询重写阶段不能推断出候选执行计划间的优劣，使得最终只能返回一个规模较大且利用规则无法分辨好坏的候选表达式集合。此外，由于需要枚举的重写规则有成百上千条，一个表达式可能与许多规则相匹配，所以 S 的大小可能会非常大，优化器难以在有限的资源限制下穷尽所有可能的等价表达式。因此需要一个合理的剪枝手段来帮助其快速去除不合理的搜索空间。

一种常用的办法是按照特定的规则枚举顺序进行枚举，并在等价表达式集合规模达到一定限制后就停止搜索。具体来说，对规则的枚举顺序一般为:

（1）对复合的选择谓词做分解，如利用选择运算的分解定律 $\sigma_{p_1 \wedge p_2}(R) = \sigma_{p_1}(\sigma_{p_2}(R))$；

（2）下推选择运算，如 $\sigma_p(R_1 \cup R_2) = \sigma_p(R_1) \cup \sigma_p(R_2)$；

（3）将笛卡儿积转换为连接运算，$\sigma_p(R_1 \times R_2) = R_1 \bowtie_p R_2$;

（4）下推投影运算，如 $\Pi_{S_1}(\Pi_{S_2}(R)) = \Pi_{S_1}(R)$，$S_1 \subseteq S_2$ 且都是关系 R 的属性。

其核心思想是优先利用那些大概率能提升执行效率的等价规则，以此来缩小搜索空间。但仅利用等价规则无法确定候选表达式之间的优劣关系。为了解决这一问题，数据库引入了代价模型，利用它来估计不同执行计划的代价，进而比较不同计划，选择代价最小的计划，下一节将详细介绍。

11.3 代价估计

经过查询重写过程，优化器得到了基于等价规则重写过的逻辑执行计划。之后将逻辑计划转换为实际执行的物理计划，这时还需要确定以下几个问题。

（1）符合交换律、结合律的运算执行顺序。这在 11.2.2 节中已经提到过，只依靠规则还不能准确确定执行顺序。

（2）逻辑计划中每个算子物理执行时采用的算法，如连接运算使用归并连接还是索引嵌套循环连接。算法的选择依赖于数据的特征，例如当前参与连接的关系是否存在索引，哪一个关系存在索引，都对连接算法的选择有直接影响。

（3）逻辑计划中没有体现出物理运算执行时采用的算法，如排序这些在逻辑计划中没有出现的运算。尽管未在逻辑计划中直接表示出来，这些物理运算在查询执行中也是不可或缺的，如是否排序对排序归并连接的影响很大。

（4）在运算符间数据传递的方式。例如，某一个运算产生的中间结果是要全部在磁盘上进行存储还是要以流水线的形式一个或几个元组地向其他运算符传递。

在以上过程中，优化器还需要对多种执行计划进行比较。为此，优化器一般使用代价模型来估计查询计划的执行代价。据此，优化器就可以在不实际执行查询的情况下，判断一个计划是否优于另一个。这里的代价指标只适用于优化器内部，一般不与现实中的指标相对应。其中对中间结果行数的估计是最重要的，为此，数据库管理系统会在内部存储关于表、属性、索引等数据的内部统计信息。基于一些简化的假设，利用对中间关系大小的估计，最终估计整个物理计划的代价。代价作为估计出来的结果一般并不完全精确，但由于优化器只需要利用代价模型筛选出代价最小的执行计划，而不是估计绝对数值，因此能够迅速得到大致准确的估计已经满足了优化器的要求。因此对代价估计的要求是轻量（空间占用小）、快速（时延小）、准确（估计准确率高）。

第 10 章中已经对各个算子的运算代价进行了系统分析与介绍，从中可以看出运算的代价直接受运算涉及的元组数目的影响。只要确定了元组数，就可以较为准确地对执行代价进行衡量，因此代价估计的核心就是对运算结果元组数的估计。为了系统介绍数据库中的代价模型，本节首先将介绍数据库一般要维护的统计信息，其次将介绍如何对中间关系的基数大小进行估计，这是连接顺序选择、物理计划选择等的基础。

这里基数（cardinality）是指查询结果的元组数。对于谓词 p 以及由该谓词组成的查询，用 card（p）表示符合该谓词限制的结果基数。基数用于衡量绝对数量，与之对应的是计算相对数量，对于谓词 p，其选择度（selectivity）是指符合谓词 p 的元组占所有元组的比例，用 sel（p）来表示。为了更加形象地说明这两个概念，以第 2 章中的例 2.1 为例进行说明。该示例是查询计算机系所有学生的信息，对应的关系代数表达式为 $\sigma_{\text{Sdept}=\text{"CS"}}$（Student），查询结果如下。

Sno	Sname	Sgender	Sage	Sdept
2021310721	李博	男	17	CS
2021310722	赵宇	男	19	CS
2021310723	张敏	女	18	CS

结果中共有 3 个元组，因而该查询结果的基数是 3。而完整的学生表（见表 2.1）有 5 个元组，因而谓词 Sdept = "CS" 的选择度是 $\dfrac{3}{5}$。

11.4 节中将详细分析如何利用本节介绍的基数估计方法处理连接顺序选择问

题，以此解决前面提及的、将逻辑计划转换为实际执行物理计划中的问题（1）。如何选取物理算子以及如何选取数据在不同运算间的传递方式，也就是解决上述问题（2）~（4），则将在 11.5 节中介绍。

11.3.1　统计信息

为了实现基数估计，数据库管理系统会在数据字典中存储一些关于关系表的统计信息。一般来说，包括如表 11.2 所示的以下统计信息。

表 11.2　数据字典中维护的部分统计信息

统计信息	说明
$T(R)$	关系 R 的元组数目
$B(R)$	存储关系 R 所有元组的磁盘块数
$L(R)$	关系 R 每一个元组存储时占用的平均字节数
$f(R)$	一个磁盘块能存储的关系 R 的元组数
$\min(R, A)$	关系 R 在属性 A 上取值的最小值
$\max(R, A)$	关系 R 在属性 A 上取值的最大值
$V(R, A)$	关系 R 在属性 A 上不同取值的个数。其中属性 A 可扩展为属性的集合 $\mathcal{A}$，这时 $V(R, \mathcal{A})$ 表示关系 R 在属性集 $\mathcal{A}$ 上投影后不同的元组数，也就是 $\Pi_{\mathcal{A}}(R)$ 的元组数

此外，关于索引等其他统计信息也会在数据字典中存储。

可以发现，这些统计信息会随着关系的增加、删除、更新等操作不断动态改变。如果要保证这些统计信息总能保持为最新数据，则需要在每一次数据修改发生后立即对数据字典中维护的统计信息进行更新，这部分开销会对查询执行效率产生负面影响。事实上，如前面提到的，代价估计只需要比较不同计划间的好坏即可，当一个时间段内对关系的修改并不多时，统计信息的微小变化并不会对代价估计产生巨大影响，因此即使不更新统计数据，仍能对不同计划的相对代价进行较为准确的估算。所以数据库一般会选择在较低负载或发生过大量数据修改操作的时候才更新统计信息。

利用上述简单的统计信息得到的估计较为粗略，因为一般会假设每个属性内部属性值是均匀分布的，而这在实际应用中常常并不成立。因此优化器有时会通过维护更细粒度的统计信息对代价进行更为准确的估计，其中直方图就是一个常用的辅助工具。数据库常常会对关系的每个属性建立一个直方图（histogram）来表示该属性的取值分布。利用直方图，整个属性的取值范围被划分为多个区间，将原本整个属性在取值范围内均匀分布的假设弱化为直方图的每个区间内部是均匀分布的，从而能更加准确地刻画更为复杂的数据分布。

举例来说，考虑某个关系的日期属性，可对其按月进行统计。月份的取值范围为[1，12]。通过统计该关系中数据按月分布的情况。最终可以绘制出如图 11.4 所示的直方图。

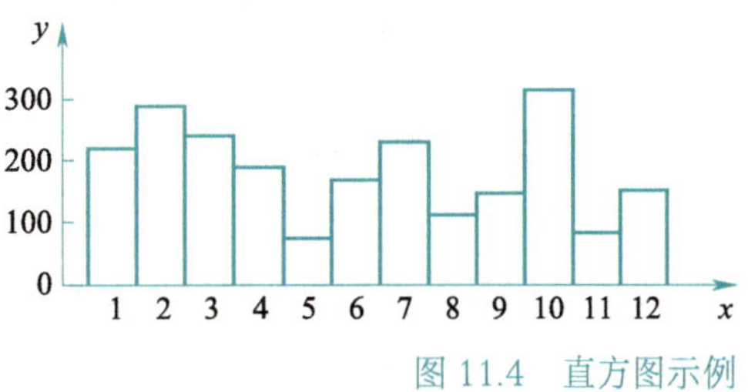

图 11.4 直方图示例

针对不同的情况，优化器可以选择使用不同类型的直方图，包括等深直方图和等宽直方图。等深直方图（equal-depth histogram）要求每个区间数据出现的频率大致相同，根据频率来调整区间宽度。等宽直方图（equal-width histogram）要求在各区间宽度相同的情况下统计数据出现的频率。直方图占用的存储空间并不大，因此同样可以在数据字典中存储。

利用直方图，可以更细的粒度来维护表 11.2 中介绍的统计信息，从而更准确地完成后续的基数估计。如图 11.4 所示，假设查询优化过程中需要估计 1~3 月的记录数，如果只利用表 11.2 中建立在整个关系上的统计信息进行估计，则只能认为月份在整个关系中是均匀分布的，由于 1~3 月占所有月份的$\frac{1}{4}$，因而最终以$\frac{T(R)}{4}$作为估计值。而如果是使用直方图进行估计，则可以直接利用直方图查看 1~3 月数据得到准确的基数结果。由此可以看出直方图提供了更细粒度的信息，从而得到更加准确的基数估计。

对于数据库中存储的关系表，其统计数据可以预先计算得到。而对于查询执行过程中的中间结果，需要对其统计数据进行估计。在本节中，除了介绍如何估计中间结果 R 的基数 $T(R)$ 外，还会介绍如何估计关于 R 的其他统计数据，如关系 R 在属性 A 上的不同取值个数 $V(R, A)$ 等。

需要注意，本节的估计方法是基于以下两个假设的。

（1）均匀分布假设（uniform distribution assumption）：假设属性内部取值是均匀分布的。也就是说，对于某个属性，在该属性最小值和最大值组成的区间中取任何一个值的概率是相等的。对于直方图，一般认为直方图划分的每个区间内部是均匀分布的。

（2）属性独立假设（attribute independence assumption）：假设不同属性的取值之间互不影响。尽管现实情况中不同属性的取值一般有相互依赖关系，但引入这一假设可以极大简化估计过程，从而使估计更加高效。

11.3.2　选择运算的基数估计

本小节对选择运算结果的基数估计方法进行介绍，首先考虑较为简单的单一属性谓词情况下的估计方法，由等值谓词延伸到范围（比较）谓词，接着扩展为多个谓词的布尔组合，分别介绍合取、析取、取反情况下的估计办法。

1. 等值谓词的估计

等值谓词的一般形式为 $\sigma_{A=x}(R)$，其中 x 表示对属性 A 的限制。根据均匀分布假设，属性内被认为是均匀分布的，因此认为该属性中每个不同取值出现的概率相同。由于该属性不同取值个数为 $V(R, A)$，因而每个值出现的概率均为 $1/V(R, A)$，并最终将 $T(R)/V(R, A)$ 作为其基数的估计。

而当数据字典中存在建立在该属性上的直方图时，可以将 $T(R)/V(R, A)$ 替换为 $T'(R)/V'(R, A)$，其中 $T'(R)$ 和 $V'(R, A)$ 分别表示 x 所在的直方图区间的元组个数以及不同取值个数。

2. 范围谓词的估计

范围谓词常见的形式为 $\sigma_{A\leqslant x}(R)$，下面均以≤为例进行说明，对于<、>、≥等其他运算符可以采用相似的方式估计。首先，需要对 x 进行边界检查，如果 $x<\min(R, A)$，则可以 0 作为结果行数的估计；如果 $x\geqslant\max(R, A)$，则以 $T(R)$ 作为结果行数的估计；当不符合上述两种情况，即 x 落在 $[\min(R, A), \max(R, A)]$ 时，则以 $T(R)\cdot\dfrac{x-\min(R, A)}{\max(R, A)-\min(R, A)}$ 作为估计结果。

而当存在该属性上的直方图时，仍然可以进行类似于等值谓词的处理，以 $T(R)\cdot \mathrm{freq}(A\leqslant x)$ 为估计结果，其中 $\mathrm{freq}(A\leqslant x)$ 是利用直方图得到关系中满足 $A\leqslant x$ 的元组出现的频率。图 11.5 展示了一个对范围谓词 $A\leqslant 25$ 利用直方图进行估计的例子。其中斜线部分占整个直方图的比例就是需要的 $\mathrm{freq}(A\leqslant 25)$。利用直方图可以得到 $\mathrm{freq}(A\leqslant 25)=(T(1\leqslant A\leqslant 10)+T(10<A\leqslant 20)+0.5\times T(20<A\leqslant 30))/T(R)$。

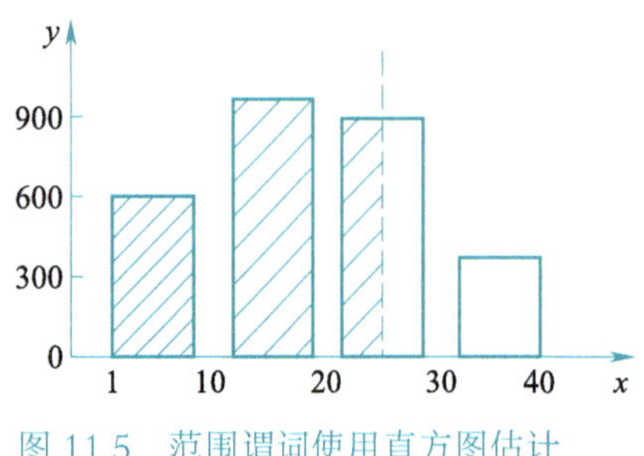

图 11.5　范围谓词使用直方图估计

在某些场景中，优化器无法得到 x 的具体取值，如对于作为存储过程的查询，基数估计需要在静态编译时进行，这时 x 的取值尚未确定。在这种情况下，优化器一般对所有范围谓词都以 $T(R)/2$ 作为估计。有时利用“现实情况中范围查询更多倾向于得到较少的元组数”这一经验，以 $T(R)/3$ 作为估计。

3. 取反

取反的一般形式为 $\sigma_{\neg p}(R)$。根据定义，不符合选择条件 p 的元组构成了取反的结果集。因此结果集的大小可以由全部元组数减去符合选择条件 p 的元组数得到，即

$$\text{card}(\sigma_{\neg p}) = T(R) - \text{card}(\sigma_p)$$

对于由析取、合取这样的布尔运算将多个单属性谓词联合到一起的情况，一般利用属性独立假设，分别对每个单属性谓词进行估计，再将结果通过概率计算方式进行合并。接下来就将按照布尔运算类型介绍合并方式。

4. 合取

合取的一般形式为 $\sigma_{p_1\wedge\cdots\wedge p_k}(R)$，表示同时符合谓词 p_i，$1\leqslant i\leqslant k$。对合取的估计过程如下。

(1) 对每个单属性谓词按照前面介绍的方法进行估计，得到每个谓词基数的估计为 $\text{card}(\sigma_{p_i})$，并计算选择度的估计 $\text{sel}(\sigma_{p_i})=\dfrac{\text{card}(\sigma_{p_i})}{T(R)}$，简写为 sel_i。

(2) 根据属性独立假设，对于每个元组来说，各个属性上谓词的限制是否成立是相互独立的。由于每个元组符合第 i 个单属性谓词的概率是 sel_i，那么每个元组同时符合所有 k 个谓词的概率是每个谓词概率的乘积，因此可以得到

$$\text{sel}(\sigma_{p_1\wedge\cdots\wedge p_k})=\prod_i \text{sel}_i=\text{sel}_1\cdot\cdots\cdot\text{sel}_k=\frac{\text{card}(\sigma_{p_1})\cdot\cdots\cdot\text{card}(\sigma_{p_k})}{T(R)^k}$$

(3) 综上所述，对于合取谓词的基数估计结果为

$$\text{card}(\sigma_{p_1\wedge\cdots\wedge p_k})=T(R)\cdot\text{sel}(\sigma_{p_1\wedge\cdots\wedge p_k})=T(R)\cdot\frac{\text{card}(\sigma_{p_1})\cdot\cdots\cdot\text{card}(\sigma_{p_k})}{T(R)^k}$$

5. 析取

析取的一般形式为 $\sigma_{p_1\vee\cdots\vee p_k}(R)$，表示至少符合谓词 p_i ($1\leqslant i\leqslant k$) 中的一个。对析取的估计过程如下。

(1) 对每个单属性谓词按照前面介绍的方法进行估计，每个谓词的估计结果为 $\text{card}(\sigma_{p_i})$，并计算对选择度的估计 sel_i。

(2) 根据属性独立假设，每个谓词是否成立之间是独立的。由于每个元组符合第 i 个单属性谓词的概率是 sel_i，对于每个元组，至少符合 k 个谓词之一的概率是 1 减不符合任何谓词的概率，因此可以得到

$$\mathrm{sel}(\sigma_{p_1 \vee \cdots \vee p_k}) = 1-\prod_i (1-\mathrm{sel}_i) = 1-(1-\mathrm{sel}_1)\cdot \cdots \cdot (1-\mathrm{sel}_k)$$
$$= 1-\frac{(T(R)-\mathrm{card}(\sigma_{p_1}))\cdot \cdots \cdot (T(R)-\mathrm{card}(\sigma_{p_k}))}{T(R)^k}$$

（3）综上所述，对于合取谓词的基数估计结果为

$$\mathrm{card}(\sigma_{p_1 \vee \cdots \vee p_k}) = T(R)\cdot \mathrm{sel}(\sigma_{p_1 \vee \cdots \vee p_k})$$
$$= T(R)\cdot \left(1-\frac{(T(R)-\mathrm{card}(\sigma_{p_1}))\cdot \cdots \cdot (T(R)-\mathrm{card}(\sigma_{p_k}))}{T(R)^k}\right)$$

此外，对于由选择运算 σ_p 产生的中间结果在属性 A 上的不同取值个数 $V(\sigma_p(R), A)$，可以进行如下估计。

（1）如果属性 A 在选择条件 p 中出现，利用均匀分布假设，可以估计 $V(\sigma_p(R), A) = \mathrm{sel}(\sigma_p)\cdot V(R, A)$。

（2）如果属性 A 没有在选择条件 p 中出现，利用属性独立假设，属性 A 的取值与选择条件无关，可以估计 $V(\sigma_p(R), A) = \min(V(R, A), T(\sigma_p(R)))$。

为了更清楚地说明对选择运算的基数估计，使用一个简单例子展示估计过程。考虑有三个属性的关系 $R(A, B, C)$，其中 $T(R)=10\ 000$，$V(R, A)=5$，$V(R, B)=10$，$V(R, C)=20$，假设关系 R 在属性 A、B、C 上的取值分别为 $\{1,2,\cdots,5\}$，$\{1,2,\cdots,10\}$，$\{1, 2, \cdots, 20\}$，且完全符合属性独立假设和均匀分布假设，则对于关系代数表达式 $\sigma_{A=5\wedge B\leqslant 5}(R)$ 可以作如下估计。

对两个选择条件的结果估计为

$$\mathrm{card}(\sigma_{A=5}) = \frac{T(R)}{V(R, A)} = 2\ 000$$

$$\mathrm{card}(\sigma_{B\leqslant 5}) = T(R)\times\frac{1}{2} = 5\ 000$$

利用前面介绍的合取估计方法，有

$$\mathrm{card}(\sigma_{A=5\wedge B\leqslant 5}) = T(R)\cdot\frac{\mathrm{card}(\sigma_{A=5})\cdot \mathrm{card}(\sigma_{B\leqslant 5})}{T(R)^2}$$
$$= 10\ 000\times\frac{2\ 000\times 5\ 000}{10\ 000\times 10\ 000} = 1\ 000$$

并且，由于 A，B 是选择条件中出现的属性，用 R' 表示结果关系 $\sigma_{A=5\wedge B\leqslant 5}(R)$，有

$$V(R', A) = \mathrm{sel}(\sigma_{A=5})\cdot V(R, A) = \frac{1}{5}\times 5 = 1$$

$$V(R', B) = \mathrm{sel}(\sigma_{B\leqslant 5})\cdot V(R, B) = \frac{1}{2}\times 10 = 5$$

对于没有出现在选择条件中的属性 C，则可以估计为

$$V(R', C) = \min(V(R, C), T(\sigma_{A=5 \wedge B \leqslant 5})) = \min(20, 1\ 000) = 20$$

11.3.3 连接运算的基数估计

数据库中有多种连接运算，包括自然连接、等值连接、θ 连接。本节只介绍自然连接的估计方法，因为等值连接可以转换为自然连接（只需要把等值连接的连接条件中不同关系的属性名进行统一即可）。而 θ 连接则可以转换为关系在笛卡儿积上的选择，对选择运算的估计方式已经在 11.3.2 节中介绍过了。

本节首先从两个关系在单个属性上进行自然连接的估计方法入手，之后介绍两个关系在多个属性上的自然连接的基数估计方法，最后将方法扩展到多个关系的估计问题。

1. 两个关系在单属性上连接

考虑两个关系 $R_1(A, B)$ 和 $R_2(A, C)$，属性 A 为这两个关系进行自然连接的属性，B 和 C 分别是关系 R_1 和 R_2 的非连接属性。为便于后续说明，使用 A_1、A_2 来分别表示关系 R_1 和 R_2 中属性 A 的取值集合。

估计 $R_1(A, B) \bowtie R_2(A, C)$ 基数的一大难点是：优化器并不清楚 A_1 和 A_2 的关联情况，然而连接结果的基数却深受 $|A_1 \cap A_2|$ 的影响，例如：

（1）当 $A_1 \cap A_2 = \varnothing$ 时，$T(R_1 \bowtie R_2) = 0$；

（2）当 R_1 和 R_2 在 A 上都只取同一个值时，$T(R_1 \bowtie R_2) = T(R_1) \times T(R_2)$；

（3）当属性 A 是 R_1 的主键、R_2 的外键，也就是做主键 - 外键连接时，$T(R_1 \bowtie R_2) = T(R_2)$。

由于 A_1 和 A_2 的关联情况只有在查询执行时才能准确获悉，为了在查询执行前估计，优化器不得不做出以下比较通用的简化假设。

假设 1：对于关系 R_1、R_2 的连接属性 A，若 $V(R_2, A) \leqslant V(R_1, A)$，则假设 $A_2 \subseteq A_1$（例如 A_1 是 R_1 的主键，A_2 是 R_2 的外键）。

假设 2：对于不是关系 R_1、R_2 中共有且不参与连接的属性 W，不妨设 W 是关系 R_2 中的属性，则假设有 $V(R_1 \bowtie R_2, W) = V(R_2, W)$。换言之，认为不参与连接的属性的取值个数不会因为连接而减少。

假设 1 并不恒成立。然而该假设在属性 A 是 R_1 的主键、R_2 的外键，也就是做主键 - 外键连接的情况下是成立的。而其他情况也比较符合直觉：对于连接属性 A，若 R_1 在 A 上的取值集合 A_1 很大，则 R_2 在 A 上的任意一个取值大概率也会在 A_1 中出现。

假设 2 同样不恒成立，但也在属性 A 是 R_1 的主键、R_2 的外键的情况下严格成立，并在其他情况下符合直觉：连接运算中，R_2 的任意一个元组一般至少能与 R_1 中的一个

元组连接。

基于以上假设，可以对 $R_1 \bowtie R_2$ 的基数估计做下述推导。依据对称性，不妨设 $V(R_2, A) \leqslant V(R_1, A)$。这时依据假设 1 可以得到 $A_2 \subseteq A_1$，因此 A_2 的任何一个取值都能在 A_1 中找到匹配的元组。并且依据均匀分布假设，关系 R_1 中属性 A 的每一个取值出现的频率均为 $1/V(R_1, A)$。因而对于关系 R_2 中的 $T(R_2)$ 个元组，每一个都能在 R_1 中找到 $T(R_1)/V(R_1, A)$ 个匹配，所以这时连接结果的大小估计值为$\dfrac{T(R_1) \cdot T(R_2)}{V(R_1, A)}$。依据对称性，当 $V(R_2, A) > V(R_1, A)$ 同样可以进行上述分析，可得估计结果 $\dfrac{T(R_1) \cdot T(R_2)}{V(R_2, A)}$。综上所述，最终可得

$$T(R_1(A, B) \bowtie R_2(A, C)) = \frac{T(R_1) \cdot T(R_2)}{\max(V(R_1, A), V(R_2, A))}$$

并且利用假设 1 还可得

$$V(R_1 \bowtie R_2, A) = \min(V(R_1, A), V(R_2, A))$$

多个关系在单属性上的连接可以在此基础上扩展得到。为了说明估计过程，使用如表 11.3 中的示例进行阐述，该示例为三个关系 R_1、R_2、R_3 在属性 A 上进行自然连接。

表 11.3　多个关系在单属性上连接示例

关系	$T(R_i)$	$V(R_i, A)$
R_1	100	10
R_2	500	20
R_3	1 000	50

对于三个关系 R_1，R_2，R_3，首先按照 $(R_1 \bowtie R_2) \bowtie R_3$ 的顺序进行估计。

对于 $R_1 \bowtie R_2$，其结果基数可估计为

$$T(R_1 \bowtie R_2) = \frac{T(R_1) \cdot T(R_2)}{\max(V(R_1, A), V(R_2, A))} = \frac{100 \times 500}{20} = 2\ 500$$

用 R' 表示 $R_1 \bowtie R_2$，则还有 $V(R', A) = \min(V(R_1, \mathrm{A}), V(R_2, A)) = 10$。

对于 $R' \bowtie R_3$，其结果基数可估计为

$$T(R' \bowtie R_3) = \frac{T(R') \cdot T(R_3)}{\max(V(R', A), V(R_3, A))} = \frac{2\ 500 \times 1\ 000}{50} = 50\ 000$$

由此，得到了按照 $(R_1 \bowtie R_2) \bowtie R_3$ 的顺序基数估计值为 50 000。

接下来再按照 $R_1 \bowtie (R_2 \bowtie R_3)$ 的顺序进行估计。

对于 $R_2 \bowtie R_3$，其结果基数可估计为

$$T(R_2 \bowtie R_3)=\frac{T(R_2)\cdot T(R_3)}{\max(V(R_2,A),V(R_3,A))}=\frac{500\times 1\ 000}{50}=10\ 000$$

用 R'' 表示 $R_2 \bowtie R_3$，则还有 $V(R'',A)=\min(V(R_2,A),V(R_3,A))=20$。

对于 $R_1 \bowtie R''$，其结果基数可估计为

$$T(R_1 \bowtie R'')=\frac{T(R_1)\cdot T(R'')}{\max(V(R_1,A),V(R'',A))}=\frac{100\times 10\ 000}{20}=50\ 000$$

由此，得到了按照 $R_1 \bowtie (R_2 \bowtie R_3)$ 顺序进行连接后结果的基数估计值为 50 000。

通过上述分别按照两种连接顺序连接估计基数的过程可以发现，这种估计方法的结果与连接顺序无关，从而保证了估计结果在逻辑上一致。此外，采用第一种顺序进行连接的中间结果大小之和为 52 500，而采用第二种顺序进行连接的中间结果大小之和则为 60 000，在涉及关系更多的实际情况中，不同的连接顺序的中间结果的规模差距会更为悬殊。通过这个例子，进一步说明了从不同连接顺序中选择恰当的顺序的重要性，更好的连接顺序产生行数更小的中间结果，能够用更小的代价得到连接后的结果。

2. 两个关系在多个属性上连接

当用于连接的不止一个属性，而是属性的集合，即关系 $R_1(A,B)$、$R_2(A,C)$ 中 A 是一个属性集合时，可以进行以下分析。

首先，$R_1(A,B)\bowtie R_2(A,C)$ 相当于是对 R_1、R_2 的笛卡儿积在属性集合 A 上做选择运算。分析可知，对于笛卡儿积中的每一个元组，符合属性 $a\in A$ 上限制的概率为 $\frac{1}{\max(V(R_1,a),V(R_2,a))}$。再由属性独立假设，集合 A 中每一个属性限制之间相互独立。因此可以得到，当 A 为属性集合时，有

$$T(R_1(A,B)\bowtie R_2(A,C))=\frac{T(R_1)\cdot T(R_2)}{\prod\limits_{a\in A}\max(V(R_1,a),V(R_2,a))}$$

为说明估计过程，使用如表 11.4 中的示例进行阐述。两个关系 R_1、R_2 在属性 A、B 上进行自然连接。

表 11.4 两个关系在单属性上连接示例

关系	$T(R_i)$	$V(R_i, A)$	$V(R_i, B)$
R_1	100	10	5
R_2	500	20	10

按照上述方法，对 $R_1 \bowtie R_2$ 结果的基数估计为

$$T(R_1 \bowtie R_2) = \frac{T(R_1) \cdot T(R_2)}{\max(V(R_1, A), V(R_2, A)) \cdot \max(V(R_1, A), V(R_2, A))}$$
$$= \frac{100 \times 500}{20 \times 10} = 250$$

3. 多个关系在多个属性上连接

考虑 m 个关系 R_1，R_2，…，R_m，其自然连接相当于在 R_1，R_2，…，R_m 的笛卡儿积上加入重名属性取值相等的限制。根据属性独立假设，可以独立考虑每一个连接属性的限制。假设其中有 k 个关系在属性 A 上进行自然连接。不妨设这 k 个关系恰好为 R_1，R_2，…，R_k，并且有 $V(R_1, A) \leqslant V(R_2, A) \leqslant \cdots \leqslant V(R_k, A)$。考虑笛卡儿积中关系 R_1 属性 A 的任意一个取值，利用均匀分布假设，其与 R_i 属性 A 取值相等的概率为 $\frac{1}{V(R_i, A)}$，再由属性独立假设，其与任意 R_i 属性 A 取值相等这一事件相互独立，因而 R_1 与 R_2，…，R_k 属性 A 取值都相等的概率为 $\frac{1}{\prod_{2 \leqslant i \leqslant k} V(R_i, A)} = \frac{V(R_1, A)}{\prod_{1 \leqslant i \leqslant k} V(R_i, A)}$。

由此可以得到，对于任意一个自然连接属性 A，假设其涉及的关系集合为 Q，则笛卡儿积结果中的任意一个元组符合该连接限制的概率为

$$P(A) = \begin{cases} \dfrac{1}{V(R, A)}, & R \in Q,\ |Q| = 1 \\ \dfrac{\min\limits_{R \in Q}\{V(R, A)\}}{\prod\limits_{R \in Q} V(R, A)}, & |Q| \neq 1 \end{cases}$$

综上所述，对于 m 个关系 R_1，R_2，…，R_m 进行的自然连接 $R_1 \bowtie R_2 \bowtie \cdots \bowtie R_m$，假设其涉及的连接属性集合为 S，利用属性独立假设以及刚刚得到的 $P(A)$，可以得到对连接结果的基数估计为

$$T(R_1 \bowtie R_2 \bowtie \cdots \bowtie R_m) = \prod_{1 \leqslant i \leqslant m} T(R_i) \prod_{A \in S} P(A)$$

为说明估计过程，使用表 11.5 给出的示例进行阐述。三个关系 R_1、R_2、R_3 在属性 A、B 上进行自然连接，$S = \{A, B\}$，其中横线“—”表示某关系不存在该属性。

表 11.5　两个关系在单属性上连接示例

关系	$T(R_i)$	$V(R_i, A)$	$V(R_i, B)$
R_1	100	10	2
R_2	500	—	4
R_3	1 000	50	5

按照前面介绍的方法，对于属性 A 的限制，$P(A)=\dfrac{\min\limits_{R\in S}\{V(R, A)\}}{\prod\limits_{R\in S}V(R, A)}=\dfrac{10}{10\times 50}=\dfrac{1}{50}$。对于属性 B 的限制，$P(B)=\dfrac{\min\limits_{R\in S}\{V(R, B)\}}{\prod\limits_{R\in S}V(R, B)}=\dfrac{2}{2\times 4\times 5}=\dfrac{1}{20}$。因此，对 $R_1\bowtie R_2\bowtie R_3$ 结果的估计为

$$T(R_1\bowtie R_2\bowtie R_3)=\prod_{1\leqslant i\leqslant 3}T(R_i)\prod_{A\in S}P(A)=100\times 500\times 1\ 000\times\frac{1}{50}\times\frac{1}{20}$$
$$=50\ 000$$

11.3.4　其他算子的基数估计

除了以上介绍的关于选择、连接运算的估计方法外，对第 10 章介绍的投影、去重等其他算子也需要做基数估计。

对于投影 $\Pi_A(R)$，由于投影过程中会去除重复元组，因此可以估计为

$$T(\Pi_A(R))=V(\Pi_A(R), A)=V(R, A)$$

对于多重集合的并，由于多重集合可以包含重复元组，因此有 $T(R_1\cup R_2)=T(R_1)+T(R_2)$。对于集合的并，随着 R_1 与 R_2 重复元组比例的变化，集合并结果的基数 $T(R_1\cup R_2)$ 可能的取值范围为 $[\max(T(R_1), T(R_2)), T(R_1)+T(R_2)]$。一般取 $\dfrac{\max(T(R_1), T(R_2))+T(R_1)+T(R_2)}{2}$，也就是这一区间的中间值作为基数估计的结果。

对于两关系的交，类似于对并运算的分析，其结果基数 $T(R_1\cap R_2)$ 可能的取值范围为 $[0, \min(T(R_1), T(R_2))]$，取这一区间的中间值 $\dfrac{\min(T(R_1), T(R_2))}{2}$ 作为估计。

对于两关系的差，其结果基数 $T(R_1-R_2)$ 可能的取值范围为 $[T(R_1)-T(R_2), T(R_1)]$，取这一区间的中间值 $\frac{2 \cdot T(R_1)-T(R_2)}{2}$ 作为估计。

对于属性集合为 S 的关系 R，其去重结果 $\delta(R)$ 的大小可以表示为 $V(R, S)$。去重结果取决于原始数据的分布，视 R 分布的不同，$V(R, S)$ 的取值范围为 $[1, T(R)]$。此外，去重结果 $\delta(R)$ 大小的另一个上界是 S 中每个属性上非重复值个数的乘积，即 $\prod_{A \in S} V(R, A)$，并且该上界有可能小于 $T(R)$。因此，对去重运算一般取 $\min\left(\frac{T(R)}{2}, \prod_{A \in S} V(R, A)\right)$ 作为估计。

对于关系 R 以及对其进行的分组操作 $\mathcal{G}_G(R)$，设 G 是分组属性集合。类似于去重，分组数可以表示为 $V(R, G)$。类似于去重操作，以 $\min\left(\frac{T(R)}{2}, \prod_{A \in G} V(R, A)\right)$ 作为运算结果的基数估计。

11.3.5 基于数据画像的基数估计

除了前面介绍的基于统计数据的方法，在基数估计中，另一类比较常用方法是数据画像（data sketch）。数据画像通过建立能够较为准确近似表示数据信息的概率性数据结构来替代直方图，这种方法在一些应用场景中可以进一步提高基数估计的准确度。不同于前面介绍的方法，由于问题的出发点不同，数据画像致力于解决的基数估计问题也有所不同，一些数据画像方法以数据出现的频率建模，而有些数据画像方法则以数据中不同元素的个数建模。

目前已经出现了许多数据画像方法，在本小节中主要介绍其中广泛使用的 Count-Min 算法和 HyperLogLog 算法，前者仍然是估计数据的频率，而后者则是对数据中不同元素个数进行估计。

1. Count-Min 算法

Count-Min 数据画像算法的出发点是针对数据流形式的数据，统计数据流中不同元素出现的频率。很显然，为了得到不同元素的频率，可以使用一个数组分别记录每个元素的出现次数。然而，面对海量的流数据，这样处理仍然会导致巨大的空间开销。Count-Min 的核心思想就是让数组的每一项不再只记录一个元素的出现次数，而是同时记录多个元素的出现次数。由此在牺牲一定准确度的情况下，可以极大缩减空间开销。

针对统计频率这一问题，首先考虑直接使用传统的哈希函数来估计存在的不足。假设需要对一列数据的频率进行估计，并且已经在其上建立了哈希函数 h，并假设数据画像 M 维护 w 个数据的频次。在初始化阶段，所有的 $M[i]$（$0 \leqslant i \leqslant w-1$）都被初始化为 0。在建立数据画像阶段，对于该列中的每一条数据 v，根据 v 对应的哈希值 $h(v)$，数据画像 M 会为画像中相应的下标 $h(v)\%w$ 处记录的频率加 1，也就是 $M[h(v)\%w]++$。通过建立这样的画像 M，对于“取值为 x 的元素个数”的查询，就可以用 $M[h[x]\%w]$ 作为估计的基数。这种做法可以很快地在很小的空间开销下做出估计，然而可以发现，这样的处理方法由于哈希函数冲突的问题，会带来严重的高估问题。这是因为不同的 x_1、x_2 其哈希值 $h[x_1]$、$h[x_2]$ 可能相同，并且即使哈希值不同，在将哈希值对 w 取模后也可能得到相同的 $h[x_1]\%w$ 和 $h[x_2]\%w$。这些问题的存在导致 $M[h[x]\%w]$ 所记录的并不仅是 x 的频数，而是许多不同元素的频数之和，从而导致高估的问题。

通过以上分析可以发现，直接使用哈希函数建立数据画像的问题在于哈希冲突导致高估。为此，Count–Min 数据画像算法的核心思想就是通过建立 d 个不同的哈希函数 h_i，$0 \leqslant i \leqslant d-1$，$h_i(v) \in [0, w)$，来尽可能减少冲突发生的概率，从而最终得到更加准确的估计结果。

具体来说，Count–Min 算法会维护一个 d 行 w 列的矩阵，用矩阵的每一行分别表示 d 个哈希函数的数据画像，整个矩阵中的所有元素会被初始化为 0。在数据画像建立阶段，对于每一条数据 v，Count–Min 采用与上面对单个哈希函数相同的方法为每个哈希函数 h_i 分别建立数据画像：

$$M[i][h_i(v)] = M[i][h_i(v)] + 1,\ 0 \leqslant i \leqslant d-1$$

在查询时，使用该数据画像，对于某个取值 x 的频率 $f(x)$ 的估计为

$$f(x) = \min_{0 \leqslant i \leqslant d-1} M[i][h_i(x)]$$

使用该方法的主要原因在于每个 $M[i][h_i(x)]$ 都是 $f(x)$ 的一个上界，因此可以使用 min 函数来做估算。为了更好地说明 Count–Min 数据画像的执行过程，使用一个哈希函数个数 $d=4$，并且矩阵列数 $w=7$ 的例子进行说明。假设建模的数据为 {2，3，2，4，5}，并且在数据画像中使用的哈希函数分别为 $h_0(x) = x\%7$，$h_1(x) = x^2\%7$，$h_2(x) = (2x+1)\%7$，$h_3(x) = (3x^2+1)\%7$。

通过将数据 {2，3，2，4，5} 逐个加入数据画像，最终可以得到如表 11.6 所示的数据画像。利用该画像对 2 的频数的估计过程如下。

表 11.6 Count-Min 数据画像 M 示例

h	x						
	0	1	2	3	4	5	6
$h_0(x)$	0	0	2	1	1	1	0
$h_1(x)$	0	0	2	0	3	0	0
$h_2(x)$	1	0	1	1	0	2	0
$h_3(x)$	2	0	0	0	0	0	3

由于各个哈希函数对 2 计算出的哈希值如下:

$$h_0(2)=2\%7=2,\ h_1(2)=2^2\%7=4$$

$$h_2(2)=(2\times2+1)\%7=5,\ h_3(2)=(3\times2^2+1)\%7=6$$

因按照以上介绍的方法，对取值为 2 的频数估计为:

$$f(2)=\min_{0\leqslant i<4}M[i][h_i(2)]=\min\{M[0][2],\ M[1][4],\ M[2][5],\ M[3][6]\}=2$$

类似地，可以估计出 $f(3)=1$，$f(4)=1$，$f(5)=1$。对于这个示例，Count-Min 数据画像能够准确地估计出各个取值的频率。而在实际应用中，尽管 Count-Min 并不能保证一定能得到准确的结果，但通过调整哈希函数个数 d 和矩阵列数 w，可以保证估计的结果有很大概率处于一个较小的误差范围内。

2. HyperLogLog 算法

HyperLogLog 算法是一种对数据中不同元素个数进行估计的高效算法。其特点是占用空间小，估计既快又基。这一算法在内存数据库 Redis、大数据运算框架 Spark、Flink 中已经被广泛地实际应用。利用 HyperLogLog 算法，只需要 12 KB 的内存，就可以计算 2^{64} 个元素的非重复值个数。

利用已有的关于哈希函数的研究，对于任意数据集，HyperLogLog 算法都能将其做哈希运算后映射到均匀分布的随机序列。在此基础上，HyperLogLog 估计方法的核心思想利用到了均匀分布的特性：首先对于任何一个整数 x，用 $f(x)$ 表示 x 在二进制下后缀中第一个 1 出现的位置，例如 $f(5)=f(101_2)=1$，$f(4)=f(100_2)=3$。对于经过哈希运算后均匀分布的随机数集 S，考虑 S 中所有数字的二进制表示，定义 $k=\max_{a\in S}f(a)$，则 S 中非重复值个数的期望为 2^k。其主要思想类似于抛硬币。假设抛到硬币背面时继续抛直到碰到正面时停止，并记录抛到正面时的次数 k。若干轮后，得到的最大 k 值为 $k_{\max}$。则根据概率分布可以算出抛硬币轮数期望为 $2^{k_{\max}}$。基于 HyperLogLog 的基数估计问题可以转变为，对于一个哈希数组，应如何估计其非重复值个数。

例如，给定6条数据a、a、a、b、b、c，其中a、b、c哈希值二进制对应为1001、0100、1101，可以得出$k_{max}=3$，所以非重复个数估计为$2^3=8$。

HyperLogLog 算法的估计方法基于概率期望，下面从统计角度证明 HyperLogLog 算法的正确性。利用伯努利过程的性质对"如果数组 S 满足 $\max\limits_{a\in S} f(a)=k$，则其非重复值个数的期望为 2^k"进行说明。现实生活中的抛硬币就是一个典型的伯努利试验，因为单次抛硬币只会等概率得到正面、反面两种可能的结果，而连续抛若干次硬币则构成了独立同分布的伯努利过程。为了便于阐释，下面以抛硬币为例子进行说明，抛硬币的正反两种结果恰好可以对应于0、1两种哈希值。

从最简单的$k=1$的情况入手，这时相当于只考虑每个哈希值在二进制下的最后一位数字，也就是将原本的哈希值对2^1取模，所要求解的问题变为：如果一个均匀分布且每个元素取值只为0或1的数组中存在1，则数组的期望是多少？对应到投掷硬币试验上，相当于以投掷一次硬币作为单次试验，将$k=1$限制下的问题转化为求解期望进行多少次试验能得到一次以反面（哈希值为1）为结果的试验。用X表示抛出一次反面需要的投掷次数，由于投掷硬币只有两种结果，是一个伯努利试验，因此X遵循几何分布。利用几何分布的性质$R(X)=\frac{1}{p}$可以得到，X的期望$R(X)=\frac{1}{p}=\frac{1}{0.5}=2$。因而，$k=1$的情况已经得到了证明。

而对于$k>1$的情况，这时相当于只看每个哈希值在二进制下的最后k位数字，也就是将原本的哈希值对2^k取模。这样问题就转化为：对于某个数组，数组的每一项以相等概率取$0\sim2^k-1$间的任何整数，如果该数组中存在2^k-1，则数组的期望长度是多少？这时单次试验由投掷一次硬币变为投掷k次硬币。每次试验以k次投掷中的前$k-1$次是正面、最后一次是反面为成功目标，则每次试验成功的概率$p=\frac{1}{2^k}$。用X表示重复的实验次数，由于这里的单次试验同样只有成功、失败两种可能，也是一个伯努利试验，因此X同样遵循几何分布。利用几何分布的性质可以得到X的期望

$$R(X)=\frac{1}{p}=\frac{1}{\frac{1}{2^k}}=2^k。$$

对于$\max\limits_{a\in S} f(a)=k$的数组$S$，其非重复值的期望为$2^k$，对于比较粗略的方法，已经可以将该值作为估计结果。但可以发现，如果把所有数据放在一起计算$\max\limits_{a\in S} f(a)$，结果的偏差可能会比较大，$k$只能为离散的整数值，从而限制了估计的准确度。为此HyperLogLog算法将数据按照哈希值的取值放入不同的m个（默认为16 384个）桶中，以此将数据划分为S_1，S_2，…，S_m。然后对每个桶分别计算桶内数据的k值，得到

$k_1, k_2, \cdots, k_m$，并计算这些 k 的调和平均值 $k' = \dfrac{m}{\dfrac{1}{k_1}+\dfrac{1}{k_2}+\cdots+\dfrac{1}{k_m}}$，将 k' 作为估计非重复值个数时采用的更加准确的参考数据，最终使用 $2^{k'}$ 作为对非重复值个数的估计。

在图11.6中列举了一个简单情况下 HyperLogLog 算法的执行过程。左侧的原始数据对应的正确非重复值个数为3。HyperLogLog 算法中首先把原始数据经哈希运算映射为整数，按照哈希值最高位是1还是0（即是否小于8）将数据分为两个桶。由于数据 a 和 c 的哈希值大于8，因此被划分到2号桶，而 b 的哈希值小于8，因此被划分到1号桶。对两个桶内的数据分别计算 $\max\limits_{a \in S} f(a)$，可以得到 $k_1 = 3$，$k_2 = 1$。利用 k_1、k_2 计算得到调和平均 k' 为 $\dfrac{3}{2}$，由此计算得到最终的估计结果为3。从图11.6也可以看出，HyperLogLog 算法存在一定的误算率，最终结果是通过四舍五入得到正确的结果3。这一问题在数据量较小时尤为明显，因此 HyperLogLog 算法一般应用在数据规模较大的场景中，而当数据规模较小时，使用如哈希表之类准确统计信息的数据结构反而更加合适。

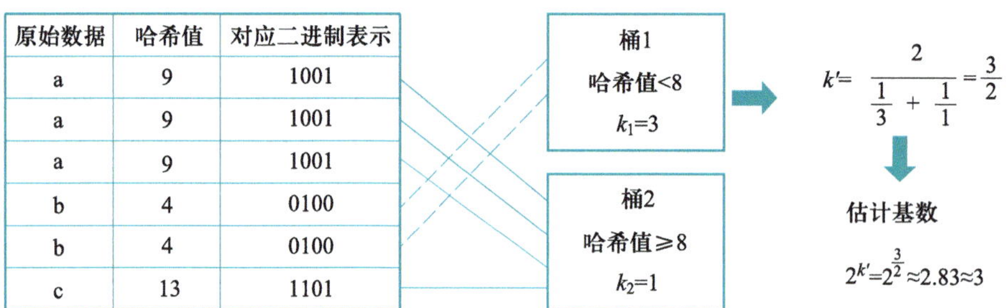

图 11.6　HyperLogLog 算法示例

HyperLogLog 算法的时间复杂度和空间复杂度都非常低。假设桶的个数为 m，最大非重复元素数为 n，则 HyperLogLog 算法的空间复杂度约为 $O(m\log(\log n))$，这是因为 HyperLogLog 算法建立了 m 个桶，n 个不同元素最长后缀零的长度是 $O(\log n)$ 数量级的，而在计算机的二进制存储中，$O(\log n)$ 种不同的后缀零长度，只需要 $O(\log(\log n))$ 个位就能存储，综上所述整个算法具有 $O(m\log(\log n))$ 的空间复杂度。而使用 HyperLogLog 算法进行查询的时间复杂度为 $O(m)$，因为在使用 HyperLogLog 算法查询时，只需要整合 m 个桶的信息。而桶的个数常常被认为是一个固定的常数，因此也可以认为使用 HyperLogLog 算法查询的时间复杂度是 $O(1)$ 的。

除了本小节介绍的 HyperLogLog 算法外，还有许多其他数据画像方法同样得到了广泛的应用，如结合了位图和哈希技术的布隆过滤器等。这些方法具有时间和空间复杂度较低的优点，能够胜任数据量特别大的情况，但存在误算率。因而在数据量较小的情况下，使用准确统计信息的数据结构（如哈希表等）是更好的选择。

11.3.6 基于采样的基数估计

前面介绍了通过直方图、数据画像等技术进行估计的方法，这些统计信息会随着关系的增加、删除、更新等操作不断动态改变。前面已经介绍过，数据库一般会选择在较低负载或发生过大量修改操作的时候再对这些统计信息进行更新，以尽可能减少对数据库正常业务的影响。然而，即便如此，当关系表足够大时，进行统计信息的更新和计算仍然不可避免地会给正常业务带来显著影响。因此，数据库在进行统计信息的计算和维护前，一般会使用采样方法维护一个样本池来代表其存储的全量元组，针对这个样本池来收集和维护统计信息，并在数据库发生更新时对应更新该样本池。

采样的核心问题是：给定一个长度为 n 的数据流，如何在只遍历一遍数据的情况下随机选取出 k 个不重复的数据？其中最重要的就是做到公平，保证每个元素被采样的概率是相同的。蓄水池采样就是实现上述功能的最普遍策略。

蓄水池采样是一种随机采样算法，在不知道集合大小 n 的情况下，随机抽取 k 个样本。采样过程只需遍历一次集合中的所有元素，并且保证每个元素被选取的概率相同。如图 11.7 所示，蓄水池采样的原理如下：① 首先维护一个大小为 k 的蓄水池，集合中前 k 个元素用于初始化蓄水池；② 对于后续的第 i（$i>k$）个元素，都以 $\frac{k}{i}$ 的概率替换蓄水池中的一个元素，且蓄水池中每个元素被替换的概率均为 $\frac{1}{k}$。

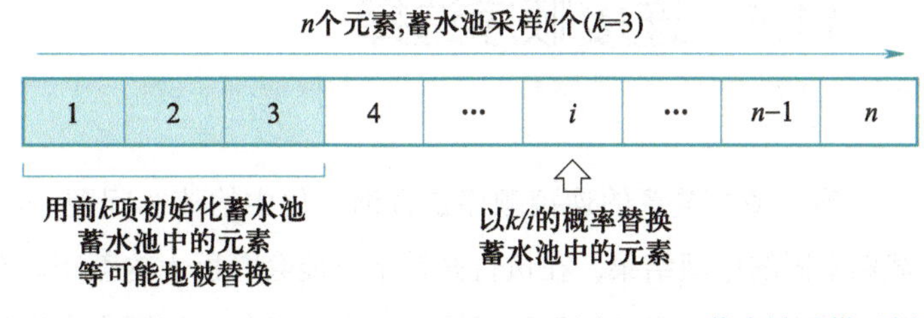

图 11.7 蓄水池采样示例

下面证明蓄水池采样的正确性，也就是证明通过蓄水池采样，数据流中每一项被采样的概率都是相等的，均是 $\frac{k}{n}$。

首先，证明前 k 项的正确性。考虑第 i 项（$i \leqslant k$），根据算法定义，其在步骤（1）

蓄水池初始化中被选中的概率为 1。接下来，在步骤（2）中枚举到第 $k+1$ 个元素（第 $k+1$ 步）时，其被替换的概率为“选中第 $k+1$ 进行替换的概率”与“被替换的元素是 i 的概率”的乘积，也就是 $\frac{k}{k+1}\cdot\frac{1}{k}=\frac{1}{k+1}$。因此，第 $k+1$ 步中，第 i 项没有被替换的概率为 $1-\frac{1}{k+1}=\frac{k}{k+1}$。同理可得，在第 $k+2$ 步中，第 i 项没有被替换的概率为 $\frac{k+1}{k+2}$。以此类推，第 i 项在前 n 步中没有被替换的概率为 $\prod_{k<j\leqslant n} Pr$（第 i 项在第 j 步中没有被替换）$=\frac{k}{k+1}\cdot\frac{k+1}{k+2}\cdot\cdots\cdot\frac{n-1}{n}=\frac{k}{n}$。

接下来，证明其他项的正确性。考虑第 i 项（$i>k$），根据算法定义，其在第 i 步中被选中的概率为 $\frac{k}{i}$。若其被选中，按照先前的分析，第 i 项在第 j 步（$j>i$）中没有被替换的概率为 $\frac{j-1}{j}$，所以，第 i 项在前 n 步中没有被替换的概率为 $\frac{k}{i}\cdot\prod_{i<j\leqslant n} Pr$（第 i 项在第 j 步中没有被替换）$=\frac{k}{k+1}\cdot\frac{k+1}{k+2}\cdot\cdots\cdot\frac{n-1}{n}=\frac{k}{n}$。

综上所述，在蓄水池采样中，任意一项被采样到的概率均为 $\frac{k}{n}$，是等概率的随机采样。

11.4　连接顺序选择

确定多个关系的连接顺序是查询优化中的核心问题。不同的连接顺序会产生大小截然不同的中间结果，在执行开销上可能会有巨大的差距。在 11.2 节介绍等价规则时，已经说明了优化器无法只利用等价规则在多种连接顺序中进行选择。因此，本节将集中介绍基于代价模型选择连接顺序的方法。

11.4.1　连接树

n 个关系连接时采用的任意一个顺序都可以使用连接树（join tree）的形式进行描

述。这里的连接树是一棵二叉树，它满足：① 内部节点都是连接运算，② n 个叶节点与 n 个关系一一对应。

按照树的结构，可以将连接树划分为左深连接树（也称左深树）、右深连接树（也称右深树）和浓密树。左深连接树（left-deep join tree）是任何内部节点的右子节点都是叶节点的连接树。也就是说，在任何由左深树表示的连接顺序中，每次连接操作的右关系都是数据库中的一个基本关系。与之相对地，右深连接树（right-deep join tree）是任何内部节点的左子节点都是叶节点的连接树。也就是说，在任何由右深树表示的连接顺序中，每次连接操作的左关系都是数据库中的一个基本关系。既不是左深树也不是右深树的连接树称为浓密树（bushy tree）。

在图 11.8 中，对四个关系 R_1、R_2、R_3、R_4 的连接顺序分别列举了三种连接树，其中，图 11.8（a）表示左深连接树 $((R_1 \bowtie R_2) \bowtie R_3) \bowtie R_4$，图 11.8（b）表示浓密树 $((R_1 \bowtie R_2) \bowtie (R_3 \bowtie R_4))$，图 11.8（c）表示右深连接树 $R_1 \bowtie (R_2 \bowtie (R_3 \bowtie R_4))$。

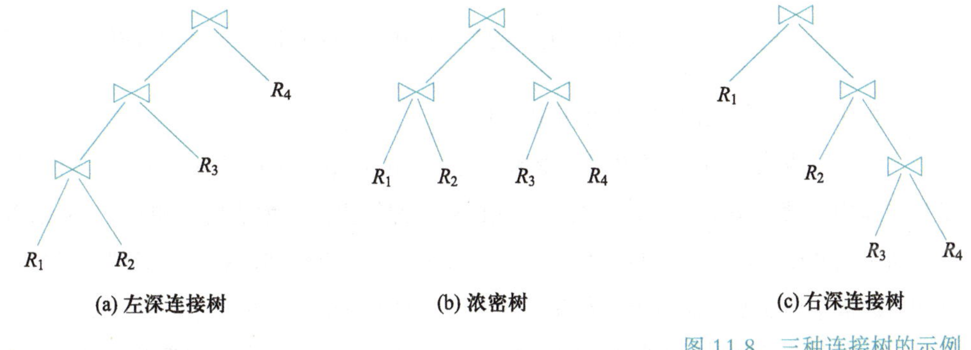

图 11.8 三种连接树的示例

随着参与连接的关系数 n 的增加，不同连接树的数量以指数形式快速增长。用 C_i 表示 i 个关系对应的连接树的不同结构数，在只有一个关系时，只有一个节点，因而 $C_1 = 1$。而在 $i > 1$ 时，考虑整棵连接树的根节点，由于连接是一个二元运算，根节点的左子树与右子树都至少有一个叶节点，因而左子树中叶节点个数的取值范围为 $[1, i-1]$，通过对这个值进行枚举，可以得到以下递推关系：

$$C_i = \sum_{j=1}^{i-1} C_j C_{n-j}$$

可以发现，C_i 恰好就是著名的卡塔兰数（Catalan number），因而有

$$C_n = \frac{1}{n}\binom{2n-2}{n-1} = \frac{(2n-2)!}{n!\,(n-1)!}$$

对于每个固定的连接树结构，n 个关系的 $n!$ 种不同的全排列都对应一个不同的连接树。因此对于 n 个关系，其不同的连接树个数为

$$\mathrm{NTree}(n)=n!C_n=\frac{(2n-2)!}{(n-1)!}$$

当 n 较小时，不同连接树数目较小，优化器可以通过穷尽所有连接顺序来选出代价最小的连接树。而随着关系数 n 的增加，连接树的数目会迅速增加，当 $n=10$ 时，NTree（10）就已经达到了 10^{10} 数量级，优化器无法在较短的优化时间内枚举全部的连接顺序。

因此，优化器通常会利用启发式算法来避免对所有连接树结构进行搜索。其中使用最广泛的策略是只对左深树进行枚举，这出于以下两方面的考虑。

（1）相较于浓密树（所有的连接可能），左深树的数量更少。对于 n 个关系的连接，只有一个确定的左深树结构，以及 $n!$ 棵通过对关系全排列产生的不同的左深树。左深树的数量只占全部连接树的$\frac{1}{C_n}$，这是一个很小的比例，当 $n=10$ 时，左深树只占所有连接树数量的$\frac{1}{4\ 862}$。因此，当只考虑左深树时，即使是对关系数较多的复杂连接情况，优化器也能很快确定采用的连接顺序。

（2）左深树相对于右深树和浓密树具有更高的效率和更低的内存消耗。当右关系是数据库中存储的基本关系时，大部分连接算法都能更高效地执行。如在第 10 章中介绍的索引嵌套循环连接，当右关系是基本关系时，可以直接利用其上已经创建好的索引结构对连接实现加速。而对于非左深树的情况，右关系很可能是一个不存在索引的中间关系，当右关系过大时只能将其物化在磁盘上，并在连接中多次对磁盘进行扫描，这会使连接变得非常低效。

尽管只考虑左深树有一定的好处，但这也会限制连接顺序的搜索空间，导致优化器有时无法找到最优的连接顺序。事实上，确定连接顺序和按该顺序执行之间存在效率折中的问题。最优的连接顺序可以确保执行效率最高，但为了找到最优的顺序常常需要付出更多的代价。因此，利用启发式策略在较短的时间内找到一个较优的顺序并执行，常常会比穷尽所有顺序找到最优顺序再执行更高效。此外，代价模型也不是完全准确的，因而借助代价模型选出的代价最小的连接顺序可能并不是最高效的。

通过上述介绍可以发现，对于连接顺序选择问题，优化器既可以选择枚举所有可能的连接顺序来实现准确搜索，也可以只考虑所有顺序的一个子集来实现近似搜索。此外，还可以利用启发式方法避免枚举所有可能的搜索来更高效地确定连接顺序，尽管这样可能会导致选出的连接顺序相较于最优连接顺序较为低效，但可快速找到一个近似的连接顺序。在 11.4.2 节中，将介绍如何利用动态规划算法，尽量高效地对搜索空间进行穷举。在 11.4.3 节中将介绍基于贪心的启发式方法，而在 11.4.4 节中则将简要介绍如何利用遗传算法选择连接顺序。

11.4.2　使用动态规划算法选择连接顺序

通过 11.4.1 节中的分析可以看出，无论是搜索所有连接顺序还是只搜索左深树，都需要对大量的连接树进行枚举。枚举过程开销很大，并且直接进行搜索会带来很多重复计算。例如，对图 11.8（a）枚举左深树相当于枚举 R_1、R_2、R_3、R_4 的排列顺序。显然，对于顺序（$(R_1 \bowtie R_2) \bowtie R_3) \bowtie R_4$ 和顺序（$(R_1 \bowtie R_2) \bowtie R_4) \bowtie R_3$, $R_1 \bowtie R_2$ 的估计结果可以复用，而朴素的方法则可能会对此进行两次计算。

为了解决这样的问题，本节介绍使用动态规划方法基于代价模型来求解连接顺序。动态规划算法的核心思想是保证每个子问题只被计算一次，通过将结果记忆化存储（空间换时间），使后续再遇到相同的子问题时可以直接利用计算过的结果而无须重新计算，以减少整个问题的计算量。

考虑为 n 个关系 R_1，R_2，…，R_n 选择连接顺序的问题。动态规划算法为全体关系集合 $\{R_1, R_2, \cdots, R_n\}$ 的每一个非空子集 S 维护下列信息。

（1）NR（S）：将 S 中所有关系连接后得到的估计基数。

（2）C（S）：连接 S 中所有关系的最小代价。这里代价定义为连接过程中产生的所有中间关系的大小之和。单表基本关系和结果关系的大小与连接顺序无关，因此在连接过程中，中间关系的大小就可以反映出连接顺序的执行代价。例如，对于 $S=\{R_1,R_2,R_3\}$ 且最优连接顺序是（$R_2 \bowtie R_3$）$\bowtie R_1$ 的情况，当前 $C(S)=T$（$R_2 \bowtie R_3$）。（$(R_1 \bowtie R_2) \bowtie R_3) \bowtie R_4$ 的代价就是 NR（$R_1 \bowtie R_2$）+ NR（$(R_1 \bowtie R_2) \bowtie R_3$）。

（3）Seq（S）：连接 S 中所有关系的最优连接顺序 Seq（S）。

此外，为了便于说明动态规划算法的执行流程，定义中间变量 D（S）：

$$D(S)=\begin{cases}0, & |S|=1\\ \mathrm{NR}(S)+C(S), & |S|>1\end{cases}$$

可以发现，由于 S 非空集合数量是 2^n-1，而维护的信息大小是常数，因此总的空间开销为 $O(2^n)$。

动态规划算法的执行过程，实际上就是对 2^n-1 个关系的集合进行枚举的过程。枚举过程按照集合大小由小到大的顺序进行，这样可以保证当枚举到大小为 k 的集合时，所有大小小于 k 的集合一定已经被枚举过了。初始大小为 1 的集合 S，假设其中包含的关系是 R，则初始化 NR（S）$=T$（R），由于还没有进行任何连接，还没有产生任何中间结果，C（S）$=0$，并且 Seq（S）$=R$。

首先考虑穷举所有连接树的情况。在枚举过程中，当枚举到集合 S 时，对集合 S 维护的信息按如下方式计算。

（1）NR（S）按照 11.3.3 节中对连接运算的基数估计方法进行计算。11.3.3 节中介绍的计算方法与连接顺序无关的优势在这里得到了体现，优化器只需要按任意一个连接顺序枚举 S 集合内部的关系来计算 NR（S）即可。

（2）枚举集合 S 对应的连接树根节点处左子树对应的关系集合 S_{left}，则根节点处右子树对应的关系集合 $S_{\text{right}}=S-S_{\text{left}}$，由于连接是一个二元运算，$S_{\text{left}}$ 和 S_{right} 均不能为空集，因而 $1 \leqslant |S_{\text{left}}| \leqslant |S|-1$。对于集合 S，有

$$C(S)=\min_{S_{\text{left}}\subset S \text{ 且 } S_{\text{left}}\neq\varnothing}\left(D(S_{\text{left}})+D(S_{\text{right}})\right)$$

上式也就是使用动态规划算法选择连接顺序时的状态转移方程。确定了使 $C(S)$ 取值最小的 S_{left} 后，有

$$\text{Seq}(S)=\text{Seq}(S_{\text{left}})\bowtie\text{Seq}(S_{\text{right}})$$

可以发现，整个算法的计算集中于枚举 2^n-1 种关系的集合 S，以及枚举 S 的所有非空真子集 S_{left}。按照 S 的大小考虑 2^n-1 个关系的集合，共有 C_n^k 个大小为 k 的 S，每个 S 有 2^k-2 个真子集。计算 NR（S）和 D（S）均可以在常数时间内完成。因此对于浓密树，整个搜索过程的复杂度为

$$O\left(\sum_{i=1}^{n}\text{C}_n^i\,(2^i-i-1)\right)=O\left(\sum_{i=1}^{n}\text{C}_n^i\,2^i\right)=O(3^n)$$

上述分析枚举了所有的连接树，而当只考虑左深树的情况时，只需要将上述过程中“枚举每个关系集合 S 的所有非空真子集 S_{left}”替换为“枚举每个关系集合 S 的所有大小为 $|S|-1$ 的子集 S_{left}”。参照上述分析，这时大小为 k 的关系集合 S 只需枚举 k 个子集 S_{left}。因此，对于只考虑左深树的情况，整个搜索过程的复杂度为

$$O\left(\sum_{i=1}^{n}\text{C}_n^i\,i\right)=O\left(\sum_{i=1}^{n}\frac{n!}{i!\,(n-i)!}i\right)=O\left(n\sum_{i=1}^{n}\frac{(n-1)!}{(i-1)!\,((n-1)-(i-1))!}\right)$$

$$=O\left(n\sum_{i=1}^{n}\text{C}_{n-1}^{i-1}\right)=O(n2^{n-1})=O(n2^n)$$

由以上对时间复杂度的分析可以看出，只考虑左深树能够大幅减少计算量，从而提高选择顺序的速度。上述分析假设了所有连接顺序都是合法的，而事实上并非任意两个关系都存在能够进行连接的属性。因此上述分析只是给出了一个复杂度的上界，对于实际情况一般运算次数会小于该分析结果。

为了更清楚阐述动态规划算法的执行过程，下面以一组包含四个关系 R_1、R_2、R_3、R_4 的连接顺序选择为例进行介绍。

图 11.9 绘制了这几个关系间的连接模式与连接中使用的连接键情况。表 11.7 绘制了动态规划过程中关系集合 S 大小为 1 时的信息表。这里对 11.3 节中引入的统计量 $T(R)$ 和 $V(R,A)$ 进

$R_1 \overset{A}{—} R_2 \overset{B}{—} R_3 \overset{C}{—} R_4$

图 11.9 关系间的连接与连接键

行了扩展，设 R' 为将 S 中所有关系连接起来得到的关系（R' 与连接顺序无关），在扩展后的定义中，使用 $T(S)$ 表示 $T(R')$，使用 $V(S, \text{Attribute})$ 表示 $V(R', \text{Attribute})$。同样地，对于关系中没有的属性 Attribute，在相应的单元格中用“—”表示。

在没有进行连接时，这几个基本表的大小都为 1 000，由于尚未发生连接，还没有产生中间关系，因而当关系集合 S 大小为 1 时代价 $C(S)$ 均为 0，这时 Seq (S) 均为每个集合中唯一的关系本身。

接下来，考虑两个关系连接后的情况。关系间连接键的限制使得只有三种可能的关系集合。如表 11.7 所示，参照 11.3.3 节中介绍的估计方法，对连接后产生的中间关系的各个统计值进行了估计。例如，对于 $S=\{R_1, R_2\}$，其基数 $T(S)$ 被估计为 $\frac{T(R_1)T(R_2)}{\max(V(R_1, A), V(R_2, A))}=\frac{1\,000\times 1\,000}{\max(50, 40)}=20\,000$，由于 R_1 和 R_2 在属性 A 上进行连接，因此 $V(S, A)$ 被估计为 $\min(V(R_1, A), V(R_2, A))=40$，而属性 B 只在 R_2 中出现，故 $V(S, B)$ 被估计为 $V(R_2, B)=100$。由于此时还没有产生中间关系，因而 $C(S)$ 仍然均为 0。此外，参与连接的关系大小均为 1 000，并不能做出连接中左右关系的选择，因而启发式地在 Seq (S) 中让下标较小的关系作为左关系。

表 11.7 集合大小为 1 的动态规划信息表

关系集合 S	$T(S)$	$V(S, A)$	$V(S, B)$	$V(S, C)$	$C(S)$	Seq(S)
$\{R_1\}$	1 000	50	—	—	0	R_1
$\{R_2\}$	1 000	40	100	—	0	R_2
$\{R_3\}$	1 000	—	20	200	0	R_3
$\{R_4\}$	1 000	—	—	250	0	R_4

再接下来，考虑三个关系连接后的情况，结果如表 11.8 所示。这时只有两种可能，并且一定会产生中间关系，因而 $C(S)$ 不再为 0。以关系集合 $S=\{R_1, R_2, R_3\}$ 为例，需要在 Seq $(\{R_1, R_2\})\bowtie$ Seq $(\{R_3\})$ 与 Seq $(\{R_2, R_3\})\bowtie$ Seq $(\{R_1\})$ 之间进行选择。

表 11.8 集合大小为 2 的动态规划信息表

关系集合 S	$T(S)$	$V(S, A)$	$V(S, B)$	$V(S, C)$	$C(S)$	Seq(S)
$\{R_1, R_2\}$	20 000	40	100	—	0	$R_1\bowtie R_2$
$\{R_2, R_3\}$	10 000	40	20	200	0	$R_2\bowtie R_3$
$\{R_3, R_4\}$	4 000	—	20	200	0	$R_3\bowtie R_4$

Seq $(\{R_1, R_2\})\bowtie$ Seq $(\{R_3\})$ 的总代价为

$$C(\{R_1, R_2\})+C(\{R_3\})+T(\{R_1, R_2\})=20\,000$$

$Seq(\{R_2, R_3\}) \bowtie Seq(\{R_1\})$ 的总代价则为

$$C(\{R_2, R_3\}) + C(\{R_1\}) + T(\{R_2, R_3\}) = 10\ 000$$

因此，对于 $S=\{R_1, R_2, R_3\}$，最终选择代价更低的 $(R_2 \bowtie R_3) \bowtie R_1$ 作为 $Seq(S)$，且 $C(S)=10\ 000$。

最后，在考虑四个关系时，$S=\{R_1, R_2, R_3, R_4\}$。需要在 $<Seq(\{R_1, R_2, R_3\}), Seq(\{R_4\})>$，$<Seq(\{R_2, R_3, R_4\}), Seq(\{R_1\})>$ 和 $<Seq(\{R_1, R_2\}), Seq(\{R_3, R_4\})>$ 中进行选择。其中前两者是左深树，而最后一个则是浓密树。结果如表 11.9 所示。

表 11.9 集合大小为 3 的动态规划信息表

关系集合 S	$T(S)$	$V(S, A)$	$V(S, B)$	$V(S, C)$	$C(S)$	$Seq(S)$
$\{R_1, R_2, R_3\}$	200 000	40	20	200	10 000	$(R_2 \bowtie R_3) \bowtie R_1$
$\{R_2, R_3, R_4\}$	40 000	40	20	200	4 000	$(R_3 \bowtie R_4) \bowtie R_2$

对于 $<Seq(\{R_1, R_2, R_3\}), Seq(\{R_4\})>$，只有 $\{R_1, R_2, R_3\}$ 对应为中间关系，因而总代价为

$$C(\{R_1, R_2, R_3\}) + C(\{R_4\}) + T(\{R_1, R_2, R_3\}) = 210\ 000$$

对于 $<Seq(\{R_2, R_3, R_4\}), Seq(\{R_1\})>$，只有 $\{R_2, R_3, R_4\}$ 对应中间关系，因而总代价为

$$C(\{R_2, R_3, R_4\}) + C(\{R_1\}) + T(\{R_2, R_3, R_4\}) = 44\ 000$$

对于 $<Seq(\{R_1, R_2\}), Seq(\{R_3, R_4\})>$，$\{R_1, R_2\}$ 和 $\{R_3, R_4\}$ 对应的均为中间关系，因而总代价为

$$C(\{R_1, R_2\}) + C(\{R_3, R_4\}) + T(\{R_1, R_2\}) + T(\{R_3, R_4\}) = 24\ 000$$

比较这三者的代价，最终确定使用代价最低的连接顺序为

$$\bowtie(<Seq(\{R_1, R_2\}), Seq(\{R_3, R_4\})>) = (R_1 \bowtie R_2) \bowtie (R_3 \bowtie R_4)$$

其对应的连接树恰为图 11.8（b），“$\bowtie(Seq(R))$”表示按照 $Seq(R)$ 表征的顺序进行连接运算。通过穷举所有可能，发现最终代价最小的是一棵浓密树。在只考虑左深树时，会错过这个代价最小的连接顺序，但最终确定的连接顺序 $<Seq(\{R_2, R_3, R_4\}), Seq(\{R_1\})>$ 相较于最优的 $<Seq(\{R_1, R_2\}), Seq(\{R_3, R_4\})>$ 在代价上相差并不大，相较于估算代价最高的连接顺序在代价上至少有 5 倍以上的提升。因此，实际应用中优化器很多时候都只考虑左深树，以此提高确定连接顺序的效率。

11.4.3 贪心算法

上一节介绍了如何使用动态规划算法选择连接顺序。然而可以发现，即使将搜索

空间限制在左深连接树的情况，搜索的复杂度依然与关系数 n 呈指数关系。因此，当关系数目较大时，使用动态规划算法确定连接顺序的代价仍然过高。

为了解决基于搜索的方法搜索空间过大的问题，一系列启发式的选择连接顺序的方法被提出。这一类方法一般与关系数 n 无关或复杂度较低，因此能快速确定连接的顺序。在众多启发式方法中，贪心算法与遗传算法是最有代表性的。

贪心算法的核心思想是：在每一次选择中都选用当前状态下收益最高的选择。尽管贪心算法无法保证选出全局最优的解，但它具有较低的复杂度，相较于动态规划算法执行效率高很多。

连接顺序选择问题中使用贪心算法时一般只考虑左深树。其核心策略是将顺序选择看作一个多步决策的过程，每一步选择使当前总代价最小的关系作为下一步连接的对象。

算法执行过程为：

（1）选择一个大小 $T(R)$ 最小的关系作为当前关系 R_{cur}；

（2）从余下没有被选择过的关系中选择与 R_{cur} 连接后结果最小的 R_{next}，将 R_{cur} 更新为 $R_{cur} \bowtie R_{next}$；

（3）不断重复步骤（2），直到所有关系都被选择过。

通过分析执行过程可以发现，通过单次复杂度为 $O(n)$ 的决策（计算与 R_{cur} 连接后的大小）就可以确定下一步进行连接的关系，因此使用贪心算法只有 $O(n^2)$ 的复杂度。

对表 11.7 给出的例子使用贪心算法进行顺序选择，过程如下。

由于所有关系大小都相等，但 R_2 和 R_3 在进行连接时有两种选择，相较于 R_1 和 R_4 选择更多，因此从中选择下标最小的 R_2 作为当前关系 R_{cur}。比较 $T(R_1 \bowtie R_2)$ 和 $T(R_2 \bowtie R_3)$，由于 $T(R_2 \bowtie R_3)$ 更小，选择 R_3 进行连接，更新 R_{cur} 为 $R_2 \bowtie R_3$。比较 $T((R_2 \bowtie R_3) \bowtie R_1)$ 和 $T((R_2 \bowtie R_3) \bowtie R_4)$，由于后者更小，选择 R_4 进行下一步连接，更新 R_{cur} 为 $(R_2 \bowtie R_3) \bowtie R_4$。

由于在算法执行到最后一步时，可以进行连接的选项已经只剩下 R_1，因而到此已经确定了连接顺序为 $((R_2 \bowtie R_3) \bowtie R_4) \bowtie R_1$。通过计算可以得到这一连接顺序的总代价为 $T(R_2 \bowtie R_3) + T((R_2 \bowtie R_3) \bowtie R_4) = 50\ 000$，相较于使用动态规划算法找到的连接顺序，这一顺序在代价上略有增加，但使用贪心算法的复杂度只有 $O(n^2)$，当 n 较大时在效率上有巨大的优势。

11.4.4 遗传算法

遗传算法（genetic algorithm）是一种启发式的优化方法，它通过随机搜索对连接顺序进行选择。在遗传算法中，不同的连接顺序被认为是不同的个体，连接顺序的代价则代表个体对环境的适应程度。代价高的连接顺序被认为是适应程度低的个体，容易被自然选择淘汰，反之代价低的顺序则被认为具有较高适应程度。

遗传算法利用自然选择的思想进行多轮迭代，在每一代中进行自然选择，也就是将不适应环境即代价较高的顺序删除，保留代价较低的顺序。利用保留下来的顺序进行“交叉”“变异”或“选择”来生成下一代候选顺序。这样经过多轮迭代，确定最终输出的连接顺序。这个过程中主要涉及选择、交叉和变异三种运算。

(1) 选择是指选取当前代价较小的连接树不参与交叉和变异运算，而是直接保留到下一轮，由此保证已经找到的较优的连接顺序不会被交叉或变异运算破坏。

(2) 交叉是指对连接顺序进行组合替换。也就是由已有的两个连接顺序合并为一个新的连接顺序，其中每个连接顺序只有一部分被保留在合并后的结果中。

(3) 变异是指对某个顺序自身进行调整（例如替换物理算子），得到一个新的连接顺序。

在图 11.10 中，给出了三个关系 R_1、R_2、R_3 使用遗传算法选择连接顺序的过程，为了便于说明，对连接使用的物理运算也进行了选择。在第一轮迭代生成的三种计划中，计划 1 由于代价最大被淘汰。而计划 2 和计划 3 因为代价较低被保留。接下来，利用计划 2 和计划 3 生成下一代的候选计划。计划 2 到计划 4 发生了一定的变异，替换了关系 R_1 和 R_3 的顺序，而由计划 3 到计划 5 没有发生变异，通过选择直接进行传递。计划 2 和计划 3“交叉”对原计划进行了组合，得到计划 6。可以看到计划 6 分别

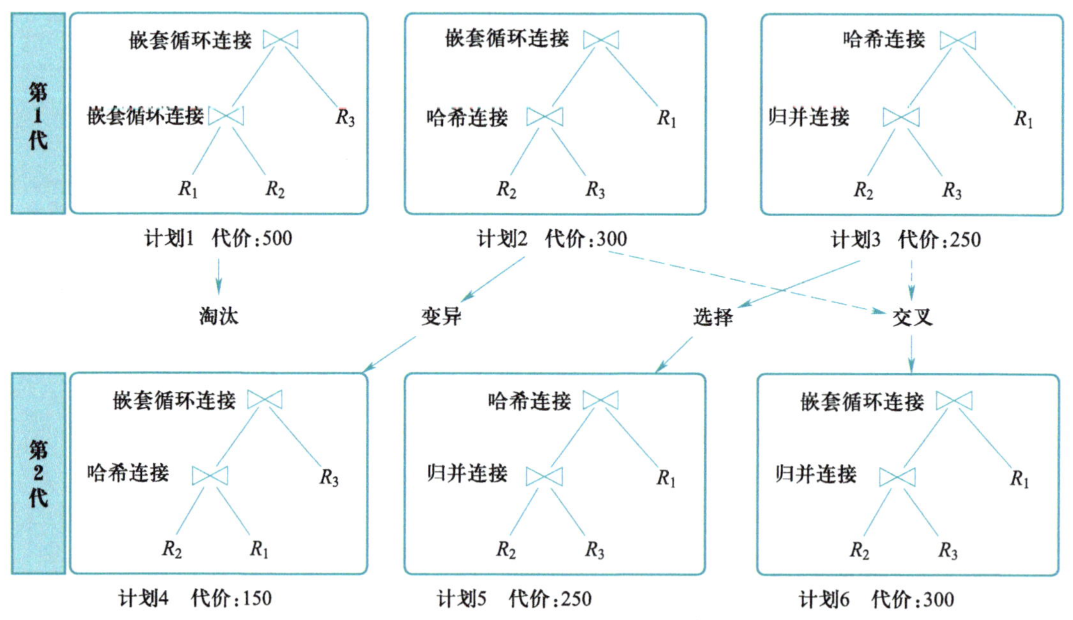

图 11.10　遗传算法示例

保留了计划 2 和计划 3 中的一部分。对于第 2 代的候选计划，优化器会再次进行代价估计，并重复上述自然选择过程，继续迭代下去。

遗传算法有一系列优点。首先，作为基于随机化的启发式方法，遗传算法的应用场景不会像动态规划那样受到关系数的限制。其次，利用遗传算法的交叉变异过程，优化器可以在高维搜索空间中跳出局部最优。此外，遗传算法每一轮迭代只需要维护这一轮的结果，不需要保存历史生成的候选顺序，具有较小的空间开销。

但是遗传算法也存在缺点。首先，遗传算法的可解释性较差，难以说明优化器选择某个计划的原因。此外，作为一个随机化算法，在不限定随机种子时，遗传算法难以保证多次优化结果相同，也就是说优化结果是不确定的。

在实际应用中，遗传算法主要用于解决关系数过多、可能的连接顺序空间过大等问题，当关系数较少时，完全可以利用动态规划算法穷举所有可能的顺序。以 PostgreSQL 数据库为例，只有在进行连接的关系数为 13 及以上时才会选用遗传算法。

尽管遗传算法是一个随机化算法，但不能认为遗传算法等同于随机选取连接顺序。遗传算法虽然包含随机过程，但其结果并非是完全随机的，相较于随机选取连接顺序，遗传算法的启发式搜索过程一般能找到更优的连接顺序。

11.5 物理计划选择

前面介绍的各种优化都是在逻辑优化阶段实施的，要将逻辑计划转换为物理计划，还需要为每个逻辑运算选择最高效的物理执行方法。每个物理计划对应于一个代价，优化器的目标就是选出代价最小的计划。

11.5.1 节将介绍把逻辑计划转换为物理计划的搜索策略。在搜索过程中，需要为每个逻辑算子选取物理算子，在 11.5.2 节和 11.5.3 节中将分别介绍为选择和连接运算选取物理算子的方法。11.5.4 中将介绍查询执行时如何在物化和流水线执行中选择。11.5.5 节将介绍在确定物理计划后，如何决定各个运算的执行顺序。

11.5.1 从逻辑计划到物理计划

由逻辑计划转换为物理计划的搜索空间很大，因为逻辑计划树中常常有几十个节点，而每个节点又可以转换为多种物理算子。在转换中穷尽所有运算符的组合一般是不现实的，因而优化器需要采用更加合理的搜索策略。在数据库的发展历程中，搜索策略的演变历程如图 11.11 所示。根据是从零开始生成计划（由计划树的叶节点开始搜索），还是从最终的目标开始（由计划树的根节点开始搜索），可以将这些方法进一步分为“自底向上”和“自顶向下”两类。本节将会按照发展历程介绍和分析各种转换方法。

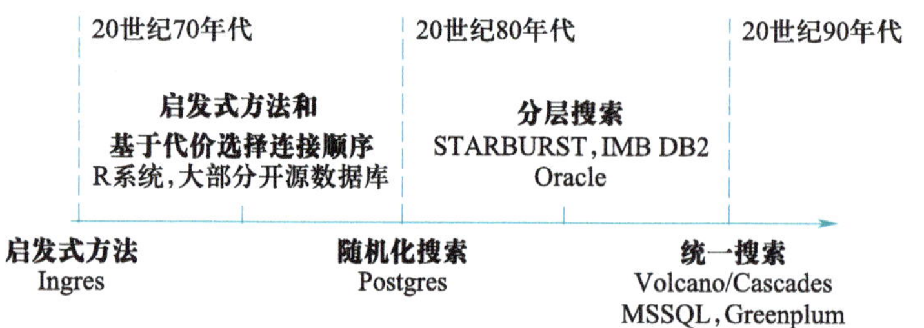

图 11.11 物理计划转换搜索策略的发展

1. 启发式方法

在早期的 Ingres 等系统中，数据库在优化器代码中静态地定义了一些规则来实现由逻辑计划到物理计划的转换。11.4.3 节中的贪心算法实际上就是一种基于贪心的规则。数据库实际使用的启发式规则数量很多，在此列举一些常用规则：

（1）优先执行选择度更高（结果基数较低）的选择运算；

（2）在连接运算前执行所有的选择运算；

（3）当两个关系进行连接时，如果其中一个关系具有索引则优先使用索引嵌套循环连接，并让有索引的关系作为右关系；

（4）当两个关系进行连接时，如果这两个关系在连接属性上均已经有序，则优先使用排序归并连接；

（5）当选择条件为等值时，如果在该属性上有索引，则优先使用索引扫描。

只使用启发式规则的系统不需要代价模型，更易于实现，并且优化速度快。但是由于转换过程只依赖于预定义的规则，在查询复杂、算子之间存在复杂关联时这样转换一般不能取得很好的优化效果。

2. 启发式方法和基于代价选择连接顺序

在后来出现的 R 系统以及目前的大部分开源数据库中，一般使用启发式方法与基于代价的连接顺序选择相结合的转换策略。R 系统采用的 Selinger 优化器就是其中的一个典型代表。这一类方法首先利用启发式静态规则做初步优化。之后优化器依据估计的代价，利用动态规划选择连接顺序。自这一类方法出现后，代价模型开始在数据库优化器中被广泛采用。并且这一优化策略也是现代优化器的设计基础，下面要介绍的方法即为在此基础上的改进。

11.4.2 节中已经介绍了以基数为代价时如何使用动态规划选择连接顺序。将基数替换为对物理算子估计的代价，就可以将动态规划算法扩展到物理计划选择中。在动态规划算法中，每个子表达式只有代价最小的计划会被保留，但由于物理计划转换并不严格满足最优子结构，因此动态规划算法无法保证全局最优。

举例来说，考虑四个关系 R_1、R_2、R_3 与 R_4 不同的连接顺序，假设代价最小的计划 1 代价为 10 000，但产生的结果是 500 000 个在属性 A 上无序的元组。而计划 2 在 R_1、R_2、R_3 与 R_4 连接上的代价为 20 000，但会产生 500 000 个在属性 A 上有序的元组。假设这一中间关系接下来会与关系 R_5 在属性 A 上做排序归并连接。由于在属性 A 上无序，计划 1 相较于计划 2 需要额外付出 30 000 的代价用于排序，因此其总代价比计划 2 更大。这体现了不具有最优子结构对物理计划转换的影响，在子问题 R_1、R_2、R_3 与 R_4 连接中代价最小不一定全局代价最小。原始的动态规划算法会忽略计划 2，导致优化器无法找到全局最优的计划。

为此，Selinger 优化器对动态规划算法进行了修改，不仅保留代价最小的计划，也保留一些当前代价较高，但可能利于后续查询执行的计划。它关注查询结果的有序性，也称为有趣顺序（interesting order）。这是因为一些当前代价并非最低的计划可能会在一些属性上产生有序的结果。如果查询要求结果有序，或者有序性后续可能被用到（如排序归并连接），则会极大降低后续运算的代价，可能使查询计划的全局代价更小。

具体来说，某属性上的有序性被视作有趣顺序，当且仅当

（1）该属性出现在 ORDER BY 谓词中，

（2）该属性出现在 GROUP BY 谓词中，

（3）该属性出现在连接条件中。

前两种情况下有序性会带来显而易见的好处，因为有序性可以避免产生排序的额外代价。对于第三种情况，连接条件的有序性可以省去排序归并连接中排序的代价，因此可能降低全局的总代价。

在上述例子中，属性 A 的有序性就是一个有趣顺序，因为该属性用于与关系 R_5 做排序归并连接。相较于会忽略计划 2 的原始动态规划算法，Selinger 风格的优化器会因为计划 2 符合有趣顺序而将其考虑进去，从而最终找到全局最优的计划。通过在搜索过程中记录符合有趣顺序的计划，Selinger 风格的优化器找到全局最优计划的可能性更高。

如以下伪代码所示，相较于动态规划算法，Selinger 风格的优化器只会额外记录少数具有有趣顺序的计划。如果查询中有趣属性的数量为 k，则 Selinger 风格的优化器时间和空间的开销会扩大（$k+1$）倍。考虑到有趣属性的数量一般是很小的常数，所以这对算法总的复杂度并不会产生影响。因此，当只考虑左深连接树时，Selinger 算法与 11.4.2 节介绍的动态规划算法具有相同的时间复杂度，均为 $O(2^n n)$，其中 n 为连接关系的数量。

```
// 函数：对给定的查询使用 Selinger 算法选择物理执行计划
// 参数 Q：使用静态规则优化后的 SQL 查询
// 返回值 OptPlan：Q 的最优物理计划
function Selinger(Q)
    R = 查询 Q 中需要连接的关系的集合
    S_A = 查询 Q 涉及有趣顺序的属性集合
    for i in{1, …, |R|}
    for 关系集合 S in{R 大小为 i 的所有子集}
        C(S) = ∞                          // 连接 S 中所有关系的最小代价
        Plan(S) = ∅                       // 连接 S 中所有关系的最优物理计划
        for A in S_A                      // 枚举有趣属性
            C_A(S) = ∞                    // 连接 S 中所有关系，且属性 A 符合有趣
                                          // 顺序的最小代价
            Plan_A(S) = ∅                 // 连接 S 中所有关系，且属性 A 符合有趣
                                          // 顺序的最优物理计划
        // 以下计算代价和物理计划时，同时考虑 C, Plan 以及 C_A, Plan_A
        for T in S                        //T 为关系集合 S 中的关系
            cost = 连接（S-T）中关系与 T 的最小总代价
            plan = 连接（S-T）中关系与 T 的最优物理计划
            if cost < C(S)
                C(S) = cost
                Plan(S) = plan
            for A in S_A                  // 枚举有趣属性
                cost_A = 连接（S-T）中关系与 T，且结果的属性 A 符合有趣顺序的最小总代价
                plan_A = 连接（S-T）中关系与 T，且结果的属性 A 符合有趣顺序的最优物理计划
                if cost_A < C_A(S)
                    C_A(S) = cost_A
                    Plan_A(S) = plan_A
return Plan(R)
```

接下来通过一个具体的例子说明自底向上的搜索过程。假设有三个关系 $R_1(A, B)$、$R_2(A, C)$、$R_3(A, D)$，某查询想要得到 $R_1 \bowtie R_2 \bowtie R_3$ 的结果，使用动态规划搜索的过程如图 11.12 所示。自底向上的方法最初从空的计划树开始，首先确定连接哪两个关系。尽管有多种物理连接算子，受限于篇幅，图中只列举了归并连接和哈希连接。在确定计划的过程中，优化器会结合数据的统计信息估计不同物理算子的代价来选择。图 11.2 中使用实线表示代价最小的物理运算，虚线表示代价较大的物理运算。在步骤 1 中确定两个关系连接时的物理运算，之后在步骤 2 中会选择三个关系连接时的物理运算，通过重复这样的过程就可以得到最终的物理计划。

本节介绍的这类方法不需要穷举搜索就能找到较为合理的计划，但由于没有摆脱启发式转换，仍然有与启发式策略同样的问题。并且 R 系统只考虑了左深树的连接顺

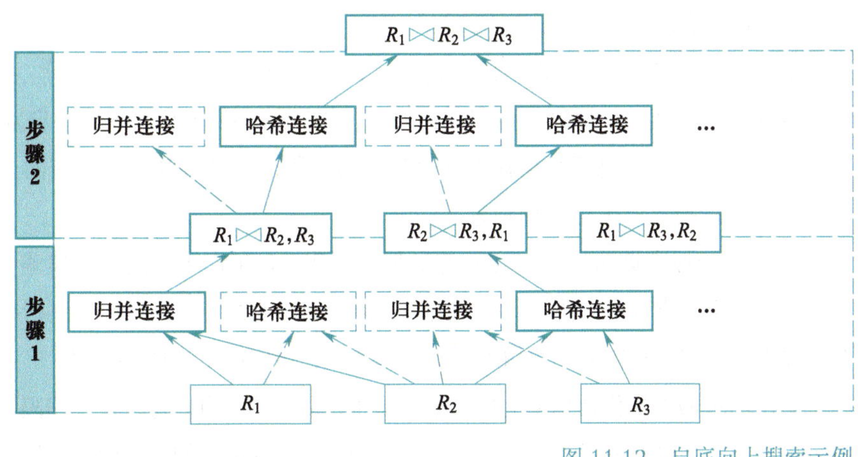

图 11.12 自底向上搜索示例

序，这在现实情况中并不总是最优的。此外，代价模型难以衡量有趣顺序等物理特征，需要额外记录符合有趣顺序的计划。

3. 随机化搜索

在 20 世纪 80 年代，学术界提出了随机化搜索，利用随机化策略来跳出搜索空间中的局部最优。在 11.4.4 节中介绍的遗传算法就是一个典型的随机化搜索算法，时至今日仍应用于 Postgres 中。随机化搜索能够较快地得到结果，但优化效果存在随机性，因此只用于连接的关系数过多、搜索空间过大的情况。

4. 分层搜索

分层搜索于 20 世纪 80 年代提出，曾是 IBM 公司的数据库原型系统 STARBURST 中采用的方法，目前应用于 Oracle 数据库和 IBM 的 DB2 数据库中。这一策略实际上是基于“启发式方法 + 基于代价选择连接顺序”方法的改进，它仍然遵循先对逻辑计划使用启发式规则进行转换，再利用代价模型选择连接顺序和物理算子的模式。

不同之处在于，分层搜索中的启发式规则不再需要人工编写。它利用优化器生成器（optimizer generator），在数据库内维护的不再是规则列表，而是能够自动生成规则的引擎。在优化时，规则引擎以最初的逻辑计划为输入，会自动生成需要使用的规则。

在分层搜索方法出现之前，需要人工编写启发式规则，难以验证启发式规则的正确性，并且难以维护规模巨大的规则集合。利用优化器生成器，数据库开发人员只需编写声明式规则，由优化器充当编译器自动确定等价规则。

在实际应用中，分层搜索具有高效性优势，但存在着难以确定转换使用顺序的问题。并且由于在转换时不考虑代价，有时不能确定转换是否有效。

5. 统一搜索

统一搜索在 20 世纪 90 年代被提出，是当时瀑布模型（Cascades）采用的优化方法，应用于 SQL Server 和 Greenplum 数据库中。这一策略不再将基于启发式规则的逻辑优化和基于代价的物理优化作为两个独立的阶段，而是将其统一成在同一阶段进行转换、统一进行搜索以确定查询计划。

采用统一搜索策略的 Cascades 等数据库采用“自顶向下”的搜索策略。“自顶向下”含义是：以整个查询最后的输出作为起点，由计划树的根节点逐层向下进行搜索，不断添加为了得到最终输出需要的逻辑算子和物理算子，最终确定物理计划树。

Cascades 假设最优计划中的每个子计划也是最优的，由此将搜索空间限制在一个较小的范围中，从而得到更高的效率。而且 Cascades 可以提前剪枝，删除代价较大的计划来提高效率。基于这一想法，Cascades 将一组逻辑上等价的逻辑表达式以及它们对应的所有物理表达式定义为一组。图 11.13 展示了 $R_1 \bowtie R_2 \bowtie R_3$ 对应的组 $[R_1, R_2, R_3]$，它由所有可以得到 $R_1 \bowtie R_2 \bowtie R_3$ 运算结果的逻辑表达式以及这些逻辑表达式对应的所有物理表达式组成。

		逻辑表达式	物理表达式
组	$[R_1,R_2,R_3]$	$(R_1 \bowtie R_2) \bowtie R_3$	$(R_1 \bowtie R_2) \bowtie R_3$ 归并连接 嵌套循环
		$(R_2 \bowtie R_3) \bowtie R_1$	$(R_2 \bowtie R_3) \bowtie R_1$ 哈希连接 归并连接
		$(R_1 \bowtie R_3) \bowtie R_2$	$(R_1 \bowtie R_3) \bowtie R_2$ 嵌套循环 哈希连接
		$R_1 \bowtie (R_2 \bowtie R_3)$	$R_1 \bowtie (R_2 \bowtie R_3)$ 哈希连接 归并连接
		…	…

图 11.13 组 $[R_1, R_2, R_3]$ 的示例

此外，Cascades 不是将一组中所有可能的表达式均实例化，而是隐式地将一组中重复的表达式表示为一个多重表达式，从而节省了空间开销，避免了重复的代价估计。图 11.14 展示了组 $[R_1, R_2, R_3]$ 包含的多重表达式。

		逻辑多重表达式	物理多重表达式
组	$[R_1,R_2,R_3]$	$[R_1,R_2] \bowtie [R_3]$	$[R_1,R_2] \bowtie [R_3]$ 归并连接
		$[R_2,R_3] \bowtie [R_1]$	$[R_1,R_2] \bowtie [R_3]$ 哈希连接
		$[R_1,R_3] \bowtie [R_2]$	$[R_1,R_2] \bowtie [R_3]$ 嵌套循环
		$[R_1] \bowtie [R_2,R_3]$	$[R_2,R_3] \bowtie [R_1]$ 归并连接
		…	…

图 11.14 组 $[R_1, R_2, R_3]$ 包含的多重表达式示例

在自顶向下搜索的过程中，Cascades 记录每个组的最小代价及其对应的最优表达式，存储在如图 11.15 所示的哈希表（称为 Memo 表）中。由于每一组均包含了所有能得到该运算结果的等价表达式，因此以组作为记录最小代价的基本单元避免了对组内表达式的重复计算。在搜索过程中动态维护 Memo 表，最终表中 $[R_1, R_2, R_3]$ 的最优表达式即为搜索得到的结果。

组	最优表达式	代价
$[R_1,R_2,R_3]$	$[R_1] \bowtie [R_2,R_3]$ 哈希连接	40+(30+80)=150
$[R_1,R_2]$	$[R_1] \bowtie [R_2]$ 归并连接	200+(30+20)=250
$[R_1,R_3]$	$[R_1] \bowtie [R_3]$ 哈希连接	80+(30+10)=120
$[R_2,R_3]$	$[R_2] \bowtie [R_3]$ 哈希连接	50+(20+10)=80
$[R_1]$	线性扫描R_1	30
$[R_2]$	线性扫描R_2	20
$[R_3]$	线性扫描R_3	10

图 11.15　Memo 表的示例

在 Cascades 中，规则是将一个表达式转换为等价的表达式的转换规则。这些规则可以分为从逻辑表达式到逻辑表达式的“转换规则”，以及从逻辑表达式到物理表达式的“实现规则”。每个规则都可以表示为一对属性形式:（模式，替换），其中“模式”用于定义可以应用规则的逻辑表达式的结构，“替换”用于定义应用规则产生的结果结构。图 11.16 给出了 Cascades 中转换规则和实现规则的示例。

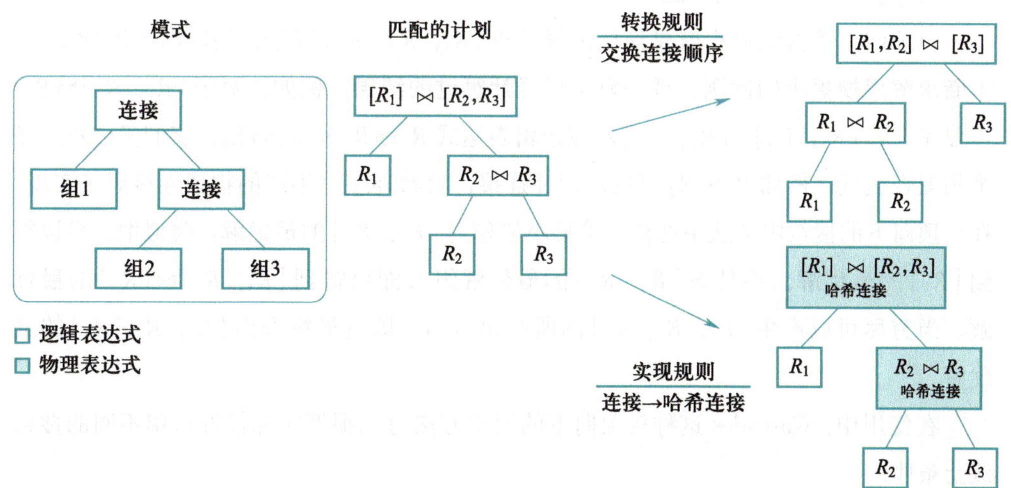

图 11.16　Cascades 中转换规则和实现规则的示例

此外，自顶向下搜索采用分支限界（branch and bound）法进行剪枝，其基本思想是：假设搜索至今代价最小的计划的代价为 C，则在接下来的搜索过程中，如果某个分支的代价已经大于 C，则不再对该分支进行搜索。这是因为由该分支组成的计划总代价不可能低于 C。此外，若找到一个总代价 C' 小于 C 的计划，则用 C' 替换 C，优化代价的下界。分支限界法提前消除无用的分支，减小了搜索空间，因此可以提升效率。

举例来说，假设有三个关系 $R_1(A, B)$、$R_2(A, C)$ 与 $R_3(A, D)$。某查询想要得到 $R_1 \bowtie R_2 \bowtie R_3$。使用统一搜索的过程如图 11.17 所示。

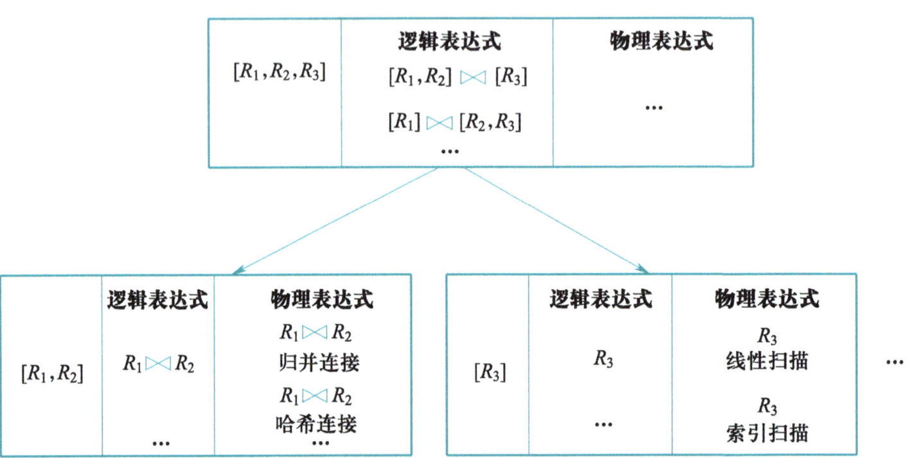

图 11.17　自顶向下搜索示例

首先，对查询 $R_1 \bowtie R_2 \bowtie R_3$ 进行自顶向下的搜索等价于要获得组 $[R_1, R_2, R_3]$ 中代价最小的物理表达式。而 $[R_1, R_2, R_3]$ 是由规模更小的组组合得到的，例如，$[R_1, R_2] \bowtie [R_3]$ 和 $[R_1] \bowtie [R_2, R_3]$ 均可以得到 $[R_1, R_2, R_3]$。因此，求解 $[R_1, R_2, R_3]$ 可以转化为求解规模更小的问题。

自顶向下的搜索过程就是这样由根节点 $[R_1, R_2, R_3]$ 开始，逐层向下进行搜索，不断求解规模更小的问题，或是复用已经计算过的结果。例如，对于 $[R_1, R_2] \bowtie R_3$，需要先求解 $[R_1, R_2]$。$[R_1, R_2]$ 对应逻辑表达式 $R_1 \bowtie R_2$ 和 $R_2 \bowtie R_1$，它们又会对应多个物理表达式。例如 $R_1 \bowtie R_2$ 可以由归并连接、哈希连接等不同的物理连接算子实现。在自顶向下的搜索中会从中选择代价最小的作为 $[R_1, R_2]$ 的最优解。类似地，可以得到 $[R_3]$ 的最优解，将其与 $[R_1, R_2]$ 的最优解组合即可得到 $[R_1, R_2] \bowtie [R_3]$ 的最优解。当穷尽可以产生 $[R_1, R_2, R_3]$ 的所有组合后，即可最终得到 $[R_1, R_2, R_3]$ 的最优解。

在使用中，Cascades 这种自顶向下的搜索方法可以根据实际情况选用不同的搜索终止条件：

（1）时钟时间：在优化器搜索指定时间后停止；

（2）代价阈值：当优化器找到一个代价低于某个阈值的计划时停止；

（3）穷尽转换：当没有更多的方法来转换目标计划时停止。通常是以组为单位进行。

自顶向下的搜索与转换规则的耦合性较弱，易于添加新的规则，扩展性好。但统一搜索在整个搜索过程中会同时考虑逻辑转换规则和物理转换规则，产生更多的转换。为此，在统一搜索中会大量使用记忆化方法避免重复搜索，但也会因此产生巨大的存储空间开销。

11.5.2 选择运算的物理算子选取方法

在上一节介绍的物理计划选择的过程中，一个重要步骤是为每个逻辑运算选取物理执行算子。在本节中将介绍如何选取选择运算的物理算子。

考虑作用在关系 R 上的选择运算 $\sigma_p(R)$，不妨设选择条件 p 作用于属性 A。在第 10 章中已经介绍了选择运算的主要代价是磁盘 I/O，因此本节以磁盘 I/O 数量为代价进行分析。

为了便于说明，本节将选择运算的执行过程简化为：如果属性 A 上存在索引，则利用索引取出符合 p 的元组；如果不存在索引，则进行线性扫描，检查每一个元组是否符合 p。具体来说，每种情况的代价估计如下。

（1）当选择运算通过对关系 R 线性扫描完成时，依据关系 R 是否被聚集存储（连续地存储在磁盘上），代价可估计为：

$$\begin{cases} B(R)，\text{如果关系 } R \text{ 是聚集存储} \\ T(R)，\text{如果关系 } R \text{ 不是被聚集存储} \end{cases}$$

这是因为如果关系 R 连续地存储在磁盘上，则只需要连续地读取 $B(R)$ 个物理块即可。而如果没有被聚集，则为了获取 R 的每一个元组都需要读一个物理块。

（2）如果选择条件为对属性 A 的等值选择，例如 $A=1$，且 A 上存在索引，则执行过程为通过索引扫描取出符合 p 的元组。这时代价可估计为：

$$\begin{cases} B(R)/V(R, A)，\text{如果 } A \text{ 上的索引是聚集索引} \\ T(R)/V(R, A)，\text{如果 } A \text{ 上的索引是非聚集索引} \end{cases}$$

这是因为如果 A 上的索引是聚集索引，利用 11.3.1 节中的均匀分布假设，属性 A 的每一个不同取值平均占用 $B(R)/V(R, A)$ 个物理块，可以连续读出。而如果为非聚集索引，因为属性 A 的每个不同取值平均对应 $T(R)/V(R, A)$ 个元组，且获取每一个元组都需要读取一个物理块，故需要读取 $T(R)/V(R, A)$ 个物理块。

（3）如果选择条件为对属性 A 的范围选择，例如 $A>1$，且 A 上存在索引，则执行过程为通过索引扫描取出符合 p 的元组。此时代价可估计为：

$$\begin{cases} B(R)/3\text{，如果 } A \text{ 上的索引是聚集索引} \\ T(R)/3\text{，如果 } A \text{ 上的索引是非聚集索引} \end{cases}$$

根据 11.3.2 节中对范围谓词的估计方法，如果 A 上的索引是聚集索引，平均每个范围谓词的结果物理大小为 $B(R)/3$ 个物理块，可以连续读出；如果为非聚集索引，则因为平均每个范围谓词的结果大小为 $T(R)/3$ 个元组，且获取每一个元组都需要读取一个物理块，故需要读取 $T(R)/3$ 个物理块。

接下来通过一个例子说明上述估计方法。考虑关系 $R(A, B, C)$，满足：$T(R)=1\ 000$，$B(R)=250$，$V(R, A)=10$，$V(R, B)=20$，$V(R, C)=25$，且 R 按属性 B 聚集存储在磁盘上，属性 A、B、C 上均有索引，且在属性 B 上的索引是聚集索引。对于选择 $\sigma_{A=1 \text{ AND } B>100 \text{ AND } C=10}(R)$，可以利用如下方法执行，并可以估计出相应的代价如下。

（1）通过全表扫描。由于关系 R 是聚集的，代价可估计为 $B(R)=250$。

（2）利用属性 A 上的索引先找出符合 $A=1$ 的元组，再从结果中取出符合 $B>100$ 和 $C=10$ 的元组。属性 A 上的是等值选择，且属性 A 的索引是非聚集索引。因此代价可估计为 $\dfrac{T(R)}{V(R, A)}=100$。

（3）利用属性 B 上的索引先找出符合 $B>100$ 的元组，再取出结果中符合 $A=1$ 和 $C=10$ 的元组。属性 B 上的是范围选择，且属性 B 上的索引是聚集索引。因此代价可估计为 $\dfrac{B(R)}{3}=84$。

（4）利用属性 C 上的索引先找出符合 $C=10$ 的元组，再取出结果中符合 $A=1$ 和 $B>100$ 的元组。属性 C 上的是等值选择，且属性 C 的索引是非聚集索引。因此代价可估计为 $\dfrac{T(R)}{V(R, C)}=40$。

综上所述，最后一种方法的代价最小，因此优化器选择这种执行计划。

11.5.3　连接算子的物理算子选取方法

在第 10 章中已经介绍了各种连接运算的代价模型。利用各种统计信息，如 $T(R)$、$V(R, C)$ 等，优化器可以估计连接运算的物理代价。同时，如果将查询执行时缓冲区可用的大小考虑进来，还可以确定在当前数据库状态下各种连接运算能否执行。如第 10 章中所介绍的，不同连接算法对缓冲区大小有不同的要求，而数据库可能同时在处理许多查询，因而缓冲区的大小存在很大不确定性。在本节中，集中考虑在这些统计数据以及数据库信息存在缺失的情况下，如何对连接方法进行选择。

(1) 对于嵌套循环连接与块嵌套循环连接，如果缓冲区足够大，能保证左关系可以完整放入内存或者将少数放入内存，就是一个合理的选择。

(2) 如果参与连接的关系中有至少一个已经在连接属性上有序，或是多个关系在相同属性上进行连接，使用归并连接一般是比较好的选择。如对于四个关系 $R_1(A, B)$、$R_2(A, C)$、$R_3(A, D)$、$R_4(A, F)$，假设关系 R_1、R_2、R_3 已经在属性 A 上有序，则对于 $((R_3 \bowtie R_4) \bowtie R_2) \bowtie R_1$，尽管 R_4 并没有在属性 A 上有序，最内层的连接 $R_3 \bowtie R_4$ 选择使用归并连接也会是一个更好的选项。因为 $R_3 \bowtie R_4$ 使用归并连接得到的中间关系在属性 A 上仍然有序，这样与接下来的 R_2 和 R_1 连接都可以利用有序性直接使用归并连接。

(3) 对于索引嵌套循环连接，当一个关系在连接键上存在索引，而另一个关系并不大时，使用索引嵌套循环连接就会是比较好的选择。

(4) 对于哈希连接，当参与连接的关系不存在有序性以及索引，并且无法将关系完整或剩余一小部分放入内存时，使用哈希连接一般是比较好的选择。这是因为哈希连接的复杂度主要与参与连接的较小的关系相关，比嵌套循环连接复杂度更低，并且对有序性和是否有索引没有要求。

11.5.4 物化与流水线

在执行查询计划时，可以从物化和流水线执行中进行选择。物化方法需要将每个运算的结果存储为磁盘上的临时关系，可以节省计算开销但会带来大量磁盘写的开销；而与之相对，使用流水线则减少了临时文件的数量，因为在整个运算流水线中，得到一个操作的部分结果时就会将数据传递到下一个操作中，不会产生中间文件。可以发现，流水线执行能够减少磁盘的 I/O，因而在内存足够的情况下流水线方法一般总是更好的选择。

但并不是任何操作都可以使用流水线执行，能够流水线执行的运算需要像选择、投影运算一样，在收到部分输入元组后可以较早开始输出运算产生的结果元组。以排序运算为例，排序运算在所有输入元组输入完成前处于阻塞的阶段，这时无法输出任何结果，因此排序运算就不能采用流水线执行。除此以外，一些运算本身并不会阻碍流水线执行，但实现运算的算法可能会影响流水线执行的使用。如哈希连接在连接运算前需要对内外关系建立哈希表，而这在没有收到完整的输入元组前是无法完成的，因此哈希连接无法被流水线执行。与之相对，如果要进行连接的两个关系都是有序的，则归并连接就是可以流水线执行的。

11.5.5　物理操作顺序

当得到了物理计划树后，在将计划交由实际执行前，还需要选择树中各个节点的运算顺序。这是因为尽管计划树的结构确定了数据的流向是从较低的层级到根节点，但在树中某一层级的兄弟节点间执行的顺序仍未确定，并且流水操作也使得不同层次的节点可能在某个时刻同时处理数据。

对于执行物化操作的节点，由于其父节点只能等待物化操作执行完毕才能读取到数据，因而父节点与当前节点间有严格的先后执行顺序。对于流水线执行的节点，由于其父节点是通过调用 next() 函数从其一次获取一部分数据来处理，因而父节点与其近似于同步处理数据。

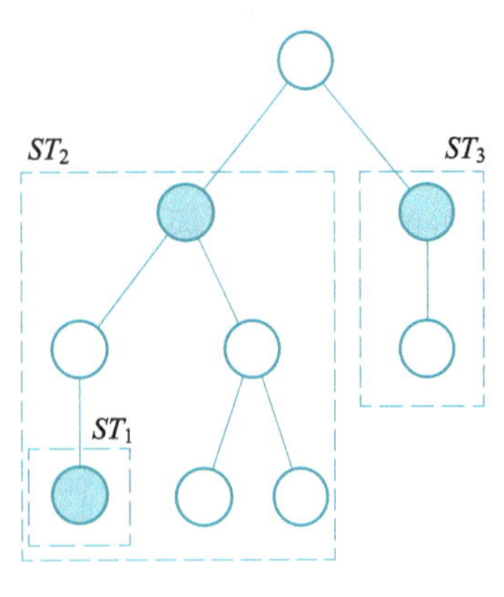

图 11.18　确定物理操作顺序示例

优化器为了确定物理计划树中的执行顺序，一般遵循以下规则：考虑所有物化节点作为根节点的子树，在这些子树间按照前序遍历序逐个执行。在每一个子树内，节点间通过 next() 函数的调用进行数据的传输，同步处理数据。

如图 11.18 所示，带底纹节点表示进行物化操作的节点，虚线框包含的每个子树按照前序遍历序 ST_1、ST_2、ST_3 依次执行。而对于这些子树内部的其他运算符，数据库则会采用流水线的方式近似于同步地执行，例如子树 ST_2 内部不带底纹节点以及根节点不断通过 next() 函数的调用传递数据，同时处理数据。

11.6　基于物化视图的查询优化

由第 4 章介绍可知，视图是一个命名后存储在数据库中的查询，又被称为“虚关系”，因为视图的查询结果并没有存储在数据库中，每次调用视图都需要按照其定义重新执行查询。与之相对，物化视图则是将定义视图的结果也存储到磁盘上。这样在遇到相关的查询时就可以避免重复计算而直接调用存储的结果，以此节省大量的查询执行时间。

在数据库中，物化视图是查询优化的重要手段。尽管读取物化视图也会产生磁盘 I/O，但大部分情况下这部分开销要比从零开始执行查询小得多，利用物化视图存储频繁使用的中间结果可以避免大量重复计算。

回顾 11.2.6 节中的例子，查询所有选课学生的学号及平均分，可以写成以下查询：

```
SELECT Sno,AVG(Grade)
FROM SC
GROUP BY Sno;
```

假设获取所有选课学生的学号及平均分是一个频繁的需求，则完全可以将该查询按如下 SQL 语句声明为一个物化视图存储在磁盘上。

```
CREATE MATERIALIZED VIEW T
BUILD IMMEDIATE
REFRESH FAST ON DEMAND
AS SELECT Sno,AVG(Grade)
FROM SC
GROUP BY Sno;
```

完整的学生选课表可能有成千上万条记录，而由于学生数目有限，分组聚集并物化后的记录可能只有几百条。假设需要获取其中某个学生的平均分，利用该物化视图完成查询只需要读取很小的物化结果，也就只产生很少的磁盘 I/O。与之相对，如果没有物化视图并且该表没有索引，则需要对有成千上万条记录的学生选课表做线性扫描，无论是在时间开销上还是资源消耗上都会大得多。

在上述定义物化视图的 SQL 语句中，可以发现“BUILD IMMEDIATE REFRESH FAST ON DEMAND”语句。这部分的含义是：立即执行定义该视图的查询并将结果物化在磁盘上，在未来仅在该物化视图需要被刷新时才增量地更新物化视图，以此保证物化视图存储的结果和基表数据的一致性。除了上述代码中的“REFRESH FAST”以外，还存在“REFRESH COMPLETE”的视图更新方式，该设定下，更新物化视图时会重新执行定义物化视图的查询，全量地重新建立物化视图。

REFRESH FAST/COMPLETE 参数体现了应用物化视图时要面对的核心问题：当定义物化视图的基表数据发生改变时，如何保证物化视图能够高效实现同步或异步更新。下面将介绍常见的视图维护方式、对于各种算子如何高效地增量更新物化视图以及物化视图如何应用到查询优化中。

11.6.1 视图维护

视图维护（view maintenance）指更新物化视图。由物化视图的定义可知，物化视图实际上是把由一些基础关系运算得到的中间关系物化在磁盘上。因此当基础关系发生变化时，需要更新物化视图，从而使物化视图与其派生的基础关系保持一致。

在强一致性的要求下，视图更新会立即发生，也就是当更新基础关系的事务执行时也会更新相关联的物化视图，这称为立即视图维护（immediate view maintenance）。然而，这样的即时更新会给更新事务带来巨大的额外开销，原本快速执行的事务可能会因为视图维护带来的 I/O 变得很慢。举例来说，某事务原本几乎不涉及 I/O，单次执行只需要 1 秒，而在引入即时物化视图维护后，需要每次在更新发生时重新生成物化视图。为了等待视图维护，原本一秒内就能完成的事务可能需要几分钟。因此，一般允许延迟维护物化视图，也就是允许某些时刻物化视图与基本关系不一致，只在需要物化视图的时候利用刷新操作保证一致性，这称为延迟视图维护（deferred view maintenance）。在延迟视图维护中，一般是按需更新，只有在从视图中获取数据的时候才会对视图进行更新。在本节最开始的例子中，“REFRESH FAST ON DEMAND”就是指按需维护物化视图。

类似于更新，在创建物化视图时同样可以选择立即生成物化视图并存储在磁盘上，还是在需要时再生成物化视图，后者可以避免物化视图在使用前的维护开销。在本节最开始的例子中，“BUILD IMMEDIATE”就是指立即执行定义物化视图的查询，并将结果物化到磁盘上。

实际应用中，为了提升视图维护效率，在做视图维护时，一般尽量采用增量视图维护（incremental view maintenance）。

11.6.2 增量维护

在本节将介绍不同算子增量维护物化视图的方法。发生在基本表上的插入、更新、删除会给物化视图带来影响。由于更新可以视作删除原数据后插入新数据，因而本节只考虑插入和删除的增量维护方法。本节专注于考虑表示单个算子运算结果的物化视图，例如 $M_1 = \sigma_p(R)$，在关系 R 发生变化时的增量更新 M_1 的方法。当物化视图表示的是一个存在嵌套运算的关系表达式时，可以利用对单个算子的维护方法，对嵌套结构逐层维护。如对于物化视图 $M_2 = \Pi_S(\sigma_p(R))$，假设关系 R 插入了一个元组，通过连续利用选择运算和投影运算的增量维护方法，即可增量维护 M_2。

1. 选择运算

考虑物化视图 $M = \sigma_p(R)$，该视图表示的是由关系 R 中符合选择条件 p 的元组构成的关系。当向关系 R 插入一个元组 T 时，更新 M 为 M'，$M' = M \cup \sigma_p(T)$，也就是如果新增的元组 T 符合 p，就需要将 T 加入 M。当从关系 R 中删除元组 T 时，更新 M 为 M'，$M' = M - \sigma_p(T)$，也就是如果删除的元组 T 符合 p，就需要将 T 从 M 中删去。

2. 投影运算

考虑物化视图 $M = \Pi_S(R)$，该视图表示对关系 R 作属性集 S 的投影。由于投影有去重的作用，当在 R 中加入了一个在属性集 S 上取值与已有数据重复的元组时，并不会对 M 产生影响；同样地，当 R 中删除了一个在属性集 S 上取值在 R 中出现多次的元组时，也不会对 M 产生影响。因此需要对 R 中元组在属性集 S 上取值出现的次数 Count 进行记录。

当向关系 R 插入一个元组 T 时，对 $\Pi_S(T)$ 的计数次数加 1，$\text{Count}'(\Pi_S(T)) = \text{Count}(\Pi_S(T)) + 1$。如果原计数次数为 0，更新 $M' = M \cup \Pi_S(T)$。当从 R 中删除一个元组 T 时，对 $\Pi_S(T)$ 的计数次数减 1，$\text{Count}'(\Pi_S(T)) = \text{Count}(\Pi_S(T)) - 1$。如果更新后计数次数为 0，更新 $M' = M - \Pi_S(T)$。

3. 连接运算

考虑物化视图 $M = R_1 \bowtie R_2$，该视图表示关系 R_1、R_2 作连接的结果。根据对称性，只需考虑对 R_1 的插入或删除。当向 R_1 插入一个元组 T 时，更新物化视图为 $M' = M \cup (T \bowtie R_2)$。当从 R_1 中删除一个元组 T 时，更新物化视图为 $M' = M - (T \bowtie R_2)$。

4. 去重运算

考虑物化视图 $M = \delta(R)$，该视图表示对关系 R 进行去重的结果。由于去重可以视作投影属性集 S 是关系 R 所有属性的特殊投影，因此可以按照与投影运算相同的方法处理。

5. 分组聚集运算

考虑物化视图 $M = \mathcal{G}_c(R)$。假设分组聚集操作是按照属性 A 分组，维护属性 B 的聚集结果，首先需要对属性 A 上的不同取值进行计数。当向基本表 R 插入了在 A 上具有全新取值的元组时，为 M 插入新的元组，当属性 A 上某个取值计数为 0 时则从 M 中删除元组。此外，还需要对不同的聚集运算做不同的处理。

（1）如果属性 B 维护的聚集结果为最小值 MIN 或最大值 MAX：

当向 R 插入一个元组 T 时：更新 T 所在的组在属性 B 上的最小值 / 最大值；

当删除 R 中的元组 T 时：如果删除的 T 恰好是其所在的组中具有最小值 / 最大值的元组，则需要重新扫描该组，更新属性 B 的最小值 / 最大值，否则不需要修改。

（2）如果属性 B 维护的聚集结果为计数 COUNT 或者和 SUM：

当向 R 插入一个元组 T 时：更新 T 所在组的 COUNT/SUM，

当删除 R 中的元组 T 时：更新 T 所在组的 COUNT/SUM。

（3）如果属性 B 维护的聚集结果为平均值 AVG：

利用 $\text{AVG} = \dfrac{\text{SUM}}{\text{COUNT}}$，按照对于 COUNT 和 SUM 的维护方法进行维护即可。

11.6.3　查询优化与物化视图

在查询优化中，物化视图可以当作普通的关系来处理。为了利用物化视图，查询优化一般将基本表上的查询重写为物化视图上的查询，或是反之将物化视图上的查询展开为基本表上的查询，从而利用基本表上的有序性或是正建立的索引。

考虑关系 $R_1(A, B)$、$R_2(A, C)$、$R_3(A, D)$，且有一个物化视图 $M = R_1 \bowtie R_2$，其中关系 R_1、R_2、R_3 的属性 A 和关系 R_1 的属性 B 上分别建有索引，而物化视图 M 上不存在索引。对于查询 $R_1 \bowtie R_2 \bowtie R_3$，利用物化视图 M，将原本的查询重写为 $M \bowtie R_3$ 能够得到更高的效率，因为这样避免了计算 $R_1 \bowtie R_2$ 可能会产生的巨大 I/O。然而对于查询 $\sigma_{B=10}(M) \bowtie R_3$，放弃使用物化视图，将 M 展开为 $R_1 \bowtie R_2$ 并将查询重写为 $(\sigma_{B=10}(R_1) \bowtie R_2) \bowtie R_3$ 可能反而会更快，因为这样可以充分利用 R_1、R_2、R_3 的索引，相较于对物化视图 M 进行完整扫描，效率可能更高。

11.7　小结

查询优化是关系数据库的重要特性。由于 SQL 是一种声明式语言，SQL 语句只说明了需要获取怎样的数据，而不会指定获取过程。对于用户给定的查询，数据库可以通过不同的方式，按照不同的执行顺序，利用不同的执行算法来获取数据。不同的执行方式在执行时间上常常存在巨大的差异。查询优化通过考虑多种可能的执行计划，在查询执行前利用估计方法找出最高效的执行查询方式。

由于可能涉及许多复杂的运算，查询优化问题本身是一个非常困难的过程，具有指数级的搜索空间。为此，目前已经有查询重写、代价估计、连接顺序选择、物化视图等方法被提出，用于较为准确地快速选出代价较低的执行计划，本章的 11.2~11.6 节对这些方法进行了系统介绍。

查询优化是数据库的一大核心。只有了解了查询优化的过程，才能真正理解输入的 SQL 查询最终会如何被数据库执行。

11.8 习题

1. 如果一个 SQL 查询，使用初始的逻辑计划需要 10 s 执行完毕。将其传给一个具有优化器的数据库执行，从发出查询到查询执行完毕的用时，以下哪个时间是最有可能的？（　　）

A. 6 s　　B. 15 s

C. 20 s　　D. 90 s

2. 如果一个 SQL 查询，使用初始的逻辑计划需要 10 s 执行完毕。则将其传给一个具有优化器的数据库进行执行。查询优化的用时（不包括查询执行时间），以下哪个时间是最有可能的？（　　）

A. 0.5 s　　B. 8 s

C. 20 s　　D. 90 s

3. 对于关系代数表达式 $\sigma_p(R_1-R_2)$，假设选择条件 p 涉及的属性在 R_1 和 R_2 中都存在，则以下哪些关系代数表达式与 $\sigma_p(R_1-R_2)$ 等价？（　　）

A. $\sigma_p(R_1)-R_2$　　B. $\sigma_p(R_1)-\sigma_p(R_2)$

C. $R_1-\sigma_p(R_2)$　　D. $R_2-\sigma_p(R_1)$

4. 对于关系 $R_1(A, B)$，$R_2(A, C)$，$R_3(A, D)$，假设 $T(R_1)=1\,000$，$T(R_2)=5\,000$，$T(R_3)=2\,000$，$V(R_1, A)=10$，$V(R_1, B)=50$，$V(R_2, A)=20$，$V(R_2, C)=40$，$V(R_3, A)=100$，$V(R_3, D)=200$，且每个关系每个属性的取值均为从 1 开始的正整数。

（1）估计 $\sigma_{A=5}(R_1)$ 的基数大小。

（2）估计 $\sigma_{C>25}(R_2)$ 的基数大小。

（3）估计 $R'=R_1\bowtie R_2\bowtie R_3$ 的基数大小。

5. 假设关系 $R(A, B)$ 满足 $T(R)=50\,000$，$B(R)=1\,000$，$V(R, A)=100$，$V(R, B)=50$。且在按照属性 A 聚集并建有聚集索引，属性 B 上没有索引。每个关系每个属性的取值均为从 1 开始的正整数。不考虑读取索引的代价，假设优化器选用最优的执行方法，则对于 $\sigma_{A=1}(R)$ 的代价估计为________，对于 $\sigma_{A>5}(R)$ 的代价估计为________，对于 $\sigma_{B=10}(R)$ 的代价估计为________，对于 $\sigma_{B>20}(R)$ 的代价估计为________。

6. 对于关系 $R_1(A, B)$、$R_2(A, C)$。假设有 $T(R_1)=4\,000$，$T(R_2)=50\,000$，$B(R_1)=400$，$B(R_2)=5\,000$，关系 R_2 在属性 A 上存在索引。两个关系关于属性 A 均无序。按照启发式的方法，最为高效的 R_1 与 R_2 进行连接的方法为（　　）。

A. 嵌套循环连接　　B. 归并连接

C. 索引嵌套循环连接　　D. 哈希连接

7. 对于关系 $R_1(A, B)$、$R_2(A, C)$。假设有 $T(R_1)=4\,000$，$T(R_2)=50\,000$，$B(R_1)=400$，$B(R_2)=5\,000$，两个关系在属性 A 上有序。按照启发式方法，最为高效的 R_1 与 R_2 进行连接的

方法为（　　）。

A. 嵌套循环连接　　B. 归并连接

C. 索引嵌套循环连接　　D. 哈希连接

8. 为了快速获取数据中不同元素的个数，可以利用以下哪种数据结构？（　　）

A. 直方图　　B. 视图

C. 物化视图　　D. 数据画像

9. 以下运算中，不能流水线执行的运算是（　　）。

A. 使用索引扫描的选择运算　　B. 参与连接的关系都有序的归并连接

C. 使用全表扫描的选择运算　　D. 排序运算

10. 假设对于关系 $R_1(A, B)$，$R_2(A, C)$ 建有物化视图 $M = (\sigma_{B>5}(R_1)) \bowtie R_2$。$R_2(A, C)$ 中只有如表 11.10 所示的三个元组。假设物化视图 M 采用增量更新，则当 R_1 插入以下四个元组（1，5），（2，9），（2，10），（3，10）时，增量更新要向物化视图 M 插入的元组有哪些？

表 11.10　习题 10 数据表

关系 R_2	A	C
元组 1	1	50
元组 2	2	40
元组 3	2	30

第 12 章

查询执行

本书第 10 章介绍了查询处理的过程，第 11 章介绍了查询的优化策略。然而，物理查询计划树并不是计算机可以直接理解和执行的表达方式，因此需要首先将查询计划转化为程序代码，然后再进一步将程序代码编译为计算机可以直接执行的机器码，这一过程就是查询执行。本章将介绍查询执行相关技术以及这些技术的迭代更新、优化与发展。首先介绍两个查询执行模式：自上而下的拉取式模型和自下而上的推送式模型。然后介绍三种不同的查询执行模型：火山模型（一次一元组），物化模型（一次全部元组），向量化执行模型（一次一批元组）。最后介绍编译执行技术。

12.1 查询执行概述

查询执行模块的输入是第 11 章中提到的优化后的查询物理执行计划，而输出则是可执行的某程序设计语言代码，甚至是机器码。查询执行模型的演化旨在优化一个目标：以更短的时间来执行物理计划。对于这一目标有以下三种可行的实现方法。

（1）通过合理规划减少总指令数量。例如，减少不必要的函数调用、数据类型的检查和转换等，如采用编译执行模型等。

（2）减少循环数量，尽量以更少的循环数量完成更多的任务。例如物化模型每次处理所有数据来减少循环次数。再如在计算过程中，尽可能让数据长时间地保存在缓存中，避免不必要的 I/O，如采用实时编译模型等。

（3）并行处理查询。使用多个线程共同计算查询任务，但这需要合理地设计模型，保证并行执行的计算之间没有依赖关系，如采用多线程并行、向量化执行模型、单指令流多数据流执行等。

12.1.1 查询执行模型发展历程

查询执行模型的发展历程与计算机硬件的发展有着深刻的关联。在 20 世纪 90 年代初期，内存资源相对计算资源来说更加昂贵，磁盘与内存间的 I/O 速度无法与 CPU 的计算速度相匹配，因此 I/O 成为影响查询效率的主要瓶颈。这种情况下优化数据库的 CPU 计算效率对整体效率的提升并不明显，迭代模型（即后来的火山模型）正是诞生于这样的背景下。直到 1994 年，戈茨・格雷夫（Goetz Graefe）在其论文中第一次明确了如何并行化地执行迭代模型，并将该成果命名为火山模型。该模型每次只读取一个元组，因此优化了 I/O 效率。火山模型由于其简单易用、代码优美被应用在几乎所有的成熟数据库系统中。

物化模型同样也是一个设计简单的执行模型，它旨在一次性处理所有数据，而不是像火山模型那样每次只处理一条数据。因此，物化模型在函数调用上的开销要小很多，但另一方面对内存的消耗更大，缓存命中率较低。该模型出现在 21 世纪初期，并为之后的实时编译模型 HYPER 奠定了基础。由于物化模型不适合那些有着大量中间结果的查询，因此只有少量数据库系统应用了物化模型，包括 MonetDB、VoltDB 等。

随着计算机硬件水平的飞速发展，磁盘的读写速度与容量都有了质的提高，I/O 速度逐渐变得不再是制约查询效率的瓶颈。同时，CPU 逐渐向着多核、多线程发展，因此也越来越擅长并行化地处理任务。然而，火山模型却不能充分发挥 CPU 的性能优势，原因在于火山模型中的计算以流水线的形式存在，互相之间并不独立，因此很难并行执行。另一方面，物化模型一次性返回所有数据，虽然可以并行执行，但中间缓存数量上无法控制。为了解决这个问题，彼得・邦茨（Peter Boncz）等人于2005年提出了向量化执行模型，即每次处理一批数据，一般根据CPU缓存大小来决定每批处理的行数。该技术应用于MonetDB/X100数据库中。除此以外，如DB2 BLU和Quickstep等数据库也应用了向量化执行模型。

另一方面，编译执行与代码生成是一种通过重写编译代码来减少查询的计算开销，进而提高执行效率的解决方案。2010年，康斯坦丁诺斯・克里奇利亚斯（Konstantinos Krikellas）等人提出了预先编译模型HIQUE。2011年，托马斯・诺伊曼（Thomas Neumann）等人提出了实时编译模型HYPER。HYPER还被应用在Peloton和Spark等数据库系统当中。

12.1.2 查询执行模式

在执行查询的过程中，数据库管理系统往往要将查询分解为多个步骤，即构建查询树模型，其中树的每一个节点都是一个算子，将这些算子串联起来有两种方式，分别是自上而下的拉取式（pull）模型和自下而上的推送式（push）模型。表12.1给出了这两种模型的对比。其中主要区别在于拉取式模型是以算子为核心的，每个算子可以独立设计和编程，使查询执行的算法实现变得简单且易于拓展。推送式模型是以数据为核心的，相较于拉取式模型，其优点在于避免了大量不必要的（虚）函数调用。

表12.1 拉取式模型与推送式模型对比

对比项	拉取式模型	推送式模型
开始节点	根节点	叶节点
执行方向	自上而下	自下而上
核心	以算子为核心	以数据为核心
执行方式	通过函数从其子节点“拉取数据”	将数据“推送”给其父节点
优点	简单，优美，节省内存	避免了大量虚函数调用，易并行
缺点	有大量虚函数调用，CPU命中率低，难并行	较难支持Limit、归并排序等算子

图12.1为两种执行方式的一个经典示例。可以看出，拉取式模型需要先由上而下发送调取数据的控制命令，最后由下而上返回数据。而推送式模型则避免了调取数据的步骤，直接由下而上地推送数据。

早期数据库一般使用拉取式模型（也称为以算子为中心的模型），它通过控制流自

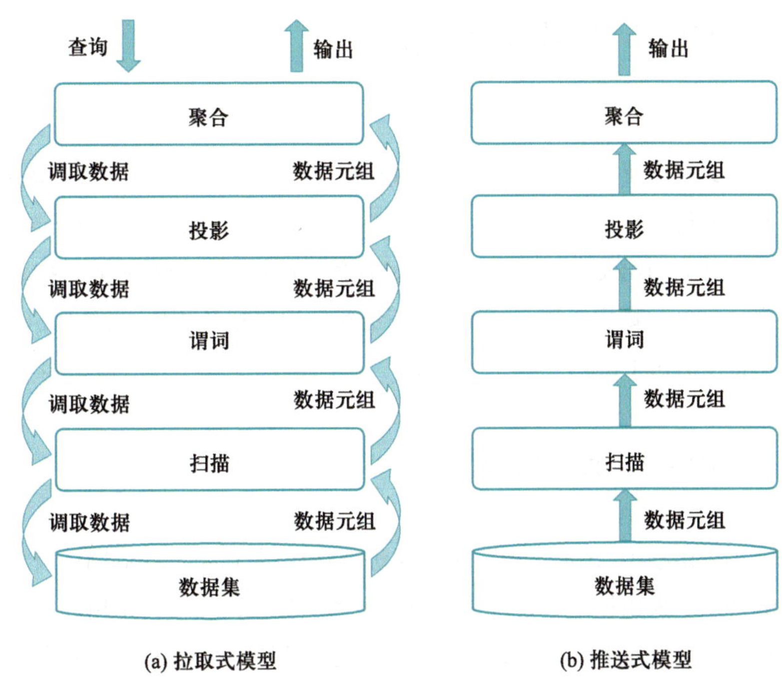

图 12.1 拉取式模型与推送式模型经典示例

顶向下调用，从子节点拉取数据，数据流自底向上返回数据。其优势点有：代码优美，容易实现和理解；内存消耗少，通过流水线方式可以逐步计算所有结果。其缺点是虚函数调用过多、CPU 缓存命中率低。近年来，很多数据仓库系统和大数据系统开始使用推送式模型（也称为以数据为中心的模型），它通过自底向上的数据推送来计算结果。为了实现自底向上推送，它采用生产者—消费者模式，即子节点生产数据、父节点消费数据。其优点有：避免了过多的虚函数调用，提升了 CPU 缓存命中率，效率较高；更加容易实现算子的并行。其缺点有：实现较为复杂，往往需要结合编译技术来实现推送；实现 Limit 算子和排序归并连接较为复杂。

12.1.3 查询执行优化技术

除了查询执行模型之外，还有一些其他执行优化技术，主要包括算子并行和数据并行。

（1）算子并行：包括算子间的并行和算子内的并行。算子内并行主要是通过将数据分区到不同的线程实现并行计算。算子间并行主要是通过兄弟算子之间的并行执行、祖先后代算子之间的流水线执行（pipeline）来提升计算性能。

（2）数据并行：主要是单指令流多数据流（single-instruction stream multiple-data stream，SIMD，也称单指令多数据流）并行。

12.2 拉取式模型

以查询执行树为基础，拉取式模型以算子为核心，每个算子调用孩子算子的 next() 函数来获取 x 条数据，然后检查每条返回数据是否满足算子的查询条件。如果满足条件就将其返回给父节点，否则忽略该数据。根据 x 的数量不同，拉取式模型分为火山模型（x=1）、物化模型（x 为所有满足条件的数据条数）、向量化执行模型（x 为一批数据量，例如 1 000）。

12.2.1 火山模型

火山模型（volcano model）又称迭代模型（iterator model）或流水线模型（pipeline model）。火山模型是传统数据库管理系统在查询执行时采用的模型，是一种以算子为核心、自上而下的拉取式执行模型。火山模型将所有的算子都视为可独立执行的程序，并为它们提供了一个共同的应用程序接口，以方便拓展应用。父节点每次向子节点发送命令调取数据，子节点只返回一个元组。该接口包含如下三个函数：

（1）open()：初始化算子的内在状态并准备传递第一个元组；

（2）next()：调取下一个元组，或者返回空值表示已经到达元组流结尾；

（3）close()：结束运算，释放算子占用的内存。

这三个函数都是虚函数。对于不同类型的算子，这些函数的具体功能各不相同。在火山模型中，查询自上而下地递归调取数据元组，而元组流向则是自下而上传递。算子本身可以视为一个迭代器，可以通过 next() 函数在下层算子输出的元组流上进行迭代，每次调取一个元组。以下是一个火山模型的具体示例。

例 12.1 以例 2.23 中的查询为例，查询选修了 1 号课程的学生学号、姓名及成绩：

```
SELECT Sno, Sname, Grade
FROM SC, Student
WHERE SC.Sno = Student.Sno
AND Cno = "1"
```

该查询所对应的语法分析树及其执行过程如图 12.2 所示。

从该查询的语法分析树中可以看出，投影算子为查询的根节点，谓词和扫描算子分别为前一个算子的子节点。各个算子的执行过程如下。

（1）投影算子 Π：从 Π 开始，算子通过 next() 函数从下层子节点 ⋈ 逐条调取元组，并选取 Sno、Sname 和 Grade 字段，将结果发送给客户端。

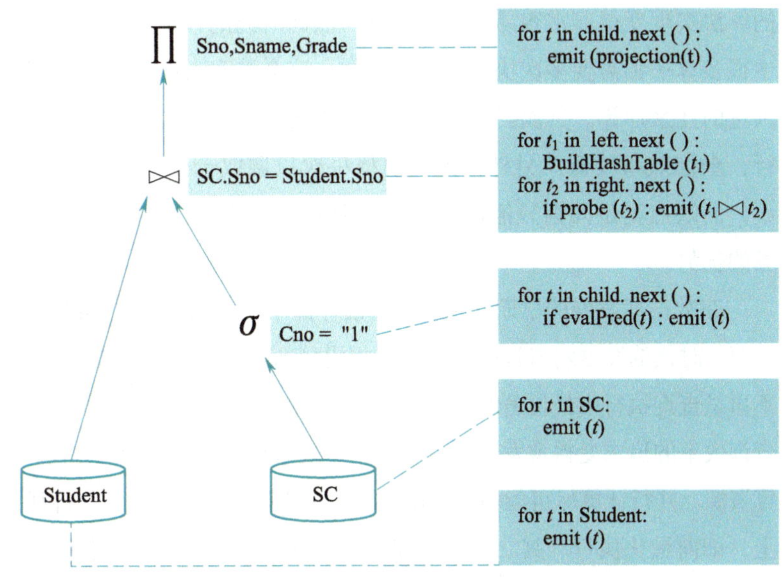

图 12.2 火山模型语法分析树及执行过程

(2) 连接算子 ⋈：⋈ 有两个子节点，它首先会通过 next() 函数从算子 Student 逐条调取元组，并建立哈希表。在计算完毕之后才会向 σ 节点调取数据。最后向 Π 返回满足 SC.Sno = Student.Sno 匹配条件的元组。

(3) 选择算子 σ：σ 通过 next() 函数从算子 SC 逐条调取元组。该算子每次都会检查是否满足条件 Cno = "1"，若满足则将元组返回给算子 ⋈；否则将再次调用 next() 函数，从算子节点 SC 调取下一个元组，直到条件被满足。

(4) 扫描算子 Student 和 SC：算子 Student 和算子 SC 会通过 next() 函数分别从数据集 Student 和 SC 中读取数据，并返回给自身的上层节点。

以选择算子 σ 为例，图 12.3 展示了一次迭代中的具体流程和算子在执行时的关联。该过程的起始点全部在父节点 ⋈，中间多次经过选择算子 σ 和子节点 SC。

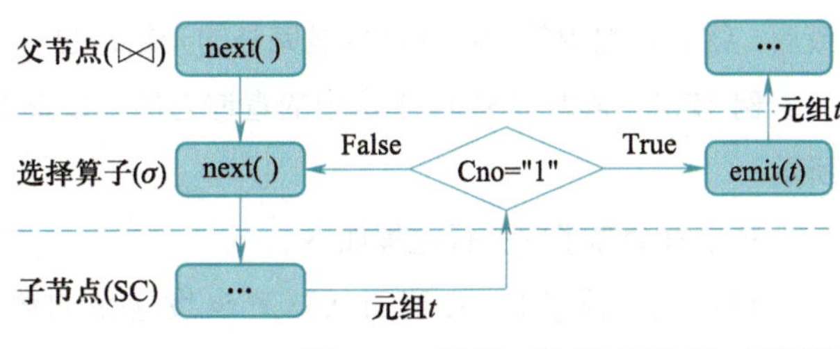

图 12.3 算子 σ 执行过程（火山模型）

由此可见，火山模型中每个算子虽然功能不同，但是它们都通过 next() 虚函数调取数据，因此所有算子都执行着一个共同的应用程序接口。其优点是设计简单，使算子的算法实现变得非常容易，便于拓展，然而对应的代价则是效率降低。首先，查询过程中很多算子都需要多次执行 next() 函数，这会涉及大量虚函数调用，因此，整体上存在大量的冗余计算。其次，有的算子可能需要等待其子节点发送完所有元组后才能继续执行，查询效率较低。另外，火山模型每次只调取一个元组，其优点是对内存的压力极小，而缺点则是元组只能被依次处理而非同时处理，无法充分利用 CPU 多线程并行计算的优势。

在数据库发展的早期，火山模型设计简单和对内存压力小的优势契合了当时的需求。然而，时代的发展对查询的执行模式提出了新的要求。硬件技术的进步使内存的 I/O 压力不再是查询执行中最显著的问题。与之相对地，在数据量呈几何级数增长的大背景下，对查询效率的追求变得愈发强烈。提高查询效率有着两个可行的方向。其一是投入更多的计算资源，并行计算尽可能多的数据，将重复计算统一并行执行，将开销分摊到每一行数据上，即向量化执行。其二则是在编译时优化代码，生成更复杂但总计算量更少的低级语言代码，进而提升整体查询效率，即提升编译执行效率。

在介绍向量化执行以及编译执行之前，下面将先介绍另一种基础执行模型，即物化模型。物化模型相较于火山模型，大幅减少了虚函数的调用，为实时编译模型 HYPER 提供了基础。

12.2.2　物化模型

物化模型（materialization model）同样是一种基础的执行模型。与火山模型中算子每次通过 next() 调取子节点一个元组数据不同，物化模型中算子会将所有输入处理好后，将处理完的所有结果一次性输出。因此，物化模型避免了火山模型中不断执行 next() 函数的问题。除此以外，为了避免算子将所有不必要的结果都一起打包输出，数据库管理系统可以向算子传递“提示”信息，以避免扫描多余的数据。比如当查询只关心前 5 行数据时，数据库管理系统会在扫描完前 5 行后停止，并且只返回这 5 行数据。最后，物化模型中的输出既可以是完整的元组，也可以只包含其中部分的列。

例 12.2　依旧以例 12.1 当中的查询为例，该查询的物化模型语法分析树如图 12.4 所示。

其中每个算子的执行过程如下。

（1）投影算子 Π：Π 遍历从算子 ⋈ 发送来的数据，并选取 Sno、Sname 和 Grade 字段，将结果保存下来，最后将所有满足条件的元组打包发送给客户端。

（2）连接算子 ⋈：⋈ 首先遍历从算子 Student 发送来的数据，并建立哈希表。在哈希表完全计算完毕后才会遍历从节点 σ 发送来的数据。接下来将满足 SC.Sno = Student.Sno 匹配条件的元组保存下来。最后将所有满足条件的元组打包发送给上层节点 Π。

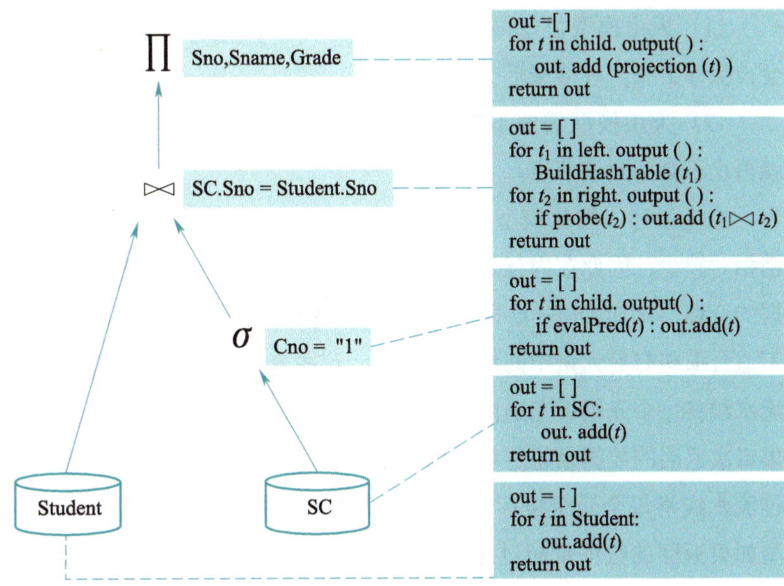

图 12.4 物化模型语法分析树及执行过程

(3) 选择算子 σ：σ 遍历所有从算子 SC 发送来的数据，依次检查是否满足条件 Cno = "1"，若满足则将当前元组保存下来，最后将所有满足条件的元组打包发送给上层节点 ⋈。

(4) 扫描算子 Student 和 SC：算子 Student 和算子 SC 分别扫描数据集 Student 和 SC，并将所有数据打包发送给自身的上层节点。

同样，以选择算子 σ 为例，图 12.5 展示了一次迭代中的具体流程和算子在执行时的关联。该过程从最下方子节点 SC 开始，向上经过选择算子 σ，然后到达父节点 ⋈。

从图 12.5 中可以看出，物化模型与火山模型有以下几点不同之处。

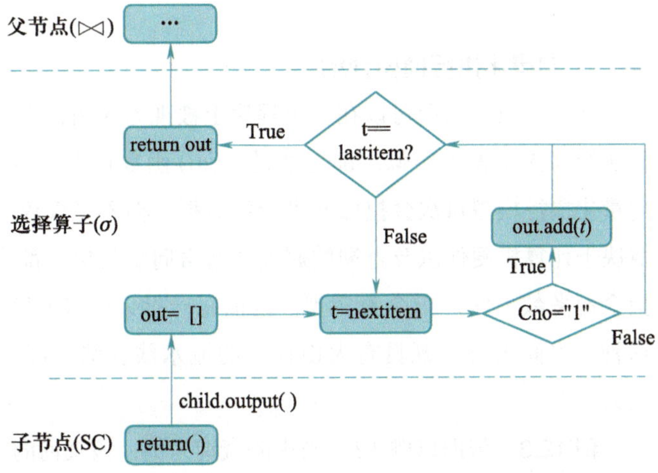

图 12.5 算子 σ 执行过程（物化模型）

（1）火山模型是每得到一个元组结果就立即发送给父节点，在物化模型中，结果会被保存下来，等待最后一起输出。

（2）火山模型需要不断地发送数据，而物化模型中的节点一旦执行完返回结果，就再也不会回到该节点。

综上所述，物化模型由于将所有结果一次性输出，在定位数据、调用函数上的开销相对较少，因此在内存足够的情况下有着更高的执行效率，更适合那些只涉及少量数据的查询，比如 OLTP 场景。与之相反，物化模型往往需要同时传递大量数据，因此并不适合那些有着大量中间结果的查询，这些查询常见于 OLAP 场景。火山模型可以通过流水线将每个元组缓存到内存中，多个算子处理时有较好的缓存命中率；而物化模型如果每次返回的数据量超过缓冲区大小，缓存命中率会下降，影响处理性能。火山模型通过流水线将每个元组缓存到内存，多个算子处理时会有较好的缓存命中率；而物化模型如果返回的数据量超过缓存大小，则缓存命中率会下降，频繁加载数据到 CPU 缓存（每次换入换出）会影响处理性能。

12.2.3　向量化执行模型

火山模型和物化模型可以视为相反的两个极端。火山模型是一种单线程的模型，在同一时间内，数据库管理系统只能关注查询的一个算子，每次只能调取一个元组。这种模型完全无法发挥当代 CPU 的性能，因为当代 CPU 不仅可以多线程处理任务，还可以在一条指令中同时执行多个运算。另一方面，物化模型虽然有助于并行处理任务，但该模型会同时输出所有元组，不方便根据硬件资源情况控制元组数量。因此，为了充分发挥 CPU 的性能，进一步提升查询效率，向量化执行模型（vectorization model）应运而生。

1. 向量化执行模型介绍

向量化执行模型可以在一定程度上被视为火山模型与物化模型的中间形态。向量化执行与火山模型类似，都是通过 next() 函数自上而下地拉取数据。然而不同的是，向量化执行模型每次会拉取一批元组数据，而不是仅仅只有一个。其中每一批的大小取决于计算机硬件以及查询的属性。通常向量化执行都会直接面向 CPU 的 SIMD（单指令流多数据流）指令集实现，因而每一批元组在 CPU 的处理是并行完成的，所以这种“中间形态”既具有火山模型的流水线优势，同时也显著降低了 next() 的调用次数。

例 12.3　依旧以例 12.1 当中的查询为例，该查询的向量化执行模型语法分析树如图 12.6 所示。

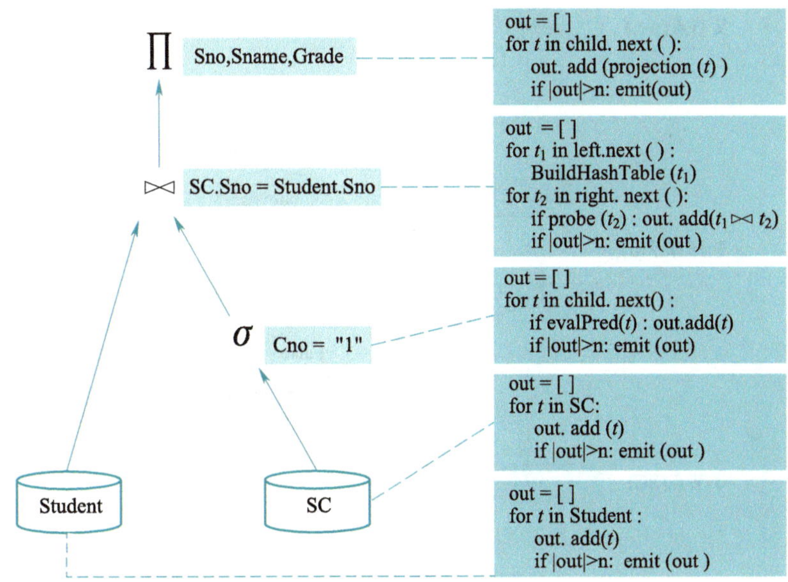

图 12.6 向量化执行语法分析树及执行过程

其中每个算子的执行过程如下。

（1）投影算子 Π：从 Π 开始，算子通过 next() 函数从下层子节点 ⋈ 逐批次调取元组，依次遍历其中的元组，并选取 Sno、Sname 和 Grade 字段，将结果保存下来。最后，当保存的元组数量超过预定数量时，将其打包返回给客户端。

（2）连接算子 ⋈：⋈ 有两个子节点，它首先会通过 next() 从算子 Student 逐批次调取元组，并建立哈希表。在完全计算完毕后才会向 σ 节点调取数据。接下来将满足 SC.Sno = Student.Sno 匹配条件的元组保存下来。最后每当保存的元组数量超过预定数量时，将其打包返回给节点 Π。

（3）选择算子 σ：σ 通过 next() 从算子 SC 逐批次调取元组并依次迭代。该算子每次都会检查该批每个元组是否满足条件 Cno = "1"，若满足则将元组保存下来，否则将检查下一个元组；当满足条件的元组不满足一批的数量时，调用 next() 函数，从算子节点 SC 调取下一批次元组。最后每当保存的元组数量达到预定数量时，将其打包返回给算子 ⋈。

（4）扫描算子 Student 和 SC：算子 Student 和算子 SC 会通过 next() 分别从数据集 Student 和 SC 中读取数据，并每批次按照预定数量打包并返回元组给自身的上层节点。

同样，以选择算子 σ 为例，图 12.7 展示了一次迭代中的具体流程和算子在执行时的关联。该过程的起始点全部在父节点 ⋈，中间多次经过选择算子 σ 和子节点 SC。

可以看出向量化执行模型是介于火山模型和物化模型之间的一种模型，具体有以下几点不同之处。

（1）向量化执行模型与火山模型一样，通过 next() 函数自上而下拉取数据。

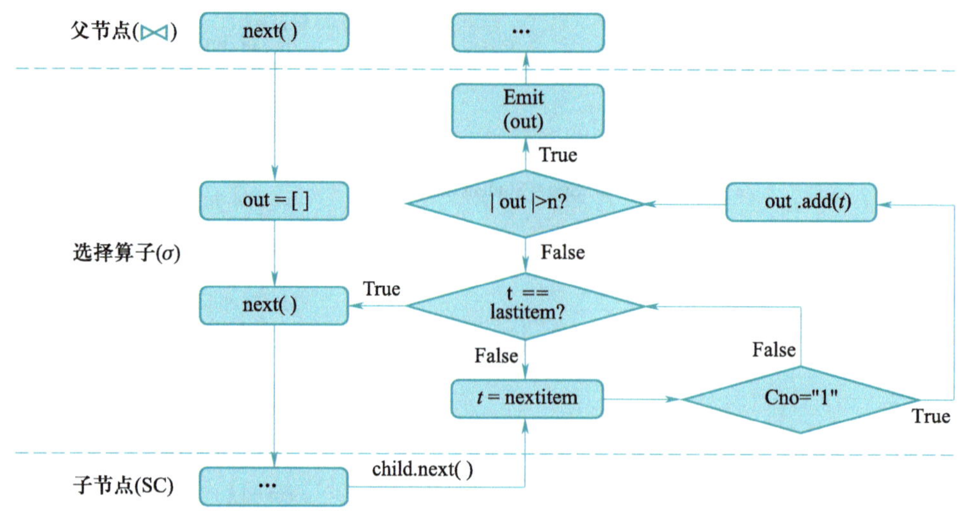

图 12.7　算子 σ 执行过程（向量化执行模型）

（2）在向量化执行模型中，结果会在其数量累计超过预定数量后（数量一般根据 CPU 高速缓存大小而设定）输出，这与前两种模型都不同。

（3）由于每次拉取一批数据，这使得相比火山模型，向量化执行模型调用 next() 函数的频率大幅降低。

综上所述，向量化执行模型非常适合涉及大量数据的查询，比如一些 OLAP 场景。一方面，向量化执行模型拉取数据受批次大小限制，不会像物化模型那样同时拉取过多数据。另一方面，相比火山模型，向量化执行模型中每个算子的平均开销都大幅下降。除此以外，由于算子会同时计算一批元组数据，这就为并行计算创造了条件，比如单指令流多数据流就是旨在实现并行计算的指令集。

2. 单指令流多数据流

对于查询中的大量冗余计算，一个可行的方式就是将算法中每次只运算一条数据的大量标量运算转化为每次可以同时运算多条数据的向量运算。其中最具代表性的就是单指令流多数据流（SIMD）。

SIMD 是一种允许同一个处理器在多个数据点上执行相同操作，进而形成并行计算的技术。目前，包括 x86 和 ARM 在内的所有主流的指令集架构都为 SIMD 提供了微架构支持。

图 12.8 是一个简单的例子，说明 SIMD 是如何运作的。SIMD 将标量数据组合成向量的形式，并存储在寄存器中，CPU 可以将寄存器视为一个整体进行运算。这样就可以通过一条加法运算指令得到原本需要多次运算的结果。

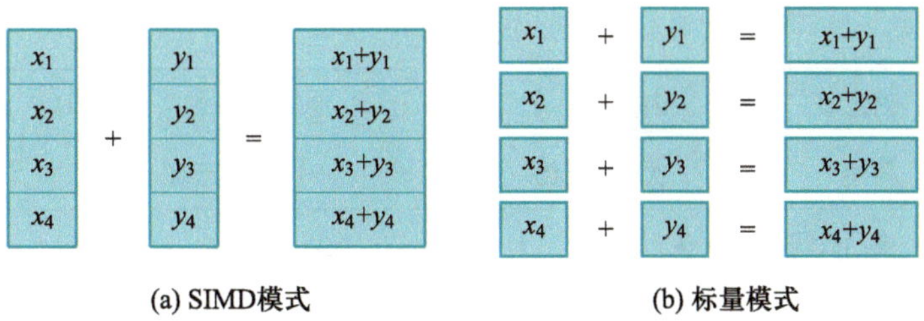

(a) SIMD模式

(b) 标量模式

图 12.8 SIMD 示例

SIMD 支持的一部分指令如表 12.2 所示。

表 12.2 SIMD 指令示例

指令	示例
数据移动	将数据移入或移除寄存器
算术运算	ADD，SUB，MUL，DIV，SQRT（开方），MAX，MIN
逻辑指令	AND，OR，XOR，ANDN（逻辑 AND NOT），ANDPS（双精度）
比较指令	==，<，<=，>，>=，!=
混洗指令	在寄存器之间转移数据
其他	转换指令：在 x86 和 SIMD 寄存器之间转换数据； 缓存控制：将数据从 SIMD 寄存器中直接转移到内存中

SIMD 有着其显而易见的优势，当查询中的运算可以被向量化的时候，SIMD 可以显著地提升查询效率，但是在具体应用 SIMD 的时候依旧存在着许多困难。首先，目前想要在算法中实现 SIMD 在很大程度上依旧需要手动编程。其次，许多 SIMD 指令对数据的对齐有较高要求，因此无法覆盖所有数据。最后，在应用 SIMD 时需要将数据存储在寄存器中，而这个过程所涉及的数据转入及转出是一项非常耗时且费力的工作。

12.2.4 火山、物化、向量化执行模型对比

表 12.3 对比了火山模型、物化模型和向量化执行模型的优缺点。火山模型一次调取一个元组，因此涉及大量的虚函数调用，但是消耗内存小，能够把每条数据放在内存中，这有利于多个算子的流水线处理，因此适合于 OLTP 场景。物化模型一次处理所有数据，涉及少量的虚函数调用，但是消耗内存大，不适合流水线处理，因此适合结果数据量较小的场景（例如 OLTP）。向量化执行模型一次调取一批元组，适合现代 CPU 的 SIMD 场景，特别适合 OLAP 数据分析。

表 12.3　火山、物化、向量化执行模型对比

对比项	火山模型	物化模型	向量化执行模型
原理	一次一个元组	一次所有元组	一次一批元组
虚函数调用	多	少	中
流水线	好	差	中
内存消耗	小	大	中
适合场景	OLTP	OLTP	OLAP

12.3　推送式模型

以查询计划树为基础，推送式模型以数据为核心，每个算子将满足条件的数据推送给父亲算子，从而避免大量虚函数调用。如图 12.9 所示，推送式模型将左侧的 Student 算子推送到父节点（连接算子），并建立哈希表。然后将右侧 SC 算子推送到父节点算子（选择算子），然后再推送到祖先节点（连接算子），接下来再推送到根节点。

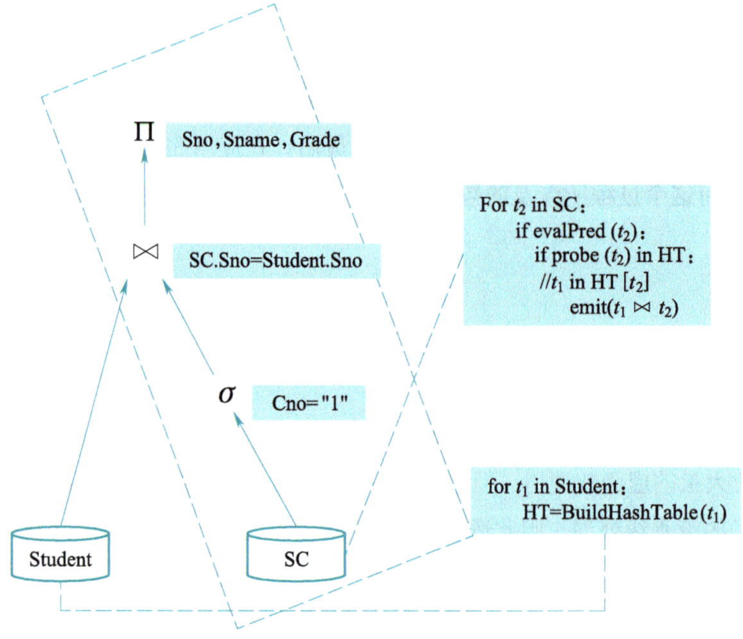

图 12.9　推送式模型

在推送时，每个算子不仅可以推动到父节点，甚至可以推动到祖父节点。其实，在推送式模型中，一般将叶节点推送到第一个带有分支的祖先节点，产生一个单分支的执行链（也称一条流水线），在该执行链中可以将数据从叶节点推送到链顶。在移除该执行链后，在剩余的执行树中继续生成执行链，直到剩余的查询计划树成为一个执行链为止。值得注意的是，推送式模型较难实现，例如在图 12.9 中虚线框中的执行链，在查询给定之前，很难事先给出该推送式执行计划，必须在查询给定后经动态编译产生推送式计划。因此在 12.4 节将介绍利用编译执行技术来实现推送式执行。

相对于拉取式模型，推送式模型减少了虚函数调用，直接推送数据引起的上下文切换较少，CPU 缓存命中率提高，提升了查询效率。而且推送式模型易于并行计算，因此在数据库仓库领域和大数据领域得到了广泛应用。但是其支持 Limit 和排序归并连接运算较为复杂。首先对于 Limit，由于上层节点对下层节点无反馈机制，难以判断是否产生了足够的结果。为了解决这一问题，需要在数据推送时给予“提示”，当获取足够的结果时停止推送。其次排序归并连接需要两个迭代器逐行扫描数据，但是在归并时，推送式模型难以判断如何推送两个迭代器对应的数据。

类似于拉取式模型的火山模型、物化模型、向量化执行模型，推送式模型也可以每次推送一个元组、一批元组或所有元组。

12.4 编译执行与代码生成

利用前面介绍的火山模型、物化模型和向量化执行模型，组成查询计划的各算子可实现于各种编程语言代码中，比如 C/C++、Python 等。这些高级程序设计语言是为了方便人类理解而设计的，但却不能被 CPU 直接运行，需要先将其编译为机器码后才能运行。然而，这种编译往往存在着大量的冗余计算，如在火山模型中存在着大量的虚函数调用，因此在将编程语言编译为机器码的过程中，如何进一步优化代码、减少冗余计算，进而为具体查询有针对性地生成可以高效率执行的机器码就成为可行的改进方向。

编译执行相对于解释执行的优势在于：

（1）通过编译执行技术避免大量虚函数调用，并裁剪了大量执行中的分支判断等指令，减少了无用指令数量；

（2）在火山模型中，每次获取数据都需要访问一次内存，编译执行避免了迭代调用过程，通过多级存储和预取技术将数据缓存在 CPU 中，提升了缓存命中率；

（3）循环展开和优化，通过流水线和指令重排序技术，提升了循环的运行效率。

一般有两种编译执行的策略，一种是将查询计划树的执行计划编写为高级语言代码（例如 C），然后通过传统编译器将高级语言代码优化为编译执行代码；另外一种是将查询执行计划编写为中间表示（intermediate representation，IR），然后通过编译技术将 IR 编译为优化的可执行代码。但是第一种方法需要编译高级语言，编译时间较长，因此数据库一般通过后者来实现编译执行。由于后者不需要编译高级语言，直接编译执行 IR，因此效率较高。本节将介绍一种多平台共用的代码编译优化工具 LLVM，数据库将查询执行树转换为 IR，然后通过编译技术将 IR 编译为优化的可执行代码。接下来将会介绍 LLVM，以及讨论和对比现有的两种编译方式，即预先编译和实时编译；最后将介绍两种具体的编译模型，即 HIQUE 和 HYPER。

12.4.1　LLVM 概述

显而易见，不仅查询需要优秀的编译执行策略，其他计算机领域同样追求高效的代码编译策略。然而，如今存在着大量不同的编译器和解释器，而这些编译器与解释器都是庞大而僵化的，这使得更新或植入新的代码面临着很大的困难。而这就是 LLVM 创立的动机。

LLVM 的名称来源于底层虚拟机（low level virtual machine）。LLVM 具有模块化的架构，允许所有人对它进行改进。不同于直接将代码编译为机器码的编译方式，LLVM 使用中间表示（IR）来表示代码的中间状态。如图 12.10 所示，LLVM 的前端允许将不同代码转换为中间表示，而后端允许将中间表示转换为不同 CPU 架构上的机器码。LLVM 中间表示并不是完全静态的代码，而是会不断地自我优化，以提升执行效率。因此，对其中一个编译器或解释器的优化就可以通过 LLVM 应用在其他编译器或解释器上。

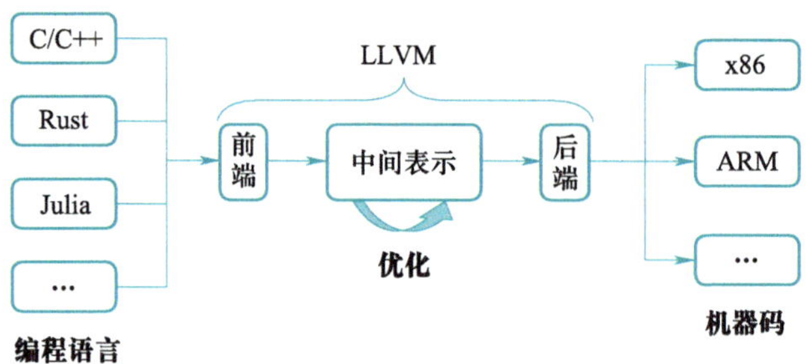

图 12.10　LLVM 示例

LLVM 的作用是将不同编程语言和平台连接起来。这样，数据库在执行代码的时候就可以利用 LLVM 对自身代码进行优化，并且在不同的平台上都可以高效地执行。

12.4.2 预先编译与实时编译

LLVM 是一套可应用于各种场景的实用编译工具。将高级语言代码编译为机器码通常有两种编译策略，即预先编译（ahead-of-time compilation，AOT）和实时编译（just-in-time compilation，JIT）。

预先编译是指在程序运行之前进行编译。预先编译通常是将高级编程语言代码（如 Python、C/C++ 等）编译为低级编程语言代码（如中间表示、机器码）。预先编译的优点在于可以提前将代码编译好，这样在实际运行时就可以省去编译时间，并且可以快速启动程序并达到较高的性能。例如给定一个 SQL 及其执行计划，可以通过预先编译来剔除无用的代码，例如根据属性类型剪掉无用分支。但是对于 SQL 查询来说，SQL 不是事先给定的，而是动态变化的，因此难以采用预先编译的方法。

与预先编译不同，实时编译是在程序运行中而不是在程序运行前进行编译。许多高级编程语言中存在定义不明确的情况，在程序运行前信息不足，因此变量的类型、大小或函数的指向都可能是不确定的，因此在合适的时机进行实时编译可以有效避免计算或存储资源的浪费。

对于查询执行来说，实时编译可以使用查询的动态信息来提升优化效果，因此要远优于预先编译。这是因为数据库管理系统可以通过处理查询获得许多额外信息，这些信息包括查询所涉及的模式、表、属性、谓词以及查询计划。这样，实时编译策略可以利用这些额外信息有针对性地设计出更加简单且高效的代码。包括 PostgreSQL 在内的许多数据库系统都采用实时编译方式。

以下是一些具体的优化策略。

因为实现全量实时编译复杂度较高，数据库一般实时优化部分代价较高的操作，这样既可提升查询执行性能，又方便集成到数据库系统中。

1. 避免不必要的分支判断步骤

在获取了元组数量、属性类型等信息后，数据库在实际执行时就可以避免频繁地判断数据类型以及是否到达关系表的结尾等，从而有针对性地为变量分配合适的存储空间，极大地提升了执行效率。

例 12.4 以下是在解析数据库中的元组时，预先编译的一个代码示例。

```
void MyTuple(char*tuple)
{
    for(int i = 0; i < num_slots_; ++i)      // 总属性数量未知，需要额外的迭代
                                              // 和判断过程
    {
```

```
        char*slot=tuple+offsets_[i];   //属性占用空间大小未知，需要额外
                                       //调用偏移值
        switch(types_[i])              //属性类型未知，需要额外判断过程
        {
            case INT:
            *slot=ParseInt();
            break;
            case FLOAT:…
            case STRING:…
            case BOOLEAN:…
        }
    }
}
```

相对应地，实时编译的代码如下。

```
void MyTuple(char*tuple)
{  //属性数量、每个属性的类型和占用空间大小皆已知，因此不需要额外判断
   *(tuple+0)=ParseBoolean();
   *(tuple+1)=ParseInt();
   *(tuple+5)=ParseFloat();
}
```

可以看出，在使用预先编译策略时由于信息不足，需要考虑所有可能的情况，因此包含了大量判断语句。而做实时编译时，因额外获得了属性数量以及每个属性的类型和占用空间等信息，可以省去不必要的判断过程，因此代码更加简单。

后面要介绍的 HIQUE 模型同样应用了这样的优化策略。

2. 优化表达式的计算

在实施预先编译时，数据库会以递归的方式计算某个表达式。毫无疑问，这会带来大量的函数调用。然而，在获取查询计划后，表达式的执行就会简单很多。利用实时编译策略可以将递归执行方式转换成顺序执行方式，避免了多余的函数调用。

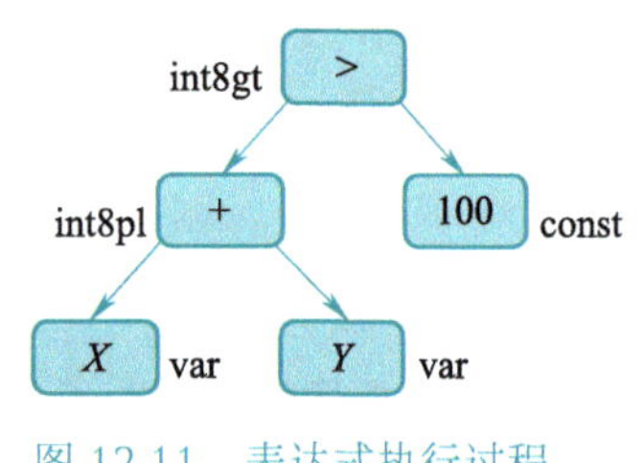

图 12.11　表达式执行过程

例 12.5　以表达式 X+Y > 100 为例，其中包括了变量 X 和 Y、常数 100，以及加法运算 +（int8pl）和大于逻辑判断 >（int8gt）。其执行过程如图 12.11 的树形图所示。

数据库在执行时会从根节点递归地调用子节点函数，相应代码如下。

```
indirect call ExecEvalFunc( )
  Left=indirect call ExecEvalFunc( )           //计算左半边
    X=indirect call ExecEvalVar( )             //读取 X
    Y=indirect call ExecEvalVar( )             //读取 Y
    return int8pl(X,Y)                         //加法计算并返回结果
  Right=indirect call ExecEvalConst(100)       //计算右半边
  return int8gt(Left,Right)                    //返回比较结果
```

显然，复杂的表达式可能会导致递归调用非常深。然而，在获取了查询计划后，通过编译优化代码就会变得简单很多，如下所示。

```
define i1@ExecQual( )
{
    %x=load&X.attr                      //读取 X
    %y=load&Y.attr                      //读取 Y
    %pl=llvm.int8pl(%x,%y)              //加法计算
    %gt=llvm.int8gt(%pl,100)            //比较计算
    ret%gt                              //返回结果
}
```

可以看出，前者是递归执行，后者则是顺序执行。除此以外，后者可以通过一个函数完成调用，因此整体效率更高。

3. 优化执行流程

由前面介绍可知，火山模型的执行效率较低，其中一个原因就在于它是以算子为核心的执行模型。在计算不同算子的时候，同一个元组可能会被寄存器重复读取。然而在获取查询计划之后，数据库就可以根据查询计划有针对性地设计执行流程，使元组尽可能地驻留在寄存器中。HYPER 就是这样的一个例子，将在 12.4.4 节介绍该模型。

12.4.3 源到源编译模型：HIQUE

源到源编译（source-to-source compilation）本质上不会将当前编程语言代码直接编译为机器码，而是将其等效编译为另一种编程语言代码。这样，通过优化编译后即可达到与直接编译为机器码同样的效果。比如将一段 Python 代码编译为具有同样功效的 C/C++ 代码，利用成熟的 C/C++ 编译方案来达到编译 Python 代码的目的。

HIQUE 是典型的以源到源编译方式生成查询代码的方法。HIQUE 首先会利用代码模板将查询计划源到源编译为 C/C++ 代码。由于 C/C++ 已经有了非常成熟的编译优化方案，因此可以利用 C/C++ 编译器进一步将代码编译为一个共享对象，并将其与数据

库管理系统链接以执行查询。在传统的编译模式中，在循环中调用外部函数以及重复拉取变量都会增加不必要的计算开销。以下通过示例展示了 HIQUE 在编译时的优化策略。

例 12.6　以一个具体的 SQL 查询作为例子，查询获取学号以 2021 为开头的学生信息。

```
SELECT*
FROM Student
WHERE Student.Sno='2021'+?
```

解释器的伪代码如下。

```
//函数：查询解释器示例
//参数 table：数据输入
//返回值 tuple：查询结果
function query_example(table)
    for t in range(table.num_tuples):
        tuple=get_tuple(table,t)
        if eval(predicate,tuple,params):
            emit(tuple)
```

其中，函数 get_tuple() 的执行步骤是：获取目录中表的模式，根据元组大小计算偏移（offset），返回元组指针。类似地，eval() 函数的执行步骤是：执行谓词语法分析树，并拉取数值；在判断语句中计算偏移；在比较语句中进行必要的数值类型转换；返回 True 或 False。

由此可见，在传统的编译模式中，每次迭代函数 get_tuple() 和 eval() 都被重复调用，表的模式和谓词语法分析树等变量也被重复拉取，这些都是冗余计算。与之相对的是，HIQUE 对这些冗余计算做了优化，其相应代码如下，其中“###”为预设参数。

```
//函数：HIQUE 执行示例
//参数 table：数据输入
//返回值 tuple：查询结果
function hique(table)
    tuple_size=###
    predicate_offset=###
    parameter_value=###

    for t in range(table.num_tuples):
        tuple=table.data+t*tuple_size
        Sno=(tuple+predicate_offset)
        if(Sno=='2021'+parameter_value):
            emit(tuple)
```

在以上代码中，HIQUE 首先将函数 get_tuple() 和 eval() 直接集成到循环中，避免在循环中出现任何的函数调用。其次，HIQUE 将所有常用变量（例如元组大小、谓词偏移和参数值）预先存储下来，这样避免了在循环中重复拉取这些变量。

由于 HIQUE 是以 C/C++ 代码编译的，这就代表了它可以非常方便地调用数据库管理系统中的其他函数，可与各种数据库应用实现无缝衔接。然而，HIQUE 同样有着一些劣势，包括以算子为核心的模型实际上不是最有效的模型以及 C/C++ 代码编译时间相对过长等。幸运的是，另一个方向的尝试——基于实时编译的 HYPER 模型可以很好地解决这些问题。

12.4.4 实时编译模型：HYPER

与 HIQUE 不同，HYPER 不仅是基于实时编译的代码生成模型，而且是自下而上的、以数据为中心的推送式模型。HYPER 引入了流水线（pipeline）的概念。一条流水线指的是查询计划语法分析树中的一段路径。在这一段路径中，数据元组可以一直保留在寄存器中。以连接算子为代表，一些会导致寄存器不得不将其中的数据存储到内存中的算子，在 HYPER 中称为流水线断点（pipeline breakpoint），这个存储过程则称为物化（materialization）。那么，以断点为分割点，就可以将语法分析树分割为多个流水线，其中每个流水线都对应一个循环，在循环中每次可以处理一个元组，且该元组在当前循环中始终不离开寄存器。

例 12.7 以查询所有至少在一门课程中获得某特定分数的北校区学生为例，其 SQL 查询和相应 HYPER 模型如下所示。

```
SELECT*
FROM Dept,Register,
   (SELECT SC.Sno,COUNT(*)
    FROM SC
    WHERE SC.Grade=?
    GROUP BY SC.Sno) AS SC
WHERE Dept.campus="North"
AND Dept.Dname=Student.Sdept
AND SC.Sno=Student.Sno
```

那么，该查询的语法分析树如图 12.12 所示。

如图 12.12 所示，查询树被分为了四个流水线，而断点则是两个连接算子和一个计数算子。此处以算子 Γ 为例，计数算子需要子节点将所有元组全部传送完毕才能进一步运算，因此这是一个断点。同样地，它的父节点是个连接算子（⋈SC.Sno = Student.Sno），因此也是断点。这就导致计数算子只能自己组成一个流水线。

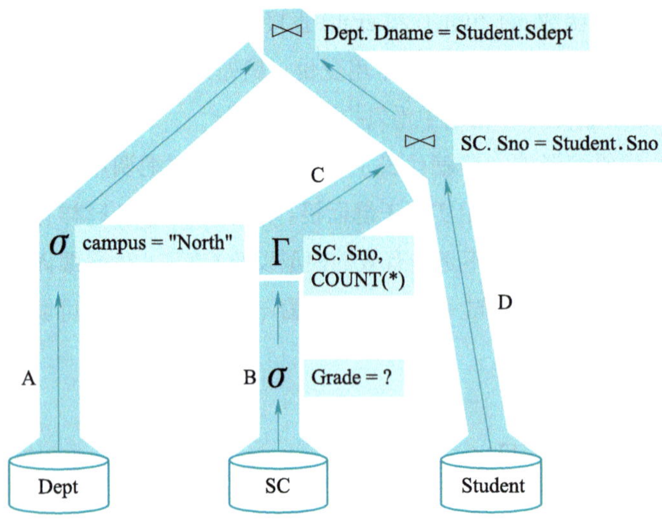

图 12.12　HYPER 流水线示例

所有对应的 HYPER 代码如下所示。

在流水线 A 中，在 Dept 表中过滤所有北校区数据，并建立哈希表：

```
for t in Dept:
    if Dept.campus = 'North':
        Materialize t in HashTable ⋈Dept.Dname = Student.Sdept
```

在流水线 B 中，在 SC 表中根据预设参数过滤相应考试分数，进行聚集运算，并建立哈希表：

```
for t in SC:
    if SC.Grade = <param>:
        Aggregate t in HashTable ΓSC.Sno
```

在流水线 C 中，根据流水线 B 的输出，完成聚集运算，并建立哈希表：

```
for t in ΓSC.Sno:
    Materialize t in HashTable ⋈SC.Sno = Student.Sno
```

在流水线 D 中，将流水线 A、B、C 的输出依次连接起来并输出最终结果：

```
for t3 in Register:
   for t2 in ⋈SC.Sno = Student.Sno:
          for t1 in ⋈Dept.Dname = Student.Sdept:
                    emit(t1 ⋈ t2 ⋈ t3)
```

由例子可见，HYPER 模型有着许多的优点。一方面 HYPER 是以数据为中心的模型，应尽可能地让元组更长久地保存在寄存器中；另一方面，循环中不包含任何额外函数调用，这些都极大地削减了调用开销。

相比较而言，HIQUE 和 HYPER 有着许多不同之处。HIQUE 是将查询计划编译为 C/C++ 代码，再将 C/C++ 代码进一步编译为机器码，本身不涉及查询计划的执行策略；HYPER 则是以语法分析树作为输入，有针对性地设计代码，最大化流水线长度，最后再编译为低级编程语言代码。上述区别使 HYPER 编译出的代码比 HIQUE 具有更好的初始条件，通常情况下，HPYER 的编译时间比 HIQUE 短很多。

值得注意的是，不论是 HIQUE 还是 HYPER 都有额外的编译代价，因此不适合非常简单的查询（因为编译时间可能超过执行时间），可应用于较为复杂的查询。

12.4.5 数据库中编译执行过程

数据库一般采用实时编译模型，即运行时给定一个查询，实时动态编译生成定制化的机器码，并用其代替通用的函数实现，避免不必要的分支判断，优化表达式计算、物理算子及执行流程（尽可能地将数据保留在 CPU 寄存器中以提升命中率）。直观的方法是手写优化后的机器代码，然后在 SQL 编译时根据手写的机器代码来替换 SQL 执行代码。但是该方法工作量太大，而且难以维护。因此数据库使用 LLVM 来实现实时编译执行。这主要有三个原因。第一，LLVM 的前端编译器 Clang 支持以 C 代码生成中间表示过程中需要的二进制代码，而不需要手工定制；第二，LLVM 支持不同的硬件，不需要手动保证对各种硬件的支持；第三，LLVM 社区稳定、成熟度高，能够持续发展和演进。

下面给出利用 LLVM 实现编译执行的流程，如图 12.13 所示。离线时，利用 LLVM 书写优化执行的代码（C 或者汇编），例如针对不同的表达式和不同的数据类型

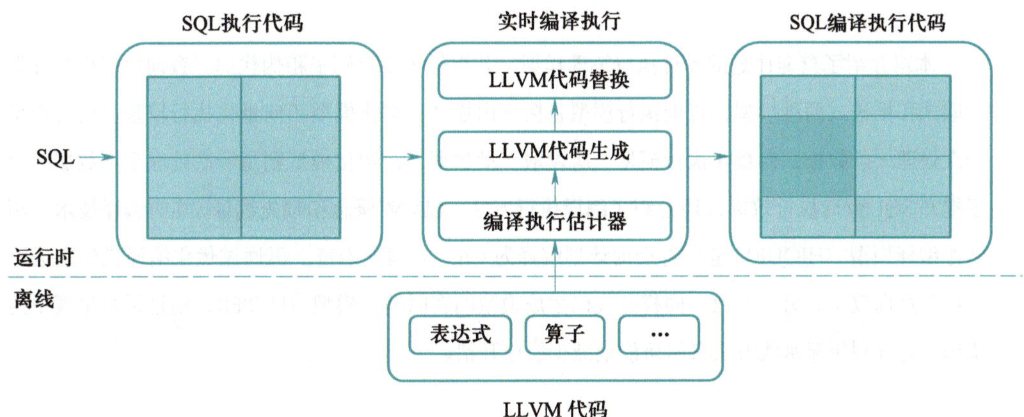

图 12.13 编译执行过程

（例如 age＞10），编写优化的执行代码（利用数据类型和表达式类型信息）。在线运行时，给定一个 SQL，数据库生成一个可执行代码（该代码一般是支持通用数据类型和数据表示的代码，对于特定的数据类型可能没有优化），然后根据编译执行估计器来判断是否可以用编译执行来提升执行效率（例如利用规则方法或者代价估计方法）。如果能够提升效率，则利用 LLVM 代码生成模块根据预先写好的 LLVM 优化代码进行编译，并生成可替换的编译代码。LLVM 代码替换模块将原 SQL 执行代码的某些片段（例如表达式）替换成 LLVM 优化后的代码（一般通过内存代码段的替换，例如将指向原来代码的指针替换成优化后的代码片段的指针），并得到 SQL 编译执行代码。接下来，数据库执行优化后的代码来提升 SQL 执行效率。

注意，编译执行中代码替换也有一定的额外代价，所以需判断哪种场景适合使用编译执行。例如在 OLTP 场景中，一条 SQL 语句的普通编译时间是 1 ms，执行时间是 1 ms；编译执行的代价是 2 ms，编译优化后的执行时间是 0.5 ms。前者总时间是 2 ms，后者则是 2.5 ms，因此编译执行并不一定划算。再例如在 OLAP 场景中，一条 SQL 语句的普通编译时间是 10 ms，执行时间是 500 ms；编译执行的代价是 20 ms，编译优化后的执行时间是 100 ms。前者总时间是 510 ms，后者则是 120 ms，在此场景下编译执行显著提升了执行效率。

为了提升编译的执行效率，可以通过异步编译技术来降低编译优化本身的代价。其基本思想是给定一个 SQL，首先异步编译优化该 SQL，本次查询不使用编译的计划，而是使用传统执行方案，下次再处理相同模板的 SQL 时，则可以使用编译优化后的代码。

12.5 小结

本章介绍了查询计划的多种执行编译模型，并提供了多个例子和伪代码。查询执行模型分为拉取式和推送式两种模型，查询执行模型包括火山模型、物化模型和向量化执行模型。火山模型一次处理一条数据，向量化执行模型一次调取一批数据，而物化模型则是一次处理全部数据。为了提升 SQL 查询执行效率，还介绍了编译执行方法、LLVM 概念和预先编译 / 实时编译技术。源到源编译模型（HIQUE）是先将查询计划编译为 C/C++ 编程语言，再通过优化编译代码来进一步提升查询效率。另一方面，同样是代码生成模型的实时编译模型（HYPER）则是以物化模型为基础，充分利用流水线方法来尽可能地减少缓存开销。

12.6 习题

1. 以下哪条不是传统数据库系统选择火山模型的原因？（　　）

A. 内存不足　　B. CPU 太慢

C. 硬盘空间太小　　D. 方便拓展

2. 以下场景中，使用物化模型比火山模型更适合的有（　　）。

A. OLAP　　B. OLTP

C. 有大量中间结果的场景　　D. 内存容量非常小

3. 以下算子在 HYPER 模型中有可能是断点的是（　　）。

A. MAX　　B. MIN

C. COUNT　　D. JOIN

4. 以下模型中，属于自下而上推送式的模型有（　　）。

A. 火山模型　　B. 向量化执行模型

C. HIQUE　　D. HYPER

5. 以下关于向量化执行模型的说法中，正确的有（　　）。

A. 相比较于 OLTP 场景，更适用于 OLAP 场景

B. 相比较于火山模型，单个算子的平均调用开销更小

C. 是自下而上的推送式模型

D. 与 SIMD 有较好的兼容性

6. 以下模型中可以和 LLVM 兼容使用的有（　　）。

A. 火山模型　　B. 向量化执行模型

C. HIQUE 模型　　D. HYPER 模型

7. 判断正误：HIQUE 模型可以像 HYPER 那样，使每个流水线中数据始终保存在寄存器中。（　　）

8. 判断正误：LLVM 同样适用于实时编译（JIT）的代码。（　　）

9. 在例 12.7 中，哪些流水线可以并行执行？

10. 对于以下查询，请画出其语法分析树和所有的流水线，并以 HYPER 为执行模型写出执行伪代码。

```
SELECT*
FROM A, C,
(SELECT B.ID, COUNT(*)
FROM B
WHERE B.VAL=5
```

```
GROUP BY B.ID)AS B
WHERE A.VAL=3
AND A.ID=C.A_ID
AND B.ID=C.B_ID
```

第 13 章

数据库安全

数据已经成为各行各业的命脉，数据的存储、管理和使用都要依赖强大的数据库管理系统。因此，数据库安全对于公司、组织和个人都至关重要。经过多年的发展，数据库已经形成了包括外围级安全、访问级安全和数据级安全的多层安全机制，通过安全认证、访问控制、数据加密等一系列措施，在数据库内外建立安全防护措施，保障数据全生命周期的安全。

13.1 数据库安全概述

近年来，数据库面临的安全形势越来越严峻，数据库的安全问题越来越受到关注。据有关数据泄露的调查报告显示，2015 年数据库是被破坏最严重的资产之一，而有网络安全公司负责人指出，数据库经常成为攻击目标的原因很简单——它们是任何组织的核心，涉及客户信息和其他机密业务数据。作为高价值资产，数据库面临诸多安全威胁。首先，来自数据库内部的安全威胁，如权限管理不当、弱密码、密码泄露以及数据库本身的漏洞等，这给数据库的使用带来了极大的安全隐患。其次，随着网络技术的飞速发展，网络环境越来越复杂，外部的攻击手段越来越多。常见的攻击手段，如 SQL 注入攻击、缓冲区溢出攻击、拒绝服务攻击等，时刻威胁着数据库的安全。因此，在数据库开发、使用和维护的过程中，必须高度重视数据库的安全问题。只有清楚地认识到数据库面临的这些安全威胁和风险因素，数据库的开发者和使用者才能合理应用各种手段和措施来保证数据库的安全。本章将首先介绍和分析数据库面临的常见安全威胁以及风险因素，然后介绍应对这些安全威胁的常用防护措施。

数据库安全指用于保护数据库管理系统免受恶意攻击和非法使用的各种措施，包括在数据库运行环境中建立安全措施的所有工具、流程和方法。数据库安全不仅旨在保护数据库中的数据，而且还要保护数据库管理系统本身以及访问它的每个应用程序免遭误用、损坏和入侵。

目前，按照数据库保护粒度，可将数据库安全分为三层：外围级防御、访问级防御和数据级防御，如图 13.1 所示。每个级别都需要由不同的技术、方法、规则来构建安全解决方案。外围级防御决定了哪些用户可以访问数据库，常用的技术包括安全认证、防火墙和入侵检测。访问级防御侧重于控制允许哪些用户有权访问某些数据或包含这些数据的系统，主要利用安全配置策略、访问控制、数据库审计技术来保证安全性。数据级防御主要目的是预防和应对数据本身的安全隐患，最常用的安全机制有数据加密和隐私保护技术。本章将从这三个层面出发，介绍保证数据库安全的有效技术和手段。

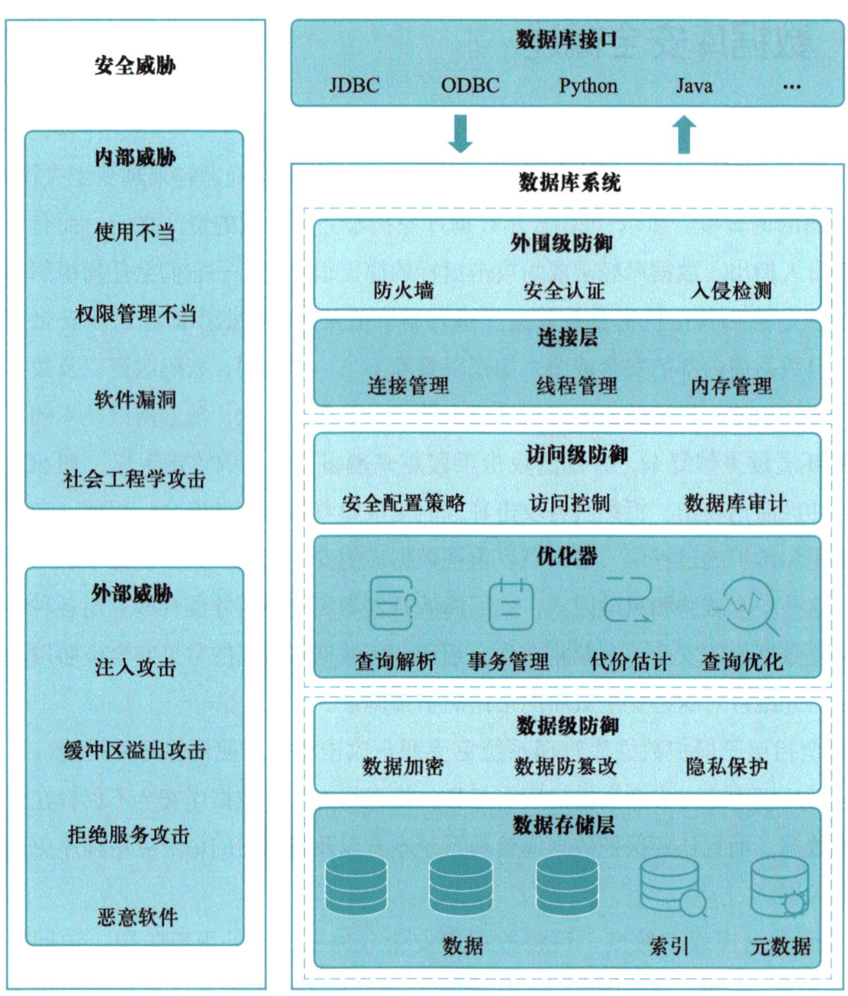

图 13.1　数据库安全威胁与多层级安全防御架构

13.2　数据库安全威胁

目前，依赖强大的数据库管理系统，数据几乎成为各行各业的命脉，数据库安全对于业务连续性至关重要。为了充分保护数据库管理系统，必须了解常见的安全威胁。只有清楚地了解这些威胁的来源，并对其背后的原因进行分析，才能采取相应的措施来保障数据库安全。本节将介绍数据库面临的主要威胁，并分析这些威胁的成因。

13.2.1 内部威胁

数据库的内部威胁主要指通过隐蔽手段进入数据库内部，获取数据库的特权，进而获取数据库中的机密数据或破坏数据库管理系统。内部威胁的来源主要有五个方面：人为疏忽，权限管理不当，数据库软件漏洞，社会工程学攻击（例如操纵管理员）和监守自盗。

1. 人为疏忽

人为疏忽指数据库用户和管理人员忽略安全规则，对数据库实施不安全的配置和使用，导致数据库出现安全问题。例如，安全密码规则往往建议密码长度在 8 位以上，使用字母、数字和符号的组合，并且定期更新密码。但在实际使用过程中，用户和管理员往往会忽略这些安全规则，例如用户经常会选择容易记忆的弱密码，并且多人共享同一个密码。这些不良的用户行为可能会导致数据库的数据被意外泄露、擦除或损坏。据 IBM 统计，有近 49% 的数据泄露事件都是由于上述人为疏忽导致的。人为疏忽主要是因为用户的安全意识不够，未能充分重视数据库的安全问题。

2. 权限管理不当

数据库中的权限管理是保护数据库安全非常重要的手段，权限管理不当往往会带来巨大的安全威胁。权限管理不当包含两方面：一方面，如果数据库管理员为用户提供的权限超出其实际需要的权限，或者用户滥用其访问权限，可能导致数据库数据泄露；另一方面，在进行权限管理和配置时，数据库管理员往往缺乏对权限时效性的评估，导致用户拥有的权限不能及时撤销。在上述任何一种情况下，数据库都可能因合法特权的不当管理而造成意外的后果。

3. 数据库软件漏洞

由于数据库管理软件庞大、复杂，几乎每天都有新的漏洞被发现。此外，随着数据库在各行各业扮演着越来越重要的角色，数据库逐渐成为可能遭受重点攻击的目标。因此，大量攻击者往往会针对数据库软件的漏洞不断尝试，通过这些漏洞来攻击数据库。虽然所有开源数据库管理平台和商业数据库软件供应商都会定期发布安全补丁，但是用户很少及时使用这些补丁对数据库进行维护。即使用户按时应用补丁，也始终存在零日攻击（zero-day attack）的风险，即当攻击者发现漏洞但尚未被数据库供应商发现并修补时，攻击者仍然可以成功利用数据库软件漏洞实施攻击。所以数据库软件漏洞严重威胁数据库的安全，使数据库中的数据始终面临着泄露、篡改或删除的风险。

4. 社会工程学攻击

社会工程学攻击是利用人类心理而非黑客技术来访问系统或数据的方法。社会工程学就是在人际层面上操纵个人，通过获得受害者的信任并说服他们透露机密信息。例如，攻击者可能不会尝试查找软件漏洞，而是联系受害用户并伪装成 IT 支持人员，试图诱骗用户泄露他的密码。

5. 监守自盗

即使数据库管理人员在管理和维护中正确使用并严格遵守管理权限，仍然可能存在管理员因利益而对数据库的敏感信息监守自盗的情况。这种威胁在当前企事业单位业务“上云”浪潮中尤为显著。云端后台服务人员可以在窥探用户敏感数据的同时严格履行用户提交的所有请求，因而这种威胁通常隐蔽性更高，发现难度更大，后果非常严重。

13.2.2 外部威胁

来自数据库外部的安全威胁复杂多变，大多以破坏数据库管理系统或窃取信息为目的。数据库外部安全威胁主要有注入攻击、缓冲区溢出攻击、拒绝服务攻击、恶意软件等。

1. 注入攻击

注入攻击是一种非常常见的数据库安全漏洞攻击，它利用网络软件的弱点来实施各种恶意活动，例如冒用合法用户身份来访问数据库。注入攻击不仅仅存在于传统关系数据库中，在 NoSQL 等新型数据库中也存在大量注入攻击行为。数据库注入攻击涉及在数据库查询中使用任意字符串攻击查询语义。通常，这些查询是作为 Web 应用程序表单的扩展创建的，或通过 HTTP 请求接收的。如果开发人员不遵守安全编码规范，并且没有定期组织漏洞测试，任何数据库管理系统都很容易受到这些攻击。

考虑一个 Web 应用程序，该程序通过如图 13.2（a）所示的 SQL 语句来验证用户身份。如图 13.2（b）所示，SQL 语句的两个引号内分别填入用户提供的用户名和密码。如果系统没有任何防御措施，那么攻击者可以通过在用户名中填入任意字符，在密码中填入特定字符串，绕过身份验证。如图 13.2（c）所示，当用户填入特定字符串时，根据运算规则，WHERE 条件始终为真，攻击者就能成功绕过应用程序的身份验证，进而对数据库进行操作了。

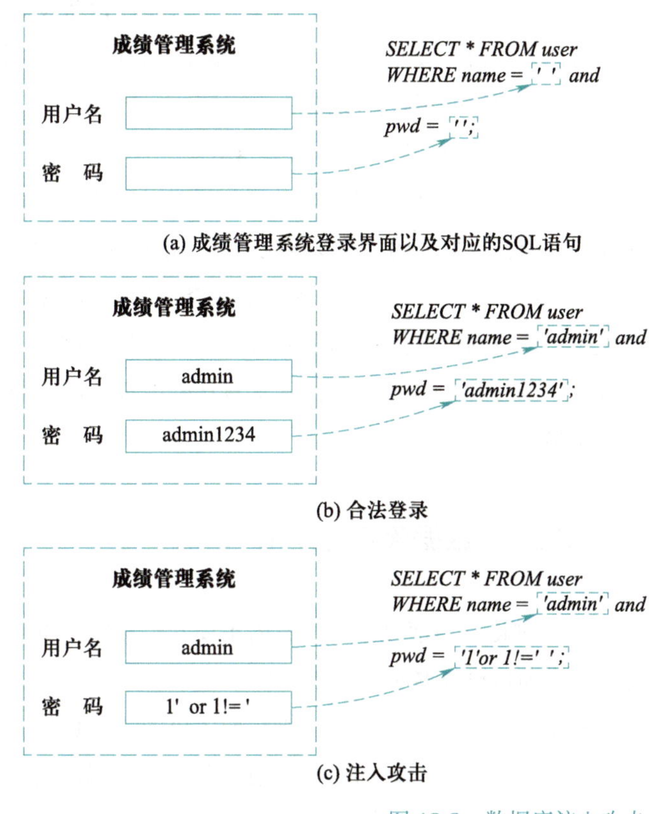

图 13.2 数据库注入攻击

2. 缓冲区溢出攻击

缓冲区溢出问题是软件开发中最古老和常见的问题之一。在程序运行时，如果进程试图将大量数据写入固定大小的内存块，超出了内存块的最大容量，就会发生缓冲区溢出。例如，在使用数据库时，攻击者往往会在创建表空间文件的过程中，指定过长的路径名造成缓冲区溢出，进而导致数据库崩溃。一旦出现缓冲区溢出攻击，轻则可能导致数据库服务崩溃，重则可能被攻击者取得数据库的管理员权限，进而窃取数据库中的机密数据。

3. 拒绝服务攻击

在拒绝服务（denial of service，DoS）攻击或分布式拒绝服务（distributed denial of service，DDoS）攻击中，攻击者使用大量虚假请求冲击数据库服务器，导致数据库服务器无法执行真实用户的真实请求，致使数据库服务崩溃或不稳定。数据库服务如果没有高度可扩展的防御架构，就很难应对过大的流量，造成系统崩溃。

4. 恶意软件

恶意软件是为利用数据库管理系统漏洞或对数据库造成损害而编写的软件。攻击者可以利用任意一台连接到数据库的终端用户设备发起攻击，将恶意软件植入数据库中。与注入攻击、缓冲区溢出攻击等相比，恶意软件对数据库造成的威胁更大。因为数据库管理系统被恶意软件攻击后，会导致大量数据的泄露和篡改，造成难以估量的经济损失，甚至威胁数据库管理系统本身。

上述这些数据库面临的安全威胁可以通过适当的管理，利用正确的技术使危害最小化。此外，数据库的物理安全也必须予以重视。因机房火灾或水灾、过热、闪电、意外液体溢出、静电放电、电子故障、设备故障等对数据库服务器造成物理损坏的情况时有发生，造成的危害往往是不可逆的，所以需要格外关注和重视。有关数据库恢复的内容在第 7 章中已经介绍过了，本章将从外围级、访问级、数据级三个方面讨论数据库的安全措施。

13.2.3　数据库安全需求

前面讨论了当前数据库面临的主要安全威胁，本节主要对攻击者的攻击目标进行分析，进而讨论数据库的安全需求。

在数据库中，数据是最直接和最主要的攻击目标。数据面临的安全威胁通常是毁灭性的，多种多样的安全威胁导致数据库中的数据面临着极大的安全风险。由于数据库管理系统越来越复杂，存储的数据量越来越多，即使一次小小的事故，也会造成难以估量的损失。数据库面临数据泄露、数据篡改和数据丢失三大风险。

数据泄露是指数据在数据库管理系统未授权的情况下被盗或从数据库中被获取的事件。若有人入侵公司的数据库，获得其中的机密信息并从中获利，这会给企业、组织或个人造成经济损失。数据泄露对企业、组织和个人都构成威胁，它不仅会暴露大量的机密信息，还会令企业和组织等机构承担相应的法律责任，损害受害企业和组织的声誉。

数据篡改是指通过未经授权的渠道故意修改（破坏、操纵或编辑）数据库中数据的行为。一方面，数据库的数据在不受保护地传输给用户的过程中，可能被截获、修改内容或更改其目的地址。另一方面，如果数据库管理系统本身存在安全漏洞，未经授权的用户可能会通过这些安全漏洞进入数据库管理系统，使用恶意代码破坏数据库中存储的数据。数据篡改往往更加隐蔽，对数据的一致性、完整性、正确性影响非常大，这就使数据篡改成为数据库面临的最大安全威胁之一。

数据丢失是指数据库中数据被有意或无意地删除，导致数据库中数据难以被恢复的行为。当数据被意外删除或因某些原因导致数据损坏时，就会发生数据丢失。数据丢失会引发灾难性的后果，不仅仅是丢失的数据本身会造成巨量的经济损失，而且服务瘫痪、响应延迟等后果都会给企业、组织和个人造成非常恶劣的影响。从风险来源来说，一方面，网络病毒、物理损坏或其他复杂的网络攻击会导致数据丢失；另一方面，人为疏忽导致的错误操作或员工的恶意行为，也会导致数据库中的数据被删除。

随着网络犯罪形式的多样化，网络犯罪分子除了攻击数据库中的数据外，攻击的重点开始转移到数据库管理系统本身，使数据库管理系统瘫痪，比如通过恶意软件、缓冲区溢出攻击等手段干扰数据库管理系统正常提供服务，或者通过拒绝服务攻击的形式使数据库无法为用户提供正常服务。

此外，越来越多的网络犯罪分子会通过各种手段来隐藏自己的恶意行为，这就要求数据库管理员实时监控系统的运行。然而，要想实时监管数据库中的异常操作和行为是很困难的。数据库管理员往往由于疏忽，忽略数据库的审计功能，仅仅依赖手动方法解决数据库遇到的问题，或者，数据库管理员未能记录支持安全性、合规性审计或检测攻击所需的上下文详细信息，也未记录事件取证所需的日志。

综上所述，数据库安全需求主要包括两部分：①数据库管理系统安全，即保障系统能够安全、稳定运行，为用户正常提供服务；②数据安全，即保护数据在数据库内能够安全存储、处理和传输。本章后续将以数据库安全需求为核心，围绕数据库面临的安全威胁，详细介绍数据库采用的安全措施，如表 13.1 所示，列出了不同安全威胁的应对措施。

表 13.1 不同安全威胁的应对措施

安全威胁	应对措施
使用不当	安全认证，数据库审计，配置扫描工具
权限管理不当	访问控制，安全配置策略，数据库审计
数据库软件漏洞	防火墙，入侵检测，漏洞扫描工具
社会工程学攻击	安全配置策略，数据加密，数据库审计
注入攻击	入侵检测，数据加密，隐私保护
缓冲区溢出攻击	访问控制，数据加密，隐私保护
拒绝服务攻击	防火墙，入侵检测，安全配置策略
恶意软件	防火墙，入侵检测，数据加密

13.3 外围级数据库安全措施

外围级数据库安全措施主要是通过安全认证、防火墙、入侵检测等一系列安全技术和措施，将潜在的安全风险拦截在数据库外，避免针对数据库非法、恶意的访问和连接。通常情况下，这些手段可以过滤掉大量恶意访问，是简单、有效的安全措施，也是数据库最基本的主动防御措施。

13.3.1　安全认证

数据库安全认证是指确认试图登录数据库的用户是否被授权访问该数据库。在网络环境中，用户身份认证是必不可少的。没有可信赖的安全认证，数据库最基本的安全性就无法得到保障。

安全认证的概念在日常生活中非常普遍，对任何系统而言，基本的安全要求是必须首先了解用户，确认系统使用者的身份。因此，系统必须先识别用户，然后确定其访问权限，以便审核用户的操作，进而为用户提供相应的服务。例如，手机要求输入指纹或密码来执行身份验证，计算机通过询问相应的密码来验证用户身份等。不过，需要注意的是，在数据库的安全认证阶段，只关注用户是否具有访问和连接数据库的权限，细粒度的权限管理会在 13.4.2 节讨论。

数据库安全认证包含的维度更多，因为安全认证可以通过不同的方式来实现。安全认证可以由数据库本身执行（即数据库认证），也可以允许操作系统或使用某些其他外部方法来验证用户（即外部身份验证）。在数据库认证中，数据库管理员会预先定义用户身份，即用户名和密码，以便数据库执行用户的识别和认证。在外部身份验证中，利用预先定义的用户身份，由不同的可信第三方对用户身份进行验证。目前，数据库的外部认证方案主要有：① 由操作系统或网络服务执行身份验证；② 通过安全套接字层（secure socket layer，SSL）对用户进行身份验证；③ 对于企业用户，可以使用企业目录授权他们通过企业角色访问数据库；④ 数据库也允许用户通过中间层服务器来连接数据库，并由中间层服务器验证和承担用户的身份，允许为用户启用特定角色（角色的概念在 13.4.2 节介绍），这称为代理身份验证，其目的是降低对数据库的认证开销。

1. 数据库认证

数据库认证通常是使用存储在该数据库中的信息对尝试连接到数据库的用户进行身份验证，最常使用的方法就是密码认证。密码是身份验证的基本形式之一。用户在建立连接时必须提供正确的密码，以防止未经授权使用数据库。创建用户时由用户设置密码，数据库可以将用户的密码以加密格式存储在数据字典中。用户可以随时更改他们的密码。

依赖密码的数据库安全系统要求密码始终保密。但是，密码容易被盗、伪造和滥用。所以，数据库采取许多措施和策略来提高密码的复杂度，加强基本密码身份认证功能，并提供对数据库安全性的更强的控制：

（1）数据库管理员（DBA）和安全人员可以通过用户配置文件控制密码管理策略；

（2）DBA 可以建立密码复杂性的标准，例如最小密码长度等；

（3）密码不应包含弱口令字典中存在的词，例如密码不应包含用户名或生日等；

（4）密码具有时效性，密码在使用一定时间后会失效，用户必须定期修改密码；

（5）DBA 可以设置密码重用规则，即用户修改密码时，只有不超过重用时间的密码才可使用；

（6）当用户登录尝试失败次数超过指定次数时，服务器可以自动锁定该用户的账户。

2. 外部身份验证

数据库认证虽然简单、高效，但是存在诸多问题。首先，密码认证安全性较低，密码容易被泄露、伪造等，影响整个数据库管理系统的安全。其次，数据库认证不能适应复杂的网络环境，难以应对身份伪造等复杂的网络攻击。最后，频繁的数据库认证操作也会影响数据库本身的性能。因此，数据库管理系统引入外部身份验证来对用户身份进行识别。

外部身份验证有两种主要的方式：（1）使用双因素认证（例如，同时提供密码和令牌卡进行认证）或多因素认证（例如，同时提供密码、指纹、令牌卡进行认证）来建立强身份认证；（2）代理认证，即让中央设施对网络的所有成员（客户端到服务器、服务器到服务器、用户到客户端和服务器）进行身份验证。这是解决网络节点伪造身份的一种有效方法。

1）强身份认证

强身份认证在诸多身份认证方法中具有两个优势，一方面，强身份认证有更多的身份验证机制可供选择，例如智能卡或数字证书，数据库可以根据需要选择不同的安全机制，在不同的使用环境中保障数据库安全；另一方面，使用外部机制进行身份验证，可以使数据库在使用中减少管理开销，提高数据库性能。下面介绍一些常见的强身份认证方法。

（1）Kerberos 协议。Kerberos 是一种受信任的第三方身份验证系统，由麻省理工学院创建。Kerberos 依赖于共享机密，它假定第三方是安全的，并提供单点登录（在多个应用系统中，用户只需要登录一次就可以访问所有相互信任的应用系统）、集中密码存储、数据库链接身份验证等功能。它通过 Kerberos 身份验证服务器执行此操作。

Kerberos 可以集中存储密码，减少了管理开销，并且只需要一个密码就可以访问多个系统，极大地方便了用户。另外，Kerberos 还可以控制网络访问时间，并通过 DES 加密和 CRC-32 完整性检验来防止未经授权的访问和数据包重放。

（2）令牌卡。令牌卡提供了一种数据库验证用户身份的双因素方法。用户要想获得数据库的访问权限，必须拥有实体卡，并且必须知道密码。令牌卡可以通过不同的机制提高易用性，比如令牌卡可以动态显示与身份验证服务同步的一次性密码，服务器可以在任何给定时间通过身份验证服务来验证令牌卡提供的密码。

令牌卡有诸多优势。第一，令牌卡安全性更高，双因素身份验证大大增加了暴力破解的难度。第二，令牌卡便于使用，用户无须记忆多个密码，而是令牌卡也便于管理。第三，可以提高事后溯源能力，令牌卡提供的强认证机制能够在出现安全问题后定位到具体用户，增强了溯源的线索。

（3）智能卡。智能卡是一种类似于信用卡的硬件设备，它具有内存和处理器，并由位于客户端工作站的智能卡读卡器读取。智能卡安全性更高，一方面，智能卡可以被锁定，只有拥有该卡并知道正确的个人识别号（personal identification number，PIN）的用户才能解锁它；另一方面，智能卡还可包含基于硬件的加密芯片，使加密 / 解密速度更快，提高身份认证过程的处理速度。由于智能卡本身具有内存，因此可以存储诸如加密密钥、用户的私钥甚至数字证书等机密信息。

（4）公钥基础设施。公钥基础设施（public key infrastructure，PKI）是一组标准的程序和策略，用于保证安全实施信息交换。PKI 主要为用户提供加密方法、密钥管理的基础安全服务，并使用数字证书为用户提供身份验证服务。PKI 提供的数字证书将用户身份与用户所使用的密钥绑定，可以利用证书为用户提供身份认证、通信完整性保护、抗抵赖性和保密性等服务。证书认证机构（certification authority，CA）是受信任的第三方，证书的申请、颁发、作废、查询等都是由证书认证机构完成的。当证书认证机构对用户进行认证时，会验证用户的身份并授予证书，数据库就可以利用该证书对用户身份进行验证。

（5）生物识别技术。目前，生物识别解决方案逐渐成为实现强授权的另一种方式。在这种方法中，通过计算机与生物传感器等技术密切结合，利用人体固有的生理特性，如指纹或声音等物理特征，来识别和验证用户身份。与其他方法相比，生物识别技术安全性更高，更加方便，不容易被遗忘或丢失，也不易被伪造。

2）代理认证

在复杂网络环境中，网络服务会按照层次结构来组织。例如，用户通过 Web 应用程序访问数据库，数据库每次都需对用户进行身份验证，这不仅给用户带来极大不便，也给数据库带来许多额外开销。因此，用户的身份应该能够通过应用程序传递到数据库服务器，而这需要代理认证的支持。

如图 13.3 所示，代理认证可以允许应用程序通过将用户凭据传递给数据库服务器来验证用户凭据，能够使数据库管理员动态调整用户和应用程序对数据库的访问权限，并且能够使管理员审核用户和应用程序的操作。代理身份验证支持中间层服务器的有限信任模型，并避免了特权中间层的存在。此外，由于中间层和用户的身份都是通过用户

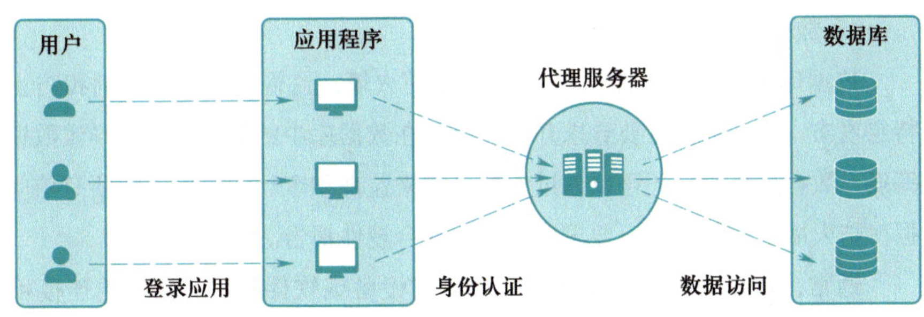

图 13.3 代理认证原理

会话传递给数据库的，在由用户、应用程序和数据库组成的三层系统中更容易审计用户的行为，从而提高了数据库溯源能力。

代理认证最常见的形式就是单点登录（single sign-on，SSO）。单点登录是一种身份验证方法，它使用户能够使用一个密码安全地对多个应用程序和网站进行身份验证。单点登录是基于应用程序和用户之间建立的信任关系进行工作的。这种信任关系通常基于用户和应用程序之间交换的证书，这些证书记录了从用户发送到应用程序的身份信息，由此应用程序可知它来自受信任的用户。

在日常使用中，针对不同服务，用户通常需要使用单独的密码来验证身份。然而，不同应用程序使用不同密码存在两个问题，一方面，用户难以记忆不同的密码，因此倾向于选择较简单的密码，并倾向于将它们记录在明显的地方；另一方面，管理员必须跟踪每个服务器上的单独密码数据库，并且必须解决由于密码频繁通过网络发送而引起的潜在安全问题。而单点登录可以解决上述问题，它使用户能够使用单个密码登录到不同的服务器，实现对全部有权访问的服务器的身份验证。此外，单点登录只需一个密码，简化了系统管理员对用户账户和密码的管理，大大提高了密码的安全性。

13.3.2 防火墙

大多数前端应用程序在执行任务时依赖后端数据库（如 MySQL、PostgreSQL、GaussDB 等）来获取所需的数据，这使数据库不再局限于局域网中的内部应用程序，许多基于网络的应用程序都依赖于数据库提供的数据存储和管理服务。

虽然每台接入互联网的服务器都有一个或多个防火墙来控制进入服务器的流量，但是通用的防火墙缺少对数据库 SQL 流量进行控制的规则和策略集。由于数据库缺少访问策略集，无法避免已泄露的数据库凭据被攻击者滥用，无法及时检测来自特定网络、应用程序或用户的攻击，不能监控所有数据库的访问流量。

因此，为数据库配置相应的防火墙非常必要，其目标是控制和审核访问数据库的流量，保护数据库管理系统免受复杂网络环境中的攻击。

1. 数据库防火墙简介

数据库防火墙是一种 Web 应用程序防火墙，监视数据库以识别和防止对数据库的特定攻击，这些攻击主要寻求并访问存储在数据库中的敏感信息，导致数据库管理系统瘫痪。数据库防火墙还可以通过维护日志来监视和审计对数据库的所有访问。此外，数据库防火墙可以根据用户要求生成特定的合规性报告。

通常，数据库防火墙是增强安全性的设备或软件，对数据库的连接和访问必须通过防火墙才能到达数据库。数据库防火墙的部署方式主要有两种：① 当保护单个数据库服务器时，数据库防火墙与数据库配置在同一个服务器上，对数据库访问的流量必须先经过防火墙，才能进入数据库；② 当保护多个服务器中的多个数据库时，数据库防火墙部署在靠近网关的服务器上。

部分数据库服务器支持基于主机的代理，这些代理可以安装于数据库服务器自身中以监视本地数据库事件，实现防火墙的功能。基于硬件的防火墙支持主机 / 网络监控，不会对数据库服务器造成任何额外负载。硬件设备和软件代理也可以同时部署。

2. 数据库防火墙原理

数据库防火墙包括一组预定义的、可定制的安全审计策略，它们可以根据过去事件以及威胁命名空间来识别数据库攻击，这些过去事件和威胁命名空间称为“签名”，签名可以认为是事件或威胁命名空间独一无二的识别特征。因此，只需将 SQL 语句与这些签名进行比较，就可以判断这些 SQL 语句是否带有恶意，是否会威胁数据库安全。通常，这些签名由供应商定期更新，以识别对数据库的已知攻击（数据库内的许多任务都是以一系列可执行的 SQL 语句实现的）。

但防火墙很难记录有关数据库所有攻击的特征，因此，数据库防火墙会构建安全 SQL 语句的白名单，白名单内的 SQL 语句安全性都是已知的，不会对数据库安全造成威胁。构建白名单后，所有输入 SQL 语句都与这个白名单进行比较，只有那些已经出现在白名单中的命令才会被发送到数据库中。此外，数据库防火墙还可以根据已有的经验和数据库安全需求，维护包含特定威胁和可能有害的 SQL 语句的黑名单。所有输入 SQL 语句也都会与这个黑名单进行比较，在黑名单中的 SQL 语句不会被数据库执行。

除了以上基本措施以外，不同的数据库防火墙还有一些额外的、增强安全性的功能。例如，一些数据库防火墙可以识别数据库服务器中的数据库、操作系统和协议漏洞，并通知数据库管理员，管理员可以采取措施及时修补这些漏洞；一些数据库防火墙还可以监视来自数据库服务器的响应，以阻止潜在的数据泄露；数据库防火墙还可以根据指定的措施对发现的可疑活动进行处理，可以选择记录可疑活动或立即阻止可疑活动。

由前面讨论已知，SQL 注入攻击和缓冲区溢出攻击是两种常见的数据库攻击类型。当为数据库配置数据库防火墙后，就可以阻止此类攻击。当数据库黑客进行 SQL 注入攻击或缓冲区溢出攻击时，黑客往往会进行很多次尝试攻击，但由于数据库防火墙不断监视不规则的数据库活动，可以评估发出异常数据库访问请求的 IP 地址、时间、位置、应用程序类型等因素，然后根据这些因素以及管理员指定的策略集决定是否阻止这些攻击行为，因此可以识别这类恶意访问行为。

13.3.3 入侵检测

入侵检测系统（intrusion detection system，IDS）能够对网络传输流量进行即时监视，在发现可疑流量时，入侵检测系统可以发出警报或采取主动反应措施。虽然入侵检测系统能够保护服务器和整个网络，但是，出于以下两方面的原因，数据库管理系统不能得到很好的保护。一方面，对于数据库管理系统而言被视为恶意的操作，对于底层操作系统或网络而言不一定是恶意的。因此，入侵检测系统无法有效抵御针对数据库的特定攻击。另一方面，在数据库管理系统中，内部威胁是威胁数据库安全的主要来源，其危害远远大于外部威胁。因此，入侵检测系统还需要具备能检测拥有数据的组织内部用户异常访问的机制。因此，需要为数据库量身定制入侵检测系统。

数据库管理系统入侵检测机制包括异常检测系统和异常响应系统两个重要组成部分，异常检测系统主要是发现异常和非法的数据库查询请求，而异常响应系统则对发现的异常查询请求进行响应处理。

1. 异常检测系统

在数据库管理系统中，每个数据库查询请求都与发出请求的用户相关联。异常检测系统会记录用户提交到数据库的 SQL 命令，构建用户行为特征数据用于异常检测。具体而言，异常检测系统会根据用户的历史查询，使用标准聚类技术将用户查询聚类，并为每个用户维护相应的类别标签。当异常检测系统检测到新的 SQL 命令时，异常检测系统会判断新的 SQL 命令是否与用户的标签一致，来判断是否属于异常行为。此外，异常检测系统也能够利用统计测试来判断新的 SQL 命令是否异常。

因此，在异常检测系统中，最重要的是构建用户行为特征数据，这主要依赖数据库的日志文件。异常检测系统会对数据库日志文件的每个条目进行预处理，将每个日志条目转换为可以由检测算法分析的格式。通常，日志文件中的条目都被转换成包含一些字段的基本数据单元，比如 SQL 命令、查询的表、查询的属性等。通过基于 SQL 命令语法对用户的访问命名空间进行建模，可以有效检测内部威胁场景。异常检测系统能够捕获不符合正常访问命名空间的用户或角色发出的 SQL 命令，安全管理员可以通过对用户行为特征进行筛选和处理，来改进数据库管理系统的现有访问控制策略或定义新的访问控制策略。

在利用角色进行访问控制的数据库管理系统中，异常检测系统能够更加准确和高效地检测异常行为。异常检测系统能够确定入侵者的角色，即检测拥有特定权限的角色的行为是否与预期相同。此时，角色可以作为异常行为分类的准则，对于访问数据库的每条 SQL 命令，如果该 SQL 命令与用户关联的角色不符，就会被判定为异常。

2. 异常响应系统

已有的入侵检测机制主要有两大缺点：第一，异常响应选项有限；第二，没有针对数据库管理系统配置更加高效的响应措施。如果数据库中的数据较为敏感，数据库对安全性要求较高，就可以采取比较严格的响应机制，即立即丢弃恶意请求；如果数据库对性能要求较高，那么就可以采取比较宽松的响应机制，即让恶意请求通过的同时发出警报。此外，异常检测系统可用于检测新的零日攻击，但也因产生大量误报而严重影响系统性能。在数据库管理系统中，异常响应并不仅仅是这些粗粒度的措施。

针对数据库管理系统设计的异常响应系统在面对每个警报时，如果采取积极的响应措施可能会导致对合法请求的拒绝服务，而仅记录警报将使异常检测系统的优势失效。因此，异常响应系统主要通过两种方法来解决这些问题。一方面，异常响应系统根据数据库响应策略进行响应，该策略根据异常请求的详细信息指定适当的响应操作。另一方面，异常响应系统通过在访问控制系统中设置特权状态来进行更细粒度的响应动作。例如，当检测到异常行为时，与异常操作相对应的权限会被暂时冻结，直到用户执行补救操作。

本节介绍的数据库认证、数据库防火墙和入侵检测系统三个外围级数据库防御措施，能够有效地抵御对数据库的恶意访问，保护数据库的安全。

13.4 访问级数据库安全措施

外围级数据库安全措施虽然能够抵御一部分针对数据库的恶意访问和攻击行为，但是，这仅仅是数据库安全防护的第一道大门。一旦恶意用户成功绕过这些措施进入数据库，数据库的安全仍然会受到严重的威胁。因此，除了防护好进入数据库的第一道大门，在数据库内部也需要采取各种措施进一步保护数据库管理系统的安全。本节将从访问控制、安全配置策略和数据库审计三方面讨论数据库中更细粒度的安全防护措施。

13.4.1 访问控制

数据库访问控制是指数据库按照用户的身份和权限，控制用户对数据库中数据访问的技术。也就是说，数据库中的每个用户仅仅能够访问自己有权访问的数据，而不能在未授权的情况下访问数据库中其他敏感数据。

访问控制包括两个主要部分，即安全认证和权限控制。安全认证是对访问数据库的用户进行身份验证的方法，13.3.1 节对数据库中不同的安全认证方式进行了讨论。然而，安全认证不足以保护数据库中的安全，特别是不能保证数据库中存储的数据不被未授权地访问和篡改。因此，数据库需要额外的安全措施，即权限控制。权限控制决定是否允许用户访问特定数据或对数据进行添加、修改或删除等操作。可以说，没有安全认证和权限控制，就没有数据安全。本节主要讨论访问控制中的权限控制，下面统一使用访问控制这一术语来代替权限控制。

在介绍数据库访问控制前，先介绍数据库中一个重要的概念——数据库命名空间（naming space）。

1. 数据库命名空间

数据库命名空间是关系数据库的全部或部分的逻辑配置，它表示属于特定用户的对象组，指示构成数据库的实体如何相互关联。一个数据库可以有多个命名空间。如图 13.4 所示，每个命名空间都包含由特定数据库用户创建的所有对象，这些对象包括表、视图、存储过程等，也称为命名空间对象；但不包含用户、角色和目录对象。数据库可以根据具体情况授予用户登录各个命名空间的权限，并且所有权在授权后可以转让。这些命名空间不一定表示数据文件的物理存储方式。相反，命名空间对象在逻辑上存储在表空间中。数据库管理员可以指定为数据文件中的特定对象分配多少空间。需要注意的是，命名空间和表空间不一定完美对齐，也就是说一个命名空间中的对象可以在多个表空间中找到，而一个表空间可以包含多个命名空间中的对象。数据库命名空间是数据库的逻辑概要，它实际上没有任何数据，而且数据库命名空间通常是静态的，一旦数据库运行起来就很难改变它的结构。命名空间为访问控制和多租户提供支持，即某个用户只有访问某个命名空间的权限（访问控制），或者某个租户只能查看某个命名空间上的信息。

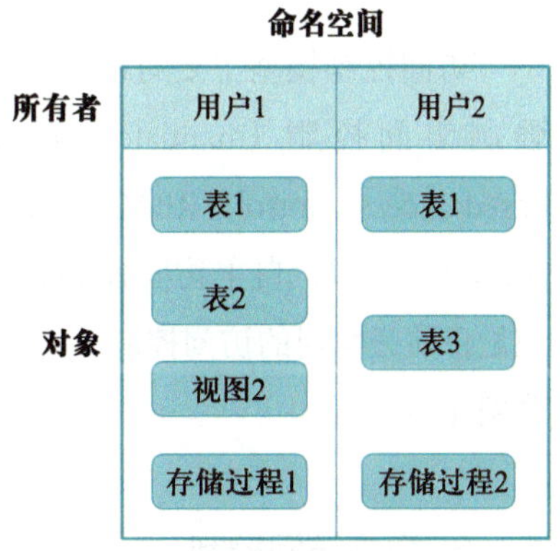

图 13.4　数据库命名空间

2. 访问控制基本原理

访问控制策略指定访问权限，该权限规定了允许或拒绝数据库用户提出的数据访问请求。在数据库中，用户是数据库中的一种对象，能够使用其对应的用户名和密码登录数据库，并根据被赋予的数据库操作权限执行相应的数据库命令来操作和访问数据库资源。另外，使用客体来指代数据库中的数据或资源，用主体来表示用户发出 SQL 命令的应用程序。一个用户可以使用多个不同的应用程序，一个应用程序也可以被多个不同用户使用。

访问控制主要关注以下问题。

（1）阻止访问：在没有任何权限的情况下，确保主体不能访问客体，这是访问控制的默认策略。

（2）确定访问权限：根据访问控制策略，确定主体是否有权对客体进行访问。

（3）授予访问权限：授予主体访问客体的权限，在数据库管理系统中，权限授予应该是细粒度的、最小的、有限的，不能仅仅为了允许访问一个客体而授予对许多客体的访问权限。

（4）撤销访问权限：删除主体对客体的访问权限。

（5）检查访问权限：确定哪些主体可以访问一个客体，或者一个主体可以访问哪些客体。

访问控制模型主要有四种，即自主访问控制（discretionary access control，DAC）、强制访问控制（mandatory access control，MAC）、基于角色的访问控制（role-based access control，RBAC）和基于属性的访问控制（attribute-based access control，ABAC）。其中，自主访问控制和强制访问控制模型已经过时，基于角色的访问控制模型是目前最常用的访问控制方法，而基于属性的访问控制是最新的访问控制模型。下面分别介绍。

3. 自主访问控制

自主访问控制的基本模型是主体试图访问客体，数据所有者决定哪些用户可以访问该数据。也就是说，自主访问控制模型是一种根据用户指定的规则分配访问权限的方法，其基本理念是主体可以决定谁可以访问其拥有的客体。

在自主访问控制模型中，客体由称为参考监视器的保护装置保护，参考监视器必须检查数据库中每个访问数据的 SQL 命令。

自主访问控制策略机制的核心是，在主体执行数据库操作前，必须能够回答一个问题：主体 S 是否对客体 O 拥有正确的访问权限 R？抽象地说，回答这个问题所需的信息可以表示为主体 S、客体 O 和访问权限 R 的数学关系 D：如果主体 S 确实对客体 O 有权限 R，那么（S，O，R）在 D 中；否则，如果 S 没有对客体 O 的权限 R，那么（S，O，R）不在 D 中。为了方便，实际上在自主访问控制模型中，数学关系 D 同样也可以表示为访问控制矩阵，如表 13.2 所示，矩阵的每一行对应一个主体，每一列对应一个客体。矩阵的每个单元格都包含一组权限，比如主体小李可以对客体表 1 和客体表 2 进行“读（R）”和“写（W）”操作，而主体小王只能对客体表 2 进行“读（R）”操作。

表 13.2 访问控制矩阵

主体	权限	
	表 1	表 2
小李	RW	RW
小王	—	R

在实际应用中，数据库管理系统通常按列或按行存储来自访问控制矩阵的信息。按列存储的实现通常称为访问控制列表（access control list，ACL），每个客体都伴随着一个条目列表 $\{(S_1, R_{S_1}), \cdots, (S_n, R_{S_n})\}$，包含主体 S_i 和主体 S_i 对客体的权限 R_{S_i}。按行存储的实现通常称为权限列表或功能列表，每个主体都维护一个不可伪造的权限列表 $\{(O_1, R_{O_1}), \cdots, (O_n, R_{O_n})\}$，其中包含客体 O_i 和该客体的权限 R_{O_i}。这两种实现方式都在一定程度上为数据库审计提供了更多的线索和便利，但是也各有不足。具体来说，使用访问控制列表，很难审计一个主体可以访问哪些客体，但很容易审计一个客体可以被哪些主体访问；使用权限列表，很容易审计一个客体可以被哪些主体访问，但很难审计一个主体可以访问哪些客体。

4. 强制访问控制

在强制访问控制模型中，权限并非由数据拥有者自己决定和分配，在该模型中，用户根据许可信息获得访问权限。具体来说，强制访问控制策略是一种根据中央机构的规定分配访问权限的方法，这一策略的基本原理是信息属于一个组织（即数据库管理系统），而不是个人成员（用户），并且控制安全策略的应该是该组织，访问权限基于组织权威按照一定的规则进行分配。

在数据库管理系统中，客体均根据其敏感度级别进行标记。按照数据被泄露带来的潜在风险的大小，敏感度级别可分为公开、秘密、机密和绝密。但是，仅使用敏感度级别对客体进行分类是不够的。每个客体都与一组关键词相关联（例如，财务、人事等），那么与{财务}相关联的客体只能由需要了解财务数据的主体访问。如果一个客体的关键词集合是空集，那么该客体可以被任何主体访问。在强制访问控制中，一个敏感度级别和一组关键词集合共同组成了客体的标签。同样地，每个主体也有相应的标签，主体的标签同样由敏感度级别和一组关键词组成，用来表示主体的权限。

以某公司的数据库为例，假设一张数据表 Person 用来记录人员信息，由于该信息是公司的核心数据，并且只能由人事和财务部门的人员访问，那么表 Person 的标签可以设为（机密，{人事，财务}）。对于人事部门的主管小王，由于其级别较高，同时需要访问财务和人事数据，所以标签可以设为（绝密，{人事，财务}）。

在强制访问控制中，最常用的策略是贝尔－拉帕杜拉模型（Bell–LaPadula

model)：信息不能泄露给未获得信息许可的主体。具体而言，给定两个标签 $L_1=(S_1, C_1)$ 和 $L_2=(S_2, C_2)$，其中 S_1 和 S_2 是敏感度级别，C_1 和 C_2 是关键词集合。当 $S_1 \leqslant S_2$ 且 $C_1 \subseteq C_2$ 时，就可以认为 $L_1 \leqslant L_2$，也就是说 L_1 与 L_2 权限相同或更低。令 $L(X)$ 表示实体 X 的标签，其中实体是主体或客体。贝尔－拉帕杜拉模型安全条件是：

（1）只有当 $L(O) \leqslant L(S)$ 时，主体 S 才能读取客体 O，也就是说，主体只能读不高于自己权限的客体（向下读），主体不允许“向上读”，其目的是防止越权访问；

（2）只有当 $L(S) \leqslant L(O)$ 时，主体 S 才可以修改客体 O，也就是说，主体只能修改不低于自己权限的客体（向上写），主体不允许“向下写”，其目的是信息泄露。

当满足上述两个条件时，数据库管理系统的信息流动是安全的。具体而言，条件（1）保证了主体永远不能直接读取其无权了解的客体，条件（2）保证了主体永远无法修改另一个敏感度较低的客体，否则可能造成信息泄露（因为另外一个高权限主体可能读取该修改）。

仍以前面提到的公司数据库为例，由于小王的标签（绝密，{人事，财务}）中敏感度级别比数据表 Person 的敏感度级别高（机密，{人事，财务}），而且小王标签中的关键词与数据表 Person 相同，那么小王就可以读数据表 Person 中的数据。

5. 基于角色的访问控制

由于数据库往往会有很多用户访问，逐一为所有用户授予或撤销权限非常不便，而基于角色的访问控制模型就可以很好地解决这个问题。基于角色的访问控制根据用户的角色授予访问权限的方法，并实施诸如“最小权限”和“权限分离”等关键安全原则。因此，基于角色的访问控制要比自主访问控制模型和强制访问控制模型更加高效和安全，试图访问客体的主体只能访问其角色所需的数据。

如图 13.5 所示，基于角色的访问控制模型由五部分组成，分别是用户集合 S、权限集合 P、角色集合 R、用户－角色映射 SA 和权限－角色映射 PA。用户集合 S 包含数据库中的所有用户；权限集合 P 包含对数据库中不同客体的访问许可，赋予用户在数据库中执行某些操作的能力；角色集合 R 包含多种不同的角色，这些角色是按照对客体的访问需求定义的。用户－角色映射 SA 是用户和角色之间的一个多对多映射，一个用户可以拥有很多不同的角色，同样地，一个角色也可以被分配给不同的用户。类似地，权限－角色映射 PA 是权限和角色之间的多对多映射，一个角色拥有不同的权限，一个权限也可以存在于不同的角色中。基于角色的访问控制模型的关键在于这两个映射，它们将用户权限放置在角色中进行管理，而不是直接将用户与权限相关联，这样就能使权限控制更加集中，方便进行管理。

在上述基于角色的访问控制模型的基础上，数据库就可以很容易实现基于角色的访问控制。具体来说，按照上述模型的五部分，在数据库中分别设计和管理对应的五张

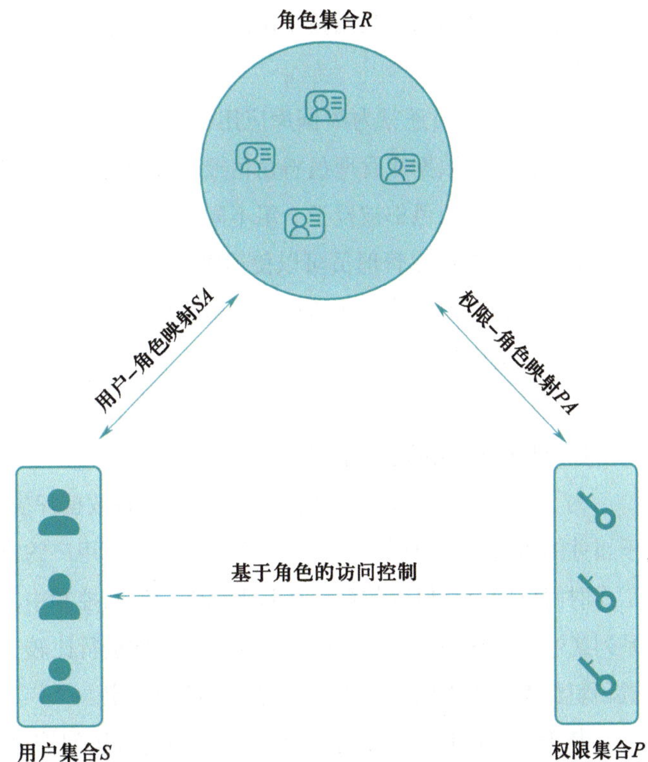

图 13.5 基于角色的访问控制

表，即用户表、权限表、角色表、用户－角色映射表、权限－角色映射表，就可以构建基于角色的访问控制的机制。然后，数据库管理员需要根据用户的访问需求，将用户分成具有共同访问需求的角色。但是要避免定义太多角色，应使这些角色尽可能简单，并且具有不同的优先级。例如，数据库可能有一个基本用户角色，其中包括任何用户都需要的访问权限。另一个角色具有更高权限，可以对数据库进行修改或删除。在明确了用户的访问需求、设计了角色后，就可以相应地设置为用户分配角色。

在数据库管理系统中，使用角色可以更轻松地管理和控制权限，角色是作为一个组授予用户或其他角色的相关权限的命名组。在数据库中，每个角色名称必须是唯一的，不同于所有用户名和所有其他角色名称。由于角色独立于用户存在，不属于任何用户，因此删除创建角色的用户也不会对角色造成影响。角色简化了最终用户系统和命名空间对象权限的管理。

使用角色进行权限管理可以减少权限管理的负担，不需要将同一组权限显式授予多个用户，而是可以将一组相关用户的权限授予一个角色，然后只需将该角色授予该组的每个成员就可以实现权限分配。角色还可以实现权限的动态管理，如果需要更改组的权限，则只需修改角色的权限，授予该组角色的所有用户的安全域会自动反映对角色所做的更改，实现批量权限更新。此外，使用角色进行权限控制还有更高的灵活度，管理员可以有选择地启用或禁用授予用户的角色，这允许在任何给定情况下对用户的权限进行特殊控制。

数据库管理员通常为数据库应用程序创建角色，授予角色运行应用程序所需的所有权限，然后，数据库管理员将角色授予其他角色或用户。一个应用程序可以有多个不同的角色，每个角色都被授予一组不同的权限，允许在使用应用程序时进行更多或更少的数据访问。数据库管理员可以使用密码来创建角色，以防止非法授予该角色的权限。通常，应用程序被设计为在启动时启用适当的角色。因此，应用程序用户不需要知道应用程序角色的密码。

6. 基于属性的访问控制

为了更细粒度地对用户权限进行控制，将数据库安全风险降到最低，可以使用基于属性的访问控制模型。例如，可以根据时间对用户的行为进行控制，不允许员工在非工作时间访问公司机密数据。在基于属性的访问控制中，每个资源和用户都被分配了一系列属性。在这种动态方法中，会对用户属性进行比较、评估，包括一天中的时间、位置和职责等，用于做出是否允许访问资源的决定。

基于属性的访问控制是一种可区分的逻辑访问控制模型，因为它通过对实体（主体和客体）操作的属性和与请求相关的环境评估规则来控制对客体的访问。属性可以被认为是任何可以被定义并且可以为其分配值的特性。在最基本的形式中，基于属性的访问控制依赖于对主体属性、客体属性、环境条件的评估。所有基于属性的访问控制解决方案都包含这些基本核心功能，并强制执行这些属性和环境条件之间的规则或关系。基于属性的访问控制系统能够执行自主访问控制和强制访问控制模型。此外，基于属性的访问控制系统可以启用风险自适应访问控制（risk-adaptable access control，RAdAC）解决方案。RAdAC 是一种基于规则的动态访问控制策略，通过实时评估用户操作需求并计算授权访问风险，使访问控制策略具备动态分析安全风险和操作需求的能力，以适应实时环境和复杂情况。

基于属性的访问控制可以使最大范围的主体能够访问最大范围的客体，而无须指定每个主体和每个客体之间的单独关系。在创建客体时，客体会被分配相应的客体属性（例如，数据的敏感度），其属性可以由创建者直接生成。基于属性的访问控制可以在主体、客体和属性的整个生命周期中修改属性及其值，而无须修改每个主体或客体关系。这种访问控制功能动态性更强，因为当属性值更改时，访问决策可以在请求之间更改。

基于属性的访问控制描述了受访问控制规则集管理的主体和客体的属性，该规则集指定可以发生的操作，此功能使客体所有者或管理员能够在不了解特定主体的情况下应用访问控制策略，并且适用于无限数量的主体。当有新主体加入组织时，只要为主体分配访问客体所需的属性即可，不需要修改现有规则或客体属性。

13.4.2 安全配置策略

数据库安全配置策略是数据库安全防御措施的重要组成部分，合理的安全配置策略可以使数据库免受潜在的安全威胁。安全配置策略是动态变化的，随着技术、漏洞和安全要求的变化而不断更新和变化，以更好地应对数据库的潜在威胁。

数据库安全配置策略从不同的角度对数据库加以保护。下面将从系统安全配置策略、数据安全配置策略、用户安全配置策略、密码管理策略和审计配置策略五方面进行介绍。

1. 系统安全配置策略

每个数据库都有一个或多个管理员负责维护安全配置策略，即安全管理员。如果数据库管理系统规模较小，用户较少，那么数据库的超级管理员会承担安全管理员的职责。但是，如果数据库管理系统很大，管理员按照权限划分不同的角色，那么一个特殊的人或一组人的职责可能仅限于安全管理员的职责，即负责数据库管理系统的安全。每个数据库管理系统都需要制定系统安全配置策略。系统安全配置策略主要由两部分组成：一方面是数据库用户管理策略，另一方面是操作系统安全配置策略。

1）数据库用户管理策略

系统管理员是数据库中唯一具有创建、更改或删除数据库用户所需权限的用户，具有极高的特权，但是权利的过度集中可能带来更大风险，例如，一旦黑客获得了系统管理员权限，整个数据库都将被黑客控制。因此，对系统管理员的权限可做进一步分解，将不同的权限分配给不同的管理员。在数据库中，通常可以将系统管理员分为系统管理员、安全管理员和审计管理员，系统管理员负责对数据库中的表、数据等对象进行管理；安全管理员负责权限的管理、授权和撤销；审计管理员负责管理数据库审计，维护审计日志。

数据库用户管理策略还要求数据库必须对用户进行身份验证，可以使用数据库密码、网络服务或安全套接字层对数据库用户进行身份验证，以确认用户的身份。

2）操作系统安全配置策略

数据库管理系统与操作系统密不可分，操作系统也与数据库安全息息相关。操作系统安全配置策略考虑了数据库和数据库应用程序可能面临的安全威胁，设计了以下策略：

（1）数据库管理员必须具有操作系统权限才能创建和删除文件；

（2）普通数据库用户不应该具有创建或删除与数据库相关的文件的操作系统权限；

（3）如果操作系统为用户标识了数据库角色，那么安全管理员必须具有操作系统权限才能修改操作系统账户的安全域。

2. 数据安全配置策略

数据安全在数据对象级别控制对数据库的访问和使用。数据安全配置策略主要确定哪些用户有权访问特定数据或资源，以及确定允许哪个用户对数据执行何种类型的操作。

例如，仍以某公司人员数据库为例，用户小王是人事部门的员工，他只能查看和添加人事数据；小李是人事部门主管，拥有更高的权限，可以审核人员的离职等。那么，小王只能对人员数据库使用 SELECT 语句和 INSERT 语句，但是不能使用 DELETE 语句，而小李除了可以使用 SELECT 和 INSERT 语句外，还可以使用 DELETE 语句对数据库执行删除操作。

数据安全配置策略的制定主要取决于数据库中数据的安全级别。当希望允许任何用户创建任何命名空间对象，或将其对象的访问权限授予系统的任何其他用户时，数据库几乎没有数据安全性可言，数据安全性是最低的。当想让数据库管理员或安全管理员成为唯一有权创建对象并将对象的访问权限授予角色和用户的人时，可能需要对数据安全进行严格控制。全局数据安全应基于数据的敏感性设置。如果信息不敏感，那么数据安全配置策略可以更加宽松。但是，如果数据是敏感的，则应制定安全配置策略以保持对对象访问的严格控制。

由于权限管理可以很好地实现数据安全，因此，可以通过角色和命名空间来细粒度地定制数据安全配置策略。此外，视图也可以帮助数据库实现数据安全，通过定义视图可以限制对表数据的访问，可以防止包含敏感数据的列被无权限的用户访问。

另一种实现数据安全的方法是使用细粒度的访问控制相关应用程序上下文。细粒度的访问控制可以让数据库使用函数实施安全配置策略，并将这些安全配置策略与表或视图相关联。实际上，安全配置策略可以附加到 SQL 语句的 WHERE 条件中，从而限制用户访问表或视图中的数据行。

3. 用户安全配置策略

如表 13.3 所示，针对不同身份的用户，其相关的安全配置策略主要包含以下五方面的内容：一般用户安全配置策略，终端用户安全配置策略，管理员安全配置策略，应用程序开发人员安全配置策略，应用程序管理员安全配置策略。

表 13.3　不同类型用户的安全配置策略

用户类型	用户需求	安全配置策略
一般用户	访问数据库	密码安全和权限控制
终端用户	访问权限批量管理	利用角色进行分组管理
	个性化访问需求	权限单独授予

续表

用户类型	用户需求	安全配置策略
管理员	访问数据库	定期修改密码，保护对数据库的访问
	管理员权限分离	划分多个管理角色
应用程序开发人员	创建数据库对象	授予特定系统权限
	不直接影响生产数据库	仅限于在测试数据库进行开发
应用程序管理员	创建并管理应用程序角色	授予特定系统权限
	创建和管理应用程序的对象	
	维护和更新应用程序代码	

1）一般用户安全配置策略

对于所有类型的数据库用户，都需要考虑密码安全和权限管理。

如果用户认证由数据库管理，那么安全管理员应该制定密码安全配置策略来维护数据库访问安全。例如，数据库用户必须定期更改其密码。通过强制用户修改密码，可以减少未经授权的数据库访问。为了更好地保护密码的机密性，在客户端到服务器和服务器到服务器的连接中，应该使用加密措施。

此外，还要考虑与所有类型用户的权限管理相关的问题。例如，如果一个数据库有许多用户和对象，被不同的应用程序访问，那么使用角色来管理用户可用的权限，能够大大提高数据库的安全性。如果数据库只拥有少量的用户，那么向用户显式授予权限而不使用角色更容易控制安全性。

2）终端用户安全配置策略

安全管理员必须为终端用户安全定义策略。如果一个数据库拥有许多终端用户，那么安全管理员必须考虑将终端用户分组管理。也就是说，要将不同的终端用户划分到不同的用户组中，然后为这些组创建用户角色。安全管理员可以为每个用户角色授予必要的权限或应用程序角色，并将用户角色分配给用户。除了批量管理权限外，安全管理员还必须考虑不同用户的不同需求，明确授予单个用户合理的权限。角色是授予和管理不同数据库用户组所需的通用权限的最简单方法，通过角色可以很便捷地实现终端用户的分组管理。

3）管理员安全配置策略

安全管理员应该制定针对数据库管理员本身的安全配置策略。当数据库很大并且有多种类型的数据库管理员时，安全管理员需要决定将相关的管理权限划分为多个管理角色，然后将管理角色授予适当的管理员用户。如果数据库很小并且只有几个管理员，创建一个管理角色并将其授予所有管理员会更便于管理。

在管理员安全配置策略中，还应该注意保护管理员账户。创建数据库后，要在第一时间内修改管理员账户的密码，因为管理员账户具有修改数据库的强大权限，这会威胁数据库的安全。由于只有数据库管理员才有权连接到数据库，所以，数据库管理员对数据库的连接也需要加以保护。

4）应用程序开发人员安全配置策略

安全管理员必须为使用数据库的应用程序开发人员定义特殊的安全配置策略。安全管理员可以向应用程序开发人员授予创建必要对象的权限，此外，创建对象的权限也可以只被授予数据库管理员，然后由该数据库管理员接收来自开发人员的对象创建请求。

那么，应用程序开发人员应该具有哪些特权呢?

首先，数据库应用程序开发人员是独特的数据库用户，他们需要特殊的权限组才能完成他们的工作。与终端用户不同，开发者需要系统权限，如创建表、创建存储过程等。但是，只应授予开发人员特定的系统权限，以限制他们在数据库中对数据的访问权限。

其次，在许多情况下，应用程序开发仅限于测试数据库，不允许用于生产数据库。此限制可确保应用程序开发人员不会与最终用户争夺数据库资源，并且不会对生产数据库产生不利影响。在对应用程序做彻底开发和测试后，它被允许访问生产数据库并提供给生产数据库的适当最终用户使用。

安全管理员需要通过创建角色来管理应用程序开发人员所需的权限。虽然作为开发过程的一部分，应用程序开发人员通常被授予创建对象的权限，但安全管理员必须对每个应用程序开发人员可以使用的数据库空间和数量进行限制。例如，安全管理员应该为每个应用程序开发人员专门设置以下限制:

（1）开发人员可以在其中创建表或索引的表空间;

（2）开发人员可访问的每个表空间的配额;

以上两个限制都可以通过更改开发人员的安全域来设置。

5）应用程序管理员安全配置策略

在具有许多数据库应用程序的大型数据库管理系统中，需要为不同应用程序分配应用程序管理员，负责以下任务:

（1）为应用程序创建角色并管理每个应用程序角色的权限;

（2）创建和管理数据库应用程序使用的对象;

（3）根据需要维护和更新应用程序代码。

通常，应用程序管理员也是设计应用程序的应用程序开发人员。此外，也可以由熟悉数据库应用程序的任何人来担任应用程序管理员的角色。

4. 密码管理策略

依赖密码的数据库安全系统要求密码始终保密。但是，密码容易被盗用、伪造和滥用。为了更好地保障数据库的安全，数据库必须制定相应的密码管理策略，并由数据库管理员和安全管理人员通过用户配置文件加以控制。在数据库中，应该遵循基本的密码安全规则：

（1）密码不可包含用户的用户名；

（2）密码至少由 8 位字符组成；

（3）密码至少包含大写字母、小写字母、数字和特殊符号；

（4）密码应该定期更换，例如每两个月更新一次密码。

除上述这些基本规则外，数据库管理员应该根据实际要求制定更加细致的密码管理策略，降低密码被盗用的风险。

5. 审计策略

安全管理员应该为每个数据库的审计程序定义一个策略。安全管理员可以根据数据库运行状况，决定是否需要开启数据库审计功能。比如，当数据库处在安全的环境中时，可以禁用数据库审计；如果发现有非法活动，就可以开启数据库审计。当需要审计时，安全管理员可以决定审计数据库的详细程度。通常，在确定可疑活动的来源之后，会在系统审计完成后使用更具体的审计措施加以控制。

13.4.3 数据库审计

数据库审计的核心思想是了解谁在何时访问了数据库中的哪些数据，以及对它们进行了哪些修改。本节将详细介绍数据库审计的相关内容。

1. 数据库审计简介

数据库审计跟踪数据库记录和权限的使用，可以监视所有用户对数据的每个操作并将其记录到审计日志中，包括哪个数据库对象或数据记录被执行了何种操作、执行操作的账户以及活动发生时间等信息。审计通常用于以下场景。

（1）对在特定命名空间、表或行中采取的操作或影响特定内容的操作进行记录，以便在事后进行追踪和问责。

（2）调查可疑活动，安全管理员可以审计与数据库所有未被授权的连接，以及数据库中所有未被授权用户执行的非法操作。例如，未经授权的用户从表中删除数据，那么通过数据库审计可以找到这一非法用户。

（3）监视和收集有关特定数据库活动的数据。例如，数据库管理员可以收集一个用户更新了哪些表、执行了多少逻辑 I/O，或者在高峰时间连接的并发用户数的统计信息等，用于分析或者发现恶意行为。

此外，审计还可以根据需要进行定制，可以对指定用户的数据库操作进行监视和记录。数据库审计记录可以仅包含必要的信息，例如运行的 SQL 语句的类型；也可以生成包含名称、应用程序、时间等因素的详细信息的记录。当访问或更改数据库中的指定对象（包括内容）时，会触发审计机制，记录用户的相关操作。

2. 审计记录与审计追踪

可以从不同角度对数据库进行审计，而不同类型的审计则会产生不同的审计记录。

1）审计类型

数据库审计支持多种不同类型的审计，数据库管理员可以根据不同的安全需求，选择相应的审计类型。

（1）语句审计。语句审计是按照 SQL 语句的类型，对数据库中执行的 SQL 语句进行审计，而不是根据这些 SQL 语句操作的对象进行审计。语句审计主要对象是数据描述语句和数据操作语句。

（2）权限审计。由于一些用户拥有较多的权限，因此可以针对一些系统权限进行审计。例如，当指定对“创建表”这一操作的权限进行审计时，数据库会对所有创建数据库表的语句的权限进行审计。

（3）命名空间对象审计。命名空间对象审计是在选定命名空间对象上，对特定语句进行审计。例如，可以选择对表 Person 上的 SELECT 语句进行审计。

（4）细粒度审计。细粒度审计会根据内容审核数据访问和操作。例如，可以对表 Person 指定审计条件为“年龄＞50”。

2）审计记录与审计追踪

审计记录包括被审计的操作、执行操作的用户以及操作的日期和时间等信息。审计记录可以存储在数据字典表中，使用存储在数据字典中的记录进行审计的方式称为数据库审计追踪。审计记录也可以存储在操作系统文件中，使用存储在操作系统文件中的记录进行审计的方式称为操作系统审计追踪。下面，针对这两种审计追踪方法进行介绍。

（1）数据库审计跟踪。每个数据库的数据字典中都有一张特殊的系统表用来保存审计记录，同时，数据字典还提供了一些预定义视图来帮助数据库管理员使用表中的审计记录进行审计。审计追踪记录可以包含不同类型的信息，具体取决于审计的事件和审计选项。一般地，由于审计记录中的信息对不同的审计操作有不同的意义，因此在审计跟踪记录中会包含用户名、实例编号、进程标识符、会话标识符、终端标识符、访问的命名空间对象的名称、执行或尝试的操作、操作完成代码、日期和时间戳、使用的系统权限等信息。

（2）操作系统审计追踪。如果是由操作系统向数据库提供审计记录，数据库会允许将审计线索记录定向到操作系统审计线索中。如果不是，则将审计记录写入数据库外部文件中，而不会存储在数据库的数据字典中。数据库允许一部分始终被审计的操作继续进行，即使操作系统审计线索（或包含审计记录的操作系统文件）无法记录这些信息。出现这种情况的原因通常是操作系统审计跟踪或文件系统已满，无法接收新记录。配置操作系统审计的系统管理员应确保审计跟踪或文件系统没有完全填满。大多数操作系统为管理员提供了足够的信息和警告，以确保不会出现这种情况。但需要注意的是，将审计配置为使用数据库审计追踪可以消除此漏洞，因为如果审计追踪无法接收语句的数据库审计记录，数据库服务器会阻止审计事件发生。

在操作系统审计中，虽然操作系统审计记录被操作系统保存，但这些记录是在数据字典文件和错误消息中被解码的，这些被解码的记录包括：

（1）操作代码描述了执行或尝试的操作；

（2）使用的权限描述了用于执行操作的任何系统权限；

（3）完成的代码描述了尝试操作的结果，成功的操作返回零，不成功的操作返回描述操作失败原因的错误代码。

无论是否启用数据库审计，一些与数据库相关的操作总是会被审计并记录到操作系统中，主要包括如下操作。

（1）在实例启动时，会生成一个审计记录，详细说明启动实例的操作系统用户、用户的终端标识符、日期和时间戳以及数据库审计是启用还是禁用。此信息记录在操作系统审计记录中，因为数据库审计跟踪在启动成功完成后才可用。在启动时记录数据库审计的状态也充当审计标志，在禁用数据库审计的情况下重新启动数据库可阻止管理员执行未经审计的操作。

（2）在实例关闭时，会生成审计记录，详细说明关闭实例的操作系统用户、用户的终端标识符、日期和时间戳。

（3）在具有管理员权限的用户正确连接后，会生成审计记录，详细记录使用管理员权限连接到数据库的操作系统用户信息。

数据库一般由管理员设置审计选项，但审计功能是否开启，则由安全管理员负责。在数据库启用审计时，会在语句的执行阶段生成审计记录。审计追踪记录的生成与用户事务是否成功提交无关，也就是说，即使用户的事务被回滚，审计跟踪记录仍然提交。在用户连接到数据库时，已生效的语句和权限审计选项在会话期间保持有效。在会话中设置或更改语句或权限审计选项不会对该会话产生影响。修改后的语句或权限审计选项仅在当前会话结束并创建新会话时生效。相比之下，对命名空间对象审计选项的更改会立即对当前会话生效。

3）审计记录的产生

如果安全管理员启用了数据库审计，那么各个审计选项就会生效。当在数据库中启用审计，并且有相应的操作触发了审计时，审计记录就会产生。

语句审计既可以针对所有用户，审计所有数据库用户的活动；也可以有针对性地进行审计，例如仅审计几个选定用户的活动。通常情况下，语句审计会对所有符合条件的 SQL 语句进行审计。例如，当指定审计类型为“删除表”的 SQL 语句时，数据库会审计所有删除表的语句，而不考虑究竟是删除哪张表。除了可以审计所有用户的语句外，还可以设置审计指定用户的查询语句。例如，当指定审计用户“wang”的查询操作时，该用户的所有查询语句都会被审计。

权限审计是审计使用系统权限的语句，例如，当对 SELECT ANY TABLE（选择任意表）这一权限进行审计时，具有 SELECT ANY TABLE 权限的用户发出的所有语句都会被审计。数据库管理员可以对任何系统权限的使用情况进行审计。与语句审计一样，权限审计可以审计所有数据库用户的活动，也可以只审计指定用户的活动。如果同时设置了类似的语句和权限审计选项，则只生成一条审计记录。例如，如果语句审计是对创建表的语句进行审计，而同时权限审计对创建表的权限进行审计，那么每次创建表时只生成一个审计记录。需要注意的是，如果用户已经被授予执行现有操作的权限，那么就不会发生权限审计。也就是说，只有当权限不足时才会触发权限审计。权限审计比语句审计更高效，因为每个权限审计只审计特定类型的语句，而不是相关的语句列表。

命名空间对象审计可以审计命名空间对象权限允许的所有语句，同时，控制这些权限授予和撤销的语句也会被审计。命名空间对象审计可以审计引用表、视图、存储过程或函数等语句。引用索引或同义词的语句不会被直接审计，但是，审计会影响数据表的操作，从而实现了对这些命名空间对象的间接审计。命名空间对象审计选项始终是针对所有数据库用户的，不能指定特定的用户。

细粒度审计能够根据内容监控数据访问，数据库中的内置审计机制可防止用户绕过审计。虽然数据库中的触发器可以潜在地监视数据操纵语句，例如 INSERT、UPDATE 和 DELETE，但监视 SELECT 语句的成本很高。除了简单地将审计记录插入审计跟踪之外，触发器并不允许用户定义自己的警报操作以响应触发的审计。细粒度审计则允许安全管理员创建审计（表和视图上的）数据操纵语句的策略。如果从查询返回的任何行与审计条件匹配，则将审计事件记录插入细粒度审计跟踪，该记录包括了审计跟踪中报告的所有信息。细粒度审计还允许管理员选择适当的审计事件来处理，例如可向管理员发送警报。安全管理员可以为每个表或视图定义策略，识别 SELECT、UPDATE、DELETE 或 INSERT 语句的任意组合。与表或视图关联的细粒度审计策略还可以指定相关列，以便审计任何影响相关列的语句类型。如果未指定相关列，则审计会应用于所有列，即只要任何指定的语句类型影响任意一列，就会发生审计，而与是否返回结果无关。

3. 统一审计

统一审计改变了数据库的基本审计功能。在传统的数据库审计机制中，每个单独的组件都可进行单独的审计跟踪。统一审计将所有审计合并到一个存储库和视图中，这提供了双重简化：可以在一个位置找到审计数据，并且所有审计数据都采用单一格式。统一审计使数据库能够从各种来源捕获审计记录，在数据字典视图中以统一格式提供审计记录信息，提升了审计效率。

13.5 数据级数据库安全措施

前面介绍了外围级数据库安全措施和访问级数据安全措施，它们从不同的角度来保护数据库管理系统的安全。但是，数据库中存储的数据一旦被泄露，仍然会造成非常严重的损失。因此，还需要从数据本身考虑，为数据“量身定制”相应的安全措施。本节将从数据加密和隐私保护两个方面介绍数据级的数据库安全措施。

13.5.1 数据加密

随着部署的数据库管理系统越来越多，特别是将其部署在云端，数据的安全性变得越来越重要。对于企业、组织和个人而言，都存在各种敏感数据（例如信用卡数据、身份证号、医疗记录等），这些数据都需要在传输、存储、使用等过程中予以保护。然而，防火墙和入侵检测系统可能被破坏，访问控制措施无法防范内部人员的恶意访问行为，这些都无法防止数据库中的数据泄露。外围级和访问级的数据安全措施提供的安全性还远远不够，无法给予数据足够的保护，大量敏感数据面临被泄露的风险。因此，数据库采用数据加密来防御来自内部和外部的威胁，使其成为保护数据库中数据安全的最后屏障。

但是，并不是将数据库与加密技术简单地结合起来就可以保护数据库中数据的安全。实际上，数据加密给数据库带来了诸多挑战，例如明文 / 密文转换操作，以及明文和密文的混合检索，如果数据库没有对这些操作施加特殊的设计，往往会导致数据库性能严重下降，而引入加密技术的数据库架构设计复杂性又大大增加了。近年来，数据库架构和加密算法都在共同作出改进：一方面，数据库管理系统正在为适应加密数据进行改进或重构，以适应加密数据的存储、处理和传输要求；另一方面，数据库加密算法也有了显著的改进，出现了各种不同的、用于数据库加密的算法，在数据库的运行效率和数据安全性间进行平衡。本节将讨论用于数据库的各种加密算法，并相应地讨论处理加密数据的数据库组件。

1. 数据加密基本原理

数据加密是一种保护数据安全的方法，能够将数据转换为另一种形式，使其中信息被编码并且只能由拥有正确密钥的用户访问或解密。未加密的数据称为明文，加密数据通常称为密文。密文对于未经许可访问的个人或实体来说，看起来是混乱的或不可读的。目前，加密是使用最广泛和最有效的数据安全保护方法之一。

对数据库加密是指利用加密算法将数据库中的数据从可读状态转换为不可读的密文。数据库用户使用生成的密钥，可以解密数据并根据需要在数据库中检索指定的数据。与外围级安全措施或访问级安全措施不同，数据加密位于数据本身的级别。这一点至关重要，因为如果系统遭到破坏，数据仍然只有拥有正确解密密钥的用户才能读取，使数据的安全性不再依赖于数据库。

数据库往往会支持不同的加密算法，可以根据需要选择合适的数据加密算法。此外，与传统数据加密算法相似，数据库加密算法的安全也基于密钥的保密性，密钥越长越难被破解，安全性越高。例如，使用 128 位密钥的加密算法，在现实中几乎不可能用计算系统进行暴力破解。较短的密钥会降低密码算法的安全性，随着计算能力的增加，为了保障数据的安全，密钥长度不得不继续增长。但是，较长的密钥也会给数据库的使用带来很多不便。例如，对数据进行加密和解密的过程会花费更多时间，降低数据库的吞吐量，对数据库的运行产生负面影响。此外，数据加密会导致一定的空间膨胀，因为加密数据需要比原始数据量更大的存储空间（例如，原本占 4 B 的“年龄”字段被加密为 128 B）。

因此，出于对数据库性能的考虑，许多数据库在使用时并未将数据加密。然而，若强调安全性，尽管数据加密为数据库的使用带来诸多挑战，但只要对数据库进行一些改进，仍然能够在保证数据安全的同时在一定程度上确保数据库具有良好的性能。

2. 数据库加密维度

数据库加密分为三个阶段：存储加密（对应存储在数据库中的存储态）、计算加密（对应在数据库管理系统中进行计算的计算态）和传输加密（对应在网络中进行传输的传输态）。数据库加密需要考虑数据的不同状态，有针对性地设计和使用不同的密码算法，在保证安全性的同时降低对数据库吞吐量的影响。下面分别介绍存储加密、计算加密和传输加密的特点。

1）存储加密

存储加密对存储介质上的数据进行加密，可以很好地减少数据在静态存储状态下泄露的风险。存储加密会将明文数据在写入磁盘时转换成密文，避免由对文件系统未经授权的访问导致的数据泄露。此外，即使数据库的存储介质被盗，也可以保护数据不泄露敏感信息。但是，存储态加密需要解决两方面的挑战。一方面，由于加密不可避免地会导致密文数据膨胀，会消耗更多的存储空间，也会影响数据库的备份效率。另一方面，存储加密往往会不加选择地将所有数据加密，不考虑数据类型和数据敏感性，影响了数据的检索和计算性能。

2）计算加密

计算加密是指密态数据库中的数据需要在加密状态下进行检索和计算。该技术保护了数据在计算态下的安全，即使攻击者直接读取内存也无法窃取数据明文。但是计算加密必须确保数据库能够响应用户的查询，而常见的加密算法无法支持直接对密文进行比较（如密态数据排序）、数值运算（如密态数据的聚集运算）等操作，因此计算加密需要引入新的加密算法或者额外设计的密文处理流程。计算加密不仅要保证检索和计算的效率，同时，在密文数据上的检索和计算对用户及应用程序应该透明。后续会介绍基于纯软件方式和基于可信硬件的方式来实现对加密数据的计算。

3）传输加密

数据库中的数据往往会在服务器和客户端、服务器和服务器之间进行传输，但是网络是不安全的，攻击者可以通过窃听信道来收集和窃取传输的数据。此时，为了保护数据，就需要在传输过程中对数据进行加密。传输加密在发送者和接收者之间以安全的方式生成和管理密钥，实现对数据的传输加密，为数据传输提供安全通信信道。

3. 数据库加密粒度

在数据库加密方面，可以在多种不同的粒度上对数据进行保护。不同的粒度中，所有加密单元都会使用相同的密码进行加密，因此用户可以根据自己的需要选择更安全或更广泛的保护。但需要注意的是，细粒度的加密会对数据库管理系统的性能产生更多的影响，降低数据库的响应速度。数据库中的加密主要有以下四个粒度。

（1）数据项加密。在数据项加密中，每个单独的数据项都有独立的密钥，但是这种方式对数据库性能影响很大。数据项加密往往适用于需要实施高度细化级保护的场景，该方式需要管理许多相关联的密钥，需要合理设计密钥管理方式。

（2）列（行）级加密。列级加密是数据库中使用最广泛的加密粒度，常见的商业数据库（例如 SQL Server）默认使用列级加密。简单地说，列级加密中同一列中的数据使用相同的密钥进行加密，通过按列对数据加密来保障数据库安全。与数据项加密相比，列级加密实施的加密处理更少，但仍然对数据库性能有影响，加密的列数以及插入、查询和表扫描等操作等都会影响数据库性能。同样，与列级加密相似，在数据库中也可以实现行级加密，其中每行数据都使用一个密钥进行加密。

（3）表空间级加密。表空间级加密提供了不同级别的加密控制，每个数据表都有自己的密钥。由于加密处理的粒度是整个数据表，因此，表空间级加密对数据库性能影响相对较小。

（4）文件级加密。文件级加密不是对行或列加密，而是对数据文件加密。这些文件可用于电子表格或电子邮件，加密对数据的保护仍然有效，文件级加密可以减少转换或加密处理，文件级加密对数据库性能的影响最小。

在上面讨论的数据库加密粒度中，从文件级加密到数据项加密，加密粒度越来越小，一旦密钥泄露，受影响的数据越来越少，安全性越来越高。但是，加密粒度越小对数据库性能的影响也越来越大。因此，需要根据使用要求合理选择加密级别。

4. 数据加密算法

对称加密和非对称加密是最常用的两类加密算法。“对称”和“非对称”是描述密文和解密密钥之间关系的密码学术语。

（1）对称加密算法也称为私钥密码技术或秘密密钥算法，如图 13.6（a）所示，此方法要求发送方和接收方使用相同的密钥。因此，接收者需要在消息被解密之前拥有密钥。这是最简单、最古老也是最广为人知的加密类型。对称加密算法适用于第三方入侵风险较小的封闭系统。对于数据库来说，数据存入数据库时加密，取回时解密。共享数据要求接收方拥有解密密钥的副本。对称加密的缺点是私钥可能被不当共享，导致数据泄露。典型对称加密算法包括 DES（data encryption standard，数据加密标准）、AES（advanced encryption standard，高级加密标准）和 RC4（Rivest cipher 4）等。

（2）非对称加密算法也称为公钥密码算法，如图 13.6（b）所示，在加密 / 解密过程中使用两个密钥：一个公钥和一个私钥，它们在数学上是相关联的。用户使用一个密钥进行加密，另一个用于解密。任何人都可以免费使用公钥，而私钥只保留给需要它来解密消息的预期接收者。对称加密比非对称加密快，然而，双方都需要确保密钥被安全

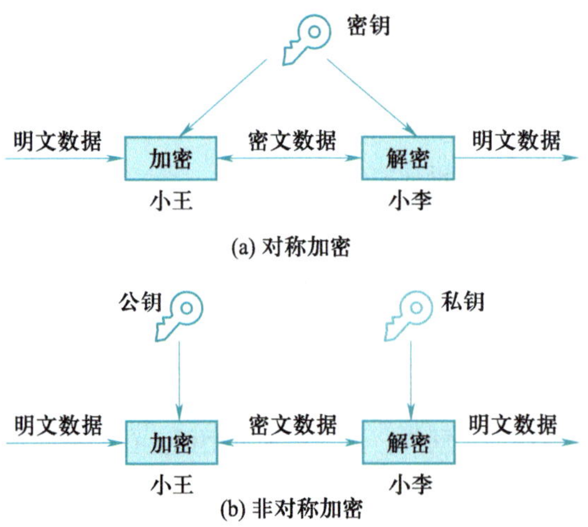

图 13.6 对称加密与非对称加密示意图

存储并且仅对需要使用它的软件可用。在非对称加密中，公钥允许任何人使用，但该数据需要使用私钥才能读取（每个用户的私钥不同）。这对于通信期间共享的数据更为安全，因为不需要共享私钥。非对称加密算法包括 RSA 算法和 PKCS 等。

下面，主要讨论数据库中常用的加密算法。

（1）AES：高级加密标准是一种对称加密算法，被认为是非常安全的。此方法使用分组密码而不是逐位流密码，分组长度为 128、192 或 256 位。用户必须共享密钥才能让其他人访问数据，这意味着他们还必须保护该密钥以防止未经授权的访问。

（2）3DES：三重数据加密是另一种对称加密算法。它利用三个 56 位密钥对数据进行三次加密，从而产生一个 168 位的密钥。此算法相当安全，但由于多重加密，速度也较慢，目前应用于许多行业中。

（3）RSA：RSA 算法是由李维斯特（Rivest）、沙米尔（Shamir）、阿德尔曼（Adleman）提出的、非常经典的非对称加密算法，也是目前使用最广泛的非对称加密算法。它使用公钥进行加密，使用唯一的私钥进行解密。此方法通常用于在不安全的网络中共享数据的场景。密钥大小在 1 024~2 048 位，这提供了更高的安全性，但由于需要更多的计算，该算法速度明显慢于其他加密算法。

5. 数据库加密实现方式

上面已经介绍了数据库的加密级别和常用的加密算法，但是，在数据库中由哪个组件来实现数据的加密和解密过程，对安全性有着很大影响。在数据库中，从应用程序到数据库存储引擎的多个不同组件都可以完成数据加密和解密过程。因此，需要根据安全性需求以及不同加密方法选择合理的数据加密算法。数据库中常见的数据库加密实现方式主要有以下三种。

（1）应用程序接口方法。应用程序接口（application programming interface，API）方法是适用于不同数据库产品（Oracle、SQL Server 等）的应用程序级加密。在对数据库的查询中，如果包含加密列，则需要在应用程序中进行手动修改。如果数据库中包含大量数据，API 方法会十分耗时。此外，在应用程序级别运行的加密会导致严重的性能问题。

（2）插件方法。插件方法需要在数据库管理系统上安装加密模块或插件包，这种方法独立于应用程序工作，通常会使用列级加密。插件方法不需要太多的代码实施管理和修改，并且灵活性更高，用户可以将该方法应用于商业和开源数据库。

（3）TDE 方法。透明数据加密（transparent data encryption，TDE）在数据库引擎本身内执行加密和解密。这种方法不需要对数据库或应用程序代码进行修改，更易于管理员管理。目前，TDE 已经成为最流行的数据库加密方法。

6. 透明数据加密

透明数据加密（也称“外部加密”）通常是指对整个数据库（包括备份的数据）进行加密。这是一种专门用于对表和表空间中“静态数据”加密的方法，是一种对用户透明的加密方法。越来越多的透明数据加密成为数据库引擎中的基本功能。透明数据加密还可以通过驱动器或操作系统实现加密，这意味着写入磁盘的所有内容都是加密的。

透明数据加密之所以是透明的，是因为它对使用数据的用户和应用程序是不可见的，并且无须进行任何应用程序级的更改。它在使用时为授权用户或应用程序解密，但在静止时仍然受到保护。即使物理介质遭到破坏或文件被盗，整个数据仍然无法读取——只有拥有解密密钥的用户才能成功读取数据。总而言之，使用透明数据加密可以帮助企业始终保护其数据库中的敏感数据。然而，由数据库引擎本身提供的 TDE 方式无法应对监守自盗的威胁，下面要介绍的全程加密才是解决此问题的重要手段。

7. 全程加密

全程加密是近年来数据库科学家探索的一种新的数据加密技术，旨在保护存储在数据库中的敏感数据，例如信用卡号或身份证号。全程加密技术允许在客户端加密客户端应用程序内的敏感数据，并且永远不会向数据库或任何第三方服务器泄露加密密钥。因此，在全程加密中，管理数据但无权查看数据的用户始终不能访问数据。通过确保本地数据库管理员、云数据库操作员或其他具有高特权但未被授权的用户无法访问加密数据，全程加密技术使客户能够安全地存储不受直接控制的敏感数据。这允许组织或个人将他们的数据存储在数据库中，并允许将本地数据库管理委派给第三方，或者降低有关 DBA 人员的安全许可要求。

全程加密技术利用数据库引擎实现对加密数据的一些查询处理，从而来提供机密计算功能，同时保留数据的机密性并提供上述安全优势。全程加密技术使加密对应用程序透明，安装在数据库客户端上的全程加密驱动程序通过自动加密和解密客户端应用程序中的敏感数据来实现全程加密。驱动程序在将数据传递到数据库引擎之前对敏感列中的数据进行加密，并自动重写查询以保留应用程序的语义。同样，驱动程序在接收到数据库返回的密文列数据时，透明地对查询结果中的密文进行解密。

由于全程加密要求数据始终保持加密的状态，因此，全程加密对数据库的加密方式、安全硬件的使用、密钥管理、索引等都带来了新的挑战。

在密态数据库中，传统的对称加密、非对称加密产生的密文往往会严重影响数据库的性能。因此，出于安全性和效率的考虑，数据库往往会设计新的加密算法或采用安全硬件的方式，来确保数据库查询能够安全、高效地执行。

一方面，对于等值、求和等类型的数据查询，往往可以通过设计新的加密方式，在确保安全性的同时高效完成查询。例如，使用同态加密，就可以直接在密文数据上完成一系列运算。同态加密是一种新的加密算法，允许对加密数据进行运算，如加法或乘法。在运算结束时，其结果与对相应的明文执行相同的操作并且对结果加密产生的密文相同。然而，当前的加密手段无法解决数据库所有查询的功能需求和性能要求。首先，即使同态加密算法近年来效率不断提升，但一些计算任务（如乘法）仍然无法满足实用需求。其次，目前没有任何实用的加密算法既支持算术运算符（加法 / 乘法）又支持关系运算符（大于 / 小于）。

另一方面，针对上述现象，即对某些查询操作难以设计相应的加密算法，往往可以借助安全硬件来构造一个可信执行环境，将密文解密后再完成相应的查询操作。目前，英特尔和 AMD 等公司均推出了其安全硬件产品（如 SGX、TEE 等），在安全硬件上，密文可以安全地进行解密和运算，而无须担心泄露数据或密钥。这样，数据库就可以安全地处理复杂查询。然而，使用安全硬件需要在可信环境内外进行大量的数据交换操作，这也会影响查询的处理效率。因此，即使使用安全硬件构造可信执行环境，也需要对查询处理操作进行改进。

由于密钥与数据库的安全直接相关，如果密钥出现泄露，将会严重威胁数据的安全。在全程加密等新一代全密态数据库中，为了保护密钥，往往会采用多层密钥管理系统，每一层密钥都有相应的、保护强度更高的密钥。以最典型的三层密钥管理机制为例，最底层是列加密密钥，第二层是客户端主密钥，最顶层则是设备密钥。列加密密钥用于对列属性的不同数据进行加密，保证各个属性之间的加密隔离。如果泄露了一个列加密密钥，只有用该密钥加密的属性才会受到影响。不同的用户使用自己独特的客户端主密钥来加密自己的列加密密钥，这些客户端主密钥永远不会离开用户的可信环境。因此，即使用户自己的数据被他人恶意访问，他们也无法破译数据所有者加密的密文数据。不同的设备密钥用于保护不同的客户端主密钥，这大大增加了对设备进行密钥攻击的难度。

此外，密态数据往往会导致数据库无法使用原有的索引技术来加速检索和计算，因此，需要设计新的索引方案。对于等值索引和顺序索引，需要分别构建不同的密态索引结构。

（1）等值索引。对确定性加密来说，通过构造标准的 B+ 树索引，在密文数据上同样可以实现等值索引。通过使用等值索引，可以很方便地对使用确定性加密的列实施连接、分组、点查询等等值操作。

（2）顺序索引。顺序索引与传统的 B+ 树类似，可以支持范围查询和排序等顺序操作。为了实现顺序索引，需要先将数据分成不同的范围，每个范围对应一个“桶”，这些桶都是有序的，这样在不暴露数据整体顺序的情况下提高了搜索效率。顺序索引根据对应的明文顺序，在可信执行环境中对每个桶进行排序和查询。

需要注意的是，简单添加上述索引并不能有效加速检索和计算，其原因在于：首先，查询优化器对新的索引及其搜索开销一无所知，无法正确地找到利用索引生成的执行计划；其次，密态数据上的统计信息通常是不完整的，如直方图信息，查询优化器无法对选择率进行正确估计，也会导致无法找到正确的执行计划。因此，在使用上述索引来加速密态检索和计算的时候，需要特别注意上述问题，通常需要人为地修改查询优化器以适应密态数据的索引技术。

13.5.2　隐私保护

数据隐私是数据安全的另一个重要方面，涉及如何正确使用和处理数据。更具体地说，实际的数据隐私问题通常围绕是否或如何与第三方共享数据，以及如何合法收集或存储数据这两个问题。

1. 隐私保护简介

数据库隐私通常指的是对包含在数据库中的数据和数据库本身的保护，包括围绕数据库及其信息分类的安全问题。数据库隐私是一个对组织和个人都很重要的概念，敏感、机密和关键信息通常保存在数据库中。为了保护这些信息不被未经许可的第三方访问，公司和组织必须保护数据的隐私。

具体来说，数据库隐私主要考虑三方面的问题：数据库本身的实际安全性，存储在数据库中数据的法律和道德影响，数据库安全专业人员为保护数据库中的数据而承担的内在道德责任。数据库隐私保护最直接的方式就是数据脱敏。数据脱敏是一种对真实数据进行改造的方法，目标是保护敏感数据，同时在不需要真实数据时提供功能性替代方案，例如，在演示或软件测试中，不使用真实数据。实施数据脱敏，就是在保持数据相同格式的同时更改数据的值，目标是创建一个无法破译或逆向工程的版本。有多种方法可以更改数据，包括字符改组、单词或字符替换以及加密等。

数据脱敏主要有以下优势：

（1）数据脱敏解决了几个关键威胁，包括数据丢失、数据泄露、内部威胁或账户泄露，以及与第三方系统的不安全接口；

（2）降低了数据库中相关的数据风险；

（3）使数据对攻击者无用，同时保持数据固有的功能特性；

（4）允许与授权用户（例如测试人员和开发人员）共享数据，而不会暴露生产数据。

2. 数据脱敏类型

数据脱敏有多种不同的类型，都可以用于保护敏感数据。

1）静态数据脱敏

静态数据脱敏可用于创建数据库的安全副本。该过程会更改所有敏感数据，直到可以安全地共享数据库副本。通常，该过程包括：在生产中创建数据库的备份副本，将其加载到单独的环境中，消除任何不必要的数据，当数据处于停滞状态时脱敏数据，最后将脱敏的副本推送到目标位置。

2）动态数据脱敏

即时数据脱敏是在数据从生产系统传输到测试或开发系统时对数据进行脱敏，然后再将数据保存到磁盘中。经常部署软件的组织无法创建源数据库的备份副本并实施脱敏，它们往往需要借助一种方法来将数据从生产环境连续、流式地传输到多个测试环境中。利用动态脱敏方法即可会在需要时发送较小的脱敏数据子集。脱敏数据的每个子集都存储在开发或测试环境中，供非生产系统使用。

3. 数据脱敏技术

在数据库中，对敏感数据进行脱敏有多种不同的方式。

（1）数据加密。数据加密是最安全的数据脱敏形式，需要使用一种加密技术来持续执行数据加密，并且要有相应的密钥管理和密钥共享机制。本质上，数据被加密算法脱敏，实施起来相对复杂。

（2）数据加扰。数据加扰是将数据的内容以随机顺序重新组织，替换原来的内容。例如，生产数据库中的 ID 号 76498，可以替换为测试数据库中的 84967。这种方法实现起来非常简单，但只能应用于特定类型的数据，安全性较差。

（3）数据剔除。数据剔除是指当未经授权的用户访问相应数据时，数据显示为缺失或“空”。数据剔除虽然简单，但是大大降低了数据的可用性。

（4）数据值差异。数据值差异是使用函数将原始数据替换，隐藏真实的数据。例如，如果客户购买了多种产品，则可以使用购买的商品中最高价格和最低价格之间的值来替换商品的真实价格。数据值差异可以简单、高效地实现数据脱敏，而无须公开原始数据集。

（5）数据替换。数据替换是指将数据的值替换为虚假但真实存在的替代值。例如，真实客户姓名被电话簿中随机选择的姓名替换。

（6）数据混洗。数据混洗与数据替换类似，不同之处在于数据值在同一数据集中替换，也就是说，数据混洗使用随机序列在每列中重新排列数据。数据混洗使输出集看起来像真实数据，但却并不显示数据记录的真实信息。

（7）数据匿名化。欧盟的《通用数据保护条例》（GDPR）引入了数据匿名化来涵盖数据脱敏、加密和散列等过程以保护个人数据。《通用数据保护条例》中定义的匿名化是指确保发布的数据不能识别个人身份。它需要删除直接标识符，并且最好避免多个标识符组合后用于识别个人身份。我国的《中华人民共和国个人信息保护法》定义的匿名化是指个人信息经过处理后无法识别特定自然人且不能复原的过程。

数据脱敏技术虽然可以在一定程度上避免隐私泄露，但是数据脱敏技术对数据库中的数据进行了修改，严重影响了数据的检索和计算。此外，数据脱敏技术也无法应对基于统计分析的隐私攻击。例如，假设一个销售部门由五位销售员组成，其中只有一位是女性，为保护员工的隐私，员工无法查询其他人的销售额。然而，这位女销售员的销售额还是很容易泄露，一个用户可以先向数据库发出一条 SQL 语句查询五位销售员的销售总额 S，然后再发一条 SQL 语句查询四位男性销售员的销售额 S'，那么，女销售员的销售额就是 $S-S'$。

4. 差分隐私

差分隐私是一种现代化的隐私保护方法，能够让用户在使用数据库时，不泄露数据库中个人的隐私数据。为了达到这一目的，可以在数据中加入适量的随机噪声，适量的噪声不仅能更好地保护隐私，也能够将对数据库的影响降到最低。因此，差分隐私和数据脱敏相比可以更有效地保护隐私数据，并逐渐成为隐私保护的主流技术。

简单来说，差分隐私就是对数据库中存储的数据添加噪声，允许用户在不泄露任何涉及个人信息的情况下，执行所有可能的统计分析。目前，差分隐私已经有了非常广泛的应用，从推荐系统、社交网络到地图定位服务，都离不开差分隐私对个人信息的保护。例如，电商平台会分析用户的个性化购物偏好，使用差分隐私可以有效保护用户的敏感购物信息。

实际上，差分隐私可以认为是隐私的形式化数学定义，差分隐私能够确保当个人数据发生变化时，整个数据集上的统计信息几乎没有变化。简单地说，使用差分隐私后，不论数据库中是否包含某个人的信息，对该数据库进行查询的结果几乎是相同的。因此，差分隐私适用于任何个人和任何数据集。

差分隐私为个性化信息的评估和隐私保护提供了理论保证和技术框架，具有如下特点。

（1）可组合。在复杂的系统中，往往需要使用不同的模块进行隐私保护。差分隐私的可组合性能够保证使用多个差分隐私算法的结果仍然是差分隐私的。

（2）多用户隐私。除了保护个人的敏感信息外，差分隐私也可以对不同群体（例如家庭）的隐私信息进行保护。

（3）后续过程保持稳健性。在差分隐私结果上使用其他函数或计算，结果仍然是差分隐私的。

差分隐私通过在数据分析过程中向数据集中添加一些随机噪声来保护个人隐私。然而，在添加噪声之后，分析的输出结果变成了近似值，该值与在实际数据集上获得的精确结果有差异。此外，如果多次执行分析，由于噪声是随机引入数据集的，每次都可能产生不同的结果。为了实现安全、有效的差分隐私保护，往往使用 ε- 差分隐私机制，其中，ε 是隐私预算值，它决定了隐私保护的强度和要引入的噪声量。ε 的值越小，在数据集上的计算偏差就越大，隐私保护强度越高，需要引入的噪声越多。较低的 ε 值会让结果高度随机化，避免让攻击者学到过多的敏感信息。然而，差分隐私技术还存在如下的局限性，限制了它的实际应用范围。一方面，差分隐私应用的前提是目标分析或查询任务具有有限敏感度（相邻数据集上该任务输出的差别上限），而很多任务并不满足此要求。另一方面，差分隐私方案和其对应的查询或分析任务一一对应，即不同的查询需求对应不同的差分方案，因此，难以依靠单一的差分方案解决数据库上通用的查询需求。

为了实现差分隐私，最简单的一种方式就是随机化回答。

假设老师希望班长统计全班同学在某一门课程上的及格率，那么班长就需要向每一个学生询问他是否及格。然而，每个学生都不想将自己真实的情况告诉班长，那班长应该如何做才能既统计出全班的及格率，又能保护全班同学的隐私呢？假设全班有 n 个同学，某个同学 i 及格与否视为属性 $X_i \in \{0,1\}$，他们希望确保没有其他人了解 X_i 的值。每个同学向班长发送一条消息 Y_i，Y_i 的值取决于 X_i 和每个同学生成的一些随机数。基于这些 Y_i，班长希望得到一个有关及格率 $p=\frac{1}{n}\sum_{i=1}^{n}X_i$ 的估计 $\tilde{p}=\frac{1}{n}\sum_{i=1}^{n}Y_i$。

假设 $Y_i=X_i$，即每个同学将自己及格与否如实地发送给班长。显然，班长可以得到有关及格率 p 的一个准确估计，即 $\tilde{p}=p$。这时，班长可以准确地了解每个人的情况，同学们的隐私没有得到任何保护。

假设每个同学这样发送自己的信息：随机地在 0 和 1 中选择一个数，如果选中的是 0，则把 X_i 发送给班长；如果选中的是 1，则把 $1-X_i$ 发送给班长。在这种情况下，Y_i 完全是保密的，班长无法通过 Y_i 来推断出同学们的及格率。

因此，可以看到第一种方法完全准确但完全没有保护同学们的隐私，第二种很好地保护了同学的隐私但不完全正确。如果同学们按照如下的方式来发送自己的信息：假设随机数 $\gamma \in \left[0,\ \frac{1}{2}\right]$，每个同学以 $\frac{1}{2}+\gamma$ 的概率将 X_i 发送给班长，以 $\frac{1}{2}-\gamma$ 的概率将 $1-X_i$ 发送给班长。显然，如果 $\gamma=\frac{1}{2}$，每个同学相当于给班长直接发送自己的真实情况，如果 $\gamma=0$，则是上述随机发送信息的第二种方案。如果 γ 是 $0\sim\frac{1}{2}$中的某值，Y_i 就在一定程度上反映了同学们的及格率，同时也保护了同学们的隐私，γ 就可以控制隐私保护的强度，其值越小，隐私保护强度越高。这样，就可以实现上述差分隐私保护了。

数据加密和隐私保护作为数据级的数据库安全措施，能够独立于数据库管理系统而工作，保护数据库中数据的安全。即使数据库管理系统失效，也仍然能够确保数据的机密信息和敏感信息不被泄露。

13.6　小结

随着数据库应用越来越广泛，数据库安全变得越来越重要。本章首先介绍了数据库面临的内部威胁和外部威胁，介绍了常见的数据库攻击手段、数据库面临的安全形势及安全风险。此外，还分析了数据库的安全需求，数据库安全不仅要保护数据库中的数据，还要保证数据库管理系统的安全运行。接着，介绍了数据库三层防御架构，分别从外围级数据库安全措施、访问级数据库安全措施和数据级数据库安全措施三个层次介绍了数据库全方位的安全防护措施，以及数据库中常用的安全技术。外围级安全措施能够识别基本的安全威胁，尽可能地将安全风险控制在数据库外，减少对数据库管理系统的破坏和数据泄露。访问级安全措施不仅可以防御外部威胁，还能对内部人员的权限滥用、恶意行为等进行有效的防御，避免来自内部的威胁造成严重的数据安全问题。数据级安全措施对数据进行了严密的保护，在数据的全生命周期提供安全保障。数据库安全技术不是一成不变的，随着攻击手段的变化，数据库安全技术必须及时更新，以应对日趋复杂的环境。

13.7　习题

1. 以下不属于保护数据库安全的技术是（　　）。

A. 身份认证与权限管理　　B. 数据库防火墙

C. 一主多备　　D. 数据加密

2. 以下说法正确的是（　　）。

A. 数据库中的密码可以重复使用，无须定期更换

B. 数据库审计不能发现非法越权访问行为

C. 数据加密不会影响数据库的查询性能

D. 数据库防火墙可以与数据库部署在不同的服务器上

3. 下列方法中，不能很好地保护数据库安全的是（　　）。

A. 设置强密码规则，要求用户定期修改密码

B. 开启数据库审计功能，对用户的权限进行审计

C. 为方便用户使用，将数据库中对所有数据的访问权限都授予用户

D. 对数据库中存储的数据进行加密

4. 下列方法中，能够避免非法数据访问的有（　　）。

A. 使用基于角色的访问控制模型对用户权限进行管理

B. 对访问数据库的用户进行身份认证

C. 对数据库中存储的数据进行加密

D. 设置强密码规则

5. 下列说法错误的是（　　）。

A. 采用隐私保护技术不会对数据库造成任何影响

B. 数据加密是实现隐私保护的一种方式

C. 数据加密主要是保护数据的存储、计算和传输

D. 数据加密对数据库管理系统的性能影响较大

6. 假设你是某公司的数据库管理员，数据库 company 中已有数据表 worker（id，worker_name，age，dept），为了实现公司内不同用户组的权限管理，可使用________访问控制模型。

7. 为了方便员工远程办公，公司的服务器连接了互联网。为了避免注入攻击和缓冲区溢出攻击，需要配置________来保障数据库安全。

8. 为了能够发现用户异常行为并进行追溯，需要使用________技术。

9. 为了保障数据库密码安全，请为数据库设计至少三条密码安全配置策略。

10. 为了加强对公司数据库的保护，公司决定使用多因素身份认证措施，请设计一种多因素认证方案，并简要说明其原理。

第 14 章

高级数据库技术

自从 20 世纪 60 年代数据库诞生以来，数据库得到了快速发展。大量开源和商业数据库的出现基本满足了用户对数据管理的需求。近年来，随着计算机软硬件技术的不断发展和互联网产业的兴起，数据库面临了许多新的挑战，例如，针对大数据时代新型应用产生的巨量数据，如何高性能地实现数据的存储和查询并提升数据库的扩展性；如何利用数据库中的业务数据进行分析，以为企业决策提供支持；如何同时应对数据库中的事务处理与复杂查询；如何利用内存的优势以应对低延迟与高吞吐量的数据库应用场景；如何高效支持波动性负载，从而适应云环境的特点实现弹性资源调度；如何利用新硬件的优势提升数据库的性能；如何管理和组织非关系型数据等。针对上述挑战，数据库领域也研发了相关技术用于解决这些问题。本章将对这些挑战及相关数据库技术进行简要介绍。

14.1 分布式数据库

随着互联网技术的不断发展，各类软件系统产生的数据量与日俱增，大型软件系统所需存储的数据量可以达到拍字节（PB）甚至艾字节（EB）级别，而运行在单台计算机中的数据库系统的存储和数据处理能力往往难以满足其要求。另外，许多场景下的数据库管理系统都有着高可用的需求，即要求系统不会因为故障而导致服务中断。因此，为了应对海量数据处理与高可用两大挑战，分布式数据库应运而生。

14.1.1 分布式数据库概述

分布式数据库一般定义为分布在多个计算机节点的、逻辑相互关联的数据集合。分布式数据库管理系统一般定义为对用户透明的、管理分布式数据库的软件系统。对用户透明意味着用户不需要了解数据的分布，用户可以像使用数据库管理系统那样使用分布式数据库管理系统。计算机节点之间通过网络连接实现通信，所有节点作为一个整体对外提供数据存储与查询等服务。相对于数据库管理系统，分布式数据库管理系统具有以下三大特征。

（1）高并发性。分布式数据库的多个节点可以同时对客户端请求进行响应，因此支持海量并发访问。

（2）高可扩展性。分布式数据库系统中的节点数量可以快速扩展，且随着节点数量的增加，系统性能也会随之提升。

（3）高可用性。即使系统中的部分节点出现故障，分布式数据库也可以对外继续保持正常运行状态。

14.1.2 分布式数据库架构

分布式数据库管理系统的运行需要多个节点协同工作，不同系统的节点结构在设计上存在一定差异。分布式数据库管理系统的架构可以大致分为以下三类。

（1）一主多备，读写分离。如图14.1所示，该架构选择一个节点作为主节点，其他节点作为备节点。主节点可以同时进行读取和写入，备节点只能进行读取而无法写入。这种架构将读取请求分散在多个节点上执行，

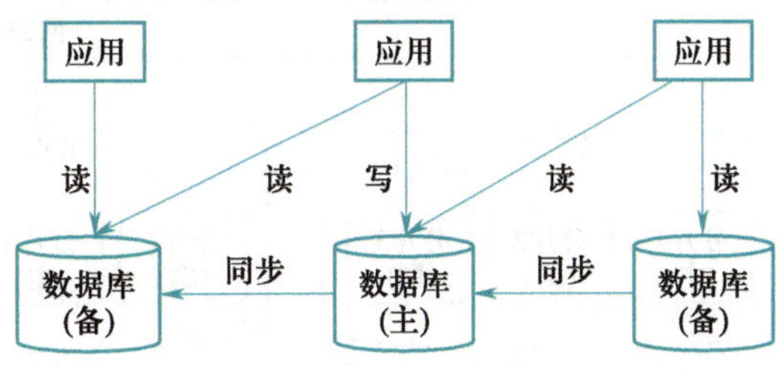

图 14.1 一主多备，读写分离

能够提高数据库处理读取请求的性能；但由于写入请求只能在主节点上执行，导致写入请求的性能相对于单机数据库系统并无提升。此外，该架构需要将写入请求更新的数据由主节点同步至备节点，而这一过程往往存在一定的延时，因此备节点上的读取操作可能无法获取最新数据。

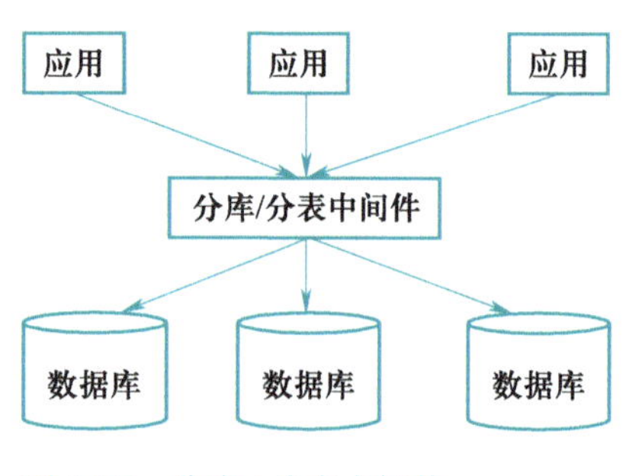

图 14.2 分库 / 分表中间件

(2) 分库 / 分表中间件。如图 14.2 所示，该架构将多个数据库或数据表拆分存储到多个节点中，在其上搭建分库 / 分表中间件，通过数据字典来存储分库 / 分表元信息（即哪些数据存储在哪些节点上），并将应用发送的 SQL 命令转发至对应的节点。该架构可以将不同数据库的库或表查询请求压力分散到不同节点中，但需要在中间件上显式指定分区策略，实现查询分发和聚合。其主要问题在于分布式事务处理和查询优化都依赖于中间件分发和聚合，因此性能较差。

(3) 原生分布式数据库。如图 14.3 所示，采用节点间独享型体系结构（shared-nothing architecture），将数据分布到多个节点中（例如通过哈希方式将数据分布到不同节点，每个节点上的数据称为一个数据分片），节点间通过网络通信来协同处理数据。该架构使用全局事务管理器实现多节点间分布式事务处理，通过分布式优化器来支持分布式查询处理。为了实现高可用性，每个数据分片都有多个副本，利用分布式副本一致性算法来解决多副本数据一致性问题。第 8 章提到事务处理一般都需要一个时间戳（例如 MVCC），单机数据库采用系统时钟即可。但是分布式数据库不同节点之间存在时钟漂移，因此分布式数据库采用集中时间戳和分布式时间戳两种方式来获取全局时间戳。原生分布式数据库架构的优势是对上层应用透明，同时从单机数据库迁移到分布式数据库时无须修改应用层代码。本节后面主要讨论原生分布式数据库架构下的相关技术。

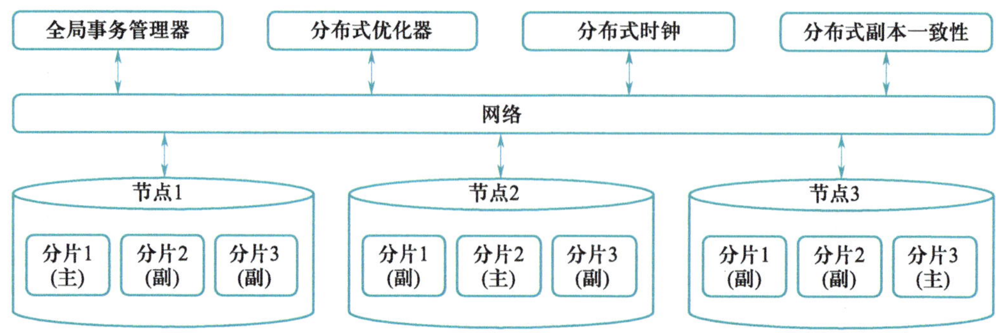

图 14.3 原生分布式数据库

14.1.3 分布式数据库相关技术

分布式数据库在并发性、可用性和可扩展性等方面均优于单机数据库，但同时也面临一系列的挑战。

(1) 分布式存储：如何将数据合理分布存储在各节点中，并防止数据倾斜。

(2) 分布式事务：如何处理分布式节点之间的事务处理，特别是保证不同节点之间的原子性和隔离性。

(3) 分布式副本一致性：如何保证数据副本之间的一致性。

(4) 分布式时钟：如何获得全局一致的时间戳。

(5) 分布式查询优化：如何实现分布式的查询优化。单机数据库没有考虑节点之间的数据传输与优化，分布式数据库需要支持节点之间的协同查询处理。

本小节将从分布式数据存储、分布式事务、分布式副本一致性共识、分布式时钟与分布式查询处理几个方面，简要介绍分布式数据库系统使用的主要技术。

1. 分布式数据存储

分布式数据库系统主要采用两种技术进行数据存储，即数据分片与多副本。前者实现数据的扩展性，后者实现数据的可靠性以及系统的可用性。

数据分片技术是将数据表切分为多个数据块，并将切分后的数据块存储在不同节点中。由于每个节点只需存储部分数据，因此系统可以通过增加节点数量来支持更大的数据规模，便于系统的扩展。根据数据切分方式的不同，数据分片可以分为水平分片（即对表的行进行切分）与垂直分片（即对表的列进行切分）两种类型。由于多数情况下表中行的数量远远多余列的数量且列的数量较少发生变动，因此水平分片技术相对更加常用。数据水平分片的方法一般为每个数据表选择一个或多个分布列，然后根据每条数据记录在分布列的值将数据划分到不同的节点中。常见的水平分片算法如下。

(1) 哈希分片。根据每条记录在分布列的值进行哈希运算，将哈希值相同的数据记录划分到相同节点中。假设将全国人员信息分布到 10 个节点中，以身份证号作为分布列，哈希函数为身份证号模除 10。则将身份证号模除 10 后余数相同的人员放到一个节点中。

(2) 范围分片。根据每条记录在分布列的值进行范围划分，将同一范围内的数据记录划分到相同节点中。例如将全国人员信息分布到 10 个节点，以年龄作为分布列，年龄在 0~9、10~19、20~29、30~39、40~49、50~59、60~69、70~79、80~89、90 岁以上人员分别放到相应节点中。

(3) 列表分片。根据每条记录在分布列的值进行列表划分，即将该分布列的所有值进行分组，落在相同分组的数据记录放到同一个节点中。例如将全国人员信息分布到

10 个节点，以出生省份为分布列，对省份按照所在区域进行分组，例如东北、华北、华南、华东、华中、华西、西南、西北、青藏、其他，将同一区域的人员划分到一个节点。

多副本技术则是将每个数据分片以多副本形式存储在多个节点中，一是防止出现因单个节点故障造成数据损坏或丢失的情况；二是当某个数据分片的网络出现故障时通过副本支持分布式事务，从而提高系统的可用性。另外，由于存储多副本的所有节点均可以响应客户端的请求，该方法也可以提高系统的吞吐量并降低系统的响应时间。然而，当数据更新时，由于其只更新了一个副本而将更新数据同步至其他副本的过程往往存在一定延时，这会导致同时读取不同副本的数据时可能得到不同的值，即副本更新一致性问题。在对数据一致性要求较高的应用场景（如金融场景）下，需要利用多副本一致性技术来保证读取最新一致的数据。常用的副本一致性协议包括 Raft、Paxos、Quorum。

2. 分布式事务

与单机数据库的事务管理类似，分布式数据库也需要保证事务的 ACID 特性，即原子性、一致性、隔离性和持久性。其中，分布式事务在一致性和持久性的实现与单机数据库的实现方法基本相同（数据副本的一致性会通过一致性协议来解决，例如 Paxos、Raft），而原子性与隔离性在实现上则存在新的挑战。针对分布式事务的原子性，分布式数据库提出了多种原子提交协议；针对分布式事务的隔离性，分布式数据库也提出了相应的并发控制方法。

1）分布式原子提交协议

在分布式数据库系统中，一个事务往往涉及多个节点参与执行。为保证分布式事务的原子性，即事务在所有节点中的操作要么全部执行，要么全部不执行，这就需要分布式数据库管理系统根据事务在所有节点上的执行情况来统一调度。它与单机数据库管理系统的本质区别在于单机事务或者成功或者失败，而分布式系统可能有些数据分片成功、有些数据分片失败，因此需要利用分布式原子提交协议来保证分布式原子性。为此，分布式数据库提出了多种原子提交协议，保证在分布式事务执行时，如果因某个节点发生故障或节点间出现网络中断等情况导致事务的执行出现异常，原子提交协议可以保证事务的所有操作全部执行或全部不执行。常见的原子提交协议包括两阶段提交、三阶段提交和 Calvin。

在分布式事务处理中，参加事务处理的节点通常被分为两类：事务协调者与事务参与者。事务协调者负责与所有事务参与者进行通信，并根据收集到的各个事务参与者的执行情况发送指令，统一调度以完成整个事务的执行。事务参与者则只需要根据事务协调者发送的指令完成节点内的相关操作。

（1）两阶段提交。两阶段提交将一个分布式事务的提交过程划分为两个阶段：准备阶段与提交阶段。在准备阶段，协调者首先询问所有参与者是否可以提交事务，各参与者检查是否满足执行事务所需的条件，如可以提交则执行事务操作并记录日志。在提交阶段，如果协调者收到所有参与者均可以提交事务的消息，则向所有参与者发送提交指令，参与者收到指令后提交事务且记录提交日志，并向协调者反馈提交完成的消息；如果协调者收到任何参与者无法提交事务的消息或规定时限内未收到任意参与者的消息，则协调者向所有参与者发送回滚指令，参与者根据指令回滚事务并向协调者反馈回滚结果。

如图 14.4 所示，两阶段提交将事务提交分为两个阶段。

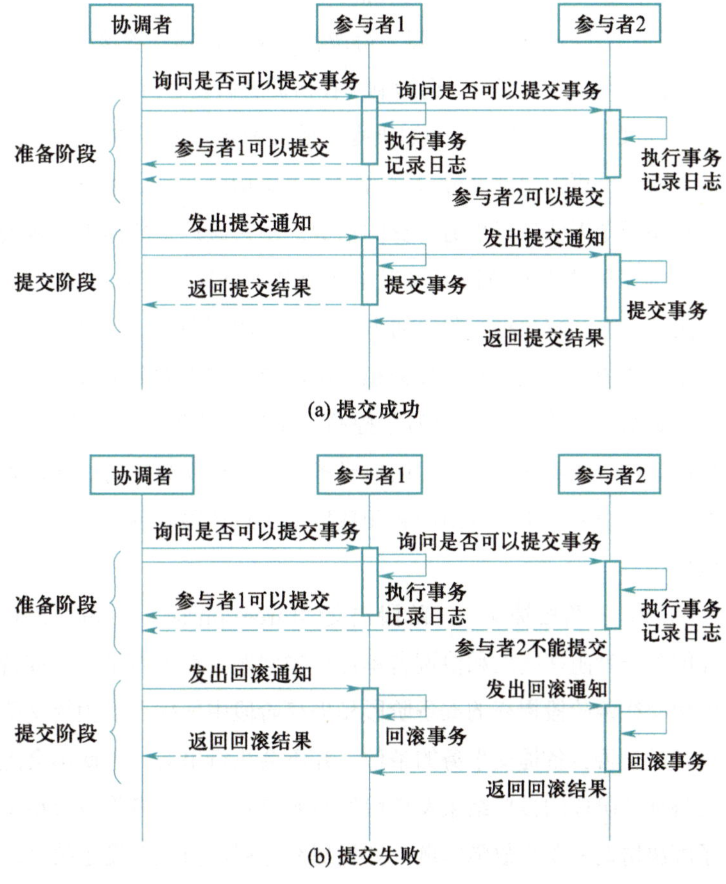

图 14.4 两阶段提交 2PC

① 准备阶段：协调者首先询问所有参与者是否可以进行事务提交，参与者收到消息后，检查执行事务所需的资源（如是否可以对相关数据加锁），判断是否可以进行提交，并向协调者发送是否可以进行提交的消息。如果该参与者可以提交，则锁定事务相关资源，执行事务操作，记录日志（其目的是发生故障后根据日志能够恢复）。

② 提交阶段：如果所有参与者都可以提交，则协调者向所有参与者发送提交指令，参与者收到提交指令后提交事务，记录提交日志（其目的是其他参与者失败时根据日志能够回滚），释放占用的锁，并向协调者发送提交完成的消息；如果有任何一个参与者无法提交，或没有在规定时间内返回消息，则协调者向所有参与者发送回滚指令，参与者收到回滚指令后，利用准备阶段记录的日志回滚事务操作，释放占用的锁，并向协调者发送事务回滚结果。

两阶段提交原理简单，应用广泛，但是存在几个缺点。

① 参与者阻塞，导致性能较差。准备阶段协调者需要等待最慢的参与者节点回复消息后才可以进入提交阶段（木桶效应），同时参与者还需要锁定事务相关资源并记录日志，阻塞了所有访问相关资源的事务，影响系统性能。

② 协调者存在单点故障。协调者是两阶段提交的核心，在提交阶段一旦协调者发生故障，所有参与者都会受到影响，在协调者恢复之前参与者会一直被阻塞。

③ 数据不一致风险。如果提交阶段协调者发送事务提交指令时发生网络异常或协调者故障，可能出现部分参与者收到提交指令并完成事务提交，而另一些参与者没有收到提交指令无法执行事务提交的情况，使系统产生数据不一致现象。

为了解决准备阶段参与者阻塞事务的问题，三阶段提交通过增加预提交阶段来避免阻塞。为了解决提交阶段协调者单点故障问题，三阶段提交通过重新选举协调者来避免单点故障。但是二阶段提交和三阶段提交都不能解决数据不一致风险。

此外，分布式数据库为了提高可用性，协调者和参与者都有副本节点，当副本多数派达成一致时即可成功。因此当多数派不出现故障时，通过副本方法解决了参与者阻塞问题、协调者单点故障问题和数据不一致风险。后续会介绍如何保证数据多副本的一致性。

（2）三阶段提交。三阶段提交（three-phase commit，3PC）解决了两阶段提交存在的参与者阻塞问题和协调者单点故障问题。首先为了解决准备阶段的阻塞问题，三阶段提交在两阶段提交的准备阶段和提交阶段中间插入了预提交阶段。参与者在准备阶段只判断是否具备提交事务的条件，并不会执行事务，因此不会阻塞。协调者在预提交阶段将准备阶段的投票结果发送给所有参与者，参与者将投票结果记录在本地。其次，为了解决协调者单点故障问题，如果提交过程中协调者发生故障，参与者节点会选举出一个新的协调者，新的协调者会根据参与者的状态，判断是否需要继续提交事务或中止事务。如果有任何一个参与者已经收到预提交请求，则协调者继续提交事务，否则若没有参与者收到预提交请求，则协调者中止事务。三阶段提交的流程如图 14.5 所示。三阶段提交分为以下几个阶段。

① 准备阶段：与两阶段提交的准备阶段类似，协调者询问所有参与者是否可以进行提交，参与者收到消息后，检查执行事务所需的资源，判断是否可以进行提交，并向

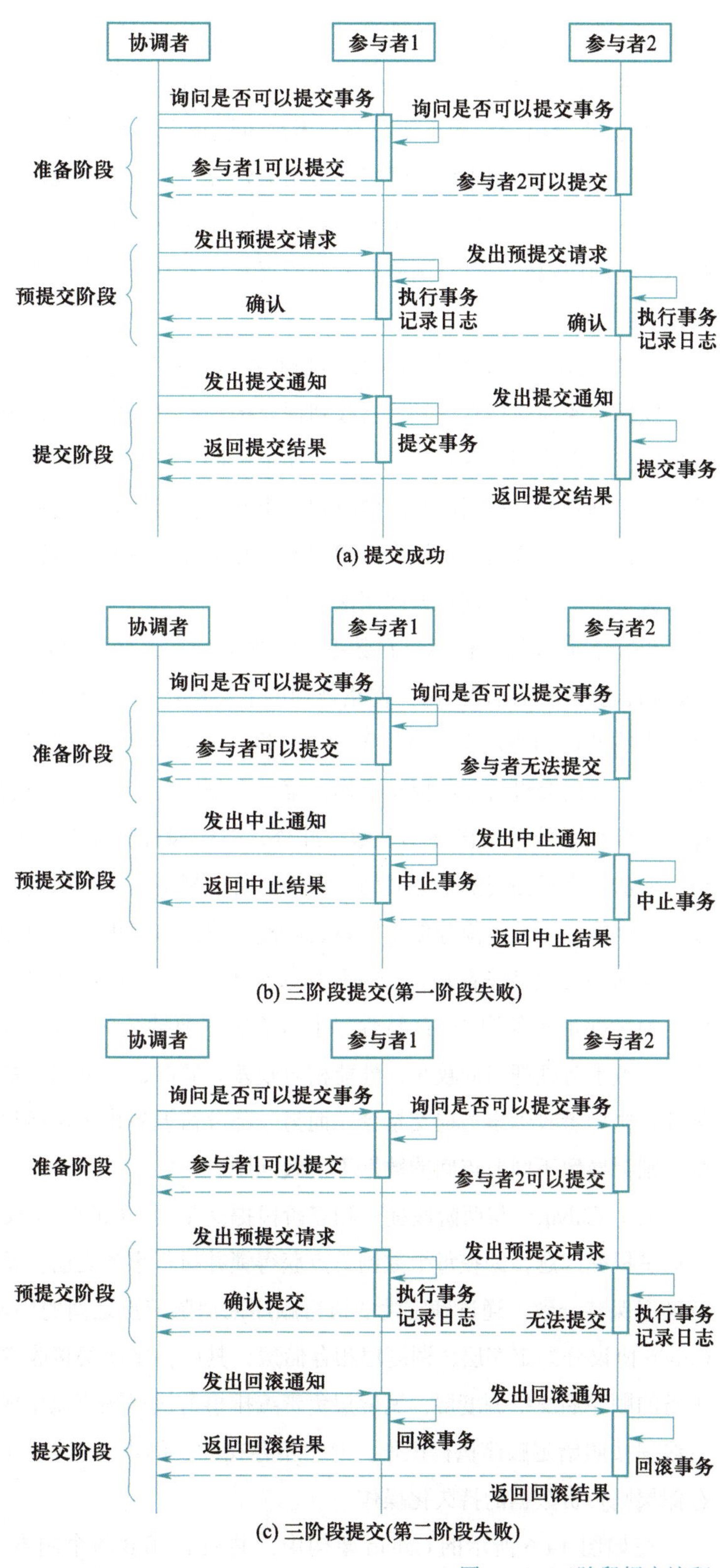

(a) 提交成功

(b) 三阶段提交(第一阶段失败)

(c) 三阶段提交(第二阶段失败)

图 14.5　三阶段提交流程

协调者返回是否可以提交的消息。与两阶段提交准备阶段不同的是，参与者在此阶段只判断是否具备提交事务的条件，并不会执行事务，因此不会阻塞。

② 预提交阶段：如果所有参与者都可以提交，则协调者向所有参与者发送预提交请求，参与者收到请求后，锁定事务相关资源，执行事务操作，记录日志，并向协调者发送确认消息；如果任何一个参与者由于不能获取事务相关资源导致无法提交，或没有在规定时间内返回消息，则协调者向所有参与者发送中止指令，参与者收到中止指令后中止事务。

③ 提交阶段：如果预提交阶段所有参与者都回复了确认消息，则协调者向所有参与者发送事务提交指令，参与者收到提交指令后提交事务，记录提交日志，释放事务相关资源，并向协调者返回提交结果；如果预提交阶段任何一个参与者回复的不是确认消息，或协调者没有在规定时间内收到某个参与者的消息，则协调者向所有参与者发送中止指令，参与者收到中止指令后利用预提交阶段记录的事务操作日志回滚事务，释放事务相关资源，并向协调者返回回滚结果。

但是三阶段提交仍然存在数据不一致的问题，特别是在预提交阶段发生网络分区（参与者之间网络出现故障，网络连通的节点落在一个分区内）的情况下，若收到预提交请求的节点和协调者节点位于一个分区，未收到预提交请求的节点位于另一个分区，则第一个分区会进行事务提交操作，第二个分区会选出一个新的协调者，进行事务中止操作，导致系统数据出现不一致。此外，三阶段提交需要协调者和参与者进行三轮通信，增加了事务提交的处理时间。由于三阶段提交易受到网络分区的影响，且通信代价较高，性能较差，大部分数据库系统并没有将三阶段提交作为分布式事务的处理方法。

两阶段提交和三阶段提交两种协议原理简单，但需要协调者和参与者的多次通信，而且为了保证事务的 ACID 特性，事务信息需要持久化到非易失性存储介质（如磁盘）中，导致事务处理时间较长，性能相对较差。同时，二者均存在数据不一致风险，即如果部分协调者收到事务提交指令，而另一部分协调者由于网络故障等原因未收到提交指令，则会导致不同节点间的数据不一致问题。

（3）Calvin：与两阶段提交和三阶段提交不同，Calvin 协议采取了另一种策略来解决原子提交问题，即在每个数据节点获得锁并执行事务之前，系统协调各节点的事务执行顺序保持一致，通过确定性的执行顺序来消除节点之间的协调开销。从架构上来看，Calvin 协议分为定序层、调度层和存储层；其中，定序层接收客户端的事务请求，确定事务的顺序后交给调度层；调度层负责编排事务执行顺序以生成事务执行线程，事务执行线程按照给定顺序执行操作，对于不存在冲突的事务可以并行执行以提高执行效率；存储层则负责数据的持久化操作。

在如图 14.6 所示的 Calvin 架构中，共有 A 和 B 两个副本，每个副本具有三个分片，定序层接收客户端的事务请求，将事务排序后交给调度层，调度层唤起事务执行线程在存储层执行事务操作。

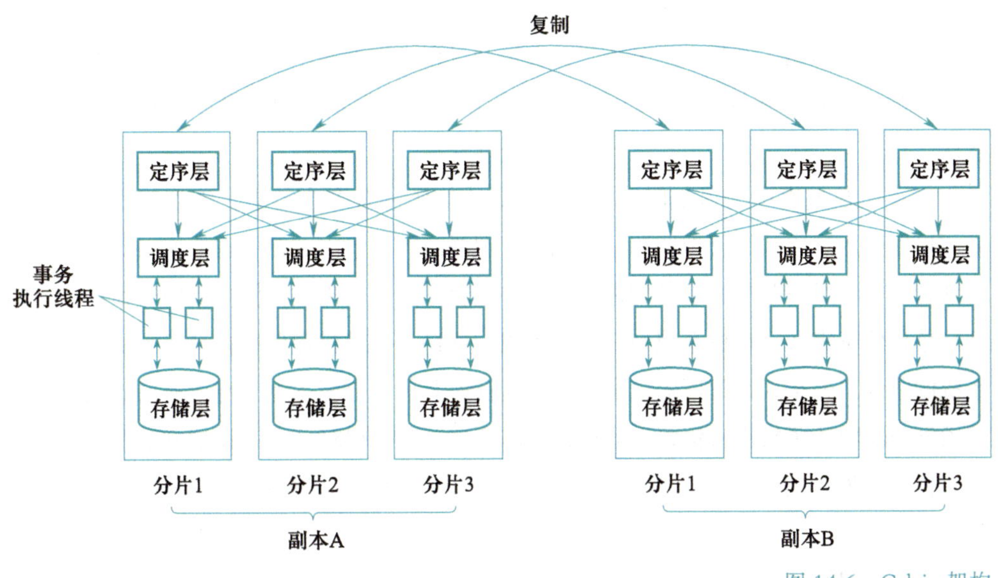

图 14.6 Calvin 架构

定序层是所有事务操作的入口，负责接收客户端的事务操作请求，并确定事务的顺序。Calvin 将时间划分为 10 ms 的窗口，窗口期内每个节点的定序层收集客户端的事务请求，一个窗口期结束后，所有事务请求都会发送给每个数据副本的定序节点。定序节点收到事务请求后，将该窗口期内的所有事务打包，并向该定序节点所在副本的所有分片节点发送消息，消息内容包括定序节点的 ID、窗口期序号以及每个分片需要执行的操作。

调度层负责编排事务执行顺序，生成事务执行线程，事务执行线程按照定序层给出的事务顺序执行操作，对于不存在冲突的事务可以并行执行以提高执行效率。Calvin 的每个事务具有读取集（read set）和写入集（write set），分别表示事务读取的数据集合和事务修改的数据集合，Calvin 要求事务开始前就确定读取集和写入集，事务执行过程中读取集和写入集不能发生改变。

存储层负责数据持久化操作，Calvin 的事务操作通过简单的 CRUD（增删查改）接口访问存储层，任何支持这些操作的存储引擎都可以作为 Calvin 的存储层。

Calvin 通过预先将事务进行排序，减少了提交过程中节点持有锁的时间，降低了不同事务之间的锁竞争，提高了高并发场景下事务的吞吐量。但由于 Calvin 要求事务在运行前提前确定读取集和写入集，但部分事务场景无法满足这一要求，还需要用户在事务运行过程中输入新的参数才可以确定访问数据集合的事务。因此 Calvin 的应用场景会受到一定的限制。

2）分布式并发控制

为保证分布式场景下事务的隔离性，与单机数据库类似，分布式数据库同样面临着并发控制的问题，并且由于分布式并发控制过程中需要多个节点的协作，因而带来了新的挑战。分布式数据库的并发控制算法可以大致分为基于锁的算法和基于时间戳的算法。

与单机数据库中的锁不同，分布式系统中的锁涉及多个节点。锁管理器按照实现方式可以分为集中式锁管理器和分布式锁管理器两种。集中式锁管理器使用单个节点作为锁管理器，所有节点的事务均需要通过与锁管理器通信来获得锁。集中式锁管理器实现简单且便于完成从单机系统到分布式系统的迁移，但锁管理器所在节点容易成为整个系统的瓶颈。分布式锁管理器由多个本地锁管理器负责分配本地节点上数据的锁。分布式锁管理器解决了集中式锁管理器存在的单节点瓶颈，但对节点间锁的分配没有完全统筹，仍可能发生跨节点的资源冲突甚至死锁，这使得分布式数据库中的死锁检测更加复杂。

在分布式锁管理器实现方式中，为了对分布式数据库进行死锁检测，首先需要每个节点维护一个局部等待图（与第 8.2.5 节介绍的单机数据库死锁检测方法中的等待图相同）。如果局部等待图中存在环，则表示该节点存在死锁。但与单机数据库的检测方法不同的是，即使分布式系统中每个节点的局部等待图都不存在环，分布式系统中仍可能出现死锁，这是因为一个事务可能请求或持有多个节点的数据，从而导致系统的全局等待图存在环。

基于时间戳的方法也与单机数据库系统中的方法类似，即为每个事务分配一个时间戳，系统根据时间戳决定事务执行的先后顺序。在分布式系统中，主要问题是不同节点的时钟可能不一致，如何在这种情况下为每个事务生成全局唯一的时间戳。其解决方案同样也分为集中式时间戳与分布式时间戳两类方法。集中式时间戳使用单个节点统一为其他所有节点生成与分配时间戳；分布式时间戳根据本地时钟或计数器生成局部时间戳，局部时间戳与节点编号合并组成全局时间戳，再根据混合逻辑时钟等技术对全局时间戳进行排序。

3. 分布式副本一致性共识

分布式事务的任何参与方发生故障，都会造成分布式事务阻塞或者失败，因而降低了分布式事务可用性。为了解决这一问题，可以通过多副本技术来提高分布式数据库的可用性，即为每个参与方（一个数据分片）维护多个副本，只需要副本的多数派可用即可完成分布式事务。多副本主要解决的挑战是如何保证多个副本内存储的数据是一致的，以及若出现数据不一致的情况如何达成节点间的共识。基于此问题，分布式数据库的研究者提出了多种共识算法来解决这一问题，使得在少部分节点出现故障后系统也可以正常工作。常见的分布式多副本共识算法包括 Paxos、Raft、Quorum 等。

4. 分布式时钟

分布式数据库系统中的另一个问题是多节点的时钟同步问题。由于分布式事务需要在多个节点上处理，系统需要比较两个事件在不同节点上发生的先后顺序。虽然每个节点都可以使用本地物理时钟，但由于时钟漂移问题（时钟通过晶振来计时，但是晶振受环境影响较大从而会影响时钟的精度），很难保证物理时钟的完全同步。

当前分布式数据库有三类获取时钟的方法。第一类是集中式时钟，即每个节点都到一个指定节点去获得时钟，通过集中式时钟来获得全局顺序（类似银行里的排队叫号机）。但是显然这种方法存在单点瓶颈，影响扩展性（分布式系统应尽量减少单点瓶颈）。第二类是分布式时钟算法，通过分布式时钟区分分布式数据库中不同节点的发生顺序。常见的分布式时钟算法包括 Lamport 逻辑时钟、向量时钟和混合逻辑时钟。这些方法一般通过节点之间发送报文来计算不同节点的时间差，从而获得节点时钟的顺序。第三类是真实时间 TrueTime，利用原子钟来保证每个节点的时间戳差距不会超过一个上限值。

5. 分布式查询处理

分布式数据库中的查询处理和传统关系数据库的查询处理流程大致相同，但由于分布式存储的特性，查询代价还需要考虑数据在网络传输时的开销。在分布式数据库的查询优化中，一个重要原则就是尽量减少节点间网络的数据交换。同时，分布式存储的特性为并行化的查询优化与执行也带来了更多的机会。

在查询执行阶段，分布式数据库通常会将查询计划拆分为多个可单机执行的查询计划片段，因此各片段得以并行地在对应节点上执行。分布式数据库一般使用查询调度器与查询执行器两个组件来协助完成查询计划的执行：查询调度器负责将查询计划分发到各节点的查询执行器上，并收集所有执行器上的查询结果，汇总后反馈给客户端；查询执行器负责在收到调度器发送的查询计划片段后，执行自身节点中的查询任务。

在查询优化阶段，分布式数据库需要解决计划生成的问题。给定一个查询，根据数据分片之间是否涉及数据交互分为两种情况。首先，一个查询涉及的数据分片之间不需要数据交互，这种情况只需要将查询路由到相应节点进行局部处理（类似于单机处理）再汇总（gather）。例如两个表 R 和 S 在属性 $R.A$ 和 $S.B$ 上进行等值连接，而 R、S 的数据分别按照 A 和 B 进行了哈希分布。这种情况只需要在各个数据分片上进行局部连接，再汇总结果即可。其次，一个查询涉及的数据分片之间需要数据交互。支持数据交互方式分为以下两种。

（1）重分布（redistribute）算子。将数据重新分布，重分布后转化为第一种情况。

例如两个表 R 和 S 在属性 $R.A$ 和 $S.B$ 上进行等值连接，表 R 的数据按照属性 A 进行了哈希分布，而表 S 没有按照 B 进行分布。可以将表 S 按照属性 B 重新分布（按照 A 属性的哈希函数）到不同节点，从而转换成第一种情况。

（2）广播（broadcast）算子。也可以将表 S 的数据广播到各个节点，每个节点将表 S 所有数据与表 R 的分片数据进行连接，然后再汇总。如果 S 表是小表（数据量较小），则可以将小表的数据广播到存储大表的各个节点中；如果 S 表是大表，则通过重分布可能效率更高。

针对分布式下的谓词过滤问题，可以利用数据的分布存储特性来优化查询代价。分片剪枝（partition pruning）是一种常用的分布式查询优化技术，指的是查询优化器通过分析查询条件提取出该查询需要扫描的数据分片（节点），避免扫描无关的数据分片。例如，某分布式数据库按数据记录的省份属性将数据分布到不同节点中；这样，对于针对华北地区数据的相关统计信息的查询，就只需扫描相应省份的节点即可，而无须扫描其他无关节点。

针对分布式下的连接问题，可以利用重分布（redistribute）算子和广播（broadcast）算子来实现。考虑两个表 R 和 S 在属性 $R.A$ 和 $S.B$ 上进行等值连接。

（1）R、S 的数据分别按照 A 和 B 进行了哈希分布。只需要在各个节点进行局部连接运算，然后再汇总。

（2）表 R 按照属性 A 进行了哈希分布，而表 S 没有按照属性 B 进行分布。可以将表 S 按照属性 B 进行重分布；也可以将表 S 或 R 表的数据广播到各个节点。这里可以根据代价估计来选择代价较小的方式。

（3）A 和 B 都不是分布列，可以将表 R 和 S 分别按照 A 和 B 进行重分布再连接；也可以将一个较小表进行广播。

分布式下的分组操作（group by）也可以通过上述方法来实现。

14.2　OLAP 数据库

早期的数据应用主要关注对某类业务事件的记录，并提供增删改查等数据处理的基本操作。这类应用场景以事务作为数据库中数据处理的基本单位，因此称为联机事务处理（OLTP）。而当数据积累到一定规模后，分析这些数据往往就成为另一类数据应用的需求。这类应用场景旨在利用数据进行统计分析，以便为企业提供决策支持，被称为联机分析处理（OLAP）。OLAP 的一大主要应用场景是，利用 OLTP 场景中积累的大量业务数据进行挖掘和分析，从而为企业的业务决策提供支持。在实际的企业场景中，用户产生的大量业务数据往往来源于不同的业务场景，因此可能有不同的数据模式。这些数据会被再加工，经过 ETL（提取、转换和加载）操作，最终被整合到数据仓库中。之后再通过语义建模为数据提供一个抽象级别的概念模型，以应对 OLAP 场景下的查询和操作。

14.2.1 OLAP 概述

根据数据建模方式的不同，OLAP 数据库可分为多维 OLAP（multi-dimension OLAP，MOLAP）、关系 OLAP（relational OLAP，ROLAP）和混合 OLAP（hybrid OLAP，HOLAP）三种类型。MOLAP 是数据仓库的早期实现方式，将原始数据预计算后的结果存储到多维数组中，以便快速响应用户发起的查询。ROLAP 保留了数据的关系模式，并针对 OLAP 场景特性使用列存储、并行化查询执行等技术以支持直接在数据上进行分析和查询。由于 MOLAP 依赖于数据的预计算，因此当数据更新时需要相当长的时间重新进行统计；ROLAP 无须预计算步骤，因此灵活性相对较高，但当数据量巨大时会有相对较长的查询时间。HOLAP 结合了上述两种方式，参照 MOLAP 利用预计算来加速频繁出现的查询，而对于出现频率较小的查询和经常更新的数据则参照 ROLAP 的方法直接在原始数据上进行处理。

14.2.2 OLAP 与数据仓库

数据仓库是一个面向主题的、集成的、相对稳定的、反映历史变化的、用于支持管理决策的数据集合。在实际应用中，一个数据仓库通常是基于业务中的某个明确主题（如某类商品的生产与销售情况）建立的，其中数据可能来自多个不同模式的数据源，且其中的关键数据往往会随着时间发生变化。

由于数据仓库中的数据可能来自多个不同的数据源，导致其中可能出现数据不一致的问题。因此，数据在存入数据仓库前通常会进行数据清洗（data cleaning）与数据转换（data transformation）。数据清洗指对不完整数据、错误数据和重复数据等问题进行纠正以尽量确保数据的正确性，数据转换指将不同数据源（例如多个 OLTP 数据库）中的数据进行归并或融合，从而形成一个适合数据处理的统一描述形式以提高数据的可用性。

在不同数据源的数据被整合到数据仓库之后，数据分析师需要对数据进行建模，即针对数据设计合适的数据仓库模式以便以统一的模式来存储。数据仓库模式的设计一般围绕一个主题进行。每个主题包含两个元素：维度（dimension）与度量（measure）。维度表示数据的某个分析角度，例如时间或地点。维度通常包含层次结构，例如时间维度可以按粒度划分为年、季度、月、日等。度量表示数据要分析的指标，通常为数值类型，例如产品数量与价格。

在数据仓库中，主题信息由事实表（fact table）和维表（dimension table）两类表来存储。事实表记录了该主题的全量信息，包含了主题的所有要素。事实表的每行对应一个事实，即一个物理上可观察的事件；维表存储事实表中事件某个描述角度的具体信息。例如，在一个某商品销售的数据仓库中，一次销售为一个事实，因此事实表需要存储该次销售的时间、商品、销售对象（用户）、价格与数量等信息，而销售对象的具体信息（例如性别和年龄）则需要通过一个用户维表来记录。数据仓库中的数据建模通常实现为星形模式，即事实表位于中心并通过外键连接到多个维表；在星形模式的基础上又扩展出雪花模式以规范维表使之满足数据库的第三范式要求，即某些维表不直接连接到事实表，而是通过其他维表进行间接连接。图 14.7 展示了商品销售数据仓库中的两种模式。

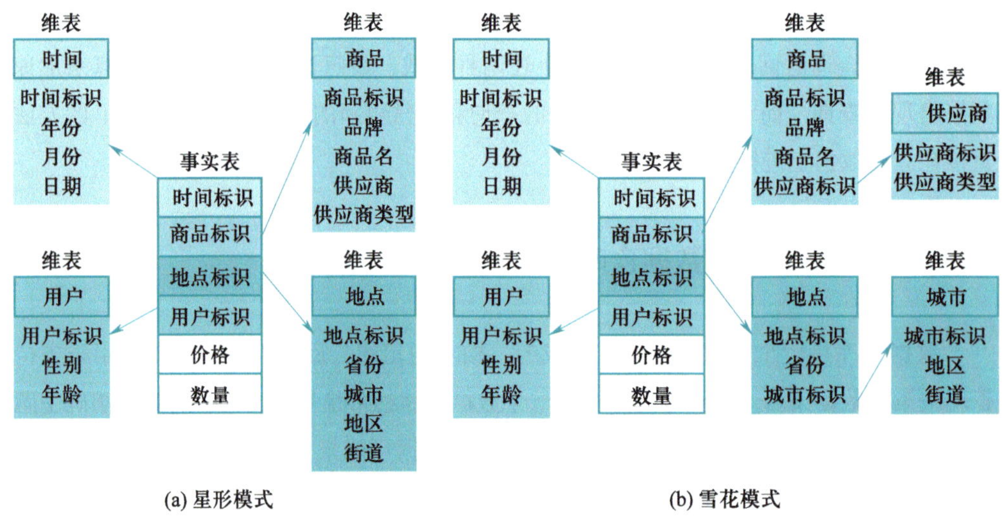

图 14.7　数据仓库中的数据建模

14.2.3　OLAP 数据库架构

由于 OLAP 数据库中会经常涉及多表连接或全表扫描等操作，牵涉的数据量与计算量巨大，因此提升 OLAP 数据库加载数据与处理数据的能力就显得相当重要。同时，相比于 OLTP 场景，OLAP 场景下的用户数量较小、并发不高，多是数据分析业务人员与管理人员，不会发生频繁的数据更新，也不需要考虑高并发的事务处理。基于以上特点考虑，OLAP 数据库多采用大规模并行处理（MPP）架构，如图 14.8 所示。

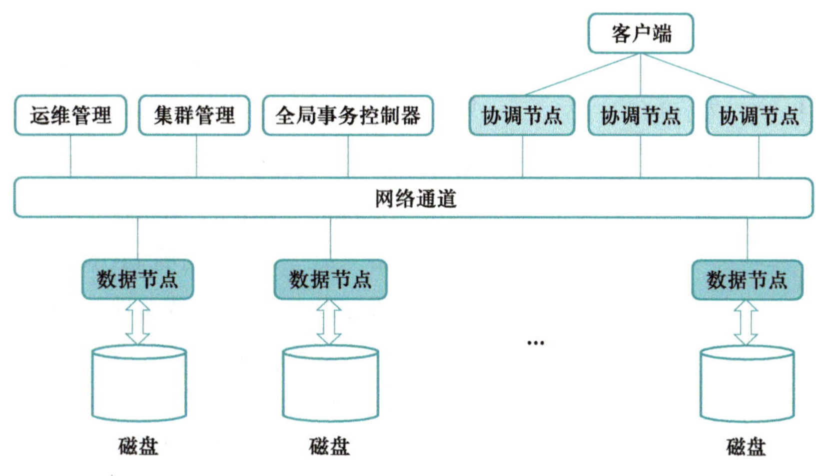

图 14.8 MPP 架构

MPP 架构由多个分布式节点组成，节点间通过网络进行通信。其中，协调节点负责接收来自客户端的查询请求。为防止单节点崩溃影响系统正常服务，一般会部署多个协调节点同时提供服务。此外，协调节点还负责将任务分解到各数据节点上执行并将返回结果合并后返回给客户端。数据节点负责存储业务数据，执行由协调节点分发来的执行计划。除上述两类主要节点外，MPP 架构还设有运维管理、全局事务控制器以及集群管理等功能性节点。采用 MPP 架构的 OLAP 数据库将海量数据分散到多个数据节点上，一方面降低了单个节点的负荷，同时也使系统支持并行化处理，从而提高了整体系统性能且有良好的可扩展性。

14.2.4 OLAP 数据库存储

在 OLTP 场景下，数据处理往往围绕着记录业务时间的事务实施，而一个事务往往仅涉及较少的数据量。在 OLAP 场景下，数据分析师往往需要对历史数据进行统计和分析。这些历史数据不会频繁更新，并且单次操作往往会涉及某个维度和度量上的大量行甚至所有行的数据。因此，OLAP 场景多选用列存储作为数据存储方式，并配以数据压缩与编码方案来压缩数据空间，同时设计相应的列存储索引来加速查询。

第 5 章已经介绍过关系数据库的两种存储方式：行存储与列存储。由于 OLAP 场景中数据分析任务的查询大多只关注少数列的大量行，使用行存储方式则需要读取其他无用列的数据，因此，使用列存储可以有效提高 OLAP 场景下数据分析 / 查询的速度。

列存储作为 OLAP 数据库的存储方式，是实现数据快速读取的关键。同时，由于同列数据具有语义相关性，列内的连续存储有利于实现数据压缩，节省了数据占用空间。OLAP 数据库中常见的数据压缩与编码方法有游程编码、位向量编码以及字典编

男	女	CS	MA
1	0	1	0
1	0	1	0
0	1	1	0
1	0	0	1
0	0	0	1

图 14.9 Student 关系表 Sgender 和 Sdept 列的位向量编码

码。以位向量编码为例，其核心思想是将一个序列中的列属性值转化为一个位向量。位向量编码将每个属性值转换为一个位向量，表示该属性值在列中出现的位置。如图 14.9 所示，对于第 2 章 Student 关系表的 Sgender 列含有两个属性值“男”和“女”。“男”列的 11010 表示第一、第二、第四行的性别为男。类似地，Student 关系表的 Sdept 列的两个属性值“CS”和“MA”，其向量表如图 14.9 所示。

针对列存储的特性，OLAP 存储引擎还设计了列存储索引来快速过滤数据以提高查询效率。常见的两种列存储索引有区域图索引和布隆过滤器索引。这两种索引均具有空间占比小、能够快速过滤数据的优势，同时也都支持数据压缩。

14.3 HTAP 数据库

第 14.2 节已经介绍过，根据应用场景不同，数据库可以划分为 OLTP 数据库与 OLAP 数据库。OLTP 数据库需要保证大量并发事务的快速处理与存储，而 OLAP 数据库要应对大量的数据分析 / 查询请求。传统 OLAP 分析需要先将 OLTP 数据库中的数据经过专门的 ETL 过程抽取转化为 OLAP 数据库中的事实表和维表才能进行，而转化过程可能花费极长的时间。因此 HTAP（混合事务与分析处理）技术被提出，旨在使用一个统一的系统同时支持 OLTP 和 OLAP 场景。

14.3.1 HTAP 数据库概述

HTAP 数据库指的是一种能同时处理并发型事务与分析型查询的数据库。传统 OLAP 数据库需要从 OLTP 数据库经过非常耗时的 ETL 操作转化而来，这不利于进行实时分析，且会因为数据的滞后而导致分析结果不够准确或过时。另一方面，现代硬件技术与分布式数据库技术的不断发展，使数据库系统同时支持 OLTP 与 OLAP 负载成为可能。HTAP 数据库适用于有大量数据的数据密集型应用，特别是需要同时保证高性能的事务处理与实时数据分析的应用。其典型应用场景有在线电商平台、金融反欺诈系统和智能交通系统等。

与传统的 OLTP 和 OLAP 技术相比，HTAP 技术有以下三点优势。

（1）更简单的数据准备过程。HTAP 数据库避免了数据从 OLTP 数据库到 OLAP 数据库的传输与转化代价，避免了耗时的 ETL 操作，因此优化了分析时的数据准备过程。

（2）更快的数据处理与分析。HTAP 数据库使 OLTP 与 OLAP 负载都可以被快速执行与响应，它使用分布式技术、行列共存技术、内存计算技术等关键技术为系统提供了高吞吐量与低延时的性能保障。

（3）更高效的数据管理方式。传统 OLTP 与 OLAP 技术涉及多个系统，不仅管理成本更高，也会造成数据冗余。HTAP 数据库使用统一的系统管理数据，数据管理更加快捷、高效。

14.3.2 HTAP 数据库的存储架构分类

由于需要同时满足 OLTP 和 OLAP 负载，因此 HTAP 数据库往往使用行列共存技术来存储数据，即在行存储上处理 OLTP 请求，在列存储上处理 OLAP 请求，以此保证系统的性能。HTAP 数据库根据其存储架构可以大致分为四类，即主行存储与内存型列存储架构、分布式行存储与列存储副本架构、磁盘型行存储与分布式列存储架构、主列存储与增量行存储架构。图 14.10 展示了上述四种架构的区别。

1. 基于主行存储与内存型列存储架构的 HTAP 数据库

如图 14.10（a）所示，此类系统采用行存储方式作为主存储，列存储方式作为内存型存储。主行存储主要针对 OLTP 负载进行优化，负责事务处理、日志操作以及数据持久化。OLTP 负载产生的数据更新会同步到内存中的增量行存储中。内存型列存储主要面向 OLAP 负载，将数据存储在内存中有助于 OLAP 分析 / 查询加速。当内存中的增量行存储更新时，更新内容将合并到内存型列存储中，使 OLAP 分析可以获得最新数据。采用这类架构的系统针对 OLTP 和 OLAP 负载均有较高的吞吐量，且数据新鲜度很高。但此类系统的扩展性不好，即当负载的并发度和访问量增大时难以通过增加资源而提升性能。同时，由于系统处理混合负载的隔离性不高，同时存在的 OLTP 与 OLAP 负载会争抢 CPU 和缓存等共享资源从而影响整体性能。

2. 基于分布式行存储与列存储副本架构的 HTAP 数据库

如图 14.10（b）所示，此类系统使用分布式架构支持 HTAP 需求，以分布式行存储作为主存储，列存储为只读副本。主节点接收事务处理请求并向其他节点发送信息，通过分布式协议进行事务处理。其中，部分节点会被选为只读的列存储节点，负责加速 OLAP 中的复杂查询。事务成功提交后主节点会将最新日志复制到列存储节点，列存储

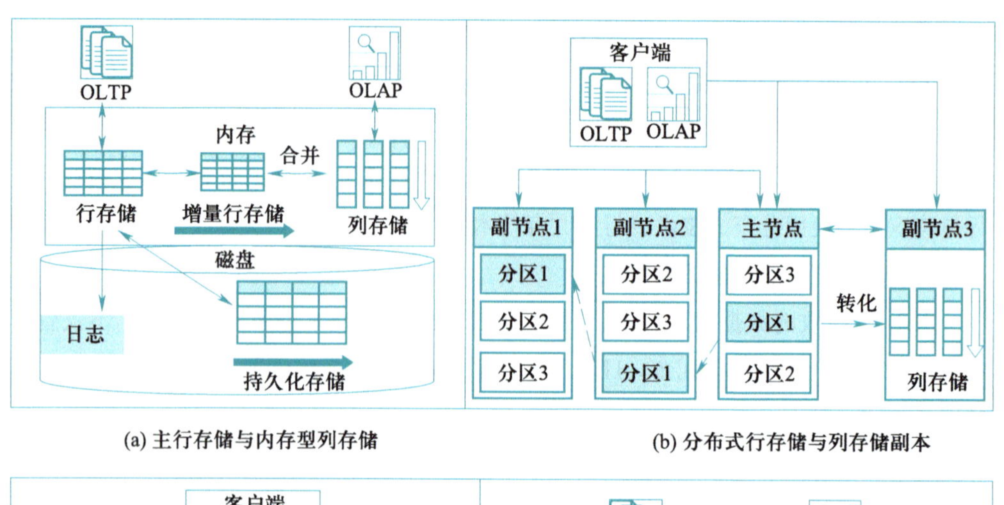

图 14.10　HTAP 数据库的存储架构

节点将其转换为列数据后更新自身的数据存储。由于该类系统的 OLTP 和 OLAP 负载分别在不同节点上处理，因此具有高度的负载隔离性。但是，该系统行存储到列存储的数据同步会有较大延迟，因此其 OLAP 分析的数据新鲜度较低。

3. 基于磁盘型行存储与分布式列存储架构的 HTAP 数据库

如图 14.10（c）所示，此类系统以磁盘型行存储为基础，集成了分布式的内存型列存储。行存储更新的数据会实时更新到分布式列存储中以实现数据同步。相较于图 14.10（b）架构中日志型的数据同步方式，此类系统通过行存储增量缓存实现列存储数据更新，有更高的数据新鲜度；相较于图 14.10（a）架构中的数据同步方式，由于需要更新多个节点中的列存储数据，该类系统有更低的数据新鲜度和更高的隔离性。该类系统采用了分布式列存储，因此具有更高的 OLAP 吞吐量和更好的扩展性。但 OLTP 负载的性能中等且扩展性较差。

4. 基于主列存储与增量行存储架构的 HTAP 数据库

如图 14.10（d）所示，此类系统以内存型列存储为主存储以支持 OLAP 负载，并使用增量行存储负责 OLTP 负载。增量行存储会定期将更新的数据合并到列存储中。此类系统以列存储为主，因此其 OLAP 性能较高，且增量行存储直接与列存储进行数据同步，因此数据新鲜度也很高。缺点是其 OLTP 处理性能较弱，扩展性与负载隔离性较低。

上述四类 HTAP 数据库的架构各有优缺点，其总结与代表性系统如表 14.1 所示。

表 14.1 面向 HTAP 数据库的存储架构分类与性能特点比较

存储架构	代表性系统	OLTP		OLAP		隔离性	新鲜度
		性能	扩展性	性能	扩展性		
主行存储与内存型列存储架构	Oracle, SQL Server, DB2	高	中	高	低	低	高
分布式行存储与列存储副本架构	TiDB, SingleStore	中	高	中	高	高	低
磁盘型行存储与分布式列存储架构	MySQL HeatWave	中	中	中	高	高	中
主列存储与增量行存储架构	SAP HANA	中	低	高	中	低	高

14.3.3 HTAP 数据库关键技术

HTAP 数据库的关键技术包括事务处理、查询分析处理、数据同步、查询优化、资源调度五类。各类技术所包含的具体技术简要介绍如下。

事务处理主要包括两种关键技术：基于内存型行存储与增量存储的事务处理、基于分布式行存储与日志回放的事务处理。第一种技术在内存中进行事务处理，因此其优点是事务处理的性能较高，但由于内存容量有限，因此扩展性较差。第二种技术使用分布式技术进行事务处理，因此优点是扩展性好，但性能相对较差。

分析处理主要包括三种关键技术：基于内存型增量存储与列存储的扫描、基于增量日志与列存储的扫描、基于列存储的扫描。第一种技术的数据新鲜度高，但需要较大的内存容量。第二种技术扩展性较好，但由于需要频繁进行 I/O 操作，因此数据分析的时延较大。第三种技术性能较好，但数据新鲜度较低。

数据同步主要包括三种关键技术：基于内存的增量数据合并、基于日志的增量数据合并、基于主行存储的列存储重建。第一种技术在内存中进行数据同步，因此性能较好，但受内存容量限制，可容纳的增量数据有限，扩展性较差。第二种技术基于持久化的日志在分布式系统中进行数据同步，扩展性较好，但同步代价较大。第三种技术通过重建列存储来完成数据同步，不需要过大的内存空间，但重建代价较大。

查询优化主要包括三种关键技术：内存型列存储加速、混合行 / 列存储扫描、异构 CPU/GPU 硬件加速。第一种技术的关键是基于历史负载自动选择列并加载到内存中，当查询命中加载到内存的列时可以较好地加速查询，但当查询未命中时分析性能会下降。第二种技术通过混合扫描两种存储进行加速，优点是可以利用二者的优点获得分析性能的优化，缺点是算子的搜索空间很大。第三种技术利用硬件进行查询加速，使用 CPU 和 GPU 分别并行处理 OLTP 和 OLAP 负载，其分析性能较好，但事务处理的性能会因为资源共享而降低。

资源调度主要包括两种关键技术：基于负载驱动的资源调度、基于新鲜度驱动的资源调度。第一种技术通过监控当前混合负载的执行情况来动态调度系统资源（如 CPU、共享缓存、共享带宽等），其优点是分析性能较好，但没有考虑数据分析时的新鲜度。第二种技术以给定的新鲜度阈值为基准，动态调整资源调度的执行方式，其优点是能保证数据分析时的新鲜度，但会牺牲一部分系统性能。

14.4　内存数据库

传统数据库（称为磁盘数据库）主要将数据存储在磁盘等非易失性存储器中，受制于当时的内存容量限制，内存仅被作为缓冲区来缓存部分热数据。而随着计算机软硬件技术的不断发展，计算机的内存容量不断增长且单位容量的内存价格不断降低，这为内存数据库的快速发展和实际应用创造了条件。相较于磁盘数据库，使用内存存储和查询数据能获得更低的访问延迟与更高的吞吐量，这能够极大地提升数据库的性能。

14.4.1　内存数据库概述

内存数据库也称为主存数据库，是一类主要在内存中进行数据存储以及数据访问控制的数据库管理系统。传统的磁盘数据库将数据存储在磁盘中，内存仅用来缓存部分数据；而内存数据库将所有数据存储在内存中，磁盘用来实施数据持久化，为数据恢复提供支持。受益于内存在访问速度上的优势，内存数据库相较于磁盘数据库有更高的吞吐量、更低的访问延迟以及更高的并发量。

内存数据库的相关研究始于 20 世纪 80 年代，并于 20 世纪 90 年代开发出了早期的商用内存数据库系统，例如 1996 年发布的 TimesTen 数据库和 1999 年发布的 Altibase 数据库。但受限于当时的硬件技术及内存价格，内存数据库并未得到大规模应用。而随着内存成本的下降和容量的提高，内存容量已经可以达到太字节（TB）级别，可容纳大部分的数据库场景，因而涌现出了如 SAP HANA 等内存数据库，并在市场中得到了广泛应用。内存数据库能够支持商业应用中的实时业务，提高响应速度与并发量，在互联网行业中的使用频率逐渐提升，常应用于在线实时交易、金融与电信等领域。

按业务类型划分，内存数据库包括用于 OLTP 场景下的事务型内存数据库和用于 OLAP 场景下的分析型内存数据库，以及结合两种场景的混合型内存数据库。按数据模型划分，内存数据库也可以分为关系型内存数据库与 NoSQL 内存数据库。

如图 14.11 所示，内存数据库与磁盘数据库的不同主要体现在以下几点。

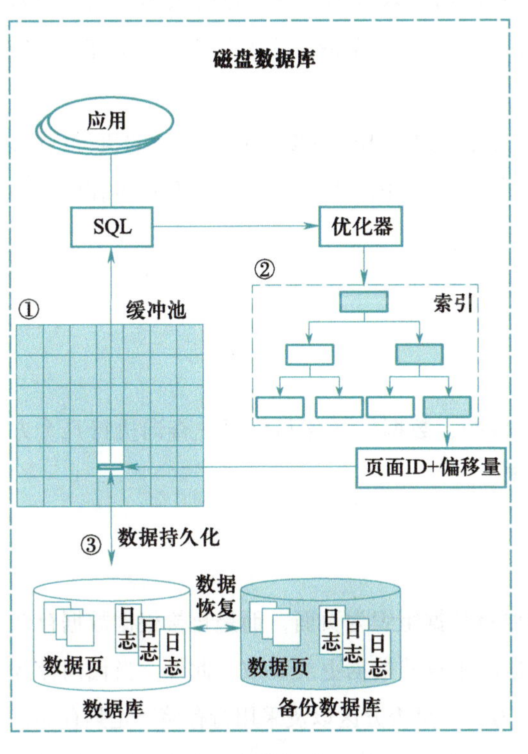

(a) 磁盘数据库

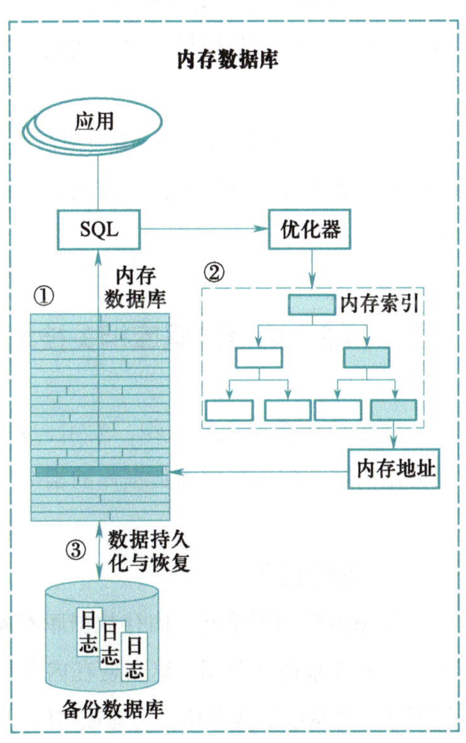

(b) 内存数据库

图 14.11　磁盘数据库与内存数据库

（1）数据组织。磁盘数据库使用磁盘存储数据，考虑到磁盘的特性，数据以页面为单位存储在磁盘中（见第 5 章），并使用内存作为缓冲池与磁盘页面进行交换。内存数据库则将数据直接存储在内存中，没有页面的概念，直接以内存地址表示数据记录的位置。因此内存数据库一般按照记录为单位进行组织和管理。由于一个页面一般包含多条记录，一个页面内的记录并发处理受到限制。因此以记录为单位的内存数据库可以提升并发度。此外，即使一个页面修改一条记录，也需要读写整个页面，从而引发了读写放大问题，而内存数据库则减少了读写放大问题。

（2）索引。由于磁盘数据库以页面为单位组织数据，因此其索引返回数据的页面编号与页内偏移量。而内存数据库的索引则直接返回数据记录的内存地址。磁盘数据库索引关注于减少磁盘 I/O 次数以提升查询效率，内存数据库的索引则关注于优化内存空间的利用率等目标。内存数据库也不需要以页面为单位组织索引，而是以记录为单位组织索引来提升效率。

（3）并发控制。使用锁进行并发控制会带来较大开销，对内存数据库的性能影响相对更大。因此大多数内存数据库使用乐观并发控制技术或多版本机制来实现并发控制。

（4）数据持久化与恢复。由于内存是易失性存储介质，断电后会导致数据丢失，因此内存数据库需要使用磁盘等非易失性存储器、以日志等方式进行数据持久化与备份。在发生断电等故障导致内存数据丢失后可以通过数据恢复将磁盘中的数据加载到内存中。

（5）查询执行。传统火山模型产生的大量函数调用会降低内存数据库的执行性能，因此内存数据库会选择编译执行的方式将查询编译为优化后的机器代码并直接在内存中执行。

14.4.2　内存数据库相关技术

本节将主要从数据组织、索引、并发控制、数据持久化与恢复、查询执行几个方面介绍内存数据库与磁盘数据库的相关技术。

1. 数据组织

与磁盘数据库不同，内存数据库不需要将数据组织为页面，而是直接根据数据存储的内存地址来访问数据，这会使在内存数据库中查找数据更加高效。此外，当代内存数据库还需要从以下两个角度考虑数据的组织方式：是否分区以及采用行存储还是列存储。

分区指通过数据拆分的方式将数据表划分为多个独立的部分，例如将学生信息按照院系进行分区。分区内支持数据的并发控制，而不支持不同分区间的事务并发控制。由此可以为分区分配硬件资源（如给每个分区分配一个 CPU 核心），可避免不同分区间的资源抢占，提升并发处理效率。分区通常是出于数据库的性能与可用性的考虑。在使用分区的数据库系统中，提升了并发控制，但是限制了单个事务处理的数据规模。

内存数据库也可以分为 OLAP 场景和 OLTP 场景下的两类数据库。与磁盘数据库相同，OLAP 内存数据库更适合采用列存储，OLTP 内存数据库更适合采用行存储。此外，对设计用于同时应对 OLAP 和 OLTP 两类负载的 HTAP 内存数据库（如 Hyper 和 SAP HANA）而言，则更适合采用行存储与列存储混合的存储模式。

2. 索引

如本书第 9 章介绍，数据库索引是用来加快数据库内查询的一类数据结构。利用索引，数据库能够快速定位到满足条件的数据而无须遍历整个数据库。对于磁盘数据库而言，由于磁盘 I/O 往往是查询瓶颈，因此索引主要关注于减少磁盘 I/O 次数从而加速查询，如 B+ 树。

内存数据库的查询过程无须进行磁盘 I/O，因此设计内存索引时的主要优化目标与磁盘数据库索引不同。常见的内存数据库索引的优化目标如下。

（1）提高内存空间利用率。由于一般情况下计算机的内存空间相比于磁盘空间仍然较小且单位容量的内存比磁盘的成本更高，因此在降低查询时间的同时，尽量提高内存空间利用率是内存数据库索引的优化目标之一，例如降低指针数量。针对此类优化目标的内存数据库索引有 T 树与 ART 树。

（2）缓存感知。此处缓存为高速缓冲存储器的简称。内存中的数据可以提前被加载到缓存中，若缓存中包含 CPU 要访问的数据，则称为缓存命中。缓存的容量（一般为兆字节级别）小于内存（一般为吉字节甚至太字节级别），但缓存中数据的 CPU 访问速度快于内存。因此，使数据尽可能在查询时达成缓存命中可以进一步提升内存数据库的性能，故而成为内存数据库索引的优化目标之一。这类索引被称为缓存感知的索引，包括 CSS 树、CSB+ 树等。

（3）适应新硬件。随着硬件技术的发展，越来越多的新型硬件可应用于提升数据库系统的性能。因此，在新硬件技术的基础上，改进索引结构使之适应新硬件特性从而提升索引性能也是内存数据库索引的一大发展方向，例如旨在适应多核处理器性能的 Mass 树。

3. 并发控制

如本书第 8 章所介绍，数据库使用并发控制技术来管理数据库的并发操作从而避免冲突，进而保证数据库事务的一致性和隔离性。对于内存数据库来说，由于其查询性能远高于磁盘数据库，悲观并发控制技术所使用的锁与锁管理器的开销往往容易成为性能瓶颈，因此内存数据库实现并发控制时会尽量避免使用锁管理器，因此一般选择使用乐观并发控制技术进行并发控制。传统乐观并发控制技术需要将事务按照进入验证阶段的时间排序并在验证阶段检验并发事务间是否存在冲突（见第 8.3 节）。然而该方法会使只读事务也需进行验证，从而导致大量开销。在传统并发控制协议的基础上，一些内存数据库提出了改进的并发控制技术来降低性能损失，例如内存数据库 Silo 提出基于时间片（epoch）方法来减少竞争冲突。Silo 将时间切为时间片（例如 10 ms 一个时间片），一个时间片内部是并发的，而不同时间片之间是按照时间有序的。

多版本机制通过保留数据项的多个物理版本，结合时间戳或两阶段锁等技术以实现并发控制（见第 8.4 节）。根据使用技术不同，多版本机制也有不同的并发控制协议，如多版本时间戳协议、多版本两阶段锁协议、多版本乐观并发控制协议等。因此部分内存数据库可以选择其中一种协议进行并发控制，如内存数据库 Hekaton 就使用了多版本乐观并发控制协议。

除上述方法以外，内存数据库中经常使用的另一类并发控制策略为前面介绍的分区技术。在此策略中，一个分区中的事务只能串行执行，不同分区中的事务可并行执行。当事务涉及多个分区时，只有当所涉的所有分区都可用时，事务才能执行。H-Store 和 VoltDB 数据库均使用分区来进行并发控制。

4. 数据持久化与恢复

如本书第 7 章所介绍，数据库使用恢复技术来确保系统在发生故障时能够恢复到一个一致的状态，从而保证数据库事务的一致性和隔离性。尽管内存数据库将所有数据存储在内存中，但依然需要将其备份到磁盘等非易失性存储器中，以避免因断电等异常情况导致数据丢失。

与磁盘数据库类似，内存数据库同样使用日志和检查点等作为数据恢复技术。但由于内存数据库与磁盘数据库的系统架构不同，二者在恢复技术上的侧重点并不完全相同。例如，内存数据库的日志操作仍然需要在磁盘上进行，这导致日志操作带来的 I/O 开销会影响数据库性能，因此优化日志内容与减少日志数量是内存数据库恢复技术需要考虑的一个问题。

5. 查询执行

内存数据库的查询解析与查询优化过程与磁盘数据库基本一致。但在查询执行阶段，内存数据库会避免使用火山模型，这是因为火山模型涉及大量虚函数调用进而导致查询性能降低。现代内存数据库主要以编译执行的方式进行查询执行，即在编译过程中优化查询代码，以生成计算量更低的低级语言代码，从而提升查询性能。

14.5　云数据库

随着云基础设施越来越普及，云数据库也得到了蓬勃发展，云数据库在市场中的占比也越来越大。根据有关信息技术研究分析公司对全球数据市场份额的调查报告显示，在 2011—2022 年间，数据库市场已经发生了根本性的变化，云数据库已经成为数据库市场的主导力量。与传统数据库不同，云数据库直接运行在云基础服务平台上，为数据库系统提供了弹性资源管理、资源虚拟化、多地多中心、开箱即用（云数据库提供安装、升级、扩容、高可用等自动运维）的能力。

14.5.1 云服务与云数据库概述

在现实场景中，企业业务工作负载往往呈现周期性的变化趋势，这就会导致企业预置的资源和实际的需求无法长期保持一致：当业务负载较低时，会因资源冗余而导致浪费；当业务负载较高时，又会因为预置资源不足以支撑业务需求而导致系统可用性降低。云服务的出现有效地解决了这一问题。弹性是云服务系统的一个重要特性，即用户使用的资源可以动态调整：当业务负载增大时可以动态扩充资源来支持大量负载，当业务负载减小时则可以释放资源来降低费用开销。云服务的按需计费机制使用户不需要因为资源冗余而支付额外费用，同时业务容量不会受到预置资源的限制。

自数据库的概念出现以来，数据库技术已经经过了半个多世纪的发展和应用。但随着互联网技术的发展，数据库系统也面临着数据规模急剧扩张的问题，这对数据库系统的计算和存储能力带来了巨大挑战。同时，传统数据库系统同样面临着预置资源与系统负载的平衡问题。传统数据库不能有效适应业务负载大范围波动的场景，因此云数据库系统被提出以应对这一需求。云数据库融合了云服务的弹性特性和数据库高可用、高性能的数据查询及存储能力，适应业务负载波动的场景。因此，近年来云数据库得到了快速发展。

云数据库是云服务提供商基于云计算、云存储等云基础设施，向用户提供的高可用、高性能的数据管理服务的系统。由于云数据库底层运行在云基础服务环境中，因此一般云数据库系统具备云服务的弹性调度能力，具有按需计费、按需扩展、高可用性等特点。

云数据库分为云托管数据库（数据库云服务）和云原生数据库。云托管数据库的核心思想可以概括为“数据库即服务”模式。借助云基础服务的虚拟化计算和存储环境，云数据库具有很多传统数据库不可比拟的优势，主要包括以下几点。

（1）高可用，强容灾。云数据库底层的云基础服务环境可以通过两地三中心等架构保证云数据库具有高可用的容灾方案。

（2）弹性扩容，按需计费。云数据库用户可以根据系统需求实时调整系统资源，避免因预置资源不足或冗余造成的影响。另外，云数据库的按需计费在避免用户为冗余资源付费的同时，也避免了数据库系统部署初期的巨大成本。

(3) 智能运维，自动优化。云数据库依赖于云服务环境，其运维过程不需要用户关心；此外，云数据库提供商还可以提供数据库自动部署和参数调优的功能。这一特性可以减轻用户对数据库的运维负担，方便了用户的使用。

云原生数据库是根据面向云的特点设计的新型数据库架构。云的主要特点就是弹性，因此云原生数据库主要解决弹性问题。当前云原生数据库通过计算 / 存储分离技术来实现计算节点和存储节点的解耦，实现独立的存储层弹性扩缩容和计算层的弹性伸缩。

14.5.2　云托管数据库

云托管数据库将数据库部署到云基础设施（例如虚拟机或者容器）上，以数据库服务的形式为用户提供服务。云托管数据库在架构上与传统数据库基本相同，区别在于云托管数据库通过云端提供的计算和存储服务来保证数据库的运行，而非传统数据库直接利用本地物理硬件的模式。在这种模式下，系统不需要对数据库应用程序进行大规模修改就可以直接部署和使用，系统的额外开发成本低，且便于完成从传统数据库到云托管数据库的迁移。

从弹性的角度来看，得益于底层的云基础服务的支持，云托管数据库允许用户根据负载调整使用的虚拟机数量，具有一定程度的弹性资源调度能力；但同时虚拟机中的计算和存储资源高度绑定，不能单独拆分出一类资源单独使用，弹性调度能力是有限的。

从可用性的角度来看，依赖于提供云服务的服务器资源分布于多个地理区域，云托管数据库采用异地多副本的容灾策略，保证了系统的可用性；但同时由于该容灾策略以数据库实例级别实现地理隔离，当节点发生故障时需要切换实例来保证系统可用，操作代价较高，也制约了系统的可用性。

从使用便捷性的角度来看，云托管数据库省去了传统数据库部署初期的烦琐过程与初期成本，可以方便地启动或停用，便于用户快速部署和启动；但由于数据库依赖的底层硬件经过了云服务的抽象化和容器化的过程，因此云托管场景下的数据库的运维优化不同于传统数据库，这为用户对云托管数据库的运维和优化工作带来了一定挑战。

14.5.3　云原生数据库

云托管数据库将云服务与数据库进行了初步的结合，但其弹性仍然存在一定局限。随着云数据库领域的不断发展，全新的云原生数据库架构被开发出来。“云原生”表示云端系统（如数据库）在设计与部署时充分考虑了云基础设施的虚拟化与弹性等特性。

不同于云托管数据库的模式，云原生数据库从架构设计上实现了计算与存储的分离。云原生数据库将数据库系统按功能模块（如存储引擎、优化器）进行拆分，使用不同类型的云服务为不同模块提供支持。这种设计的优势在于，相比于云托管数据库在虚拟机级别的资源调度，云原生数据库的分离架构可以针对某种特定资源进行弹性调度与故障恢复，因而提高了系统的弹性调度能力与可用性。针对 OLTP 与 OLAP 两类不同应用场景，云原生数据库也提出了多种不同的架构来应对系统需求。对于 OLTP 云原生数据库，其架构大致分为三类：计算 - 存储分离架构，计算 - 日志 - 存储分离架构，计算 - 缓存 - 存储分离架构。

OLTP 云原生数据库的计算 - 存储分离架构结构如图 14.12 所示。系统划分为计算层与存储层，其中计算层负责查询优化、事务管理、并发控制以及本地数据缓存等计算密集型工作，由云计算服务提供支持；存储层负责日志管理、存储管理以及备份和恢复等存储密集型工作，由云存储服务提供支持。这类架构具有三个优势：其一，实现了计算资源和存储资源的独立调度，提升了系统的弹性调度能力；其二，采用共享存储结构后，计算节点共用统一的存储资源，缓解了写放大（即数据在多个存储副本间重复传输）的问题；其三，数据写入过程与数据同步过程分离，数据写入过程不会被数据同步过程阻塞，系统的数据写入延时更低。这种架构的主要限制在于，当缓存失效时系统的读取延时较高，计算层向存储层请求数据时可能面临存储节点获取最新数据的额外延时。

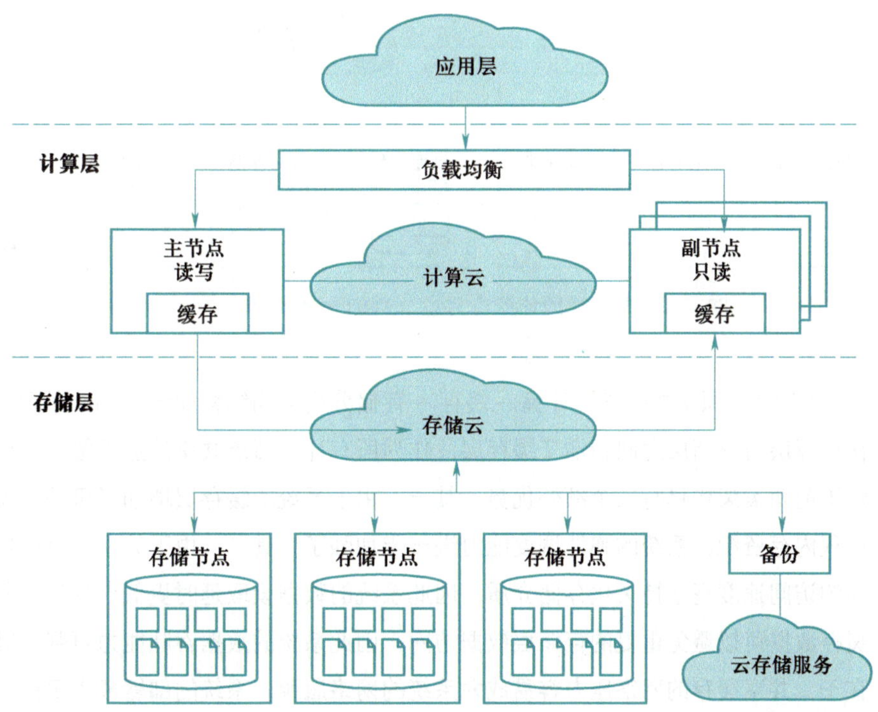

图 14.12 OLTP 云原生数据库的计算 - 存储分离架构

OLTP 云原生数据库的计算 – 日志 – 存储分离架构结构如图 14.13 所示。此类架构将存储层进一步划分为日志存储云与页面存储云两部分，分别处理有关日志和页面的存储管理等工作。其中，日志存储采用高速云存储服务来实现更快速的数据更新，而页面存储则采用相对廉价的一般云存储服务来降低成本。相比于计算 – 存储分离架构，此类架构具有两个额外优势：其一，由于日志存储与页面存储的分离，系统的弹性调度能力得以进一步加强；其二，由于日志的云存储采用了高速云存储服务，系统的写入延时得以进一步降低。其主要限制在于，当缓存失效时系统的读取延时较大，计算层读取数据时可能需等待页面存储完成回放与重做日志的过程，日志与页面分离带来的更多异常场景会提高系统故障恢复的难度。

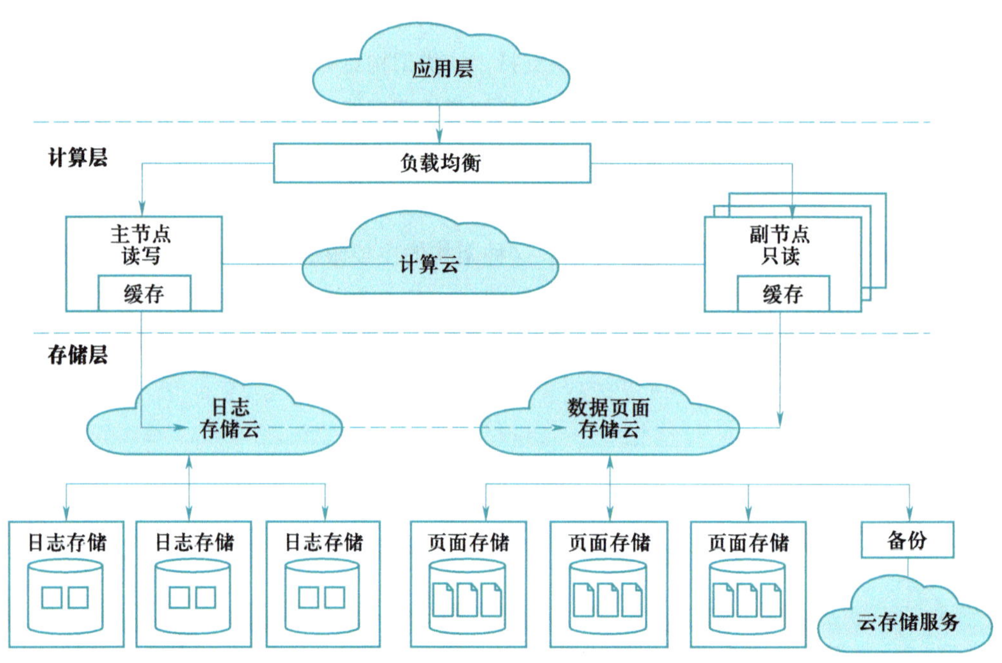

图 14.13　OLTP 云原生数据库的计算 – 日志 – 存储分离架构

OLTP 云原生数据库的计算 – 缓存 – 存储分离架构结构如图 14.14 所示。此类架构在计算层与存储层之间新增了缓存层，作为所有计算节点共享的远程缓存。此类架构相较于前两类架构具有三个额外优势：其一，由于系统的缓存层增加了可动态调整容量的远程内存资源，系统的弹性调度能力进一步加强了；其二，由于共享缓存使用的远程内存的访问速度高于持久化存储介质，因此系统的数据读取延时更低；其三，共享的远程缓存数据可以避免重复的存储层数据访问，因此系统的数据吞吐能力更强。其主要限制在于，共享缓存的网络压力容易成为系统的网络瓶颈，系统的部署成本更高。

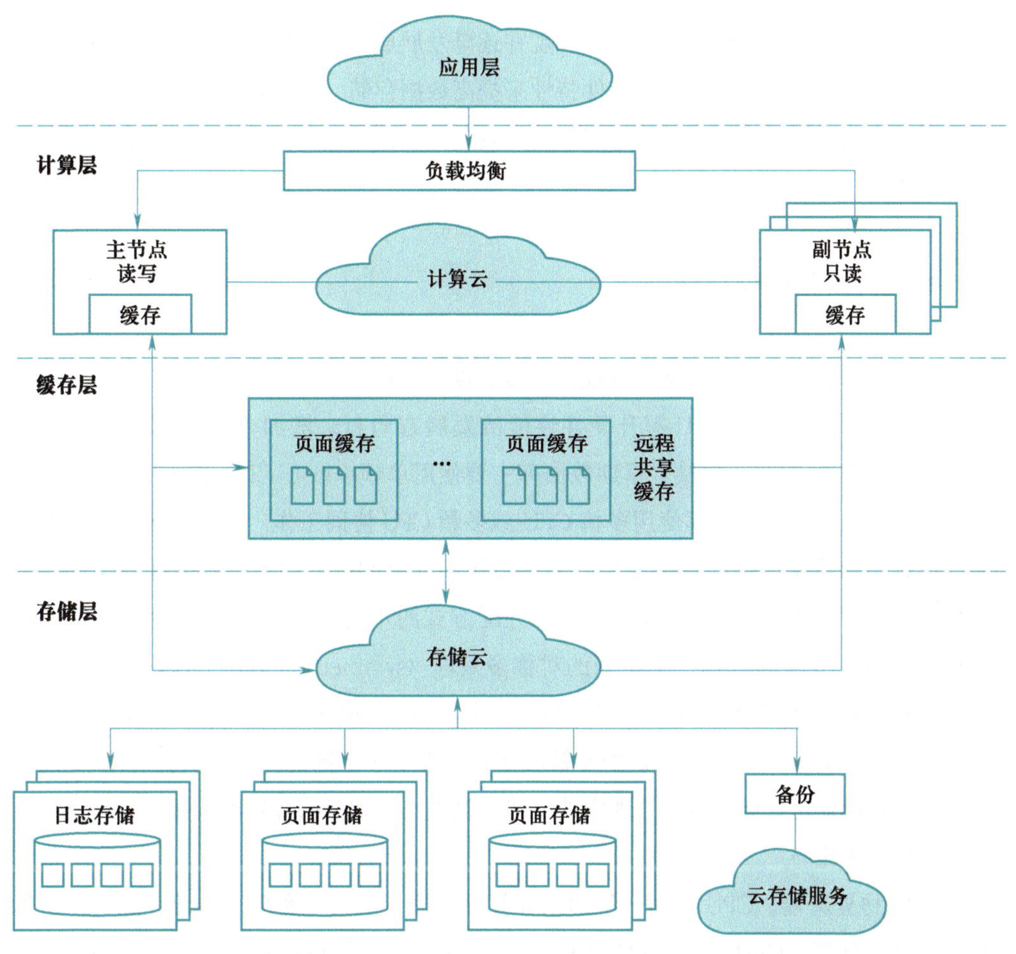

图 14.14 OLTP 云原生数据库的计算 – 缓存 – 存储分离架构

对于 OLAP 云原生数据库，系统同样采用计算与存储分离的架构来提高系统弹性与高可用性。与 OLTP 云原生数据库的区别在于，OLAP 系统主要面向大规模数据分析场景，其存储云节点按照数据分片进行管理，保证了数据分析过程的高吞吐量。此外，计算层节点不区分主节点和副节点而进行统一的管理，计算集群中的工作节点独立地处理各个数据分片的分析任务。

14.6 数据库与新硬件

数据库中的所有重要组件（包括数据存储、事务处理、查询处理等）的性能都会受到计算机硬件能力的制约。为了设计更高效的数据库管理系统，数据库组件必须尽可能地利用硬件的能力，但硬件本身的最大能力也决定了数据库性能的上限。近年来，随着硬件技术的发展，多种新硬件产品出现并逐渐发展成熟，这给数据库带来了新的机遇和挑战。数据库可以利用这些新硬件特性来提高数据存储、读取与查询处理等方面的性能，同时也需要针对新硬件对数据库架构以及各个组件进行专门设计或优化以适配新硬件的特性。

14.6.1　新硬件概述

近年来与数据库相关的硬件性能提升或新硬件包括如下几个方面。

（1）中央处理器。CPU 提升硬件性能的发展方向有：增加单个 CPU 核心的运算速度，增加 CPU 的核心数量。早期数据库主要使用单颗单核心 CPU 进行计算，因此系统吞吐量有限。如果数据库使用多核 CPU 或多颗 CPU 协同工作，则可以极大提高其性能。但是多核带来的挑战就是多核间的并发访问冲突问题，即多个事务并发访问同一个数据结构。按照 CPU 组织方式和资源分配方式的不同，多 CPU 的系统可分为不同架构，包括将所有 CPU 扁平化组织的对称多处理（symmetric multi-processing，SMP）架构与将 CPU 分组组织的非均匀存储器访问（non-uniform memory access，NUMA）架构。针对不同架构的特性，数据库领域学者们提出了不同的算法来支持多 CPU 的并行计算，从而加速查询与事务处理中的某些关键操作，如多核并行的选择运算与连接运算的实现与优化。

（2）协处理器。CPU 作为一种通用计算处理器，能较好实现复杂计算逻辑，但针对某些特定计算，CPU 计算速度较慢、并行度不高。这就可以利用一些专门的协处理器，如 GPU（图形处理单元）和 FPGA（现场可编程门阵列）来解决这些问题。GPU 内部有大量计算核心与专门的 GPU 内存，且访存带宽很高，可以执行高并发计算，但不适合执行复杂的逻辑操作，因此适合执行数据库中含简单运算的批量并行操作（如选择操作和连接操作）。FPGA 是一种半定制电路，由硬件语言控制其中的电路逻辑，相比 CPU 有更快的运算速度但不适合实现复杂逻辑，因此适用于替代 CPU 实现一些逻辑较简单的数据库组件（如数据压缩和解压以及存储属性的选择与下推）。

（3）存储介质。传统非易失性存储器（如磁盘和闪存等）的数据读写速度均低于易失性存储器（即内存），这往往会成为数据库系统的数据存取性能瓶颈。近年来，一种新型存储介质——非易失性内存的出现打破了原有硬件的限制，它是一种非易失性存储器，却有接近内存的读写速度以及字节级访问方式。但非易失性内存的写操作速度慢于读操作速度，且对一个单元的过度写操作会导致损坏。非易失性内存的快速访问与数据持久化兼有的能力给数据库的存储引擎、事务处理与查询处理的优化带来了新的机遇，同时也会影响数据库中基于非易失性存储介质的索引的设计。

（4）网络传输硬件。对于分布式数据库系统，网络传输往往是限制系统性能的一大瓶颈。而远程直接存储器访问（remote direct memory access，RDMA）、高速互联技术等网络技术的出现则极大降低了网络传输的开销。这就要求分布式数据库在高网络传输性能的场景下，重新设计其架构，以获得更高的性能和扩展性。

14.6.2 新硬件与数据库

上述新硬件相比于传统硬件均实现了某些方面的性能提升，而如何针对这些新硬件的特性设计优化数据库组件以提升数据库性能就成为数据库领域的重要任务之一。

1. 多核处理器与并行计算

由于多核处理器的多个核心可以同时执行多条指令，因此通过并行计算可以缩短整体的计算时间。在并行计算模型中，可以将一个计算任务分解为多个子任务后创建多个对应的线程，当多个核心在同一时间执行这些线程时，就可以实现加速的目的。然而，并行计算可能会带来并发冲突，即多个线程同时抢占某个资源。因此，一些并行计算框架提供了原子操作，来保证同时只有一个线程对资源实施操作。

在数据库场景中，选择操作与连接操作是两类典型的、可通过并行计算实现加速的场景。对选择操作而言，在选择条件列无索引的情况下，数据库需要对数据表中的每条记录进行扫描，并将记录的对应属性值与选择条件进行比较后输出所有满足条件的记录。通过并行计算，数据库可以将全部记录划分到不同线程中，每个线程对划分的部分数据同时扫描完成选择操作，从而实现查询加速。对于连接操作而言，可以利用本书第 10.7.5 小节介绍的哈希连接算法来实现其并行计算过程：在划分阶段，指定一个哈希函数，将待连接的两个表中的记录按连接键属性的哈希值划分到不同的分区中；在探查阶段，仅需要将哈希值相同的对应分区中的记录以嵌套循环等方式进行连接即可。通过并行计算，数据库可以将划分好的分区分配给一个线程，不同分区的操作可以并行执行，从而实现加速。

现代处理器有多种不同架构，如 SMP 架构和 NUMA 架构。针对不同架构的特性，数据库也需要对并行计算过程进行有针对性的优化，以实现最优的性能，例如，如何划分数据并分配线程从而使任务完成时间最短。

2. GPU 与并行计算

GPU 中含有大量核心和高访存带宽，也可以用来执行数据库中的高并发计算。与 CPU 并行计算不同的是，GPU 带有一定容量的 GPU 内存，它与 GPU 核心间具有较高的传输速度，其开销远小于 GPU 核心与 CPU 内存间的数据传输。因此，数据库应将需要 GPU 处理的数据优先置于 GPU 内存上。同时，由于 GPU 内存空间容量相对有限，为了充分利用 GPU 内存并且降低数据传输开销，数据库需要将存储于 GPU 内存上的数据进行压缩，并且采用列存储方式以匹配 GPU 并行运算中的向量化操作。

使用 GPU 的并行计算也可以对数据库中的选择操作与连接操作进行优化。其大致步骤与 CPU 并行计算类似，但需有针对性地设计以适应 GPU 特性：

（1）尽可能充分利用 GPU 的所有核心共同参与计算，以提高并行度；

（2）尽可能充分利用 GPU 核心缓存以加速数据访问速度；

（3）尽可能少使用多线程共享的中心化组件（如全局计数器等）以避免大量线程的并发冲突。

（4）尽可能降低多线程读写 CPU 共享缓存的冲突。

3. FPGA 与查询加速

FPGA 可以以很快的运算速度实现固定的简单逻辑处理，因此可以在数据库的查询处理过程中代替 CPU 来完成部分简单工作，达到加速查询的效果。查询下推和基于压缩的 I/O 加速是 FPGA 在数据库查询过程中的两类典型加速场景。

数据库在处理查询时需要将数据从存储介质（或存储节点）传输到处理器（或计算节点）中进行计算和处理，这一过程在数据量很大的情况下会造成数据总线上的拥堵，尤其是在具有多个存储节点的集群中；而经查询语句的条件过滤后，往往只有很小一部分数据会保留在查询结果中。查询下推是指，将 FPGA 部署在存储节点上，使用 FPGA 提前执行部分查询操作（如根据选择操作的条件过滤数据），然后再将过滤后的结果传输到计算节点上，这样就可以减少待传输的数据量从而减轻数据传输总线的压力。

由于数据库系统中的磁盘或网络 I/O 速度远小于内存读写速度与处理器计算速度，因此系统可以采用传输压缩数据的方法来减小 I/O 数据量。因此，系统可以利用 FPGA 这一硬件来完成数据的压缩和解压操作。具体来说，当数据库系统需要将数据从内存写入 I/O 设备时，可以先利用 FPGA 压缩数据，再传输压缩后的数据；当需要读取数据时，首先将 I/O 设备中的数据传输到 FPGA 中进行解压，再将其传输到内存中。

4. 非易失性内存与数据组织

相对于传统的非易失性存储器（如磁盘和固态硬盘等），非易失性内存拥有更低的延迟和更快的随机读写速度，因此非易失性内存可以用于数据库的数据组织与存储以提高数据库的性能。相较于其他存储介质，非易失性内存有以下特性：① 高速随机读写速度；② 按字节寻址；③ 写速度慢于读速度，且对内存单元的过度写操作可能会造成硬件损坏。

传统数据库系统大多是利用内存（即 DRAM）和非易失性存储器（以固态硬盘为例）

组成的两层架构来组织和存储数据，内存主要作为缓存来使用；而引入非易失性内存即可直接在其上进行数据读写。由于非易失性内存可以按字节寻址进行随机读写，故无须以页面结构来组织数据，而是可以直接以数据记录为单位来组织。

在事务处理方面，由于非易失性内存的快速随机读写特性，数据库可以在事务提交前将修改内容更新到持久存储的非易失性内存中。因此，使用非易失性内存的数据库就可以在 STEAL + FORCE 条件下设计事务的恢复算法，即只使用回滚日志来进行数据恢复（见本书第 7.3.4 小节）。对于采用多版本并发控制的数据库，则可采用更为高效的事务处理与恢复机制——写后日志（write-behind logging, WBL）来完成。

此外，在查询处理方面，数据库也可以利用非易失性内存的特性来优化查询效率，例如，将无法放入内存的大表放置在非易失性内存中从而加速数据访问。

5. RDMA 与分布式数据库

在分布式数据库中，低带宽、高延迟的网络传输往往容易成为系统瓶颈，因此传统分布式数据库架构倾向于减少节点之间的网络通信，这就限制了系统的扩展能力。相比于传统网络传输，RDMA 技术能够为分布式数据库提供高带宽、高吞吐量、低延迟的数据传输，这为分布式数据库的性能提升带来了新的机遇。

与传统基于 TCP/IP 的网络传输不同，RDMA 在节点间的信息传输无须经过操作系统内核，读取远程节点的数据则无须通过目标节点的 CPU 而直接访问其内存，其传输速度能达到传统网络传输的 20 倍左右，且通信带宽可以与内存带宽相近。

由于 RDMA 的上述特性，分布式系统中的节点可快速访问其他节点内存，这使分布式共享内存得以实现，即节点可以借用其他节点的部分内存或所有节点共享分布式系统的全部内存地址空间，因而分布式事务的处理更加便利。另外，还可以使用 RDMA 设计分布式索引，将索引分散在多个节点上，从而使索引的大小不再受到单机内存空间的限制，并且可以提高系统的吞吐量。

14.7 NoSQL 数据库

自 20 世纪 90 年代互联网普及并迅速发展以来，各种应用中的数据规模呈爆炸性增长。其中，非关系型数据也在大量出现，由于传统的关系数据库难以较好地存储与描述这类数据，处理非关系型数据成为数据库领域的一大迫切需求。因此，NoSQL 数据库应运而生。

14.7.1 NoSQL 数据库概述

NoSQL 的全称是 not only SQL，一般指除了关系数据库之外的数据库管理系统的统称。2009 年，开发人员约翰·奥斯卡松（Johan Oskarsson）与埃里克·埃文斯（Eric Evans）在一次讨论会上使用 NoSQL 表示非关系型、分布式、不提供 ACID 特性的数据库设计模式，并因 Web 2.0 时代各应用产生的大量非关系数据，NoSQL 日渐发展成熟。

由于许多应用往往具有并发量高、数据规模大、数据结构多等特点，因此，NoSQL 数据库针对此类应用需求设计了相应的存储模型，以更为灵活的模型来组织数据，而无须像关系数据库那样要预先指定数据模式，从而使应用开发与更新过程更为敏捷，同时也便于存储大量不同结构的数据。另外，NoSQL 数据库大都支持分布式部署，这也方便了系统通过新增节点来支持更大的数据存储与处理能力，并且在单一节点故障时仍能使系统正常服务，从而保证了系统的高可扩展性与高可用性。

由于 NoSQL 数据库的模式灵活、高可扩展与高可用等特点，大量互联网企业开始使用 NoSQL 数据库，逐渐发展出多种不同类型及不同应用场景下的 NoSQL 类型，如键值数据库、列族数据库、文档数据库、图数据库、时序数据库、多模数据库等。

14.7.2 NoSQL 数据一致性理论

本书第 6 章已经介绍过，单机关系数据库通过 ACID 特性（即原子性、一致性、隔离性与持久性）来保证事务执行操作的安全性与正确性。然而，在分布式环境中支持 ACID 强一致性开销较大。这是因为要保证分布式系统中的数据一致需要通过网络通信来同步多个节点上的数据更新，这将花费相当长的网络传输时间。如果因网络阻塞或故障导致数据更新无法同步到所有节点，此时系统就不满足强一致性，也就无法对外提供服务了。

分布式系统领域中的 CAP 理论指出，对于一个分布式系统而言，不可能同时满足一致性（consistency）、可用性（availability）与分区容错性（partition tolerance）。其中，一致性指客户端的每次读取均能获取到最新的数据副本。注意，CAP 与 ACID 中“C”的含义不同，CAP 中 C 指副本间的一致性，ACID 中 C 指事务执行前后状态的一致性。可用性指客户端的每次请求都能及时获得响应（即使存在少量节点故障）。分区容错性指即使节点之间的网络出现消息的丢失或延迟到达，系统仍能正常运行。根据 CAP 理论，当网络发生故障时，系统必须在可用性和一致性之间二选一：要么取消当前操作，此时用户得不到响应，系统可用性将降低但能保证一致性；要么继续当前操作，此时用户将能得到响应但不包含最新更新的数据，系统一致性将降低但能保证可用性。因此，在对数据一致性要求较低的应用场景中，可以通过适当降低一致性要求来获得更高的可用性。

基于上述理论，为了平衡系统的可用性与一致性，NoSQL 数据库在分布式场景下衍生出了多种弱化的数据库一致性等级。以微软公司的 Cosmos 数据库为例，其划分的数据一致性类型由强到弱包括强一致性（strong consistency）、有界过时一致性（bounded staleness consistency）、会话一致性（session consistency）、前缀一致性（consistent prefix consistency）和最终一致性（eventual consistency）。

上述各种数据一致性类型的含义简要介绍如下。

（1）强一致性。强一致性提供严格的实时一致性保障，即 ACID 特性中的一致性。强一致性保证了每次读请求都能获得最新的数据副本，但牺牲了数据的可用性，使读请求的延迟较高，数据吞吐量较低，适用于银行等对一致性要求高的场景。

（2）有界过时一致性。有界过时一致性指的是读操作获取的数据落后于最新副本最多 k 个版本或 T 单元时间。有界过时一致性保证客户端读取到的旧数据滞后的程度在允许范围内，适用于股票行情、发布订阅、排队等任务需求。

（3）会话一致性。会话一致性保证读操作一定能获得在同一会话内已提交的写操作更新的数据。它保证了单个用户会话层面上的强一致性需求，是目前全球部署的应用中使用最广泛的一致性等级。

（4）前缀一致性。前缀一致性保证读操作序列一定是依次有序读取到写操作序列中的数据副本，即不会出现旧的读操作读取到新副本而新的读操作读取到旧副本的乱序情况。

（5）最终一致性。最终一致性不保证读操作序列读取写操作序列的有序性，即可能发生新的读操作读取到旧数据副本的情况。最终一致性适用于对数据有序性无要求的应用场景，例如社交媒体博文的点赞与转发等。

根据上述数据一致性等级，NoSQL 数据库抽象出了 BASE 特性，即基本可用性（basically available）、软状态（soft state）和最终一致性（eventual consistency）。BASE 特性提供了比 ACID 特性更弱的一致性保障，但同时获得了更好的可用性。BASE 特性的基本含义如下。

（1）基本可用性。即使部分节点故障影响数据访问，系统的其余部分仍然可以提供服务，不会导致系统完全不可用。

（2）软状态：节点可以向用户返回滞后版本的数据。

（3）最终一致性：对于提交的写操作造成的数据更新，系统保证最终会同步到所有节点。

相比满足 ACID 特性的关系数据库主要应用于对强一致性要求高的应用场景，满足 BASE 特性的 NoSQL 数据库更适用于对一致性要求低、对数据可用性要求更高的场景。

14.7.3　NoSQL 数据库分类

根据不同的应用场景需求，NoSQL 数据库衍生出了不同类型以解决不同场景的实际问题，包括键值数据库、列族数据库、文档数据库、图数据库、时序数据库与多模数据库。

1. 键值数据库

键值数据库主要用于存储键值对类型的数据。键值数据库中的每一条记录包含两部分，其中键（key）为数据记录的唯一标识符，值（value）可以通过键来检索获取。键值数据库中的键和值均可以是任何类型的对象，如简单数值或复杂数据结构。

键值数据库主要支持键值对的查询、插入、更新和删除操作。键值数据库根据键查找值的查询效率极快，但不适用于需要遍历大量数据或根据条件筛选数据的场景，以及存在数据连接操作的场景。键值数据库的应用场景主要有缓存用户的会话数据、用户信息数据与在线购物平台的购物车数据等。常见的键值数据库有 Redis 等。

键值数据库主要使用哈希表这一数据结构来组织数据，以支持快速的键值对查询。键值数据库一般不关心值的类型，而是直接将其以二进制大对象（binary large object）的格式进行存储；某些键值数据库进一步支持了更多的值类型与运算（如字符串、列表、集合等数据结构与基本运算），使数据库可应用于更多场景。键值数据库可以是磁盘数据库，也可以是内存数据库（如 Redis），以进一步提高查询效率。

2. 列族数据库

列族数据库将所有数据列划分到多个列族中，相同列族的数据往往同时访问（数据亲和性）而不同列族的数据往往不同时访问。其中，一个列族可以视为关系数据库中的一个表，列族中的数据按行存储，并可通过主键访问列族内该行的所有数据。基于以上特性，列族数据库适用于经常访问部分列的场景。例如，对于一个商品数据库，可以按与生产相关和与销售相关将列划分为两个列族进行存储，这样在查询生产方面的信息时就可以避免访问无关列（即仅与销售相关的列）。

列族数据库分列存储的结构特性使其适用于分析 / 查询较多的应用场景，能够减少加载无关列的时间与空间开销。常见的列族数据库如 Cassandra 等。

为了应对大规模写操作，Cassandra 等列族数据库采用 LSM 树存储引擎来持久化数据（见第 9 章）。LSM 树放弃了传统数据库存储结构（如 B+ 树）的随机化写入，通过顺序写来提高数据库的写入性能。

3. 文档数据库

文档数据库支持类 JSON 数据存储和查询，即支持层次化的键值对结构。文档数据库中的每条数据都是可嵌套的键值对集合。由于当前类 JSON 格式的数据在应用程序中是最常见的数据结构之一，数据库中的数据与应用程序中的数据具有相同的结构，从而便于数据的传递。另一方面，文档数据库中的数据不具有固定模式，因而摆脱了关系数据库中严格的数据模式限制。

文档数据库的应用场景包括用户个人画像的存储、互联网应用实时数据存储与异构化业务数据存储等。常见的文档数据库有 MongoDB 等。

文档数据库以文档为单位来存储数据，每个文档对象包含不同字段且支持嵌套。多个文档可构成一个数据集合，相当于关系数据库中的数据表的概念。MongoDB 等文档数据库在存储引擎上同时支持 B+ 树和 LSM 树两种索引类型，以便利用各自的结构优势，同时还支持多粒度并发控制、快照和检查点、预写日志与数据压缩等特性。

4. 图数据库

图数据库主要用来存储图结构的数据，实体被表示为图数据库中的节点，实体间的关系则通过边来表示。图数据库中的节点可以存储多种属性，边也可以划分为不同类型来表现不同的关系。

图数据库的一大应用场景为社交网络。其中，每个节点表示一名用户并存储用户的属性，边则用来刻画用户间的关系，如好友、关注、同事、同学等。通过图数据库存储的社交网络信息，可以进一步挖掘有价值的信息，进而为产品和企业的决策提供帮助。此外，图数据库还可以用来描述路由、分发和基于位置的服务等场景。常见的图数据库有 Neo4j 等。

图数据库使用图数据查询语言（如 Neo4j 使用 Cypher 查询语言）来为数据操作提供支持。通过将图数据库的更新节点或边的写操作封装为事务，图数据库也可以满足 ACID 特性。图数据库也可采用主从模式架构下的节点备份等方法来实现系统的高可用性。

此外图数据库也分为事务型图数据库和分析型图数据库。前者更注重 ACID 事务的处理，而后者则更注重图的分析，例如强联通子图、PageRank 等。相比于关系数据库，图数据库的存储（考虑点和边的关系）和查询（考虑图的搜索、遍历和迭代）更加复杂。

5. 时序数据库

时序数据库主要用来存储和查询时序数据，即以时间递增的数据序列。早期的时序数据库用于存储工业应用中传感器设备定时产生的数据，现在则可支持更广泛的具有时序特征的应用场景，如服务器定时生成的日志、股票等金融产品的交易数据等。时序数据库针对时序数据的存储与查询进行了专门优化，如专用的数据压缩算法和特有的索引结构，使其相对于通用数据库有更好的存储空间利用率和性能表现。

时序数据库当前的应用场景主要包括存储和查询物联网设备传感器采集的数据、监控设备和运维设备的数据、金融数据等。常见的时序数据库有 InfluxDB 等。按照应用来分，时序数据库主要用于以快速数据写入为主的 IoT（物联网）场景和以时序分析为主的应用性能监控场景（APM）。前者主要解决快速的数据写入，一般通过 LSM 树以及数据编码压缩的方式加以解决；后者则一般以 OLAP 数据库技术为主实现不同时间周期（例如按天、按周）的快速分析。

时序数据库中的数据主要包含要测量的主体与该主体的多个测量值，以及对应的时间戳。针对时序数据库的数据特性，时间戳与测量值数据一般按列单独存储，且可以针对各自特性选择适当的编码方式实现数据压缩。

6. 多模数据库

多模数据库指同时支持多种数据模型的数据库系统，多种数据模型包含文档、图、关系数据和键值数据等，并且所有数据模型均可使用统一的查询引擎或统一的查询接口。

多模数据库主要用于统一管理多种异构数据的场景。常见的多模数据库有微软的 Cosmos 数据库等。

14.8　小结

分布式数据库由多个计算机节点组成一个统一的数据库系统。分布式数据库通过数据分片和多副本技术，实现了数据库的负载均衡和冗余备份。分布式数据库设计了事务提交协议，通过分布式共识算法保证了多副本数据的一致性，设计了时钟算法维护节点的时钟顺序，通过并发控制算法进行分布式并发控制，并通过分布式查询算法，充分利用各个节点的计算资源，实现了更加高效的并行查询执行。

OLAP 数据库主要用来在已有业务数据上进行分析，并通过数据分析结果为企业决策提供支持。OLTP 场景下产生的业务数据通过 ETL 操作处理存储到数据仓库中，再执行相关操作。OLAP 数据库多采用大规模并行处理（MPP）架构，使用列存储作为数据组织方式，并通过数据编码和压缩来节约空间，通过全并行执行来提升处理速度。

HTAP 数据库使用统一平台同时处理 OLTP 和 OLAP 负载，相比于传统 OLTP/OLAP 技术，提高了数据分析的数据新鲜度。HTAP 数据库的存储架构可以大致分为以下四类：主行存储与内存型列存储架构、分布式行存储与列存储副本架构、磁盘型行存储与分布式列存储架构、主列存储与增量行存储架构。HTAP 数据库的关键技术主要包括事务处理、分析处理、数据同步、查询优化、资源调度。

内存数据库通过将所有数据存储到内存上来提高数据库的性能。与磁盘数据库不同，内存数据库的数据无须按页面组织，通过内存地址记录数据位置。内存数据库的索引主要关注提升内存空间的利用率以及利用缓存等加速查询。考虑到性能影响，内存数据库在并发控制时避免使用锁管理器，而采用乐观并发控制算法或多版本机制。内存数据库利用磁盘中的日志和检查点实现数据持久化与恢复。内存数据库使用编译执行方法进行查询执行，避免了传统火山模型中大量虚函数调用带来的开销。

云数据库为用户提供了弹性资源调度、自动部署运维、高可用的系统。从云托管数据库到云原生数据库，通过将计算与存储资源分离，云数据库获得了更好的弹性调度与资源恢复能力。

多种新硬件为数据库领域的发展带来了新的机遇和挑战。多核 CPU、协处理器、新型存储介质与网络传输硬件均可以从不同方面优化数据库中的某些组件，从而提升数据库的性能。

NoSQL 数据库主要用来管理互联网应用中大量的非关系型数据。为平衡 NoSQL 数据库中的数据一致性与数据可用性，NoSQL 数据库将数据一致性划分为不同等级，并抽象出了 BASE 特性。根据应用场景不同，NoSQL 数据库的主要类型包括键值数据库、列族数据库、文档数据库、图数据库、时序数据库和多模数据库。

14.9 习题

1. 分布式数据库的多副本带来了哪些好处?

2. 分布式数据库中的两阶段提交存在哪些问题，其中哪些问题可以被三阶段提交解决?

3. 下列关于 OLAP 和 OLTP 描述中错误的是（　　）。

A. OLAP 是面向分析的，OLTP 是面向事务的

B. OLAP 频繁地涉及大批量数据删除和更新

C. OLTP 诞生于 OLAP 之前

D. OLAP 一般需要对数据进行压缩

4. 下列关于 OLAP 数据库描述中正确的是（　　）。

A. 通常使用行存储以便进行原地存储

B. OLAP 数据库为了节省存储空间，通常不会出现冗余的数据

C. 为了方便数据分析师分析，OLAP 数据库的数据通常存储在同一台服务器上

D. OLAP 数据库通常采用分布式架构将数据分散到各节点上

5. NoSQL 数据库在平衡数据可用性和一致性上需要做出取舍，为达到这一目的，它在数据

一致性模型上设定了五级一致性，从强至弱分别是什么？

6. NoSQL 的 BASE 特性具体指的是什么？

7. 内存数据库相较于磁盘数据库有哪些优缺点？

8. 内存数据库与磁盘数据库在架构设计上有哪些区别？

9. 简述云托管数据库系统的主要优势与不足。

10. 什么是 HTAP 数据库？它与传统 OLTP 数据库结合 OLAP 数据仓库的区别是什么？支持数据更新的 Hive 数据仓库属于 HTAP 数据库吗？

第 15 章

GaussDB 简介

数据库发展历程经历了多次架构级的演进和变化，从单机数据库、集群数据库到分布式数据库，再到云原生分布式数据库。为了帮助读者深入了解工业界数据库管理系统的关键技术，本章主要结合数据库基本知识，介绍国产数据库管理系统 GaussDB，其名称源于伟大数学家高斯(Gauss)。GaussDB 是云原生分布式数据库，openGauss 是 GaussDB 的单机开源版本。由于 GaussDB 和 openGauss 既包含了存储引擎、SQL 引擎、执行引擎、事务处理、安全处理等传统技术，又包含了分布式计算和云原生等新兴技术，因此本章以 GaussDB 为例介绍工业界数据库的设计理念和核心技术。

15.1 GaussDB 总体架构

GaussDB 采用无共享（shared-nothing）原生分布式架构，具有原生分布式、云原生计算 / 存储分离和弹性伸缩、智能优化、多方位安全、多层级、高可用等特点，其逻辑架构图如图 15.1 所示。

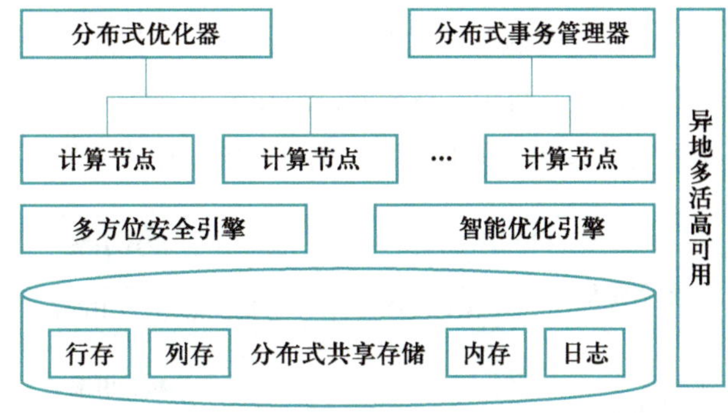

图 15.1 GaussDB 技术架构

GaussDB 主要特点如下。

（1）原生分布式计算架构：采用无共享架构，实现高效扩展。支持分布式 SQL、分布式执行、分布式存储。底层存储引擎同时支持本地文件系统、云盘存储、分布式块存储，支持可插拔存储引擎。存储组织方式包括行存储、列存储、内存等。

（2）云原生计算 / 存储分离：采用计算和存储分离架构，实现存储独立扩缩容，计算独立伸缩。不同于传统线下数据库既写日志又写数据，云原生只写日志，数据由存储层回放得到，实现了日志即数据（log is data）的理念。

（3）分布式优化器：采用并行的分布式优化和执行技术，实现节点级、多线程级、单指令流多数据流全并行的优化与执行；支持向量化执行和编译执行。

（4）分布式事务处理：采用基于两阶段提交和 Paxos 的分布式事务处理（全局事务管理器），实现了分布式实时强一致，支持数据库全球化部署。

（5）多层级、高可用：支持数据多副本技术，保证数据的高可靠；通过主备技术实现节点间冗余，实现节点级故障可高效恢复；实现两地三中心（同城双中心、异地一中心）以及多地多中心多活，实现城市级故障可恢复；实现同城双集群零 RPO，保障双集群多活。

（6）智能优化引擎：支持基于机器学习的智能优化器，实现智能基数估计、代价估计及计划选择等；支持数据库的智能参数调优、索引推荐、慢 SQL 调优与诊断；支持库内的机器学习算法。

（7）全密态处理：实现计算、存储和数据传输的全密态处理，以及防篡改的存储策略，实现数据库中数据的可用不可见。

（8）HTAP 混合处理：通过行存储、列存储、内存混合存储，能够同时支持 OLTP、OLAP 和 HTAP 等业务场景。

15.1.1 GaussDB 单机架构

GaussDB 的单机版本 openGauss 是一款开源的企业级关系数据库管理系统，它具有高性能、高可用、高智能、高安全等特点。其架构如图 15.2 所示，GaussDB 单机版本系统架构包括 SQL 引擎、执行引擎、存储引擎、高可用容灾、AI 自治、安全等。

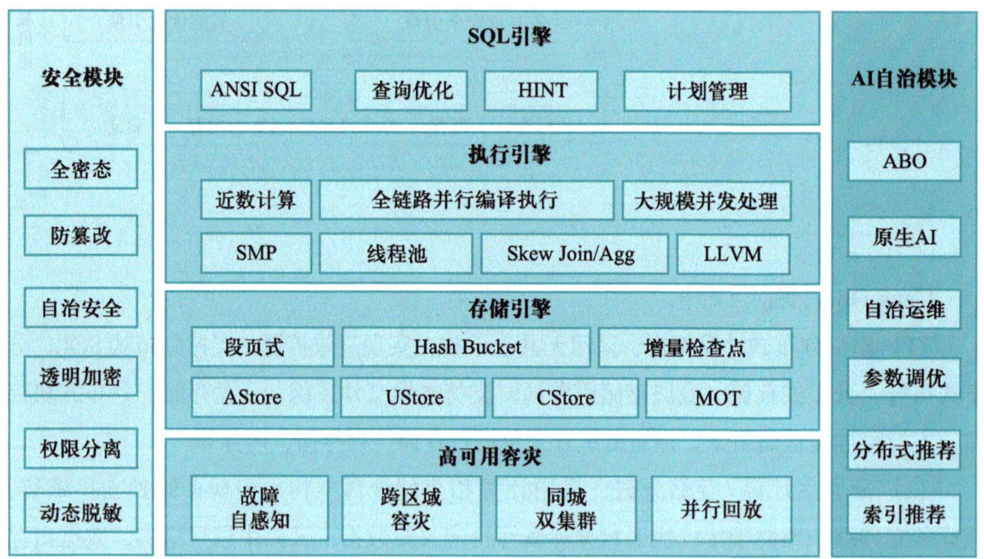

图 15.2 GaussDB 单机架构（openGauss）

（1）SQL 引擎：负责 SQL 解析和优化，产生优化后的 SQL 执行计划，降低 CPU、内存等资源开销，支持查询重写、统计信息、基数估计、代价估计、计划管理（如计划复用）、物理计划选择等功能。

（2）执行引擎：负责高效地执行 SQL 引擎产生的计划，包括近数计算（把算力部署到数据端）、LLVM（动态编译）、并发处理（节点并发、核间并发等）、并行执行（如 SMP 多线程计算）、向量化执行等。通过 NUMA 感知并发执行、算法消除闩锁争用以及查询 JIT（实时编译）等技术，为多核大内存硬件环境提供低时延数据访问及高效处理技术。

（3）存储引擎：向上对接执行引擎，为执行引擎提供或接收标准化的数据格式（元组或向量数组）；向下对接存储介质，按照段页式存储管理方式，通过存储介质提供的特定接口对存储介质中的数据完成读写操作。此外，openGauss 存储引擎还提供了多种可插拔的存储模式，包括 AStore（追加更新行存储）、UStore（就地更新行存储）、CStore（列存储）、MOT（内存引擎）等。openGauss 存储引擎还提供增量检查点（incremental checkpoint）以提升恢复速度。

（4）高可用容灾：负责故障自动恢复，缩短节点故障导致业务不可用的时间，包括故障自感知、故障自恢复、多副本存储、主备高可用部署、同城双集群、两地三中心、多地多中心多活、跨区域容灾、并行回放等。

（5）AI 自治模块：将 AI 算法集成到数据库中，提升数据库自优化水平，提供包括 ABO、智能基数估计等；支持数据库内的机器学习算法，实现通过 SQL 来支持机器学习；提供自治运维（如自监控、自诊断、自优化等）、参数调优、分布式推荐、索引推荐等能力。

（6）安全模块：提供满足业务安全要求的相关能力，支持账号管理、账号认证、口令复杂度检查、账号锁定、权限管理和校验、计算 / 存储传输全程加密、操作审计等传统数据库安全能力，同时进一步提供全密态、防篡改、自治安全、透明加密、权限分离、动态脱敏等高级数据库安全特性。

15.1.2 GaussDB 分布式架构

GaussDB 是企业级分布式数据库，其架构如图 15.3 所示，包括分布式执行框架、分布式事务管理技术、主备高可用切换、跨可用区（availability zone, AZ）多活。

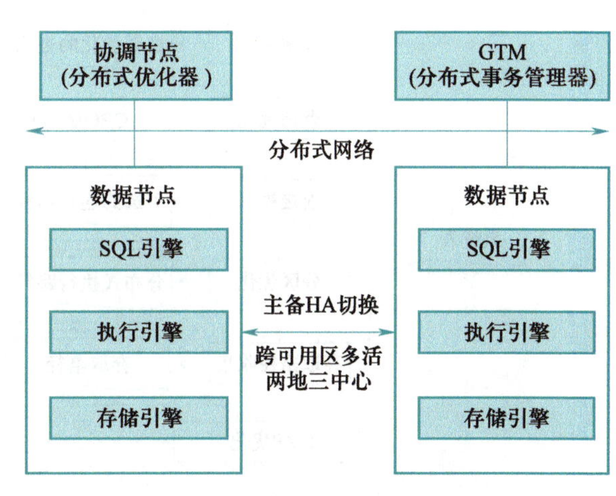

图 15.3 GaussDB 分布式架构

（1）数据分布与存储：在分布式下，数据按照一定的分布方式被划分到不同的数据节点（data node, DN）。分布方式包括哈希分布、范围分布和列表分布。数据节点负责每个数据分片的存储和查询处理。此外，数据节点在处理数据的过程中，可能需要从其他数据节点获取数据，GaussDB 提供了三种访问方式（广播流、聚合流和重分布流）来降低数据在数据节点间的流动。广播流将数据分发到所有节点，聚合流将所有节点数据聚合到一个节点，重分布流将数据按照某种分布方式重新划分到不同节点。

（2）分布式执行框架：分布式执行框架包括协调节点（coordinator node，CN）和数据节点。协调节点负责执行计划生成和结果汇总，数据节点负责一个数据分片的数据处理。首先，客户业务应用下发 SQL 给协调节点，SQL 可以包含对数据的增（insert）、删（delete/drop）、改（update）、查（select）等操作。协调节点利用数据库的优化器生成执行计划，然后发送给相应的数据节点。数据节点会按照执行计划的要求处理数据。数据节点将结果集返回给协调节点进行汇总，并在汇总后将结果返回给业务应用。数据节点之间也可以并行处理复杂的分组查询、聚集查询、连接查询等。

（3）分布式事务管理技术：全局事务管理器（GTM）在保证事务全局强一致的同时提供高性能的事务处理能力。为避免 GTM 单点性能瓶颈，采用基于分布式时钟协议来计算时间戳。如第 14 章所述，GTM 采用 2PC 和 Paxos 方式实现分布式事务的处理。

（4）分布式查询：GaussDB 通过分布式优化器产生分布式执行计划，支持基于代价的优化器（CBO），也支持基于 AI 的优化器（ABO），整体架构如图 15.4 所示。如果一个查询只涉及一个数据分片，分布式优化器可以将查询计划仅下发到相关数据分片的节点，避免冗余下发；如果涉及多个分片，且数据分片有数据交互，GaussDB 将通过数据节点的并行计算来提升查询速度。

（5）分布式并行执行：GaussDB 的执行方式支持节点间并行、线程间并行（SMP）和单指令流多数据流（SIMD）并行，提高复杂查询的性能。GaussDB 还通过 LLVM（low level virtual machine）实现编译执行，如图 15.5 所示。

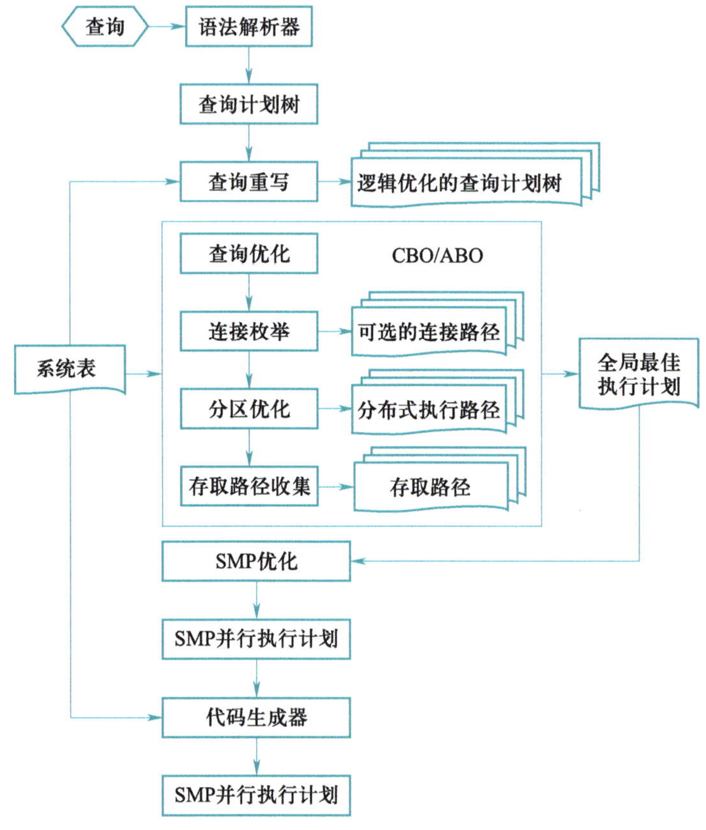

图 15.4　GaussDB 分布式优化器

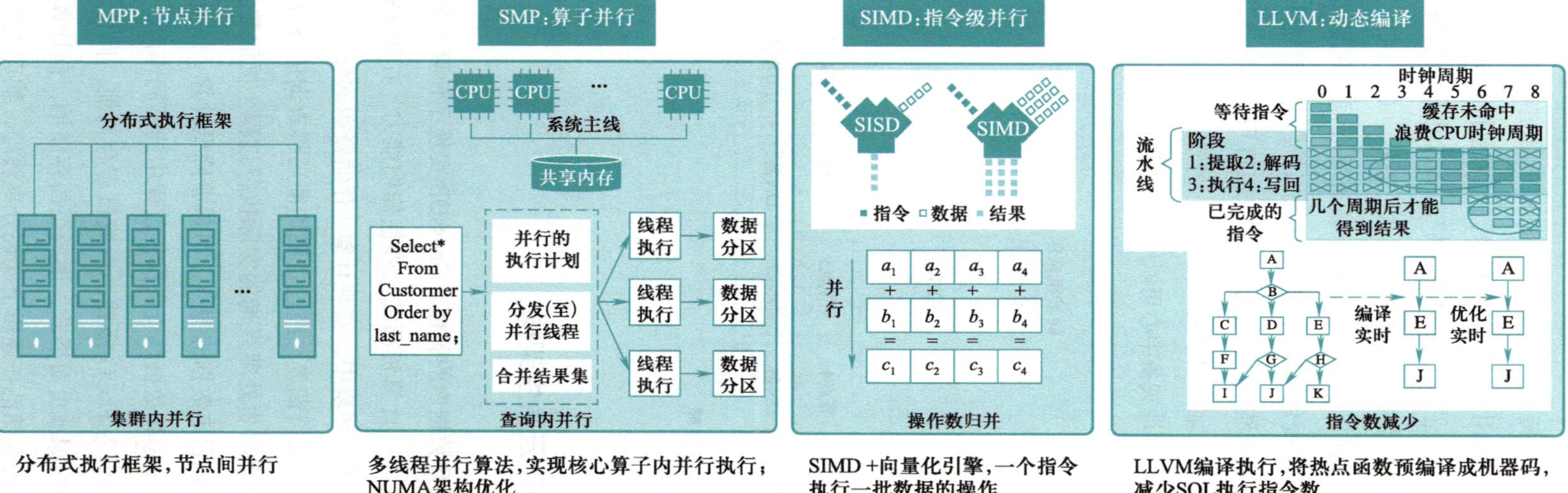

图 15.5 GaussDB 全并行执行

（6）分布式高可用：GaussDB 支持节点级、可用区级、城市级等多层级故障恢复。首先，通过主备高可用切换支持节点级故障。GaussDB 通过数据存储冗余、节点冗余实现整个系统无单点故障的高可用。其中数据冗余高可用包括存储磁盘 RAID 冗余、网络双交换机冗余、多网卡冗余、主机 UPS 电源保护。节点冗余包括协调节点实例多活冗余、数据节点实例与 GTM 节点等的主备副本冗余。其次，GaussDB 支持跨可用区多活以及两地三中心多活。一方面，GaussDB 容灾系统部署在同一区域内的两个可用区中，采用存储层物理同步复制技术提供可用区之间的容灾保护；当主系统所在的可用区发生故障时，业务可一键切换到容灾系统上。另一方面，GaussDB 可以在异地建立一个备份的灾备系统以实现两地三中心，即一个地域包含两个可用区，另外一个地域作为灾备中心，当因自然灾害等原因而发生故障时，异地灾备中心可以用备份数据恢复业务，如图 15.6 所示。

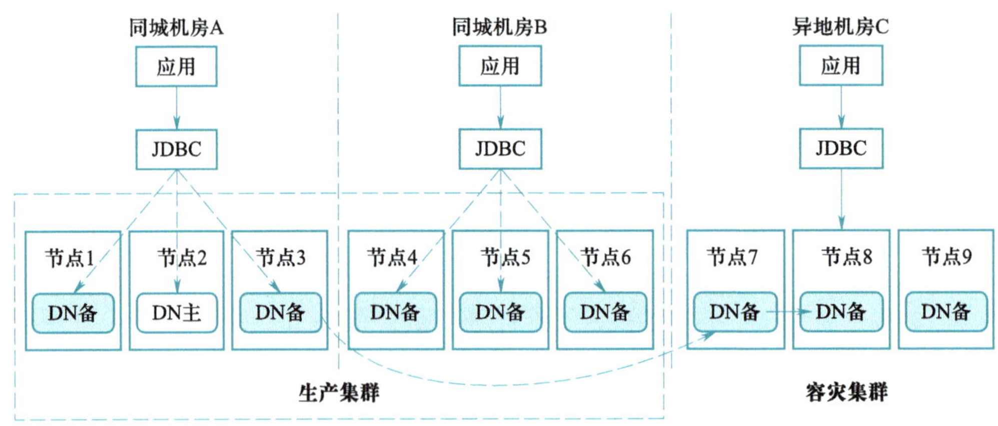

图 15.6　两地三中心高可用架构

15.1.3　GaussDB 云原生架构

云数据库系统可以提升数据库的弹性。GaussDB 实现了计算 / 存储分离，支持存储资源的独立扩容和缩容能力、计算资源独立弹性伸缩能力。如图 15.7 所示，GaussDB 可以按照云原生架构部署于云环境中，实现计算 / 存储资源的分离管理。在计算层，用户的查询请求经过协调节点进行调度，经过负载均衡后将查询任务分配到不同的数据节点完成查询处理。数据节点负责处理查询的实际执行过程。同时数据节点拥有一定的本地存储，作为记录数据和日志数据的缓存，可显著降低计算 / 存储层之间的数据传输量。在存储层，充分考虑日志和数据在查询执行过程中的不同作用，从逻辑上对两者进行分离管理。日志统一组织为 PLOG 格式，形成日志存储池，向计算层提供低延时的日志写入接口。数据统一组织成页面格式，形成页面存储池，向计算层提供高吞吐量的页面读取接口。页面和日志存储池在逻辑上实现分离管理，物理上实际存储于相同的分布式存储介质中，以保证日志和页面数据之间的高效数据传输；也可以实现物理上的分离，使用更高性能的存储介质来管理日志以降低事务延迟。

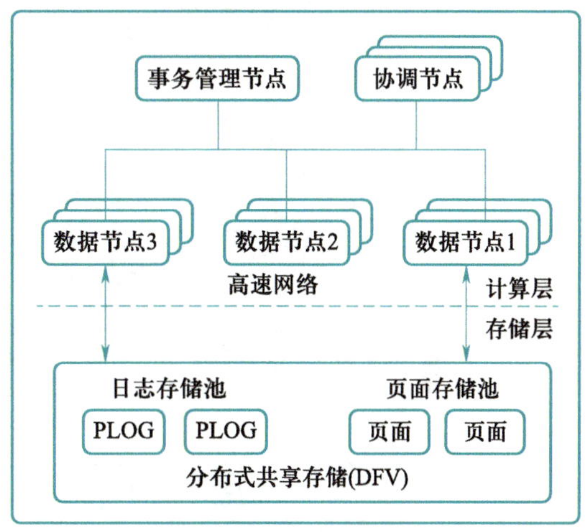

图 15.7 GaussDB 云数据库系统分层架构

不同于传统线下数据库，云原生数据库在计算层仅向存储层写日志，而数据页面通过日志回放获得。

15.1.4 支持新硬件

GaussDB 支持基于新硬件的性能优化。对于传统计算芯片，传统数据库系统主要使用通用芯片和传统 UMA（uniform memory access，均匀存储器访问）架构，但不能很好地支持 NUMA 架构。其主要原因在于 NUMA 下每个 CPU 访问近端内存和远端内存时延差异大，不利于并发事务处理。对于新型 AI 芯片，传统数据库系统仅支持有限的算子操作（如连接操作、简单聚合操作等），无法高效支持 AI 算子（如标量运算、矩阵运算、张量计算等）。但很多数据库业务需要支持库内的 AI 训练与推理。

GaussDB 提出了一种面向新硬件的异构计算创新架构。第一，通过支持基于 NUMA 架构的鲲鹏芯片，一方面提高对数据密集型操作的优化能力，另一方面更好地提供大规模的数据计算能力。第二，通过昇腾 AI 芯片，支持和优化 AI 算法中不同类型的算子操作，并且通过 SQL 语句来支持数据库内 AI 算子。

1. 面向鲲鹏的创新架构

与传统的英特尔 x86 处理器相比，鲲鹏芯片采用 ARM NUMA 架构，具有更多的计算核心数、更加显著的非一致内存访问特性以及更强的处理器内部 / 跨处理器之间的核间通信能力，其架构如图 15.8 所示。GaussDB 基于鲲鹏芯片实现了新的并发处理技术。

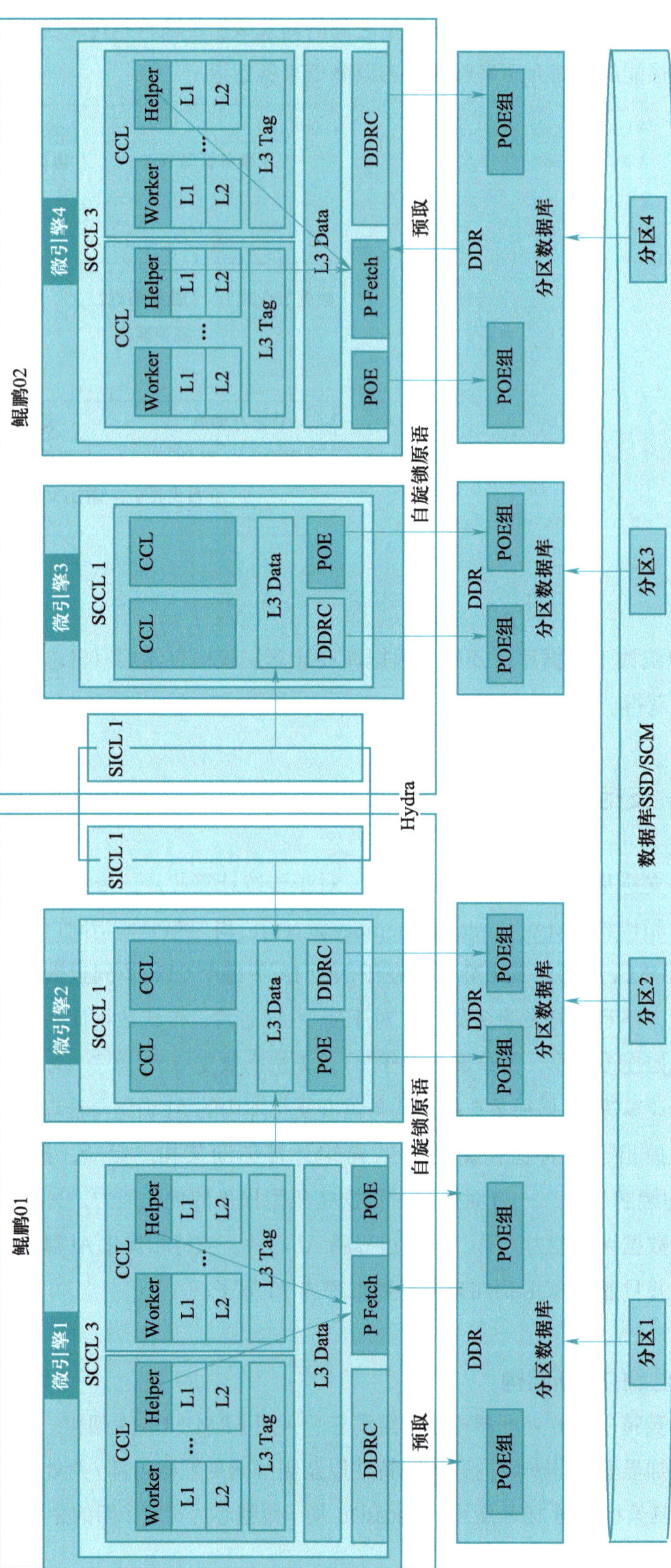

图 15.8　面向鲲鹏处理器的创新架构

(1) 基于鲲鹏核间通信机制实现了全新的并发原语机制，特别是自旋锁（spin lock）、读写锁（read/write lock）等，直接通过核间通信机制，无须通过内存变量的原子性修改来达成协同一致，从而大幅提升性能。

(2) 实现异步流水线机制，数据库在执行事务时，根据任务的特点，将其切分成多个子任务，由特定线程执行，设计核间并行处理机制来实现这些子任务之间的协同处理。

(3) 为了支持共享数据结构的全局访问，例如 LSN（logical sequence number）、事务 ID（transaction ID，XID）等数据类型，GaussDB 利用单独的核来进行处理，减少数据访问冲突。

(4) 为了提高 CPU 模块内资源的利用率和多核的并发能力，设计新型的 NUMA 事务处理及存储引擎架构，如基于数据进行事务分发、基于 NUMA 的数据老化回收等，减少核间冲突、提升系统效率。

2. 面向昇腾的创新架构

大量 AI 算法普遍存在如下几个问题。第一，算法存在大量矩阵运算，而 CPU 计算粒度较低，无法高效处理该类型计算范式。第二，AI 算法中存在较复杂的标量运算，需要更高性能的 CPU 来处理。第三，随着计算粒度要求的提升，芯片需要缓存更多的数据，数据宽度增加。昇腾芯片重点优化了卷积、全连接、若干张量计算（Pooling、ReLU、BatchNorm、Softmax 等）、标量计算等 AI 算法中的常见计算。

依托昇腾芯片，GaussDB 内核除了具备传统数据库的 SQL 处理能力，同时还能够将 AI 推理、训练等操作集成到数据库内完成。它通过扩展 SQL 语法来实现数据库内 AI 的训练和推理，结合昇腾 AI 芯片对训练和推理过程的加速提升昇腾 AI 计算能力，降低 AI 开发成本，实现训练推理和数据管理一体化。

(1) 库内集成深度学习框架 Tensorflow/MindSpore，在数据库内部实现卷积神经网络（convolutional neural network，CNN）、深度神经网络（deep neural network，DNN）等神经网络算法，并基于昇腾芯片实现加速优化。

(2) 实现数据库内置的 AI 算法包，打造数据库与机器学习算法的融合优化技术，利用数据库优化器、索引、剪枝等技术实现机器学习模型训练与推理过程的加速。

(3) 充分利用昇腾 AI 芯片对向量（vector）、立方体（cube）等计算模型的加速能力，实现传统数据库聚集操作、连接操作的加速。

GaussDB 与昇腾结合的 AI 加速与计算加速的架构如图 15.9 所示。

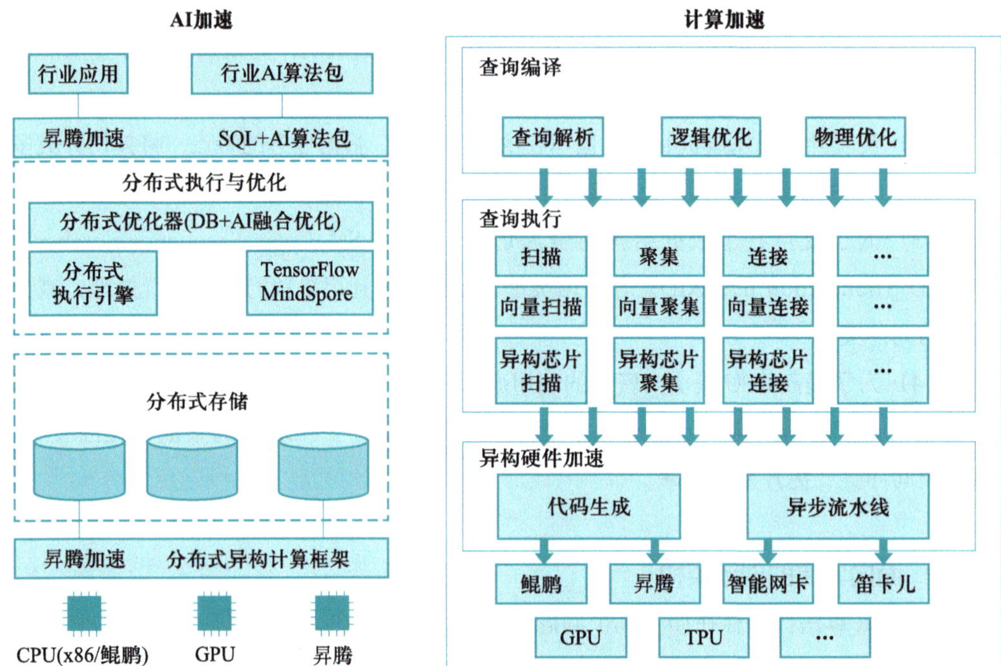

图 15.9 openGauss 与昇腾结合的 AI 加速与计算加速

15.2 GaussDB 单机查询处理技术

GaussDB 在查询处理流程上与第 10 章介绍的处理流程相同，并可以支持第 10 章介绍的各种查询算子，但在查询优化、查询执行上与第 11 章和第 12 章中介绍的方法存在差异。本节将介绍 GaussDB 在查询优化和查询执行中的关键技术。

15.2.1 GaussDB 查询优化

第 11 章中已经对各种基本的优化方法进行了介绍，依据优化方法的不同，优化器的优化技术可以分为：

（1）基于规则的查询优化（rule-based optimization，RBO）：根据预定义的启发式规则对 SQL 语句进行改写、优化；

（2）基于代价的查询优化（cost-based optimization，CBO）：对 SQL 语句对应的候选物理计划进行基数和代价估算，并从候选计划中选择代价最低的物理计划作为最终的执行计划；

（3）基于人工智能的查询优化（AI-based optimization，ABO）：收集执行计划的特征统计信息，借助人工智能模型估计基数和代价，并选择高效的执行计划。

早期数据库通常采用 RBO 实现查询优化，这种方式依赖于规则、不够灵活，难以获得最优的执行计划，传统 CBO 则能在大多数场景中高效筛选出性能较好的计划。但面对日趋复杂的应用场景，基于代价的查询优化也越来越难以捕捉到用户特定的查询需求、数据分布、硬件性能等特征，故难以全方位地满足用户的优化需求。

近年来随着人工智能技术的兴起，ABO 进入了人们的视野，它可以克服 RBO 和 CBO 基于静态模型方法的弊端，通过对历史查询和数据分布的不断学习，实现更加精准的基数和代价估计，选择生成更加优化的查询计划，提升查询性能。

1. 代价估计

GaussDB 的 CBO 对每条 SQL 语句生成多个候选的计划，并且计算每个计划的执行代价，最后选择代价最小的计划。

在第 10 章和第 11 章中已经介绍过，代价的估计包括两个部分，一个是对结果的基数进行估计，二是在确定基数的基础上对执行代价进行度量。GaussDB 的基数估计方法与第 11 章中介绍过的基数估计方法相同，而 GaussDB 对代价的度量方式，则是在第 10 章中只考虑 I/O 代价的度量方式的基础上考虑了更多的因素，例如 CPU 代价、网络代价。

数据库在按执行计划处理页面时会产生 I/O 代价。GaussDB 把顺序扫描一个页面的代价定义为单位 1，所有其他算子的代价都归一化到该单位 1 上。比如把随机扫描一个页面的代价定义为 4，即认为随机扫描一个页面所需代价是顺序扫描一个页面所需代价的 4 倍。再比如，把 CPU 处理一个元组的代价为 0.01，即认为 CPU 处理一个元组所需代价为顺序扫描一个页面所需代价的 1%。

GaussDB 的 ABO 利用机器学习算法估计查询基数和查询代价，并指导计划的生成。GaussDB 智能基数估计主要涉及统计信息分析器、库内贝叶斯网络算子以及查询优化器三个模块子系统。其中统计信息分析器针对数据采样收集统计信息，利用采样得到的数据进行贝叶斯网络拓扑搜索和模型创建；模型创建阶段调用库内贝叶斯网络算子实施模型训练、模型序列化和模型存储；在查询优化阶段，优化器能够识别出多列谓词信息，并且利用库内贝叶斯算子进行谓词选择率估计，指导计划选择。

2. 物理计划选择

第 11 章已经介绍过，同一个查询可以按照多种不同的物理计划执行，这些物理计划能够得到同样的结果，但是执行效率不同。由于完整的物理计划空间过于巨大，无法进行穷举，因此优化器一般会按照特定的物理计划选择策略，枚举一部分物理计划，计算它们的执行代价，并最终取其中代价最低的物理计划实际执行。

依据物理计划选择中采用的搜索策略，可以将优化器划分为如下几种模式。

（1）自底向上模式：如图 15.10 所示，自底向上模式会对逻辑计划进行拆解，先确定每个表的物理扫描算子，再逐步确定物理连接算子（以及其他算子），最终确定完整的物理执行计划。在这个过程中，由于物理扫描算子和物理连接算子有多种可能，因此会生成多个候选物理执行计划，优化器会根据各个物理计划的估算代价选出代价最低的执行计划，然后交由执行器执行。

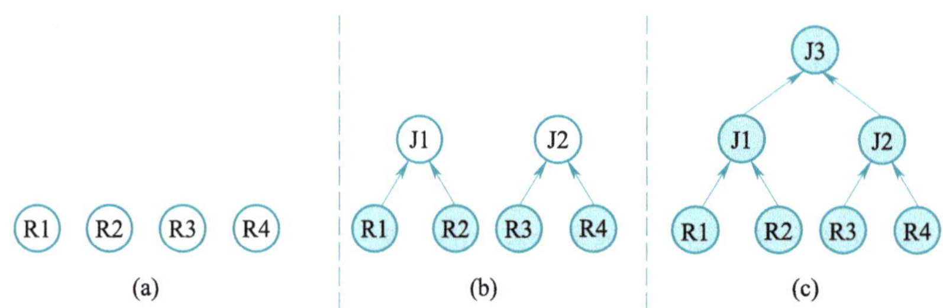

图 15.10 自底向上模式

（2）自顶向下模式：利用面向对象的思想，将优化器核心功能对象化。优化器在词法分析、语法分析、语义分析后生成基本的逻辑计划。基于此逻辑计划，优化器应用对象化的重写规则，产生多个待选的逻辑计划。通过采用自顶向下的方法遍历逻辑计划，结合动态规划、代价估算和分支界定技术，逐步确定每个逻辑算子对应的物理算子，最终获得最优的物理计划，如图 15.11 所示。

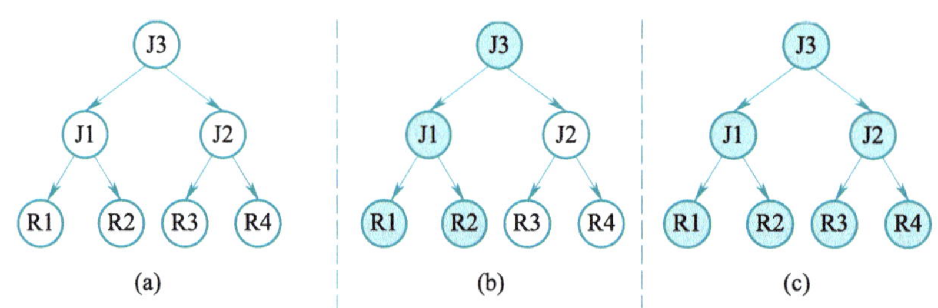

图 15.11 自顶向下模式

（3）随机搜索模式：无论是自底向上模式还是自顶向下模式，在参与连接的表的数量比较多的情况下，都会出现枚举时间过长的问题。为了解决这个问题，通过随机化的方法对计划进行搜索，尝试在随机选出的解空间中获得次优的执行计划。11.4.4 节中介绍的遗传算法就是随机搜索模式中的典型算法。

目前 Oracle、MySQL、PostgreSQL 等数据库中的优化器均采用自底向上模式，

SQL Server 以及开源的 Calcite、ORCA 则采用了自顶向下模式。GaussDB 采用的是自底向上模式和随机搜索模式相结合的方式。具体来说，在参与连接的表的数目不多（例如不超过 12）时，GaussDB 采用自底向上的物理计划选择方法。优化器首先为每个表确定物理扫描算子，这些扫描算子构成了执行计划的最底层（第一层）。优化器在第二层开始考虑两表连接的最优连接顺序，也就是对所有两表的可能连接进行枚举。类似地，在第三层考虑三表连接的最优连接顺序，也就是枚举所有三个表的可能连接。以此类推，直到最顶层枚举完所有表的可能连接，最终从中选择代价最低的全局最优的执行计划。

此外，为了在连接顺序选择中避免搜索空间过大，GaussDB 采用以下三种剪枝策略。

（1）尽可能优先考虑有连接条件的执行计划，尽量推迟笛卡儿积运算。

（2）在搜索过程中做基于代价的估算时，对候选物理计划采用分支限界算法进行剪枝，在物理计划搜索过程中尽早剪枝一些代价较高的物理计划。

（3）在搜索过程中保留具有特殊物理属性的物理计划，例如具有顺序性质的物理计划。这是因为有些物理计划产生的结果具有有序性的特点，这样的物理计划可能在后续的优化过程中避免再次排序，从而总代价更低。

15.2.2 GaussDB 查询执行

如第 12 章所述，执行器在数据库整个体系结构中起到承上启下的作用。GaussDB 的执行器的整体工作流程主要分为三个阶段。

（1）初始化阶段：该阶段遍历整个物理计划树，根据不同的算子进行不同的初始化流程。比如对于哈希连接，在该阶段会初始化哈希表。

（2）执行阶段：该阶段是执行器最重要的部分，用来完成对物理计划树的流水线遍历。通过从磁盘读取数据，根据执行树的执行逻辑完成查询。

（3）清理阶段：由于初始化阶段执行器向系统申请了资源，该阶段需完成资源清理工作，比如对哈希连接初始化时申请的内存进行释放。

作为数据库查询的最终执行单元，执行器的架构和技术决定了数据库查询执行的整体运行效率。为进一步提升执行速度，GaussDB 数据库执行引擎采用了编译执行（LLVM）、向量化引擎等多种现代软件技术，并充分结合硬件技术的特征实现高效执行（具体技术详见第 12 章）。

1. 编译执行

GaussDB 的编译执行技术分为三个层次：LLVM Lib 库、LLVM API 层、LLVM 实现层。具体表现如下。

（1）LLVM Lib 库：LLVM 第三方开源软件静态库，提供生成各种代码所需的功能接口。

（2）LLVM API 层：负责封装部分 LLVM Lib 库函数以实现优化功能，供 LLVM 实现层调用。

（3）LLVM 实现层：根据查询来优化执行计划中涉及的指定函数的 LLVM 并返回中间结果。LLVM 实现层中实现的功能与原有执行器中的功能相对应，即是否选择 LLVM 优化对同一查询所获得的结果是一致的。

以图 15.12 中“SELECT Sno, Sname FROM Student WHERE Sage < 18 OR Sage > 60;”为例，在计算 WHERE 表达式“Sage < 18 OR Sage > 60”时，会将表达式分解为布尔判断（BoolExpr）、操作符（OpExpr）、列引用（Var）、常量（Const）等子节点，而 OR 类型的布尔判断及“>”“<”操作符都包含两个参数，参数通过函数指针引用。并且为了通用，每个节点的通用处理函数需要能够处理该节点的所有情况，例如列引用（Var）需要处理引用左表的列、引用右表的列、引用扫描表的列等各种情况，但是当一个列引用节点生成以后，其具体引用的是哪个表的哪一列是固定的，在执行过程中并不会发生变化。因此在每个节点的通用处理函数内部，都存在一些执行过程中不会发生改变的冗余条件逻辑。

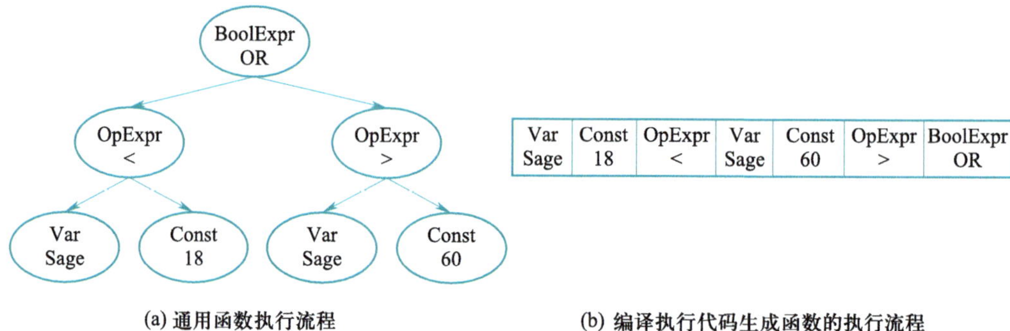

图 15.12 编译执行

在为每个表达式节点编写通用处理函数时，因为无法预知每个节点的参数类型及调用关系，因此只能在运行时使用函数指针这种灵活的方式来指定调用关系。而编译执行技术提供了在运行时重新优化代码的机会，当要执行一个具体的表达式时，每个表达式节点的参数类型及调用关系都已经固定。还以 WHERE 表达式“Sage < 18 OR Sage > 60”为例，当执行布尔判断 OR 时，很明确地知道它的左参数是操作符“<”的计算结果，右操作符是“>”的计算结果，因此编写编译优化代码时，可以固定这些调用关系，不再需要使用函数指针。因为每个表达式节点的执行顺序也不会发生改变，因此甚至可以把节点间的调用写成内联函数（inline）以降低调用栈的深度，并在编译生成定制化机器码时，对整个表达式的执行过程做一个整体优化，从而提升表达式的执行性能。

2. 向量化执行

在基于火山模型的行存储执行引擎基础上，实现了向量化执行引擎。不同于行存储执行引擎一次处理一行数据，向量化执行引擎一次处理一批数据，可以带来巨大的性能提升。

（1）一次一元组模型函数调用次数较多，每一个元组都会根据执行树的形态遍历执行树，面对复杂场景巨量的函数调用次数开销较大，而一次一批元组的执行模式则大大减小了遍历执行节点的开销。

（2）一次一批元组的数据处理方式为某些表达式计算的 SIMD（单指令流多数据流）优化提供了机会，进而带来性能的提升。

（3）一次一批元组的数据处理方式天然支持列存储，列存储引擎能够很方便地在底层扫描节点，批量装填向量化的列数据。

向量化执行引擎对行存储执行引擎的整体框架、流水线迭代器模型没有影响。向量化执行引擎主要修改执行器内部实现以及执行器之间数据传递格式。和一次一元组相比，向量化引擎执行时执行节点返回的是一批元组，如图 15.13 所示。向量化执行引擎定义 VectorBatch 作为存储数据的内存结构，在不同算子之间传递。VectorBatch 以列式结构组织，把不同行的同一列数据排放在一起，计算时充分利用 CPU 的局部性，提升查询性能。此外，向量化执行引擎通过重构每个执行算子的处理逻辑，在每个执行算子中通过对 VectorBatch 进行处理，完成查询执行。

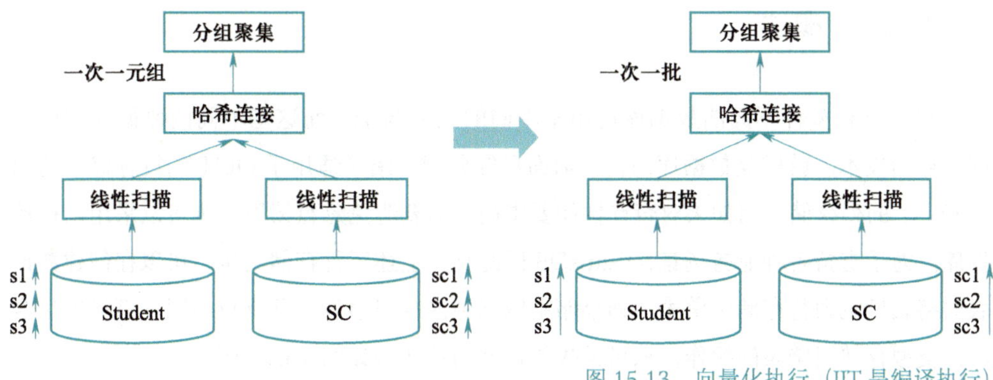

图 15.13 向量化执行（JIT 是编译执行）

3. 并行执行

一个复杂查询包含若干张表的关联、多个聚集操作以及排序操作等查询算子，使用传统的单线程模式可能导致一个查询会执行几十分钟。为了提升这类复杂查询的执行性能，且充分利用计算资源，除了实现了不同实例节点之间的分布式并行执行框架外，还实现了单个节点内的多线程并行执行框架，从而形成完善的全并行执行框架，解决复杂查询的性能瓶颈问题。

GaussDB 的并行执行框架主要包含两部分：并行计划生成和并行计划框架。

（1）并行计划生成的基本原理是在生成每一层路径时，都会增加一个并行路径，最终根据代价选择最优路径。选择的路径可能是节点上的算子全部并行、全部串行，或者部分并行、部分串行，这是因为在不同情况下对不同算子，有可能串行最佳，也有可能并行最佳。

（2）并行执行框架主要处理不同节点和不同线程间的数据分配。GaussDB 的并行计划目前针对扫描、连接以及聚集算子做了代价评估，其他的算子保持与下层算子相同的并行度。对于扫描算子，增加一条并行的路径，计算并行的启动代价、数据分配代价以及算子执行代价，与串行的路径一起进行后续的路径选择。连接算子在打开并行查询的情况下，每次会生成两类路径，一是串行路径，一是并行路径。串行路径生成比较简单，相对不支持并行查询的差异仅在下层算子可能是并行的，此时需要在中间增加一层局部聚集算子，将并行转换为串行。

15.3　GaussDB 存储技术

15.3.1　概述

目前已有多种不同的数据库可用于不同的业务场景，而这些不同的数据库对应不同的存储技术。就磁盘数据库而言，前面已经分别介绍了适用于 OLTP 的行存储和适用于 OLAP 的列存储。而如果对查询性能要求高，需要避免磁盘读取，则可以采用内存数据库。为了支持各种业务场景，GaussDB 同时支持上述三种存储引擎，可以在创建数据表时将表指定为行存储引擎表、列存储引擎表或内存引擎表，并支持在同一事务里包含不同类型存储引擎表的操作，该可插拔的存储引擎架构如图 15.14 所示。

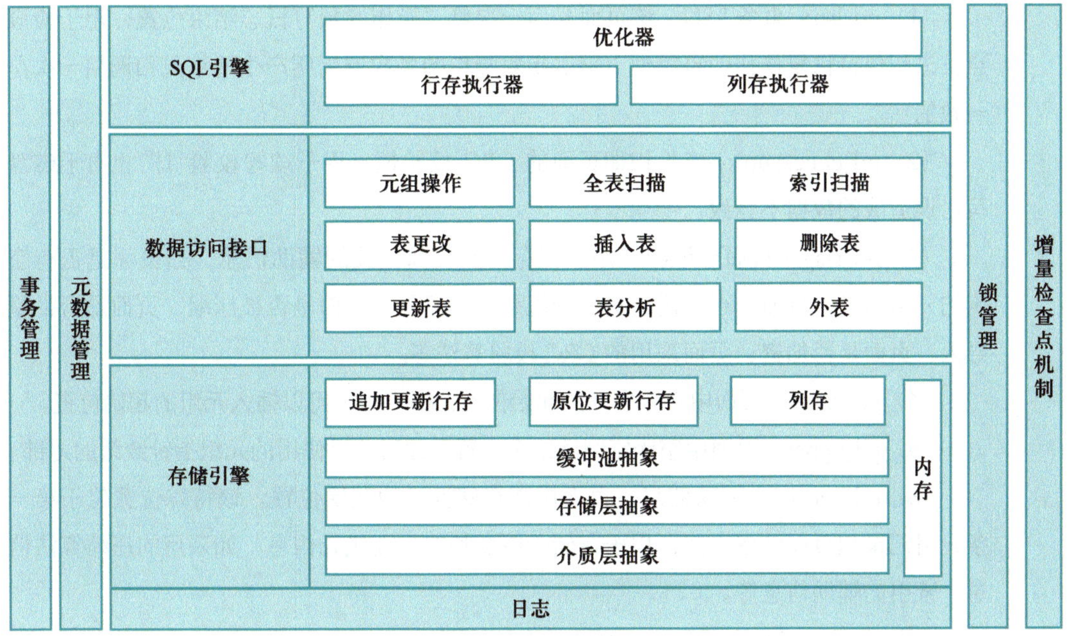

图 15.14 可插拔存储引擎

15.3.2 行存储引擎

1. 页面结构

GaussDB 的行存储以页面为单位，页面大小默认为 8 192 B。一个基本的页面如图 15.15 所示。

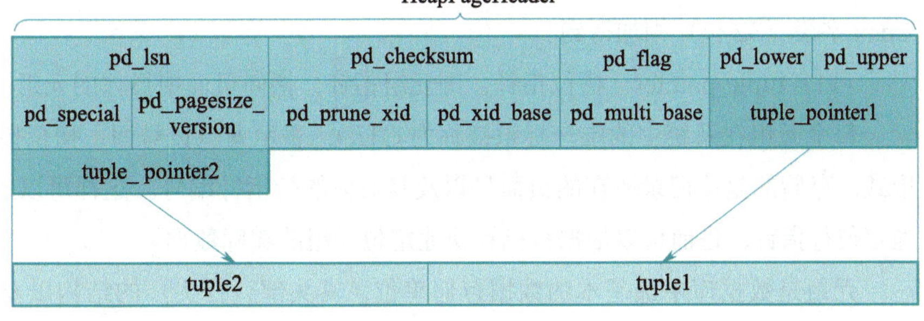

图 15.15 页面示意图

页面开头放置页头（HeapPageHeader）数据，记录了这个页面的公用信息以及一些关键标识。在页头后放置指向元组的行指针（tuple_pointer），即槽位，并向页面尾部扩展。被行指针指向的元组（tuple），则是从页面尾部向页面头部延展，避免了页面填充过程中可能出现的数据移动以及空间浪费。

（1）pd_lsn：事务 LSN，该页面最后一次修改操作的预写日志结束位置，用于检查点推进和保持恢复操作的幂等性（幂等指对接口的多次调用所产生的结果和调用一次是一致的）。

（2）pd_checksum：校验和即页面的 CRC 校验值，用于读写校验（防止由于磁盘写错误造成的数据不一致）。

（3）pd_flag：页面标记位，用于保存各类页面相关的辅助信息，如页面是否有空闲的元组指针、页面是否已满、页面元组是否都可见、页面是否被压缩、页面是否批量导入、页面是否加密、页面采用的 CRC 校验算法等。

（4）pd_lower：页面中空闲空间的起始位置，即下一个可以插入元组的起始位置。

（5）pd_upper：页面中空闲空间的结束位置，即当前已使用的元组指针数组的尾部。

（6）pd_special：辅助信息，页面尾部特殊区域的起始位置。该特殊位置位于第一条元组记录和页面结尾之间，用于存储一些变长的页面级元信息，如采用的压缩算法信息、索引的辅助信息等。

（7）pd_pagesize_version：页面大小和版本号。

（8）pd_prune_xid：页面清理辅助事务号（32 位），通常为该页面内现存最老的删除或更新操作的事务号，用于判断是否要触发页面级空闲空间整理。实际使用的 64 位事务号 prune 由 prune_xid 字段和 xid_base 字段相加得到。

（9）pd_xid_base：该页面内所有元组的基准事务号（64 位）。该页面所有元组实际生效的 64 位 xmin/xmax 事务号由 xid_base（64 位）和元组头部的 t_xmin/t_xmax 字段（32 位）相加得到。

（10）pd_multi_base：持锁事务号。类似于 xid_base 字段，当对元组加锁时，会将持锁的事务号写入元组中，该 64 位事务号由 multi_base 字段（64 位）和元组头部的 t_xmax 字段（32 位）相加得到。

（11）tuple_pointer：槽位指针，即元组指针，指向页面中具体的元组。

每个元组在系统中的唯一标识被称为 CTID，表示为（页号面，槽位指针）二元组形式，存储的是该记录所在的页面号以及其对应的行指针编号。这样可以通过 CTID 快速定位行指针，进而可以根据行指针快速定位元组的实际数据。

元组是数据库中最基本的数据存储单位，其头部（行头）的结构以及元组信息的格式如图 15.16 所示。

HeapTupleHeader					
xmin	xmax	t_cid	t_ctid	t_infomask2	t_infomask
t_hoff	t_bits				

图 15.16　行头结构

（1）xmin：插入元组的事务号 XID（32 位）。

（2）xmax：删除或更新元组的事务号（32 位）。如果元组还没有被删除，则为零。

（3）t_cid：对该记录的操作在事务内部的序号。

（4）t_ctid：当前元组的页面和页面内元组指针下标。如果该元组被更新，其值为更新后元组的页面号和页面内元组指针下标。

（5）t_infomask2：元组属性掩码，包含元组中字段个数、HOT（heap only tuple，堆内元组）更新标记、HOT 元组标记等。

（6）t_infomask：元组另一个属性掩码，包含是否有空字段标记、是否有变长字段标记、是否有外部 TOAST（oversized-attribute storage technique，过长字段存储技术）标记、是否有 OID 字段标记、是否有压缩标记、插入事务是否提交 / 回滚标记、删除事务是否提交 / 回滚标记、是否被更新标记等。如果 OID 标记存在，那么元组 OID 从 t_hoff 偏移位置之前 4 个字节处获得。

（7）t_hoff：元组数据距离元组头部结构体起始位置的偏移。

（8）t_bits：所有字段的空值位图。每个字段对应 t_bits 中的一位，因此是变长数组。

2. 追加更新行存储多版本管理

在数据库应用场景中，大部分都是读多写少，存储引擎的读写并发性能就非常关键。目前主流的数据库大部分采用多版本并发控制（MVCC）机制。简单来讲，MVCC 就是维护数据的多个版本，实现读和写不冲突。MVCC 其实是读优化，写有惩罚的，因为写需要维护数据多版本。MVCC 最关键的设计考虑因素如下。①数据的一致性读：数据多版本机制要支持一致性读，需要引入时间戳机制，事务提交和 SQL 执行都要采用统一的时间戳机制。GaussDB 引擎引入了 CSN（commit sequence number）的概念。②数据多版本带来垃圾版本清理的问题：垃圾版本清理取决于数据的多版本是如何维护的。有两种典型的维护多版本的方法，一种是追加更新，这时多版本的数据历史版本分散在数据页面内，清理历史版本时需遍历所有数据页面，代价大；另一种是原位更新，这时多版本的数据历史版本集中在回滚段内，清理版本时，只需清理回滚段，代价小。

GaussDB 行存储多版本管理支持两种方式。一种是在更新时并不就地更新，而是在原有页面中保留上一个版本，转而在这个页面（如果空间不够会在新页面中）创建一个新的版本，进行历史版本的累积更新。另一种是原地更新，即在原位置插入最新数据，然后再将旧版本复制到一个回滚段，并在新版本上添加指向旧版本的指针。

在追加更新中，同一页面中会存有同一条数据的不同版本。对于拿到不同快照的事务，在读写这些不同版本时互不冲突，具备良好的并发性能。对历史版本的查询可以在该页面内或邻近页面查找，基本不产生额外的 CPU 开销以及 I/O 开销，效率很高。下面通过一个简单例子介绍行存储结构以及多版本的实现，如图 15.17~图 15.21 所示。

假设在一个事务号 XID 为 10 的事务中，向一个只有一列变长字符串类型数据的表插入一条数据，该行数据落入编号为 0 的数据页面，则该行结构如图 15.17 所示。可以看到 xmax 为 0，说明该记录为有效记录。

xmin	xmax	t_cid	t_ctid	data
10	0	0	(0,1)	'insert'

图 15.17　行存储结构示意图 1

假设在此基础上，在 XID＝20 的事务中做了删除此行的操作，该记录如图 15.18 所示。此时 xmax 被标记为 20，如果此事务提交，那么该行最终会被回收。

xmin	xmax	t_cid	t_ctid	data
10	20	0	(0,1)	'insert'

图 15.18　行存储结构示意图 2

如果在最初插入该记录的基础上，在 XID＝30 的事务中连续对该行做两次更新操作，则该元组的变化过程如下。第一次更新如图 15.19 所示。原有行 xmax 更新为 30，使得原有行失效。并且 t_ctid 更新为新的 CTID，指向新版本的行。

xmin	xmax	t_cid	t_ctid	data
10	30	0	(0,2)	'insert'
30	0	0	(0,2)	'update'

图 15.19　行存储结构示意图 3

第二次更新如图 15.20 所示。此时第二个版本也变为历史版本，通过 t_ctid 指向最新版本的记录。第二个版本的记录在一个事务中被删除，xmin、xmax 均为 30。第三个（最新）版本记录的 xmin 仍为 30，但是作为事务内的第二次更新操作，操作序号 cid 从 0 变为 1。

xmin	xmax	t_cid	t_ctid	data
10	30	0	(0,2)	'insert'
30	30	0	(0,3)	'update'
30	0	1	(0,3)	'update'

图 15.20　行存储结构示意图 4

最终更新后的页面如图 15.21 所示。不同于原地更新，三次操作产生的同一行的 3 个版本均存储在该页面中。

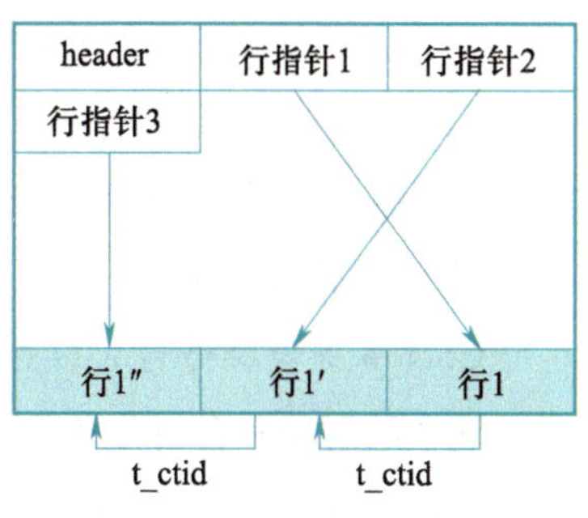

图 15.21 行存储结构示意图 5

以上介绍了给定事务号的情况下，如何利用行头的 xmin 和 xmax 对每个元组实现多版本的存储。而为了实现多版本的并发控制，还需要为每个事务分配事务号，并设计能够确定快照与事务之间可见关系的机制。在 GaussDB 中，每个事务有一个单独的事务状态存储区域，记录了该事务的状态信息和提交顺序号（CSN）。CSN 在 GaussDB 内部使用一个全局自增的长整数作为逻辑时间戳，模拟数据库内部的时序。

举例来说，如图 15.22 所示，每个非只读事务在运行过程中会取得一个事务号 XID，在事务提交时会增加 CSN 取值，并保存当前 CSN 与该事务 XID 的映射关系。

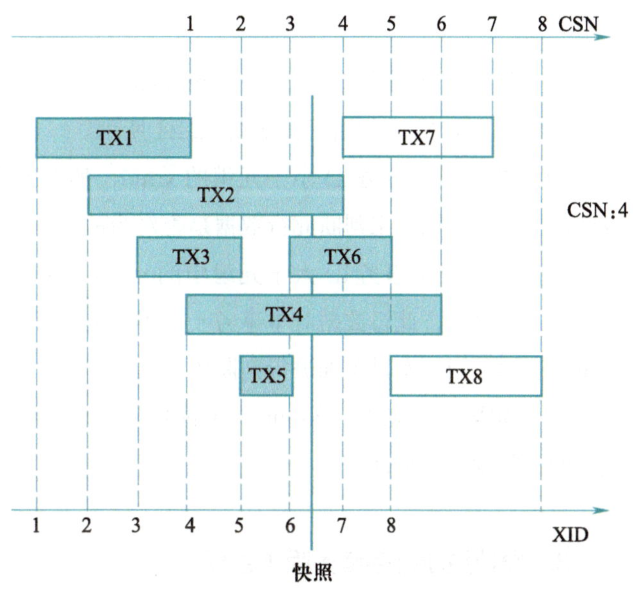

图 15.22 CSN-XID 映射

当一个事务拿到 CSN = 3 的快照时，由于事务 TX2、TX4、TX6、TX7、TX8 的 CSN 分别为 4、6、5、7、8，因此对该事务的快照而言，这几个事务的修改都不可见。

数据库在执行 SQL 时，首先会获取快照时间戳 Snapshot，在读取数据页面的时候，根据 Snapshot.CSN 和事务状态判断哪个版本的元组可见。主要分以下三种场景。

（1）元组的事务状态区里是回滚状态或者执行状态，则元组不可见。

（2）元组的事务状态区里是提交状态，如果Snapshot.CSN比事务区里的CSN小，则当前元组不可见，读取前一个版本的元组，继续比较CSN。反之元组可见。

（3）元组的事务状态区里是待提交状态，需要等待提交。

CSN本身与事务号XID也会留存一个映射关系，以便将事务与其可见性进行关联，这个映射关系会留存在CSN日志CSNLog中。此映射机制类似于事务提交信息日志CLog，不同的是，CLog记录的是事务ID的运行状态（运行中/提交/回滚），如图15.23所示。

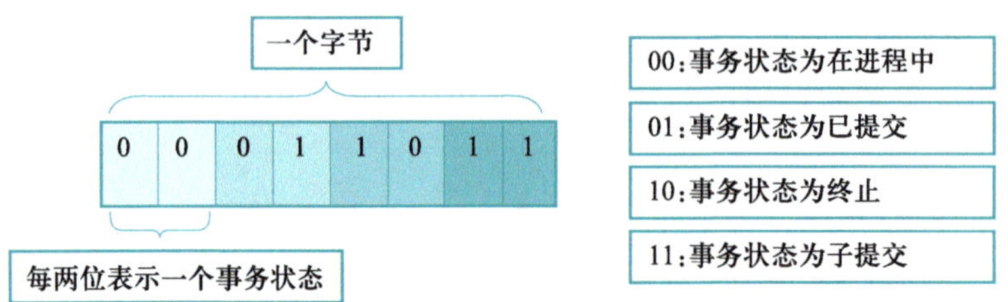

图15.23 CLog记录的事务ID的相关运行状态

进一步结合前面讲过的行头的xmin和xmax，以及上述CLog、CSNLog中的映射机制，整个MVCC的判断流程如图15.24所示。

（1）如果当前事务ID小于元组的xmin，那么就需要查找xmin对应的CLog，读取此事务状态，以此来判断此行数据是否对当前事务可见。

（2）如果当前事务ID大于元组中的xmax，则说明该行数据的更新/删除发生于本事务开始之前，此行数据对本事务一定不可见。但不排除此行数据的新版本对本事务可见，因为新旧版本是单独进行判断的。

（3）如果XID落在了xmin、xmax中间，就需要检索CSNLog，依据CSN来判断该快照下数据的可见性。

3. 原位更新行存储多版本管理

追加更新行存储将元组旧版本数据和新版本数据存储在统一的空间中。其问题就是旧版本回收困难，而且可能需要扫描所有数据来清除旧版本信息。为了解决这一问题，原位更新行存储利用单独的回滚段来存储旧版本数据，最新版数据存储在数据段中，并通过指针指向存放于回滚段的旧版本。为了区分不同的版本，每个元组要能够获取事务提交信息和元组的历史版本信息。数据库一般采用两种方式来实现，一种是直接在每个元组头存储事务ID和回滚段Undo指针，这样操作简单，但是需要额外占用空间。例如一条记录有20 B，其中事务ID和Undo指针占16 B，额外增加占比达到44%，如图15.25所示。

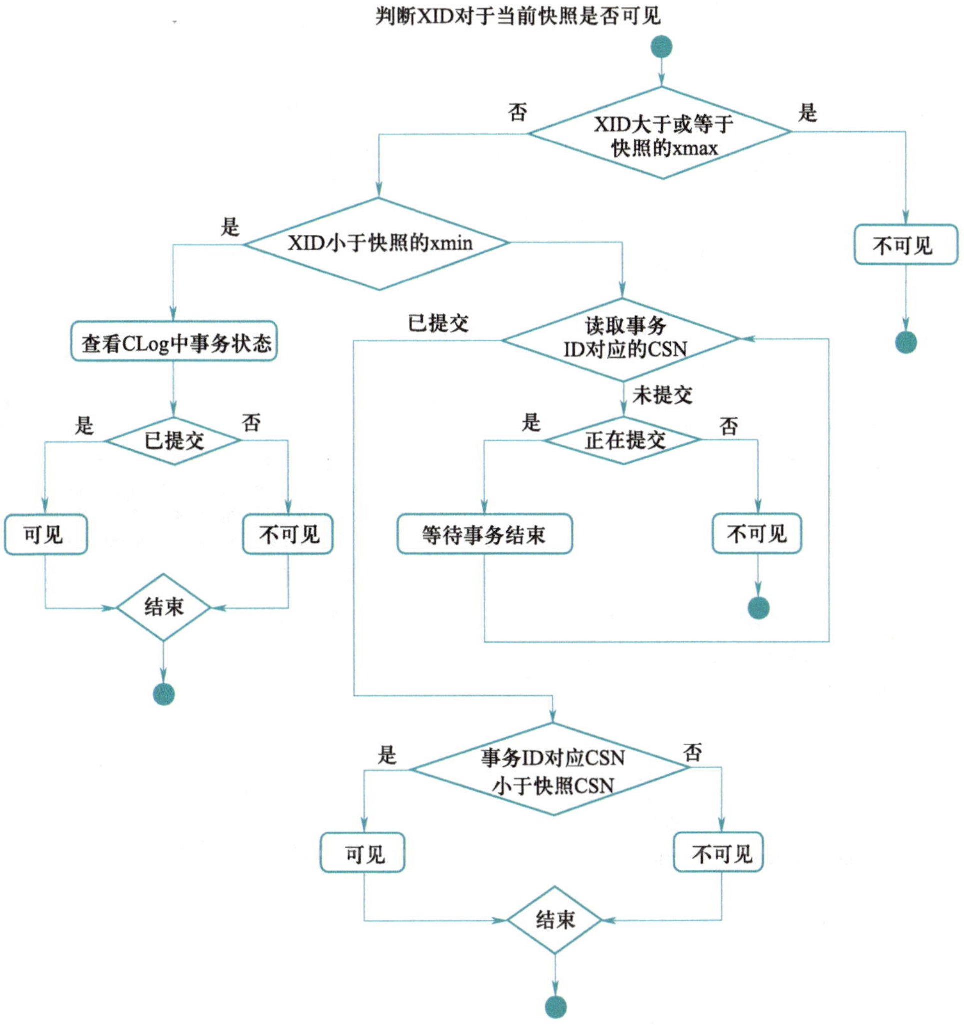

判断XID对于当前快照是否可见

XID大于或等于于快照的xmax

否

是

不可见

XID小于快照的xmin

是

查看CLog中事务状态

已提交

是

否

可见

不可见

结束

读取事务ID对应的CSN

已提交

未提交

正在提交

是

否

等待事务结束

不可见

事务ID对应CSN小于快照CSN

是

否

可见

不可见

结束

图 15.24 MVCC 判断流程

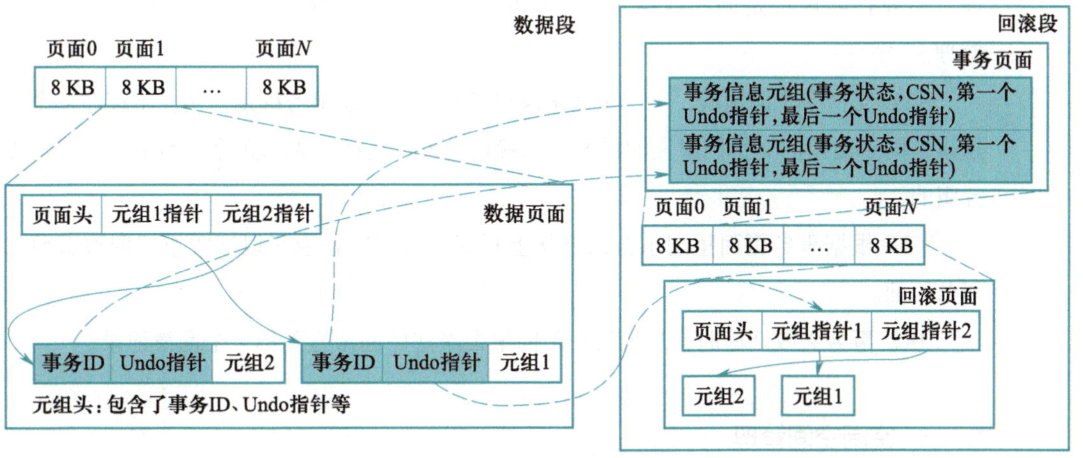

图 15.25 原位更新行存储（元组带旧版本指针）

另外一种是元组不直接存储旧版本的指针，而是通过事务槽位号来维护时间戳信息，从而节省存储空间。每个元组只需要指向本页面的事务槽位号（每个元组只占 1 B），如图 15.26 所示。事务槽位号用来存储本页面的事务信息，当事务提交后该槽位可以被其他元组复用，从而节约了存储空间。一般一个页面初始化时存放 4 个事务槽位（不足时可以扩展），事务槽位存储了事务的时间戳信息（CSN）以及指向回滚段的旧版本信息。而回滚段的页面也单独存储事务信息，减小存储空间。但是当事务槽位不足时，事务需要等待。

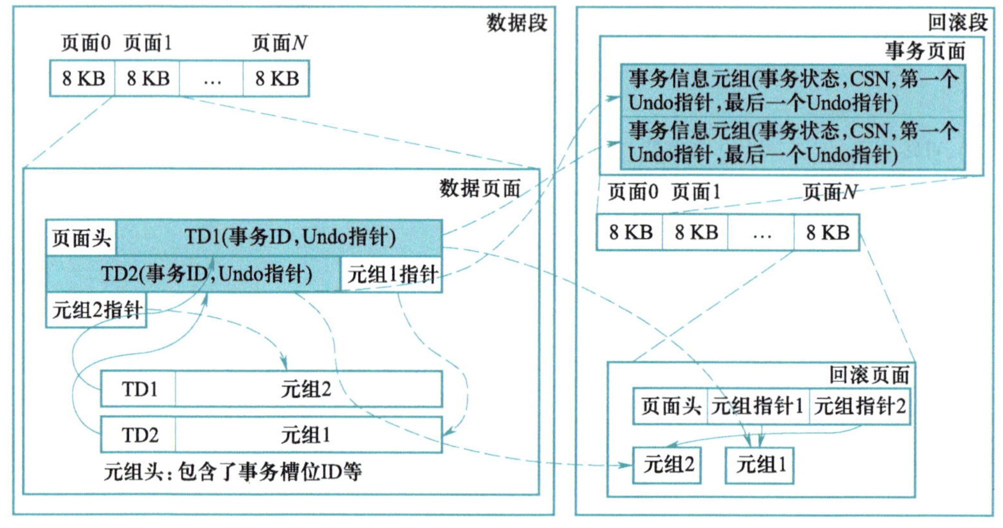

图 15.26　原位更新行存储（元组不带旧版本指针）

下面介绍回滚段的设计。

（1）在回滚段中包含事务页面和回滚页面，回滚段的第一个扩展区存储事务页面，后面扩展区都是回滚数据页面。将事务信息单独存储的目的是易于回收和空间管理。

（2）支持多个回滚段，同一个回滚段只能被一个活跃事务绑定使用，不存在多个活跃事务同时使用同一个回滚段的情况。也就是说事务是按照先后顺序在回滚页面里追加元组的。

（3）根据事务页面里的事务信息从上到下依次判断是否可以回收重用回滚页面和事务页面。

（4）事务失败回滚时，从最后一条回滚记录逆序回滚直到第一个回滚记录。

4. 空闲空间管理

堆表的数据插入是无序的，因此在数据插入的时候需要高效找到空闲空间足够的页面来插入数据。同时插入数据后还要能够高效更新页面的空闲空间大小。首先，精确维护每个页面空闲空间的代价很大，为了减少存储空间，采用 1 B 来表示空闲空间，0～255 代表了不同的空闲空间的范围。例如，0 代表第 0～31 字节可用，1 代表第 32～63 字节可用，以此类推，255 代表第 8 164～8 192 字节。其次，给定一条记录，需要找到具备合适空闲空间的页面（空闲空间大于该记录长度，而且最接近该长度），因此需要采用高效方法按照大小依次查找页面的空闲空间。GaussDB 采用三层大根堆的数据结构——空闲空间映射（free space map, FSM）来管理空闲空间，如图 15.27 所示。在 GaussDB 中 FSM 页面大小固定为 8 KB，每个页面内部也采用大根堆的二叉树来存储数据，每个页面内部的叶节点可保存 4 000 个数据页的信息（叶节点和非叶节点共 8 KB）。以这样的规模扩展，FSM 树只需要三层就可以管理一个表的全部数据页。因为三层的 FSM 可以管理的数据页数量约为 640 亿 ($4\ 000^3$)。通过比较树的各个节点就可以快速找到满足空间大小要求的页面了。

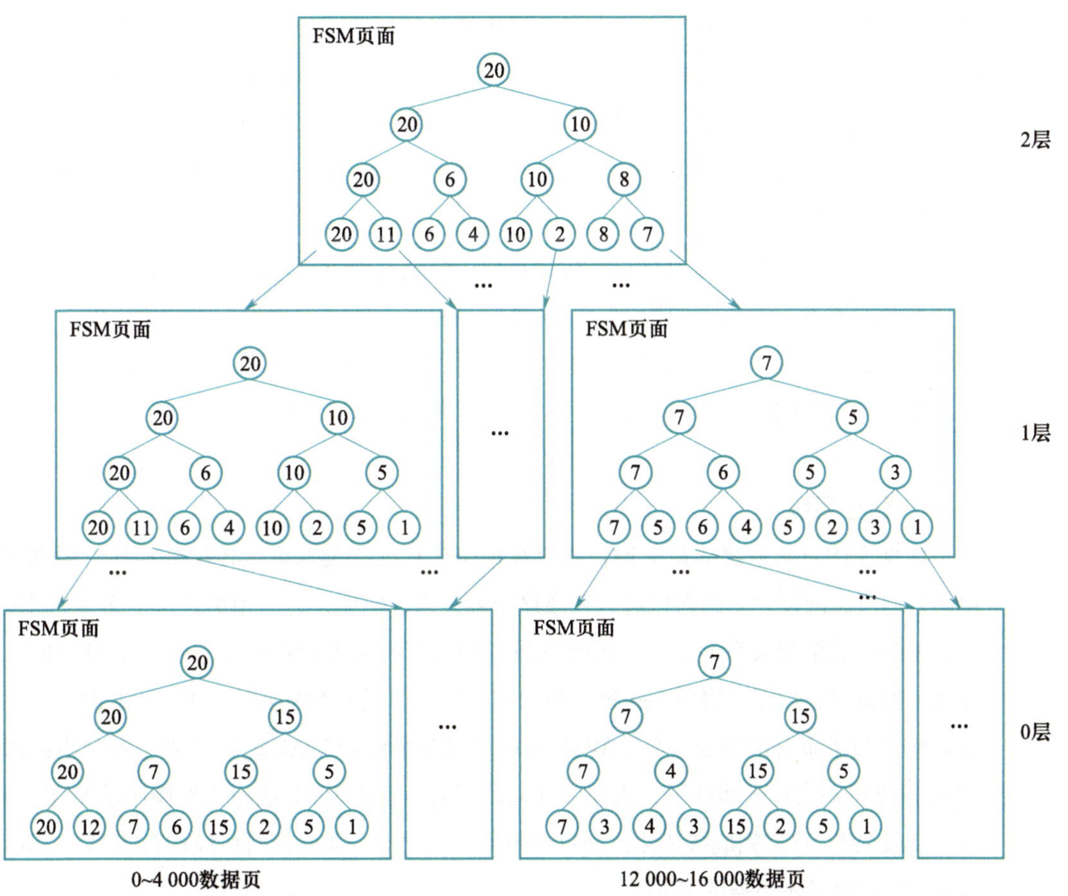

图 15.27 FSM 树示意图

对于索引空闲空间管理，索引插入是有序的，因此在插入页面的时候判断页面空间是否足够即可；若空间不够，进行页面分裂即可。但是如果页面上所有元组都被删除了并且不再会被查询访问到，那么这个页面就可以从索引里摘除，回收复用这个页面。空页面采用循环队列管理即可。为了支持高可用性，这个循环队列必须是持久化的。

5. 共享缓冲区

行存储是一个基于磁盘的存储引擎。为了避免高昂的 I/O 开销，存储引擎会缓存一部分页面到内存中，便于随时对其进行查询和更改。正如第 5 章所述，存储引擎会对缓存页面进行筛选、替换和淘汰，保证缓存中的页面能够提高查询的执行效率。共享缓冲区同时缓存数据表的数据页面、数据表的元信息页面、系统表信息页面，并通过为缓存区中的页面加锁来处理并发，并配有一个空闲链表来进行空闲空间管理。

GaussDB 的行存储引擎中对事务的读写请求，都会被先传递至共享缓冲区。当用户请求一个页面时，数据库会先在缓冲区中搜索该页面，如果未命中，则获取一个空的槽位（可能需要淘汰缓冲区中不常用的页面），再与文件系统进行交互将所需页面读到槽位中，加锁并使用。根据业务的特征和负载以及共享缓冲区的大小，已经在缓冲区内的数据页面会被反复命中，避免了与磁盘的 I/O 开销，从而加速整个事务处理的流程。

共享缓冲区实际上是内存与持久化存储中协调与调度管理的核心机制，对数据库管理系统的效率有着很大的影响。为了进一步提升缓冲区中页面的命中率，对于一些可能会影响缓冲区内页面与业务关联性的操作（例如批量读、批量写以及 Vacuum 页面清理），都会使用一个专门的、单独开辟的缓冲区，即环状缓冲区。

6. 日志系统

数据库的日志系统非常关键，它是数据持久化的关键保证。传统数据库一般都采用串行刷日志的设计，因为日志存在顺序依赖关系，例如，一个事务产生的重做 / 回滚日志是有前后依赖关系的。在 GaussDB 行存储引擎中采用刷脏页非强制（NO-FORCE）方式，事务提交仅保证事务相关的预写日志（WAL）持久化完成，因此 WAL 的写入性能直接影响了事务的提交性能，WAL 模块在内存中维护 WAL 缓冲区用于各个事务的 WAL 日志可并发写入缓冲区，提高了性能，同时后台刷 WAL 线程需要顺序从 WAL 缓冲区读取 WAL 日志完成持久化，在每个事务提交之前，需要判断已经刷新的 WAL LSN 是否已经包含了本事务的 WAL。

15.3.3 列存储引擎

行存储下按行读取，即使只需读取行数据的一列也必须读取整行。而在分析型查询 OLAP 下，数据库往往会遇到涉及大量表的复杂查询，且这些查询中往往仅涉及一个较宽（表列数较多）表中的较少列。这时如果使用以行为操作单位的行存储，会产生大量查询中不会使用的列的读取与缓存，造成大量的多余 I/O 与内存浪费，性能较差。为此 GaussDB 提供了列存储引擎来支持 OLAP 复杂分析。

1. 页面结构

列存储引擎的基本单位是压缩单元（compression unit，CU），即表中一列的一部分数据组成的压缩数据块。使用列存储时，整个表被按列划分为若干个压缩单元。为了管理列存储表的压缩单元，列存储引擎使用压缩单元描述符表（CUDesc）来记录压缩单元的元信息，如图 15.28 所示。

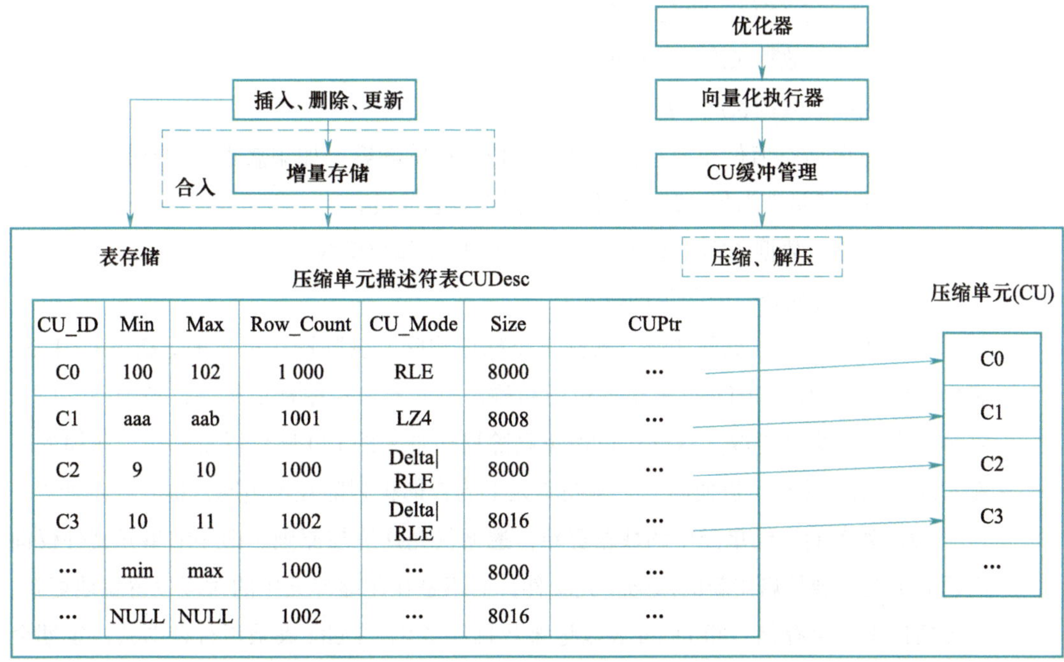

CU_ID	Min	Max	Row_Count	CU_Mode	Size	CUPtr
C0	100	102	1 000	RLE	8000	…
C1	aaa	aab	1001	LZ4	8008	…
C2	9	10	1000	Delta|RLE	8000	…
C3	10	11	1002	Delta|RLE	8016	…
…	min	max	1000	…	8000	…
…	NULL	NULL	1002	…	8016	…

图 15.28 列存储格式图

CUDesc 的一行对应一个 CU，记录了 CU 的事务时间戳信息、大小、存储位置等信息。这些信息用于 CU 定位以及剪枝。其中，CU_ID 表示 CU 序号，即该列的第几个 CU；Min 表示该 CU 中该字段的最小值；Max 表示该 CU 中该字段的最大值；Row_Count 表示该 CU 中的行数；CU_Mode 表示 CU 压缩模式，例如字典压缩或者增量压缩；Size 表示该 CU 大小；CUPtr 表示指向 CU 的指针。

CU 文件本身结构，则如图 15.29 所示。

CRC	magic	info	压缩后空值位图位数	压缩前数据长度	压缩后数据长度	压缩后空值位图内容	压缩后数据内容

图 15.29　CU 文件结构

（1）CRC：CU 的循环冗余检验码，是 CU 结构中除 CRC 成员之外，其他所有字节计算的 32 位 CRC。

（2）magic：CU 的魔数，是插入 CU 的事务号。

（3）info：CU 的属性值，是 16 位标志值，包括 CU 是否包含空行、CU 使用的压缩算法等 CU 粒度属性信息。

（4）压缩后空值位图位数：压缩后空值位图的长度，如果属性值中标识该 CU 包含空行，则本 CU 在实际数据内容开始处包含空值位图，此处存储该位图的字节长度，如果该 CU 不包含空行，则无该成员。

（5）压缩前数据长度：压缩前数据的长度。

（6）压缩后数据长度：压缩后数据的长度。

（7）压缩后空值位图内容：压缩后空值位图的内容，如果属性值中标识该 CU 包含空行，则该成员即为每行的空值位图，否则无该成员。

（8）压缩后数据内容：实际写入磁盘的 CU 主体数据内容。

此外，列存储还有一些关键技术。

（1）列存储中数据的删除，实际上是标记删除。删除操作相当于更新了 CUDesc 表中压缩单元对应 CUDesc 记录的位图结构，只需要在位图标记某行已被删除，而压缩单元文件不会被更改。这样可以避免删除操作带来的 I/O 操作以及解压、压缩的高额 CPU 开销。并且可以使同一个压缩单元上的查询和删除互不阻塞，提升并发能力。

（2）列存储压缩单元中的数据更新，遵循仅允许追加原则。即压缩单元文件仅向后延展扩充，或是启用新的压缩单元文件，而不是在压缩单元中的对应位置就地更新。一般情况下，会存储一份 Delta 表以记录数据的变化。Delta 表采用行存形式，定期会转换为列存储。

（3）在压缩单元以及 CUDesc 的元数据管理模式下，原有系统中的回收机制实际上并不会有效清除压缩单元中已经失效的存储空间，因为延迟回收（清理数据时，只是标识无用行的状态，使空间可以复用，不会影响对表数据的操作）仅在 CUDesc 级别进行操作，在多数场景下无法对 CU 文件本身进行清理。列存储内部如果要对列存储数据表进行清理，需要执行 VacuumFull 操作（除了清理无用行，还会合并数据块，整个过程会锁定表）。

不同于行存储的元组级别，列存储的可见性和并发控制以压缩单元为粒度。并且列存储表压缩单元的可见性判断，是由 CUDesc 的行头信息按照传统的行存储可见性进行判断的。列存储表压缩单元级别的并发控制，等价于在 CUDesc 表上行级别的并发控制。多个事务之间在一个压缩单元上的并发管控，取决于在其对应的 CUDesc 记录上的冲突控制。例如:

（1）两个事务可以并发地读同一个压缩单元，因为 CUDesc 支持 MVCC;

（2）两个事务可以并发地更新同一个压缩单元，因为在 CUDesc 上的锁冲突会触发事务回滚。

从上面的几个例子可以看出，列存储对于更新的仅允许追加策略以及对于删除的标记删除方式，对列存储事务 ACID 的支持至关重要。

2. 索引设计

GaussDB 列存储支持的索引设计包括 B+ 树索引、稀疏索引、聚簇索引。

（1）列存储的 B+ 树索引：与行存储相似，在列存储的 B+ 树索引的索引页面上，存储的是键到 CTID（页面号，元组槽位）的映射，但列存储的结构不能像行存储一样通过 CTID 直接找到该行数据在数据文件页面中的位置。列存储的 CTID 记录的是压缩单元的编号，还需要通过 CUDesc 进一步查找。根据 CUDesc 在 CU_ID 列的索引找到对应的 CUDesc 记录，并由此打开对应的压缩单元文件，根据偏移量查找数据。

（2）列存储的稀疏索引：CUDesc 存储每个压缩单元中数据的最小值和最大值。查询时，在读取压缩单元前可以根据查询条件进行判断，如果查询条件不在最小值和最大值之间，则可以避免读取该压缩单元，由此可以大量减少 I/O 的开销。

（3）列存储的聚簇索引：当不同压缩单元之间的最小值和最大值的区间有大量交集时，稀疏索引可能无法提升效率。为此，聚簇索引对部分区间内的数据做排序（一般区间会包含多个压缩单元），由此可以减小压缩单元之间数据的交集。聚簇索引会使压缩单元内部的数据有序，提升压缩单元文件本身的压缩效率。

3. 自适应压缩

GaussDB 支持差分编码、游程编码、字典编码、LZ4、zlib 等压缩算法，并能为每个列自适应地选择压缩方式。

数据导入时，GaussDB 首先将每列数据分批拼接为向量，并对前几批数据采样，在采样的数据上按照数据类型尝试应用不同的压缩算法，选择压缩比高的压缩算法，并应用于完整数据的压缩。压缩分为数值型压缩和字符串型压缩。其中对数值型字符串和浮点数，都会先转换为整数，再按照整数数值压缩。

4. 列存储持久化设计

CUDesc 表本质上还是行存储表，其持久化流程遵从行存储的共享缓冲区脏页与重做日志的持久化流程。在事务提交前，CUDesc 的改动会被记录在重做日志中进行持久化。但对于压缩单元，由于含有大量数据，使用正常的事务日志进行持久化需要消耗大量的事务日志，引入非常大的性能开销，并且恢复也十分缓慢。因此不记录压缩单元的日志，而仅记录 CUDesc 的日志。为了确保 CUDesc 和压缩单元持久化状态的一致，在事务提交、CUDesc 对应事务日志持久化前，会先行强制刷盘 (fsync)，来确保事务改动的持久化。此外，由于数据库主备实例的同步也依赖事务日志，而压缩单元文件并不包含在事务日志内，因此在与列存储同步时，主备实例之间除了正常的日志通道外，还有连接的数据通道，用于传输列存储文件。CUDesc 的改动会通过日志进行同步，而压缩单元文件则会被直接通过数据通道传输到备机实例，并通过 BCM(bit change map) 文件记录主备实例之间文件的同步状态。

15.3.4　内存引擎

1. 内存引擎架构

GaussDB 内存引擎基于全内存态的数据存储，为 GaussDB 提供了高吞吐量的实时数据处理分析能力以及极低的事务处理时延。

内存引擎的数据组织形态发生了改变。GaussDB 采用外部数据封装器（foreign data wrapper，FDW）方式将内存引擎插入数据库。通过 FDW，优化器可以获取内存引擎的元信息，内存引擎也可以通过 FDW 执行器接口，按照执行器预期的方式将查询结果返回给执行器，在进一步处理后返回给客户端应用。

虽然是全内存态存储，但内存引擎中的数据并不会因为系统故障而丢失。内存引擎有着与 GaussDB 原有机制兼容的并行持久化、检查点能力，使内存引擎有着与其他存储引擎相同的容灾能力以及主备副本带来的高可靠能力。

2. 索引设计

内存引擎的索引结构和整体数据组织基于 Masstree 实现。

图 15.30 呈现了内存引擎的数据组织方式。内存引擎要求表中必须存在主键。主键索引存储各个行记录的行指针，由行指针对行记录数据进行内存地址的记录。非主键索引被称为二级索引，此时不再以主键为键值，但仍然是存储键值对应元组的指针。

作为一种并行 B+ 树，Masstree 集成了大量 B+ 树的优化策略。概括来说，Masstree 是将多个 B+ 树以前缀树的组织形式堆叠而成的基数树结构。在 Masstree 中，键被

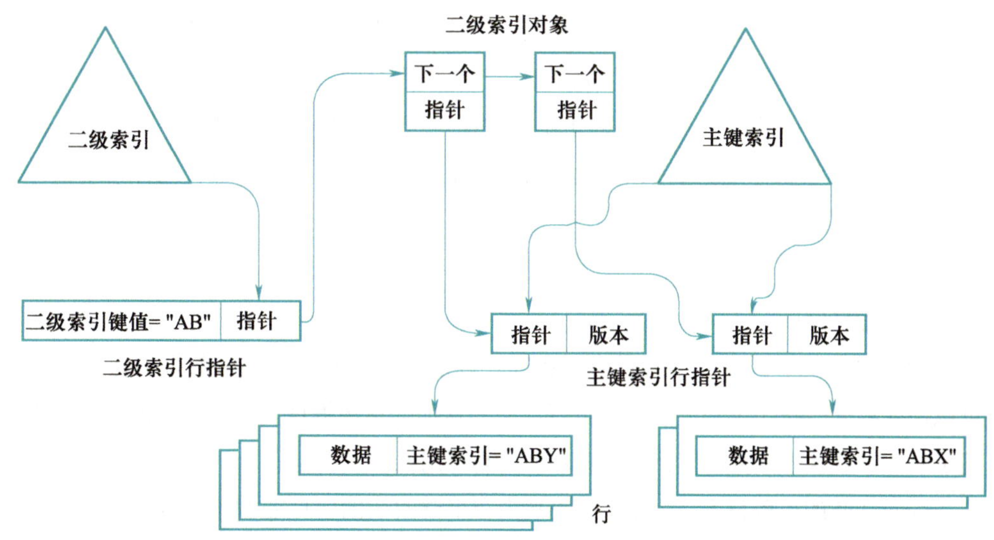

图 15.30 内存引擎数据组织方式

划分为若干个 8 B 长的段，然后通过基数树共享 8 B 的前缀，对每个节点共享的部分使用 B+ 树进行存储。Masstree 结合了 B+ 树和基数树的优点，通过使用 Masstree，GaussDB 实现了无锁化并能对缓存块高效利用。

3. 并发控制

内存引擎采用乐观并发控制，在数据并发冲突少的场景下并发性能非常好。

内存引擎并发控制的大体结构如图 15.31 所示。整个内存引擎为无锁化设计，在内存引擎中，每个工作线程会在本地内存将事务处理过程中所有需要读取的记录进行复

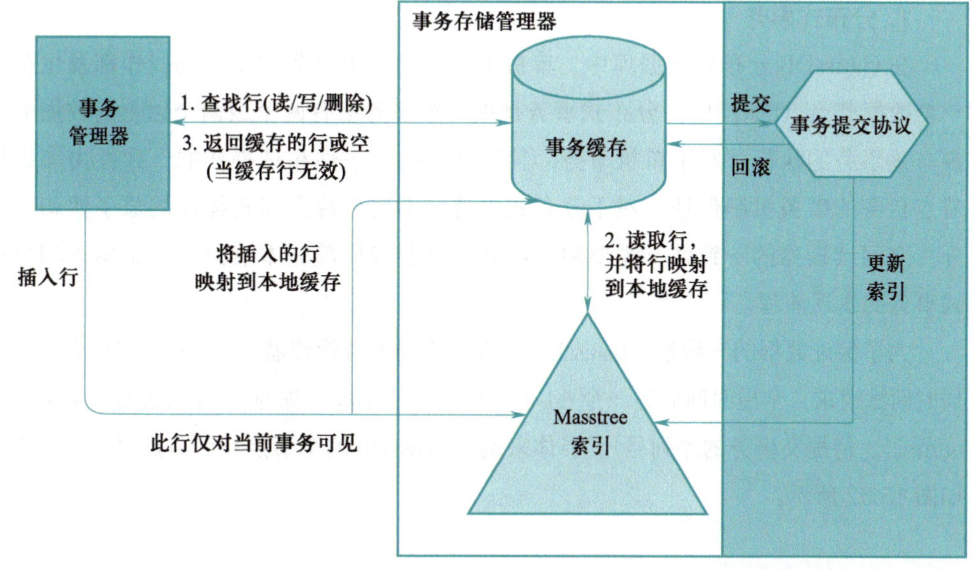

图 15.31 内存引擎的事务周期以及并发处理结构

制，保存在读数据集中，并在事务全程基于本地数据进行计算。计算的结果保存在工作线程本地的写数据集中。事务运行完毕时，工作线程会尝试提交，对读数据集和写数据集进行检查验证操作，并用写数据集中的数据进行全局更新。利用读数据集和写数据集，只需在检查验证阶段对读数据集和写数据集进行不同程度的审查，内存引擎就可以实现不同的隔离级别。

4. 可持久化

内存引擎基于同步的预写日志（WAL）以及检查点机制来保证数据的持久化，并可以保证数据能够在主备节点之间进行同步，从而提供数据恢复点目标（RPO）为 0 的高可靠性以及较小恢复时间目标（RTO）的高可用性。

GaussDB 的事务日志（xlog）模块被内存引擎对应的管理器调用，持久化日志通过预写日志的刷新磁盘线程写至磁盘，同时被事务日志发送线程调度发往备机，并在备机事务日志接收线程处接收、落盘与恢复。

GaussDB 中的检查点机制是通过在建立检查点时进行共享缓冲区中脏页的刷盘以及特殊检查点日志来实现的。内存引擎由于是全内存存储，没有脏页的概念，因此实现的是基于逻辑一致性异步检查点（CALC）的检查点机制，每次检查点会刷新全部数据。

15.4　GaussDB 分布式技术

1. 分布式事务

在 GaussDB 分布式数据库中，单机事务是指一个事务中所有的操作都发生在同一个数据节点（DN）中，分布式事务是指一个事务中有两个或两个以上的数据节点参与该事务的执行。对于单机事务，其写操作的原子性和读操作的一致性由该数据节点自身的事务机制保证；对于分布式事务，不同分片之间写操作的原子性和不同分片之间读操作的一致性，需要利用额外的机制来保障。本节分别介绍单机和分布式事务的实现流程。

为了保证数据的一致性，GaussDB 引入了全局事务管理器（GTM），它负责处理全局时间戳请求。全局时间戳是一个 64 位单调递增的整数，称为 CSN（commit sequence number，待提交事务的序列号）。具体来说，GaussDB 的单节点和跨节点事务实现流程如图 15.32 所示。

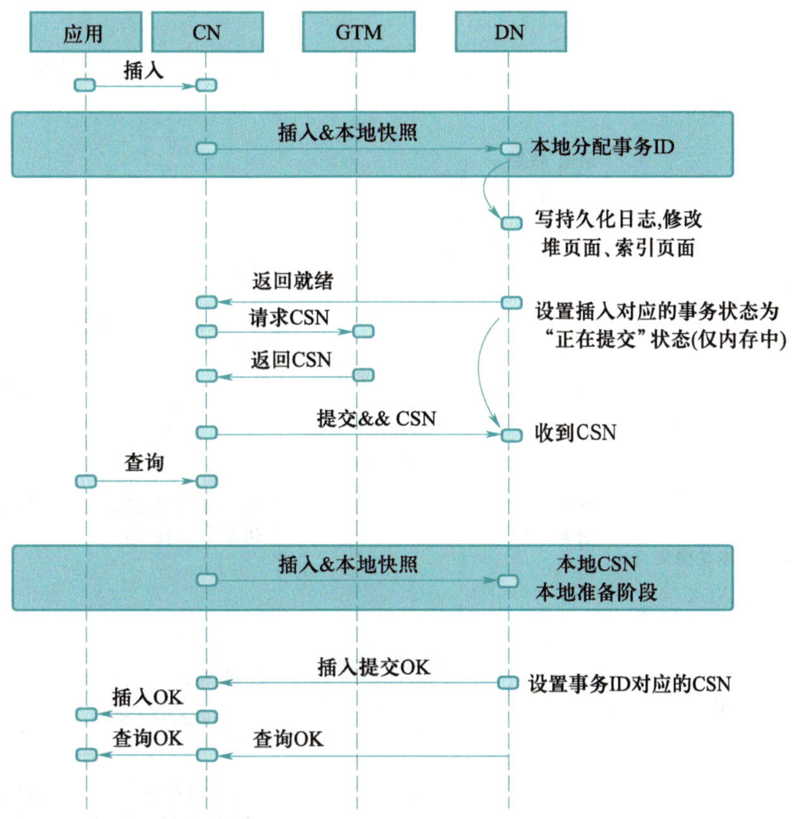

图 15.32 单节点事务设计

在单节点事务中，GTM 提供全局快照（snapshot）信息，该信息只包含 CSN 值；DN 本地维护事务 ID（唯一标识符），同时维护事务 ID 到 CSN 的映射；在 DN 本地垃圾回收的过程中回填 CSN；单分片读事务使用本地快照，具体流程如下：

（1）获取本地最新的 CSN 和准备阶段事务号；

（2）如果 CSN 状态为“提交中”则进行等待；

（3）如果数据的 CSN 小于快照的 CSN，则数据可见，否则不可见。

在跨节点事务（含有多个 DN）中，如图 15.33 所示，第二阶段事务提交改为异步方式，只同步做两阶段提交的准备阶段；DN 上行级可见性判断方法如下：

（1）DN 处于准备状态的事务依赖对应协调节点（CN）上的事务是否提交，如果已经提交，且 CSN 比快照 CSN 小，即为可见；

（2）DN 上处于准备状态的事务，CN 上的事务不处于提交状态，则必须判断是否为残留状态，如果是则进行回滚。

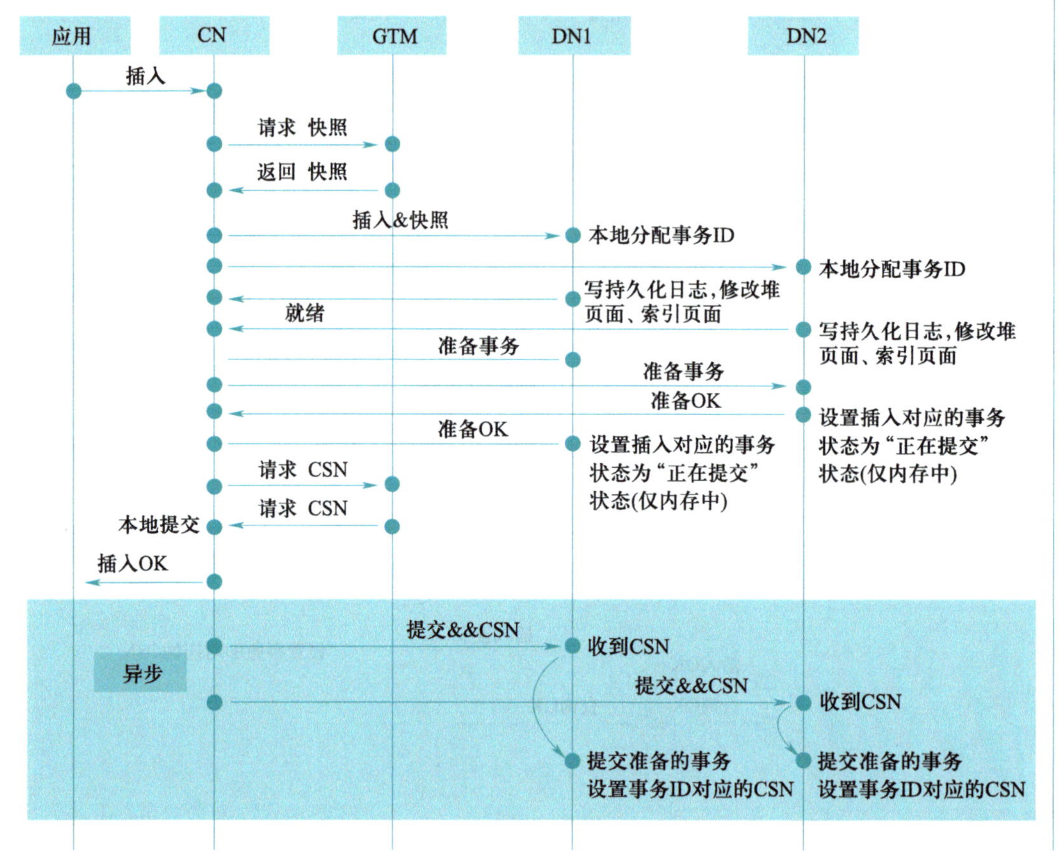

图 15.33 跨节点事务设计

2. 分布式查询优化

GaussDB 优化引擎可以生成高效的分布式计划。在分布式架构下，同一个表的数据会分布到不同的数据节点上，在创建表的时候可以选择将数据按照表的某列或某几列数据的哈希值进行打散，使数据分布在各个数据节点上。在分布式查询方面，GaussDB 实现了支持近数计算的分布式并行优化技术，自动分析查询涉及的数据分布，产生最佳的分布式计划，尽量让计算在计算节点上完成。首先，对于可以垂直分片的查询，即计算可以完全下推到计算节点并且计算节点之间不需要协作，提供协调节点旁路技术，让协调节点退化成网络代理，所有的数据库内核操作如解析、优化、执行等都在单个协调节点上执行。其次，对于涉及多个数据节点且不能垂直分片的查询，提供数据节点自协同的流式计划生成技术，允许数据节点之间交换数据、协同计算。所有计算尽可能在数据节点上并行执行，既可以让数据和计算位于同一台机器上，减少网络传输；又可以增加并行度，避免协调节点成为单点瓶颈。上述查询模式的识别，都是数据库自动完成的，无须用户参与。

为了支持各种场景下的近数计算，引入数据节点自协同的流式计划，支持数据节点 - 数据节点之间的数据交互，尽可能把计算都在数据节点上完成。即使涉及跨多个数据节点的算子，也可以在数据节点之间交互数据之后，继续在数据节点上并行执行，提高整个系统的并行度。例如，为了正确执行两表的分布式连接操作，可能需要将两个表的数据在数据节点间进行重新分布。因此 GaussDB 的分布式执行计划增加了对数据进行重分布的相关算子：

（1）重分布：将一个表的数据按照哈希值在所有的数据节点上做重分布；

（2）广播：通过广播方式重新分布一个表的数据，保证广播之后每个数据节点上都有该表数据的完整副本；

（3）汇聚：将各节点处理完的数据汇聚到协调节点进行处理。

分布式物理计划生成时，会考虑两表的数据是否处于同一个数据节点，如果不是，那么会添加相应的数据分发算子。例如：

```
CREATE TABLE t1(c1 int,c2 int)DISTRIBUTE BY hash(c1);
CREATE TABLE t2(c1 int,c2 int)DISTRIBUTE BY hash(c2);
SELECT * FROM t1 JOIN t2 ON t1.c1=t2.c1;
```

其中表 t1 采用的是哈希分布方法，其分布键为 c1 列，表 t2 采用的也是哈希分布方法，其分布键为 c2 列，由于 SELECT 查询中选择条件是在 t1.c1 和 t2.c1 上做连接操作，这两个列的分布不同，因此在连接前需要进行数据重分布，以确保参与连接的数据位于同一数据节点中。不同的重分布方法会产生不同的可供选择的计划，图 15.34 中进行了展示。

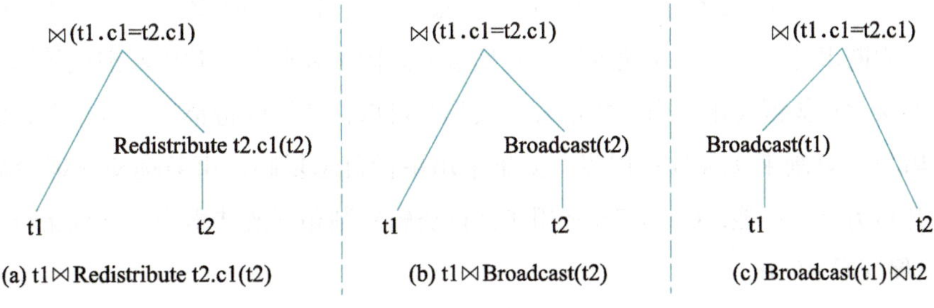

图 15.34　分布式计划示例

根据分发和广播算子需要处理的数据量以及网络通信产生的开销，优化器可以计算这些计划的代价，然后根据代价从中选出最优的物理计划。

15.5 GaussDB 高可用技术

数据库服务的高可用、高可靠是企业业务平稳运行的核心要素之一，对于企业核心系统来说至关重要。一般来说，分布式高可用容灾设计的核心逻辑就是充分利用分布式多副本的一致性协议原理，结合各类的故障场景和意外情况，设计和构建适应于不同场景的高可用解决方案，以满足不同场景下企业核心业务对于数据库高可用的关键诉求。GaussDB 设计了多副本高可用、两地三中心、双集群高可用、跨地域多活等技术，全面提升分布式数据库的高可用能力。GaussDB 关键技术、场景如表 15.1 所示。

表 15.1 GaussDB 高可用容灾关键技术

容灾级别	容灾方案	故障场景	关键技术
同城	三可用区	节点、机房级故障	多副本一致性算法
	同城双集群	节点、机房级故障	并行逻辑日志解析与回放
异地	两地三中心	节点、机房级、城市级故障	物理日志流式复制技术
	异地多活	节点、机房级、城市级故障	并行逻辑日志复制技术

（1）同城三可用区多副本：在同一个城市三个可用区布置三个副本，当发生故障时可快速在副本间切换。GaussDB 通过分布式共识协议 Paxos 实现三副本之间的数据复制和数据一致性，并通过分布式共识框架实现故障自检测，检测到故障后实现切换。

（2）同城双集群高可用：在一个集群内可能产生故障污染，为确保重要业务在运营中断事件发生后可快速恢复，降低或消除因重要业务运营中断造成的影响和损失，需要采用双集群技术，当主集群发生故障时可以快速切到备集群。双集群系统之间基于逻辑日志复制来实现数据同步。如果采用串行日志复制，事务提交时延会很大。为了提升事务提交性能，GaussDB 采用了并行逻辑复制和回放技术来保证双集群性能和高可用（保证零 RPO）。

（3）两地三中心高可用：两地三中心，顾名思义，两地指的是两座城市，即同城和异地，三中心指的是生产中心、同城容灾中心以及异地灾备中心。这一方案兼具高可用性和灾难备份的能力。同城双中心是指在同城或邻近城市建立两个可独立承担关键系统运行的数据中心，双中心具备基本等同的业务处理能力并通过高速网络链路实时同步数据，日常情况下可同时分担业务及管理系统的运行，并可切换运行；灾难情况下可在基本不丢失数据的情况下进行灾备应急切换，保持业务连续运行。异地灾备中心是指在异地城市建立一个备份的灾备中心，实现双中心的数据备份，当双中心因自然灾害等原因而发生故障时，异地灾备中心可以用备份数据进行业务的恢复。灾备集群备节点如果都从生产集群主节点上同步数据，会大量占用主节点的网络带宽，影响生成集群性能。为了降低对生产集群主节点的压力，生产集群与容灾集群之间通过快速日志传输来保证数据的一致性。GaussDB 设计了高效的物理日志复制技术，在保证一致性的同时提升了复制效率。

(4) 异地多活高可用：如果双集群容灾建立在物理复制基础上的，备集群不支持异构部署，也不支持备集群读写，且复制时延相对较高，无法满足跨地域的多活容灾需求。因此 GaussDB 通过逻辑复制形式支持跨地域多活能力。逻辑复制包括三个主要步骤，即读取日志、解码、发送逻辑结果。为了提升逻辑日志速度，设计了并行解码和回放体术，提升复制性能。

15.6 GaussDB 安全

随着云技术的快速发展，数据逐步上云，数据库需要横跨不同的网络区域进行分布式部署。除了需要从系统访问、数据存储等维度来考虑系统安全外，还需要考虑网络安全、虚拟隔离等与实际业务场景紧密相关的安全措施。GaussDB 通过认证机制来限制用户对数据库的访问，通过基于角色的访问控制（RBAC）机制获得相应的数据库资源以及对应的对象访问权限，通过独立的审计进程进行日志记录并用于后期行为追溯，提供了数据加密、数据脱敏以及加密数据导入导出等机制来保障数据的隐私安全。GaussDB 安全机制如图 15.35 所示。

1. 安全认证

GaussDB 是一款标准的基于客户－服务器（client/server，C/S）模式工作的数据库系统，每一个完整的会话连接都由后台服务进程和客户端进程组成。

GaussDB 通过系统配置将访问方式、访问源 IP 地址（客户端地址）以及认证方法存放在服务端配置文件（host-based authentication file，HBA）中，解决了访问源可信的问题。GaussDB 安全认证的认证方法在 HBA 文件中由数据库运维人员配置，支持的认证方法包括可信认证、口令认证和证书认证。可信认证意味着 GaussDB 无条件地接收连接请求，且访问请求时无须提供口令。对于口令认证，GaussDB 目前主要支持 SHA256 加密口令认证。证书认证是使用 SSL 客户端进行认证，不需要提供用户密码，在连接通道建立后，服务端会发送主密钥信息给客户端以响应客户端的握手信息，这个主密钥将是服务端识别客户端的重要依据。

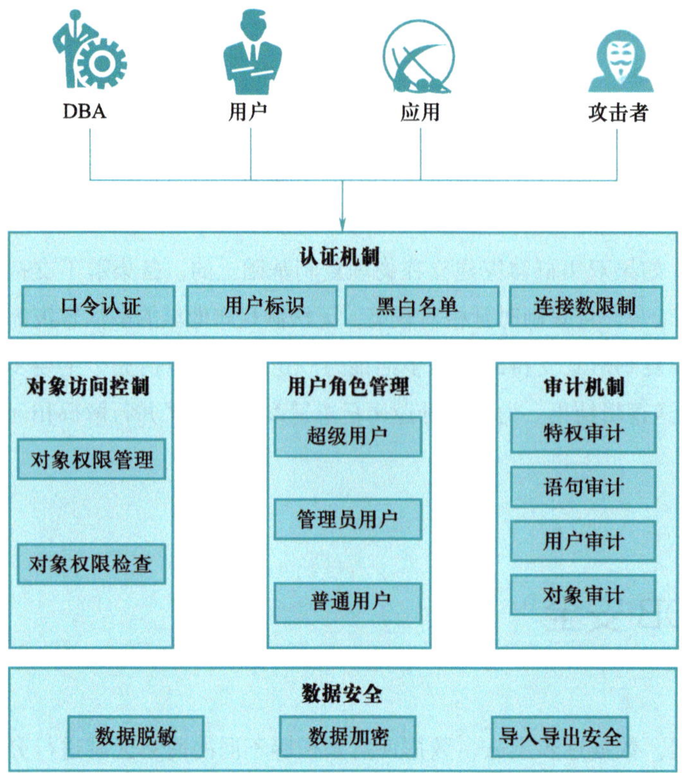

图 15.35　GaussDB 安全机制

GaussDB 选用标准的 RFC 5802 认证机制来解决客户端和服务端认证交互过程中的通信风险，同时解决客户端接收到加密口令后的验证问题。RFC 5802 认证机制是 SCRAM（salted challenge response authentication mechanism）标准流程中的协议。SCRAM 是一套包含服务器和客户端双向确认的用户认证体系，配合信道绑定可以避免中间人攻击。

2. 角色管理

GaussDB 实现了基于角色的访问控制机制，整个机制中的核心概念是“角色”，其更深层次的含义是角色组，即角色所拥有的权限实际上对应着这个角色组中所有成员的权限。管理员只需要将管理所希望的权限赋给角色，用户再从角色继承相应的权限即可，而无须对用户进行单一管理。当管理员需要增加和删减相关的权限时，角色组内的用户成员也会自动继承权限变更。数据库里每个对象所拥有的权限信息经常发生变化，为了保护数据安全，在用户要对某个数据库对象进行操作之前，必须检查用户在对象上的操作权限。访问控制列表（ACL）是 GaussDB 进行对象权限管理和权限检查的基础。每个对象都具有一个对应的 ACL，在 ACL 数据结构中存储了此对象所有的授权信息。

数据库超级用户的高权限意味着该用户可以做任何系统管理操作和数据管理操作，

甚至修改数据库对象。为了解决权限高度集中的问题，GaussDB 引入了三权分立模型。三权分立模型最关键的三个角色为安全管理员、系统管理员和审计管理员，其中安全管理员用于创建数据管理用户，系统管理员对创建的用户进行赋权，审计管理员则审计安全管理员、系统管理员、普通用户实际的操作行为。通过三权分立模型实现权力的分派，且三个管理员角色独立行使权限，相互制约、制衡。

3. 审计与追踪

GaussDB 在部署完成后，会有多个用户参与数据管理。用户的多样性会导致数据库存在一些不可预知的风险，GaussDB 依赖审计机制和审计追踪机制，能够快速发现和追溯异常行为。

GaussDB 针对用户所关心的行为提供了基础审计能力，包括事件的发起者、发生的时间和发生的内容。当数据库执行相关操作时，内核独立的审计线程就会记录审计日志。传统的审计日志保存方法有两种，即记录到数据库的表中以及记录到操作系统文件中。系统管理员用户可以在查询任务发生后找到对应的审计日志，并进行有效归档。审计日志文件也会按照参数指定的规则进行更新、轮换等。GaussDB 将审计所产生的文件独立存放在审计文件中，按照产生的先后顺序进行标记管理，并以特定的格式进行存储（默认为二进制格式文件）。

4. 数据安全

数据是整个数据库系统中最关键的资产，因此，在保护系统不受侵害的基础上最为重要的任务就是保护数据的安全。常见的数据安全技术包括数据加密、数据脱敏、透明加密和全程加密技术。

数据加密是防止数据隐私泄露最为常见也最为有效的手段之一，数据在经过加密后以密文形式存放在指定的目录下。GaussDB 在内核定义了数据加密 / 解密的函数，并对外提供了数据加密 / 解密的接口。除了基本的数据加密 / 解密接口外，GaussDB 提供加密 / 解密功能的数据导入导出，以及加密 / 解密功能的数据库备份恢复。

数据脱敏通过对敏感数据信息的部分信息或全量信息进行特殊处理可以有效掩盖敏感数据信息的真实部分，从而达到保护数据隐私的目的。GaussDB 主要使用动态脱敏技术，在存储数据时进行特殊处理以防止攻击者通过提取数据文件来直接获取敏感信息。当数据处于静态存储状态时，透明加密（TDE）能够为数据提供更好的保护。数据透明加密的初衷是为了防止第三方人员绕过数据库认证机制，直接读取数据文件中的数据。在 GaussDB 中，数据库密钥由系统密钥管理系统生成，数据库密钥密文以文件方式存储于数据库系统中。

透明加密和全程加密相关内容详见第 13 章，此处不再赘述。

5. 云安全

在云环境下，系统所面临的风险远远多于私有环境。因此，除基本的安全能力外，GaussDB 需要额外地考虑云环境所面临的风险。为了提升云上 GaussDB 数据库使用过程中的便捷性和安全性，GaussDB 提供了 IAM（identity and access management）服务认证机制，由对应的服务和数据库的 C/S 两端协作完成身份认证。

为了保证数据库上云后的目录安全问题，GaussDB 采用基于 chroot 目录内容最小化方案将集群中所有相关文件配置在新目录下，这样就建立一个与原系统隔离的系统目录结构，提高了系统的安全性，限制了用户的权力。

数据库从线下搬迁到云上后，DBA 用户及恶意运维人员可以登录系统，并恶意修改系统数据。在修改完数据信息后，DBA 用户可以删除对应的审计日志而不被审计管理员发现。GaussDB 支持两种形态的防篡改系统：中心化部署及去中心化部署方式。由于结合了数据库的优点和区块链的优点，GaussDB 防篡改系统有如下优势：系统内数据不可更改，记录历史可追溯，数据加密可验证，系统高可靠，整体更易用。

15.7　小结

本章主要介绍了 GaussDB 的数据库架构和核心技术。首先介绍了 GaussDB 单机数据库架构、分布式数据库架构、云原生数据库架构。其次介绍了 GaussDB 的核心技术，包括多合一的存储引擎（行存储、列存储、内存）、单机优化器和执行器、分布式优化器、执行器技术、安全技术。

15.8　习题

1. openGauss 和 GaussDB 的区别是什么?

2. openGauss 优化器在架构上属于（　　）模式。

A. 自顶向下模式　　　　B. 自底向上模式

3. GaussDB 优化器可以采用哪些优化技术?（　　）

A. RBO　　　　B. CBO　　　　C. ABO

4. GaussDB 的关键技术架构有哪些?

5. 在 GaussDB 支持的芯片中，主要负责大规模事务处理业务的是（　　）。

A. x86 芯片　　　　B. 鲲鹏芯片

C. 昇腾芯片　　D. 以上三种都不是

6. 在 GaussDB 支持的芯片中，主要负责大规模数据分析业务的是（　）。

A. x86 芯片　　B. 鲲鹏芯片

C. 昇腾芯片　　D. 以上三种都不是

7. 以下说法中错误的是（　）。

A. GaussDB 具有可插拔的存储引擎

B. 在云数据库中，用户查询的执行效率与数据分布紧密关联

C. AI 自治功能在数据库中的发展制约了新型芯片的演进

D. GaussDB 具有分层解耦的特点

8. GaussDB 的行存储引擎关键技术有哪些?

9. 在数据库安全体系中，三权分立模型指哪三种角色?

10. 基于密码技术的访问是防止（　）的主要手段。

A. 数据传输泄密　　B. 数据传输丢失

C. 数据交换失败　　D. 数据备份失败

第 16 章

嵌入式数据库SQLite简介

自 20 世纪 60 年代数据库管理系统诞生以来，数据库技术展现出其强大的功能和生命力，在许多产业和应用中发挥了不可忽视的作用。随着时代和场景需求的变化，人们对数据库功能的要求也随之变化和提升，数据库种类越发多样。21 世纪初出现的 SQLite 数据库就以其独特的嵌入式、零配置等特征在数据库领域崭露头角。传统的关系数据库大多是面向企业数据的管理系统，强调高性能、高并发、高可用等；而 SQLite 则致力于为单个应用程序和设备提供本地数据存储功能，更注重经济、效率、可靠性、独立性和简单性。在一些领域里，这种新型嵌入式数据库会比大型、复杂的传统数据库更能满足新的应用需求。本章将介绍 SQLite 的核心技术，包括 SQLite 的主要架构及其在嵌入式优化、存储引擎、查询处理、事务管理等方面采用的技术。

16.1 嵌入式数据库与 SQLite 概述

16.1.1 嵌入式数据库产生的背景

嵌入式系统是指将软件嵌入应用产品内部的一种专用计算机系统，该系统以应用为核心，以计算机技术为基础，适用于对功能、可靠性、稳定性、成本、功耗和产品体积有严格限制的场景。嵌入式系统在各种应用场景中发挥了非常重要的作用。随着互联网技术的不断发展，数据库的用户数量与日俱增，数据量不断提升，人们对嵌入式系统数据的实时处理与管理提出了更高的要求，传统的关系数据库由于对资源需求较高等问题已无法适用于嵌入式系统。另一方面由于硬件的限制，嵌入式设备的资源与存储空间往往很有限，无法高效地处理大量、复杂的数据。近几十年来，微处理器与数据存储技术得到了高速发展，硬件性能有了显著的提升，在此背景下，嵌入式系统专用的嵌入式数据库应运而生。

如今，移动计算时代已经到来，智能移动终端得到了广泛的普及，嵌入式数据库被应用到多种软件产品中。以经典的 SQLite 嵌入式数据库为例，它广泛应用于苹果 Mac OS 操作系统、谷歌 Android 操作系统、Safari Web 浏览器、电子邮件程序等产品中。嵌入式数据库在嵌入式系统中展现出了自身的优越性。与此同时，嵌入式系统也在向分散化和小型化方向发展，关于它的研究也越来越受到学术界与工业界的关注与重视。

16.1.2 嵌入式数据库的特点

相较于传统数据库，嵌入式数据库的应用场景往往具有工作环境非固定、网络环境复杂、设备硬件资源有限等限制。嵌入式数据库包含的主要特点如下。

（1）嵌入性：嵌入性是嵌入式数据库的基本特性，它不仅可以嵌入至不同的硬件平台中，还可以嵌入软件平台。

（2）移植性：嵌入式系统的应用场景不仅广泛，而且专用性强，不同系统的软件或硬件环境差异巨大。为了能够解决这种差异性，嵌入式数据库必须可移植以满足不同操作系统的需求。

（3）占用存储空间小：嵌入式系统自身的硬件资源相对有限，无法提供充足的存储空间，这就要求配套数据库占用的存储空间以及运行开销要小。

（4）实时性：很多嵌入式系统的应用场景对于数据的时效性要求极高，这就需要嵌入式数据库支持实时处理数据。

（5）可靠性：嵌入式设备面向的用户往往是非技术人员。这就意味着倘若数据库出现故障，操作者不能及时处理解决问题，因此嵌入式数据库必须在没有人工干预的情况下也能正常运转，这就需要数据库具备足够的可靠性。

16.1.3 常见的嵌入式数据库

目前市场上有多种为嵌入式应用设计的数据库产品，例如 Sybase SQL Anywhere、BerkleyDB、Empress 以及 Jet Engine。有些厂家将它们的大型数据库产品翻新，开发出嵌入式的变种，例如，IBM 的 DB2 Everyplace、Oracle 的 Database Lite 和微软的 SQL Server Express。除此之外，还有一款开源的、不受许可证费用约束、专门为嵌入式设计的数据库——SQLite。

SQLite 是一款开源的、嵌入式的关系数据库，最初版本 SQLite 1.0 在 2000 年由 D. 理查德·希普（D. Richard Hipp）发布。在随后的几年中，SQLite 被广泛使用，开源社区的成员们开始为他们喜欢的脚本语言和程序库编写 SQLite 扩展。2004 年，SQLite 从版本 2 升级到版本 3，而 SQLite 3 也是截至目前 SQLite 的最新版本。这次升级的主要目标是实现更好的国际化，即支持 UTF-8、UTF-16 及用户定义字符集。除国际化功能外，版本 3 也带来其他很多新特性，例如重新设计了 C 语言的 API，增加了若干个支持 UTF-8 和 UTF-16 编码的功能函数。此外，进一步提升了可支持数据类型的数量，由原本只支持文本数据类型，扩展到现在可支持五种数据类型。同时，新增了优化后的并发控制和自动管理空闲空间等特性。

作为一款嵌入式数据库，SQLite 的天然特性是占用存储空间较小。作为开源数据库，SQLite 3 总的程序库大小在千字节（KB）级别，源代码只有 16 万行，经过编译器编译，它的程序大小只有 1 MB。尽管 SQLite 如此之小，但是它却能通过 SQL 语句在同一时间内管理高达 2^{48} B 的数据。

目前，SQLite 3 在便携性、易用性、紧凑性、高效性和可靠性方面都有突出的表现。作为嵌入式数据库，它没有独立运行的进程，与所服务的应用程序在应用程序进程空间内共生共存。对外部观察者保持透明，从外部无法明确看到这样的程序有一个关系型数据库管理系统在运行，但是实际上在其内部有一个完整的、自我包含的数据库引擎在工作，程序只需要做自己的业务逻辑，管理自己的数据，不需要详细了解 SQLite 是如何工作的。且 SQLite 不需要做网络配置或管理，客户端和服务器端运行在同一个进程中，减少了网络调用相关的消耗，简化了数据库管理，使程序更容易部署，想要使用它只需要将它正确地编译到程序中即可。

如今，SQLite 是世界上使用最广泛的 SQL 嵌入式数据库引擎。它的特点如下。

（1）零配置。使用 SQLite 之前不需要“安装”它，没有“设置”过程，不需要启动、停止或配置服务器进程，管理员无须创建新的数据库实例或为用户分配访问权限，SQLite 不使用配置文件，无须通知系统 SQLite 正在运行，系统崩溃或电源发生故障后无须采取任何措施即可恢复。

（2）移植性。SQLite 不仅可以编译运行在常见的 Windows、Linux 等操作系统中，还可以应用于 QNX 等常见的嵌入式平台，并且可同时兼容 32 位与 64 位体系结构。与此同时，SQLite 的数据库文件在其所支持的操作系统、硬件体系结构以及字节顺序上均为兼容的二进制形式。

（3）紧凑性。SQLite 作为一个开源的轻量级数据库，启用时，软件系统只需包含相关 .h 头文件和 .c 源文件，无须启用任何系统进程。

（4）简单性。SQLite 具有简单、易用的 API 接口，借助文档说明，使用者可以轻松与它进行交互。

（5）灵活性。SQLite 拥有一个高效、灵活的关系数据库前端以及一个精巧、简洁的 B 树后端，使得用户在使用时无须关注网络和平台兼容等问题即可获得数据库服务。

（6）自由授权。SQLite 作为一个开源数据库，使用它不需要任何官方机构或组织授权，可以从它的社区上快速下载最新源代码。

（7）可靠性。SQLite 的源代码是开源的，任何人都能轻易获取，但这并不意味源代码就会相对粗糙，反而其设计开发十分规范，具有高度的稳定性和可靠性。

（8）易用性。SQLite 具备动态数据类型、冲突处理、一个连接可附着多个数据库等独特功能，这些功能从某种程度上提高了其易用性。

16.1.4 SQLite 嵌入式的使用场景

SQLite 的使用量可能超过所有其他数据库引擎的总和。如今世界上已在使用的 SQLite 数以万亿计。在每台 Android 设备、每个 iPhone 和 iOS 设备、每台 Mac、每台 Windows 10 设备、每个 Firefox/Chrome 和 Safari 网络浏览器、PHP 和 Python 以及数百万其他应用程序等场景中均可见 SQLite 的身影。SQLite 的使用场景包括但不限于以下所列。

（1）嵌入式设备和物联网。由于 SQLite 数据库不需要管理，因此在没有专家人工支持的情况下也可以很好地工作，因此 SQLite 非常适合用于手机、机顶盒、电视、游戏机、照相机、手表、厨房用具、恒温器、汽车、机床、飞机、远程传感器、无人机、医疗设备和机器人等设备中。

（2）网站。对于大多数中低流量的网站，SQLite 可以很好地用作数据库引擎。SQLite 可以处理的网络流量取决于网站使用其数据库的程度。一般来说，任何每天点击量少于 10 万的网站都可以在 SQLite 上正常运行。

(3) 数据分析。熟悉 SQL 的程序员可以使用 SQLite 3 命令行外壳程序（或各种第三方 SQLite 访问程序）来分析大型数据集。可以从 CSV 文件导入原始数据，然后对该数据进行切片和切块以生成大量的摘要报告。可以使用以 TCL、Python（两者均内置 SQLite）或以 R 及其他语言编写的简单脚本（使用现成的适配器）进行更复杂的分析。可能的用途包括网站日志分析、体育统计分析、编制编程指标以及分析实验结果。

(4) 缓存企业数据。许多应用程序使用 SQLite 作为来自企业数据库的相关内容的缓存，这减少了等待时间，因为现在大多数查询都是针对本地缓存进行的，并且避免了网络往返。它还减少了网络和中央数据库服务器上的负载。而且在许多情况下，这意味着客户端应用程序可以在网络中断期间继续运行。

(5) 服务器端数据库。使用 SQLite 作为特定于应用程序的数据库服务器的基础存储引擎，已经取得了成功。在这种模式下，整个系统仍然是客户 - 服务器结构的，客户端将请求发送到服务器，并通过网络获得回复。但是，客户端请求和服务器响应不通过 SQL 来获取数据。服务器将请求转换为多个 SQL 查询，收集结果，实施后处理、过滤和分析，然后构造仅包含基本信息的高级应答信息。

16.2 SQLite 总体架构

SQLite 拥有一个简洁的、模块化的体系结构，如图 16.1 所示。SQLite 架构主要包含内核（core）和后端（backend），其中内核又包含接口（interface）、SQL 编译器（SQL compiler）和虚拟机（virtual machine）；SQL 编译器又包含词法分析器（tokenizer）、语法分析器（parser）、代码生成器（code generation）；后端包括 B 树、页缓存、OS 接口。

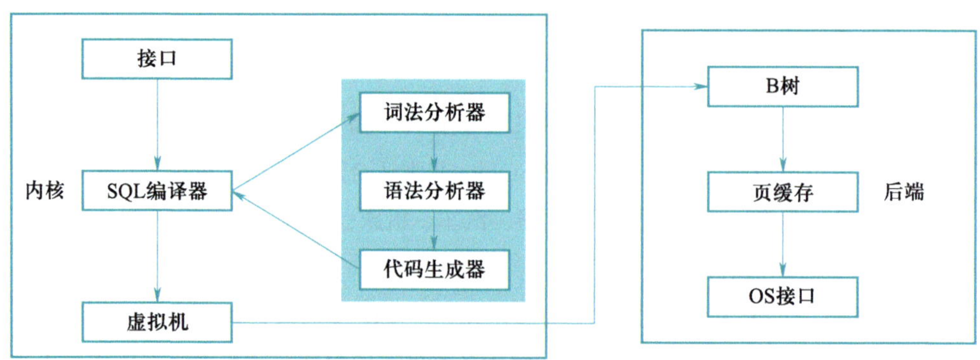

图 16.1 SQLite 体系结构

SQLite 架构中各个模块具有不同的功能，但其目的都是顺利执行 SQL 语句，将其按照如图 16.1 箭头所示的顺序组合后逐步实现 SQL 语句功能：接口负责与程序或脚本语言进行通信并把包含查询语句的字符串传递给 SQL 编译器，SQL 编译器对字符串进行分析和编译并把结果传递给虚拟机，虚拟机运行编译后的指令集，后端根据每条指令处理存储并与操作系统进行交互。下面主要介绍 SQLite 架构中的相关部分。

1. 接口

接口由 SQLite C API 组成，可以分为对象列表、常量列表和功能列表三类。对象列表是 SQLite 库使用的所有抽象对象和数据类型的列表；常量列表是 SQLite 使用的数字常量列表，如来自某个接口的数值结果代码；功能列表是对对象进行操作并返回常量的所有函数和方法的列表。各种程序最终都要通过接口与 SQLite 进行通信。

2. SQL 编译器

SQL 编译器可以将 SQL 语句编译成字节码（bytecode）程序。SQL 编译器包含词法分析器、语法分析器、代码生成器。编译过程从词法分析器和语法分析器开始，包含 SQL 语句的字符串首先被发送到词法分析器，词法分析器对其进行分析得到一系列词法记号（token），并将这些词法记号逐一传递给语法分析器。语法分析器根据词法记号的上下文赋予其对应的意义，并将词法记号重组成语法树（syntax tree，也称语法分析树，parse tree）形式，然后将该语法树传递给代码生成器。代码生成器分析语法树，生成一种 SQLite 专用的字节码程序，并交给虚拟机运行。

3. 虚拟机

虚拟机是 SQLite 的核心，负责运行代码生成器传递过来的字节码程序。虚拟机也称虚拟数据库引擎（virtual database engine，VDBE）或字节码引擎（bytecode engine）。虚拟机在 SQLite 中有着承上启下的功能——它之前的模块负责接收 SQL 语句并将 SQL 语句转变为虚拟机可以运行的字节码程序，它之后的模块则根据字节码程序中的每一条指令处理存储并与操作系统进行交互，以执行字节码程序。

4. 后端

后端由 B 树、页缓存以及 OS 接口组成，负责处理存储和与操作系统进行交互。B 树将包含字段或索引项等信息的页组织成适合搜索的树形结构，并且以固定页面大小从磁盘请求信息。页缓存负责根据 B 树的请求来读取、写入和缓存页。页缓存还具备事务管理功能，可以进行回滚、原子提交和故障恢复等操作，并提供锁机制来锁定数据库文件。OS 接口提供一个抽象层，它向上层屏蔽了操作系统间的差异，以供其他模块调用。SQLite 使用一个名为虚拟文件系统（virtual file system，VFS）的抽象对象来提供跨操作系统的可移植性，每个 VFS 都提供了打开、读取、写入和关闭磁盘文件的方法，以及其他特定于操作系统的任务，例如查找当前时间，其他模块无须关心这些任务是如何在某个操作系统上实现的。SQLite 目前为 UNIX 和 Windows 提供了虚拟文件系统。

16.3 SQLite 查询处理技术

查询处理是关系数据库系统执行查询语句的过程，在此过程中将用户给定的 SQL 查询语句转为高效的查询执行计划，是关系数据库系统的核心技术之一。大部分主流关系数据库系统由于拥有功能强大的查询优化器而得以流行，而 SQLite 的查询优化模块是轻量级的。

从图 16.1 可以看到，SQLite 的查询处理模块本质上是由一个 SQL 编译器和一个虚拟机组成的。SQLite 查询处理解析一个 SQL 查询语句，需要进行词法分析、语法分析、语义分析、执行计划对应的虚拟机代码的生成以及计划的执行等步骤，这一过程的时间开销较大。受限于 SQLite 查询处理模块的大小，查询优化比较简单，已优化的查询计划未被复用，并且连接操作是通过嵌套循环实现的。

简单来说，词法分析器将用户输入的 SQL 语句识别为预先定义的词法标记；语法分析器对 SQL 语句进行语法检查并生成一棵语法树；语义分析主要进行语义方面的一些检查，比如关系表是否存在等；而执行计划的生成（图 16.1 中 SQL 编译器模块）及执行（图 16.1 中虚拟机模块）是最核心的两部分，也相对比较复杂。

16.3.1 SQLite 查询分析

SQLite 查询分析部分由词法分析、语法分析和语义分析组成，如图 16.1 所示。

（1）词法分析。SQLite 词法分析器的主要任务是将输入的 SQL 查询字符串经过分析后得到一系列已定义的词法记号，然后将词法记号逐个送入语法分析器，并形成相应的语法树。程序核心部分是循环分析用户输入的 SQL 查询字符串，并获得字符串中的词法记号及其他信息，交由语法分析器处理。

（2）语法分析。SQLite 语法分析器由 Lemon 生成，它根据给定的 YACC 语法定义语法文件，执行 lemon xx.y 命令后可得到 C 语言编写的语法分析器。这样生成的语法分析器为 LALR（1）分析器，即 LookAhead LR（1），这里 LR（1）中的“1”表示在构造分析表遇到项目集中的冲突时，只需向前看一个终结符即可解决冲突。语法分析器基于有限状态自动机来构建。本质上，根据给定的语法分析得到 LR（1）分析表，并根据该表对由词法分析得到的记号构建语法树。因此分析 SQLite 源码中的 Parser.y 文件即可理解其语法分析的过程。

（3）语义分析：SQL 查询语义分析与查询优化和执行计划的生成都由 select.c 源文件中的 sqlite3Select 函数实现，其中语义分析主要用于检查例如 FROM 子句中指定的表是否存在等语义内容。

16.3.2 SQLite 查询优化

当前流行的数据库系统一般是将基于规则的优化和基于代价的优化结合起来使用，相比于轻量级的 SQLite 数据库系统，传统优化器过于复杂。而 SQLite 只采用基于代价的优化（CBO）技术，本节重点介绍 SQLite CBO 的相关内容。

1. 代价估计

首先，SQLite 的 CBO 对每条 SQL 语句生成多个等价的候选计划，即执行得到的结果相同。接着，对每个计划估算执行代价，最后选择代价最小的计划。

代价的估计包括两部分，一部分是对结果的基数进行估计，另一部分则是在确定基数的基础上对执行代价进行度量。具体来说，数据库在按计划处理页面时会产生 I/O 代价；在按计划处理元组时（例如表达式计算）会产生 CPU 代价。查询处理时 CPU 和磁盘 I/O 代价主要考虑查询读取的记录数、结果是否需要排序、是否需要访问索引和原表。

2. 物理查询计划选择及其生成

同一个查询可以按照多种不同的物理计划执行，这些物理计划能够得到同样的结果，但是执行效率不同。由于完整的物理计划空间过于巨大，无法进行穷举，因此优化器一般会按照特定的物理计划选择策略，枚举一部分物理计划，计算它们的执行代价，并最终选取其中代价最小的物理计划实际执行。

依据物理计划选择中采用的搜索策略，可以将优化器划分为自底向上模式、自顶向下模式和随机搜索模式，详见第 11 章相关内容。

目前 Oracle、MySQL 和 PostgreSQL 等数据库的优化器采用的是自底向上模式，SQL Server 以及开源的 Calcite、ORCA 则采用了自顶向下的模式。

SQLite 采用的是自底向上模式，SQLite 的查询优化较为简单和精致，其基本理念就是循环嵌套，即循环查询每个需要查询的表，根据 Where 查询条件选择可用的索引。

在 SQLite 中查询优化的实现代码包含在 where.c 中，执行基本流程是首先初始化数据，其次解析 WHERE 子句获得谓词，再次确定每个表是否有索引，最后优化各个谓词并清除初始化的数据。

查询优化的核心函数是由 sqlite3Select 函数调用的 sqlite3WhereBegin 函数，在该函数中真正完成了所有查询优化及查询处理代码的生成。其查询优化的方式是循环每个需要查询的表，扫描每个表中 WHERE 子句的各查询条件，选择相应优化操作和正确的索引。接着生成相应的 VDBE 编码，最后清除数据并结束 WHERE 操作。

接着为优化分析得到的结果生成循环字节码及输出结果列的字节码，最终得到字节码形式的优化后的查询执行计划。该执行计划会经由核心模块虚拟数据库引擎解释执行得到最终的查询结果。

16.3.3　SQLite 查询计划执行

SQLite 执行查询计划的工作原理是将 SQL 语句转换为字节码，然后在虚拟机中运行该字节码。字节码虚拟机是 SQLite 的核心之一，全称为“虚拟数据库引擎”（VDBE）。SQL 查询语句的完整处理流程及 VDBE 内部结构如图 16.2 所示。

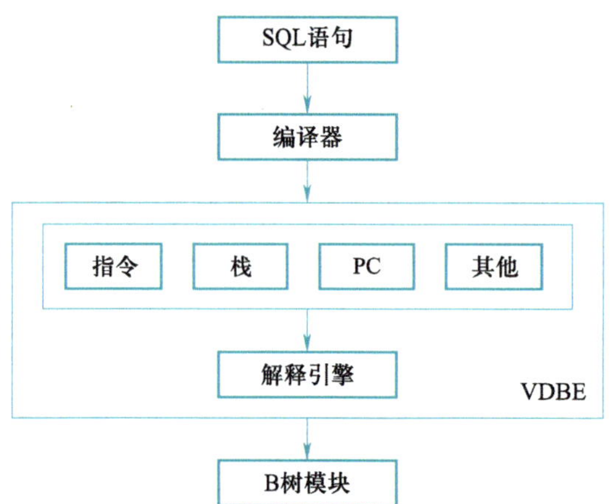

图 16.2　SQLite 查询语句的处理过程和虚拟机内部结构

SQLite 中的字节编码程序由一个或多个指令组成，每条指令都有一个操作码和五个操作数（分别命名为 P1、P2、P3、P4 和 P5）。其中，P1、P2 和 P3 操作数是 32 位有符号整数，通常用于指代寄存器。对于在 B 树游标上运行的指令，五个操作数有其他扩展应用。同时，不同的操作码可以使用不同数量的操作数。

VDBE 在指令编号 0 上开始执行，直到遇到停止（Halt）指令，或者程序计数器大于最后一条指令的地址，或者出现错误，执行才会停止。当 VDBE 停止时，它分配的所有内存都被释放，已经打开的所有数据库游标都被关闭。如果由于错误导致执行停止，则任何挂起的事务都将终止，对数据库所做的更改都会被回滚。

16.4 SQLite 存储技术

前面已介绍过，SQLite 的后端由三个模块组成：B 树、页缓存、OS 接口。这三个模块构成了 SQLite 的存储引擎，接收来自虚拟机的操作指令，并将数据写入物理存储介质中，同时完成锁机制等一系列任务。其中，B 树模块是 SQLite 存储引擎的核心部分，它以页面为基本单位完成对数据库中所有数据的存储。页缓存模块正如其名称所描述的那样，以页面为单位完成各种操作，主要工作内容是和 OS 接口模块结合实现事务的 ACID 性质。OS 接口也包含一些在不同操作系统上有差异的函数，例如日期、时间等函数。

SQLite 也对内存数据库提供一定的支持，创建内存数据库最简单的方法就是在 SQLite 中使用特殊文件名“:memory:”创建数据库，但是它和传统的数据库没有构架上的差别，只是在使用过程中可以节约磁盘 I/O 的时间。因此，本节内容还是以传统的文件数据库为对象，介绍 SQLite 存储引擎的相关设计。

16.4.1 B 树页面结构

SQLite 数据库文件由一页或多页页面组成。页面的大小必须是介于 512~65 536 之间的 2 的幂字节。页面的默认大小曾经为 1 024 B，为了适应现代硬件，从 SQLite 版本 3.12.0 开始，新数据库文件的默认页面大小增加到 4 096 B。

SQLite 使用了两种 B 树变体：表 B 树和索引 B 树。表 B 树使用 64 位带符号整数作为键并将所有数据存储在叶节点中。索引 B 树可以使用任意键并且不存储其他数据。相对来说，表 B 树更接近于 B+ 树，而索引 B 树更像一棵传统的 B 树。

B 树页面可以分为内部页面或者是叶子页面，叶子页面仅包含其键值和相关数据（如果是表 B 树），内部页面包含 K 个键和 K+1 个指向子 B 树页面的指针，键和指针在逻辑上交替出现。在 B 树页面中，指针仅仅是一个由 32 位无符号整数表示的页码。K 值由页面大小和键值决定。在内部页面中，每个键与其紧邻左侧的指针组合成一个称为“单元格”（cell）的结构。最右边的指针是分开保存的。叶子页面没有指针，但它仍然使用单元结构来保存索引 B 树的键或表 B 树的键和内容，数据也存储在单元格中。

实际的 B 树页面可划分为若干个区域，如图 16.3 所示。

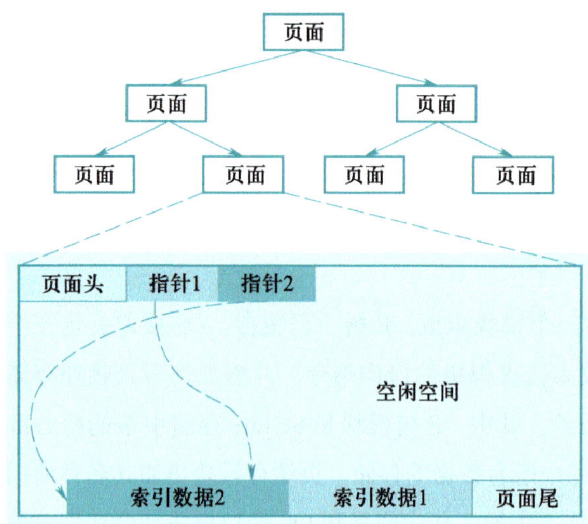

图 16.3　B 树页面结构

首先是 8 或 12 字节长的页面头，紧跟着的是单元格指针数组区域，每个单元格使用一个变量（2 B）表示其在页中的偏移量。页面底部有一个保留区域，其具体大小取决于数据库参数，可以设定为 0 字节。保留区域上方是单元格内容区，SQLite 努力将单元格放置在尽可能靠近 B 树页面末尾的位置，以便为单元格指针数组的未来增长留出空间。最后一个单元格指针和第一个单元格数据的开始之间的部分是未分配区域。

页面中所有连续的、大于 4 B 的空闲空间称作空闲块，它们被组织成一条链，其头 4 个字节会标识空闲块的大小和下一个空闲块的偏移量。小于 4 B 的孤立字节称为碎片，它们的总计大小被保存在页头中，一个格式良好的 B 树页面中这个数值不能超过 60。

每一个页面中存储至少 4 个单元格，如果一个单元格包含过大的数据，只有数据的前几个字节会放置在本页中，多余的内容会以溢出页面链表的形式悬挂于单元格尾部。

16.4.2　元数据页面组织

在 SQLite 中，数据库中的每一个表都使用一棵表 B 树表示，以 SQLite 分配的 64 位带符号整数 rowid 作为键；每一个索引都使用一棵索引 B 树表示，以正在索引的列和对应表行的 rowid 作为键。

在 SQLite 3.8.2 以后，可以创建 Without RowID 表，在这种表中使用用户声明的主键而非自动分配的 rowid 作为行的标识。对于每一个 Without RowID 表，都使用一棵索引 B 树来表示，这意味着对于相同的数据，使用传统的 rowid 表更可能有高扇出进而带来高性能。

每个 SQLite 数据库都包含一个 sqlite_schema 系统表，它包含模式中的每个表、索引、视图和触发器，以及一些额外的统计信息。从 B 树的视角看，它是数据库中第一个表，数据库文件的第一个页面是这个表对应 B 树的根页面，相比于其他 B 树页面，在页头之前还有 100 B 的数据库头。当 SQLite 打开一个数据库时，会首先读取这 100 B 来了解数据库整体配置，这是数据库生命周期中唯一一次不以页为单位进行的数据操作（此时甚至不知道这个数据库的页面大小）。在 sqlite_schema 表中存储了其他所有 B 树的根页面页码，所以可以通过这个表查找到数据库的其他所有表。

SQLite 是典型的行存储数据库。对于数据表中的每个关系，首先将各个列中的值组合成记录格式的字节数组，然后将该字节数组作为负载存储在表 B 树的条目中。记录中值的顺序与表定义中列的顺序相同。当表包含一个 rowid 列时，该列在记录中显示为空值。在引用 rowid 列时，SQLite 将始终使用表 B 树的键而不是空值。

16.5 SQLite 事务管理技术

在第 6 章中已经介绍过，事务的特性可以总结为 ACID 原则，即原子性、一致性、隔离性和持久性。SQLite 使用与数据库文件位于同一目录下的临时日志文件实现事务的原子性、隔离、并发控制和故障恢复。它有两种主要的模式——回滚模式（rollback mode）和预写日志模式（WAL mode）。本节主要介绍这两种模式的工作方式。

16.5.1 回滚模式

回滚模式是 SQLite 默认采用的模式。其工作方式是在对数据库更改之前，将要更改的部分数据库文件（一般对数据库的操作仅涉及部分数据库文件）复制到一个独立于原数据库文件的新文件（称为回滚日志文件）中，且确保将回滚日志文件刷入磁盘，然后再直接对原数据库文件进行更改。如果发生故障，比如电源突然断开，则将回滚日志文件中的内容恢复到原数据库文件中，使数据库恢复到更改之前的状态。

在 SQLite 中，事务管理技术的实现离不开锁机制。简单而言，锁机制就是对数据库文件加锁，使其他与该数据库连接操作的权限发生改变。例如在回滚模式下，一个数据库连接开始实施写操作时，会为数据库添加某种锁，确保其他连接无法同时对该数据库进行操作。当前一个连接的写操作完成时，锁会被释放，其他连接才可以对数据库进行操作。SQLite 中有五种锁状态：未加锁（unlocked lock）、共享锁（shared lock）、预留锁（reserved lock）、未决锁（pending lock）和排他锁（exclusive lock）。从单个进程的角度来看，数据库文件可以处于这五种锁定状态之一。

SQLite 还允许单个数据库连接通过使用 attach database 命令同时与多个数据库文件进行通信。下面以 SQLite 在回滚模式下单个数据库执行事务的过程为例，说明回滚模式的工作方式，并在此基础上进一步介绍在使用 attach database 命令时多个数据库通信的工作方式。

1. 单个数据库执行事务

如果要写事务，数据库的锁会经历五次变化，逐步提升以开始写操作，并在写操作完成后释放。假设当前数据库处于未加锁状态，且没有其他连接在进行操作。首先，写操作需要读取一些必要的信息，读取数据库需要获取共享锁。然后逐步升级为预留锁、未决锁，在真正进行写操作时，未决锁会升级为排他锁。修改完成后释放锁（即未加锁），如图 16.4 所示。由于写操作中包含读操作所需要执行的步骤，故下面以写事务为例，结合不同锁的获取条件和相关数据库连接操作，详细叙述事务执行的过程。

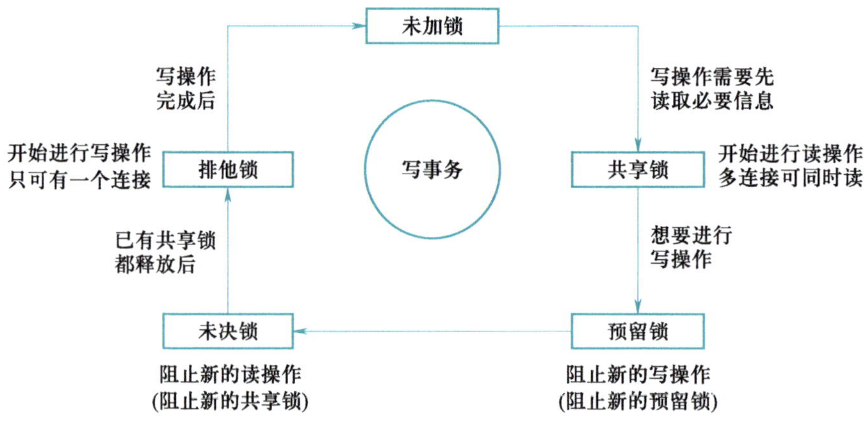

图 16.4　回滚模式下对单个数据库执行写事务

（1）共享锁时期。首先在想要修改数据库之前，必须先从数据库读取相关信息，即使插入数据也需要先读取数据库模式。读取信息就需要获取共享锁，共享锁表示目前有连接在读取数据库，且读操作不会对数据库进行更改，所以多个连接可以同时对数据库进行读操作，但不能同时进行读和写操作。连接获取共享锁后就可以进行读操作，这时会先将磁盘中的数据库文件读取到操作系统缓存中，再由操作系统将其移至用户进程空间。数据库文件分为很多页，一次读操作一般只需要小部分页，其他页不会被读取到缓存或用户进程空间中。

（2）预留锁时期。在对数据库进行写操作之前，需要获取预留锁，目的是说明当前有连接想要修改数据库，但还没真正开始。所以其他连接这时可以继续进行读操作，即预留锁可以和一个或多个共享锁共存，但其他连接不可以同时进行写操作，即多个预留锁不可共存。在进行写操作之前，还要创建单独的回滚日志文件，以便进行恢复操作。注意日志文件还有一个记录大小的文件头。在将原始数据写入回滚日志文件后，连接就可以对用户进程空间的页面进行修改。此时可能还有其他连接在读取，但不会有影响，因为每个连接都有私有空间，当前连接修改的只是该连接的进程空间。在将修改过的页面真正写入数据库之前，需要确保将日志刷入磁盘。这是因为操作系统不一定会立即把新创建的文件直接写入磁盘，此时，日志可能还在缓存中。如果不把日志内容刷入磁盘就对磁盘中数据库内容进行更改，若发生断电之类的故障，缓存中的内容可能会丢失，磁盘中只有进行了修改但尚未完成所有修改的数据库，从而无法进行故障恢复操作。将日志文件刷入磁盘分为两步，先将日志内容刷入磁盘，然后把日志文件中页面的数目写入日志文件头，最后将文件头刷入磁盘。

(3) 未决锁时期。在真正对磁盘中数据库文件进行修改之前，需获得未决锁。这时已经获得共享锁、正在读取数据库的连接仍可以继续读取，但不允许有新的共享锁，以避免写操作发生饿死情况。写饿死是指持续有读操作开始和实施，而写操作又不可同时进行，导致写操作始终无法开始的情况。

(4) 排他锁时期。当其他读操作已经读取完毕，共享锁都被释放后，未决锁升级为排他锁，这时其他的进程无法进行读写操作。然后将修改写入磁盘，即把用户进程空间中已修改的页面刷入磁盘。但是通常操作系统会把结果暂时保存到磁盘缓存中，而不是立即写入磁盘，为了保证把修改内容写入磁盘，需要进行实际的 I/O 操作将修改结果刷入磁盘。将修改后的内容写入磁盘后，就可以将磁盘中的回滚日志文件删除或将回滚日志头文件清零，SQLite 会根据是否存在回滚日志文件来判断是否需要进行恢复操作。

(5) 释放锁 / 未加锁时期。以上步骤都进行完毕后就可以释放排他锁，使其他连接可以对数据库进行操作。在较新版本的 SQLite 中，还会保留用户空间的缓存以便在下次事务中重复使用这些数据而无须从缓存或硬盘中读取。但在再次使用这些数据之前，要先确定它们未被修改过。这可以通过检查位于数据库文件第一页的、表示数据库修改次数的计数器来判断数据库是否修改过。如果数据库被修改过，则必须清空用户进程空间中的数据并重新读取，但大多数情况下，这种情形不会发生。因此，这个操作对性能提高来说效果是显著的。

2. 多个数据库执行事务

SQLite 在多个数据库之间执行事务和在单个数据库中执行事务的实现思路基本一致，但更为复杂。主要有以下三个不同点。

(1) 除了回滚日志文件，SQLite 还会创建一个单独的聚合日志，称为超级日志。它不包含任何数据库的页内容，仅包含每个回滚日志的完整路径名。超级日志的内容也需要刷新到磁盘中。

（2）参与事务的每个数据库都有各自独立的回滚日志文件，且会在回滚日志的开头记录超级日志的完整路径名。

将修改内容写入数据库后，在删除回滚日志前需要删除超级日志。在单个数据库事务中，SQLite 会根据是否存在回滚日志来判断是否进行恢复操作。但在多数据库事务中，在删除超级日志后即使回滚日志还没有被删除就发生故障，SQLite 也不会因为存在回滚日志就进行恢复操作。SQLite 可以根据回滚日志开头有无超级日志的路径来区分这两种情况。即多数据库事务发生故障时，仅有回滚日志时不会进行恢复操作，若还存在超级日志则进行恢复操作。

16.5.2　预写日志模式

自 SQLite 3.7.0 版以来，SQLite 还支持“预写日志（WAL）模式”。在回滚模式下，修改内容直接写入数据库文件，同时构建一个单独的回滚日志文件，如果事务发生回滚，该文件能够将数据库恢复到其原始状态。WAL 模式则相反。WAL 模式下原始内容保留在数据库文件中，修改内容将被附加到单独的 WAL 文件中。SQLite 默认为回滚模式，要使用 WAL 模式，可以通过“PRAGMA journal_mode=WAL”命令手动启用 WAL 模式。本节主要介绍 WAL 模式下如何执行读写事务，以及 WAL 相较于回滚模式的优缺点。

1. WAL 模式下执行读写事务

当在开启了 WAL 模式的数据库上进行读操作时，连接首先会记住 WAL 中最后一个有效提交记录的位置（后续会讲到，WAL 模式下读写可以同时进行，且新的写事务会在 WAL 文件末尾添加新内容），即终点（end mark）。由于同时还会有写操作，故每个读操作的终点不一定一样。但对于单个读操作，读的过程中终点保持不变。因为 WAL 模式下原数据库文件和修改后的数据库文件（WAL 文件）可能同时存在，且 WAL 文件中可能有某一个页面被多个写事务修改多次后的多个版本，故当要读某个页面时，先检查 WAL 中是否有该页，有则读取 WAL 中的最新版本，否则读取原数据库文件。

为了避免每个读操作都扫描整个 WAL 文件以查找所需页的最新数据，共享内存中维护了一个称为 WAL 索引（WAL-index）的数据结构，该结构以最少的 I/O 帮助读操作快速定位 WAL 文件中的页。

当进行写操作时，只需要在 WAL 文件末尾附加新的内容即可。由于只有一个 WAL 文件，新内容都会附加到 WAL 文件末尾，同时写会发生冲突，所以不可以同时进行多个写操作。WAL 模式下写操作不会干扰读操作，因此读写可以同时进行。

WAL 模式下还有一个与回滚模式不同的操作称为检查点操作，该操作将 WAL 文件中的页面合并到原始数据库中。默认情况下，当 WAL 文件达到 1 000 页阈值时，会自动执行检查点操作，也可以调整阈值大小或者关闭自动执行检查点操作。

2. WAL 模式相比于回滚模式优缺点

WAL 模式主要优点如下：WAL 模式写操作非常快，因为只需要写一次内容（回滚日志模式需要写两次），而且写操作是连续的；WAL 提供了更好的并发性，读和写可以同时进行。

WAL 模式主要缺点如下：每次读取必须检查 WAL 文件的内容，检查时间与文件大小成正比，所以随着 WAL 文件规模的增大，读性能会下降，虽然 WAL 索引有助于解决这一问题，但读性能仍会受影响。因此，在大多数情况下（读多写少），WAL 模式可能比回滚模式慢一些；WAL 索引提高了读操作的性能，但共享内存的使用意味着所有读操作必须存在于同一台机器上，因此 WAL 模式不能应用于网络文件系统中。

16.6 小结

本章讲述了嵌入式数据库系统，其特点是嵌入性、可移植性、实时性。本章以 SQLite 为例介绍了嵌入式数据库的特点和关键技术。SQLite 体积小，资源消耗低。SQLite 虽然小巧、轻量，但它“五脏俱全”。本章介绍了 SQLite 的查询优化技术、执行机制、存储技术以及索引机制，介绍了 SQLite 的基本实现原理。

16.7 习题

1. 以下属于关系数据库的是（　　）。

A. MySQL　　B. Oracle

C. DB2　　D. Redis

2. 以下说法中错误的是（　　）。

A. Berkeley DB 是一种开源的嵌入式数据库

B. SQLite 3 总的程序库大小为千字节级别

C. 相对于 SQLite 2，SQLite 3 支持 UTF-8、UTF-16 及用户定义字符集

D. 在使用 SQLite 数据库之前，需要创建新的数据库实例并为用户分配访问权限

3. 以下（　　）模块不属于 SQLite 编译器。

A. 接口　　B. 词法分析器

C. 语法分析器　　D. 代码生成器

4. SQLite 中页缓存模块的功能包括（　　）。

A. 初步处理 SQL 语句　　B. 实现数据库锁

C. 事务管理　　D. 屏蔽不同操作系统的差异

5. 简要说明 SQLite 查询处理的基本过程。

6. 以下不是合法的 SQLite 页面大小的是（　　）。

A. 512 B　　B. 4 096 B

C. 65 535 B　　D. 65 536 B

7. SQLite 为了在一个 B 树页面中存储至少 4 个单元格，采用了一种特殊的______页面。

8. SQLite 使用与数据库文件位于同一目录下的临时日志文件来实现事务的原子性、隔离、并发控制和故障恢复。它有两种主要的模式，SQLite 默认采用的是（　　）。

A. WAL 模式　　B. 回滚模式

9. 以下说法中错误的是（　　）。

A. 每个数据库连接在同一时刻只能处于 SQLite 五种锁定状态之一，每种状态（未加锁状态除外）都有一种锁与之对应

B. 回滚模式中日志文件仅包括要修改页面的原始数据

C. 多个事务可以附加到单个 WAL 文件的末尾

D. 相比于回滚模式，WAL 模式提供了更好的并发性，读和写可以同时进行

参考文献

[1] AILAMAKI A, DEWITT D J, HILL M D, et al. Weaving relations for cache performance[J]. Proceedings of the VLDB Endowment, 2001: 169–180.

[2] ALAGIANNIS I, IDREOS S, AILAMAKI A. H2O: A hands–free adaptive store[C]//Proceedings of the 2014 ACM SIGMOD International Conference on Management of Data. 2014: 1103–1114.

[3] ANTONOPOULOS P, BUDOVSKI A, DIACONU C, et al. Socrates: The new SQL server in the cloud[C]//Proceedings of the 2019 International Conference on Management of Data. 2019: 1743–1756.

[4] ARULRAJ J, PAVLO A, MENON P. Bridging the archipelago between row–stores and column–stores for hybrid workloads[C]// ACM SIGMOD International Conference on Management of Data. ACM, 2016:583–598.

[5] ARULRAJ J, PAVLO A. How to build a non–volatile memory database management system[C]//Proceedings of the 2017 ACM International Conference on Management of Data. 2017: 1753–1758.

[6] ARULRAJ J, PERRON M, PAVLO A. Write–behind logging[J]. Proceedings of the VLDB Endowment, 2016, 10(4): 337–348.

[7] ATHANASSOULIS M, BØGH K S, IDREOS S. Optimal column layout for hybrid workloads[J]. Proceedings of the VLDB Endowment, 2019, 12(13): 2393–2407.

[8] BALKESEN C, ALONSO G, TEUBNER J, et al. Multi–core, main–memory joins: Sort vs. hash revisited[J]. Proceedings of the VLDB Endowment, 2013, 7(1): 85–96.

[9] BANKER K, GARRETT D, BAKKUM P, et al. MongoDB in action: Covers MongoDB version 3.0[M]. [S.l.]: Simon and Schuster, 2016.

[10] BEHM A, PALKAR S, AGARWAL U, et al. Photon: A fast query engine for lakehouse systems[C]//Proceedings of the 2022 International Conference on Management of Data. ACM, 2022: 2326–2339.

[11] BELLAMKONDA S, LI H G, JAGTAP U, et al. Adaptive and big data scale parallel execution in oracle[J]. Proceedings of the VLDB Endowment, 2013, 6(11): 1102–1113.

[12] BENTLEY J L. Multidimensional binary search trees used for associative searching[J].

Communications of the ACM, 1975, 18(9): 509–517.

[13] BERNSTEIN P A, HADZILACOS V, GOODMAN N. Concurrency control and recovery in database systems[M]. [S.l.]: Addison–Wesley, 1987.

[14] BERNSTEIN P A, NEWCOMER E. Principles of transaction processing[M]. [S.l.]: Morgan Kaufmann, 2009.

[15] BOG A, PLATTNER H, ZEIER A. A mixed transaction processing and operational reporting benchmark[J]. Information Systems Frontiers, 2011, 13(3): 321–335.

[16] BOISSIER M, SCHLOSSER R, UFLACKER M. Hybrid data layouts for tiered HTAP databases with pareto–optimal data placements[C]// 2018 IEEE 34th International Conference on Data Engineering (ICDE). IEEE Computer Society, 2018:209–220.

[17] BONCZ P A, ZUKOWSKI M, NES N. MonetDB/X100: Hyper–pipelining query execution[C]// Second Biennial Conference on Innovative Data Systems Research (CIDR). 2005: 225–237.

[18] BRESS S, HEIMEL M, SIEGMUND N, et al. GPU–accelerated database systems: Survey and open challenges[M]//Transactions on Large–Scale Data–and Knowledge–Centered Systems XV. Heidelberg: Springer, 2014: 1–35.

[19] CAO W, LIU Z, WANG P, et al. PolarFS: An ultra–low latency and failure resilient distributed file system for shared storage cloud database[J]. Proceedings of the VLDB Endowment, 2018, 11(12): 1849–1862.

[20] CAO W, ZHANG Y, YANG X, et al. Polardb serverless: A cloud native database for disaggregated data centers[C]//Proceedings of the 2021 International Conference on Management of Data. 2021: 2477–2489.

[21] CARLSON J. Redis in action[M]. [S.l.]: Simon and Schuster, 2013.

[22] CHANG F , DEAN J , GHEMAWAT S , et al. Bigtable: A distributed storage system for structured data[J]. ACM Transactions on Computer Systems, 2008, 26(2):1–26.

[23] CHAUDHURI S, DAYAL U. An overview of data warehousing and OLAP technology[J]. ACM Sigmod record, 1997, 26(1): 65–74.

[24] CHAUDHURI S. An overview of query optimization in relational systems[C]// Proceedings of the Seventeenth ACM SIGACT–SIGMOD–SIGART Symposium on Principles of Database Systems. ACM, 1998: 34–43.

[25] CHEN P P S. The entity–relationship model: Toward a unified view of data[J]. ACM Transactions on Database Systems (TODS), ACM, 1976, 1(1): 9–36.

[26] CHEN S, JIN Q. Persistent B+–trees in non–volatile main memory[J]. Proceedings of the VLDB Endowment, 2015, 8(7): 786–797.

[27] CHOU H T, DEWITT D J. An evaluation of buffer management strategies for relational database systems[J]. Algorithmica, 1986, 1(1): 311–336.

[28] CODD E F. A relational model of data for large shared data banks[J]. Communications of the ACM, 1970, 13(6): 377–387.

[29] COELHO F, PAULO J, VILAÇA R, et al. Htapbench: Hybrid transactional and analytical processing benchmark[C]//Proceedings of the 8th ACM/SPEC on International Conference on Performance Engineering. 2017: 293–304.

[30] COLE R, FUNKE F, GIAKOUMAKIS L, et al. The mixed workload CH–benCHmark[C]// Proceedings of the Fourth International Workshop on Testing Database Systems. 2011: 1–6.

[31] CORBETT J C, DEAN J, EPSTEIN M, et al. Spanner: Google's globally distributed database[J]. ACM Transactions on Computer Systems (TOCS), 2013, 31(3): 1–22.

[32] DAGEVILLE B, CRUANES T, ZUKOWSKI M, et al. The snowflake elastic data warehouse[C]// Proceedings of the 2016 International Conference on Management of Data. 2016: 215–226.

[33] DEAN J, GHEMAWAT S. MapReduce: Simplified data processing on large clusters[J]. Communications of the ACM, 2008, 51(1): 107–113.

[34] DEBRABANT J, PAVLO A, TU S, et al. Anti–caching: A new approach to database management system architecture[J]. Proceedings of the VLDB Endowment, 2013, 6(14): 1942–1953.

[35] DEPOUTOVITCH A, CHEN C, CHEN J, et al. Taurus database: How to be fast, available, and frugal in the cloud[C]//Proceedings of the 2020 ACM SIGMOD International Conference on Management of Data. 2020: 1463–1478.

[36] DIACONU C, FREEDMAN C, ISMERT E, et al. Hekaton: SQL server's memory–optimized OLTP engine[C]//Proceedings of the 2013 ACM SIGMOD International Conference on Management of Data. 2013: 1243–1254.

[37] DIOGO M, CABRAL B, BERNARDINO J. Consistency models of NoSQL databases[J]. Future Internet, 2019, 11(2): 43.

[38] DRAGOJEVIĆ A, NARAYANAN D, CASTRO M, et al. FaRM: Fast remote memory[C]//11th USENIX Symposium on Networked Systems Design and Implementation (NSDI 14). 2014: 401–414.

[39] ELDAWY A, LEVANDOSKI J, LARSON P Å. Trekking through siberia: Managing cold data in a memory–optimized database[J]. Proceedings of the VLDB Endowment, 2014, 7(11): 931–942.

[40] ELMASRI R, NAVATHE S B. Fundamentals of database systems[M]. [S.l.]: Pearson, 2016.

[41] ESWARAN K P, GRAY J N, LORIE R A, et al. The notions of consistency and predicate locks in a database system[J]. Communications of the ACM, 1976, 19(11): 624–633.

[42] FAERBER F, KEMPER A, LARSON P Å, et al. Main memory database systems[J]. Foundations and Trends in Databases, 2017, 8(1–2): 1–130.

[43] FANG J, MULDER Y T B, HIDDERS J, et al. In–memory database acceleration on FPGAs: A survey[J]. The VLDB Journal, 2020, 29(1): 33–59.

[44] FEKETE A, LIAROKAPIS D, O' NEIL E, et al. Making snapshot isolation serializable[J]. ACM Transactions on Database Systems (TODS), 2005, 30(2): 492–528.

[45] FUNKE F, KEMPER A, NEUMANN T. Compacting transactional data in hybrid OLTP & OLAP databases[J]. arXiv preprint arXiv:1208.0224, 2012.

[46] GARCIA-MOLINA H, SALEM K. Main memory database systems: An overview[J]. IEEE Transactions on knowledge and data engineering, 1992, 4(6): 509–516.

[47] GARCIA-MOLINA H, ULLMAN J D, Widom J. Database system implementation[M]. [S.l.]: Prentice Hall, 2000.

[48] GARCIA-MOLINA H, ULLMAN J D, Widom J. Database systems: The complete book[M]. [S.l.]: Pearson, 2008.

[49] GHEMAWAT S, GOBIOFF H, LEUNG S T. The Google file system[C]//Proceedings of the nineteenth ACM symposium on Operating systems principles. ACM, 2003: 29–43.

[50] GILBERT S, LYNCH N. Perspectives on the CAP theorem[J]. Computer, 2012, 45(2): 30–36.

[51] GRAEFE G, MCKENNA W J. The volcano optimizer generator: Extensibility and efficient search[C]//Proceedings of IEEE 9th International Conference on Data Engineering. IEEE, 1993: 209–218.

[52] GRAEFE G. The cascades framework for query optimization[J]. IEEE Data Eng. Bull., 1995, 18(3): 19–29.

[53] GRAEFE G. Volcano: an extensible and parallel query evaluation system[J]. IEEE Transactions on Knowledge and Data Engineering, 1994, 6(1): 120–135.

[54] GRAY J N. Notes on data base operating systems[J]. Operating systems, 1978: 393–481.

[55] GRAY J, Reuter A. Transaction processing: Concepts and techniques[M]. [S.l.]: Morgan Kaufmann, 1992.

[56] GRUND M, KRÜGER J , PLATTNER H, et al. Hyrise: A main memory hybrid storage engine[J]. Proceedings of the VLDB Endowment, 2010, 4(2):105–116.

[57] HU J, YANG H, XIONG Q. Research of main memory database data organization[C]//2011 International Conference on Multimedia Technology. IEEE, 2011: 3187–3191.

[58] HUANG D, LIU Q, CUI Q, et al. TiDB: a Raft-based HTAP database[J]. Proceedings of the VLDB Endowment, 2020, 13(12): 3072–3084.

[59] INMON W H. Building the data warehouse[M]. [S.l.]: Wiley. 2005.

[60] KEMPER A, NEUMANN T. HyPer: A hybrid OLTP&OLAP main memory database system based on virtual memory snapshots[C]//2011 IEEE 27th International Conference on Data Engineering. IEEE, 2011: 195–206.

[61] KERSTEN T, LEIS V, KEMPER A, et al. Everything you always wanted to know about compiled and vectorized queries but were afraid to ask[J]. Proceedings of the VLDB Endowment, 2018, 11(13): 2209–2222.

[62] KISSINGER T, KIEFER T, SCHLEGEL B, et al. ERIS: A NUMA-aware in-memory storage engine for analytical workloads[J]. Proceedings of the VLDB Endowment, 2014, 7(14): 1–12.

[63] KRIKELLAS K, VIGLAS S D, CINTRA M. Generating code for holistic query

evaluation[C]//2010 IEEE 26th International Conference on Data Engineering (ICDE). IEEE, 2010: 613–624.

[64] KULKARNI S S, DEMIRBAS M, MADAPPA D, et al. Logical physical clocks[C]//International Conference on Principles of Distributed Systems. Springer, 2014: 17–32.

[65] LAHIRI T, CHAVAN S, COLGAN M, et al. Oracle database in–memory: A dual format in–memory database[C]// IEEE International Conference on Data Engineering. IEEE, 2015.

[66] LAMPORT L. Paxos made simple[J]. ACM SIGACT News (Distributed Computing Column) 32, 4 (Whole Number 121, December 2001), 2001: 51–58.

[67] LAMPORT L. Time, clocks, and the ordering of events in a distributed system[M]// Concurrency: the Works of Leslie Lamport. 2019: 179–196.

[68] LARSON P Å, BLANAS S, DIACONU C, et al. High–performance concurrency control mechanisms for main–memory databases[J]. arXiv preprint arXiv:1201.0228, 2011.

[69] LARSON P Å, LEVANDOSKI J. Modern main–memory database systems[J]. Proceedings of the VLDB Endowment, 2016, 9(13): 1609–1610.

[70] LARSON P–Å, BIRKA A, HANSON E N, et al. Real–time analytical processing with SQL server[J]. Proceedings of the VLDB Endowment, 2015,8:1740–1751.

[71] LEHMAN P L, YAO S B. Efficient locking for concurrent operations on B–trees[J]. ACM Transactions on Database Systems (TODS), 1981, 6(4): 650–670.

[72] LEHMAN T J, CAREY M J. A study of index structures for main memory database management systems[R]. University of Wisconsin–Madison Department of Computer Sciences, 1985.

[73] LEIS V, BONCZ P, KEMPER A, et al. Morsel–driven parallelism: A NUMA–aware query evaluation framework for the many–core age[C]//Proceedings of the 2014 ACM SIGMOD international conference on Management of data. 2014: 743–754.

[74] LEIS V, KEMPER A, NEUMANN T. The adaptive radix tree: ARTful indexing for main–memory databases[C]//2013 IEEE 29th International Conference on Data Engineering (ICDE). IEEE, 2013: 38–49.

[75] LEVANDOSKI J J, LARSON P Å, STOICA R. Identifying hot and cold data in main–memory databases[C]//2013 IEEE 29th International Conference on Data Engineering (ICDE). IEEE, 2013: 26–37.

[76] LEVANDOSKI J J, LOMET D B, SENGUPTA S. The Bw–tree: A B–tree for new hardware platforms[C]//2013 IEEE 29th International Conference on Data Engineering (ICDE). IEEE, 2013: 302–313.

[77] LI F, DAS S, SYAMALA M, et al. Accelerating relational databases by leveraging remote memory and RDMA[C]//Proceedings of the 2016 International Conference on Management of Data. 2016: 355–370.

[78] LI G, DONG H, ZHANG C. Cloud databases: New techniques, challenges, and

opportunities[J]. Proceedings of the VLDB Endowment, 2022, 15(12): 3758–3761.

[79] LI G, ZHANG C. HTAP databases: What is new and what is next[C]//Proceedings of the 2022 International Conference on Management of Data (SIGMOD). ACM, 2022: 2483–2488.

[80] LU J, HOLUBOVÁ I. Multi-model databases: A new journey to handle the variety of data[J]. ACM Computing Surveys (CSUR), 2019, 52(3): 1–38.

[81] MAGALHAES A, MONTEIRO J M, BRAYNER A. Main memory database recovery: A survey[J]. ACM Computing Surveys (CSUR), 2021, 54(2): 1–36.

[82] MILLER J J. Graph database applications and concepts with Neo4j[C]//Proceedings of the southern association for information systems conference. 2013, 141–147.

[83] MOHAN C, HADERLE D, LINDSAY B, et al. ARIES: A transaction recovery method supporting fine-granularity locking and partial rollbacks using write-ahead logging[J]. ACM Transactions on Database Systems (TODS), 1992, 17(1): 94–162.

[84] NAQVI S N Z, YFANTIDOU S, ZIMÁNYI E. Time series databases and influxdb[J]. Studienarbeit, Université Libre de Bruxelles, 2017, 12.

[85] NEUMANN T. Efficiently compiling efficient query plans for modern hardware[J]. Proceedings of the VLDB Endowment, 2011, 4(9): 539–550.

[86] O' NEIL E J, O' NEIL P E, WEIKUM G. The LRU-K page replacement algorithm for database disk buffering[C]//In Proceedings of the 1993 ACM SIGMOD International Conference On Management of Data (SIGMOD). ACM, 1993, 22(2): 297–306.

[87] ONGARO D, OUSTERHOUT J. In search of an understandable consensus algorithm[C]//2014 USENIX Annual Technical Conference (Usenix ATC 14). USENIX Association, 2014: 305–319.

[88] PANDIS I. The evolution of Amazon redshift[J]. Proceedings of the VLDB Endowment, 2021, 14(12): 3162–3174.

[89] PETROV A. Database Internals: A deep dive into how distributed data systems work[M]. [S.l.]: O' Reilly Media, 2019.

[90] POLARDB. HTAP Real-Time Data Analysis Technology Decryption[M]. [S.l.]: [s.n.], 2021.

[91] PROUT A, WANG S P, VICTOR J, et al. Cloud-native transactions and analytics in singleStore[C]//Proceedings of the 2022 International Conference on Management of Data. 2022: 2340–2352.

[92] PSAROUDAKIS I, SCHEUER T, MAY N, et al. Task scheduling for highly concurrent analytical and transactional main-memory workloads[C]//Proceedings of the Fourth International Workshop on Accelerating Data Management Systems Using Modern Processor and Storage Architectures (ADMS 2013). 2013: 36–45.

[93] PSAROUDAKIS I, WOLF F, MAY N, et al. Scaling up mixed workloads: A battle of data freshness, flexibility, and scheduling[C]//Proceedings of the Technology Conference on Performance Evaluation and Benchmarking. Springer, 2014: 97–112.

[94] RAO J, ROSS K A. Cache conscious indexing for decision-support in main memory[C]// Proceedings of the 25th International Conference on Very Large Database. 1999: 78–89.

[95] RAO J, ROSS K A. Making B+-trees cache conscious in main memory[C]//Proceedings of the 2000 ACM SIGMOD international conference on Management of data. 2000: 475–486.

[96] RAZA A, CHRYSOGELOS P, ANADIOTIS A C, et al. Adaptive HTAP through elastic resource scheduling[C]//Proceedings of the 2020 ACM SIGMOD International Conference on Management of Data. 2020:2043–2054.

[97] REED D P. Implementing atomic actions on decentralized data[J]. ACM Transactions on Computer Systems (TOCS), 1983, 1(1): 3–23.

[98] SHAN Y, HUANG Y, CHEN Y, et al. LegoOS: A disseminated, distributed OS for hardware resource disaggregation[C]//13th USENIX Symposium on Operating Systems Design and Implementation (OSDI 18). 2018: 69–87.

[99] SIKKA V, FÄRBER F, LEHNER W. Efficient transaction processing in SAP HANA database: The end of a column store myth[C]// ACM SIGMOD International Conference on Management of Data. ACM, 2012:731–742.

[100] SILBERSCHATZ A, KORTH H F, SUDARSHAN S. Database system concepts[M].[S.l.]: McGraw-Hill. 2011.

[101] SIOULAS P, CHRYSOGELOS P, KARPATHIOTAKIS M, et al. Hardware-conscious hash-joins on gpus[C]//2019 IEEE 35th International Conference on Data Engineering (ICDE). IEEE, 2019: 698–709.

[102] SOLIMAN M A, ANTOVA L, RAGHAVAN V, et al. Orca: A modular query optimizer architecture for big data[C]//Proceedings of the 2014 ACM SIGMOD International Conference on Management of Data. ACM, 2014: 337–348.

[103] STONEBRAKER M , HELD G , WONG E , et al. The design and implementation of INGRES[J]. ACM Transactions on Database Systems, 1976, 1(3):189–222.

[104] STONEBRAKER M, ABADI D J, BATKIN A, et al. C-store: a column-oriented DBMS[M]// Making Databases Work: the Pragmatic Wisdom of Michael Stonebraker. New York, USA: Association for Computing Machinery and Morgan & Claypool, 2018: 491–518.

[105] STONEBRAKER M, WEISBERG A. The VoltDB main memory DBMS[J]. IEEE Data Eng. Bull., 2013, 36(2): 21–27.

[106] STRAUCH C, SITES U L S, KRIHA W. NoSQL databases[J]. Lecture Notes, Stuttgart Media University, 2011, 20(24): 79.

[107] TAN K L, CAI Q, OOI B C, et al. In-memory databases: Challenges and opportunities from software and hardware perspectives[J]. ACM SIGMOD Record, 2015, 44(2): 35–40.

[108] THOMSON A, DIAMOND T, WENG S C, et al. Calvin: Fast distributed transactions for partitioned database systems[C]//Proceedings of the 2012 ACM SIGMOD International Conference on Management of Data. ACM, 2012: 1–12.

[109] ULLMAN J D, WIDOM J. A first course in database systems[M].[S.l.]: Pearson, 2007.

[110] VERBITSKI A, GUPTA A, SAHA D, et al. Amazon aurora: Design considerations for high throughput cloud-native relational databases[C]//Proceedings of the 2017 ACM International Conference on Management of Data. 2017: 1041–1052.

[111] VIGLAS S D. Write-limited sorts and joins for persistent memory[J]. Proceedings of the VLDB Endowment, 2014, 7(5): 413–424.

[112] WANG Y, ZHONG G, KUN L, et al. The performance survey of in memory database[C]//2015 IEEE 21st International Conference on Parallel and Distributed Systems (ICPADS). IEEE, 2015: 815–820.

[113] WOODS L, ISTVÁN Z, ALONSO G. Ibex: An intelligent storage engine with support for advanced sql offloading[J]. Proceedings of the VLDB Endowment, 2014, 7(11): 963–974.

[114] WU Y, ARULRAJ J, LIN J, et al. An empirical evaluation of in-memory multiversion concurrency control[J]. Proceedings of the VLDB Endowment, 2017, 10(7): 781–792.

[115] YANG J, KIM J, HOSEINZADEH M, et al. An empirical guide to the behavior and use of scalable persistent memory[C]//18th USENIX Conference on File and Storage Technologies (FAST 20). 2020: 169–182.

[116] ZAMANIAN E, BINNIG C, KRASKA T, et al. The end of a myth: Distributed transactions can scale[J]. arXiv preprint arXiv:1607.00655, 2016.

[117] ZAMANIAN E, YU X, STONEBRAKER M, et al. Rethinking database high availability with RDMA networks[J]. Proceedings of the VLDB Endowment, 2019, 12(11): 1637–1650.

[118] ZHANG H, CHEN G, OOI B C, et al. In-memory big data management and processing: A survey[J]. IEEE Transactions on Knowledge and Data Engineering, 2015, 27(7): 1920–1948.

[119] ZIEGLER T, TUMKUR VANI S, BINNIG C, et al. Designing distributed tree-based index structures for fast rdma-capable networks[C]//Proceedings of the 2019 International Conference on Management of Data. 2019: 741–758.

[120] 李国良，周敏奇．openGauss 数据库核心技术 [M]．北京：清华大学出版社，2020.

[121] 王洪海，潘朝华．内存数据库的数据结构分析 [J]．现代电子技术，2004（03）：96–98.

[122] 王珊，萨师煊．数据库系统概论 [M]．5 版．北京：高等教育出版社，2014.

[123] 王珊，肖艳芹，刘大为，等．内存数据库关键技术研究 [J]．计算机应用，2007（10）：2353–2357.

[124] 严秋玲，孙莉，王梅，等．列存储数据仓库中启发式查询优化机制 [J]．计算机学报，2011，34（10）：2018–2026.

[125] 杨武军，张继荣，屈军锁．内存数据库技术综述 [J]．西安邮电学院学报，2005（03）：95–99.

[126] 张树杰．PostgreSQL 技术内幕：查询优化深度搜索 [M]．北京：电子工业出版社，2018.

[127] 赵泓尧，赵展浩，杨皖晴，等．内存数据库并发控制算法的实验研究 [J]．软件学报，2022，33（03）：867–890.

郑重声明

图书在版编目（CIP）数据

数据库管理系统 ： 从基本原理到系统构建 / 李国良等编著. -- 北京 ： 高等教育出版社, 2025.3.

ISBN 978-7-04-063219-4

Ⅰ. TP311.131

中国国家版本馆CIP数据核字第2024SU5718号

Shujuku Guanli Xitong

策划编辑　张海波
责任编辑　张海波
封面设计　王凌波　王　洋
责任绘图　于　博
版式设计　王凌波
责任校对　胡美萍
责任印制　张益豪

出版发行　高等教育出版社
社　　址　北京市西城区德外大街4号
邮政编码　100120
购书热线　010-58581118
咨询电话　400-810-0598
网　　址　http://www.hep.edu.cn
　　　　　http://www.hep.com.cn
网上订购　http://www.hepmall.com.cn
　　　　　http://www.hepmall.com
　　　　　http://www.hepmall.cn

印　　刷　北京中科印刷有限公司
开　　本　787mm×1092mm　1/16
印　　张　43.25
字　　数　860千字
版　　次　2025年3月第1版
印　　次　2025年5月第2次印刷
定　　价　106.00元

物 料 号　63219-00